RIECKE
Lehrbuch der
PHYSIK

Zu eigenem Studium
und zum Gebrauche bei Vorlesungen
herausgegeben von

Prof. Dr. Ernst Lecher
Vorstand des I. physikalischen Institutes der Universität Wien

Sechste, verbesserte und vermehrte Auflage

Zweiter Band
Magnetismus und Elektrizität

Mit 306 Figuren im Text

Berlin und Leipzig 1919
Vereinigung wissenschaftlicher Verleger
Walter de Gruyter & Co.
vormals G. J. Göschen'sche Verlagshandlung :: J. Guttentag, Verlagsbuchhandlung :: Georg Reimer :: Karl J. Trübner :: Veit & Comp.

Druck von Metzger & Wittig in Leipzig.

Inhalt.[1]

Magnetismus und Elektrizität.

Erster Teil: Ferro-Magnetismus. Erdmagnetismus.

---

[1] Im Nachlasse Rieckes fanden sich einige Notizen für vorliegende Neuauflage, sie sind in diesem Inhaltsverzeichnis mit einem dem betreffenden Schlagworte vorausgehenden † gekennzeichnet. Neue größere Abschnitte des jetzigen Herausgebers sind analog mit einem * bezeichnet, kleinere Einschiebungen, soweit diese wichtiger, mit einem o.

Zweiter Teil: Elektrostatik.

Dritter Teil: Ohmsches Gesetz.

Vierter Teil: Elektrochemie.

Fünfter Teil: Thermoelektrizität.

Seite

Sechster Teil: Elektromagnetismus.

Siebenter Teil: Magnetismus in verschiedenen Substanzen.

Achter Teil: Magnetelektrizität oder Magnetinduktion.

Neunter Teil: Elektrodynamik.

Zehnter Teil: Galvanomagnetische und thermomagnetische Effekte

Elfter Teil: Starkstromtechnik.

Seite

Zwölfter Teil:
Elektromagnetische Lichttheorie und Schwingungen.

Dreizehnter Teil:
Elektrische Strömung in Gasen.

Vierzehnter Teil: Röntgenstrahlen.

Fünfzehnter Teil: Radioaktivität.

Sechzehnter Teil: Elektronik.

Seite

Siebzehnter Teil: Magnetische und elektrische Spektralanalyse.

Achtzehnter Teil: Strahlungstheorien. Wirkungsquantum.

Neunzehnter Teil: Atomgesetze und Atomspekulationen.

Zwanzigster Teil: Atmosphärische Elektrizität.

MAGNETISMUS UND ELEKTRIZITÄT.

Erster Teil. Ferro-Magnetismus. Erdmagnetismus.

I. Fundamentalversuche und Magnetkraftlinien.

Magnetismus und Elektrizität hängen innig zusammen. Die Besprechung magnetischer Erscheinungen erfolgt am besten gleichzeitig mit den elektrischen. Um aber später gewisse Grundbegriffe zur Verfügung zu haben, wollen wir zunächst die wichtigsten Tatsachen des Magnetismus des Eisens und der Erde vorwegnehmen.

§ 344. Natürliche, armierte Magnete. Schon den Alten war bekannt, daß gewisse Steine, Magnete, Magneteisensteine, die Eigenschaft haben, weiches Eisen anzuziehen und von ihm angezogen zu werden. Drehen wir einen solchen Stein in Eisenfeilspänen um, so beobachten wir, daß diese vorzugsweise an zwei entgegengesetzten Endflächen des Steines haften bleiben, welche wir seine Polflächen nennen; diese werden getrennt durch eine von anhaftenden Feilspänen ganz freie Zone, die indifferente oder neutrale Zone.

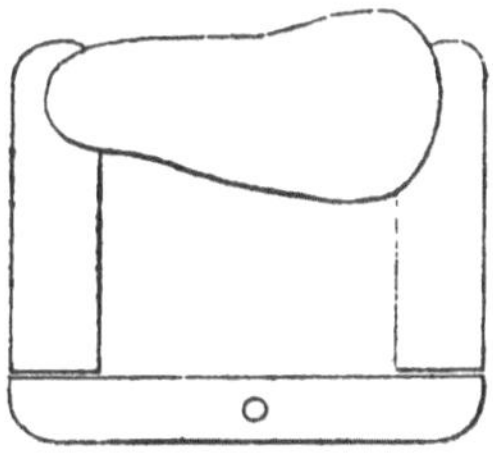

Fig. 445.
Armierter Magnetstein.

Legen wir an eine Polfläche eines solchen natürlichen Magnets ein Stück weichen Eisens, so erlangt dieses an dem abgewandten Ende selbst die Eigenschaft, weiches Eisen anzuziehen. Es wird also weiches Eisen in der Nähe eines Magnets selbst magnetisch. Wir benützen diese Beobachtung zu der Herstellung der sog. armierten Magnete. An die beiden Polflächen eines natürlichen Magnets (Fig. 445) werden einander parallel zwei Stäbe von weichem Eisen angelegt, so daß ihre in neue Polflächen verwandelten Enden in einer zu ihrer Länge senkrechten Ebene liegen. Wir können dann die von ihnen ausgehenden Anziehungskräfte zugleich benützen, indem wir einen Anker aus weichem Eisen von solcher Länge nehmen, daß er mit seinen Enden beide Polflächen des armierten Magnets berührt. Der Anker (in Fig. 445 unten) wird dann mit beträchtlicher Kraft festgehalten und ist imstande, ziemlich erhebliche Gewichte zu tragen.

§ **345. Magnetismus der Erde.** Da die Erde das Reservoir aller natürlichen Magnete ist, so scheint es von vornherein nicht unwahrscheinlich, daß sie selbst auch als Ganzes magnetische Eigenschaften besitzt.

Wenn es sich darum handelt, Wechselwirkungen zwischen magnetischen Polflächen zu konstatieren, so wird man zweckmäßigerweise mit der Aufsuchung der Wirkungen beginnen, welche von der Erde herrühren. Denn wir sind bei keiner Beobachtung in der Lage, den Erdmagnet auszuschließen; seine Wirkungen werden stets zu den übrigen hinzutreten und die Verhältnisse der Beobachtung verwickeln. Um nun die Wirkung der Erde auf einen unserer Magnete zu studieren, hängen wir diesen in seiner Mitte an einem vertikal herabhängenden Faden nach Art einer Drehwage auf. Die Polflächen können sich dann in horizontaler Ebene mit großer Leichtigkeit drehen. Wir beobachten nun, daß eine die Polflächen verbindende Linie sich stets in die Ebene des magnetischen Meridians einstellt, so daß die eine der Polflächen nahezu nach Norden (N), die andere nach Süden (S) weist. Der Faden, an welchem der Magnet aufgehängt ist, bleibt dabei vertikal. Diese Beobachtung kann nur erklärt werden durch die Annahme z w e i e r Kräfte eines Kräftepaares (§ 18), welche beide der Ebene des magnetischen Meridians parallel sind und welche, einander parallel aber entgegengesetzt, die eine Polfläche ebenso stark nach N ziehen wie die andere nach S. Man könnte also sagen, daß die im N liegende Polfläche der Erde die eine Polfläche des Magnets anziehe, die andere abstoße. Um diese Vermutung zu prüfen, werden wir nun die Wechselwirkungen verschiedener natürlicher oder armierter Magnete zu untersuchen haben.

§ **346. Nord- und Süd-Polflächen.** Ehe wir hierzu übergehen, müssen wir aus dem zuvor beschriebenen Versuche noch eine weitere wichtige Konsequenz ziehen. Diese gibt Veranlassung zu einer K l a s s i f i k a t i o n der Polflächen der Magnete; wir bezeichnen die P o l f l ä c h e n, w e l c h e b e i j e n e m V e r s u c h e n a c h N w e i s e n, a l s N - P o l f l ä c h e n, d i e a n d e r e n a l s S - P o l f l ä c h e n.

Wir setzen voraus, daß bei einer Reihe von natürlichen oder armierten Magneten der Charakter der Polflächen mit Hilfe des Drehversuches bestimmt sei. Um die zwischen ihnen bestehenden Wechselwirkungen zu untersuchen, hängen wir wieder einen der Magnete als Drehwage auf, so daß seine Polflächen sich in die Ebene des magnetischen Meridians stellen; nähern wir nun der N-Polfläche die N-Polfläche oder der S-Polfläche die S-Polfläche eines anderen Magnets, so findet Abstoßung statt; nähern wir der N-Polfläche eine S-Polfläche oder umgekehrt, so beobachten wir Anziehung. Wir erhalten somit die Beobachtungsregel: G l e i c h n a m i g e P o l f l ä c h e n s t o ß e n s i c h a b, u n g l e i c h n a m i g e z i e h e n s i c h a n.

§ **347. Magnetische Induktion oder Influenz.** Eine Polfläche macht weiches Eisen in ihrer Nähe zum Magneten. Wenn wir einen kleinen Zylinder von weichem Eisen einer Polfläche eines natürlichen oder armierten Magnets nicht anlegen, sondern nur nähern, so finden wir, daß beide Enden dieses Zylinders weiches Eisen anziehen, daß also der Zylinder durch die bloße Annäherung in einen Magnet verwandelt ist. Aber zwischen seinem Magnetismus und dem eines natürlichen Magnets besteht eine wesentliche Verschiedenheit. Der Magnetismus des letzteren ist eine bleibende, nur durch ganz besondere Einwirkungen zu ändernde Eigenschaft, er ist ein permanenter oder beharrlicher Magnet. Unser Eisenzylinder ist magnetisch nur, solange er in der Nähe des natürlichen Magnets, oder, wie man sagt, in seinem magnetischen Felde sich befindet; er ist ein temporärer oder vergänglicher Magnet.

Bei der Ausführung des Versuches benützt man am besten einen armierten Magnet, da bei diesem über die Lage der Polflächen kein Zweifel sein kann. Man wird dann das vorhergehende noch durch die folgende Beobachtung ergänzen. Der Magnetismus des Eisenzylinders, d. h. die Kraft, mit welcher er an seinen Enden Stückchen von weichem Eisen trägt, ist am größten, wenn seine Achse nach der Polfläche hin gerichtet ist. Dreht man den Zylinder, so nimmt der Magnetismus rasch ab, so daß er mit den angewandten Mitteln bald nicht mehr sicher zu erkennen ist.

Nun zieht eine Polfläche weiches Eisen an. Da nur ungleichnamige Polflächen sich anziehen, so heißt das: eine Polfläche erzeugt in einem nahen Eisenstück eine entgegengesetzte Polfläche. Wir werden sehen, daß in einem entfernteren Teile des weichen Eisens die entsprechende gleichnamige Polfläche entsteht; es ist unmöglich, eine N-Polfläche ohne die dazu gehörige S-Polfläche zu erhalten.

§ **348. Stahlmagnetismus.** Wenn man einen Stahlstab in Berührung bringt mit einer magnetischen Polfläche, so erhält er ebenso wie ein Stück weichen Eisens am abgewandten Ende einen gleichnamigen, am zugewandten, berührenden Ende einen ungleichnamigen Pol. Aber während der so erzeugte Magnetismus des weichen Eisens ein temporärer ist, erweist sich der des Stahls als ein permanenter, d. h. die Polflächen bleiben, auch wenn der Stahlstab aus dem magnetischen Felde entfernt wird. Man beschreibt diese Tatsache, indem man sagt, daß der Stahl Koërzitivkraft für den Magnetismus besitze.

Stärkere Polarität als durch bloßes Anlegen erreicht man durch geeignetes Streichen des Stabes mit den Polflächen eines armierten Magnets; hat man auf diesem Wege einen möglichst kräftigen Stahlmagnet hergestellt, so kann man diesen benützen, um andere Stäbe zu magnetisieren. Mehrere Magnetstäbe kann man mit gleichgerichteten Polflächen hinter-, neben- oder übereinandergelegt zu einem Bündel vereinigen, welches dann so wirkt, wie ein einziger größerer Stab.

Stahlmagnete besitzen den Vorzug, daß wir sie in großem Maßstabe anfertigen und daß wir ihnen jede beliebige Form geben können. In den Anfängen der magnetischen Forschung interessierte man sich vorzugsweise für die von Magneten ausgeübten Tragkräfte, man gab ihnen daher die Form eines Hufeisens, um so die Anziehung beider Polflächen auf den vorgelegten Anker nutzbar zu machen. Ein Hufeisenmagnet übt insbesondere in dem zwischen den Enden der beiden Schenkel liegenden Raume sehr starke magnetische Wirkungen aus, aber diese Wirkungen verschwinden schnell mit der Entfernung von dem Magnet; es rührt dies daher, daß die Wirkungen der N-Polfläche denen der S-Polfläche entgegengesetzt sind. Wollen wir also Magnete herstellen, welche möglichst weit in die Ferne wirken, so müssen wir ihnen eine Form geben, bei welcher die beiden Polflächen möglichst weit auseinander liegen, die Form eines geradlinigen Stabes. Wir benützen danach Hufeisenmagnete für starke Wirkungen in der Nähe, Stabmagnete für Wirkungen in die Ferne.

Eine ungefähre Beurteilung der Größe von Magneten gibt im allgemeinen ihr Gewicht; für die Stärke ergibt sich ein erster roher Maßstab in der Tragkraft, d. h. in dem Gewichte, welches ein der Polfläche eines Stabmagnets angelegter, oder die beiden Polflächen eines Hufeisenmagnets verbindender Anker von weichem Eisen zu tragen vermag. Bei geometrisch ähnlichen Magneten verhalten sich die Tragkräfte ungefähr wie die Inhalte der Polflächen.

§ 349. **Magnetkraftlinien.** Um über die von einem Magnet in seiner Umgebung, in seinem Felde, ausgeübten magnetischen Kräfte eine gewisse Übersicht zu bekommen, legen wir ihn auf eine horizontale Tischplatte und stellen an verschiedenen Punkten seiner Umgebung und möglichst in derselben horizontalen Ebene mit ihm eine Magnetnadel auf, welche mit einem in ihrer Mitte befestigten Achathütchen auf einer feinen stählernen Spitze ruht und in einer horizontalen Ebene vollkommen leicht drehbar ist. Die Nadel kommt nach einigen Oszillationen in einer bestimmten Stellung zur Ruhe. Betrachten wir die auf sie wirkenden Kräfte, wobei wir uns ihre Polflächen in zwei Punkten, dem N- und dem S-Pole, konzentriert denken. Der N-Pol wird abgestoßen von der N-Polfläche, angezogen von der S-Polfläche des Magnets; beide Kräfte vereinigen sich zu einer Resultante, welche wir die an der Stelle des N-Pols wirkende magnetische Kraft nennen; ebenso geben die auf den S-Pol wirkenden Kräfte eine einzige Resultante. Richtung und Größe der magnetischen Kraft werden sich von Ort zu Ort ändern. Wir können aber die Dimensionen der Nadel so klein machen, daß jene Änderung für die Distanz ihrer Pole praktisch zu vernachlässigen ist, und dann gibt die Richtung der Nadel die Richtung der magnetischen Kraft ebenso an, wie eine um einen vertikalen Suspensionsfaden oder um eine Spitze horizontal drehbare Magnetnadel die Richtung des magnetischen Meridians. Solche kleine und leicht drehbare Magnetnadeln können wir uns nun auch dadurch verschaffen, daß wir Eisenfeilspäne in der Umgebung des Magnets frei herabfallen lassen. Diese sind ja nicht von Haus aus magnetisch, aber sie werden durch die Annäherung an den Magnet (§ 347) in kleine Magnetnadeln verwandelt und dann ebenso gerichtet wie diese. Fangen wir die Späne auf einem den Magnet überdeckenden Papierbogen auf, so ordnen sie sich auf diesem zu regelmäßigen Ketten an, welche die eine Polfläche des Magnets mit der anderen verbinden, den Magnetkraftlinien.

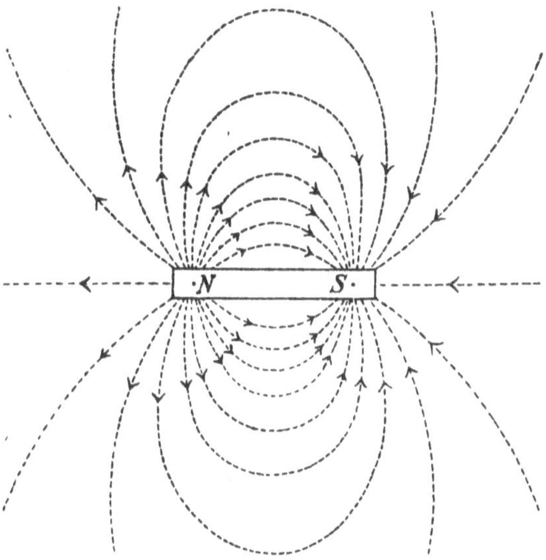

Fig. 446. Kraftlinien eines Stabmagneten.

Wenn wir die Kraftlinien betrachten, die von einem geradlinigen Magnetstabe erzeugt werden, so wird es schwer sein, an ihrer Ursprungsstelle, da wo sie die Oberfläche des Magnets verlassen, ein einfaches Gesetz für ihre Bildung zu entdecken. Gehen wir aber etwas von der Oberfläche des Magnetes weg, so kommen wir zu der Überzeugung, daß ihre Richtungen hier nach zwei Punkten, die man Pole nennt, konvergieren. (Fig. 446). Wenigstens in einer gewissen Entfernung kann man sich danach die Wirkungen des Magnets statt von zwei Flächen von zwei Punkten ausgehend denken, einem N-Pol an Stelle der N-Pol-, einem S-Pol an Stelle der S-Polfläche; für die Behandlung der Fernwirkungen ist damit eine wesentliche Vereinfachung gewonnen.

In dem Raume zwischen den beiden Schenkeln eines Hufeisenmagnets in der Nähe der Pole verlaufen die Kraftlinien in paralleler Richtung. Jeden Raum, der von parallelen Kraftlinien gleichmäßig erfüllt ist, bezeichnen wir als ein homogenes magnetisches Feld.

Wir können auch — willkürlich — die Richtung der Kraftlinien so definieren, daß sie aus dem N-Pol herauskommen und in den S-Pol hineingehen. (Pfeile in Fig. 446.)

Die Kraftlinien als dynamisches System. Wenn wir eine aus Eisenfeilspänen bestehende Kraftlinie in ihrem Verlaufe vom N- zum S-Pole verfolgen, so bemerken wir, daß sie durch lauter kleine Magnete gebildet wird, von welchen je zwei aufeinander folgende die freundlichen Pole sich zukehren. Betrachten wir die Magnete als Glieder einer den N- und S-Pol verbindenden Kette, so werden je zwei aufeinander folgende Glieder der Länge nach sich anziehen; die ganze

Kette befindet sich daher in einem Zustande longitudinaler Spannung, sie hat die Tendenz, sich zu verkürzen und die beiden Pole zueinander zu ziehen, wenn die Enden der Kette an den Polflächen haften. Nun verlaufen Kraftlinien nicht allein zwischen den Polen eines und desselben Magnets, sondern ebenso zwischen den Polen verschiedener, und in diesem Falle würde die Spannung der einen N- und einen S-Pol verbindenden Kraftlinien (Fig. 447) einen wirklichen Bewegungsantrieb erzeugen können.

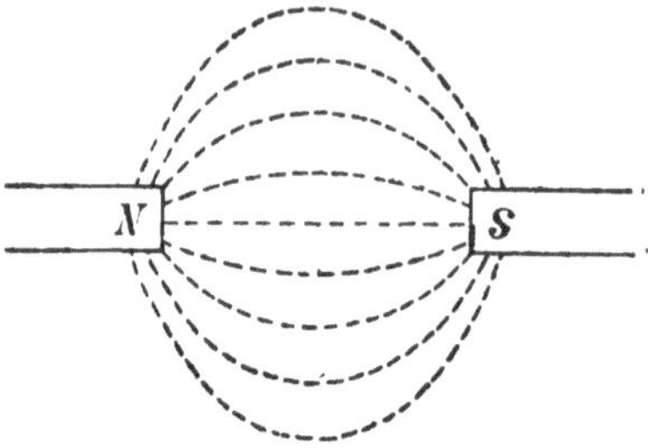

Fig. 447. Magnetisches Feld zwischen S- und N-Pol.

Gehen wir über zu der Betrachtung zweier benachbarter Kraftlinien. Zwei Magnetnadeln, welche parallel nebeneinander liegen, so daß die benachbarten Pole gleichnamige sind, stoßen sich ab; wir machen die Annahme, daß diese Bemerkung auch für zwei parallele Kraftlinien gelte, in welchen die einzelnen Magnete gleichgerichtet sind, und erhalten dann den Satz: Zwischen benachbarten Kraftlinien findet Abstoßung statt. Hiernach verhält sich das ganze System unserer Linien wie ein elastischer Körper, der in der Richtung der Kraftlinien eine Dehnung, in jeder dazu senkrechten Richtung eine Kompression erlitten hat, und welcher sich demzufolge in der ersteren Richtung zusammenzuziehen, in der letzteren auszudehnen sucht.

Physische Struktur der Kraftlinien. Von hier aus gelingt nun die Entwicklung einer ersten Vorstellung über die Natur der magnetischen Kräfte. Wir werden zu diesem Zwecke die Annahme machen, daß die physische Existenz der Kraftlinien nicht daran gebunden ist, daß wir sie mit Hilfe der Eisenfeilspäne uns direkt vors Auge führen. Wo immer Magnete sich befinden, strahlen Kraftlinien von den Polen aus, die einander freundlichen Pole verbindend. Im luftleeren Raume so gut wie in irgend einem anderen Mittel kann ein Medium verbreitet sein, welches im magnetischen Felde genau in jenem Spannungszustande sich befindet, wie wir ihn oben geschildert haben: Spannung längs der Kraftlinien, Pressung in der Richtung senkrecht zu ihnen. Die Wechselwirkungen magnetischer Polflächen würden dann die Folge dieser eigentümlichen elastischen Kräfte in dem die Magnete umgebenden Mittel sein. Daß auf diese Weise die Anziehung befreundeter Pole erklärt werden kann, ist nach dem früheren klar. Was die Abstoßung gleichnamiger Pole anbelangt, so würde diese das Resultat der senkrecht zu den Kraftlinien wirkenden Pressung sein. Legen wir nämlich zwei Magnetstäbe mit gleichnamigen Polen zusammen, den einen in die Verlängerung des anderen, so beobachten wir mit Hilfe des Feilspäneversuches, wie die von den Polflächen in den Raum zwischen den Magneten eindringenden Kraftlinien umbiegen und in gleichem Sinne, nach außen divergierend, weiter gehen (Fig. 448). Es entsteht hierdurch in der Tat eine Pressung in der Richtung der die Pole verbindenden Linie, welche sie auseinander zu treiben sucht.

Nach dieser Auffassung haben wir im magnetischen Felde Zug- und Druckkräfte (ähnlich wie in Fig. 153). Das diese Kräfte vermittelnde Medium ist auch im Vakuum zugegen, wir werden daher, um neue Hypothesen zu vermeiden, dieses Medium mit demselben Äther identifizieren, dessen Schwingungen uns die optischen Errscheinungen ergeben.

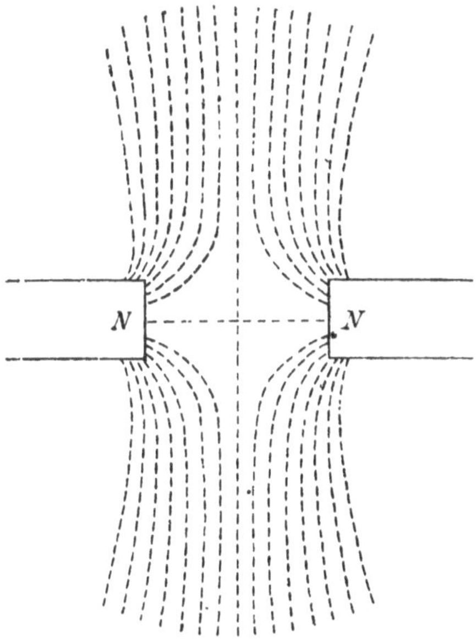

Fig. 448.
Feld zwischen gleichnamigen Polen.

§ 350. Weiches Eisen im Magnetfelde. Wenn wir in das Feld eines permanenten Magneten einen Stab von weichem Eisen legen, so sehen wir, daß die Kraftlinien, welche zuvor von den Polen des Magneten aus sich in regelmäßiger Weise zerstreuten, nun nach den Enden des Eisenstabes konvergieren. Es entspricht dies der früher mitgeteilten Tatsache, daß die Enden des Eisenstabes im Magnetfelde in Polflächen sich verwandeln. Wiederum werden wir die Anziehung, welche der Eisenstab von dem Magnete erleidet, durch Spannung und Druck in dem Systeme der Kraftlinien erklären können.

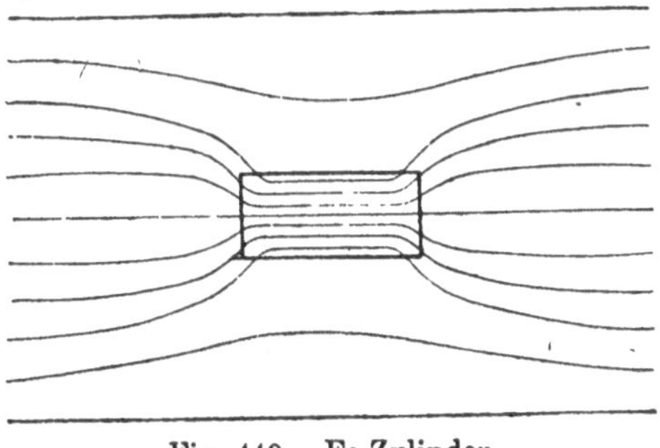

Fig. 449. Fe-Zylinder
im ursprünglich homogenen Felde.

Nehmen wir ein homogenes, d. i. ein von parallelen Kraftlinien durchzogenes Feld, in welches wir einen Eisenzylinder so hineinbringen, daß seine Achse parallel der Richtung der Kraftlinien ist. Wir bemerken dann, daß sich die in der Nähe des Zylinders verlaufenden Linien nach seinen Endflächen hinziehen, während die dem Zylinder fernen Linien kaum eine Störung erfahren (Fig. 449). Denken wir uns die Kraftlinien ursprünglich in gleichen Abständen gezogen, so werden sich ihre Abstände in der Nähe der Zylinderachse verkleinern, seitlich vom Zylindermantel vergrößern. Zu diesem Verhalten gibt es nun ein Analogon auf dem

Gebiete der Hydrodynamik. Wir denken uns einen porösen Körper A, etwa in Form eines Zylinders, dicht umschlossen von einer Röhre, welche wir uns über seine Enden beliebig verlängert und mit Wasser gefüllt denken. Durch einen auf die Wassersäule ausgeübten Druck werden wir imstande sein, Wasser durch den Zylinder hindurchzutreiben, und wenn die Porosität überall dieselbe ist, so wird das Wasser in dem Zylinder in parallelen Strömungslinien sich bewegen. Die Menge des durch eine Pore fließenden Wassers ist nach dem POISEUILLEschen Gesetze von ihrer Weite und von der inneren Reibung des Wassers abhängig. Das Bild, welches unter den vorausgesetzten Verhältnissen von den Strömungslinien geboten wird, würde dem Bilde eines homogenen magnetischen Feldes entsprechen. Nun wollen wir im Innern des größeren Zylinders, etwa koaxial mit ihm, einen kleineren Zylinder B abgrenzen und annehmen, daß in ihm die Poren einen größeren Querschnitt besitzen, als in der übrigen Masse. Die weiteren Poren werden dann eine bessere Leitung für das durch den Zylinder strömende Wasser abgeben, und dieses wird in dem Raume B mit größerer Geschwindigkeit strömen, als außerhalb. Die in größerer Entfernung von B nach wie vor parallelen Strömungslinien des Wassers werden daher gegen das ihnen zugewandte Ende des Zylinders B konvergieren und von dem abgewandten Ende divergieren, ähnlich den Kraftlinien des homogenen magnetischen Feldes, welches durch Einlegen eines Eisenzylinders gestört wurde.

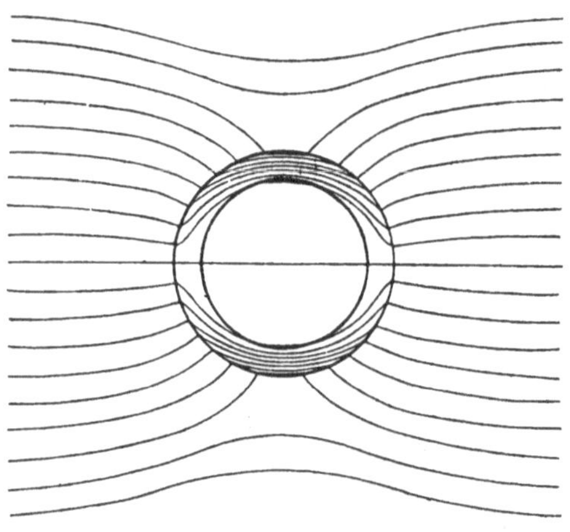

Fig. 450.
Fe-Hohlkugel im ursprünglich homogenen Felde.

Man hat auch dieser Analogie eine physische Bedeutung gegeben, indem man die Kraftlinien als etwas betrachtet, was durch das umgebende Mittel hindurch von einem Pole zum anderen geleitet wird. Die Erscheinungen, welche das weiche Eisen in dem magnetischen Felde darbietet, erklärt man dann durch ein gutes Leitvermögen für die magnetischen Kraftlinien. Wenn die von einem N-Pole ausgehenden Linien ein Stück weichen Eisens treffen, so treten sie konvergierend in dasselbe ein und erzeugen an der Eintrittsstelle eine S-Polfläche, sie durchlaufen das Eisen und treten auf der anderen Seite, in der N-Polfläche, divergierend aus. Diese Vorstellung zeichnet sich aus durch ihre geometrische Anschaulichkeit.

Die Leitung der Kraftlinien eines homogenen Feldes, wie es beispielsweise durch den Erdmagnetismus erzeugt wird, in einer Hohlkugel von weichem Eisen wird durch Fig. 450 erläutert, die einen Meridianschnitt der Kugel darstellt. Man sieht, wie die Kraftlinien beim Eindringen in das Eisen um die innere Höhlung sich herumbiegen, so daß diese beinahe ganz von Linien entblößt ist. Das heißt aber, daß in dem Hohlraume überhaupt keine merkliche magnetische Kraft vorhanden ist. Wir gewinnen sonach ein Mittel, um einen abgeschlossenen Raum gegen die Wirkungen des Erdmagnetismus oder eines anderen homogenen Feldes zu schützen.

§ 351. Elementarmagnete. Man kann auf den Gedanken kommen, N- und S-Polfläche eines Magnetstabes zu trennen, indem man ihn in der Mitte durchbricht. Der Versuch zeigt, daß an der Trennungsfläche zwei neue Polflächen entstehen, so daß jede Hälfte des ursprünglichen Stabes wieder ein vollständiger Magnet ist. Man kann den Versuch beliebig weit fortsetzen, indem man die erhaltenen Bruchstücke weiter und weiter zerteilt; es ergibt sich, daß auch die kleinsten so erhaltenen Stückchen noch vollständige Magnete sind. So kommt man zu der Vorstellung, daß jeder Magnet aus sehr kleinen Elementarmagneten besteht, welche im Innern mit den ungleichnamigen Polen sich kettenförmig aneinander legen. Alle von den inneren Polflächen ausgehenden Wirkungen zerstören sich dann wechselseitig, und nur die an der Oberfläche heraustretenden Polflächen kommen nach außen hin zur Geltung. Schließt man sich der Annahme von einer molekularen Konstitution der Körper an, so wird man die kleinsten Teilchen, welche für sich genommen noch vollständige Magnete darstellen, mit den Molekeln des Stabes identifizieren, und man spricht in diesem Sinne auch von Molekularmagneten.

II. Magnetische Maßbestimmungen.

§ 352. Hypothese des positiven und des negativen magnetischen Fluidums. Unsere weitere Aufgabe besteht in der Maßbestimmung der magnetischen Kräfte und der Stärke der Magnete. Bei ihrer Lösung hat man eine Vorstellung benützt, welche mit dem zuletzt besprochenen Ideenkreise in einen gewissen Gegensatz tritt, welche sich aber durch die Einfachheit der aus ihr folgenden rechnerischen Ansätze auszeichnet. Es ist dies die Vorstellung von der Existenz zweier imponderabler magnetischer Fluida. Die letzteren denkt man sich in den Molekeln des Eisens und Stahls je in gleicher Menge vorhanden und im Molekel beweglich. Aber der die Molekel trennende Raum gestattet den magnetischen Teilchen keinen Durchgang, so daß diese ein für allemal an die Molekel gebunden bleiben. Von den beiden Flüssigkeiten erzeugt die eine, die N-magnetische, die N-Polflächen, die andere, die S-magnetische, die S-Polflächen. Für die fernwirkenden Kräfte, welche die Teilchen der magnetischen Fluida aufeinander ausüben, gelten dieselben Regeln, wie für die Wechselwirkungen der Polflächen. Gleichnamige Teilchen, Teilchen derselben Flüssigkeit, stoßen sich ab, ungleichnamige ziehen sich an. Die beiden Fluida treten hierdurch in einen Gegensatz, welcher ähnlich ist dem der positiven und der negativen Größen. Ist an den Stellen A und B des Raumes N-magnetisches Fluidum, so übt A auf B eine abstoßende Wirkung aus; bringt man nach A eine kleinere Menge S-magnetischen Fluidums, so wird die Abstoßung in derselben Weise verkleinert, wie eine positive Größe durch Hinzufügung einer negativen. Mit Beziehung auf diese Analogie bezeichnet man das eine Fluidum, und zwar das N-magnetische, auch als das positive, das S-magnetische als das negative.

Im nichtmagnetischen Zustande denkt man sich die beiden Fluida im Innern der Molekel gleichmäßig gemischt. Wenn wir einen Stahl- oder Eisenstab in das Feld eines permanenten Magneten bringen, so werden die positiven Teilchen von der N-Polfläche abgestoßen, die negativen angezogen. Da die Teilchen im Innern der Molekel beweglich sind, so tritt eine Scheidung der magnetischen Fluida ein, die Molekel werden zu Elementarmagneten, welche ihre S-Pole alle nach der Seite der erregenden N-Polfläche, ihre N-Pole nach der entgegengesetzten Seite wenden. Die Elementarmagnete ordnen sich zu Ketten, in welchen stets die freundlichen Pole einander benachbart sind. Die Wirkungen aller im Innern des Magnets liegenden Pole zerstören sich daher wechselseitig, nur die Wirkung der an die Oberfläche hervortretenden bleibt übrig. Die so mit freien positiven und negativen magnetischen Teilchen bedeckten Teile der Oberfläche sind unsere durch magnetische Influenz geschaffenen N- und S-Polflächen.

Die Koërzitivkraft des Stahls würde sich nach dieser Vorstellung erklären durch eine statische Reibung, welcher die magnetischen Fluida in seinen Molekeln unterworfen sind. Diese Reibung erschwert zunächst die magnetische Scheidung; der Stahl wird unter gleichen Umständen in der Tat weniger stark magnetisch als das weiche Eisen. Ist die Scheidung aber einmal vollzogen, so verhindert die Reibung nun umgekehrt die Wiedervereinigung der Fluida, sie macht den Magnetismus zu einem permanenten.

Wir werden später sehen, daß diese Vorstellung von zwei magnetischen Fluidis trotz ihrer Brauchbarkeit für rechnerische Behandlung durch andere Vorstellungen ersetzt wurde; für die Gewinnung der einfachsten quantitativen Ergebnisse wollen wir zunächst von ihr Gebrauch machen.

§ 353. Coulombs Gesetz der magnetischen Fernwirkung; Polstärke. Versuche von Coulomb (1785) legen die Hypothese nahe, daß zwei Teilchen desselben magnetischen Fluidums sich mit einer Kraft abstoßen, welche dem Produkt ihrer magnetischen Massen direkt, dem Quadrat der Entfernung umgekehrt proportional ist. Dasselbe Gesetz gilt dann auch für die Anziehung ungleichnamiger Massen. Magnetische Massen, oder, wie wir zur Unterscheidung von ponderablen Massen lieber sagen wollen, magnetische

Mengen kann man nicht wägen oder zählen. Es bleibt daher kein anderes Mittel übrig, ihre Größe zu bestimmen, als die Messung ihrer Wirkung. Zu einer Bestimmung magnetischer Mengen gelangt man auf diesem Wege durch die Festsetzung, daß ihre gegenseitige Wechselwirkung gleich sei ihrem Produkte, dividiert durch das Quadrat ihrer Entfernung. Nehmen wir dann zwei gleiche positive magnetische Mengen $\mathfrak{m}$, so ist in der Entfernung r die zwischen ihnen vorhandene abstoßende Kraft

$$F = \frac{\mathfrak{m}^2}{r^2}, \text{ und daher } \mathfrak{m} = r\sqrt{F}.$$

Die Definition der **Einheit der magnetischen Menge** ist hiernach folgende: **Zwei unter sich gleiche magnetische Pole besitzen je die Einheit der magnetischen Menge, oder der Polstärke, wenn sie in der Entfernung von 1 cm mit der Krafteinheit von 1 Dyn aufeinander wirken.**

Wir werden später sehen, daß die magnetischen Wechselwirkungen in gewissem Grade abhängig sind von dem Mittel, welches die aufeinander wirkenden Magnete umgibt. Bei der Definition der Polstärke werden wir voraussetzen, daß die aufeinander wirkenden Pole in einem leeren oder von Luft erfüllten Raume sich befinden; praktisch kommen beide Bestimmungen auf dasselbe hinaus, da die Wirkungen im Luftraume sich von denen im leeren Raume kaum merklich unterscheiden.

Wenn man irgendwie durch Versuche ermittelt hat, mit wieviel Dynen zwei gleiche magnetische Pole in der Entfernung von r cm einander abstoßen oder anziehen, so erhält man ihre magnetische Menge oder ihre Polstärke, wenn man die Quadratwurzel der Kraft mit der Entfernung multipliziert. Nun ist ein Dyn die Kraft, welche einem Gramm die Beschleunigung von 1 cm $\sec^{-2}$ erteilt. Die für die magnetische Menge gefundene Zahl hängt also auch nur ab von der Wahl der Grundmaße für die Länge, Masse und Zeit. Eine Maßbestimmung, bei welcher außer diesen drei Grundmaßen kein weiteres spezifisches Maßelement benutzt wird, nennt man, der in § 43 eingeführten Bezeichnung entsprechend, eine **absolute**. Wählt man als Einheiten das Zentimeter, das Gramm, die Sekunde, so sagt man, die betreffende Größe sei im cm·g·sec-System ausgedrückt. Bezeichnen wir, wie früher, die Länge durch l, die Masse durch m, die Zeit durch t, so ist die Art, wie diese drei Größen bei der Berechnung magnetischer Mengen zu kombinieren sind, gegeben durch das Symbol $l^{\frac{3}{2}} m^{\frac{1}{2}} t^{-1}$; dieses Produkt von Potenzen der Länge, der Masse, der Zeit nennen wir nach § 29 die **Dimension der magnetischen Menge**. Für das cm·g·sec-System ist die Dimension durch die Gleichung

$$[\mathfrak{m}] = \text{cm}^{\frac{3}{2}} \cdot \text{g}^{\frac{1}{2}} \cdot \sec^{-1}$$

gegeben.

Die Einführung der absoluten Maße in die Lehren von Magnetismus und von Elektrizität, welche wir Gauss und Weber verdanken, bezeichnet eine wichtige Epoche in der Entwicklung der Physik; sie gab unmittelbare Veranlassung zu Experimentaluntersuchungen von fundamentaler Bedeutung; sie brachte in ein Gebiet, welches an Mannigfaltigkeit der Erscheinungen, an Zahl der verschiedenen der Messung sich darbietenden Größen die anderen Teile der Physik weit übertrifft, eine bewundernswerte Übersicht und Einheit. Die Bekanntschaft mit den Prinzipien des absoluten Maßsystems ist um so nützlicher, weil auch die jetzt so häufig gebrauchten Maße der Elektrotechnik in ihm ihre Wurzel haben.

Die Messung einer Polstärke nach dem im vorhergehenden angedeuteten Prinzip läßt sich in folgender Weise praktisch ausführen.

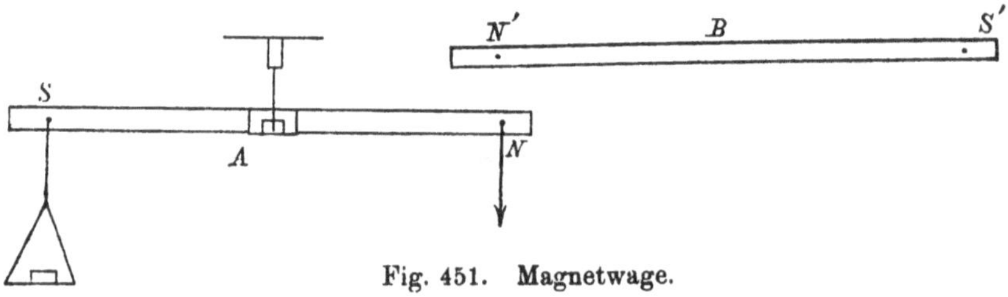

Fig. 451. Magnetwage.

Vorausgesetzt wird, daß wir über zwei Stahlstäbe von gleicher Größe und Magnetisierung verfügen, deren Polstärken als gleich angenommen werden können. Den einen A hängen wir in seiner Mitte mit einem Schiffchen auf, das in geeigneter Weise an einer vertikal herabhängenden Feder befestigt ist (Fig. 451). Über den S-Pol hängen wir eine leichte Wagschale und richten das ganze so ein, daß der Magnet sich bei unbelasteter Wagschale in horizontaler Lage im Gleichgewicht befindet. Nun legen wir den Magnet B in horizontaler Lage parallel mit A fest auf, so daß sein N-Pol N' senkrecht über dem N-Pol N von A steht, während der S-Pol S' von N abgewandt ist. Wir legen dann auf die Wagschale so lange mg-Stücke auf, bis der Stab A von neuem in horizontaler Lage im Gleichgewichte ist. Sind hierzu p mg-Stücke erforderlich, so entspricht dem nach § 43 eine Kraft von $0{,}98 \cdot p$ Dynen, welche in S vertikal nach unten wirkt und der magnetischen Abstoßung das Gleichgewicht hält. Ist $\mathfrak{m}$ die Stärke der Pole N und N', r ihre Entfernung, so ist die Abstoßung gleich, somit

$$\mathfrak{m}^2/r^2 = 0{,}98 \cdot p; \qquad \mathfrak{m} = 0{,}99 \cdot r\sqrt{p}\cdot$$

Vorausgesetzt ist dabei, daß neben der Abstoßung zwischen den Polen N und N' die Wechselwirkung der übrigen Pole nicht in Betracht kommt. Beispielsweise wurde gefunden, das die N-Pole zweier nicht sehr kräftiger Magnetstäbe von 63 cm Länge und 1 kg Gewicht in einer Entfernung von 7,5 cm eine Abstoßung von 6450 mg-Gewichten aufeinander ausübten; daraus folgt in diesem Beispiele für die Polstärke der Wert

$$7{,}4 \cdot \sqrt{6450} = 594\ (\mathrm{cm}^{\frac{3}{2}}\,\mathrm{g}^{\frac{1}{2}}\,\mathrm{sec}^{-1})\ .$$

Die Anschauungen, welche wir in § 352 über die Natur der Magnete entwickelt haben, müssen als ideale bezeichnet werden. Das letzte Glied, zu dessen Kenntnis wir auf dem Wege des Versuches gelangen, sind die Elementarmagnete; es ist eine reine Fiktion, wenn wir diese wieder in einen N- und einen S-Pol zerlegen. Die Bedeutung des Coulombschen Gesetzes muß also darin gesucht werden, daß es uns einen Weg eröffnet, um zu dem Gesetze für die Wechselwirkung der Magnete zu gelangen; denn diese allein kann Gegenstand der Beobachtung sein, und zu ihrer genaueren Erforschung werden wir uns nun wenden.

§ 354. **Magnetische Achse.** Ebenso wie bei den qualitativen Versuchen von § 345 beginnen wir auch jetzt mit der Untersuchung der Wirkung, die der Erdmagnetismus auf eine Magnetnadel ausübt. Wir hängen eine Nadel von der Form eines längeren prismatischen Stabes an einem vertikalen Faden in ihrer Mitte auf, so daß sie in einer horizontalen Ebene sich frei drehen kann. Machen wir von der in § 349 besprochenen vereinfachenden Vorstellung Gebrauch, nach der wir den ganzen N-Magnetismus in einem Punkte, dem N-Pole, den ganzen S-Magnetismus in dem S-Pole vereinigt denken können, so wirken auf die Nadel nur zwei Kräfte, von welchen die eine den N-Pol nach Norden, die andere den S-Pol in entgegengesetzter Richtung nach Süden treibt; beide Kräfte liegen in der Ebene des magnetischen Meridians, gegen die Horizontale unter ungefähr 66° geneigt. Wir zerlegen die Kräfte in je eine horizontale und eine vertikale Komponente; die drehende Wirkung der vertikalen Komponenten wird bei einer kleinen Verschiebung des Schwerpunktes gegen den Suspensionsfaden durch das Gewicht der Magnetnadel kompensiert, die horizontalen bedingen die Einstellung der Nadel in den magnetischen Meridian; sie ist bei untordiertem Suspensionsfaden im Gleichgewichte, wenn die Verbindungslinie von S- und N-Pol, ihre magnetische Achse, im magnetischen Meridian liegt.

§ 355. **Horizontalintensität des Erdmagnetismus, magnetisches Moment einer Nadel.** Lenken wir eine horizontal drehbare Nadel aus dem magnetischen Meridane ab, so wird sie nach diesem zurückgezogen und führt freigelassen um ihre Gleichgewichtslage Schwingungen aus. Die Kraft, mit der die Nadel in den magnetischen Meridan gerichtet wird, hängt von zwei Dingen ab; einmal von der magnetischen Beschaffenheit der Nadel, d. h. von der Menge positiven und negativen Fluidums, welche in ihren Polen angehäuft ist, von der Polstärke, und von der Entfernung der Pole von dem Mittelpunkte der Nadel, mit anderen Worten von der Poldistanz. Zweitens aber hängt jene Kraft ab von der horizontalen Komponente des Erdmagnetismus, d. h. von der Kraft, welche der Erdmagnet in horizontaler Richtung auf die Einheit der positiven magnetischen Menge ausübt. Bezeichnen wir mit μ die Stärke der Pole ($+\mu$ für den N-Pol, $-\mu$ für den S-Pol); mit λ ihren Abstand von der Mitte der Nadel, mit 2λ demnach die Poldistanz, mit H die Horizontalintensität des Erdmagnetismus, so ergibt sich aus Fig. 452 für das Drehungsmoment der Ausdruck $2\lambda\mu H \sin\varphi$, oder wenn φ nur klein ist:

$$2\lambda\mu H \cdot \varphi .$$

Der letztere Ausdruck ist aber nur dann richtig, wenn der Winkel φ in Bogenmaß ausgedrückt wird und nicht in Graden. Ebenso wie bei

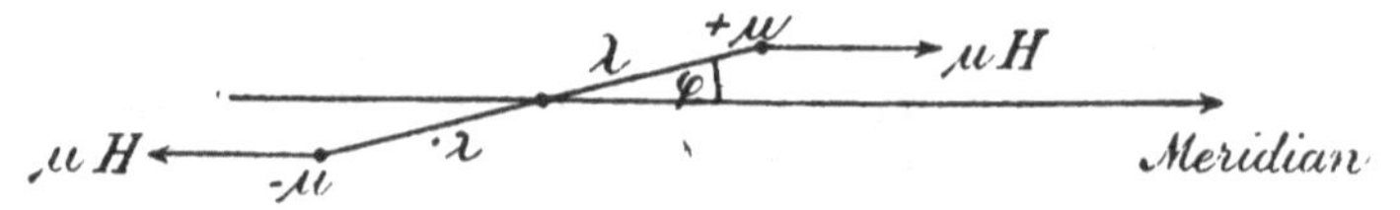

Fig. 452. Magnetisches Moment.

einem in kleinem Bogen schwingenden Pendel ist das von Erd- und Nadelmagnetismus abhängende Verhältnis zwischen Drehungsmoment und Ablenkungswinkel konstant; wir bezeichnen es in Übereinstimmung mit § 48 als die auf die Nadel ausgeübte Direktionskraft und haben also:

$$\text{Direktionskraft } D = 2\lambda\mu H .$$

Der vom Nadelmagnetismus abhängende Teil der Direktionskraft ist gleich dem Produkte aus Polstärke und Poldistanz. Dieses Produkt nennen wir das magnetische Moment. Die von der horizontalen Komponente des Erdmagnetismus auf die Nadel ausgeübte Direktionskraft ist dann gleich dem Produkte aus der Horizontalintensität und aus dem magnetischen Moment, $\mathfrak{M}$. Wir haben daher $\mathfrak{M} = 2\lambda\mu$, $D = \mathfrak{M} H$; die Dimension des magnetischen Moments ist mit Rücksicht auf § 353:

$$[\mathfrak{M}] = l^{\frac{5}{2}} \cdot m^{\frac{1}{2}} \cdot t^{-1};$$

im cm·g·sec-System: $\text{cm}^{\frac{5}{2}}\text{g}^{\frac{1}{2}}\,\text{sec}^{-1}$. Das magnetische Moment ist nach dem obigen gleich dem Quotienten aus der auf einen Magnetstab ausgeübten Direktionskraft und aus der Horizontalkomponente des Erdmagnetismus; in dieser Bestimmung ist nichts mehr enthalten, was einem einzelnen Magnetpole für sich zugehörte; wir dürfen daher vermuten, daß wir in dem magnetischen Moment etwas gefunden haben, wodurch der magnetische Zustand eines Stahl- oder Eisenstabes charakterisiert wird, ganz unabhängig von irgend welcher Vorstellung über das Wesen des Magnetismus. In der Tat wird sich diese Vermutung bestätigen.

Ehe wir aber weitergehen, wollen wir noch zwei wichtige Eigenschaften des magnetischen Momentes hervorheben. Wir vereinigen mehrere Magnete mit den Polstärken $\mu, \mu', \mu'' \ldots$, den Poldistanzen $2\lambda, 2\lambda', 2\lambda'' \ldots$, den magnetischen Momenten $\mathfrak{M}$, $\mathfrak{M}'$, $\mathfrak{M}''$ ... zu einem magnetischen Bündel, so daß die Achsen der Stäbe alle parallel und horizontal gerichtet sind. Dann folgt aus der Theorie der Kräftepaare (§ 18), daß die Direktionskraft des Erdmagnetismus auf das um eine vertikale Achse drehbare Bündel gegeben ist durch:

$$2\lambda\mu H + 2\lambda'\mu' H + 2\lambda''\mu'' H + \ldots = (\mathfrak{M} + \mathfrak{M}' + \mathfrak{M}'' + \ldots) H;$$

die Direktionskraft ist dieselbe, wie die auf einen einzigen Magnet ausgeübte, dessen Moment gleich der Summe der Momente aller parallel gerichteter Magnete ist. Das magnetische Moment ist also unter der gemachten Voraussetzung eine additive Größe.

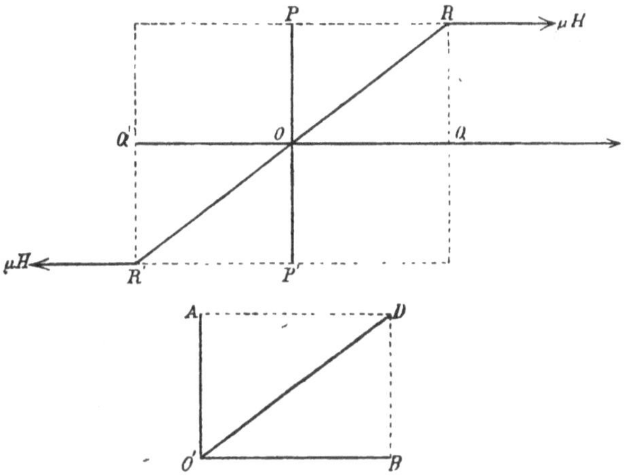

Fig. 453 a.

Eine zweite Eigenschaft ergibt sich aus der Betrachtung zweier kreuzweis verbundener Magnete von gleicher Polstärke μ. Der gemeinsame Mittelpunkt der Stäbe sei O, die N-Pole liegen in P und Q, die S-Pole in P' und Q' (Fig. 453a). Wir stellen das magnetische Kreuz so, daß die Achse QQ' des einen Stabes mit dem magnetischen Meridiane zusammenfällt, die des anderen zu ihm senkrecht steht. Dann ist das von der horizontalen Komponente des Erdmagnetismus auf die verbundenen Stäbe ausgeübte Drehungsmoment gleich $2\mu H \cdot OP = \mu H \cdot PP'$. Wir konstruieren nun ein Rechteck, dessen Seiten parallel mit PP' und QQ' durch die Pole hindurchgehen, dessen Diagonale RR' ist. Betrachten wir R und R' als Pole eines Magnets, wieder mit der Stärke μ, so ist das von der Horizontalintensität auf diesen einen Stab ausgeübte Drehungsmoment, wie man leicht sieht, ebenfalls gleich $\mu H \cdot PP'$. Man kann hiernach das magnetische Kreuz ersetzen durch einen einzigen Magnet, der dieselbe Polstärke hat, wie die gegebenen Stäbe, dessen Achse die Diagonale des aus den Achsen der gegebenen Stäbe konstruierten Rechteckes ist. Dies gilt, wie man durch eine Erweiterung der Betrachtung leicht zeigen kann, nicht bloß für die angenommene spezielle, sondern ebenso für eine beliebige Lage des Kreuzes.

Wir können nun magnetische Momente graphisch durch Linien darstellen, die ihnen numerisch gleich und den Richtungen der magnetischen Achsen parallel sind. Repräsentiert in dieser Weise $O'A$ (Fig. 453a) das Moment des einen Stabes, $\mu \cdot PP'$, und $O'B$ das des anderen, $\mu \cdot QQ'$, so ist ebenso $O'D$ numerisch gleich und gleichgerichtet mit dem Moment, beziehungsweise mit der magnetischen Achse des fingierten Stabes. Das Moment $\mu \cdot RR'$ des einen an Stelle von PP' und QQ' gesetzten Stabes ergibt sich somit aus den Repräsentanten der gegebenen Momente nach dem Satze vom Parallelogramm. Umgekehrt kann man auch das magnetische Moment eines einzigen Stabes ersetzen durch die Momente zweier zueinander senkrechter, fingierter Stäbe, d. h. man kann es in zwei Komponenten nach zwei zueinander senkrechten Achsen zerlegen.

Der gefundene Satz kann, was mit Rücksicht auf eine spätere Anwendung hervorgehoben werden möge, noch allgemeiner gefaßt werden. Es sei ein Stabmagnet gegeben; von seinem Mittelpunkte aus ziehen wir in der Richtung seiner Achse die Linie OD (Fig. 453b), durch die sein Moment graphisch dargestellt wird, außerdem drei zueinander senkrechte, mit dem Magnet fest verbundene Achsen. Wir projizieren die Linie OD senkrecht auf diese Achsen nach OA, OB und OC. Betrachten wir diese Linien als die Repräsentanten dreier neuer, mit dem Stabe verbundener magnetischer Momente, so ergibt sich, daß sie, zusammengenommen, genau dieselben Wirkungen erleiden und üben, wie der eine gegebene Stab. Man bezeichnet die durch OA, OB, OC dar gestellten Momente als die rechtwinkligen Komponenten von OD und hat dann den Satz, daß man an Stelle eines gegebenen magnetischen Momentes seine Komponenten nach drei zueinander senkrechten Richtungen setzen kann.

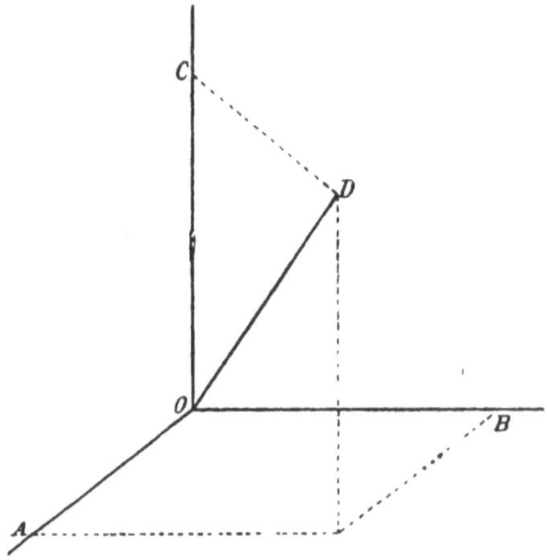

Fig. 453 b.
Komponenten eines magnetischen Momentes.

Das magnetische Moment ist eine Vektorgröße (§ 14.)

Schwingungsdauer einer Magnetnadel. Wir haben schon gesehen, daß eine in horizontaler Ebene frei drehbare Magnetnadel um ihre Gleichgewichtslage schwingen kann. Die Schwingungsdauer t, die Zeit, welche sie von der äußersten Lage auf der einen Seite des Meridians zum Hingange nach der entsprechenden auf der anderen Seite braucht, wird durch das allgemeine Gesetz der Pendelschwingungen gegeben (§ 48):

$$\frac{t^2}{\pi^2} = \frac{\text{Trägheitsmoment}}{\text{Direktionskraft}} .$$

Benützen wir für die Direktionskraft den aus dem vorhergehenden zu entnehmenden Wert, so ist:

$$\mathfrak{M} \cdot H = \frac{\pi^2}{t^2} \cdot \text{Trägheitsmoment.}$$

Das Trägheitsmoment einer prismatischen Nadel berechnet sich aus Länge a, Breite b, und Masse m nach der Formel:

$$\text{Trägheitsmoment} = \frac{m\,(a^2 + b^2)}{12} .$$

Eine Wägung, eine Längen- und eine Zeitmessung geben demnach alles, was zu der Berechnung der rechten Seite der vorletzten Gleichung nötig ist; wir finden dann eine bestimmte Zahl, durch welche das Produkt aus magnetischem Moment und Horizontalintensität ausgedrückt wird,

$$\mathfrak{M} \cdot H = A\,.$$

§ 356. **Prüfung des Coulombschen Gesetzes durch Gauss.** Wir untersuchen nun die Wechselwirkung zweier Nadeln, beschränken uns aber dabei auf den Fall, daß ihre Entfernung groß ist gegenüber ihren Dimensionen. Die eine von ihnen, wir bezeichnen sie mit Rücksicht auf eine nachher zu besprechende Anwendung als die Hauptnadel, legen wir mit horizontaler Achse fest auf; die andere, die Hilfsnadel, bringen wir mit ihrer Achse in dieselbe Horizontalebene, aber so, daß sie sich um ihren Mittelpunkt in horizontalem Sinne frei drehen kann, sei es auf einer Spitze, wie eine Kompaßnadel, oder um einen vertikalen

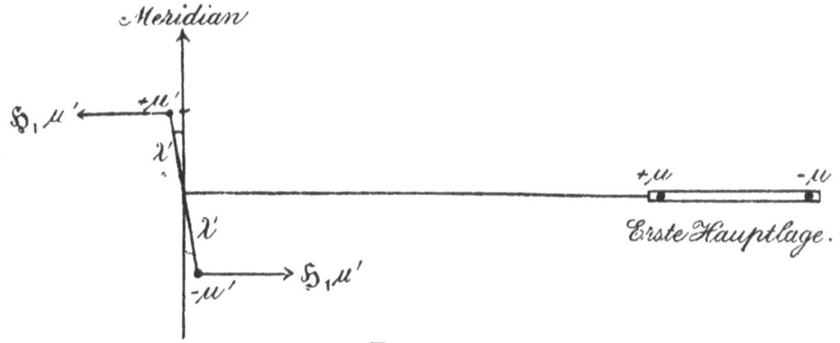

Fig. 454 a.

Suspensionsfaden. Entfernen wir zuerst die Hauptnadel, so stellt sich die Hilfsnadel in den Meridian. Wir ziehen durch ihren Mittelpunkt zwei horizontale Linien, die eine mit dem Meridian zusammenfallend, die andere zu ihm senkrecht. Die gegenseitige Lage der Nadeln ordnen wir dann in folgender Weise. Die Achse des Hauptmagnets richten wir ein für allemal senkrecht zum Meridiane. Seinen Mittelpunkt aber bringen wir entweder in die senkrecht zum Meridiane gezogene Linie: erste Hauptlage, oder in die Meridianlinie selbst: zweite Hauptlage.

Wir betrachten zunächst die Wirkung in der ersten Hauptlage (Fig. 454 a). Die vom N- und S-Pol der Hauptnadel auf den N-Pol der Hilfsnadel ausgeübten Kräfte vereinigen sich zu einer Resultante, von der wir bei großer Entfernung der beiden Nadeln annehmen können, daß sie mit der Achse der Hauptnadel parallel ist. Unter derselben Voraussetzung wird dann die auf den S-Pol ausgeübte Kraft der auf den N-Pol wirkenden gleich und entgegengesetzt sein. Wird die Hilfsnadel hierdurch um den Winkel φ_1 aus dem magnetischen Meridiane abgelenkt, so ist das von der Hauptnadel auf sie ausgeübte Drehungsmoment:

$$2\,\lambda'\,\mu'\,\mathfrak{H}_1 \cos\varphi_1 = \mathfrak{M}'\,\mathfrak{H}_1 \cos\varphi_1\,.$$

Hier bezeichnet $2\lambda'$ die Poldistanz, μ' die Polstärke der Hilfsnadel, $\mathfrak{M}'$ ihr magnetisches Moment, $\mathfrak{H}_1$ die von der Hauptnadel auf einen positiven Pol von der Stärke 1 an der Stelle der Hilfsnadel ausgeübte Kraft. Ist die Ablenkung eine sehr kleine, was man durch Vergrößerung der Entfernung stets erreichen kann, so ist das Drehungsmoment mit großer Annäherung gegeben durch

$$2\lambda'\mu'\mathfrak{H}_1 = \mathfrak{M}'\mathfrak{H}_1 .$$

Gleichzeitig wird aber die Nadel nach dem magnetischen Meridiane zurückgetrieben durch ein Drehungsmoment, welches nach § 355 bei einer kleinen Ablenkung gleich $\mathfrak{M}'H\varphi_1$ ist. Da die Nadel bei der kleinen Ablenkung φ_1 sich im Gleichgewichte befindet, so müssen die entgegengesetzten Drehungsmomente gleich sein, und man hat:

$$\mathfrak{M}'H\varphi_1 = \mathfrak{M}'\mathfrak{H}_1 .$$

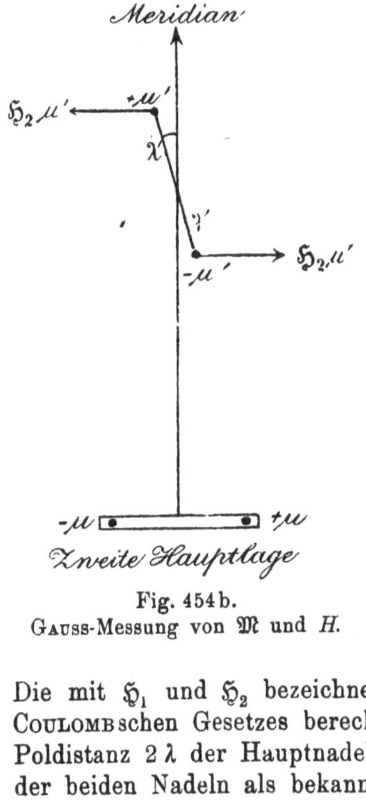

Fig. 454b.
Gauss-Messung von $\mathfrak{M}$ und H.

Gehen wir über zu der zweiten Hauptlage (Fig. 454b). Die Resultante der Kräfte, welche von den Polen der Hauptnadel auf einen positiven Pol von der Stärke 1 an der Stelle der Hilfsnadel ausgeübt werden, bezeichnen wir durch $\mathfrak{H}_2$. Es ergibt sich, daß auch sie bei großer Entfernung der beiden Nadeln in der ganzen Ausdehnung der Hilfsnadel zu dem magnetischen Meridiane senkrecht bleibt; das Drehungsmoment, welches von der Hauptnadel ausgeübt wird, ist bei kleiner Ablenkung $\mathfrak{M}'\mathfrak{H}_2$, und wenn der Ablenkungswinkel gleich φ_2, so ist:

$$\mathfrak{M}'H\varphi_2 = \mathfrak{M}'\mathfrak{H}_2 .$$

Die mit $\mathfrak{H}_1$ und $\mathfrak{H}_2$ bezeichneten Kräfte kann man nun mit Hilfe des Coulombschen Gesetzes berechnen, wenn man die Polstärke μ und die Poldistanz 2λ der Hauptnadel, sowie die Entfernung R der Mittelpunkte der beiden Nadeln als bekannt betrachtet. Es ergibt sich:

$$\mathfrak{H}_1 = 2\cdot 2\lambda\mu/R^3 = 2\mathfrak{M}/R^3, \quad \mathfrak{H}_2 = 2\lambda\mu/R^3 = \mathfrak{M}/R^3 .$$

Hierin liegt das wichtige Resultat, daß auch die Kräfte $\mathfrak{H}_1$ und $\mathfrak{H}_2$ nur abhängig sind von der Größe $\mathfrak{M}$, dem magnetischen Momente der Hauptnadel. Für das Gleichgewicht der Hilfsnadel in der ersten und in der zweiten Hauptlage ergeben sich jetzt die Gleichungen:

$$\mathfrak{M}'H\varphi_1 = 2\mathfrak{M}'\mathfrak{M}/R^3, \quad \mathfrak{M}'H\varphi_2 = \mathfrak{M}'\mathfrak{M}/R^3 .$$

Ist die Entfernung R in beiden Fällen dieselbe, so ist $\varphi_1 = 2\varphi_2$; diese

Konsequenz des COULOMBschen Gesetzes hat GAUSS geprüft; er fand bei verschiedenen Entfernungen R die folgenden Werte von φ_1 und φ_2:

R (Meter)	φ_1	φ_2
3	11′ 0,7″	5′ 33,7″
3,5	6′ 56,9″	3′ 28,9″
4	4′ 35,9″	2′ 22,2″

In der Tat ist hier φ_1 nahe doppelt so groß, wie das derselben Entfernung R entsprechende φ_2.

Für die bei der ersten Hauptlage in verschiedenen Entfernungen gemachten Beobachtungen gilt die Gleichung:

$$\mathfrak{M}/H = \tfrac{1}{2} R^3 \varphi_1 \,.$$

Tritt während der Beobachtungen keine Veränderung des Erd- und Stabmagnetismus ein, so bleiben die auf der linken Seite stehenden Größen $\mathfrak{M}$ und H konstant; es muß daher auch $R^3 \varphi_1$ bei den verschiedenen Beobachtungen denselben Wert behalten. Nun wird das Beobachtungsbeispiel von GAUSS für

R =	300 cm	350 cm	400 cm
$R^3\varphi_1$ =	86490 „	86650 „	85600 „.

Das letztere Produkt ist also in der Tat nahezu konstant, und dadurch ist eine weitere Bestätigung des COULOMBschen Gesetzes gewonnen. Bei der Berechnung ist die Entfernung in cm ausgedrückt und für φ_1 an Stelle des Winkelmaßes Bogenmaß eingeführt; man erhält dann $\mathfrak{M}/H = \frac{1}{2} R^3 \varphi_1$ in dem absoluten Maße des cm·g·sec-Systems und zwar im Mittel:

$$\mathfrak{M}/H = 43120 \,.$$

§ 357. **Allgemeine Gesetze für die Fernwirkung eines Magnets.** Im vorhergehenden sind die Gesetze der Fernwirkung eines Magnets für die speziellen Fälle der ersten und zweiten Hauptlage gegeben. Man kann jene Gesetze auf Grund der Vorstellung von den magnetischen Polen und ihrer Wechselwirkung nach dem COULOMBschen Gesetze in allgemeinerer Weise entwickeln und das Resultat der Untersuchung ist folgendes.

1. Richtung der von einem Magnete in die Ferne auf einen positiven Pol ausgeübten Kraft.

Gegeben sei der Mittelpunkt C des Magnetstabes und seine Achse, die Verbindungslinie vom S-Pol zum N-Pol; gegeben der Punkt A, für welchen die Richtung der magnetischen Kraft bestimmt werden soll (Fig. 455). Wir ziehen die Linie CA und teilen sie in drei gleiche Teile; der C zunächst liegende Teilpunkt sei B; ein in B auf AC errichtetes Lot treffe die magnetische Achse in D. Die Linie DA gibt dann die Richtung der auf A ausgeübten Kraft, beziehungsweise der durch diesen Punkt hindurchgehenden Kraftlinie. Wir können die angegebene Konstruktion weiter verwerten, um die den Magnet umgebenden Kraftlinien zu zeichnen. Zu diesem Zwecke nehmen wir auf der Richtung DA in der Nähe von A einen zweiten Punkt A' und bestimmen durch Wiederholung der Konstruktion die Richtung der auf ihn ausgeübten Kraft. Setzen wir die Operation in derselben Weise fort, so erhalten wir Schritt für Schritt die aufeinanderfolgenden Elemente der durch A gehenden Kraftlinie. Besonders bemerkenswert ist, daß die Konstruktion von der Lage der einzelnen Magnetpole gar keinen Gebrauch macht; sie setzt nur die Kenntnis der magnetischen Achse voraus, aber sie gibt den Verlauf der Kraftlinien auch nur in großer Entfernung von dem wirkenden Stabe richtig wieder; sobald wir uns seiner Oberfläche über eine gewisse Grenze hinaus nähern, tritt die in § 349 geschilderte Beziehung auf die Pole zutage.

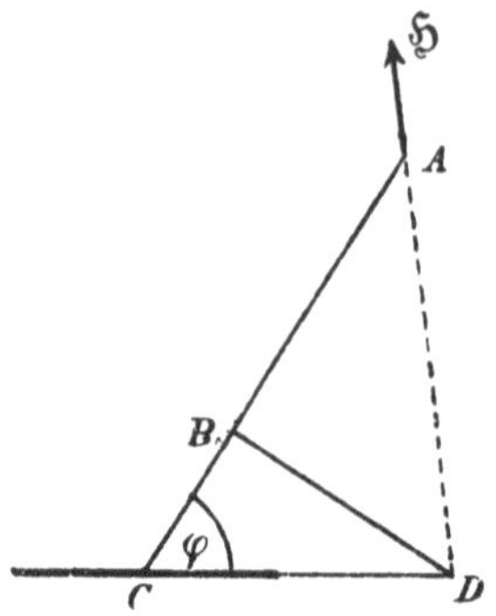

Fig. 455.

2. Größe der von einem Magnete in die Ferne ausgeübten magnetischen Kraft.

Für die Größe der von dem Magnete auf einen positiven magnetischen Pol von der Stärke 1 an der Stelle A ausgeübten Kraft ergibt sich der Ausdruck:

$$\mathfrak{H} = \frac{\mathfrak{M}}{R^3}\sqrt{1 + 3\cos^2\varphi}\,.$$

Hier bezeichnet $\mathfrak{M}$ das magnetische Moment des Magnets, R die Entfernung AC seines Mittelpunktes von dem Pole A, φ den Winkel der magnetischen Achse mit der Entfernung R. Auch diese Kraft hängt nur ab von dem Momente $\mathfrak{M}$, nicht von den einzelnen Polen. Der Wert von $\mathfrak{H}$ gibt ein Maß für die Stärke des Magnetfeldes an der Stelle A; man bezeichnet daher $\mathfrak{H}$ geradezu als Feldstärke oder Feldintensität.

Mit Rücksicht auf spätere Untersuchungen heben wir ausdrücklich hervor, daß die von Magneten ausgeübten Kräfte von dem sie umgebenden Mittel abhängig sind. Der im vorhergehenden für die Feldstärke angegebene Ausdruck beruht auf der Annahme, daß das Feld des Magneten von Luft erfüllt ist.

3. Direktionskraft eines festliegenden Magnets auf eine drehbare Magnetnadel.

In dem Punkte A denken wir uns eine Hilfsnadel aufgestellt, von der Polstärke μ', der Poldistanz $2\lambda'$. Die Dimensionen der Nadel seien so klein, daß die auf N- und S-Pol ausgeübten Kräfte parallel und gleich groß sind. Es wird dann auf die Nadel eine Direktionskraft ausgeübt, welche gegeben ist durch:

$$2\lambda'\mu'\mathfrak{H} \quad \text{oder} \quad \frac{\mathfrak{M}'\mathfrak{M}}{R^3}\sqrt{1 + 3\cos^2\varphi}\,,$$

einen Ausdruck, der wieder nur die magnetischen Momente enthält. Gegenstand der Beobachtung und Messung kann nur sein: 1. die Richtung der magnetischen Kraft, wie sie bei Entfernung aller störenden Einflüsse durch die Richtung einer in A befindlichen Nadel gegeben wird; 2. die Größe der von der Hauptnadel auf die Hilfsnadel ausgeübten Direktionskraft. Die auf einen einzelnen Magnetpol ausgeübte Wirkung dagegen kann nicht unmittelbar beobachtet werden, da dem einzelnen Pole keine reale Existenz, sondern nur die Bedeutung einer idealen Hilfsvorstellung zukommt.

Die in § 355 für Richtung und Größe der ausgeübten Direktionskräfte gefundenen und durch die Gausssschen Versuche bestätigten Resultate erweisen sich als spezielle Fälle der in diesem Paragraphen gegebenen allgemeinen Gesetze. Es haben also auch diese durch eine Prüfung in speziellen Fällen ihre experimentelle Bestätigung gefunden.

§ 358. Stabmagnetismus und Horizontalintensität in absolutem Maße. Wir haben in § 355 gesehen, daß die Bestimmung der Schwingungsdauer eines Magnetstabes zu der Kenntnis des Produktes aus Stabmagnetismus und Horizontalintensität führt:

$$\mathfrak{M} H = A .$$

Benützen wir nun denselben Stab als Hauptnadel, und messen wir den Winkel φ_1, um welchen er in der ersten Hauptlage eine kleine Hilfsnadel aus dem magnetischen Meridiane ablenkt, so ist nach § 356

$$\mathfrak{M}/H = \tfrac{1}{2} R^3 \varphi_1 .$$

Die Kombination dieser Beobachtungen führt zu der gesonderten Bestimmung von $\mathfrak{M}$ und H auf Grund von Längen-, Massen- und Zeitmessungen, d. h. in absolutem Maße. Aus den in § 356 mitgeteilten Gaussschen Beobachtungen hatte sich ergeben:

$$\mathfrak{M}/H = 43120.$$

Gauss hat nun denselben Stab, mit Hilfe dessen er die angegebenen Ablenkungen erzeugte, auch schwingen lassen, und fand so:

$$\mathfrak{M} H = 1354.$$

Die Kombination der beiden Gleichungen gibt also für den von Gauss benutzten Magneten

$$\mathfrak{M} = 7641 \text{ cm}^{\frac{5}{2}} \text{ g}^{\frac{1}{2}} \text{sec}^{-1},$$

$H = 0{,}1772$ ($\text{cm}^{-\frac{1}{2}} \text{g}^{\frac{1}{2}} \text{ sec}^{-1}$ nach der zweiten der folgenden Bemerkungen).

Wir fügen zu diesen Zahlen noch einige ergänzende Bemerkungen hinzu.

1. Unter spezifischem Magnetismus versteht man das magnetische Moment eines Stahl- oder Eisenstabes dividiert durch sein Volumen. In absolutem Maße hat hiernach der spezifische Magnetismus die Dimension: $\frac{\text{Magnetisches Moment}}{\text{Volumen}}$, oder mit Rücksicht auf § 355 $l^{-\frac{1}{2}} \cdot m^{\frac{1}{2}} \cdot t^{-1}$. Bei sehr gestreckten guten Stahlnadeln erreicht der spezifische Magnetismus den Wert 750 $\text{cm}^{-\frac{1}{2}} \text{g}^{\frac{1}{2}} \text{ sec}^{-1}$, d. h. auf 1 ccm Stahl kommt das magnetische Moment 750. Der spezifische Magnetismus des Eisens ist größer als der des Stahls, er erreicht bei Schmiedeeisen in einem sehr starken

magnetischen Felde den Wert 1500. Auf 1 g Stahl kann man danach im Maximum ein magnetisches Moment von 100 Einheiten des absoluten cm·g·sec-System, auf 1 g Eisen ein solches von 200 Einheiten rechnen.

Beispielshalber möge der spezifische Magnetismus der auf S. 12 erwähnten Magnetstäbe berechnet werden. Die Poldistanz eines gestreckten Magnets kann man zu $^5/_6$ seiner Länge annehmen; bei einer Länge von 63 cm ergibt sich somit eine Poldistanz von 52,5 cm. Das magnetische Moment der Stäbe ist danach gleich 52,5 . 594, auf 1 g Stahl kommt ein Moment von 31,0 absoluten Einheiten und der spezifische Magnetismus wird gleich 240 $cm^{-\frac{1}{2}} g^{\frac{1}{2}} sec^{-1}$, nicht ganz $^1/_3$ des maximalen Betrages.

2. Die Horizontalintensität wurde definiert als die horizontale Komponente der Kraft, welche vom Erdmagnetismus auf einen positiven Pol von der Stärke 1 ausgeübt wird. Im absoluten Maße (d. h. mit Benutzung der Dyne als der Einheit der Kraft) ist daher die Dimension der Horizontalintensität

$$[H] = \frac{\text{Kraft}}{\text{Magnetische Menge}} = l^{-\frac{1}{2}} \cdot m^{\frac{1}{2}} \cdot t^{-1},$$

beziehungsweise im cm·g.sec-System

$$[H] = \text{cm}^{-\frac{1}{2}}\, \text{g}^{\frac{1}{2}}\, \text{sec}^{-1}.$$

Sie ist an verschiedenen Orten und zu verschiedenen Zeiten verschieden, in Deutschland d. z. ungefähr 0,2.

3. Unter ganzer Intensität des Erdmagnetismus an irgend einer Stelle der Erdoberfläche verstehen wir die ganze Kraft, welche der Erdmagnet daselbst auf einen Nordpol von der Stärke 1 ausübt. Ebenso messen wir die Intensität oder Feldstärke eines beliebigen Magnetfeldes durch die ganze in ihm auf einen Nordpol von der Stärke 1 ausgeübte Kraft.

Ein Magnetfeld besitzt in irgend einem Punkte die Intensität 1, wenn in ihm auf einen Einheitspol eine Kraft von 1 Dyn ausgeübt wird. Bei Zugrundelegung des cm·g·sec-Systems nennt man die so definierte Einheit „1 Gauss".

III. Magnetismus der Erde.

§ 359. Elemente des Erdmagnetismus. „Zwei große Naturkräfte sind auf der Erde allerorten und in jedem Augenblicke gegenwärtig; die Schwere und die erdmagnetische Kraft. Die Wirkungen der Schwerkraft sehen wir auf jedem unserer Schritte uns begegnen. Die Wirkungen der erdmagnetischen Kraft fallen nicht von selbst in die Augen, sondern wollen gesucht sein: Jahrtausende vergingen, ohne daß man nur von der Existenz dieser Kraft wußte. Von der ersten Kraft werden alle Verhältnisse des physischen Lebens durchdrungen, von der anderen unmittelbar wenig oder gar nicht berührt."[1] In der Tat ist nur eine Wir-

[1] C. F. Gauss' Werke (1836—1874), Bd. 5.

kung des Erdmagnetismus schon im Anfange des 12. Jahrhunderts in beschränktem Kreise von praktischer Bedeutung geworden, die Einstellung einer mit einem Hütchen auf einer Spitze drehbaren Magnetnadel in eine bestimmte Richtung, den magnetischen Meridian. Der Kompaß des Schiffers hat dann auch bei den Arbeiten der Geodäten, insbesondere der Festlegung der Stollenrichtungen eines Bergwerkes durch den Markscheider Anwendung gefunden. Eine auf sicheren Prinzipien fußende wissenschaftliche Erforschung der erdmagnetischen Kraft begann erst im Jahre 1832 mit der berühmten Abhandlung von Gauss: „Intensitas vis magneticae terrestris ad mensuram absolutam revocata." Einen kurzen Bericht über diese wollen wir im folgenden geben.

An einer bestimmten Stelle der Erdoberfläche werden wir die erdmagnetische Kraft vollständig bestimmen durch Angabe dreier Größen.

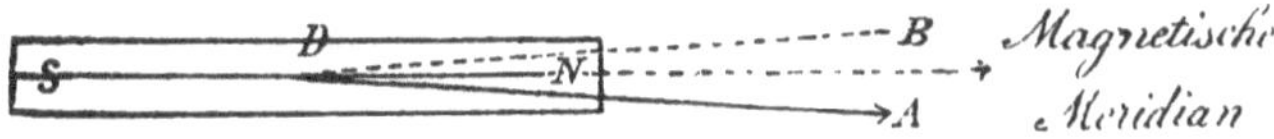

Fig. 456. Deklination.

Ihre Richtung wird gegeben durch zwei Winkel: den Winkel des magnetischen Meridians gegen den astronomischen, welchen man den Deklinationswinkel nennt; den Winkel, unter welchem die erdmagnetische Kraft gegen den Horizont geneigt ist, den Inklinationswinkel. Die Größe der erdmagnetischen Kraft ist dann vollkommen bestimmt, wenn wir eine ihrer Komponenten kennen, und als solche wählen wir die horizontale Intensität.

Deklination, Inklination, Horizontalintensität nennt man die drei Elemente des Erdmagnetismus.

Die Deklination bestimmen wir mit Hilfe einer in horizontaler Ebene um ihren Mittelpunkt leicht drehbaren Magnetnadel; der Winkel, welchen ihre Achse mit dem astronomischen Meridiane bildet, ist der Deklinationswinkel. Die Orientierung der Achse aber erkennen wir eben an ihrer Eigenschaft, unveränderlich in die Richtung des erdmagnetischen Meridians sich einzustellen. Wir verbinden zu diesem Zwecke mit der Nadel einen Zeiger DA, der mit der magnetischen Achse den Winkel ADN einschließt (Fig. 456). Legen wir die Nadel um, so daß die untere Seite nach oben kommt, so bleibt die Lage von DN unverändert, während der Zeiger durch seine Drehung um DN in die symmetrische Lage DB kommt. Die Richtung des magnetischen Meridians ist daher durch die Halbierungslinie des Winkels ADB gegeben. Um die Deklination zu erhalten, hat man außerdem noch die Richtung des astronomischen Meridians zu ermitteln.

Zur Bestimmung der Inklination bedienen wir uns einer Nadel, welche um eine horizontale, zu der Meridianebene senkrechte Achse leicht drehbar ist. Sorgt man dafür, daß der Schwerpunkt der Nadel auf das genaueste mit der Drehungsachse zusammenfällt, so gibt die

Neigung der magnetischen Achse gegen die Horizontale den Inklinationswinkel. Das zu der Ausführung der Messung dienende Instrument heißt Inklinatorium.

Das Prinzip für die Messung der horizontalen Intensität ist in § 358 gegeben. Wir lassen eine Magnetnadel, die „Hauptnadel" in horizontaler Ebene schwingen. Aus Schwingungsdauer und Trägheitsmoment ergibt sich das Produkt aus Horizontalintensität und Stabmagnetismus

$$\mathfrak{M} H = \pi^2/t^2 \cdot \text{Trägheitsmoment} = A .$$

Dieselbe Nadel benützen wir in der ersten Hauptlage zu der Ablenkung einer „Hilfsnadel" aus der Entfernung R; ist der Ablenkungswinkel gleich φ, so gilt allgemein, auch für große Ablenkungen:

$$\mathfrak{M}/H = \tfrac{1}{2} R^3 \operatorname{tg} \varphi = B .$$

(Die in § 356 benützte Formel folgt hieraus, sobald φ sehr klein ist.)

Die Kombination beider Gleichungen gibt den Wert der Horizontalintensität:

$$H = \sqrt{A/B} .$$

Die Beobachtung zeigt nun, daß die Elemente des Erdmagnetismus von Ort zu Ort variieren; eine Übersicht über die Ausbeute der an verschiedenen Stellen der Erdoberfläche angestellten Beobachtungen erhält man, wenn man die Orte gleicher Deklination durch die „isogonischen", die Orte gleicher Inklination durch die „isoklinischen", die Orte gleicher Intensität durch die „isodynamischen" Linien verbindet. Es ist begreiflich, daß man am frühzeitigsten mit dem Systeme der Isogonen bekannt wurde, da dieses für den Seefahrer eine große praktische Bedeutung besitzt. Es zeigt sich aber, daß die Gestalt und Lage der Isogonen bedeutenden zeitlichen Änderungen unterworfen ist; die Linien auf Halleys Deklinationskarte (aus den Jahren 1698/99) weichen sehr stark von der gegenwärtigen Lage der Isogonen ab; dasselbe gilt von den beiden anderen Liniensystemen, wenn wir auch ihre Veränderungen nicht durch einen so langen Zeitraum zu verfolgen vermögen. Würde es nun auch möglich sein, auf dem Wege der Beobachtung zu einer vollständigen Kenntnis der drei Liniensysteme wenigstens für eine bestimmte Epoche zu gelangen, so würde das wissenschaftliche Interesse damit doch ebensowenig erschöpft sein, als das Interesse der Astronomie durch die Keplersche Bestimmung der Planetenbahn befriedigt war. Es erhebt sich die Aufgabe, die verwickelten Erscheinungen einem einheitlichen Prinzip zu unterwerfen, welches dann gestattet, die erdmagnetischen Wirkungen auch für solche Stellen der Erdoberfläche im voraus zu berechnen, welche der Beobachtung bisher unzugänglich waren.

§ 360. Hypothese eines Zentralmagnets. Die einfachste Hypothese, die man über die Ursache der erdmagnetischen Wirkungen machen kann, ist, im Mittelpunkte der Erde nur einen einzigen Magnet anzunehmen. Zu der Bestimmung seiner Lage und seines magnetischen Momentes reicht dann die Bestimmung der Elemente des Erdmagnetismus an einer einzigen Stelle der Erdoberfläche aus. In der Tat, es sei A (Fig. 457) der Beobachtungsort, als welchen wir Göttingen — den Ort, in dem Gauß gewirkt — wählen; der Kreis repräsentiere die Ebene des durch A und den Erdmittelpunkt C hindurchgehenden magnetischen Meridians; eine in A an ihn gelegte Tangente repräsentiert den Horizont von Göttingen: ziehen wir eine Linie AD, welche gegen den Horizont nach Norden zu unter einem Winkel von etwa 66° geneigt ist, so stellt diese die Richtung der erdmagnetischen Kraft dar. Um nun die Richtung der Achse für den sie erzeugenden Zentralmagnet zu erhalten, teilen wir, entsprechend der in § 357 enthaltenen Regel, AC in drei gleiche Teile, errichten in dem C zunächstliegenden Teilpunkte ein Lot bis zu einem Schnittpunkte D mit der Richtung der Inklination. Die Richtung der magnetischen Achse ist dann gegeben durch die Verbindungslinie CD.

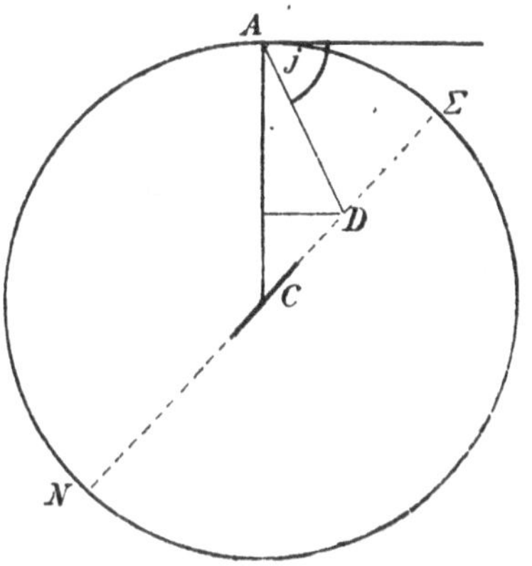

Fig. 457. Zentralmagnet.

Zwischen dem Winkel φ, welchen CD mit der Richtung des Erdhalbmessers $CA = R$ einschließt, und der Inklination j besteht die Gleichung:

$$\operatorname{tang} \varphi \cdot \operatorname{tang} j = 2 .$$

Die gesamte Intensität der erdmagnetischen Kraft in A ist nach § 357 gegeben durch

$$\mathfrak{H} = \frac{\mathfrak{M}}{R^3} \sqrt{1 + 3 \cos^2 \varphi} ,$$

ihre horizontale Komponente durch

$$H = \mathfrak{H} \cos j .$$

Setzt man für $\mathfrak{H}$ seinen Wert und drückt man gleichzeitig $\cos j$ durch den Winkel φ aus, so kommt man zu der Gleichung:

$$\mathfrak{M} = HR^3/\sin \varphi ,$$

aus welcher das magnetische Moment des Zentralmagnets berechnet werden kann.

Mit $j = 66^0$ findet man $\varphi = 41{,}7^0$, und mit $H = 0{,}189$:

$$\mathfrak{M} = 0{,}284 \cdot R^3 ,$$

wo R in cm auszudrücken ist, um $\mathfrak{M}$ in Einheiten des cm · g · sec-Systems zu erhalten. Der gefundene Wert weicht von dem genauen, später anzugebenden nicht übermäßig ab.

Da der positive Pol einer drehbar aufgehängten Nadel vom Erdmagnetismus nach N gezogen wird, so muß der Zentralmagnet umgekehrt seinen negativen oder südmagnetischen Pol der nördlichen Halbkugel zuwenden. Verlängern wir seine Achse *CD*, so schneidet sie die Oberfläche der Erde in einem Punkte Σ der nördlichen, einem diametral gegenüberliegenden N der südlichen Halbkugel. In diesen beiden Punkten müßte die Magnetnadel sich senkrecht zu der Erdoberfläche stellen, sie würden die sogenannten magnetischen Pole der Erde repräsentieren; alle Punkte der Parallelkreise, deren Ebenen zu der Achse des Zentralmagnets senkrecht stehen, müßten die gleiche Inklination besitzen, d. h. die Isoklinen müßten durch ein System von Parallelkreisen dargestellt sein. Zugleich müßten die Isogonen mit den zugehörigen Meridiankreisen zusammenfallen.

Von diesen Folgerungen wird durch die Erfahrung keine bestätigt; die magnetischen Pole, die Punkte, in welchen die horizontale Komponente des Erdmagnetismus verschwindet, liegen nicht an den Stellen N und Σ unserer Zeichnung, die Isoklinen sind keineswegs durch ein System von Parallelkreisen, die Isogonen nicht durch die Meridiane gegeben.

Man hat die Sache zu verbessern gesucht, indem man dem Magnet, den man als die Ursache der erdmagnetischen Kräfte ansah, eine exzentrische Lage im Innern des Erdkörpers gab. Da auch hierdurch keine große Verbesserung erreicht wurde, so versuchte man die Hypothese zweier Magnete von verschiedener Lage und Größe im Erdinnern, aber wiederum ohne zu einer irgendwie genügenden Übereinstimmung mit den Beobachtungen zu gelangen. Man kann nicht umhin, hieraus den Schluß zu ziehen, daß die Verteilung des Magnetismus im Innern der Erde überhaupt nicht derart ist, daß sie sich durch eine Konzentrierung in einen oder ein paar Magnete ersetzen ließe, und man wird also dazu gedrängt, eine Theorie des Erdmagnetismus zu suchen, welche unabhängig ist von jeder speziellen Annahme über die Verteilung des Magnetismus im Erdinnern.

§ 361. Gauss' allgemeine Theorie. Der Vorteil, welcher mit der Annahme eines oder mehrerer kleiner Magnete im Innern der Erde verbunden ist, besteht in der Möglichkeit einer unmittelbaren Anwendung des von uns für die Fernwirkung eines Magnets gefundenen Gesetzes. Wenn wir uns aber das ganze Innere der Erde mit irgendwie verteilten magnetischen Massen erfüllt denken, so fällt diese Möglichkeit fort, denn die Punkte der Erdoberfläche verhalten sich dann ganz so wie die Punkte, die unmittelbar an der Oberfläche eines Magnets gelegen sind. Man gewinnt aber jene Möglichkeit wieder, wenn man die Erde zerlegt in lauter Volumelemente, deren Größe so gewählt ist, daß alle als klein betrachtet werden können gegenüber ihrer Entfernung von dem betrachteten Punkte der Erdoberfläche. Dann kann man die Wirkung jedes einzelnen Volumelements berechnen mit Hilfe des für die Fernwirkung gefundenen Gesetzes. Die von dem ganzen Erdmagnet ausgeübte Kraft ergibt sich dann als Resultante aus all jenen elementaren Wirkungen;

sie wird also abhängen einmal von dem allgemeinen Gesetze der Fernwirkung, sodann von der individuellen Beschaffenheit aller einzelnen Elementarmagnete, d. h. von der speziellen Verteilung des Magnetismus im Innern der Erde. Zwischen den Wirkungen des Erdmagnetismus an verschiedenen Stellen der Erdoberfläche muß ein Zusammenhang bestehen, welcher ihrer gemeinsamen Ursache entspringt. Nun ergibt sich, daß jener Zusammenhang nur abhängig ist von den allgemeinen Gesetzen der Fernwirkung, während natürlich jede einzelne Wirkung außerdem noch von der Individualität der einzelnen Elementarmagnete abhängig ist. Hiernach zerfallen die Gesetze der erdmagnetischen Wirkungen in zwei Klassen:

1. Solche, welche abhängen von dem Gesetze der Fernwirkung und von der Individualität des Erdmagnets.

2. Solche, welche nur von dem allgemeinen Gesetze der Fernwirkung abhängen.

Die Gesetze der zweiten Art hat Gauss die allgemeinen Gesetze des Erdmagnetismus genannt; sie bilden den Schlüssel zu einer wirklichen Kenntnis des Erdmagnets.

Gesetze der Potentiallinien. Wir wollen an irgend einem Punkte A der Erdoberfläche die Deklination beobachten, hierauf senkrecht zu ihrer Richtung zu einem benachbarten Punkte B fortschreiten, dort wieder die Deklination bestimmen, abermals an der Oberfläche der Erde ein zu der neuen Deklinationsrichtung senkrechtes Linienelement BC ziehen, usf. Setzen wir dieses Verfahren weiter und weiter fort, so erhalten wir eine über die Oberfläche der Erde sich hinziehende Linie, und es zeigt sich, daß wir auf unserem Wege schließlich an den Ausgangspunkt zurückkommen, d. h. daß jene Linie eine geschlossene, die Erdkugel einmal umlaufende, ist. Indem wir dasselbe Verfahren, von anderen Punkten ausgehend, wiederholen, bedecken wir die Erdoberfläche mit einem System von Linien, den sogenannten Potentiallinien, die überall senkrecht zur Deklinationsrichtung stehen. Die Potentiallinien können sich nirgends durchkreuzen, denn sonst würde ja an der Kreuzungsstelle die Deklination gleichzeitig zwei verschiedene Werte haben. In der Nähe des Äquators folgen die Potentiallinien bis zu einem gewissen Maße den Parallelkreisen, indem sie in Form von Wellen mit langem Berg und Tal an ihnen hinlaufen. Sie ziehen sich schließlich in Ovale zusammen, welche zwei auf der nördlichen und südlichen Halbkugel liegende Punkte umgeben. Es sind dies die Punkte, in denen die horizontale magnetische Kraft verschwindet, die Inklination also gleich 90° wird, die magnetischen Pole der Erde. Die horizontale Intensität der erdmagnetischen Kraft ist um so größer, je kleiner an der betreffenden Stelle der Erdoberfläche der Abstand zweier benachbarter Potentiallinien ist. So ersetzt also das System der Potentiallinien die Isogonen und die Isodynamen, und gibt zugleich eine viel anschaulichere Darstellung der Verhältnisse als jene.

Gesetz der Äquivalenz. Von großem Interesse ist noch ein zweites Resultat der GAUSSschen Theorie. Nach ihr ist es nicht möglich, aus den Wirkungen auf den umgebenden Raum eine Kenntnis von der wahren Verteilung des Magnetismus im Erdinnern abzuleiten. Man kann nur eine Verteilung positiver und negativer magnetischer Massen an der Oberfläche der Erde angeben, welche auf jeden Punkt des umgebenden Raumes genau die Wirkung ausübt, wie die unbekannte Verteilung im Innern. Wir bezeichnen diese fingierte Oberflächenschicht als die ideale Verteilung des Erdmagnetismus. Sie ist in ihrer Wirkung auf den umgebenden Raum mit der wahren Verteilung äquivalent.

Liniensumme der magnetischen Kraft. Aus der Annahme, daß die magnetischen Wirkungen an der Oberfläche der Erde von einer Verteilung magnetischer Massen in ihrem Innern herrühren, hat GAUSS einen Satz abgeleitet, der in den neueren Untersuchungen über den Erdmagnetismus eine bedeutende Rolle spielt. An der Oberfläche der Erde ziehen wir ein geschlossenes Polygon A_1, A_2, A_3 ...., dessen Seiten von Bogen größter Kreise gebildet werden. Die Längen der Seiten werden so klein genommen, daß der Wert der horizontalen Intensität des Erdmagnetismus von einer Seite zur anderen sich nur wenig ändert. Die Werte, welche die horizontale Intensität in den Mitten der aufeinander folgenden Seiten besitzt, seien H_{12}, H_{23}, H_{34} ... Ziehen wir ferner durch die Mitte jeder Seite die Richtung des magnetischen Meridians, so seien die Winkel zwischen den Seiten und den entsprechenden Meridianen gleich φ_{12}, φ_{23}, φ_{34} ... Dabei ist auf dem Umfange des Polygons eine bestimmte Umlaufrichtung festzusetzen, und ist die Richtung der Seiten in Übereinstimmung damit zu wählen. Unter diesen Voraussetzungen hat nun, wie eine rechnerische Überlegung zeigt, die über alle Seiten des Polygons zu erstreckende Summe

$$H_{12} \cos \varphi_{12} \cdot A_1 A_2 + H_{23} \cos \varphi_{23} \cdot A_2 A_3 + H_{34} \cos \varphi_{34} \cdot A_3 A_4 + \dots,$$

die Liniensumme der magnetischen Kraft, den Wert Null.

Die Richtigkeit des Satzes hat GAUSS an dem Beispiele des von den Orten Göttingen (A_1), Mailand (A_2), Paris (A_3) gebildeten Dreiecks geprüft. Bei der dazu nötigen Berechnung wird die Erde als eine Kugel betrachtet. Zieht man dann die Radien nach den drei betrachteten Orten, so kann man ihre Entfernung auf der Oberfläche der Erde durch die entsprechenden Zentriwinkel messen. Man erhält so:

$$A_1 A_2 = 6{,}0889^\circ, \quad A_2 A_3 = 5{,}7300^\circ, \quad A_3 A_1 = 5{,}5344^\circ.$$

Andererseits waren die Werte der Horizontalintensität H und der Deklination δ an den drei Orten:

A_1 (Göttingen):	$H_1 = 0{,}17813$	$\delta_1 = 18{,}63^\circ$
A_2 (Mailand):	$H_2 = 0{,}19949$	$\delta_2 = 18{,}55^\circ$
A_3 (Paris):	$H_3 = 0{,}18101$	$\delta_3 = 22{,}07^\circ$.

Nehmen wir nun die Linie $A_1 A_2$, so hat die Horizontalkomponente in dem einen Endpunkte den Wert H_1, in dem anderen den Wert H_2.

Ferner ergibt sich aus der geographischen Lage von Göttingen und von Mailand, daß der Winkel φ_{12} in A_1 den Wert 156,18°, in A_2 den Wert 156,86°, besitzt. Im Mittel kann man daher für die Seite $A_1 A_2$ setzen:

$$H_{12} \cos \varphi_{12} = \tfrac{1}{2} \{H_1 \cos 156{,}18^0 + H_2 \cos 156{,}86^0\}.$$

Berechnet man in analoger Weise die Mittelwerte für die Seiten $A_2 A_3$ und $A_3 A_1$, so muß nach dem Gaussschen Satze die Beziehung bestehen:

$$\begin{aligned} &\tfrac{1}{2}\{H_1 \cos 156{,}18^0 + H_2 \cos 156{,}86^0\} \cdot A_1 A_2 \\ &+ \tfrac{1}{2}\{H_2 \cos 32{,}66^0 + H_3 \cos 34{,}13^0\} \cdot A_2 A_3 \\ &+ \tfrac{1}{2}\{H_3 \cos 80{,}41^0 + H_1 \cos 82{,}80^0\} \cdot A_3 A_1 = 0 , \end{aligned}$$

oder

$$\begin{aligned} &H_1 \{A_1 A_2 \cdot \cos 156{,}18^0 + A_3 A_1 \cdot \cos 82{,}80^0\} \\ &+ H_2 \{A_2 A_3 \cdot \cos 32{,}66^0 + A_1 A_2 \cdot \cos 156{,}86_0\} \\ &+ H_3 \{A_3 A_1 \cdot \cos 80{,}41^0 + A_2 A_3 \cdot \cos 34{,}13^0\} = 0 . \end{aligned}$$

Setzen wir in dieser letzten Gleichung für die Seiten $A_1 A_2$, $A_2 A_3$, $A_3 A_1$ die oben angegebenen Werte, so gibt die Ausführung der Rechnung

$$4{,}8767\, H_1 + 0{,}7705\, H_2 - 5{,}6607\, H_3 = 0 .$$

Man kann die Gleichung benutzen, um aus den beobachteten Werten der Horizontalintensität in Göttingen und in Mailand ihren Wert für Paris zu berechnen; es ergibt sich so:

$$H_3 \text{ (berechnet)} = 0{,}18063 .$$

Die nahe Übereinstimmung mit dem beobachteten Werte $H_3 = 0{,}18101$ bildet einen Beweis für die Gültigkeit des Gaussschen Satzes.

§ 362. Spezielle Ergebnisse. Magnetische Achse und Pole der Erde. Gauss hat aus den vorliegenden Beobachtungen die ideale Verteilung des Erdmagnetismus berechnet. Ihre Kenntnis setzt uns in den Stand, für jeden Punkt der Erdoberfläche die magnetischen Elemente a priori zu berechnen, wenn auch auf Grund von ziemlich komplizierten Formeln. Sie führt damit auch zu einer vollständigen Kenntnis der Potentiallinien, die auf Grund der Beobachtungen allein nur bruchstückweise gezeichnet werden können. Die Fig. 458 a, b geben die von Gauss auf Grund seiner Theorie entworfenen Zeichnungen der Potentiallinien wieder. In großen Entfernungen von der Erde, z. B. in der Entfernung des Mondes, müssen aber die für die Nahewirkungen geltenden Gesetze wieder übergehen in das Gesetz der Fernwirkung, wie es in § 360 ausgesprochen wurde. Die Nahewirkungen hängen ab von der idealen Verteilung des Erdmagnetismus, die Fernwirkungen nur von magnetischer Achse und magnetischem Moment; vermöge des Zusammenhanges der Wirkungen muß es möglich sein, die beiden letzteren Elemente aus der idealen Verteilung zu bestimmen. Besitzen sie auch für die Wirkungen an der Erdoberfläche keine maßgebende Bedeutung, so charakterisieren sie doch die magnetische Natur der Erde im großen und sind von unmittelbarer praktischer Bedeutung in allen Fragen der Fernwirkung. Wenn es sich beispielsweise darum handelt, die magnetische Wirkung der Erde auf den Mond zu berechnen, so können wir auf einem Durchmesser der Erde zwei entgegengesetzte magnetische Pole annehmen von der Stärke **M** und der Distanz 2 **L**, den negativen Pol in der nördlichen, den positiven in der südlichen Halbkugel. Die Fernwirkung hängt dann nur ab von dem Produkt 2 **LM** $= \mathfrak{M}$, von dem magnetischen Moment. Die Lage der Pole bleibt willkürlich; man kann sie voneinander entfernen oder einander nähern, wenn man nur ihre Stärke dementsprechend ändert. Wenn man aber von den

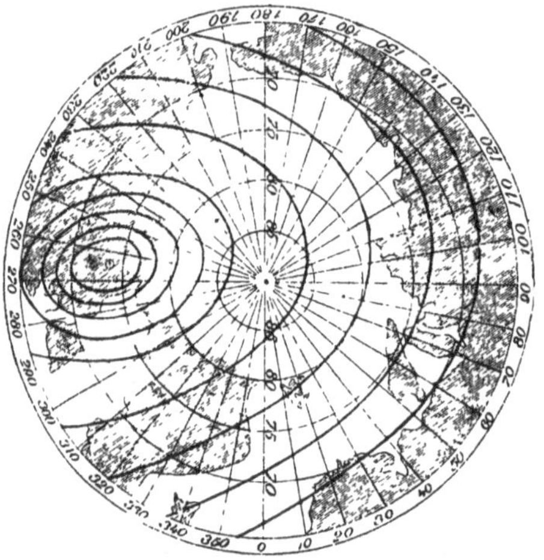

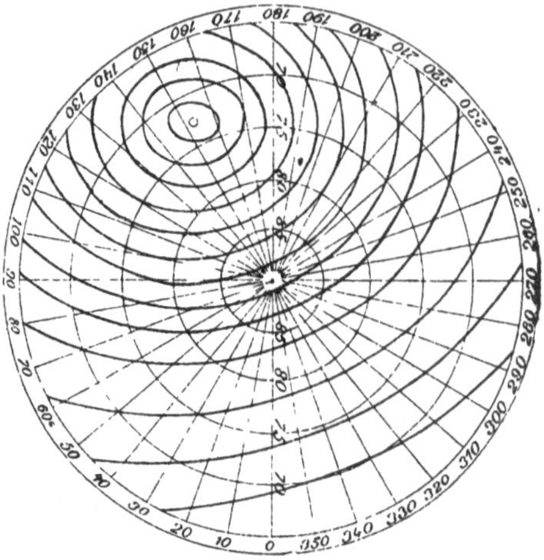

Fig. 458a. Potentiallinie des Erdmagnetismus. Fig. 458b.

magnetischen Polen der Erde spricht, so meint man nicht diese fingierten, auf der magnetischen Achse liegenden Punkte, sondern die schon erwähnten, von ovalen Potentiallinien umschlossenen Punkte der nördlichen und südlichen Halbkugel, in denen die horizontale Intensität verschwindet. Es ist wichtig, diesen Sprachgebrauch zu merken; denn wir verstehen unter dem Pol eines Stabmagnets tatsächlich etwas ganz anderes, als unter einem magnetischen Pol der Erde. Dies wird auch durch die numerischen Resultate, zu welchen Gauss bei seiner Rechnung gelangt ist, erläutert.

Die Plätze der beiden magnetischen Pole der Erde sind:

1. in 73° 35′ nördlicher Breite, 264° 21′ Länge östlich von Greenwich.
2. 72° 35′ südlicher Breite, 152° 30′ Länge.

Der erste der beiden Punkte ist zuerst (1831) von Ross wirklich beobachtet worden, ebenso von einer englischen Expedition (1909) der S-Pol.

Die Lage dieser Pole scheint sich langsam zu ändern.

Die Richtung der magnetischen Achse als Verbindungslinie der magnetischen Pole findet sich parallel mit dem Erddurchmesser.

Das magnetische Moment der Erde. Für das magnetische Moment der Erde fand Gauss den Wert:

$$\mathfrak{M} = 0{,}331 \cdot R^3 ,$$

wo R, wie in § 360, den Halbmesser der Erde bezeichnet. Eine auf Grund eines zahlreicheren Beobachtungsmaterials ausgeführte Rechnung ergab für das Jahr 1829 den nur wenig abweichenden Wert:

$$\mathfrak{M} = 0{,}327 \cdot R^3.$$

Wäre der Magnetismus durch das ganze Innere der Erde gleichmäßig verteilt, so würde hiernach auf 1 cm³ ein magnetisches Moment von 0,078 unserer absoluten cm · g · sec-Einheiten kommen. Andererseits ist der spezifische Magnetismus eines guten Stahlmagnets nach § 356 gleich 750 Einheiten. Im großen und ganzen verhält sich die Erde so, als ob der 10000ste Teil davon aus magnetisiertem Stahl bestände, d. h. so, als ob in jedem cm³ ein kleiner Stahlmagnet von 0,1 mm³ Rauminhalt, oder in jedem Kubikmeter ein solcher von 100 cm³ Inhalt vorhanden wäre, stark magnetisch und mit seiner Achse parallel mit der magnetischen Achse der Erde gerichtet.

§ 363. Variationen des Erdmagnetismus. Wir haben schon davon gesprochen, daß die Bestimmungsstücke der erdmagnetischen Kraft, Deklination, Inklination und horizontale Intensität fortwährende Veränderungen erleiden; es sind dies regelmäßig periodische nach den Tages- und Jahreszeiten wechselnde, säkulare, welche erst nach längeren Zwischenzeiten in die Augen fallen und unregelmäßige, in sehr kurzen Zeitfristen wechselnde Schwankungen der Magnetnadel.

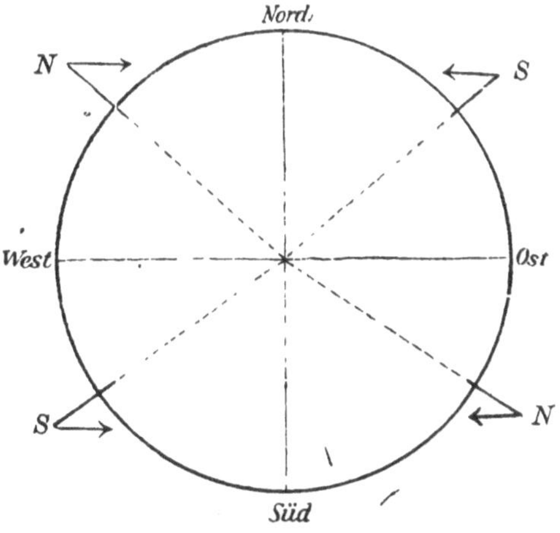

Fig. 459. Zur täglichen Variation.

Die täglichen Schwankungen verhalten sich nach einer von Faraday gemachten Bemerkung vom Morgen zum Abend gerade so, wie wenn sie durch zwei magnetische Pole erzeugt würden — einen N-Pol in der südlichen, einen S-Pol in der nördlichen Halbkugel —, welche in der Atmosphäre der Erde der scheinbaren Bewegung der Sonne folgen.[1] Um die Gesamtheit der Erscheinung, die Bewegung der Magnetnadel bei Tag und Nacht, zu erklären, müssen wir noch zwei Pole hinzunehmen, welche den Faradayschen in der Atmosphäre nahe diametral gegenüber liegen, so daß bei Nacht über die nördliche Halbkugel ein N-Pol, über die südliche ein S-Pol hinweggeht (Fig. 459.) Es ist diese Bemerkung

[1] Phil. Trans. (1851). — Bequemer ist das Aufsuchen aller Arbeiten Faradays in Experimental Researches in Elektricity. Erschienen 1839, 1844, 1855. Deutsche Übersetzung von Kalischer. Berlin 1889. — Wir zitieren aber immer die Org.-Abh. wegen der Jahreszahl der Publikationen.

von besonderem Interesse, weil die Ursache der täglichen Variationen des Erdmagnetismus damit aus dem Innern der Erde heraus in die Atmosphäre verlegt wird. Auf die Möglichkeit, daß ein Teil der magnetischen Erscheinungen an der Erdoberfläche durch elektrische Bewegungen in der Atmosphäre erzeugt werden könnte, hat schon GAUSS aufmerksam gemacht; er hat gezeigt, wie man durch die Kombination der beobachteten Werte der horizontalen und der vertikalen Kräfte ein Mittel gewinnt, die außerhalb des Erdkörpers wirkenden Ursachen zu scheiden von denen, die ihren Sitz im Innern haben. Dieses Mittel, angewandt auf die täglichen Variationen, hat in der Tat die Anschauung FARADAYS bestätigt. Unentschieden bleibt zunächst die Frage, welcher Art die magnetische Wirkung der Sonne auf die Atmosphäre der Erde ist. Auf die Annahme, daß die täglichen Variationen des Erdmagnetismus durch elektrische Bewegungen in der Atmosphäre hervorgerufen werden, kommen wir an einer späteren Stelle (letzter Teil dieses Bandes) zurück.

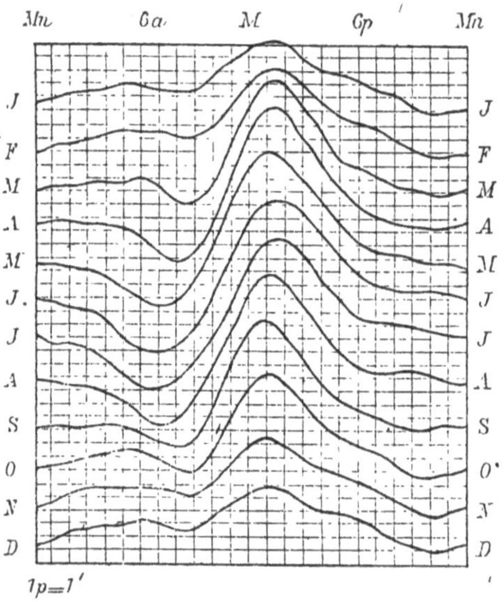

Fig. 460. Täglicher Gang der Deklination.

Die Größe der täglichen magnetischen Variationen ist einem periodischen Wechsel unterworfen. Nur um ein Beispiel zu bringen, geben wir in Fig. 460 den täglichen Gang der Deklination für die 12 Jahresmonate in Mitteln aus einer 10jährigen Beobachtungsreihe in Potsdam. Man findet immer einen stark ausgeprägten Tagesverlauf und einen unregelmäßigen Nachtanteil. Aus solchen Beobachtungen errechnet man auch Monatsmittel und erhält die Jahresschwankungen der Deklination. Diese Variationen hängen alle sehr vom Orte (geographische Breite) ab.

Gerade in derselben Weise sind die Schwankungen der Inklination, der Horizontal- und Vertikalintensität bestimmt worden. Ein über die ganze Erde verteiltes Beobachtungsnetz wird so hoffentlich eine eingehendere Erkenntnis dieses Gebietes ermöglichen.

Die säkulären Variationen sind aus naheliegenden Gründen am ersten beobachtet worden bei der Deklination. Ihre Veränderungen in Paris und in London sind in der folgenden Tabelle zusammengestellt.

Paris		London	
Jahr	Deklination	Jahr	Deklination
1541	− 7,5°		
1580	−11,5°	1580	−11,25°
1660	− 1,25°	1657	0,00°
1698	+ 7,67°	1698	+ 7,00°
1746	16,25°	1746	17,31°
1798	22,25°	1798	24,01°
1859	19,50°	1859	21,59°
1880	16,87°	1880	18,75°
1890	15,71°		

Hier entspricht dem negativen Vorzeichen des Deklinationswinkels eine östliche Abweichung. Es scheint aus diesen Zahlen hervorzugehen, daß auch die säkuläre Variation einen periodischen Charakter besitzt.

Derzeit nehmen die Deklinationen in Deutschland ab. Bezeichne l die östliche Länge von Greenwich und φ die geographische Breite, so ist z. B. für das Jahr 1915 und für Mitteleuropa die Deklination westlich und zwar für

φ \ l	6	8	10	12	14	16	18	20	22	24
45°	11,2	10,5	9,9	8,9	7,9	7,1	6,3	5,4	4,5	3,7
50°	12,0	10,8	9,8	8,9	7,8	6,8	5,8	5,2	4,2	3,2
55°	12,5	11,3	10,1	9,1	7,9	7,0	6,5	4,5	3,7	2,5

Dabei ist z. B.

für	Aachen	Berlin	Bonn	Breslau	Dresden	Göttingen	Graz	Kiel	Leipzig	München	Prag	Wien
l	6,1	13,4	7,1	17,0	13,7	9,9	15,4	10,2	12,4	11,6	14,4	16,4
φ	50,78	52,50	50,73	51,11	51,04	51,53	47,08	54,34	51,34	48,15	50,09	48,23

Auch die Inklinationen und die Horizontalintensitäten sind säkulären Schwankungen unterworfen und auch hier ist ein periodischer Charakter der Änderungen wahrscheinlich. Da überdies die Werte für verschiedene Orte verschieden sind, bedarf es für bestimmte Jahre ähnlicher Tabellen, wie jener, die wir für die Deklination angedeutet haben.[1]

Als genauere magnetische Mittelwerte für das Jahr 1917 und Potsdam wurde gemessen:[2]

westliche Deklination	7° 58,4′
nördliche Inklination	66° 29,2′
Horizontalintensität	0,18671.

[1] Obige Zahlen sind einer viel ausführlicheren Tabelle von „Kohlrausch: Lehrbuch der praktischen Physik" entnommen. Daselbst weitere Verweise.

[2] A. Schmidt, Phys. Zs. 19 (1918).

Sonnentätigkeit und Erdmagnetismus. Auf diesem so schwierigen Gebiete des Erdmagnetismus ist nun eine merkwürdige Tatsache ganz sicher gestellt. Man kann aus der Anzahl der jeveilig sichtbaren Sonnenflecken und ihren Gruppen eine Zahl r errechnen, die „Sonnenfleckenrelativzahl". Diese Zahlen gehen nun ganz parallel den jährlichen, ja sogar monatlichen Variations-Amplituden des Erdmagnetismus. Es sind in allen diesen Gebieten dieselben etwa 11jährigen Perioden konstatiert worden.

Unregelmäßige Störungen. Oft findet man plötzlich ganz unregelmäßige Störungen der Deklination (bis zu 3° in Potsdam) und der anderen erdmagnetischen Elemente, die aber gleichzeitig auf ein großes Raumgebiet, oft auf fast die ganze Erdoberfläche, sich erstrecken. Da diese Störungen besonders stark beim Auftreten von Polarlichtern sind und da auch diese eine etwa 11jährige Periode zeigen, sind mit großer Wahrscheinlichkeit sowohl für diese magnetischen Störungen als auch für die Polarlichter kosmische Einflüsse der Sonne maßgebend.

IV. Rückblick auf die Theorie magnetischer Wechselwirkung.

§ 364. Kraftlinien und magnetische Fernwirkung. Wir haben bei unseren Untersuchungen über magnetische Wirkung zwei verschiedene Gedankenreihen verfolgt, von denen die eine an die Anschauung der magnetischen Kraftlinien, die andere an die Konzeption von den Polen und ihrer Fernwirkung sich anknüpfte. Es fragt sich, welche Beziehungen zwischen den beiden Gedankenkreisen bestehen.

Wir wollen daran erinnern, daß die Vorstellung der magnetischen Pole sich zuerst aus der Betrachtung der Kraftlinien entwickelt hat; nun aber sind uns in der Theorie der Fernwirkung die Pole, von denen wir ausgegangen waren, unter der Hand wieder entschlüpft; wir haben gefunden, daß alle Wirkungen, welche ein Magnet in größerer Ferne ausübt, nur abhängen von Richtung und Größe seines magnetischen Momentes, nicht von der Lage seiner Pole. Der Widerspruch, der hiernach zwischen den beiden Theorien entstanden ist, hebt sich in folgender Weise. Die von einem Magnet in der ersten Hauptlage ausgeübte Fernkraft ist nach § 356 gleich $2\mathfrak{M}/R^3$; es gilt dieser Ausdruck aber nur dann, wenn die Entfernung R so groß ist, daß wir das Quadrat der Poldistanz gegen das Quadrat von R vernachlässigen können. Ist dies nicht der Fall, so ergibt sich für die von dem Magnet ausgeübte Kraft ein Ausdruck von der Form:

$$2\mathfrak{M}/R^3 + k/R^5,$$

wo der Zähler $k = 4\mathfrak{M}\lambda^2$, also abhängig ist von dem magnetischen Moment und von der Poldistanz. Ablenkungsbeobachtungen, welche man bei etwas kleineren Entfernungen R von Haupt- und Hilfsnadel ausführt, werden somit nicht allein zu der Kenntnis des Momentes, sondern überdies zu der Bestimmung zweier Punkte der magnetischen Achse führen, welche mit den durch die Kraftlinien angezeigten Polen identisch sind. Umgekehrt kann man die Kraftlinien auch für den näheren Umkreis eines Magnetstabes konstruieren, sobald sein magnetisches Moment $\mathfrak{M}$ und seine Poldistanz 2λ in der angedeuteten Weise gefunden sind. Man denkt sich in den beiden Polen die magnetischen Massen $+\mu = \mathfrak{M}/(2\lambda)$ und $-\mu = -\mathfrak{M}/(2\lambda)$ konzentriert und konstruiert nach dem Satze vom Parallelogramm der Kräfte die Resultante der von ihnen auf ein N-magnetisches Teilchen ausgeübten Kräfte.

Die Bedeutung der Magnetpole für die Darstellung der magnetischen Wirkungen wird durch diese Bemerkungen nicht unwesentlich erweitert. Aber wir werden immer festhalten müssen, daß die reelle Bedeutung der Polpunkte nur in ihrer Eigenschaft liegt, mit einer gewissen Annäherung Konvergenzpunkte der Kraftlinien zu sein. Daß in ihnen magnetische Massen konzentriert sind, die nach dem Coulombschen Gesetz aufeinander wirken, ist eine Fiktion, die nützlich ist, die jedoch nicht für das wahre Bild der Tatsachen angesehen werden darf. Was aber von den Magnetstäben im großen gilt, gilt auch von den Elementarmagneten. Auch bei ihnen bleibt die Einführung der magnetischen Pole eine Hypothese; nur dürfen wir auf Grund der vorhergehenden Betrachtungen sagen, daß diese Hypothese den beobachteten Wirkungen in einem weiteren Umkreise entspricht, als die in § 357 gegebene Theorie, welche die Fernwirkungen allein von den magnetischen Momenten abhängig macht.

§ 365. Zahl der Magnetkraftlinien und Feldintensität. Wir haben bisher die Kraftlinien gezeichnet, so wie sie sich in einer durch die Achse des Magnets gelegten Ebene darstellen; man sieht, wie sie von den Polen divergierend ausstrahlen, sich mehr und mehr voneinander entfernen, während zugleich die von den Polen ausgeübte magnetische Kraft abnimmt. In dieser Bemerkung liegt ein Fingerzeig, nach dem eine weitere Beziehung zwischen den Theorien der Fernwirkung und der Kraftlinien herzustellen ist. Nur müssen wir dabei das System der Kraftlinien von vornherein in seiner räumlichen Ausbreitung betrachten, vermöge deren in jeder durch die Achse des Magnets gelegten Ebene dieselbe Zeichnung sich wiederholen muß. Wenn wir dann die Kraftlinien so konstruieren, daß sie in einer bestimmten Zahl den Raum durchschneiden, so läßt sich zeigen, daß in jedem von Kraftlinien eingeschlossenen Kanale, in jeder Kraftröhre, die Kraftlinien je nach der Breite des Querschnittes in demselben Maße sich zusammendrängen oder auseinanderweichen, in dem die magnetische Kraft zunimmt oder abnimmt. Wir können daher die Intensität der magnetischen Kraft, die Feldintensität, als Maß für die Dichte der Kraftlinien betrachten. Um dieser Annahme entsprechend die Dichte der Kraftlinien an einer beliebigen Stelle des Raumes zu finden, muß Richtung und Stärke $\mathfrak{H}$ der magnetischen Kraft gegeben sein; legen wir dann senkrecht zu der Richtung der Kraft eine Fläche von 1 cm^2 Inhalt, so setzen wir die Zahl der senkrecht sie durchschneidenden Kraftlinien gleich der Feldstärke $\mathfrak{H}$. Jene Zahl ist daher im allgemeinen eine gebrochene, z. B. gleich m/n, wo m und n ganze Zahlen sein sollen; das heißt dann, daß, bei konstant bleibender Dichte der Linien, durch eine Fläche von n cm² m Kraftlinien senkrecht hindurchgehen würden. Ein Magnetpol von der Stärke $\mathfrak{m}$ übt in der Entfernung von r cm die Kraft $\mathfrak{m}/r^2$ aus; beschreiben wir um den Pol eine Kugel mit dem Halbmesser r cm, so gehen durch jedes Quadratzentimeter ihrer Oberfläche $\mathfrak{m}/r^2$, durch die ganze Oberfläche $4\pi\mathfrak{m}$ Kraftlinien; die Gesamtzahl der von einem Pole von der Stärke $\mathfrak{m}$ ausgesandten Kraftlinien ist daher $4\pi\mathfrak{m}$. Bei einem Pole von gegebener Stärke stellt diese Zahl eine konstante und unveränderliche Eigenschaft vor und daraus folgt, daß auch in einem Magnetfelde, das von irgendwelchen permanenten Magneten erzeugt wird, die Gesamtzahl der Kraftlinien eine konstante, d. h. von der räumlichen Anordnung der Magnete unabhängig ist.

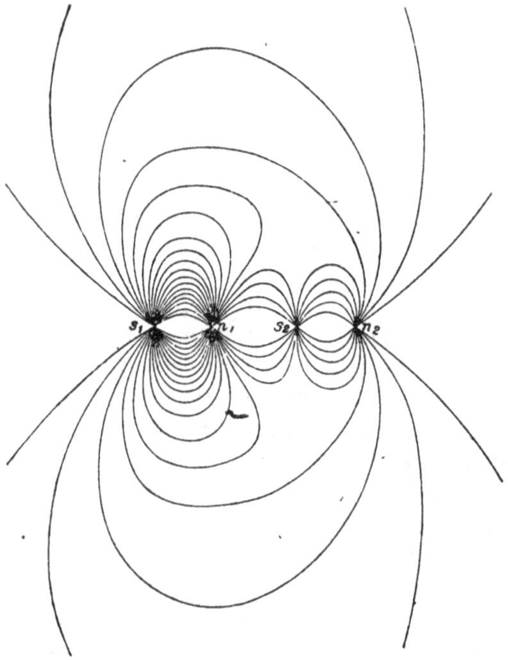

Fig. 461. Kraftlinien zweier Magnete.

Zur Erläuterung dieser Beziehungen diene Fig. 461; n_1, s_1 und n_2, s_2 seien die Pole zweier Magnete von gleicher Poldistanz; die Polstärke sei aber bei n_1, s_1 doppelt so groß, wie bei n_2, s_2. Man sieht, wie von den Polen n_1 und s_1 eine doppelt so große Zahl von Linien ausgeht als von den Polen n_2 und s_2; wie jede von einem Nordpole ausstrahlende Linie zu einem Südpole hinübergeht, aber so, daß sie sich mit einer von dort kommenden Linie vereinigt; die Zahl der von einem Pol ausgehenden Linien wird also durch das gleichzeitige Vorhandensein der vier Pole in keiner Weise geändert.

Spannung und Druck in dem Systeme der Kraftlinien. Nach allem haben wir in den Magnetkraftlinien ein Bild gewonnen, welches die magnetischen Wirkungen mit großer Anschaulichkeit wiederzugeben vermag, nicht bloß qualitativ, sondern zufolge der letzten Betrachtung auch nach der quantitativen Seite hin. Wenn wir aber den Kraftlinien eine physische Existenz zuschreiben, wenn wir die durch sie bedingten

Spannungen und Drucke des Äthers als die wahren Ursachen der magnetischen Wirkungen betrachten wollen, so müssen wir zeigen, daß jene Zustände des Äthers zu einer scheinbaren Fernwirkung der Magnete führen, welche den Gesetzen von GAUSS gehorcht. Mit Bezug auf diese Frage müssen wir uns hier auf die Bemerkung beschränken, daß in der Tat eine entsprechende quantitative Bestimmung jener Spannungen und Drucke möglich ist, indem wir auf spätere Untersuchungen verweisen, die mit dem vorhergehenden in engem Zusammenhange stehen.

Zweiter Teil. Elektrostatik.

I. Fundamentalbegriffe der Elektrostatik.

§ 366. GILBERT. Die Anfänge der Elektrizitätslehre gehen zurück auf eine den Alten bekannte Erscheinung, die Anziehung, welche geriebener Bernstein (ein fossiles Harz) auf leichte Körperchen, z. B. auf die Abschnitte von Strohhalmen, ausübt. Von dem griechischen Namen des Bernsteins, ἤλεκτρον hat das ganze Gebiet der Erscheinungen, welche an jene entlegene Beobachtung sich anschließen, seinen Namen erhalten; aber diese ersten elektrischen Erfahrungen haben erst im Jahre 1600 eine wesentliche Erweiterung erfahren durch die Untersuchungen des englischen Arztes GILBERT, welche in einer Abhandlung „de magnete magneticisque corporibus" veröffentlicht sind. Er rieb Glas, Schwefel, Siegellack usw. mit Wolle oder Pelz, und zeigte ihre anziehende Wirkung auf Strohhälmchen, Holundermarkkugeln usw.

Auf Grund seiner Versuche glaubte GILBERT die Körper in zwei Klassen einteilen zu müssen: 1. Solche, welche durch Reiben elektrisch werden. 2. Solche, bei denen dies nicht der Fall ist. Zu den letzteren gehörten Holz, Metall, Stroh, und es schien dadurch (fälschlich) eine eigentümliche Beziehung zwischen den beiden Klassen hergestellt, der zufolge gerade die Körper angezogen wurden, welche selbst durch Reiben nicht elektrisch gemacht werden konnten.

Außer dieser Vermehrung der beobachteten Tatsachen verdankt man GILBERT auch die Einführung von feineren Hilfsmitteln der Beobachtung. Um schwächere elektrische Anziehungen nachzuweisen, kann man sich zunächst der elektrischen Pendel bedienen, kleiner Holundermarkkugeln, welche an Fäden aufgehängt und so der Wirkung der Schwere wenigstens zum Teil entzogen sind. GILBERT konstruierte zu diesem Zwecke auch elektroskopische Nadeln, kleine Metallstäbchen, welche mit einem Hütchen, nach Art der Kompaßnadeln, auf einer Spitze sich drehen. Will man mit einer solchen Nadel einen geriebenen Körper auf seine elektrische Erregung prüfen, so nähert man ihn dem einen Ende der Nadel und sieht zu, ob eine Anziehung eintritt.

Wir fügen diesen Elektroskopen gleich noch ein weiteres Instrument hinzu, welches, auch zu quantitativen Bestimmungen wohl geeignet, ein wirkliches Elektrometer repräsentiert, die elektrische Drehwage. An einem vertikal herabhängenden Drahte befestigen wir ein Schiffchen (Fig. 462), in welches eine Stange oder ein Wagebalken gelegt wird, der an dem einen Ende eine kleine Metallkugel, an dem anderen ein Gegengewicht trägt. Nähern wir der ersteren einen durch Reiben elektrisch gewordenen Körper, so wird seine Anziehung den Balken drehen, bis die rückwirkende Torsionskraft des Aufhängefadens jener Kraft das Gleichgewicht hält. Die Drehung des Balkens ist daher der elektrischen Anziehung proportional, und man hat in der Drehwage ein Instrument gewonnen, mit Hilfe dessen selbst schwache elektrische Wirkungen sich nachweisen lassen.

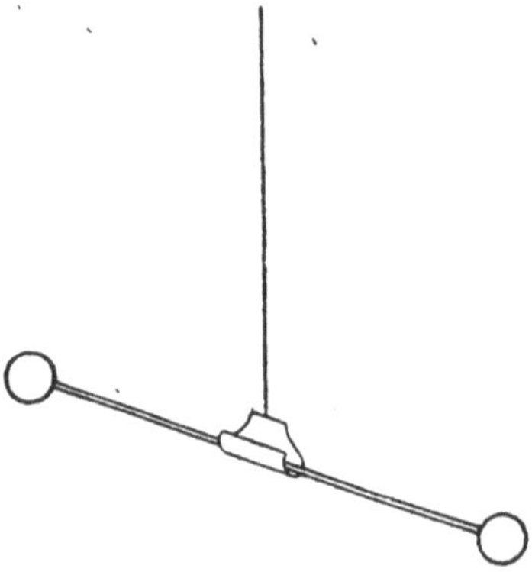

Fig. 462. Elektrische Drehwage.

Wir können die Drehwage zunächst benützen, um zu zeigen, daß die elektrischen Anziehungen dem Prinzip der Gleichheit von Aktion und Reaktion genügen. Zu diesem Zwecke legen wir eine mit Wolle geriebene Siegellackstange in das Schiffchen der Drehwage und zeigen, daß sie von einem Metallstabe angezogen wird.

§ 367. **Konduktoren und Isolatoren.** Ein anderer Fundamentalversuch, der von dem Engländer Gray im Jahre 1729 entdeckt wurde, zeigt, daß die Gilbertsche Einteilung der Körper nicht richtig ist und durch die Einteilung in Leiter und Nichtleiter (Konduktoren und Isolatoren) ersetzt werden muß. Gray wiederholte zuerst einen Versuch von Guericke (1602—1686), der gezeigt hatte, daß eine Flaumfeder von einer geriebenen Schwefelkugel erst angezogen und dann abgestoßen wird. Als Gray die Glasröhre, mit der er experimentierte, durch einen nach Gilbert unelektrischen Kork verschloß, beobachtete er, daß auch der Kork die Flaumfeder anzog; er konnte den Kork ersetzen durch eine lange Holzstange, die anziehende Wirkung war noch an ihrem äußersten Ende vorhanden, d. h. die Holzstange war in ihrer ganzen Ausdehnung elektrisch geworden. Durch diesen Versuch war nun zweierlei konstatiert. 1. Holz, Metall, überhaupt die Körper der zweiten Gilbertschen Klasse werden elektrisch bei Berührung mit einem durch Reiben elektrischen Körper. 2. Der elektrische Zustand beschränkt sich dann nicht auf die Berührungsstelle, sondern breitet sich über die ganze Oberfläche des Körpers aus. Man sagt, die Körper der zweiten Gilbertschen Klasse sind Leiter der Elektrizität, Konduktoren.

Bei den durch Reiben elektrischen Körpern der ersten GILBERTschen Klasse findet eine solche Leitung nicht statt, der elektrische Zustand, oder wie wir abkürzend sagen, die Elektrizität, haftet an der Stelle, wo sie durch Reiben erzeugt wurde. Wir nennen diese Körper Isolatoren.

Es liegt nun nahe, den Mißerfolg, welchen GILBERT bei dem Reiben von Konduktoren hatte, darin zu suchen, daß die Hand, welche den geriebenen Körper hält, der ganze menschliche Körper, der Fußboden, die Erde Konduktoren sind. Es würde dann der elektrische Zustand, den wir durch Reiben an der Oberfläche einer Holz- oder Metallstange erzeugen, durch Leitung auf die Hand, den Körper, die Erde übergehen, und es knüpft sich daran die Vorstellung, daß mit einer solchen Ausbreitung des elektrischen Zustandes eine Schwächung bis zu völligem Verschwinden verbunden sei. Wenn dies richtig ist, so muß ein Stück Holz oder Metall durch Reiben elektrisch werden, sobald es von der Hand durch einen Isolator getrennt ist. In der Tat, man braucht nur eine auf einem Glasstabe befestigte Holzkugel mit einem Fuchsschwanze zu peitschen, so wird sie stark elektrisch. Bei den Leitern haben wir demnach zwei Mittel, sie elektrisch zu machen, durch Reibung und durch Übertragung, d. h. durch Berührung mit einem schon vorher elektrischen Körper, der ein Konduktor oder ein Isolator sein kann.

Zu den Isolatoren gehören z. B.: Bernstein, Schellack, Siegellack, Schwefel, Paraffin, Glas, Seide, Porzellan, Öle, Kautschuk und Hartgummi.

Zu den Konduktoren (oder Leitern) rechnet man: Die Metalle, Holzkohle, Graphit, Säuren und Salzlösungen, Wasser, insbesondere solches, das Salze und Säuren, wenn auch in geringster Menge, gelöst enthält, ferner Leinenfäden und Baumwolle. Außerdem besitzen die Eigenschaften eines Konduktors verdünnte oder erhitzte Gase, insbesondere auch Flammen und Flammengase.

Der Unterschied zwischen Konduktoren und Isolatoren ist übrigens kein qualitativer, sondern ein gradweiser. Körper, welche ein sehr geringes Leitungs-, aber kein sehr gutes Isolationsvermögen besitzen, wie Alkohol, Äther, trockenes Holz, Papier, Stroh, bezeichnet man wohl als Halbleiter.

Von der Konduktoreigenschaft der Flammen und Flammengase machen wir einen häufigen Gebrauch, um einen geriebenen Isolator seiner Elektrizität völlig zu berauben. Wir führen ihn über eine Flamme; die von ihr aufsteigenden Gase schmiegen sich in allen Punkten seiner Oberfläche an. Sie stellen in gewisser Weise ein Band dar, das von der elektrischen Oberfläche zu den leitenden Wänden des Beobachtungsraumes geht, und durch welches die ganze elektrische Ladung in die Erde abgeführt wird.

Die durch den GRAYschen Versuch begründete Einteilung der Körper in Isolatoren und Konduktoren ist auch für die Konstruktion der Elektroskope von Bedeutung; man kann ein elektrisches Pendel oder eine elektrische Drehwage entweder isoliert an Seidenfäden oder an Metalldrähten aufhängen; ebenso kann man die elektroskopische Nadel mit einem Glas- oder einem Metallfuße versehen. Im letzteren Falle wird die Nadel, ebenso wie die an einem Metalldrahte aufgehängte Holundermarkkugel oder Drehwage, durch Tisch, Fußboden usw. mit dem Erdboden in leitender Verbindung sein. Man sagt, die Elektroskope seien zur Erde abgeleitet oder geerdet. Am sichersten wird eine solche Ableitung erreicht, wenn wir die Suspension mit einer Gas- oder Wasserleitung metallisch verbinden.

§ 368. **Positiv und negativ elektrische Körper.** Eine neue fundamentale Klassifikation der elektrischen Körper wurde von DUFAY (1737) gefunden.

Die Frage, ob zwei elektrische Körper nicht auch wechselseitig aufeinander wirken, liegt nahe genug; wir benutzen zu ihrer Entscheidung unsere Drehwage und finden, daß zwei gleiche und gleich geriebene Körper, z. B. zwei mit Wolle geriebene Siegellackstangen oder zwei mit Seide geriebene Glasstangen eine abstoßende Wirkung aufeinander ausüben. Der anziehenden Kraft, welche wir in dem ersten Fundamentalversuche kennen gelernt haben, tritt damit eine abstoßende gegenüber Übrigens gibt schon der erste Fundamentalversuch selbst bei sorgfältiger Beobachtung Veranlassung zu der Entdeckung abstoßender elektrischer Kräfte; die Holundermarkkugeln, welche von einer geriebenen Glasstange angezogen wurden, werden kurze Zeit nach der Berührung lebhaft zurückgestoßen. In anderen Fällen aber haften die angezogenen Teilchen lange an der Oberfläche der elektrischen Isolatoren, so daß das Resultat der Beobachtung zunächst kein unzweideutiges ist. Wenn wir aber eine Holundermarkkugel an einem seidenen Faden aufhängen und sie mit einem geriebenen Isolator berühren, so können wir mit Sicherheit nachweisen, daß sie nachher von demselben Isolator abgestoßen wird. Ebenso läßt sich zeigen, daß zwei isolierte elektrische Pendel, welche durch Berührung mit demselben geriebenen Isolator elektrisch gemacht wurden, sich gegenseitig abstoßen. Zuletzt bleibt noch übrig die Wechselwirkung verschiedenartiger elektrischer Körper zu untersuchen. Legen wir eine geriebene Siegellackstange in das Schiffchen, so wird sie abgestoßen von geriebenem Bernstein, Schwefel, Hartgummi usw., dagegen angezogen von einer mit Seide geriebenen Glasstange. Wir können somit unsere Siegellackstange zu einer neuen Klassifikation der elektrischen Körper benützen; alle diejenigen, welche die Siegellackstange abstoßen, nennen wir harzelektrisch, alle welche sie anziehen glaselektrisch.

Bringen wir einen isolierten Leiter, der durch Berühren mit geriebenem Siegellack harzelektrisch gemacht wurde, in metallisch leitende Berührung mit einem zweiten Leiter, der durch Berühren mit geriebenem Glase glaselektrisch gemacht wurde, so verstärken sich diese beiden Elektrizitäten nicht, sie können sogar bei passender Anordnung sich gegenseitig aufheben, wie Plusgrößen und Minusgrößen in der Arithmetik. Man nannte darum die Glaselektrizität — ganz willkürlich — positive Elektrizität, und dementsprechend die Harzelektrizität negative Elektrizität. Man hätte es auch umgekehrt machen können.

Das Resultat der DUFAYschen Untersuchungen lautet dann:

Alle gleichnamig elektrischen Körper stoßen sich ab, alle ungleichnamig elektrischen ziehen sich an.

Von großer Bedeutung ist die Beobachtung, daß bei der Reibung stets beide miteinander geriebene Körper elektrisch werden und zwar immer entgegengesetzt, der eine positiv, der andere negativ. Reiben wir Siegellack mit Wolle, so wird die letztere positiv, reiben wir Glas mit Seide, so wird diese negativ elektrisch.

Man hat nach einem einfachen Gesetze gesucht, durch welches die bei der Reibung verschiedenartiger Körper erzeugten Elektrizitäten verknüpft werden. Doch ist die Auffindung eines solchen nicht gelungen.

Wir wollen hier noch erwähnen, daß Wasserteilchen wie sie von einem kräftigen Dampfstrahle mitgerissen werden, bei der Reibung an Metall, Holz positiv elektrisch werden. Teilchen von Terpentinöl werden in derselben Weise negativ. Reiben sich Wasserteilchen an Eis, so werden sie negativ elektrisch.

§ 369. Goldblattelektroskop. Auf Grund der Sätze DUFAYS können wir Elektroskope konstruieren, welche ohne weiteres erkennen lassen, ob ihnen Elektrizität mitgeteilt ist, ob sie geladen sind oder nicht. Es sind dies die Goldblattelektroskope (Fig. 463). An eine metallene, oben in einem Knopfe endigende Stange sind unten zwei Goldblätter angeklebt. Berühren wir den Knopf mit einem elektrischen Körper, so werden die Goldblätter durch Leitung gleichnamig elektrisch, sie stoßen sich daher ab und divergieren; die Größe ihrer Divergenz gibt einen Maßstab für die Stärke der elektrischen Erregung und man kann daher die Goldblattelektroskope auch als Elektrometer zu quantitativen Bestimmungen benützen. Zum Schutze gegen Luftströmungen müssen die Goldblätter in einem Gefäße eingeschlossen sein, in welches der die Goldblätter tragende Stift durch Schellack isoliert eingeführt wird. (Siehe des Weiteren § 388.)

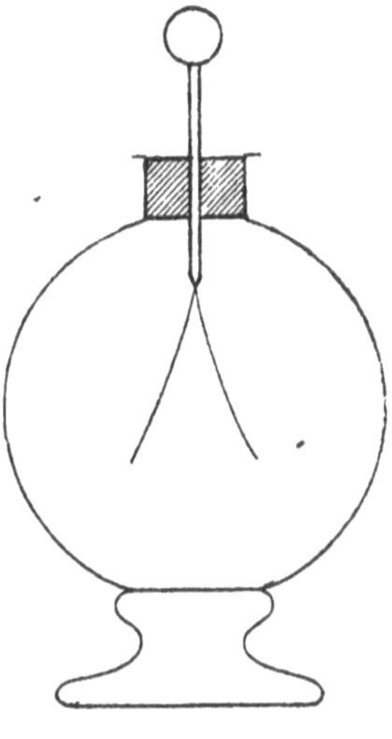

Fig. 463.
Goldblattelektroskop.

§ 370. Influenzelektrizität. Bei den Konduktoren existiert außer den früher besprochenen Arten der Elektrisierung durch Reibung und durch Leitung noch eine dritte, deren Entdeckung wir gleichfalls GRAY verdanken, die Elektrisierung durch bloße Annäherung an einen elektrischen Körper, durch Influenz. Mit Hilfe von elektrischen Pendeln, welche man mit dem elektrischen Konduktor verbindet, kann man leicht nachweisen, daß dabei nur die dem elektrischen Körper zugewandte und die abgewandte Seite des Konduktors elektrisch werden, während zwischen beiden eine indifferente Zone sich bildet (Fig. 464). Entfernt man den elektrischen Körper, so sinken die Pendel wieder zurück, der elektrische Zustand des Konduktors verschwindet. Um die Art der Elektrizität an den beiden Enden zu ermitteln, setzt man den Konduktor aus zwei Teilen zusammen und nähert den elektrischen Körper, etwa eine geriebene Siegellack- oder Glasstange so, daß der Trennungspunkt in die indifferente Zone fällt. Man kann dann während der Annäherung des elektrischen Körpers die beiden Hälften trennen und findet die abgewandte gleichnamig, die zugewandte ungleichnamig elektrisch. Man sagt: bei der Elektrisierung eines Konduktors durch Annäherung an einen elektrischen Körper entsteht an dem abgewandten Ende die gleichnamige, an dem zugewandten die ungleichnamige Influenzelektrizität.

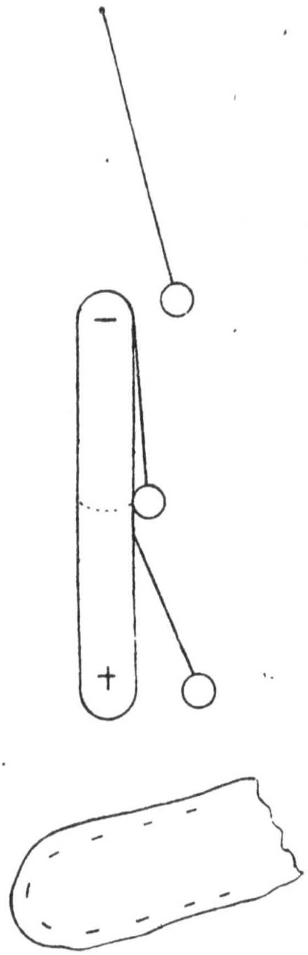

Fig. 464.
Influenzelektrizität.

Von Wichtigkeit ist die Bemerkung, daß die ungleichnamige Influenzelektrizität in dem genäherten Konduktor auch dann entsteht, wenn er zur Erde abgeleitet wird.

Der in § 366 geschilderten elektrischen Anziehung geht also eine Influenzierung voraus; das genäherte Ende des leicht anzuziehenden Körpers wird durch Influenz ungleichnamig elektrisch und darum findet Anziehung statt. Aber auch der weitere Verlauf der Erscheinung wird verständlich. Handelt es sich etwa um die anziehende Wirkung einer negativ elektrischen Siegellackstange auf ein Holundermarkkügelchen, so werden wir uns dieses im Momente der Berührung durch eine zu der gemeinsamen Tangentialebene parallele Ebene in zwei Halbkugeln zerlegt denken, von welchen die dem Siegellack zugewandte positiv, die abgewandte negativ elektrisch ist. In dem Momente der Berührung aber beginnt schon ein Übergang der negativen Elektrizität von der Oberfläche der Stange auf das Kügelchen, denn auch Siegellack hat kein vollkommenes Isolationsvermögen. Es beginnt also der auf die Influenzelektrizität augeübten Anziehung eine Abstoßung auf die gleichnamige durch Leitung erzeugte Elektrizität entgegenzuwirken. Sobald die letztere überwiegt, wird das Kügelchen von der Oberfläche der Siegellackstange zurückgestoßen. Die Zeit, welche hierzu notwendig ist, hängt aber ganz von der Natur des elektrischen Isolators ab. Wenn er sehr gut isoliert, so ist zu einem genügenden Übergange von Elektrizität durch Leitung eine lange Zeit erforderlich, wenn er, wie manches Glas, schlecht isoliert, so wird die Abstoßung beinahe momentan erfolgen.

Ladung eines Elektroskops durch Influenz. Man nähere dem Knopfe eines Elektroskops einen elektrischen Körper und leite durch Berührung mit dem Finger die gleichnamige Influenzelektrizität zur Erde ab; hierauf hebe man die Berührung auf und entferne jenen Körper; das Elektroskop wird dann mit der entgegengesetzten Influenzelektrizität geladen sein. Bei einem Elektroskop, dessen Blätter mit einer bestimmten Elektrizität divergieren, fallen die Blätter zusammen bei Annäherung eines entgegengesetzt elektrischen Körpers, ihre Divergenz wird stärker bei Annäherung eines gleichnamig elektrischen.

§ 371. Theorie der beiden elektrischen Fluida. An die im vorhergehenden besprochenen Fundamentalversuche knüpft sich eine erste Theorie der elektrischen Erscheinungen. Wir nehmen an, daß diese auf der Existenz zweier imponderabler Fluida beruhen, welche wir als das positive und negative elektrische Fluidum bezeichnen. Teilchen derselben Flüssigkeit stoßen sich ab, Teilchen verschiedener Flüssigkeiten ziehen sich an. Die beiden Fluida sind im Innern aller ponderabler Körper enthalten, in vollkommen gleichmäßiger Mischung, verbunden zu dem sogenannten neutralen Fluidum, solange die Körper unelektrisch sind. Reiben wir zwei Körper, so wirken in der Berührungsfläche Kräfte nach Art der chemischen Affinitäten, vermöge deren der eine von ihnen auf die positive, der andere auf die negative Elektrizität eine überwiegende Anziehung ausübt. Die Folge davon ist die Zersetzung der neutralen Elektrizität an den sich berührenden Oberflächen, der Übergang von positiver Elektrizität nach der einen, von negativer nach der entgegengesetzten Seite, ein Übergang, der so lange dauern wird, bis die rückwirkende Kraft der an den beiden Oberflächen sich sammelnden positiven und negativen Elektrizität jede weitere Scheidung des neutralen Fluidums verhindert. Um bei Isolatoren das Haften der Elektrizität an den Stellen, wo sie durch Reibung erzeugt wurde, zu erklären, schreiben wir ihnen einen Widerstand gegen die Bewegung der elektrischen Fluida längs der Oberfläche oder durch das Innere zu. Bei den Konduktoren nehmen wir umgekehrt eine äußerst leichte Beweglichkeit der Elektrizitäten im Innern und an der Oberfläche an. Nähern wir einem Konduktor einen elektrischen Körper, so übt dieser auf das durch den ganzen Konduktor verbreitete neutrale Gemisch eine zersetzende Wirkung aus, indem er die gleichnamig elektrischen Teilchen abstößt, die ungleichnamigen anzieht. Die letzteren strömen infolgedessen nach der dem genäherten Körper zugewandten Seite der Oberfläche, die gleichnamigen nach der abgewandten. Das Gleichgewicht der Elektrizität in dem Konduktor wird erreicht sein, wenn die von dem genäherten elektrischen Körper ausgeübte Scheidungskraft überall kompensiert wird durch die

Gegenwirkung der geschiedenen, an den Enden des Konduktors sich anhäufenden Elektrizitäten, wenn also im Innern des Konduktors gar keine elektrische Kraft mehr vorhanden ist.

§ **372. Coulombs Gesetz für elektrostatische Kräfte.** Um das Gesetz, nach welchem gleichartig elektrische Teilchen sich abstoßen, ungleichnamige sich anziehen, zu ermitteln, konstruierte Coulomb im Jahre 1785 seine elektrische Drehwage (Fig. 465). Der vertikal herabhängende silberne Suspensionsdraht wird zunächst durch ein kleines Metallgewicht gespannt. Dieses trägt dann einen dünnen aus Siegellack hergestellten Wagebalken, an dessen einem Ende mit Hilfe von Schellack eine Kugel von Holundermark befestigt ist. Im unelektrischen Zustande berührt diese Kugel eine zweite, die sogenannte Standkugel, welche mit Hilfe eines isolierenden Halters von oben her fest in das Gehäuse der Drehwage eingesetzt wird. Die Standkugel wird dann geladen; sie teilt ihre Elektrizität der beweglichen Kugel mit und stößt sie ab. Die Größe der Abstoßung bildete den Gegenstand von Coulombs Messungen. Sind beide Kugeln gleich groß, so ist, nachdem sie in Berührung waren, auf jeder Kugel dieselbe Elektrizitätsmenge, z. B. $\mathfrak{e}$. Entladen wir nun eine Kugel, z. B. die Standkugel, und bringen sie wieder an ihrer alten Stelle in Berührung mit der Drehbalkenkugel, so verteilt sich jetzt deren Elektrizitätsmenge $\mathfrak{e}$ auf alle 2 Kugeln; jede enthält dann die Menge $\mathfrak{e}/2$. Durch Wiederholen dieses Vorgangs kann man die Werte von $\mathfrak{e}$ für verschiedene Versuche dosieren. Die Entfernung r zwischen den Mittelpunkten der Kugeln variiert man durch Drehen des oberen Torsionsknopfes. r wird gemessen an der Skala, die um die Mitte des Gehäuses rund herum geht und die abstoßende Kraft durch die Torsion des Drahtes. Die Kraft F ergibt sich aus diesen Versuchen

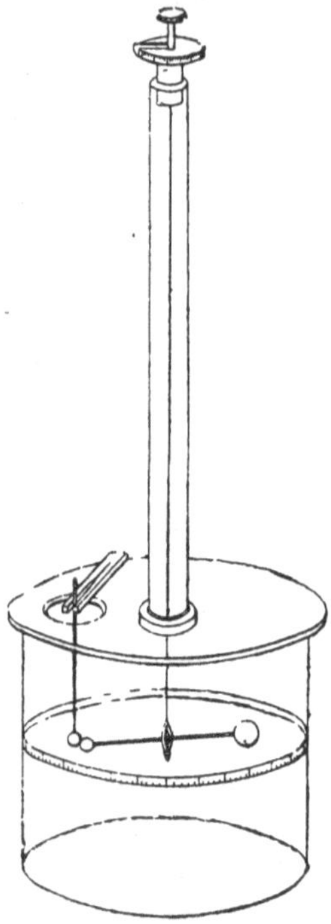

Fig. 465.
Coulombs Drehwage.

$$F = \frac{\mathfrak{e}\,\mathfrak{e}'}{r^2}$$

(ganz analog dem Coulombschen Gesetze für magnetische Kräfte und analog dem Newtonschen Gravitationsgesetze).

§ **373. Absolutes elektrostatisches und technisches Maß der Elektrizitätsmenge.** Nehmen wir die aufeinanderwirkenden Massen gleich, so ergibt sich

$$\mathfrak{e} = r\sqrt{F};$$

messen wir F nach Dynen, r nach cm, so erhalten wir für $\mathfrak{e}$ eine gewisse Zahl von Einheiten als Maß für die in den beiden Punkten konzentrierten

Elektrizitätsmengen. Wir sehen, daß mit dem Coulombschen Gesetze zugleich ein bestimmtes Maß der Elektrizitätsmengen, eine Definition für die Einheit der elektrischen Menge gegeben ist, ebenso wie wir dies bei dem Gesetze für die Wechselwirkung der Magnetpole bemerkt haben. Die Elektrizitätsmenge Eins ist danach diejenige, welche auf eine ihr gleiche in der Entfernung von 1 cm die Kraft von einem Dyn ausübt. Die Messung einer Elektrizitätsmenge nach diesem Maße beruht nur auf der Messung von Längen, Massen, Zeiten; das Maß ist ein absolutes, und die Dimension der Elektrizitätsmenge ist

$$[\mathfrak{e}] = l^{\frac{3}{2}} \cdot m^{\frac{1}{2}} \cdot t^{-1},$$

oder im cm·g·sec-System

$$[\mathfrak{e}] = \mathrm{cm}^{\frac{3}{2}} \cdot \mathrm{g}^{\frac{1}{2}} \cdot \mathrm{sec}^{-1}.$$

Wir nennen diese Elektrizitätsmenge die absolute elektrostatische. Die Einheit der Elektrizitätsmenge, mit welcher man in der Technik rechnet, hat man mit Bezug auf später zu erörternde Beziehungen anders bestimmt. Man bezeichnet $3 \cdot 10^9$ Einheiten der Elektrizitätsmenge im cm·g·sec-System als 1 Coulomb und benutzt dieses als technische Einheit.

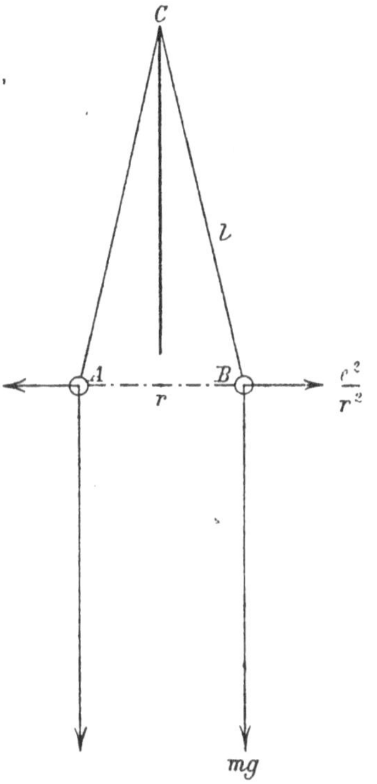

Fig. 466.
Pädagogische Darstellung des Coulombschen Gesetzes.

Zur Messung von Elektrizitätsmengen nach absolutem Maße dient die Drehwage. Kommt es nicht auf größere Genauigkeit an, so kann man einen einfachen Pendelapparat benutzen; zu beiden Seiten einer dünnen Hartgummiplatte hängt man zwei Holundermarkkugeln an je zwei gleich langen Seidenfäden auf, so daß sie über den unteren Rand der vertikal gestellten Platte herabhängen und sich wechselseitig berühren. Wird den Kugeln eine elektrische Ladung mitgeteilt, so divergieren die Pendel (Fig. 466). Die Masse der Holundermarkkugeln sei m, ihre elektrische Ladung $\mathfrak{e}$, die Länge der Pendelfäden sei l, die Entfernung der Kugeln in ihrer neuen Gleichgewichtslage r; dann ist die Bedingung für das Gleichgewicht:

$$\frac{\mathfrak{e}^2}{r^2} \cdot \sqrt{l^2 - \frac{r^2}{4}} = m g \cdot \frac{r}{2},$$

somit $\mathfrak{e}^2 = \dfrac{m g r^3}{2\sqrt{l^2 - \frac{r^2}{4}}}$, näherungsweise $\mathfrak{e} = r \sqrt{\dfrac{m g r}{2 l}}$.

Beispielsweise wurden zwei Holundermarkkugeln von einer Masse von 0,0225 g und einem Durchmesser von 0,6 cm an 44,2 cm langen Fäden aufgehängt; sie wurden durch Berühren mit einer geriebenen Glasstange elektrisiert und stießen sich dann auf eine Entfernung von 2,5 cm ab. Somit ergibt sich für ihre elektrische Ladung:

$$e = 2{,}5\sqrt{\frac{0{,}0225 \cdot 981 \cdot 2{,}5}{2 \cdot 44{,}2}} = 1{,}97\ \mathrm{cm}^{\frac{3}{2}} \cdot \mathrm{g}^{\frac{1}{2}} \cdot \mathrm{sec}^{-1}.$$

Die elektrostatischen Kräfte sind abhängig von dem Mittel, welches die aufeinanderwirkenden Körper umgibt. Würden wir bei dem vorhergehenden Versuche die beiden geladenen Kugeln in eine Atmosphäre von Kohlensäure bringen oder in eine isolierende Flüssigkeit tauchen, so würden sie sich bei gleicher ursprünglicher Ladung schwächer abstoßen als in Luft. Soll also die Einheit der Elektrizitätsmenge durch die im vorhergehenden gegebene Definition unzweideutig bestimmt werden, so muß festgesetzt sein, von welchem Mittel die aufeinander wirkenden elektrischen Mengen umgeben sein sollen. Als ein solches Mittel hat man den leeren Raum, oder wie wir auch annehmen können, den ihn erfüllenden Äther genommen. Die Beobachtungen, auf welchen die Messung einer Elektrizitätsmenge mit unserem Pendelapparate oder mit der Drehwage beruhen, werden in der Regel in einem mit Luft erfüllten Raume angestellt werden. Mit Bezug darauf ist es von Wichtigkeit, zu bemerken, daß die elektrischen Kräfte in einem Luftraum von denen im leeren Raume nur sehr wenig verschieden sind. (Vgl. § 411.)

Die Coulombsche Formel lautet mit Rücksicht auf das eben Vorgebrachte

$$F = \frac{1}{D}\frac{e\,e'}{r^2}$$

wo D die Dielektrizitätskonstante des die untersuchten Kugeln umgebenden Mediums ist; für den leeren Raum (und annähernd auch für Luft) ist $D = 1$. In Öl aber, dessen $D = 2$ ist, sinken die anziehenden oder abstoßenden elektrostatischen Kräfte auf die Hälfte ihres Wertes in Luft. (Siehe § 409.)

An die Definition der Einheit der Elektrizitätsmenge schließt sich noch die Definition der Flächendichte der Elektrizität an.

Unter elektrischer Flächendichte σ verstehen wir die Elektrizitätsmenge, welche auf 1 cm² einer geladenen Oberfläche kommt. Wir erhalten die Flächendichte, wenn wir die gesamte gleichmäßig verteilte Ladung einer Fläche durch diese dividieren; daraus folgt die Dimensionsgleichung:

$$[\sigma] = l^{-\frac{1}{2}} \cdot m^{\frac{1}{2}} \cdot t^{-1}.$$

Bei einer Siegellackscheibe von 5 cm² Fläche ergab sich als maximale Flächendichte, welche durch Reibung an Wolle erzeugt werden konnte:

$$5{,}7\ \mathrm{cm}^{-\frac{1}{2}} \cdot \mathrm{g}^{\frac{1}{2}} \cdot \mathrm{sec}^{-1}.$$

§ 374. Elektrische Ladung nur an Oberfläche der Konduktoren. Wenn wir einer Konduktorkugel Elektrizität mitteilen, so wird diese im Gleichgewichte sein, wenn jede Wirkung auf das Innere verschwindet. Wenn aber bewegliche Teilchen nach dem Gesetze des umgekehrten Quadrates der Entfernung aufeinander wirken, so üben sie nach einem bekannten Satze (§ 56) auf das Innere einer Kugel nur dann keine Wirkung aus, wenn sie in einer vollkommen gleichmäßigen Schichte die Oberfläche bedecken. Auch bei einem Konduktor von beliebiger Form kann die Wirkung auf das Innere unter Voraussetzung des COULOMBschen Gesetzes nur verschwinden, wenn die ganze mitgeteilte Elektrizität sich an der Oberfläche befindet. In dieser Konsequenz des Gesetzes liegt nun die Möglichkeit zu einer ungemein scharfen Prüfung seiner Richtigkeit. Wir versehen zu diesem Zwecke eine Konduktorkugel (Fig. 467) mit einer Höhlung, welche wir durch einen mit isolierendem Griffe versehenen Deckel schließen. An seiner inneren Seite befindet sich in schiefer Stellung ein kleiner Arm von Schellack, der an seinem Ende eine Holundermarkkugel trägt, eine sogenannte Probekugel. Wir setzen den Deckel auf die Höhlung, so daß die Kugel ihre innere Wandung berührt und laden nun die auf isolierendem Fuße ruhende Konduktorkugel so stark wie möglich mit Elektrizität. Nachher schieben wir den Deckel so weit zur Seite, daß die Probekugel außer Kontakt mit der Wandung kommt, und heben den Deckel ab. Entfernen wir durch ableitende Berührung die Ladung des Deckels, so kann mit den feinsten Beobachtungsmitteln keine Spur einer Ladung bei der Kugel entdeckt werden, ein Resultat, welches den besten Beweis für die Richtigkeit des COULOMBschen Gesetzes liefert.

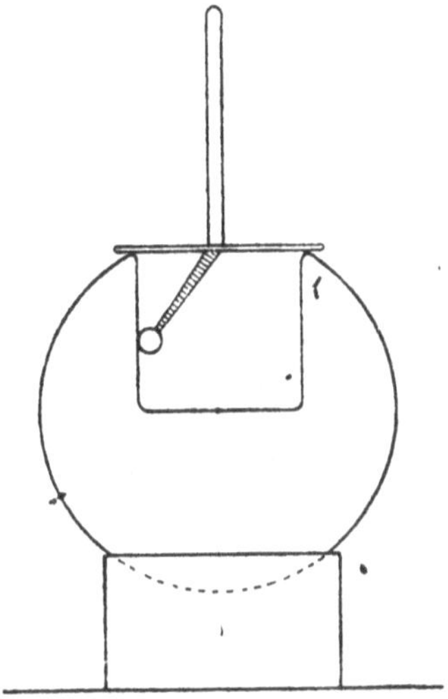

Fig. 467.
Elektrizität nie im Innern.

Der Satz, daß die Elektrizität nur an der Oberfläche eines Konduktors in Ruhe sich befindet, kann noch durch einen anderen von COULOMB im Jahre 1786 angestellten Versuch bewiesen werden, der zwar nicht die Schärfe der Prüfung gestattet, wie sie bei dem vorhergehenden möglich ist, der aber nach anderer Seite Interesse besitzt. Zwei an isolierenden Stielen befestigte Konduktorkugeln von genau demselben Halbmesser werden elektrisch gemacht und miteinander berührt. Die Ladung muß sich dann, wie wir schon § 372 angenommen haben, der gleichen Beschaffenheit entsprechend, zu gleichen Teilen auf beide verteilen. Nun kann man weiter zeigen, daß für den Erfolg des Versuches die Beschaffenheit des Innern der beiden Kugeln vollkommen gleichgültig ist;

die eine kann massiv sein, die andere hohl, oder sie kann aus einem an der Oberfläche metallisch belegten Isolator bestehen. Dies führt notwendig zu der Annahme, daß die den Kugeln mitgeteilte Elektrizität nur an ihrer Oberfläche sich sammelt.

Elektrische Kräfte im leeren Raume. Nach dem vorhergehenden befindet sich der eigentliche Schauplatz der elektrischen Wirkungen an der Oberfläche der Konduktoren, d. h. an der Grenzfläche zwischen ihnen und den umgebenden Isolatoren. Wir wollen von diesem Gesichtspunkte aus die Abstoßung zweier mit gleicher etwa positiver Elektrizität geladener Holundermarkkugeln noch etwas vollständiger betrachten. Die in der einen Kugel enthaltenen elektrischen Teilchen stoßen die in der anderen befindlichen ab. Die Folge davon wird zunächst sein, daß die elektrischen Ladungen sich auf die äußeren voneinander abgewandten Seiten der Kugeln begeben (Fig. 468). Sie suchen infolge ihrer Abstoßung aus den Kugeln zu entweichen, werden aber daran verhindert durch das Isolationsvermögen der umgebenden Luft. Man könnte sich denken, daß sie auf die Luft ihrerseits einen Druck ausüben, welcher dem Luftdrucke an der äußeren Seite der Kugeln entgegenwirkt. Dadurch würde der Luftdruck an der inneren Seite der Kugeln, wo er durch keinen elektrischen Gegendruck geschwächt ist, ins Übergewicht kommen, und es resultierte so eine Kraft, welche die Kugeln auseinandertreibt. Wir sehen, daß diese Erklärung der Abstoßung der die Kugeln umgebenden Luft eine wesentliche Rolle bei der beobachteten Wirkung zuteilt. Diese Auffassung der Erscheinung ist nun von besonderem Interesse, wenn wir sie mit der Beobachtung verbinden, daß zwei gleichnamig elektrische Holundermarkkugeln auch in dem evakuierten Rezipienten einer Luftpumpe sich abstoßen. Wir müßten danach auch dem luftleeren Raume isolierende Eigenschaften und einen gewissen Druck zuschreiben, welcher durch die elektrische Abstoßung der Ladungen in der geschilderten Weise modifiziert wird. Als den Träger dieses Druckes würden wir dann den Äther betrachten; wir würden sagen, daß durch die elektrische Ladung der Holundermarkkugeln die Druckverteilung in dem Äther so verändert wird, daß eine abstoßende Wirkung zwischen den Kugeln resultiert. Durch diese Bemerkungen, denen wir übrigens nur heuristischen Wert beilegen, wird eine andere Auffassung der elektrischen Erscheinungen vorbereitet, von welcher wir später noch ausführlicher berichten werden.

Fig. 468. Abstoßung.

§ 375. Das Faradaysche Gefäß. Im vorhergehenden haben wir die bis gegen Ende des 18. Jahrhunderts bekannten Fundamentalversuche, ihre einfachsten Anwendungen und die daran zunächst sich knüpfenden Vorstellungen besprochen. Wir kommen nun zu einer praktischen Anwendung bei einem Apparate, der in den Untersuchungen Faradays eine gewisse Rolle spielt.

Wir nehmen einen hohlen Konduktor, in der Form eines oben mit einer engeren Öffnung versehenen Gefäßes (Fig. 469). Mit dem Gefäße verbinden wir ein Goldblattelektroskop. Einen kleinen elektrisch geladenen Konduktor führen wir in das Gefäß hinab und berühren mit ihm seine Wandung; nach dem Satze von § 374 muß nahezu die ganze Ladung auf die äußere Oberfläche des Gefäßes und das damit verbundene Elektroskop übergehen; dieses divergiert mit der Elektrizität des kleinen Konduktors.

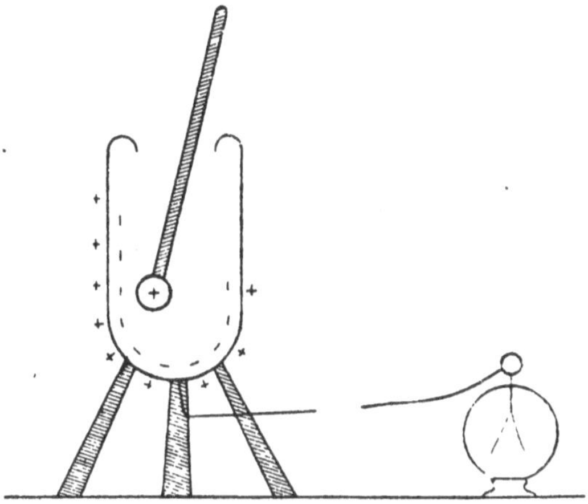

Fig. 469. Faradays Gefäß.

Wir entladen das Gefäß und bringen nun einen zweiten Konduktor, ebenso stark geladen wie der vorige, in das Innere des Gefäßes, ohne die Wandung zu berühren; das Elektroskop zeigt jetzt genau dieselbe Divergenz wie zuvor. Die Menge der gleichnamigen Influenzelektrizität, welche auf der äußeren Oberfläche des Gefäßes sich ausbreitet, muß hiernach gleich sein der elektrischen Ladung des Konduktors, und dasselbe gilt natürlich auch von der Menge der ungleichnamigen Influenzelektrizität an der inneren Oberfläche des Gefäßes. Wenn wir das Gefäß mit der Erde leitend verbinden, so bleibt nur die ungleichnamige Influenzelektrizität zurück, und wir haben das Gefäß mit einer Elektrizitätsmenge geladen, welche gleich, aber entgegengesetzt ist der Ladung des kleinen Konduktors. In der Tat, wenn wir diesen herausziehen, so erhalten wir abermals dieselbe Divergenz des Elektroskopes, wie bei den vorhergehenden Versuchen. Wir können endlich den Versuch noch umkehren. Wir laden das Gefäß mit einer bestimmten Menge von Elektrizität; dann führen wir die unelektrische Kugel in das Gefäß ein, ohne daß die Kugel die Wandung berührt und berühren die Kugel ableitend, während sie sich im Innern des Gefäßes befindet. Nehmen wir die Kugel, nach aufgehobener Ableitung, wieder aus dem Gefäße heraus, so ist sie selbstverständlich mit der ungleichnamigen Influenzelektrizität geladen. Wir können aber in der im vorhergehenden geschilderten Weise zeigen, daß die Influenzelektrizität der Kugel ihrem absoluten Betrage nach gleich ist der influenzierenden Ladung des Gefäßes.

§ 376. Gleichheit der beim Reiben erzeugten entgegengesetzten Elektrizitätsmengen. Das Faradaysche Gefäß können wir noch zu dem Nachweise benützen, daß bei der Reibung zweier Körper stets genau soviel positive wie negative Elektrizität erzeugt wird. Wir nehmen z. B. eine zugeschmolzene, etwas Quecksilber enthaltende Glasröhre und stellen sie zuerst vertikal; kehren wir sie um, so fließt das Quecksilber unter Reibung nach dem anderen Ende, das Glas wird positiv, das Quecksilber negativ elektrisch. Nun bringen wir die Glasröhre in das Innere eines FARADAYschen Gefäßes, das mit dem Knopfe eines empfindlichen Elektroskopes leitend verbunden ist. Würde die eine, etwa die positive Elektrizität, in größerer Menge vorhanden sein, so würde sie negative Influenzelektrizität an der inneren Oberfläche des Gefäßes erregen, die gleichnamige positive würde nach dem Elektroskop abströmen und dieses laden. Da wir nun bei einem solchen Versuche nie eine Divergenz der Elektroskopblätter erhalten, so muß umgekehrt die Menge der durch Reibung erzeugten entgegengesetzten Elektrizitäten gleich groß sein.

§ 377. Elektrisches Potential. Die Betrachtungen von § 374 deuten einen neuen Weg zu der Erklärung der elektrischen Erscheinungen an,

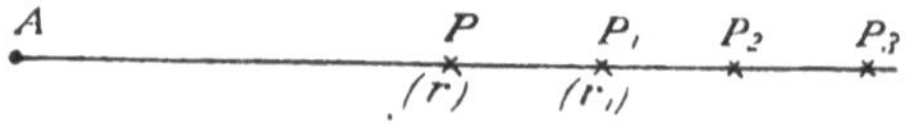

Fig. 470.

und in der Tat können wir auf ihm zu einer Theorie gelangen, die von der Annahme der beiden elektrischen Fluida keinen Gebrauch macht. Immer aber beibt dieser mindestens die Bedeutung einer nützlichen Hilfsvorstellung; so hat das auf sie gegründete Gesetz von COULOMB zuerst auf den Begriff des elektrischen Potentials geführt, dessen fundamentale Bedeutung bei jedem Wechsel der Anschauung sich bewährt hat.

Wenn wir einem Konduktor, der positiv elektrisch sein möge, einen kleinen positiv geladenen Körper nähern, so müssen wir dabei die Abstoßung der gleichnamigen Ladungen überwinden, d. h. Arbeit leisten. Die Arbeit, welche wir aufwenden müssen, um die Einheit der positiven Elektrizität von unendlicher Entfernung nach einem gegebenen Punkte zu bringen, heißt das Potential in diesem Punkte. Dabei ist aber die elektrische Ladung der Konduktoren während der Bewegung jener Einheit fixiert zu denken, so wie sie von Anfang an auf ihrer Oberfläche verteilt war.

Hiernach ist es leicht, das Potential einer Elektrizitätsmenge e zu bestimmen, von der man annehmen kann, daß sie in einem Punkte A konzentriert sei. Betrachten wir zwei Punkte P und P_1 (Fig. 470), welche auf einem von A ausgehenden Radius in den Entfernungen r und r_1 gelegen sind. Die auf die Elektrizitätsmenge Eins in den beiden Punkten ausgeübten Abstoßungen sind e/r^2 und $e/r_1{}^2$. Wenn wir jene Menge von P_1 nach P transportieren, so leisten wir eine Arbeit, welche gleich dem Wege $r_1 - r$ multipliziert mit der auf ihm zu überwindenden Kraft ist. Diese aber ist nicht konstant; wir berücksichtigen dies, indem wir, ebenso wie in dem analogen Falle von § 70, den Weg mit dem geometrischen Mittel aus dem Anfangs- und Endwerte der Kraft multiplizieren, und erhalten so für die Arbeit auf dem Wege $P_1 P$ den Wert:

$$(r_1 - r)\frac{e}{r r_1} = \frac{e}{r} - \frac{e}{r_1}.$$

Um das Potential in dem Punkte P zu finden, müssen wir die Arbeit suchen, welche notwendig ist, um die Elektrizitätsmenge $+1$ aus dem Unendlichen nach P zu bringen; wir teilen zu diesem Zwecke den nach P gehenden Radius weiter durch die Punkte $P_1, P_2, P_3 \ldots$ bis in unendliche Entfernung von dem Punkte A. Die Summe der für die einzelnen Wegabschnitte aufzuwendenden Arbeiten gibt dann für das Potential in dem Punkte P den Wert e/r. Allgemein gilt der Satz:

Sind an der Oberfläche eines Körpers die elektrischen Mengen $e, e', e'' \ldots$ in den Punkten $A, A', A'' \ldots$ verteilt, und sind $r, r', r'' \ldots$, die Entfernungen eines beliebigen äußeren Punktes P von $A, A', A'' \ldots$, so ist der Wert des elektrischen Potentials in P gleich $e/r + e'/r' + e''/r'' + \ldots$

Der Wert des Potentials in einem gegebenen Punkte P muß von dem Wege unabhängig sein, auf welchem man zu jenem Punkte gelangt; denn wenn zwei verschiedenen Wegen vom Unendlichen zu einem Punkte P verschiedene Arbeiten entsprächen, so würde man auf dem einen mehr Arbeit gewinnen können, als man auf dem anderen zuvor aufgewandt hatte. Dies würde zur Konstruktion eines Perpetuum mobile führen, im Widerspruche mit dem Satze von der Erhaltung der Energie.

Wir haben uns bisher an den Fall gehalten, daß der Konduktor, dessen Potential wir suchen, positiv elektrisch ist. Bei einer negativen Ladung führt die zu der Berechnung gegebene Vorschrift zu einem negativen Potential, wenn die elektrischen Massen $e, e', e'' \ldots$ mit einem negativen Zeichen versehen werden. Nun wird in diesem Falle bei der Annäherung der Einheit positiver Elektrizität an den Konduktor nicht Arbeit verzehrt, sondern umgekehrt, gewonnen: dementsprechend sinkt das Potential bei der Annäherung, es wächst bei der Entfernung, und dies ist in der Tat der Fall bei der negativen Funktion

$$- e/r - e'/r' - e''/r'' \ldots$$

Wir verweisen auf den § 70 der Mechanik, wo wir das Gravitationspotential errechneten. Die formale Analogie des Newtonschen Gravitationsgesetzes und des Coulombschen Elektrizitätsgesetzes führen natürlich auch zu einer formalen Gleichheit der mathematischen Formel. Mehr als eine solche nur äußerliche Analogie dürfen wir in dieser Gleichheit nicht erblicken. Gravitationskräfte und elektrostatische Kräfte sind — so weit unser derzeitiges Wissen reicht — etwas physikalisch ganz verschiedenes.

§ 378. Potential einer geladenen Konduktorkugel. Die Betrachtungen des vorhergehenden Paragraphen mögen weiter ausgeführt werden für den Fall einer Kugel, deren Oberfläche gleichmäßig mit Elektrizität geladen ist.

Wir können zunächst zeigen, daß eine solche Kugel auf ein in ihrem Innern befindliches elektrisches Teilchen keine Kraft ausübt. In dem Punkte P im Innern (Fig. 471) befinde sich die Einheit der positiven Elektrizität, ein positiver „Einheitspol“; die Ladung der Kugel sei ebenfalls positiv. Wir benützen den durch P gehenden Kugeldurchmesser als Achse und ziehen mit Bezug auf sie ein Netz von Meridianen und Parallelkreisen auf der Oberfläche der Kugel. Es sei $ABCD$ ein sehr kleines Flächenstückchen auf der Vorderseite der Kugel, welches von zwei Meridianen und von zwei Parallelkreisen begrenzt ist. Ist σ die Dichte der Elektrizität an der Kugeloberfläche, so ist die Menge der in $ABCD$ vorhandenen Elektrizität gleich $\sigma \cdot ABCD$; bei hinreichender Kleinheit von $ABCD$ können wir uns diese Elektrizitätsmenge in dem Mittelpunkte M von $ABCD$ konzentriert denken, ohne einen merklichen Fehler zu begehen. Dann übt sie auf den in P befindlichen Einheitspol eine Abstoßung aus, deren Richtung durch MP, deren Größe durch $\sigma \cdot ABCD/MP^2$ gegeben ist. Ziehen wir auch die Strahlen AP, BP, CP, DP, so entsteht eine vierseitige Pyramide, welche verlängert auf der Hinterseite der Kugel das gleichfalls von zwei Meridianen und zwei Parallelkreisen begrenzte Flächenstück $A'B'C'D'$ ausschneidet. Ziehen wir außerdem die Linie MP, so trifft diese das Flächenstück $A'B'C'D'$ in M'. Unter denselben Voraussetzungen, wie bisher, übt die in $A'B'C'D'$ enthaltene Elektrizitätsmenge auf den Pol P eine Abstoßung in der Richtung $M'P'$ von der Größe $\sigma \cdot A'B'C'D'/M'P^2$ aus. Nun sind die Vierecke $ABCD$ und $A'B'C'D'$ antiparallele Schnitte des durch P gehenden Kegels. Somit gilt die Proportion: $ABCD : MP^2 = A'B'C'D' : M'P^2$. Daraus folgt weiter, daß die oben bestimmten Abstoßungen einander gleich sind; da sie aber nach entgegengesetzten Richtungen wirken, so zerstören sie sich wechselseitig. Nun kann man die ganze Oberfläche der Kugel in Flächenstücke teilen, die sich paarweise so entsprechen, wie $ABCD$ und $A'B'C'D'$. Die von jedem solchen Paare herrührenden Abstoßungen heben sich auf, und somit reduziert sich auch die im ganzen von der elektrisierten Kugel in dem Punkte P ausgeübte Wirkung auf Null; der zu Anfang ausgesprochene Satz ist hiermit bewiesen.

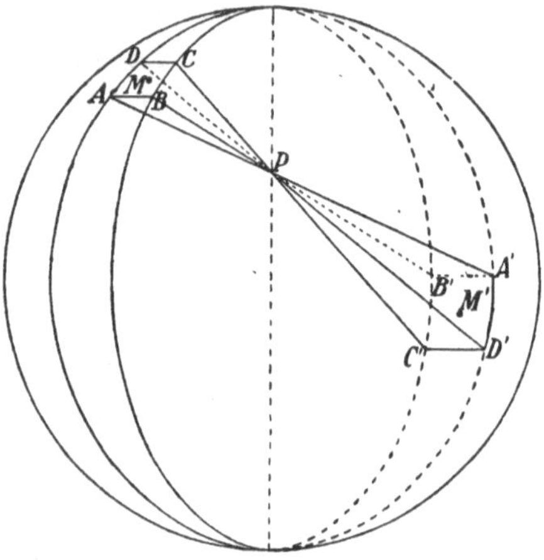

Fig. 471.

Aus den Symmetrieverhältnissen folgt, daß das Potential der elektrischen Ladung an der Kugeloberfläche allenthalben denselben Wert hat, daß diese also eine Äquipotentialfläche ist. Denselben konstanten Wert hat aber das Potential auch im ganzen Innern der Kugel, denn wir können einen Einheitspol von ihrer Oberfläche nach einem beliebigen Punkte im Innern führen, ohne Arbeit zu leisten; das Potential behält also dabei denselben Wert, wie an der Oberfläche. Bezeichnen wir die ganze elektrische Ladung der Kugel mit $\mathfrak{e}$, ihren Halbmesser mit a, so hat das Potential im Mittelpunkte den Wert $\mathfrak{e}/a$, und dieser Wert muß nach dem vorhergehenden für alle Punkte des Innern und der Oberfläche gelten.

Für äußere Punkte wirkt die gleichmäßig mit der Elektrizitätsmenge $\mathfrak{e}$ geladene Kugelfläche gerade so, wie wenn die ganze Ladung in dem Mittelpunkte der Kugel konzentriert wäre. Bezeichnen wir die Entfernung eines beliebig außerhalb der Kugel gelegenen Punktes von ihrem Mittelpunkte mit r, so hat das Potential in jenem Punkte den Wert $\mathfrak{e}/r$.

Von der Richtigkeit dieses Satzes kann man sich durch die folgende Betrachtung überzeugen. An der Oberfläche der Kugel hat das Potential den Wert $\mathfrak{e}/a$; legen wir in den Mittelpunkt eine negative elektrische Masse, welche der Ladung der Kugel entgegengesetzt gleich ist, so hat ihr Potential an der Kugeloberfläche den Wert $-\mathfrak{e}/a$; die Summe der Potentiale ist an der Oberfläche gleich Null. Dasselbe aber gilt von einem Punkte, der in so großem Abstande von der Kugel gelegen ist, daß die Verschiedenheiten seiner Entfernungen von den einzelnen Punkten der Kugeloberfläche verschwinden. Ziehen wir nach einem solchen Punkte U einen Radius von dem Mittelpunkte der Kugel, der ihre Oberfläche in dem Punkte O schneidet. Die Summe unserer Potentiale ist dann in den beiden Endpunkten der Strecke OU gleich Null; sie muß aber auch auf der Strecke OU selbst allenthalben verschwinden. Denn wäre dies nicht der Fall, so müßte das Gesamtpotential etwa von O an bis zu einem gewissen Maximalwerte ansteigen, um dann wieder zu dem Werte Null in dem Punkte U herabzusinken. Ein solches Verhalten wäre aber nur möglich, wenn entweder auf der Strecke OU selbst oder in ihrer Nähe elektrische Massen sich befänden, so daß jede der sie umgebenden Flächen konstanten Potentiales zweimal von der Linie OU geschnitten würde. Da nun außerhalb der Kugel keine elektrischen Massen vorhanden sein sollen, so ist diese letztere Möglichkeit ausgeschlossen; das Potential der Kugeloberfläche ist auf der ganzen Strecke OU, d. h. überhaupt in dem Raume außerhalb der Kugel, entgegengesetzt gleich dem Potential der in dem Mittelpunkte konzentrierten Elektrizitätsmenge $-\mathfrak{e}$. Damit ist aber zugleich bewiesen, daß das Potential der Kugel für alle äußeren Punkte identisch ist mit dem einer Elektrizitätsmenge $+\mathfrak{e}$, die in ihrem Mittelpunkte konzentriert wäre.

§ 379. Äquipotentialflächen. Wir wollen voraussetzen, daß in der Umgebung eines positiv geladenen Konduktors eine Reihe von Punkten bestimmt sei, welche alle ein und dasselbe Potential V besitzen; eine sie verbindende Fläche nennen wir eine Potentialfläche. Unter einer Potentialfläche V werden wir dann eine solche verstehen, auf welcher das Potential den Wert V besitzt. Da wir von allen Seiten aus dem Unendlichen gegen den Konduktor herankommen können, so muß er von der Potentialfläche rings umschlossen sein. Verschieben wir unsere elektrische Einheit, unseren Einheitspol längs der Fläche, so kann dabei keine Arbeit geleistet werden, da sich das Potential nicht ändert. Die

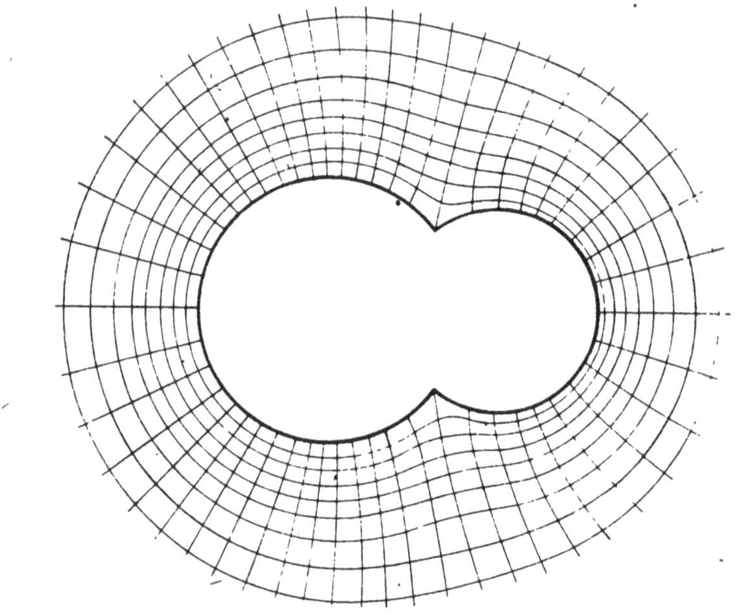

Fig. 472. Potentialflächen und Kraftlinien.

elektrischen Kräfte müssen somit auf der Potentialfläche senkrecht stehen.

Geht man mit dem Einheitspole von der Potentialfläche V gegen die Oberfläche des Konduktors hin, so leistet man weitere Arbeit, und das Potential muß um ihren Betrag wachsen; man gelangt so auf eine zweite, den Konduktor enger umschließende Potentialfläche. An dem Konduktor selbst muß die elektrische Kraft senkrecht zu der Oberfläche stehen, denn jede der Oberfläche parallele Kraftkomponente würde eine Verschiebung der elektrischen Teilchen in ihr zur Folge haben. Somit wird bei der Bewegung des Einheitspoles längs der Oberfläche keine Arbeit geleistet. Daraus folgt weiter, daß das Potential an der ganzen Konduktoroberfläche denselben Wert hat, daß diese eine Potentialfläche ist, und zwar diejenige, welcher der größte Potentialwert entspricht. Es ist ferner im Falle des Gleichgewichtes das ganze Innere des Konduktors frei von elektrischer Kraft; führen wir den Einheitspol von der Oberfläche weg in das Innere hinein, so wird dabei keine Arbeit geleistet, das Potential hat somit im Innern des Konduktors denselben konstanten Wert wie an der Oberfläche.

Diese Sätze gelten ebenso für einen negativ elektrischen Konduktor; nur ist das ihm zugehörende konstante Potential negativ und kleiner als die Potentiale der den Konduktor umhüllenden Potentialflächen.

Zur Erläuterung dieser Sätze ist in Fig. 472 ein Durchschnitt der Potentialflächen gezeichnet, die einen aus zwei Kugelabschnitten zusammengesetzten Konduktor umhüllen.

Auf einen etwas komplizierteren Fall bezieht sich Fig. 473. Eine isolierte Konduktorkugel A sei mit der positiven Elektrizitätsmenge e geladen. In dem von ihr erzeugten elektrischen Felde befinde sich eine zweite gleichfalls isolierte Konduktorkugel mit dem Mittelpunkte B. Sie wird durch Influenz auf der A zugewandten Seite negativ, auf der abgewandten Seite positiv elektrisch. Die Potentialflächen, wie sie durch die gemeinsame Wirkung der beiden Kugeln erzeugt werden, sind in Fig. 473 durch die ausgezogenen Linien dargestellt; eine davon, a, nimmt die Oberfläche der Kugel B selbst in sich auf, indem sie sich gewissermaßen in zwei Blätter teilt, die, nach außen und innen sich wölbend, den Raum der Kugel B zwischen sich einschließen. Es verdient noch hervorgehoben zu werden, daß man den Wert des Potentials im Innern der Kugel B leicht mit großer Annäherung berechnen kann. In dem Kugelmittelpunkte B ist das Potential der auf der Kugel B selbst befindlichen einander entgegengesetzt gleichen Influenzelektrizitäten gleich Null; hier also ist das ganze Potential gleich dem von der Kugel A herrührenden. Nun kann man sich die auf der letzteren befindliche Ladung mit ziemlicher Annäherung in ihrem Mittelpunkte A konzentriert denken; dann ist das auf den Punkt B ausgeübte Potential gleich e/AB. Im ganzen Innern der Kugel B hat aber das Potential notwendig denselben Wert, er ist also für die ganze Kugel durch jenen Bruch gegeben.

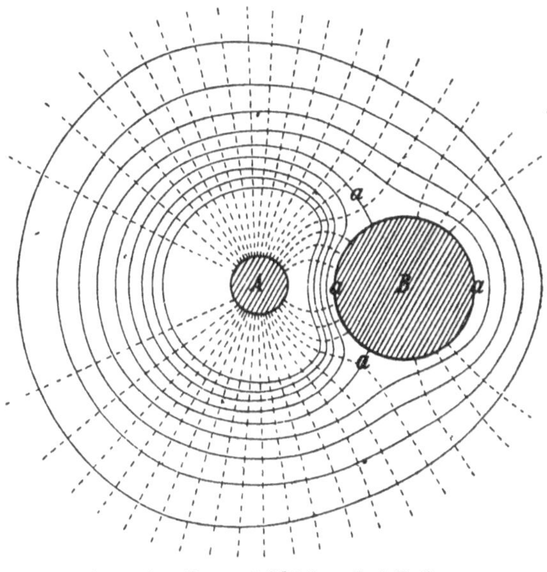

Fig. 473. Potentialflächen bei Influenz.

§ 380. **Potentialflächen und Kraftröhren.** Die elektrischen Kräfte stehen überall senkrecht zu den Potentialflächen. Ziehen wir also Kurven, welche das System jener Flächen senkrecht durchschneiden, so sind dieses die Kraftlinien, als deren Ursprungsstelle die Oberfläche eines positiv elektrischen Konduktors betrachtet werden soll. Über die Richtung der Kraftlinien in der Umgebung eines Konduktors kann man sich leicht orientieren mit dem kleinen durch Fig. 474 dargestellten Apparate. Zwischen den beiden Armen einer aus einer dünnen Glasröhre gebogenen Gabel ist ein Kokonfaden ausgespannt, um den sich ein längliches Stückchen Stroh leicht dreht. Dieses stellt sich infolge der in ihm erregten Influenzelektrizität in die Richtung der Kraftlinien, sobald der Faden zu dieser Richtung senkrecht steht.

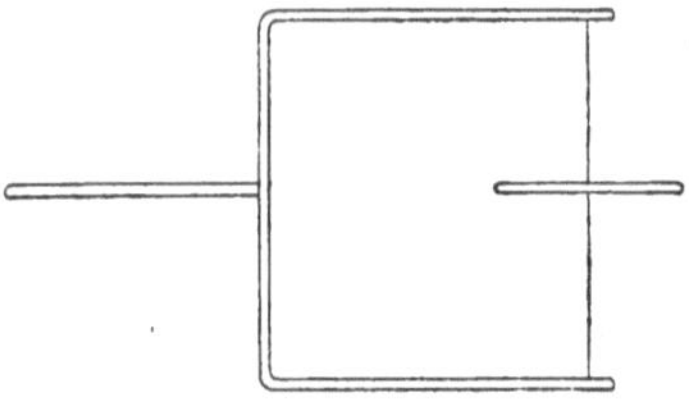
Fig. 474. Kraftzeiger.

Grenzen wir an der Oberfläche des Konduktors eine kleine Fläche ab, so umschließen die von ihrem Rande entspringenden Kraftlinien eine Kraftröhre.

Eine gleichförmig mit der Elektrizitätsmenge $\mathfrak{e}$ geladene Kugel wirkt nach dem Satze von § 378 auf äußere Punkte gerade so, wie wenn diese

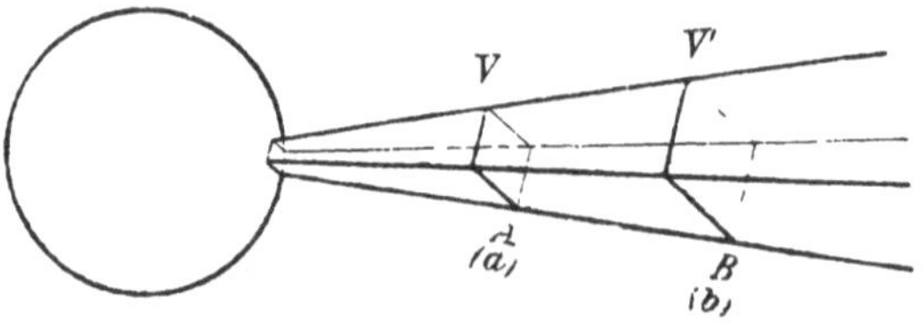

Fig. 475. Kraftröhre.

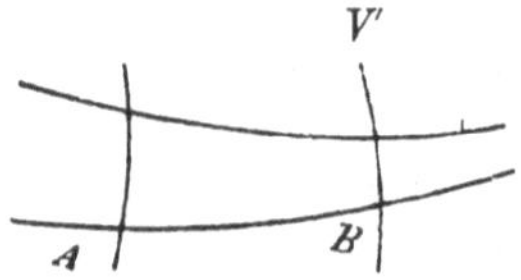

Fig. 476.

Menge in ihrem Mittelpunkte konzentriert wäre. Die Potentialflächen sind Kugeln, die Kraftröhren Kegel, deren Spitze im Kugelmittelpunkte liegt. An zwei Stellen A und B einer Kraftröhre (Fig. 475), deren Entfernungen vom Kugelmittelpunkte a und b sind, wirken auf die Einheit des positiven Fluidums die Kräfte $\mathfrak{e}/a^2$ und $\mathfrak{e}/b^2$, die Querschnitte der Kraftröhre an den beiden Stellen verhalten sich aber wie $a^2 : b^2$. Somit ergibt sich in diesem Falle der Satz: Innerhalb einer Kraftröhre verhalten sich die elektrischen Kräfte an verschiedenen Stellen umgekehrt wie ihre Querschnitte, ein Satz, welcher allgemein für jeden Konduktor und jede Form der Kraftröhren gilt.

Sind A und B (Fig. 476) die Punkte, in welchen eine Kraftlinie zwei Potentialflächen V und V' schneidet, so ist die Arbeit, welche der Transport der Elektrizitätsmenge Eins von B bis A erfordert, gleich $V - V'$, und somit die mittlere Kraft, welche auf die Elektrizitätsmenge Eins auf der Strecke AB ausgeübt wird, gleich $(V - V')/(AB)$, d. h. die Kraft ist gleich der Abnahme, welche der Potentialwert auf der Längeneinheit der Kraftlinie erleidet, gleich dem Gefälle des Potentials. In dem Raume zwischen zwei Potentialflächen verhalten sich die elektrischen Kräfte umgekehrt wie die Abstände der Flächen.

Hiernach gibt das System der Potentialflächen und Kraftröhren, wie es in den Figg. 472 u. 473 für bestimmte Fälle dargestellt ist, ein sehr anschauliches Bild von der Verteilung der elektrischen Kraft in der Umgebung eines geladenen Konduktors, oder, wie man sagt, in seinem elektrischen Felde. Dabei verstehen wir unter Stärke der elektrischen Kraft oder unter Stärke des elektrischen Feldes immer die auf die Einheit der positiven Elektrizität ausgeübte Kraft. Der Sinn, in welchem die Kraft wirkt, ist dadurch bestimmt, daß sie ein positiv elektrisches Teilchen immer von Flächen mit höherem Potentiale zu solchen mit niedrigerem treibt, ein negatives natürlich umgekehrt.

Sind zwei Konduktoren vorhanden, beide etwa positiv elektrisch, so muß auf beiden das Potential konstant sein, im allgemeinen aber wird es verschiedene Werte haben auf dem einen und auf dem anderen Konduktor. Verbindet man die Konduktoren durch einen Metalldraht, so strömt Elektrizität so lange von dem Konduktor mit hohem Potentiale zu dem mit niedrigem, bis die Potentiale gleich geworden sind.

§ 381. Kapazität. Vergleichung verschiedener Potentiale. Aus der vorhergehenden Bemerkung folgt, daß zwischen dem Potentiale eines Konduktors und der Elektrizitätsmenge, die er enthält, eine bestimmte Beziehung besteht. In der Tat sieht man leicht, daß das Potential der Ladung proportional sein muß. Denn wenn in jedem Punkte eines Konduktors die Elektrizitätsmenge verdoppelt wird, so wird auch die Arbeit verdoppelt, die aufzuwenden ist, um die Einheit der positiven Elektrizität auf den Konduktor zu bringen. Bei jedem Konduktor ist somit das Verhältnis zwischen seiner elektrischen Ladung und seinem Potentiale ein konstantes $\mathfrak{e}/V = C$. Man bezeichnet dieses konstante Verhältnis als die Kapazität des Konduktors. Bei einer Kugel vom Halbmesser R, auf welcher die Elektrizitätsmenge $\mathfrak{e}$ gleichmäßig verteilt ist, hat dem auch in dem vorigen Paragraphen benützten Satze von § 378 zufolge das Potential an der Oberfläche den Wert

$$V = \mathfrak{e}/R \quad \text{oder} \quad \mathfrak{e} = RV,$$

d. h. die Kapazität einer Kugel wird gemessen durch ihren Halbmesser.

Dies gilt im allgemeinen nur dann, wenn sich die Kugel allein im Raume befindet oder von anderen Konduktoren so weit entfernt ist, daß der Einfluß der letzteren nicht in Betracht kommt. Es ist nicht ohne Interesse zu sehen, wie sich die Sache ändert, wenn diese Bedingungen nicht erfüllt sind.

Es befinde sich zunächst in dem Abstande d von dem Mittelpunkte der Kugel in einem Punkt konzentriert die elektrische Menge η. Bezeichnet $\mathfrak{e}$ wieder die Ladung der Kugel, R ihren Halbmesser, so ist das Potential in ihrem Mittelpunkte:

$$V = \mathfrak{e}/R + \eta/d.$$

Der Ausdruck gilt auch für jeden anderen Punkt der Kugel, da ja das Potential überall in ihrem Innern konstant sein muß. Das Potential ist in diesem Falle gleich einer Summe zweier Größen, deren eine mit $\mathfrak{e}$, deren andere mit η proportional ist. Für die Ladung ergibt sich:

$$\mathfrak{e} = R V - \eta \frac{R}{d}.$$

Von einer konstanten Kapazität der Kugel in dem früheren Sinne ist in diesem Falle keine Rede.

Wir betrachten zweitens den Fall, daß die mit der Elektrizitätsmenge $\mathfrak{e}$ geladene Kugel sich im Innern einer mit ihr konzentrischen Hohlkugel befindet. Die letztere wird sich auf ihrer inneren Oberfläche mit einer Elektrizitätsmenge $-\mathfrak{e}$ bedecken, welche der Ladung der Vollkugel entgegengesetzt gleich ist. An die äußere Oberfläche der Hohlkugel wird sich die gleichnamige Influenzelektrizität $+\mathfrak{e}$ begeben. Haben wir der Hohlkugel außerdem die Ladung η mitgeteilt, so ist die ganze auf der äußeren Oberfläche verteilte Elektrizitätsmenge gleich $\mathfrak{e} + \eta$. Der Halbmesser der Vollkugel sei R, der innere Halbmesser der Hohlkugel b, der äußere c. Dann ist das Potential der Vollkugel:

$$V = \mathfrak{e}/R - \mathfrak{e}/b + (\mathfrak{e} + \eta)/c = \mathfrak{e}(1/R - 1/b + 1/c) + \eta/c.$$

Das Potential der Hohlkugel:

$$U = (\mathfrak{e} + \eta)/c.$$

Somit ist:

$$V - U = \mathfrak{e}\frac{b - R}{b R}, \qquad \mathfrak{e} = \frac{b R}{b - R}(V - U).$$

In diesem Falle ist das Verhältnis zwischen der Ladung der Vollkugel und zwischen dem Überschusse ihres Potentials über das Potential der Hohlkugel konstant, und man kann nun dieses konstante Verhältnis als Kapazität der Vollkugel definieren.

Ist der innere Halbmesser der Hohlkugel sehr groß gegen den Halbmesser R der Vollkugel, so kann man die vorhergehenden Formeln ersetzen durch:

$$V - U = \mathfrak{e}/R, \qquad \mathfrak{e} = R(V - U).$$

Das sind im wesentlichen die früheren Formeln, nur steht an Stelle des Potentials der Kugel sein Überschuß über das Potential der Hohlkugel. Die Kapazität der Vollkugel ist aber in diesem Falle wieder einfach gleich ihrem Halbmesser.

Die im vorhergehenden für das Potential und die Ladung der Vollkugel gegebenen Formeln gelten auch dann, wenn die Hohlkugel mit der Erde leitend verbunden wird. Es verschwindet in diesem Falle die gleichnamige Influenzelektrizität von der äußeren Oberfläche.

Die Oberfläche der Erde aber hat (wie wir später sehen werden) im allgemeinen eine schwache negative Ladung, eine solche teilt sich also auch der Hohlkugel mit; ihre Menge η wird dadurch bestimmt, daß das Potential η/c der Hohlkugel gleich dem Potentiale ω der Erde sein muß. Es ergibt sich dann für das Potential der Vollkugel:

$$V = \mathfrak{e}/R - \mathfrak{e}/b + \omega = \mathfrak{e}(1/R - 1/b) + \omega .$$

Für das der Hohlkugel: $U = \omega .$

Wieder ist: $V - U = V - \omega = \mathfrak{e}(1/R - 1/b) = \mathfrak{e}(b - R)/b R.$

Formeln von derselben Art gelten auch für eine inmitten eines geschlossenen Raumes, etwa eines Zimmers, aufgestellte Kugel. An Stelle von b, dem inneren Halbmesser der Hohlkugel, kann man die mittlere Entfernung der Kugel von den Wänden des Zimmers setzen. Ist der Halbmesser der Kugel klein im Vergleiche mit der kleinsten Entfernung der Kugel von den Zimmerwänden, so ist näherungsweise:

$$V - \omega = \mathfrak{e}/R,$$

wo V wieder das Potential der Kugel, ω das der Wände, beziehungsweise der Erde bezeichnet.

Endlich ist es mit Rücksicht auf vielfache Anwendungen nützlich zu bemerken, daß ähnliche Sätze wie für die Kugel sich auch für Konduktoren von beliebiger Form ergeben. Ein beliebiger Konduktor sei eingeschlossen in eine leitende Hülle; seine Ladung sei $\mathfrak{e}$; die Hülle sei zunächst isoliert und habe die Ladung η erhalten; dann gelten für die Potentiale V und U von Konduktor und Hülle die Formeln:

$$V = q_1 \mathfrak{e} + q_2 \eta , \qquad U = q_2(\mathfrak{e} - \eta), \qquad V - U = (q_1 - q_2)\mathfrak{e} .$$

Hier ist dann $q_1 - q_2$ die Kapazität des inneren Konduktors, die von Gestalt und Größe der beiden Konduktoren, sowie von ihrer gegenseitigen Lage abhängt; q_2 ist die Kapazität der Hülle. Ist die letztere mit der Erde leitend verbunden, so ist:

$$V = (q_1 - q_2)\mathfrak{e} + \omega , \qquad V - \omega = (q_1 - q_2)\mathfrak{e},$$

wo ω das Potential der Erde bezeichnet. In beiden Fällen ist die Kapazität des Konduktors gleich der Differenz der Größen q_1 und q_2, welche durch die geometrischen Verhältnisse der Anordnung bestimmt werden.

Der Satz, daß das Potential eines Konduktors unter den aus dem vorhergehenden zu entnehmenden Bedingungen seiner Ladung proportional ist, hat eine hervorragende Bedeutung für die messende Physik; er zeigt, daß das Goldblattelektrometer ebenso ein Instrument zur Messung von Potentialen ist, wie von Ladungen. Nimmt man, was innerhalb gewisser Grenzen richtig ist, an, daß die Divergenz der Goldblätter ihrer Ladung proportional ist, so ist sie auch proportional dem Potentiale, zu dem das Elektroskop geladen ist. Man kann also jene Divergenz als einen Maßstab für das Ladungspotential betrachten.

§ 382. Grenzen des elektrischen Feldes. Bei jeder Scheidung der Elektrizitäten, sei es durch Reibung, sei es durch Influenz, werden stets die beiden Elektrizitäten in vollkommen gleicher Menge erzeugt. Wir können also sagen, daß in unserem Beobachtungsraume jedem Körper, der mit einer gewissen Menge positiver Elektrizität geladen ist, ein anderer entspricht, der eine ebenso große negative Ladung besitzt. Wenn wir zwei Konduktoren mit gleicher, aber entgegengesetzter Ladung in einem und demselben Raume betrachten, so finden wir, daß alle Kraftlinien von dem positiv geladenen zu dem negativ geladenen hinübergehen. Im Innern der Konduktoren aber ist die elektrische Kraft Null, hier sind keine Kraftlinien, und es ist daher das von diesen durchzogene Feld begrenzt durch die Oberflächen der Konduktoren. Entfernen wir den einen, etwa den negativen Konduktor, ganz aus dem Raume, in dem wir beobachten, so divergieren die von dem positiven ausgesandten Kraftlinien, bis sie die leitenden Wände des Zimmers treffen. Dort aber haben wir nun ungleichnamige negative Influenzelektrizität, während die gleichnamige nach der Erde abgeleitet ist. Das elektrische Feld ist somit wieder ein begrenztes, einerseits von der Oberfläche des Konduktors, andererseits von den Wänden des Zimmers. Das Verhältnis bleibt im wesentlichen dasselbe, wenn wir durch Reiben elektrische Isolatoren betrachten; nur gehen die Kraftlinien im allgemeinen nicht mehr von der Oberfläche geschlossener Räume aus, deren Inneres von Kraftlinien entblößt ist, sondern von den beiden Seiten der geriebenen Flächen, so daß sie teils unmittelbar in die Luft, teils erst durch das Innere der Isolatoren gehen. Die Kraftlinien, welche von der etwa positiv elektrischen Fläche eines geriebenen Isolators entspringen, gehen entweder nach der negativ elektrischen des Reibers hinüber, oder nach den durch Influenz negativ elektrischen Wänden des Beobachtungsraumes.

Die Endflächen der Kraftröhren Träger gleicher, entgegengesetzter Elektrizitätsmengen. Jede Kraftröhre verbindet also ein Element der Oberfläche des einen mit einem Element der Oberfläche des anderen Konduktors. Es zeigt sich, daß von diesen beiden, die Kraftröhre begrenzenden Elementen das eine ebensoviel positive, wie das andere negative Elektrizität trägt. Wir erläutern diesen allgemein gültigen Satz an einem besonders einfachen Beispiele. Eine aus Metallblech getriebene Hohlkugel verbinden wir durch einen Draht mit der Gasleitung. In das Innere bringen wir durch eine wieder zu verschließende Öffnung eine kleinere, positiv geladene Konduktorkugel so, daß die Mittelpunkte der Kugeln zusammenfallen. Die Ladung der kleinen Kugel muß sich aus Symmetriegründen gleichmäßig über ihre Oberfläche verbreiten; sie induziert in der umgebenden Hohlkugel negative Influenzelektrizität, welche ebenfalls gleichmäßig über die innere Fläche der Hohlkugel sich ausbreiten wird. Gleichgewicht ist vorhanden, wenn die Gesamtwirkung beider Ladungen im Innern des die Hohlkugel bildenden Bleches, in allen Punkten des

Verbindungsdrahtes und der Gasleitung selbst verschwindet. Dies ist aber nur der Fall, wenn die beiden Ladungen gleich groß sind, da wir für ihre Wirkungen nach außen beide in dem gemeinsamen Mittelpunkte der Kugeln konzentriert denken können. Wir gelangen also durch diese theoretische Überlegung zu demselben Satze, den wir in § 375 für einen geschlossenen Konduktor von beliebiger Form durch die Versuche mit dem Faradayschen Gefäße bewiesen hatten. Nur werden die Kraftröhren in unserem speziellen Falle durch Kegel repräsentiert, deren Spitze im Kugelmittelpunkte liegt. Sie teilen die Oberfläche beider Kugeln in eine übereinstimmende Zahl von Segmenten, und da die Ladungen im ganzen gleich groß sind, so müssen sie auch auf den einzelnen korrespondierenden Segmenten gleich sein.

Schließen wir in die Hohlkugel einen plattenförmigen Isolator ein, den wir durch Reiben auf einer Seite etwa positiv elektrisch gemacht haben, so gehen von jedem elektrischen Elemente seiner Oberfläche zwei Kraftröhren aus; die eine erreicht die Wandung der Hohlkugel unmittelbar durch die Luft, die andere erst, nachdem sie den Isolator selbst durchsetzt hat. Die Summe der an den Endflächen der beiden Kraftröhren vorhandenen Ladungen ist in diesem Falle gleich der durch Reibung erzeugten Elektrizitätsmenge auf dem betrachteten Elemente der Oberfläche.

Elektrische Kraft und Dichte an Konduktorflächen. Zwischen der elektrischen Oberflächendichte σ und der auf die Einheit der positiven Elektrizität unmittelbar an der äußeren Seite der Oberfläche eines geladenen Konduktors wirkenden elektrischen Kraft $\mathfrak{E}$ besteht die wichtige und einfache Beziehung

$$\mathfrak{E} = 4\pi\sigma;$$

ihre Richtigkeit ist zunächst in dem Falle einer elektrisch geladenen Kugel leicht zu prüfen. Um zu einem allgemeinen Beweise zu gelangen, schneide man auf der Oberfläche der Kugel ein als eben zu betrachtendes kleines Flächenstückchen ω mit kreisförmiger Begrenzung aus; unendlich nahe an seinem Mittelpunkte liegen, nach seiner äußeren, beziehungsweise nach seiner inneren Seite verschoben, die Punkte a und i und in ihnen je eine Einheit der positiven Elektrizität. Die Kräfte, welche diese Einheit in dem einen und anderen Punkte von der elektrischen Ladung der kleinen Kreisscheibe ω erleidet, seien Ξ_a und Ξ_i. Aus Symmetriegründen folgt, daß diese Kräfte zu ω senkrecht stehen; sie sind in den Punkten a und i gleich groß, aber von entgegengesetzter Richtung: $\Xi_a = \Xi$, $\Xi_i = -\Xi$. Gehen wir über zu der Wirkung X, die von der Ladung der ganzen übrigen Kugeloberfläche mit Ausnahme von ω herrührt; sie ist in den Punkten a und i offenbar dieselbe. Nun ist aber an der äußeren Oberfläche der Kugel, in a, die ganze auf die Einheit der positiven Elektrizität wirkende Kraft gleich $4\pi\sigma$, somit $X + \Xi = 4\pi\sigma$; dagegen ist in dem ganzen Innern und also auch in dem Punkte i die elektrische Kraft gleich Null, somit $X - \Xi = 0$. Daraus folgt $\Xi = 2\pi\sigma$. Ist jetzt ein beliebiger elektrisch geladener Konduktor gegeben, so grenzen wir an seiner Oberfläche wieder ein kreisförmiges, ebenes Flächenelement ω ab und betrachten die unendlich nahe an seinem Mittelpunkte nach außen und innen liegenden Punkte a und i. Die Wirkungen Ξ_a und Ξ_i, welche von der Ladung des Elementes ω selbst in a und i ausgeübt werden, sind nach dem vorhergehenden gleich, aber entgegengesetzt: $\Xi_a = 2\pi\sigma$, $\Xi_i = -2\pi\sigma$. Im ganzen Innern des Konduktors ist die gesamte elektrische Kraft gleich Null; bezeichnet also X wie zuvor die Wirkung, die von der Ladung der übrigen Oberfläche mit Ausnahme von ω herrührt, so ist $X - 2\pi\sigma = 0$; die Kraft X ist aber dieselbe, mag die Einheit der positiven Elektrizität, auf welche sie sich bezieht, in a oder in i liegen. Die Gesamtwirkung in a ist somit gleich $X + 2\pi\sigma = 4\pi\sigma$, in Übereinstimmung mit dem aufgestellten Satze.

Konstruiert man eine Potentialfläche, die einen elektrischen Konduktor eng umschließt, so verhalten sich die elektrischen Oberflächendichten an verschiedenen Stellen ebenso wie die elektrischen Kräfte, also umgekehrt wie die Abstände zwischen der Oberfläche des Konduktors und der Potentialfläche. Der Anblick der Fig. 472 zeigt somit, daß die Elektrizität sich vorzugsweise an den entgegengesetzten Polen der beiden Konduktorkugeln anhäuft, wenig in dem von ihnen gebildeten einspringenden Winkel.

Der zu Anfang ausgesprochene Satz gibt Veranlassung zu zwei weiteren Bemerkungen. Die erste bezieht sich auf eine eigentümliche Darstellung der auf einen Konduktor ausgeübten elektrischen Wirkungen, eine Darstellung, die eine gewisse prinzipielle Bedeutung besitzt. Die gesamte Kraft, welche auf einen in einem elektrischen Felde befindlichen Konduktor ausgeübt wird, setzt sich zusammen aus den Kräften, welche die einzelnen elektrischen Elemente seiner Oberfläche erleiden. Wir sind nach dem vorhergehenden imstande, diese Einzelkräfte zu bestimmen. Ist die Oberflächendichte gleich σ, so ist in einem Stückchen der Oberfläche vom Inhalte ω die Elektrizitätsmenge $\sigma\omega$ enthalten; die auf die Einheit der positiven Elektrizität wirkende Kraft ist an der äußeren Seite der Oberfläche $4\pi\sigma$, an der inneren Null, im Mittel gleich $2\pi\sigma$. Somit wirkt auf unser Flächenstückchen die Kraft $2\pi\sigma^2\omega$. Die auf den Konduktor ausgeübte elektrische Wirkung verhält sich so, wie wenn auf eine Stelle seiner Oberfläche mit der Dichte σ pro cm^2 ein Zug von der Stärke $2\pi\sigma^2$ oder $\mathfrak{E}^2/(8\pi)$ ausgeübt würde. Hier bezeichnet $\mathfrak{E}$, wie oben, die Stärke der elektrischen Kraft an der äußeren Oberfläche des Konduktors.

Die zweite ergänzende Bemerkung betrifft einen Satz, den wir im Anfange dieses § nebenbei erhalten haben, der aber ein gewisses selbständiges Interesse besitzt.

Eine ebene kreisförmige Scheibe trage eine einfache Schicht positiver Elektrizität von der Dichte σ. Die Ladung übt dann auf einen Pol von der Stärke 1, der unendlich nahe ihrem Mittelpunkte auf der einen oder anderen Seite der Scheibe gelegen ist, eine abstoßende Kraft $2\pi\sigma$ aus. Man kann sich leicht davon überzeugen, daß der Satz auf ebene Scheiben von beliebiger Form ausgedehnt werden kann; er gilt für alle auf der einen oder der anderen Seite der Scheibe gelegenen Punkte, vorausgesetzt nur, daß ihr senkrechter Abstand von der Scheibe unendlich klein ist gegenüber der Entfernung vom Rande. Von besonderer Bedeutung ist der Fall, daß zwei ebene, mit entgegengesetzt gleichen Ladungen bedeckte Scheiben einander parallel in kleinem Abstande gegenüberstehen. In dem äußeren Raume werden sich die von ihnen ausgeübten elektrischen Kräfte wechselseitig zerstören. Im Zwischenraume dagegen wirken beide in demselben Sinne; ein positiver Pol von der Stärke 1 wird also hier mit der Kraft $4\pi\sigma$ von der positiv geladenen Scheibe zu der negativen getrieben. Sind V_p und V_n die Potentiale der Scheiben, c ihr Abstand, so ist:

$$(V_p - V_n)/c = 4\pi\sigma, \qquad V_p - V_n = 4\pi\sigma c.$$

§ **383. Potential der Erde als Nullpunkt.** Wenn man ein elektrisches Feld mit beliebigen Konduktoren hat, zu denen wir immer auch die Erde und die nach ihr abgeleiteten Konduktoren zu rechnen haben, so ist die Arbeit beim Transport der Elektrizitätsmenge Eins von einer Fläche mit niedrigem zu einer solchen mit hohem Potentiale gleich der Differenz der Potentialwerte, die Kraft zwischen zwei benachbarten Potentialflächen gleich jener Differenz dividiert durch ihren Abstand. In all diesen Beziehungen treten nie die absoluten Werte der Potentiale auf, sondern nur ihre Differenzen. Welches auch ursprünglich die Potentiale sein mögen, stets kann man das Potential eines Körpers willkürlich auf Null reduzieren, wenn man gleichzeitig die aller übrigen um denselben Betrag verkleinert. Die Potentialdifferenzen und die von ihnen abhängenden Beziehungen des elektrischen Feldes werden ja dadurch nicht geändert. Man ist übereingekommen, das Potential der Erde gleich Null zu setzen; auch jeder mit der Erde leitend verbundene Konduktor hat dann das Potential Null. Das Potential eines beliebigen Konduktors ist jetzt gleich der Arbeit, die aufzuwenden ist, um die Einheit der positiven Elektrizität von der Erde auf den Konduktor zu bringen. Es muß aber ausdrücklich hervorgehoben werden, daß bei dieser Definition des Potentials die vorhandenen Ladungen während der Bewegung jener Einheit als vollkommen unveränderlich zu betrachten sind, ebenso wie in § 377; es ist also die Fiktion festzuhalten, daß der bewegte „elektrische Einheitspol" seinerseits keine störenden Influenzwirkungen auf die vorhandenen Konduktoren ausübe.

Der getroffenen Festsetzung zufolge haben wir auch in § 381 das Potential ω der Erde gleich Null zu setzen; wir erhalten dann für das Potential der Vollkugel, welche konzentrisch von einer zur Erde abgeleiteten Hohlkugel umschlossen ist:

$$V = \mathfrak{e}/R - \mathfrak{e}/b;$$

für das Potential der inmitten eines Zimmers aufgestellen Kugel: $V = e/R$. Das ist dieselbe Formel, wie in einem Raume von unbegrenzter Ausdehnung.

§ 384. Elektrostatische Energie. An die Einführung des Potentialbegriffes knüpft sich noch eine Betrachtung, die für die Einordnung der Elektrostatik in den allgemeinen Zusammenhang der physikalischen Erscheinungen von fundamentaler Bedeutung ist. Wir haben in der Mechanik starrer Körper Veranlassung genommen zu einer allgemeinen Untersuchung mechanischer und mechanisch-thermischer Systeme. Wir haben als eine Eigenschaft dieser die Energie kennen gelernt, die ihrem Betrage nach unveränderlich ist, solange das System keinem äußeren Eingriffe unterliegt, die aber mancherlei Wandlungen der Form erfahren kann. Sie mag in der räumlichen Trennung ponderabler Massen oder in ihrer Bewegung begründet sein; wir unterscheiden danach potentielle Energie und kinetische Energie. Wir haben diese dann später bei der Elastizität als Volumenergie der deformierten Körper, bei der Kapillarität als Oberflächenenergie der Flüssigkeiten kennen gelernt; wir haben gesehen, daß auch die Wärme als eine Energieform zu betrachten ist. Jegliche Art von Energie kann erzeugt werden durch Arbeit. Nun zeigen die vorhergehenden Betrachtungen, daß auch die elektrische Ladung eines Konduktors durch Arbeit entsteht. Der geladene Konduktor muß also Energie in einer neuen Form besitzen, die wir als elektrostatische Energie bezeichnen. Sie hängt ab von der Verteilung ruhender elektrischer Mengen und hat insofern den Charakter einer potentiellen Energie. Wie sie aus der Arbeit entstand, so kann sie auch wieder mechanische Arbeit leisten, in kinetische Energie oder in Wärme sich verwandeln. Die quantitativen Verhältnisse dieser Umsätze sind bestimmt, sobald es gelingt, den in einem geladenen Konduktor enthaltenen Energiebetrag zu berechnen, und dies geschieht auf dem folgenden Wege.

Es sei ein Konduktor gegeben mit der positiven elektrischen Ladung e und dem Potentiale V. Wir fragen nach der Arbeit, welche aufzuwenden ist, um diese Ladung von der Erde auf den Konduktor zu bringen. Würde das Potential des Konduktors unveränderlich sein, so müßte die Arbeit eV aufgewandt werden, um die Elektrizitätsmenge e auf ihn zu bringen. Nun ist aber in unserem Falle der Konduktor zuerst unelektrisch, sein Potential Null, und nur allmählich steigt es zugleich mit der sich mehrenden Ladung auf den Betrag V. Um unter diesen Umständen jene Arbeit zu finden, multiplizieren wir die schließlich erreichte Ladung e mit dem Mittelwerte des Potentials $\frac{1}{2} V$.

Es ergibt sich so für die Arbeit der Wert

$$U = \tfrac{1}{2} e V.$$

Dieser Ausdruck repräsentiert nun zugleich die elektrostatische Energie des Konduktors; er stellt den Arbeitsvorrat dar, den wir an ihm durch Zufuhr der Elektrizitätsmenge e aufgehäuft haben.

Die elektrische Energie eines Konduktors muß aber unabhängig sein von der Art, wie wir ihn geladen haben; denn würden auf verschiedenen Wegen durch Ladung mit derselben Menge e verschiedene Energiewerte erreicht, so würde man auch auf dem einen mehr Arbeit gewinnen können, als man zuvor auf dem anderen aufgewandt hatte, man könnte mit Hilfe eines geladenen Konduktors ein perpetuum mobile konstruieren, dessen Möglichkeit nach § 72 durch das Energieprinzip ausgeschlossen ist.

Wir knüpfen an das vorhergehende noch eine Aufgabe, deren Lösung eine nützliche Übung in der Anwendung unserer Sätze gewährt. Ein Konduktor, etwa eine Metallkugel, möge nach der Methode von § 370 durch Influenz elektrisch gemacht werden. Man findet, daß im ersten Teile des Prozesses, bei der Annäherung des elektrischen Körpers, elektrische Energie verloren geht, daß bei seiner Wiederentfernung von dem nun isolierten Konduktor elektrische Energie gewonnen wird. Im ganzen wird elektrische Energie gewonnen und ihr Betrag muß dem vorhergehenden Satze zufolge gleich $\frac{1}{2} e V$ sein, wenn e die schließliche Ladung, V das Potential des influenzierten Konduktors bezeichnet.

§ **385. Feldintensität und Kraftliniendichte.** Unter Intensität eines elektrischen Feldes, unter elektrischer Kraft schlechtweg, verstehen wir die Kraft $\mathfrak{E}$, welche in einem Punkte des Feldes auf die Einheit der positiven Elektrizität bei ungeänderter Verteilung der elektrischen Ladungen ausgeübt wird. Also $\mathfrak{E} e$ = Kraft. Die Dimension somit analog der des magnetischen H in § 358:

$$[\mathfrak{E}] = l^{-\frac{1}{2}} m^{\frac{1}{2}} t^{-1} \text{ oder } = \text{cm}^{-\frac{1}{2}} \text{g}^{\frac{1}{2}} \text{sec}^{-1}.$$

Die Zahl der das elektrische Feld durchziehenden Kraftlinien bestimmen wir in folgender Weise. Nach Fig. 475 werden die Kraftlinien je nach der Breite einer Kraftlinienröhre in demselben Maße sich zusammendrängen oder auseinanderweichen, in dem die elektrische Feldintensität zu- oder abnimmt. Wir zeichnen nun — willkürlich — immer soviel Kraftlinien pro cm^2 als die Feldstärke groß ist.

Um die Dichte der Kraftlinien für eine beliebige Stelle des Raumes passend zu fixieren, legen wir dort senkrecht zur Kraftlinienrichtung eine Fläche von 1 cm^2 und zeichnen für diese soviel Kraftlinien als der numerische Wert von $\mathfrak{E}$ beträgt. Eine Elektrizitätsmenge e übt in einer Entfernung r die Kraft e/r^2 aus, beschreiben wir um e eine Kugel mit dem Halbmesser r, so ziehen wir durch jeden cm^2 ihrer Oberfläche e/r^2, durch die ganze Oberfläche also $4\pi e$ Kraftlinien. Wir zeichnen somit nach diesem Übereinkommen die Kraftlinien so dicht, daß von dem elektrischen Pol e die Zahl von $4\pi e$ elektrostatischen Kraftlinien ausgehen. Dann gibt uns in jedem Punkte die Kraftlinienanzahl pro cm^2 direkt die Feldstärke (siehe § 365).

§ **386. „Volt."** Das Potential ist seiner Definition zufolge gleich einer Arbeit, dividiert durch eine Elektrizitätsmenge; seine Dimension ist danach $[V] = l^{\frac{1}{2}} \cdot m^{\frac{1}{2}} \cdot t^{-1}$ oder $= \text{cm}^{\frac{1}{2}} \cdot \text{g}^{\frac{1}{2}} \cdot \text{sec}^{-1}$. Eine Kugel vom Halbmesser 1 cm, welche mit der Elektrizitätsmenge 1 $cm^{\frac{3}{2}} \cdot g^{\frac{1}{2}} \cdot sec^{-1}$ geladen ist, besitzt zufolge § 381 das Potential 1 nach elektrostatischem Maße ($cm^{\frac{1}{2}} \cdot g^{\frac{1}{2}} \cdot sec^{-1}$). Wir können auch sagen, daß das Potential in elektrostatischen absoluten Einheiten gleich ist der Anzahl Ergs, die notwendig sind, um die elektrostatische absolute Mengeneinheit aus der Unendlichkeit bis an jenen Punkt zu bringen, dessen Potential bestimmt werden soll.

Die praktische Potentialeinheit ist das Volt oder V; das Potential eines Punktes in V ist gleich der Arbeit in Joule, die notwendig ist, um ein Coulomb gleichnamiger Elektrizität aus der Unendlichkeit bis in diesen Punkt zu bringen. Da 1 Coulomb = $3 \cdot 10^9$ abs. Einheiten, und 1 Joule = 10^7 Erg ist, so ergibt sich, daß $3 \cdot 10^9/10^7$ oder 300 Volt gleich sind einer absoluten elektrostatischen Potentialeinheit. Laden wir eine Kugel mit einem Radius von R cm auf das Potential von 1 V, so wird ihre elektrische Ladung:

$$e = \frac{R}{300} cm^{\frac{3}{2}} \cdot g^{\frac{1}{2}} \cdot sec^{-1}.$$

Um diese Elektrizitätsmenge in der praktischen Einheit des Coulomb (§ 373) auszudrücken, müssen wir mit $3 \cdot 10^9$ dividieren. Wir kommen dann zu dem Resultate: Wird eine Kugel vom Halbmesser R cm zu dem Potentiale von 1 V geladen, so sammelt sich auf ihr eine Elektrizitätsmenge von $\frac{R}{9 \cdot 10^{11}}$ Coulombs.

Um von der Größenordnung der bei elektrostatischen Versuchen vorkommenden Potentiale eine Vorstellung zu geben, führen wir noch das Resultat einer Beobachtung an. Eine Metallkugel von 0,61 cm Halbmesser war durch Streichen an einer geriebenen Glasstange möglichst stark elektrisch gemacht. Ihre Ladung betrug 8,8 $cm^{\frac{3}{2}} \cdot g^{\frac{1}{2}} \cdot sec^{-1}$, somit ihr Potential 14,4 $cm^{\frac{1}{2}} \cdot g^{\frac{1}{2}} \cdot sec^{-1}$, oder 4320 V. Für die in § 373 erwähnten Holundermarkkugeln z. B. wird das Potential gleich 1970 V.

§ 387. „Farad". Die Kapazität eines Konduktors erhalten wir nach § 382, wenn wir seine elektrische Ladung e dividieren durch sein Potential V. Hiernach hat die Kapazität die Dimension einer Länge, wie wir ja fanden, daß die Kapazität einer Kugel numerisch gleich ihrem Halbmesser ist. Im absoluten elektrostatischen Maße hat derjenige Konduktor die Einheit der Kapazität, in dem die elektrische Ladung 1 das Potential 1 erzeugt; insbesondere hat im cm · g · sec-System eine Kugel vom Halbmesser 1 cm die Kapazität 1, eine Kugel vom Halbmesser R cm die Kapazität R; umgekehrt ist die Kapazität R gleich der einer Kugel von R cm Halbmesser. Als praktische Einheit der Kapazität benützen wir das Farad, welches gleich $9 \cdot 10^{11}$ Einheiten des cm·g·sec-Systemes ist. Ein Konduktor, der eine Kapazität von 1 Farad besitzt, würde danach durch eine Kugel mit einem Halbmesser von $9 \cdot 10^{11}$ cm dargestellt werden. Laden wir diese zu einem Potentiale von 1 V, so ist ihre Ladung dem vorhergehenden zufolge gleich 1 Coulomb. Man kann somit auch sagen, daß ein Konduktor die Kapazität von 1 Farad besitzt, wenn er bei einem Potential von 1 V eine Ladung von 1 Coulomb annimmt.

Eine Kugel von der Größe der Erde hat eine Kapazität von 0,00071 Farad; die Kapazität einer durch die Erdbahn gelegten Kugel würde 16,5 Farad sein.

Man sieht, daß das Farad eine unbequem große Maßeinheit ist, und benützt deshalb meist seinen millionsten Teil, das Mikrofarad.

§ 388. **Elektrostatische Voltmeter.** Einer in § 381 gemachten Bemerkung zufolge kann jedes Elektroskop auch als Instrument zur Messung von Potentialen dienen. Eine bequeme Einrichtung des Blattelektroskopes zu diesem Zwecke rührt von Exner[1] her (Fig. 477). An Stelle des Goldblattes wird dabei Aluminiumblatt benützt. Der Konduktor *k*, welcher die beiden Aluminiumblätter *a* trägt, ist durch eine dünne Metallamelle *l* verlängert, etwa von gleicher Breite und Länge, wie die Aluminiumblätter. Im ungeladenen Zustande legen sich die *a* beiderseits an *l* an; wird das Elektroskop geladen, so werden sie von der Lamelle abgestoßen und divergieren, wie in Fig. 477 gezeichnet.

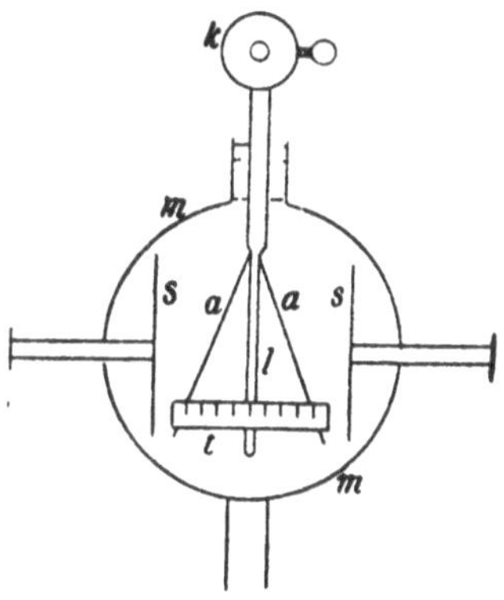

Fig. 477. Exner-Elektroskop.

Das Elektroskop ist von einer zylindrischen Metallhülle *mm* umschlossen, welche mit der Erde leitend verbunden und dadurch auf das Potential Null gebracht wird. Auf beiden Seiten wird die Metallhülle durch Glasplatten geschlossen, um die Aluminiumblätter gegen Luftzug zu schützen, die vordere Glasplatte trägt eine Teilung *t*, an welcher die Divergenz der Blätter abgelesen werden kann. Jeder bestimmten Divergenz entspricht ein bestimmtes Potential des aus dem Stabe und den Aluminiumblättern bestehenden Konduktors. Auf empirischem Wege wird die Anzahl von V ermittelt, welche zu einer bestimmten Divergenz der Blätter gehört. Im Innern der Metallhülle befinden sich noch zwei vertikale Schutzbacken *s*, welche von horizontalen Metallstäbchen getragen werden; die letzteren lassen sich in zwei Büchsen verschieben, die in die Seiten der Metallhülle eingelassen sind. Will man das Elektroskop transportieren, so werden die Schutzbacken so verschoben, daß die Aluminiumblätter zwischen ihnen und der mittleren Metallplatte eingeklemmt und dadurch gegen Beschädigungen gesichert sind. Mit den Exnerschen Elektrometern lassen sich Potentiale von etwa 50—300 V messen.

[1] Wien. Ber. 95 (1887).

Bequemer, aber etwas teurer, ist das Fadenelektroskop von Wulf[1] (Fig. 478). 2 nebeneinander hängende, mit Metall bestäubte u. dadurch leitende Quarzfäden f_1 u. f_2 sind unten mit einem kleinen Gewichtchen g belastet. Ist dies System elektrisch, so bauchen sich die Fäden, wie in Fig. 478 gezeichnet, in der Mitte auseinander. Man kann nun überdies 2 Schneiden p_1 u. p_2 mit entgegengesetzter Elektrizität dauernd laden; dadurch wird die Ausbauchung, deren Größe mittels Mikroskopes abgelesen wird, vergrößert. Der Gesamtmeßbereich umfaßt 10—1000 V. Eine einfache automatische Sicherung, welche g nur bei vertikaler Stellung des Instrumentes frei läßt, schützt die Fäden beim Transport.

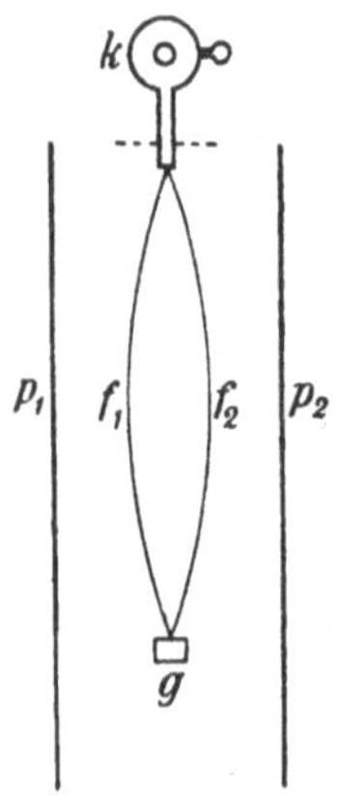

Fig. 478.
Wulf-Elektroskop.

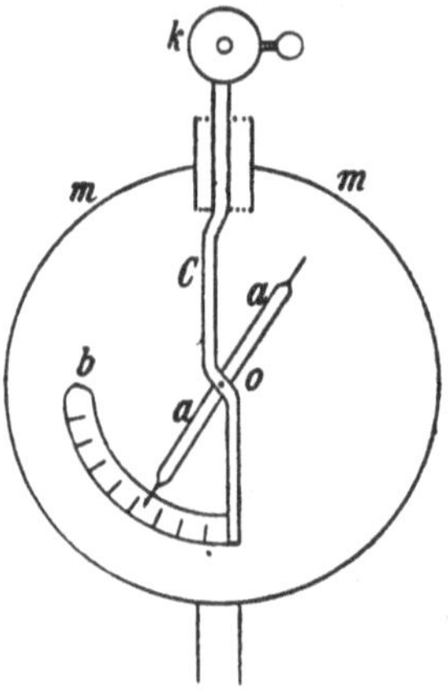

Fig. 479.
Braun-Elektroskop.

Sehr bequem für Potentialmessungen von 100 bis 10000 V ist das Braunsche Elektrometer[2] (Fig. 479). Der bewegliche Teil besteht aus einer Aluminiumnadel *a a*, welche um eine horizontale Achse *o* drehbar ist. Im unelektrischen Zustande steht die Nadel vertikal und legt sich dabei an den Konduktor *C* an, der die Drehungsachse *o* trägt; im elektrischen Zustande wird, wie in Fig., *a* vom *o* abgestoßen. Die Nadel ist von einer zylindrischen Metallhülle *mm* umgeben. Der Konduktor *C* ist von obenher isoliert (punktiert gezeichnet) in die Hülle eingeführt, er trägt an seinem unteren Ende einen Bogen *b*, über welchem das untere Ende der Nadel spielt. Der Bogen ist empirisch geteilt, so daß das Potential unmittelbar in V abgelesen wird. Auf beiden Seiten ist die Hülle erst durch Metallplatten geschlossen; Ausschnitte von passender Form ermöglichen die Ablesung der Teilung; zum Schutze gegen Luftströmungen werden über die Metallplatten Glasscheiben gelegt. Die Nadel mit ihrem Träger befindet sich im Innern eines zur Erde abgeleiteten Konduktors, der nahezu geschlossen ist, sie ist so gegen äußere Störungen geschützt.

Die in unseren Zeichnungen durch Strichlierung angedeutete Isolierung der abgeleiteten Hülle vom geladenen Teile erfolgt bei all diesen Elektroskopen am besten durch Bernstein.

§ 389. Elektrostatische Voltmeter für kleine Potentialdifferenzen. Hier nimmt man immer fremde Hilfsladungen — wie auch schon in

[1] Phys. Zs. 8 (1907) 10 (1909).
[2] Pogg. Ann. 44 (1841).

Fig. 478 geschildert — zu Hilfe; man nennt solche Instrumente darum auch heterostatische Elektrometer.

Am leichtesten verständlich ist hier das zuerst von BEHRENS und HANKEL angewandte Prinzip, das wir in der modernen Form des Elektrometers von ELSTER-GEITEL[1] schildern wollen. Fig. 480 gibt in schematischer Weise das Wesentliche dieser Einrichtung. Vom isolierten Konduktor *k* hängt ein mit Metallstaub bestäubter und dadurch leitender Quarzfaden *ff* (Dicke 0,001 mm), unten in den wieder isolierenden losen Spinnenfaden *a* übergehend. Von den 2 Metallbacken *b* wird mittels einer Hilfsbatterie, wie wir sie § 451 schildern werden z. B. b_1 auf + 150 V, b_2 auf − 150 V dauernd geladen. *z z* ist ein geerdeter Schutzzylinder. Wird jetzt *k* und also auch der Faden *f* z. B. + geladen, so biegt er nach rechts, was mittels Mikroskops gemessen wird. Selbstverständlich sorgt auch hier eine geerdete leitende Umhüllung des ganzen Apparates gegen Luftströmung und gegen Influenzierung von außen. (In Fig. 480 nicht gezeichnet.)

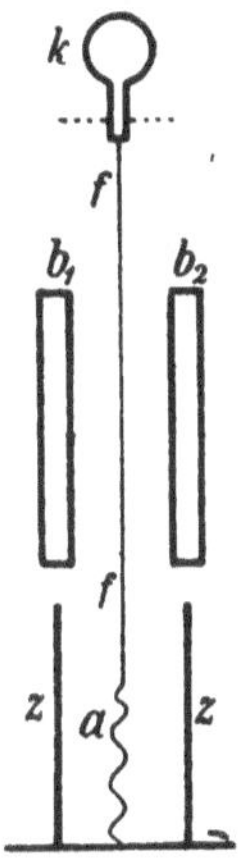

Fig. 480. ELSTER-GEITEL-Elektrometer.

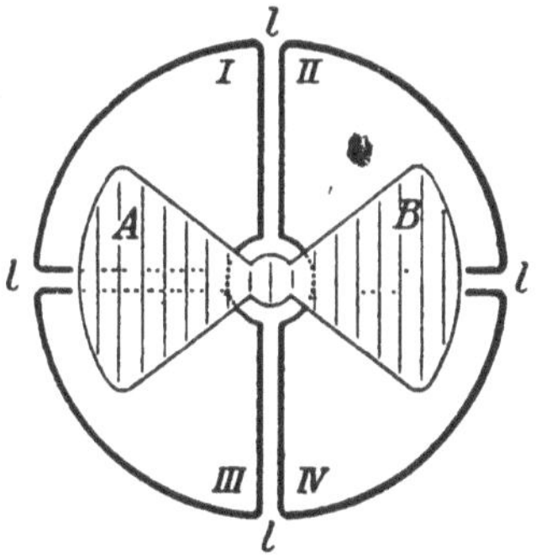

Fig. 481. THOMSON-Elektrometer.

Das ELSTER-GEITEL-Elektrometer mißt hinunter bis zu 0,003 V und hat eine besonders kleine Kapazität (etwa 2 cm), was für viele Zwecke sehr wichtig ist (bei Messung von kleinen Elektrizitätsmengen).

Das klassische Instrument dieses Gebietes ist das Quadrantenelektrometer von W. THOMSON.[2] Eine flache Metallscheibe ist in 4 gleiche Teile zerschnitten. Diese, die Quadranten I, II, III, IV, sind horizontal in einer Ebene in der in Fig. 481 angedeuteten Weise isoliert festgestellt, so daß je zwei benachbarte durch einen kleinen Luftspalt *l* getrennt sind. Etwa 1 mm höher hängt die Lemniskatenförmige Aluminiumnadel *AB* (vertikal schraffiert gezeichnet) an einem sehr dünnen durch die Mitte von *AB* gehenden Metallfaden. Durch die Torsionskraft dieses dünnen Aufhängedrahtes (etwa 20—60 cm lang) schwingt *AB*, immer der horizontalen Quadrantenebene ohne Berührung in gleicher Entfernung parallel bleibend, als Horizontalpendel. Fig. 481 stellt also eine Daraufsicht von oben her dar.

Es werden nun diagonal gegenüberliegende Quadranten, d. i. I mit IV und andererseits II mit III leitend verbunden. Die Nadel *AB* wird

[1] Phys. Zs. 10 (1909).
[2] Rep. Brit. Assoc. (1855).

durch den Aufhängedraht dauernd auf ein Potential von z. B. +100 V gebracht. Solange I—IV sowohl als auch II—III geerdet sind, stehe *AB* symmetrisch, wie in Fig. 481 gezeichnet. Verbindet man nun I—IV statt mit der Erde, mit der zu messenden, z. B. positiven Elektrizitätsquelle, so wird *A* von I und *B* von IV abgestoßen. Die Nadel dreht sich — von oben gesehen entgegen dem Uhrsinn. Die Messung geschieht mit Spiegelablesung.

Die Anordnung dieser sowie den Aufbau des ganzen Instrumentes, die Dämpfungseinrichtungen usw. wollen wir nicht schildern, da nur wenige Apparate der Physik so vielseitig modifiziert wurden, wie dies in seinen Hauptzügen eben angedeutete Quadrantenelektrometer. Es wird um so empfindlicher, je dünner der Aufhängedraht. Ebenso steigt die Empfindlichkeit mit der Ladung der Lemniskate *AB*; erreicht diese Hilfsspannung aber etwa 300 V, ist auch das Maximum der Empfindlichkeit erreicht. Man kann bis etwa 0,01 V messen, in Ausnahmefällen noch tiefer.

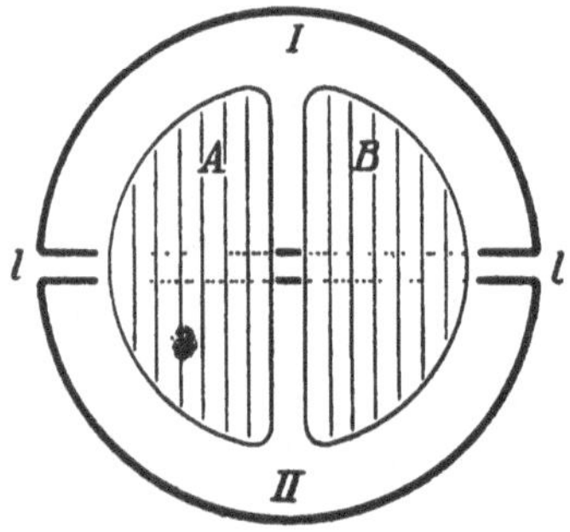

Fig. 482. Binantenelektrometer.

In vieler Beziehung wird das Quadrantenelektrometer übertroffen durch das Binantenelektrometer.

Es sei eine flache Messingscheibe in zwei gleiche Teile geschnitten. Diese, die Binanten I und II, sind horizontal in einer Ebene nach der in Fig. 482 angedeuteten Weise isoliert fixiert, so daß sie durch einen Luftspalt *l* getrennt sind. Etwa 1 mm höher hängt die Nadel (vertikal schraffiert). Diese besteht aus zwei Hälften einer Aluminiumscheibe *A* und *B*, welche durch einen nicht gezeichneten isolierenden Querhälter mechanisch in einer Ebene liegend verbunden sind. Dieses System hängt wieder an einem dünnen Metallfaden, der aber nur mit der einen Hälfte, z. B. *A* leitend verbunden ist, während von *B* ein zweiter leitender Metallfaden vertikal nach abwärts führt.

Es werde *A* mit z. B. +100 V, hingegen *B* mit −100 V geladen. Solange I und II beide zur Erde abgeleitet sind, steht die Nadel symmetrisch wie in Fig. 482. Wird nun aber I mit dem zu untersuchenden Potentiale, z. B. −0,01 V in Verbindung gebracht, so dreht sich die Doppelnadel — von oben gesehen im Uhrsinne.

Wir müssen uns auch hier mit der gegebenen Schilderung des Prinzipes genüge sein lassen, denn die Darstellung der vielen konstruktiven Einzelheiten würde zu weit führen. Das Binantenelektrometer von Dolezalek[1] gestattet Verwendung von Hilfsspannungen bis 1000 V. Man kann hinunter bis zu 10^{-5} V messen.

Bei gleicher Hilfsladung sind die Ausschläge des Binantenelektrometers etwa zweimal so groß, als die des Quadrantenelektrometers.

[1] Ann. d. Phys. 26 (1908).

Dafür ist aber die Kapazität des letzteren (etwa 20—40 cm) um die Hälfte kleiner.

Alle Potentialmesser messen nur Potentialdifferenzen, z. B. in Fig. 477 die zwischen Aluminiumblättchen *a* und Hülle *m*, in Fig. 481 die zwischen den Quadrantenpaaren usw. Erdet man den einen Teil, so spricht man — wie auch wir es taten — von Potentialen schlechtweg (§ 383).

II. Elektrisiermaschinen und Kondensatoren.

§ 390. **Fernwirkung und Kraftlinien.** Wir haben bisher im wesentlichen die Vorstellung benützt, daß die elektrischen Erscheinungen auf der Existenz zweier elektrischer Fluida beruhen, deren Teilchen in die Ferne aufeinander wirken. Mag diese Vorstellung der Wahrheit entsprechen oder nicht, jedenfalls hat sie sich bei unserem ersten Eindringen in das Gebiet der elektrischen Erscheinungen als ein sehr nützlicher Leitfaden erwiesen. Wir haben andererseits auf die Möglichkeit hingewiesen, daß der Äther bei den elektrischen Wirkungen eine wesentliche Rolle spielt. Es würde leicht sein, diesen Gedanken jetzt schon weiter zu verfolgen. Wir würden sogar mit Benützung der in § 382 zwischen elektrischen Kräften und Dichten angegebenen Beziehung zu einer quantitativen Bestimmung der längs der Kraftlinien herrschenden Spannungen gelangen. Wir verfolgen jedoch die Frage nach der physischen Struktur der elektrischen Kraftlinien vorerst nicht, da wir später in den Besitz von Tatsachen kommen, welche für ihre Behandlung von fundamentaler Bedeutung sind. Wenn wir aber auch die elektrischen Erscheinungen als Wirkungen des Äthers auf die ponderablen Körper verstehen lernen, so folgt daraus doch nicht, daß wir die Vorstellung von den elektrischen Flüssigkeiten über Bord zu werfen haben. Sie bildet ein Hilfsmittel, welches eine rasche und bequeme Orientierung über zahlreiche Gruppen von Erscheinungen gestattet, und als solches werden wir sie benützen, auch wenn sich die Vorstellung von der Existenz elektrischer Fluida als eine fiktive erweisen würde.

§ 391. **Elektrophor.** Wenn wir Reibung benützen wollen, um Elektrizität in größerer Menge zu erzeugen, so werden wir die Oberfläche des geriebenen Isolators möglichst zu vergrößern haben; wir geben ihm die Form einer runden Scheibe. Eine solche aus Harzmasse hergestellte Scheibe nennen wir den Elektrophorkuchen. Durch Schlagen mit einem Fuchsschwanze machen wir ihn an seiner ganzen Oberfläche negativ elektrisch. Wenn wir nun von Zeit zu Zeit die elektrische Ladung des Kuchens prüfen, was mit einer an isolierendem Stiele befestigten Probekugel (§ 374) und einem Elektroskope geschehen kann, so finden wir, daß sie mehr oder weniger rasch abnimmt. Es ist dies zum Teil die Schuld der wenn auch geringen Leitfähigkeit der Oberfläche. Zum größeren Teile wird aber der Elektrizitätsverlust durch eine eigentümliche Beschaffenheit der Luft bedingt, mit der wir uns im dreizehnten Teile dieses Bandes ausführlich beschäftigen werden. Die Untersuchungen über elektrische Entladung in Gasen zeigen, daß in der Luft stets positive und negative elektrische Teilchen, wenn auch in wechselnder Zahl, vorhanden sind; es sind das sogenannte Gasionen, d. h. Gasmolekel, welche mit einer gewissen positiven oder negativen Ladung verbunden sind. Von der negativen Ladung des Harzkuchens werden die positiv elektrischen Teilchen der Luft angezogen, sie bewegen sich gegen seine Oberfläche bis zur Berührung und neutralisieren dann einen Teil seiner Ladung. Jedes Mittel, durch welches die elektrische Wirkung des Kuchens in dem umgebenden Luftraume vermindert wird, muß darnach zu der Konservierung der Elektrizität beitragen. Ein solches Mittel besteht darin, daß man den Kuchen auf eine Metallplatte, die Armatur oder Form des Elektrophors, setzt; wenn die Armatur mit der Erde leitend verbunden ist, so induziert die negative Elektrizität des Harzkuchens in ihr positive Influenzelektrizität; es leuchtet ein, daß die Intensität des von den beiden entgegengesetzten elektrischen Schichten im Luftraume erzeugten Feldes eine viel geringere ist, als zuvor die Intensität des nur von dem Harzkuchen erzeugten. Von der elektrischen Ladung, welche wir in dieser Weise längere Zeit erhalten können, vermögen wir aber keinen weiteren Gebrauch zu machen, da sie an der Oberfläche des isolierenden Harzkuchens haftet. Disponibel ist die Elektrizität nur, wenn sie in einem Konduktor aufgesammelt ist, mit dem wir sie beliebig bewegen, von dem wir sie auf andere Konduktoren mit Leichtigkeit übertragen können. Wir müssen also die Elektrizität unseres Harzkuchens nutzbar machen, indem wir einen Konduktor durch Näherung positiv laden. Um die von dem Kuchen ausgehende verteilende Wirkung möglichst vollständig auszunützen, geben wir dem Konduktor die Form einer Scheibe und erhalten so den dritten Teil des Elektrophors, den Deckel oder Schild. Wir nähern den horizontal gehaltenen Schild dem Harzkuchen, wobei wir ihn ableitend berühren; wir entfernen ihn, isoliert an seidenen Schnüren gehalten, und können nun die gewonnene positive Elektrizität beliebig weiter verwenden. Die Menge der letzteren wird um so größer sein, je größer die verteilende Wirkung des Elektrophorkuchens ist, d. h. je näher die Oberfläche des Schildes der des Kuchens gebracht wird. Die Erfahrung zeigt nun, daß man am besten tut, den Schild direkt auf den Kuchen aufzusetzen. Es könnte dies überraschen, da ja bei direkter Berührung ein Übergang von negativer Elektrizität des Harzkuchens auf den Schild nicht zu vermeiden ist. Der hierdurch bedingte Verlust kommt aber nicht in Betracht gegenüber dem durch die große Nähe der beiden Flächen bedingten Gewinn; es erklärt sich dies dadurch, daß keine der beiden Oberflächen eben ist, so daß wirkliche Berührung immer nur in wenigen Punkten eintritt.

Setzen wir den zunächst isolierten Schild auf den Kuchen, so stellt sich die durch Fig. 483 anschaulich gemachte elektrische Verteilung ein. Sobald wir den Schild ableitend berührt haben, verschwindet die negative Influenzelektrizität zugleich mit dem größten Teile der in der Armatur vorhandenen positiven Ladung. (Die Armatur ist in weniger innigem Kontakte als der Schild). Der Schild ist positiv elektrisch (Fig. 484). Sobald wir ihn abheben und mit der gewonnenen Ladung entfernen, stellt sich die Ladung der Armatur wieder her.

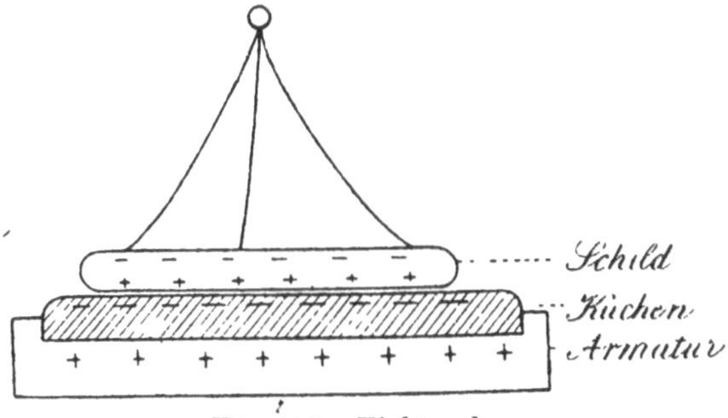

Fig. 483. Elektrophor.

Die charakteristische Eigenschaft des Elektrophors ist, daß man durch verhältnismäßig sehr geringe anfängliche Reibung eine beinahe unerschöpfliche Quelle von Elektrizität gewonnen hat. Dem stehen gegenüber die Unbequemlichkeit der Handhabung und die technischen Schwierigkeiten, welche die Herstellung und Benützung von Kuchen mit größerer Oberfläche und entsprechend größerer Ladung verhindern.

Die „Unerschöpflichkeit" dieser Elektrizitätsquelle widerspricht nicht dem Energiegesetze. Beim Heben und Senken des Deckels gegen den ungeladenen Kuchen hebt sich Arbeits-Gewinn und -Verlust auf; anders aber, wenn das Elektrophor geladen ist und der geladene Deckel gegen die Anziehung des Kuchens gehoben werden muß. Der Energieverlust beim Heben ist dann viel größer als der Energiegewinn beim Niederlassen, das Äquivalent dieses scheinbaren Energieverlustes bildet zum Teil die erzeugte Ladung des gehobenen Deckels (zum Teil die Stromenergie der bei Berühren des aufgelegten Deckels abfließenden Elektrizität und der im Deckel selbst erzeugten Ströme).

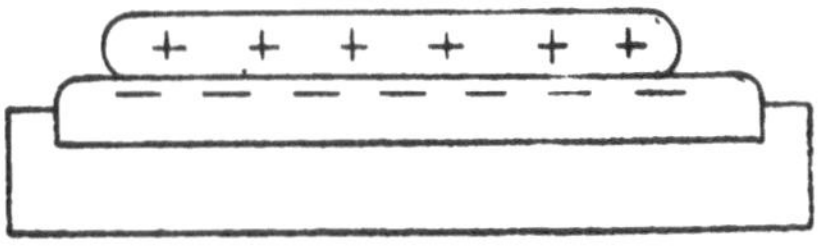
Fig. 484. Elektrophor.

§ 392. **Spitzenwirkung.** Wir können den Elektrophor in der geschilderten Weise benützen, um andere Konduktoren zu laden. Dies gibt uns Gelegenheit, einige Beobachtungen über die Verteilung der Elektrizität an der Oberfläche der Konduktoren zu machen. Um ein Maß für die Flächendichte zu erhalten, benützen wir eine Probekugel, eine kleine, an einem Schellackstiele befestigte Konduktorkugel. Berühren wir mit ihr irgendeine Stelle eines Konduktors, so nehmen wir von der daselbst befindlichen Elektrizitätsmenge einen bestimmten Teil hinweg. Die Ladung der Probekugel an verschiedenen Stellen der Oberfläche gibt daher ein Maß für das Verhältnis der Flächendichten. Jene Ladung aber können wir in einfacher Weise messen mit Hilfe eines Goldblattelektroskopes, oder genauer, indem wir die Probekugel als Standkugel einer Drehwage benützen. Auf diesem Wege überzeugen wir uns, daß die Oberflächendichte um so größer ist, je stärker die Krümmung an der betreffenden Stelle. Es entspricht das dem Verhalten der Äquipotentialflächen. Bei einem Konduktor von Ei- oder Scheibenform ziehen sich die Potentialflächen an dem spitzen Ende oder an dem Scheibenrande gegen die Konduktoroberfläche zusammen, wie dies für den Fall der Scheibe durch Fig. 485 dargestellt wird; hier wächst also die Ladung mit der Stärke der Krümmung; aus dem Rande (rechts und links in Fig. 485) gehen die auf den Potentialflächen stets senkrecht stehenden (punktiert gezeichneten) Kraftlinien in größerer Dichte heraus. Versehen wir einen Konduktor mit einer Spitze, so würden um diese die Potentialflächen sich unendlich nahe aneinander schieben, und die Dichte würde unendlich groß werden. Nun wächst aber mit der Dichte auch die elektrische Kraft an der Oberfläche; es ergibt sich daraus, daß von einer Spitze eine starke elektrische Kraft in den benachbarten Teilen des Luftraumes ausgeübt wird; die mit der Spitze ungleichnamig elektrischen Teilchen der Luft werden angezogen, die gleichnamig elektrischen abgestoßen. Charakteristisch für die Spitzenwirkung ist aber der Umstand, daß dabei nicht bloß die Ionen in Betracht kommen, die einen normalen Bestandteil der Luft bilden, sondern daß die intensiven elektrischen Kräfte, welche die Spitze auf ihre nächste Umgebung ausübt, Gasionen erzeugen. Die an der Spitze entstehenden und mit ihr gleichnamigen Ionen werden sofort abgestoßen, am stärksten in der Richtung der Spitzenachse; die ungleichnamigen werden angezogen und neutralisieren einen Teil der Spitzenladung. Es entsteht so eine regelmäßige Bewegung der Ionen, bei welcher die mit der Spitze gleichnamigen in der Verlängerung der Spitze von ihr wegströmen. In diese Bewegung wird aber auch die Luft selbst mit hineingerissen, und es entsteht so der **elektrische Wind**, eine Zirkulation der Luft, bei der sie in der Achse der Spitze mit verhältnißmäßig großer Geschwindigkeit von ihr wegströmt, um von den Seiten her zu ihr zurückzukehren. Aus dem Mechanismus des Vorganges ergibt sich, daß die in dem elektrischen Winde von der Spitze wegströmenden Ionen dieselbe Ladung mit sich führen, welche die Spitze gleichzeitig durch die Berührung der mit ihr ungleichnamigen verliert. Die Sache verhält sich also gerade so, wie wenn der elektrische Wind unmittelbar einen bestimmten Teil der Spitzenladung mit sich fortnähme. Es wird daher gestattet sein, im Interesse der Kürze den Vorgang gelegentlich in dieser Weise dar-

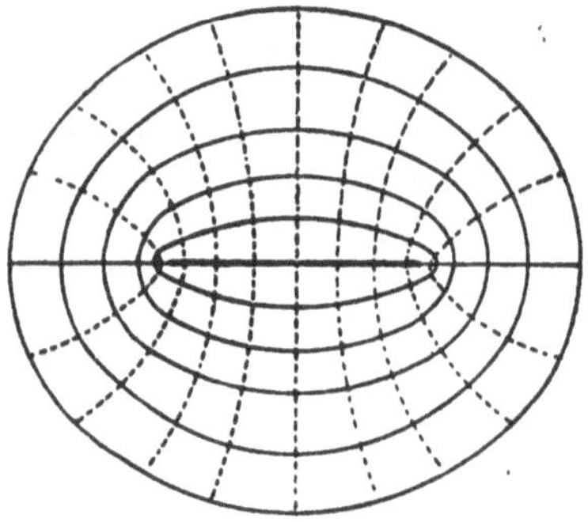

Fig. 485. Potentialflächen und Kraftlinien einer ebenen Scheibe.

zustellen. In vollkommener Übereinstimmung mit diesen Betrachtungen zeigt nun die Erfahrung, daß ein mit einer Spitze versehener Konduktor seine Ladung in kürzester Zeit verliert. Wir bezeichnen diese Entladung als eine konvektive, sofern die Elektrizität dabei von bewegten ponderablen Teilchen fortgeführt wird. Ebenso aber wird ein Konduktor entladen, wenn wir ihm eine abgeleitete, etwa in der Hand gehaltene Spitze nähern. Die Spitze wird durch Influenz ungleichnamig elektrisch, die mit ihr gleichnamigen, von ihr abgestoßenen Teilchen der Luft werden von dem Konduktor angezogen und vernichten seine Ladung. In der Tat, wenn wir dem geladenen Schilde unseres Elektrophors eine Spitze nähern, so verliert er beinahe momentan den größten Teil seiner Elektrizität.

§ 393. **Reibungselektrisiermaschine.** Bei der Reibungselektrisiermaschine geht man, im Gegensatz zum Elektrophor, von vornherein auf starke und fortgesetzte Reibung aus. Der geriebene Körper muß hart und unveränderlich sein; man nimmt Glas, früher in Form eines Glaszylinders, jetzt einer Glasscheibe, wobei man den Vorteil hat, daß gleichzeitig die beiden Seiten der Oberfläche gerieben werden können. Die Bewegung ist eine drehende um eine durch Zylinder oder Scheibe zentrisch hindurchgehende Achse *a* (Fig. 486). Das sogenannte Reibzeug *r* besteht aus ledernen Kissen, welche mit Amalgam bestrichen und durch Federn gegen die Glasfläche gepreßt werden; die Scheidungskräfte der Reibung müssen in allen Punkten der Oberfläche wirken, d. h. Glas und Reibzeug müssen sich in der ganzen Ausdehnung des letzteren berühren, wenn nicht eine teilweise Wiedervereinigung der entgegengesetzten Elektrizitäten erfolgen soll. Das Reibzeug muß mit der Erde leitend verbunden sein, damit nicht die in ihm sich häufende Elektrizität die Scheidungskraft der Reibung kompensieren kann. Aus demselben Grunde muß auch die geriebene Scheibe ihrer positiven Elektrizität beraubt werden; außerdem muß, und das ist der wesentliche Zweck der Maschine, durch die positive Elektrizität der Scheibe ein Konduktor C_1 sekundär geladen und so disponible Elektrizität erzeugt werden. Nach den Beobachtungen des vorhergehenden § haben wir zu diesem Zwecke nur nötig, an dem Konduktor, in welchem wir die Elektrizität unserer Maschine sammeln wollen, eine gegen die Oberfläche des Glases gerichtete Spitze anzubringen. Man versieht in Wirklicheit den Konduktor C_1 mit einem gabelförmigen Ansatze *s*, der beide Seiten der Scheibe ebensoweit umfaßt wie die Kissen des Reibzeuges; jede Zinke der Gabel trägt dann einen Spitzenkamm, eine ganze Reihe von einzelnen gegen die Glasoberfläche gewandten Spitzen.

Das Spiel der Maschine stellt sich nun während der Ladung des Konduktors so dar. Von dem Reibzeuge zu den Spitzen wird positive Elektrizität durch die Rotation der Glasscheibe konvektiv getragen. Von den Spitzen zu der Scheibe strömt in entgegengesetzter Richtung der elektrische Wind, trägt negative Elektrizität der positiven des Glases entgegen und neutralisiert die letztere. Im C_1 häuft sich die positive Influenzelektrizität an. Die durch Reiben erzeugte negative Elektrizität strömt in die Erde ab. Negativ elektrische Teilchen gehen stets von Stellen niedrigeren Potentials zu solchen von höherem, zwischen Stellen gleichen Potentials wirkt keine elektrische Kraft. Zu Anfang ist das

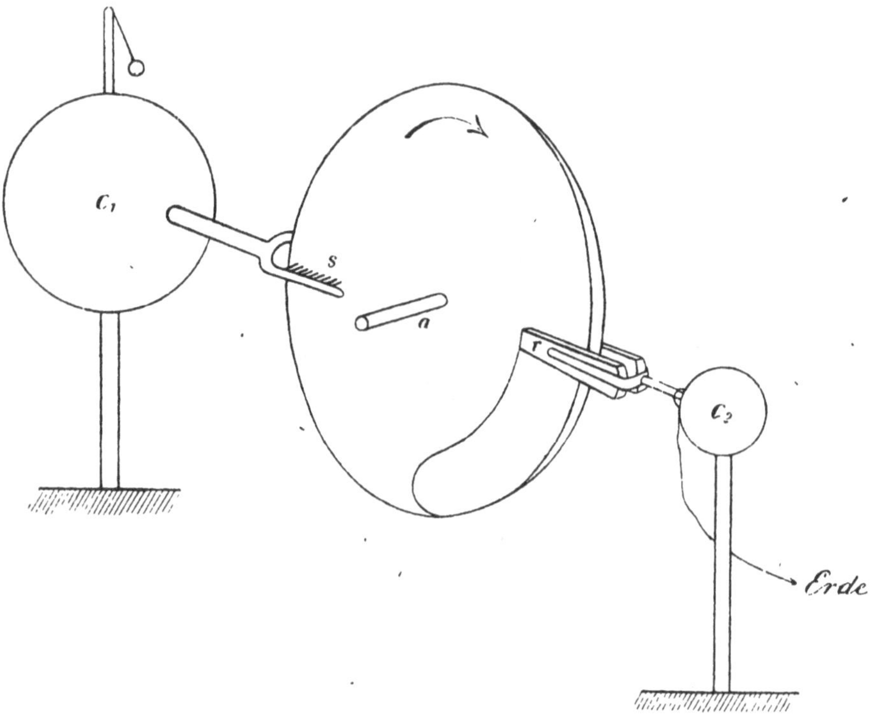

Fig. 486. Reibungselektrisiermaschine.

Potential der in dem Konduktor C_1 sich sammelnden Elektrizität kleiner als das elektrische Potential in der den Spitzen gegenüberliegenden Oberfläche des Glases. Es ist damit die Bedingung für das Überströmen negativer Elektrizität nach dem Glase gegeben. Sobald aber das Potential des Konduktors dem Potential an der Oberfläche der Scheibe den Spitzen gegenüber gleich geworden ist, findet kein Überströmen, also auch keine Erzeugung von Influenzelektrizität mehr statt, der Konduktor hat das Maximum seiner Ladung erreicht. Die rotierende Scheibe behält jetzt in ihrer ganzen Ausdehnung die durch die Reibung erlangte Ladung und weitere Scheidung der Elektrizität durch Reibung wird unmöglich. Dieser stationäre Grenzzustand der Maschine könnte übrigens nur eintreten bei vollkommener Isolation aller ihrer Teile; in Wirklichkeit finden fortwährend Elektrizitätsverluste statt, welche durch weitere Scheidung ausgeglichen werden.

Solange die Maschine in Tätigkeit ist, nimmt das Potential, welches durch die auf Konduktor und Scheibe befindliche positive Elektrizität erzeugt wird, von den Spitzen nach dem Reibzeuge hin ab. Infolge hiervon wird die positive Elektrizität rückwärts nach dem Reibzeuge getrieben; es entsteht also eine der Drehung der Scheibe entgegenwirkende Kraft, welche durch eine entsprechende Arbeitsleistung zu überwinden ist. Danach ist die Wirkung der Reibungselektrisiermaschine als eine Verwandlung von mechanischer in elektrische Energie zu betrachten; natürlich nicht so, als ob die aufgewandte Arbeit rein aufginge in der elektrischen Energie; denn außer dieser wird unter allen Umständen noch Wärme durch die Reibung erzeugt.

Wenn das Gefälle des Potentials von der Spitze zum Reibzeuge einen gewissen Betrag übersteigt, so werden die auf die elektrische Ladung ausgeübten Kräfte nicht mehr vollständig auf die Masse der Scheibe übertragen, positive Elektrizität wird von dem Glase losgerissen und fließt längs seiner Oberfläche nach dem Reibzeuge zurück, den Nutzeffekt der Maschine schädigend. Eine andere Gelegenheit zu Verlusten liegt in der Berührung der Glasoberfläche mit negativ elektrischen Teilchen der Luft. Gegen beide Wirkungen schützt man sich durch Lappen von Seide, welche, an den vorderen Rand der Reibzeugkissen angesetzt, die Glasscheibe bis in die Nähe der Spitzen bedecken und bei der Drehung der Maschine negativ elektrisch werden.

Potential oder Spannung des Maschinenkonduktors. Bei der Drehung der Maschine wird nach dem vorhergehenden der Konduktor bis zu einem gewissen Potentiale geladen. Man bezeichnet dieses Potential auch als Spannung des Konduktors, diese kann man mit Hilfe eines grob gebauten Elektroskopes (wie in Fig. 486) oder aber durch Messung der Funkenlänge schätzen. Dem Konduktor der Maschine stellen wir einen zur Erde abgeleiteten Konduktor, den Funkenzieher gegenüber; auf seinem genäherten Ende entsteht negative Influenzelektrizität, und es besteht zwischen dem Maschinenkonduktor und dem Funkenzieher eine Potential- oder Spannungsdifferenz, welche gleich dem Potentiale des ersteren ist, da ja das Potential des zu der Erde abgeleiteten Funkenziehers den Wert Null hat. Je mehr wir den Funkenzieher dem Maschinenkonduktor nähern, um so mehr drängen sich die Potentialflächen zwischen beiden zusammen; die in dem Zwischenraume und an den Oberflächen wirkenden elektrischen Kräfte werden immer größer. Schließlich vermag die trennende Luftschicht der elektrischen Spannung keinen genügenden Widerstand mehr zu leisten, und die Vereinigung der entgegengesetzten Elektrizitäten erfolgt unter der Erscheinung eines leuchtenden Funkens. Die Luftschicht, welche der elektrische Funke der Maschine in geradliniger Bahn zu durchbrechen vermag, ist um so länger, je größer das Potential des Konduktors, die Funkenlänge gibt daher auch einen Maßstab für das Potential.

Wir fügen noch eine unsere Bezeichnungen betreffende Bemerkung hinzu.

Der Begriff des Potentials entstammt der mathematischen Physik; die Vorstellung von einer elektrischen Spannung hat sich in der experimentellen Physik gerade im Anschlusse an die Erscheinung des Funkens entwickelt; es liegt ihr eine wenn auch nur oberflächliche Analogie mit dem Verhalten eines elastischen Körpers zugrunde, der, stärker und stärker gespannt, schließlich von einer irgendwie prädisponierten Stelle aus ein- und durchreißt. Zu einem wohldefinierten Begriffe ist aber jene unbestimmte Vorstellung erst geworden, als man erkannte, daß die Spannung mit dem Potentiale identifiziert werden kann.

Elektromotorische Kraft der Maschine. Als elektromotorisch bezeichnen wir jede Kraft, welche die beiden Elektrizitäten in entgegengesetztem Sinne zu bewegen, zu scheiden sucht. Bei der Reibung zweier Körper ist die Berührungsfläche der Sitz einer solchen Kraft. Bei der Elektrisiermaschine besteht die Wirkung der Reibung in letzter Instanz darin, daß eine gewisse Menge positiver Elektrizität von dem Potentiale Null des Reibzeuges auf das Potential des Konduktors gebracht wird. Je größer der Endwert des letzteren, um so größer muß auch die elektromotorische Kraft der Reibung sein. Das Potential des Konduktors liefert also einen Maßstab für die elektromotorische Kraft der Maschine.

Wir haben bei der bisherigen Benützung der Maschine stets vorausgesetzt, daß das Reibzeug abgeleitet ist; wir können dieses isolieren und mit einem zweiten Konduktor C_2 verbinden, in welchem sich dann die negative Elektrizität der Maschine sammelt. Das Potential eines negativelektrischen Konduktors ist nach § 377 selbst negativ.

Wenn die Maschine mit zwei isolierten Konduktoren versehen ist, so besteht demnach ihre Leistung darin, daß sie positive Elektrizität von dem negativen Potentiale des Reibzeugkonduktors auf das positive Potential des Maschinenkonduktors hebt; die elektromotorische Kraft der Maschine kann jetzt durch den Unterschied der Potentiale gemessen werden, also durch $V - (- V') = V + V'$, wenn V das Potential des Maschinen-, $- V'$ das des Reibzeugkonduktors ist. Betrachtet man die Spannungen schlechtweg ohne Rücksicht auf ihr Zeichen, so ist also jetzt die Summe der Spannungen von Maschinenkonduktor und Reibzeugkonduktor gerade so groß, wie früher die des Maschinenkonduktors allein. Bei Ableitung des Maschinenkonduktors endlich würde die negative Spannung des Reibzeugkonduktors ebenso groß sein, als bei der ursprünglichen Benützung die positive des Maschinenkonduktors. (Analog den Figg. 508 u. 511.)

Elektrischer Wind und Flugrad. Die Elektrisiermaschine bietet uns Gelegenheit, die schon früher betrachtete Wirkung der Spitzen noch etwas weiter zu untersuchen. Wenn wir mit dem Konduktor der Maschine eine Spitze verbinden, so sehen wir zunächst an einem aufgesetzten Elektroskope, daß der Konduktor nur noch eine schwache Spannung erreicht. Die Ursache davon ist der von der Spitze ausgehende elektrische Wind, welcher die positive Elektrizität des Konduktors mit sich fortführt. Dieser Wind ist stark genug, um ein Kerzenlicht, welches wir vor die Spitze halten, auszublasen. Die Rückwirkung der in dem Winde bewegten positiv elektrischen Teilchen auf die Spitze gibt Veranlassung zu der Konstruktion des elektrischen Flugrades. Aus dünnem Bleche stellen wir einen schmalen, S-förmig gekrümmten Konduktor her und setzen ihn mit einem Stahlhütchen auf eine feine Spitze, so daß er in horizontaler Ebene leicht rotieren kann. Sobald wir dann die Maschine drehen, gerät der Konduktor in lebhafte Rotation.

§ 394. **Elektrostatische Multiplikatoren.** Die Reibungselektrisiermaschinen verbrauchen viel zu viel Energie auf Überwindung der Reibung; man verwendet darum besser Anordnungen, die ähnlich dem Elektrophor, Influenzwirkungen zur Erzeugung hoher statischer Potentiale heranziehen. Es gibt viele Vorrichtungen, welche so eine vorhandene kleine Elektrizitätsmenge durch mechanischen Energieaufwand beliebig vergrößern lassen. Wir wollen das Prinzip an einem typischen Beispiele erläutern. (Fig. 487.)

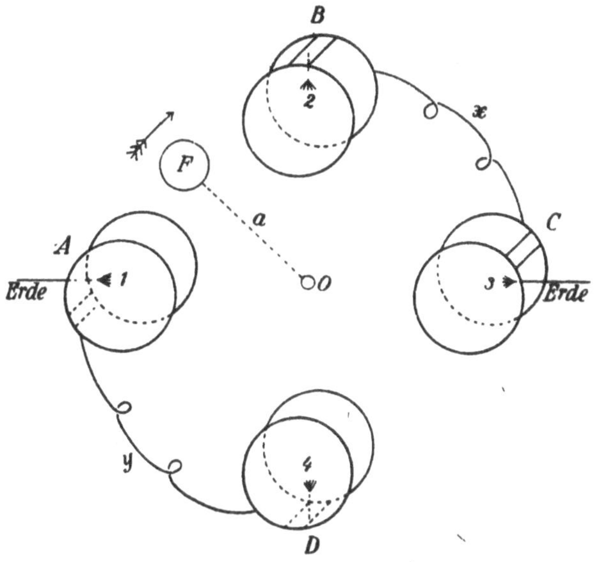

Fig. 487. Elektrostatischer Multiplikator.

A sind zwei parallele metallisch mit einander verbundene Metallscheiben, ebenso *B*, *C* und *D*. Überdies ist *B* durch *x* mit *C*, und *A* durch *y* mit *D* leitend verbunden. Das alles ist fest und isoliert aufgestellt.

Beweglich ist nur *F*, eine etwas kleinere Metallscheibe, welche an einem um *O* drehbaren isolierenden Stabe *a* sitzt und rotierend der Reihe nach zwischen den Doppelplatten *A*, *B*, *C* und *D* hindurchgeht, dabei der Reihe nach an den Metallbürsten *1*, *2*, *3* und *4* schleifend. Die Bürsten *1* (und *3*) berühren *A* (bzw. *C*) nicht und sind zur Erde abgeleitet, indes die Bürsten *2* (und *4*) mit *B* (bzw. *D*) in leitender Verbindung stehen.

Es seien die Platten *A* mit + e geladen. Alles andere unelektrisch. Wenn *F* im Innern von *A* und gleichzeitig durch *1* zur Erde abgeleitet, so fließt + e durch *1* zur Erde und *F* bleibt aus *A* herauskommend durch Influenz negativ (ähnlich wie in § 391). Nun geht F mit seiner negativen Ladung zwischen die Platten B (ins Innere eines Leiters, den es durch *2* berührt); es gibt alle Elektrizität ab und geht rechts aus B unelektrisch heraus, (genau wie § 375). Die an B abgegebene negative Elektrizität fließt durch x nach C, das unelektrische F taucht nun ins Innere des negativ geladenen C, ist hier durch *3* mit der Erde verbunden, negative Elektrizität fließt ab und F ist, wenn es unten aus C austritt, durch Influenz positiv geworden. Beim Passieren von D wird diese positive Elektrizität ganz abgegeben, fließt durch y nach A, die dort schon vorhandene positive Elektrizität vergrößernd. In dieser Weise werden die elektrischen Ladungen der Konduktorsysteme $A + D$ und $B + C$ bei jeder Umdrehung verstärkt. Einem allzugroßen Anwachsen wird durch Versagen der Isolierungen bei großen Potentialdifferenzen ein Ziel gesetzt.

Will man eine solche Maschine in Tätigkeit setzen, so ist es meist nicht nötig, die Konduktoren besonders zu laden. Die mit der Drehung verbundene Reibung veranlaßt immer schwache Ladungen, die sich bei der Weiterdrehung in der geschilderten Weise verstärken; die Maschine ist dann eine sich selbst erregende.

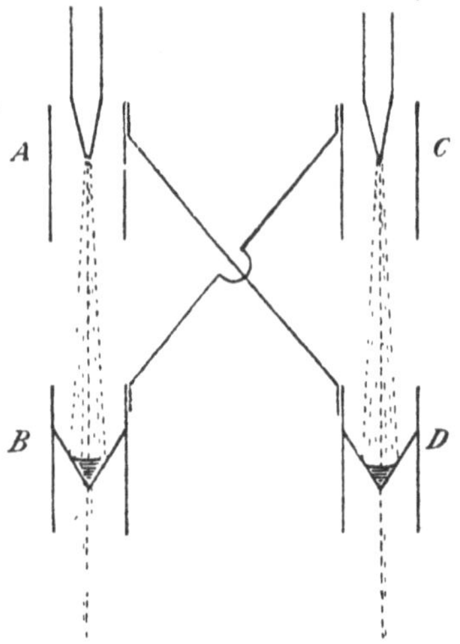

Fig. 488.
Wasserstrahlinfluenzmaschine.

In Fig. 487 fließt negative Elektrizität durch *3* zur Erde und ebenso positive durch *1*. Verbindet man also *1* mit *3* durch einen Leiter, so geht durch diesen, solange die Maschine rotiert, ein dauernder Elektrizitätsstrom.

Wasserstrahlinfluenzmaschine. Für das Spiel des Multiplikators ist es offenbar gleichgültig, ob derselbe Konvektor F, der von A nach B ging, auch weiter geht, oder ob an seine Stelle ein anderer Konvektor tritt, der von C nach D geht; es ist ebenso gleichgültig, ob derselbe Konvektor wiederholt den Weg von A nach B, oder von C nach D zurücklegt, oder ob bei jeder Wiederholung des Weges ein neuer Konvektor an seine Stelle tritt. Auf diesem Gedanken beruht die Wasserstrahlinfluenzmaschine (Fig. 488). Bei ihr bestehen die Konduktoren A, B, C, D aus Metallröhren, und es steht A vertikal über B, C vertikal über D. Die Konvektoren sind die Tropfen zweier Wasserstrahlen, welche aus metallenen abgeleiteten Spitzen im Innern der Induktoren A und C austreten. Sie werden aufgefangen von Trichtern im Innern der Rezeptoren B und D, geben ihre Ladung an diese ab und fließen dann unelektrisch nach unten weg.

Die Aufladung geschieht hier durch die Energie der Schwere. Die Tropfen fallen langsamer.

§ 395. Influenzmaschinen. Die ersten Maschinen dieser Art wurden von Töpler[1] und Holtz[2] konstruiert; es sind dann von verschiedenen Physikern die verschiedensten Formen gebaut worden. Wir wollen wieder nur das Prinzip und zwar an der sehr übersichtlichen Influenzmaschine von Wimshurst[3] schildern. Fig. 489 gibt diese Maschine in schematischer Form. Wir haben eine rotierende Glasscheibe, schraffiert gezeichnet, auf der die Stanniolstreifen *s* gegen den Beschauer hin aufgeklebt sind. Knapp hinter dieser steht parallel eine gleich große Scheibe fest (in Fig. 489 etwas größer und punktiert gezeichnet). Auf dieser Scheibe sind ebensoviele Stanniolstreifen wie vorne angeklebt (in der Figur ist nur einer bei s_1 und zu groß gezeichnet). Eine feststehende leitende Stange, der Ausgleicher, (in Fig. 489 dunkel gezeichnet), ist vertikal fixiert vor der rotierenden Scheibe und schleift mit einem kleinen Metallpinsel oben gegen das oberste (vordere) *s* und ebenso gegen das unterste (vordere) *s*. Das oberste (hintere) s_1 sei nun z. B. negativ geladen, so wird durch Influenz die negative Elektrizität im Ausgleicher in das unterste *s* getrieben. Dreht sich die Scheibe im Uhrzeigersinne, so verläßt das oberste *s* seine Stelle nach rechts hin positiv geladen, das unterste *s* seine unterste Stelle nach links hin negativ geladen. *y* und *x* sind zwei mit Spitzen versehene feststehende Leiter. Das von oben her gegen *y* ankommende *s* gibt seine positive Ladung an *P*, das von unten her an *x* ankommende *s* gibt seine negative Ladung an *P'* ab. Es wird also *P* rechts dauernd positiv und *P'* links dauernd negativ geladen. Bringt man *P* in die Nähe von *P'*, so springt zwischen beiden Polen ein kräftiger Funkenstrom über.

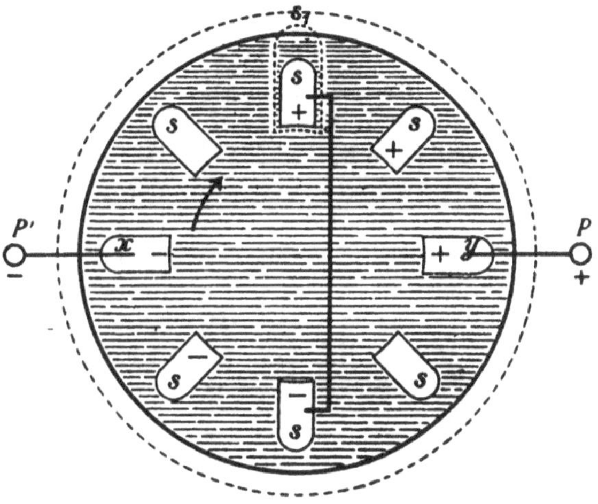

Fig. 489. Influenzmaschine Wimshurst.

In der wirklichen Ausführung sind nicht 8, sondern 32 Stanniolsektoren nicht nur vorne, sondern ebensoviel auch an der hintern Scheibe, ferner dreht sich diese gleichfalls, aber in entgegengesetztem Sinne wie die vordere; man kann so verstärkende Wirkung ähnlich wie in Fig. 487 erzielen, worauf wir aber nicht eingehen wollen.

---

[1] Pogg. Ann. 125 (1865). [2] Pogg. Ann. 126 (1865).
[3] Engineering 35 (1883).

Wenn der in dem oberen und dem unteren Halbkreise der rotierenden Scheibe vorhandene Abfall des Potentials ein gewisses Maß überschreitet, so beginnt die Elektrizität, ebenso wie bei der Reibungselektrisiermaschine, längs der Glasfläche zu gleiten, und die Wirkung der Maschine läßt nach. Dieses Gleiten tritt in verstärktem Maße auf, wenn die Luft in der Umgebung der Maschine feucht ist, da dann auf der Scheibe eine Schicht von kondensiertem Dampfe sich bildet. Bei wachsendem Dampfgehalte der Luft nimmt die Wirksamkeit der Maschine rasch bis zu völligem Versagen ab, da die hygroskopischen Glasscheiben durch Wasserüberzug ihre Isolation verlieren. Weil Schellack oder Paraffin weniger hygroskopisch sind als Glas, überzieht man alle Glasisolatoren, nachdem durch Erwärmung die Wasserhaut entfernt, mit Schellack oder Paraffin, (noch besser mit gewissen Bernsteinlacken).

Die von einer Influenzmaschine bei einer Umdrehung gelieferte Elektrizitätsmenge ist der wirksamen Fläche der Scheibe proportional, sie wächst mit dem Scheibendurchmesser. Die Vergrößerung der Scheibe erreicht nun aus technischen Gründen bald ihre Grenze. Will man also die quantitative Leistung der Maschine vermehren, so muß man mehrere Maschinen, deren Scheiben längs derselben Achse aneinandergereiht werden können, zu gemeinsamer Wirkung vereinigen.

Es würde hier viel zu weit führen, alle die Verbesserungen, welche an Influenzmaschinen angebracht wurden, zu schildern. Darum sei auch die Wommelsdorfsche Kondensatormaschine[1] nur erwähnt, welche im Betrieb bequem und äußerst kräftig ist. Sie gibt zwischen den Polen einen Funkenstrom bis zu 35 cm Länge, was einer Spannungsdifferenz von mehreren hunderttausend V entsprechen dürfte. Ebenso ist die im Funken fließende Elektrizitätsmenge, die sog. Strommenge, größer als bei anderen Konstruktionen.

§ 396. Kondensator. In den Konduktor einer gewöhnlichen Reibungselektrisiermaschine strömt so lange positive Elektrizität ein, bis sein Potential der elektromotorischen Kraft der Maschine gleich geworden ist. Wenn wir nun dem positiv elektrischen Konduktor der Maschine einen anderen negativ elektrischen Konduktor gegenüberstellen (aber so, daß keine Entladung auftritt), so wird schon dadurch das Potential des Maschinenkonduktors verkleinert, und es fließt von neuem Elektrizität von der Maschine her zu, bis das Potential den früheren Wert wieder erreicht hat; bei gleichem Potentiale ist die in dem Konduktor enthaltene Elektrizitätsmenge, in demselben Verhältnisse also auch seine Kapazität vergrößert. Einen negativ geladenen Konduktor können wir nun in der einfachsten Weise erhalten, indem wir dem Maschinenkonduktor einen zur Erde abgeleiteten Konduktor gegenüberstellen. Sobald positive Elektrizität in den ersteren einströmt, wird negative Influenzelektrizität in dem zweiten angezogen oder, wie man sagt, gebunden. Sie setzt

[1] Ann. d. Phys. 9 (1902) — ETZ. (1914).

durch ihre Rückwirkung die Spannung in dem Maschinenkonduktor herunter, sie bindet einen Teil seiner positiven Elektrizität, und dies geht so lange fort, bis das Gesamtpotential aller gebundenen und freien Elektrizität im Innern des Maschinenkonduktors gleich der elektromotorischen Kraft der Maschine geworden ist, während das Potential im Innern des abgeleiteten Konduktors nach der in § 383 gemachten Festsetzung den Wert Null hat. Die hiermit gegebene Verbindung von Konduktoren nennt man einen Kondensator. Um die wechselseitige Influenz möglichst zu verstärken, gibt man den beiden Konduktoren die Form von flachen kreisförmigen Scheiben; um Funkenentladungen zwischen ihnen zu vermeiden, trennt man sie durch eine isolierende Glas- oder Hartgummischeibe (Fig. 490). Damit wird aber der Kondensator zu einem unabhängig von dem Maschinenkonduktor bestehenden Apparate, der nur zum Zwecke der Ladung mit der Maschine verbunden wird. Die eine Metallscheibe, welche von dem Maschinenkonduktor aus geladen wird, nennen wir den Kollektor, die andere mit der Erde verbundene die Kondensatorscheibe. Die Menge der negativen Influenzelektrizität in der letzteren wird offenbar etwas geringer sein, als die Menge der positiven Elektrizität im Kollektor; der Unterschied ist aber um so kleiner, je dünner die isolierende Zwischenschicht ist, und wir werden bei der Berechnung der in einem Kondensator angehäuften Ladungen keine Rücksicht auf ihn nehmen. Unter Kapazität eines Kondensators verstehen wir die Menge positiver Elektrizität, welche er aufnimmt, wenn sein Kollektor zu dem Potential Eins geladen, die Kondensatorscheibe zur Erde abgeleitet ist. Die Kapazität des Plattenkondensators berechnet sich als proportional mit $S/(4\pi c)$, wenn wir mit S den Flächeninhalt der Platten, mit c ihren Abstand bezeichnen; laden wir, bei abgeleiteter Kondensatorplatte, den Kollektor auf das Potential V, so ist die in dem Kondensator angesammelte Elektrizitätsmenge proportional mit $S V/(4\pi c)$.

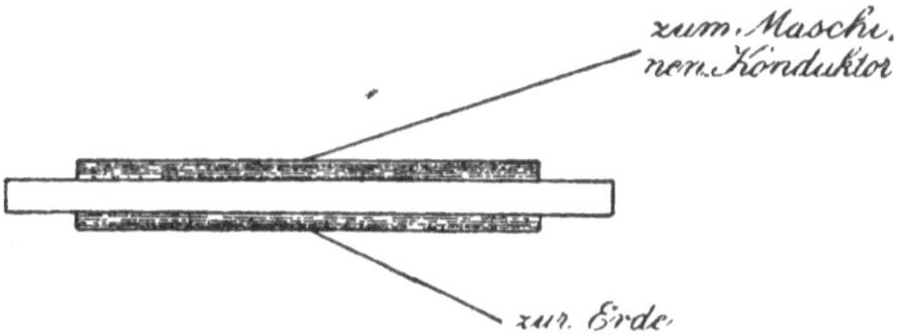

Fig. 490. Plattenkondensator.

Es ist von Interesse, die Kapazität des Kondensators zu vergleichen mit der Kapazität einer einfachen Kreisscheibe von der Fläche S, weil man so ein Urteil darüber bekommt, was man durch die Kondensation der Elektrizität gewonnen hat. Wir werden später in § 411 sehen, daß bei einem Luftkondensator, d. h. bei einem solchen, dessen isolierende Zwischenschicht durch Luft gebildet wird, die Kapazität geradezu gleich $S/(4\pi c)$ zu setzen ist. Bezeichnet andererseits r den Radius einer Kreisscheibe von der Fläche S, so berechnet sich ihre Kapazität in Luft mit $2\,S/(\pi^2 r)$. Die beiden Kapazitäten verhalten sich somit wie $2\pi r$ zu $16c$, d. h. wie der Umfang der Kreisscheibe zu dem 16fachen Abstande der Platten, woraus sich ergibt, welch ungemeine Verstärkung der Ladung bei Kondensatoren von kleinem Plattenabstande c erzielt werden kann.

Macht man bei einem Luftkondensator mit kreisförmigen Platten ihren Abstand $c = 0{,}1$ cm, so müssen die Platten einen Halbmesser von 600 cm haben, um die Kapazität von 1 Mikrofarad zu repräsentieren. Selbst die Kapazität von 1 Mikrofarad würde man also nur bei einem Luftkondensator von sehr großen Dimensionen erreichen; es liegt das an einem gewissen Mißverhältnisse zwischen den Bestimmungen, die der Einführung des Kapazitätsmaßes zugrunde liegen. Der Konduktor soll durch eine sehr kleine elektromotorische Kraft, $1\,\mathrm{V} = \frac{1}{300}\,\mathrm{cm}^{\frac{1}{2}} \cdot \mathrm{g}^{\frac{1}{2}} \cdot \mathrm{sec}^{-1}$, auf eine sehr starke Ladung, $3 \cdot 10^3\,\mathrm{cm}^{\frac{3}{2}} \cdot \mathrm{g}^{\frac{1}{2}} \cdot \mathrm{sec}^{-1}$ bei einem Mikrofarad, gebracht werden.

Schaltet man einen Kondensator, wie in Fig. 490, an eine Elektrisiermaschine mit Funkenstrecke, so bleibt die Spannung und gelieferte Strommenge unverändert, die Funken jedoch schlagen in längeren Intervallen, seltener, über, aber heller und mit kräftigerem Knall, weil jeder einzelne Funke jetzt mehr Elektrizität auf einmal transportiert.

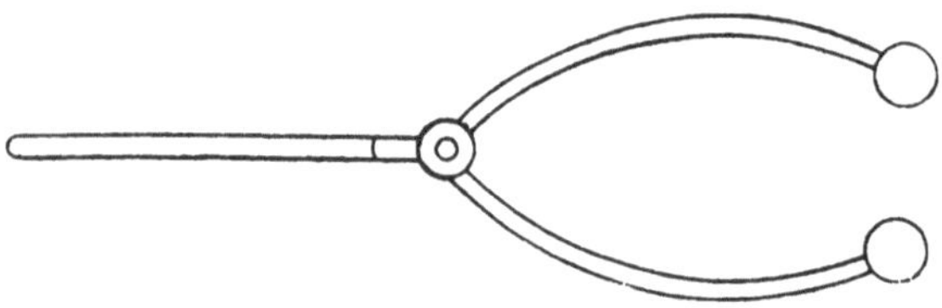

Fig. 491. Auslader.

Auslader. Um einen Kondensator zu entladen, benützt man einen sogenannten Auslader (Fig. 491); er besteht aus zwei in einem Gelenke drehbaren, in Kugeln endigenden Metallarmen, welche an einem isolierenden Handgriffe befestigt sind. Will man die Entladung vollziehen, so stellt man die beiden Kugeln auf eine passende Entfernung ein, berührt mit der einen den Kollektor und nähert die andere der Kondensatorplatte. Bei einer von der Potentialdifferenz der Platten abhängenden Entfernung wird die Luftschicht zwischen der Kugel des Ausladers und der Platte durchbrochen, und die Elektrizitäten des Kondensators vereinigen sich unter der Erscheinung des elektrischen Funkens. Seine Länge gibt einen Maßstab für die Spannung, sein Glanz und die Stärke des mit ihm verbundenen Knalles einen Maßstab für die Menge der kondensierten Elektrizität.

Franklinsche Tafel. Wir haben unseren Kondensator zunächst aus drei getrennten Stücken, den beiden Platten und der isolierenden Zwischenschichte, zusammengesetzt. Nun machen wir folgende merkwürdige Beobachtung. Wir laden den Kondensator bis zu einem Potentiale V und nehmen dann die Kollektorplatte ab. Ihre Ladung ist nur gleich der Kapazität der Platte in Luft, multipliziert mit V, also nicht größer, als wenn wir die Kollektorplatte für sich mit dem Konduktor der Maschine verbunden hätten. Es frägt sich, wo die vielmal größere Menge positiver Elektrizität hingekommen ist, welche in der Platte kondensiert war. Die Antwort ergibt sich, wenn wir die Platte wieder auf die isolierende Glasscheibe zurückbringen. Der Kondensator erweist sich dann merklich so stark geladen wie zuvor. Es ist also nur die Annahme möglich, daß die Ladung auf die Oberfläche des Glases hinübergegangen war. Wir können den Versuch noch weiter treiben, den Kondensator ganz auseinandernehmen, die Platten vollständig ihrer Elektrizität berauben; sobald wir sie wieder auf die isolierende Zwischenscheibe setzen, ist die Wirksamkeit des Kondensators wiederhergestellt. Es ergibt sich daraus, daß die elektrischen Ladungen ihren Sitz nicht auf den Metallplatten, sondern auf der isolierenden Zwischenschichte haben; man sieht ferner, daß es keinen Zweck hat, den Kondensator zerlegbar zu machen, wenigstens nicht, solange die zu seiner Ladung dienenden elektromotorischen Kräfte viele Tausende von V zählen, wie dies bei unseren Elektrisiermaschinen der Fall ist. Man kommt so zu der Form des Kondensators, die man als FRANKLINsche Tafel bezeichnet. Kollektor und Kondensatorplatte sind durch zwei Stanniolscheiben repräsentiert, welche auf die beiden Seiten einer Glastafel, einer Glimmer- oder Hartgummischeibe aufgeklebt sind.

Hängt man eine solche FRANKLINsche Tafel vertikal auf und versieht man die beiden Belege mit elektrischen Pendeln, so sieht man, wie das an dem Kollektorbelege hängende bei der Ladung mehr und mehr von der Tafel abgestoßen wird, während das den Kondensatorbeleg berührende keine Divergenz zeigt. Freie Elektrizität an der äußeren Oberfläche findet sich also nur im Kollektor. Hat man nach Vollendung der Ladung den Kondensator isoliert, so kann man diese freie Elektrizität durch Berührung nach der Erde ableiten; das Pendel sinkt zurück, während nun umgekehrt das an dem Kondensatorbelege befindliche Pendel divergiert; freie Elektrizität findet sich also jetzt nur dei dem Kondensatorbelege. Wir können diese fortnehmen, die Divergenz des Pendels verschwindet, und das Pendel des Kollektors wird von neuem abgestoßen. Man sieht, daß es möglich sein würde, die Tafel durch fortgesetzte abwechselnde Berührung der beiden Belege allmählich zu entladen.

Leidener Flasche. Bei der FRANKLINschen Tafel muß der Rand der Glasplatte, auf welche die Belege geklebt sind, in einer gewissen Breite frei bleiben, um das Überspringen von Funken zu verhindern; man verstärkt die Isolation dadurch, daß man den freien Rand mit Firnis überzieht. Immer bleiben die beiden Seiten der Scheibe den schädlichen Wirkungen der Luftberührung ausgesetzt, welche die Isolation verschlechtert, die Ladung zerstreut. Den besten Kondensator erhält man, wenn der Kollektorbeleg auf der inneren, der Kondensatorbeleg auf der äußeren Seite einer Glasflasche angebracht wird; das Verhältnis des unbelegten Randes zu der belegten Fläche wird günstiger, man kann die Flasche durch einen Deckel verschließen, das Innere mit trockener Luft füllen und so für die Isolation die günstigsten Bedingungen schaffen; die Form und Handhabung des Apparates ist bequemer. Um die Elektrizität dem Kollektorbelege zuzuführen, wird durch den Deckel eine Metallstange geführt, welche oben in einen Knopf endigt und unten durch eine Kette oder eine Feder mit dem inneren Belege der Flasche verbunden ist. Um die Flasche zu laden, kann man sie, in der Hand gehalten, mit ihrem Knopfe an den Konduktor der Elektrisiermaschine anlegen.

Um Kondensatoren von größerer Kapazität zu erhalten, kann man mehrere Leidener Flaschen mit ihren inneren und ihren äußeren Belegen vereinigen. Bei Flaschen von gleicher Kondensatorfläche und gleicher Glasdicke ist die Kapazität der Leidener Batterie der Flaschenzahl proportional. Man nennt diese Anordnung auch Parallelschaltung der Flaschen.

Wenn wir eine Batterie positiv laden, so geht die gesamte positive Influenzelektrizität, welche von den äußeren Belegen der Flaschen in die Erde abströmt, nutzlos verloren. Man kann nun die Einrichtung so treffen, daß die von einer ersten Flasche abgestoßene positive Elektrizität benützt wird zu der Ladung einer zweiten usw. Zu diesem Zwecke müssen zunächst alle Flaschen der Batterie isoliert werden. Der äußere Beleg der ersten wird dann leitend verbunden mit dem inneren der zweiten, der äußere der zweiten mit dem inneren der dritten, usw., der äußere Beleg der letzten Flasche endlich wird nach der Erde abgeleitet. Verbindet man den inneren Beleg der ersten Flasche mit dem Konduktor der Elektrisiermaschine, so werden alle Flaschen gleichzeitig geladen. In dieser Serienschaltung ist die Kapazität kleiner, aber auch die Spannung an der einzelnen Flasche, also auch die Gefahr des Durchschlagens eines Glases.

Kapazitätsvariometer. Bei vielen Messungen, z. B. in der drahtlosen Telegraphie, braucht man Kapazitäten, deren Größe sich rasch und meßbar verändern läßt. Das Prinzip ist dann folgendes:

Zwei Platten (oder Plattensysteme) sind (meist unter Öl, § 400) gegeneinander beweglich. Je näher diese zwei Platten einander gegenüberstehen, desto größer wird ihre Kapazität. Man kann so innerhalb weiter Grenzen meßbar die Kapazität variieren.

Kapazitätskasten. Solche werden nur bei kleineren Spannungsdifferenzen benützt; viele mit isolierendem Bernsteinlack überzogene dünnste Metallplatten werden wie die Blätter eines Buches gegeneinandergepreßt. Die ungeraden Blätter seien leitend miteinander verbunden, ebenso die geraden. Wir haben also gleichsam zwei sehr große Kondensatorplatten, aber in minimaler Entfernung, daher sehr große Kapazität, z. B. ein Mikrofarad, auf einem kleinen Raum. Mehrere solche verschiedene Etalons sind dann in einem gemeinsamen Schutzkasten verpackt, so daß ihre nach außen liegenden Anschlüsse bequem zur Verfügung stehen.

§ 397. **Die Maßflasche.** Es ist dies eine Leidener Flasche, welche zur Selbstentladung eingerichtet ist, dadurch, daß mit ihrem äußeren geerdeten Belege eine dem Knopfe *i* gegenüberstehende Konduktorkugel *a* verbunden ist (Fig. 492). Durch eine Mikrometerschraube kann die Entfernung zwischen Knopf und Kugel reguliert werden; bei einer bestimmten Entfernung ist das Überspringen eines Funkens zwischen *i* und *a* an ein bestimmtes Potential und daher auch an eine bestimmte Ladung gebunden. Wir können die Maßflasche benutzen, um die einer Leidener Batterie zugeführte Elektrizitätsmenge nach einem auf den Verhältnissen

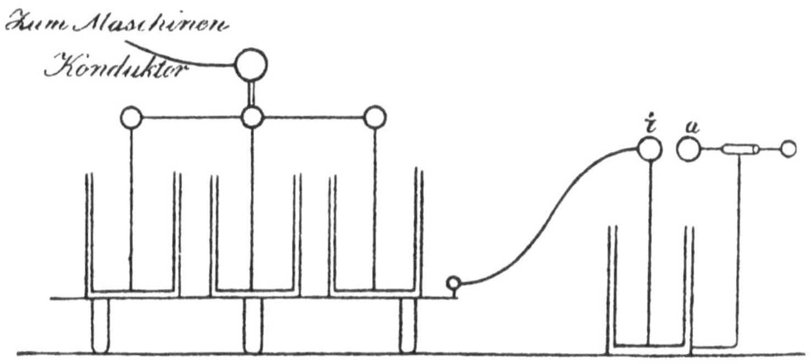

Fig. 492. Leidener Batterie und Maßflasche.

der Flasche beruhenden und daher willkürlichen Maße zu messen. Zu diesem Zwecke muß die Batterie isoliert und ihr äußerer Beleg mit dem inneren der Maßflasche verbunden werden (Fig. 492 links). So oft eine bestimmte Menge positiver Elektrizität von der Maschine her in die Batterie einströmt, fließt eine gleiche Menge abgestoßener positiver Influenzelektrizität in das Innere der Maßflasche. Nehmen wir an, daß zu einer Selbstentladung die Elektrizitätsmenge e notwendig ist, so zeigt ihr Eintreten an, daß in die Batterie eben diese Elektrizitätsmenge $n e$ eingeströmt ist. Zählen wir n Selbstentladungen, n Funken der Maßflasche, so haben wir die Batterie geladen mit der Elektrizitätsmenge $n e$. Wenn wir danach mit derselben Elektrisiermaschine unter gleichen Umständen zwei verschiedene Batterien bis zu demselben Potentiale laden, so verhalten sich ihre Kapazitäten wie die Funkenzahlen der Maßflasche.

§ 398. **Kugelkondensator.** Wir haben früher eine Formel angegeben, nach welcher die Kapazität eines Kondensators mit ebenen Platten berechnet werden kann; dieselbe ist streng richtig nur, wenn die Fläche S einen Teil der Oberfläche des Kondensators von unbegrenzter Ausdehnung bildet. Auf Kondensatorplatten, wie wir sie gewöhnlich benützen, ist die Formel nur anwendbar, wenn die Plattendistanz c sehr klein gegen die Abmessungen der Kondensatorflächen ist. Der einzige Kondensator, bei dem wir die Kapazität ohne jede Beschränkung zu berechnen in der Lage sind, ist der kugelförmige. Den Kondensator setzen wir zusammen aus zwei genau aufeinanderpassenden Halbkugeln (Fig. 493); die eine, auf einem Metallfuße ruhend, stellt eine Schale mit horizontalem Rande dar; die andere hat an ihrem Pole eine Durchbohrung, durch welche gut isoliert ein Metallstift hindurchgeht. An diesem ist die Kollektorkugel konzentrisch mit der Halbkugel befestigt. Setzen wir die beiden Schalen zusammen, so befindet sich dann die Kollektorkugel genau in der Mitte der Hohlkugel. Laden wir die erstere mit der Elektrizitätsmenge $+\mathfrak{e}$, so erregt sie in der nach der Erde abgeleiteten Hohlkugel die negative Influenzelektrizität $-\mathfrak{e}$; beide Elektrizitätsmengen werden sich auf den einander zugewandten Kugelflächen gleichmäßig ausbreiten; das Potential im Innern der Kollektorkugel wird demnach:

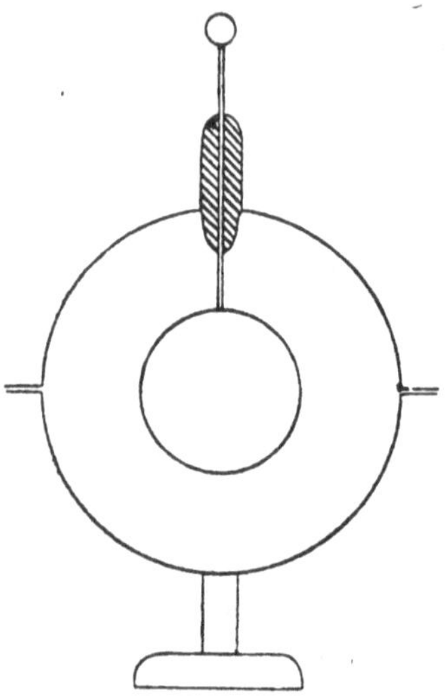

Fig. 493. Kugelkondensator.

$$V = \frac{\mathfrak{e}}{a} - \frac{\mathfrak{e}}{b} = \mathfrak{e}\,\frac{b-a}{a\,b},$$

wenn wir mit a den Halbmesser der inneren Kugel, mit b den der Hohlkugel bezeichnen. Die Kapazität des Kugelkondensators ist somit gleich $\frac{a\,b}{b-a}$, eine Formel, die wir schon im § 381 erhalten hatten.

Daß die hier benützten Formeln einer gewissen Korrektion bedürfen, sobald der die beiden Konduktoren des Kondensators trennende Raum nicht von Luft, sondern von einem andern Isolator erfüllt ist, werden wir in dem folgenden Kapitel sehen.

III. Dielektrische Wirkungen.

§ 399. **Elektrischer Rückstand.** Wir haben schon in dem Übergange der Ladungen eines Kondensators auf die isolierende Zwischenschichte eine Erscheinung kennen gelernt, welche darauf hinweist, daß die Rolle des Isolators bei der Kondensation nicht bloß eine passive ist. Dies tritt noch entschiedener bei der sogenannten Rückstandsbildung hervor. Wenn wir eine Leidener Flasche vollständig entladen, indem wir ihre beiden Belegungen gleichzeitig mit den Kugeln des Ausladers berühren, und sie nachher einige Zeit sich selbst überlassen, so finden wir, daß sie sich von neuem geladen hat; wir können diesen ersten elektrischen Rückstand abermals entladen, es bildet sich ein zweiter, und so kann man von derselben Flasche eine Reihe von Entladungen von allmählich immer kleinerer Intensität erhalten.

§ 400. **Kapazität eines Kondensators, abhängig vom Isolator.** Die klassischen Versuche, durch welche die wesentliche Bedeutung des Isolators für die Wirkung eines Kondensators endgültig festgestellt wurde, verdanken wir Faraday (1838). Er benützte bei seinen Versuchen zwei vollkommen gleiche kugelförmige Kondensatoren (Fig. 493), die wir C_1 und C_2 nennen wollen. War bei beiden der innere Hohlraum mit Luft gefüllt, so verteilte sich eine dem ersten zugeführte elektrische Ladung ganz gleich auf beide, wenn die Knöpfe der zu den Kollektorkugeln führenden Drähte miteinander leitend verbunden wurden. Nun wurde in die untere Halbkugel des Kondensators C_2 eine Schale von Schellack gelegt, welche in dem wieder zusammengesetzten Apparate die untere Hälfte des isolierenden Zwischenraumes gerade ausfüllte. Wurde dem Kondensator C_1 abermals eine bestimmte Ladung zugeführt, und diese wieder durch Verbindung der Knöpfe auf die beiden Kugelflächen verteilt, so war das Verhältnis der in C_2 und C_1 befindlichen Ladungen $e_2/e_1 = 1{,}50$; wurde statt der Schellackschale eine solche von Schwefel benützt, so ergab sich für das Verhältnis der Ladungen der Wert $e_2/e_1 = 1{,}62$. Man sieht also, in wie hohem Maße die Kapazität der Flaschen von der Natur der isolierenden Zwischenschichte abhängig ist. Zu weiterem Verständnisse dieser fundamentalen Beobachtungen Faradays mag noch hinzugefügt werden, daß er die Größe der Ladungen ausschließlich bei der Luftflasche bestimmte. Als Maß dafür benützte er die Ladung einer Probekugel, die er mit dem höchsten Punkte des Flaschenknopfes in Berührung brachte. Die Ladung der teilweise mit Schellack oder Schwefel gefüllten Flasche erhielt er als Differenz zwischen der ursprünglichen Ladung der Luftflasche und der nach der Teilung in ihr zurückgebliebenen. Die Ladung der Probekugel wurde mit der Drehwage gemessen.

§ **401. Diëlektrizitätskonstante.** Die Beobachtungen Faradays zeigen, daß den in §§ 496 und 498 für die Kapazität eines Kondensators gegebenen Formeln noch ein gewisser Koëffizient D hinzuzufügen ist, durch welchen dem Einflusse der isolierenden Zwischenschichte Rechnung getragen wird. Wir werden danach die Kapazität eines plattenförmigen Kondensators darstellen durch den Ausdruck:

$$D \frac{S}{4 \pi c},$$

seine Ladung bei dem Potentiale V durch:

$$e = D \frac{S}{4 \pi c} V;$$

die Kapazität eines Kugelkondensators wird dann sein

$$D \frac{a b}{b - a},$$

seine Ladung bei dem Potentiale V

$$e = D \frac{a b}{b - a} V.$$

Hier ist D ein von der Natur der isolierenden Zwischenschichte abhängender Koëffizient, welchen man als die diëlektrische Konstante oder Diëlektrizitäts-Konstante des betreffenden Isolators bezeichnet. Die Isolatoren selbst bezeichnet man als diëlektrische Körper, da die elektrischen Kräfte durch sie hindurch sich verbreiten, während sie nicht in das Innere der Konduktoren eindringen.

Wenden wir die vorhergehenden Formeln an auf die Experimente Faradays; seine beiden Flaschen hatten dasselbe Potential, da ihre Knöpfe leitend miteinander verbunden wurden. Für die Ladung der Luftflasche gilt folgende Formel

$$e_1 = D_0 \frac{a\,b}{b-a} V,$$

wo D_0 die Diëlektrizitätskonstante der Luft bedeutet.

Dem Umstande, daß bei der zweiten Flasche nur die Hälfte des Zwischenraumes von dem untersuchten Isolator erfüllt war, tragen wir Rechnung, indem wir unseren neu eingeführten Koëffizienten gleich dem arithmetischen Mittel aus D_0 und der Konstanten D des Isolators nehmen. Wir erhalten dann für die Ladung der zweiten Flasche:

$$e_2 = \frac{D + D_0}{2} \cdot \frac{a\,b}{b-a} V.$$

Somit für das Verhältnis der Ladungen:

$$\frac{e_2}{e_1} = \frac{D + D_0}{2\,D_0}.$$

Die Beobachtungen Faradays gestatten hiernach die Berechnung des Verhältnisses, in welchem die Diëlektrizitätskonstante des Isolators zu der der Luft steht, und zwar ergibt sich hierfür die Formel:

$$\frac{D}{D_0} = 2\frac{e_2}{e_1} - 1.$$

Daher würde für Schellack $D/D_0 = 2{,}0$,
Schwefel $D/D_0 = 2{,}24$.

Spätere Beobachtungen gaben für Schwefel den Wert $D/D_0 = 3{,}84$.

Taucht man einen Plattenkondensator in Öl (mit einem D von etwa 2), so wird seine Kapazität (gegen Luft) verdoppelt.

§ 402. **Influenzelektrizität der Isolatoren.** Die Rolle, welche der Isolator bei den Kondensatoren spielt, wird in folgender Weise erklärt.

Wir machen eine Siegellackstange durch Reiben möglichst stark elektrisch. Nahe an die geriebene Fläche bringen wir eine zweite in der Hand gehaltene Stange, nehmen sie dann weg, und nähern sie einem geladenen Goldblattelektroskope; wir finden, daß sie an dem der geriebenen Fläche zugewandten Ende positiv elektrisch geworden ist; denselben Versuch können wir mit einer Schellack- oder Hartgummistange wiederholen mit demselben Ergebnisse. Nähern wir diese Körper umgekehrt einer geriebenen Glasstange, so werden sie an dem ihr zugewandten Ende negativ elektrisch.

Es scheint bei diesen Versuchen, als ob die Influenzelektrizität der Isolatoren eine gewisse Permanenz besäße. In der Tat hat sich auch bei anderen Versuchen gezeigt, daß die Influenzelektrizität der Isolatoren zu ihrem Verschwinden einer gewissen Zeit bedarf. Die Isolatoren besitzen eine diëlektrische Nachwirkung, welche bei verschiedenen Substanzen verschieden ist, sehr groß z. B. bei Siegellack, gering bei Schwefel.

Wir können die Influenzelektrizität der Isolatoren nun auch indirekt durch eine Wiederholung des Versuches Fig. 462 nachweisen. Zu diesem Zwecke legen wir eine Siegellack-, Schellack- oder Schwefelstange auf das Schiffchen der Drehwage. Nähern wir eine geriebene Siegellack- oder Glasstange ihrem einen Ende, so findet kräftige Anziehung statt.

Dieser Versuch läßt sich so ausführen, daß er zu quantitativen Beobachtungen benützt werden kann. Man hängt eine aus einem Isolator gedrehte Kugel an den Arm einer elektrischen Drehwage und stellt ihr die elektrische Standkugel gegenüber. Aus der elektrischen Ladung der letzteren, der Entfernung und der anziehenden Kraft muß sich ein Schluß auf die Stärke der in der Isolatorkugel erregten Influenzelektrizität ziehen lassen.

§ **403. Theorie der Diëlektrizität.** Durch die Erscheinungen der Influenz wird die Eigenschaft der Isolatoren, der Elektrizität keine Bewegung längs der Oberfläche oder im Innern von einer Stelle zur andern zu gestatten, nicht aufgehoben. Es bleibt also nur die Annahme übrig, daß die elektrische Scheidung an die kleinsten Teile des Isolators gebunden ist, ohne daß ein Übergang von Elektrizität von einem Elemente zu einem benachbarten erfolgt. Den hierdurch bedingten Zustand der Elemente bezeichnen wir als diëlektrische Erregung oder diëlektrische Polarisation; wir sprechen von einer elektrostatischen Influenz oder Induktion als der Ursache der Polarisation; sie hat ein Analogon in der magnetischen Influenz oder Induktion. Bei jedem Elemente eines diëlektrisch polarisierten Isolators können wir die geschiedenen positiven und negativen Teilchen in je einem einzigen Pole konzentriert denken. Die Verbindungslinie des negativen und des positiven elektrischen Poles nennen wir elektrische Achse. Die Achsen der verschiedenen Elemente ordnen sich, wie dies durch Fig. 494, insbesondere durch die gestrichelte Linie, anschaulich gemacht werden soll, zu Kurven, welche das Innere des diëlektrisch erregten Isolators von einer Seite der Oberfläche zur andern durchziehen, den Induktionslinien. Da längs einer

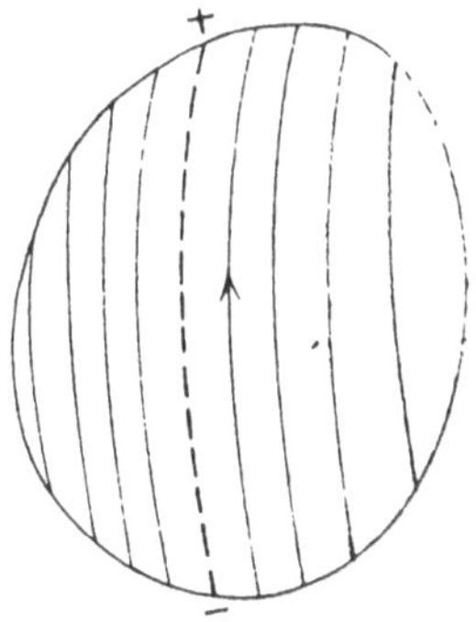

Fig. 494.
Elektrostatische Induktion.

solchen Linie immer der negative Pol eines vorangehenden dem positiven Pole des folgenden Elementes sich anschließt, so zerstören die Wirkungen aller auf der Linie im Innern liegenden Pole sich gegenseitig, nur die Wirkungen der in ihrem Anfangs- und Endpunkte liegenden bleiben übrig. Es ergibt sich also in der Tat, daß der diëlektrisch polarisierte Isolator nach außen hin gerade so wirkt, wie wenn seine Oberfläche da, wo jene Induktionslinien beginnen, negativ, da, wo sie endigen, positiv elektrisch wäre; diese Ladung der Oberfläche ist eine scheinbare.

§ 404. **Wirkung im Innern eines diëlektrischen Körpers.** Von den Kräften, welche ein diëlektrisch erregtes Element eines Körpers in seiner unmittelbaren Umgebung und auf sein Inneres ausübt, besitzen wir keine Kenntnis; daher können wir die elektrischen Kräfte im Innern diëlektrisch erregter Körper nur dann definieren, wenn jene Wirkungen der einzelnen Elemente dabei ausgeschlossen bleiben; dies ist der Fall, wenn wir um den Punkt P, für welchen die Kraft definiert werden soll, eine Höhlung machen, welche wir uns als vollkommen frei von ponderabler und von elektrischer Masse denken. Die Kraft, welche dann auf die Einheit der positiven Elektrizität in P wirkt, bezeichnen wir als elektrische Kraft in diesem Punkte. Nun ergibt sich aber die Verwicklung, daß die Kraft abhängig ist von der Gestalt jener Höhlung. Man muß also auch für diese noch eine bestimmte Festsetzung treffen, wenn die elektrische Kraft vollständig definiert sein soll. Als einfachste Begrenzungselemente des Raumes bieten sich nun die von unseren Induktionslinien gebildeten Röhren und ihre senkrechten Querschnitte dar. Unter den mannigfachen Formen, welche sich mit diesen Elementen abgrenzen lassen, wählen wir zwei extreme Typen aus; 1. die Form eines langen und sehr dünnen Zylinders, 2. die einer breiten, aber sehr dünnen Scheibe. Die beiden Fälle sind ersichtlich in Fig. 495, welche das elektrische Feld zweier entgegengesetzt geladener Kondensatorplatten darstellt, die in ein diëlektrisches Mittel eingesenkt sind.

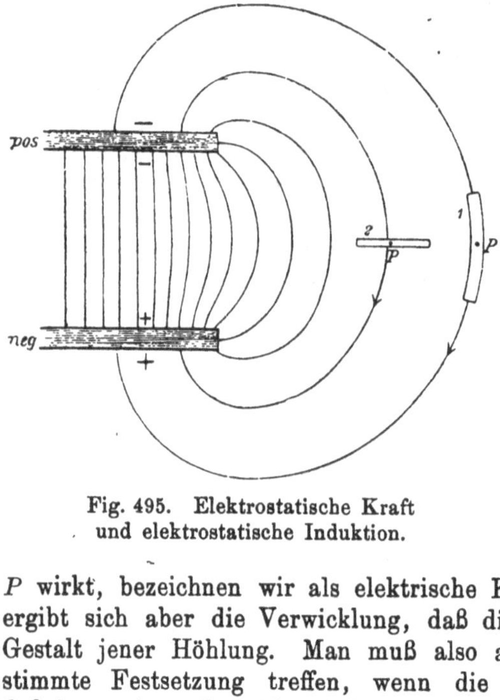

Fig. 495. Elektrostatische Kraft und elektrostatische Induktion.

Im ersten Falle ist die auf den Punkt P wirkende Kraft gleich der Summe der Kräfte, welche von den gegebenen Ladungen der Konduktoren und von der scheinbaren Oberflächenladung des Isolators zusammen ausgeübt werden. Die Wirkung der auf den Endflächen des Hohlzylinders befindlichen Ladungen verschwindet.

Im zweiten Falle kommt zu jenen Wirkungen noch die Kraft hinzu, welche von den elektrischen Belegungen der beiden parallelen Grenzflächen der Hohlscheibe herrührt (Fig. 496). Diese Kraft ist zu den Grenzflächen senkrecht gerichtet und geradeso, wie zwischen den parallelen Platten eines Kondensators, gleich $4\pi\mathfrak{J}_e$, wenn wir mit $\mathfrak{J}_e$ die Dichte jener Belegungen bezeichnen. Die in dem Innern eines zylindrischen Hohlraumes in der Form 1 auf die Einheit der positiven Elektrizität wirkende Kraft $\mathfrak{E}$ bezeichnen wir als elektrostatische Kraft schlechtweg; die im Innern eines scheibenförmigen Raumes wirkende Kraft $\mathfrak{B}_e$ als elektrostatische Induktion; die Richtung von $\mathfrak{E}$ fällt, wie in § 406 ausführlicher begründet werden wird, ebenso wie die von $\mathfrak{B}_e$, mit der Richtung der Induktionslinien zusammen; zwischen beiden Kräften besteht die Beziehung:

$$\mathfrak{B}_e = \mathfrak{E} + 4\pi\mathfrak{J}_e.$$

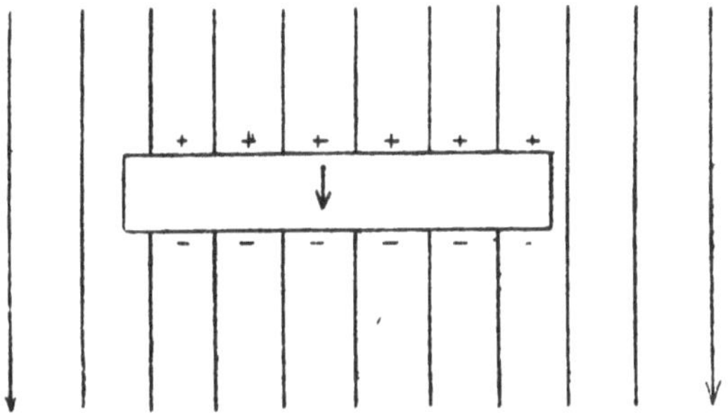

Fig. 496.

§ **405. Spezifisches elektrisches Moment.** Für die Größe $\mathfrak{J}_e$ ergibt sich eine etwas andere Deutung durch die folgende Betrachtung. Wenn wir uns die geschiedenen Elektrizitäten eines Körperelements in zwei Polen konzentriert denken, so hat für ihre Fernwirkung das Produkt aus Polstärke und Poldistanz dieselbe Bedeutung, wie das magnetische Moment (§ 355) für einen Elementarmagneten. Die Fernwirkung diëlektrisch polarisierter Elemente wird von ihrem „elektrischen Momente“ ebenso abhängen, wie die magnetische Fernwirkung von dem magnetischen Momente.

Denken wir uns, schief unter dem $\sphericalangle\varphi$ gegen die Kraftlinie eines homogenen Feldes, einen kleinen gewichtslosen Hebel von der Länge 2λ und an dessen Enden die Elektrizitätsmenge $+\mathfrak{e}$, bzw. $-\mathfrak{e}$. Die Intensität des Feldes sei $\mathfrak{E}$. Dann wirkt auf jeden Pol die Kraft $\mathfrak{e}\mathfrak{E}$ parallel den Kraftlinien, im gleichen Sinne drehend. Die auf die bielektrische Nadel ausgeübte Direktionskraft ist $2\lambda\mathfrak{e}\mathfrak{E}\sin\varphi$. Das Produkt Nadellänge mal Polstärke $2\lambda\mathfrak{e}$ heißt „elektrisches Moment“ des „Bipoles“. Sind mehrere solche Bipole parallel nebeneinander, so ist nach der Theorie der Kräftepaare (§ 18) das Gesamtmoment gleich der Summe der Einzelmomente (§ 355).

Wir nehmen nun einen Würfel von 1 cm Seite und denken uns in diesem eine gleichmäßige Scheidung der Elektrizitäten nach der Richtung einer Kante vollzogen, so daß die beiden dazu senkrechten Würfelseiten gleichmäßig mit elektrischen Polen bedeckt werden, und daß je zwei entsprechende entgegengesetzt elektrische Pole $\pm \mathfrak{e}$ auf einer Parallelen zu jener Würfelkante liegen. Jedes solche Polpaar hat das elektrische Moment $\mathfrak{e}$; das Moment des ganzen Würfels ergibt sich nach § 355 durch Addition all jener einzelnen Momente, es ist also gleich $\Sigma \mathfrak{e}$; gleichzeitig bestimmt aber diese Summe auch die elektrische Ladung auf den Endflächen des Würfels, oder, da ihre Fläche gleich 1 cm^2 ist, die elektrische Dichte. Hiernach ist die mit $\mathfrak{J}_e$ bezeichnete Dichte auf einer zu der Richtung der elektrischen Achse senkrechten Fläche gleich dem elektrischen Momente der Volumeinheit oder, wie wir sagen, gleich dem spezifischen elektrischen Momente.

§ **406. Diëlektrische Erregung bei Körpern von verschiedener Form. Elektrisierungskonstante.** Die praktische Forderung, welche wir an eine Theorie der Diëlektrizität richten, ist diese: Es sollen Formeln aufgestellt werden, mit Hilfe deren die spezifischen elektrischen Momente zum voraus zu berechnen sind, die im elektrischen Felde im Innern eines Isolators erregt werden. Die Lösung der Aufgabe ist möglich, wenn wir voraussetzen, daß für einen Körper von bestimmter Form auf empirischem Wege die elektrischen Momente gefunden sind, wie sie von gegebenen elektrischen Kräften erzeugt werden. Als einen solchen Normalkörper können wir einen sehr gestreckten Zylinder benützen, den wir so in ein homogenes elektrisches Feld bringen, daß seine Achse mit der Richtung der Kraftlinien zusammenfällt. Er wird dann ganz gleichmäßig erregt, so daß die Richtung der elektrischen Achsen überall mit der Richtung der Kraftlinien zusammenfällt, und daß das elektrische Moment $\mathfrak{J}_e$ der Volumeinheit der elektrischen Kraft $\mathfrak{F}$ proportional ist. Wir setzen $\mathfrak{J}_e = \varepsilon \mathfrak{E}$ und bezeichnen ε als die Elektrisierungskonstante.[1]

Dieses empirische Resultat bildet nun die Grundlage für die weitere Entwicklung der Theorie. Die elektrischen Kräfte, die im Innern eines Isolators wirken, haben einen doppelten Ursprung; einmal befindet sich der Isolator in einem gegebenen elektrischen Felde, welches als solches von Kraftlinien durchzogen ist; dazu aber treten die Kräfte, welche von den scheinbaren Ladungen der Isolatoroberfläche ausgehen; diese haben eine Schwächung des Feldes im Innern zur Folge. Man kann sich hiervon überzeugen durch die Betrachtung der Fig. 495; die Pfeile geben dabei die positiven Richtungen der Kraftlinien an, d. h. die Richtungen, in denen ein positiv elektrisches Teilchen an der betreffenden Stelle getrieben wird.

---

[1] Unter gleichzeitigem Hinweise auf Bd. I S. 10 Anm. 1 sei besonders bemerkt, daß das Symbol ε in unserem Werke auch für die Bezeichnung des „Elementarquantums" verwendet wird. Dieses ist etwas ganz anderes, als obige „Elektrisierungskonstante" ε, die ja bei verschiedenen Körpern verschieden, also eine Materialkonstante ist.

Wir nehmen an, daß die durch die kombinierte Wirkung bestimmten Kraftlinien und Kraftröhren gegeben sind. Wir schneiden aus einer Kraftröhre ein langes zylindrisches Segment aus, und bezeichnen die ganze elektrische Kraft an der von ihm ausgefüllten Stelle mit $\mathfrak{E}$. Nach dem vorhergehenden Satze wird in dem Zylinder ein elektrisches Moment induziert, dessen Achse in die Richtung der Kraftlinie fällt, und welches, auf die Volumeinheit gerechnet, die Größe $\mathfrak{J}_e = \varepsilon\,\mathfrak{E}$ besitzt. Hieraus ergibt sich, daß die Linien, welche wir früher als Induktionslinien bezeichnet haben, mit den Kraftlinien zusammenfallen. Die elektrische Kraft $\mathfrak{E}$ setzt sich zusammen aus der gegebenen Kraft $\mathfrak{F}$ des äußeren Feldes und aus der von der scheinbaren Oberflächenbelegung herrührenden. Da diese letztere selber wieder von $\mathfrak{J}_e$ abhängen muß, so führt die Beziehung $\mathfrak{J}_e = \varepsilon\,\mathfrak{E}$ zu einer Gleichung, aus welcher das unbekannte Moment $\mathfrak{J}_e$ berechnet werden kann. Mit der Auflösung der Gleichung ist das Problem der diëlektrischen Erregung gelöst.

Eine Kugel wird in einem ursprünglich homogenen elektrischen Felde von der Intensität $\mathfrak{F}$ gleichförmig polarisiert, und das elektrische Moment der Volumeinheit errechnet sich mit:

$$\mathfrak{J}_e = \frac{\varepsilon}{1 + \frac{4}{3}\pi\varepsilon}\,\mathfrak{F}.$$

Diese Formel kann benützt werden, um aus der Anziehung zwischen einer diëlektrischen Kugel und einer geladenen Konduktorkugel die Elektrisierungskonstante ε zu berechnen.

Bei einer dünnen Scheibe, deren Flächen zu den Kraftlinien des Feldes senkrecht stehen, wird unter den gleichen Umständen:

$$\mathfrak{J}_e = \frac{\varepsilon}{1 + 4\pi\varepsilon}\,\mathfrak{F}.$$

§ 407. Wahre und freie Ladung an der Oberfläche eines Konduktors. Nehmen wir an, wir hätten der Kollektorplatte einer Franklinschen Tafel mit der Elektrisiermaschine eine positiv elektrische Ladung $\mathfrak{e}$ zugeführt; sie verteilt sich an der Oberfläche des Kollektors in einer Dichte $\sigma = \mathfrak{e}/S$, wenn wir unter S seinen Flächeninhalt verstehen. Wir bezeichnen die Ladung $\mathfrak{e}$ als die wahre Ladung des Kollektors, die Dichte σ als die wahre Dichte. Nun wird aber die isolierende Zwischenschicht diëlektrisch erregt; ist $\mathfrak{J}_e$ das elektrische Moment der Volumeinheit, so entspricht dem nach § 405 eine negative Oberflächenbelegung von der Dichte $\mathfrak{J}_e$ auf der Kollektorseite. Nach außen wirkt der Kollektor nicht mit der ihm zugeführten Ladung, sondern mit einer scheinbar kleineren. Wir bezeichnen diese nach außen wirksame Ladung als die freie, ihre Dichte als die freie Dichte. Bezeichnen wir diese durch σ', so ist $\sigma' = \sigma - \mathfrak{J}_e$. Die elektrische Kraft $\mathfrak{E}$ an der Oberfläche der Kollektorscheibe ist dann nicht wie in § 382 gleich $4\pi\sigma$, sondern gleich $4\pi\sigma'$. Da ferner nach § 406 $\mathfrak{J}_e = \varepsilon\,\mathfrak{E}$, d. h. gleich $4\pi\varepsilon\sigma$, so erhält man zwischen der wahren und der freien Dichte die Beziehung:

$$\sigma = (1 + 4\pi\varepsilon)\sigma'.$$

§ **408. Diëlektrizitätskonstante und Elektrisierungskonstante.** Um den Zusammenhang der beiden von uns eingeführten Konstanten, der diëlektrischen und der Elektrisierungskonstante zu ermitteln, gehen wir wieder von der Betrachtung des Kondensators aus. Ist das Potential der Kollektorplatte gleich V, das der Kondensatorplatte gleich Null, die Entfernung beider Platten gleich c, so ist die elektrische Kraft im Zwischenraume nach § 380 überall gleich V/c; andererseits aber nach dem vorhergehenden § gleich

$$4\pi\sigma' \quad \text{oder} \quad \frac{4\pi\sigma}{1+4\pi\varepsilon}.$$

Setzen wir für σ den Quotienten aus der wahren Ladung $\mathfrak{e}$ und aus der Fläche S der Kollektorplatte, so ergibt sich:

$$\mathfrak{e} = (1 + 4\pi\varepsilon)\frac{S}{4\pi c} V.$$

Die Kapazität des Kondensators ist somit gleich $(1 + 4\pi\varepsilon)\cdot\frac{S}{4\pi c}$, und es ist $1 + 4\pi\varepsilon$ identisch mit dem, was wir früher Diëlektrizitätskonstante genannt haben. In der Tat ergibt die Vergleichung mit dem in § 401 gemachten Ansatze:

$$1 + 4\pi\varepsilon = D,$$

und dies ist die Beziehung, welche die Diëlektrizitätskonstante D mit der Elektrisierungskonstante ε verbindet.

Zugleich sieht man, daß bei einem Kondensator, dessen Kondensatorscheibe zur Erde abgeleitet ist, zwischen der wahren elektrischen Dichte der Kollektorscheibe und ihrem Potentiale V die Beziehung besteht:

$$DV = 4\pi c\sigma.$$

Zwischen der in § 404 eingeführten elektrostatischen Induktion $\mathfrak{B}$ und der elektrischen Kraft $\mathfrak{E}$ bestand die Beziehung:

$$\mathfrak{B}_e = \mathfrak{E} + 4\pi\mathfrak{J}_e.$$

Nun ist $\mathfrak{J}_e = \varepsilon\mathfrak{E}$, somit

$$\mathfrak{B}_e = (1 + 4\pi\varepsilon)\mathfrak{E} = D\mathfrak{E}.$$

Man kann daher die Diëlektrizitätskonstante auch definieren als das Verhältnis zwischen elektrostatischer Induktion und elektrostatischer Kraft.

Endlich ergibt sich auch noch für das in dem vorhergehenden § berechnete Verhältnis der wahren und der freien Oberflächendichte der Wert $\sigma/\sigma' = D$. Die freie, die tatsächlich nach außen wirkende Dichte ist gleich der wahren Dichte, dividiert durch die Diëlektrizitätskonstante.

Aus den letzten beiden Sätzen ergibt sich zugleich deutlich, daß die Diëlektrizitätskonstante ein Verhältnis zweier gleichartiger Größen, d. h. eine reine Zahl ist. Ihr Wert ist von der Wahl der Maßeinheiten ganz unabhängig. Wollen wir dies in einer Dimensionsgleichung zum Ausdruck bringen, so müssen wir schreiben;

$$[D] = l^0 \cdot m^0 \cdot t^0.$$

Man sagt, die Diëlektrizitätskonstante hat in den Grundmaßen der Länge, Masse und Zeit die Dimension Null. Gleiches gilt natürlich auch von der Elektrisierungskonstante.

§ **409. Elektrische Kraft im diëlektrischen Mittel.** Die Betrachtungen der vorhergehenden §§ führen mit Notwendigkeit zu dem Schlusse, daß die elektrischen Wechselwirkungen verschiedener Konduktoren von dem Isolator abhängen, in dem sie sich befinden; wir wollen dies etwas genauer untersuchen.

Denken wir uns einen Konduktor, den wir mit der Elektrizitätsmenge e geladen haben. Machen wir vorläufig die Fiktion, daß er sich in einem unpolarisierbaren Raume befände, so würden wir die von ihm ausgeübten Kräfte nach dem COULOMBschen Gesetze berechnen können. Wenn er aber in einem diëlektrischen Mittel sich befindet, so kommt überall von der wahren, an einer Stelle der Oberfläche befindlichen Ladung die entgegengesetzte scheinbare Oberflächenladung des Isolators in Abzug. Nach dem vorhergehenden Satze werden dadurch die wahren elektrischen Dichten σ reduziert auf σ/D, und dasselbe muß daher von den Kräften und von den Potentialen gelten. Wenn eine mit der Elektrizitätsmenge e geladene Konduktorkugel (Fig. 497) sich in einem diëlektrischen Mittel befindet, so ist infolge der entgegengesetzten Oberflächenladung des letzteren die auf die Einheit der positiven Elektrizität ausgeübte Kraft in der Entfernung r gleich $e/(D r^2)$, das Potential gleich $e/(D r)$. Betrachten wir die Wirkung, welche eine etwa negativ elektrische, fest aufgestellte Kugel im diëlektrischen Felde auf eine zweite, positiv geladene, bewegliche Kugel ausübt. Die elektrische Kraft an einer beliebigen Oberflächenstelle der letzteren hatten wir in § 382 durch das Produkt aus 4π und aus der Oberflächendichte σ dargestellt. Dabei ist der umgebende Raum als unpolarisierbar vorausgesetzt. Im diëlektrischen Mittel reduzieren sich aber die Dichten all der elektrischen Elemente, welche zu der Erzeugung jener Kraft zusammenwirken, auf den D-ten Teil; dies muß somit auch für die Kraft gelten, und diese ist daher gegeben durch $\mathfrak{E} = 4\pi\sigma/D$; der auf die Flächeneinheit berechnete Zug, welchem die Oberfläche des Konduktors an irgendeiner Stelle unterliegt, ist nach § 382 gleich $\frac{1}{2}\sigma\mathfrak{E}$, also, je nachdem wir σ oder $\mathfrak{E}$ mit

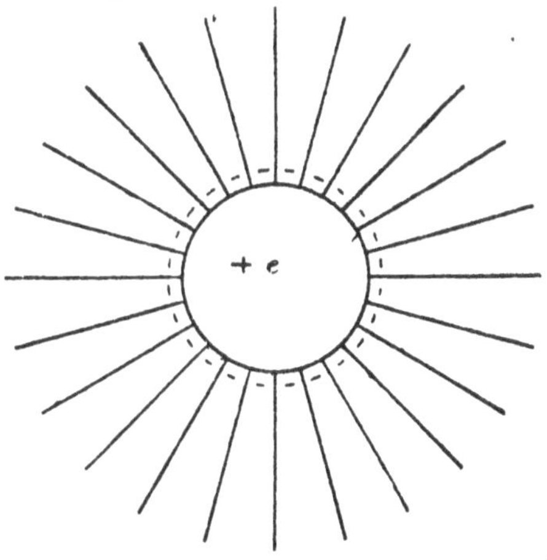

Fig. 497. Elektrische Kugel im Diëlektrikum.

Hilfe der vorhergehenden Beziehungen eliminieren, gleich $\frac{D}{8\pi}\mathfrak{E}^2$ oder gleich $\frac{2\pi\sigma^2}{D}$. Die ganze auf den Konduktor ausgeübte Wirkung ist die Resultante aus all jenen Zügen, und somit von der Diëlektrizitätskonstante des Mittels abhängig, in dem sich der Konduktor befindet. Sind $\mathfrak{e}_1$ und $\mathfrak{e}_2$ die wahren Ladungen der beiden Kugeln einer Coulombschen Drehwage, so ergibt sich hiernach für ihre wechselseitige Abstoßung der Wert $\frac{\mathfrak{e}_1\mathfrak{e}_2}{D r^2}$; sie ist der Diëlektrizitätskonstante des umgebenden Mittels umgekehrt proportional (wie wir dies schon § 373 erwähnt haben).

Bei einem plattenförmigen Kondensator herrscht an der inneren Oberfläche der Platten und in dem ganzen Zwischenraume eine elektrostatische Kraft von der Stärke $\mathfrak{E} = 4\pi\sigma/D = 4\pi\mathfrak{e}/(D S)$. Hier bezeichnet σ die wahre Dichte, $\mathfrak{e}$ die Größe der Ladung, S die Kondensatorfläche.

Zwischen den beiden Platten einer Franklinschen Tafel besteht daher in einem diëlektrischen Raume mit der Konstante D eine Anziehung, welche gegeben ist durch

$$\frac{2\pi}{D}\cdot\frac{\mathfrak{e}^2}{S} \quad \text{oder} \quad \frac{D}{8\pi}\cdot\frac{V^2}{c^2}\cdot S,$$

wenn V das Potential und c die Distanz der Platten bezeichnet.

Diese Folgerungen sind durch mannigfache Versuche bestätigt worden. Es wird aber nützlich sein, mit Bezug auf sie noch eine Bemerkung nachzutragen. Wir waren bei unserer Betrachtung ausgegangen von der Fiktion eines unpolarisierbaren Raumes. Ein solcher existiert in Wirklichkeit nicht; es wird sich später ergeben, daß wir auch dem sogenannten leeren Raume, d. h. dem Äther, diëlektrische Erregbarkeit zuschreiben müssen. Die Versuche können also nur darin bestehen, daß wir die elektrischen Kräfte in verschiedenen Isolatoren, zu denen auch der leere Raum gehört, miteinander vergleichen. Die Versuche geben dann das Verhältnis der Diëlektrizitätskonstanten für die verschiedenen Isolatoren, in denen beobachtet wurde.

Die auf die Franklinsche Tafel sich beziehenden Formeln geben Veranlassung zu einer wichtigen praktischen Anwendung. Man macht die Kondensatorscheibe beweglich, indem man sie an dem einen Arme eines Wagebalkens in horizontaler Lage aufhängt; die Kollektorplatte wird unter der Kondensatorplatte, parallel zu ihr, fest aufgestellt. Wird der Kondensator geladen, so erfährt die Kondensatorplatte eine Anziehung, die durch Auflage von Gewichten auf die an dem anderen Arme des Wagebalkens hängende Wagschale kompensiert werden kann. Man mißt so direkt die Anziehung der beiden Platten, und kann daraus ihre Potentialdifferenz oder ihre Ladung berechnen. W. Thomson konstruierte nach diesem Prinzip ein absolutes Elektrometer, welches Potentialdifferenzen an einer Wage (durch Gewicht) zu bestimmen gestattet.

§ 410. Faradays Theorie der elektrostatischen Kräfte in der Fassung Maxwells. Durch die Ergebnisse des vorhergehenden § ist gezeigt, daß dem umgebenden diëlektrischen Mittel unter allen Umständen ein ganz wesentlicher Einfluß auf die Wechselwirkung der Konduktoren zukommt. Diese Erkenntnis bedingt aber für die Coulombsche Theorie der Elektrostatik eine störende Komplikation. Die beobachteten Wirkungen hängen nur zum Teil von den wahren Ladungen, zum anderen Teil von den durch das diëlektrische Medium vermittelten scheinbaren Ladungen ab. Nun ergibt sich auf der anderen Seite, daß die ganze Wirkung auf einen Konduktor als Resultante der Züge aufgefaßt werden kann, welche auf seine Oberfläche in der Richtung der Kraftlinien mit der Stärke $D\mathfrak{E}^2/(8\pi)$ wirken. Nach Faraday liegt der Ursprung dieser Kräfte nicht in den Konduktoren, sondern in dem sie umgebenden, die diëlektrischen Mittel durchdringenden und durch sie beeinflußten Äther. Wo immer elektrische Konduktoren vorhanden sind, besitzt das sie umgebende diëlektrische Mittel eine Spannung $D\mathfrak{E}^2/(8\pi)$ in der Richtung der Kraftlinien und sucht sich in dieser Richtung mit einer der Spannung entsprechenden Kraft zu kontrahieren. Diese Kraft ist es, welche an den Enden der Kraftröhren auf die Konduktorflächen wirkt und ihre scheinbaren Fernwirkungen erzeugt. Die Annahme wahrer Fernwirkungen aber verschwindet vollkommen aus der Theorie, alle Erscheinungen werden in einheitlicher Weise durch Spannungen des Äthers erklärt. Damit sind wir zu einer Theorie der elektrostatischen Wirkungen gelangt, welche der auf der Konzeption der Kraftlinien beruhenden Theorie der magnetischen Kräfte analog ist; wir sind aber weiter vorgedrungen als bei diesen, da wir den Einfluß des Zwischenmediums durch Tatsachen bewiesen und gezeigt haben, daß die Theorie auch quantitativ mit den beobachteten Gesetzen in Übereinstimmung steht.

Die vorstehende Betrachtung bedarf indessen noch einer gewissen Ergänzung. Wenn wir einen homogenen diëlektrischen Körper, der nirgends wahre Ladungen, etwa infolge von Reibung, besitzt, in ein elektrisches Feld bringen, so bleibt sein ganzes Inneres frei von elektrischer Ladung. Es können also auf die Elemente des Innern keine Kräfte elektrischen Ursprungs wirken, welche sie in der einen oder anderen Richtung zu verschieben suchten. Wenn aber in dem diëlektrischen Mittel allein die zuvor besprochenen Spannungen in der Richtung der Kraftröhren herrschten, so würden verschiebende Kräfte elektrischen Ursprungs im Innern auftreten. Sie fallen fort, wenn außer der Spannung in der Richtung der Kraftlinien noch ein Druck von demselben Betrage in der Richtung senkrecht zu den Kraftlinien vorhanden ist. Die Kraftröhren suchen sich also in ihrer Längsrichtung zusammenzuziehen mit einer Spannung $D\mathfrak{E}^2/(8\pi)$; sie suchen sich zu erweitern in allen Richtungen quer zu den Kraftlinien mit einem Drucke von derselben Größe.

Man kann mit Bezug auf die Faradaysche Theorie noch fragen, weshalb man die in diëlektrischen Mitteln angenommene Spannung nicht der ponderablen Substanz selbst zuschreibt, so daß die Annahme eines Äthers überflüssig würde. Dagegen wird man zunächst bemerken, daß elektrische Wirkungen auch durch den leeren Raum hindurch vermittelt werden. Von größerem Gewichte ist aber das Folgende: Die Spannungen ponderabler Körper gehorchen gewissen Gesetzen der Elastizitätstheorie; das im diëlektrischen Raume anzunehmende System von Spannungen zeigt ein hiervon abweichendes Verhalten. Die Spannungen können also nicht durch die gewöhnlichen elastischen Deformationen ponderabler Körper erzeugt sein, und es ist daher das einfachste, als ihren unmittelbaren Träger den die Körper durchdringenden Äther zu betrachten.

§ 411. Diëlektrische Konstante des Äthers gleich Eins. Ladungsgesetz der Diëlektrika. Wie wir gesehen haben, können aus den betrachteten Erscheinungen, Kapazität von Kondensatoren, Wechselwirkung geladener Konduktoren, nur die Verhältnisse der diëlektrischen Konstanten verschiedener Körper gefunden werden; ihre absoluten Werte sind durchaus unbestimmbar. Für irgendeinen Normalkörper kann man daher den Wert der diëlektrischen Konstanten willkürlich annehmen. Man hat als solchen den Äther, den l e e r e n R a u m, genommen und s e i n e D i ë l e k t r i z i t ä t s k o n s t a n t e g l e i c h E i n s g e s e t z t. Im leeren Raume ist dann die Wechselwirkung zweier elektrischer Ladungen $\mathfrak{e}$ und $\mathfrak{e}'$ dem COULOMBschen Gesetze entsprechend gegeben durch $\mathfrak{e}\mathfrak{e}'/r^2$; die cm · g · sec-Einheit der Elektrizitätsmenge ist also, wie wir schon in § 373 erwähnt haben, dadurch bestimmt, daß sie im leeren Raume auf eine ihr gleiche Menge in der Entfernung von 1 cm eine Abstoßung von 1 Dyn ausübt; die Diëlektrizitätskonstante des Äthers verschwindet gewissermaßen in dieser Definition der Einheit.

Das Potential einer mit der Elektrizitätsmenge $\mathfrak{e}$ geladenen Konduktorkugel ist im leeren Raume gegeben durch $V = \mathfrak{e}/R$, wo R ihren Halbmesser bezeichnet.

Im leeren Raume ist die Kapazität eines Plattenkondensators gegeben durch die Formel des § 396, nämlich $C = \frac{S}{4\pi c}$; seine Ladung durch $\mathfrak{e} = \frac{S}{4\pi c} V$.

Wir haben in § 396 gesagt, daß diese Formeln für einen Luftkondensator gültig seien. In der Tat ist die Diëlektrizitätskonstante der Luft von Eins so wenig verschieden, daß die Abweichung für gewöhnlich vernachlässigt werden kann. Die Bestimmung jener Konstanten erfolgt auf Grund der folgenden Bemerkung. Die Diëlektrizitätskonstante der Luft nimmt mit ihrer Dichte zu; ist für den Druck von 1 Atmosphäre ihre Diëlektrizitätskonstante gegeben durch $1 + \lambda$, so ist sie bei einem Quecksilberdrucke von b cm gleich $1 + (\lambda b/76)$. Die Vergleichung der Kapazitäten eines Luftkondensators bei verschiedenem Drucke führt hiernach zu der Bestimmung von λ und damit zu der Kenntnis der Diëlektrizitätskonstanten bei Atmosphärendruck und 0°; es ergibt sich $D = 1 + \lambda = 1{,}000\,590$. Die diëlektrische Konstante der Luft ist hiernach von der des Äthers nur sehr wenig verschieden, und man kann sie in vielen Fällen, wo es nicht auf sehr große Genauigkeit ankommt, ebenso wie jene gleich Eins setzen. In derselben Weise lassen sich die Diëlektrizitätskonstanten anderer Gase bestimmen. Die Diëlektrizitätskonstanten von festen oder flüssigen Körpern können nach dem von FARADAY benützten Prinzipe gefunden werden, indem durch Kondensatormessungen ihr Verhältnis zur Luftkonstante bestimmt wird.

Die Bestimmung diëlektrischer Konstanten hat ein gewisses Interesse auch dadurch gewonnen, daß wahrscheinlich immer der Isolator mit der größeren Diëlektrizitätskonstante positiv elektrisch wird bei der Reibung mit einem Isolator von kleinerer Konstante.[1] Eine quantitative Beziehung zwischen der Ladung und den Diëlektrizitätskonstanten ist bei festen Isolatoren schwer nachzuweisen; eine zuverlässige Messung der durch Reibung beziehungsweise durch Berührung erzeugten Ladung ist in diesem Falle schwierig wegen der Zufälligkeiten, denen die Berührung der Oberflächen bei der Reibung unterworfen ist. Dagegen eignen sich hierzu die Wirkungen, welche bei der Berührung zwischen einem flüssigen und einem festen Isolator auftreten, die Erscheinungen der sogenannten elektrischen Osmose, über die wir später sprechen werden.

§ 412. Molekulartheorie der diëlektrischen Wirkungen. Ehe wir die Betrachtung der diëlektrischen Wirkungen verlassen, möge noch eine Beziehung angeführt werden, die aus gewissen molekularen Vorstellungen über den Bau der diëlektrischen Körper sich ergibt. Man hat angenommen, daß ihre Molekel Leiter der Elektrizität seien, daß aber die letztere nicht in den Raum zwischen den Molekeln eindringen könne. Wenn man danach den Raum zwischen den Platten eines Kondensators mit einem Diëlektrikum anfüllt, so ist die Wirkung dieselbe, wie wenn man in diesem Raume eine gewisse Menge von leitenden Kugeln verteilt. Wenn der Kondensator geladen wird, so werden jene Kugeln durch Influenz elektrisch, sie wirken zurück auf die in den Platten befindliche Elektrizität und verstärken die Kapazität. Die Verstärkung muß hiernach zusammenhängen mit dem Verhältnisse, in dem der von den leitenden Molekeln eines Isolators wirklich ausgefüllte Raum zu dem ganzen äußeren Volumen des Isolators steht. In der Tat ergibt eine genauere Ausführung dieses Gedankens, daß die Diëlektrizitätskonstante D mit dem Verhältnisse x des Molekularvolumens zu dem Gesamtvolumen durch die Gleichung verbunden ist:

$$D = \frac{1 + 2x}{1 - x}, \quad \text{woraus:} \quad x = \frac{D - 1}{D + 2}.$$

Die Dichte des Isolators sei d, dann ist das spezifische, das von 1 g der Substanz eingenommene Volumen gleich $1/d$, das Volumen der in 1 g enthaltenen Molekel gleich x/d. Dieses Volumen aber muß eine der Substanz eigentümliche Konstante, unabhängig von Druck und Tem-

[1] A. COEHN u. U. RAYDT, Gött. Nachr. (1909).

peratur sein. Setzen wir für x seinen Wert, so ergibt sich, daß der Ausdruck $R = \frac{1}{d} \cdot \frac{D-1}{D+2}$ von Druck und Temperatur unabhängig sein muß. Nun ist, wie wir in dem Kapitel über die elektromagnetische Lichttheorie ausführen werden, D gleich dem Quadrate des Lichtbrechungsverhältnisses n; es muß also auch $R = \frac{1}{d} \cdot \frac{n^2-1}{n^2+2}$ eine Konstante sein; in der Tat haben wir in § 257 gesehen, daß diese Größe, das spezifische Brechungsvermögen, sich in weitem Umfange als eine Konstante erwiesen hat.

IV. Erscheinungen der elektrischen Entladung.

§ 413. **Entladung durch Gase.** Schon einige Male sprachen wir davon, daß das Diëlektrikum zwischen 2 Körpern von hoher gegenseitiger Potentialdifferenz von einem Funken durchbrochen werden kann. Das Studium dieser Erscheinungen in Gasen bei gewöhnlichem und ganz besonders bei vermindertem Drucke hat unsere beginnende Erkenntnis des Wesens der Elektrizität mächtig gefördert. Die Influenzmaschine liefert uns nun solche Potentialdifferenzen; wir wollen aber jetzt dieses Gebiet der Gasleitung noch nicht untersuchen, weil wir dabei eine Reihe von Begriffen und experimentellen Hilfsmitteln benötigen, die wir erst später (dreizehnter Teil dieses Bandes) kennen lernen werden.

LICHTENBERGsche Figuren. Von den vielen Versuchen, bei welchen ein bestimmter Unterschied der positiven und negativen Entladung hervortritt, wollen wir nur einen erwähnen. Er bezieht sich auf die Entladung einer Leidener Flasche durch eine die Oberfläche einer Isolatorplatte berührende Spitze. Die Art und Weise, wie sich die Elektrizität auf der Oberfläche der Platte ausbreitet, kann in sehr schöner Weise sichtbar gemacht werden, indem man ein Gemenge von Schwefel und Mennigepulver durch ein feines Sieb von Baumwolle gegen die Platte fallen läßt. Bei der hierdurch erzeugten Reibung wird S negativ, die Mennige positiv elektrisch. Der erstere wird sich an den positiven, die letztere an den negativen Stellen einer elektrisch geladenen Oberfläche absetzen. Wenn man nun gegen die Oberfläche eines Harzkuchens eine positive Entladung gehen läßt, so bildet nach der Bestäubung das negative S-Pulver eine von der Spitze nach allen Seiten weit sich ausbreitende, dendritische Figur (Fig. 498). Ist die Entladung eine negative, so drängt sich das rote Mennigepulver in wolkigen Gebilden eng um die Spitze zusammen.

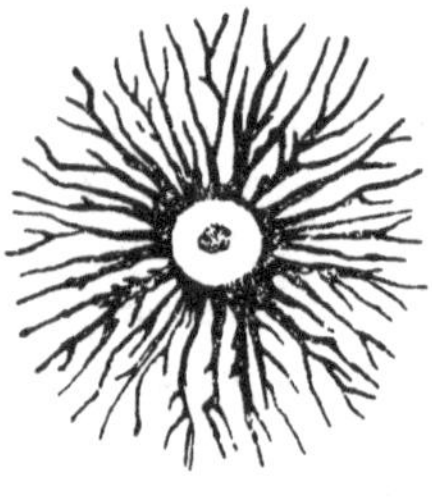
Fig. 498. Figur der positiven Entladung.

§ 414. **Entladung durch metallischen Schließungskreis.** Wir haben gesehen, daß zu der elektrischen Ladung eines Konduktors Arbeit erfordert wird, und daß diese Arbeit in der elektrischen Energie des

Konduktors ihr Äquivalent findet. Es gilt dies natürlich auch für die Ladung einer Leidener Flasche oder Batterie. Die in ihr aufgespeicherte Energie ist nach § 384 gleich $\frac{1}{2} e V$, wenn e die Ladung, V das Potential des Kollektors ist. Bezeichnet man durch C die Kapazität der Batterie, so ist $e/C = V$, und man kann daher die Energie auch durch den Ausdruck $\frac{1}{2} e^2/C$ darstellen. Messen wir hier die elektrische Ladung e nach absolutem elektrostatischem Maße, C nach cm, so erhalten wir auch die Energie in Einheiten des absoluten cm · g · sec-Systems, d. h. in Erg (§ 43).

Wenn wir mit Hilfe des in Fig. 396 beschriebenen Ausladers die in einer Leidener Batterie angesammelte Elektrizität durch einen aus metallischen Leitern zusammengesetzten Schließungsbogen hindurch entladen, so verschwindet ihre elektrische Energie; wir bemerken aber, daß in den Drähten, durch welche die Entladung geht, Wärme erzeugt wird.

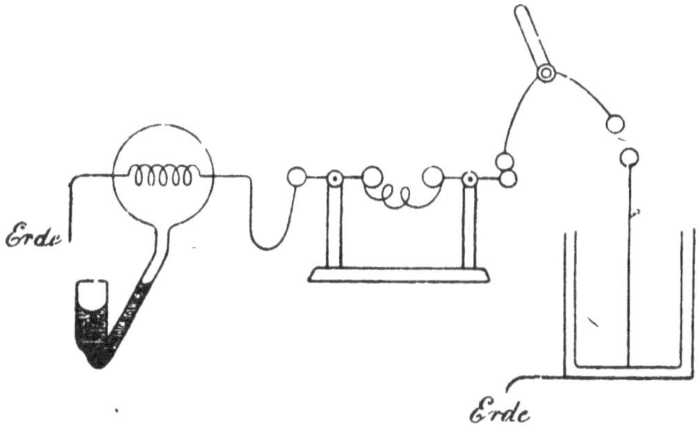

Fig. 499. Luftthermometer für Entladung.

Ein dünner Eisendraht kann leicht so weit erhitzt werden, daß er glüht und verbrennt; bei schwächeren Entladungen beobachtet man mechanische Deformationen, kleine Knickungen des Drahtes. Wenn wir von derartigen Nebenwirkungen absehen, zu welchen außerdem die durch den Funken in Form von Schall und Licht zerstreute Energie zu rechnen ist, so würde sich die ganze elektrische Energie $\frac{1}{2} e^2/C$ in dem Schließungskreise in Wärme umsetzen, und es müßte seine Erwärmung dem Quadrate der entladenen Elektrizitätsmenge proportional, der Kapazität, d. h. der Zahl der Flaschen, welche die Batterie zusammensetzen, umgekehrt proportional sein. Soweit würde das allgemeine Prinzip von der Erhaltung der Energie zu der Aufklärung der Verhältnisse beitragen. Unbekannt aber würde die Art und Weise bleiben, wie sich die ganze im Schließungskreise erzeugte Wärme auf seine einzelnen Teile verteilt; nur so viel wird man voraussetzen dürfen, daß die in einem bestimmten Teile eines unveränderten Schließungskreises erzeugte Wärme immer denselben Bruchteil der gesamten Entladungswärme bildet.

Zur Prüfung dieser Folgerungen dient das in Fig. 499 angedeutete Schema.

Links steht das „elektrische Thermometer". Es ist ein Luftthermometer, wie Fig. 232. In das Glas der Thermometerkugel ist mit Hilfe zweier Öffnungen ein spiralförmiger Platindraht gezogen, wobei die Öffnungen selbst nach dem Einsetzen des Drahtes wieder luftdicht verschlossen sind. Geht die Entladung durch das Thermometer, so wird sich die in dem Drahte erzeugte Wärme der Luft mitteilen, diese dehnt sich aus und verschiebt den absperrenden Flüssigkeitsfaden; die Verschiebung des Fadens gilt dann als ein Maß für die in dem Platindrahte entwickelte Wärme.

Wir wollen nun untersuchen, wie sich die Erwärmung des Thermometers ändert, wenn entweder durch Einschalten von verschiedenartigen Drähten die Zusammensetzung des äußeren Schließungsbogens geändert oder im Thermometer selbst ein anderer Draht eingezogen wird. Die zu benützenden Drähte werden in der durch Fig. 499 (mittlerer Teil) angezeigten Weise ausgespannt. Das Resultat der Untersuchung, auf deren Einzelheiten wir nicht einzugehen brauchen, ist in dem folgenden Satze enthalten. Die gesamte im Schließungsbogen entwickelte Wärme verteilt sich auf die einzelnen ihn bildenden Drähte nach dem Maße einer Eigenschaft, welche man ihren Widerstand nennt. Der Widerstand eines Drahtes ist seiner Länge direkt, seinem Querschnitte umgekehrt proportional, außerdem abhängig von dem Metalle, aus dem er hergestellt ist. Ausführlicher werden wir diese Verhältnisse im dritten Teil dieses Bandes behandeln. Bezeichnen wir durch R den Widerstand des ganzen Schließungsbogens, d. h. die Summe der Widerstände all der ihn zusammensetzenden Drähte, durch r den Widerstand des Thermometerdrahtes, so ist nach dem angeführten Satze die im Thermometer entwickelte Wärmeenergie proportional mit

$$\frac{r}{R} \cdot \frac{1}{2} \frac{e^2}{C}.$$

§ 415. **Entladung durch einen Isolator.** Wir benützen zu dem Versuche das im vorhergehenden § erwähnte Gestell, dessen Arme verschiebbar und drehbar auf zwei isolierenden Füßen befestigt sind. Den einen, mit dem positiven Beleg einer Leidener Batterie verbundenen Arm versehen wir mit einer Spitze, den anderen, zur Erde abgeleiteten mit einer Kugel. Zwischen Spitze und Kugel legen wir eine Glasplatte; um die Spitze gießen wir Schellack oder Öl, um die Zerstreuung der Elektrizität über die Oberfläche des Glases zu verhindern. Bei genügender Spannung und Stärke der Ladung wird die Glasplatte durchbrochen, und die Vereinigung der entgegengesetzten Ladungen erfolgt durch den so gebildeten Kanal hindurch.

Man kann zunächst vermuten, daß es sich dabei nur um eine Erscheinung der gewöhnlichen Festigkeit handelt, daß das Glas durch den

Druck der elektrischen Kräfte ebenso zersprengt werde, wie durch einen rein mechanischen Druck. Man trifft aber damit nicht ganz das Wesen der Erscheinung. Vor allem ist klar, daß das Innere des Glases durch die beiderseits vorhandenen dichten Ladungen in einen Zustand intensiver diëlektrischer Polarisation versetzt wird. Dadurch unterscheidet sich sein Zustand von dem eines Körpers, der lediglich durch äußere Druckkräfte in Anspruch genommen ist. Es zeigt sich, daß die elektrische Polarisation eigentümliche Deformationen erzeugt, welche man als Elektrostriktionen bezeichnet hat. Die Deformationen unserer Platte verhalten sich nun zu einem gewissen Teile wie elastische Deformationen, welche von den in § 409 besprochenen, an der Grenze der Isolatoren wirkenden Spannungen und Drucken herrühren. Dazu kommen aber noch Wirkungen anderer Art, die als Ausfluß einer gewissen reziproken Beziehung erscheinen. Wenn man einen Isolator irgendwelchen Drucken oder Spannungen unterwirft, so ändert sich seine Diëlektrizitätskonstante, sie ist also eine Funktion von Druck oder Spannung. Umgekehrt entstehen in einem diëlektrisch erregten Isolator innere Spannungen oder Drucke, die von eben jener Veränderlichkeit der Diëlektrizitätskonstante abhängen. Bei dem Zerbrechen des Glases kommt vielleicht noch eine besondere Art von Festigkeit in Frage, welche das Glas diesen inneren Elektrostriktionen gegenüber besitzt.

Die Erscheinungen der Elektrostriktion, d. h. der durch diëlektrische Erregung erzeugten Formänderungen, wurden besonders bei kugelförmigen Kondensatoren untersucht. Zu ihrer Herstellung wurden dünnwandige Thermometerkugeln benützt, welche mit Wasser oder Quecksilber gefüllt und in ein Gefäß mit schmelzendem Eise eingesetzt waren. Der Stand der Flüssigkeitskuppe in der Kapillare des Thermometers wurde mikroskopisch beobachtet. Aus der bei der Ladung eines solchen Kondensators erfolgenden Verschiebung der Kuppe konnte die infolge der Elektrostriktion eintretende Ausdehnung des Thermometergefäßes berechnet werden. Sie ist dem Quadrate der auf das Innere des Glases wirkenden elektrischen Kraft proportional; sie wächst mit der Diëlektrizitätskonstanten des Glases und ist dem Elastizitätsmodul der Dehnung umgekehrt proportional. Außerdem hängt die Ausdehnung der Kugel in komplizierter Weise ab von dem Verhältnisse der Querkontraktion zur Längsdilatation und von den Koëffizienten, durch welche die Abhängigkeit der Diëlektrizitätskonstanten von den Spannungen oder Dilatationen bestimmt wird.[1]

§ 416. Doppelbrechung im elektrischen Felde. Mit der Elektrostriktion verwandt ist folgende Erscheinung.

Isotrope Körper werden im elektrischen Felde doppelbrechend; bei Kristallen ändert sich die Lage der optischen Achsen, die Größe der Lichtgeschwindigkeiten. Vom Standpunkte der elektromagnetischen Licht-

[1] Quincke, Pogg. Ann. 156 (1875).

theorie aus werden diese Erscheinungen durch eine Änderung der Dielektrizitätskonstanten zu erklären sein; eine solche kann mit der in § 415 besprochenen Elektrostriktion in Zusammenhang stehen; die Beobachtungen zeigen aber, daß die Diëlektrizitätskonstante außerdem von der im elektrischen Felde entstehenden Polarisation selbst abhängen muß. Genauer untersucht sind diese Erscheinungen als Kerrsches Phänomen[1] in Flüssigkeiten; isolierende oder schlecht leitende Flüssigkeiten zeigen in einem homogenen Felde das Verhalten positiv oder negativ einachsiger Kristalle, deren Hauptachse mit der Richtung der Kraftlinien zusammenfällt. Besonders ausgezeichnet ist in dieser Beziehung Nitrobenzol.

Eine Theorie dieser elektrischen Doppelbrechung gab sowohl Voigt als auch Langevin. Jede dieser Theorien gelangt für den Temperatureinfluß zu anderen Gesetzen. Bergholm[2] untersuchte diesen Einfluß experimentell und entschied sich zugunsten der Langevinschen Anschauung. Danach werden durch die elektrischen Kräfte elektrisch, magnetisch und optisch unsymmetrische Molekel so ausgerichtet, daß sich daraus die Doppelbrechung erklärt.

§ 417. Chemische Wirkungen der elektrischen Entladungen. Ein hervorragendes Interesse besitzen dann auch die chemischen Wirkungen

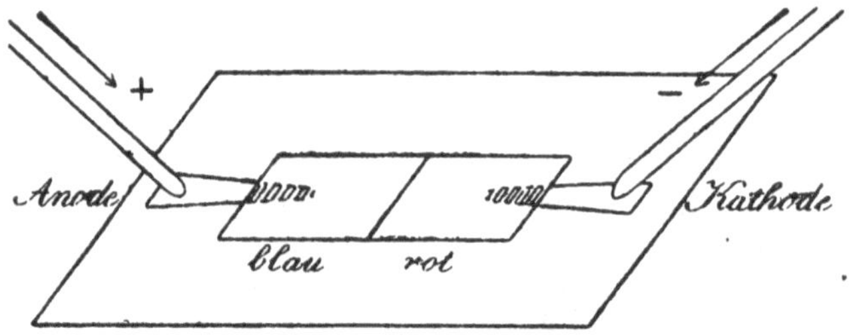

Fig. 500. Elektrolyse.

der elektrischen Entladung. Ihr Studium ist nicht bloß für die Elektrizitätslehre in hohem Maße förderlich und anregend gewesen, seine Ergebnisse haben auch auf die Natur der chemischen Prozesse ein neues Licht geworfen. Die beobachteten Wirkungen sind sehr mannigfaltige, sie sondern sich aber in drei wohlunterschiedene Gruppen.

Zunächst ist ein großer Teil dieser Wirkungen sekundärer Natur, eine Folge der hohen Temperatur des Funkens. So die durch den Funken eingeleitete Explosion des Knallgases, die Dissoziation von Wasser und Kohlensäure.

Ein Beispiel für eine zweite Klasse von chemischen Wirkungen bildet die Ozonisierung des Sauerstoffes. Bei ihr ist wahrscheinlich die Ursache gegeben in der photochemischen Wirkung des Funkens (§ 298).

[1] Phil. Mag. 20 (1885). [2] Ann. d. Phys. 51 (1916).

In der innigsten Beziehung zu dem Vorgange der Entladung steht eine dritte Klasse chemischer Wirkungen, die sogenannte elektrolytische Zersetzung flüssiger Leiter, d. h. gelöster Säuren, Salze und Basen. Auf eine Glastafel (Fig. 500) kleben wir zwei einander zugekehrte Stanniolspitzen und füllen den Zwischenraum mit zwei Streifen von blauem und von rotem Lackmuspapier, so daß die eine Stanniolspitze von dem einen, die andere von dem anderen Papiere bedeckt ist, und die Papiere selbst in der Mitte zusammenstoßen. Wir bringen die Scheibe in horizontaler Stellung zwischen die beiden Arme eines Ausladers, so daß die Stanniolbelege von den Kugeln oder Spitzen berührt werden. Die Arme des Ausladers verbinden wir mit den beiden Konduktoren einer Influenz-Maschine und befeuchten die Papiere mit einer wässerigen Lösung von Na_2SO_4. Die Spitze, durch welche bei der Drehung der Maschine die positive Elektrizität in die Lösung eintritt, nennen wir die positive Elektrode oder Anode, die mit dem negativen Maschinenkonduktor verbundene die Kathode. Wenn die Maschine einige Zeit hindurch gedreht wird, so färbt sich das über der Anode liegende blaue Lackmuspapier rot, das über der Kathode liegende rote Lackmuspapier blau, während im ganzen Zwischenraume keine Veränderung beobachtet wird. In Fig. 500 sind die Bezirke, in denen die Farbenänderung eintritt, gestrichelt. Dem Anscheine nach wird also das Salz in seinen basischen und seinen sauren Bestandteil zerlegt, aber die Zerlegung ist eine polare, deren Produkte nur an den Elektroden auftreten, und zwar die Base an der Kathode, die Säure an der Anode. Legt man statt der Lackmuspapiere ein mit Stärkekleister präpariertes Papier zwischen die Arme des Ausladers und befeuchtet dieses mit einer Lösung von KJ, so tritt bei der Drehung der Maschine an der einen Seite Jodfärbung ein. Es ist also die Zersetzung auch hier eine polare, und zwar wird an der Anode das Jod in Freiheit gesetzt. Die hierdurch charakterisierten Erscheinungen bezeichnet man als elektrolytische; die Hilfsmittel der Elektrostatik sind aber zu einem genaueren Studium derselben wenig geeignet, und wir wollen darum eingehendere Betrachtungen dem vierten Teile dieses Bandes vorbehalten.

V. Pyroëlektrizität und Piezoëlektrizität.

§ 418. Pyroëlektrizität des Turmalins. Im Jahre 1703 machte man in Holland, wohin der Turmalin von Ceylon gekommen war, die Beobachtung, daß er erhitzt bei der Wiederabkühlung die Fähigkeit erhielt, kleine Konduktorteilchen anzuziehen. Die späteren Untersuchungen zeigten, daß diese Eigenschaft in innigem Zusammenhange mit den Symmetrieverhältnissen der Turmalinkristalle steht. Diese gehören dem hexagonalen Systeme an und zwar seiner zweiten hemimorph-tetartoëdrischen Gruppe; wir finden an ihnen leicht eine reguläre sechsseitige

Säule (Fig. 501), sowie eine dreiseitige Säule, durch welche die abwechselnden Kanten der ersteren gerade abgestumpft werden; endlich ein Rhomboëder, dessen Flächen an dem einen Ende des Kristalles gerade über den Flächen, an dem anderen gerade über den Kanten der dreiseitigen Säule sich befinden. Wir bezeichnen das erstere als das analoge, das letztere als das antiloge Ende. Besonders deutlich tritt der Unterschied dann hervor, wenn die Flächen der sechsseitigen Säule völlig verschwinden, wie in Fig. 502. Die drei Ebenen, welche durch

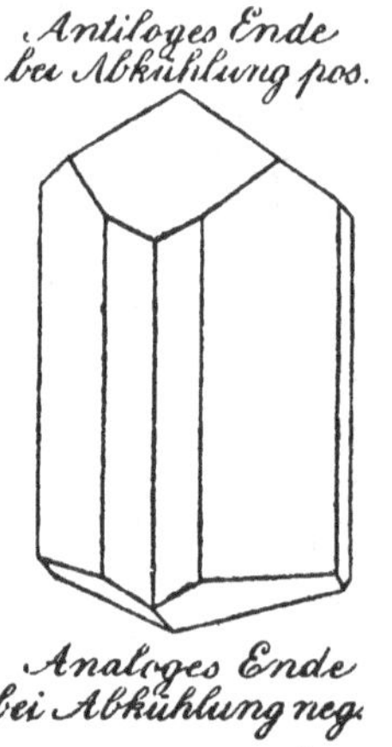

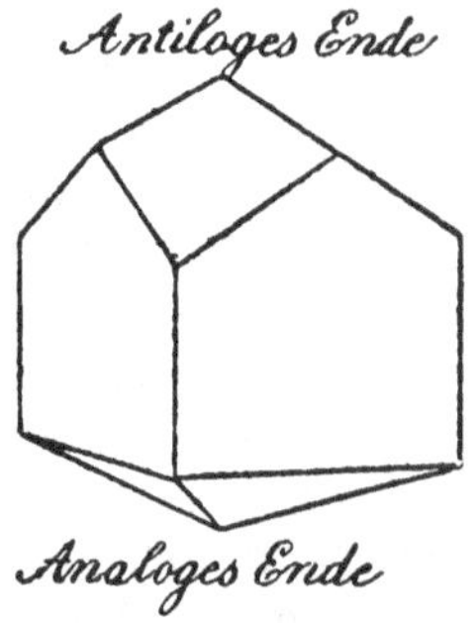

Fig. 501. Turmalinkristalle. Fig. 502.

die Achse der beiden Säulen, die Hauptachse des Kristalles, senkrecht zu den Seiten der dreiseitigen Säule hindurchgehen, sind Symmetrieebenen.

Die Verteilung der Elektrizität, wie sie an der Oberfläche des Turmalins bei der Abkühlung eintritt, kann man am einfachsten mit Hilfe der Bestäubungsmethode (§ 413) studieren. Man versieht den Kristall mit einer Schlinge von Kokonfaden, hängt ihn mit dieser in einen Trockenkasten und erhitzt etwa auf 120°; nach dem Herausnehmen hängt man ihn mit der Schlinge frei auf; wenn er sich ein wenig abgekühlt hat, läßt man aus einem Bestäuber das Gemisch von Mennige und Schwefelpulver durch ein feines Sieb von Baumwollenfäden auf ihn fallen. Man findet, daß das analoge Ende rot, das antiloge Ende gelb wird. Beim Abkühlen wird somit das analoge Ende negativ, das antiloge Ende positiv elektrisch. Elektrische Erregung tritt ebenso ein, wenn man einen abgekühlten Turmalin sich erwärmen läßt; das Verhalten der beiden Enden kehrt sich dann aber um, das analoge ist positiv, das antiloge negativ.

§ 419. **Permanente Elektrizität des Turmalins.** Zu quantitativen Beobachtungen über den Verlauf der Ladung ist die Bestäubungsmethode nicht geeignet. Man hängt zu diesem Zwecke den Turmalin nach der Entfernung aus dem Trockenkasten frei über dem Knopfe eines Goldblattelektroskopes auf und verfolgt die Divergenz des letzteren. Im ersten Moment nach der Herausnahme des Turmalins beobachtet man nie eine solche. Sie entwickelt sich erst allmählich, steigt zu einem Maximum an, um dann wieder zu Null herabzusinken. Die Eintrittszeit und die Größe der maximalen Ladung hängt ab von der Zeit, welche der Kristall zur Abkühlung braucht, von der Anfangstemperatur und von der Feuchtigkeit der Luft. Diese letztere übt insbesondere auf den Wiederabfall der Ladung einen großen Einfluß aus; je trockener die Luft, um so langsamer ist jener; in gut getrockneter und verdünnter Luft lassen sich Turmaline, deren Abkühlungszeit keine Stunde beträgt, tagelang elektrisch erhalten. Man wird durch diese Beobachtung zu dem Schlusse geführt, daß der Turmalin ein permanent elektrischer Körper ist, ebenso wie ein Stahlmagnet ein permanent magnetischer; man nimmt also nach W. Thomson an, daß seine Masse dieselbe Art von Elektropolarisation besitzt, welche bei den diëlektrischen Wirkungen temporär im Innern der Isolatoren erzeugt wird, daß aber diese natürliche diëlektrische Polarisation eine Funktion der Temperatur ist.[1] Der Turmalin übt infolge seiner molekularen Polarisation influenzierende Wirkungen auf den umgebenden Raum aus; da nun dieser und insbesondere die Oberfläche des Turmalins selbst, wenn auch in geringem Grade, leitend ist, so bedeckt sich die letztere mit einer elektrischen Schichte, welche die Wirkungen der inneren Polarisation gerade kompensiert. Ändert sich die Temperatur, so ändert sich die molekulare Polarisation; die kompensierende Oberflächenschicht vermag aber nicht diesem Wechsel sofort zu folgen, um so weniger, je besser das umgebende Medium und die Oberfläche des Turmalins isoliert. Dadurch erklärt sich das Hervortreten und das allmähliche Wiederverschwinden der Ladung. Zwischen dieser und der Temperatur, welche der Turmalin in den verschiedenen Phasen seiner Abkühlung besitzt, muß hiernach ein sehr enger Zusammenhang bestehen, und in der Tat ist es möglich, aus dem bloßen Verlaufe der Ladung, also aus rein elektrischen Messungen, das Gesetz der Temperaturabnahme zu bestimmen.[2]

§ 420. Piezoëlektrizität des Turmalins. Die Anschauungen, zu welchen die Erscheinungen der Pyroëlektrizität geführt haben, finden ihre Bestätigung und Ergänzung durch die Entdeckung, daß auch rein mechanische Kompression oder Dilatation des Turmalins mit einer elektrischen Erregung verbunden ist.[3]

Um diese sogenannte Piezoëlektrizität nachzuweisen, schneiden wir aus einem Kristalle ein Prisma, dessen Längskante der Hauptachse parallel sein möge. Diese stellen wir auf eine nach der Erde abgeleitete Metallplatte (Fig. 503) und bedecken seine obere Fläche mit einer Metallscheibe M, von welcher ein Draht zu dem isolierten Quadrantenpaare

[1] Vgl. Maxwell, Treatise on electricity and magnetism. Vol. 1. — Riecke, Wied. Ann. 31 (1887). [2] Riecke, Wied. Ann. 28 (1886).
[3] J. et P. Curie, C. r. 91 (1881).

eines THOMSONschen Elektrometers führt. Die Platte M ist mit einer Vorrichtung verbunden, mittels welcher man die obere Fläche des Kristallprismas einem beliebigen Drucke unterwerfen kann, natürlich ohne daß die Isolation von M und dem damit verbundenen Quadrantenpaare irgendwie gestört wird. Um den Versuch auszuführen, leiten wir die Platte M zuerst gleichfalls nach der Erde ab, so daß die Nadel des Elektrometers in ihre Nullage sich einstellt. Wenn wir die Isolation wiederherstellen und nun den Turmalin belasten, so erfolgt ein Ausschlag der Nadel als Zeichen einer elektrischen Ladung der oberen Endfläche. Wir leiten nun, während die Belastung bleibt, die Platte M von neuem ab und führen dadurch die Nadel des Elektrometers wieder in die Nullstellung zurück. Heben wir nach hergestellter Isolation die Belastung auf, so erfolgt ein Ausschlag nach der entgegengesetzten Seite. Die genauere Untersuchung zeigt, daß bei Kompression die Ladung der Endflächen dieselbe ist, wie bei Abkühlung, bei Dilatation dieselbe wie bei Erwärmung.

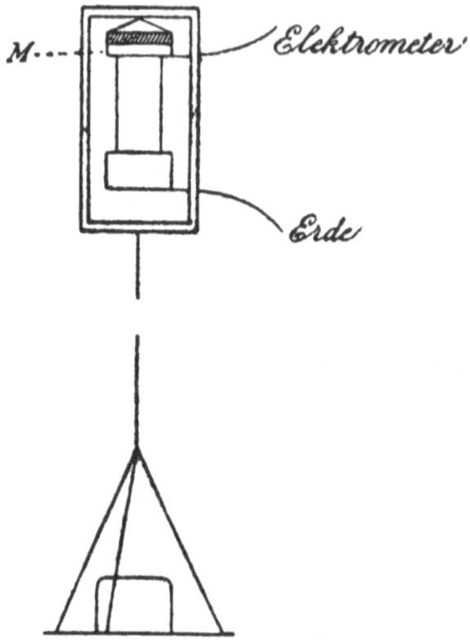

Fig. 503. Piezoëlektrizität.

Diese Übereinstimmung macht es wahrscheinlich, daß die innere Polarisation des Turmalins in erster Linie von den molekularen Verschiebungen abhängt, den Dilatationen und Kontraktionen, welche in seinem Innern ebenso durch Temperaturänderungen, wie durch Zug oder Druck bewirkt werden können. Von diesem Standpunkte aus würden die pyroëlektrischen Erscheinungen im wesentlichen nur einen speziellen Fall der allgemeineren piezoëlektrischen repräsentieren.

§ 421. **Theorie der elektrischen Eigenschaften des Turmalins.** Wenn die Elemente des Turmalins ein permanentes elektrisches Moment besitzen, so werden auf jeden Punkt seines Innern elektrische Kräfte ausgeübt, die wir zu einer Resultante vereinigen können. Man kann ferner annehmen, daß diesen resultierenden Kräften elektrische Polarisationen des Innern entsprechen. Zu der molekularen Elektrizität selbst kommen die induzierten elektrischen Momente noch hinzu, werden aber ebenso wie jene durch Oberflächenschichten von entgegengesetzter Wirkung kompensiert. Die auf einen Punkt des Innern wirkende elektrische Kraft wird nun bei jeder Verschiebung, welche die polar elektrischen Molekel des Körpers erleiden, geändert; dieser Änderung entsprechen neue elektrische Momente, welche, durch keine Oberflächenschicht kompensiert, als Piezo- oder Pyroëlektrizität in Erscheinung treten.

Eine genaue Übereinstimmung mit den beobachteten Tatsachen ergibt sich aber erst, wenn man den Molekeln eine allgemeinere Art von elektrischer Polarität zuschreibt, welche den Symmetrieverhältnissen der Kristallform vollkommener entspricht. Beim Turmalin erweist sich die Hauptachse durch ihr ganzes Verhalten als eine polare, an ihren Enden ungleichwertige. Dem entsprechen wir in der Tat durch die Annahme, daß der Turmalin in der Richtung seiner Hauptachse C ein permanentes elektrisches Moment besitze. Aber ein polares Verhalten zeigen auch die drei in den Symmetrieebenen zu der Hauptachse senkrechten Achsen B_1, B_2, B_3 (Fig 504). Die Hauptachse des Turmalins ist daher eine sogenannte dreizählige Symmetrieachse, d. h. bei jeder Drehung von 120° um die Achse C kommt der Kristall mit sich selbst zur Deckung; drei solche Deckbewegungen führen ihn in seine anfängliche Lage zurück. Dieser Eigentümlichkeit der Symmetrieverhältnisse entsprechen wir, wenn wir auch den Achsen B_1, B_2, B_3 elektrische Momente zuordnen. In vollständiger Weise kann demnach die elektrische Polarität des Turmalins dargestellt werden durch zwei entgegengesetzte Pole auf der Hauptachse C und durch ein in den Ecken eines regulären Sechseckes abwechselnd verteiltes System positiver und negativer Pole auf den Achsen B_1, B_2, B_3. Der positive Pol der Hauptachse ist auf der Seite gezeichnet, welche dem antilogen Ende zugewandt ist; das steht in Übereinstimmung mit Beobachtungen über die Ladungen, welche beim Zerbrechen einer Turmalinsäule an den Bruchflächen auftreten.[1] Berechnet man nun die Wirkungen dieses Polsystemes für irgendwelche inneren Deformationen, so kommt man zu einer vollständigen Darstellung der elektrischen Erscheinungen des Turmalins. Insbesondere ergibt sich, daß ein elektrisches Moment in der Richtung der Achse C, und dementsprechend eine Ladung der zu C senkrechten Endfläche des Prismas, nicht bloß durch einen in derselben Richtung ausgeübten, sondern auch durch einen zu C senkrechten Druck erregt wird; daß ferner bei einem senkrecht zu einer Symmetrieebene CB wirkenden Drucke, außer dem Momente in der Richtung C, noch ein elektrisches Moment in der Richtung von B, bei einem Drucke in der Richtung von B selbst noch

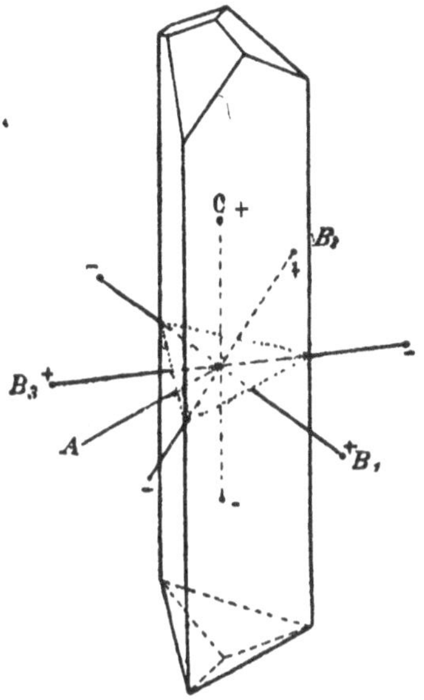

Fig. 504. Elektrisches Polsystem des Turmalins.

[1] Voigt, Wied. Ann. 60 (1897).

ein Moment von gleicher Richtung entsteht; Folgerungen der Theorie, welche mit den experimentellen Tatsachen im Einklange stehen.

Bei einer beliebigen Deformation des Kristalles entsteht ein elektrisches Moment, das man, ebenso wie nach § 355 ein magnetisches Moment, durch seine Komponenten nach drei zueinander senkrechten Achsen ersetzen kann. Wir wählen als solche die Hauptachse *C*, eine der Achsen *B* und eine zu *B* und *C* senkrechte Achse *A*. Die spezifischen Momente nach diesen Achsen werden durch lineare Funktionen der Längendilatationen und Winkeländerungen ausgedrückt, die der Kristall infolge der äußeren Einwirkungen erleidet. Die in diesen Funktionen auftretenden Koëffizienten werden als piezoëlektrische Konstanten bezeichnet. Handelt es sich um piezoëlektrische Wirkungen, so empfiehlt es sich, die Deformationen des Kristalles durch seine Elastizitätsmoduln und die Drucke, welche auf ihn wirken, auszudrücken. Man erhält dann Formeln, durch welche die piezoëlektrischen Momente unmittelbar als Funktionen der gegebenen äußeren Drucke dargestellt werden. Die dabei auftretenden neuen Koëffizienten setzen sich aus den piezoëlektrischen Konstanten und den Elastizitätsmoduln zusammen, man bezeichnet sie als piezoëlektrische Moduln. Sind diese Moduln durch Messung der bei verschieden gerichteten Drucken erzeugten Momente bestimmt worden, so können umgekehrt auch die piezoëlektrischen Konstanten berechnet werden, vorausgesetzt, daß die Elastizitätsmoduln des Turmalins bekannt sind.

Kehren wir zurück zu dem Falle eines Prismas, das durch zwei zu der Hauptachse *C* senkrechte Flächen begrenzt ist, und einem Drucke in der Richtung der Achse *C* unterworfen wird. Wie schon erwähnt, entsteht dann ein elektrisches Moment in der Richtung der *C*-Achse: bezeichnen wir das Moment der Volumeinheit durch c, den Druck für die Flächeneinheit durch p, so ist:

$$c = \delta \cdot p,$$

wo δ den entsprechenden piezoëlektrischen Modul repräsentiert. Nach § 405 ist c zugleich die Dichte der auf den Endflächen des Prismas hervortretenden Ladungen. Ist q der Querschnitt des Turmalinprismas, so ergibt sich weiter:

$$qc = \delta \cdot qp.$$

Hier ist qc die ganze auf den Endflächen entwickelte Ladung; qp die ganze auf das Prisma wirkende Druckkraft. Der Modul δ gibt somit zugleich die ganze Ladung der Endflächen bei einem Prisma, das in der Richtung der Hauptachse mit der Kraft Eins zusammengepreßt wird.

Piezoëlektrische Moduln und pyroëlektrische Konstanten des Turmalins. Wir teilen im folgenden Resultate einer Untersuchung mit, welche eine genaue Maßbestimmung der piezo- und pyroëlektrischen Momente des Turmalins zum Ziele hatte.[1]

[1] Riecke und Voigt, Wied. Ann. 45 (1892). — Voigt, Wied. Ann. 66 (1898).

1. Ein Turmalinprisma werde in der Richtung der Hauptachse C einem Drucke von 1 Dyn auf 1 cm^2 unterworfen; in der Richtung von C entsteht dann ein elektrisches Moment, welches, bezogen auf die Volumeinheit, in absolutem elektrostatischem Maße gleich $5{,}77 \cdot 10^{-8}$ ist. Diese Zahl repräsentiert zugleich einen ersten der piezoëlektrischen Moduln.

Wenn hiernach ein Turmalinprisma in der Richtung der Achse mit einer Kraft von 1 Kilogrammgewicht $= 981 \cdot 10^3$ Dynen zusammengepreßt wird, so beträgt die ganze auf der Endfläche entwickelte Elektrizitätsmenge, unabhängig von Querschnitt und Länge des Prismas, 0,057 elektrostatische Einheiten des cm·g·sec-Systemes.

2. Ein Prisma sei so aus dem Turmalin geschnitten, daß seine Endflächen senkrecht zu der Hauptachse C, das eine Paar seiner Seitenflächen senkrecht zu einer Achse B, das andere Paar senkrecht zu der Achse A liege. Wenn auf ein Paar von Seitenflächen ein Druck ausgeübt wird, so entsteht in der Richtung der Hauptachse ein Moment, welches, für 1 cm^3 und für den Druck von 1 Dyn auf 1 cm^2, in absoluten elektrostatischen Einheiten den Wert hat: $0{,}74 \cdot 10^{-8}$. Die Zahl repräsentiert zugleich einen zweiten piezoëlektrischen Modul.

Wenn die Seitenflächen, welche parallel der Ebene BC sind, einem Drucke unterworfen werden, so entsteht außer dem Momente in der Richtung C noch eines in der Richtung der Achse B. Bezogen auf die Einheit des Volumens und für den Druck von 1 Dyn auf 1 cm^2 hat es den Wert: $0{,}687 \cdot 10^{-8}$. Diese Zahl gibt zugleich einen dritten piezoëlektrischen Modul.

Es ergeben sich somit aus den genannten Beobachtungen drei piezoëlektrische Moduln. Sie reichen aber zu einer vollständigen Darstellung der piezoëlektrischen Erscheinungen nicht aus, vielmehr muß zu diesem Zwecke noch ein vierter hinzugenommen werden, der bei zur Hauptachse schiefen Druckrichtungen zur Geltung kommt.

3. Wenn ein Turmalin auf eine konstante Temperatur, welche um τ Grade höher ist als die Zimmertemperatur, erwärmt wird, so entsteht bei der Abkühlung ein elektrisches Moment in der Richtung der Hauptachse C, welches, bezogen auf die Einheit des Volumens, gleich $1{,}22\,\tau$ in elektrostatischen Einheiten des cm·g·sec-Systemes ist; und zwar gilt dies, wenn die Oberfläche des Turmalins vollkommen isoliert. Die Zahl 1,22 bezeichnen wir als die pyroëlektrische Konstante des Turmalins. Dieses Resultat gewährt nun die Möglichkeit zu einer Prüfung der in den vorhergehenden §§ angedeuteten Theorie. Danach sollte das bei Abkühlung oder Erwärmung auftretende elektrische Moment durch die Verschiebungen bedingt werden, welche im Innern des Turmalins mit der Temperaturänderung verbunden sind. Diese Verschiebungen aber lassen sich berechnen, wenn die Koëffizienten der Wärmeausdehnung und die Temperaturänderung gegeben sind. In den vorhergehenden §§ haben wir gesehen, daß die in dem Turmalin erregten elektrischen Momente durch lineare Funktionen der Dilatationen gegeben sind. Für diese letzteren

haben wir in dem Falle der pyroëlektrischen Erregung die aus der Temperaturänderung sich ergebenden Dilatationen einzusetzen: die pyroëlektrischen Momente erscheinen dann ausgedrückt durch die piezoëlektrischen Konstanten, die Koëffizienten der Wärmeausdehnung und die Temperaturänderung. Daraus aber folgt, daß die pyroëlektrische Konstante auf Grund der gemachten Annahme aus den piezoëlektrischen Konstanten und den Wärmeausdehnungskoëffizienten des Turmalins berechnet werden kann. Eine solche Rechnung ergibt für die pyroëlektrische Konstante den Wert 0,98, der etwa um $^1/_6$ kleiner ist, als der beobachtete Wert 1,22. Die der Rechnung zugrunde liegende Annahme, daß die pyroëlektrische Erregung lediglich eine Folge der mit der Temperaturänderung verbundenen inneren Verschiebungen sei, kann also nicht ganz richtig sein. Zu dieser mittelbaren Wirkung der Temperaturänderung muß noch eine unmittelbare Wirkung hinzukommen. Das spezifische elektrische Moment des Turmalins in der Richtung der Achse C muß bei einer Temperaturerhöhung um τ Grade um $0{,}24 \cdot \tau$ zunehmen, lediglich infolge der Erwärmung und unabhängig von den damit verbundenen Dilatationen.

§ 422. **Elektrische Erregbarkeit eine Eigenschaft aller hemimorphen Kristalle.** Wir haben die pyro- und piezoëlektrischen Erscheinungen bisher studiert an dem Turmalin, den wir als ein gewissermaßen klassisches Beispiel für eine ganze Reihe elektrisch erregbarer Kristalle betrachten können. Seine Kristallform ist wesentlich ausgezeichnet durch die Existenz polarer Achsen, an deren Enden er verschiedene Ausbildung, verschiedene physikalische Eigenschaften, entgegengesetzte elektrische Ladungen zeigt. Nun ergibt sich, daß alle Kristalle, welche eine solche hemimorphe Ausbildung besitzen, der piezo- und pyroëlektrischen Erregung fähig sind. Nur ist zu beachten, daß bei zahlreichen Kristallen eine allseitige gleichförmige Kompression oder eine gleichmäßige Erwärmung ohne Einfluß ist, daß bei ihnen die elektrische Erregung nur bei einseitigem Drucke oder bei ungleichförmiger Erwärmung eintritt. Ein Beispiel hierfür bietet der gleichfalls dem hexagonalen Systeme, und zwar der trapezoëdrisch-tetartoëdrischen Gruppe angehörende Quarz; er besitzt in einer zu der Hauptachse senkrechten Ebene drei unter 120° gegeneinander geneigte polare Achsen A_1, A_2, A_3; sie gehen durch je zwei gegenüberliegende Kanten der regulären sechsseitigen Säule, die bei den meisten Kristallen in sehr deutlicher Weise hervortritt, senkrecht hindurch. Die Achsen sind sogenannte zweizählige Symmetrieachsen, d. h. der Kristall kommt mit sich selbst zur Deckung, wenn man ihn um eine der Achsen A um 180° herumdreht. Man überzeugt sich hiervon durch die Betrachtung von Fig. 505, wenn man die Mitten zweier gegenüberliegender Säulenkanten durch eine Achse A verbindet und nun um diese dreht.

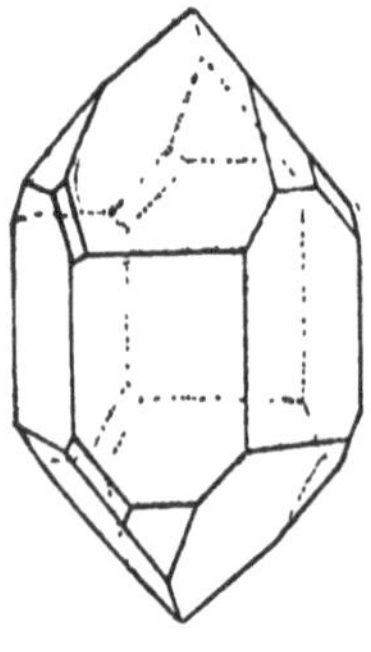

Fig. 505.
Quarzkristall.

Wir fragen zuerst nach der Wirkung einer allseitigen gleichmäßigen Ausdehnung oder Kompression. Eine solche müßte nach den drei gleichwertigen Richtungen A_1, A_2 und A_3 gleiche elektrische Momente erzeugen; ihre Wirkung wäre äquivalent mit der eines Systemes abwechselnd positiver und negativer Pole, welche auf den Achsen A_1, A_2, A_3 in den Ecken eines regulären Sechseckes verteilt wären. Nun verbinde man diese Pole zu je zweien so, daß das eine Paar auf einem Durchmesser, die beiden anderen auf zwei zu ihm parallelen Seiten des Sechseckes liegen; man sieht dann, daß die Summe der elektrischen Momente für die so gebildeten Paare gleich Null ist, daß die dem letzteren entsprechenden Fernwirkungen verschwinden, und zwar muß dies, ebenso wie für den ganzen Kristall auch noch für seine kleinsten Elemente gelten. Unsere Betrachtung zeigt, daß allseitig gleichförmiger Druck und gleichmäßige Erwärmung beim Quarze schon wegen der Symmetrieeigenschaften keine elektrischen Momente erzeugen können.

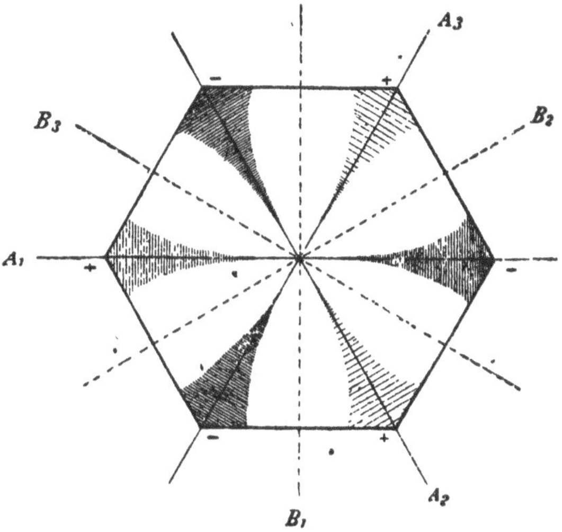

Fig. 506.
Quarzscheibe in der Mitte erhitzt.

Wenn man aber auf ein rechtwinkliges Quarzprisma, von dessen Flächenpaaren eines einem Flächenpaare der sechsseitigen Säule parallel ist, ein zweites zu einer Achse A senkrecht steht, einen einseitigen Druck in der Richtung der Achse A ausübt, so entsteht in der Volumeinheit ein elektrisches Moment $a = \delta \cdot p$ in der Richtung von A; andererseits entsteht ein elektrisches Moment $a' = -\delta \cdot p$, entgegengesetzt dem vorigen, wenn der Druck in der zu A senkrechten Richtung B erfolgt, aber kein Moment in der Richtung von B selbst. δ, der eine von zwei piezoëlektrischen Moduln des Quarzes, hat den Wert $\delta = 6{,}45 \cdot 10^{-8}$. Der zweite Modul kommt, ebenso wie der vierte des Turmalins, bei Drucken zur Geltung, die gegen die Hauptachse schief gerichtet sind. Erwärmt man eine kreisförmige oder sechsseitige Quarzscheibe von der Mitte aus, so teilt sie sich in sechs durch die Achsen B voneinander geschiedene Felder, welche abwechselnd positiv und negativ elektrisch sind, wie durch Bestäubung leicht nachgewiesen werden kann (Fig. 506).

§ 423. Allgemeine Theorie der elektrostatischen Erscheinungen an Kristallen. Zu einer allgemeinen Übersicht über die bei Kristallen von verschiedenen Symmetrieverhältnissen zu erwartenden elektrischen Erscheinungen kommt man, ohne spezielle Voraussetzungen über den Mechanismus des Vorganges, durch die Annahme, daß Verschiebungen im Innern der Kristalle elektrische Momente nach drei zueinander senkrechten Richtungen erzeugen, und daß diese Momente lineare Funktionen der die Deformation bestimmenden Größen sind.[1] Dem hierdurch gegebenen allgemeinen Ansatz muß man dann noch die Bedingung hinzufügen, daß die Art der Erregung mit den allgemeinen Symmetrieeigenschaften der Kristalle in Übereinstimmung stehen soll. Man gelangt auf diesem Wege in der Tat zu Formeln, welche den beobachteten Erscheinungen entsprechen. Auf der anderen Seite kann auch die oben für den Turmalin entwickelte molekulare Theorie auf alle Kristalle ausgedehnt werden. Man nimmt dann an, daß ihre Molekel umgeben sind von Polsystemen, deren Symmetrieeigenschaften denen der Kristalle selbst entsprechen. Die piezoëlektrischen und pyroëlektrischen Momente werden als eine Folge der elektrischen Kräfte betrachtet, welche durch die mit jeder Deformation verbundene Verschiebung und Drehung der Molekel erregt werden. Diese Betrachtung führt zu denselben Formeln, wie die Spezialisierung des zu Anfang erwähnten allgemeinen Ansatzes nach den Verhältnissen der Symmetrie. Dieselben Anschauungen können endlich auf gewisse Erscheinungen angewandt werden, welche den Erscheinungen der Piezoëlektrizität als reziproke gegenüberstehen. Wird ein Turmalinprisma mit zwei zu der Hauptachse *C* senkrechten Endflächen in der Richtung dieser Achse zusammengepreßt, so wird, wie wir gesehen haben, die Endfläche am analogen Ende negativ elektrisch. Wird diese Fläche umgekehrt von außen her negativ geladen, so dehnt sich der Turmalin in der Richtung der Achse *C* aus. Auch der Pyroëlektrizität muß ein solches reziprokes Phänomen entsprechen. Aus energetischen Prinzipien kann man schließen, daß ein Turmalinprisma sich abkühlen muß, wenn es in ein elektrisches Feld gebracht wird, dessen Kraftlinien vom antilogen Ende zum analogen laufen. Die Vorstellung von einer elektrischen Polarität der Molekel, auf welche die Betrachtung der elektrischen Erscheinungen der Kristalle geführt hat, dürfte aber eine über den Kreis der Elektrizitätslehre hinausgreifende Bedeutung besitzen. Zu der Annahme polarer, d. h. von der Richtung gewisser Achsen der Molekel abhängender Wirkungen führen auch die Untersuchungen der Elastizitätstheorie. Der Vorgang der Kristallisation scheint ohne sie völlig unverständlich, und man darf daher hoffen, daß die in den vorhergehenden §§ entwickelten Vorstellungen einen Leitfaden bilden werden für die Untersuchungen, die sich auf die allgemeinen Kohäsionsverhältnisse der Kristalle und die Gesetze ihrer Bildung beziehen.[2]

[1] Voigt, Gött. Ber. 36 (1890); Wied. Ann. 51 (1894); Phys. Zs. (1916).

[2] Riecke, Wied. Ann. 49 (1893); Ann. d. Phys. 3 (1900).

Dritter Teil. Ohmsches Gesetz.

§ 424. **Wesensgleichheit aller elektrischen Ströme.** Die vorhergehenden Abschnitte haben wir unter dem Titel Elektrostatik zusammengefaßt; wir betrachteten da die Erscheinungen der ruhenden Elektrizität. Jede Veränderung in der Anordnung der Elektrizität relativ zu den leitenden Körpern ist aber mit einem Strömen der Elektrizität verbunden. Wir sahen, daß durch die leitende Verbindung zweier ungleich geladener Konduktoren ein Strom unter Ausgleich der bestehenden Potentialdifferenzen fließt. Ganz kurz besprachen wir solche Erscheinungen des Strömens schon in §§ 413—417; innerhalb des stromdurchflossenen Leiters entstehen Wärme, eventuell chemische Veränderungen. Es sei hier auch noch ein wichtiger Effekt außerhalb des Leiters erwähnt: die magnetischen Wirkungen. Eine Magnetnadel wird durch benachbarte Ströme aus ihrer Nordsüdrichtung abgelenkt und zwar um so mehr, je stärker der Strom. Instrumente, die dadurch die Stromstärke messen, heißen „Galvanometer." Alle diese Phänomene haben wir noch eingehender zu studieren.

Dabei ist die Tatsache von Wichtigkeit, daß alle diese Wirkungen unabhängig sind von der Art und Weise, wie der Strom erzeugt wird. Wir werden verschiedene Möglichkeiten kennen lernen, um Potentialdifferenzen herzustellen, chemische, magnetische und Wärmeprozesse; immer gibt der Potentialausgleich durch einen Leiter einen elektrischen Strom und alle Wirkungen sind — wie Faraday durch eine Reihe von Versuchen zeigte — qualitativ identisch; die Größe der Wirkungen hängt natürlich von der pro Zeiteinheit durchfließenden Elektrizitätsmenge ab.

Die Reibungselektrisier- oder Influenzmaschinen erzeugen nun große Potentialdifferenzen, aber sehr geringe Elektrizitätsmengen. Verbinden wir zwei hochgeladene Konduktoren durch einen guten Leiter, so erfolgt der Ausgleich fast momentan (z. B. in 10^{-8} sec); der Strom ist zwar sehr stark, er dauert aber nur so kurze Zeit, daß die meisten Stromeffekte nur sehr schwach sind. Theoretisch können wir viele Maschinen nebeneinander schalten oder Maschinen mit sehr vielen Platten nehmen und so jede beliebige Strommenge erzeugen. Praktisch wäre das aber oft schwer oder gar nicht zu machen. Lang andauernde starke Ströme erhalten wir hingegen durch galvanische Elemente und magnetische (Dynamo-)Maschinen.

Galvanische Elemente beruhen auf elektrochemischen Prozessen. Sie liefern nur eine kleine Potentialdifferenz, diese aber sehr schnell. Verbinden wir die beiden Enden eines solchen Elementes durch einen Draht, so durchfließt diesen ein dauernder Strom. Die Effekte der Elektrisiermaschinen kann man vergleichen mit Lufterschütterungen bei starken Pulverexplosionen. Galvanische Elemente hingegen wirken wie das Wehen eines stetigen Windes. Für Zwecke also, wo wir ein stetiges Fließen der Elektrizität, einen kontinuierlichen Strom (auch Gleichstrom genannt) brauchen, sind galvanische Elemente viel praktischer als Influenzmaschinen. Da aber jede Elektrizitätsquelle Konduktoren, wenn kein Abfließen stattfindet, dauernd zu laden vermag, hätte man die galvanischen Elemente alle auch in dem Abschnitte „Elektrostatik" besprechen können.

§ **425. Galvanische Elemente.** Bei der Erzeugung der Elektrizität durch Reibung wird man kaum daran zweifeln, daß das eigentlich wirksame Moment in der Berührung verschiedener Körper liegt, daß die Reibung nur eine Multiplikation bewirkt, indem die Körper in möglichst vielen Punkten in möglichst innige Berührung gebracht werden. Es würde hieraus zu schließen sein, daß schon die bloße Berührung zweier Körper zur Scheidung der Elektrizität genügt; da aber eine wirkliche Berührung bei festen Körpern im allgemeinen nur in wenigen Punkten möglich ist, so werden die Ladungen der wieder getrennten Körper, falls diese Isolatoren sind, sehr klein und schwierig nachzuweisen sein. Wenn aber der eine Körper eine Flüssigkeit ist, so kann man die geschiedenen Elektrizitäten fortführen und dadurch immer neue Scheidung veranlassen. Eine solche Kombination stellt dann eine Elektrisiermaschine von kleiner elektromotorischer Kraft vor, liefert aber große Elektrizitätsmengen in kurzer Zeit.

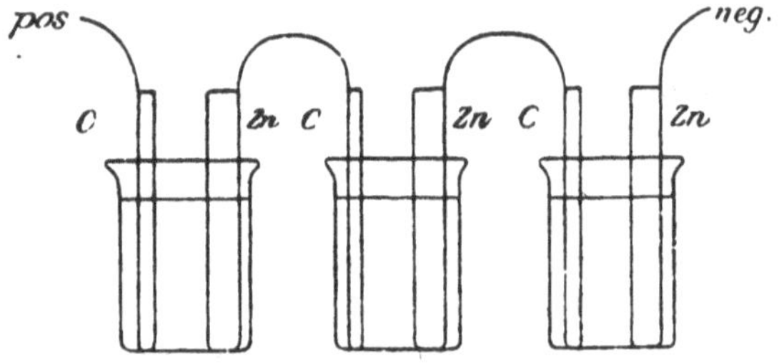

Fig. 507. Galvanische Elemente.

Taucht man eine Zinkplatte in angesäuertes Wasser, so wird die Zn-Platte negativ elektrisch, das Wasser positiv; die Potentialdifferenz beträgt ungefähr 1 Volt. Von der Zn-Platte kann jeder beliebige feste Leiter die Elektrizität ableiten; bei der Ableitung der positiven Elektrizität aus dem Wasser heraus müssen wir aber einen festen Leiter nehmen, der seinerseits bei der Berührung mit dem angesäuerten Wasser nicht neuerlich Elektrizität in entgegengesetzter Richtung entwickelt; solche Leiter sind z. B. Platin oder Kohle.

In ein Becherglas mit angesäuertem Wasser stellen wir eine Kohlen- und eine Zinkplatte. An den außerhalb der Flüssigkeit stehenden Enden zeigt dann Zn negative, C positive Ladung. Verbinden wir diesen — und + Pol des Elementes durch einen Draht, so fließt ein dauernder Strom durch die äußere Leitung vom C zum Zn. Da aber die Potentialdifferenz der Pole, die elektromotorische Kraft, nur etwa 1 V beträgt, ist der Strom schwach. Wir können diese Wirkungen steigern, wenn wir mehrere Elemente durch Hintereinanderschaltung zu einer Batterie vereinen.

In Fig. 507 haben wir 3 solche Elemente. Die Potentialdifferenz der beiden Endpole (links und rechts), die elektromotorische Kraft, ist nun ungefähr 3 V.

Weiteres über galvanische Elemente §§ 433, 451.

Die Potentialdifferenz der 3 Elemente können wir mit einem Elektrometer (§ 389) messen. Wird der Pol rechts zur Erde abgeleitet, also auf das Potential Null gebracht, so zeigt das Elektrometer für den linken Pol + 3 V; bei n Elementen wäre diese Spannungsdifferenz n V.

§ 426. Ohmsches Gesetz. Verbinden wir die beiden Pole oder „Klemmen" einer Batterie durch einen Leiter, so fließt durch diesen Leiter und die Batterie ein dauernder Strom. Der Leiter sei ein Draht von überall gleicher Dicke, $abcd$ in Fig. 508. Wir leiten den Punkt d zur Erde (durch metallische Verbindung mit einer Wasserleitung) und messen mit einem Elektrometer die Potentiale in a, b, c und d. Diese seien

$aa' = V_a$, $bb' = V_b$, $cc' = V_c$.

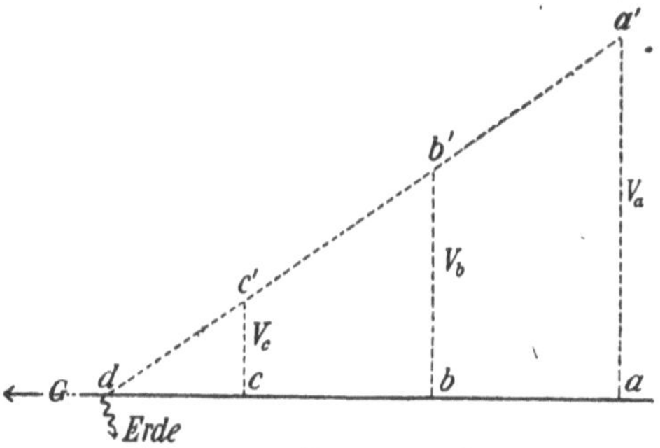

Fig. 508. Potentialgefälle.

Da d geerdet ist, muß $V_d = 0$ sein. Die Messung am Elektrometer ergibt dann, daß $a'b'c'd'$ eine Gerade ist; das Potentialgefälle ist ein lineares. G sei ein Galvanometer oder irgend ein anderes strommessendes Instrument, wie wir solche später in großer Anzahl schildern werden. An diesem können wir die Stromstärke I ablesen, d. i. jene Elektrizitätsmenge, die den Draht $abcd$ pro sec durchfließt.

Dieses I ergibt sich für einen bestimmten Leiter ad um so größer, je größer die Potentialdifferenz oder die elektromotorische Kraft $(V_a - V_d)$ ist. Den Proportionalitätsfaktor schreiben wir $1/R_{ad}$, wo R_{ad} der Widerstand von ad heißt.

Das Ohmsche Gesetz lautet dann in seiner einfachsten Form

$$I = (V_a - V_d)/R_{ad}$$

$$\text{Stromstärke} = \frac{\text{Elektromotorische Kraft}}{\text{Widerstand}}.$$

Der elektrische Widerstand ist also eine konstante Eigenschaft eines gegebenen Leiterkreises und gleich dem Verhältnisse zwischen elektromotorischer Kraft und Stromstärke.

Ganz allgemein:

$$R = E/I \quad \text{oder} \quad I = E/R \quad \text{oder} \quad IR = E,$$

wo

$$E = V_a - V_d.$$

Dies gilt zunächst für ein einzelnes Leiterstück.

Wir können das noch verallgemeinern. Die Stromstärke in $a\,b\,c\,d$ ist überall gleich groß, da nirgends Elektrizität hinzu noch wegkommen kann. Was durch a fließt, fließt auch durch b usw. Es ist also

$$I = (V_a - V_b)/R_{ab} = (V_b - V_c)/R_{bc} = \ldots = (V_a - V_d)/R_{ad}.$$

Nun ist $(V_a - V_b)$ die elektromotorische Kraft für $a\,b$, $(V_b - V_c)$ die für $b\,c$ usw. Ebenso ist $R_{ab} + R_{bc} + \ldots = R_{ad}$.

Wir erhalten dann für hintereinandergeschaltete Widerstände und hintereinandergeschaltete elektromotorische Kräfte

$$I = \frac{\Sigma E}{\Sigma R}.$$

Klemmspannung. Zur weiteren Klarstellung der vorgeführten Begriffe soll die sog. „Klemmspannung" einer Batterie berechnet werden. In der schematischen Fig. 509 seien zwei Elemente hintereinander geschaltet, von rechts nach links Zn, H_2O, C, dann ein Verbindungsdraht d und dann wieder Zn', H_2O', C'. Das erste Zn mit der Klemme k sei zur Erde abgeleitet, die andere Klemme k' an C' sei isoliert; die Batterie ist ungeschlossen oder „offen." Die punktierte Linie gibt den Potentialverlauf.

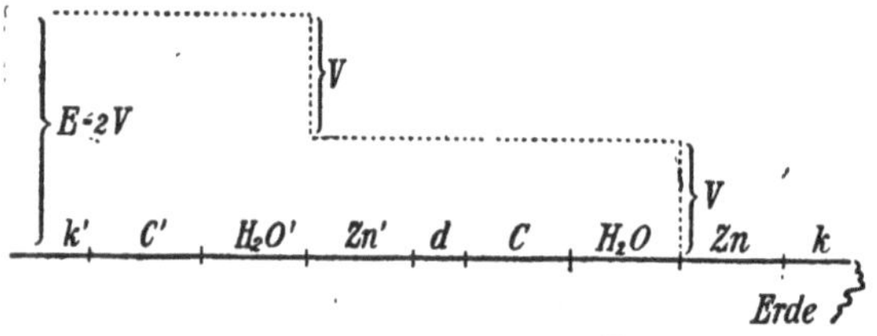

Fig. 509. 2 Elemente offen.

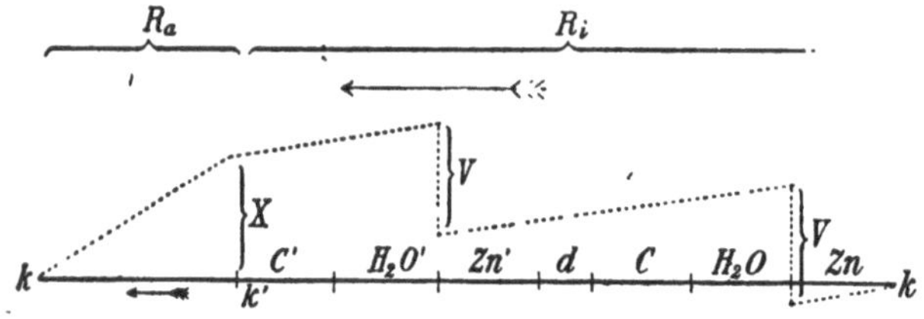

Fig. 510. Klemmspannung.

Zn als zur Erde abgeleitet hat das Potential Null. Dort, wo Zn das H_2O berührt, gibt es einen Potentialsprung, das Zink pumpt von rechts her Elektrizität so lange in die Flüssigkeit nach links, bis eine Potentialdifferenz V erzeugt ist. Alles links von Zn ist somit um das Potential V höher bis zu Zn'; dort wird wieder ein Potentialsprung V erzeugt und alles links von Zn' ist somit um $2\,V$ höher als k. Die Klemmendifferenz der offenen Batterie ist $2\,V = E$. Wir haben also bei Erdung von k das k' mit der Spannung $+E$ geladen. Dieses E heißt die „elektromotorische Kraft der Batterie".

Wie sieht nun der Potentialverlauf aus, wenn wir die Klemmen k und k' durch einen Leiter mit dem Widerstand R_a verbinden? Fig. 510 gibt den Potentialabfall; überall ist das Gefälle gegen links in der Stromrichtung geneigt. Es sei der innere Widerstand der Batterie R_i (von k bis k'). Dieselbe Elektrizitätsmenge fließt von k zu k' durch die Batterie und weiter von k' durch einen äußeren Leiter mit dem Widerstande R_a

nach k zurück: das äußerste Ende links ist identisch mit dem äußersten rechts. (Man denke sich die Zeichnung auf einer passenden Zylinderfläche aufgerollt.)

Aber die Klemmspannung ist jetzt kleiner, z. B. X. Das galvanische Element arbeitet zu langsam, es kann nicht rasch genug Elektrizität an die Klemmen nachliefern, da diese in um so größerer Menge durch den Verbindungsdraht abfließt, je stärker der Strom, also je kleiner R_a ist. Wir haben im Gesamtstromkreis

$$I = E/(R_i + R_a). \tag{1}$$

Dieselbe Stromstärke herrscht in jedem Teil des Kreises, die Ohmsche Gleichung für den äußeren Leiter ist also

$$I = X/R_a \tag{2}$$

und für die Batteriestrecke

$$I = (E - X)/R_i. \tag{3}$$

Diese drei Gleichungen lassen die Klemmenspannung berechnen. Es ist z. B. $X = E - R_i I$. Die Klemmenspannung einer Batterie ist gleich ihrer elektromotorischen Kraft vermindert um das Produkt aus ihrem Widerstande und aus der Stromstärke. Bei Stromschluß sinkt also die Klemmenspannung um so mehr, je mehr Strom wir der Batterie entnehmen; dieses Absinken wird um so kleiner, je kleiner der innere Widerstand der Batterie ist.

Eine andere Beziehung von (1) und (2) liefert $X = E R_a/(R_a + R_i)$. Die Diskussion dieser Gleichung zeigt, daß X um so mehr gleich E wird, je mehr R_i gegen R_a zurücktritt.

§ 427. Erdleitung. Denken wir uns eine offene (ungeschlossene) Batterie von 2 Elementen, Schema Fig. 509, von der Umgebung vollständig isoliert. Wir hatten k zur Erde abgeleitet und fanden k' auf $+ 2\,V$ oder $+ E$ geladen. Hätten wir hingegen statt k das k' geerdet, so fänden wir k auf $- 2\,V$. Leiten wir endlich, indes k und k' isoliert bleiben, den Mitteldraht zwischen beiden Elementen zur Erde, so hat k' das Potential $+ V$, das k ein solches von $- V$. Immer, wo wir auch (aber nur an einer Stelle) erden, ist das Potential von k' um $2\,V$ höher als das von k.

Ein anderes Beispiel bietet Fig. 508. Wir hatten bei Erdung von d das dort gezeichnete Potentialgefälle erhalten. Hätten wir hingegen (bei wieder sonst vollkommener Isolierung des ganzen Stromkreises) a geerdet, so wäre das Potentialgefälle durch die punktierte Linie in Fig. 511 dargestellt; oder wäre b geerdet, durch die gestrichelte Linie. In all diesen Fällen ist das Potentialgefälle, d. h. Strömung und Stromstärke, ungeändert geblieben. Man halte sich nämlich hier immer vor Augen, daß durch eine einzige solche Ableitung zwar im ersten Momente etwas Elektrizität zu- oder abfließen kann, nicht aber dauernd. Ebensoviel Elektrizität als eine Batterie an einem Pole hinaussendet, muß am anderen Pol wieder zurückkehren.

Ja, wir könnten sogar einen Punkt unseres sonst isolierten Stromkreises mit einer Influenzmaschine laden, z. B. auf 10000 V, trotzdem wirkte die Batterie in ungestörter Weise auf ihren Stromkreis, das Gefälle in der Fig. 508 oder 511 bliebe ungeändert.

Ein letztes Beispiel: wir verbinden die 2 Pole eines Elementes durch je einen längeren Draht d und d' vom gleichen Widerstande mit den entgegengesetzten Polen eines gleichen Elementes. Fig. 512 gibt den Potentialverlauf, V ist der Potentialsprung für jedes Element, dessen Widerstand (der Übersichtlichkeit der Zeichnung wegen) gegen den von d sehr klein sein

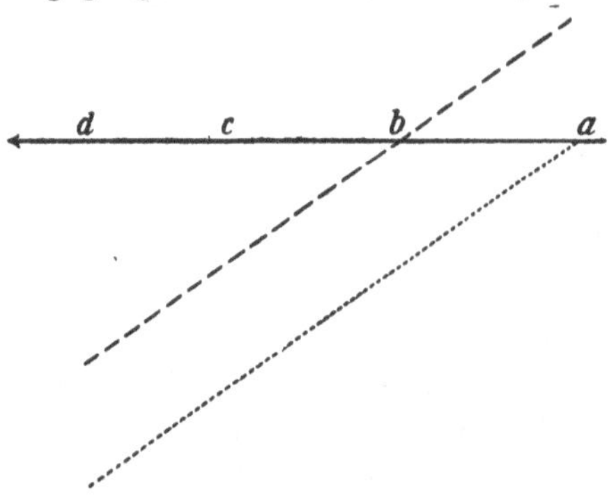

Fig. 511.
Erdung eines Stromleiters.

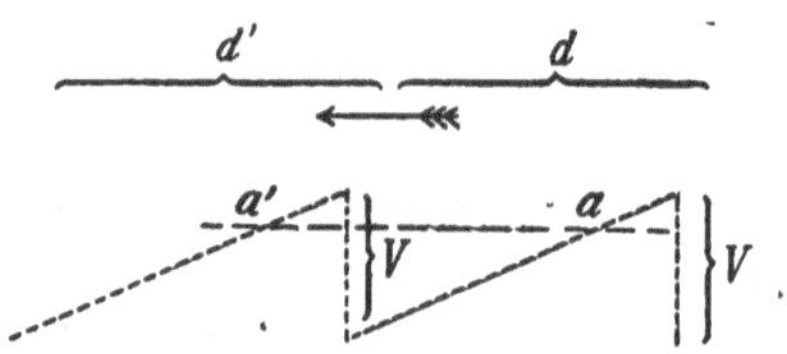

Fig. 512.
Zwei symmetrisch geschaltete Elemente.

soll. Die nach links geneigten punktierten Geraden geben den Potentialabfall. Irgendein Punkt a des Drahtes d (z. B. in d/n) hat dasselbe Potential wie a' auf d' (in d'/n). Verbinden wir a mit a' durch einen Draht, so bleibt dieser mangels einer Potentialdifferenz stromlos.

§ 428. Widerstandsvergleichung durch Substitution. In Fig. 513 fließt der Strom des Elementes B durch ein Galvanometer G und dann über *1*, *2*, den zu messenden Widerstand X, *3*, *4*, und zurück zum Elemente. Die durch G angezeigte Stromstärke sei I. Es stellen *1*, *2*, *3*, *4*, *5* und 6 kleine Quecksilbernäpfchen dar. Die zwei Bügel a und b kann man rasch in die punktiert gezeichnete Lage a_1 und b_1 bringen (Pohlsche Wippe). In letzterer Stellung fließt der Strom statt durch X durch einen zu verändernden Widerstand W; diesen ändert man so lange, bis das Galvanometer denselben Strom I angibt. Dann hat man den Widerstand X durch einen Widerstand W substituiert.

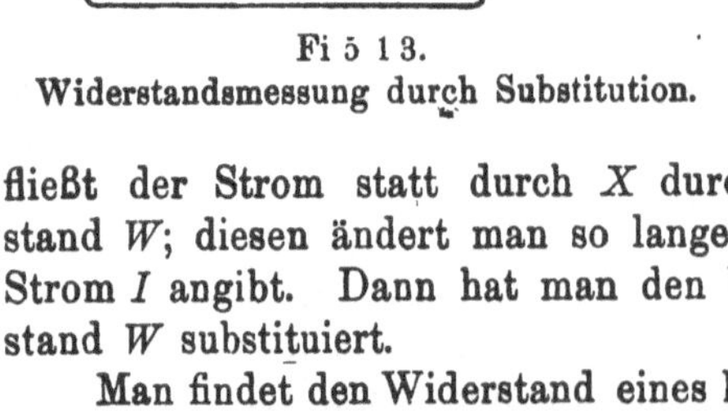

Fig. 513.
Widerstandsmessung durch Substitution.

Man findet den Widerstand eines homogenen Drahtes $R = \sigma\, l/q$, wo l die Länge, q den Querschnitt des Drahtes bezeichnet. σ ist ein Koeffizient, dessen Bedeutung sich daraus ergibt, daß für l und q gleich 1 der Widerstand gleich σ wird; σ ist also der Widerstand eines Drahtes von der

Einheit der Länge und des Querschnittes, der sogenannte „spezifische Widerstand". Sein Wert hängt nicht bloß von der Natur des Leiters ab, aus welchem der Draht besteht, sondern auch von den Einheiten, nach denen wir Länge, Querschnitt und Potential, Stromstärke messen.

§ 429. Maßeinheiten von Stromstärke, elektromotorischer Kraft und Widerstand. Wir können elektromotorische Kräfte elektrostatisch messen nach der Definition (§ 377) des elektrostatischen Potentiales. Ebenso haben wir direkt aus dem COULOMBschen Gesetze die elektrostatische Einheit (§ 373) der Elektrizitätsmenge festgelegt; so oft pro sec eine solche Einheit gleichförmig einen Leiter durchströmt, herrscht die elektrostatische Stromeinheit. Aus dieser elektrostatischen Potential- und Stromeinheit gibt uns das OHMsche Gesetz die elektrostatische Einheit des Widerstandes.

Ganz analog ergeben sich diese Werte für das technisch praktische System. Wir definierten für dieses Maßsystem als Einheit der Elektrizitätsmenge ein Coulomb (§ 373). Fließt durch einen Leiter in jeder Sekunde gleichmäßig ein Coulomb, so nennen wir die Stromstärke (auch Stromintensität) ein Ampere oder A.

Die „praktische" Potentialeinheit ist ein Volt oder V (§ 386).

Nach dem OHMschen Gesetze hat ganz allgemein der Draht den Widerstand Eins, in welchem die Einheit der elektromotorischen Kraft die Einheit der Stromstärke erzeugt. Den Widerstand eines Drahtes, in dem 1 Volt den Strom von 1 Ampere hervorruft, bezeichnen wir (im „praktischen" Maßsystem) als 1 Ohm oder 1 O.

Der spezifische Widerstand σ ist der Widerstand in O, welchen ein Leiter von 1 cm Länge und 1 cm^2 Querschnitt einem (beliebig starken) Strom entgegensetzt. Diese Zahlen sind sehr klein. Darum machte man folgende Festsetzung:

Unter „spezifischem Widerstand eines Leitungsmateriales" — σ' — verstehen wir den Widerstand eines Drahtes von 1 m Länge und 1 mm^2 Querschnitt, ausgedrückt in O. In diesem Sinne bezeichnen wir den spezifischen Widerstand durch σ': es ist

$$\sigma = \sigma'/10000 .$$

§ 430. Leitvermögen. Wenn wir den reziproken Wert des Widerstandes $1/R$ durch einen neuen Buchstaben G bezeichnen, so erhalten wir für das OHMsche Gesetz den Ausdruck:

$$I = GE .$$

Der Strom ist gleich der elektromotorischen Kraft multipliziert mit dem Faktor G. Wir bezeichnen diesen als das Leitvermögen oder die Leitfähigkeit des galvanischen Kreises. In der Sache wird hierdurch natürlich nichts geändert, es ist nur ein anderer formaler Ausdruck gewonnen, der aber häufig der bequemere ist. Für das Leitvermögen eines Drahtes, als das Reziproke des Widerstandes, gilt die Formel:

$$G = \frac{1}{\sigma} \cdot \frac{q}{l} .$$

Den reziproken Wert des spezifischen Widerstandes nennen wir spezifisches Leitvermögen. Setzen wir $1/\sigma = \varkappa$, so wird

$$G = \varkappa \cdot q/l.$$

Bei zwei verschiedenen Stoffen verhalten sich die spezifischen Leitvermögen umgekehrt wie die spezifischen Widerstände. Die Werte von σ und $\varkappa$ hängen natürlich ab von den gewählten Einheiten. Im praktischen Maßystem kann man $\varkappa$ als die Leitfähigkeit eines Leiters von 1 cm Länge und 1 cm² Querschnitt definieren, oder auch ein $\varkappa' = \varkappa \cdot 10^{-4}$ angeben als Leitfähigkeit eines Leiters von 1 m Länge und 1 mm² Querschnitt.

Als Zahlenbeispiele mögen dienen:

Bei 18°	Spezifischer Widerstand σ' (Widerstand eines Drahtes von 1 m Länge, 1 qmm Querschnitt in Ohm)	Spezifisches Leitvermögen $\varkappa' = \frac{1}{\sigma'}$
Ag	0,016	62
Cu	0,017	59
Pt	0,14	7,1
Pb	0,21	4,8
Hg	0,958	1,042
Bi	1,2	0,83

Diese Werte sind unabhängig von der Art, wie der Strom erzeugt wurde; Messungen mit Strömen von Influenzmaschinen oder magnetelektrischen Maschinen usw. geben dieselben Werte. Auch die Stärke des durchfließenden Stromes ist so lange ohne Einfluß, als die Temperatur die gleiche bleibt.[1] Erst in ganz dünnsten Schichten, Dicke 50—100 $\mu\mu$ versagt das OHMsche Gesetz.[2]

Merkwürdig ist das Verhalten der Legierungen. Sind diese ein mechanisches Gemenge von Kristallen, so berechnet sich das Leitvermögen durch Addition der Bestandteile. Sind sie feste Lösungen, so liegt die Leitfähigkeit meist unter dem aus den Volumprozenten berechneten Werte.[3]

Temperaturkoeffizient. Mit wachsender Temperatur steigt der Widerstand bei Quecksilber für 1° um 0,0009 des ganzen Betrages, bei reinen festen Metallen um etwa 0,004, eine von dem Ausdehnungskoeffizienten der Gase nicht sehr verschiedene Zahl. Viel besser stimmen aber Formeln von der Form

$$\sigma_t = \sigma_0 \, (1 + \alpha t + \beta t^2);$$

von den Konstanten α u. β ist β meist eine sehr kleine Zahl (etwa 10^{-6}). Besonders genau ist die Temperaturabhängigkeit des Platinwiderstandes

---

[1] LECHER, Wien. Berichte 116 (1907), v. TRAUBENBERG, Phys. Zs. (1907).

[2] PATTERSON, Phil. Mag. 4 (1902); BAEDEKER, Elektrische Erscheinungen in metallischen Leitern, Leipzig (1911).

[3] Referiert von GUERTLER, Lehrb. d. Radioaktivität. 5 (1908).

untersucht, da ja damit eine oft sehr bequeme thermometrische Methode gegeben ist.

Bei tiefen Temperaturen sollte also der Widerstand immer mehr abnehmen. Daß diese Schlußfolgerungen nur z. T. richtig, zeigte Kamerlingh Onnes[1]. Bei Temperaturen des flüssigen Heliums (4,3 bis 1,5° absolut) wird für viele Metalle der Widerstand gleich Null. Es nähert sich in der Nähe des absoluten Nullpunktes der Widerstand asymptotisch einem kleinsten Werte. Wir kommen darauf noch zurück.

Kleinste Verunreinigungen ändern den Widerstand oft bedeutend. Beim Übergange fester Leiter in flüssige Form springt der Widerstand und Temperaturkoeffizient plötzlich. Ebenso wenn in manchen kristallinischen Leitern eine Verschiebung des Mischungsverhältnisses oder der Struktur bei bestimmten Temperaturen oder, wie z. B. beim Selen, durch Bestrahlung eintritt.

Manche Legierungen zeigen die merkwürdige Eigenschaft, ihren Widerstand mit der Temperatur nur sehr wenig zu ändern; der Temperaturkoeffizient des Neusilbers (Cu, Ni, Zn) schwankt von 0,00024 bis 0,0006. Bei einer Legierung von 84 % Cu, 4 % Ni, 12 % Mn (Manganin) und einer solchen von 60 % Cu, 40 % Ni (Konstantan) ist der Widerstand in mittleren Temperaturen so gut wie konstant, also der Temperaturkoeffizient gleich Null.

Bei elektrolytischen Leitern, für welche das Ohmsche Gesetz ebenso gilt wie für die metallischen, nimmt der Widerstand mit wachsender Temperatur nicht zu, sondern ab, ebenso meist bei schlechten Leitern.

Leitfähigkeit für Elektrizität und Wärme. Durch Messungen von G. Wiedemann und Franz[2] wurde gefunden, daß die Leitfähigkeiten für Wärme und Elektrizität bei reinen metallischen Leitern einander proportional seien. L. Lorenz[3] zeigte dann, daß das Verhältnis des Elektrizitäts- und Wärmeleitvermögens proportional der absoluten Temperatur wächst. Neuere sehr genaue Bestimmungen[4] bewiesen die Richtigkeit dieses Gesetzes für viele metallische Leiter zwischen 0° und 100°. Bei höheren und tieferen Temperaturen treten aber Unstimmigkeiten auf. Auf die theoretische Verwertung dieser Proportionalität durch die Elektronentheorie kommen wir noch zurück (Sechzehnter Teil dieses Bandes).

§ 431. Rheostaten. Unter solchen versteht man Vorrichtungen, welche Drahtwiderstände bequem in eine Leitung ein- und auszuschalten gestatten. Es gibt die verschiedensten Konstruktionen, von welchen wir nur die in Fig. 514 schematisch dargestellten Kurbelrheostaten anführen wollen. 10 Messingklötze, *0* bis *9* sind durch Drahtspulen *d* verbunden. Der Strom fließt bei *a* zu und bei *b* ab. Das schraffiert gezeichnete *k* stellt eine Kurbel dar, deren peripheres Ende an den äußeren Messingklötzen schleift. In der gezeichneten Stellung von *k* muß der

[1] Com. Phys. Lab. Leiden 19 (1911).

[2] Pogg. Ann. 89 (1853).

[3] Wied. Ann. 13 (1881).

[4] W. Jäger und H. Diesselhorst, Physik. Reichsanstalt (1900).

Strom, um von *a* nach *b* zu gelangen, 7 Drahtrollen *d* durchsetzen, der Widerstand des Ganzen ist 7 R_d. Man sieht leicht, daß diese Zahl durch Drehen der Kurbel *k* zwischen *0* und *9* variiert werden kann. Nach diesem Typus baut man technische Rheostaten, deren Aufgabe es ist, eine Stromstärke rasch zu ändern. Man baut aber auch nach dem gleichen System Präzisions-Widerstandskasten.

Man hat da z. B. in einem kleinen Kästchen 3 solche Kurbelanordnungen wie Fig. 514 nebeneinander, der Strom fließt vom *b* der ersten zum *a* der zweiten usf. Die 9 *d* der ersten Kurbelanordnung seien je 0,1 O, die der zweiten je 1 O, die der dritten je 10 O. Dann kann man von 0 bis 99,9 Ohm sämtliche Widerstände in Stufen von 0,1 bequem und rasch ein- und ausschalten. Als Drahtmaterial verwendet man Manganin (§ 430), damit die durch den Strom erzeugte Temperatursteigerung den Strom nicht ändert. Die Drähte werden bifilar gewickelt zur Vermeidung der Selbstinduktion; darüber Weiteres im neunten Teile dieses Bandes.

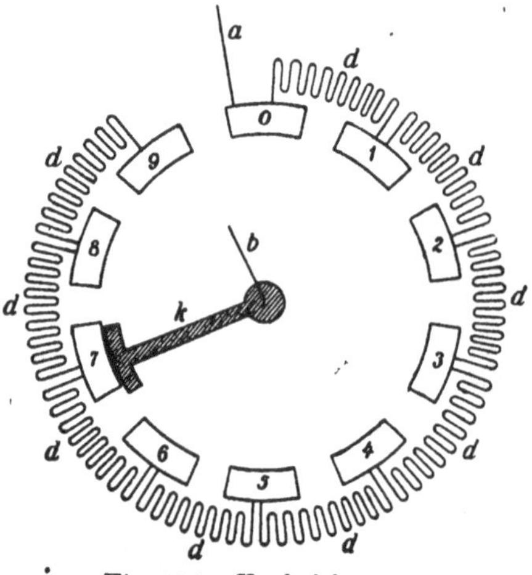

Fig. 514. Kurbelrheostat.

Jeder Rheostat verträgt nur eine gewisse maximale Belastung. 1 O kann man z. B. herstellen aus einem Manganindraht von 1 m Länge und 0,42 mm^2 Querschnitt oder von 10 m Länge und 4,2 mm^2 Querschnitt usw. Für schwache Ströme genügt der dünne kurze Draht; stärkere Ströme würden ihn schmelzen; für solche nimmt man dickere und längere Drähte.

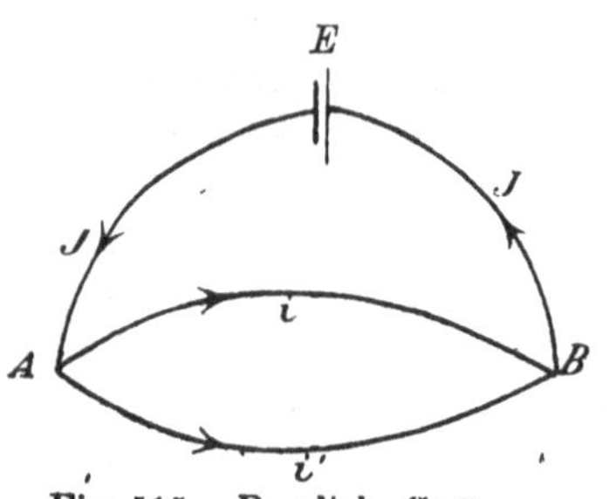

Fig. 515. Parallele Ströme.

§ **432. Kirchhoffsche Verzweigungsgesetze.** Bisher haben wir elektromotorische Kräfte und Leitungsdrähte hintereinander geschaltet. Die Gesetze lassen sich aber leicht auf verzweigte Leiter und Elemente anwenden. *E* in Fig. 515 sei ein Element, die Elektrizität strömt bis zum Punkte *A*, hier tritt eine Verzweigung in zwei Wege ein, die sich in *B* wieder vereinen.

Man nennt solche Leitungen Parallelleitungen, wenn auch die Drähte in geometrischem Sinne nicht parallel sind. Sei *I* die Stromstärke im Hauptkreise, *i* und *i'* in den Parallelkreisen, so ist klar, daß (wie bei einem Flusse, der sich in zwei Arme teilt)

$$I = i + i', \tag{1}$$

wenn nirgends unterwegs eine Elektrizitätsentnahme (Elektrizitätssenke) oder Elektrizitätszufuhr (Elektrizitätsquelle) stört.

Für den oberen Leiter AB ist $A - B = iR$, für den unteren Leiter AB ist $A - B = i'R'$, wenn A das Potential in A und B das Potential in B, hingegen R bzw. R' den Widerstand der Parallelleiter bedeutet. Daraus

$$iR = i'R' \quad \text{oder} \quad i : i' = 1/R : 1/R'. \tag{2}$$

Da $1/R$ das Leitvermögen ist, so erhalten wir den Satz:

Wenn ein Strom I sich zwischen mehreren Wegen von den Leitvermögen G_1, G_2, G_3 ... verzweigt, so ist: 1. die Summe der Zweigströme gleich dem unverzweigten Strome $i_1 + i_2 + i_3 \ldots = I$. 2. Die Zweigströme verhalten sich wie die Leitvermögen der entsprechenden Wege. 3. Das gesamte Leitvermögen parallel geschalteter Leiter ist gleich der Summe der einzelnen Leitvermögen.

Die Grundsätze für kompliziertere Fälle lassen sich in folgender Weise ableiten.

Es sei in Fig. 516 ein Teil eines stromdurchflossenen Drahtnetzes gegeben; der Strom fließe in der Pfeilrichtung ein und aus. Wir suchen einen einfach geschlossenen Kreis, z. B. abc heraus. Dann gelten zwei Sätze:

1. In irgendeinem Punkte, z. B. b, strömt Elektrizität zu und ab (wie die Eisenbahnwaggons an einer Knotenstation) von allen Seiten her. Rechnen wir die zufließenden Strommengen +, die abströmenden −, so muß

$$\sum i = 0 \tag{1}$$

sein, wenn der Zustand stationär bleiben soll. Die Summe der an jedem Knotenpunkt zu- und abströmenden Elektrizität ist Null.

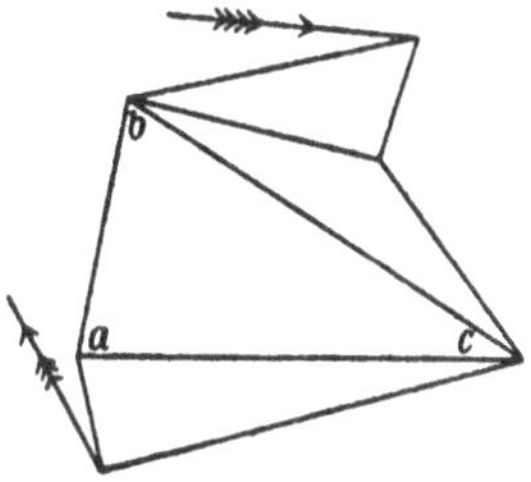

Fig. 516. Kirchhoffs Verzweigungsgesetz.

2. Gehen wir den Weg $abca$, so wird das Potential längs des Weges je nach der gleichen oder entgegengesetzten Richtung des Elektrizitätsstromes fallen oder steigen. Ebenso ändert sich die Höhe bei einem Spaziergange, je nachdem wir den Wasserlauf abwärts oder aufwärts gehen; endet der Weg aber wieder am Ausgangspunkt, so muß die Summe aller Höhendifferenzen gleich Null sein. Dasselbe gilt für Potentialdifferenzen. Nun ist $V_a - V_b = i_{ab} R_{ab}$ usw. Es ist also für die Umgrenzung einer einfach geschlossenen Fläche

$$\sum iR = 0. \tag{2}$$

Würde längs des Weges irgendwo zwischen a und b eine Elektrizitätsquelle, z. B. ein galvanisches Element wirken, so wäre dies in Rechnung zu bringen, dann lautete der allgemeine Ausdruck

$$\sum iR = \sum E. \tag{3}$$

In einem beliebigen einfach geschlossenen Teile der Leitung ist die Summe der Produkte aus den einzelnen Strömen und Widerständen gleich der Summe der elektromotorischen Kräfte. Dabei ist in dem geschlossenen Kreise eine bestimmte Richtung als die positive zu bezeichnen. Ströme und elektromotorische Kräfte, welche ihr entgegen gerichtet sind, müssen negativ genommen werden.

§ 433. **Nebenschluß.** Als einfachste Anwendung des KIRCHHOFFschen Gesetzes führen wir den Begriff des Nebenschlusses an. Wenn z. B. irgendein Meßinstrument in einem Stromkreis eingeschaltet ist und wir wollen den Strom im Meßinstrument verringern, so haben wir dazu zwei Wege:

1. Wir schalten einen Rheostaten direkt in die Leitung; der Strom fließt also z. B. zuerst durch den Rheostaten und dann in gleicher Stärke durch das Meßinstrument; Rheostat und Meßinstrument sind hintereinander, in Serie, geschaltet. Hier besteht der Nachteil, daß der Gesamtstrom geschwächt wird. Oder

2. Wir verzweigen den Strom in zwei Teile (Fig. 515). In den einen Teil *1* legen wir das Meßinstrument, in den anderen *2* den Widerstand. Mit dem Verhältnisse R_2/R_1 wächst und fällt der Stromprozentsatz, der durch das Meßinstrument in *1* fließt. Widerstand und Meßinstrument sind im Nebenschluß, in „Parallelschaltung". Der schwächende Nebenschluß heißt oft auch Shunt. (Siehe § 479.)

Ein anderes Beispiel für Nebenschlüsse bilden die Variationen, die man bei Aneinanderreihung von galvanischen Elementen zu Batterien zur Verfügung hat. In Fig. 507 sind die Elemente hintereinander geschaltet, die elektromotorische Gesamtkraft = 3 V, der innere Gesamtwiderstand = 3 R_i, wenn V, bzw. R_i elektromotorische Kraft, bzw. Widerstand eines Elementes sind. Wir können diese 3 Elemente aber auch so aneinander reihen, daß man einerseits alle Zn-Pole und andererseits alle C-Pole miteinander verbindet. Man hat dann gleichsam nur 1 Element mit 1 V und $^1/_3\,R_i$. Entsprechend den Formeln (§ 426) für Klemmspannung wird man je nach dem gegebenen R_a die eine oder andere Schaltung (oder bei mehr Elementen noch hier unerwähnte Kombinationen) vorziehen.

3. Als letztes Beispiel sei der Stöpselrheostat erwähnt. Denken wir uns in Fig. 514 die schraffiert gezeichnete Kurbel ganz weggenommen und den Draht *b* am Messingklotz *9* angeschlossen; dann geht der Strom durch alle *9d*. Nun denken wir uns zwischen die Messingklötze *0* und *1* einen Messingkeil eingeschoben, so teilt sich der Strom, um von *0* nach *1* zu kommen, zwischen diesen Messingkeil und *d*. Ist ersterer sehr massiv, so fließt fast nichts durch *d*. Durch 9 solche Messingkeile („Stöpsel") kann man alle *d* ausschalten.

Nach diesem Prinzipe sind die Stöpselrheostate gebaut: Eine massive gerade Messingleiste ist mehrere Male durchschnitten und diese Unterbrechungen können durch konisch eingeschliffene Messingstöpsel überbrückt werden. Überdies sind diese Unterbrechungen je durch die Widerstände (analog dem *d* in Fig. 514) verbunden; diese sind aber nicht gleich, sondern nach Größen in Ohm, wie die Massen eines Gewichtsatzes nach Gramm, geordnet. Jener Widerstand, dessen Stöpsel herausgezogen ist, ist eingeschaltet. Fig. 517 gibt einen solchen aus seinem Schutzkasten heraus-

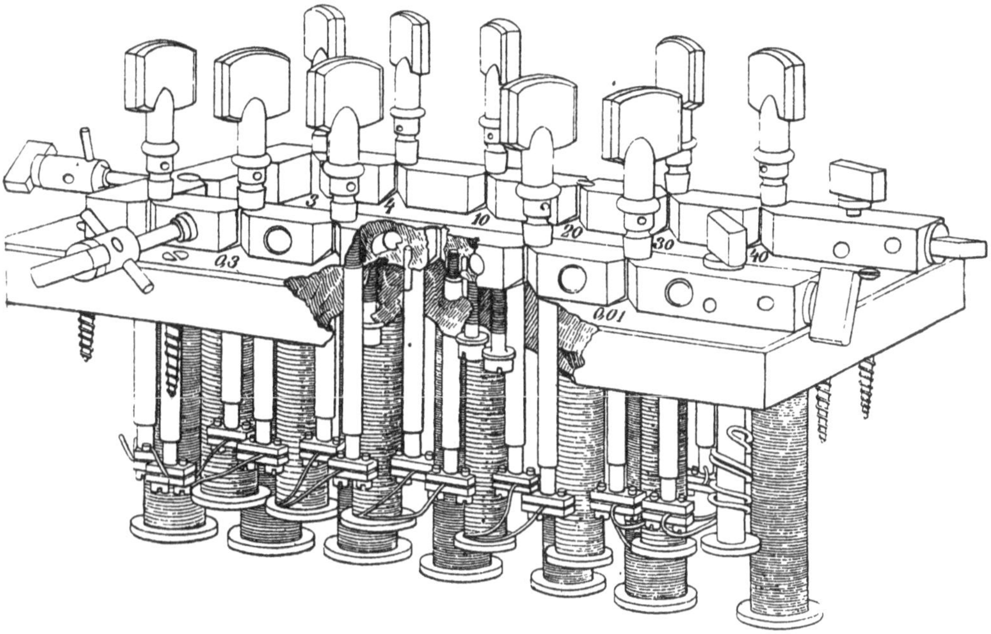

Fig. 517. **Stöpselrheostat.**

genommenen (der Übersicht wegen z. T. aufgeschnittenen) Stöpselrheostaten. Diese sind billiger, aber viel weniger bequem als die Kurbelrheostaten.

Wheatstonesche Brücke. Von dem vorhergehenden machen wir noch eine Anwendung auf einen für die Bestimmung galvanischer Widerstände bequemen Apparat, die Wheatstonesche Brücke (Fig. 518). Von den Polen eines Elementes *E* führen wir Drähte nach zwei Punkten *A* und *B*; diese verbinden wir unter sich einmal durch einen geraden Draht *AB* von überall gleicher Beschaffenheit, andererseits durch eine Leitung *ADB*, welche den zu bestimmenden Widerstand *W* und einen Rheostaten *R* enthält; die Leitung *DC* sei einstweilen nicht eingeschaltet. Nehmen wir auf *AB* einen Punkt *C* und bezeichnen wir die Potentiale in den drei Punkten beziehungsweise durch *A*, *B* und *C*, die Widerstände von *AC* und *CB* durch w_1 und w_2, die Stromstärke in *AB* durch *i*, so ist:

$$A - C = w_1 i . \qquad C - B = w_2 i ,$$

somit verhalten sich die Potentialdifferenzen

$$(A - C):(C - B) = w_1 : w_2 .$$

Aber die Widerstände verhalten sich wie die Längen *AC* und *CB*, so daß

$$(A - C):(C - B) = AC : CB.$$

Nun nehmen wir auf der zweiten *A* mit *B* verbindenden Leitung zwischen *R* und *W* einen Punkt mit dem Potentiale *D*; dann ist:

$$(A - D):(D - B) = R : W,$$

wo *R* den Rheostatenwiderstand bezeichnet; wählen wir den Punkt *C* auf *AB* so, daß sein Potential *C* gleich ist dem Potentiale *D*, so ergibt sich:

$$R : W = AC : CB.$$

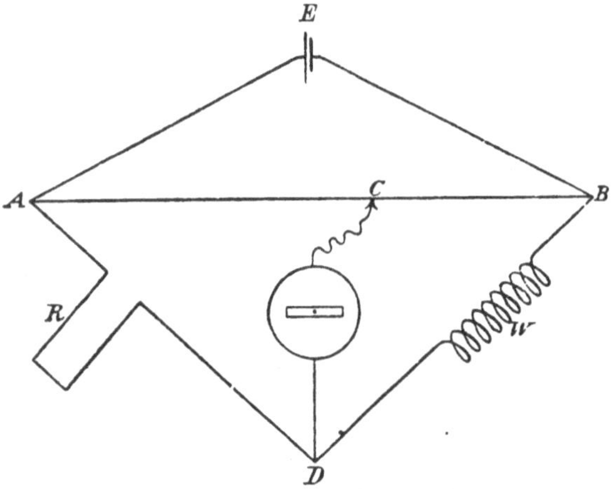

Fig. 518. Wheatstone-Brücke.

Wenn aber die Potentiale *D* und *C* gleich sind, so fließt in einem die beiden Punkte verbindenden Drahte, der **Brücke** *DC*, kein Strom, was an einem eingeschalteten Galvanometer leicht zu erkennen ist. Verschiebt man also den Kontakt *C* auf dem geraden Drahte *AB* so lange, bis kein Strom in der Brücke mehr fließt, so kann der unbekannte Widerstand aus dem Rheostatenwiderstand nach der obigen Proportion berechnet werden.

Über Widerstandsmessungen in Flüssigkeiten siehe § 450.

Die Methode der Wheatstoneschen Brücke gestattet große Genauigkeit, weil sie (wie z. B. auch die Wage) eine Nullpunktsmethode gibt, wo die zu messende Größe nicht durch einen bestimmten Ausschlag, sondern durch das Verschwinden eines solchen bestimmt wird.

Bolometer. Eine kleine Temperaturerhöhung eines der Zweige *AD* oder *DB* veranlaßt schon einen Ausschlag im Galvanometer. Man nimmt z. B. für *AD* einen dünnen Platinstreifen. Dieser reagiert auf einfallende Wärmestrahlung; mit solchen Bolometern wurde die spektrale Energieverteilung (§ 294) der Strahlung untersucht.

§ 434. Strömung in leitenden Flächen. Die bisherigen Betrachtungen bezogen sich, abgesehen von den auf galvanische Elemente bezüglichen, auf die Bewegung der Elektrizität in drahtförmigen Leitern. Wenn dies auch der bei weitem wichtigste Fall von galvanischer

Strömung ist, so wird man sich doch nicht mit seiner Erledigung begnügen, sondern nach allgemeineren Gesetzen suchen, welche die Bewegung der Elektrizität in beliebig ausgedehnten Leitern beherrschen. Wir beschränken uns in dieser Richtung auf einige Andeutungen über die Strömung der Elektrizität durch eine dünne und ebene leitende Platte; es wird nicht schwer sein, zu übersehen, inwieweit die dabei gemachten Bemerkungen auf den Fall eines dreidimensionalen Leiters auszudehnen sind. In den Punkten A und B der Platte (Fig. 519) setzen

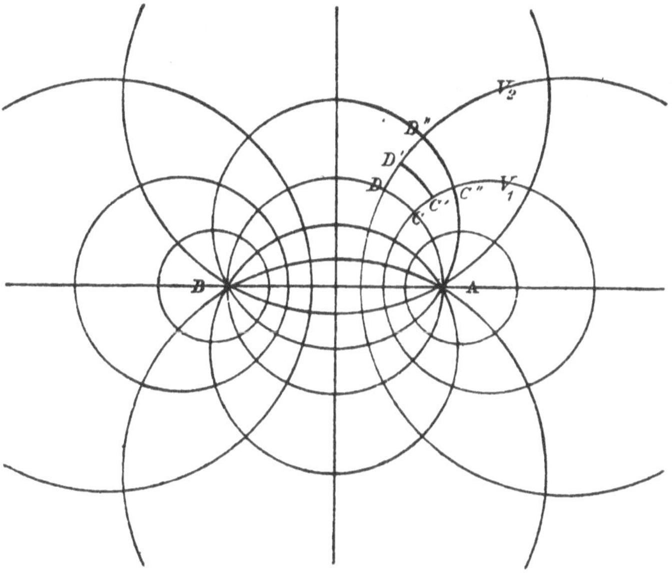

Fig. 519. Stromverteilung in einer leitenden Platte.

wir zwei von den Polen einer galvanischen Batterie herkommende Drähte auf, die Elektroden. Der Rand der Platte sei so weit entfernt, daß der Strom sich nicht merklich bis zu ihm ausbreitet. In A sei das Potential positiv, in B negativ; es wird dann zwischen A und B in der Platte eine Schar von Flächen gleichen Potentiales verlaufen, die wir zunächst zu bestimmen haben. Man kann zu diesem Zwecke zwei Prüfungsdrähte benützen, die mit dem Multiplikator eines empfindlichen Galvanometers verbunden sind. Setzt man diese in zwei Punkten C und C' der Platte auf, so geht im allgemeinen ein Zweigstrom durch das Galvanometer, der nur verschwindet, wenn man in C und C' gerade Punkte einer und derselben Potentialfläche getroffen hat. Man kann auf diese Weise zunächst die Schnittlinien der Potentialflächen mit der Oberfläche der Platte bestimmen. Die Flächen selbst stehen dann zu der Oberfläche senkrecht. Es ergibt sich so, daß die Linien gleichen Potentiales an der Oberfläche der Platte Kreise sind, deren Mittelpunkte auf der Linie AB, beiderseits außerhalb AB, liegen. Die Linien, längs welcher die

Elektrizität von der einen Elektrode zu der anderen strömt, sind ebenfalls Kreise, die man ohne weiteres zeichnen kann, da sie ja durch A und B hindurchgehen müssen; sie durchschneiden die Schar der Potentialkreise senkrecht.

Man nehme nun zwei benachbarte Potentialflächen V_1 und V_2. Zieht man zwischen ihnen die einander benachbarten Strömungslinien CD, $C'D'$, $C''D''\ldots$, so kann man die Platte längs diesen aufschneiden, ohne daß die Strömung gestört wird. Dann aber verhalten sich die Stücke $CDD'C'$, $C'D'D''C''\ldots$ gerade wie drahtförmige Leiter, und die in ihnen fließenden Ströme können nach dem Ohmschen Gesetze berechnet werden. Bezeichnen wir das spezifische Leitvermögen der Platte durch $\varkappa$, so erhalten wir für die Ströme von CC' zu DD', von $C'C''$ zu $D'D''\ldots$

$$i = \varkappa \frac{q}{l}(V_1 - V_2), \qquad i' = \varkappa \frac{q'}{l'}(V_1 - V_2)\ldots,$$

wo q, $q'\ldots$ die mittleren Querschnitte, l, $l'\ldots$ die Längen der Stücke bezeichnen. Haben wir den ganzen zwischen V_1 und V_2 liegenden Ring in der angegebenen Weise geteilt, so ergibt sich für die Stärke des ganzen durch die Platte fließenden Stromes:

$$I = i + i' + \ldots = \varkappa(q/l + q'/l' + \ldots)(V_1 - V_2).$$

Bezeichnen wir den Ausdruck $G = \varkappa(q/l + q'/l' + \ldots)$ als das Leitvermögen der Platte zwischen den Potentialflächen V_1 und V_2, so haben wir die Beziehung:

$$I = G(V_1 - V_2).$$

Man kann leicht zeigen, daß diese für zwei beliebige Flächen gleichen Potentiales zwischen A und B gilt; sie enthält eine Definition des **Leitvermögens** oder des dazu reziproken **Widerstandes der Platte**, welche mit der durch das Ohmsche Gesetz gegebenen vollkommen übereinstimmt. Zugleich ergibt sich, daß das Leitvermögen dem spezifischen Leitvermögen der Substanz proportional ist, aus der die Platte besteht.

§ 435. Gesetz von Joule. Mit den Widerstandsverhältnissen stehen die Wärmewirkungen des Stromes in einfachem Zusammenhange. Wir sahen § 377, daß, um eine Elektrizitätsmengeneinheit aus der Unendlichkeit bis zu einem elektrostatischen Feldpunkt zu bringen, eine Zahl von Arbeitseinheiten nötig sind (oder gewonnen werden), die gleich ist der Zahl der Potentialeinheiten dieses Feldpunktes. Für die Arbeit längs einer Strecke, z. B. von V_a bis V_d (in Fig. 508) ergibt sich dann: Wenn die **Elektrizitätseinheit** von d nach a fließt, gewinnen wir $(V_d - V_a)$ Arbeitseinheiten. Fließen pro sec I Elektrizitätseinheiten von d nach a, so leistet der Strom pro sec einen Effekt von $(V_d - V_a)\,I$ Arbeitseinheiten. Diese ganze Stromarbeit eines kontinuierlich fließenden Stromes verwandelt sich, wenn der Draht gegen seine Umgebung relativ in Ruhe ist, in

Wärme. Setzen wir in diesem Produkt EI für E den Wert IR, so wird

$$\text{die Stromleistung} = EI = I^2R.$$

Letzteren Ausdruck nennt man oft JOULEsche Wärme. Hier müssen E, I und R und Stromleistung einheitlich gemessen werden. Nehmen wir E, I und R im absoluten elektrostatischen cm·g·sec-System, so erhalten wir die Leistung in Erg pro sec.

Oder nehmen wir das praktische Maßsystem, so bedeutet E Volt, I Ampere und R Ohm; wir erhalten den Effekt in JOULE pro sec oder in Watt (§ 43). Herrscht also an den beiden Enden eines von I Ampere durchflossenen Drahtes eine Potentialdifferenz von V Volt, so leistet der Strom in diesem Drahtstück einen Effekt von $V \cdot I$ Watt (hier auch oft Voltampere genannt).

Messen wir die Stromleistung nicht in mechanischem Maße, sondern im Wärmemaß, so müssen wir die Watt durch das mechanische Wärmeäquivalent $J = 4{,}188$ Joule dividieren (§ 177). Das ergibt: Ein Strom von I Ampere entwickelt in R Ohm während t sec die Wärmemenge $0{,}2388\ I^2Rt$ cal.

Eine Stromleistung von 1 Watt pro Stunde heißt Wattstunde und entspricht 860 cal.

Für die technischen Anwendungen ist es manchmal wichtig, die Beziehung des Watt zu der Pferdestärke zu kennen, denn in dem ersteren drückt sich in einfachster Weise die im Strome gewonnene Energie, in der letzteren die mechanische Leistung aus, durch die wir den Strom erzeugen. Unter einer Pferdestärke (P.S.) aber verstehen wir nach § 43 eine Leistung, bei der 75 Kilogrammgewichte in 1 sec 1 m hoch gehoben werden. Im cm·g·sec-System ist daher, wenn wir die Beschleunigung der Schwere gleich 981 cm·sec^{-2} setzen,

$$1 \text{ P.S.} = 981 \cdot 75 \cdot 10^3 \cdot 10^2 = 736 \cdot 10^7 \text{cm}^2 \cdot \text{g} \cdot \text{sec}^{-3}.$$

Somit $1 \text{ P.S.} = 736$ Watt.

Eine elektrische Bogenlampe, welche mit einer Stromstärke von 16,7 A und einer elektromotorischen Kraft von 60 V brennt, verbraucht 1000 Watt; zu ihrem Betriebe sind danach etwa $1\,^1/_2$ Pferdestärken notwendig.

Der Ausdruck RI^2t gibt unter allen Umständen in unzweideutiger Weise das mechanische Äquivalent der vom Strome erzeugten JOULEschen Wärme. Verwendet man zu ihrer Berechnung den Ausdruck EIt, so muß man darauf achten, daß immer die ganze auf den Leiter wirkende elektromotorische Kraft in Rechnung gesetzt wird. Besteht z. B. zwischen den Enden eines Leiters eine Spannungsdifferenz E', und wirkt in seinem Inneren eine elektromotorische Kraft e im selben Sinne, so ist das mechanische Äquivalent der entwickelten Wärme gleich $(E' + e)It$. Bei zeitlich veränderlichen Strömen wird man die Zeit, für welche die

Stromwärme berechnet werden soll, in kleine, aufeinander folgende Abschnitte teilen, so daß in jedem die Stromstärke als konstant betrachtet werden kann; die ganze Stromwärme ergibt sich dann durch Summierung der für die einzelnen Abschnitte gefundenen. Dabei ist zu bemerken, daß die von dem Strome in einer bestimmten Zeit erzeugte Jouleesche Wärme von der Richtung des Stromes unabhängig ist; das folgt aus der Proportionalität mit dem Quadrate der Stromstärke.

Das Gesetz, demzufolge die in einem Leiter durch den galvanischen Strom entwickelte Wärme dem Widerstande und dem Quadrate der Stromstärke proportional ist, wurde (1841) von Joule entdeckt; er beobachtete die Temperaturerhöhung des Wassers in einem Gefäße, wenn in dieses eine von einem Strome durchflossene Drahtspirale gelegt wurde. Für den Zusammenhang der Elektrostatik und des Galvanismus ist es von Bedeutung, daß das Joulesche Gesetz schon in dem Gesetze für die Wärmewirkung einer elektrischen Entladung enthalten ist (§ 414). Wir haben dieses Gesetz in der Form

$$q = \frac{1}{2J} r \frac{e^2}{RC}$$

aufgestellt. Für die sehr kleine Wärmemenge dq, die während einer kleinen Zeit dt erzeugt wird, ergibt sich:

$$dq = \frac{1}{J} r \frac{e\,de}{RC} \cdot$$

Nun ist e/C gleich dem Potentiale V des Kollektors, V/R nach dem Ohmschen Gesetze gleich dem Strome I. Endlich ist die in der Zeit dt eintretende Abnahme der Ladung $de = I dt$, somit

$$dq = \frac{1}{J} r I^2 dt;$$

das ist aber in der Tat das Joulesche Gesetz.

Elektrische Methode zur Messung der spezifischen Wärme. Wir wollen eine Anwendung der Jouleschen Wärme schildern zur Bestimmung der spezifischen Wärme zunächst bei Flüssigkeiten. Man versenkt in die in einem Kalorimetergefäß enthaltene Flüssigkeit eine Spirale aus Platindraht. Durch diese wird ein galvanischer Strom von geeigneter Stärke geschickt. Ist die Stromstärke in A gleich I, die Spannung an den Enden des Drahtes in V gleich E, so ist die in der Zeit von t Sekunden entwickelte Wärmemenge gleich $0{,}239 \cdot E I t$ cal. Die dadurch bewirkte Temperaturerhöhung der Flüssigkeit betrage τ^0; ihre Masse sei m, ihre spezifische Wärme c; dann hat man die Gleichung:

$$c m \tau = 0{,}239 \cdot E I t$$

und kann daraus c berechnen. Die Temperaturerhöhung τ kann durch die ihr entsprechende Widerstandszunahme des Platindrahtes gemessen werden. Nernst hat gezeigt, wie man dieselbe Methode auch bei festen

Körpern anwenden kann. Man gibt dem Körper die Form eines Zylinders mit einer konischen koaxialen Höhlung. In diese paßt ein massiver, aus demselben Materiale hergestellter Konus, auf dessen Mantel wohl isoliert ein Platindraht aufgewunden ist. Dieser dient in der schon angegebenen Weise gleichzeitig zur Wärmezufuhr und zur elektrischen Messung der Temperatur. Um Wärmeverluste nach außen so weit wie möglich zu vermeiden, wird der Versuchskörper an den Zuleitungsdrähten des Stromes in einem vollkommenen Vakuum aufgehängt.

§ **436. Elektrische Glühlampen.** Von der JOULEschen Wärme machen wir praktischen Gebrauch bei der elektrischen Beleuchtung. Die sogenannten Glühlampen bestanden früher aus einem dünnen Kohlenfaden, der, in einer luftleeren Glasglocke eingeschlossen, durch den Strom zum Glühen gebracht wird. Die Temperatur der leuchtenden Kohlenfäden liegt zwischen 1600 und 1700°. Erhitzt man höher, so tritt ein Zerstäuben und Abschmelzen ein. Nun sahen wir § 294, wie ungemein rasch die Ausstrahlung mit steigender Temperatur des Strahlers zunimmt. Bei so hohen Temperaturen genügt ein Plus von einigen wenigen Graden, um die Leuchtkraft zu verdoppeln. Die Bemühungen der Techniker gingen also naturgemäß dahin, Glühfaden aus schwerer schmelzbaren Metallen zu fabrizieren. Zuerst gelang es TANTAL und dann das erst bei mehr als 3000° schmelzbare Wolfram zu Fadenmaterial zu verarbeiten. Um die Zerstäubung hintanzuhalten, kommen diese Fäden in eine mit Argon oder Stickstoff (etwa $^1/_3$ Atm. Druck) gefüllte Birne und, um die dabei auftretende Wärmeableitung durch Gaskonvektionsströme möglichst zu vermeiden, wird der Glühdraht nicht mehr gerade ausgespannt, sondern ganz enge spiralförmig verwendet. Pro Kerze ausgestrahlten Lichtes werden dann nur etwa 0,85 Watt, ja bei den vielkerzigen Glühlampen sogar nur mehr $^1/_2$ Watt elektrischer Energie verbraucht. Der analoge Verbrauch bei Kohlenglühlampen war etwa 3 Watt.

Da — wie z. B. bei Städtebeleuchtungen — von einer einzigen Stromquelle aus viele Glühlampen gleichzeitig gespeist werden, müssen diese parallel geschaltet werden, vor allem darum, weil bei Serienschaltung das Ausschalten einer einzigen Lampe den ganzen Stromkreis unterbrechen würde. Serienschaltung würde auch ganz unmögliche Spannungen bedingen.

Vierter Teil. Elektrochemie.

I. Elektrolyse.

§ 437. **Faradays Gesetze.** Wir knüpfen hier an die kurzen Auseinandersetzungen des § 417 an. Leiter, welche beim Stromdurchgange zersetzt werden, heißen Elektrolyte. Es sind dies fast ausnahmslos Flüssigkeiten, z. B. Säuren, Basen, Salze, meist in Wasser gelöst, oder in Alkohol, Ameisensäure, Blausäure usw. Auch geschmolzene Salze gehören hierher. Aber auch manche feste Körper als feste Lösungen können Elektrolyte sein, so z. B. Glas, das bei etwa 300° noch unterhalb seines Schmelzpunktes elektrolytisch leitet.[1]

Man führt den positiven Strom zu durch eine geeignete Metallplatte, die man als positive Elektrode oder Anode bezeichnet, und leitet ihn ab durch eine ebensolche Platte, die negative Elektrode oder Kathode, durch welch letztere wir uns zugleich die negative Elektrizität in den Elektrolyten eintretend denken können. Der ganze Prozeß wird mit dem Namen Elektrolyse bezeichnet.

Bei Stromdurchgang scheiden sich die Zersetzungsprodukte nur an den Elektroden ab.

Faraday, dem wir auch auf dem Gebiete der Elektrolyse die grundlegenden Arbeiten verdanken, und von dem die im vorhergehenden angegebene Nomenklatur herrührt, hat (1833) die folgenden Gesetze aus seinen Beobachtungen abgeleitet.

1. Die in der Zeiteinheit elektrolytisch abgeschiedene Masse eines Stoffes ist der Stromstärke, d. h. der durch den Elektrolyten geleiteten Elektrizitätsmenge proportional.

2. Werden verschiedene Elektrolyte in denselben Stromkreis eingeschaltet, so sind die Mengen der an den Elektroden abgeschiedenen Ionen chemisch äquivalent.

Chemisch äquivalent sind jene Mengen, welche in irgendeiner chemischen Verbindung ein Wasserstoffatom ersetzen oder sich mit einem solchen verbinden können. Setzt man für Wasserstoff 1, so wird dann das chemische Äquivalent eines anderen Stoffes sein:

Atomgewicht (oder bei Atomkomplexen die Summe der Atomgewichte) dividiert durch Wertigkeit.

Da diese Zahlen nur Verhältniszahlen sind, hat man auch ein Gramm-Äquivalent definiert; dieses bedeutet jene Anzahl Gramm irgendeines Stoffes, welche sich mit einem Gramm Wasserstoff verbinden oder ein solches in einer chemischen Verbindung zu ersetzen vermögen (oder Atomgewicht in Grammen durch Wertigkeit).

---

[1] Warburg, Ber. d. naturforsch. Gesellsch. Freiburg. VIII. (1884).

Apparate, die man zu quantitativen Untersuchungen benützt, nannte man früher Voltameter (siehe hingegen. nächsten §). Fig. 520 zeigt ein Gasvoltameter. Über der Anode A und der Kathode K sind zwei Glasröhren zunächst vollständig mit dem zu untersuchenden Elektrolyten gefüllt (durch Öffnen der Hähne h, wodurch aus S Flüssigkeit von unten her eintritt.) Bei geschlossenen Hähnen h wird ein Strom eingeleitet, die Anionen geben ihr Gas an A, die Kationen an K ab. Beide Elektroden sind aus Platin oder Kohle.

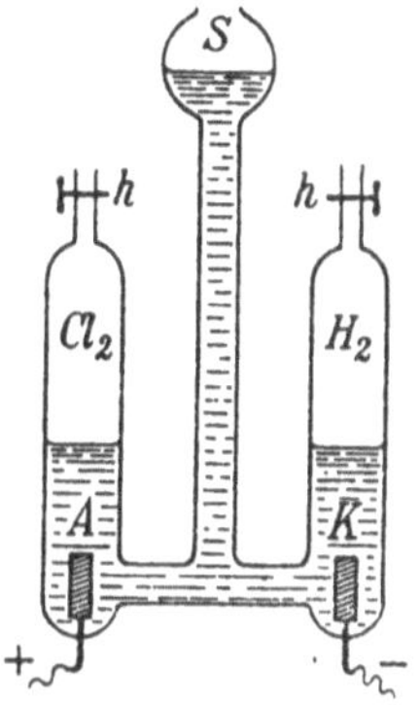

Fig. 520. Voltameter oder Coulometer.

In Fig. 520 sei z. B. HCl in wässeriger Lösung eingeschaltet. An der Kathode erhält man Wasserstoffgas, an der Anode dem Volumen nach ebensoviel Chlorgas entwickelt, also nach dem Gesetze von Avogadro (§ 169) beiderseits gleichviel Molekel. Ändert man die Stärke des Stromes oder seine Dauer, so ändert sich auch proportional die — hier nach dem Volumen gemessene — Menge des Gases. Man kann so leicht (mit einigen Vorsichtsmaßregeln) das erste Faradaysche Gesetz bestätigen.

Brächte man hingegen eine Lösung von Kupferchlorid $CuCl_2$ in den Apparat, so erhielte man bei gleicher Stromstärke und Stromdauer an der Anode wieder dieselbe Menge Cl-Gas, an der Kathode aber metallisches Cu als Elektrodenüberzug.

Besonders wichtig für die Meßtechnik ist die Zersetzung einer wässerigen Silbernitrat- ($AgNO_3$-) Lösung. Hier scheidet sich an der Kathode ein sehr fester Überzug von Ag ab, dessen Gewichtsbestimmung durch Wägung uns ein sehr genaues Maß für die durchgegangene Strommenge liefert.

§ **438. Internationale Definition des Ampere.** Wir haben in vorhergehenden Abschnitten (§§ 373, 386, 387, 429) das elektrostatische und das technische Maßsystem kennen gelernt. Nun haben wir schon in früheren Partien unseres Buches gesehen, daß es sich nach erfolgter Erreichung einer gewissen Genauigkeitsgrenze empfiehlt, internationale Maße einzuführen. Das Meter ist seiner ursprünglichen Definition nach der 10^7 Teil eines Erdquadranten. Das hat man möglichst genau gemessen; dann aber wurde das Meter als die Länge eines nach diesen Gesichtspunkten möglichst genau hergestellten Maßstabes definiert (§ 6). In ähnlicher Weise hat man begonnen, Temperaturpunkte zu fixieren (§ 163). Und genau dasselbe geschah in der Elektrizitätslehre. Man hat wissenschaftlich möglichst genau — nach später zu schildernden Methoden — ein Ampere gemessen. Dabei zeigte sich, daß 1 A pro sec an der Kathode aus einer Silberlösung 0,001118 g Ag ausscheidet (ungefähr 4 g pro Stunde). Diese Zahl, von F. und W. Kohlrausch und anderen auf das sorgfältigste bestimmt, dient zur internationalen Definition und Stabilisierung der „praktischen“ Einheit der Stromstärke des Ampere oder A.

Die ersten gegenseitigen Beziehungen der elektrischen Maßeinheiten, die wir in diesem Bande brachten, mögen dem Leser im ersten Augenblicke wohl recht willkürlich und kompliziert erschienen sein; sie sind aber mit großer Umsicht so gewählt worden, daß die in der Praxis hauptsächlich vorkommenden Werte in ihrem Zusammenhang ungemein übersichtlich werden. So ist ein Coulomb so festgesetzt worden, daß wir jetzt sagen können: wenn ein Ampere 1 sec lang durch einen Leiter fließt, so ist durch diesen Leiter eine Elektrizitätsmenge von 1 Coulomb gegangen.

Mit irgendeinem Voltameter, z. B. Ag-Voltameter kann man also die durchgegangene Elektrizitätsmenge, die Coulombs messen. Man nennt einen solchen elektrolytischen Strommengenmeßapparat daher neuerlich nicht Voltameter (wegen unangenehmen Verwechslungen mit einem Voltmeter § 479), sondern Coulometer. Fließt der Strom gleichförmig, so sind die Coulombs pro sec auch gleich der Stromstärke in A.

§ **439. Valenzladung.** Silber hat das Atomgewicht 107,9, seine Wertigkeit ist 1. Um 107,9 g Ag abzuscheiden, braucht man nach vorhergehendem § 107,9 : 0,00111 oder 96500 Coulombs (96540 nach Festsetzung der Bunsengesellschaft).[1] Diese Zahl heißt die Valenzladung oder „Faraday", F. So oft 96500 Coulomb, also 1 F, durch eine Silbernitratlösung gehen, also z. B. 1 A während 96540 sec oder 100 A während 965,4 sec oder 96540 A durch 1 sec, wird immer ein Gramm-Äquivalent Ag oder 107,9 g Ag ausgeschieden. Dieselben Strommengen scheiden aber nach dem zweiten FARADAYschen Gesetze auch aus anderen Lösungen 1 Äquivalent ab, also z. B. in g:

an der Kathode	1,008 H_2	oder	107,88 Ag	oder	63,6/2 Cu usw.
an der Anode	35,46 Cl_2	„	126,92 J	„	16,0/2 O_2 usw.

Dieses Gesetz gilt nicht nur für wässerige, sondern auch für andere Lösungen und für geschmolzene Salze und zwar bei allen Temperaturen.

§ **440. Elektrolytische Dissoziation.** Die Leitung der Elektrizität in den flüssigen Leitern gehorcht, abgesehen von Stromwechseln von äußerster Schnelligkeit, dem OHMschen Gesetze, wie durch die sorgfältigsten Prüfungen immer aufs neue bestätigt worden ist; schon die kleinste elektromotorische Kraft, die auf das Innere eines Elektrolyten wirkt, ruft einen mit ihr proportionalen Strom hervor. Das wäre nicht möglich, wenn die neutralen Molekel erst durch die auf ihre positiven und negativen Bestandteile wirkenden elektrischen Kräfte zerlegt würden; denn dazu würde eine gewisse minimale Spannung nötig sein, und unterhalb dieser könnte dann ein Strom überhaupt nicht auftreten. Diese Schwierigkeit ist zuerst von CLAUSIUS durch die Annahme beseitigt worden, daß an der elektrolytischen Leitung nur die schon vorher durch Dissoziation der Molekel entstandenen freien Ionen beteiligt seien.

---

[1] W. JAEGER, „Elektrische Meßtechnik" (1917) verlangt als genaueren Wert 96494.

Arrhenius brachte diese Vorstellung zur allgemeinen Geltung. Anknüpfend an die merkwürdigen Dissoziationserscheinungen von wässerigen Lösungen (§ 229), stellte Arrhenius folgende Hypothese auf. Irgendein Salz, Base oder Säure wird bei gewöhnlicher Lösung in Wasser gespalten, z. B. HCl in H und Cl. Eine stark verdünnte Lösung von HCl zeigt nämlich doppelt so großen osmotischen Druck (oder Gefrierpunktserniedrigung, Dampfspannungserniedrigung, Siedepunktserhöhung) als der Zahl der gelösten HCl Molekel entspricht. Aus je einem HCl Molekel sind nämlich zwei Molekel geworden. Diese Molekel sind H-Atome mit positiver elektrischer Ladung und Cl-Atome mit ebenso großer negativer Ladung. Wir schreiben diese neuen Molekel, die sog. Ionen, $\overset{+}{H}$ und $\overset{-}{Cl}$.

In dem Beispiele von Fig. 520 zieht dann die Kathode die H-Ionen an, indes die Cl-Ionen zur Anode gezogen werden. Beim Durchströmen eines Elektrolyten wird also die Elektrizität konvektiv, durch zwei nach entgegengesetzten Richtungen ziehende Ionenprozessionen befördert. Die nach der Kathode ziehenden Ionen heißen Kationen, die nach der Anode ziehenden Anionen. Genauere Darstellung dieses Vorganges in § 442.

Werden die Ionen $\overset{+}{H}$ und $\overset{-}{Cl}$ an den Elektroden abgeschieden, so geben sie ihre Ladungen an diese ab, und vereinigen sich wieder zu den neutralen Molekeln H_2 und Cl_2. In derselben Weise kann man nun annehmen, daß alle Ionen chemisch einwertiger Elemente oder Radikale gleiche, positive oder negative, elektrische Ladungen $\pm \varepsilon$ besitzen.

In verdünnter Schwefelsäure wird aber die Konvektion der negativen Elektrizität durch die zweiwertige Gruppe SO_4 besorgt. Die Anzahl der negativen Ionen ist nur halb so groß als die der positiven Wasserstoffionen, jedes negative Ion muß also den Transport einer doppelten Elektrizitätsmenge übernehmen; die elektrische Ladung der Ionen SO_4 muß -2ε sein, was wir durch das Symbol $\overset{=}{SO_4}$ andeuten. Die elektrolytische Zersetzung der Schwefelsäure würde gegeben sein durch die Gleichung:

$$H_2SO_4 = \overset{+}{H} + \overset{+}{H} + \overset{=}{SO_4}.$$

Der Wasserstoff geht also auch hier — wie immer, ebenso wie die Metalle — zur Kathode, in der Stromrichtung. Aus vorstehendem erhellt ferner, daß alle chemisch zweiwertigen Ionen die elektrische Ladung $\pm 2\varepsilon$ besitzen müssen. In derselben Weise findet man, daß die Ladung aller dreiwertigen Ionen gleich $\pm 3\varepsilon$ sein muß. Beispiele anderer elektrolytischer Zersetzungen sind:

$$H_2O = \overset{+}{H} + \overline{OH}$$

$$NaOH = \overset{+}{Na} + \overline{OH}$$

$$Ba(OH)_2 = \overset{++}{Ba} + \overline{OH} + \overline{OH}$$

$$CuSO_4 = \overset{++}{Cu} + \overset{=}{SO_4}.$$

Durch diese Betrachtung erledigen sich auch gewisse Zerlegungen, die dem FARADAYschen Gesetze zu widersprechen scheinen. Wenn man denselben Strom durch zwei mit Kupferchlorür- und Kupferchloridlösung beschickte Coulometer nacheinander leitet, so wird in dem ersten doppelt soviel Kupfer abgeschieden, wie in dem zweiten. Die Gleichungen für die entsprechenden elektrolytischen Zersetzungen müssen sein:

$$Cu_2Cl_2 = \overset{+}{Cu} + \overset{+}{Cu} + \overset{-}{Cl} + \overset{-}{Cl}$$
$$CuCl_2 = \overset{++}{Cu} + \overset{-}{Cl} + \overset{-}{Cl}.$$

Es ergibt sich daraus, daß die Ionen ihre elektrischen Ladungen in derselben Weise sprungweise ändern wie ihre Valenz. Ganz allgemein kann man das Resultat der Untersuchung in dem Satze zusammenfassen:

Bei der elektrolytischen Zersetzung ist jede chemische Valenz der Ionen mit derselben Menge positiver oder negativer Elektrizität verbunden.

Die Anzahl der dissoziierten Molekel hängt ab von der Konzentration; bei sehr verdünnten Lösungen kann man dem Verlaufe des Leitvermögens zufolge annehmen, daß alle gelösten Molekel in der angegebenen Weise dissoziiert sind. Bei größerer Konzentration gilt dies nur von einem Bruchteile, und man hat sich dann das ganze System in einem Zustande beweglichen Gleichgewichtes zu denken, bei dem fortwährend Zerfall und Wiederbildung von Molekeln stattfindet, aber so, daß die Gesamtzahl der nichtdissoziierten wie der dissoziierten dabei keine Änderung erfährt. Die dissoziierende Kraft, welche nach unserer Anschauung dem Wasser zukommt, dürfte in Zusammenhang stehen mit der großen Diëlektrizitätskonstante des Wassers und der dadurch verminderten elektrischen Wechselwirkung der gelösten Ionen.[1]

Der Unterschied zwischen der elektrolytischen Dissoziation und der rein chemischen besteht vor allem darin, daß bei der ersteren die elektrisch neutralen Molekel in entgegengesetzt geladene Ionen zerfallen, während die Produkte einer chemischen Dissoziation wieder elektrisch neutral sind; ein weiterer Unterschied liegt darin, daß die Molekel bei beiden Dissoziationen im allgemeinen in verschiedene chemische Komponenten sich spalten, z. B. $NH_4Cl = NH_3 + HCl$ und $NH_4Cl = \overset{+}{NH_4} + \overset{-}{Cl}$. Man hat also auch zwischen chemischer und elektrolytischer Dissoziation zu unterscheiden. Beide Arten von Dissoziationen sind ganz verschiedene Vorgänge, deren innerer Zusammenhang noch unbekannt ist.

Hydroxyl- und Wasserstoffionen. Die Leitfähigkeit eines Elektrolyten ist umso größer, je mehr dissoziierte Ionen vorhanden und je geringer die Reibung der Ionen gegen das Lösungsmittel. Wasser enthält immer $\overset{-}{OH}$ und $\overset{+}{H}$-Ionen, besitzt daher auch im reinen Zustande ein wenn auch sehr geringes Leitungsvermögen.

[1] NERNST, Gött. Nachr. (1895).

Sekundäre Prozesse. Bei der Zersetzung von $CuCl_2$ wird Cl_2 an der Anode, und Cu an der Kathode frei, ebenso bei Zersetzung von HCl an der Anode Cl_2 und H_2 an der Kathode.

Manches Mal muß aber eine etwas andere Auffassung statthaben. Bei Zersetzung von verdünnter Schwefelsäure wird an der Anode das chemische Radikal SO_4 frei, das aber nach der chemischen Gleichung $H_2O + SO_4 = H_2SO_4 + O$ zu Schwefelsäure und Sauerstoff wird; nur letzterer entweicht. Hätten wir also den Zersetzungsapparat Fig. 520 mit durch Schwefelsäure angesäuertem Wasser gefüllt, so erhielten wir für jedes O-Atom an der Anode je zwei H-Atome an der Kathode; nach dem Avogadroschen Gesetze wird daher dem Volumen nach doppelt soviel Wasserstoffgas als Sauerstoffgas entstehen.

Hier wird also das Anion nicht chemisch frei, es veranlaßt einen chemischen Prozeß. Solche an der Elektrode auftretende chemische Umsetzungen nennt man elektrolytisch sekundäre Prozesse.

§ 441. Dissoziationsgrad. Von N Molekeln sollen in der Lösung αN Molekel in je n Ionen dissoziieren. Meistens ist $n = 2$ oder 3. Der osmotische Druck der unzerfallenen Molekel würde sich zu P_0 berechnen. Nach dem Zerfall haben wir $(N - N\alpha)$ unzerfallene und $N\alpha n$ zerfallene Molekel, also im ganzen $N[1 + (n-1)\alpha]$; ihren osmotischen Druck beobachtet man mit P. Da diese Drucke der Molekelanzahl proportional sind, muß sein:

$$\frac{N[1 + (n-1)\alpha]}{N} = \frac{P}{P_0} \quad \text{oder} \quad \alpha = \frac{P - P_0}{(n-1)\,P_0}\,.$$

Statt des osmotischen Druckes können wir auch mit der Gefrierpunktserniedrigung arbeiten. Es sei t_0 die nach einer nicht dissoziierten Molekelzahl berechnete Erniedrigung; die beobachtete t ist größer, weil ja ein Bruchteil α der Molekel dissoziiert ist. Auch hier ist

$$\text{der Dissoziationsgrad } \alpha = \frac{t - t_0}{(n-1)\,t_0}\,.$$

Ebenso könnte man mit Dampfspannungserniedrigung oder Siedepunktserhöhung das α bestimmen.

Wir wollen nun α aus der Leitfähigkeit berechnen. $\varkappa$ war das spez. Leitvermögen (§ 430, Leitfähigkeit von 1 cm Länge und 1 cm^2 Querschnitt). Bezeichnen wir mit η die Anzahl Grammäquivalente im cm^3, die Konzentration, so bezeichnet man als

$$\text{molekulare Leitfähigkeit } \Lambda = \frac{\varkappa}{\eta}\,.$$

Diese muß aber auch nach dem vorhergehenden dem Dissoziationsgrade α proportional sein:

$$\Lambda = K\alpha\,.$$

Wird α gleich Eins, so heißt das, daß alle Molekel dissoziiert sind; bezeichnen wir die Leitfähigkeit für diese hinreichend großen Verdünnungen mit Λ_∞, so ist

$$\Lambda_\infty = K \quad \text{und} \quad \alpha = \frac{\Lambda}{\Lambda_\infty} \cdot$$

Kohlrausch bestimmte die Änderungen des molekularen Leitvermögens Λ mit abnehmender Konzentration und erhielt so (oft mit entsprechender Extrapolation) den Grenzwert Λ_∞.

Arrhenius[1] zeigte nun aus den damals gegebenen Versuchsresultaten, daß

$$\alpha = \frac{\Lambda}{\Lambda_\infty} = \frac{P - P_0}{(n-1)P_0} = \frac{t - t_0}{(n-1)t_0}$$

ist, womit seine Dissoziationstheorie die wichtigste Stütze erhielt. Spätere genauere experimentelle Prüfungen bestätigten dies Resultat.

§ 442. Theorie der Elektrolyse. Auf Grund der im vorhergehenden entwickelten Anschauung können wir das bereits gegebene einfache und anschauliche Bild von dem Vorgange der Elektrolyse genauer studieren. Wir denken uns den Leiter, etwa wässerige Salzsäure, in einen Trog gefüllt, so daß die Flüssigkeitssäule beiderseits von den Elektroden begrenzt wird. Wir haben unser Augenmerk nur auf die freien Ionen $\overset{+}{H}$ und $\overset{-}{Cl}$ zu richten, welche in einer gewissen, durch die Konzentrationsverhältnisse bedingten Dichte den Raum zwischen den Elektroden gleichmäßig erfüllen. Verbinden wir die Elektroden mit den Polen einer galvanischen Batterie, so wirkt in dem ganzen Zwischenraume eine elektrostatische Kraft, die wir, bezogen auf die statische Einheit der Elektrizitätsmenge, durch $\mathfrak{E}$ bezeichnen. Die Bewegung der Ionen in dem umgebenden Lösungsmittel möge einem großen Reibungswiderstande unterliegen, der eine der Geschwindigkeit proportionale, der Bewegung entgegengerichtete Kraft zur Folge hat. Die Geschwindigkeit der Ionen wird dann so lange wachsen, bis der Reibungswiderstand der elektrischen Kraft gleich geworden ist; von diesem Momente an bewegen sich die Ionen mit konstanter Geschwindigkeit weiter. In unserem Beispiele ist die auf ein Ion wirkende Kraft gleich $\varepsilon\mathfrak{E}$; die dadurch erzeugte Geschwindigkeit ist gleich der Kraft, dividiert durch den Koëffizienten der Reibung. Bezeichnen wir die reziproken Werte der als konstant vorausgesetzten Reibungskoëffizienten mit U_p und U_n, so wird die Geschwindigkeit der $\overset{+}{H}$-Ionen gleich $U_p\varepsilon\mathfrak{E}$, die der $\overset{-}{Cl}$-Ionen gleich $U_n\varepsilon\mathfrak{E}$. Hier ist U_p bzw. U_n, die durch die Krafteinheit erzeugte Wanderungsgeschwindigkeit des Ions, die sog. Beweglichkeit.

In einer sec verschieben sich alle $\overset{+}{H}$-Ionen im Sinne der elektromotorischen Kraft um die Strecke $U_p\varepsilon\mathfrak{E}$, alle $\overset{-}{Cl}$-Ionen im entgegengesetzten Sinne um $U_n\varepsilon\mathfrak{E}$. Das Resultat der Verschiebung wird am anschaulichsten, wenn man sich den ganzen zwischen den Elektroden

[1] Zs. phys. Chem. 1. (1887).

(Fig. 521) liegenden Zylinder doppelt denkt, das eine Mal erfüllt mit den Ionen $\overset{+}{\mathrm{H}}$, das andere Mal mit den Ionen $\overset{-}{\mathrm{Cl}}$. Die von der elektromotorischen Kraft per sec bewirkte Veränderung ist dann dieselbe, wie wenn der erste Zylinder in ihrer Richtung um die Strecke $AB = A'B' = U_p \varepsilon \mathfrak{E}$, der zweite in entgegengesetzter um $AC = A'C' = U_n \varepsilon \mathfrak{E}$ sich verschoben hätte. Während zu Anfang die beiden Zylinder sich deckten, sind ihre

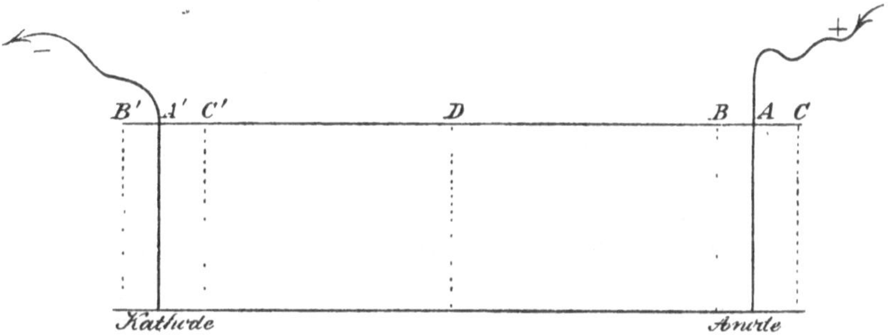

Fig. 521. Elektrolyse.

Endflächen am Schlusse der sec um die Länge $BC = B'C' = (U_p + U_n)\varepsilon\mathfrak{E}$ voneinander entfernt. Der Querschnitt des leitenden Zylinders sei 1 cm², an der Kathode entsteht dann ein freier Raum mit dem Inhalte $(U_p + U_n)\varepsilon\mathfrak{E}$, erfüllt von $\overset{+}{\mathrm{H}}$-Ionen, ein ebenso großer erfüllt von $\overset{-}{\mathrm{Cl}}$-Ionen an der Anode. Die in diesen Räumen enthaltenen Ionen sind es, die erfahrungsgemäß bei der elektrolytischen Zersetzung an den Elektroden sich entwickeln; sie geben dabei ihre elektrische Ladung an diese ab und erhalten dadurch den Strom. Bezeichnen wir durch N die Anzahl der in 1 cm³ enthaltenen positiven oder negativen Ionen, durch μ_p und μ_n ihre Massen, so ist die Masse des pro sec an der Kathode abgeschiedenen Kations $M_p = N\mu_p(U_p + U_n)\varepsilon\mathfrak{E}$, die des gleichzeitig an der Anode entwickelten Anions $M_n = N\mu_n(U_p + U_n)\varepsilon\mathfrak{E}$. Die abgeschiedenen Mengen M_p und M_n verhalten sich wie die Molekulargewichte der Ionen.

Wir gehen nun über zu der Ermittlung der dem Vorgange entsprechenden Stromstärke; die Zahl der pro sec durch den Querschnitt des elektrolytischen Zylinders gehenden positiven und negativen Ionen ist $N(U_p + U_n)\varepsilon\mathfrak{E}$; jedes einzelne Ion führt die Elektrizitätsmenge ε mit sich, somit ist die Menge der pro sec durch den Querschnitt gehenden elektrostatischen Einheiten, die Stromstärke in elektrostatischem Maße, $\mathfrak{c} = N(U_p + U_n)\varepsilon^2\mathfrak{E}$.

Nach dem Ohmschen Gesetze (§ 430) ist $I = \varkappa E$, da der Querschnitt 1 cm² ist. Wird $E = 1$ und nehmen wir für I und $\varkappa$ im elektrostatischen Maße $\mathfrak{c}$, und γ, so wird, wenn $\varepsilon\mathfrak{E} = 1$

$$\mathfrak{c} = \gamma = N\varepsilon(U_p + U_n).$$

Wir wollen nun $N\varepsilon$ bestimmen. Um ein Grammäquivalent auszuscheiden, brauchen wir den Durchgang von 96500 Coulomb oder $96500 \cdot 3 \cdot 10^9$ elektrostat. Einheiten. Dieser Wert L gilt für alle Ionen. Denken wir uns nun, was praktisch ja nicht erreichbar ist, die Konzentration so, daß in je 1 cm^3 ein Grammäquivalent vollständig dissoziiert wäre, so enthielte ein solcher cm^3 eine Elektrizitätsmenge L, es ist für diesen Fall $N\varepsilon = L$. Auch das γ hat mit dieser Festsetzung einen bestimmten Wert, es wird (§ 441) zur molekularen Leitfähigkeit Λ_∞, somit

$$\Lambda_\infty = L(U_p + U_n) = U + V,$$

wenn $L\,U_p$ bzw. $L\,U_n$ mit U bzw. V bezeichnet wird. Letztere Größen heißen die absoluten Beweglichkeiten.

Das molekulare Leitvermögen nach elektrochemischen Äquivalenten ist gleich der Summe der absoluten Beweglichkeiten der Ionen.

§ **443. Hittorfs Überführungszahlen.** Kehren wir zurück zu den im Anfange des § 442 geschilderten Verhältnissen und denken wir uns den von dem Elektrolyten erfüllten Trog in der Mitte durch ein Diaphragma D (Fig. 521) geteilt, von dem wir aber annehmen, daß es für die sich bewegenden Ionen vollkommen durchlässig sei. In der Richtung nach der Kathode geht in der Zeiteinheit durch das Diaphragma eine Anzahl von positiven Ionen, die gegeben ist durch $N U_p \varepsilon \mathfrak{E}$.

Gleichzeitig geht im entgegengesetzten Sinne eine Anzahl von $N U_n \varepsilon \mathfrak{E}$ negativen Ionen hindurch. Ist $U_n > U_p$, so ist die letztere Zahl größer als die erstere; es wandern mehr negative Ionen durch das Diaphragma, als positive, und dies gibt Veranlassung zu Konzentrationsänderungen des Elektrolyten, die zu beiden Seiten des Diaphragmas von verschiedener Größe sind. Das Verhältnis der Zahl der negativen Ionen, die pro sec durch das Diaphragma gehen, zu der Zahl der gleichzeitig an den Elektroden ausgeschiedenen positiven oder negativen Ionen nennt man die Überführungszahl[1] des Anions; diese ist:

$$n = \frac{U_n}{U_p + U_n},$$

oder, da die Geschwindigkeiten U_p und U_n sich von den absoluten Beweglichkeiten U und V nur durch den konstanten Faktor L unterscheiden,

$$n = \frac{V}{U + V}.$$

Die Kenntnis der Überführungszahl ist von großer Bedeutung, weil sie in Verbindung mit dem molekularen Leitvermögen zu der Kenntnis der absoluten Beweglichkeiten U und V führt. Wie man aber aus den Konzentrationsänderungen des Elektrolyten die Überführungszahl berechnen kann, erläutern wir an dem Beispiele der Elektrolyse von Kupfer-

---

[1] Hittorf, Pogg. Ann. 89, 98, 103, 106 (1853—59). Ostwalds Klassiker 21 und 23.

sulfat zwischen Kupferelektroden. Die Ionen $\overset{++}{Cu}$ und $\overset{=}{SO_4}$ von $CuSO_4$ sind allerdings, im Gegensatze zu dem bisher betrachteten Beispiele, zweiwertig. Jedes Ion ist mit der Elektrizitätsmenge $\pm 2\varepsilon$ geladen. Die auf dieses ausgeübte elektrische Kraft ist gleich $2\varepsilon\mathfrak{E}$, und dieser Wert ist an Stelle des $\varepsilon\mathfrak{E}$ zu setzen. Im übrigen bleiben die früheren Betrachtungen unverändert. Man kann aber vollkommene Übereinstimmung mit den früheren Formeln herstellen, wenn man an Stelle der Ionen $\overset{++}{Cu}$ und $\overset{=}{SO_4}$ eine doppelte Zahl fingierter Ionen mit halbem Molekulargewicht, $(\frac{1}{2}\overset{++}{Cu})$ und $(\frac{1}{2}\overset{=}{SO_4})$, einführt; diese sind dann mit der einfachen Valenzladung ε zu verbinden und verhalten sich wie einwertige Ionen. Bei $CuSO_4$ muß nun die Wanderungsgeschwindigkeit U_n der $\overset{=}{SO_4}$-Ionen größer sein als die der Cu-Ionen; das ergibt sich aus den im folgenden mitzuteilenden Ergebnissen der chemischen Analyse der Lösung vor und nach der Elektrolyse. Die Menge des an der Kathode abgeschiedenen Kupfers wird durch Wägung bestimmt; sie betrug in einem bestimmten Falle 0,252 g, und es war daher, die Zeitdauer des Versuches gleich Eins genommen:

$$0{,}252 = M_p = N\mu_p(U_p + U_n)\varepsilon\mathfrak{E}.$$

Aus den Konzentrationsverhältnissen ergibt sich, daß vor der Elektrolyse auf der Seite der Kathode 1,503 g Cu in Lösung waren; nach der Elektrolyse waren auf dieser Seite nur noch 1,333 g Cu gelöst. Die Menge des gelösten Cu hat also auf der Seite der Kathode um 0,170 g abgenommen; dies muß die Folge der entgegengesetzten Wanderung der $\overset{=}{SO_4}$-Ionen sein, die sich in der Zeiteinheit um die Strecke $A'C' = U_n\varepsilon\mathfrak{E}$ verschoben. Es fehlen infolge hiervon an der Kathode offenbar die Cu-Ionen, welche vor der Elektrolyse in einer Schichte von der Dicke $A'C' = U_n\varepsilon\mathfrak{E}$ enthalten waren (vgl. Fig. 521). Es ist somit:

$$0{,}170 = N\mu_p\, U_n\varepsilon\mathfrak{E},$$

und

$$\frac{U_p}{U_p + U_n} = \frac{0{,}170}{0{,}252} = 0{,}67 = n.$$

§ **444. Ionengeschwindigkeiten.** Mit der Bestimmung der Überführungszahlen ist nun der Weg zu der Berechnung der absoluten Beweglichkeiten U und V geebnet. Die aus den Beobachtungen abgeleiteten Zahlen haben zu dem einfachen Satze geführt, daß in verdünnten Lösungen die absoluten Beweglichkeiten der Ionen konstant sind, unabhängig von der Gegenwart irgendwelcher anderer gleichzeitig gelöster Ionen. Das molekulare Leitvermögen solcher Lösungen setzt sich dann additiv aus den ein für allemal zu berechnenden absoluten Beweglichkeiten U und V der Ionen zusammen[1], entsprechend der Formel:

$$\Lambda_\infty = U + V.$$

[1] F. Kohlrausch, Wied. Ann. 6 (1879); 26 (1885).

Wir teilen im folgenden eine kleine Tabelle mit für die Werte von U und V bei 18°, wie sie sich als Grenzwerte durch Beobachtungen an sehr verdünnten Lösungen ergeben haben[1] (praktisches Maßsystem).

Positive Ionen		H	Li	NH_4	Na	K	Ag
	μ_p	1	7	18	23	39	107,9
	$U \cdot 10^5$	329	34,6	66	45,2	67,0	58
Negative Ionen		OH	Cl	$C_2H_3O_2$	NO_3	Br	J
	μ_n	17	35,4	59	62	79,8	126,5
	$V \cdot 10^5$	180	67,7	35	64,0	68	68

Diese U und V sind die von den Ionen erlangten Geschwindigkeiten in $cm \cdot sec^{-1}$, wenn der Abfall des Potentiales auf die Länge 1 cm gleich 1 Volt ist, oder wenn auf diese Länge die elektromotorische Kraft 1 Volt wirkt. Diese Ionengeschwindigkeiten liegen also zwischen 0,003 und 0,0003 cm/sec. Sie sind, da die Viskosität bei nicht zu großer Konzentration von dieser unabhängig ist, für verschiedene Konzentrationen konstant. Mit der Temperatur aber steigen diese Werte der Beweglichkeiten um 1,5 bis 2,7 % pro Grad; ein theoretischer Zusammenhang ist noch nicht gefunden.

Komplexe Molekel. Schon Kohlrausch hielt dafür, daß neben den einfachen Ionen auch geladene Komplexe von mehreren Molekeln möglich wären, die sich durch geringere Wanderungsgeschwindigkeit auszeichnen.

Lenard[2] hat diese Vorstellung in weitgehendster Weise ausgebaut. Er erklärt so z. B. die Erniedrigung der Dampfspannung (§ 229) dadurch, daß die an der Oberfläche einer Salzlösung liegenden komplexen Molekel schwerer verdampfbar sind. Oder, bei einer Messung des osmotischen Druckes (§ 221), sind die Öffnungen der halbdurchlässigen Membran für die Molekel des Lösungsmittels durchgängig, indes die komplexen (und darum größeren) Lösungsmolekel (z. B. von Zucker) wie Ventile den einseitigen Durchtritt versperren. Über die Heranziehung dieser Ideen zur Erklärung der Wasserfall- und Gewitterelektrizität sprechen wir später (im neunzehnten Teile dieses Bandes).

Auch über die komplexe Natur der Gasionen wird später ausführlich berichtet werden (dreizehnter Teil).

§ 445. Größe der Ionenladung. Wir sahen, daß 96500 Coulomb oder $96500 \cdot 3 \cdot 10^9$ elektrostatische Einheiten die Ladung eines Grammäquivalents bilden, in welchem nach Loschmidt $6 \cdot 10^{23}$ Molekel sind. Die Ladung eines jeden einzelnen Ions ist also

$$\varepsilon = \frac{96500 \cdot 3 \cdot 10^9}{6 \cdot 10^{23}} = 4{,}8 \cdot 10^{-10} \text{ elektrost. Einheiten.}$$

Man gelangt so zu einer Art von Elektrizitätsatom.

In einer Rede zu Ehren Faradays in London hat Helmholtz 1881 diesen großen und kühnen Gedanken zuerst in folgender Weise zum Ausdrucke gebracht:

---

[1] Kohlrausch und Holborn. Das Leitvermögen der Elektrolyte. Leipzig 1898.

[2] Ber. d. Heidelb. Akad. (1914); Ann. d. Phys. 47 (1915).

„Daß die festen Verhältniszahlen der chemischen Verbindungen auf der Präexistenz unzerstörbarer Atome beruhen, mag hypothetisch erscheinen; zurzeit kennen wir aber noch keine hinreichend klare und entwickelte andere Theorie, die die Beobachtungstatsachen der Chemie so einfach und folgerichtig zu erklären imstande wäre, wie die atomistische Theorie der neueren Chemie. — Auf die elektrischen Vorgänge übertragen, führt diese Hypothese in Verbindung mit Faradays Gesetz allerdings auf eine etwas überraschende Folgerung. Wenn wir Atome der chemischen Elemente annehmen, so können wir nicht umhin, weiter zu schließen, daß auch die Elektrizität, positive sowohl wie negative, in bestimmte elementare Quanta geteilt ist, die sich wie Atome der Elektrizität verhalten."

Der Wert $\varepsilon = 4{,}8 \cdot 10^{-10}$ elektrostatische Einheiten wurde später als „Elementarquantum" der Elektrizität auch auf anderen Gebieten der Elektrizität nachzuweisen versucht.

Das Verhältnis der Ladung zur geladenen Ionenmasse heißt spezifische Ladung; sie ist für Wasserstoff

$$(96500 \cdot 3 \cdot 10^9) : 1 = 0{,}289 \cdot 10^{15},$$

weil 1 g Wasserstoff mit 96500 Coul. geladen ist. Dieses Verhältnis gilt natürlich für beliebige Mengen, also auch für das einzelne Ion. Somit ist die spez. Ladung des H-Ions

$$\varepsilon / m_H = 0{,}289 \cdot 10^{15}.$$

II. Lösungstension und Polarisation.

§ **446. Konzentrationsketten. Zersetzungsspannung elektrolytischer Lösungen.** Wir betrachten im folgenden eine Art galvanischer Elemente, die deshalb von besonderem Interesse sind, weil wir bei ihnen Sitz und Ursprung der elektromotorischen Kraft vollkommen zu übersehen vermögen. Zwei Elektroden aus demselben Metalle, etwa zwei Kupferplatten, tauchen in zwei verschieden konzentrierte Lösungen eines Kupfersalzes, etwa $CuSO_4$, die untereinander durch einen kleinen Heber kommunizieren. Die Konzentrationen suchen sich zunächst durch Diffusion auszugleichen; dabei eilen die SO_4-Ionen den Cu-Ionen voran, da (nach § 444) die Beweglichkeit der ersteren, V, größer ist, als die der letzteren, U. Es entsteht dadurch an der Grenzfläche der Lösungen eine elektrische Ladung, die durch ihre Rückwirkung die Geschwindigkeit der SO_4-Ionen verzögert, die der Cu-Ionen beschleunigt, bis beide Geschwindigkeiten gleich geworden sind. Nimmt man an, daß die Bewegung der Ionen durch den verschieden großen osmotischen Druck der konzentrierten und der weniger konzentrierten Lösung bedingt sei, so ist es möglich, die zum Ausgleiche der Ionengeschwindigkeiten erforderliche elektrische Kraft zu bestimmen.

Wir betrachten zu diesem Zwecke die als eben vorausgesetzte Grenze der beiden verschieden konzentrierten Lösungen. Wir nehmen an, daß die Konzentration der beiden Ionenarten von der konzentrierteren Lösung zu der verdünnteren sich stetig ändere, daß sie aber an jeder Stelle der Grenze für beide Ionen als gleich betrachtet werden könne. Durch die Grenze legen wir in der Richtung der Konzentrationsänderung einen zylindrischen Kanal von dem Querschnitte q. Auf der Achse des Zylinders nehmen wir einen festen Punkt O, und bestimmen einen beliebigen Querschnitt des Kanales durch seinen Abstand x von O. Durch zwei Querschnitte in den Abständen x und $x + dx$ schneiden wir aus dem Kanale ein kleines Stück von der Länge dx aus. An einer bestimmten Stelle ist der osmotische Druck der positiven Ionen ebenso groß wie der der negativen, da beide in gleicher Zahl vorhanden sind; er sei in der Anfangsfläche des Stückes dx gleich p, in der Endfläche gleich $p + dp$. Es wirkt dann auf beide Arten von Ionen eine Kraft $q\,dp$ entgegengesetzt der Richtung der wachsenden Konzentration. Bezeichnen wir mit N die Anzahl der Grammionen der einen oder der anderen Art im cm^3, die Ionenkonzentration, so sind in dem abgegrenzten Stücke des Kanales $N q\,dx$ Grammionen enthalten. Die auf 1 Grammion kommende Kraft ist somit gleich

$$-\frac{1}{N}\frac{dp}{dx}.$$

Nun wirkt aber in der Grenze noch eine elektrostatische Kraft; ihre Stärke sei $\mathfrak{E}$, ihre Richtung stimmt überein mit der von Ox. Ist L die Ladung des Grammions, so wirkt auf 1 Grammion der positiven Ionen die Kraft $L\mathfrak{E}$ in der Richtung Ox, auf ein Grammion der negativen Ionen die Kraft $-L\mathfrak{E}$ in entgegengesetzter Richtung. Die gesamten Kräfte, welche auf ein positives und ein negatives Grammion wirken, sind danach:

$$-\frac{1}{N}\frac{dp}{dx} + L\mathfrak{E} \qquad \text{und} \qquad -\frac{1}{N}\frac{dp}{dx} - L\mathfrak{E}.$$

Sollen die dadurch erzeugten Geschwindigkeiten der beiden Ionenarten gleich sein, so muß die Bedingung erfüllt werden:

$$U_p\left(-\frac{1}{N}\frac{dp}{dx} + L\mathfrak{E}\right) = U_n\left(-\frac{1}{N}\frac{dp}{dx} - L\mathfrak{E}\right).$$

Daraus:

$$\mathfrak{E} = \frac{1}{L}\,\frac{U_p - U_n}{U_p + U_n}\,\frac{1}{N}\,\frac{dp}{dx}\,.$$

Die Potentialdifferenz zwischen den Endflächen des Stückes dx in elektrostatischem Maße wird:

$$\mathfrak{E}\,dx = \frac{1}{L}\,\frac{U - V}{U + V}\,\frac{1}{N}\,dp\,,$$

wenn man zugleich an Stelle von U_p und U_n die damit proportionalen absoluten Beweglichkeiten U und V setzt. In Volt ausgedrückt wird die auf das Stück dx wirkende elektromotorische Kraft:

$$dE = \frac{300}{L}\,\frac{U - V}{U + V}\,\frac{1}{N}\,dp\,.$$

Für den osmotischen Druck p der Ionen gilt nach § 221 das Gesetz:

$$p = \delta_p R_p T = \delta_n R_n T,$$

wo δ_p und δ_n die Dichten der Ionen, R_p und R_n Konstanten, und T die absolute Temperatur bezeichnet.

Sind μ_p und μ_n die Molekulargewichte der Ionen, so ist $\delta_p = N\mu_p$ und $\delta_n = N\mu_n$, somit:

$$p = N\mu_p R_p T = N\mu_n R_n T.$$

Die Produkte $\mu_p R_p$ und $\mu_n R_n$ sind einander gleich; ihr gemeinsamer Wert ist, wie wir in der Wärmelehre bei der Betrachtung des Avogadroschen Gesetzes zeigten (§ 170), im absoluten Maße:

$$\mu_p R_p = \mu_n R_n = 83016000 \text{ cm}^2 . \text{sec}^{-2}.$$

Für den osmotischen Druck p und für seine Zunahme auf der Strecke dx ergeben sich somit die Formeln:

$$p = 83016000 \cdot NT, \qquad dp = 83016000 \cdot T\,dN,$$

wo dN die Konzentrationszunahme auf der Strecke dx ist. Die auf dx wirkende elektromotorische Kraft wird mit Benützung des letzteren Ausdruckes:

$$dE = \frac{300 \cdot 83016000}{L} \cdot T \frac{U - V}{U + V} \frac{dN}{N} \text{ Volt.}$$

Setzen wir für die elektrische Ladung L des Grammions den in § 445 angegebenen Wert $0{,}289 \cdot 10^{15}$, so wird:

$$dE = 86{,}1 \cdot 10^{-6} \cdot T \frac{U - V}{U + V} \frac{dN}{N} \text{ Volt.}$$

Die ganze in der Grenze der beiden Lösungen auftretende elektromotorische Kraft ergibt sich, wenn man den vorstehenden Ausdruck für alle aufeinander folgenden Stücke des von der konzentrierten Lösung zu der verdünnteren führenden Kanales summiert. Man errechnet so für die Spannungsdifferenz zu beiden Seiten der Grenzschichte den Ausdruck:

$$P_1 - P_2 = 86{,}1 \cdot 10^{-6} \cdot T \frac{U - V}{U + V} \log \frac{N_2}{N_1} \text{ Volt.}$$

Hier bezeichnen N_2 und N_1 die Konzentrationen, P_1 und P_2 die Potentiale der beiden Lösungen.

Um die ganze in einer Konzentrationskette wirksame elektromotorische Kraft zu finden, muß man noch auf die an den Elektroden auftretenden Spannungsdifferenzen Rücksicht nehmen. An der einen Elektrode haben wir in unserem Beispiele metallisches Kupfer in Berührung mit Ionen Cu und SO_4 in der Konzentration N_1, an der anderen Elektrode in Berührung mit denselben Ionen in der Konzentration N_2. Den verschiedenen Konzentrationen werden verschiedene kontaktelektromotorische Kräfte entsprechen, und ihre Differenz ist der in der Grenze wirkenden Kraft noch hinzuzufügen.

Es gelingt nun auch, für die kontaktelektromotorischen Kräfte zwischen einem Metalle und seinen Lösungen eine Theorie zu entwickeln. Man nimmt an, daß die Ionen des Kupfers schon in dem metallischen Kupfer sich vorfinden, daß sie in diesem einen Druck ausüben, der ebenso wie bei den gelösten Ionen durch das Gasgesetz bestimmt wird. Die Ionenkonzentration im Innern des Metalls sei N_0, im Innern der Lösung habe sie den kleineren Wert N. Zwischen dem Metalle und der Lösung befinde sich eine Grenzschichte, in welcher die Ionenkonzentration stetig von N_0 auf N abnimmt. In dieser Grenzschichte seien die Cu-Ionen überall im Gleichgewichte unter der Wirkung der Kräfte, die aus der Änderung des osmotischen Druckes sich ergeben einerseits, unter der Wirkung der in der Grenzschichte auftretenden elektrostatischen Kräfte andererseits. Betrachtungen, welche den früheren ganz analog sind, führen zu den Formeln:

$$L\mathfrak{E} = \frac{1}{N}\frac{dp}{dx}, \qquad dE = \frac{300 \cdot 83016000}{L}\, T\frac{dN}{N}.$$

Für die Potentialdifferenz zwischen dem Metalle und der Lösung ergibt sich:

$$P_0 - P = 86{,}1 \cdot 10^{-6} \cdot T \log\frac{N}{N_0}\ \text{Volt}.$$

Wir wenden diese Formel auf die Elektroden der Konzentrationskette an; ihre Potentiale seien P_1^0 und P_2^0; dann sind die Potentialdifferenzen zwischen den Elektroden und den Lösungen:

$$P_1^0 - P_1 = 86{,}1 \cdot 10^{-6} \cdot T \log\frac{N_1}{N_0} \quad \text{und}$$

$$P_2 - P_2^0 = 86{,}1 \cdot 10^{-6} \cdot T \log\frac{N_0}{N_2}.$$

Um die ganze elektromotorische Kraft der Konzentrationskette zu erhalten, haben wir noch die Spannungsdifferenz an der Grenze der Lösungen zu addieren:

$$P_1 - P_2 = 86{,}1 \cdot 10^{-6} \cdot T\frac{U - V}{U + V}\log\frac{N_2}{N_1}\ \text{Volt}.$$

Für die elektromotorische Kraft der Konzentrationskette ergibt sich somit der Wert:

$$P_1^0 - P_2^0 = 86{,}1 \cdot 10^{-6} \cdot T\frac{2V}{U + V}\log\frac{N_1}{N_2}\ \text{Volt}.$$

Zwischen den mit Hilfe dieser Formeln berechneten Werten und den beobachteten herrscht eine befriedigende Übereinstimmung.

Anwendung auf die Theorie der Elektrolyse; Zersetzungsspannung. Von den Formeln für die Spannungsdifferenz zwischen einem Metalle und seiner Lösung kann man eine interessante Anwendung auf die Theorie der Elektrolyse machen. Die Elektroden mögen von den Ionen nicht angegriffen werden. Es überdeckt sich dann die Kathode mit den Kationen, die wir mit K, die Anode mit den Anionen, die wir mit A bezeichnen wollen. Zwischen den ausgeschiedenen und zwischen den in Lösung befindlichen Ionen bestehen Spannungsdifferenzen von derselben Art, wie zwischen einem Metalle und seiner Lösung. Es ergibt sich also eine elektromotorische Kraft:

an der Kathode: $$e_K = 86{,}1 \cdot 10^{-6} \cdot T \log \frac{N_K}{N_{0K}},$$

an der Anode: $$e_A = 86{,}1 \cdot 10^{-6} \cdot T \log \frac{N_A}{N_{0A}}.$$

Die Summe dieser beiden Kräfte gibt die elektromotorische Kraft der **Polarisation** (§ 450); diese bezeichnet zugleich den Grenzwert, unter welchen die äußere elektromotorische Kraft nicht sinken darf, wenn Elektrolyse eintreten soll. Man sieht, daß dieser Grenzwert, die sogenannte **Zersetzungsspannung**, sich additiv aus zwei Gliedern zusammensetzt, deren eines nur von den Eigenschaften der Kationen, deren anderes nur von denen der Anionen abhängt. Daraus folgt, daß man die Zersetzungsspannungen beliebiger Elektrolyte aus den Zersetzungsspannungen ihrer Ionen in ähnlicher Weise zusammensetzen kann wie die Leitfähigkeiten aus den Beweglichkeiten der Ionen. Natürlich beobachten wir bei der Elektrolyse immer nur die Summe der Zersetzungsspannungen beider Arten von Ionen. Wir können daher für irgendeine Ionenart die Zersetzungsspannung willkürlich gleich Null setzen. Tut man dies für die Wasserstoffionen, so ergibt sich die folgende Tabelle[1]:

Zersetzungsspannungen in Volt für
normale Konzentration 1 g-Molekel im Liter

e_K	e_K	e_A
Mg + 1,482	Cu − 0,329	J − 0,520
Zn + 0,770	Hg − 0,753	Br − 0,993
Cd + 0,420	H = ± 0.	SO_4 − 1,9.

Die Tabelle zeigt z. B., daß für Zersetzung von Zinkbromid eine Spannung von 0,99 + 0,77 = 1,76 Volt erforderlich ist.

Diffusion der Elektrolyte. Die vorhergehenden Betrachtungen führen, wie wir ergänzend hinzufügen wollen, auch zu einer Theorie der Diffusion eines Elektrolyten. Für die Anzahl der positiven oder der negativen Grammionen, die in 1 Sekunde durch eine Fläche von 1 cm² von der Seite der größeren zu der Seite der kleineren Konzentration wandern, ergibt sich der Ausdruck:

$$S = -U_p \frac{2V}{U+V} \frac{dp}{dx},$$

oder, wenn wir an Stelle von U_p und p mit Hilfe der früher angegebenen Formeln U und N einführen:

$$S = -8610 \cdot \frac{2UV}{U+V} \cdot \frac{dN}{dx}.$$

[1] NERNST, Theor. Chem. (1913).

Als Diffusionskoëffizienten bezeichnen wir die Menge des gelösten Stoffes, welche in einem Tage durch den Querschnitt von 1 cm^2 hindurchgeht, wenn das Konzentrationsgefälle gleich 1 ist. In welchem Maße wir jene Menge ausdrücken, ist gleichgültig, wenn wir nur die Konzentration N in demselben Maße messen wie die Menge S. Hiernach ergibt sich für den Diffusionskoëffizienten der Wert:

$$\delta = 24 \cdot 60 \cdot 60 \cdot 8610 \cdot T \frac{2\,U V}{U + V} = 14{,}86 \cdot 10^8 \cdot T \frac{U V}{U + V} \,.$$

Für $T = 273 + 18$ wird:

$$\delta = 43{,}0 \cdot 10^{10} \cdot n\,U\,,$$

wo n die Überführungszahl und U die absolute Beweglichkeit der positiven Ionen bezeichnet. Die so berechneten Werte stimmen mit den unmittelbar aus Beobachtungen abgeleiteten sehr gut überein.

Ein anderer interessanter Fall einer Konzentrationskette, in dem die Theorie in ähnlicher Weise entwickelt werden kann wie zuvor, wird durch zwei verschieden konzentrierte Amalgame eines Metalles dargestellt, die durch die Lösung eines Salzes von dem gleichen Metalle verbunden sind.

Bei den Konzentrationsketten ist man auf Grund der Vorstellungen, die wir über die elektrolytische Dissoziation entwickelt haben, zu einem sicheren Einblick in den Mechanismus der galvanischen Stromerzeugung gelangt. Insbesondere hat die Vorstellung von der Existenz der Metallionen auch im Innern der Metalle zu einem bestimmten Ansatze für die zwischen Metallen und Lösungen auftretenden Potentialdifferenzen geführt. Diese aber hängen aufs innigste zusammen mit dem chemischen Vorgange der Auflösung von Metallen in Säuren, der Fällung eines Metalles aus seinen Lösungen durch ein anderes. Auch bei diesen Vorgängen enthalten die Anschauungen der Elektrochemie den Schlüssel des Verständnisses.[1]

§ 447. Alte Kontakttheorie der galvanischen Elemente. Lange Zeit wurde die Wirkung galvanischer Elemente anders erklärt, als wie wir es § 425 andeuteten. Zu der Entdeckung der elektromotorischen Wirkungen der Berührung gab im Jahre 1780 eine zufällige Beobachtung Galvanis Veranlassung. Er sah, daß präparierte Froschschenkel zuckten, wenn an dem Konduktor einer in der Nähe befindlichen Elektrisiermaschine Funken übersprangen. Er wollte auf Grund dieser Wahrnehmung Froschschenkel als empfindliche Elektroskope zu Untersuchungen über atmosphärische Elektrizität benützen. Nun zeigt sich, daß Froschpräparate, welche zu diesem Zwecke mit kupfernen Haken an einem eisernen Gartenzaune aufgehängt waren, zuckten, so oft der Wind eine gleichzeitige Berührung mit beiden Metallen erzeugte. Galvani betrachtete Nerv und Muskel als die beiden Belege einer Leidener

[1] Nernst, Zs. f. phys. Chem. 2, 4 (1889).

Flasche, die beiden Metalle als den Schließungsbogen, durch welchen der Ausgleich der Elektrizitäten sich vollzieht. VOLTA aber zeigte, daß die Zuckung nur eintritt, wenn der Schließungsbogen aus zwei verschiedenen Metallen zusammengesetzt ist, und er verlegte daher den Sitz der Wirkung ausschließlich in die Berührungsstelle der Metalle, er betrachtete diese als den Sitz einer elektromotorischen Kraft.

Messende Versuche über die von VOLTA angenommene Kontaktkraft wurden später insbesondere von R. KOHLRAUSCH ausgeführt. Man kann die gegenseitigen — vermeintlichen — Kontaktkräfte zwischen verschiedenen Metallen in eine Reihe ordnen, in welcher jedes Metall in Berührung mit einem folgenden positiv elektrisch wird, d. h. so, daß seine Potentialdifferenz gegen das folgende Metall einen positiven Wert besitzt. Die von VOLTA aufgestellte „Spannungsreihe" war folgende:

$$+ \mathrm{Zn \cdot Pb \cdot Sn \cdot Fe \cdot Cu \cdot Ag \cdot Au \cdot C \cdot MnO_2} \; - .$$

Zink würde hiernach in Berührung mit allen Metallen positiv, Kupfer in Berührung mit Eisen negativ, in Berührung mit Silber positiv. Mehrere Metalle hintereinander geschaltet, geben nie einen Strom, weil alle die verschiedenen Kontaktkräfte sich dann immer aufheben. Man nennt die Metalle Leiter erster Ordnung, hingegen Flüssigkeiten Leiter zweiter Ordnung. Bei Berührung von Metall und Flüssigkeit soll nun keine Potentialdifferenz entstehen. Die in die Flüssigkeiten tauchenden Zn- und C-Platten in Fig. 507 dienen nur zur Leitung, die den Strom erzeugenden Potentialdifferenzen sollen außen in der Leitung dort entstehen, wo verschiedene Metalle (in Fig. 507 C und Zn) im Kontakt sind.

§ **448. Lösungstension.** Die modernen Vorstellungen über die Wirkung galvanischer Elemente sind aber so, wie wir dies schon § 446 entwickelten.

M e t a l l e g e h e n n u r i n F o r m v o n p o s i t i v e n I o n e n i n L ö s u n g. Jedes Metall hat dem Wasser (oder sonstigen Lösungsmitteln) gegenüber eine gewisse „elektrolytische Lösungstension". So wird die Lösung positiv und das Metall negativ. In Fig. 522 steht eine Zinkplatte in verdünnter Schwefelsäure. An der Berührungsfläche wirkt die Lösungstension, welche die positive Elektrizität, nämlich + Zn-Ionen, in die Säure hineintreibt und das Zn negativ zurückläßt. Die geschiedenen Elektrizitäten müssen sich teils auf der äußeren Oberfläche, teils auf der Berührungsfläche der beiden Leiter ausbreiten, so daß das Potential im Innern des H_2SO_4 sowohl als im Innern des Zn einen konstanten Wert erhält. Dieser Wert wird steigen bis schließlich die Lösungstension der elektrostatischen Anziehung und dem osmotischen

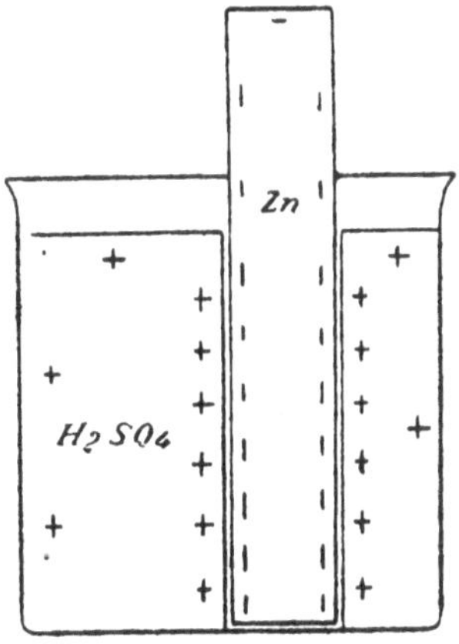

Fig. 522. Zink im Elektrolyten.

Drucke der gelösten Ionen gerade das Gleichgewicht hält. Ist die Ladung der beiden Leiter nur Folge ihrer Berührung, so hat das Potential im Innern des H_2SO_4 einen positiven Wert U, im Innern des Zn einen negativen Wert $-U'$.

Elektrolytische Doppelschichte. Die weitere Ausdehnung der Versuche führt zu dem Satze: Jedes Metall nimmt gegen einen elektrolytischen Leiter, mit dem es in Berührung gebracht wird, eine bestimmte Potentialdifferenz oder Spannungsdifferenz an. In der Berührungsfläche wirkt eine elektromotorische Kraft, und es bildet sich an ihr eine elektrische Doppelschichte, entgegengesetzt geladene Ionen, indem die nach entgegengesetzter Richtung getriebenen Elektrizitäten sich auf beiden Seiten in zwei parallelen Flächen in gleicher Menge einander gegenüber lagern. Nehmen wir, um unsere Vorstellung zu fixieren, den Fall des Zn, so wird dieses nach den vorliegenden Beobachtungen in Berührung mit elektrolytischen Leitern negativ elektrisch (Fig. 523). Es ist nun nicht schwer, die Beziehung anzugeben, in welcher die elektromotorische Kraft an der Grenzfläche zu den Verhältnissen der elektrischen Doppelschichte steht. Die entgegengesetzten Elektrizitäten der letzteren verhalten sich zueinander wie die beiden Ladungen eines Kondensators, und zwar würde in unserem Beispiele der elektrolytische Leiter dem positiven Belege, das Zn dem negativen entsprechen. In dem Zwischenraume c herrscht dann eine Kraft, welche die positive Elektrizität umgekehrt von dem Elektrolyten nach dem Zn zu treiben sucht.

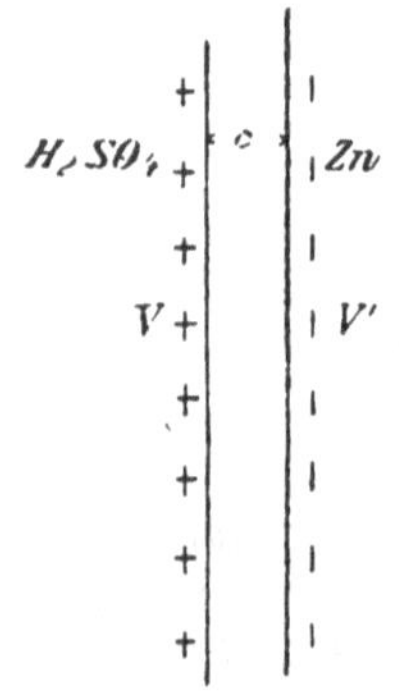

Fig. 523. Elektrische Doppelschichte.

Es ist, wenn wir durch V und V' die Potentiale auf der Seite des Elektrolyts und auf der des Zn, durch c den Abstand der Grenzschichten bezeichnen, die elektrische Kraft im Zwischenraume nach § 380 gleich $\frac{V - V'}{c}$. Verstehen wir daher unter Stärke einer elektromotorischen Kraft nach mechanischem Maße die Kraft, die in jenem Zwischenraume auf die Einheit der positiven Elektrizität ausgeübt wird, so hat die elektromotorische Kraft der Berührung die Stärke $\mathfrak{E} = (V - V')/c$. Ihre Richtung ist dadurch bestimmt, daß die positive Elektrizität vom Zn zu dem Elektrolyten getrieben wird. Verstehen wir unter σ die Dichte der beiden elektrischen Grenzschichten, so folgt aus dem Satze des § 382 für jene Kraft der andere Ausdruck $\mathfrak{E} = 4\pi\sigma$. Wir erhalten daher für die Potential- oder Spannungsdifferenz den Ausdruck:

$$V - V' = 4\pi\sigma c,$$

eine Beziehung, die man auch in dem Satze aussprechen kann:

Die Potentialdifferenz ist gleich dem elektrischen Momente, welches der Flächeneinheit der Doppelschichte zukommt, multipliziert mit 4π.

Die nach mechanischem Maße gemessene elektromotorische Kraft stimmt, wie man sieht, durchaus mit dem überein, was wir in § 380 und 385 als elektrische Kraft schlechtweg oder als Feldintensität bezeichnet hatten. Diese Definition stimmt aber nicht mit der, die wir an anderen Stellen (z. B. § 425) gegeben. Wir durften diesen Begriff zweckmäßiger auch anders definieren, um ihn der direkten Beobachtung zugänglich zu machen. Wir bezeichnen als elektrostatisches (resp. praktisches) Maß der elektromotorischen Kraft die elektrostatische (resp. praktische) Potentialdifferenz der sich berührenden und leitend verbundenen Leiter. Bei Rechnungen ist darauf zu achten, welche dieser beiden Definitionen gilt.

Wenn wir eine Zn-Platte mit großer Lösungstension und eine *C*-Platte ohne Lösungstension in verdünnte H_2SO_4-Lösung stellen, so entsteht nach dieser richtigen Vorstellung die Potentialdifferenz nicht außen an den Verbindungsdrähten, sondern nur an der Berührungsstelle Zn-Flüssigkeit.

§ 449. Voltas Fundamental-Versuch. Eine Kohle- und eine Zinkscheibe (Fig. 524) werden einander knapp gegenüber gestellt. Ein Zinkdraht *Zn'* verbindet zuerst beide Scheiben und wird dann entfernt. Bringt man eine der beiden Platten an den isolierenden Stützen J_1 und J_2 ans Elektroskop, so zeigt *Zn* positive, *C* negative Ladung.

Erklärung nach der Kontakttheorie: Durch Berührung des *Zn*-Drahtes und der *C* soll in *a* eine elektromotorische Kraft entstehen, welche aus dem *C* Elektrizität in die *Zn*-Platte bis zu einer bestimmten, der Kontaktkraft *C-Zn* entsprechenden Potentialdifferenz hinüber pumpt. Nach Entfernung des Verbindungsdrahtes ist *Zn* positiv, *C* negativ geladen. Beim Auseinandernehmen der Platten fällt die Kapazität, steigt also das Potential, da Elektrizität nirgends weg kann. Bei genügender Größe der Platten und genügender Kleinheit des Luftzwischenraumes im Kondensator wird dies ursprünglich kleine Potential (z. B. +, bzw. − ½ Volt) so hoch, daß ein Elektroskop einen Ausschlag gibt.

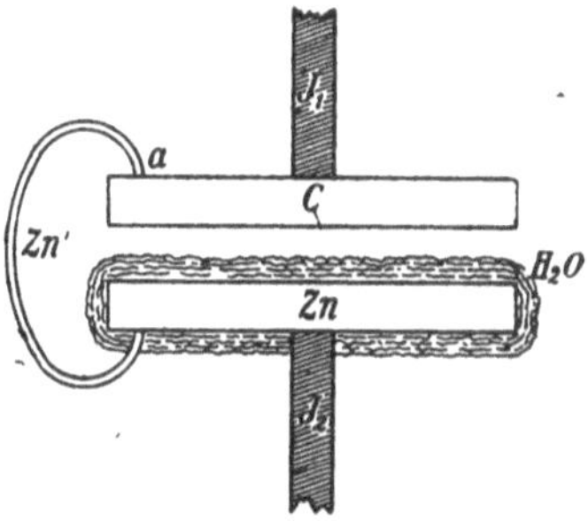

Fig. 524.
Voltas Fundamental-Versuch.

Erklärung nach der Lösungstensiontheorie. Jede Platte ist an gewöhnlicher Luft mit einem feinen Häutchen umgeben, das zum Teil aus Wasser besteht. Zwischen dem *Zn* und der in Fig. 524 angedeuteten H_2O-Hülle tritt ein Einwandern der positiven *Zn*-Ionen in die H_2O-Hülle ein. Die oberste Schichte dieser positiven Ladung der Hülle steht dem nahen *C* gegenüber. Bei Verbindung der beiden Platten wird die in *C* abgestoßene positive Elektrizität nach *Zn* überfließen. Also auch nach dieser Vorstellung wird *Zn* positiv. Das Weitere wäre dann wie vorher.

Entscheidung. Durch viele neuere Versuche wurde gezeigt, daß der Voltaeffekt um so mehr verschwindet, je mehr man die am Metall adsorbierte Wasserschichte durch Erhitzen und Gegenwart von Phosphorpentoxyd oder durch Auskochen in Öl von 145° entfernt.[1]

Wir werden später (im fünften Teile) die thermoelektrischen Erscheinungen kennen lernen, durch welche die Existenz elektromotorischer Wirkungen an der Berührungsfläche zweier Metalle nicht unwahrscheinlich ist; doch sind diese Potentialdifferenzen viel zu klein, als daß sie mit den VOLTAschen Kontaktkräften — wenigstens nach unserem derzeitigen Wissen — in Zusammenhang gebracht werden könnten.

§ 450. **Galvanische Polarisation.** Schließt man den Strom einer galvanischen Batterie durch ein mit verdünnter Schwefelsäure gefülltes

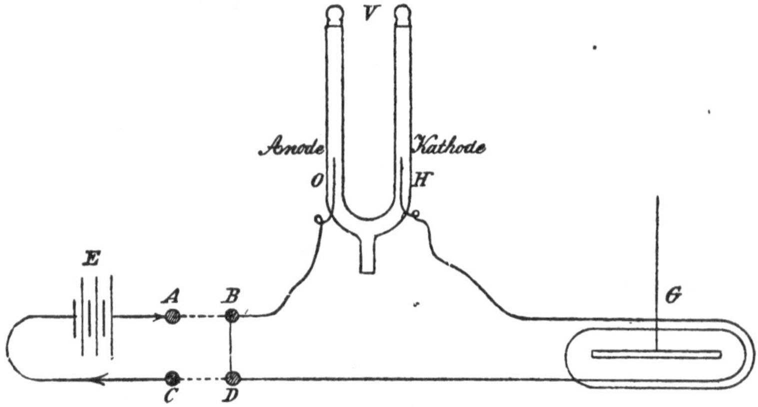

Fig. 525. Polarisation.

Coulometer, so nimmt der Strom mit der Abscheidung von Wasserstoff und Sauerstoff an den Elektroden ab. Es ist dies die Folge einer elektromotorischen Gegenkraft; die mit Wasserstoff und Sauerstoff beladenen, und dadurch polarisierten Platinplatten verhalten sich in der verdünnten Säure genau so wie zwei verschiedene Metalle. Sie bilden in Verbindung mit der Säure ein galvanisches Element, dessen positiver Pol durch die Anode, dessen negativer durch die Kathode gebildet wird. Es läßt sich dies direkt nachweisen, wenn man das Coulometer, nachdem es durch den primären Strom polarisiert wurde, mit einem Galvanometer oder Elektrometer verbindet. Man macht dies am einfachsten so, daß man in den Kreis (Fig. 525), der zunächst aus den Elementen E, dem Coulometer V und dem Galvanometer G besteht, vier Quecksilbernäpfe $ABCD$ einschaltet, von denen A mit dem positiven, C mit dem negativen Pole der galvanischen Batterie verbunden sein möge. Durch Bügel

[1] BROWN, Phil. Mag. (6) 5 (1903). — GREINACHER, Ann. d. Phys. 16 (1905).

von dickem Kupferdrahte verbindet man zuerst die Näpfe *AB* und *CD*. Im Coulometer entwickelt sich bei *O* Sauerstoff, bei *H* Wasserstoff. Unterbricht man dann die Verbindungen *AB* und *CD* und stellt die neue Verbindung *BD* her, so erhält man im Galvanometer einen Ausschlag, der zeigt, daß in dem neuen Kreise *OBDGH* ein Strom von *O* durch das Galvanometer nach *H* fließt. Die galvanische Batterie, die den primären durch das Coulometer geleiteten Strom erzeugt, habe die elektromotorische Kraft E, die elektromotorische Kraft der galvanischen Polarisation sei e, der Widerstand des ganzen Schließungskeises R. Nach dem Ohmschen Gesetze ist die Stärke des durch das Coulometer fließenden Stromes $I = \frac{E - e}{R}$. Es folgt hieraus, daß dauernde Zersetzung nur möglich ist, wenn $E > e$. Nun beträgt die elektromotorische Kraft der Polarisation in dem betrachteten Falle etwa 2 Volt; zu dauernder Zersetzung der H_2SO_4 sind somit zum mindesten 2 V Klemmenspannung nötig.

Die elektromotorische Kraft der Polarisation kann man (§ 446) aus $e_K + e_A$ finden.

Die Polarisation der Elektroden verursacht eine gewisse Schwierigkeit bei der Messung elektrolytischer Widerstände. F. Kohlrausch hat sie umgangen, indem er in der Wheatstoneschen Brücke an Stelle von konstanten Strömen Wechselströme benützte; das Galvanometer im Brückenzweig wird dann durch ein Instrument ersetzt, das das Verschwinden des Wechselstromes im Zweige *DC* anzeigt, z. B. ein Telephon, dessen Ton bei richtiger Einstellung des Schleifkontaktes *C* (in Fig. 518) fast verschwindet.

Gaselemente. Die elektromotorischen Kräfte treten ebenso wie bei Platinelektroden, die durch einen elektrischen Strom polarisiert wurden, auch bei Platinblechen auf, die in einer Atmosphäre von Wasserstoff beziehungsweise von Sauerstoff diese Gase absorbieren konnten. Mit verdünnter Schwefelsäure bilden sie ein galvanisches Element, dessen +-Pol die mit O_2, dessen negativen die mit H_2 beladene Platte bildet.

§ 451. **Galvanische Elemente.** Das galvanische Element (Fig. 507) Zn — verdünntes H_2SO_4 — C ist inkonstant. So wie wir ihm einen Strom entnehmen, wandern in der Flüssigkeit die $\overset{++}{Zn}$ in der Richtung gegen C, und treiben elektromotorisch die $(\overset{+}{H} + \overset{+}{H})$ der Lösung gegen C. Nach kurzer Zeit wird aus dieser Kohlenelektrode eine Wasserstoffelektrode, welche elektromotorisch in einer dem Strom entgegengesetzten Richtung wirkt. Die Oberfläche des C wird durch den abgeschiedenen Wasserstoff polarisiert.

Alle konstanten Elemente basieren in erster Linie auf dem Prinzipe, dieses Ansetzen des H_2 an der Kathode unmöglich zu machen.

Mischt man der H_2SO_4-Lösung etwas Chromsäure CrO_3 bei, welche ein O sehr leicht abgibt, so wird die Polarisation wenigstens für einige

Zeit verhindert, weil die ankommenden H-Ionen zu H_2O oxydiert werden. Die elektromotorische Kraft des frischen Chromsäure-Elementes ist etwa 2 Volt.

Viel konstanter ist das DANIELL-Element. Hier steht eine Zn-Platte in Zinksulfatlösung und eine Cu-Platte in einer Kupfersulfatlösung; irgendein mechanisches Mittel, z. B. ein Diaphragma zwischen den Lösungen, verhindert ein mechanisches Mischen der Lösungen. Die Lösungstension des Zn überwiegt die des Cu; es gehen $\overset{++}{Zn}$-Ionen in Lösung und drängen die freien $\overset{++}{Cu}$-Ionen der $CuSO_4$-Lösung zur Cu-Platte. Die Zn-Platte wird dünner, die Cu-Platte dicker (die $ZnSO_4$-Lösung konzentrierter, die $CuSO_4$-Lösung verdünnter). Am Cu der Kathode tritt kein H_2 auf, die Polarisation ist also vermieden. Für normale Konzentrationen der Lösungen ergibt uns die Tabelle in § 446 als Differenz der Zersetzungsspannungen des Zn und Cu

$$0{,}770 - (-0{,}329) = 1{,}099 \text{ V elektromotorische Kraft.}$$

Verdünnt man die $ZnSO_4$-Lösung, so wird der osmotische Rückdruck der gelösten Ionen kleiner, die elektromotorische Kraft des Daniell steigt; verdünnt man die $CuSO_4$-Lösung, so sinkt sie. Denn die Lösungstension des Cu arbeitet ja der des Zn entgegen. Man nimmt diese Gegenkraft in Kauf, weil nur so die Polarisation vermieden wird.

Sehr wesentlich für die Wirkung und Erhaltung der Elemente ist die Amalgamation des Zn. Die natürliche Zn-Oberfläche ist nicht homogen, und infolge hiervon bilden sich zwischen Stellen von verschiedener Beschaffenheit lokale Ströme aus, welche, für die äußere Wirkung vollkommen nutzlos, eine rasche Zerstörung des *Zn* zur Folge haben. Dies wird vermieden durch die Amalgamation, bei welcher die Oberfläche des Zn mit einem flüssigen und infolge hiervon homogenen Amalgame überzogen wird. Zn wird amalgamiert, indem man es zuerst in Salzsäure reinigt und dann mit Hg überzieht.

Die galvanischen Elemente, welche früher bei elektrischen Arbeiten eine so große, und wegen der Unbequemlichkeit ihrer Zusammensetzung und Instandhaltung nicht eben angenehme Rolle spielten, sind gegenwärtig sehr in den Hintergrund gedrängt durch die sogenannten Akkumulatoren (§ 455).

Im folgenden geben wir einige der gebräuchlichsten galvanischen Elemente; das links stehende Metall bildet den negativen Pol.

Bezeichnung des Elementes	Zusammensetzung	Elektromotorische Kraft in Volt
Daniell	Zn | $ZnSO_4$ aq | $CuSO_4$ aq | Cu	1,10
Clark	Zn | $ZnSO_4$ aq | Hg_2SO_4 | Hg	1,473 (bei 15°)
Weston . . .	HgCd | $CdSO_4$ aq | Hg_2SO_4 | Hg	1,018
Bunsen	Zn | H_2SO_4 aq | HNO_3 | C	1,87
Leclanché . . .	Zn | NH_4Cl aq | MnO_2 | C	1,28

Das Clark- und besonders das Westonelement dienen als Normalelemente, um bequem eine bestimmte elektromotorische Kraft zur Verfügung zu haben. Das Westonelement muß eine gesättigte Lösung von $CdSO_4$, $^8/_3 H_2O$ und einen Überschuß dieses Salzes enthalten, dann ist seine elektromotorische Kraft zwischen 0° und 40° nach internationaler Übereinkunft 1,0183 Volt. Man darf einem solchen Element aber nur minimale Ströme entnehmen.

Eine z. B. zum Laden von Elektroskopen viel gebrauchte Vorrichtung ist die ZAMBONIsche Säule. Als elektrolytische Leiter kann man, wie zuerst VOLTA bemerkte, feuchte Scheiben von Papier oder Zeug benützen; er baute auf diese Weise die nach ihm benannte Säule auf, indem er eine Anzahl von Kupfer-Zinkplatten in gleichem Sinne übereinander schichtete und jedes Plattenpaar von dem folgenden durch eine feuchte Scheibe trennte. Eine Säule von analogem Charakter wird noch jetzt für elektrische Zwecke verwandt, die trockene oder ZAMBONIsche Säule. Aus unechtem Gold- und Silberpapier schlägt man runde Scheiben. etwa von 3 cm Durchmesser, aus und schichtet sie übereinander, so daß die metallischen Flächen von je zwei aufeinander folgenden sich in gleicher Weise berühren. Die Belegung des Silberpapieres besteht aus einer Legierung von Zinn und Zink und entspricht in ihrer elektromotorischen Wirkung dem letzteren; die Belegung des Goldpapieres, aus einer Kupferlegierung bestehend, entspricht dem Kupfer.

Bezeichnen wir durch P die trennenden Papierlagen, so würde das Schema der ZAMBONIschen Säule folgendes sein:

$$+ \mathrm{CuP\ PZn\ CuP\ PZn\ CuP} \ldots \mathrm{PZn\ CuP\ PZn} - .$$

Das Papier spielt die Rolle des elektrolytischen Leiters infolge seiner hygroskopischen Eigenschaften. Diese Zambonisäule würde, wenn man ihr einen nur etwas stärkeren Strom entnähme, durch Polarisation zerstört. Sie dient also nur zum Laden, z. B. der Elektrometernadel in Fig. 481.

§ 452. **Stromenergie des galvanischen Elementes.** Bei jedem galvanischen Elemente gehen, sobald es einen elektrischen Strom liefert, an den Polplatten chemische Veränderungen vor, wie wir sie bei den im vorhergehenden besprochenen Beispielen kennen gelernt haben. Es liegt die Annahme nahe, daß die Arbeit des Stromes eben auf Kosten des chemischen Prozesses geleistet werde, daß die Stromarbeit das mechanische Äquivalent der durch den chemischen Prozeß erzeugten Wärme sei. In der Tat hat diese Anschauung lange Geltung gehabt, vorzugsweise deshalb, weil in dem Beispiele des DANIELLschen Elementes die Rechnung zutrifft.

Die Menge von Zn, die gelöst, die Menge von Cu, die niedergeschlagen wird, wenn 1 Ampere eine sec lang geht, ist nach § 439 gegeben durch $(\frac{63}{2} : 96500)$ g Cu und $(\frac{65}{2} : 96500)$ g Zn, da das Atomgewicht von Cu 63 und von Zn 65 ist und beide Elemente zweiwertig sind. Dem entspricht die Bildung von ($\frac{1}{2}$161 : 96500) g $ZnSO_4$ und die Zersetzung von ($\frac{1}{2}$159 : 96500) g $CuSO_4$.

Die Bildung von 161 g Zinksulfat aus Zn, SO_3 und O in wässeriger Lösung entwickelt aber eine Wärmemenge von 106090 cal, die Zersetzung von 159 g Kupfersulfat in wässeriger Lösung braucht 55960 cal. Somit ergibt sich für die Wärmemenge, die der mit dem Durchgange von 1 A pro sec verbundene chemische Prozeß begleitet

$$\tfrac{1}{2}(106090 - 55960) : 96500 = 0{,}2595 \text{ cal.}$$

Das mechanische Äquivalent dafür (§ 177) ist

$$0{,}2595 \cdot 41{,}88 \cdot 10^6 = 1{,}087 \cdot 10^7 \text{ Erg also etwa } 1{,}09 \text{ Watt.}$$

Elektrisch ist die Stromleistung Volt × Ampere; da der Strom = 1 A und die Spannung eines Daniell etwa 1,09 V, ist also diese Wattzahl 1,09 gleich der oben aus den Wärmetönungen errechneten.

Die ganze Überlegung entspricht einer einfachen Anwendung des ersten Hauptsatzes der Wärmetheorie.

Die weitere Erfahrung hat aber gezeigt, daß keineswegs bei allen Elementen eine so einfache Beziehung zwischen der Wärmeentwicklung des chemischen Prozesses und der elektromotorischen Kraft vorhanden ist. Die elektromotorische Kraft E kann kleiner sein, als die mit der Wärmeentwicklung des chemischen Umsatzes, der „Wärmetönung elektrolytischer Prozesse“, äquivalente Energie U; dann erwärmen sich die Elemente; es kommt aber auch der Fall vor, daß $E > U$, dann kühlen sich die Elemente ab und erzeugen Stromarbeit auf Kosten ihrer eigenen Wärme. Allgemein gilt für umkehrbare Elemente die Beziehung:

$$E = U + T\frac{dE}{dT},$$

wenn T die absolute Temperatur bezeichnet.

§ 453. Temperaturkoeffizient galvanischer Elemente. Die letzte Gleichung erinnert an eine Gleichung, die wir § 194 abgeleitet,

$$\Phi = F - T\frac{dF}{dT},$$

die elektromotorische Kraft E entspricht der freien Energie F, die Wärmetönung des elektrolytischen Prozesses U übernimmt die Rolle der Gesamtenergie Φ.

Die Wärmemengen, die durch den elektrolytischen Eigenprozeß in einem galvanischen Elemente entwickelt werden, sind den chemischen Umsetzungen, also der Stromstärke I proportional; wir setzen sie daher gleich qI. Ihr mechanisches Äquivalent JqI stellt den ganzen Betrag der chemischen Energie dar, welcher in einer Sekunde durch den Strom verbraucht wird.

In dem Drahte, der die Pole des Elementes verbindet, entwickelt der Strom in einer Sekunde die Energie EI. Es ist möglich, diese in der Form von mechanischer Arbeit zu gewinnen, so daß die Temperatur konstant bleibt. Zu diesem Zwecke schließen wir den Verbindungsdraht in ein Luftthermometer ein, dessen Volumen durch eine regulierbare Hg-Säule nach Bedarf vergrößert werden kann. Die von dem Strome in dem Drahte entwickelte Wärme teilt sich der umgebenden Luft mit und dehnt sie aus. Mit Hilfe der abschließenden Hg-Säule läßt sich die Ausdehnung so regulieren, daß die Temperatur der Luft konstant bleibt. Die ganze in dem Drahte entwickelte Wärme wird dann durch die bei der Ausdehnung geleistete Arbeit verbraucht. Das Produkt EI ist hiernach die Energie, welche pro sec bei konstanter Temperatur in Arbeit verwandelt werden kann, die pro sec von dem Strome entwickelte freie Energie.

Schließen wir den Verbindungsdraht umgekehrt in ein Gefäß von unveränderlichem Volumen ein, so wird keine mechanische Arbeit geleistet, wohl aber ändert sich die Temperatur des Drahtes. Wir können jetzt die für die freie Energie abgeleitete Gleichung anwenden, und erhalten:

$$J\,q\,I - E\,I = -\,T\frac{d(EI)}{dT};$$

oder, wenn wir die Stromstärke I gleich Eins setzen:

$$J\,q - E = -\,T\frac{dE}{dT}.$$

Für das Daniell errechneten wir $Jq = 1{,}087 \cdot 10^7$, indes sich das E etwas anders findet; bei 0^0 C ist $E = 1{,}096 \cdot 10^7$. Hiernach ergibt sich für den Temperaturkoëffizienten des Daniellschen Elementes:

$$\frac{dE}{dT} = 0{,}000033 \cdot 10^8,$$

während die unmittelbare Beobachtung den Wert $0{,}000034 \cdot 10^8$ geliefert hat.

Zu der im vorhergehenden entwickelten Gleichung kann man auch unmittelbar von dem zweiten Hauptsatze der mechanischen Wärmetheorie aus gelangen. Zu diesem Zwecke bringen wir das durch einen Draht geschlossene Element zuerst in Berührung mit einem Wärmereservoir von der konstanten Temperatur T. Die pro sec von dem Elemente geleistete Arbeit ist EI; durch den chemischen Prozeß im Innern des Elementes wird in einer Sekunde die Wärme qI entwickelt; davon wird der Teil $\frac{EI}{J}$ in Arbeit verwandelt, der Rest $qI - \frac{EI}{J}$ wird in dem Elemente frei; er wird bei der Temperatur T an das Wärmereservoir abgegeben. Nachdem das Element 1 sec lang geschlossen war, nehmen wir den die Pole verbindenden Draht weg und bringen das Element in Berührung mit einem Wärmereservoir von der tieferen Temperatur T', der die elektromotorische Kraft E' entsprechen möge. Wir führen von außen, etwa mit Hilfe einer galvanischen Batterie, einen Strom durch das Element, und zwar so, daß er in diesem vom Kupfer zum Zink fließt. Der Widerstand des Kreises sei so reguliert, daß der Strom dieselbe Stärke I besitze, wie zuvor; er werde ebenso wie früher 1 sec geschlossen. Der chemische Prozeß im Innern des Elementes wird dann vollständig rückgängig gemacht. Gleichzeitig wird gegen die elektromotorische Kraft E' des Elementes eine Arbeit von außen geleistet, die gleich $E'I$ ist. Nachher wird das Element wieder auf die Temperatur T gebracht. Es hat dann einen vollständigen Kreisprozeß durchlaufen, an dessen Ende sein Zustand genau derselbe ist, wie am Anfange; bei dem Prozesse wurde von dem Elemente die Arbeit $(E - E')I$ geleistet, die Wärmemenge $qI - \frac{EI}{J}$ an die obere Wärmequelle abgegeben, oder umgekehrt die Wärmemenge $\frac{EI}{J} - qI$ von dem Elemente aufgenommen. Die konstanten Temperaturen, zwischen denen der Prozeß sich abspielt, sind T und T', die in Arbeit verwandelte Wärme $\frac{(E-E')I}{J}$. Der zweite Hauptsatz muß für den geschilderten Kreisprozeß ebenso gelten wie für alle früher betrachteten; wir erhalten daher die Gleichung:

$$\frac{\frac{1}{J}(E - E')I}{\frac{EI}{J} - qI} = \frac{T - T'}{T}.$$

Daraus folgt:

$$T \cdot \frac{E - E'}{T - T'} = E - Jq,$$

eine Gleichung, die in der Tat mit der aus dem Satze von der freien Energie abgeleiteten vollkommen übereinstimmt.

Elemente ohne Temperaturkoëffizienten sind umkehrbare Elemente. Wenn wir ihnen einen Strom entnommen haben, sind gewisse chemische Prozesse im Elemente vor sich gegangen; lassen wir nun genau dieselbe Strommenge in umgekehrter Richtung durch das Element gehen, so gehen auch alle chemischen Prozesse in umgekehrter Richtung vor sich: es wird wieder der Anfangszustand erreicht. Bedingung dafür sind unpolarisierbare Elektroden. Ein Daniell, ein Westonelement ist fast umkehrbar; ein Beispiel für das Gegenteil bilden die Konzentrationselemente.

§ 454. Polarisation an Quecksilberoberflächen, Kapillarelektrometer. Bei Hg-Oberflächen hat die elektrische Polarisation einen gesetzmäßigen Einfluß auf die Kapillarspannung. Man kann diese Tatsache benützen zu der Konstruktion eines Elektrometers, des Kapillarelektrometers. In einer vertikalen Röhre, R (Fig. 526), die unten in eine sehr feine, konisch sich verjüngende Spitze ausgezogen ist, hängt durch den kapillaren Druck gehalten eine Hg-Säule von etwa 70 cm Höhe. Die Röhre taucht in ein mit verdünnter H_2SO_4 gefülltes Gefäß, dessen Boden mit einer Schichte von Hg bedeckt ist. In die Röhre ist seitlich ein

Platindraht *a* eingeschmolzen; zu dem Hg in dem Gefäße führt ein isoliert durch die H_2SO_4 hindurchgehender Platindraht *b*. Verbindet man die beiden Drähte, so nimmt das Hg in der Röhre einen ganz festen Stand ein, der durch ein Mikroskop beobachtet werden kann. Das Hg bekommt in Berührung mit verdünnter H_2SO_4 eine positive Ladung; an der Berührungsfläche muß dementsprechend eine elektrische Doppelschicht vorhanden sein, positiv auf der Seite des Hg, negativ auf der Seite der Säure (Fig. 527). Durch die Abstoßung der gleichnamig elektrischen Teilchen wird die Oberflächenspannung des Hg vermindert. Die Betrachtungen von § 126 zeigen, daß eine Oberflächenspannung T einen nach innen gerichteten Druck von der Größe $2T/r$ erzeugt, wenn r der Krümmungsradius der Oberfläche ist. Das Hg wird sich in dem kapillaren Teile der Röhre R so einstellen, daß dieser Druck $2T/r$ dem Gewichte der suspendierten Hg-Säule das Gleichgewicht hält. Schaltet man nun zwischen *a* und *b* ein schwaches galvanisches Element ein, so daß *a* mit dem negativen, *b* mit dem positiven Pole verbunden ist, so wird die positive Ladung des Hg vermindert, es tritt zugleich infolge eines elektrolytischen Vorganges in der H_2SO_4 Polarisation ein. Positive Ionen werden auf der Seite der Lösung an der Hg-Kuppe abgeschieden und vermindern die auf ihrer Seite befindliche negative Ladung. Die elektrische Abstoßung in der Grenzschicht wird kleiner, die Oberflächenspannung größer. Die Hg-Kuppe verschiebt sich nach einer weiteren Stelle der Röhre, bis das Gewicht der Hg-Säule wieder mit dem Kapillardrucke im Gleichgewichte steht. Wenn man einen konstanten Strom durch einen Draht von größerem Widerstande fließen läßt, so hat man längs dieses Drahtes einen Potentialabfall. Bringt man die Enddrähte des Kapillarelektrometers *a* und *b* in Fig. 526 an 2 Punkte dieses Drahtes, so fließt zunächst ein Zweigstrom über *a* ... Elektrometer ... *b*. Das Kapillarelektrometer stellt sich anders ein und durch seine Polarisation verschwindet dieser Zweigstrom. Diese Verschiebung der Hg-Kuppe ist bei kleiner Potentialdifferenz — bis etwa 0,9 Volt — der bei *a* und *b* angelegten Potentialdifferenz proportional.

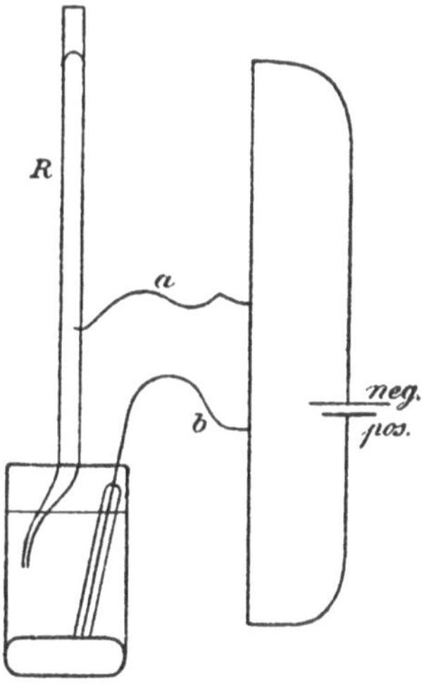

Fig. 526. Kapillarelektrometer.

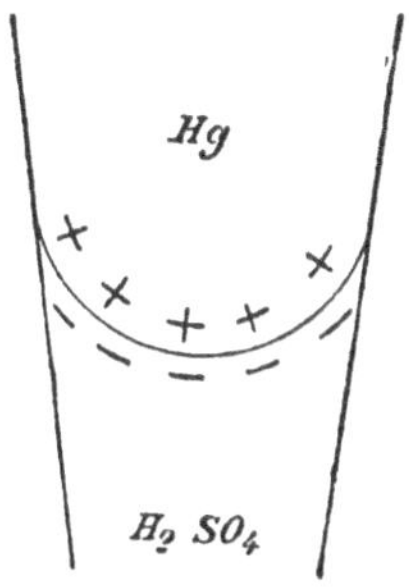

Fig. 527. Doppelschicht von Hg–H_2SO_4.

§ 455. **Akkumulator.** Auf der elektrolytischen Polarisation durch Abscheidung von Sauerstoff und von Wasserstoff beruht auch die Wirksamkeit der Akkumulatoren, die jetzt in großem Maßstabe als galvanische Elemente verwendet werden. In verdünnter Schwefelsäure steht einer mit braunem Bleisuperoxyd PbO_2 überzogenen Bleiplatte eine metallische Bleiplatte gegenüber. Die Bleisuperoxydplatte bildet den +, die Bleiplatte den — Pol des so gebildeten galvanischen Elementes. Wenn wir den Entladungs-Strom schließen, so wird an der Bleiplatte $\overset{=}{SO_4}$, an der Bleisuperoxydplatte $\overset{+}{H} + \overset{+}{H}$ abgeschieden, und es werden dadurch die folgenden chemischen Reaktionen ausgelöst. An der positiven Polplatte:

$$PbO_2 + H_2 + H_2SO_4 = PbSO_4 + 2H_2O;$$

an der negativen: $$Pb + SO_4 = PbSO_4.$$

An beiden Polen findet eine Umwandlung in Bleisulfat statt; ist diese bis zu einem gewissen Punkte vorgeschritten, so sinkt die elektromotorische Kraft des Elementes rapide herab, dieses ist entladen. Bei der Entladung bildet sich Wasser, das spezifische Gewicht der Säure nimmt ab. Es bildet sich an den Platten Bleisulfat, dessen Molekularvolumen, 47, größer ist, als das Molekularvolumen des Bleies, 18, und des Bleisuperoxyds PbO_2, 25; das Volumen der Polplatten nimmt zu. Leitet man nun einen äußeren Strom in der entgegengesetzten Richtung durch den Akkumulator, so wird er wieder geladen. Es scheidet sich $\overset{=}{SO_4}$ an der Anode, $\overset{+}{H} + \overset{+}{H}$ an der Kathode ab, und die chemischen Reaktionen sind folgende:

an der Anode $$PbSO_4 + SO_4 + 2H_2O = PbO_2 + 2H_2SO_4,$$
an der Kathode $$PbSO_4 + H_2 = Pb + H_2SO_4.$$

Die durch die Entladung bewirkte Veränderung ist vollkommen rückgängig gemacht, der Akkumulator von neuem geladen. Die Entladung wird um so länger dauern, je größer die chemisch wirksame Oberfläche der Elektroden ist; um eine solche herzustellen, unterwirft man die Platten einem lange andauernden Prozesse, der sogenannten Formierung, durch den der massive Bleikern mit einer schwammigen, aber fest haftenden Schichte von Blei beziehungsweise von Bleisuperoxyd verbunden wird. Einen Akkumulator, bei dem drei positive Platten zwischen vier negative eingesetzt sind, stellen die Fig. 528a und b in perspektivischer Ansicht und im Grundrisse dar.

Die elektromotorische Kraft eines frisch geladenen Akkumulators ist 2,5 V. Bei Entladung sinkt die Spannung ziemlich rasch auf 2 V und bleibt da lange Zeit konstant, um bei noch weiterer Stromentnahme weiter abzusinken; unter 1,8 V soll die Spannung nicht fallen, dann muß wieder aufgeladen werden. Der innere Widerstand der Akkumulatoren ist sehr klein. Zu kräftige Stromentnahme zerstört die Batterien.

Der Akkumulator ist ein Beispiel für ein — wenigstens theoretisch — vollkommen umkehrbares Element, wenn man die JOULEsche Wärme verschwindend klein macht.

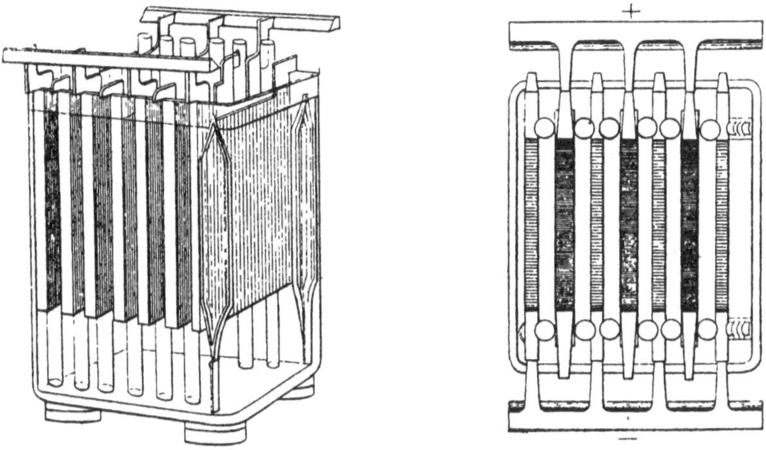

Fig. 528a. Akkumulator. Fig. 528b.

Die chemischen Analysen stimmen mit den von uns gegebenen chemischen Formeln nicht ganz überein, eine endgültige Darstellung der chemischen Umsetzungen beim Akkumulator steht noch aus.[1]

III. Elektroosmose.

§ 456. **Elektroosmose.** Leitet man einen elektrischen Strom durch eine mit Wasser gefüllte Glasröhre, die irgendwo durch Ton, Watte, Sand oder dgl. fast verstopft ist, so wird das Wasser in der Stromrichtung durch die Poren dieses Diaphragmas durchgepreßt (entdeckt von REUSS 1809). Im allgemeinen ist die durchgepreßte Flüssigkeitsmenge der Stromintensität proportional,[2] aber verschieden je nach der angewendeten Flüssigkeit und der Substanz des Diaphragmas. Es gibt auch Fälle, wo die Flüssigkeit der Stromrichtung entgegengeht. Die Dicke des Diaphragmas ist ohne Einfluß.

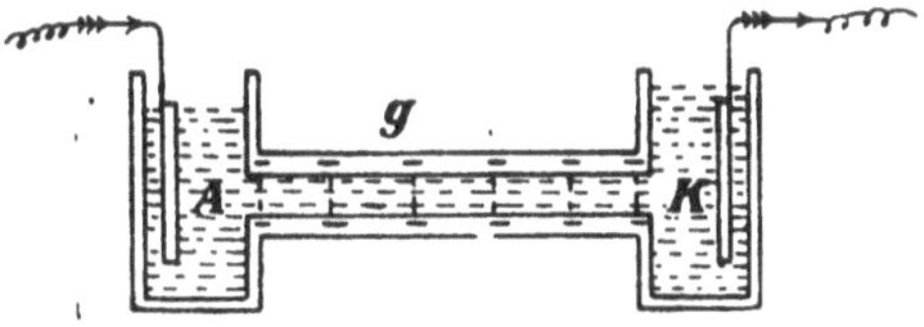

Fig. 529. Elektroosmose.

Da so ein Diaphragma aus einer Unzahl dünner Kanäle besteht untersuchte QUINCKE[3] die Erscheinungen in einer Kapillarröhre. Der mittlere Teil der Fig. 529 stellt die Glaskapillare dar, gefüllt mit Wasser. Fließt ein

[1]) Siehe z. B. JUMAN, Revue gen. de l'électricité 1917. (Referat in Zs. für Elektrotechnik und Maschinenbau 1917.) [2] G. WIEDEMANN, POGG. Ann. 87 (1852).
[3] POGG. Ann. 113 (1861).

Strom von A zu K, so schiebt er in gleicher Richtung Wasser mit sich. Man mißt hier am besten die durch Anwendung einer bestimmten Stromstärke rechts erreichte Steighöhe. Diese ist ungefähr proportional der zwischen A und K herrschenden Potentialdifferenz (meist einige 100 V), umgekehrt proportional dem Röhrenquerschnitte, während die Länge der Kapillare gleichgültig ist. Auch hier ändern sich die Resultate je nach Flüssigkeit und Substanz der Kapillare in derzeit noch nicht einheitlich übersehbarer Weise.

Aus den Beobachtungen scheint sich zu ergeben, daß die Steighöhe im Gleichgewichtszustand der Differenz der diëlektrischen Konstanten der Flüssigkeit und des Glases proportional ist.

Diese Überführung der ganzen Flüssigkeitsmasse ist natürlich von der elektrolytischen Ionenüberführung fundamental verschieden.

§ 457. Strömungsströme. Diese entsprechen der Umkehr der eben geschilderten Elektroosmose. Preßt man Flüssigkeit mechanisch durch ein Diaphragma[1] oder durch eine Kapillare,[2] so entsteht ein elektrischer Strom; bei Wasser und Glas in derselben Richtung wie die Wasserströmung. Auch hier steigt die erzeugte elektromotorische Kraft ungefähr mit dem Wasserdrucke und ist unabhängig von der Länge der Röhre. Bei verschiedenen Flüssigkeiten und verschiedenen Kapillaren sind diese Strömungsströme ganz verschieden. Eine eindeutige experimentelle Aufklärung auch dieses Gebietes stößt auf große Schwierigkeiten.

Theorie dieses Gebietes. Schon Quincke[3] erkannte die Elektroosmose und Strömungsströme als zusammengehörige inverse Erscheinungen. Er meinte, daß sich an der festen Wand gegen die Flüssigkeit hin eine elektrische Doppelschichte ausbilde; dann müßten z. B. in Fig. 529 am Glas die negativen und am benachbarten Wasser die positiven Belegungen sein. Leitet man einen elektrischen Strom ein, so schiebt dieser die positive Umhüllung des Wassers in der Kapillarrichtung mit sich; der Strom übt also keine Volumwirkung auf den ganzen Flüssigkeitsquerschnitt aus, er zieht vielmehr die Flüssigkeit gleichsam an ihrer Haut mit sich.

Bewegen wir umgekehrt die ganze Flüssigkeit mechanisch, so geht auch die Haut mit und damit auch ihre Ladung, wodurch die Strömungsströme sich ergeben.

Diese Grundidee wurde von Helmholtz[4] u. a. ausgearbeitet, ohne daß jedoch eine restlos befriedigende Einsicht in dieses Erscheinungsgebiet gewonnen worden wäre.

Eine solche kontinuierlich verlaufende Doppelschichte bildet ja nur eine makroskopische Vorstellung, die bei mikroskopischer Betrachtung durch das Bild einer Anhäufung diskreter Ionen ersetzt werden muß.

Daß hier die Natur der Flüssigkeit mit ihren verschiedenen Ionen und die Natur der die einen Ionen adsorbierenden Wand, ebenso die

---

[1] Quincke, Pogg. Ann. 107 (1859), 110 (1860). [2] Zöllner, Pogg. Ann. 148 (1873).
[3] Pogg. Ann. 113 (1861). [4] Wied. Ann. 7 (1879).

Diëlektrizitätskonstanten von großem Einflusse sind, ist ersichtlich. Nach dieser Auffassung müßte das noch ausstehende Studium der hier in Betracht kommenden Adsorptionsbedingungen dem Ausbau der Theorie der Elektroosmose vorausgehen.

§ 458. **Kataphorese.** Darunter versteht man die Wanderung fester in der Flüssigkeit suspendierter Teilchen infolge eines elektrischen Stroms. Denken wir uns einen Glassplitter in einer Wassersäule, so sitzt auch an diesem Glassplitter negative Ladung. Bei Einschaltung eines Stromes bewegt er sich gegen die Stromrichtung. Nun sind fast alle kleinen festen Teilchen einer Flüssigkeit geladen, sie verraten dadurch, daß sie in der elektrischen Stromrichtung oder gegen diese gehen, ob ihre Ladung positiv oder negativ ist. Genau wie solche gröbere mechanische Suspensionen verhalten sich Kolloide (Stärke, Tannin, Eiweiß usw.); sie werden in der einen oder anderen Stromrichtung bewegt. Diese Kolloide können durch Zusammenbringung mit elektrolytischen Ionen ausgefällt werden, was man auf die entgegengesetzten Ladungen von Ionen und Kolloiden zurückführt.

Kataphoretische Ströme. Sind z. B. in einer vertikalen ruhenden Flüssigkeitssäule feste Teilchen schwebend, so sind diese nach dem vorhergehenden geladen, und wenn sie durch die Schwere zu Boden sinken, müssen durch diese Konvektion der Teilchenladung elektromotorische Kräfte entstehen.

Alle in diesem Abschnitte geschilderten Erscheinungen [1] sind in folgender Tabelle vereint.

Elektr. Strom bewegt:	Elektr. Strom erzeugt durch Bewegung von:	
Flüssigkeit (Elektrische Endosmose)	Flüssigkeit (Diaphragmenströme, Strömungsströme)	innerhalb ruhender fester Wände
feste Teilchen (Elektrische Kataphorese)	festen Teilchen (Kataphoretische Ströme)	innerhalb ruhender Flüssigkeit

§ 459. **Beziehungen der Elektroosmose und Reibungselektrizität.** Im Anschlusse an § 456 wiederholen wir: Bei der Berührung der Dielektrika ladet sich der Stoff mit höherer Dielektrizitätskonstante positiv gegen den Stoff mit niedrigerer. Die entstehende Potentialdifferenz ist proportional der Differenz der Diëlektrizitätskonstanten der sich berührenden Stoffe.[2]

Taucht man einen festen isolierenden Körper in Flüssigkeit, so zeigt er nach dem Herausziehen eine Ladung.[3] Auch feste Körper auf feste

---

[1] Aus Smoluchowski, Elektrische Osmose und Strömungsströme, 1914 (Handb. d. Elektr. Grätz, Bd. II.)

[2] Coehn, Wied. Ann. 64 (1898), Coehn und Raydt, Ann. d. Phys. 30 (1909).

[3] C. Christiansen, Ann. d. Phys. (1913).

Platten gestreut und dann behutsam abgeklopft, lassen auf der Platte eine Ladung zurück, wobei gewisse Gesetzmäßigkeiten konstatiert wurden.[1] Diese und noch viele andere Bestrebungen lassen es als wahrscheinlich erscheinen, daß zwischen elektroosmotischen und reibungselektrischen Erscheinungen eine nahe Beziehung besteht.

Fünfter Teil. Thermoelektrizität.

§ 460. Seebeckeffekt. SEEBECK machte 1821 bei einer Untersuchung über die Natur der VOLTAschen Kräfte die folgende Beobachtung, die

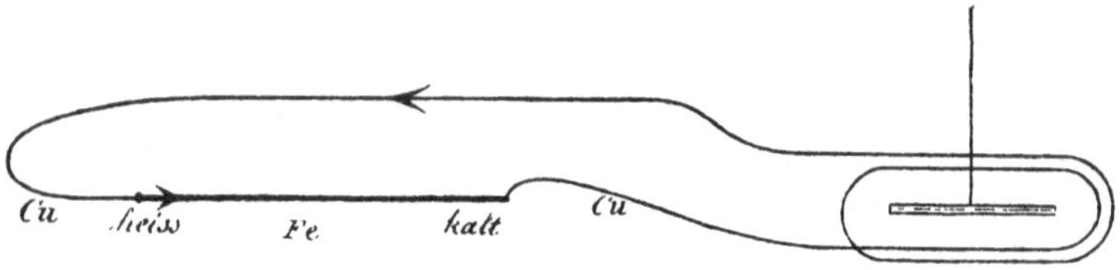

Fig. 530. Thermoelement.

aber mit der VOLTAschen Kontaktelektrizität wahrscheinlich nichts unmittelbar gemein hat. Er setzte eine Kupferplatte auf eine Platte von Antimon und verband beide durch Kupferdrähte mit einem Galvanometer. Er bemerkte eine Ablenkung des letzteren, so oft die Stelle, an welcher der Verbindungsdraht die Antimonplatte berührte, eine andere Temperatur besaß, als die Berührungsfläche der beiden Platten. Wir können den Versuch wiederholen, indem wir in den Kreis eines Galvanometers (Fig. 530 rechts) einen Eisendraht einschalten, der an seinen Enden mit den kupfernen Zuleitungsdrähten verlötet ist. Sobald die eine Lötstelle erhitzt wird, erhalten wir einen Strom. Am einfachsten ist der Versuch auszuführen mit einem aus Antimon und Wismut zusammengelöteten Rahmen (Fig. 531), der mit seiner Ebene in den magnetischen Meridian gestellt ist und eine horizontal drehbare Magnetnadel umgibt. Wenn man die eine Lötstelle erwärmt, so wird die Nadel abgelenkt und zeigt einen galvanischen Strom an, der an der heißen Lötstelle vom Wismut zum Antimon geht. Man bezeichnet diese Ströme und die sie treibenden Kräfte als thermoelektrische.

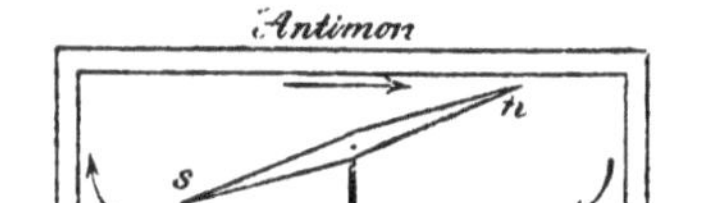

Fig. 531. Thermoelektrischer Kreis.

[1] KNOBLAUCH, Zs. phys. Chem. 39 (1902).

Spannungsreihe. In einem aus zwei Metallen A und B gebildeten Kreise tritt ein Strom nur auf, wenn die Temperaturen der beiden Lötstellen verschiedene sind. Es war daher naheliegend, die Ursache der thermoelektrischen Ströme in VOLTAS kontaktelektromotorischen Kräften, genauer ausgedrückt, in ihrer Abhängigkeit von der Temperatur zu suchen. Bei gleicher Temperatur halten sich die in den Berührungsstellen vorhandenen elektromotorischen Kräfte das Gleichgewicht; es entsteht kein Strom, sondern nur eine statische Ladung der sich berührenden Metalle. Dasselbe gilt aber auch von einem aus drei Metallen A, B, C gebildeten Kreise; wenn die drei Lötstellen (AB), (BC) und (CA) gleiche Temperaturen besitzen, so erhält man keinen Strom. Dies ist nur möglich, wenn die Summe der zwischen AB und BC wirkenden elektromotorischen Kräfte gleich und entgegengesetzt ist der elektromotorischen Kraft (C, A); die Summe der beiden ersten Kräfte ist somit gleich der elektromotorischen Kraft (A, C). Das ist das Gesetz der VOLTAschen Spannungsreihe, welches hiernach als eine notwendige Folge der zugrunde gelegten Anschauung erscheint. Für die etwas problematische Annahme von der Existenz kontaktelektromotorischer Kräfte zwischen verschiedenen Metallen bildete die Entdeckung der thermoelektrischen Kräfte eine wesentliche Stütze. Eine große Schwierigkeit liegt in dem quantitativen Unterschiede, da die thermoelektrischen Kräfte einige 1000 mal kleiner sind als die galvanischen.

SEEBECK hat auch für die thermoelektrischen Kräfte der Metalle eine Spannungsreihe aufgestellt. Ihre Bedeutung sollte sein, daß an der heißen Lötstelle der Strom von dem in der Reihe folgenden zu dem in der Reihe vorhergehenden Metalle fließe. Die thermoelektrische Wirkung sollte um so größer sein, je weiter die Metalle in der Reihe voneinander abstehen. Die von ihm gefundene Reihe ist: Sb, Fe, Zn, Ag, Au, Sn, Pb, Hg, Cu, Pt, Bi. Aus dem vollständigeren Gesetze der thermoelektrischen Kräfte ergibt sich indes, daß die Aufstellung einer solchen Reihe nur innerhalb beschränkter Temperaturgrenzen möglich ist.

§ **461. Gesetz der thermoelektrischen Kräfte.** Um zu dem allgemeinen Gesetze der thermoelektrischen Kräfte zu gelangen, untersuchen wir zuerst thermoelektrische Kreise, in denen ein beliebig gewähltes Normalmetall der Reihe nach mit den übrigen Metallen kombiniert wird. Als Normalmetall nehmen wir das Blei; die Temperatur der einen Lötstelle halten wir auf Null; die der anderen sei gleich τ Graden Celsius. Es zeigt sich, daß man die elektromotorischen Kräfte der Ketten, ihre thermoelektrischen Kräfte E, unter diesen Verhältnissen in den meisten Fällen durch Gleichungen von der Form

$$E = \alpha\tau + \frac{\beta}{2}\tau^2$$

ausdrücken kann.

Stellt man die Werte von E graphisch dar, indem man sie als Ordinaten zu den entsprechenden Temperaturen τ als Abszissen aufträgt, so erhält man Parabeln; man sieht dies, wenn man die für E gegebene Gleichung auf die Form

$$\frac{2}{\beta}\left(E + \frac{\alpha^2}{2\beta}\right) = \left(\tau + \frac{\alpha}{\beta}\right)^2$$

bringt. Der Scheitel der Parabel liegt bei der Temperatur $\tau = -\alpha/\beta$; es entspricht ihm eine elektromotorische Kraft $E = -\frac{\alpha^2}{2\beta}$. Fig. 532 gibt als Beispiel die Parabel für den Fall des Eisens.

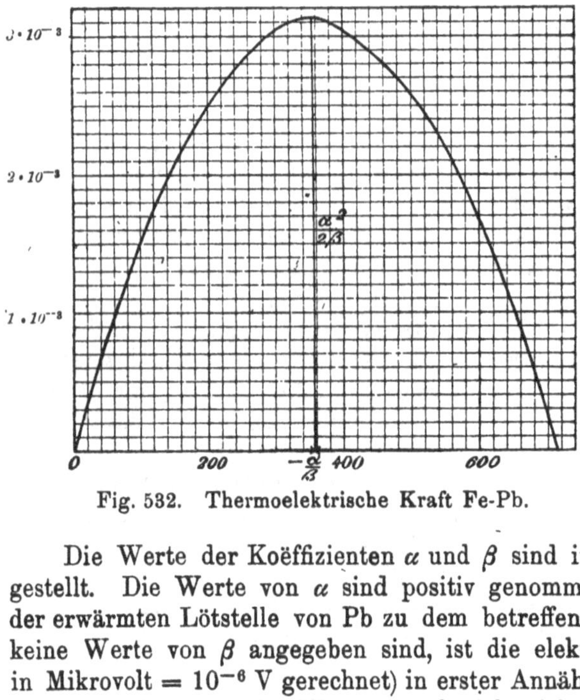

Fig. 532. Thermoelektrische Kraft Fe-Pb.

Die elektromotorischen Kräfte sind dabei in Volt, die Temperaturen in Celsiusgraden gemessen.

Der Strom eines Thermoelements Fe-Pb, dessen eine Lötstelle 0° hat, steigt also bei Erwärmung der anderen Lötstelle, aber nur bis etwa 360°, nimmt bei weiterer Erwärmung ab und verschwindet, wenn die zweite Lötstelle etwa 720° hat. 360° bezeichnet man als **neutralen Punkt** für Fe-Pb.

Die Werte der Koëffizienten α und β sind in folgendem zusammengestellt. Die Werte von α sind positiv genommen, wenn der Strom an der erwärmten Lötstelle von Pb zu dem betreffenden Metalle fließt. Wo keine Werte von β angegeben sind, ist die elektromotorische Kraft (hier in Mikrovolt = 10^{-6} V gerechnet) in erster Annäherung der Temperatur τ proportional gesetzt, der Wert von α bezieht sich auf eine mittlere Temperatur der Lötstelle von 20°. Das Zeichen ⊥ bzw. ∥ bedeutet bei Kristallen die Fläche senkrecht bzw. parallel zur Achse.

	Se	Sb ⊥	Sb ∥	Fe	Pt	Cu	Pb	Bi ⊥	Bi ∥
α	+ 807	26,4	22,6	17,34	2,60	1,36	0	− 45	− 65
β	—	—	—	− 0,049	0,0075	− 0,009	0	—	—

Die Erfahrung hat gezeigt, daß man mit Hilfe dieser Zahlen die elektromotorischen Kräfte beliebiger Kombinationen für beliebige Temperaturdifferenzen nach den folgenden Regeln berechnen kann.

Wenn in einem aus zwei Metallen A und B gebildeten Kreise die eine Lötstelle auf der höheren Temperatur τ, die andere auf der niedrigeren τ_0 sich befindet, so bezeichnen wir die in ihm wirkende thermoelektrische Kraft durch das Symbol $(A, B)_{\tau_0}^{\tau}$. Wir rechnen die Kraft positiv, wenn an der wärmeren Lötstelle der Strom von B nach A

fließt. Die thermoelektrischen Konstanten der beiden Metalle setzen wir gleich α_A, β_A und α_B, β_B. Für das Metall A gilt dann unsere frühere Gleichung:

$$(A, \mathrm{Pb})_0^\tau = \alpha_A \tau + \tfrac{1}{2}\beta_A \tau^2.$$

Für dasselbe Metall gilt bei anderen Temperaturgrenzen:

$$(A, \mathrm{Pb})_{\tau_0}^\tau = \alpha_A(\tau - \tau_0) + \tfrac{1}{2}\beta_A(\tau^2 - \tau_0^2).$$

Ebenso ist bei dem anderen Metalle

$$(B, \mathrm{Pb})_{\tau_0}^\tau = \alpha_B(\tau - \tau_0) + \tfrac{1}{2}\beta_B(\tau^2 - \tau_0^2).$$

Für den aus den beiden Metallen A und B gebildeten thermoelektrischen Kreis gilt:

$$(A, B)_{\tau_0}^\tau = (A, \mathrm{Pb})_{\tau_0}^\tau - (B, \mathrm{Pb})_{\tau_0}^\tau$$
$$= (\alpha_A - \alpha_B)(\tau - \tau_0) + \frac{\beta_A - \beta_B}{2}(\tau^2 - \tau_0^2),$$

eine Gleichung, mit deren Hilfe die thermoelektrische Kraft einer beliebigen Kombination berechnet werden kann.

Für die praktische Anwendung ist noch die folgende Bemerkung wichtig. Wenn man einen **Kreis aus drei Metallen** A, B, C herstellt und die Lötstelle AB auf die Temperatur τ, die beiden anderen AC und BC auf ein und dieselbe Temperatur τ_0 bringt, so ist die elektromotorische Kraft des Kreises dieselbe, wie wenn A und B direkt in einer Lötstelle von der Temperatur τ_0 verbunden wären. Darum ist auch die Art des Lotes ganz gleichgültig.

Haben alle drei Lötstellen verschiedene Temperaturen, so ist die elektromotorische Kraft des dreigliedrigen Kreises:

$$E = (A, B)_0^{t_3} + (B, C)_0^{t_1} + (C, A)_0^{t_2}.$$

Hier bezeichnet t_1 die Temperatur der Lötstelle BC, t_2 die von AC, t_3 die von AB.

§ 462. Taits Diagramm. Eine sehr gute Übersicht dieser und der später zu schildernden Vorgänge bietet folgende Darstellungsweise. Wir stellen die thermoelektrischen Kräfte nicht durch Ordinaten, sondern durch Flächen dar. Wir ziehen eine Horizontale und tragen darauf absolute Temperaturen auf. Diese horizontale Linie entspräche einem Metalle X. Thermoelektrische Kraft von z. B. Fe gegen dieses X bei der absoluten Temperatur T bedeute jene Potentialdifferenz, welche das Thermoelement (Fe, X) zeigt, wenn die Lötstellen $(T - \frac{1}{2})$ bzw. $(T + \frac{1}{2})^0$ haben. Diese Größe tragen wir auf unserer Horizontalen als schmales Parallelogramm auf, dessen untere kleine Seite in der Horizontalen die Länge 1^0 hat. Die Summe mehrerer nebeneinander stehender Parallelogramme geben dann die elektromotorischen Kräfte zwischen beliebigen Temperaturen.

In Fig. 533 sei OX die willkürliche Linie für das Metall X. Das Anfangs-O bedeute den absoluten Nullpunkt. Die Linie $OKK'N$ entspricht dem Cu. Haben wir ein Thermoelement $(\mathrm{Cu}, \mathrm{X})_T^{T'}$, so gibt die Fläche $TKK'T'$ die elektromotorische Kraft. Entspricht anderseits die Linie $EE'N$ dem Eisen, so gibt die Fläche $TEE'T'$ die Potentialdifferenz für $(\mathrm{Fe}, \mathrm{X})_T^{T'}$.

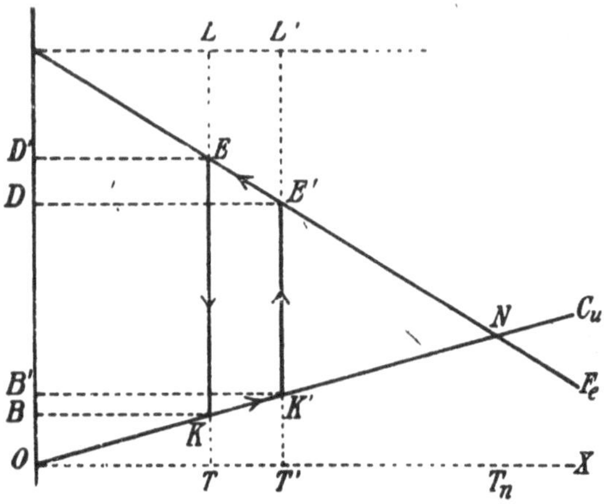

Fig. 533. W. Thomson-Diagramm.

Die Fläche $KK'E'E$ gibt dann nach vorigem § die thermoelektromotorische Kraft für $(\mathrm{Cu}, \mathrm{Fe})_T^{T'}$. Lassen wir die eine Lötstelle auf T und schieben die andere immer weiter bis T_n hinauf, so wächst die elektromotorische Kraft immer langsamer bis zur Größe der Fläche KNE. Die Richtung der Pfeile gibt Stromrichtung (heiße Stelle: Cu ⟶ Fe). Gehen wir mit der Temperatur der Lötstelle über T_n, so muß die rechts von N zuwachsende

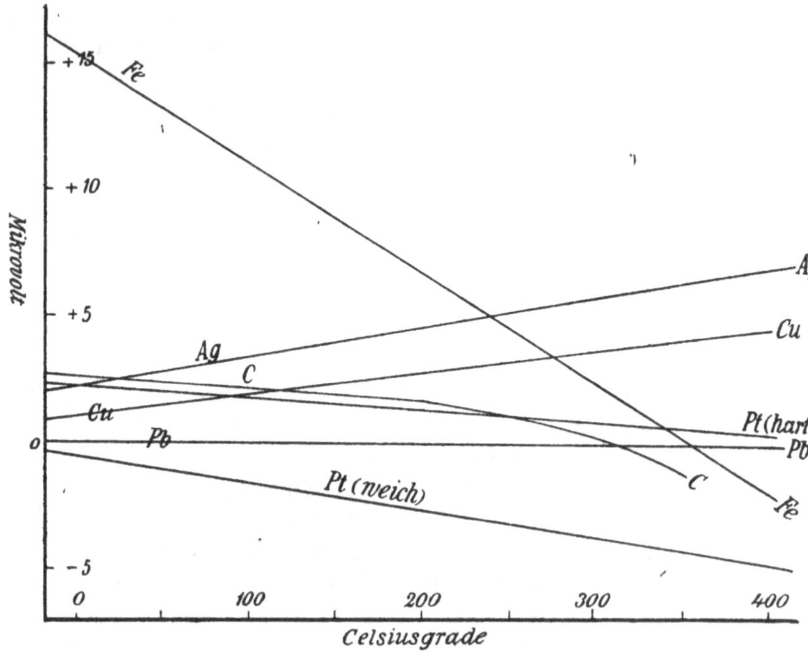

Fig. 534. Tait-Diagramm.

Fläche, da hier die diese Fläche umlaufenden Pfeile dem Drehungssinn von $KK'E'E$ entgegengesetzt sind, negativ genommen werden. Erhöht man also T bis T_n, so steigt die Thermokraft, erreicht bei T_n das Maximum, und nimmt wieder ab, um für $T_n + (T_n - T)$ zu verschwinden. Dieses T_n, der „neutrale Punkt" ist für Fe, Cu etwa 255° C. Ist also die eine Lötstelle auf 0° C, so wird beim Erwärmen der anderen Lötstelle in ihr ein Strom Cu ⟶ Fe fließen, bei steigender Erwärmung erreicht dieser bei 255° ein Maximum, nimmt dann ab, um bei 510° C zu verschwinden, und bei noch weiterer Erhitzung in entgegengesetzter Richtung aufzutreten.

Nach dieser von W. THOMSON gegebenen Idee arbeitete TAIT[1] ein Diagramm für viele Metalle aus, von dem Fig. 534 einen Teil zeigt. Die Linie des Pb ist (statt des X in Fig. 533) willkürlich als grundlegende Horizontale gezogen. Die Durchschnittspunkte sind die neutralen Punkte; Parallelität zweier Linien bedeutet, daß die thermoelektromotorische Kraft einer solchen Kette genau proportional ist der Temperaturdifferenz der Lötstellen, so z. B. ungefähr Ag, Cu. Diese thermoelektrische Kraft (kleine Liniendistanz) ist aber gering. Sehr bequem ist die Kombination Fe-Konstantan. Die Linie für Konstantan fiele in Fig. 534 weit außerhalb der Zeichnung, sie verläuft etwa parallel mit Fe, aber 18 cm tiefer.

§ 463. Thermoelektrische Thermometer und Batterien. Eine solche Kombination von Fe-Konstantan liefert in Verbindung mit einem Galvanometer ein sehr bequemes Thermometer; während die eine Lötstelle a auf konstanter Temperatur gehalten wird, kommt die andere in den zu messenden Raum. Dann ist der Galvanometerausschlag direkt proportional der Temperatur der heißeren (oder kälteren) Lötstelle b. Man kann so Temperaturen von − 270 bis + 500° messen. Für höhere Temperaturen verwendet man eine weniger empfindliche Kombination Platin und Platinrhodium (20 % Rh), welche bis 1200°, bei zeitlich kürzerer Verwendung sogar bis 1500° C verwendbar bleibt.

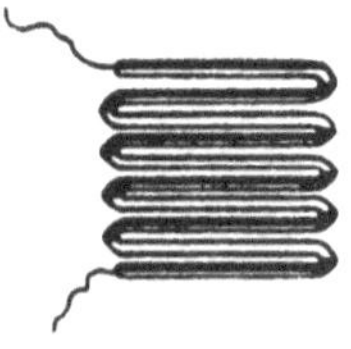

Fig. 535. Thermosäule.

Von Metallkombinationen zeigt Wismut-Antimon zwischen 0 und 100° C die größte Empfindlichkeit, pro 1° Temperaturdifferenz etwa $100 \cdot 10^{-6}$ V.

Fig. 535 zeigt eine Thermosäule, die abwechselnd aus 2 Metallen, z. B. Bi und Sb besteht. Erwärmt man die Lötstellen 1, 2, 5 usw., so summieren sich die elektromotorischen Kräfte wie in Fig. 507. Für Messungen strahlender Energie (§ 246) nimmt man 20 bis 40 solcher Elemente, die in Verbindung mit einem empfindlichen Galvanometer noch Absorptionen von ganz kleinen Energiemengen anzeigen.

Ähnliche, aber viel größere Anordnungen können als Thermobatterien zur Stromlieferung verwendet werden. Die von GÜLCHER z. B. besteht aus Nickel und einer Legierung Zink–Antimon. Die ungeraden Lötstellen werden durch kleine Bunsenflämmchen erhitzt, indes

[1] POGG. Ann. 52 (1874).

die geraden mit großen, die Wärme ausstrahlenden Kupferblechen versehen sind. Eine solche Batterie, aus 66 Elementen bestehend, gibt bei einem inneren Widerstand von 0,65 Ohm etwa 4 V Klemmspannung; Gasverbrauch etwa der einer gewöhnlichen Bunsenflamme.

§ **464. Peltiereffekt.** Der Fundamentalversuch von Seebeck findet eine sehr wichtige Ergänzung in einer von Peltier entdeckten Erscheinung. Wenn man durch einen aus zwei Metallen gebildeten Kreis den Strom eines galvanischen Elementes gehen läßt, so findet an der einen Lötstelle Abkühlung, an der anderen Erwärmung statt, Abkühlung da, wo der Strom von dem in der thermoelektrischen Reihe tiefer stehenden zu dem höher stehenden Metalle geht, Erwärmung bei umgekehrter Stromrichtung.

Der Nachweis des Peltiereffektes erfolgt leicht mit dem in Fig. 536 dargestellten Apparate; *A* und *B* sind zwei mit Luft als thermometrischer

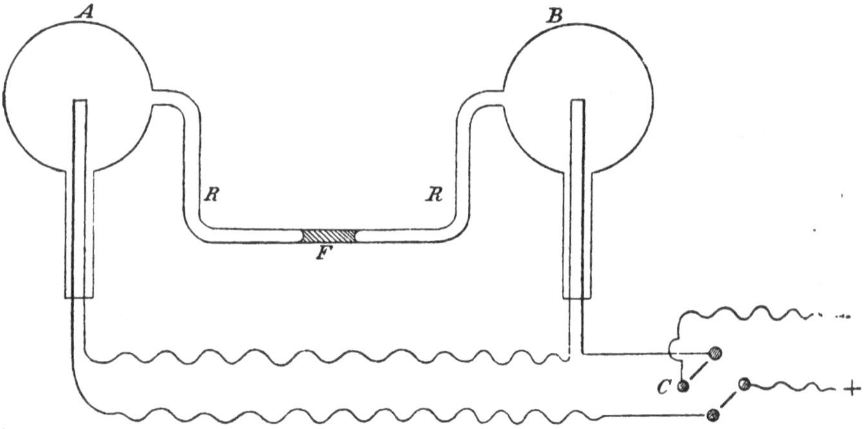

Fig. 536. Peltiereffekt.

Substanz gefüllte Kugeln; sie sind durch die Glasröhre *R* miteinander verbunden, aber die in ihnen enthaltenen Luftmengen sind durch einen Flüssigkeitsfaden *F* voneinander getrennt. Durch die vertikal nach unten gehenden Ansatzröhren sind zwei Paare von Wismut–Antimondrähten luftdicht in die Kugeln eingeführt, so daß die Lötstellen in ihrer Mitte liegen. Wird ein Strom von der Stärke einiger Ampere durch die Drähte geleitet, so daß er in *A* von Wismut zu Antimon, in *B* umgekehrt fließt, so tritt in *A* Abkühlung, in *B* Erwärmung ein; die Luft in *A* zieht sich zusammen, die in *B* dehnt sich aus, und der Faden *F* verschiebt sich von *B* nach *A*. Kehrt man die Stromrichtung um, was mit Hilfe des aus vier Quecksilbernäpfen bestehenden Kommutators *C* leicht geschehen kann, so erfolgt die Verschiebung des Fadens *F* in der Richtung von *A* nach *B*.

Eine zur Demonstration bequemere Methode ist folgende. Man läßt über eine Pohlsche Wippe (§ 428) den Strom einer Batterie eine Thermosäule durchfließen. Infolge des Peltiereffektes werden die Lötstellen abwechselnd erwärmt und abgekühlt. Schaltet man nun mit der Wippe statt der Batterie ein Galvanometer ein, so erhält man einen Thermostrom

Zur Theorie des Peltiereffektes. Die elektrische Leistung eines Thermostromes kann man sich so vorstellen. An der heißen Lötstelle, Temperatur T_2, wird eine Wärmemenge Q_2 absorbiert, an der kalten Lötstelle, Temperatur T_1, wird Q_1 abgegeben. Nehmen wir den Strom = 1, so ist die Spannungsdifferenz $E = J(Q_2 - Q_1)$, wo J das mechanische Wärmeäquivalent ist. Der zweite Hauptsatz der Wärmetheorie verlangt dann, wenn wir den Prozeß — was nur angenähert richtig ist — als umkehrbar auffassen:

$$\frac{Q_2}{T_2} - \frac{Q_1}{T_1} = 0 .$$

Es ergibt sich daraus für die Wärmemenge, die an den Lötstellen eines aus den Metallen A und B gebildeten Kreises pro sec absorbiert oder entwickelt wird,

$$Q = \frac{T}{J} \cdot \frac{d(A,B)_0^\tau}{d\tau} \cdot I .$$

Hier ist $d(A,B)_0^\tau$ die Zunahme der thermoelektrischen Kraft des Kreises für den Temperaturzuwachs $d\tau$, I die Stromstärke in A. Haben die Lötstellen eine Temperatur von 0° C, so ergibt sich:

$$Q = \frac{273}{J} \cdot (\alpha_A - \alpha_B) I .$$

Für (Pt, Cu) ist nach unserer Tabelle $\alpha_{Pt} - \alpha_{Cu} = 1{,}24 \cdot 10^{-6}$ V; die Wärmemenge, welche der Strom von 1 Ampere beim Übergange von Cu zu Pt in 1 Stunde absorbiert, beträgt somit:

$$\frac{273}{4{,}188} \cdot (1{,}24 \cdot 10^{-6}) \cdot 60 \cdot 60 = 0{,}29 \text{ cal.}$$

Kalorimetrische Messungen gaben für diese Wärmemenge 0,320 g-cal Nun war aber für die bei dem Versuche benützten Platin–Kupferdrähte $\alpha_{Pt} - \alpha_{Cu}$ nicht gleich 1,24, sondern gleich 1,40, der berechnete Wert der Peltierschen Wärme also gleich 0,327 g-cal, in vollkommener Übereinstimmung mit der Beobachtung.[1]

Diese Übereinstimmung versagt aber in vielen Fällen besonders bei höheren Temperaturen.[2] Nur eine Folge der obigen Formel stimmt immer, für den neutralen Punkt, wo $d(A,B)/dT = 0$ ist, ist auch die Peltierwärme gleich 0.[3]

§ 465. **Thomsoneffekt.** Die vorige Beobachtung muß schon nach folgender Überlegung unrichtig sein. Ein Thermoelement (Cu, Fe) mit den Lötstellentemperaturen 0° und 255° C gibt einen dauernden Strom; bei 255° gibt es aber keinen Peltiereffekt, also keine Wärmeaufnahme. Der

---

[1] Jahn, Wied. Ann. 34 (1888). [2] P. Cermak, Jahrb. d. Radioakt. 8 (1911), dagegen Borelius, Ann. d. Phys. 56 (1918). [3] Lecher, Wien. Akad. 115 (1906).

ganze Kreis wäre also eine Energiequelle, die Strom-Energie liefert und gleichzeitig an der kälteren Lötstelle Wärme abgibt; das ist unmöglich. Es muß also, so argumentierte W. THOMSON, auch in dem Temperaturgefälle der Drähte irgendein thermoelektrischer Vorgang stattfinden. THOMSON zeigte auch experimentell, daß in einem und demselben Metalle thermische Effekte auftreten, wenn ein galvanischer Strom von Stellen mit höherer Temperatur zu solchen mit tieferer fließt oder umgekehrt, und zwar kehren sich diese Wirkungen mit der Richtung des Stromes um; wenn Strömung in der einen Richtung Erwärmung erzeugt, so bedingt Strömung in der entgegengesetzten Abkühlung. Der Sinn der Wirkung ist in verschiedenen Metallen verschieden. Wenn im Kupfer der Strom in der Richtung der fallenden Temperaturen fließt, so erzeugt er Wärme, während er bei umgekehrter Richtung Wärme absorbiert. Eisen verhält sich entgegengesetzt, indem ein im Sinne fallender Temperatur fließender Strom Wärme absorbiert. Sinkt in einem ungleich erwärmten Drahte die Temperatur von seinem Anfange bis zu seinem Endpunkte um ϑ Grade, so ist die von dem Strome I pro sec entwickelte Wärmemenge gleich $\sigma \vartheta I$, wenn er in der Richtung der fallenden Temperaturen fließt; hier ist σ eine von der Natur des Drahtes abhängige Konstante, die von THOMSON als spezifische Wärme der Elektrizität bezeichnet wurde; sie würde in Kupfer einen positiven, in Eisen einen negativen Wert besitzen.

Absolute Messungen des THOMSONschen Phänomens wurden zuerst ausgeführt bei käuflichem Wismut und bei Quecksilber. Wenn in Bi der Strom 1 A von einem Querschnitte zu einem zweiten mit einer um 1^0 niedrigeren Temperatur fließt, so wird auf der zwischen den Querschnitten liegenden Strecke pro sec die Wärmemenge

$$\sigma = 2{,}45 \cdot 10^{-6} \text{ cal}$$

erzeugt; für Hg ergibt sich in demselben Maße:

$$\sigma = -0{,}69 \cdot 10^{-6} \text{ cal.}$$ [1]

Verbindet man diese Resultate mit einer Reihe vergleichender Beobachtungen des THOMSONschen Effektes bei verschiedenen Metallen, so ergibt sich die folgende Tabelle für $\sigma \cdot 10^6$:

käuflich						rein	
Bi	Sb	Cd	Cu	Pb	Pt	Sb	Bi
+2,45	+2,16	1,02	+0,06	0	−0,6	−0,78	−1,08

Diese Zahlen schwanken sehr, so findet z. B. für Pt BERG[2] $\sigma = 2{,}1 \cdot 10^{-6}$.

Bei Blei ist der THOMSONsche Effekt fast gleich Null; dies hat die Veranlassung gegeben, bei der Bestimmung der thermoelektrischen Kräfte das Blei als Normalmetall zu wählen.

[1] HAGA, WIED. Ann. 28 (1886). [2] Ann. d. Phys. 32 (1910).

Weitere Messungen[1] an Fe, Cu und Ag haben gezeigt, daß σ in ziemlich hohem Maße abhängig ist von der mittleren Temperatur des Metalles. Die Abhängigkeit wird dargestellt durch die folgenden Formeln:

$$\text{Fe} \quad \sigma \cdot 10^7 = -\{18 \cdot 6 + 0 \cdot 206\, t - 0 \cdot 00051\, t^2\},$$
$$\text{Cu} \quad \sigma \cdot 10^7 = +\{3 \cdot 01 + 0 \cdot 0066\, t\},$$
$$\text{Ag} \quad \sigma \cdot 10^7 = +\{7 \cdot 36 + 0 \cdot 0089\, t\}.$$

Direkt sichtbar wird der Thomsoneffekt in folgender Anordnung. Ein vertikal gespannter Platindraht taucht unten in ein Hg-Bad und ein starker Strom bringt den Draht zum Glühen. Am unteren Ende bleibt der Draht wegen der Abkühlung durch das Hg dunkel; es herrscht also an diesem unteren Ende ein starkes Temperaturgefälle. Je nach der Stromrichtung verschiebt sich nun die Grenzstelle zwischen Glut und Nichtglut.[2]

Die Ursache des Thomsonschen Effektes könnte zunächst in Strukturänderungen liegen, die mit Temperaturverschiedenheiten im Innern eines und desselben Metalles verbunden sein können; es würden dann sekundäre elektromotorische Kräfte im Innern der Metalle selber vorhanden sein, und ihnen würde der Thomsonsche Effekt ebenso entsprechen, wie der Peltiersche den an der Grenzfläche verschiedener Metalle wirkenden. Der relativ große Wert des Thomsoneffektes in Hg macht diese Vermutung aber wenig wahrscheinlich.

Theoretische Überlegungen liefern auch für σ Formeln, aber unter sehr vereinfachenden Bedingungen. Wir wollen nur nochmals auf Fig. 533 verweisen. Die Peltierwärme für (Cu, Fe) ist an der Lötstelle T' bzw. T gegeben durch $B'K'E'D'$ bzw. $BKED$; die verschiedene Pfeilrichtung in $K'E'$ bzw. EK bedeutet das entgegengesetzte Vorzeichen. Die Fläche $B'BKK'$ bzw. $DD'E'E$ stellt den Thomsoneffekt in Kupfer bzw. in Eisen zwischen T' und T dar; beides bedeutet Absorption der Wärme, denn der Strom (Pfeilrichtung) geht in Cu von Kalt zu Warm und im Fe von Warm zu Kalt. $+TK$ ist die spez. Wärme der Elektrizität in Cu bei T^0; $-EL$ die des Fe. Ist für 2 Metalle A, bezw. B, σ_A, bezw. σ_B, so soll nach der Theorie sein:

$$\sigma_A - \sigma_B = T d(A, B)/dT.$$

Nach Borelius[3] entspricht diese Gleichung den experimentellen Ergebnissen.

§ 466. **Benedickseffekt.** Ähnlich wie sich der Peltiereffekt zum Seebeckeffekte verhält, müßte sich der Thomsoneffekt zu einem weiteren Effekte verhalten, der darin bestände, daß auch ein homogener Draht, ungleich erwärmt, durch sein Temperaturgefälle eine elektromotorische Kraft zeigte.

Erhitzt man einen Draht an einer Stelle, so fällt im allgemeinen die Temperatur von dieser Erhitzungsstelle nach beiden Seiten symmetrisch ab; die nach diesen entgegengesetzten Seiten wirkenden gleichen

---

[1] Lecher, Ann. d. Phys. 19 (1906). [2] König, Phys. Zs. 11 (1910).
[3] Ann. d. Phys. 56 (1918).

elektromotorischen Kräfte heben sich gegenseitig auf. Wird aber durch besondere Maßnahmen diese Symmetrie des Temperaturabfalles gestört, so läßt sich ein dauernder Thermostrom auch in einem homogenen Leiter, z. B. Hg, nachweisen. BENEDICKS[1] hat solche Erscheinungen in verschiedener Weise zeigen können.

Wir hätten hier, falls weitere Versuche diese Ergebnisse bekräftigen und erweitern, eine wichtige Entdeckung für die Erkenntnis metallischer Leitung der Elektrizität und der Wärme (Siehe 16. Teil dieses Bandes).

Folgendes Schema gibt eine Übersicht aller thermoelektrischen Effekte:

	Der Leiterkreis besteht aus	
	2 Metallen	1 Metall
Temperaturdifferenz erzeugt elektrischen Strom	SEEBECK (1821)	BENEDICKS (1916)
Elektrischer Strom erzeugt Temperaturdifferenz	PELTIER (1834)	THOMSON (1856)

§ 467. Zur Theorie der Thermoelektrizität. Wir wissen also auch noch nichts über den Sitz der thermoelektrischen Kraft. Es sind hier drei Möglichkeiten.

1. Der Sitz der thermoelektrischen Kraft liegt nur in den Lötstellen.[2]
2. Der Sitz dieser Kraft liegt nur im Temperaturgefälle der Drähte.[3]
3. Es liegt der Ort dieser Kraft sowohl in den Kontaktstellen als auch im Temperaturgefälle.[4]

Wir wollen den Unterschied dieser Auffassungen an einem Beispiele zeigen, an Fe-Cu.

KOHLRAUSCH — Auffassung 2 — meint, daß jedes Temperaturgefälle in einem Leiter mit einem elektrischen Potentialgefälle verbunden ist. Ein vollkommen isolierter Fe-Draht habe an einem Ende 0°, am anderen 255°; am heißen Ende soll dann mehr Elektrizität sitzen als am kalten. Wenn nun in einem anderen isolierten Cu-Drahte bei gleicher Temperaturdifferenz der Enden die Potentialdifferenz dieser Enden kleiner ist, so siegt beim Zusammenbringen der Enden dieser Drähte die Potentialdifferenz in Fe und es entsteht dadurch der Thermostrom.

Nehmen wir dasselbe $(\mathrm{Cu\,Fe})_0^{255^\circ}$, so ist nach 1 nur an der kalten Lötstelle eine Kontaktkraft Fe ⟶ Cu, indes an der Lötstelle 255° keine Kontaktkraft auftritt.

Es ist nun interessant, daß die scheinbar so einfache Entscheidung zwischen diesen Auffassungen: 1. „Kontaktkraft" und 2. „Temperaturgefälle" auf bis jetzt noch nicht überwundene experimentelle Hindernisse stößt.

Wir kommen im sechzehnten Teil dieses Bandes nochmals auf diesen Gegenstand zurück.

[1] Ann. d. Phys. 55 (1918). [2] Besonders rein dargestellt durch PLANCK, WIED. Ann. 36 (1889). [3] F. KOHLRAUSCH, POGG. Ann. 156 (1875). BOLTZMANN, Wien. Ber. 96 (1888). [4] BUDDE, WIED. Ann. 30 (1887).

Sechster Teil. Elektromagnetismus.

I. Ponderomotorische Wechselwirkungen zwischen Strömen und Magneten.

§ 468. Der Fundamentalversuch von Örsted. Galvanometer. Die mannigfachen Analogien, welche in dem Verhalten des Magnetismus und der Elektrizität in früheren Teilen dieses Bandes hervorgetreten sind, legen die Vermutung einer wechselseitigen Beziehung zwischen den beiden Gebieten von Erscheinungen nahe. Zwischen ruhendem Magnetismus und ruhender Elektrizität aber existiert keine Wechselwirkung.

Hingegen entdeckte Örsted (1820) eine Wechselwirkung strömender Elektrizität und ruhenden Magnetismus. Er führte den Strom einer aus 20 Elementen zusammengesetzten Batterie durch einen geradlinigen Draht; diesen brachte er in die Nähe einer Magnetnadel, die, in horizontaler Ebene frei drehbar, fern von einem Strome, in den magnetischen Meridian sich einstellte. Hielt er dann den Draht über die Nadel, parallel mit ihr, so daß die positive Elektrizität von Süden nach Norden strömte, so wurde der Nordpol nach Westen, der Südpol nach Osten abgelenkt. Die Ablenkung war die entgegengesetzte, wenn bei gleicher Stromrichtung der Draht unter die Nadel gehalten wurde. Befand sich der Draht mit der Nadel in derselben Horizontalebene, so trat keine Drehung ein.

Es läßt sich auch leicht zeigen, daß ein stärkerer Strom die Nadel stärker ablenkt, wobei eine § 471 zu schildernde Beziehung besteht.

Amperesche Regel. Die Beobachtungen von Örsted enthalten im Grunde genommen schon alles, was zur Bestimmung der Richtung erforderlich ist, in welcher ein magnetischer Pol von einem geradlinigen Stücke eines elektrischen Stromes getrieben wird. Allein seine Angaben setzen eine spezielle Lage der abgelenkten Nadel voraus und sind daher für die Anwendung nicht allgemein genug. Die einfache Regel, die wir jetzt benützen, rührt von Ampère her; es ist die folgende:

Man denke sich in die Richtung des Stromes versetzt, so daß die positive Elektrizität von den Füßen zum Kopfe des Beobachters fließt, sein Gesicht der Nadel zugewendet ist; der Strom treibt dann den Nordpol der Nadel nach der linken Seite des Beobachters. Unter Richtung eines elektrischen Stromes werden wir stets, wie auch immer bisher, die Richtung verstehen, in welcher die positive Elektrizität in dem Leitungsdrahte von der elektromotorischen Kraft getrieben wird. Die mit dem Strome schwimmende Amperesche Figur zeigt also, wenn sie das Gesicht dem Pole zuwendet, die Richtung der auf einen Nordpol ausgeübten Kraft durch ihren ausgestreckten linken Arm. Die Wirkungen auf einen Südpol sind unter gleichen Verhältnissen entgegengesetzt denen auf einen Nordpol.

In der Anwendung bequemer als die von AMPÈRE gegebene Regel ist die folgende: Man lege die rechte Hand in die Richtung des Stromes, so daß dieser von dem Handgelenke zu den Fingerspitzen geht; die innere Fläche der Hand wende man der Magnetnadel zu; die Richtung, in welcher der Nordpol getrieben wird, stimmt dann überein mit der Richtung des ausgestreckten Daumens.

Die ÖRSTEDsche Entdeckung führte zur Konstruktion der sog. Galvanometer. Diese bestehen aus einem kreisförmigen oder elliptischen Rahmen von Holz oder Messing, auf welchen ein dünner, mit Seide übersponnener Kupferdraht in vielen Windungen gewickelt ist (Fig. 537). Wir stellen das Galvanometer (in seinen früheren Ausführungen auch Multiplikator genannt) so, daß die Ebene seiner Windungen in den magnetischen Meridian fällt, und hängen eine Magnetnadel so auf, daß sie im Innern der Spule in einer horizontalen Ebene sich frei drehen kann. Sie stellt sich dann zunächst in den magnetischen Meridian, d. h. in die Ebene der Multiplikatorwindungen. Die Suspension des Magneten ist mit einem Spiegel verbunden, um sehr kleine Drehungen noch mit Spiegel und Skale beobachten zu können.

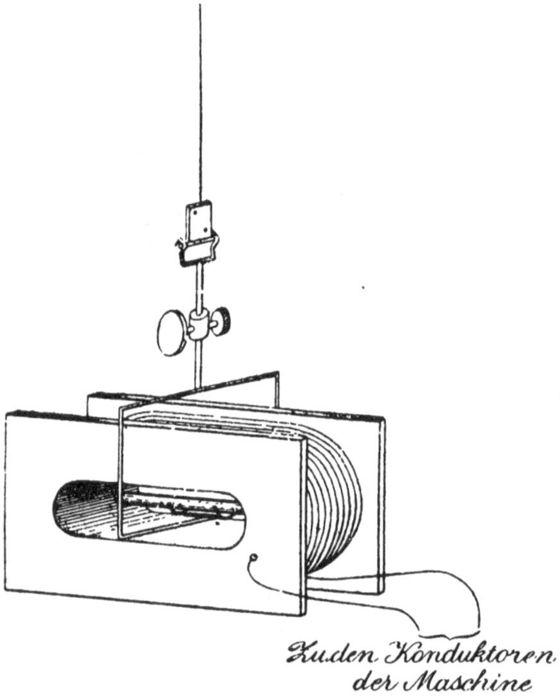

Fig. 537. Galvanometer.

Die oberen horizontallaufenden Drähte in Fig. 537 lenken bei Stromdurchgang den Magneten nach der AMPEREschen Regel in derselben Richtung ab, wie die untere Horizontalschichte, da ja in letzterer die Stromrichtung die umgekehrte ist. Alle diese Wirkungen der vielen Drähte addieren sich und machen den Multiplikator empfindlich, d. h. er zeigt auch schwache Ströme an.

Noch empfindlicher sind Galvanometer mit astatischem Nadelpaare. Bei einem Galvanometer von der bisher geschilderten Form hängt die Größe des Winkels, um den die Nadel aus dem magnetischen Meridian abgelenkt wird, von dem Verhältnisse zwischen der Stromstärke und der Horizontalintensität des Erdmagnetismus ab. Man kann die Ablenkung vergrößern, wenn man die Wirkung des Erdmagnetismus schwächt und zugleich die des Stromes verstärkt. Das erste geschieht dadurch, daß man zwei Magnetnadeln an demselben Gestelle übereinander anbringt, so daß ihre magnetischen Achsen parallel, aber einander entgegengesetzt sind. Man kann dann entweder nur die untere Nadel mit einem Multiplikator umgeben, oder zwei parallel gestellte, gleiche Multiplikatoren übereinander benützen, so daß die eine Nadel in der Mitte des einen, die andere in der Mitte des anderen schwebt, wie das in Figg. 538 und 539 schematisch dargestellt ist. Die Stromrichtungen sind durch die Pfeile angedeutet. Man wird sich leicht davon überzeugen, daß die elektromagnetischen Kräfte auf beide Nadeln in demselben Sinne wirken. Bei der durch Fig. 539 dargestellten Form des

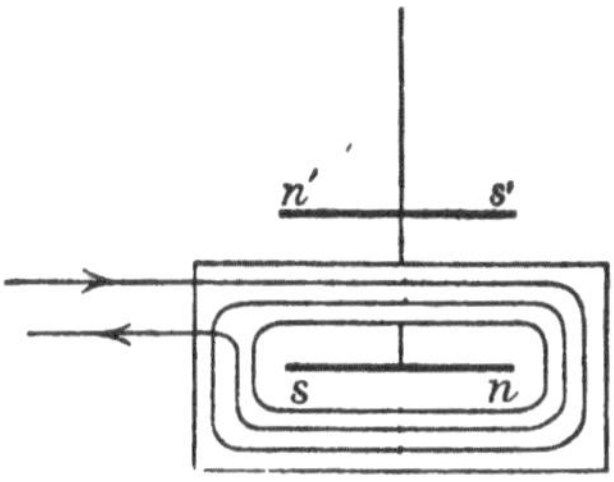

Fig. 538. Astatischer Multiplikator.

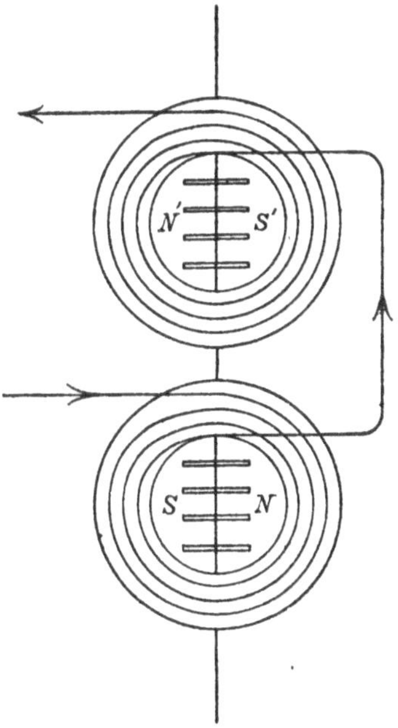

Fig. 539. Thomsongalvanometer.

astatischen Galvanometers sind an Stelle massiver Magnetnadeln einige (in Fig. 539 sind es 4) dünne Lamellen aus Stahl benützt, welche in paralleler Stellung übereinander an dem Suspensionsstifte befestigt und möglichst gleich stark magnetisiert sind. An dem unteren Ende des Suspensionsstiftes wird eine (nicht gezeichnete) Glimmerscheibe befestigt, deren Fläche zu der Fläche der Stahllamellen senkrecht gestellt ist. Man erreicht dadurch eine gewisse Erschütterungsfreiheit des aufgehängten Systemes und kann die Glimmerscheibe gleichzeitig zur Herstellung eines Luftdämpfers benützen.[1]

§ 469. Versuch von Rowland. Die Stromstärke bedeutet (§ 429) die pro sec durch den Leiter fließenden Coulombs. Bringt man nun durch Ladung mittels Elektrisiermaschine auf eine kreisförmige Scheibe eine bestimmte Menge Coulombs und versetzt diese Scheibe um ihre Achse in rasche Rotation, so nimmt die Ladung gleichzeitig mit der Scheibe

[1] Du Bois und Rubens, Wied. Ann. 48, 50 (1893).

an der Rotation teil. Rowland u. a. zeigten nun, daß ein solches mechanisches Bewegen von Elektrizitätsladungen, eine sog. konvektive Srömung, genau dieselbe magnetische Wirkung hat, wie wenn dieselbe Elektrizitätsmenge innerhalb eines Leiters strömt.[1]

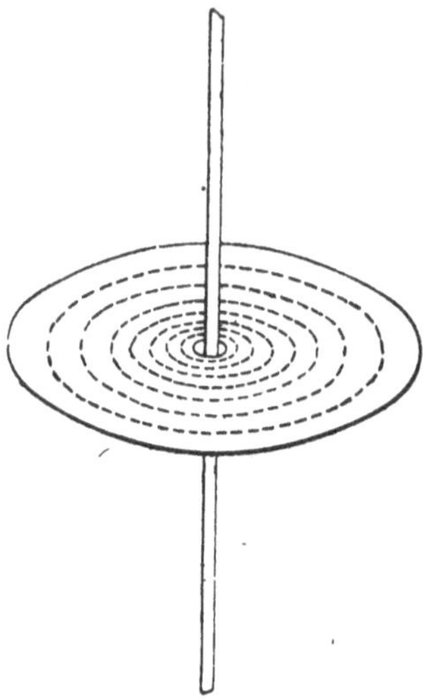

Fig. 540. Kraftlinien eines geradlinigen Stromes.

§ 470. Kraftlinien des Stromes. Über die Richtung der magnetischen Kraft in dem elektromagnetischen Felde eines Stromes wird man sich, ebenso wie in dem analogen Falle eines Magnetfeldes, am einfachsten durch die Konstruktion der Kraftlinien orientieren. Lassen wir einen vertikal aufgespannten Draht von einem elektrischen Strome durchlaufen, so erleidet ein in der Nähe befindlicher Magnetpol eine elektromagnetische Kraft, welche nach der Ampèreschen Regel gegen den Draht und gegen den vom Drahte nach dem Pole gehenden Radiusvektor senkrecht gerichtet ist. Somit sind die von dem Strome erzeugten Magnetkraftlinien Kreise, deren Achse durch den Draht gegeben ist. Wir können diese Kraftlinien leicht sichtbar machen, wenn wir den vom Strome durchflossenen Draht durch ein horizontal gestelltes Papierblatt führen, welches mit Eisenfeilspänen bestreut ist. Bei leichter Erschütterung

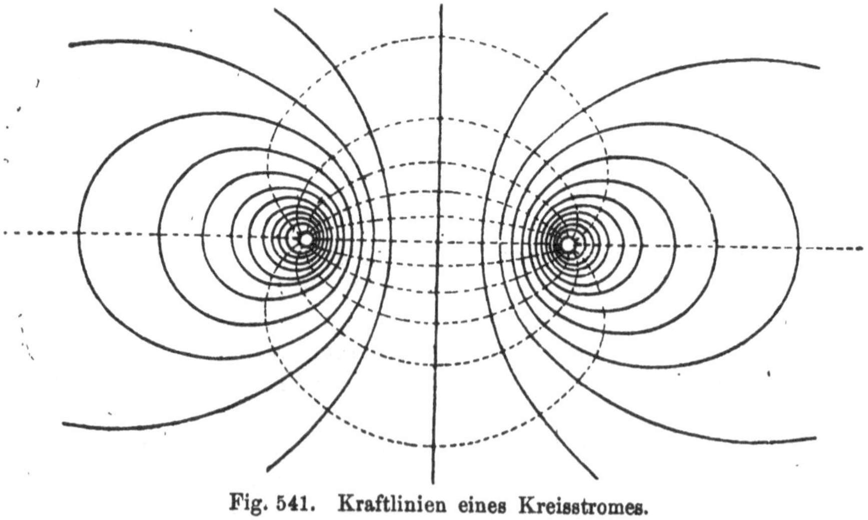

Fig. 541. Kraftlinien eines Kreisstromes.

ordnen sich die Späne zu Kreisen, welche den Draht konzentrisch umgeben (Fig. 540). Wir wollen diese Kraftlinien noch für einen anderen, besonders

[1] Berl. Ber. (1876). Pogg. Ann. 158 (1876).

wichtigen Fall darstellen, für einen zum Kreise gebogenen Draht, der mit der Kreisebene vertikal gestellt ist. Wir führen den Draht durch eine in einem leichten Rahmen befestigte Papierscheibe, so daß diese in horizontaler Lage durch den Mittelpunkt des Kreises hindurchgeht. Die Kurven, zu welchen sich die auf die Scheibe gestreuten Eisenfeilspäne infolge der Stromwirkung ordnen, sind in Fig. 541 durch die ausgezogenen Linien dargestellt. Wir sehen, daß sie die Ebene des Kreises senkrecht durchschneiden und die Punkte, in welchen der Stromkreis die Ebene des Papiers durchdringt, wirbelförmig umziehen. Wir wollen insbesondere noch beachten, daß die Kraftlinien in der Nähe des Kreismittelpunktes sehr nahe parallel verlaufen; das von dem Strome erzeugte magnetische Feld verhält sich hiernach in der Umgebung des Kreismittelpunktes ebenso wie das Feld des Erdmagnetismus, es ist ein homogenes Feld von konstanter Intensität und Richtung der magnetischen Kraft.

§ **471. Tangentenbussole.** Von dieser Bemerkung machen wir Gebrauch bei der Konstruktion eines Apparates, der eine Maßbestimmung elektromagnetischer Kräfte und damit auch eine Messung der sie erzeugenden Ströme möglich macht. Wir stellen einen, aus einem etwa 0,5 cm dicken Kupferdrahte gebildeten Kreisring (Durchmesser des Ringes etwa 15 bis 30 cm) vertikal auf, so daß seine Ebene in den magnetischen Meridian fällt. Der Ring ist unten aufgeschnitten; die Schnittflächen sind voneinander isoliert. Auf der einen Seite des Schnittes wird der Strom dem Ringe zu-, auf der anderen von ihm weggeführt. Bei kleinem Abstande der Schnittflächen wirkt der Ring wie ein zusammenhängender, von einem in sich zurücklaufenden Strome durchflossener Kreis. In die Mitte des Ringes stellen wir eine Magnetnadel, welche entweder mit einem Hütchen auf einer Spitze, oder um einen vertikalen Suspensionsdraht in horizontaler Ebene leicht drehbar ist. Der Mittelpunkt der Nadel falle zusammen mit dem Mittelpunkte des Kreises, die Nadel sei so kurz (etwa 3 bis 5 cm lang), daß ihre beiden Pole noch innerhalb des homogenen Magnetfeldes liegen, welches den Kreismittelpunkt umgibt (Fig. 541). Die Ruhelage der Nadel fällt in den magnetischen Meridian, d. h. in die Ebene des Kreises, solange dieser stromlos ist. Die Kraftlinien eines den Kreis durchfließenden Stromes stehen zu seiner Ebene senkrecht. Sobald wir den Strom schließen, wird, der Ampèreschen Regel entsprechend, der Nordpol in der Richtung der Kraftlinien nach der einen, der Südpol nach der entgegengesetzten Seite getrieben. Die Nadel wird aus der Ebene des magnetischen Meridians abgelenkt, offenbar so weit, bis ihre Achse in die Richtung der aus der elektromagnetischen und der erdmagnetischen Kraft konstruierten Resultante fällt. Die Fig. 542 stellt die Nadel von oben her gesehen dar; C ist ihr Mittelpunkt, N der Nord-, S der Südpol, n und s sind die Projektionen dieser Punkte auf die Richtung der horizontalen Komponente des Erdmagnetismus. Bezeichnen wir durch μ die Menge des im Nordpole der Nadel konzentrierten Magnetismus, so ist die von der horizontalen

Komponente H des Erdmagnetismus auf ihn ausgeübte Kraft gleich $H\mu$; bei der elektromagnetischen Wirkung liegt die Annahme nahe, daß sie, wie jede auf einen Magnetpol wirkende Kraft, der Polstärke μ proportional sei. Bezeichnen wir dann mit K die Kraft, welche von unserem Kreisstrome auf einen Pol von der Stärke Eins ausgeübt wird, d. h. ist K die Intensität des von dem Strome erzeugten Magnetfeldes, so ist die auf den Pol der Nadel wirkende elektromagnetische Kraft gleich $K\mu$, und die Bedingung für das Gleichgewicht der Nadel wird:

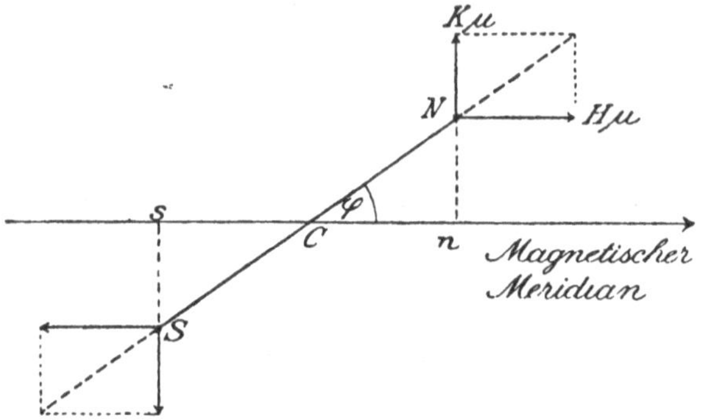

Fig. 542. Tangentenbussole.

$$\frac{K\mu}{H\mu} = \frac{(Nn)}{(Cn)}.$$

Bezeichnen wir den Winkel, um den die Nadel aus dem Meridian abgelenkt wird, durch φ, so ist $(Nn)/(Cn) = \operatorname{tg}\varphi$ und $K = H \operatorname{tg}\varphi$. Dieses K ist der Stromstärke proportional, wie vielfachste Erfahrung gezeigt. Bezeichnen wir die Kraft, welche der von der Stromeinheit durchflossene Kreis auf einen Pol von der Stärke Eins ausübt, durch K_1, die Stromstärke in elektrostatischem Maße durch $\mathfrak{C}$, so ist $K = K_1 \mathfrak{C}$, und es gilt daher für unseren Kreisring allgemein die Formel:

$$K_1 \mathfrak{C} = H \operatorname{tg}\varphi.$$

Lassen wir Ströme von verschiedener Stärke durch den Ring gehen, so verhalten sich die Tangenten der Ablenkungswinkel wie die Stromstärken, und es geben also auch umgekehrt diese Tangenten ein relatives Maß für die Stromstärken. Der in der angegebenen Weise aufgestellte und benützte Kreisring bietet uns somit ein Mittel, um die Stärke von elektrischen Strömen zu vergleichen. Man bezeichnet einen nach diesem Prinzipe konstruierten Meßapparat als Tangentenbussole, weil eben die Tangenten der Winkel, um welche die in ihrem Mittelpunkte befindliche Bussolennadel abgelenkt wird, das Maß der Stromstärke bilden.

In obiger Formel denken wir uns die Stromstärke $\mathfrak{C}$ durch eine elektrostatische Messung der Elektrizitätsmenge bestimmt, welche in 1 sec durch den Querschnitt des Leitungsdrahtes geht. Die Zahl, die wir in dieser Weise erhalten, nennen wir das elektrostatische Maß der Stromstärke, im Gegensatze zu einem anderen Maße, von dem wir im folgenden zu sprechen haben.

Die Kraft K_1, welche ein Kreisstrom von der Stärke Eins nach unserem elektrostatischen Maße auf einen in seinem Mittelpunkte befindlichen Pol Eins ausübt, kann nur abhängen von dem Halbmesser des

Stromkreises. Man könnte diese Abhängigkeit durch Beobachtungen mit der Tangentenbussole selbst ermitteln, indem man Ringe von verschiedenem Radius benützte. Tatsächlich wurde die Kraft berechnet auf Grund eines Gesetzes, welches von Laplace für die elektromagnetische Wirkung aufgestellt wurde, die von einem geradlinigen Elemente eines elektrischen Stromes ausgeübt wird. Wie wir in § 476 zeigen werden, ergibt sich für die Kraft K_1 der Ausdruck:

$$K_1 = \frac{1}{c} \cdot \frac{2\pi}{r}.$$

Hier bezeichnet $1/c$ einen konstanten Faktor, dessen Wert noch näher zu bestimmen ist. Eine anschauliche Bedeutung ergibt sich für den Faktor $1/c$, wenn wir $r = 2\pi$ setzen: es wird dann $K_1 = 1/c$, und wir erhalten daher den Satz: $1/c$ ist der Wert der Kraft, die ein Kreisstrom von der Stärke $\mathfrak{C} = 1$ nach elektrostatischem Maße auf einen in seinem Mittelpunkte befindlichen Pol von der Stärke Eins ausübt, wenn der Halbmesser des Stromkreises gleich 2π ist. Substituieren wir den für K_1 gegebenen Wert in der Formel der Tangentenbussole, so wird diese:

$$\frac{\mathfrak{C}}{c} = \frac{r}{2\pi} H \operatorname{tg} \varphi.$$

Bei einer aus mehreren Windungen bestehenden Tangentenbussole wird die Kraft K_1 der Windungszahl n proportional sein, so daß man die Formel erhält:

$$\frac{\mathfrak{C}}{c} = \frac{r}{2n\pi} H \operatorname{tg} \varphi.$$

§ 472. Elektrostatisches und elektromagnetisches Maß der Stromstärke. Wir haben die Stromstärke schon zu wiederholten Malen definiert als die gesamte Menge von Elektrizität, welche pro sec durch den Querschnitt des Leitungsdrahtes fließt. Wenn wir diese Elektrizitätsmenge durch die Wirkung messen, welche sie nach dem Coulombschen Gesetze auf eine ihr gleiche in der Entfernung Eins ausübt, also nach dem in § 373 eingeführten absoluten elektrostatischen Maße, so sagen wir, daß auch die Stärke des elektrischen Stromes in elektrostatischem Maße bestimmt sei.

Diesem elektrostatischen Maße stellte man ein anderes gegenüber, welches man als das elektromagnetische Maß der Stromstärke bezeichnete. Zu seiner Einführung kommen wir durch die Überlegung, daß es nicht nötig und fürs erste jedenfalls nicht bequem ist, die elektromagnetischen Messungen auf die schwierigen elektrostatischen zu reduzieren. Es erscheint in vieler Hinsicht besser, für die Zwecke des Elektromagnetismus ein neues Maßsystem einzuführen, welches nur die magnetischen Maße und die mit großer Genauigkeit auszuführenden magnetischen Messungen zu seiner Voraussetzung hat. Zu einem solchen Maße gelangen wir in einfachster Weise, wenn wir das c-fache der elektrostatischen Stromeinheit als neue Maßeinheit der Stromstärke benützen; der Wert einer Stromstärke in diesem neuen Maße ist dann c-mal kleiner als in dem elektrostatischen. Bezeichnen wir die Stromstärke in elektrostatischem Maße wie bisher durch $\mathfrak{C}$, so ist ihr Wert in dem neuen elektromagnetischen Maße gleich $\mathfrak{C}/c$. Für diesen Bruch aber gilt die Gleichung:

$$\frac{\mathfrak{C}}{c} = \frac{r}{2\,n\,\pi} H \operatorname{tg} \varphi ;$$

er hängt in der Tat nur von dem Halbmesser r des Ringes und von der Horizontalintensität des Erdmagnetismus, nicht von elektrostatischen Messungen ab. Bezeichnen wir die Stärke des galvanischen Stromes in diesem elektromagnetischen Maße durch I, so ist:

$$I = \frac{\mathfrak{C}}{c} = \frac{r}{2\,n\,\pi} H \operatorname{tg} \varphi .$$

Die Einheit der elektromagnetischen Stromstärke würde somit durch einen Strom gegeben sein, welcher der Nadel einer Tangentenbussole mit einer Windung und mit einem Halbmesser von $r = 2\pi$ cm eine Ablenkung von 45° erteilte, an einem Orte, wo die horizontale Intensität des auf die Nadel wirkenden Magnetfeldes $H = 1 \mathrm{cm}^{-\frac{1}{2}} \cdot \mathrm{g}^{\frac{1}{2}} \cdot \mathrm{sec}^{-1}$ wäre.

Das Magnetfeld, welches die von dem Strome durchflossene Windung der Tangentenbussole in ihrem Mittelpunkte erzeugt, hat unter diesen Umständen gleichfalls die Intensität Eins; hiernach ist der Strom Eins nach elektromagnetischem Maße auch dadurch definiert, daß er, einen Kreis vom Halbmesser $r = 2\pi$ umfließend, im Mittelpunkte desselben ein Magnetfeld von der Stärke Eins erzeugt. Zugleich gibt die Konstante c die Anzahl der elektrostatischen Einheiten, welche der Strom Eins nach elektromagnetischem Maße in 1 sec durch den Querschnitt des Leitungsdrahtes führt, denn für $I = 1$ ergibt sich $\mathfrak{C} = c$.

Aus der für die Strommessung mit der Tangentenbussole geltenden Formel folgt, daß die elektromagnetische Stromstärke erhalten wird, wenn man die Intensität eines Magnetfeldes mit einer Länge multipliziert. Hieraus folgt mit Rücksicht auf die in § 358 angegebene Dimension jener Intensität die Dimension der elektromagnetischen Stromstärke:

$$[I] = \mathrm{cm}^{\frac{1}{2}} \cdot \mathrm{g}^{\frac{1}{2}} \cdot \mathrm{sec}^{-1} .$$

Die Stromstärke in elektrostatischem Maße ist definiert als die pro sec durch den Querschnitt des Leitungsdrahtes fließende Elektrizitätsmenge. Wir erhalten sie, wenn wir die in einer beliebigen Zeit durchfließende Elektrizitätsmenge mit dieser Zeit dividieren. Die Dimension der elektrostatischen Stromstärke ist somit die einer Elektrizitätsmenge dividiert durch eine Zeit; also nach § 373:

$$[\mathfrak{C}] = \mathrm{cm}^{\frac{3}{2}} \cdot \mathrm{g}^{\frac{1}{2}} \cdot \mathrm{sec}^{-2} .$$

Zu demselben Resultate führt die folgende Betrachtung. Wir nehmen an, es seien uns in elektrostatischem Maße die Mengen ε_p und ε_n von positiver und negativer Elektrizität gegeben, welche in der Längeneinheit eines Leitungsdrahtes in Strömung begriffen sind, und außerdem die Geschwindigkeit $\mathfrak{g}_p$ und $\mathfrak{g}_n$ ihrer Bewegung. Dann ist die gesamte Menge von Elektrizität, welche pro sec durch den Querschnitt des Drahtes geht, d. h. die elektrostatisch gemessene Stromstärke $\mathfrak{C} = \varepsilon_p \mathfrak{g}_p + \varepsilon_n \mathfrak{g}_n$. Nun erhalten wir ε_p und ε_n, wenn wir die in einem beliebigen Stücke des Leitungsdrahtes enthaltenen strömenden Elektrizitätsmengen durch seine Länge dividieren; ihre Dimension ist: $[\varepsilon_p] = [\varepsilon_n] = \mathrm{cm}^{\frac{1}{2}} \cdot \mathrm{g}^{\frac{1}{2}} \cdot \mathrm{sec}^{-1}$. Die Dimensionen der Geschwindigkeiten $\mathfrak{g}_p$ und $\mathfrak{g}_n$ sind $\mathrm{cm} \cdot \mathrm{sec}^{-1}$.

Somit ist die Dimension der elektrostatischen Stromstärke:

$$[\mathfrak{C}] = \mathrm{cm}^{\frac{3}{2}} \cdot \mathrm{g}^{\frac{1}{2}} \cdot \mathrm{sec}^{-2}.$$

Den Quotienten $\mathfrak{C}/c$ haben wir als elektromagnetische Stromstärke I eingeführt; das Verhältnis der Maßzahlen der elektrostatischen und der elektromagnetischen Stromstärke ist somit:

$$\frac{\mathfrak{C}}{I} = c.$$

Aus den Dimensionen von $\mathfrak{C}$ und I ergibt sich, daß die Konstante c die Dimension einer Geschwindigkeit hat.

§ 473. **Bestimmung der Konstante c, des Verhältnisses der elektrostatischen und der elektromagnetischen Stromstärke.** Ein Prinzip, nach welchem eine Bestimmung der im vorhergehenden § eingeführten Konstante c ausführbar erscheint, ergibt sich aus dem in § 469 besprochenen Versuche über die elektromagnetische Wirkung einer konvektiven Strömung. Wir denken uns einen Konduktorring mit positiver Elektrizität geladen, so daß auf die Längeneinheit ε elektrostatische Einheiten kommen; wenn wir den Ring um seine horizontal gedachte Figurenachse in Rotation setzen, so daß die lineare Geschwindigkeit seines Umfanges $\mathfrak{g}$ $\mathrm{cm} \cdot \mathrm{sec}^{-1}$ beträgt, so wird pro sec die Elektrizitätsmenge $\varepsilon \mathfrak{g}$ durch den Querschnitt des von dem Ringe erfüllten Kanales geführt. Die Drehung des Ringes erzeugt also einen konvektiven Strom, dessen Stärke in elektrostatischem Maße gleich $\varepsilon \mathfrak{g}$ ist. In der Mitte des Ringes können wir nun eine Magnetnadel gerade so aufhängen, wie in dem Ringe einer Tangentenbussole. Bei ruhendem Ringe wirke auf die Nadel das Erdmagnetfeld, dessen Kraftlinien dem horizontalen Durchmesser des Ringes parallel sind. Bei rotierendem Ringe wird die Nadel aus der Ebene des Ringes abgelenkt, und es gilt dann die Formel von § 471:

$$\frac{\varepsilon \mathfrak{g}}{c} = \frac{r}{2\pi} H \operatorname{tg} \varphi,$$

wenn H die horizontale Intensität des Magnetfeldes, r den Halbmesser des Ringes und φ den Ablenkungswinkel bezeichnet. Die elektrische Ladung ε, die Geschwindigkeit $\mathfrak{g}$, der Halbmesser r sind nach bekannten

Methoden zu bestimmen. Würde außerdem die Feldintensität H und der Winkel φ gemessen, so könnte die Konstante c berechnet werden. An der letzten Messung scheitert die praktische Ausführung der Bestimmung; die Ablenkung φ bleibt äußerst klein und es fehlt daher die Möglichkeit eines sicheren Resultates. Von theoretischem Standpunkte aus ist die Methode aber auch deshalb von Interesse, weil sie die Bedeutung von c als einer Geschwindigkeit unmittelbar anschaulich macht. Nach unserer Definition ist ja $\varepsilon \mathfrak{g}/c$ die Stromstärke in elektromagnetischem Maße. Nehmen wir an, daß auf der Längeneinheit des Ringes die Elektrizitätsmenge Eins nach elektrostatischem Maße sich befinde, so können wir fragen, mit welcher Geschwindigkeit wir den Ring drehen müssen, um die Einheit der elektromagnetischen Stromstärke zu erhalten. Man findet aus der Gleichung $\varepsilon \mathfrak{g}/c = 1$ mit ε gleich Eins $\mathfrak{g} = c$. Hiernach ist c die Geschwindigkeit, mit welcher ein auf der Längeneinheit mit der Elektrizitätsmenge Eins geladener Ring um seine Figurenachse gedreht werden muß, um den Strom Eins nach elektromagnetischem Maße zu ergeben. Aus den nach anderen Methoden ausgeführten Bestimmungen ergibt sich:

$$c = 3 \cdot 10^{10}\,\mathrm{cm} \cdot \mathrm{sec}^{-1},$$

eine Geschwindigkeit von 300000 km pro sec, die Geschwindigkeit des Lichtes im leeren Raume. In diesem ungeheuren Werte liegt natürlich auch der Grund für die Schwierigkeit, die eine Bestimmung von c aus den Wirkungen einer konvektiven Strömung darbietet.

Im Laufe der Zeit ist eine ganze Reihe von Methoden gefunden und ausgearbeitet worden, welche zu einer numerischen Bestimmung der Konstante c dienen können. Wir wollen von diesen nur eine erwähnen, nach welcher Weber und Kohlrausch die erste Messung von c ausgeführt haben. Sie maßen zunächst elektrostatisch die Ladung einer Leidener Flasche. Darauf entluden sie die Flasche durch die Windungen einer Tangentenbussole und maßen so den Entladungsstrom nach elektromagnetischem Maße. Die Schwierigkeit der Bestimmung liegt, von den elektrostatischen Messungen abgesehen, darin, daß der Entladungsstrom der Nadel der Tangentenbussole nur einen momentanen Impuls erteilt; sie bekommt dadurch eine gewisse Winkelgeschwindigkeit und schwingt, ähnlich einem ballistischen Pendel, aus der Ebene des magnetischen Meridians heraus, bis die Geschwindigkeit durch die Gegenwirkung der Horizontalintensität aufgehoben ist. Gegenstand der Beobachtung ist der maximale Ausschlag, welchen die Nadel erreicht. Wie man aus diesem die elektromagnetische Stärke des Stromes berechnet, ergibt sich aus einer auf dem Galileischen Prinzip der Trägheit ruhenden Untersuchung der Bewegung, deren Ausführung eine Aufgabe der Mathematik ist. Man übersieht jedenfalls, daß auf dem angegebenen Wege derselbe Strom elektrostatisch und elektromagnetisch gemessen werden kann. Ist $\mathfrak{C}$ die berechnete Stärke im ersten, I im zweiten Falle, so ist:

$$\mathfrak{C}/I = c.$$

Weber und Kohlrausch fanden:

$$c = 3{,}111 \cdot 10^{10}\ \mathrm{cm} \cdot \mathrm{sec}^{-1},$$

während das Mittel der neuesten Messungen

$$c = 2{,}9971 \cdot 10^{10}\ \mathrm{cm} \cdot \mathrm{sec}^{-1}$$

ist. Der Wert stimmt, wie schon erwähnt, mit der Lichtgeschwindigkeit innerhalb der Fehlergrenzen der Messungen überein.

Aus der Beziehung

$$\mathfrak{C} = c \cdot I$$

folgt, wie schon erwähnt, daß für $I = 1$, d. h. für die Einheit der elektromagnetischen Stromstärke, $\mathfrak{C} = c$ wird; die Konstante c gibt die Anzahl der elektrostatischen Einheiten, welche bei dem Strome Eins nach elektromagnetischem Maße pro sec durch den Querschnitt des Leiters fließen. Diese Zahl ist somit gleich $3 \cdot 10^{10}$. Hierdurch werden die Bemerkungen, welche wir über das Verhältnis der bei den Strömen galvanischer Elemente bewegten Elektrizitätsmengen zu den Ladungen der Elektrostatik gemacht haben, von neuem bestätigt. Eine Anzahl von $3 \cdot 10^9$ elektrostatischen Einheiten haben wir in § 373 als ein Coulomb bezeichnet; wir sehen also, daß der Strom Eins nach elektromagnetischem Maße pro sec 10 Coulomb durch den Querschnitt des Leiters führt.

§ 474. Technisches (oder praktisches) Maß der Stromstärke. In der Praxis gebraucht man als Einheit bei der Messung von Stromstärken das Ampere. Wir definierten (§ 429) das Ampere als jene Stromstärke, wo pro sec 1 Coulomb durch den Leiter fließt. Somit ist ein Ampere gleich dem zehnten Teil der elektromagnetischen Stromeinheit,

$$1\ \text{Ampere} = 0{,}1\ \mathrm{cm}^{\frac{1}{2}}\, \mathrm{g}^{\frac{1}{2}}\, \mathrm{sec}^{-1}.$$

Durch diese Beziehungen hängen also zusammen:

1. elektrostatisches Maßsystem,
2. elektromagnetisches Maßsystem,
3. technisches (oder praktisches) Maßsystem.

Wissenschaftliche Rechnungen bedienen sich meist eines der beiden ersten Maßsysteme, die Praxis des letzteren. Die Wahl ist eine Sache der Bequemlichkeit; nur muß an dem einmal gewählten System konsequent festgehalten, oder bei Änderungen der betreffende Umrechnungsfaktor berücksichtigt werden. (Es ist genau dasselbe, wie die Möglichkeit einer Längenmessung nach Zoll oder cm.)

Wir lernten dann noch kennen (§ 438), ein

4. internationales Maßsystem, welches bis auf meist zu vernachlässigende Differenzen identisch ist mit dem praktischen.

§ 475. Äquivalenz zwischen elektrischer Spule und Magnet. Für die Untersuchung der elektromagnetischen Wechselwirkung bietet die Tangentenbussole besonders einfache Verhältnisse dar, weil alle Elemente des Drahtringes von dem Mittelpunkte der Nadel gleichweit entfernt sind und alle gleichviel zu der Gesamtwirkung beitragen. Ein anderer

Fall elektromagnetischer Wirkung, bei welchem gleichfalls einfache Gesetze sich ergeben, wird durch die Fernwirkung einer elektrischen Spule dargestellt. Auf einen Zylinder von kreisförmigem, unter Umständen auch elliptischem oder rechtwinkeligem Querschnitt winden wir einen umsponnenen Kupferdraht in einer gewissen Zahl von Windungen nebeneinander und von Windungslagen übereinander auf. Wenn wir durch die Drahtwindungen einen Strom gehen lassen, so haben wir das, was wir als eine elektrische Spule oder Solenoid bezeichnen. Die Achse des Zylinders, welche zugleich die gemeinsame Achse der Windungen ist, nennen wir elektrische Achse der Spule. Legen wir in die Richtung des Stromes eine menschliche Figur, welche das Gesicht gegen das Innere der Spule kehrt, so zeigt sie mit dem ausgestreckten linken Arme nach dem Ende der Spulenachse, welches wir das positive nennen; das andere Ende ist dann natürlich das negative. Wir verstehen außerdem unter Stromfläche der Spule die Summe der von sämtlichen Windungen eingeschlossenen Flächen; bei der Berechnung wird jede Windung durch den Kreis ersetzt, in dem sie sich auf eine zur Achse senkrechte Ebene projiziert. Wenn wir diese Festsetzungen treffen, so lassen sich alle elektromagnetischen Fernwirkungen der Spule, d. h. ihre Wirkungen auf Punkte, deren Entfernung von der Spirale groß ist im Vergleiche mit den Querdimensionen der letzteren, durch den einfachen Satz bestimmen:

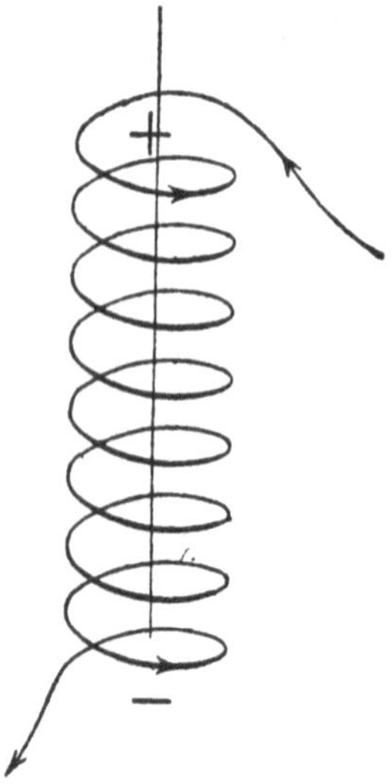

Fig. 543. Solenoid.

Die elektromagnetischen Fernwirkungen einer elektrischen Spule sind identisch mit den Wirkungen eines Magnets, dessen Nordpol in dem positiven, dessen Südpol in dem negativen Ende der Spulenachse liegt, und dessen magnetisches Moment gleich dem Produkte aus der Stromfläche und der elektromagnetisch gemessenen Stromstärke ist. Wir bezeichnen dieses Produkt auch als elektrisches Moment der Spule, den Magnet, welcher die Spule in ihren elektromagnetischen Fernwirkungen ersetzen kann, als den mit ihr äquivalenten Magnet. Diese Verhältnisse sind durch Fig. 543 anschaulich gemacht; die Pfeile deuten die Stromrichtung an (die stärker gezogenen Teile der Spiralwindungen sind als die vornliegenden gedacht); + ist der magnetische N-Pol, − der magnetische S-Pol.

§ 476. Biot-Savartsches Gesetz. Auf Grund des vorhergehenden Satzes und mit Hilfe gewisser hypothetischer Annahmen ist es möglich, das Gesetz für die elektromagnetische Wirkung eines Stromelementes, d. h. eines kleinen, geraden Stückes eines stromdurchflossenen Leiters zu ermitteln. Bezeichnen wir (Fig. 544) durch l die Länge des Elementes, durch I die elektromagnetische Stromstärke, durch $\mathfrak{m}$ die Stärke eines magnetischen Poles, durch r seine Entfernung von dem Elemente, endlich durch α den Winkel, welchen die Richtung der Entfernung mit der des Elementes einschließt, so ergibt sich für die Größe der Kraft:

$$k = \frac{I \mathfrak{m} l}{r^2} \sin \alpha .$$

Hier ist $\mathfrak{m}/r^2$ nichts anderes als die Stärke der magnetischen Kraft, welche von dem Pole $\mathfrak{m}$ an der Stelle des Elementes ausgeübt wird. Bezeichnen wir diese durch $\mathfrak{H}$, so erhalten wir für die elektromagnetische Wirkung den anderen Ausdruck:

$$k = I \mathfrak{H} l \sin \alpha .$$

Die Kraft ist ausgedrückt durch Dynen, wenn die elektromagnetische Stromstärke I und die Feldintensität $\mathfrak{H}$ in Einheiten des cm · g · sec-Systemes gegeben und l nach cm gemessen ist. Die Richtung der Kraft steht in Fig. 544 senkrecht auf r und l (der Papierebene).

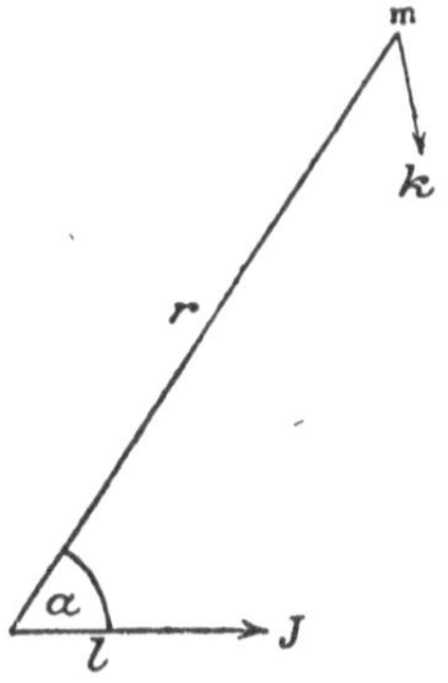

Fig. 544. Biot-Savart.

Das Gesetz wurde zuerst von Laplace ausgesprochen auf Grund von Beobachtungen, welche Biot und Savart über die elektromagnetische Wirkung eines sehr langen geradlinigen Leitungsdrahtes angestellt hatten. Bei der Tangentenbussole stehen die Elemente des Stromringes auf der Linie senkrecht, welche sie mit einem im Mittelpunkte des Ringes angenommenen Pole verbindet, es ist $\sin \alpha = 1$. Für diesen speziellen Fall hätte man das Gesetz durch Beobachtungen mit der Tangentenbussole ermitteln können; umgekehrt ist die in § 471 benützte Formel mit Leichtigkeit aus dem Gesetze zu entwickeln.

Wir führen zu diesem Zwecke zunächst an Stelle des elektromagnetischen das elektrostatische Maß der Stromstärke ein; mit $I = \mathfrak{C}/c$ ergibt sich dann für die Wirkung eines Elementes, das zu der Entfernung r senkrecht steht:

$$k = \frac{\mathfrak{C}}{c} \cdot \frac{\mathfrak{m}}{r^2} l .$$

Wenn der Pol $\mathfrak{m}$ im Mittelpunkte eines vom Strome durchflossenen Kreisringes sich befindet, so ist die Entfernung r für alle Elemente des Ringes die gleiche. Wir erhalten somit die von dem ganzen Ringe ausgeübte Kraft, wenn wir an Stelle von l die ganze Kreisperipherie, d. h. $2 \pi r$ setzen; die Kraft ist also gegeben durch:

$$\frac{\mathfrak{C}}{c} \cdot \frac{2 \pi}{r} \cdot \mathfrak{m} .$$

Bezeichnen wir die Kraft, welche von dem Strome $\mathfrak{C} = 1$ nach elektrostatischem Maße auf den Pol Eins ausgeübt wird, wie früher durch K_1, so ergibt sich:

$$K_1 = \frac{1}{c} \cdot \frac{2\pi}{r},$$

und dies ist in der Tat die Formel von § 471.

Die elektromagnetische Wirkung eines Stromelementes kehrt sich mit der Richtung des Stromes um; werden zwei gleich lange, unmittelbar nebeneinander liegende Stromelemente in entgegengesetzten Richtungen von gleichen Strömen durchflossen, so zerstören sich ihre Wirkungen wechselseitig. Ist $\alpha = 0$, fällt also das Stromelement in die Richtung einer von dem Pole ausgehenden Magnetkraftlinie, so verschwindet die Wirkung.

§ 477. Prinzip der Gleichheit von Aktion und Reaktion. Die elektromagnetischen Elementarwirkungen unterscheiden sich von anderen Fernwirkungen der Physik dadurch, daß sie nicht in die Richtung der Verbindungslinie fallen, sondern zu ihr senkrecht stehen. Es ist nicht überflüssig, durch einen besonderen Versuch die Gültigkeit des Prinzipes der Gleichheit von Aktion und Reaktion für diese neuen Kräfte festzustellen. Um dies zunächst für gewisse Gesamtwirkungen derselben zu tun, hängen wir eine elektrische Spule an den Drähten, durch welche wir den Strom zuführen, auf, so daß sie sich in horizontaler Ebene frei drehen kann (Figg. 545 u. 546). Schließen wir den Strom, so bemerken wir sofort, daß die Spule durch eine Magnetnadel, die wir in ihre Nähe oder in dem Falle von Fig. 546 parallel mit den Windungsebenen in ihr Inneres halten, abgelenkt wird. Schon durch den Erdmagnetismus wird eine Drehung der Spule erzeugt, wenn wir sie so hängen, daß ihre Achse sich ohne Strom zu dem magnetischen Meridiane senkrecht stellt. Gegen den Erdmagnetismus und gegen fernwirkende Magnete verhält sich die Spule genau so, wie der in § 475 eingeführte äquivalente Magnet. Es ergibt sich hieraus die Möglichkeit, bei der Bestimmung der Horizontalintensität des Erdmagnetismus an Stelle des Hauptstabes eine elektrische Spule zu benützen und die magnetischen Messungen durch elektromagnetische zu ersetzen.

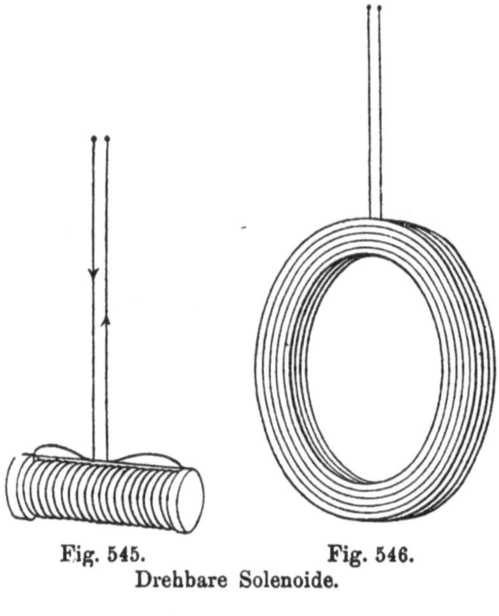

Fig. 545. Fig. 546.
Drehbare Solenoide.

Das Prinzip der Gleichheit von Aktion und Reaktion möge noch zu einer Bemerkung über den Ausdruck benützt werden, den wir in § 476 für die elektromagnetische Kraft gegeben haben: $k = I \mathfrak{H} l \sin \alpha$. Wird das Kraftfeld durch festliegende Magnete erzeugt, und ist das Stromelement l in dem Felde beweglich, so stellt k umgekehrt die Wirkung

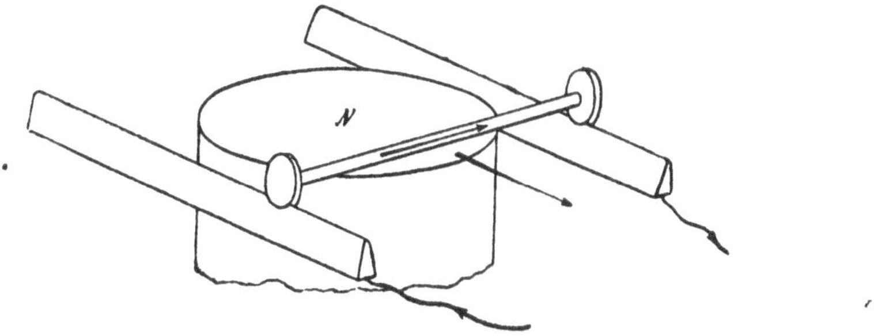

Fig. 547. Ponderomotorische Wirkung auf Stromteil.

dar, welche auf das Stromelement ausgeübt wird. Dabei ist α der Winkel, den die das Element durchschneidende Kraftlinie mit der Stromrichtung bildet. Fällt das Element in die Richtung der Kraftlinie, so ist die Wirkung Null.

Die Bewegung eines geradlinigen Leiters in einem magnetischen Felde kann man mit dem Apparate Fig. 547 zeigen. Wir benützen dabei einen sog. Elektromagnet, von dessen Eigenschaften im folgenden ausführlich die Rede sein wird. Zu beiden Seiten seiner Polfläche N befinden sich zwei horizontale, parallele, fest aufgestellte Kupferschienen; sie werden leitend verbunden durch einen Draht, der mit zwei ausgedrehten, kupfernen Rollen auf die Schienen aufgesetzt ist, so daß er leicht auf ihnen rollt. Sobald der Elektromagnet erregt und ein Strom durch den Kupferdraht geleitet wird, gerät dieser ins Rollen, nach der einen oder anderen Seite, je nach der Richtung des Stromes.

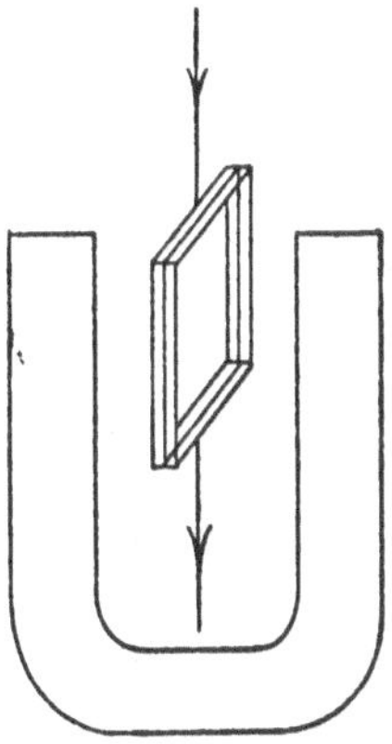

Fig. 548. Drehspuleninstrument.

§ 478. Galvanometer mit drehbarer Spule. Die Wirkung eines Magnetfeldes auf eine bewegliche stromdurchflossene Spule kann auch zur Messung des Stromes dienen. Bei dem Drehspulen-Galvanometer (von DEPREZ-D'ARSONVAL) wird eine Spule zwischen den Polen eines kräftigen Hufeisenmagnets aus Stahl (Fig. 548) aufgehängt; der Strom wird durch die Aufhängung und durch eine von unten kommende Leitung zu- und weggeführt. Ohne Strom soll die Fläche der Windungen den Kraftlinien des Feldes parallel sein. Geht ein Strom durch die Spule, so wird sie abgelenkt (Fig. 548); bei kleinen Ablenkungswinkeln ist die Stärke des Stromes der Ablenkung proportional. Je stärker das Feld des Hufeisenmagnets ist, um so weniger hängt die Einstellung des Instrumentes von äußeren magnetischen Wirkungen ab. Die Ablesung erfolgt entweder mit Spiegel und Skale oder an einem über einer Teilung spielenden Zeiger. Bei empfindlichen Instrumenten der ersten Art gibt ein Strom von $5 \cdot 10^{-9}$ A noch einen Ausschlag von 1 cm bei einem Abstande zwischen Spiegel und Skale von 2 m.

Diese Instrumente haben den großen Vorteil, daß sie vom Erdmagnetismus unabhängig sind, da ja letzterer gegenüber dem kräftigen Magnetfeld zwischen den Enden des permanenten Hufeisenmagnets ganz zurücktritt. Gewöhnliche Galvanometer, wie Fig. 539 können 100mal empfindlicher gemacht werden, aber jede Stromschließung irgendeiner benachbarten elektrischen Straßenbahn lenkt die Nadel ab und stört die Messung.

§ **479. Amperemeter. Voltmeter.** Die Idee des Drehspulengalvanometers (Fig. 548) wurde zu vielfachen Konstruktionen verwendet. Man stellt z. B. die Drehspule zwischen zwei Lagen von Edelsteinen. Die Stromzuführung geschieht (statt durch die Aufhängedrähte, die hier wegfallen) durch zwei Spiralfedern, gegen deren Torsionskraft die mit einem Zeiger versehene Spule bei Stromdurchgang aus der Ruhelage verdreht wird. Ein mit der Spule verbundener Zeiger spielt über einer kreisförmigen Skala, welche direkt ohne jede Rechnung die Stromstärke in Ampere abzulesen gestattet. Solch ein Instrument, Milliamperemeter, gäbe z. B. direkt Stromstärken von 0,001 Ampere an aufwärts bis 0,15. Dieses 0,15 ist das äußerste Ende der Skala, wo die Spule schon ganz hinausgedreht ist. Für stärkere Ströme bringt man am Instrumente einen Nebenschluß (sog. Shunt) mit kleinem Widerstand an (§ 433); wäre dieser z. B. gleich dem 99. Teil des Widerstandes der Spule, so gehen vom Gesamtstrom 99 Teile durch den Shunt und nur 1 Teil durch die Spule, diese wird also nur von $^1/_{100}$ des Gesamtstromes durchflossen; was früher z. B. 0,15 Ampere bedeutet, heißt jetzt 15 Ampere. Diese Nebenschlüsse können entweder dauernd im Instrumente eingebaut sein, oder man kann sie nach Wahl zuschalten; dann muß die Skala für die verschiedenen Meßbereiche verschiedene (z. B. rote und schwarze) Bezifferung haben.

Jedes strommessende Instrument, also jedes Amperemeter, kann unter gewissen Kautelen auch als Voltmeter geeicht und gebraucht werden, nur muß der Widerstand dann eine bestimmte Höhe erreichen. Will ich z. B. die Potentialdifferenz eines Daniells vergleichen mit der eines Akkumulators, so darf beim Einschalten des Instrumentes die Klemmenspannung der untersuchten Batterien nicht sinken. Ebenso darf durch Anschluß eines Voltmeters, z. B. an die Punkte *a* und *c*, oder *a* und *d* in Fig. 508 der Stromdurchgang durch *ad* nicht merklich verändert werden, da nur so die zu messende Potentialdifferenz $V_a - V_c$ oder $V_a - V_d$ nicht gestört wird.

Die Voltmeter lassen direkt die an ihrem Ende herrschende Spannung in Volt ablesen; verschiedene Meßbereiche erhält man aber bei ihnen nicht durch Nebenschlüsse, sondern durch Vorschaltwiderstände (d. h. Widerstände in Serie mit der Spule).

Was wir hier über Amperemeter und Voltmeter im Anschluß an Drehspuleninstrumente sagten, gilt für alle Gattungen von Galvanometern.

§ **480. Magnetische Doppelflächen.** Der Satz, daß eine elektrische Spule in ihren elektromagnetischen Fernwirkungen äquivalent ist mit einem Magneten, gilt, der Erfahrung zufolge, auch für jede e i n z e l n e Windung; verbinden wir ihre Endpunkte, so erhalten wir eine in sich geschlossene Kurve, welche nur wenig von einer ebenen abweicht. Wir werden den Satz von der Äquivalenz demnach auch für eine ebene geschlossene Kurve, die, ähnlich wie der Kreis der Tangentenbussole, von einem in sich zurücklaufenden Strome durchflossen wird, als richtig annehmen. Um den für die Fernwirkungen mit dem Strome äquivalenten Magnet zu finden, errichten wir in der Mitte der Stromfläche eine Senkrechte, die elektrische Achse; ihr positives Ende bestimmen wir in derselben Weise wie in § 475, durch die Amperesche Regel. In den positiven Endpunkt der Achse legen wir einen Nordpol von der Stärke $+\mu$, in den negativen Endpunkt einen Südpol $-\mu$, so daß das elektrische Moment der Stromkurve gleich dem magnetischen der Pole ist, d. h. so, daß das Produkt aus der elektromagnetischen Stromstärke I mit der vom Strome umlaufenen Fläche f gleich ist der Polstärke μ multipliziert mit der Poldistanz 2λ:

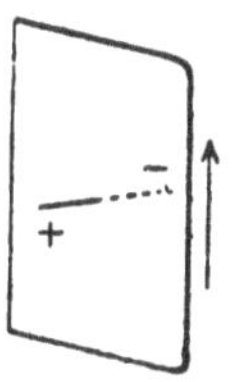

Fig. 549.

$$If = 2\lambda\mu.$$

In Fig. 549 ist die Lage der Pole gegen die Stromfläche für den Fall einer rechteckigen Stromkurve gezeichnet. Man sieht, daß die Länge 2λ der Achse bis zu einem gewissen Grade willkürlich ist, da nur ihr Produkt mit der Polstärke einen gegebenen Wert haben muß; hat man eine bestimmte Länge für die Achse gewählt, so ist die zugehörige Polstärke bestimmt.

Wir wollen nun zeigen, daß ein analoger Satz auch existiert für die Wirkung, welche ein beliebiger geschlossener Strom auf einen beliebig liegenden Magnetpol P ausübt, vorausgesetzt nur, daß man die Strombahn als eine lineare betrachten kann. Zu diesem Zwecke legen wir zuerst durch die Stromkurve eine Fläche, die S t r o m f l ä c h e, von welcher wir nur voraussetzen, daß sie den Pol P nicht durchschneidet. Wir ziehen auf dieser Fläche zwei Systeme von Kurven (Fig. 550 rechts), so daß die ganze Stromfläche in viereckige oder dreieckige Stücke f zerfällt, die wir durch Regulierung des Kurvenabstandes beliebig klein machen können. Diese Stücke denken wir uns alle im selben Sinne umlaufen von Strömen, welche gleiche Stärke mit dem gegebenen Strome besitzen. Wir sehen dann leicht, daß die Wirkungen aller im Innern der Stromfläche liegenden Stromstücke sich wechselseitig zerstören, daß nur die Wirkungen des

Randes übrig bleiben. Wenn also Richtung und Stärke der die f umziehenden Elementarströme mit Richtung und Stärke des gegebenen Stromes übereinstimmt, so ist ihre Gesamtwirkung mit der Wirkung des ersteren identisch. Nun können wir aber die f stets so klein machen, daß der Äquivalenzsatz auf sie anwendbar ist; jeden der Elementarströme können wir demnach ersetzen durch ein Paar von Magnetpolen, deren Stärke und Distanz durch die Gleichung $2\lambda\mu = fI$ gegeben ist. Bei konstantem λ entstehen auf diese Weise zwei Parallelflächen zu der durch die Stromkurve ursprünglich gelegten Fläche, von denen die eine mit positivem, die andere mit negativem magnetischen Fluidum von der Dichte $\mu/f = I/2\lambda$ belegt ist (Fig. 550 links). Die elektromagnetische Wirkung des Stromes ist dann dieselbe, wie die jener magnetischen Doppelfläche.

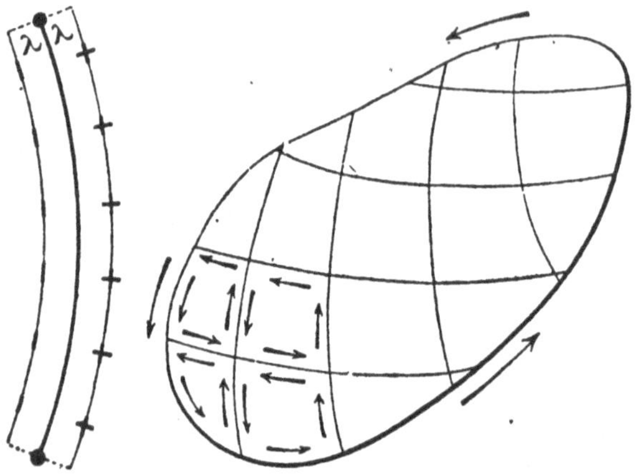

Fig. 550. Magnetische Doppelfläche und geschlossener galvanischer Strom.

Man kann den vorhergehenden Satz in Anwendung bringen auf ein System geschlossener elektrischer Ströme, die in irgendeiner Weise einen gegebenen Raum erfüllen. Man findet dann in diesem eine Verteilung magnetischer Massen, deren magnetische Fernwirkungen mit den elektromagnetischen Wirkungen des Stromsystemes übereinstimmen. Umgekehrt kann man die Wirkungen gegebener magnetischer Massen ersetzen durch die elektromagnetischen Wirkungen eines mit ihnen äquivalenten Stromsystemes. So kann man die in § 361 besprochene ideale Verteilung des Erdmagnetismus durch ein System von fingierten galvanischen Strömen ersetzen, die über die Oberfläche der Erde ausgebreitet sind.[1] Man kann ebenso die mit der Sonne umlaufenden Magnetpole, durch die wir in § 363 die täglichen Variationen des Erdmagnetismus erklärt haben, ersetzen durch elektrische Ströme, die in der Atmosphäre der Erde zirkulieren. Diese Bemerkung hat ein besonderes Interesse deshalb, weil man den Grund des Erdmagnetismus möglicherweise nicht in einer Verteilung magnetischer Massen, sondern in der Existenz elektrischer Ströme im Innern und in der Atmosphäre der Erde suchen könnte. In der Tat hat man bei Telegraphenlinien schon lange das Auftreten sogenannter Erdströme bemerkt.[2] Die Beobachtungen gestatten aber

[1] Riecke, Wied. Ann. 13 (1881). [2] von Stephan, Berl. Ber. 49 (1886).

nicht, einen konstanten Teil dieser Ströme von Oszillationen und Stromstößen zu trennen, die vielleicht ein Analogon zu den unregelmäßigen Änderungen des Erdmagnetismus bilden. Man vermag daher zurzeit auch über den Zusammenhang jener Ströme mit dem Magnetismus der Erde nichts zu sagen. Fig. 551 gibt ein Bild der Ströme, die man sich in der

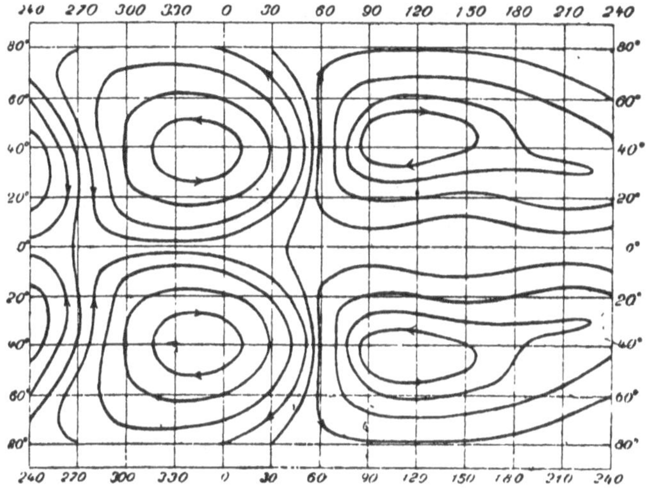

Fig. 551. Atmosphärische Ströme.

Atmosphäre über der Erdoberfläche zirkulierend denken kann, um die Erscheinungen der täglichen Variation zu erklären; das ganze Stromsystem folgt, ebenso wie die Pole von § 363 dem täglichen Umlaufe der Sonne.[1]

§ **481. Magnetfeld im Innern eines Solenoides.** Für die folgenden, sowie für manche spätere Anwendungen ist die Kenntnis der magne-

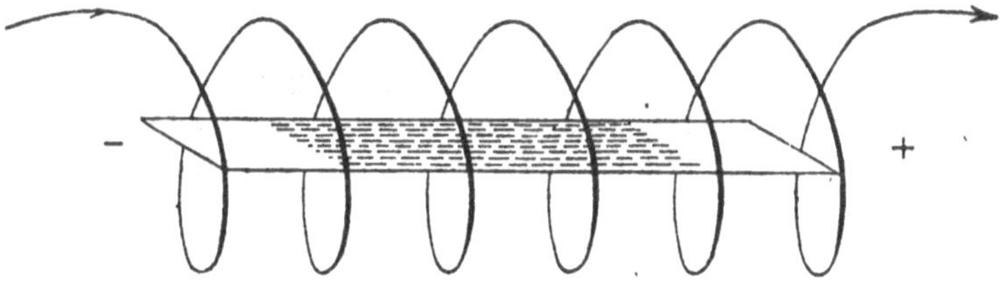

Fig. 552. Kraftlinien im Solenoide.

tischen Kraft von Wichtigkeit, welche eine stromdurchflossene Spule auf einen Punkt in ihrem Innern ausübt. Ihre Verhältnisse sind besonders einfach bei einer Spirale, deren Länge groß ist gegen ihren Querschnitt; die Kraft ist dann im Innern in großer Ausdehnung bis nahe an die Enden der Spirale konstant, der Achse parallel gerichtet. Am einfachsten überzeugt man sich von der Richtigkeit dieses Satzes, wenn man auf einer in das Innere der Spirale geschobenen Platte die Magnetkraftlinien mit Hilfe von Eisenfeilspänen darstellt (Fig. 552). Die in

[1] Schuster, Phil. Transact. Roy. Soc. London. 180 (1889).

Wirklichkeit dicht aneinander liegenden Windungen der Spule sind in der Figur der Deutlichkeit halber auseinandergezogen.

Ist die Stromstärke I, die Zahl der Windungen, die auf die Längeneinheit der Achse kommen, gleich n, so ist die Kraft $\mathfrak{H} = 4\pi n I$; also gleich 4π multipliziert mit der auf die Längeneinheit der Achse kommenden Stromstärke. Ist die Gesamtzahl der Windungen gleich z, die Länge der Spirale gleich l, so ist:

$$\mathfrak{H} = 4\pi \frac{z}{l} I \,\mathrm{cm}^{-\frac{1}{2}} \cdot \mathrm{g}^{\frac{1}{2}} \cdot \mathrm{sec}^{-1},$$

wenn I in elektromagnetischem Maße, $\mathrm{cm}^{\frac{1}{2}} \cdot \mathrm{g}^{\frac{1}{2}} \cdot \mathrm{sec}^{-1}$, l in cm gegeben wird.

Der Beweis des Satzes gelingt leicht, wenn man die Spule zunächst in ein System äquidistanter Kreise auflöst. Als Stromflächen kann man dann die nach außen hin ins Unendliche sich erstreckenden Teile der Kreisflächen benützen. Die Wirkung der einzelnen Stromkreise auf einen Punkt im Innern der Spule ist dieselbe wie die der magnetischen Doppelflächen, welche von der Oberfläche der Spule ins Unendliche sich erstrecken. Den Abstand der beiden Blätter einer Doppelfläche machen wir gleich dem Abstande zweier benachbarter Spiralwindungen. Die Belegungen aller im Innern der Spule liegenden magnetischen Flächen zerstören sich dann wechselseitig; es bleibt nur die von den Belegungen der äußersten Blätter herrührende Kraft übrig. Ist der Durchmesser der Spule klein gegen ihre Länge, so unterscheidet sich die Wirkung jener Blätter nicht merklich von der Wirkung zweier paralleler Ebenen, deren eine mit positivem magnetischen Fluidum von der Dichte Iz/l, deren andere mit negativem Fluidum von derselben Dichte belegt ist. Im Zwischenraume zwischen zwei solchen Ebenen ist aber die magnetische Kraft, ebenso wie die elektrische zwischen den Platten eines Luftkondensators, gleich der Zahl 4π multipliziert mit der Dichte, d. h. gleich dem zuvor angegebenen Ausdrucke $\mathfrak{H} = 4\pi Iz/l$.

§ 482. Liniensumme der elektromagnetischen Kraft. Arbeit. Bei Gelegenheit unserer Untersuchungen über den Erdmagnetismus haben wir eine merkwürdige Eigenschaft eines magnetischen Feldes kennen gelernt. Wir ziehen in dem Felde eine geschlossene Kurve l, deren einzelne, als geradlinig zu betrachtende Elemente mit dl_1, dl_2, dl_3 ... bezeichnet werden mögen. Wir bestimmen die magnetischen Kräfte, welche in den Mitten der Elemente ausgeübt werden, und suchen die Komponenten, welche in die Richtungen der betreffenden Elemente fallen. Diese Komponenten seien $\mathfrak{h}_1$, $\mathfrak{h}_2$, $\mathfrak{h}_3$ ...; dann ergab sich, daß die Summe $\mathfrak{h}_1 dl_1 + \mathfrak{h}_2 dl_2 + \mathfrak{h}_3 dl_3 + \ldots$ gleich Null ist. Es fragt sich nun, ob dieser Satz auch gilt, wenn das magnetische Feld durch irgendwie angeordnete elektrische Ströme erzeugt wird. Man wird geneigt sein, diese Frage ohne weiteres zu bejahen. Lassen sich doch die Ströme in ihrer elektromagnetischen Wirkung ersetzen durch magnetische Doppelflächen, also durch eine Verteilung magnetischer Massen. Es gibt aber doch einen Fall, wo dies nicht möglich ist, den nämlich, daß die g e s c h l o s s e n e

Kurve l die Bahn irgendeines geschlossenen elektrischen Stromes I umschlingt. Wie wir auch die Stromfläche durch die Strombahn hindurchlegen mögen, immer wird sie in diesem Falle irgendwo von der Kurve l durchbrochen; für den Durchbrechungspunkt aber kann die Wirkung des Stromes nicht mehr durch die Wirkung der magnetischen Doppelfläche ersetzt werden, da dies eben nur für Fernwirkungen zulässig ist. Wir sehen also, daß dieser Fall eine besondere Untersuchung verlangt.

Ein Angriffspunkt dafür liegt in dem Satze des vorhergehenden §. Dieser gilt auch für ein Solenoid, dessen Achse zu einem Kreise gebogen in sich zurückläuft. Die Länge der kreisförmigen Achse sei l, die Anzahl der Windungen z, dann ist die in einem Punkte der Achse vom Strome I in ihrer Richtung ausgeübte magnetische Kraft gleich $4\pi Iz/l$; sie hat für alle Punkte der Achse denselben Wert, daher ist die Liniensumme der magnetischen Kraft, genommen für die ganze Länge der Achse, gleich der Kraft multipliziert mit dieser Länge, d. h. gleich $4\pi z I$. Bei der vollkommenen Gleichartigkeit der Verhältnisse muß jede einzelne Windung der Spirale zu dieser Summe denselben Beitrag liefern. Die Liniensumme der magnetischen Kraft, welche von einer einzelnen Windung der Spirale auf die Punkte ihrer Achse ausgeübt wird, ist somit gegeben durch $4\pi I$.

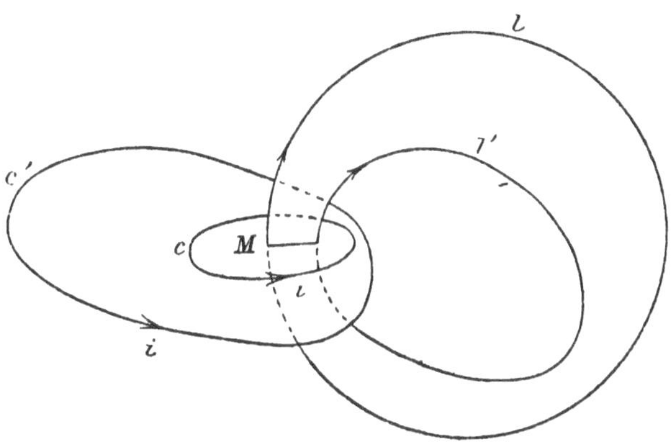

Fig. 553. Liniensumme der elektromagnetischen Kraft.

Unabhängig von den speziellen Voraussetzungen, von denen aus wir zu diesem Satze gelangt sind, kann sein Inhalt in folgender Weise dargestellt werden.

Gegeben sei ein von einem Strome i durchflossener Kreisring c (Fig. 553); wir konstruieren einen zweiten Kreis l, welcher durch den Mittelpunkt M des Stromringes hindurchgeht und in diesem auf der Ebene von c senkrecht steht. Die Liniensumme der von dem Kreisstrome ausgeübten magnetischen Kraft genommen für den ganzen Umfang des Kreises l ist dann gleich $4\pi i$.

Durch elementare Betrachtungen, deren Ausführung uns indessen zu weit führen würde, läßt sich zeigen, daß der Satz von der Annahme der Kreisform der Stromkurve und der den Strom umschließenden Kurve unabhängig ist. Die Strombahn kann eine ganz beliebige Gestalt c'

haben; sie kann umschlungen sein von einer beliebigen Kurve l'; immer ist für diese Kurve die Liniensumme der magnetischen Kraft gleich 4π multipliziert mit der Stärke des elektrischen Stromes.

Wir knüpfen an diesen Satz noch zwei weitere Bemerkungen, die sich beide auf die physikalische Bedeutung der Liniensumme beziehen.

Unter Stärke einer elektromagnetischen oder einer magnetischen Kraft verstehen wir immer die auf einen Nordpol von der Stärke 1 ausgeübte Kraft. Verschieben wir einen Einheitspol durch das Element $d\,l_1$ einer geschlossenen Kurve, und ist $\mathfrak{h}_1$ die Komponente der magnetischen Kraft, welche in die Richtung des Elementes $d\,l_1$ fällt, so ist $\mathfrak{h}_1\,d\,l_1$ die Arbeit, welche bei der Verschiebung geleistet wird. Somit ist $\mathfrak{h}_1\,d\,l_1 + + \mathfrak{h}_2\,d\,l_2 + \mathfrak{h}_3\,d\,l_3 + \ldots$ die Arbeit der magnetischen Kräfte, wenn wir einen Einheitspol die ganze geschlossene Kurve l einmal durchlaufen lassen. Diese Arbeit ist Null, wenn die Kurve l die Strombahn nicht umschlingt, also außerhalb der Stromlage herumgeht. Wenn wir aber den Einheitspol um die Strombahn im Sinne der elektromagnetischen Kräfte einmal herumführen, bis zu seinem Ausgangspunkte zurück, so leisten diese Kräfte eine Arbeit gleich der Zahl 4π multipliziert mit der Stromstärke.

Die zweite unserer Bemerkungen ist zunächst von Bedeutung für die Lehre vom Erdmagnetismus. Wir nehmen an, es sei eine beliebige Zahl von geschlossenen elektrischen Strömen I_1, I_2, I_3 ... vorhanden. Wir ziehen eine in sich zurücklaufende Kurve l; die von ihr umschlossene Fläche bezeichnen wir durch f. Jene geschlossenen Ströme werden zum Teile ganz außerhalb von f verlaufen, zum Teile werden sie die Fläche f durchbrechen. Sind I_1, I_2 ... die Stärken dieser letzteren Ströme, so ist die über die Kurve l genommene Liniensumme der magnetischen Kraft gleich $4\pi(I_1 + I_2 + \ldots)$, d. h. gleich 4π multipliziert mit der gesamten Stärke der durch die Fläche f hindurchgehenden elektrischen Strömung. Würde man auf experimentellem Wege die Liniensumme der magnetischen Kraft ermitteln, so würde man durch Division mit 4π die gesamte Stärke $I_1 + I_2 + \ldots$ jener Strömung erhalten. Ist also für irgendein auf der Oberfläche der Erde konstruiertes Polygon die in § 361 betrachtete Gausssche Summe gleich Null, so gehen keine elektrischen Ströme durch die Fläche des Polygons hindurch. Wenn sich aber für irgendein solches Polygon nachweisen läßt, daß die Gausssche Summe einen von Null verschiedenen Wert hat, so muß durch das Innere des Polygons hindurch ein elektrischer Strom in die Atmosphäre, oder in umgekehrter Richtung von der Atmosphäre zur Erde gehen.

§ 483. Feldgleichungen zwischen den Komponenten elektrischer Strömung und den Komponenten der elektromagnetischen Kraft. Die in dem Satze des vorhergehenden § gegebene Beziehung zwischen elektrischem Strome und magnetischer Kraft kann in gewisser Weise spezialisiert und umgeformt werden. Man kommt so zu sehr merkwürdigen Gleichungen, welche für die neuere Entwicklung der Elektrizitätslehre von fundamentaler Bedeutung geworden sind. Wir nehmen an, der ganze Raum eines Leiters sei erfüllt von elektrischen Strömen mit unveränderlicher Stärke und Richtung. Wir werden vor allem fragen, wie in diesem Falle die Stärke der Ströme zu bestimmen ist. Wir knüpfen an die Analogie mit der Strömung einer ponderablen Flüssigkeit, etwa des Wassers an. Ebenso wie bei dieser können wir auch bei einer räumlich ausgebreiteten elektrischen Strömung die Strömungslinien konstruieren und die von Strömungslinien umhüllten Stromfäden. Bei einer stationären, nicht mit einer Anhäufung von freier Elektrizität verbundenen Strömung müssen Stromlinien und Stromfäden in sich zurücklaufen. Ein einzelner Stromfaden wird sich ebenso verhalten, wie ein von einem elektrischen Strome durchflossener Draht; man kann bei ihm ebenso von der Stärke des ihn durchfließenden elektrischen Stromes sprechen, wie dort. Bei einem bestimmten Stromfaden wird man die gesamte Menge der Elektrizität, welche pro sec durch seinen Querschnitt geht, d. h. die elektrostatisch gemessene Stromstärke dem Querschnitte proportional setzen können. Gleiches gilt dann auch von der Stromstärke in elektromagnetischem Maße. Bezeichnet man den Querschnitt des Stromfadens durch q, so kann man also die Stärke des in dem Faden zirkulierenden Stromes durch ein Produkt $i \cdot q$ ausdrücken; hier bezeichnet man dann i als die Dichte der Strömung; sie ist gleich der Stärke des Stromes, der bei gleichmäßiger Verteilung der Strömung durch die Flächeneinheit senkrecht hindurchgehen würde. Man kann die in irgendeinem Punkte herrschende Stromdichte graphisch darstellen, indem man auf der von dem Punkte ausgehenden Richtung des Stromes eine Strecke abträgt, welche der Stromdichte numerisch gleich ist.

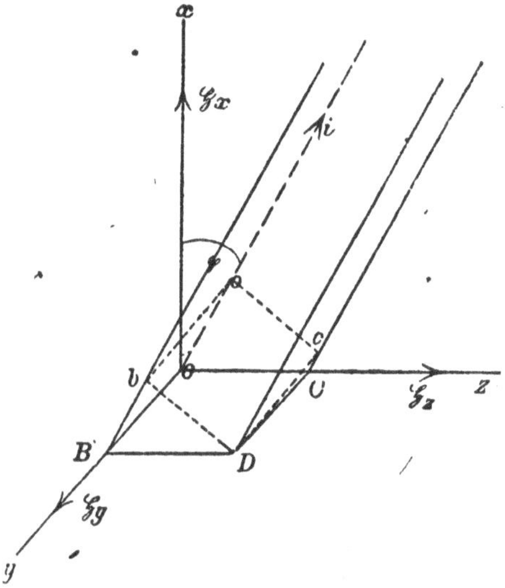

Fig. 554.

Wir betrachten nun die im Innern des Leiters auftretenden elektromagnetischen Kräfte. An einer Stelle O (Fig. 554) sei die Kraft nach Richtung und Größe gegeben, wir bezeichnen sie durch $\mathfrak{H}$. Wir ziehen durch O drei zueinander senkrechte Achsen Ox, Oy, Oz, und zerlegen die Kraft $\mathfrak{H}$ in ihre Komponenten $\mathfrak{H}_x$, $\mathfrak{H}_y$, $\mathfrak{H}_z$ nach jenen Achsen. In der Ebene der Achsen Oz und Oy konstruieren wir von O aus ein kleines Rechteck $OBDC$, dessen Seiten den Koordinatenachsen parallel sind. Die Komponente $\mathfrak{H}_y$ wird dann auf der Seite CD einen etwas anderen Wert haben, als auf OB, die Komponente $\mathfrak{H}_z$ auf BD einen anderen Wert als auf OC. Wenn das Rechteck $OBDC$ klein ist, so kann man annehmen, daß die Änderungen der Kräfte dem Abstande der entsprechenden Seiten proportional sind. Ist ∂y die Länge der Seite OB, ∂z die Länge von OC, so kann man setzen:

$$\text{für die Seite } CD \ldots \mathfrak{H}_y' = \mathfrak{H}_y + \beta_z \partial z,$$
$$\text{,, ,, ,, } BD \ldots \mathfrak{H}_z' = \mathfrak{H}_z + \gamma_y \partial y.$$

Hier sind β_z und γ_y zwei konstante Koëffizienten; unseren Ansätzen zufolge ist:

$$\beta_z = \frac{\mathfrak{H}_y' - \mathfrak{H}_y}{\partial z}, \qquad \gamma_y = \frac{\mathfrak{H}_z' - \mathfrak{H}_z}{\partial y};$$

d. h. es ist β_z die auf die Längeneinheit reduzierte Zunahme der Komponente $\mathfrak{H}_y$ in der Richtung Oz; γ_y die ebenso reduzierte Zunahme von $\mathfrak{H}_z$ in der Richtung Oy. Die Koëffizienten β_z und γ_y bezeichnen wir als die Gradienten der Kräfte $\mathfrak{H}_y$ und $\mathfrak{H}_z$ in den Richtungen von Oz bzw. von Oy.

Nach diesen Bemerkungen gehen wir über zu der Aufstellung der Liniensumme der magnetischen Kraft für das Rechteck $OBDC$; dabei ist zu beachten, daß die Kräfte $\mathfrak{H}_y'$ und $\mathfrak{H}_z$ der Richtung des Umlaufes entgegengerichtet sind. Die ihnen entsprechenden Anteile der Liniensumme, der bei der Bewegung des Einheitspoles von den magnetischen Kräften geleisteten Arbeit, sind somit negativ zu nehmen. Die Summe wird also:

$$\mathfrak{H}_y \partial y + \mathfrak{H}_z' \partial z - \mathfrak{H}_y' \partial y - \mathfrak{H}_z \partial z = -\beta_z \cdot \partial z \cdot \partial y + \gamma_y \cdot \partial y \cdot \partial z.$$

Nach dem Satze des vorhergehenden § muß dieser Ausdruck gleich 4π mal dem gesamten Strome sein, der durch die Fläche $OBDC$ hindurchgeht.

Stromrichtung und Stromdichte seien durch die von O ausgehende Strecke i gegeben; den Winkel der Stromrichtung gegen die Achse Ox bezeichnen wir durch φ. Ziehen wir durch die Ecken B, D und C des Rechteckes Parallele zu Oi, so erhalten wir den durch $OBDC$ gehenden Stromfaden. Die Stärke des in dem Faden verlaufenden elektrischen Stromes ergibt sich, wenn wir seinen Querschnitt $obDc$ mit der Stromdichte multiplizieren. Nun ist aber $obDc$ die rechtwinklige Projektion von $OBDC$ auf eine zu Oi senkrechte Ebene, also nach einem bekannten geometrischen Satze. $(obDc) = (OBDC) \cdot \cos\varphi$.

Die Stärke des durch das Rechteck $OBDC$ gehenden elektrischen Stromes ist somit:

$$(OBDC) \cdot i \cos\varphi = \partial y \cdot \partial z \cdot i \cos\varphi.$$

$i\cos\varphi$ ist die Projektion von Oi, der geometrischen Repräsentanten der Stromdichte, auf die Achse Ox. Wir bezeichnen diese Projektion als die Komponente der Stromdichte nach der Achse x und setzen:

$$i\cos\varphi = i_x.$$

Hiermit wird die Stärke des durch $OBDC$ gehenden Stromes gleich $\partial y \cdot \partial z \cdot i_x$, und der Satz von der Liniensumme der elektromagnetischen Kraft gibt nun:

$$4\pi i_x = -\beta_z + \gamma_y .$$

Die Gradienten β_z und γ_y können noch etwas anschaulicher ausgedrückt werden. Bezeichnen wir die kleine Zunahme, welche die Komponente $\mathfrak{H}_y$ beim Übergange von OB zu CD erfährt, mit $\partial \mathfrak{H}_y$, die Zunahme von $\mathfrak{H}_z$ beim Übergange von OC zu BD mit $\partial \mathfrak{H}_z$, so ist:

$$\beta_z = \partial \mathfrak{H}_y / \partial z, \qquad \gamma_y = \partial \mathfrak{H}_z / \partial y .$$

Somit:

$$4\pi i_x = \partial \mathfrak{H}_z / \partial y - \partial \mathfrak{H}_y / \partial z .$$

Die mit 4π multiplizierte Komponente der Stromdichte nach der Richtung von Ox ist gleich der Differenz zwischen dem Gradienten von $\mathfrak{H}_z$ in der Richtung von Oy und dem Gradienten von $\mathfrak{H}_y$ in der Richtung Oz.

Man übersieht, daß man zu ganz analogen Resultaten kommt für die Komponenten i_y und i_z der Stromdichte nach den Achsen Oy und Oz. Aus dem Satze von der Liniensumme der elektromagnetischen Kraft ergeben sich also die folgenden Gleichungen zwischen den Komponenten der Stromdichte i nach den zueinander senkrechten Achsen Ox, Oy, Oz und zwischen den Gradienten, welche die rechtwinkligen Komponenten der elektromagnetischen Feldstärke $\mathfrak{H}$ in den Richtungen jener Achsen besitzen:

$$4\pi i_x = \partial \mathfrak{H}_z / \partial y - \partial \mathfrak{H}_y / \partial z,$$
$$4\pi i_y = \partial \mathfrak{H}_x / \partial z - \partial \mathfrak{H}_z / \partial x,$$
$$4\pi i_z = \partial \mathfrak{H}_y / \partial x - \partial \mathfrak{H}_x / \partial y.$$

II. Magnetomotorische Wirkungen (Induzierter Magnetismus).

§ 484. **Elektromagnete.** Wenn der elektrische Strom auf den permanenten Magnetismus des Stahles wirkt, so ist von vornherein zu vermuten, daß er auch auf den Magnetismus im weichen Eisen einwirkt und zwar, der entgegengesetzten Wirkung auf nördliche und südliche Pole entsprechend so, daß er die Molekel des Eisens in Elementarmagnete, ein Stück weichen Eisens in einen Magnet verwandelt. Wir können hiernach zwei verschiedene Wirkungen der elektromagnetischen oder der magnetischen Kräfte überhaupt unterscheiden. Einerseits suchen sie vorhandene Magnete als Ganzes zu bewegen; andererseits suchen sie im Innern des Eisens oder Stahles magnetische Verschiebungen zu erzeugen. Die erste Klasse von Wirkungen nennen wir ponderomotorische, die zweite magnetomotorische. Wir bezeichnen die durch elektrische Ströme erzeugten Magnete als Elektromagnete; sie zeichnen sich vor den Stahlmagneten aus durch ihren größeren spezifischen Magnetismus, durch den Umstand, daß wir diesen Magnetismus vollständig in unserer Gewalt haben, ihn in jedem Augenblick erregen oder wieder autheben können. Wir stellen einen Elektromagnet her aus einem geradlinigen oder hufeisenförmig gebogenen Eisenzylinder, welcher den Kern eines Solenoides bildet. Wenn wir den Strom schließen, so wird der Nordpol des Elektromagnets auf der positiven, der Südpol auf der negativen Seite der Spiralachse entstehen, entsprechend der Zeichnung von Fig. 555. Die Form der Elektromagnete ist sehr mannigfach.

Fig. 556 stellt eine moderne Form eines großen Halbringmagneten von Du Bois[1] dar, wo das Eisen so angeordnet ist, daß der magnetische Widerstand (§ 487) möglichst gering ist. Die 2 gebogenen Eisenschenkel stehen auf einer eisernen Grundplatte und sind von je 4 Spulen *S* (vertikal schraffiert) umgeben. Ein Strom von etwa 20 A liefert zwischen den Polflächen *P* etwa 12500 Gauss (§ 358) bei einer Poldistanz von etwa 1 cm. Setzt man auf die Pole konisch sich verjüngende Fe-Kegel, so hat man in dem 1 mm breiten Zwischenraume zwischen den abgefeilten Kegelspitzen bis zu 40000 Gauss; die Streuung der Kraftlinien ist sehr gering, sie sind auf das — allerdings räumlich sehr kleine — Feld beschränkt. Solche Magnete wiegen etwa 200 kg. Noch 5mal größere, bis 50000 Gauß, konstruierte P. Weiss.[2] Viel höher als bis 50000 Gauss kann man kaum kommen, da die Sättigung der besten Magneteisenlegierungen (§ 504) eine Grenze setzt. Noch höher ginge es (bis 500000 Gauß!) nur mit einer stromdurchflossenen, durch flüssige Luft gekühlten Spirale, doch würde dies enorme Geldmittel verlangen.

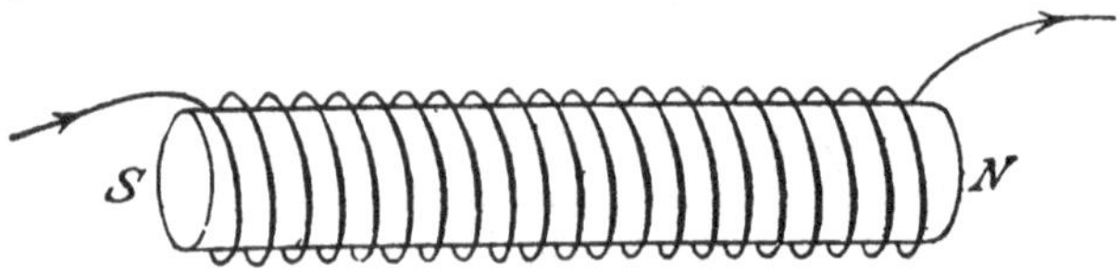

Fig. 555. Elektromagnet.

Fig. 556. Elektromagnet.

Messung der Feldstärke. Diese kann man am bequemsten durch die Widerstandsänderung einer flachen Wismutspirale messen, die im Felde steht. Bi zeigt nämlich in einem Felde, dessen Kraftlinien senkrecht auf der Stromrichtung stehen, eine sehr erhebliche Vermehrung seines elektrischen Widerstandes. Bei einer Temperatur von 0° steigt der Widerstand in einem Felde von 10000 Gauss auf das 1,6fache, in einem Felde von 40000 Gauss auf das 3,37fache des normalen Wertes. Die Erscheinung ist in hohem Grade abhängig von der Temperatur. Bei einer Temperatur von — 180° steigt der Widerstand in einem Felde von 37500 Gauss

[1] Wied. Ann. 51 (1894). [2] Journ. phys. 6 (1907).

auf das 230fache; bei einer Temperatur von 240° ist der Widerstand in einem Felde von 7000 Gauss nur noch 1,01 mal so groß, wie im unmagnetischen Zustande.

§ **485. Der induzierte Magnetismus.** Den temporären Magnetismus, welcher im weichen Eisen durch die Wirkung magnetischer Kräfte erzeugt wird, nennt man den induzierten Magnetismus. Die elektromagnetischen Kräfte bieten ein vorzügliches Hilfsmittel zu seiner Untersuchung, da man nach § 481 mit ihrer Hilfe homogene magnetische Felder von in weiten Grenzen wechselnder Intensität erzeugen kann. Bringen wir in das magnetische Feld im Innnern einer Spule einen Eisenkörper, so hängt der in ihm induzierte Magnetismus von der Größe der magnetisierenden, magnetomotorischen Kraft einerseits, von der Größe und Gestalt des Körpers andererseits ab. Wir können daher in der Lehre vom induzierten Magnetismus genau dieselbe Aufgabe stellen, die wir früher bei der diëlektrischen Erregung in § 406 behandelt haben.

Bei einem Körper von bestimmter Form kann die Abhängigkeit des induzierten magnetischen Momentes von der äußeren Kraft ein für allemal auf dem Wege der experimentellen Forschung ermittelt werden. Aufgabe der Theorie ist es, Formeln aufzustellen, nach welchen man auf Grund der gewonnenen Kenntnis die in Körpern von irgendwelchen anderen Formen induzierten Momente zum voraus berechnen kann. Es ist aber nicht bloß die Aufgabe dieselbe, sondern auch die Art ihrer Lösung; denn der Zusammenhang zwischen der in den Elementen des Eisens induzierten magnetischen Polarität und der auf sie wirkenden magnetischen Kraft ist vollkommen analog dem Zusammenhange zwischen der diëlektrischen Polarisation eines Isolators und der elektrischen Kraft; wir können daher die ganze frühere Darstellung auf unsere neue Aufgabe übertragen. In der Geschichte der Wissenschaft ist übrigens das Verhältnis der beiden Theorien das umgekehrte; die Untersuchung des induzierten Magnetismus geht voran; erst als sehr viel später die Tatsachen der diëlektrischen Erregung zu allgemeiner Anerkennung gelangt waren, wurde die Theorie des induzierten Magnetismus auf die Erscheinungen der Diëlektrizität übertragen.

Nach Analogie mit den Betrachtungen des § 406 ist die erste Aufgabe der experimentellen Forschung auf dem Felde des induzierten Magnetismus die folgende. Man nimmt einen Zylinder von weichem Eisen, der eine im Verhältnisse zu seinem Durchmesser große Länge besitzt, legt ihn in die Achse einer Spule und bestimmt die Stärke $\mathfrak{J}$ des induzierten Magnetismus, d. h. das magnetische Moment der Volumeinheit für verschiedene magnetisierende Kräfte. Nun ergibt sich aber sofort ein wesentlicher Unterschied zwischen dem induzierten Magnetismus und der diëlektrischen Polarisation; die letztere war der elektrischen Kraft proportional; bei unserem Eisenzylinder aber ist das Verhältnis zwischen Magnetisierungsstärke und magnetisierender Kraft kein konstantes, sondern von der letzteren in hohem Maße abhängig.

Der Elektisierungskonstante ε entspricht also keine Magnetisierungskonstante, sondern eine Magnetisierungsfunktion oder Magnetisierungszahl. Als solche definieren wir das Verhältnis des in der Volumeinheit induzierten Momentes, des spezifischen Magnetismus, zu der magnetisierenden Kraft. Die Magnetisierungsfunktion ist, ebenso wie die Elektrisierungskonstante, eine reine Zahl. Wir bezeichnen diese Funktion, für welche man auch den Namen „magnetische Suszeptibilität oder Erregbarkeit“ eingeführt hat, durch den Buchstaben $\varkappa$. Ist $\mathfrak{J}$ das magnetische Moment der Volumeinheit, $\mathfrak{H}$ die magnetisierende Kraft, so ist:

$$\varkappa = \mathfrak{J}/\mathfrak{H}.$$

Der Koëffizient $\varkappa$ kann natürlich ebensogut als Funktion von $\mathfrak{J}$, wie von $\mathfrak{H}$ betrachtet werden; für eine übersichtliche Darstellung der Ver-

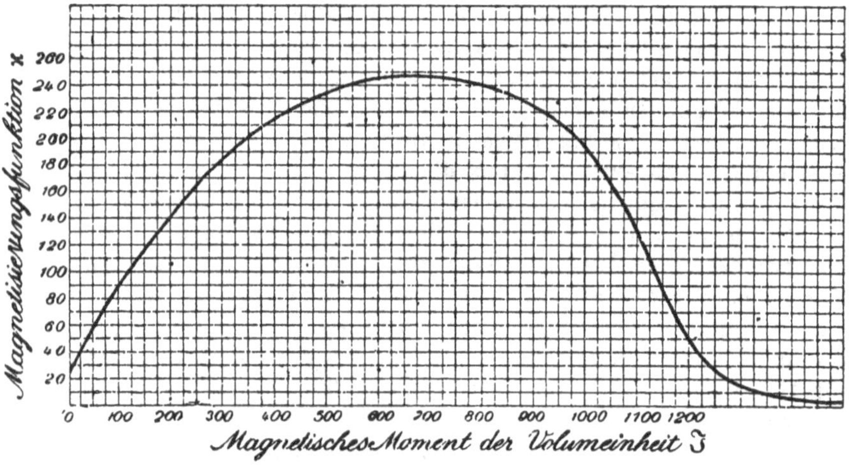

Fig. 557. Magnetisierungsfunktion.

änderung ist das erstere bequemer, und man findet in Fig. 557 eine Kurve, welche zu den auf der horizontalen Abszissenachse abgetragenen Werten von $\mathfrak{J}$ die zugehörigen $\varkappa$ liefert. Die der Zeichnung zugrunde liegenden Beobachtungen beziehen sich auf einen Draht von Schmiedeeisen[1]; bei anderen Eisendrähten oder -stäben führt die Beobachtung zu Kurven von gleichem Typus; die numerischen Werte von $\varkappa$ aber schwanken bei verschiedenen Eisenstäben innerhalb weiter Grenzen.

Wenn man nun durch Versuche die Magnetisierungsfunktion $\varkappa$ des langen und dünnen Zylinders kennen gelernt hat, so kann man den in Körpern von anderer Form induzierten Magnetismus durch theoretische Betrachtungen bestimmen, welche ganz analog sind den bei dem entsprechenden Probleme der Diëlektrizität in § 406 angestellten. Die Auflösung der Gleichungen wird in hohem Grade erschwert durch die Ver-

[1] Ewing, Magnetische Induktion. Berlin. (1892).

änderlichkeit von $\varkappa$; die Aufstellung von genauen Formeln ist daher bis jetzt im Grunde nur in zwei Fällen gelungen, bei einem Ellipsoide, welches in einem homogenen Magnetfelde sich befindet, und bei einem Ringe, welcher den Kern einer um ihn gewickelten Spirale bildet, einer Spule also, deren elektrische Achse im Kreise in sich selbst zurückläuft. Stellen wir das Ellipsoid so, daß eine seiner Achsen mit der Richtung der magnetisierenden Kraft $\mathfrak{H}$ zusammenfällt, so ergibt sich für das in der Volumeinheit induzierte magnetische Moment der Ausdruck:

$$\mathfrak{J} = \frac{\varkappa}{1 + \varkappa N} \mathfrak{H}.$$

Hier ist N eine von den Achsenverhältnissen des Ellipsoids abhängende Zahl. Bei einem sehr verlängerten Rotationsellipsoid, das in der Richtung der großen Achse magnetisiert wird, ist $N = 0$; steht die Richtung der Magnetisierung quer zur Achse, so ist $N = 2\pi$. Bei einer Kugel ist $N = \frac{4}{3}\pi$. Bei einem abgeplatteten Rotationsellipsoide von großer Exzentrizität ist bei Magnetisierung in der Richtung der Rotationsachse $N = 4\pi$, bei Magnetisierung senkrecht dazu $N = 0$.

Eine ringförmige Spule übt nach außen gar keine elektromagnetischen Wirkungen aus; alle Kraftlinien verlaufen in ihrem Innern; sie sind Kreise, die mit der Achse des Ringes konzentrisch sind. Die irgendwo im Innern herrschende magnetische Kraft $\mathfrak{H}$ kann nach § 481 berechnet werden; damit bestimmt man $\mathfrak{J} = \varkappa \mathfrak{H}$. Die Achsen der in dem Eisenringe erregten Elementarmagnete ordnen sich aber gleichfalls zu geschlossenen Kreisen, sie üben daher keine magnetische oder elektromagnetische Kraft aus, und ihre Momente können nicht durch Beobachtung solcher Wirkungen bestimmt werden. Dagegen liefern die bei dem Entstehen und Verschwinden des Magnetismus auftretenden Wirkungen der Magnetinduktion, von denen wir im achten Teile zu handeln haben, ein Mittel zur Bestimmung von $\mathfrak{J}$ und damit zur Berechnung von $\varkappa$. Eine Prüfung für die Richtigkeit der Theorie wird sich ergeben, wenn man die Magnetisierungsfunktion $\varkappa$ das eine Mal aus Beobachtungen mit einem Ellipsoide, das andere Mal aus solchen mit einem Ringe berechnet; ist die Theorie richtig, so müssen für dieselbe Eisensorte die gefundenen Werte von $\varkappa$ übereinstimmen. Nun ergab sich aus Beobachtnngen mit drei verschiedenen Ellipsoiden bei kleinen magnetisierenden Kräften[1]:

$$\varkappa = 21 + 5{,}5\,\mathfrak{J}, \qquad \varkappa = 15 + 4{,}3\,\mathfrak{J}, \qquad \varkappa = 18 + 6{,}3\,\mathfrak{J}.$$

Dagegen ergab sich aus zwei verschiedenen Beobachtungen an einem und demselben Ringe[2]:

$$\varkappa = 15{,}0 + 4{,}9\,\mathfrak{J}, \qquad \varkappa = 15{,}5 + 2{,}1\,\mathfrak{J}.$$

Die Übereinstimmung ist so, wie sie bei der Verschiedenheit der Eisenstücke erwertet werden kann. Die Formeln entsprechen dem ersten geradlinig ansteigenden Teile der in Fig. 557 gezeichneten Kurve.

[1] Riecke, Wied. Ann. 13 (1881). [2] Baur, Wied. Ann. 11 (1880).

Die Magnetisierungsfunktion $\varkappa$ ist in erheblicher Weise abhängig von Druck- oder Zugkräften, denen das Eisen unterworfen wird. Eine Anschauung von der Veränderung gibt Fig. 558, in der die Magnetisierungsfunktion eines Eisendrahtes in unbelastetem Zustande und bei einer Belastung mit 6 Kilogrammgewichten in der früheren Weise graphisch dargestellt ist. Man sieht, daß eine bestimmte Intensität der Magnetisierung existiert, bei der die Funktion $\varkappa$ mit und ohne Belastung denselben Wert hat. Den durch dieses merkwürdige Verhalten bestimmten Kreuzungspunkt der beiden Kurven nennt man den kritischen Punkt.

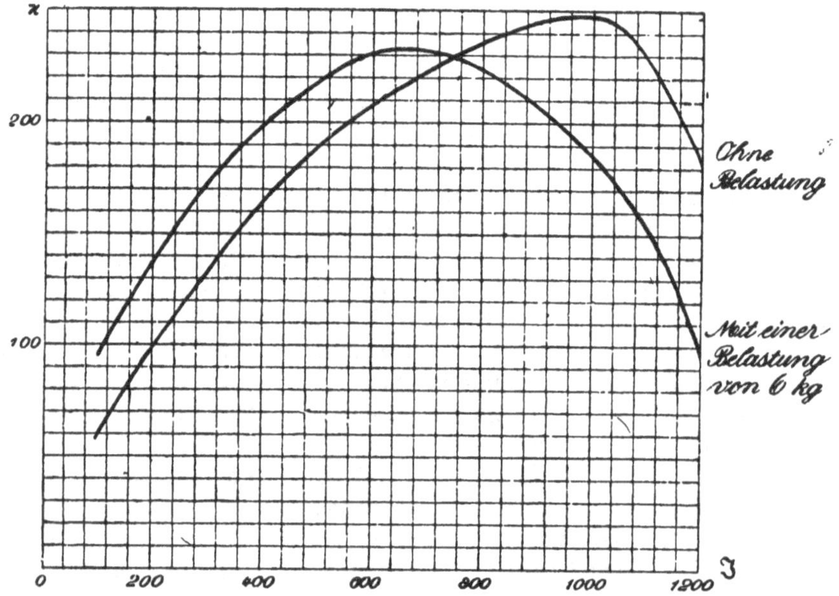

Fig. 558. Magnetisierungsfunktion und Belastung.

Wenn man einen Eisendraht, sei es durch Dehnung, sei es durch Torsion deformiert, so hat dies immer die Folge, daß seine Magnetisierungsfunktion geändert, daß sie in der Richtung seiner Achse eine andere wird, als senkrecht dazu. Damit hängen eigentümliche Erscheinungen zusammen, die man bei Torsion von longitudinal magnetisierten Drähten beobachtet. Reziproke Erscheinungen erhält man bei Torsion von Drähten, die mit Hilfe eines durch sie geleiteten Stromes so magnetisiert sind, daß die von den Achsen der Elementarmagnete beschriebenen Linien Kreise bilden, deren Ebenen zur Achse des Drahtes senkrecht stehen; man nennt dies eine zirkulare Magnetisierung. In dem ersten Falle kommt zu der longitudinalen Magnetisierung eine zirkulare, im zweiten zu der zirkularen eine longitudinale.[1]

Die Abhängigkeit der Magnetisierungsfunktion von Druck oder Spannung bedingt außerdem die Erscheinungen der sogenannten Magneto-

[1] G. Wiedemann, Pogg. Ann. 129 (1866).

striktion. In jedem magnetisierten Körper treten eigentümliche Spannungen auf, die von eben jener Veränderlichkeit abhängig sind. Eisenringe, welche mit Hilfe einer sie umgebenden ringförmigen Spule magnetisiert werden, verlängern sich infolge hiervon bei schwächerer, verkürzen sich bei stärkerer Magnetisierung.[1]

Die Magnetisierungsfunktion ist endlich auch noch abhängig von der Temperatur; es zeigt sich, daß eine bestimmte Temperatur existiert, bei deren Überschreitung der Wert der Magnetisierungsfunktion ganz plötzlich sinkt, so daß schon bei einer um wenige Grade höheren Temperatur die magnetische Erregbarkeit vollkommen verschwindet. Man bezeichnet jene Temperatur als die kritische. Bei Eisen hängt diese Temperatur in geringem Maße von der Intensität des magnetischen Feldes ab. In einem Felde von der Intensität 100 Gauss liegt der Wendepunkt der Magnetisierungskurve bei 746°, in einem Felde von 1300 Gauss bei 751°.

§ 486. Magnetische Permeabilität und magnetische Induktion. Die im vorhergehenden benützte Analogie zwischen dem induzierten Magnetismus und der Diëlektrizität werden wir nun noch weiter verfolgen. Entsprechend der diëlektrischen Konstante D bilden wir eine Größe μ, welche man die magnetische Permeabilität genannt hat, und welche mit der Magnetisierungszahl ebenso zusammenhängt, wie D mit der Elektrisierungskonstante ε; wir definieren daher die magnetische Permeabilität durch die Gleichung:

$$\mu = 1 + 4\pi\varkappa.$$

Es ist diese Größe wichtig, weil durch sie die weitere Ausführung der in § 350 angedeuteten Analogie zwischen dem Verhalten der Magnetkraftlinien und einer in widerstehendem Mittel strömenden Flüssigkeit möglich wird. Um dies zu übersehen, müssen wir noch eine weitere Größe einführen, die magnetische Induktion, als Analogie zu der in § 404 besprochenen elektrostatischen Induktion. Wir denken uns zu diesem Zwecke die Magnetkraftlinien konstruiert, wie sie im Innern eines im Magnetfelde befindlichen Eisenstückes erzeugt werden, einerseits durch die gegebenen Kräfte des Feldes, andererseits durch jene scheinbare Verteilung von Magnetismus an der Oberfläche des Stückes, welche mit dem induzierten Magnetismus in seinen Wirkungen auf äußere Punkte äquivalent ist. Machen wir in dem Eisenstücke eine dünne zylindrische Höhlung, deren Mantel von Kraftlinien gebildet wird, so bezeichnen wir die Kraft, welche auf einen Pol von der Stärke $+1$ im Innern der Höhlung wirkt, als magnetische Kraft $\mathfrak{H}$ schlechtweg. Dabei ist die Höhlung erfüllt zu denken mit Luft oder luftleer, d. h. erfüllt von Äther. Praktisch macht das keinen wesentlichen Unterschied. Die magnetische Induktion ist dann definiert:

$$\mathfrak{B} = \mu\,\mathfrak{H}.$$

[1] Ewing, Magnetische Induktion. Berlin (1892).

Ihre Bedeutung ist mutatis mutandis dieselbe wie die der elektrostatischen Induktion in § 404. Die magnetische Induktion ist also nichts anderes als die magnetische Kraft im Innern eines dünnen scheibenförmigen Hohlraumes, dessen parallele Grenzflächen auf den magnetischen Kraftlinien senkrecht stehen.

Nehmen wir nun den Fall, daß in dem magnetischen Felde mehrere Körper von verschiedener Permeabilität, z. B. aus verschiedenen Eisensorten hergestellt, sich befinden. Wir können eine von Kraftlinien gebildete Röhre, die etwa aus dem Innern eines Solenoides heraustritt, durch all die verschiedenen Körper hindurch verfolgen (Fig. 559). Bezeichnen wir ihre Querschnitte an beliebigen, innerhalb eines und desselben oder innerhalb verschiedener Körper gewählten Stellen mit $q_1, q_2, q_3 \ldots$, die in den Querschnitten wirkenden magnetischen Kräfte durch $\mathfrak{H}_1, \mathfrak{H}_2, \mathfrak{H}_3 \ldots$, die Permeabilitäten durch $\mu_1, \mu_2, \mu_3 \ldots$, so ergibt sich aus einer theoretischen Betrachtung, auf deren Ausführung wir verzichten müssen:

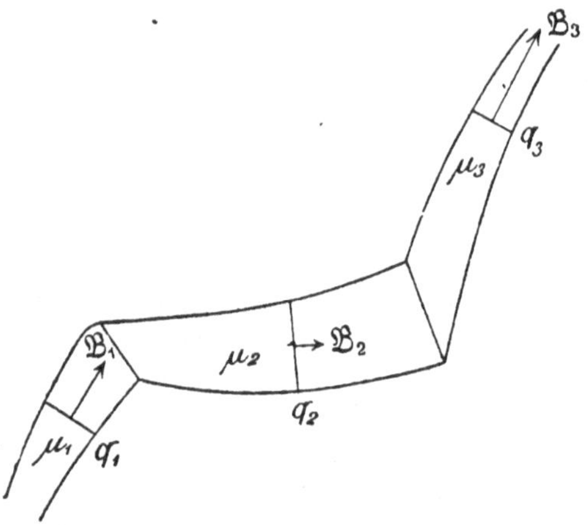

Fig. 559. Induktionsröhre.

$$\mu_1 \mathfrak{H}_1 q_1 = \mu_2 \mathfrak{H}_2 q_2 = \mu_3 \mathfrak{H}_3 q_3 = \ldots,$$

somit auch:

$$\mathfrak{B}_1 q_1 = \mathfrak{B}_2 q_2 = \mathfrak{B}_3 q_3 = \ldots$$

Die magnetische Induktion verhält sich also, dem Satze von § 99 entsprechend, wie die Geschwindigkeit einer in der Kraftröhre strömenden Flüssigkeit, sie ist dem Querschnitte der Röhre umgekehrt proportional. Die magnetische Induktion ist aber allgemein gegeben durch die Gleichung $\mathfrak{B} = \mu \mathfrak{H}$, sie ist gleich der magnetomotorischen Kraft multipliziert mit der von der spezifischen Natur des Mittels abhängenden Permeabilität; ganz ebenso verhält sich die Geschwindigkeit einer Flüssigkeit, welche durch eine äußere Kraft durch ein widerstehendes Mittel getrieben wird. Die Kraftlinien gleichen also den Strömungslinien einer Flüssigkeit in Mitteln von verschiedenem Widerstande oder verschiedener Porosität, eine Analogie, die wir schon in § 350 erläutert haben. Wir schreiben auf Grund dieser Analogie verschiedenen Stoffen eine verschiedene Leitfähigkeit für magnetische Kraftlinien zu und betrachten als ihr Maß die magnetische Permeabilität μ.

Die Größe $\mathfrak{B} q$ bezeichnet man, gestützt auf die besprochene Analogie, als den Induktionsfluß, welcher durch den Querschnitt q hindurchgeht. Der Begriff des Induktionsflusses spielt in den technischen Anwendungen der Elektrizität eine wichtige Rolle.

§ 487. Magnetomotorische Kraft und magnetischer Widerstand. Es ist bemerkenswert, daß man dem Gesetze des induzierten Magnetismus eine Form geben kann, die dem OHMschen Gesetze durchaus analog ist. Wir betrachten eine von Induktions- oder Kraftlinien gebildete Röhre, innerhalb deren von Querschnitt zu Querschnitt nicht bloß die magnetische Kraft $\mathfrak{H}$, sondern auch die Permeabilität μ variiere. Wir teilen die Röhre in Abschnitte von der Länge l_1, l_2, l_3 ..., so daß innerhalb eines jeden die magnetische Kraft und die Permeabilität als konstant angesehen werden kann (Fig. 560). Nun ist (nach § 486) innerhalb einer Induktions- oder Kraftröhre die magnetische Induktion $\mathfrak{B}$ umgekehrt proportional dem Querschnitte q, also

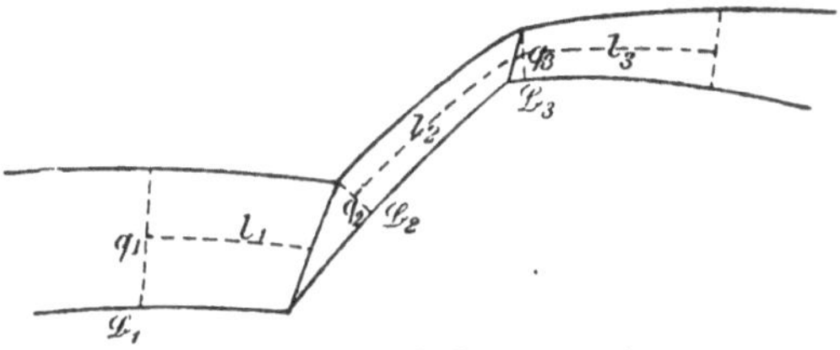

Fig. 560. Die Induktionsröhre.

$$\mathfrak{B}_1 q_1 = \mathfrak{B}_2 q_2 = \mathfrak{B}_3 q_3 = \dots$$

Andererseits ist $$\mathfrak{B}_1 q_1 = \mu_1 \mathfrak{H}_1 q_1 = \mu_1 \frac{q_1}{l_1} \cdot l_1 \mathfrak{H}_1$$

$$\mathfrak{B}_2 q_2 = \mu_2 \mathfrak{H}_2 q_2 = \mu_2 \frac{q_2}{l_2} \cdot l_2 \mathfrak{H}_2 \dots$$

Die Produkte $l_1 \mathfrak{H}_1$, $l_2 \mathfrak{H}_2$ ... entsprechen der elektromotorischen Kraft des OHMschen Gesetzes und mögen daher als magnetomotorische Kräfte bezeichnet werden. Setzen wir den gemeinsamen Wert von $\mathfrak{B}_1 q_1$, $\mathfrak{B}_2 q_2$ ... gleich $\mathfrak{B} q$, so folgt aus den vorhergehenden Gleichungen:

$$\mathfrak{B} q \left(\frac{l_1}{\mu_1 q_1} + \frac{l_2}{\mu_2 q_2} + \frac{l_3}{\mu_3 q_3} + \dots \right) = \mathfrak{H}_1 l_1 + \mathfrak{H}_2 l_2 + \mathfrak{H}_3 l_3 + \dots$$

Auf der rechten Seite dieser Gleichung haben wir die ganze magnetomotorische Kraft, die auf die Induktionsröhre wirkt; auf der linken ein Produkt, dessen einer Faktor $\mathfrak{B} q = \mathfrak{B}_1 q_1 = \mathfrak{B}_2 q_2 = \dots$ nach § 489 die Zahl der Induktionslinien angibt, die durch die Röhre gehen. Der andere, von der geometrischen und physikalischen Beschaffenheit der Röhre abhängige Faktor werde als magnetischer Widerstand bezeichnet. Wir haben dann den Satz: Die Zahl der in einer Induktionsröhre verlaufenden Induktionslinien ist gleich der magnetomotorischen Kraft dividiert durch den magnetischen Widerstand der Röhre.

Die Ausdrücke $\mu_1 q_1 / l_1$, $\mu_2 q_2 / l_2$ ... verhalten sich, wie man leicht sieht, analog dem elektrischen Leitvermögen. Wir bezeichnen sie als die magnetischen Leitvermögen der einzelnen Abschnitte unserer Induktionsröhre.

Auf den im vorhergehenden zusammengestellten Sätzen beruht eine eigentümliche Behandlung der Probleme des induzierten Magnetismus; sie gründet sich durchaus auf die Betrachtung der in sich zurücklaufenden

Induktionslinien, und man hat sie daher als die Lehre vom magnetischen Kreise bezeichnet. Wir erläutern die namentlich für die Elektrotechnik wichtige Methode an dem Beispiel eines Eisenringes (Fig. 561), der an zwei Stellen durch schmale, radiale Schlitze unterbrochen ist. Wir setzen voraus, daß der ganze Ring mit Drahtwindungen bedeckt sei, jedoch so, daß die Schlitze frei bleiben. Die Induktionslinien, welche im Innern des Eisens durch konzentrische Kreise gegeben sind, werden sich an den Schlitzen etwas in den umgebenden Luftraum hinein verbreiten, es findet, wie man sagt, an diesen Stellen eine Streuung

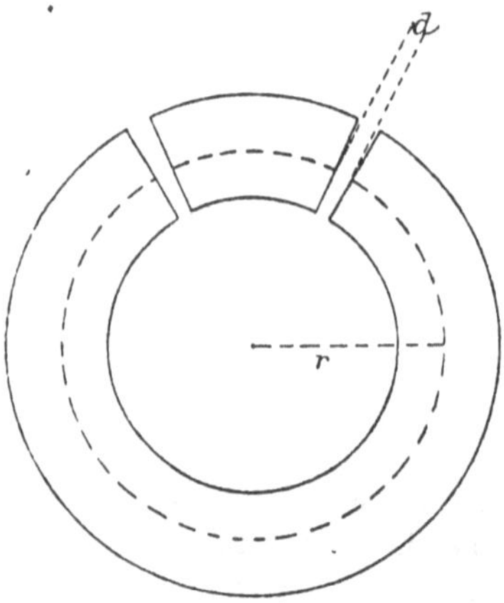

Fig. 561. Magnetischer Kreis.

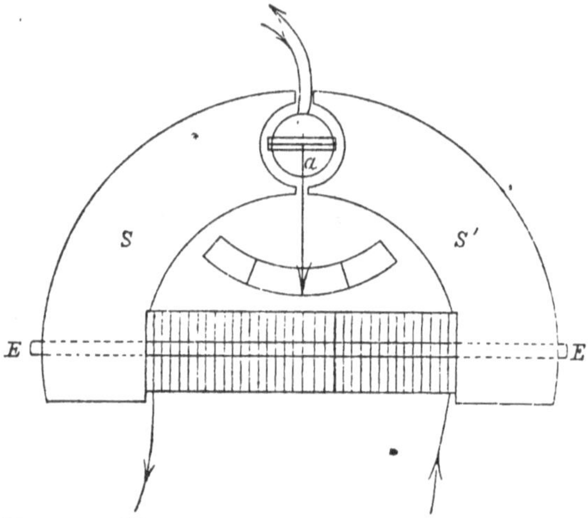

Fig. 562. Untersuchung magnetisierbaren Materials.

der Kraftlinien statt. Wir wollen von dieser bei schmalen Schlitzen unbedeutenden Streuung absehen; wir nehmen also an, daß die Induktionslinien auch den Luftraum der Schlitze in der Gestalt konzentrischer Kreise durchsetzen. Der Querschnitt der Induktionsröhren kann dann überall gleich dem Querschnitte q des Eisenringes gesetzt werden. Im Luftraume ist $\mu = 1$, die magnetische Induktion $\mathfrak{B}$ gleich der magnetischen Feldstärke $\mathfrak{H}$; die magnetisierenden Kräfte $\mathfrak{H}_1$, $\mathfrak{H}_2$, $\mathfrak{H}_3$ ... setzen wir nach § 481 in der ganzen Ausdehnung des Ringes gleich $\frac{4\pi z I}{2\pi r}$, wobei z die gesamte Anzahl der vom Strome I durchflossenen Windungen, r den Halbmesser der Ringachse bezeichnet. Die Ohmsche Gleichung gibt nun:

$$\mathfrak{H} q \left\{ \frac{2d}{q} + \frac{2\pi r - 2d}{\mu q} \right\} = \frac{4\pi z I}{2\pi r} \cdot 2\pi r,$$

oder

$$\mathfrak{H} = 2\pi z I \frac{\mu}{\pi r + (\mu - 1) d}.$$

Man sieht, daß die Messung der in den Schlitzen vorhandenen Feldintensität $\mathfrak{H}$ zur Bestimmung der magnetischen Permeabilität μ dienen kann.

Auf demselben Grundgedanken beruht ein von Köpsel konstruierter Apparat zur Untersuchung der magnetischen Eigenschaften des Eisens. Die zu untersuchenden Probestücke erhalten die Form dünner Stäbe EE' (Fig. 562). Sie werden in ein sogenanntes Schlußjoch eingeschoben, einen Halbring SS' von Eisen mit rechteckigem Querschnitte; der Querschnitt des Schlußjoches soll sehr groß sein im Vergleiche mit dem des Stabes EE'. Zur Magnetisierung dient eine Spirale, durch welche der Eisenstab hindurchgeschoben wird. Das Schlußjoch besitzt in seiner Mitte eine zylindrische Durchbrechung; in dieser ist konzentrisch ein massiver Eisenzylinder befestigt, so daß zwischen ihm und dem Schlußjoche ein schmaler ringförmiger Schlitz bleibt. In diesem ist in der durch die Fig. veranschaulichten Weise eine Drahtspule a aufgehängt, so daß sie sich um die Figurenachse des Zylinders drehen kann. Zur Ausführung einer Messung wird der magnetisierende Strom geschlossen und gleichzeitig durch die Spule a ein Strom von bekannter Stärke geleitet; sie wird durch die in dem Schlitze herrschende magnetische Kraft $\mathfrak{H}$ gedreht; aus der Größe der Drehung kann $\mathfrak{H}$ berechnet werden. Trotz der anscheinend sehr abweichenden Verhältnisse ist die Beziehung zwischen $\mathfrak{H}$ und zwischen der Permeabilität μ doch eine ähnliche, wie in dem vorhergehenden Falle. Dies beruht darauf, daß auch bei dem Schlußjoche die Streuung der Induktionslinien gering ist; im Innern der Magnetisierungsspirale laufen sie parallel mit der Achse; am Ende der Spirale aber bietet sich ihnen der Weg durch die große Eisenmasse des Schlußjoches, so daß in der Tat nur sehr wenige Induktionslinien in den Luftraum austreten.

§ **488. Brechung der Kraftlinien.** Von besonderem Interesse ist noch das Verhalten der Kraftlinien an der Grenze zweier Mittel von

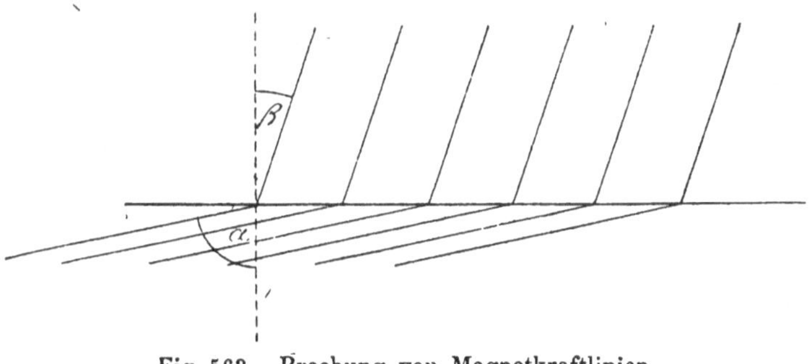

Fig. 563. Brechung von Magnetkraftlinien.

verschiedener Permeabilität; sie erleiden daselbst eine Brechung. Bezeichnen wir, ebenso wie bei der Brechung eines Lichtstrahles, die Winkel, welche die Kraftlinien in dem ersten und zweiten Mittel mit der Normale der Grenzfläche bilden, als Einfallswinkel α und Brechungswinkel β (Fig. 563), so ergibt sich, wie wir hier nur historisch berichten können, die Beziehung:

$$\operatorname{tg}\alpha/\operatorname{tg}\beta = \mu_1/\mu_2,$$

wo unter μ_1 und μ_2 die Permeabilitäten der beiden Stoffe zu verstehen sind.

Das Verhältnis der Tangenten des Einfalls- und des Brechungswinkels ist gleich dem der Permeabilitäten der beiden Mittel.

Nehmen wir bei Eisen für $\varkappa$ als Mittelwert 159, so wird $\mu = 2000$; die Luft betrachten wir wenigstens fürs erste als einen Körper, der keiner magnetischen Erregung fähig ist. Für sie kann also $\varkappa = 0$ gesetzt werden und $\mu = 1$. Für den Austritt von Kraftlinien aus Eisen in Luft gilt dann das Verhältnis: $\operatorname{tg}\alpha/\operatorname{tg}\beta = 2000$.

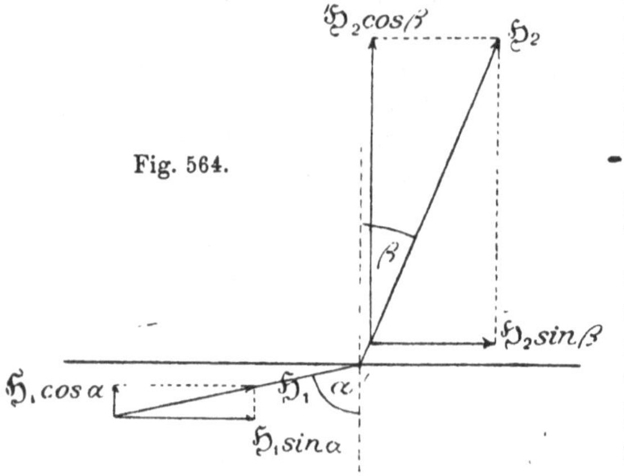

Fig. 564.

Wenn die Linien im Eisen unter einem Winkel $\alpha = 85^0$ einfallen, so treten sie in Luft unter einem Winkel $\beta = \frac{1}{3}{}^0$ (fast senkrecht) aus, zugleich wird der Abstand von zwei in der Einfallsebene benachbarten Linien 11 mal größer.

Diese Sätze werden bestätigt durch Fig. 450, welche den Verlauf der Kraftlinien eines ursprünglich homogenen magnetischen Feldes darstellt, in das eine Hohlkugel von Eisen gebracht wurde. An die vorhergehenden Betrachtungen schließt sich noch der weitere, in vielen Fällen nützliche Satz, daß an der Grenze zweier Stoffe von verschiedener Permeabilität die zur Grenze senkrechten Komponenten der magnetischen Kraft sich umgekehrt verhalten wie die Permeabilitäten, die zur Grenze parallelen bleiben gleich. Es wird dies erläutert durch Fig. 564.

§ 489. **Kraftlinien und Induktionslinien.** Den in § 486 angeführten Satz wollen wir nun noch mit Betrachtungen in Beziehung bringen, die wir früher teils bei magnetischen, teils bei elektrostatischen Kraftlinien angestellt haben. In § 365 haben wir die an einer beliebigen Stelle des Raumes herrschende magnetische Kraft der Zahl der Kraftlinien numerisch gleich gesetzt, welche daselbst durch die Flächeneinheit senkrecht hindurchgehen. Die Möglichkeit einer solchen Festsetzung beruht auf einer in § 380 angeführten Eigenschaft der Kraftröhren, welche dort auf elektrische Wirkungen bezogen wurde, die aber ebenso für die magnetischen gilt. In den verschiedenen Querschnitten einer ein homogenes Mittel durchziehenden Röhre sind danach die magnetischen Kräfte dem Flächeninhalte der Querschnitte umgekehrt proportional. Die Produkte aus den Kräften und den Querschnitten sind konstant; so wird die notwendige Bedingung erfüllt, daß die Zahl der in der Kraftröhre laufenden Kraftlinien sich nicht verändert. Wenn aber eine Kraftröhre durch mehrere Stoffe von verschiedener Permeabilität hindurchgeht, so bleiben die Produkte $q_1 \mathfrak{H}_1$, $q_2 \mathfrak{H}_2$, $q_3 \mathfrak{H}_3 \ldots$ nicht gleich groß, es ändert sich vielmehr die Zahl der Kraftlinien mit der Permeabilität. Für die magnetische Induktion dagegen gilt die Gleichung: $q_1 \mathfrak{B}_1 = q_2 \mathfrak{B}_2 = q_3 \mathfrak{B}_3 = \ldots$ Nach der Definition, die in § 486 für die magnetische Induktion gegeben wurde, ist diese eine Kraft, deren Richtung dieselbe ist, wie die der Magnetkraftlinien. Wir können diese ebensogut als Induktionslinien bezeichnen. Setzen wir dann die Anzahl der Induktionslinien, welche senkrecht durch die Flächeneinheit hindurchgehen, gleich der Stärke $\mathfrak{B}$ der magnetischen Induktion, so gilt für beliebige Querschnitte einer durch verschiedene Mittel gehenden, von Induktionslinien gebildeten Röhre die Beziehung $\mathfrak{B}_1 q_1 = \mathfrak{B}_2 q_2 = \mathfrak{B}_3 q_3 = \ldots$ Die Zahl der Induktionslinien bleibt also im Innern der Röhre durchaus unverändert, und dadurch unterscheiden sich die Induktionslinien von den Kraftlinien. Für Luft setzen wir $\varkappa = 0$, also $\mathfrak{B} = \mathfrak{H}$; hier ist die Zahl der Induktionslinien gleich der der Kraftlinien und also jeder Unterschied zwischen beiden verschwunden.

§ 490. **Magnetisierungsarbeit.** Wir schließen unsere Untersuchung des induzierten Magnetismus mit einer Betrachtung über magnetische Energie. Darunter verstehen wir nicht die Distanzenergie, wie sie durch die Kräfte begründet wird, mit denen verschiedene Magnete in die Ferne aufeinander wirken, sondern die Energie, durch welche der magnetische Zustand eines Eisenstückes von seinem unmagnetischen unterschieden ist. Die Erzeugung des magnetischen Momentes in einem Eisenstabe erfordert einen Aufwand von Arbeit, über dessen Größe man durch folgende Betrachtung Aufschluß gewinnt. Wir gehen aus von der Hypothese der magnetischen Fluida; dann können wir uns das Wachstum des in der Volumeinheit induzierten Momentes so denken, als ob von einem im Innern festliegenden Südpole $-\mathfrak{m}$ der Nordpol $+\mathfrak{m}$ immer weiter weggezogen würde. Unter der Wirkung der Kraft $\mathfrak{H}$ habe der Pol die Entfernung $\mathfrak{L}$ von dem Südpole erreicht. Das magnetische Moment ist dann $\mathfrak{J} = \mathfrak{L}\mathfrak{m}$. Nun werde die Kraft $\mathfrak{H}$ allmählich auf $\mathfrak{H} + \mathfrak{h}$ gesteigert, und der Nordpol dadurch um die Strecke $\mathfrak{l}$ weiter weggezogen. Das Moment nimmt dann zu um $\mathfrak{j} = \mathfrak{m}\mathfrak{l}$. Die Kraft, unter deren Wirkung der Pol die Strecke $\mathfrak{l}$ zurücklegt, ist aber im Mittel gleich $\mathfrak{m}(\mathfrak{H} + \frac{1}{2}\mathfrak{h})$, da die magnetisierenden Kräfte $\mathfrak{H}$ und $\mathfrak{h}$ auf die Polstärke Eins bezogen sind. Die von der Kraft geleistete Arbeit ist:

$$a = \mathfrak{m}\mathfrak{l}(\mathfrak{H} + \tfrac{1}{2}\mathfrak{h}),$$

oder wenn wir jetzt $\frac{1}{2}\mathfrak{h}$ gegen $\mathfrak{H}$ vernachlässigen:

$$a = \mathfrak{H} \cdot \mathfrak{j}.$$

Die Arbeit ist also gleich der magnetisierenden Kraft multipliziert mit dem Zuwachse des magnetischen Momentes.

Wollen wir die gesamte Arbeit berechnen, welche bei der Herstellung des magnetischen Momentes $\mathfrak{J}$ in der Volumeinheit geleistet wird, so bedienen wir uns am besten einer graphischen Darstellung. Auf einer horizontalen Linie tragen wir die Werte der allmählich bis zu dem Betrage $\mathfrak{H}$ gesteigerten magnetischen Kraft auf, senkrecht dazu die den einzelnen Werten der Kraft entsprechenden spezifischen Momente. Wir erhalten dann eine Kurve von der aus Fig. 565 ersichtlichen Gestalt; wir teilen nun das schließlich erreichte Moment $\mathfrak{J}$ in eine Reihe unter sich gleicher Zuwüchse $\mathfrak{j}_0$, $\mathfrak{j}_1$, $\mathfrak{j}_2, \ldots \mathfrak{j}_n$; ziehen wir durch die Teilpunkte horizontale Linien bis zu der Kurve der Momente, so erhalten wir die magnetisierenden Kräfte $\mathfrak{H}_1, \mathfrak{H}_2 \ldots \mathfrak{H}_n$, unter deren Wirkung die einzelnen Zuwüchse $\mathfrak{j}_1$, $\mathfrak{j}_2 \ldots \mathfrak{j}_n$ sich gebildet haben. Die ganze bei der Magnetisierung aufgewendete Arbeit ist dann:

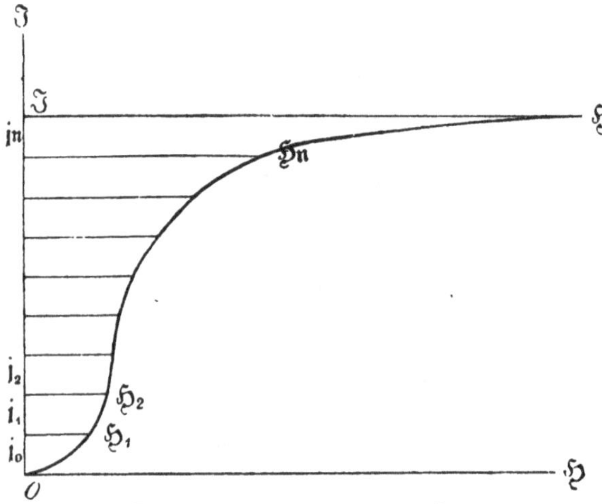

Fig. 565. Magnetisierungsarbeit.

$$A = \mathfrak{H}_1 \mathfrak{j}_1 + \mathfrak{H}_2 \mathfrak{j}_2 + \cdots + \mathfrak{H}_n \mathfrak{j}_n .$$

Je kleiner wir die Zuwüchse $\mathfrak{j}$ machen, um so mehr nähert sich der Wert dieses Ausdruckes dem Inhalte des von der krummen Linie $O\mathfrak{H}$, der Kurve der Magnetisierung, und von den Geraden $O\mathfrak{J}$ und $\mathfrak{J}\mathfrak{H}$ begrenzten Flächenstückes. Wir kommen so zu dem Resultate, daß der genaue Wert der Magnetisierungsarbeit durch den Flächeninhalt der von $O\mathfrak{J}$, $\mathfrak{J}\mathfrak{H}$ und von der Momentenkurve $O\mathfrak{H}$ begrenzten Figur gegeben ist.

Als Resultat dieser Arbeit erscheint eine in der Volumeinheit aufgespeicherte Energie, die magnetische Energie, welche somit gleichfalls durch den Flächeninhalt der Figur $O\mathfrak{J}\mathfrak{H}$ bestimmt ist. Die gesamte magnetische Energie eines Körpers erhalten wir im Falle der gleichmäßigen Magnetisierung durch Multiplikation mit dem Volumen. Bei ungleichförmiger Magnetisierung wird es nötig sein, den Körper in solche Elemente zu zerlegen, daß innerhalb eines jeden die Magnetisierung als gleichförmig betrachtet werden kann. Berechnet man für jedes derselben die magnetische Energie in der angegebenen Weise, so ergibt sich die ganze Energie durch Summation der den einzelnen Elementen entsprechenden. Man ersieht aus dieser Betrachtung, daß die magnetische Energie den Charakter einer Volumenergie besitzt (§ 113).

§ **491. Magnetische Hysteresis.** Zu beachtenswerten Resultaten führt die Anwendung energetischer Prinzipien bei einer eigentümlichen Erscheinung, die man bei der Magnetisierung beobachtet hat, bei der sogenannten Hysteresis. Einen Fe-Stab unterwerfen wir magnetisierenden Kräften, welche von Null an allmählich bis zu dem Betrage $\mathfrak{H}$ ansteigen und dann in derselben Weise wieder bis Null abnehmen. Wenn wir die Resultate der Beobachtungen ebenso wie zuvor graphisch darstellen (Fig. 566), so ergibt sich das eigentümliche Resultat, daß die Magnetisierungskurve für absteigende Kräfte nicht mit der für wachsende sich deckt; es entsprechen vielmehr auf dem absteigenden Zweige der gleichen magnetisierenden Kraft höhere Momente. Wenn der zyklische Prozeß einige Male wiederholt ist, so bleiben die beiden Zweige der Kurve vollkommen stationär; der den abnehmenden Kräften entsprechende schließt sich wieder an denselben Punkt der Achse an, von dem der andere Zweig ausging. Wir betrachten diese Erscheinung, die sogenannte Hysteresis, als eine Wirkung der auch im weichen Fe nicht fehlenden Koërzitivkraft. Aus dem unmittelbar vorhergehenden folgt aber, daß bei dem Kreisprozesse, welchen unser Eisenstab durchläuft, eine Arbeit geleistet wird gleich dem Inhalte der von den beiden Zweigen der Magnetisierungskurve umschlossenen Figur. Diese Arbeit kann nicht verloren gehen; da aber die magnetische Energie beim Schlusse des Kreises dieselbe ist wie beim Beginne, so muß sie ihr Äquivalent in einer anderen Energieform finden, und zwar beruht diese auf einer mit der zyklischen Magnetisierung verbundenen Erwärmung des Eisenstabes, wie zuerst WARBURG[1] bewies.

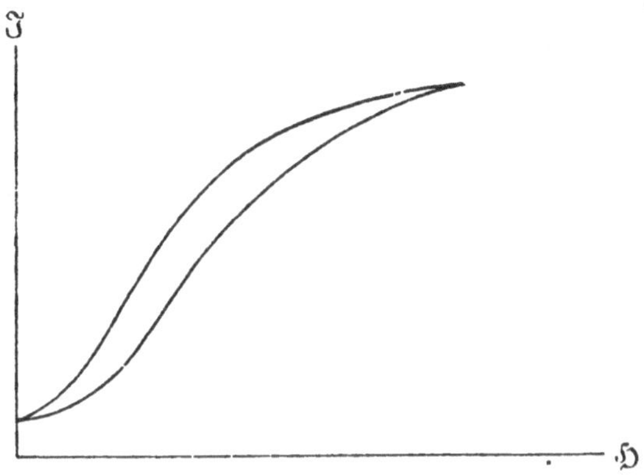

Fig. 566. Hysteresis.

Daß die Hysteresis bei wechselnder Magnetisierung in der Tat einen Aufwand von mechanischer Arbeit bedingt, möge noch an einem Beispiele gezeigt werden. Es sei gegeben ein Stahlmagnet und ein Eisenstab, die wir in großer Entfernung so aufstellen, daß ihre Achsen in dieselbe Richtung fallen. Nähern wir den Fe-Stab dem Magnete, so wird er selbst magnetisch und die auf ihn wirkende Anziehung leistet eine

[1] WIED. Ann. 20 (1883).

gewisse Arbeit. Entfernen wir den Stab wieder von dem Magnete, so müssen wir umgekehrt eine Arbeit gegen jene Anziehung verrichten; diese aber ist infolge der Hysteresis größer als die zuvor gewonnene. Wenn wir die hin und her gehende Bewegung des Fe-Stabes fort und fort wiederholen, so ist damit eine Arbeitsleistung verbunden, deren Äquivalent schließlich nur in einer Erwärmung des Fe-Stabes gefunden werden kann. Ähnliche Verhältnisse liegen bei den später zu besprechenden Dynamomaschinen vor. Bei diesen findet eine vollständige Umkehr der Kraftwirkung mit Bezug auf das magnetisierte Fe-Stück statt. Die Kraft wächst erst in dem einen Sinne bis zu einem bestimmten Maximum; sie nimmt dann bis zu Null ab, geht in die entgegengesetzte Richtung

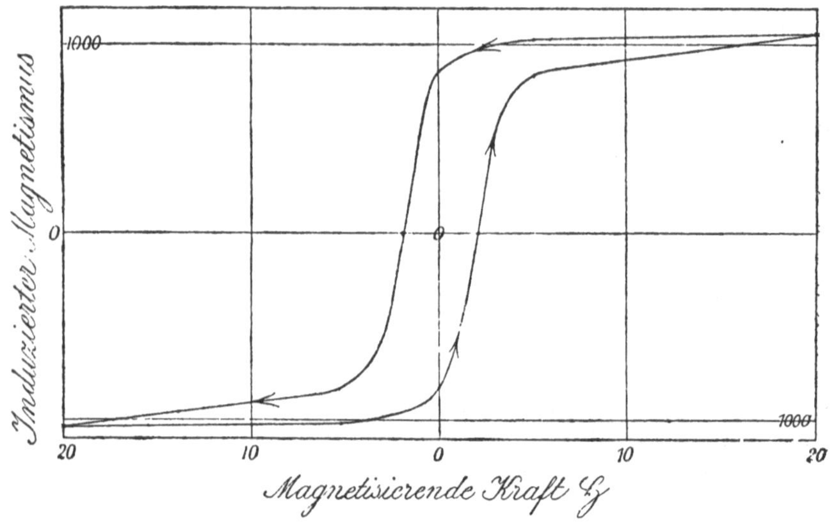

Fig. 567. Hysteresis.

über, wächst nach dieser bis zu einem Maximum von derselben Größe wie vorher, nimmt wieder ab und schwankt so in vollkommen periodischer Weise zwischen den beiden Maximalwerten hin und her. Die hierdurch erzeugte Hin- und Hermagnetisierung des Fe-Stückes bezeichnet man wieder als eine zyklische. Fig. 567 zeigt, wie sich diese zyklische Magnetisierung bei einem langen und dünnen Drahte aus weichem Fe infolge der Hysteresis gestaltet. Der eine Zweig der Kurve entspricht den aufsteigenden, der andere den absteigenden Kräften. Der von der Kurve umschlossene Flächenraum entspricht einem Energieverluste in Gestalt von erzeugter Wärme.

In § 351 haben wir als die letzten Bausteine der Magnete die Elementarmagnete angenommen, die bei der Magnetisierung entstehen infolge einer magnetischen Scheidung im Innern der Molekel; demgegenüber bietet sich von vornherein die andere Möglichkeit, daß die Elementarmagnete als fertige kleine Magnete ein für allemal im Innern des Körpers vorhanden sind. Wenn sie um ihre Mittelpunkte drehbar sind, so nehmen sie im unmagnetischen Zustande der Körper alle möglichen Lagen ein, so daß sie nach außen keine Wirkung üben. Die Magnetisierung beruht dann auf einer Ablenkung der Magnete aus jenen Ruhelagen, einer Orientierung im Sinne der von außen wirkenden magnetischen Kraft. Diese Vorstellung ist mit der Tatsache in Übereinstimmung, daß der Elektromagnetismus mit wachsender Stromstärke nicht in gleichem Verhältnisse zunimmt, sondern sich allmählich der Sättigungsgrenze nähert. Nimmt die magnetisierende Kraft dann wieder ab, so drehen sich nicht alle Molekularmagnete in die Ruhelage zurück, es bleibt, wie aus der Hysteresis ersichtlich, remanenter Magnetismus zurück, verschieden groß bei verschiedenen Fe-Sorten, sehr groß bei Stahl.

Beschränkt man sich aber auf sehr kleine Änderungen, so kann man die Induktion in Fe und Stahl vollkommen reversibel machen. Gans[1] spricht dann von „reversibler" Permeabilität. Neben dem eben geschilderten „Umklappen" der Molekularmagnete dürfte man es hier nur mit einem schwachen Herausdrehen aus der ursprünglichen Lage zu tun haben. Wechselt die Richtung der magnetisierenden Kraft sehr rasch (10^6 pro sec und mehr), so überwiegt die reversible Permeabilität, die gewöhnliche Permeabilität nimmt ab. Die Molekularmagnete haben gleichsam zum Umklappen nicht Zeit.

Man erhält durch ein analoges Bild auch die Abhängigkeit des Ferromagnetismus von der Temperatur. Infolge der Wärmebewegung pendeln die Molekularmagnete um ihre Ruhelage nach allen Richtungen hin und her, für ihre Wirkungen in der Gleichgewichtslage kommen aber nur ihre Projektionen auf diese in Betracht. Es nimmt also der Sättigungswert mit zunehmender Temperatur ab. Aber auch die gegenseitige Beeinflussung der Elementarmagnete wird kleiner, so daß die Koërzitivkraft fällt und (für schwache Felder) die Permeabilität steigt (siehe weiteres §§ 512—515 und § 555).

III. Einige elektromagnetische Apparate.

§ 492. **Der elektromagnetische Telegraph.** Von den praktischen Anwendungen, die wir von den Elektromagneten machen, ist eine der ersten und wichtigsten ihre Verwendung in der Telegraphie. Daß die elektromagnetischen Wirkungen des elektrischen Stromes ein vortreffliches Mittel bieten, um Zeichen in die Ferne zu geben, zu telegraphieren, mußte von vornherein einleuchten; aber obgleich die Örstedsche Entdeckung schon im Jahre 1820 gemacht war, verflossen doch noch zwei Jahrzehnte, ehe der elektromagnetische Telegraph zu allgemeinerer Anwendung kam. Der Grund hierfür lag wohl in erster Linie an dem

[1] Ann. d. Phys. 22 (1907), 27 (1908), 29 (1909). Die zahlreichen Arbeiten von Gans reichen bis in die letzte Zeit.

Mangel einer bequem zu gebrauchenden Stromquelle von unveränderlicher Wirkung.

Die Station I, von welcher nach II telegraphiert werden soll, verbinden wir mit der letzteren durch einen Draht, die Linie L (Fig. 568). Auf der Station II wird in den Stromkreis ein Elektromagnet M eingeschaltet, über welchem an dem einen Arme eines Hebels ein kleiner „Anker“ A von weichem Eisen sich befindet; durch eine Feder wird der Anker von den Polen des Magnets abgezogen, solange dieser nicht erregt wird; von dem Elektromagnet geht der Leitungsdraht zu einer

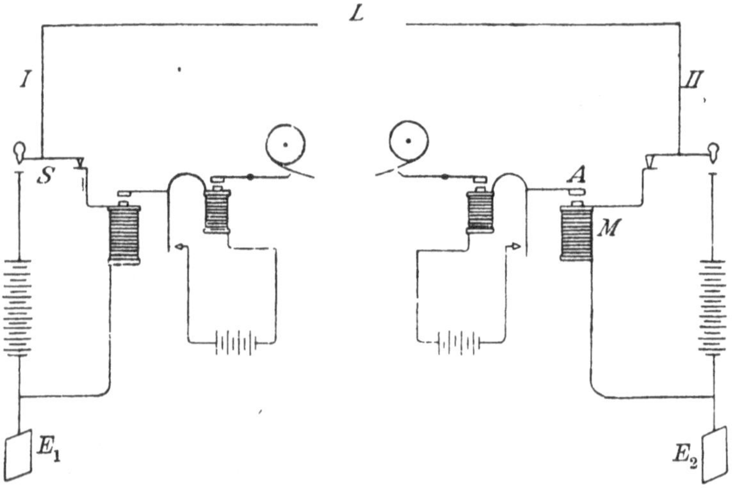

Fig. 568. Telegraphie.

in die Erde versenkten Metallplatte E_2. Auf der Station I befindet sich eine galvanische Batterie, deren einer Pol mit einer Erdplatte E_1 verbunden ist, während von dem anderen ein Draht zu einem Stromschlüssel S, dem Taster, führt, mit Hilfe dessen jeden Augenblick die Verbindung des Poles mit der Linie hergestellt oder unterbrochen werden kann. Schließen wir den Kontakt, so geht der Strom durch die Linie L von I nach II, durch die Erde nach I zurück. Der Elektromagnet in II wird erregt und zieht den Anker A an, dem Hebel eine schnelle, ruckweise Bewegung erteilend. Befestigen wir an dem anderen Ende des Hebels einen Klöppel, welcher gegen eine Glocke schlägt, so erhalten wir ein elektrisches Läutewerk; versehen wir dieses Ende nach Morse mit einem Stifte, der gegen einen vorübergleitenden Papierstreifen gedrückt wird, so erhalten wir auf diesem, je nach der Dauer des Schlusses, strich- oder punktförmige Eindrücke, aus denen sich die Buchstaben des Alphabetes, Zahlen und sonstige Zeichen vereinbaren lassen.

Da wir ebenso von II nach I zu telegraphieren haben, so muß die Anordnung der beiden Stationen ganz symmetrisch sein; es sind aber die Verbindungen so zu treffen, daß die Schreibapparate, die Morseschreiber, beider Stationen immer in die Linienleitung ein-, die Batterien für gewöhnlich ausgeschaltet sind. Bei sehr weit voneinander entfernten Stationen wird der Linienstrom zu schwach, um den Elektromagnet so stark zu erregen, wie es für eine deutliche Zeichengebung notwendig ist. Man benützt dann den Elektromagnet nicht direkt zum Schreiben, sondern als sogenanntes Relais; d. h. durch die Bewegung des Hebels schließt man nur den Strom einer Lokalbatterie, welcher nur innerhalb der einzelnen Station zirkulierend, seinerseits erst den zum Schreiben dienenden Elektromagnet erregt. Die ganze so entstehende Schaltung ist in schematischer Weise in Fig. 568, ein Teil perspektivisch in Fig. 569 dargestellt. Man kann dabei gleichzeitig immer nur

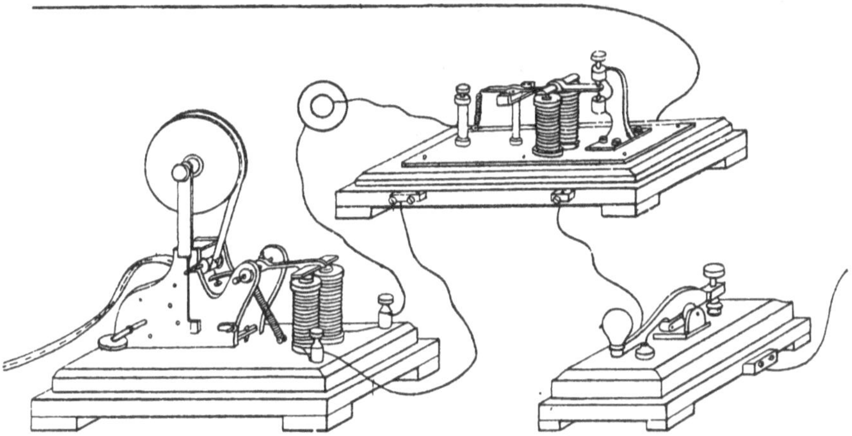

Fig. 569. Morseschreiber und Relais.

ein Telegramm durch die Linie übermitteln. Es möge nicht unerwähnt bleiben, daß man in späterer Zeit Einrichtungen ersonnen hat, um gleichzeitig mehrere Telegramme in gleicher oder in entgegengesetzter Richtung auf derselben Linie zu befördern.

Als man die im vorhergehenden geschilderte Methode in Anwendung bringen wollte, um durch submarine Kabel Zeichen durch den Atlantischen Ozean hindurch zu geben, erhob sich eine unerwartete Schwierigkeit. Die Zeichen erfolgten viel langsamer und waren weniger scharf. Das hat seinen Grund in der elektrostatischen Kapazität des Kabels; der mit Guttapercha umgebene Kupferdraht verhält sich gerade wie eine Leidener Flasche, deren innerer Beleg durch den Draht, deren äußerer durch das Meerwasser gebildet wird. Da es sich nun bei einem transatlantischen Kabel um Entfernungen von etwa 4000 km handelt, so sind die in Betracht kommenden Kapazitäten sehr groß, und es vergeht daher eine nicht unerhebliche Zeit, unter Umständen mehr als eine Minute, bis die Flaschenladung des Kabels sich hergestellt hat.

Wenn man an der Station *A* das Kabel für einen Moment mit dem einen Pole der Batterie verbindet, so daß der Morseschreiber einer gewöhnlichen Linie ohne merkliche Verzögerung einen scharfen Punkt erzeugen würde, so erfolgt bei einem transatlantischen Kabel das Zeichen an der Endstation *B* erheblich später, und an Stelle eines Punktes würde ein an seinen Enden nur schwach markierter, in der Mitte stärkerer Strich treten. Der in *B* eintreffende Strom steigt allmählich zu einem Maximum an und verliert sich allmählich wieder. Als Verzögerung des Zeichens kann man die Zeit betrachten, welche vergeht zwischen der Zeichengebung in *A* und dem Eintreffen des maximalen elektromagnetischen Effektes in *B*. Es ergibt sich, daß diese Zeit der elektrostatischen Kapazität und dem elektrischen Widerstande des Kabels proportional ist. Bei einem gegebenen Kabel sind aber diese beiden Größen der Länge proportional; wird dieses auf verschieden große Entfernungen verlegt, so sind daher die Verzögerungen den Quadraten der Kabellängen proportional. Elektromagnete sind bei submarinen Kabeln als Zeichenempfänger wegen ihrer Trägheit und zu geringen Empfindlichkeit im allgemeinen nicht anwendbar; man ersetzt sie durch empfindliche Galvanometer, bei denen die Ablenkungen des Magnets zur Zeichengebung dienen.

Eine weitere Schwierigkeit für die transatlantische Telegraphie entsteht aus den in § 480 erwähnten Erdströmen, die bei so ausgedehnten Leitungen in verhältnismäßig großer Stärke auftreten. Man hat dieselben dadurch unschädlich zu machen gesucht, daß man die zu der Verbindung der Stationen *A* und *B* dienende Leitung in *A* und in *B* durch einen Kondensator von großer Kapazität unterbrach. Wird der Kondensator in *A* durch Verbindung seiner Kollektorplatte mit dem Pole einer elektrischen Batterie geladen, so strömt die abgestoßene gleichnamige Elektrizität durch das Kabel und bewirkt eine indirekte Ladung des Kondensators in *B*; die dabei von der Kondensatorplatte des letzteren abfließende Elektrizität durchläuft das Galvanometer in *B* und erzeugt so das Zeichen.

§ 493. Elektromagnetische Stimmgabel. In Fig. 570 ist *E* eine elektrische Batterie, der Strom geht durch die untere Zacke der eisernen

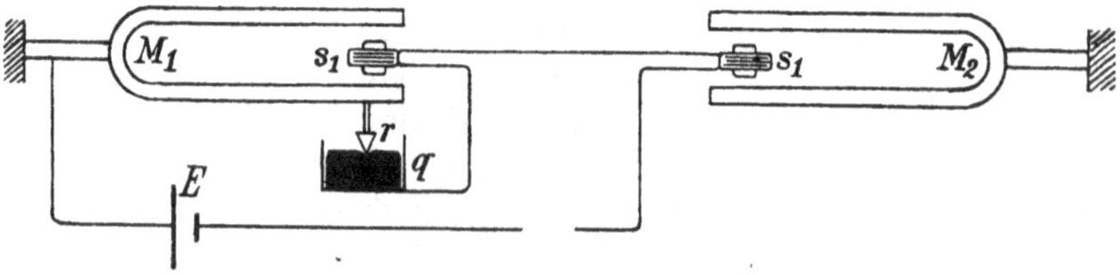

Fig. 570. Elektromagnetische Stimmgabel.

Stimmgabel M_1 zur Platinspitze r, von da zum Hg-Näpfchen q, dann durch den kurzen Elektromagneten s_1, weiter durch den gleichgroßen s_2 und schließlich zur Batterie zurück. s_1 wird magnetisch, zieht beide Zacken von M_1 an, wodurch r aus dem Hg herausgehoben und der Strom unterbrochen wird. Diese Stromunterbrechung erfolgt im Tempo der Schwingungsdauer von M_1. Ist nun M_2 eine gleiche Stimmgabel, so gerät diese in synchrone Schwingungen. Eine solche Vorrichtung wird, wenn es sich um regelmäßige Stromunterbrechungen handelt, von Nutzen sein, ebenso bei akustischen Untersuchungen.

§ 494. **Die historisch ersten elektromagnetischen Maschinen.** An die Entdeckung der elektromagnetischen Wirkungen knüpft sich der natürliche Wunsch, sie zum Betriebe von Maschinen zu verwenden. Wir beschränken uns zunächst darauf, zwei Prinzipien anzugeben, nach welchen man elektromagnetische Motoren konstruieren kann. Bei dem ersten benützen wir einen fest aufgestellten Hufeisenmagnet und einen drehbaren Elektromagnet in Stabform (Fig. 571); die Rotationsachse D geht durch seine Mitte senkrecht hindurch und liegt gerade in der Mitte zwischen beiden Schenkeln des Hufeisens parallel mit ihnen. Der Stabmagnet AB sei so lang, daß er sich in dem Raume zwischen den Schenkeln frei drehen kann. Der an dem Ende A des drehbaren Stabes befindliche N-Pol wird angezogen von dem S-Pole S des Hufeisenmagnets; der Stab dreht sich dieser Anziehung entsprechend. Sofort, nachdem infolge der erlangten Geschwindigkeit das Ende A an S vorüber ist, verwandeln wir seinen N-Pol in einen S-Pol; A wird dann von S abgestoßen, und die Rotation wird in demselben Sinne wie zuvor beschleunigt werden. Zu diesem Zwecke muß der den Elektromagnet AB erregende Strom durch geeignete Vorrichtungen immer im richtigen Momente kommutiert werden. Es geschieht dies durch die voneinander isolierten Hg-Näpfe p und n, die beziehungsweise mit dem positiven und mit dem negativen Pole einer Batterie verbunden sind, und durch die in das Hg tauchenden, mit dem Elektromagnete rotierenden Zuleitungsdrähte α und β.

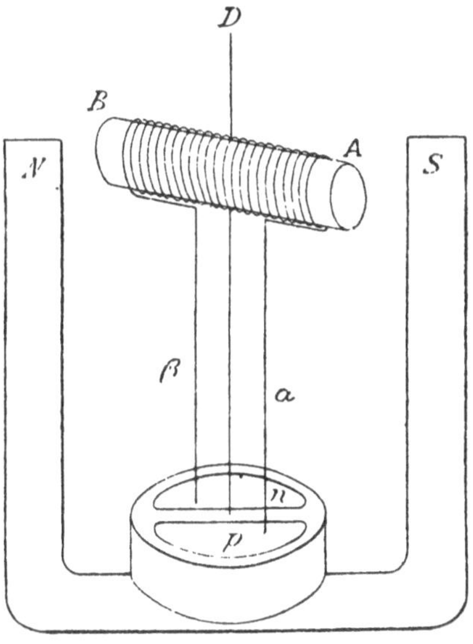

Fig. 571. Elektromagnetischer Motor.

Ein anderes Prinzip wird durch die Anziehung gegeben, welche eine stromdurchflossene Spule auf einen Stab aus weichem Eisen ausübt. Wir stellen die auf einen Hohlzylinder gewundene Spule mit ihrer Achse vertikal auf. Einen Stab aus weichem Eisen stellen wir so, daß seine Achse in die Richtung der Spulenachse fällt, und daß er in dieser Richtung freie Beweglichkeit besitzt. Wir treffen die Anordnung so, daß der Stab unterhalb der Spule in Ruhe sich befindet, solange in dieser kein Strom zirkuliert; wir können ihn einfach auf dem Experimentiertische aufstehen lassen, während durch eine Führung die vertikale Stellung gesichert wird. Schließen wir den Strom, so wird der Stab magnetisch und infolge hiervon gegen die Spule gezogen; er fährt in die Höhe, bis magnetische Anziehung und Schwere sich das Gleichgewicht halten. Unterbrechen wir den Strom, so fällt der Stab herab, und durch abwechselndes Schließen und Öffnen können wir ihn in eine hin und her gehende Bewegung versetzen, ähnlich der von der Kolbenstange der Dampfmaschine ausgeführten. Wir gewinnen also ein zweites Prinzip für die Konstruktion eines Motors, und die genauere Untersuchung zeigt, daß es dem ersten in mehreren Punkten überlegen ist. Vergleichen wir nun die elektromagnetischen Motoren von allgemeinen Gesichtspunkten aus mit anderen, z. B. der Dampfmaschine, so ist die Frage nach ihrer Verwendbarkeit wesentlich eine Geldfrage. Solange wir zu der Erzeugung elektrischer Ströme Batterien verwenden, sind die Kosten solcher Motoren unverhältnismäßig groß. Denn in den Elementen wird nach dem Maße der erzeugten Elektrizitätsmenge Zink verbraucht, und wir können daher die Sache so ansehen, als ob die Arbeit das Äquivalent für die Verbrennungswärme von Zn sei, während die Dampfmaschine mit der viel billigeren Kohle arbeitet. Die technische Durchführung der hier geschilderten Versuche siehe im 11. Teile dieses Bandes.

§ 495. Elektromagnetische Rotationen. Man könnte vermuten, daß die Aufgabe, mit Hilfe elektromagnetischer Kräfte kontinuierliche Rotationen zu erzeugen, ohne Kommutation oder Unterbrechung des Stromes zu lösen sei. Denn ein vertikaler von einem Strome durchflossener Draht treibt einen magnetischen Pol horizontal im Kreise herum, wie dies aus der Gestalt der Kraftlinien (Fig. 540) folgt. Nun existiert freilich ein einzelner Pol nicht; man kann aber einen Magnet um den Draht drehbar machen, so daß er zu diesem so steht, wie die Speiche eines Rades zu seiner Achse. Wenn sein Nordpol dem Drahte zunächst liegt, so wird die auf ihn ausgeübte Wirkung überwiegen, und man könnte nun eine ihr entsprechende Drehung des Magnets erwarten. Tatsächlich tritt eine solche nicht ein, und der Grund hierfür liegt offenbar darin, daß auf den Magnet nicht allein die vertikale Stromstrecke einwirkt, sondern der ganze Stromkreis. Dieser aber läßt sich, welches auch seine Gestalt sein mag, durch eine magnetische Doppelfläche ersetzen. Nun kann man sich leicht davon überzeugen, daß ein permanenter Magnet einen anderen nur richten, aber nicht kontinuierlich drehen kann, und dies gilt natürlich auch von der magnetischen Doppelfläche. In den vorhergehenden Überlegungen wird sich nichts ändern, wenn wir den Magnet fest aufstellen und den Stromkreis beweglich machen; eine kontinuierliche Rotation des Kreises infolge der elektromagnetischen Wirkungen ist ebensowenig möglich, wie zuvor die Rotation des Magnets.

Wir können aber den von einem festliegenden Magnete auf einen Stromkreis ausgeübten Wirkungen doch eine Seite abgewinnen, auf der sich die Möglichkeit kontinuierlicher elektromagnetischer Rotationen eröffnet. Wir treffen die Anordnung so, daß ein Teil *AB* des Stromkreises vertikal ist (Fig. 572); er werde von oben nach unten von dem Strome durchflossen. Vor den Draht *AB* bringen wir einen Magnet, so daß die horizontal gerichtete magnetische Achse durch den Draht *AB* hindurchgeht, den N-Pol dem Drahte zugewandt. Nehmen wir einen Magnet mit einer etwas ausgedehnteren Polfläche, so werden die von ihr ausgehenden Magnetkraftlinien den Draht *AB* in Richtungen durchschneiden, die von der Horizontalen nicht allzusehr abweichen. Die Verhältnisse sind dann wenigstens qualitativ dieselben, als ob der Draht *AB* in einem homogenen Magnetfelde mit horizontalen Kraftlinien sich befände. Nun ergibt sich (§ 477) aus dem Prinzipe der Gleichheit von Aktion und Reaktion, daß der Draht *AB* senkrecht zu der Richtung der Kraftlinien getrieben wird. Legen wir in den Strom eine Amperesche Figur, mit dem Gesichte gegen den N-Pol gewandt, so zeigt sie durch ihre ausgestreckte Rechte den Sinn der Kraft, welche von dem Magnetfelde auf den Stromteil *AB* ausgeübt wird (senkrecht zur Papierfläche nach vorne).

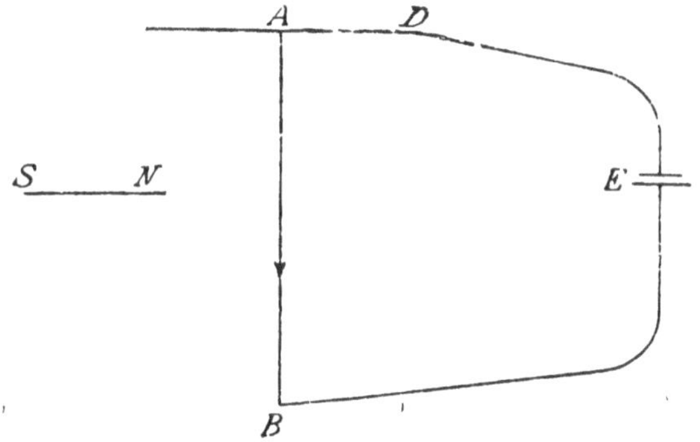

Fig. 572. Elektromagnetische Rotation.

Verbinden wir den Stromkreis in der Richtung *AB* mit einer Rotationsachse in der Richtung *DA*, welche gleichzeitig einen Teil der Stromleitung übernehmen kann, so wirkt auf *AB* ein Drehungsmoment Δ, welches eine kontinuierliche Rotation um die Achse *AD* zu erzeugen sucht. Auf der anderen Seite ist sicher, daß der gesamte Stromkreis *ABED* nicht in Rotation um *AD* gerät. Dies ist nur so zu erklären, daß von dem Magnete zwei rotatorische Antriebe auf den Stromkreis ausgehen, der eine Δ auf den Stromteil *AB*, der andere Δ', nach Richtung und Größe entgegengesetzt, auf *BEDA*. Es folgt aber aus dieser Betrachtung weiter, daß kontinuierliche Rotationen eintreten müssen, sobald es gelingt, die Antriebe Δ oder Δ' gesondert zur Geltung zu bringen. Dies ist auf zwei verschiedenen Wegen möglich, die wir im folgenden beschreiben werden.

Barlowsches Rad. Wir können einmal den Stromteil *AB* für sich beweglich machen; natürlich muß das so geschehen, daß durch die Drehung der Strom nicht unterbrochen wird. Man verbindet zu diesem Zwecke mit der Achse *DA* (Fig. 573), welche gleichzeitig zur Zuleitung des Stromes dient, ein metallenes Rad, welches im tiefsten Punkte *B* seines Randes in einen mit Hg gefüllten Napf taucht. Wenn der Strom geschlossen wird, so wirkt auf den von A nach B fließenden Stromteil das Drehungsmoment $\varDelta$ und setzt das Rädchen in kontinuierliche Rotation. Eine Verstärkung der Wirkung erzielt man, wenn das Rädchen

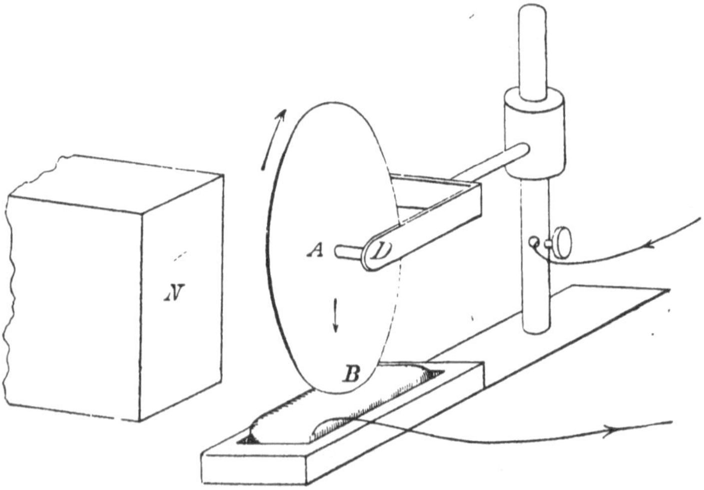

Fig. 573. BARLOWsches Rad.

in das Feld zwischen den Polen eines kräftigen Hufeisenmagnets gebracht wird, so daß die Rotationsachse den Kraftlinien parallel ist.

FARADAYS rotierender Magnet oder Unipolarinduktion. Man kann zweitens auch das Drehungsmoment $\varDelta'$ zur Erzeugung der Rotation benützen, natürlich nicht dadurch, daß man nun den Stromteil BDA beweglich macht, was auf die vorhergehende Anordnung zurückführen würde. Man wird vielmehr die folgende Überlegung anstellen. Nach dem Prinzipe der Gleichheit von Aktion und Reaktion werden die Drehungsmomente $\varDelta$ und $\varDelta'$ in umgekehrtem Sinne von den entsprechenden Stromteilen auf den Magnet um die Achse AD ausgeübt. Man kann also auch bei ihm die Sache so auffassen, daß eine kontinuierliche Rotation verhindert wird, weil die beiden Antriebe $\varDelta$ und $\varDelta'$ sich gegenseitig zerstören; die Rotation muß auch bei dem Magnete eintreten, sobald es gelingt, den von $BEDA$ oder BED ausgehenden Antrieb $\varDelta$, allein zur Geltung zu bringen. Dies aber ist der Fall, wenn wir den Magnet mit dem drehbaren Stromteile AB fest verbinden (Fig. 574). Die zwischen ihm und AB wechselseitig ausgeübten Drehungsmomente können dann keine Wirkung hervorbringen, da die beiden Elemente zu einem einzigen starren Systeme verbunden sind; es bleibt also in der Tat nur das von BED auf den Magnet ausgeübte Drehungsmoment $\varDelta'$ übrig, und durch seine Wirkung kommt der Magnet zusammen mit AB in kontinuierliche Drehung.

Die Verbindung von AB mit dem Magnete kann man, wie dies in Fig. 574 gezeichnet ist, so machen, daß die Achse des Magnets zur Drehungsachse eines Barlowschen Rades wird.

Man kann den Strom gleichzeitig durch beide Enden D und D' der Achse eintreten lassen; die beiden Zweigströme vereinigen sich in A,

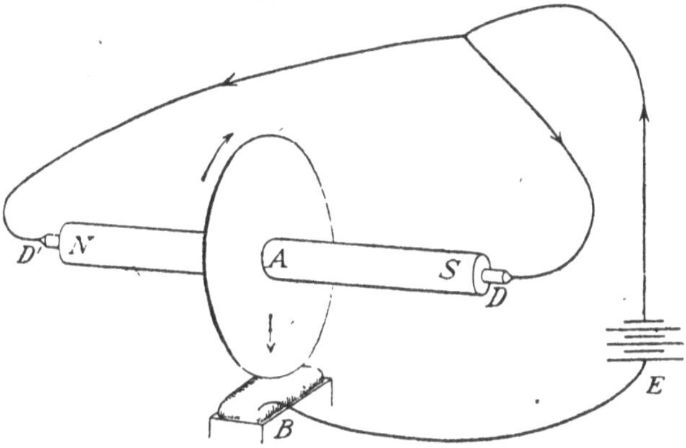

Fig. 574. Unipolarmotor.

gehen von da durch das Rad nach dem Hg-Napfe B und von diesem zur Batterie zurück.

§ 496. Theorie der magnetischen Fluida und der physischen Kraftlinien. Man könnte auch an eine andere Auffassung der Erscheinung denken, welche sich als eine unmittelbare Konsequenz aus dem Biot-Savartschen Gesetze (§ 476) ergeben würde. Nach diesem wird man bei der Berechnung der Wechselwirkungen, welche zwischen einem Magnete und einem Stromelemente in die Ferne ausgeübt werden, den Magnet durch zwei in seiner Achse liegende Pole ersetzen können. Wenden wir dies auf den Faradayschen Magnet und den festliegenden Stromteil BED an, so sehen wir, daß dieser ein Drehungsmoment auf die in der Achse selbst liegenden Pole nicht ausüben kann. Dagegen bleibt als wirksames Drehungsmoment das übrig, welches von den Polen des Magnets auf den mit ihm rotierenden Stromteil AB ausgeübt wird. Die neue Erklärung der Erscheinung, zu der wir vom Standpunkte des Biot-Savartschen Gesetzes aus gelangen, ist mit den beobachteten Tatsachen im Einklange; sie widerstreitet aber einem allgemeinen und fundamentalen Prinzipe, dem von der Gleichheit von Aktion und Reaktion; denn nach ihr würde dem Drehungsmomente, welches der Magnet auf den Stromteil AB ausübt, keines entsprechen, welches umgekehrt von AB aus auf den Magnet wirkte. Magnet und Stromteil würden zusammen ein mechanisches System darstellen, das durch eine innere Kraft in Bewegung gesetzt wird. Dieser Widerspruch trifft zugleich die ganze Vorstellung von einer realen Existenz der magnetischen Fluida; er liefert ein Gewicht zugunsten einer anderen Theorie, welche die elektromagnetischen Wirkungen ebenso wie die magnetischen durch Zug und Druck in dem zwischen den wirkenden Körpern befindlichen Äther erklärt. Zu einer solchen Theorie werden wir unmittelbar durch die Annahme geführt, daß die physische Natur der Kraftlinien dieselbe bleibt, einerlei, ob sie durch Magnete oder durch elektrische Ströme erzeugt werden; es gelten dann die in § 349 über Zug und Druck in dem Systeme der Kraftlinien gemachten Bemerkungen unverändert für die Kraftlinien eines elektromagnetischen Feldes.

Wir wollen sehen, wie von dem Standpunkte dieser Theorie aus der Faradaysche Rotationsversuch sich erklärt. Nehmen wir der Einfachheit halber an, die Kraftlinien verlaufen im Innern des Magnets durchaus parallel seiner Achse, so treten sie in den beiden Endflächen senkrecht aus, solange kein Strom durch die Achse geht; wenn aber der Strom durch Drähte, die wir in die Richtung der Achse DD' legen, von beiden Seiten her eintritt, so werden die von den Endflächen D und D' entspringenden Kraftlinien schraubenförmig gedreht; denn zu den Kräften des Magnets kommen nun noch die rotatorischen Wirkungen hinzu, die von den geradlinig in den Richtungen DA und $D'A$ laufenden Strömen herrühren. Vermöge der in den Kraftlinien herrschenden Spannung üben sie dann gleichgerichtete Drehungsmomente auf die Endflächen des zylindrischen Magnets aus, und diese bringen ihn zur Rotation.

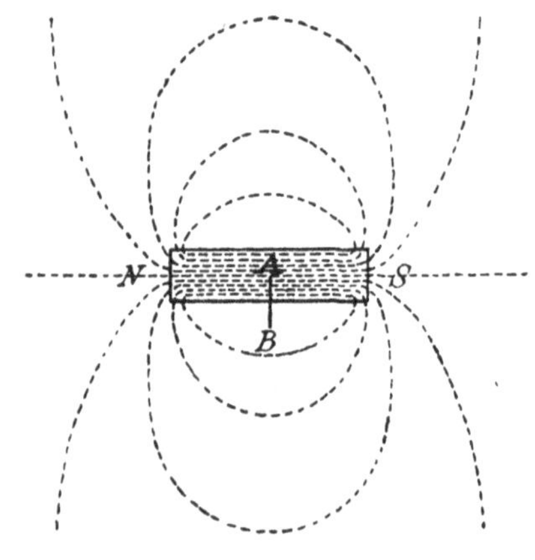

Fig. 575.

Die Faradaysche Anschauung von den Magnetkraftlinien gibt aber noch eine andere Möglichkeit zur Erklärung des Versuches, die Faraday vertritt und die wir nicht mit Stillschweigen übergehen wollen. Wir nehmen an, der Äther verharre in vollkommener Ruhe, wie auch die ponderablen Körper sich in ihm bewegen, und gleiches gelte von den Kraftlinien, die der rotierende Magnet in ihm erzeugt. Wir nehmen ferner an, die Kraftlinien gehen, wie dies in Fig. 575 angedeutet ist, auch durch das Innere des Magnets seiner Achse parallel hindurch, so daß jede eine in sich geschlossene Kurve darstellt. Das ganze System dieser Kurven verharre aber im Äther in vollkommener Starrheit, während der Magnet rotiert. Unter diesen Umständen verhält sich der vom Strome durchlaufene Radius AB gerade so, wie der entsprechende Radius des Barlowschen Rades; er befindet sich wie dieser in einem Magnetfelde mit ruhenden, senkrecht zu ihm stehenden Kraftlinien und erfährt wie dieser einen rotatorischen Antrieb, dem in § 477 angegebenen Gesetze entsprechend. Bei dieser Auffassung, für welche neuere Versuche von KENNARD[1] sprechen, würde der Sitz der wirksamen Kraft wieder in den rotierenden Magnet selbst zurückverlegt. Der Widerspruch gegen das Prinzip der Gleichheit von Aktion und Reaktion aber fiele fort. Denn es handelt sich nicht mehr um eine Wirkung zwischen zwei miteinander fest verbundenen Elementen, sondern um eine Wirkung des starren, ruhenden Äthers auf den beweglichen Stromteil.

Fig. 576.
Ursprünglich homogenes Magnetfeld und zu den Kraftlinien senkrechter Strom.

Es bleibt noch übrig, die Theorie der Kraftlinien auf den Versuch mit dem BARLOWschen Rädchen in Anwendung zu bringen. Zu diesem Zwecke genügt es, wenn wir durch einen Versuch mit Eisenfeilspänen den Verlauf der Kraftlinien in einem Felde untersuchen, das von horizontalen Kraftlinien durchzogen und ursprünglich homogen ist, das aber durch einen vertikalen geradlinigen Strom gestört wird (Fig. 576). In dem horizontal gedachten Zeichenblatte laufen die Kraftlinien des Feldes in der Richtung des Pfeiles von *K* nach *L*. Der Strom fließe in dem

[1] Phil. Mag. 33 (1917).

in C sich projizierenden Drahte von unten nach oben; er treibt dann einen positiven magnetischen Pol der Bewegung des Uhrzeigers entgegengesetzt herum. Man sieht, wie die Kraftlinien des Feldes sich zusammendrängen auf der Seite E, wo die Kraft des Feldes dieselbe Richtung besitzt, wie die des Stromes. wie sie sich weit auseinanderziehen auf der Seite F, wo die beiden Kräfte einander entgegengesetzt sind. Wenn wir nun den in dem magnetischen Felde herrschenden Ätherdruck ebenso bestimmen, wie den elektrischen Druck in § 409 und § 410, so ist er gleich $\frac{\mu}{8\pi}\mathfrak{H}^2$, in Luft also einfach gleich $\frac{1}{8\pi}\mathfrak{H}^2$; hier bezeichnet $\mathfrak{H}$ wie immer die magnetische Kraft oder die Intensität des Magnetfeldes.

Wir haben aber in § 365 die Festsetzung getroffen, daß die Zahl der Kraftlinien, die an einer beliebigen Stelle des Magnetfeldes durch die Flächeneinheit hindurchgehen, der Feldintensität proportional sein soll; danach würde umgekehrt die magnetische Kraft da am größten sein, wo die Linien sich am engsten zusammendrängen, und gleiches würde in verstärktem Maße von dem magnetischen Drucke gelten. Es erscheint aber nicht überflüssig, diese Beziehungen bei dem vorliegenden Beispiele etwas weiter zu verfolgen, um so gleichzeitig die Zulässigkeit jener Festsetzung selbst einer Prüfung zu unterwerfen. Gehen wir nach einem Teile des Magnetfeldes, in dem der störende Einfluß des Stromes noch nicht sich bemerklich macht, so ist die Kraft konstant, die Kraftlinien sind gleichmäßig durch den Raum verteilt; in der Ebene der Zeichnung werden sie sich als ein System äquidistanter paralleler Linien darstellen. Die Kurven unserer Fig. sind in der Tat so gezeichnet, daß sie in genügender Entfernung nach beiden Seiten hin in ein System äquidistanter paralleler Linien übergehen würden. Den zwischen zwei benachbarten Kraftlinien eingeschlossenen Streifen lassen wir im Raume Kraftröhren von konstanter Höhe entsprechen, deren Seitenflächen auf der Ebene der Zeichnung senkrecht stehen, so daß sie sich, von oben gesehen, in den Kurven der Figur projizieren. Übertragen wir den in § 380 für elektrostatische Kraftröhren angegebenen Satz auf die magnetischen, so muß in einer und derselben Röhre die Stärke der Kraft im umgekehrten Verhältnisse des Querschnittes variieren; die Querschnitte aber verhalten sich wegen der Konstanz der Höhe einfach wie die Abstände der Seitenflächen, d. h. wie die unserer Kraftlinien. Innerhalb jeder einzelnen Röhre variiert somit die Kraft im umgekehrten Verhältnisse jenes Abstandes. Aber in großer Entfernung von dem störenden Strome sind die Abstände der Linien und die magnetischen Kräfte allenthalben die gleichen; man kommt somit zu dem Resultate, daß in unserer Zeichnung die Feldintensität allgemein dem Abstande der Kraftlinien umgekehrt proportional ist, ein Resultat, dessen Analogie mit dem in § 99 für die Geschwindigkeit einer strömenden Flüssigkeit entwickelten in die Augen fällt. Der magnetische Druck $\frac{1}{8\pi}\mathfrak{H}^2$ ist dann dem Quadrate des Abstandes der Kraftlinien umgekehrt proportional; er ist in unserem Felde auf der Seite E größer als auf der Seite F, und durch die Differenz der Drucke wird der Draht in der Richtung von E nach F getrieben; daß dieses Resultat mit dem aus der AMPEREschen Regel folgenden übereinstimmt, erkennt man sofort, wenn man sich die Kraftlinien durch einen auf der Seite K gelegenen Nordpol erzeugt denkt.

Die Erklärung des BARLOWschen Versuches ergibt sich auf Grund der vorstehenden Betrachtung, wenn man an Stelle des vertikalen vom Strome durchflossenen Drahtes C den vertikalen Radius des Rädchens (AB in Fig. 573) setzt, zwischen dessen Endpunkten A und B der Strom verläuft.

§ **497. Linke-Hand-Regel.** Eine für praktische Zwecke bequeme Vorstellung liefert folgende Regel. Ein stromdurchflossener Leiterteil wird in einem Magnetfeld senkrecht zu den Induktionslinien gedrückt. Um die Bewegungsrichtung zu finden, spreize man Daumen, Zeigefinger und Mittelfinger der linken Hand so auseinander, daß sie, wie die Koordinaten eines rechtwinkligen Koordinatensystems, senkrecht aufeinander stehen. Nun drehe man die ganze Hand, so daß der Zeigefinger in die Richtung der Induktionslinien (oder Kraftlinien, § 489), der Mittelfinger in die Richtung des Stromes kommt: dann gibt der Daumen die Richtung der Bewegung.

Stehen Kraftlinien und Leiter nicht senkrecht aufeinander, so zerlegt man entweder die Kraftlinien oder den Leiter in eine parallele und eine senkrechte Komponente. Induktionslinien, die dem stromdurchflossenen Leiter parallel sind, haben keine Wirkung.

Saitengalvanometer.[1] Dieses (Fig. 577) wollen wir als einfaches Beispiel obiger Regel angeben. In einem homogenen Magnetfelde, zwischen den Polen N und S, ist ein sehr dünner Metallfaden ab gespannt. Fließt der Strom von a nach b, so wird der Draht nach links ausgebaucht (und umgekehrt). Die Beobachtung geschieht mittels Mikroskopes durch die beiden Löcher in den Polen. Vorteile des Instrumentes sind große Empfindlichkeit und besonders rasche Einstellbarkeit (0,03 sec); es ermöglicht in Verbindung mit einem photographischen Registrierapparat Aufzeichnung rasch veränderlicher Ströme.

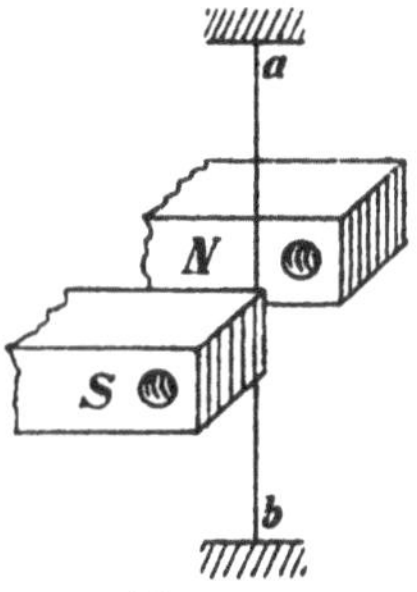

Fig. 577. Saitengalvanometer.

[1] EINTHOVEN, Ann. d. Phys. 12 (1903).

Siebenter Teil. Magnetismus in verschiedenen Substanzen.

I. Paramagnetismus und Diamagnetismus.

§ **498. Faradays Fundamentalversuche.** Wir haben in § 496 die Vorstellung entwickelt, daß die elektromagnetischen Wirkungen, ebenso wie nach § 349 die magnetischen, durch Druck und Spannung in dem die Magnete und Ströme umgebenden Medium vermittelt werden. Diese Annahme wird an Wahrscheinlichkeit gewinnen, wenn sich zeigt, daß die magnetische Erregbarkeit nicht ausschließlich eine Eigenschaft des Eisens, sondern, wenn auch in verschiedener Weise, eine Eigenschaft aller Körper ist. Die Entdeckung der neuen magnetischen Wirkungen,

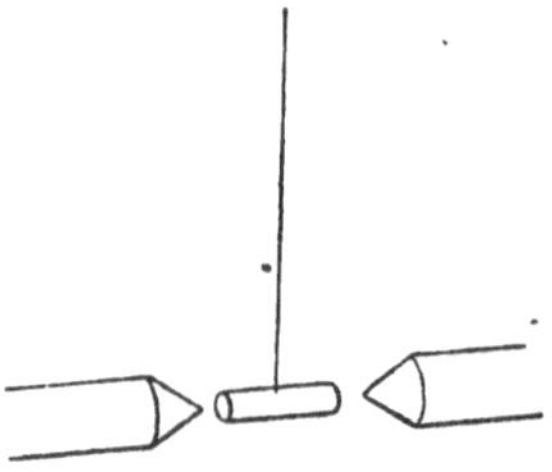

Fig. 578. **Paramagnetismus.**

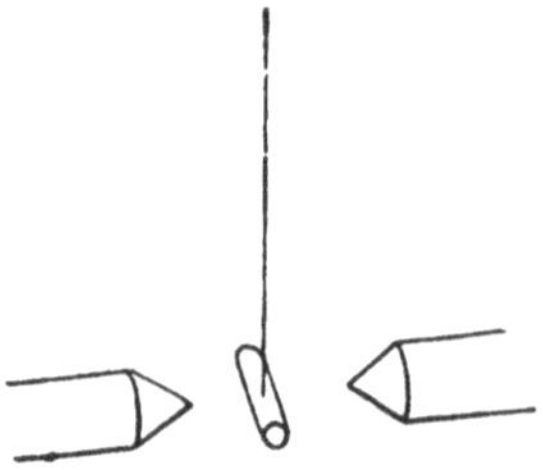

Fig. 579. **Diamagnetismus.**

welche zu diesem Schlusse führen, ist eine der schönsten Leistungen Faradays, eine reife Frucht der genialen Intuition, welche ihm in den Kraftlinien die beweglichen Träger physischer Wirkungen und nicht bloß starre mathematische Kurven zeigte.

Faraday benützte bei seinen Beobachtungen einen Elektromagnet in Hufeisenform. Die Richtung der Verbindungslinie der beiden Magnetpole bezeichnen wir als axiale; die zu dieser und der Ebene des Hufeisens senkrechte als äquatoriale. Wir stellen den Magnet so, daß die genannten Richtungen horizontal liegen. In das Feld zwischen den beiden Polen brachte Faraday verschiedene Stoffe in der Form von Zylindern; diese wurden an einem feinen vertikalen Faden aufgehängt, der gerade auf die Mitte der die beiden Pole verbindenden Achse traf. Die Einrichtung war so, daß die Zylinder mit äußerster Leichtigkeit in horizontaler Ebene sich drehen konnten. Wenn der Elektromagnet erregt ist, so wird unter diesen Umständen ein Zylinder von Eisen sich in die axiale Richtung einstellen, wie in Fig. 578. Wenn man aber an Stelle eines Eisenzylinders einen solchen aus Wismut nimmt, so kommt dieser umgekehrt in der äquatorialen Lage zur Ruhe, wie in Fig. 579. Fe und Bi zeigen also im magnetischen Felde ein wesentlich verschiedenes Verhalten. Es kommt hinzu, daß sich das Fe-Stäbchen in seiner axialen

Lage mit Bezug auf Parallelverschiebung in der Achse im labilen Gleichgewichte befindet. Bei der kleinsten Störung der Symmetrie überwiegt die Anziehung des einen oder andern Poles, und das Eisenstäbchen wird mit großer Gewalt an diesen getrieben. FARADAY dehnte die Beobachtungen auf eine große Menge von Stoffen aus und bezeichnete auf Grund ihrer Ergebnisse den Magnetismus als eine allgemeine Eigenschaft aller Stoffe. Mit Bezug auf ihr Verhalten im magnetischen Felde teilte er die Körper in zwei Klassen, die paramagnetischen, die sich so verhalten wie das Eisen, die diamagnetischen, die sich verhalten wie das Wismut.

§ 499. **Die diamagnetische Abstoßung.** Wenn wir dicht vor dem Pole eines kräftigen Elektromagneten von Stabform eine Kugel aus Wismut aufhängen, so beobachten wir bei Stromschluß eine Abstoßung, welche nach der Unterbrechung des Stromes wieder verschwindet. Wir haben in diesem Versuche ein zweites Mittel, um über den paramagnetischen oder diamagnetischen Charakter eines Stoffes zu entscheiden; der Versuch legt aber außerdem die Auffassung nahe, daß die diamagnetischen Stoffe im Magnetfelde so magnetisch werden, daß sie dem erregenden Pole den gleichnamigen entgegen kehren, daß sie dementsprechend die Kraftlinien des Feldes nicht sammeln, sondern zerstreuen. In der Tat wird durch diese Annahme auch die äquatoriale Einstellung eines diamagnetischen Zylinders im magnetischen Felde in einfacher Weise erklärt. Im Lichte der früher entwickelten Anschauungen würde den diamagnetischen Stoffen ein Leitvermögen für die magnetischen Kraftlinien zuzuschreiben sein, welches schlechter ist als das der Luft, schlechter als das des reinen Äthers, da diamagnetische Abstoßungen auch im leeren Raume stattfinden. Wenn nämlich ein Zylinder aus diamagnetischer Substanz, auf den in der Richtung seiner Achse eine magnetische Kraft $\mathfrak{H}$ wirkt, ein dieser entgegengesetztes Moment annimmt, so muß die in § 485 eingeführte Magnetisierungsfunktion $\varkappa$ negativ genommen werden: $\varkappa = -\varkappa_d$. Das magnetische Moment $\mathfrak{J}$ der Volumeinheit ist dementsprechend gegeben durch die Formel $\mathfrak{J} = -\varkappa_d \mathfrak{H}$. Nun haben wir aber in § 486 als Maß der Leitfähigkeit für Magnetkraftlinien die Permeabilität eingeführt, und diese wird bei negativem $\varkappa = -\varkappa_d$ zu $\mu = 1 - 4\pi\varkappa_d$, also selbstverständlich kleiner als bei einem

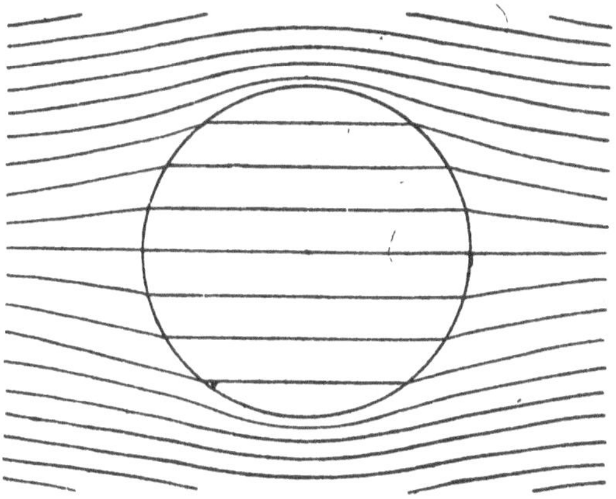

Fig. 580.
Diamagnetische Kugel im homogenen Felde.

paramagnetischen Körper, oder bei Luft, für die wir bisher $\varkappa = 0$ gesetzt haben. Fig. 580 zeigt die Störung der Kraftlinien eines homogenen magnetischen Feldes durch eine diamagnetische Kugel.

§ 500. **Paramagnetische und diamagnetische Körper im Magnetfelde.** Wenn ein diamagnetischer Körper in einem magnetischen Felde sich befindet, so gehen von ihm magnetische Wirkungen aus, die ganz ebenso berechnet werden können, wie die von einem paramagnetischen Körper erzeugten; auch auf die Berechnung der in einem diamagnetischen Körper induzierten Momente findet die Theorie, welche wir für den induzierten Magnetismus oder die diëlektrische Induktion aufgestellt haben, unmittelbare Anwendung, sobald man auf den entgegengesetzten Sinn der Magnetisierung Rücksicht nimmt; diesen aber kann man, der im vorhergehenden gemachten Bemerkung entsprechend, dadurch in Rechnung bringen, daß man die Magnetisierungszahl als eine negative Größe einführt, $\varkappa = -\varkappa_d$, wobei dann die positive Zahl $\varkappa_d$ als Diamagnetisierungszahl bezeichnet wird. Es ergibt sich damit die Möglichkeit, aus der Beobachtung der Wechselwirkungen zwischen Magneten und diamagnetisch erregten Körpern die Größe $\varkappa = -\varkappa_d$ zu berechnen. Die Aufgabe ist eine schwierige, weil die diamagnetischen Erregungen im Vergleiche mit den magnetischen des weichen Eisens sehr schwach sind. Beobachtung von Wirkungen, welche ein Diamagnet in größerer Entfernung ausübt, ist nicht möglich; man ist angewiesen auf die Messung von Kräften, welche die einzelnen Pole auf möglichst naheliegende Punkte ausüben.

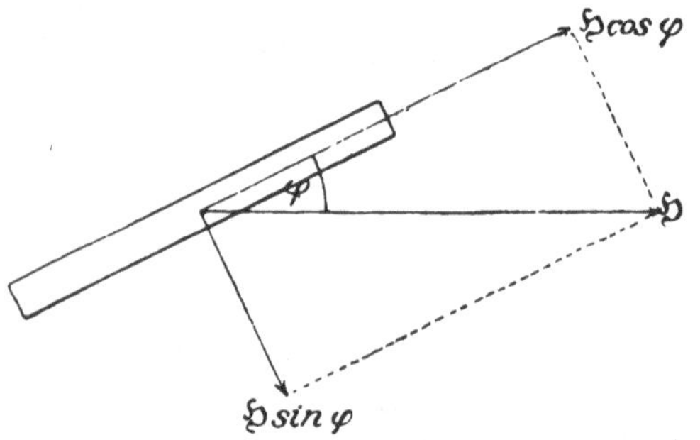

Fig. 581. Eisenzylinder im homogenen Felde.

Die Verschiedenheit magnetischer und diamagnetischer Wirkungen äußert sich aber noch charakteristischer in dem folgenden Falle. Wir bringen zuerst einen um seinen Mittelpunkt drehbaren Zylinder von Eisen in ein homogenes Magnetfeld mit horizontalen Kraftlinien; er stellt sich mit seiner Achse in die Richtung der magnetischen Kraft. Nach der Theorie des induzierten Magnetismus erklärt sich dies in folgender Weise. Die Achse des Zylinders möge mit der Richtung der magnetischen Kraft $\mathfrak{H}$ zunächst den Winkel φ einschließen (Fig. 581). Wir zerlegen die Kraft in zwei Komponenten, von welchen die eine $\mathfrak{H}\cos\varphi$ mit der Achse des Zylinders parallel, die andere $\mathfrak{H}\sin\varphi$ zu ihr senkrecht ist. In der Richtung der Achse wird dann ein magnetisches Moment von der Größe $v \cdot \mathfrak{J}_p = v \cdot \varkappa \mathfrak{H} \cos\varphi$ induziert, wo v das Volumen des Zylinders bezeichnet. Infolge hiervon wirkt auf den Fe-Zylinder ein Drehungsmoment Δ_p, das seine Achse in die Richtung der Kraftlinien zu stellen sucht. Nach § 355 ist $\Delta_p = v\varkappa\mathfrak{H}^2\cos\varphi\sin\varphi$. Die zweite zu der Zylinderachse senkrechte Komponente induziert, ebenso wie bei einem sehr verlängerten Rotationsellipsoide (§ 485), ein Moment

$$v\cdot\mathfrak{J}_s = v\frac{\varkappa}{1+2\pi\varkappa}\mathfrak{H}\sin\varphi;$$

da seine Richtung mit der magnetischen Kraft $\mathfrak{H}$ den Winkel $\frac{\pi}{2}-\varphi$ einschließt, so entspricht ihm ein Drehungsmoment

$$\Delta_s = v\frac{\varkappa}{1+2\pi\varkappa}\mathfrak{H}^2\sin\varphi\cos\varphi,$$

welches aber dem vorigen entgegenwirkt. Das ganze auf den Zylinder ausgeübte Drehungsmoment ist danach: $\left(\varkappa - \frac{\varkappa}{1+2\pi\varkappa}\right)v\mathfrak{H}^2\sin\varphi\cos\varphi$. Nun ist $\varkappa$ bei Fe im allgemeinen groß, und daher $\frac{\varkappa}{1+2\pi\varkappa}$ klein gegen $\varkappa$ selber. Es überwiegt somit das zuerst betrachtete Moment, und der Eisenzylinder stellt sich infolge hiervon in die Richtung der Kraftlinien. Ein Wismutzylinder dagegen besitzt in einem homogenen Magnetfelde keine beobachtbare Ruhelage; die aus der Längs- und der Quermagnetisierung resultierenden Drehungsmomente sind einander entgegengesetzt gleich; die Zahl $\varkappa = -\varkappa_d$ ist so klein, daß $2\pi\varkappa_d$ gegen 1 verschwindet und $\varkappa_d$ nicht merklich verschieden ist von $\frac{\varkappa_d}{1+2\pi\varkappa_d}$. Bei Fe kann die Schwingungsdauer eines im homogenen Felde um die Richtung der Kraftlinien oszillierenden Zylinders zu der Bestimmung der Magnetisierungszahl dienen. Meßbare Bewegungen diamagnetischer Körper aber treten nur in inhomogenen Feldern ein, und zwar so, daß jene von Stellen mit größerer Dichte der Kraftlinien zu solchen mit geringerer Dichte zu gehen suchen. Aus der Abstoßung, welche eine diamagnetische Kugel in dem inhomogenen Felde eines Magnetpoles, oder an den Endflächen eines Solenoides erleidet, kann ihre Magnetisierungszahl $\varkappa = -\varkappa_d$ bestimmt werden; aber die Lösung der Aufgabe ist eben durch die Inhomogenität des Feldes kompliziert.

§ 501. Quantitative Bestimmung der diamagnetischen Induktion bei Wismut. Aus den magnetischen Wirkungen, welche die Pole eines Diamagnets auf die Pole einer in geeigneter Weise aufgehängten Magnetnadel ausübten, hat W. Weber zuerst das Resultat abgeleitet, daß in einem magnetischen Felde von der Intensität 62,99 Gauß bei gleichem Gewichte der im Bi induzierte Diamagnetismus 1470000 mal kleiner ist, als der Magnetismus des Fe. Daraus ergibt sich für die Magnetisierungszahl des Bi der Wert $\varkappa = -\varkappa_d = -22{,}6\cdot 10^{-6}$. Mit Hilfe der in dem nächsten Kapitel zu behandelnden Induktionserscheinungen des entstehenden oder verschwindenden Magnetismus hat Weber in einem Felde von der Intensität 301,2 Gauß gefunden $\varkappa = -20{,}8\cdot 10^{-6}$. Neuere Untersuchungen benützten zu der Bestimmung der Magnetisierungszahl des Bi die abstoßenden Kräfte, welche ein Bi-Zylinder in einem inhomogenen

Magnetfelde erleidet; es ergab sich in einem Magnetfelde, dessen Intensität von 25,8 bis 128,0 Gauß anstieg, im Mittel $\varkappa = -13{,}99 \cdot 10^{-6}$, wobei aber eine Abhängigkeit der Magnetisierungszahl von der Feldstärke nicht zu erkennen war.[1] Wir werden also beim Bi nicht von einer Magnetisierungsfunktion, sondern von einer Magnetisierungskonstante sprechen. Dieselbe Bemerkung gilt von anderen schwach magnetischen oder diamagnetischen Körpern; auch bei ihnen hat man keine Magnetisierungsfunktion, sondern eine Magnetisierungskonstante. Die Magnetisierungskonstanten solcher Körper sind nun überdies sehr klein; die Rückwirkungen der mit dem induzierten Paramagnetismus oder Diamagnetismus äquivalenten Oberflächenbelegungen sind daher zu vernachlässigen, und das in der Volumeinheit induzierte magnetische Moment ist bei Körpern von jeder Form gleich dem Produkte aus der Magnetisierungskonstante und der magnetisierenden Kraft.

Wir haben früher als gleichbedeutend mit „Magnetisierungsfunktion" die Bezeichnung „Magnetisierungszahl" eingeführt. In der Folge werden wir das letztere Wort besonders in den Fällen benützen, wo die Frage der Konstanz oder Veränderlichkeit nicht in Betracht kommt.

§ 502. **Kristallmagnetismus.** Aus der gegen den Schluß des § 501 gemachten Bemerkung ergibt sich von neuem der schon erwähnte Satz daß ein schwach magnetischer oder diamagnetischer Körper in einem homogenen Magnetfelde keine Richtkraft erfährt. Indes ist das doch nur richtig für isotrope Körper oder für Kristalle des regulären Systemes. Nicht reguläre Kristalle stellen sich auch im homogenen Felde mit bestimmten Richtungen parallel zu den Kraftlinien, ähnlich wie ein Fe-Zylinder mit der Richtung seiner Achse. Der Grund hiervon liegt in der verschiedenen Magnetisierbarkeit nicht regulärer Kristalle nach verschiedenen Richtungen. Hiernach kann die Analogie ihres Verhaltens mit dem eines Fe-Zylinders in der Tat vollständig durchgeführt werden. Dieser besitzt in der Richtung seiner Achse eine größere Magnetisierbarkeit als in einer hierzu senkrechten, vermöge seiner Form. Bei nicht regulären Kristallen sind die ganz analogen Unterschiede der Magnetisierungskonstanten nach verschiedenen Richtungen Folgen der Struktur.

§ 503. **Magnetismus von Kobalt und Nickel.** Dem Eisen stehen Co und Ni in ihrem magnetischen Verhalten sehr nahe; sie zeigen wie dieses eine starke Veränderlichkeit der Magnetisierungszahl, Koërzitivkraft und die durch sie bedingte Hysteresis. Man bezeichnet daher die beiden Metalle als ferromagnetisch. Die Intensität der Magnetisierung ist aber erheblich kleiner als bei weichem Eisen. Bei Co wurde der größte Wert der Magnetisierungszahl $\varkappa = 13{,}8$ in einem Felde von der Intensität $\mathfrak{H} = 25$ Gauß beobachtet, bei Ni der Maximalwert 23,5 für $\mathfrak{H} = 9{,}5$.[2]

[1] v. Ettingshausen, Wied. Ann. 17 (1882). Siehe dagegen Frivold, Wied. Ann. 57 (1918). [2] Ewing, Magnetische Induktion. Berlin (1892).

Ebenso wie bei dem Fe ist auch bei Co und Ni die magnetische Erregbarkeit eine Funktion der Temperatur. Auch bei diesen Metallen existiert eine kritische Temperatur, bei welcher die Erregbarkeit plötzlich sehr stark abnimmt, so daß sie bei einer nur wenig höheren Temperatur nahezu verschwindet, für Co bei 1100° C, für Ni bei 310°. Es handelt sich bei diesen Erscheinungen um eine innere Verwandlung der Metalle; diese gehen bei der kritischen Temperatur aus einem magnetisch erregbaren in einen nicht erregbaren Zustand unter Absorption von Wärme über. Zugleich erleiden auch die elastischen und die elektrischen Eigenschaften der Metalle beträchtliche Änderungen.

Aber auch in allen anderen Temperaturintervallen ist der Magnetismus von der Temperatur abhängig; siehe weiteres §§ 513—515.

§ **504. Magnetismus von Legierungen.** Sehr merkwürdige magnetische Eigenschaften zeigen gewisse Legierungen.

Fe bildet mit Co eine Verbindung, deren Magnetisierbarkeit um 10 % höher ist als die von reinem Fe. Darum verwendet man solche Legierungen zur Herstellung der Eisenkerne moderner Elektromagnete (Fig. 556).

Fe mit 4—5 % Silicium zeigt einen sehr kleinen Hysteresisverlust und sehr großen elektrischen Widerstand. Die Untersuchungen solcher und ähnlicher Legierungen sind für die Elektrotechnik von größter Bedeutung (siehe elften Teil dieses Bandes).

Eine Legierung aus 25 % Ni und 75 % Fe, sogenannter Nickelstahl, ist bei gewöhnlicher Temperatur so gut wie unmagnetisch; ihre kritische Temperatur liegt unter 0°, und durch Abkühlung unter diese Temperatur kann sie in einen magnetisch erregbaren Zustand übergeführt werden. Dieser erregbare Zustand bleibt aber bestehen, wenn die Legierung nun wieder erwärmt wird, und zwar bis zu einer Temperatur von 580° C, die einen zweiten kritischen Punkt der Legierung bezeichnet. Bei dieser Temperatur geht die magnetische Modifikation der Legierung wieder in die unmagnetische über. Bei abermaliger Abkühlung bleibt die letztere stabil und verwandelt sich erst unterhalb von 0° wieder in die magnetische Modifikation. Es sind dies hysteresisartige Erscheinungen, die übrigens in geringem Grade auch bei Eisen beobachtet sind.

Während beim Nickelstahl zwei ferromagnetische Metalle eine unmagnetische Legierung bilden, können auch umgekehrt aus an sich unmagnetischen Metallen ferromagnetische Legierungen entstehen.[1] Insbesondere sind Legierungen aus Cu, Mn und Al magnetisch erregbar. Beispielsweise hat eine Legierung von 58,9 % Cu, 26,5 % Mn, 14,6 % Al in einem Magnetfelde von der Intensität $\mathfrak{H} = 150$ Gauß eine Permeabilität von 37, eine Magnetisierungszahl von 2,86. Von den in der Legierung vereinigten Metallen sind Mn und Al schwach magnetisch. Die

[1] Heusler, Über die Synthese ferromagnetischer Manganlegierungen. Marburg (1904).

Magnetisierungszahl von Al hat den überaus kleinen Wert $\varkappa = 1{,}88 \cdot 10^{-6}$. Cu ist diamagnetisch, seine Diamagnetisierungszahl $\varkappa_d = 0{,}7 \cdot 10^{-6}$.

§ **505. Magnetische Eigenschaften von Flüssigkeiten und Gasen.** Schon FARADAY hatte auch flüssige und gasförmige Stoffe auf ihre magnetischen Eigenschaften hin untersucht. Bei Flüssigkeiten verfährt man am besten so, daß man auf die einander genäherten Pole eines hufeisenförmigen Elektromagnets eine Glimmerscheibe legt und einen Tropfen der Flüssigkeit auf diese bringt. Wenn der Magnet erregt wird, so nehmen magnetische Flüssigkeiten die in Fig. 582, diamagnetische die in Fig. 583 dargestellte Gestalt an.

Der Diamagnetismus gasförmiger Körper läßt sich am anschaulichsten an einer Flamme demonstrieren, welche zwischen die Pole des Elektromagnets gebracht wird. Sie wird nach außen getrieben, sobald der

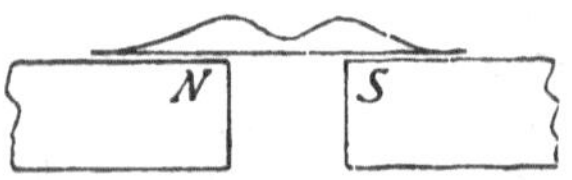

Fig. 582.
Paramagnetische Flüssigkeit.

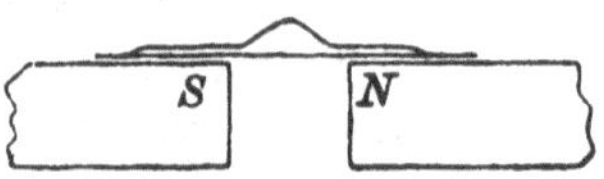

Fig. 583.
Diamagnetische Flüssigkeit.

Magnet erregt ist. FARADAY experimentierte mit Seifenblasen, die, mit verschiedenen Gasen gefüllt, etwas seitlich in dem Felde des Elektromagnets leicht beweglich aufgehängt waren; eine mit Stickstoff gefüllte Blase ging nach außen, verhielt sich also diamagnetisch, eine mit Sauerstoff gefüllte wurde wie ein magnetischer Körper nach innen gezogen.

§ **506. Das ARCHIMEDische Prinzip im Magnetfelde.** FARADAY beschreibt in der Abhandlung „On new magnetic actions and on the magnetic condition of all matter“[1] den folgenden Versuch. Er nahm drei Röhrchen von dünnem Glase und füllte sie mit Ferrosulfatlösungen von verschiedener Konzentration. Die erste enthielt 14 % des Salzes; die zweite war auf das 4-fache, die dritte auf das 16-fache verdünnt. Im Magnetfelde stellten sich in Luft alle Röhren axial. Ebenso wenn sie in ein Gefäß gesenkt wurden, das mit Alkohol oder mit Wasser gefüllt war. Dagegen stellt sich die zweite Röhre in der ersten Lösung, die dritte in der ersten und zweiten Lösung äquatorial. Hieraus ergibt sich, daß Paramagnetismus und Diamagnetismus keine absoluten Eigenschaften der Körper sind; derselbe Stoff verhält sich wie ein paramagnetischer oder wie ein diamagnetischer, je nach dem Mittel, in dem er sich befindet. Wir werden aus den Versuchen weiter schließen, daß ein Körper, der sich in der Luft axial stellt, und den wir danach als paramagnetisch bezeichnen, von einem Magnetpole abgestoßen wird, wenn er sich in einem Mittel von größerer Magnetisierbarkeit befindet, angezogen in einem solchen mit kleinerer Magnetisierungskonstante. Die ponderomotorischen Wirkungen, die wir im Magnetfelde

[1] Phil. Trans. (1849).

beobachten, charakterisieren sich dadurch als Differenzwirkungen, und es liegt nahe, das ARCHIMEDische Prinzip (§ 78) auf sie in Anwendung zu bringen. Wenn ein Körper in irgendeinem Fluidum in dem inhomogenen Felde eines Magnetpoles sich befindet, so wirkt auf ihn nicht bloß die anziehende Kraft des Poles, sondern außerdem der Wegtrieb der verdrängten Flüssigkeit. Die Anziehung ist der Magnetisierungszahl $\varkappa_1$ des Körpers proportional; den Wegtrieb erhalten wir, wenn wir den Raum des Körpers mit der Flüssigkeit erfüllen und die Anziehung berechnen, welche die so begrenzte Flüssigkeitsmenge erleidet; sie wird der Magnetisierungzahl $\varkappa_2$ der Flüssigkeit proportional sein, und dasselbe gilt von dem ARCHIMEDischen Wegtriebe. Die ganze Kraft, die auf den in der Flüssigkeit schwebenden Körper wirkt, ist hiernach der Differenz der Magnetisierungszahlen $\varkappa_1 - \varkappa_2$ proportional. Wenn wir durch irgendwelche Versuche jene Kraft messen, so haben wir eine Gleichung zur Berechnung der Differenz $\varkappa_1 - \varkappa_2$.

Ganz dasselbe Resultat ergibt sich, wenn die WEBERsche Beobachtungsmethode im Innern einer magnetischen Flüssigkeit angewandt wird. Wir überzeugen uns hiervon durch die folgende Überlegung.

Zwischen den Polen eines Elektromagneten befinde sich ein homogenes magnetisches Feld; in die Richtung seiner Kraftlinien bringen wir einen kleinen Stab aus einer paramagnetischen Substanz, etwa von Fe. Messen wir die Kraft, welche der induzierte Magnetismus auf einen in der Nähe befindlichen Magnetpol ausübt, so erhalten wir die Magnetisierungszahl $\varkappa_1$ des Körpers, vorausgesetzt, daß das ganze Magnetfeld von Luft erfüllt ist. Nun wollen wir das Ganze in ein Fluidum versenken, dessen Magnetisierungszahl $\varkappa_2$ bekannt, d. h. gleichfalls durch einen im Luftraume ausgeführten Versuch bestimmt worden sei. Wir müssen dann einige Voraussetzungen machen, um zu dem erwähnten Schlusse zu gelangen. Es soll erstens durch die Einführung der Flüssigkeit der Verlauf der Kraftlinien keine Änderung erleiden. Diese Annahme ist zulässig, da erfahrungsmäßig die Magnetisierungszahlen aller Flüssigkeiten sehr klein sind. Zweitens soll auch die Intensität des Magnetfeldes dadurch sich nicht ändern, daß die erregenden Pole von der Flüssigkeit umhüllt werden. Tatsächlich wird ja an den Polflächen des Elektromagnets eine magnetische Verschiebung in der Flüssigkeit eintreten; es wird an dem Nordpole eine negative, an dem Südpole eine positive magnetische Schicht an der Flüssigkeitsoberfläche sich bilden und die Wirkung der Pole schwächen. Bei der geringen Magnetisierbarkeit der Flüssigkeiten sind diese Schichten so schwach, daß wir die durch sie bedingte Änderung der Feldintensität vernachlässigen können. Unter diesen Umständen wird der Zylinder merklich ebenso magnetisiert, wie zuvor im Luftraume; das magnetische Moment der Volumeinheit wird $\varkappa_1 \mathfrak{H}$, wenn $\mathfrak{H}$ die Intensität des Magnetfeldes. Aber nun ist der Zylinder umgeben von der magnetischen Flüssigkeit, und das bei ihr in der Volumeinheit induzierte Moment wird $\varkappa_2 \mathfrak{H}$ sein. An den Endflächen des Zylinders treffen sich, der nach § 405 zwischen Oberflächendichte und spezifischem Momente bestehenden Beziehung zufolge, entgegengesetzte Oberflächenschichten mit den Dichten $\varkappa_1 \mathfrak{H}$ und $\varkappa_2 \mathfrak{H}$, und daraus folgt, daß die auf den benachbarten Magnetpol ausgeübte Kraft proportional mit $(\varkappa_1 - \varkappa_2)\mathfrak{H}$ ist. Die Messung der Kraft führt also wieder auf die Differenz der Magnetisierungszahlen $\varkappa_1 - \varkappa_2$.

An dieses Ergebnis knüpfen sich nun weitere Folgerungen von hohem theoretischen Interesse. Wir setzen voraus, daß wir durch Beobachtungen im Luftraume für eine ganze Reihe von Körpern die Magnetisierungszahlen bestimmt haben; sie seien $\varkappa_1, \varkappa_2, \varkappa_3, \varkappa_4 \ldots$ Die Luft selbst bekommt dabei natürlich die Konstante Null; denn Wirkungen von induziertem Magnetismus treten eben erst dann auf, wenn in den Luftraum ein neuer Körper gebracht wird. Nun haben wir gesehen, daß alle Körper paramagnetisch oder diamagnetisch erregbar sind, damit tritt die Luft selbst in die Reihe der magnetischen Substanzen, und wenigstens von theoretischem Standpunkte aus haben wir keinen besonderen Grund, die magnetischen Konstanten gerade auf Luft zu beziehen. Ebensogut können wir sie durch Versuche in Sauerstoff, Wasserstoff, oder durch Versuche im leeren Raume, d. h. im Äther bestimmen. Wie ändert sich dabei die Reihe der magnetischen Konstanten? Wir wollen uns aus der Reihe der Flüssigkeiten irgendeine herausgegriffen denken, deren magnetische Konstante $\varkappa_i$ sei. Führen wir in ihr alle zu der Bestimmung magnetischer Konstanten notwendigen Operationen aus, so erhalten wir eine neue Reihe von Zahlen, die wir durch $\varkappa_1', \varkappa_2', \varkappa_3', \varkappa_4' \ldots$ bezeichnen. Dann ergibt sich aus dem Archimedischen Prinzipe, daß $\varkappa_1' = \varkappa_1 - \varkappa_i$, $\varkappa_2' = \varkappa_2 - \varkappa_i \ldots$ Für die neue Normalflüssigkeit i selber wird natürlich $\varkappa_i' = 0$. W e n n d i e m a g n e t i s c h e n K o n s t a n t e n d e r K ö r p e r f ü r L u f t b e k a n n t s i n d, s o r e d u z i e r e n w i r s i e a u f i r g e n d e i n e a n d e r e N o r m a l f l ü s s i g k e i t, i n d e m w i r s i e u m d i e m a g n e t i s c h e K o n s t a n t e d e r l e t z t e r e n v e r k l e i n e r n.

Der Äther verhält sich der Luft gegenüber diamagnetisch, seine Magnetisierungskonstante bezogen auf Luft kann gleich $-0{,}027 \cdot 10^{-6}$ gesetzt werden; um diesen Betrag sind die Magnetisierungszahlen aller Körper zu vergrößern, wenn wir sie von Luft auf Äther reduzieren wollen.

Aus praktischen Gründen werden wir in der Regel mit den auf Luft bezogenen Magnetisierungszahlen $\varkappa$ operieren, die übrigens von den auf Äther bezogenen nur sehr wenig verschieden sind.

Aus unseren Betrachtungen folgt weiter, daß wir ganz willkürlich die Magnetisierungskonstante eines beliebigen Körpers gleich Null setzen können, wenn wir nur die Magnetisierungszahlen aller übrigen, auch die des Äthers, in entsprechender Weise ändern; für alle Wirkungen im Magnetfelde ergeben sich dieselben Werte, wie bei den auf Luft bezogenen Konstanten. Diese sagen also über die wahre Magnetisierbarkeit der Körper überhaupt nichts aus; die letztere kann bei allen Körpern, auch bei den am stärksten diamagnetischen, eine sehr große sein. Die im Magnetfelde beobachteten Wirkungen sind immer Differenzwirkungen, sie geben über die wahre Größe der magnetischen Polarisation keinen Aufschluß.

§ 507. Zur Theorie des Diamagnetismus. Aus den am Anfange des vorhergehenden § geschilderten Versuchen FARADAYS ergibt sich eine für unsere Auffassung von der Natur des Diamagnetismus wichtige Folgerung. Das Verhalten eines aus einer Substanz 1 bestehenden Körpers in einer Flüssigkeit 2 hängt danach nur ab von der Differenz der Magnetisierungszahlen $\varkappa_1 - \varkappa_2$. Ist $\varkappa_1 > \varkappa_2$, so erfolgt Anziehung durch den Pol des Elektromagnets, der Körper ist paramagnetisch, ist $\varkappa_2 > \varkappa_1$, so erfolgt Abstoßung, der Körper ist diamagnetisch; die Konstanten $\varkappa_1$ und $\varkappa_2$ können dabei beide positive Werte besitzen, die Körper können, für sich genommen, beide magnetisch sein. Um also die Erscheinungen des Diamagnetismus zu erklären, ist es nicht notwendig, zwei Klassen von Körpern anzunehmen, welche als para- und als diamagnetische in einem Gegensatze zueinander stehen, wie etwa positiv und negativ elektrische Körper. Es können alle Körper dieselben magnetischen Eigenschaften besitzen; ordnen wir sie in eine Reihe von den am stärksten magnetischen abwärts zu immer schwächeren, so erscheint jeder paramagnetisch in einem Mittel von schwächerer Magnetisierbarkeit, diamagnetisch in einem Mittel von stärkerer. Das Merkwürdige der Reihe liegt darin, daß die Gase und der Äther in ihrer Mitte stehen, der Sauerstoff nach der Seite stärkerer Magnetisierbarkeit hin. Es erscheint also, daß die Eigenschaften des Äthers durch die ponderablen Körper verschieden modifiziert werden, im Sinne einer stärkeren Magnetisierbarkeit bei den gegen ihn paramagnetischen, im Sinne einer schwächeren bei den ihm gegenüber diamagnetischen Stoffen.

Aus den vorhergehenden Betrachtungen hat sich ergeben, daß wir allen Körpern, auch den sogenannten diamagnetischen und dem Äther, eine hohe Magnetisierbarkeit zuschreiben können, ohne mit den Tatsachen der Beobachtung in Widerspruch zu kommen. Damit gewinnt aber die schon früher mehrfach besprochene Theorie der physischen Kraftlinien an Wahrscheinlichkeit. Wir haben die Theorie des induzierten Magnetismus als ein vollkommenes Analogon zu der Theorie der dielektrischen Polarisation betrachtet. Wir können also die Theorie der Kraftlinien, die wir in § 410 für dielektrische Mittel gegeben haben, auch auf die magnetischen übertragen, was wir ja auch schon in § 496 getan haben. Es tritt dabei nur an Stelle der elektrischen Kraft $\mathfrak{E}$ die magnetische $\mathfrak{H}$, an Stelle der dielektrischen Konstanten D die magnetische Permeabilität μ.

§ 508. Physische Kraftlinien und Einfluß des Zwischenmediums auf magnetische und elektromagnetische Wirkungen. Der letzten Bemerkung des vorhergehenden § zufolge ist in der Richtung der Kraftlinien ein Zug von der Stärke $\frac{\mu}{8\pi}\mathfrak{H}^2$, senkrecht zu ihnen ein Druck von gleicher Größe anzunehmen. Im Innern eines und desselben Mittels halten sich diese Wirkungen das Gleichgewicht, an der Grenze verschiedener Körper werden sie zur Geltung gelangen und alle die scheinbaren Fernwirkungen erzeugen, die im Magnetfelde zwischen Magneten oder zwischen Magneten und elektrischen Strömen beobachtet werden. Auf eine genauere Ausführung müssen wir verzichten, wollen aber noch einige weitere Konsequenzen betrachten, welche sich aus den gewonnenen Anschauungen ergeben.

Wir fragen zunächst nach dem Einflusse des Zwischenmediums auf die magnetischen Fernwirkungen. Wenn zwei Magnetpole $\mathfrak{m}$ und $\mathfrak{m}'$ in Luft in der Entfernung r sich befinden, so üben sie aufeinander die Abstoßung $\mathfrak{m}\mathfrak{m}'/r^2$ aus. Die Magnetisierungskonstante der Luft setzen wir gleich 0, ihre Permeabilität ist dann gleich 1, wie wir schon in § 486 bemerkt haben. Bringen wir nun die Pole in ein Medium von anderer Permeabilität μ, so wird dies magnetisch erregt, die Stärke der Pole erleidet dadurch eine scheinbare Änderung, und ihre Abstoßung ist entsprechend der Abstoßung zweier Elektrizitätsmengen in einem dielektrischen Mittel (§ 409) gleich $\frac{\mathfrak{m}\mathfrak{m}'}{\mu r^2}$. Die Abstoßung ist der Permeabilität umgekehrt proportional und hängt dementsprechend von der Natur des Mittels ab.

Für die elektromagnetische Wechselwirkung dagegen ergibt sich das Resultat, daß sie von der Permeabilität des Zwischenmediums unabhängig ist. Dies ist zunächst einleuchtend für die von einem elektrischen Strome ausgeübte magnetische Kraft. Die Veränderung der Kraft eines Magnetpoles rührt, ebenso wie bei dem elektrischen Pole von § 409, daher, daß seine Oberfläche der Ursprung von Kraftlinien ist; es wird daher in dem umgebenden magnetisierbaren Mittel entgegengesetztes Fluidum nach ihr hingeschoben, und seine Menge hängt von der größeren oder geringeren Erregbarkeit des Mittels ab; die hierdurch bedingte scheinbare magnetische Oberflächenladung ist die Ursache der veränderten Wirkung. Die Kraftlinien eines elektrischen Stromes aber laufen in sich zurück und geben keine Veranlassung zu der Bildung von magnetischen Schichten an der Oberfläche der Stromleiter.

Nehmen wir nun die Wechselwirkung zwischen einem permanenten Magnete und einem elektrischen Strome, so wird diese bedingt durch Zug- oder Druckkräfte von dem Betrage $\frac{\mu}{8\pi}\mathfrak{H}^2$. Die Kraft $\mathfrak{H}$ ist die Resultante aus den Wirkungen des Magnets und des Stromes; bezeichnen wir die erste mit $\mathfrak{H}_{\mathfrak{m}}$, die zweite mit $\mathfrak{H}_i$, so wird $\mathfrak{H}^2$ durch einen Ausdruck dargestellt sein, der die Quadrate von $\mathfrak{H}_{\mathfrak{m}}$ und $\mathfrak{H}_i$ und ihr Produkt enthält; die elektromagnetische Wechselwirkung wird aber nur durch das von beiden Elementen abhängende Produkt bestimmt sein können. In diesem ist der eine Faktor $\mathfrak{H}_i$, wie wir eben sahen, von μ

unabhängig, der andere $\mathfrak{H}_m$ mit μ umgekehrt proportional; die in dem Werte von $\mu\mathfrak{H}^2$ auftretende Größe $\mu\mathfrak{H}_m\mathfrak{H}_i$, d. h. die elektromagnetische Wirkung, ist somit von μ, d. h. von der Natur des Zwischenmediums unabhängig.

§ 509. Bestimmung der Magnetisierungskonstanten bei Flüssigkeiten. An die im vorigen § besprochene Theorie knüpft sich noch die Möglichkeit, aus den im magnetischen Felde herrschenden Spannungen die Magnetisierungskonstanten von Flüssigkeiten zu bestimmen.

An der Grenze zweier verschiedener Flüssigkeiten 1 und 2 wirken in der Richtung der Kraftlinien die Spannungen $\frac{\mu_1}{8\pi}\mathfrak{H}_1{}^2$ und $\frac{\mu_2}{8\pi}\mathfrak{H}_2{}^2$, senkrecht zu ihnen Drucke von derselben Größe, wobei wir durch μ_1 und μ_2 die Permeabilitäten, durch $\mathfrak{H}_1$ und $\mathfrak{H}_2$ die beiderseits vorhandenen magnetischen Kräfte bezeichnen.

Nehmen wir zuerst den Fall, daß die Kraftlinien mit der Grenzfläche beider Flüssigkeiten parallel laufen. Nach § 488 hat dann die magnetische Kraft auf beiden Seiten der Grenzfläche denselben Wert $\mathfrak{H}$; von der Flüssigkeit 1 nach der Flüssigkeit 2 wirkt der Druck $\frac{\mu_1}{8\pi}\mathfrak{H}^2$, in der umgekehrten Richtung der Druck $\frac{\mu_2}{8\pi}\mathfrak{H}^2$. Im ganzen wirkt also auf die Grenzfläche ein von 1 nach 2 gerichteter Druck von der Größe $P = \frac{\mu_1 - \mu_2}{8\pi}\mathfrak{H}^2 = \frac{\varkappa_1 - \varkappa_2}{2}\mathfrak{H}^2$. Dieser wirkt wie ein hydrostatischer Druck und kann durch einen solchen gemessen werden. Die Beobachtung liefert die Differenz $\varkappa_1 - \varkappa_2$. Stehen die Kraftlinien zu der Grenzfläche senkrecht, so treten an Stelle der Drucke die Spannungen $\frac{\mu_1}{8\pi}\mathfrak{H}_1{}^2$ im Sinne von 2 nach 1, und $\frac{\mu_2}{8\pi}\mathfrak{H}_2{}^2$ im Sinne von 1 nach 2. Im ganzen also resultiert ein Zug auf die Grenzfläche, der, von 1 nach 2 gerechnet und auf die Flächeneinheit bezogen, die Größe

$$P = \frac{\mu_2\mathfrak{H}_2{}^2 - \mu_1\mathfrak{H}_1{}^2}{8\pi}$$

besitzt. Nun ist, wenn die Kraftlinien die Grenzfläche senkrecht durchschneiden, nach § 488: $\mu_1\mathfrak{H}_1 = \mu_2\mathfrak{H}_2$.

Somit
$$P = \frac{\varkappa_1 - \varkappa_2}{2}\,\frac{\mu_1}{\mu_2}\mathfrak{H}_1{}^2 = \frac{\varkappa_1 - \varkappa_2}{2}\mathfrak{H}_1\mathfrak{H}_2\,.$$

Die Magnetisierungskonstanten aller flüssigen Körper sind sehr klein, somit die Permeabilitäten $\mu_1 = 1 + 4\pi\varkappa_1$, $\mu_2 = 1 + 4\pi\varkappa_2$ sehr nahe gleich 1; wenn wir dies berücksichtigen, können wir in der letzten Formel $\mathfrak{H}_1 = \mathfrak{H}_2 = \mathfrak{H}$ setzen und finden wieder:

$$P = \frac{\varkappa_1 - \varkappa_2}{2}\mathfrak{H}^2.$$

Die Formel gilt übrigens allgemein für eine beliebige Richtung der Kraftlinien; man wird sich davon leicht überzeugen, wenn man in diesem

Falle die Kraft in eine zu der Grenzfläche parallele und eine zu ihr senkrechte Komponente zerlegt. Wir fügen noch hinzu, daß die hier entwickelten Formeln auch zu der Bestimmung des Druckes dienen können, den ein in Flüssigkeit suspendierter fester Körper im Magnetfelde erleidet, d. h. zum Beweise des in § 506 aufgestellten ARCHIMEDischen Prinzips.

§ 510. **Resultate der Beobachtung.** Wir geben einige Beispiele der Magnetisierungskonstante $\varkappa \cdot 10^6$

Bi	Au	Hg	H_2O	Cu	Vakuum	Luft	O	Pt	Pd
−14	−3	−2,02	−0,75	−0,7	0	+0,027	+0,123	+25	+61

oder für wässerige Lösungen von

$FeSO_4$: spez. Gew.	1,075	1,114	1,222	Fe_2Cl_6: spez. Gew.	1,508
	+5,7	+9,1	+19,6		+64

Will man auf Luft reduzieren, so muß man alle Zahlen um 0,02 verkleinern.

II. Statistisch kinetische Theorie des Magnetismus.

§ 511. **Magnetone.** Zu sehr bemerkenswerten Resultaten gelangte P. WEISS[1] durch die Untersuchung des Magnetismus von Fe, Ni und Co bei der Temperatur des flüssigen Wasserstoffs, 20° absolut. Wir wollen uns zunächst die Frage stellen, unter welchen Umständen bei ferromagnetischen Kristallen der Zustand absoluter Sättigung erreicht werden kann, der Zustand, in dem alle Molekularmagnete mit der magnetisierenden Kraft parallel gerichtet sind. Es ist von vornherein wahrscheinlich, daß dies in höheren Temperaturen nicht möglich sein wird, denn die magnetischen Achsen der Molekel führen der Temperatur entsprechend drehende Schwingungen um den Schwerpunkt der Molekel aus. Solange aber eine solche Schwingung vorhanden ist, stellen sich die Molekularmagnete mit ihren Achsen nur für Momente in die Richtung des äußeren Feldes; sie schwingen um diese Richtung in um so größerer Amplitude, je höher die Temperatur. Wahre magnetische Sättigung wird man also nur erreichen können, wenn die Wärmebewegung ausgeschaltet wird, d. h. bei sehr tiefen Temperaturen. WEISS fand so bei Fe und Ni für den maximalen Magnetismus des g-Atoms die folgenden Zahlen:

$$\mathrm{Fe}: 12360\ \mathrm{cm}^{\frac{5}{2}}\,\mathrm{g}^{\frac{1}{2}}\,\mathrm{sec}^{-1}, \qquad \mathrm{Ni}: 3370\ \mathrm{cm}^{\frac{5}{2}}\,\mathrm{g}^{\frac{1}{2}}\,\mathrm{sec}^{-1}.$$

Diese Zahlen können aber als ganze Vielfache einer und derselben Zahl betrachtet werden, denn es ist:

$$12360 = 11 \cdot 1123{,}6 \quad \text{und} \quad 3370 = 3 \cdot 1123{,}3 .$$

Diese Bemerkung legt nun die Vermutung nahe, daß die Atome des Fe und des Ni aus einer verschiedenen Anzahl von elementaren Magneten

[1] Le magnéton. Paris (1914).

aufgebaut seien. In der Hypothese des Elektrons werden wir später das eventuelle Atom der negativen Elektrizität kennen lernen, ebenso soll auch auf dem Gebiete des Ferromagnetismus ein unteilbares magnetisches Atom existieren, dem wir der Analogie zufolge den Namen Magneton geben. Die magnetischen Atome des Fe und des Ni würden dann aus 11 beziehungsweise aus 3 solchen Magnetonen zusammengesetzt sein. Es ist leicht, aus den vorhergehenden Angaben das magnetische Moment des Magnetons zu berechnen. Die Anzahl der Atome im Mol ist nach § 207 etwa gleich $6 \cdot 10^{23}$. Somit ist der Atommagnetismus des Fe gleich

$$11 \cdot \tfrac{1}{6} \cdot 1123{,}6 \cdot 10^{-23} = 11\,\mu,$$

wenn μ das magnetische Moment des Magnetons bezeichnet. Das magnetische Moment des Magnetons ist also

$$\mu = \tfrac{1}{6} \cdot 1123{,}6 \cdot 10^{-23}.$$

Ebenso ergibt sich aus dem Atommagnetismus des Ni

$$\mu = 18 \cdot 10^{-22}.$$

Bei Co gelingt es nicht so ohne weiteres, eine absolute Sättigung des Magnetismus zu erreichen; es liegt das an starken inneren Direktionskräften von wechselnder Richtung, welchen die Molekularmagnete unterworfen sind und welche mit der kristallinischen Struktur des Metalls zusammenhängen. Vollkommene Sättigung läßt sich aber erreichen bei Legierungen aus Ni und Co. Die Beobachtungen an diesen gestatten dann einen Schluß auf den Atommagnetismus des Co. Man findet, daß das Atom des Co aus 9 Magnetonen zusammengesetzt ist.

Die Legierungen des Fe mit Co lassen sich auffassen als feste Lösungen von Fe in der schon erwähnten Verbindung Fe_2Co. In solchen Lösungen ist das Atom des Fe nicht aus 11, sondern aus 10 Magnetonen zusammengesetzt.

Die Zusammensetzung der Atome aus Magnetonen kann auf Grund gewisser hypothetischer Annahmen auch in höheren Temperaturen ermittelt werden. Dabei ergeben sich zwischen Temperaturen von 370° bis 900° bei Ni 8 Magnetonen für das Atom, über 900° 9 Magnetonen. Bei Fe treten verschiedene Modifikationen auf, die man durch die Buchstaben β, γ und δ unterscheidet. Bei β-Fe treten je 3 Atome zu einem Molekel in starrer Verbindung zusammen, bei γ-Fe je 2 Atome; das δ-Fe besteht aus isolierten Eisenatomen. Für die Zusammensetzung der Atome ergeben sich immer ganze Zahlen von Magnetonen; aber diese Zahlen sind nicht bloß von Modifikation zu Modifikation, sondern auch innerhalb einer Modifikation großen Schwankungen unterworfen. Das einfache Bild, welches die Magnetonentheorie von der Konstitution ferromagnetischer Metalle zu liefern schien, wird dadurch in zunächst schwer verständlicher Weise verwirrt.

Auch die Art der Berechnung der Magnetone wurde von mancher Seite als nicht genügend überzeugend hingestellt.[1]

§ 512. Verteilung der Energie in einem System von zwei Freiheitsgraden. In der kinetischen Gastheorie gaben wir (§ 203) eine Wahrscheinlichkeitsformel für die Verteilung der Molekelgeschwindigkeiten. Ein Gasmolekel hat, wenn wir von rotatorischen Bewegungen absehen, 3 Freiheitsgrade.

Im folgenden wollen wir aber ein System von nur 2 Freiheitsgraden betrachten. Ein solches hätten wir, wenn das Gasmolekel sich nicht im Raume, sondern nur in einer Ebene bewegen könnte. Diesbezügliche Rechnungen führen zu Formeln, von denen wir eine ohne ihre Ableitung anschreiben wollen, wobei wir nicht die Geschwindigkeit des Molekels, sondern gleich seine Energie E ins Auge fassen wollen.

Wenn N Molekel vorhanden sind, so hat jedes eine andere Energie, und die Verteilung bestimmt die Wahrscheinlichkeit. Es sei ΔN die Zahl jener Molekel, deren Energie zwischen zwei nahe benachbarten Energiewerten E und EdE liegt. Dann gilt

$$\Delta N = \frac{N}{kT} e^{-\frac{kT}{E}} dE.$$

Das Produkt kT ist gleich der mittleren Energie eines einzelnen Massenpunktes in unserem zweidimensionalen System. Es stellt die mittlere kinetische Energie in einem Systeme dar, dessen Elemente zwei Grade der Freiheit besitzen. Für 3 Freiheitsgrade fanden wir (§ 201) die kinetische Energie mit αT, für einen Freiheitsgrad gibt dies $\frac{1}{3}\,\alpha T$, für zwei $\frac{2}{3}\,\alpha T$. Es ist also

$$\tfrac{2}{3}\,\alpha T = kT \text{ oder } k = \tfrac{2}{3}\,\alpha = \frac{2 \cdot 2{,}02 \cdot 10^{-16}}{3} = 1{,}35 \cdot 10^{-16}.$$

Die gefundenen Sätze beziehen sich zunächst auf ein System, dessen Elemente Energie nur in der kinetischen Form besitzen. Man kann aber versuchsweise das gefundene Gesetz der Verteilung auf Systeme übertragen, welche Energie nur in potentieller Form enthalten; wir werden eine solche Übertragung ausführen für ein System, dessen Elemente durch Molekularmagnete dargestellt sind.

§ 513. Verteilung der Energie in einem System von Molekularmagneten.[2] In einem magnetischen Körper betrachten wir diejenige Menge, welche gleich dem Mol ist. Sie enthält also (§ 207) eine Anzahl von

$$N = 6{,}07 \cdot 10^{23}$$

einzelne Molekel. Wir wollen diese als identisch betrachten mit den Molekularmagneten. Das magnetische Moment μ eines Molekularmagnets betrachten wir als unveränderlich. Veränderlich ist dann nur die Richtung der magnetischen Achse. Diese aber ist bestimmt durch die An-

[1] L. HEYDWEILER, Phys. Ges. (1911).
[2] LANGEVIN, Ann. Chim. Phys. (1905).

gabe zweier Winkel. Das betrachtete Mol des Körpers stellt also ein System dar, dessen Elemente zwei Grade der Freiheit besitzen. Für die Verteilung der Energie auf die Elemente des Systems gilt dann der im vorhergehenden angegebene Satz. Es handelt sich nur noch darum, den Wert der magnetischen Energie E zu bestimmen. Der betrachtete Körper sei der Wirkung eines magnetischen Feldes von der Intensität $\mathfrak{H}$ unterworfen. Die Achse irgendeines Molekularmagnets bilde mit der Richtung der magnetischen Kraft den Winkel φ; die in die Richtung der Achse fallende Komponente der Kraft hat dann den Wert $\mathfrak{H} \cos \varphi$. Das magnetische Moment kann man sich entsprechend der Betrachtung von § 490 dadurch erzeugt denken, daß man einen magnetischen N-Pol in der Richtung der magnetischen Achse gegen einen S-Pol verschiebt um eine Strecke, welche dem magnetischen Momente μ entspricht. Die dabei geleistete Arbeit ist gleich der Verschiebung multipliziert mit der entsprechenden Komponente der Kraft. Die Arbeit verwandelt sich in die magnetische Energie, welche dem betrachteten Molekularmagnete eigen ist. Daraus folgt also für die magnetische Energie der Ausdruck:

$$E = \mu \mathfrak{H} \cos \varphi$$

und für den Zuwachs der Energie: $dE = \mu \mathfrak{H} \, d(\cos \varphi.)$ Aus diesem Ausdrucke folgt nun aber eine gewisse Differenz zwischen dem System der Molekularmagnete und dem früher betrachteten System der kinetischen Gastheorie. Bei der letzteren konnte die Energie alle möglichen Werte von 0 bis ∞ annehmen; bei dem System der Molekularmagnete verhält sich das anders; der größte Wert der Energie $\mu \mathfrak{H}$ ergibt sich, wenn der Winkel α gleich 0 ist, der kleinste Wert, wenn $\alpha = \pi$. Setzen wir

$$\frac{\mu \mathfrak{H}}{k T} = a,$$

so ergibt eine rechnerische Behandlung dieses Problems

$$\Delta N = \frac{N a}{e^{a} - e^{-a}} \cdot e^{-a \cos \varphi} \, d(\cos \varphi).$$

Wir gehen nun dazu über, das magnetische Moment zu berechnen, welches in dem betrachteten Mol in der Feldrichtung erzeugt wird. Die Achse irgendeines Molekularmagnetes schließe mit der Feldrichtung den Winkel φ ein; dann ist die Komponente des Moments nach der Feldrichtung gleich $\mu \cos \varphi$. Die Zahl der Molekularmagnete, deren Achsen mit der Feldrichtung den Winkel φ bilden, ist aber gegeben durch ΔN; somit ist das Gesamtmoment gleich

$$\sum \mu \cos \varphi \, \Delta N$$

oder gleich:

$$\frac{\mu N a}{e^{a} - e^{-a}} \sum e^{-a \cos \varphi} \cos \varphi \, d(\cos \varphi).$$

Dabei ist die Summe zu bilden für alle Werte φ von 0 bis π. Wir bezeichnen das im Mol erzeugte magnetische Moment durch σ, dann gibt die Ausführung der Rechnung

$$\sigma = \mu N \left\{ \frac{e^a + e^{-a}}{e^a - e^{-a}} - \frac{1}{a} \right\}.$$

Würden die Achsen sämtlicher Molekularmagnete in die Feldrichtung eingestellt, so wäre das gesamte magnetische Moment des g-Atoms gleich μN. Es bedeutet also $\mu N = \sigma_0$ den größten Wert, den das magnetische Moment erreichen kann. σ_0 entspricht dann dem Zustand der absoluten Sättigung des Magnetismus. Wir können jetzt die vorhergehende Gleichung auch so schreiben:

$$\frac{\sigma}{\sigma_0} = \frac{e^a + e^{-a}}{e^a - e^{-a}} - \frac{1}{a}.$$

Diese Formeln mögen noch durch einige Bemerkungen erläutert werden. Die einzige individuelle Konstante, welche in ihnen auftritt, ist μ, das magnetische Moment eines Molekularmagnets. Dieses wird natürlich von einem Stoffe zum anderen wechseln. σ und σ_0 beziehen sich auf das Mol, sie entsprechen also bei allen Stoffen ein und derselben Zahl von Atomen.

Das magnetische Moment σ hängt nach den vorhergehenden Formeln nur ab von $\mathfrak{H}/T$; wenn also $\mathfrak{H}$ und T im gleichen Maßstab vergrößert werden, so bleibt das magnetische Moment unverändert.

Für sehr kleine Werte von a, beziehungsweise von $\mathfrak{H}/T$ wird $\sigma/\sigma_0 = a/3$ oder, wenn wir für a seinen Wert setzen,

$$\frac{\sigma}{\sigma_0} = \frac{\mu \mathfrak{H}}{3 k T}.$$

Wir multiplizieren die Gleichung im Zähler und im Nenner mit N, dann wird:

$$\frac{\sigma}{\sigma_0} = \frac{\mu N \mathfrak{H}}{3 k N T}.$$

μN ist aber gleich σ_0; ferner ist nach § 201 Nk gleich der Konstanten P, welche dem Gasgesetz zufolge den Wert $83 \cdot 10^6$ besitzt. Bei Einführung dieser Werte ergibt sich weiter die Formel:

$$\frac{\sigma}{\mathfrak{H}} = \frac{\sigma_0^2}{3 \mathsf{P} T}.$$

$\sigma/\mathfrak{H}$ ist aber nichts anderes, als die Magnetisierungszahl des betrachteten Stoffes, bezogen auf die Menge des Mol. Diese Magnetisierungszahl ist also unter den gemachten Voraussetzungen umgekehrt proportional mit der absoluten Temperatur. Dieses Gesetz wurde zuerst aufgedeckt durch CURIE, und die Konstante

$$\frac{\sigma_0^2}{3 \mathsf{P}}$$

heißt die CURIEsche Konstante.

Die Bedingungen, unter denen allein das CURIEsche Gesetz gelten kann, werden sich aus dem folgenden ergeben.

Das molekulare magnetische Feld.[1] Im Inneren eines ferromagnetischen Körpers sind die Molekularmagnete selber der Ursprung magnetischer Kräfte. Wir nehmen an, daß man die Wirkung dieser Kräfte ersetzen könne durch die Wirkung eines homogenen magnetischen Feldes; dieses bezeichnen wir als das innere Feld; seine Richtung stimme überein mit der Richtung des in dem Körper an der betrachteten Stelle vorhandenen magnetischen Momentes, seine Intensität sei proportional mit dem magnetischen Moment der Volumeinheit $\mathfrak{J}$. Wir setzen also

$$\mathfrak{H}_i = K\mathfrak{J}\,,$$

wo K eine Konstante bezeichnet. Das Molekulargewicht des betrachteten Stoffes sei m, seine Dichte d, dann besteht zwischen dem Momente $\mathfrak{J}$ und dem Momente σ des Mol die Beziehung: $\mathfrak{J} = \sigma d/m$. Führen wir diesen Wert an Stelle von $\mathfrak{J}$ ein, so wird: $\mathfrak{H}_i = K d \sigma/m$. Wir nehmen nun an, das innere Feld existiere allein, äußere magnetische Kräfte seien nicht vorhanden. Unsere Formeln zeigen, daß auch in diesem Falle die Volumelemente des Körpers ein magnetisches Moment besitzen. Den Betrag dieses Momentes können wir in folgender Weise ermitteln. Die Konstante a hatte den Wert $a = \mu\mathfrak{H}/(kT)$. Ist $\mathfrak{H}$ identisch mit $\mathfrak{H}_i$, so wird: $a = \frac{K\mu d}{mkT}\sigma$, oder, wenn wir den Zähler und den Nenner wieder mit der Zahl N multiplizieren,

$$a = \frac{\sigma_0 K d}{m \mathsf{P} T}\sigma\,.$$

Um den zu einer bestimmten Temperatur T gehörenden Magnetismus σ zu berechnen, erhalten wir nun die beiden Gleichungen:

$$\frac{\sigma}{\sigma_0} = \frac{e^a + e^{-a}}{e^a - e^{-a}} - \frac{1}{a} \quad \text{und} \quad \frac{\sigma}{\sigma_0} = \frac{m \mathsf{P} T}{\sigma_0^2 K d}\,a\,.$$

Die Lösung dieser Gleichungen würde sich zunächst durch die Elimination von a bewerkstelligen lassen. Zweckmäßiger ist aber eine graphische Methode. Wir konstruieren zunächst eine Kurve u (Fig. 584), deren Ordinaten u gegeben sind durch die Gleichung:

$$u = \frac{e^a + e^{-a}}{e^a - e^{-a}} - \frac{1}{a}\,,$$

und eine zweite Kurve v, deren Ordinaten gegeben sind durch:

$$v = \frac{m \mathsf{P} T}{\sigma_0^2 K d}\,a\,.$$

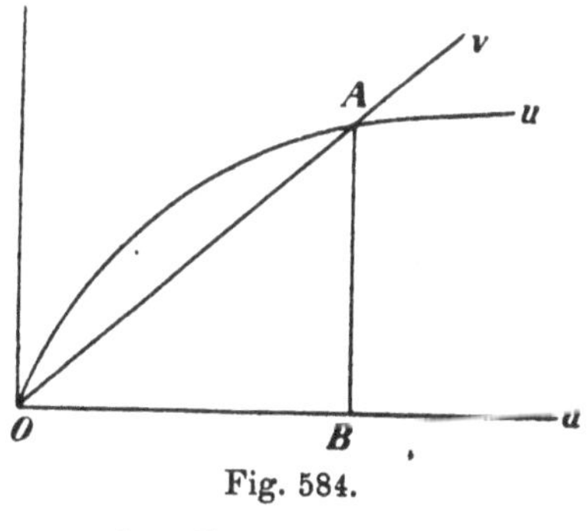

Fig. 584.

Dabei ist das als Abszisse verwendete a eine Veränderliche, welche ebenso wie T alle Werte von 0 bis ∞ annehmen kann.

[1] P. Weiss. Jahrb. d. Radioakt. 5 (1908). Soc. Franç. Phys. Paris (1910).

Die Kurve v ist nichts anderes, als eine gerade Linie. Sie verläuft gegen die Achse a um so flacher, je niedriger die Temperatur T, um so steiler, je höher diese Temperatur ist. Für $T = 0$ fällt sie zusammen mit der Achse a, für $T = \infty$ steht sie auf der Achse a senkrecht. Konstruieren wir nun, in demselben Koordinatensystem die Kurve für u und die Gerade für v, so wird im allgemeinen die Gerade die Kurve schneiden. In dem Schnittpunkte A sind die Werte von u und v gleich. Dieser gemeinsame Wert genügt beiden Gleichungen und ist daher identisch mit σ/σ_0.

Es bleibt noch übrig, den Verlauf der Kurve u etwas genauer zu bestimmen. Für $a = \infty$ wird $u = 1$; die Kurve nähert sich also asymptotisch einer Parallelen, die wir im Abstande 1 zu der Achse a ziehen. Für sehr kleine Werte von a geht die Gleichung der Kurve über in $u = a/3$, d. h. in eine Gerade, deren Neigungswinkel γ gegen die Achse a bestimmt ist durch die Gleichung $\operatorname{tang} \gamma = \frac{1}{3}$. Lassen wir die Temperatur T von 0 an allmählich wachsen, so dreht sich die Gerade v um den Anfangspunkt 0 des Koordinatensystems nach aufwärts im Sinne von der Achse a zu der dazu Senkrechten. Bei sehr kleiner Neigung der Geraden, also bei kleinen Werten der absoluten Temperatur, wird der Schnittpunkt der Geraden v mit der Kurve u auf dem Zweige der letzteren liegen, der von der Parallelen kaum merklich abweicht. Der auf das Mol bezogene Magnetismus ist gleich dem Maximalwerte σ_0. Wächst die Temperatur, so wird σ/σ_0 kleiner als 1, der Magnetismus des Mol sinkt mehr und mehr unter den Sättigungswert herab. Wenn aber die Gerade v die Kurve u im Anfangspunkte 0 des Koordinatensystems berührt, so fällt der Schnittpunkt mit 0 zusammen, σ/σ_0 wird 0, der Magnetismus des Mol verschwindet. Wir kommen also zu dem merkwürdigen Resultat, daß eine bestimmte kritische Temperatur Θ existiert, für welche der molekulare Magnetismus verschwindet. (Dieses Θ hat natürlich mit der kritischen Temperatur in § 234 nichts gemein.) Die ihr entsprechende Gerade v bildet mit der Achse a einen Winkel, dessen Tangente $v/a = 1/3$ ist. Wir erhalten also für diese Temperatur Θ die Gleichung:

$$\frac{\mathrm{m}\,\mathsf{P}\,\Theta}{\sigma_0^2\,K\,d} = \frac{1}{3}, \qquad \Theta = \frac{\sigma_0^2\,K\,d}{3\,\mathsf{P}\,\mathrm{m}}.$$

In der letzten Formel ist $\frac{\sigma_0^2}{3\,\mathsf{P}}$ nichts anderes, als die im vorhergehenden § eingeführte CURIEsche Konstante. Man sieht also, daß die Konstante K für einen bestimmten Stoff berechnet werden kann, wenn die kritische Temperatur Θ und die CURIEsche Konstante bekannt sind. Führen wir die kritische Temperatur ein in dem Ausdrucke für v, so ergibt sich:

$$v = \frac{1}{3}\,\frac{T}{\Theta}\,a\,.$$

Die im vorhergehenden gewonnenen Ergebnisse bilden eine exaktere Formulierung der Theorie des Magnetismus, welche auf der Annahme von der Existenz sogenannter Molekularmagnete beruht. Nach dieser sind die letzten Elemente aller ferromagnetischen Körper die mit permanentem Magnetismus begabten Molekel oder Atome. In unmagnetischem Zustande ordnen sie sich in geschlossene Ketten, so daß immer der Nordpol eines Molekels dem Südpol des vorhergehenden unmittelbar benachbart ist. Die Wirkung nach außen wird unter diesen Umständen verschwinden. Wirkt auf den Körper eine äußere magnetische Kraft, so werden alle Molekularmagnete mehr oder weniger aus der bisherigen Gleichgewichtslage abgelenkt, so daß ihre Achsen nun kleinere Winkel mit der magnetischen Kraft bilden. Es entsteht dadurch ein magnetisches Moment in der Richtung jener Kraft. Dieses muß mit wachsender Kraft zunehmen, erreicht aber notwendig ein bestimmtes Maximum, dann nämlich, wenn alle Molekularmagnete parallel der äußeren Kraft gerichtet sind. Die kinetische Theorie des Magnetismus zeigt nun, daß ein ferromagnetischer Körper im unmagnetischen Zustand in Volumelemente zerlegt werden kann, deren jedes einen ganz bestimmten Magnetismus besitzt, dessen Wert bezogen auf das Mol durch σ bezeichnet wurde. Dieser Wert hängt abgesehen von der universellen Konstanten P nur ab von gewissen Eigenschaften des betrachteten Körpers und von der absoluten Temperatur. Jeder bestimmten Temperatur entspricht also ein bestimmter Wert von σ. Wenn keine äußeren magnetischen Kräfte vorhanden sind, so werden die magnetischen Achsen der einzelnen Volumelemente alle möglichen Richtungen im Raume besitzen, ihre Wirkungen nach außen werden sich wieder zerstören, und der Körper erscheint also unmagnetisch. Wirkt eine äußere Kraft, so werden die magnetischen Achsen sich ihrer Richtung mehr oder weniger nähern und es kommt so ein nach außen wirksames magnetisches Moment zustande. Erreicht die Temperatur T den kritischen Wert Θ, so verschwindet der Magnetismus aller Volumelemente und der Körper ist nun wahrhaft unmagnetisch. Darin liegt die Erklärung für die früher besprochenen Einflüsse der Temperatur. Der wesentliche Vorzug der kinetischen Theorie liegt eben darin, daß sie über diesen Einfluß quantitative Aufklärung gibt.

§ **514. Wirkung eines äußeren magnetischen Feldes.** Den in den Volumelementen eines ferromagnetischen Körpers durch die Wirkung des inneren Feldes erzeugten Magnetismus wollen wir als den spontanen Magnetismus bezeichnen. Dieser übt, wie wir gesehen haben, nach außen keinerlei Wirkung aus. Ein durch seine Fernwirkung nachweisbarer Magnetismus tritt nur auf, wenn der Körper in ein äußeres magnetisches Feld gebracht wird. Wir nehmen dann an, daß der spontane Magnetismus in die Richtung des äußeren Feldes fällt, so daß die Intensitäten $\mathfrak{H}_i$ des inneren und $\mathfrak{H}_a$ des äußeren Feldes sich addieren. Es handelt sich im folgenden um die Ermittlung des durch ein äußeres Feld erzeugten Magnetismus, der einerseits von der Intensität $\mathfrak{H}_a$ des äußeren Feldes und andererseits von der Temperatur T abhängt.

Zu einer einfachen Entwicklung der Theorie gelangen wir auf folgendem Wege. Wir betrachten als gegeben das magnetische Moment σ des Mol, beziehungsweise das Verhältnis σ/σ_0. Nun sind zweierlei Umstände denkbar, unter denen dieser selbe Magnetismus im Inneren des Körpers existieren kann; einmal ist es möglich, daß dieser Magnetismus als ein spontaner vorhanden ist; die Temperatur, bei der dies der Fall ist, sei wie früher T. Dann aber kann derselbe Magnetismus vorhanden sein unter der Wirkung eines äußeren Feldes $\mathfrak{H}_a$. Die Temperatur muß dann allerdings eine andere sein als vorher; wir bezeichnen sie durch T'. Die Temperatur T ergibt sich aus der graphischen Darstellung von Fig. 584 in folgender Weise. Auf der Kurve u suchen wir den Punkt A, der dem gegebenen Werte von σ/σ_0 entspricht. Wir fällen von A auf die Achse a die Senkrechte AB; dann gibt der Abschnitt OB den Wert von a, welcher dem gegebenen σ/σ_0 entspricht. Es genügt also dieses a der Gleichung:

$$\frac{\sigma}{\sigma_0} = \frac{e^a + e^{-a}}{e^a - e^{-a}} - \frac{1}{a}.$$

Die Temperatur T, welche zu dem gegebenen Wert von σ/σ_0 bei spontaner Magnetisierung gehört, ist gegeben durch die Gleichung:

$$\frac{\sigma}{\sigma_0} = \frac{\mathsf{P}\mathfrak{m}T}{\sigma_0^2 K d}\,a.$$

Wir gehen nun über zu dem Falle, daß derselbe Wert von σ/σ_0 bei einem gegebenen äußeren Felde $\mathfrak{H}_a$ vorhanden ist. Der Wert von a wird dann ebenso wie vorher durch die Gleichung

$$\frac{\sigma}{\sigma_0} = \frac{e^a + e^{-a}}{e^a - e^{-a}} - \frac{1}{a}$$

bestimmt. Er ist also durch dieselbe Funktion von σ/σ_0 gegeben wie zuvor. Der zweite Ausdruck für a, wie er durch die ursprüngliche Definition geliefert wird, ist aber jetzt ein anderer. Es ist nämlich:

$$a = \frac{\sigma_0}{\mathsf{P}T'}(\mathfrak{H}_i + \mathfrak{H}_a)$$

oder wenn wir für $\mathfrak{H}_i$ seinen Wert setzen,

$$a = \frac{\sigma_0 K d}{\mathsf{P}\mathfrak{m}T'}\sigma + \frac{\sigma_0 \mathfrak{H}_a}{\mathsf{P}T'}.$$

Diese Gleichung benutzen wir zunächst zur Berechnung von T'. Wir erhalten:

$$a\mathsf{P}T = \frac{\sigma_0 K d}{\mathfrak{m}}\sigma \quad \text{und} \quad a\mathsf{P}T' = \frac{\sigma_0 K d}{\mathfrak{m}}\sigma + \sigma_0\mathfrak{H}_a.$$

Daraus folgt: $$a\mathsf{P}(T' - T) = \sigma_0\mathfrak{H}_a.$$

Sind a und T in der angegebenen Weise mit Hilfe der graphischen Darstellung der Fig. 584 gefunden, so ergibt sich aus dieser Gleichung die Temperatur T', bei welcher der betrachtete Körper unter der Wirkung des Feldes $\mathfrak{H}_a$ denselben Magnetismus besitzt, wie er spontan bei der

Temperatur T vorhanden ist. Man sieht aus der Gleichung, daß die Temperatur T' höher ist als T; die Temperaturdifferenz $T' - T$ ist proportional mit der Feldintensität $\mathfrak{H}_a$. Wir hatten für a den Wert gefunden:

$$a = \frac{3\sigma}{\sigma_0} \frac{\Theta}{T},$$

wo Θ die Temperatur bezeichnet, bei der der spontane Magnetismus verschwindet. Mit Benutzung dieses Wertes ergibt sich

$$\frac{3\sigma}{\sigma_0} \frac{\Theta}{T} \mathsf{P}(T' - T) = \sigma_0 \mathfrak{H}_a .$$

Ferner wird:

$$\frac{\sigma}{\mathfrak{H}_a} = \frac{\sigma_0^2 T}{3 \mathsf{P} \Theta (T' - T)} .$$

$\sigma/\mathfrak{H}_a$ ist nichts anderes, als die Magnetisierungszahl des Körpers bezogen auf das Mol. Die Theorie zeigt also, wie diese Magnetisierungszahl von den Temperaturen T und T' abhängt.

Wir wollen unsere Formeln noch anwenden auf den Fall, daß die Temperatur T gleich der kritischen Temperatur des betrachteten Körpers ist, $T = \Theta$. Der spontane Magnetismus ist in diesem Falle Null. Es müßte also auch der unter der Wirkung des Feldes entstehende Magnetismus gleich 0 sein. Das ist aber nur möglich, wenn $\mathfrak{H}_a$ gleich 0 ist, wenn also kein äußeres Feld vorhanden ist. Mit $T = \Theta$ ergibt sich:

$$\frac{\sigma}{\mathfrak{H}_a} = \frac{\sigma_0^2}{3 \mathsf{P} (T' - \Theta)} .$$

Ist ein äußeres Feld vorhanden, so hat σ einen positiven Wert, und es ist T' größer als Θ. Die Magnetisierungszahl ist umgekehrt proportional mit der Differenz $T' - \Theta$. Den Quotienten $\sigma_0^2/(3\mathsf{P})$ haben wir bezeichnet als die Curiesche Konstante. Man sieht, daß man diese Konstante auch berechnen kann aus Beobachtungen der Feldmagnetisierung bei Temperaturen T', welche höher liegen, als die kritische Temperatur Θ. Es ist

$$\frac{\sigma_0^2}{3 \mathsf{P}} = (T' - \Theta) \frac{\sigma}{\mathfrak{H}_a} .$$

§ 515. **Zur experimentellen Prüfung der Theorie.** Die in § 513 entwickelten Formeln können offenbar nur gelten, wenn das innere Feld verschwindet. Das ist der Fall bei schwach paramagnetischen Stoffen, insbesondere bei Lösungen. Bestimmt man bei diesen für verschiedene Stärken des äußeren Feldes den Magnetismus des g-Atoms bei einer bestimmten absoluten Temperatur T, so muß die Magnetisierungszahl $\sigma/\mathfrak{H}$ dieser Temperatur umgekehrt proportional sein; eine Folgerung der Theorie, welche durch Beobachtungen an Lösungen in der Tat bestätigt worden ist. Die Beobachtung der zusammengehörigen Werte von $\sigma/\mathfrak{H}$ und von T gestattet dann auch die Berechnung von σ_0, dem Maximalmagnetismus des g-Atoms, welcher bei vollkommener Parallelstellung aller Molekularmagnete erreicht wird. Ist bei Lösungen ferromagnetischer Substanzen die Konzentration bekannt, so kann man auch den Magnetismus des einzelnen Eisenatoms berechnen. Die berechneten Werte scheinen sich ganzzahligen Vielfachen des Magnetons zu nähern.

Der spontane Magnetismus läßt sich in folgender Weise ermitteln. Unterwirft man einen paramagnetischen Körper einem starken magnetischen Felde, so wird der spontane Magnetismus, der in den einzelnen Volumelementen des Körpers vorhanden ist, gleich gerichtet. Wenn man also bei einer bestimmten Temperatur T den maximalen Magnetismus des Körpers bestimmt, wie er in einem sehr starken magnetischen Felde erreicht wird, so ist dieser maximale Magnetismus reduziert auf das g-Atom identisch mit dem spontanen Magnetismus, welcher der betreffenden Temperatur entspricht. Jener maximale Magnetismus muß also genau in derselben Weise von der Temperatur abhängig sein, wie der spontane Magnetismus. Es muß für ihn die Gleichung gelten:

$$\frac{\sigma}{\sigma_0} = \frac{a}{3}\frac{T}{\Theta}.$$

a ist aber eine Funktion von σ/σ_0; man sieht hieraus, daß die Abhängigkeit, in der σ/σ_0 von T/Θ steht, bei allen Stoffen dieselbe ist, wie sie sich auch durch die individuellen Werte von σ_0 und Θ unterscheiden. Auch diese Folgerung der Theorie scheint durch die Beobachtung bestätigt zu werden.

Für die Wirkung eines äußeren Feldes auf einen ferromagnetischen Körper ist vor allem die Gleichung charakteristisch:

$$\frac{\mathfrak{H}_a}{\sigma} = \frac{3\,\mathsf{P}}{\sigma_0^2\,(T' - \Theta)}.$$

Es muß also für Temperaturen, welche über der kritischen Temperatur liegen, der reziproke Wert der Magnetisierungszahl der Temperaturdifferenz $T' - \Theta$ proportional sein. Auch dieser Satz scheint in Übereinstimmung mit der Beobachtung zu stehen.

Zum Schlusse sei bemerkt, daß die ganze hier angedeutete kinetische Theorie des Magnetismus noch lange nicht jene theoretische und experimentelle Vollendung erreicht hat, wie die kinetische Gastheorie. So entspricht z. B. die Abnahme des Paramagnetismus mit steigender Temperatur bei vielen Elementen nicht dem CURIEschen Gesetze[1] u. a. m.

III. Magnetische Drehung der Polarisationsebene.

Die Veränderungen, die der Magnetismus in den verschiedenen Körpern hervorbringt, äußern sich auch in dem optischen Verhalten magnetischer Substanzen. Gewöhnlich werden diese Erscheinungen in einem eigenen Kapitel: „Elektrooptik" abgehandelt. Es drängen sich dann aber in einem solchen Abschnitt, falls man die Sache streng logisch durchführen will, so heterogene Dinge zusammen, daß wir aus pädagogischen Gründen der Übersichtlichkeit einzelne Teilgebiete anderweitig unter-

[1] HONDA, Ann. d. Phys. 32 (1910).

zubringen uns entschlossen haben. Es entspricht dies auch der historischen Entwicklung. Die unmittelbar zu schildernden Erscheinungen finden ihr volles Verständnis zeitlich erst viel später, wie wir dies im siebzehnten Teile dieses Bandes schildern werden.

§ 516. **Fundamentalversuch.** Faraday[1] machte folgenden Versuch: Die Pole eines Elektromagnets waren zylindrisch ausgebohrt; zwischen die Durchbohrungen wurde ein Stück eines Borosilikates von Blei gebracht, dessen eben geschliffene Endflächen zu der Achse der Durchbohrungen senkrecht standen. Vor den Durchbohrungen außerhalb des Magnetfeldes war auf der einen Seite ein Polarisator angebracht zur Erzeugung polarisierter Lichtstrahlen, auf der anderen Seite ein Analysator zur Prüfung der Polarisationsrichtung. Die Lichtstrahlen gingen in der Richtung der Magnetkraftlinien durch das Bleiglas hindurch. Wurden die Polarisatoren gekreuzt, das Gesichtsfeld verdunkelt, so trat Aufhellung ein, sobald der Elektromagnet erregt wurde. Durch Drehung

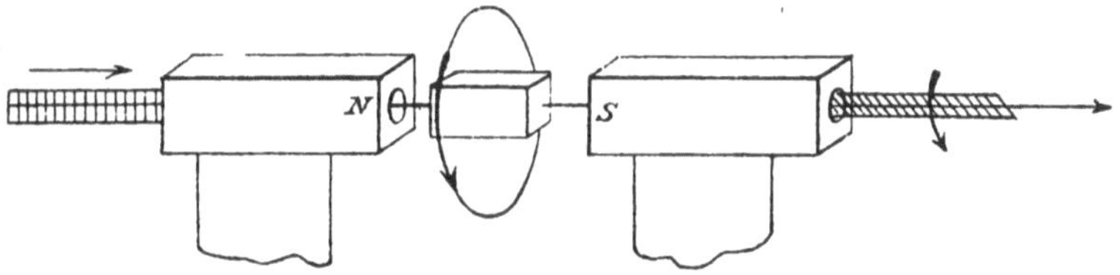

Fig. 585. Magnetische Drehung der Polarisationsebene.

des Analysators konnte das Gesichtsfeld von neuem dunkel gemacht werden, es war also durch magnetische Einwirkung eine Drehung der Polarisationsebene hervorgerufen worden. Die Größe der Drehung war der Länge des von den Lichtstrahlen durchlaufenen Glasstückes und der Stärke des Magnetfeldes proportional. Bei dem benützten Glase fand die Drehung in dem Sinne der elektrischen Ströme statt, durch welche man sich die Kraftlinien des Feldes erzeugt denken könnte. Diese Regel konnte unmittelbar bestätigt werden, indem an Stelle des Elektromagnets das Feld im Innern einer elektrischen Spule zur Erzeugung der Wirkung benützt wurde. Die Drehung der Polarisationsebene erfolgt in demselben Sinne, in dem der Strom zirkuliert.

Eine schematische Darstellung der Verhältnisse gibt Fig. 585, eine Ansicht des zu der Ausführung des Versuches dienenden Apparates Fig. 586.

Von der natürlichen Drehung der Polarisationsebene, wie sie dem Quarze eigentümlich ist, § 340, unterscheidet sich die magnetische sehr wesentlich. Nehmen wir ein Stück rechtsdrehenden Quarzes, und lassen wir einen Strahl polarisierten Lichtes in der Richtung der Achse von *a* nach *b* durch ihn hindurchgehen (Fig. 587), so ist für den von

[1] Phil. Trans. (1846), „Über die Magnetisierung des Lichtes und die Erleuchtung der magnetischen Kraftlinien.“

der Seite b her Beobachtenden die Drehung der Polarisationsebene eine rechtsläufige im Sinne des Pfeiles c. Lassen wir den Strahl umgekehrt von b nach a durch den Quarz gehen, so ist die Drehung für einen

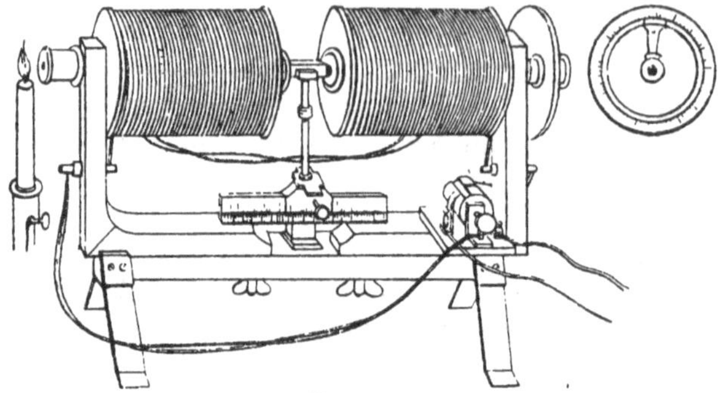

Fig. 586.

von a aus Beobachtenden rechtsläufig im Sinne des Pfeiles d (Fig. 588). An Stelle des Quarzes setzen wir nun das Bleiglas und nehmen an, dasselbe sei von einer elektrischen Spule mit der Stromrichtung c

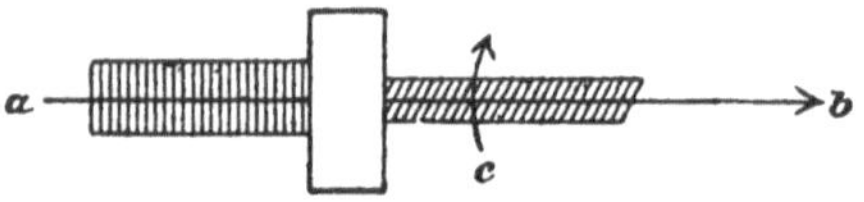

Fig. 587.

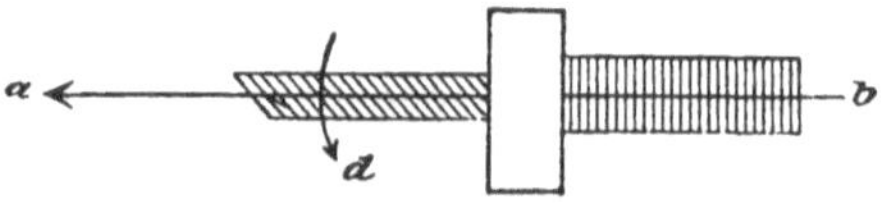

Fig. 588.

umgeben; die Polarisationsebene wird dann unter allen Umständen in dem Sinne des Pfeiles c gedreht. Geht der Strahl von a nach b, so ist die Drehung für den von b aus Beobachtenden eine rechtsläufige; geht aber der Strahl umgekehrt von b nach a, so ist sie für den von a aus Beboachtenden linksläufig.

§ 517. Die magnetooptische Konstante. Ist die Länge des von dem polarisierten Lichtstrahle durchlaufenen Prismas gleich l, die Intensität des magnetischen Feldes gleich $\mathfrak{H}$, so ist nach dem vorhergehenden die Drehung der Polarisationsebene:

$$\varphi = Cl\mathfrak{H}.$$

C ist ein von der Natur des drehenden Körpers abhängiger Koëffizient, die magnetooptische Konstante. Ihr Wert wird positiv genommen, wenn die Drehung im Sinne des umkreisenden Stromes stattfindet, im entgegengesetzten Falle spricht man von negativer Drehung. Da $C = \varphi/(l\mathfrak{H})$, so ist im elektromagnetischen Maßsysteme die Dimension der magnetooptischen Konstanten gegeben durch $l^{-\frac{1}{2}} \cdot m^{-\frac{1}{2}} \cdot t$. Wir stellen im folgenden einige Resultate der Beobachtung zusammen; dabei sind für l und $\mathfrak{H}$ die Einheiten des cm·g·sec-Systems zugrunde gelegt. Der Drehungswinkel φ aber ist in Bogensekunden gemessen, und es bedeutet daher C den ebenso gemessenen Drehungswinkel für die Länge von 1 cm in einem Felde von der Intensität 1 $cm^{-\frac{1}{2}} \cdot g^{\frac{1}{2}} \cdot sec^{-1}$.

		Angewandtes Licht	Magnetooptische Konstante; Drehungswinkel in Sekunden
Wasserstoff	Druck: 1 Atmosphäre, Temperatur: 20°	Weiß	0,000332
Sauerstoff		—	0,000275
Stickstoff		—	0,000320
Selen		Rot	20,2
Kohlenstoff (Diamant)		Gelb	0,7
FARADAYS Glas		Na	3,4
Chlornatrium		Gelb	1,97
Schwefelkohlenstoff bei 18°		Na	2,52
Wasser		—	0,78

Negative Drehung besitzen Lösungen von Fe_2Cl_6 in Wasser und in Methylalkohol; bei einer 40%-Lösung von Fe_2Cl_6 in H_2O ist die Konstante etwa gleich -5, bei einer 55%-Lösung in CH_3OH gleich -7.

Metallisches Eisen zeigt in galvanoplastisch niedergeschlagenen Schichten von $4 \cdot 10^{-6}$ cm bis zu $21 \cdot 10^{-6}$ cm Dicke eine positive Rotation. Der Quotient $\varphi/(l\mathfrak{H})$ ist aber nicht konstant, sondern abhängig von der Feldstärke. Man hat also nicht mit einer magnetooptischen Konstanten, sondern mit einer magnetooptischen Funktion zu rechnen.

Um einen Überblick über Art und Grad der Abhängigkeit zu gewinnen, kann man mit einiger Annäherung setzen:

$$\frac{\varphi}{l\mathfrak{H}} = \frac{59\,500}{1 + 0{,}000083\,\mathfrak{H}},$$

wobei die Drehung wie früher in Bogensekunden ausgedrückt ist. Ähnliche Verhältnisse zeigen Co und Ni; für das erstere ist der Wert der magnetooptischen Funktion nicht viel kleiner als beim Eisen, bei Nickel weniger als halb so groß. Spiegel von Fe, Ni und Co zeigen auch im reflektierten Lichte magnetische Drehung der Polarisationsebene; die Erscheinungen sind aber zu kompliziert, als daß wir sie hier genauer beschreiben könnten. Das enorme Rotationsvermögen der magnetischen Metalle ist ebenso merkwürdig, wie der Umstand, daß das relativ stark magnetische Eisenchlorid negative Drehung zeigt.[1]

§ 518. **Magnetooptische Funktion und Magnetisierungsfunktion.** Bei den stark magnetischen Metallen Fe, Ni, Co liegt die Annahme nahe, daß die Drehung der Polarisationsebene wesentlich nur von der magnetischen Polarisation ihres Innern abhängig sei. Dementsprechend scheint es natürlicher, die Drehung φ als Funktion des spezifischen magnetischen Momentes $\mathfrak{J}$ darzustellen, statt als Funktion der Feldintensität $\mathfrak{H}$. Nun kann man bei einer dünnen Scheibe nach § 485

$$\mathfrak{J} = \frac{\varkappa}{1 + 4\pi\varkappa}\mathfrak{H}$$

[1] KUNDT, WIED. Ann. 27 (1886).

setzen, wo $\varkappa$ die Magnetisierungsfunktion bezeichnet. Die magnetische Drehung kann dann ausgedrückt werden in der Form:

$$\varphi = C \frac{1 + 4\pi\varkappa}{\varkappa} \mathfrak{J} l.$$

Nennen wir
$$D = C \frac{1 + 4\pi\varkappa}{\varkappa},$$

so wird
$$\varphi = D \mathfrak{J} l.$$

Nun zeigen die Beobachtungen in der Tat, daß D konstant ist. Seine Werte sind für

Co 820000, Ni 650000, Fe 540000.

Dabei sind die Winkel wieder in Sekunden ausgedrückt. Um auf Bogenmaß zu reduzieren, muß man die Werte mit $4{,}85 \cdot 10^{-6}$ multiplizieren.

Es gilt hiernach für die stark magnetischen Metalle der Satz:[1]

Die magnetooptische Funktion einer dünnen Scheibe ist proportional mit $\frac{\varkappa}{1 + 4\pi\varkappa}$, wo $\varkappa$ die Magnetisierungsfunktion des Metalles bezeichnet.

Achter Teil.
Magnetelektrizität oder Magnetinduktion.

§. 519. **Fundamentalversuche.** Im Elektromagnetismus haben wir Kräfte kennen gelernt, welche bewegte Elektrizität auf ruhenden Magnetismus im Stahle oder Eisen ausübte. Diese Kräfte suchten einerseits die ponderablen Träger des Magnetismus selbst zu bewegen, sie wirkten, wie man sagt, ponderomotorisch. Sie suchten andererseits den Magnetismus in seinem Träger zu verschieben, sie wirkten magnetomotorisch. Wir kommen nun zu der Frage, ob nicht auch umgekehrt bewegter Magnetismus auf ruhende Elektrizität wirkt. Dabei wird dem ganzen Charakter der Erscheinungen entsprechend von vornherein zu erwarten sein, daß die Wirkungen für die beiden Elektrizitäten entgegengesetzt sind, d. h. daß durch Bewegung des Magnetismus eine Scheidung der Elektrizität in ruhenden Leitern, beziehungsweise eine elektrische Strömung erzeugt wird. Für die Anordnung unserer Versuche ergibt sich hieraus eine wichtige Bemerkung. Würden wir dem Leiter, auf den der bewegte Magnetismus wirkt, die Form eines nicht geschlossenen Drahtes geben, so würden die nach den entgegengesetzten

[1] Du Bois, Wied. Ann. 31 (1887).

Enden getriebenen Elektrizitäten durch ihre Anhäufung eine elektromotorische Kraft erzeugen, welche in Kürze die vom Magnetismus ausgehende Wirkung kompensierte. Wir müssen also den Draht, an welchem wir die vermutete Wirkung beobachten wollen, jedenfalls in sich zurücklaufen lassen, so daß ein geschlossener Kreis entsteht. In diesen haben wir ein Instrument einzuschalten, welches die Beobachtung eines in dem Drahte entstehenden Stromes gestattet. Da es sich bei den Versuchen um schwache Ströme handelt, so genügt eine Tangentenbussole nicht zu diesem Zwecke; wir benutzen etwa ein Galvanometer mit astatischem Nadelpaare (§ 468). Wir haben nun noch zu fragen, welche Form dem Teile des Drahtes zu geben ist, auf den der bewegte Magnetismus wirkt. Die Erfahrung hat gezeigt, daß wir verhältnismäßig starke

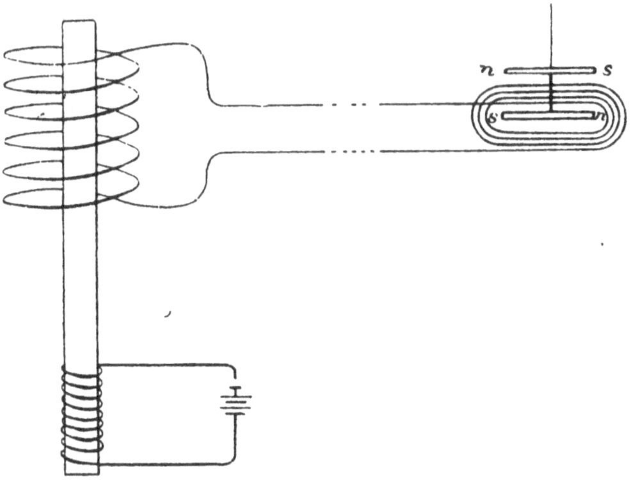

Fig. 589. **Induktion durch entstehenden oder verschwindenden Magnetismus.**

Wirkungen erhalten, wenn wir die Form eines Solenoides wählen. Hiernach besteht also der ganze Leiterkreis aus der Spule, auf die der bewegte Magnetismus wirkt, der Induktionsspule und dem Galvanometer (Fig. 589).

Bewegung des Magnetismus können wir auf doppeltem Wege erhalten; entweder durch Bewegung eines permanenten Magnets, oder durch Magnetisierung und Entmagnetisierung von weichem Eisen. Die letztere Bewegung hat eine gewisse Ähnlichkeit mit der elektrischen Strömung, sofern man sich dabei die magnetischen Fluida ebenso entgegengesetzt bewegt denken muß, wie die elektrischen im elektrischen Strome. Jener doppelten Möglichkeit entsprechend gründet sich nun das neue Gebiet von Erscheinungen auf zwei Fundamentalversuche. Wir erhalten einmal in unserem Drahtkreise einen Strom, wenn wir einen Stahlmagnet der Induktionsspule nähern oder von ihr entfernen, sodann, wenn wir in die Spule das eine Ende eines längeren Eisenstabes stecken und diesen durch eine über das andere Ende geschobene Spule magnetisieren oder durch Unterbrechung des Stromes entmagnetisieren. Auf diese letztere Form des Versuches bezieht sich die schematische Darstellung der Fig. 589.

Die elektromotorische Kraft, welche durch irgendeine Bewegung des Magnetismus in einem Leitungsdrahte hervorgerufen wird, bezeichnen wir als die induzierte elektromotorische Kraft, den ihr entsprechenden Strom als den induzierten; das ganze Gebiet der neuen Erscheinungen nennen wir Magnetinduktion, oder, um an ihre reziproke Stellung zu den Erscheinungen des Elektromagnetismus zu erinnern, Magnetelektrizität. Nach dem Ergebnisse der Versuche erhalten wir Induktion durch Bewegung permanenter Magnete und solche durch Magnetisierung und Entmagnetisierung von weichem Eisen.

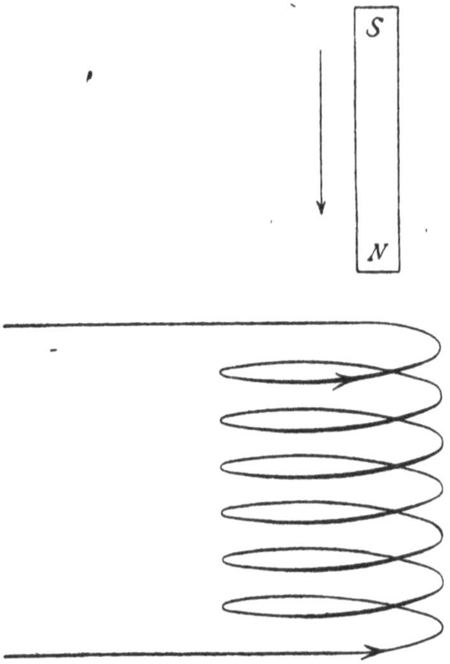

Fig. 590.
Induktion durch Bewegung eines Magnets.

§ 520. Die Regel von Lenz. Die Richtung der Sröme, welche durch Bewegung eines permanenten Magnets gegen eine Spule induziert werden, kann nach einer von Lenz gefundenen Regel bestimmt werden. Dabei kommt in Betracht, daß der induzierte Strom eine elektromagnetische Rückwirkung auf den induzierenden Magnet ausübt. Nun gilt der Satz: Die Richtung des induzierten Stromes ist stets eine solche, daß er durch seine elektromagnetische Rückwirkung die induzierende Bewegung zu hemmen sucht.

Halten wir z. B. einen Stabmagnet mit vertikaler Achse über eine Spule mit horizontalen Windungen so, daß sein Nordpol der Spule zugewandt ist; führen wir den Nordpol gegen die Spule heran, so hat der induzierte Strom eine solche Richtung, wie in Fig. 590 durch Pfeile angegeben ist.

Die Regel läßt sich auch übertragen auf die Induktion durch Magnetisierung und Entmagnetisierung. Entsteht in der Nähe einer Spule ein Elektromagnet, so wirkt dies gerade so, wie wenn ein permanenter Magnet aus weiter Entfernung gegen die Spule herangeführt und schließlich in der von dem Elektromagnet eingenommenen Lage festgehalten wird, natürlich bei übereinstimmender Richtung der magnetischen Achsen. Verschwindender Elektromagnetismus wirkt dann ebenso wie Entfernung eines permanenten Magnets. Dabei braucht kaum besonders hervorgehoben zu werden, daß nicht bloß völliges Verschwinden des Magnetismus eine elektromotorische Kraft induziert, sondern schon jeder Schwächung, überhaupt jeder Schwankung, eine elektromotorische Wirkung entspricht, deren Sinn immer dadurch bestimmt werden kann, daß Abnahme wie Entfernung, Zunahme wie Näherung wirkt.

Galvanometerdämpfung. Die Lenzsche Regel können wir sehr leicht durch eine Beobachtung an unserem Galvanometer bestätigen. Setzen wir bei offenem Multiplikator die Nadeln in Schwingung, so werden die Schwingungsbogen infolge der Luftreibung allmählich in ähnlicher Weise abnehmen, wie bei einem Pendel; allein die Abnahme ist eine sehr langsame. Sobald wir aber den Multiplikator schließen, nehmen die Schwingungen schnell ab, die Bewegung der Nadeln wird gedämpft. Es ist diese Erscheinung, welche für den Gebrauch der Galvanometer von praktischer Bedeutung ist, eine Folge der durch die Schwingung in dem geschlossenen Kreise induzierten Ströme. Die Stärke der Dämpfung wird durch das Verhältnis zweier aufeinanderfolgender Schwingungsbögen gemessen, das sogenannte Dämpfungsverhältnis (vgl. § 51). Man erzielt eine stärkere Dämpfung, wenn man den im Multiplikator schwingenden Stab mit einem Ringe von Kupfer, dem Dämpfer, umgibt, der ebenso wie der Multiplikator durch die in ihm erzeugten Induktionsströme wirkt.

§ 521. Integralstrom. Wenn wir bei der ersten Form des Fundamentalversuches den Magnet gegen die Spule aus der Anfangslage A nach der Endlage B bewegen, so wird in jedem Augenblicke der Bewegung eine elektromotorische Kraft ausgeübt werden. Es ist von vornherein klar, daß ihre Größe durch die Verhältnisse der Bewegung bedingt sein, daß sie mit der Entfernung von der Spule, mit der Geschwindigkeit sich ändern muß. Der induzierte Strom hängt ab von der elektromotorischen Kraft, er wird also in den verschiedenen Phasen der Bewegung gleichfalls eine verschiedene Stärke besitzen. Nun dauert aber der Strom im wesentlichen nur so lange wie die Bewegung, er wirkt also auf das Galvanometer ganz anders als der stetige Strom eines galvanischen Elementes; er erzeugt keine dauernde Ablenkung, vielmehr besteht die ganze Wirkung in einem Impulse, der die Pole der Magnetnadel zur Seite treibt, wie das aufschlagende Geschoß ein ballistisches Pendel. Es ergibt sich ferner aus der Beobachtung, daß die von der Bewegung $A \longrightarrow B$ erzeugte Ablenkung des Nadelpaares immer dieselbe bleibt, einerlei, auf welchem Wege man den Magnet von A nach B bringt, einerlei, in welcher Zeit dies geschieht. Es ist nur notwendig, daß die Dauer der induzierenden Bewegung klein bleibt gegen die

Schwingungsdauer der Nadeln. Unter dieser Voraussetzung aber hängt die Elongation der letzteren nur ab von der ganzen Menge von Elektrizität, welche durch den Querschnitt des Leitungsdrahtes fließt, von dem sogenannten Integralstrome. Wir haben also den Satz: Der Integralstrom ist nur abhängig von Anfangs- und Endlage des Magnetstabes, unabhängig von dem Wege, auf dem die Anfangslage mit der Endlage vertauscht wird, und von der Zeit, in welcher dies geschieht.

In Übereinstimmung hiermit ist es für das Zustandekommen der Induktion auch gleichgültig, ob wir den Magnet gegen die Spule, oder die Spule gegen den Magnet, oder ob wir beide zugleich bewegen; der ganze Effekt hängt immer nur von der relativen Anfangs- und Endlage der beiden Elemente ab.

§ 522. Magnetinduktion und Kraftlinien. Nach der letzten Bemerkung können wir den ersten Fundamentalversuch auch umkehren, den Magnet fest aufstellen und die Spule gegen ihn bewegen, eine Anordnung, welche in vielen Fällen die bequemere und leichter auszuführende ist. Insbesondere werden wir uns dieser Anordnung bedienen, um zu untersuchen, ob zwischen der Induktion im Magnetfelde und der Verteilung der Kraftlinien ein bestimmter Zusammenhang zu erkennen ist. Wir schieben die Spule, die eventuell auch nur aus einer Windung bestehen kann, über den Magnet, so daß ihre Mitte mit der des Magnets zusammenfällt.

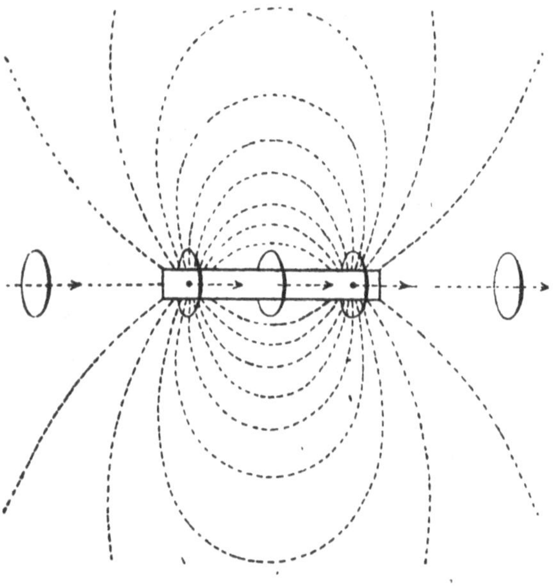

Fig. 591. Induktion und Kraftlinien.

Nun können wir die Spule cm für cm gegen den N-Pol hin verschieben und den bei jedem einzelnen Schritte induzierten Integralstrom messen. Dabei ergibt sich, daß die ersten Verschiebungen eine kaum merkliche Wirkung üben, daß dann ihre Wirkung zunimmt, bis sie in der Nähe des N-Poles ihr Maximum erreicht, um wieder bis zum Verschwinden abzunehmen, wenn wir die Spule in der Richtung der Achse des Magnets sich selbst parallel weiter und weiter entfernen. Die Richtung des induzierten Stromes bleibt dabei, der LENZschen Regel entsprechend, immer dieselbe. Nun sind in der Mitte des Magnetstabes die Kraftlinien seiner Achse parallel, durch eine Verschiebung der Spule erfährt hier die Zahl der durch sie hindurchgehenden Kraftlinien keine Änderung; in der Nähe der Pole ist der Wechsel dieser Zahl bei derselben Verschiebung am größten. In großer Entfernung von dem Magnete laufen die Kraftlinien wieder der Achse parallel, hier ist also die Verschiebung der Spule wiederum von keinem Wechsel in der Zahl der sie durchsetzenden Kraftlinien begleitet. Man überzeugt sich hiervon durch die Betrachtung der Fig. 591, in welcher die Kreise die über den Magnet geschobene Spule, die Pfeile die Richtung darstellen, in der sie bewegt wird. Wir ziehen aus der geschilderten Beobachtung den Schluß, daß der durch eine bestimmte Verschiebung in der Spule erzeugte Integralstrom der Änderung proportional ist, welche die Zahl der durch die Spule gehenden Kraftlinien erfährt.

§ 523. **Erdinduktor.** Wir wollen diesen Satz noch weiter prüfen an einem Beispiele, das ein gewisses praktisches Interesse besitzt. Die Erde selbst ist ja, wie wir wissen, ein Magnet; es muß also Bewegung einer Spule einen Strom erzeugen, auch ohne daß irgendwelche Stahl- oder Elektromagnete in der Nähe sind. Nun ist aber das Magnetfeld der Erde ein homogenes mit parallelen Kraftlinien. Es ist daher leicht, die bei einer beliebigen Bewegung eintretende Änderung zu berechnen, welche die Zahl der durch die Spule gehenden Kraftlinien erleidet. Allerdings wird es zunächst notwendig sein, eine bestimmte Festsetzung darüber zu treffen, wie wir diese Zahl rechnen wollen. Wir setzen voraus, daß die kreisförmigen Windungen der Spule alle denselben oder wenigstens nahe denselben Halbmesser besitzen. Wir setzen dann an ihre Stelle einen Kreis $\mathfrak{K}$, dessen Halbmesser gleich dem mittleren Halbmesser der Windungen ist. Die Zahl der Kraftlinien, welche die Fläche dieses Kreises durchschneiden, soll dann in provisorischer Weise als ein Maßstab für die Zahl der durch die Spule gehenden betrachtet werden. Danach sehen wir sofort, daß eine Parallelverschiebung der Spule keine Änderung in der Zahl der durch sie gehenden Kraftlinien bedingt; denn es treten auf der einen Seite ebensoviel Kraftlinien ein, als auf der anderen aus. Stellen wir andererseits die Spule so, daß ein Durchmesser des Kreises $\mathfrak{K}$ mit der Richtung der Inklination zusammenfällt, so gehen die Kraftlinien nirgends durch seine Fläche hindurch, und dies bleibt so, wenn wir die Spule um jenen Durchmesser drehen. In beiden Fällen kann nach dem am Schlusse des vorhergehenden § aufgestellten Prinzipe keine Induktion stattfinden, und dies wird durch die Erfahrung in der Tat bestätigt.

Anders, wenn die Spule um einen horizontalen Durchmesser DCD' (Fig. 592) gedreht wird, der senkrecht zu dem magnetischen Meridiane gerichtet sei. Stellen wir die Spule so, daß ihre Achse CA mit der Inklinationsrichtung $C\mathfrak{H}$ den Winkel φ einschließt, so geht durch den Kreis $\mathfrak{K}$, dessen Ebene zu CA senkrecht steht, ein

Bündel von Kraftlinien hindurch, dessen Querschnitt gleich $f \cos \varphi$ ist, wenn wir unter f den Flächeninhalt von $\mathfrak{K}$ verstehen. Die Gesamtintensität $\mathfrak{H}$ des Erdmagnetismus gibt aber nach § 365 zugleich die Zahl der Kraftlinien, die durch 1 cm² senkrecht hindurchgehen. Daraus ergibt sich, daß bei der angegebenen Stellung der Spule durch den Kreis $\mathfrak{K}$ eine Anzahl von $f \mathfrak{H} \cos \varphi$ Kraftlinien hindurchgeht. Ist $\varphi = 0$, stehen also die Windungen senkrecht zu der Inklinationsrichtung, so ist die Zahl am größten, nämlich $f \mathfrak{H}$; drehen wir von dieser Stellung aus, so daß φ zunimmt, so nimmt die Zahl ab; sie ist Null, wenn φ gleich einem Rechten wird, da die Inklinationsrichtung dann in die Ebene des Kreises $\mathfrak{K}$ fällt; drehen wir also um einen rechten Winkel, so nimmt die Zahl der durch $\mathfrak{K}$ gehenden Kraftlinien um $f \mathfrak{H}$ ab, und dem müßte nach dem Prinzipe des vorhergehenden § die Stärke des Integralstromes entsprechen. Drehen wir nun in demselben Sinne weiter, so daß der Winkel φ größer als 90° wird, so nimmt die Zahl der Kraftlinien, welche durch $\mathfrak{K}$ hindurchgehen, wieder zu; drehen wir abermals um 90°, so daß die ganze Drehung nun 180° beträgt, so kommen wir wieder auf die anfängliche Zahl von $f \mathfrak{H}$ Kraftlinien. Der durch die zweite Drehung um 90° erzeugte Integralstrom muß dieselbe Stärke besitzen, wie der erste. Wir können nur darüber im Zweifel sein, ob die zweite Drehung in demselben Sinne wirkt wie die erste oder umgekehrt, ob sich die Ströme verstärken oder aufheben. Die Anwendung der Lenzschen Regel zeigt, ebenso wie der direkte Versuch, daß in der Tat das erstere der Fall ist. Die ganze Drehung um 180° von der zu der Inklinationsrichtung senkrechten Anfangslage aus muß daher einen Integralstrom erzeugen, der mit $2 f \mathfrak{H}$ proportional ist.

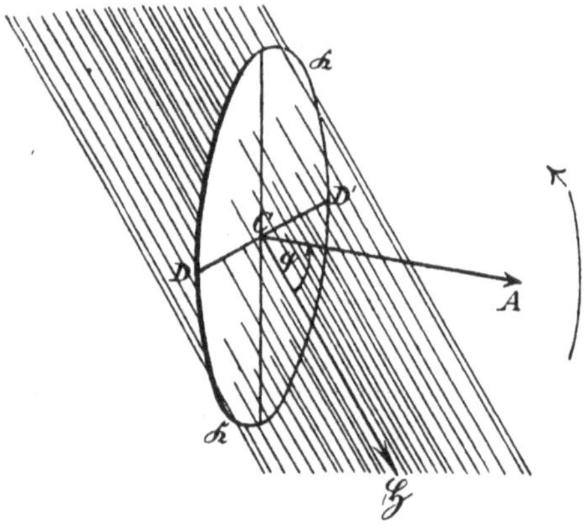

Fig. 592. Erdinduktor.

Gehen wir von einer beliebigen Anfangslage aus, bei der die Achse CA der Spule mit der Inklinationsrichtung $C\mathfrak{H}$ den Winkel φ einschließt, und drehen wir von hier aus, so nimmt die Zahl der Kraftlinien, die durch den Kreis $\mathfrak{K}$ gehen, bei einer Drehung um $(\frac{1}{2}\pi - \varphi)$ ab von $f \mathfrak{H} \cos \varphi$ bis Null; bei einer weiteren Drehung um $(\frac{1}{2}\pi + \varphi)$ nimmt sie wieder zu von Null bis $f \mathfrak{H} \cos \varphi$. Den beiden Drehungen müssen also gleiche Integralströme entsprechen, und die weitere Überlegung zeigt, daß diese Ströme auch gleich gerichtet sind, sich also bei einer Drehung von 180° in ihren Wirkungen verstärken. Der Integralstrom bei dieser Drehung muß hiernach proportional mit $2 f \mathfrak{H} \cos \varphi$ sein.

Hieran schließt sich nun die Möglichkeit einer sehr scharfen Prüfung des im vorhergehenden § aufgestellten Induktionsprinzips. Wir machen φ einmal gleich dem Inklinationswinkel j, so daß die Achse CA der Spule horizontal steht, das andere Mal $\varphi = (90^{0} - j)$, so daß die Achse vertikal steht. Drehen wir in beiden Fällen um 180°, so erhalten wir das eine Mal einen mit $2 f \mathfrak{H} \cos j$, das andere Mal einen mit $2 f \mathfrak{H} \sin j$ proportionalen Integralstrom. Das Verhältnis der von ihnen erzeugten Galvanometerausschläge muß, wenigstens solange diese nur klein sind, die Tangente des Inklinationswinkels geben. Die Übereinstimmung des so gefundenen Inklinationswinkels mit dem direkt gemessenen beweist die Richtigkeit des der Rechnung zugrunde liegenden Prinzips. Andererseits liefert die Anwendung des Erdinduktors eine neue Methode der Inklinationsmessung selbst, die vor der direkten Bestimmung manche Vorzüge hat.

§ **524. Induzierter Strom und Zahl und Richtung der Kraftlinien.** Der im vorhergehenden gefundene Zusammenhang zwischen der Induktion und der Bewegung der Spule bedarf noch einer genaueren Untersuchung. Wir nehmen dabei von vornherein an, daß die Spule nur aus einer einzigen Windung bestehe, und diese ersetzen wir, indem wir ihre Enden miteinander verbinden, durch einen Kreis $\mathfrak{K}$, der ebenso wie vorher die Spule um einen horizontalen, zu der Inklinationsrichtung senkrechten Durchmesser DCD' (Fig. 592) drehbar sei. Stellen wir seine Fläche f zu der Inklinationsrichtung senkrecht, so ist die Zahl der durch $\mathfrak{K}$ gehenden Kraftlinien $f\mathfrak{H}$. Drehen wir, so nimmt die Zahl ab und ist Null nach einer Drehung um 90°; die Richtung des induzierten Stromes bleibt dabei immer dieselbe. Drehen wir rückwärts, so nimmt die Zahl der durch $\mathfrak{K}$ gehenden Kraftlinien wieder zu und der Strom läuft in entgegengesetzter Richtung wie zuvor. Drehen wir im alten Sinne über 90° hinaus weiter, so nimmt die Zahl der die Stromfläche schneidenden Kraftlinien gleichfalls zu, der Strom aber behält dieselbe Richtung wie zuvor. Man erhält somit den Eindruck, als ob die bloße Betrachtung der Kraftlinien für die Beurteilung nicht ausreiche, sondern die LENZsche Regel notwendig noch mit benützt werden müßte. Diese Lücke werden wir durch die folgende Betrachtung zu beseitigen haben.

Wir schreiben den Kraftlinien zunächst eine gewisse Richtung zu, es ist die, in der ein magnetischer Nordpol auf ihnen getrieben wird. Wenn wir nun durch den Kreis $\mathfrak{K}$ eine Ebene, die Stromfläche, gelegt denken, so treten die Kraftlinien auf der einen Seite in diese Fläche ein, auf der anderen aus ihr heraus. Die beiden Seiten der Stromfläche können wir dadurch unterscheiden, daß wir die Normale CA willkürlich nach der einen Seite gezogen haben: wir bezeichnen nun die Seite der Stromfläche, auf der die Normale steht, als die positive, die andere als die negative. Zu Anfang steht der Kreis so, daß die Normale CA mit der Richtung der magnetischen Kraft $C\mathfrak{H}$ zusammenfällt. Die Kraftlinien gehen von der negativen Seite der Stromfläche zu der positiven; das Verhältnis bleibt dasselbe, wenn wir drehen, bis der Winkel φ ein Rechter geworden ist, so daß die Fläche des Kreises $\mathfrak{K}$ in die Inklinationsrichtung fällt. Sobald wir aber den Winkel von 90° überschreiten, wendet die Stromfläche ihre positive Seite der Gegend zu, von welcher die Kraftlinien herkommen, und diese gehen nun von der positiven Seite der Stromfläche zu der negativen. Zugleich nimmt die Zahl der durch die Stromfläche gehenden Kraftlinien wieder zu, während die Stromrichtung dieselbe bleibt wie zuvor. Es ergibt sich somit die Regel: Wenn die Zahl der von der negativen Seite der Stromfläche zu der positiven gehenden Kraftlinien abnimmt, so ist die Richtung des induzierten Stromes dieselbe, wie bei einer Zunahme der Zahl von Kraftlinien, die umgekehrt von der positiven Seite zur negativen gehen. Durch diesen Satz, und den entsprechenden für eine umgekehrte Bewegung geltenden, kann man bei jeder Drehung des Kreises das Verhalten der Stromrichtung auch ohne die Lenzsche Regel bestimmen. Zu dem einfachsten und allgemeinsten Ausdruck kommt man, wenn man Kraftlinien, die von der negativen Seite der Stromfläche zu der positiven gehen, ein für allemal positiv, solche, die entgegengesetzt laufen, negativ zählt. Man hat dann den Satz: Bei einer beliebigen Drehung ist der Integralstrom proportional mit der algebraischen Differenz zwischen den Zahlen von Kraftlinien, die in der Anfangs- und in der Endstellung des Kreises durch seine Fläche gehen. An Stelle der Lenzschen Regel tritt der Satz: Nimmt die Zahl der durch die Stromfläche gehenden Kraftlinien, algebraisch genommen, d. h. mit Rücksicht auf das Vorzeichen der Linien ab, so kreist für einen auf der positiven Seite der Stromfläche stehenden Beobachter der Strom umgekehrt wie der Uhrzeiger. Für die in Fig. 592 durch den Pfeil bei A angegebene Drehung geht also der induzierte Strom von D durch den unteren Halbkreis nach D' und durch den oberen zurück nach D.

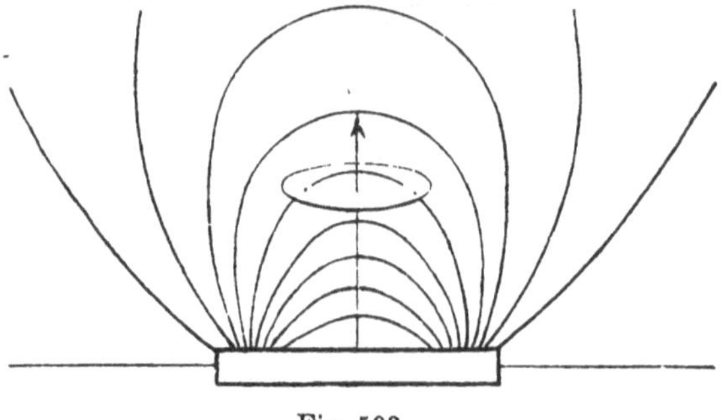

Fig. 593.

Die allgemeine Fassung des Satzes, durch welchen die Induktion abhängig gemacht wird von der Zahl der durchschnittenen Kraftlinien, findet eine beachtenswerte Anwendung auf den durch Fig. 593 dargestellten Fall. Die Achse der durch einen einfachen Ring ersetzten Spule falle in die Symmetrieebene eines Stabmagnets, und die Bewegung erfolge so, daß sie in dieser Ebene verbleibt. Anscheinend findet hierbei ein Wechsel in der Zahl der durch die Fläche des Ringes gehenden Kraftlinien statt; tatsächlich ist in jeder Lage die Zahl der durchgehenden Kraftlinien gleich Null, denn jede geht zweimal durch und ist das eine Mal positiv, das andere Mal negativ zu zählen. Die betrachtete Bewegung erzeugt in Übereinstimmung mit dieser Überlegung keine Induktion.

§ **525. Strom und elektromotorische Kraft.** Wir haben uns bei den bisherigen Untersuchungen durchweg an die in unseren Leitern induzierten Ströme gehalten; es ist dies natürlich, weil eben die Ströme das sind, was wir mit dem Galvanometer beobachten. Nun ist nach dem Ohmschen Gesetze $E = IR$. Da der Widerstand der Leitung ungeändert blieb, gilt alles für die Stromstärke Gesagte auch für die elektromotorische Kraft.

Im Falle der induzierten Ströme knüpfen sich hieran noch einige weitere Überlegungen. Wir haben schon hervorgehoben, daß während der induzierenden Bewegung keineswegs ein Strom von konstanter Stärke durch den Leiter fließt; vielmehr wechselt diese je nach den Verhältnissen der Geschwindigkeit und der räumlichen Lage. Wir können aber diese gesamte Zeitdauer t der induzierenden Bewegung in kleine Abschnitte dt_1, dt_2, dt_3 ... so zerlegen, daß in jedem der Strom als konstant betrachtet werden kann. Während dt_1 habe der Strom die Stärke I_1, befördere also in der Sekunde die Elektrizitätsmenge I_1 durch den Querschnitt des Leitungsdrahtes; ebenso sei in den folgenden Abschnitten die Stromstärke I_2, I_3 ...; die Gesamtmenge der Elektrizität, die während der induzierenden Bewegung durch den Leiterquerschnitt fließt, der Integralstrom, ist dann:

$$\mathsf{I} = I_1\,dt_1 + I_2\,dt_2 + I_3\,dt_3 + \ldots = \sum I\,dt.$$

Nun gilt dasselbe wie vom Strome auch von der elektromotorischen Kraft; auch diese ist im allgemeinen während der Bewegung einer stetigen Änderung unterworfen; innerhalb der kleinen Zeiten dt_1, dt_2, dt_3, ... können wir aber ihre Werte jeweilig als konstant betrachten; bezeichnen wir diese konstanten Werte der Reihe nach durch E_1, E_2, E_3 ..., so ist nach dem Ohmschen Gesetze: $E_1 = RI_1$, $E_2 = RI_2$, $E_3 = RI_3$ ...

Somit $$\mathsf{I}R = E_1\,dt_1 + E_2\,dt_2 + E_3\,dt_3 + \ldots = \sum E\,dt.$$

Der auf der rechten Seite stehende Ausdruck setzt sich aus den momentanen elektromotorischen Kräften ebenso zusammen, wie der Integralstrom aus den momentanen Strömen. Wir nennen ihn den Integralwert der elektromotorischen Kraft oder die Integralkraft. Die in einem bestimmten Augenblicke induzierte elektromotorische Kraft werden wir als elektromotorische Momentankraft bezeichnen, wenn es nötig scheint, einer Verwechslung mit der Integralkraft vorzubeugen. Die Beziehung zwischen dieser und dem Integralstrome ist, wie man sieht, dieselbe, wie zwischen der in irgendeinem Augenblicke wirkenden Kraft und dem in ihm vorhandenen Strome. Versteht man unter $\bar{E}$ den mittleren Wert, den die elektromotorische Kraft bei der ganzen induzierenden Bewegung hat, unter t wieder die Zeitdauer der Bewegung, so ist:

$$\bar{E}t = E_1\, dt_1 + E_2\, dt_2 + E_3\, dt_3 + \ldots = \sum E\, dt;$$

es ist $\bar{E}t$ gleich dem Integralwerte der elektromotorischen Kraft. Bezeichnen wir ebenso durch $\bar{I}$ die mittlere Stromstärke während der Dauer t der induzierenden Bewegung, so ist der Integralstrom gleich $\bar{I}\, t$.

§ 526. Elementargesetz der elektromotorischen Kraft. Rechte-Hand-Regel. Die Gestalt eines Stromkreises mag sein wie sie will, immer können wir ihn zusammensetzen aus einer Reihe von Drahtstücken,

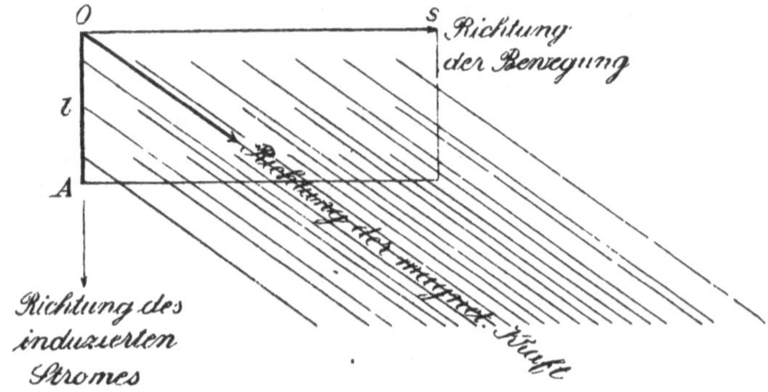

Fig. 594.

deren Form im wesentlichen als eine geradlinige zu betrachten ist. Wenn wir also die elektromotorische Kraft kennen, die in einem geradlinigen Leiter durch Bewegung in einem Magnetfelde erzeugt wird, so werden wir in der Lage sein, die auf Leiter von beliebiger Gestalt ausgeübte Induktion zu berechnen. Das Gesetz der auf einen solchen geradlinigen Leiter wirkenden Kraft bezeichnen wir als das Elementargesetz der elektromotorischen Kraft.

Auf Grund der in den vorhergehenden §§ entwickelten Sätze kann man nun zunächst vermutungsweise ein solches Elementargesetz aufstellen. Wir betrachten den einfachsten Fall eines geradlinigen Drahtes OA (Fig. 594) von der Länge l, der senkrecht gegen die Kraftlinien eines Magnetfeldes von der Intensität $\mathfrak{H}$ steht und senkrecht gegen sie und gegen die Drahtrichtung in der Richtung s mit der Geschwindigkeit u bewegt wird. In der Fig. hat man sich danach die Richtung der magnetischen Kraft senkrecht zur Ebene der Zeichnung zu denken. Die in der Fig. angedeutete Stromrichtung bestimmt sich nach der Regel von Lenz, sie kehrt sich um, wenn die Richtung der Bewegung umgekehrt wird. Mit Bezug auf die induzierte elektromotorische Momentankraft machen wir die Annahme, daß sie proportional sei mit

$$\mathfrak{H}\, l u.$$

Durchläuft das Drahtstück l in der Zeit τ den Weg s, so ist $s = u\tau$; ist das Magnetfeld ein homogenes, so ist dann der Integralwert der elektromotorischen Kraft, $E\tau$, proportional mit $\mathfrak{H}ls$. Nun ist aber ls die von dem Drahtstücke bei seiner Bewegung durchstrichene Fläche, $\mathfrak{H}$ ist die Anzahl der Kraftlinien, welche durch die Fläche von 1 cm^2 senkrecht hindurchgehen, somit ist $\mathfrak{H}ls$ die Zahl der Kraftlinien, welche von dem Drahtstücke bei seiner Bewegung durchschnitten werden. Als eine unmittelbare Folgerung unseres Elementargesetzes ergibt sich daher der Satz: Wenn ein geradliniges Drahtstück in einem Magnetfelde bewegt wird, so ist der Integralwert der darauf wirkenden elektromotorischen Kraft proportional mit der Anzahl der durchschnittenen Kraftlinien. Die in einem bestimmten Augenblicke induzierte elektromotorische Kraft ist nach unserer Annahme proportional mit $\mathfrak{H}lu$. Andererseits ist der in der Zeiteinheit durchlaufene Weg gleich u, und somit die in einem bestimmten Augenblicke induzierte elektromotorische Kraft, die Momentankraft, proportional der Zahl der pro sec durchschnittenen Kraftlinien.

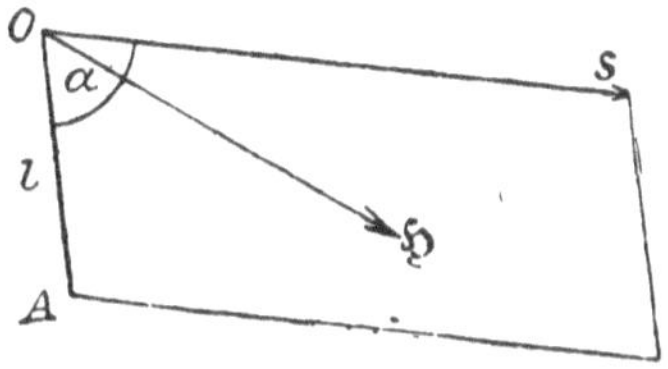

Fig. 595.

In diesen Sätzen ist nichts mehr enthalten, was auf eine bestimmte wechselseitige Lage der in Betracht zu ziehenden Richtungen hinweist; in der Tat zeigt die Erfahrung, daß sie bei beliebiger Bewegung eines Drahtkreises im Magnetfelde gültig sind. Betrachten wir zunächst den Fall daß zwar die Kraftlinien gegen die Ebene ls senkrecht stehen, daß aber das Drahtstück l mit der Bewegungsrichtung s den Winkel α einschließt, wie in Fig. 595; die elektromotorische Kraft E ist dann proportional mit $\mathfrak{H}lu\sin\alpha$; sie verschwindet, wenn das Drahtstück in seiner eigenen Richtung verschoben wird. Die elektromotorische Kraft verschwindet außerdem, wenn das Drahtstück in der Richtung der Kraftlinien bewegt wird; denn dann gleitet es beständig an denselben Kraftlinien hin, statt immer neue und neue Kraftlinien zu durchschneiden.

Wenn endlich Bewegungsrichtung und Draht gegen die Kraftlinien beliebig geneigt sind, so ergibt sich aus unserem Satze das folgende Verfahren zur Bestimmung der elektromotorischen Kraft. Wir bestimmen die zur Kraftrichtung $\mathfrak{H}$ senkrechte Geschwindigkeitskomponente w (Fig. 596) und projizieren das in der Fig. durch die Linie Ol dargestellte Drahtstück auf die zur Ebene $\mathfrak{H}w$ normale Richtung nach $O\lambda$. Bezeichnet λ die Länge der Projektion, so ist die elektromotorische Kraft proportional mit $\mathfrak{H}\lambda w$. Der Satz, durch den wir zuvor den Integralwert der elektromotorischen Kraft bestimmt haben, bleibt auch in diesem allgemeinsten Falle bestehen; er gilt endlich auch bei einem inhomogenen Felde, insofern wir dieses immer in einzelne Teile zerlegen können, deren jeder für sich genommen als homogen betrachtet werden kann. Findet aber die Verschiebung in einem homogenen Felde mit konstanter Geschwindigkeit statt, so ist die elektromotorische Kraft E während der ganzen Bewegung dieselbe. Die Integralkraft für die ganze Bewegung ist dann Et, wenn t die Dauer der letzteren bezeichnet.

Analog der Linken-Hand-Regel des § 497 haben wir hier eine Rechte-Hand-Regel. Man spreize wieder Daumen, Zeige- und Mittelfinger der rechten Hand in 3 aufeinander senkrechte Richtungen, bringe dann die Hand in eine solche Lage, daß der Zeigefinger in die Richtung der

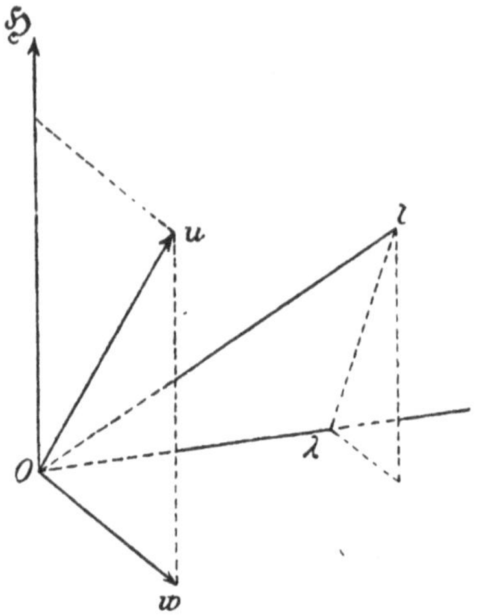

Fig. 596.

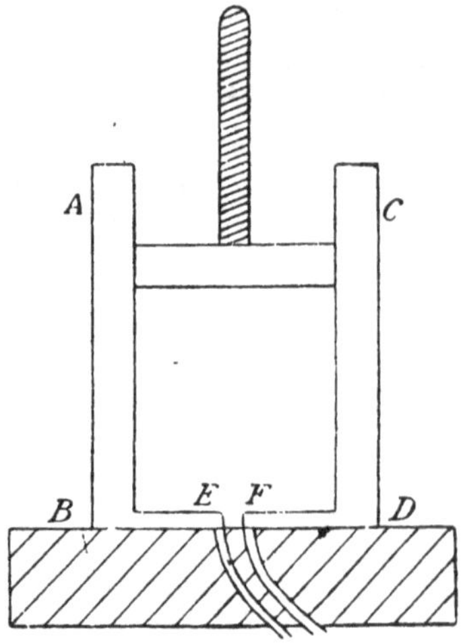

Fig. 597.

magnetischen Kraft-(Induktions-)Linien, der Daumen in die Richtung der Leiterbewegung weist, so gibt die Mittelfingerrichtung die Richtung der induzierten elektromotorischen Kraft, welche proportional ist der Anzahl der Induktionslinien, die der Leiter pro sec schneidet.

Experimentelle Prüfung des Elementargesetzes. Eine experimentelle Prüfung des gewonnenen Satzes können wir in folgender Weise ausführen. Wir nehmen zwei aufrecht stehende Kupferstäbe, AB und CD, zwischen denen ein Querstück von Kupfer auf- und abgeschoben werden kann (Fig. 597). Von den unteren Enden B und D führen wir senkrecht zur Richtung der Stäbe zwei Leitungsdrähte nach den dicht nebeneinander liegenden Punkten E und F, von dort weiter zu einem Galvanometer. Die ganze Vorrichtung bringen wir zwischen die Pole eines kräftigen Elektromagneten mit dicken Eisenkernen; die entgegengesetzten Polflächen werden einander so weit genähert, daß man die Gabel $ABEFDC$ noch dazwischen schieben kann. Die Kraftlinien mögen senkrecht durch die Fläche $ABDC$ hindurchgehen. Wir bringen das Querstück zuerst an das Ende AC; schieben wir es nieder bis BD, so entsteht ein Strom; der ihm entsprechende Integralwert der elektromotorischen Kraft ist nach unserem Satze proportional mit der Zahl der geschnittenen Kraftlinien, proportional also mit der Zahl der die Fläche *ABEFDC* durchschneidenden. Ziehen wir das Querstück wieder bis *AC* zurück, so erhalten wir einen Integralstrom von gleicher Stärke, aber entgegengesetzter Richtung. Die Prüfung des im vorhergehenden § aufgestellten Satzes erfolgt nun durch einen dritten Versuch. Wir lassen den Bügel in *AC* und ziehen den ganzen Rahmen etwa in der Richtung *AC* aus dem Magnetfelde völlig heraus. Wir erhalten dann einen Integralstrom von derselben Stärke und Richtung, wie beim Abwärtsschieben des Bügels von *AC* bis *BD*. Durch diese Beobachtung wird das von uns angenommene Gesetz in der Tat durchaus bestätigt. Bei der angegebenen Bewegung erfahren die Leiterstücke *AC* und *BEFD* keine Induktion. Der Integralwert der auf *AB* ausgeübten elektromotorischen Kraft aber ist proportional der Zahl der von *AB* durchschnittenen, rechts davon liegenden Kraftlinien, der Integralwert der auf *CD* wirkenden Kraft proportional der Zahl der von *CD* durchschnittenen, rechts von diesem liegenden Kraftlinien. Wenn wir den Rahmen so weit entfernen, daß in seinem Umkreise überhaupt keine Kraftlinien mehr vorhanden sind, so überwiegt der Integralwert der auf *AB* ausgeübten Kraft, weil *AB* die von dem Rechtecke *ABCD* umschlossenen Kraftlinien mehr durchschneidet als *CD*. Ferner sieht man, daß in dem ganzen Leiterkreise *ABEFDC* die auf *AB* und auf *CD* ausgeübten Kräfte sich entgegenwirken. Der beobachtete Strom ist daher proportional mit der Differenz der Zahlen von Kraftlinien, die durch *AB* und durch *CD* geschnitten werden, d. h. proportional mit der Zahl der durch *ABDC* gehenden; er ist in der Tat ebenso groß, wie bei dem Niederschieben des Querstückes.

§ 527. **Elektromotorische Kraft in einem geschlossenen Kreise.** Durch die letzte Betrachtung wird die Richtigkeit des Elementargesetzes noch in einem anderen Sinne bewiesen. Wir haben gezeigt, daß die auf das Leiterviereck *ABDC* ausgeübte Integralkraft bei dem letzten Versuche proportional der Zahl der durch *ABDC* gehenden Kraftlinien ist. Wenn aber das Viereck ganz aus dem Magnetfelde entfernt ist, so gehen gar keine Kraftlinien mehr durch seine Fläche. Es ist also bei dem betrachteten Versuche die Zahl der Kraftlinien, welche in der Anfangsstellung durch die Fläche *ABDC* gehen, identisch mit der Differenz zwischen den Zahlen der am Anfange und am Ende der Bewegung durchgehenden. Damit kommen wir zu dem in § 524 besprochenen Satze zurück, wenn wir uns erinnern, daß Strom und elektromotorische Kraft proportionale Dinge sind. Dort allerdings gründete er sich auf eine rotatorische, hier gilt er für eine translatorische Bewegung. Eine etwas weiter ausgreifende Betrachtung zeigt, daß dies in der Tat keinen Unterschied bedingt, daß vielmehr aus dem Elementargesetze ganz allgemein der Satz folgt:

Bei einer beliebigen Bewegung eines geschlossenen Leiters im Magnetfelde ist der Integralwert der elektromotorischen

Kraft proportional der algebraischen Differenz zwischen den Zahlen von Kraftlinien, welche am Anfange und am Ende der Verschiebung durch die Leiterfläche gehen. Dabei muß man in derselben Weise wie in § 524 zwischen einer positiven und einer negativen Seite der Stromfläche unterscheiden und Kraftlinien, welche von der positiven Seite zur negativen gehen, negativ zählen. Die während einer kleinen Zeit dt wirkende elektromotorische Momentankraft ist gleich der entsprechenden Zunahme, welche die Zahl der durch die Leiterfläche gehenden Kraftlinien erfährt, dividiert durch die Zeit dt.

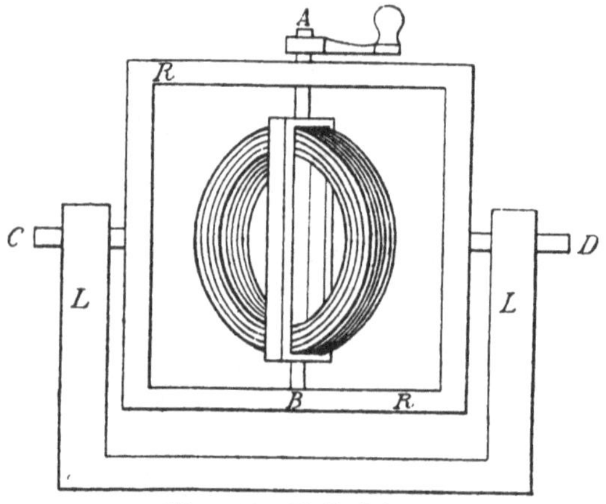

Fig. 598. Erdinduktor.

Wir benützen den Satz, um die Theorie des Erdinduktors etwas vollständiger zu entwickeln, als dies in § 523 geschehen ist. Die Achse AB des Induktors ist in dem rechteckigen Rahmen R befestigt (Fig. 598); sie dient zugleich zur Verbindung des Induktors mit dem Galvanometer; diese ist natürlich so einzurichten, daß sie bei der Drehung des Induktors keine Störung erleidet. Der Rahmen R ist selbst wieder mit Hilfe der Achse CD in den festen Lagern L drehbar; auf diese Weise ist es möglich, der Drehungsachse des Induktors verschiedene Lagen zu geben.

Um die auf den Induktor bei einer beliebigen Drehung ausgeübte elektromotorische Gesamtkraft zu finden, zerlegen wir den aufgewundenen Draht zunächst in seine einzelnen Elemente. Die auf den ganzen Induktor wirkende Kraft ist gleich der Summe der auf seine Elemente ausgeübten. Diese Summe läßt sich berechnen, wenn wir die Elemente jeder einzelnen Windung zusammennehmen. Die auf den ganzen Induktor wirkende Kraft ist dann proportional der Summe der auf die einzelnen Windungen ausgeübten. Die letzteren können wir nun durch geschlossene Ringe ersetzen, indem wir uns die dicht beisammenliegenden Enden miteinander verbunden denken. Nach dem angeführten Satze ist aber die in einer Windung hervorgerufene elektromotorische Integralkraft proportional der Änderung der Zahl von Kraftlinien, welche durch sie oder durch den sie ersetzenden Kreis hindurchgehen. Ist f die Fläche der Windung, $\mathfrak{H}$ die Intensität des magnetischen Feldes, und bildet in der Anfangs- und in der Endstellung des Induktors die Achse der Windungen mit der Richtung der Inklination die Winkel φ und $180^{\circ} + \varphi$, so ist nach § 523 die Änderung der durch die betrachtete Windung gehenden Zahl von Kraftlinien gleich $2f\mathfrak{H}\cos\varphi$. Die elektromotorische Integralkraft, die bei der Drehung auf die betrachtete Windung ausgeübt wird, ist somit proportional mit diesem Produkte. Für eine zweite Windung ergibt sich ebenso der Ausdruck $2f'\mathfrak{H}\cos\varphi$, wenn f' ihre Fläche bezeichnet. Der gesamte Betrag, der bei der Drehung des Induktors erzeugten elektromotorischen Integralkraft ist daher proportional mit

$$2(f + f' + \ldots)\mathfrak{H}\cos\varphi = 2F\mathfrak{H}\cos\varphi\,.$$

Hier steht in der Klammer links die Summe aller von den einzelnen Windungen des Induktors umschlossenen Flächen, seine Windungsfläche F.

§ 528. Maßeinheit der elektromotorischen Kraft. Die elektromotorische Kraft, welche in einem geradlinigen Drahte von der Länge l induziert wird, wenn er senkrecht zu den magnetischen Kraftlinien steht, und senkrecht gegen sie und gegen seine eigene Richtung mit der Geschwindigkeit u bewegt wird, ist nach dem vorhergehenden proportional mit $\mathfrak{H}lu$, unter $\mathfrak{H}$ die Feldstärke verstanden. Wenn wir nun das Gebiet der magnetelektrischen Erscheinungen für sich betrachten, so leuchtet ein, daß wir die Maßeinheiten, die wir bei unseren Messungen zugrunde legen, ganz nach Bequemlichkeit und unabhängig von allen anderen Bestimmungen wählen können. Von dieser Möglichkeit machen wir Gebrauch bei der elektromotorischen Kraft, indem wir sie im betrachteten Falle nicht proportional, sondern gleich dem Produkte $\mathfrak{H}lu$, gleich der Zahl der pro sec durchschnittenen Kraftlinien setzen. Damit ist dann über die Maßeinheit der elektromotorischen Kraft verfügt; benützen wir cm, g, sec beziehungsweise als Einheiten der Länge, der Masse und der Zeit, so haben wir den Satz: Die Einheit der elektromotorischen Kraft ist diejenige, welche in einem zu den Kraftlinien senkrechten, geradlinigen Leiter von 1 cm Länge induziert wird, wenn er in einem Felde von der Intensität $1\,\mathrm{cm}^{-\frac{1}{2}}\cdot\mathrm{g}^{\frac{1}{2}}\cdot\mathrm{sec}^{-1}$ enkrecht zu den Kraftlinien und senkrecht zu seiner eigenen Richtung mit der Geschwindigkeit $1\,\mathrm{cm}\cdot\mathrm{sec}^{-1}$ bewegt wird. Das hierdurch begründete Maßsystem der elektromotorischen Kraft bezeichnet man als das elektromagnetische. Die Dimension der elektromotorischen Kraft ist dabei durch die Gleichung

$$[E] = \mathrm{cm}^{\frac{3}{2}}\cdot\mathrm{g}^{\frac{1}{2}}\cdot\mathrm{sec}^{-2}$$

gegeben.

Die von dieser elektromagnetischen Einheit abweichende praktische Maßeinheit ist das Volt, dessen wir uns ja bisher meist (§§ 386, 429) bedienten; gehen wir aus von der elektromagnetischen Einheit, so erhalten wir die folgende Definition: 10^8 Einheiten des elektromagnetischen cm·g·sec-Systemes sind gleich einem Volt.

§ 529. Magnetelektrische Rotationserscheinungen; Rotationsinduktor. Die bisher betrachteten Induktoren erzeugten nur kurze Stromstöße, die elementare Induktion aber liefert ein Mittel zur Konstruktion kontinuierlich wirkender Apparate. Wir geben zu diesem Zwecke dem im Magnetfelde bewegten Leiter die Gestalt einer Kreisscheibe. Diese können wir dann um ihre Achse *CA* (Fig. 599) in kontinuierliche Rotation versetzen, ohne daß der Leiterkreis, in den sie eingeschaltet ist, bei fortschreitender Bewegung unterbrochen wird. Wir brauchen zu diesem Behufe nur gegen den Rand der Scheibe eine Feder *B* schleifen zu lassen und diese

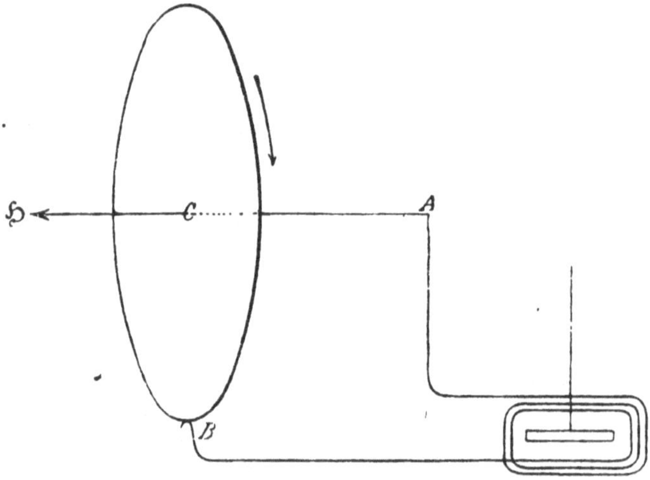

Fig. 599. Rotationsinduktor.

sowie die Achse selbst zur Weiterführung der Leitung zu benützen. Drehen wir die Scheibe in einem homogenen Magnetfelde, so erhalten wir einen Strom, der einem in den Kreis eingeschalteten Galvanometer nicht einen einmaligen Impuls erteilt, sondern eine konstante Ablenkung hervorruft, wie der Strom eines galvanischen Elementes. Die ihn erzeugende elektromotorische Kraft wirkt vollkommen stetig, ihre Stärke ist auf Grund des Elementargesetzes leicht zu berechnen, wenn wir der Einfachheit halber annehmen, daß es dabei nur auf die in dem Radius *BC* liegenden Elemente der Scheibe ankomme. Wir setzen weiter voraus, daß die Achse der Scheibe mit der Richtung $C\mathfrak{H}$ der Kraftlinien zusammenfalle; ist die Tourenzahl in der Sekunde gleich n, der Halbmesser gleich r, so ist die mittlere Geschwindigkeit, mit der die Elemente der Scheibe die Kraftlinien durchschneiden, gleich $\pi n r$, somit die elektromotorische Kraft in elektromagnetischem Maße gleich $\pi n r^2 \mathfrak{H}$, (oder gleich $\pi n r^2 \mathfrak{H} \cdot 10^{-8}$ V).

Die beschriebene Anordnung des Leiterkreises ist nun offenbar genau dieselbe, wie bei dem in § 495 beschriebenen Barlowschen Rade, und wir können den mit ihr ausgeführten Induktionsversuch als das magnetelektrische Gegenstück zu der Rotation des Barlowschen Rades betrachten. Auch bei dem letzteren Versuche selbst wirkt natürlich die elektromotorische Kraft der Induktion; sie erzeugt einen Strom, der nach der LENZschen Regel, für sich genommen, eine Rückwärtsdrehung erzeugen würde, und der daher dem das Rad treibenden Strome entgegengesetzt ist. Bei dem Versuche mit dem BARLOWschen Rade tritt also infolge der Rotation eine Schwächung des Stromes ein. Diese Bemerkung hat nun eine ganz allgemeine Bedeutung. Jeder elektromagnetische Bewegungsapparat kann auch magnetelektrisch als Induktionsapparat dienen. Setzen wir den zunächst stromlosen Apparat in Rotation, so entsteht ein Strom; er hat die entgegengesetzte Richtung wie der Strom, der, von außen in den Apparat hineingesandt, die gewählte Rotation erzeugen würde. Wird der Apparat elektromagnetisch in Rotation versetzt, so ergibt sich eine Schwächung des eingeführten Stromes als Folge der magnetelektrischen Gegenwirkung. Die Existenz dieser reziproken Beziehungen kann man leicht mit den in § 495 beschriebenen Apparaten nachweisen.

Besonderes Interesse hat von jeher die Umkehr des FARADAYschen Rotationsversuches erregt, die unipolare Induktion. Wenn man von der in § 496 erwähnten Anschauung ausgeht, daß das System der Kraftlinien auch bei rotierendem Magnete im Raume ruht, so ist die beobachtete Wirkung von der des gewöhnlichen Rotationsinduktors prinzipiell nicht verschieden. Nimmt man umgekehrt an, daß die Kraftlinien mit dem Magnete rotieren, so wird die elektromotorische Kraft von dem rotierenden Magnete auf den ruhenden Teil der Leitung ausgeübt. Beide Annahmen führen zu demselben Gesetze für die elektromotorische Kraft.

§ 530. **Mechanische Arbeit und Induktion.** Wenn wir einen elektromagnetischen Rotationsapparat durch einen elektrischen Strom treiben, so liefert der Strom Arbeit; es liegt daher die Auffassung nahe, daß in dem Rotationsinduktor umgekehrt mechanische Arbeit in Strom verwandelt wird. Allgemein würde danach ein Zusammenhang zwischen Induktion und mechanischer Arbeit bei der Bewegung eines Leiters im Magnetfelde zu erwarten sein. Daß ein solcher in der Tat besteht, läßt sich am einfachsten in dem Falle zeigen, auf welchen das Elementargesetz sich bezieht. Dabei setzen wir voraus, daß, wie in Fig. 600, die Richtungen der magnetischen Kraft $\mathfrak{H}$, des geradlinigen Leiters l, der Verschiebung s senkrecht zueinander stehen. Ist die Stärke des induzierten Stromes in elektromagnetischem Maße gleich I, so wirkt auf den Leiter die elektromagnetische Kraft $I\mathfrak{H}l$ in einer der Bewegung entgegengesetzten Richtung; die bei einer Verschiebung um die Strecke s geleistete Arbeit ist $L = I\mathfrak{H}ls$; ist die zu der Verschiebung gebrauchte

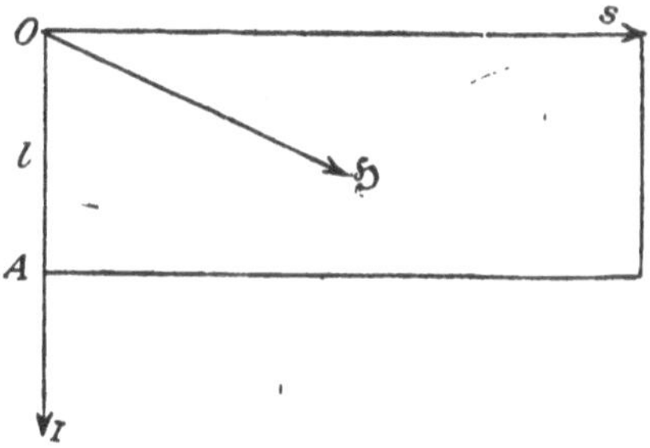

Fig. 600.

Zeit gleich t, die Geschwindigkeit der Bewegung gleich u, so ist $L = I \mathfrak{H} l u t$. Dem Elementargesetze zufolge ist aber die bei der Bewegung induzierte elektromotorische Kraft $E = \mathfrak{H} l u$, somit die Arbeit $L = E I t$. Wir haben also den Satz: Wenn ein geradliniger, auf den Kraftlinien eines homogenen Magnetfeldes senkrecht stehender Draht senkrecht zu ihnen und zu seiner eigenen Richtung mit gleichförmiger Geschwindigkeit bewegt wird, so ist die bei der Verschiebung in der Zeiteinheit geleistete Arbeit, die Leistung, gleich dem Produkte aus der induzierten elektromotorischen Kraft und aus dem induzierten Strome. Hieran schließt sich eine neue, in manchen Fällen vorteilhafte Definition der elektromotorischen Kraft. Wenn man in dem Drahte einen fingierten Strom von der Stärke Eins und von der Richtung des induzierten annimmt, so ist die elektromotorische Kraft gleich der Arbeit, die bei der Verschiebung des Drahtes in der Zeiteinheit geleistet wird; bei einer beliebigen Bewegung ist der Integralwert der elektromotorischen Kraft, $E_1\, dt_1 + E_2\, dt_2 + \ldots$, gleich der ganzen Arbeit, welche dabei an dem fingierten Strome Eins verrichtet wird.

Der Satz gilt allgemein für eine beliebige Bewegung eines einzelnen Drahtstückes, und auch für einen beliebigen geschlossenen Leiter; denn man kann einen solchen immer in eine Summe von zusammenhängenden geradlinigen Elementen zerlegen, und die auf den ganzen Leiter wirkende elektromotorische Kraft ist dann gleich der Summe der auf die einzelnen Elemente ausgeübten Kräfte, d. h. gleich der Summe der Arbeiten, die unter den Voraussetzungen unseres Satzes an den einzelnen Elementen geleistet werden.

Wendet man dies an auf den Erdinduktor, so ergibt sich für den Integralwert der elektromotorischen Kraft bei einer Umdrehung um 180° in Übereinstimmung mit dem früheren der Ausdruck $2 F \mathfrak{H}$. Dabei ist vorausgesetzt, daß die Induktorfläche in der Anfangs- und Endstellung senkrecht zu den Kraftlinien stehe. F bezeichnet die Windungsfläche des Induktors und $\mathfrak{H}$ die Intensität des Erdmagnetismus.

An die neue Definition der elektromotorischen Kraft knüpft sich endlich noch eine Bemerkung von allgemeinerem Charakter, die insbesondere in der Theorie der dynamoëlektrischen Maschinen von Wichtigkeit ist. In einem magnetischen Felde bewegen wir eine elektrische Spule; fließt in ihr der Strom Eins im Sinne der induzierten elektromotorischen Kraft E, so erfordert die Bewegung pro sec einen Arbeitsaufwand von der Größe E; fließt in derselben Richtung ein Strom von der Stärke I, so ist die aufzuwendende Arbeit gleich $E I$. Dabei ist es gleichgültig, ob der Strom lediglich Folge der induzierten Kraft ist, oder etwa außerdem durch galvanische Elemente getrieben wird, die in den Schließungskreis der Spule eingeschaltet sind. Fließt der Strom I, was durch eine äußere elektromotorische Kraft jederzeit zu bewirken ist, der Richtung der induzierten Kraft entgegen, so wird bei der

Bewegung umgekehrt pro sec eine Arbeit von dem Betrage EI gewonnen.

Beziehung zum Prinzipe von der Erhaltung der Energie. Die Beziehung zwischen der bei der Bewegung eines Leiters im Magnetfelde geleisteten Arbeit und der Induktion ist keineswegs eine bloß formale, sondern innerlich begründet durch das Prinzip von der Erhaltung der Energie. Wir werden in § 532 einen Versuch kennen lernen, bei dem die Arbeit, welche mit der Bewegung eines Leiters im Magnetfelde verbunden ist, dem unmittelbaren Gefühle sehr deutlich sich bemerkbar macht. Diese Arbeit muß ihr Äquivalent in irgendeiner Energie finden, welche durch sie geschaffen wird. Es kann dies zunächst nichts anderes sein, als die Energie des induzierten galvanischen Stromes. Nun haben wir aber gesehen, daß das Produkt aus elektromotorischer Kraft E und aus Stromstärke I gleich der in der Zeiteinheit aufgewandten Arbeit, gleich dem Effekte oder der Stromleistung ist. Hiernach muß also bei einem gleichförmigen elektrischen Strome pro sec eine Energiemenge erzeugt werden, welche gleich EI ist. E und I sind dabei in dem absoluten elektromagnetischen Maße zu messen, denn dieses ist der Entwicklung unserer Sätze zugrunde gelegt. Das Produkt EI hat daher die Dimension $cm^2 \cdot g \cdot sec^{-3}$, und diese ist in der Tat identisch mit der Dimension einer durch eine Zeit dividierten mechanischen Energie.

Mit dem Umsatze von mechanischer Arbeit in Energie des elektrischen Stromes ist die bei der Induktion stattfindende Wandlung der Energie nicht abgeschlossen. Wir sahen schon (§ 435), daß jeder elektrische Strom in seiner Bahn Wärme erzeugt. Wenn wir die induzierende Bewegung sistieren, so hört der Strom auf; es ist also keine Energie der elektrischen Strömung mehr vorhanden, und man kann nur annehmen, daß die ganze Energie in die Form von Wärme übergegangen ist. Hiernach würde es sich also bei der Induktion in letzter Instanz um eine Verwandlung von mechanischer Energie in Wärme handeln. Es ist das ganz analog einem Vorgange, den wir in der Elektrostatik besprochen haben. Mit einer Influenzelektrisiermaschine erzeugen wir elektrische Energie durch mechanische; verbinden wir ihre Konduktoren durch einen leitenden Bogen, so wird dieser erwärmt, und solange der Zustand der Maschine ein stationärer ist, wird die ganze bei ihrer Drehung geleistete Arbeit in Wärme verwandelt.

§ 531. **Beziehung zwischen elektromagnetischer und elektrostatischer Einheit der elektromotorischen Kraft.** Von elektromotorischen Kräften haben wir schon in der Elektrostatik gesprochen; wir haben die elektromotorische Kraft einer Elektrisiermaschine gemessen durch die Differenz der elektrostatischen Potentiale ihrer Konduktoren, ebenso die eines galvanischen Elementes durch die Spannungsdifferenz seiner Pole. Wir bezeichnen eine solche Messung der elektromotorischen Kraft als eine elektrostatische. Nun haben wir für die Magnetinduktion eine neue Größe als elektromotorische Kraft eingeführt, unbekümmert um jene früheren Betrachtungen. Wenn aber Elektrostatik und Magnetinduktion nicht als zwei getrennte Gebiete ohne Zusammenhang nebeneinander stehen bleiben sollen, so müssen wir die zwischen den verschiedenen Maßen elektromotorischer Kräfte bestehende Beziehung zu ermitteln suchen; wir werden dabei auch unsere Vorstellungen von dem Vorgange der Magnetinduktion selbst noch weiter vertiefen.

Wir knüpfen zuerst wieder an das im vorhergehenden § erwähnte Beispiel der Influenzmaschine an. Die beiden Konduktoren seien zu den Potentialen V_1 und V_2 geladen. Wenn wir sie durch einen Draht verbinden, so entsteht ein Strom der positiven Elektrizität von dem positiven Konduktor zum negativen, ein Strom der negativen im umgekehrten Sinne. In der Längeneinheit des Drahtes sei die Menge ε_p von strömender positiver, ε_n von strömender negativer Elektrizität enthalten; es sei ferner $\mathfrak{E}$ die auf die Einheit der positiven Elektrizität wirkende elektrostatische Kraft; dann wirken auf die in der Längeneinheit des Leiters befindlichen strömenden Elektrizitäten die Kräfte $\varepsilon_p \mathfrak{E}$ und $\varepsilon_n \mathfrak{E}$. Sind die Strömungsgeschwindigkeiten der beiden Elektrizitäten gleich $\mathfrak{g}_p$, beziehungsweise $\mathfrak{g}_n$, so verschieben sich jene pro sec im Sinne der sie treibenden Kräfte um $\mathfrak{g}_p$ und $\mathfrak{g}_n$ cm. Somit ist die ganze in 1 sec von der elektrostatischen Kraft $\mathfrak{E}$ geleistete Arbeit $\mathfrak{E}(\varepsilon_p \mathfrak{g}_p + \varepsilon_n \mathfrak{g}_n)$, und zwar gilt dieser Wert für die Längeneinheit des Drahtes; hat der Draht die Länge l, so ist die Arbeit gleich $\mathfrak{E}(\varepsilon_p \mathfrak{g}_p + \varepsilon_n \mathfrak{g}_n) l$.

Ebenso im Falle der Magnetinduktion. Wir bewegen, wie in § 526, einen geradlinigen Draht in einem homogenen Magnetfelde senkrecht zu den Kraftlinien und senkrecht zu seiner eigenen Richtung mit gleichförmiger Geschwindigkeit; wir werden uns denken müssen, daß in jedem Punkte des Drahtes eine elektrische Kraft wachgerufen wird, welche für die elektrostatische Einheit der positiven Elektrizität die Stärke $\mathfrak{E}$ hat; benützen wir im übrigen dieselben Bezeichnungen wie vorher, so ergibt sich, daß bei der Induktion in einem Drahte von der Länge l in 1 sec eine Arbeit geleistet wird von dem Betrage $\mathfrak{E}(\varepsilon_p \mathfrak{g}_p + \varepsilon_n \mathfrak{g}_n) l$. Diese Arbeit ist es, welche sich schließlich in der im Drahte entwickelten Wärme wiederfindet, da ja die elektrische Bewegung und die ihr entsprechende elektrische Energie mit der Kraft $\mathfrak{E}$ verschwindet. Für dieselbe Arbeit haben wir aber in § 530 den Ausdruck EI gefunden, in welchem I die Stromstärke, E die auf den Draht wirkende elektromotorische Kraft in elektromagnetischem Maße bezeichnet.

Somit ist die gesuchte Beziehung enthalten in der Gleichung:

$$EI = \mathfrak{E}(\varepsilon_p \mathfrak{g}_p + \varepsilon_n \mathfrak{g}_n) l.$$

Es ist aber $\varepsilon_p \mathfrak{g}_p + \varepsilon_n \mathfrak{g}_n$ nichts anderes, als die elektrostatische Stromstärke $\mathfrak{C}$ von § 472; somit ist nach den in § 473 mitgeteilten Bestimmungen $\varepsilon_p \mathfrak{g}_p + \varepsilon_n \mathfrak{g}_n = cI$, wo c die Lichtgeschwindigkeit bezeichnet. Setzen wir diesen Wert in die obige Gleichung, so ergibt sich:

$$E = c\mathfrak{E} l.$$

Nun ist nach § 526 $E = \mathfrak{H} u l$,
somit die bei der Induktion auf einen Punkt des geradlinigen Leiters seiner Länge nach ausgeübte elektrische Kraft $\mathfrak{E} = \mathfrak{H} u/c$.

Die Beziehung zwischen dem elektrostatischen und dem elektromagnetischen Maße der elektromotorischen Kraft ergibt sich nun aus folgender Überlegung. Wenn wir der durch Magnetinduktion erzeugten Kraft $\mathfrak{E}$ eine ebenso große elektrostatische Kraft entgegensetzen, so kann eine Strömung der Elektrizität in dem Drahte nicht eintreten; die elektromotorische Kraft der Induktion wird aufgehoben durch die entgegengesetzte einer elektrostatischen Ladung. Die hier vorausgesetzten Verhältnisse treten ein, sobald wir einen geradlinigen Draht mit isolierten Enden im Magnetfelde bewegen. Es laden sich dann die Enden des Drahtes mit entgegengesetzten Elektrizitäten, und die von ihnen ausgehende elektrostatische Wirkung zerstört die der Induktion. Bezeichnen wir die Potentiale, bis zu denen die Drahtenden sich laden, mit V_1 und V_2, die Länge des Drahtes mit l, so ist nach § 380 $V_1 - V_2 = \mathfrak{E} l$; somit die elektromotorische Kraft E nach elektromagnetischem Maße:

$$E = c(V_1 - V_2).$$

Aber die Potentialdifferenz zwischen den Enden ist das, was wir im Sinne der Elektrostatik als elektromotorische Kraft bezeichnet haben. Ist eine elektromotorische Kraft in dieser Weise gemessen, haben wir z. B. bei dem im Magnetfelde bewegten Draht die Potentialdifferenz der Enden elektrostatisch bestimmt, so erhalten wir den Wert derselben elektromotorischen Kraft in elektromagnetischem Maße durch Multiplikation mit der Lichtgeschwindigkeit. Das elektromagnetische Maß einer elektromotorischen Kraft ist gleich dem elektrostatischen multipliziert mit der Lichtgeschwindigkeit.

Wir wollen sehen, welche Potentialdifferenz hiernach der elektromotorischen Kraft von 1 V entspricht. Nach elektromagnetischem Maße ist:

$$1 \text{ V} = 10^8 \text{ cm}^{\frac{3}{2}} \cdot \text{g}^{\frac{1}{2}} \cdot \text{sec}^{-2},$$

ferner ist $c = 3 \cdot 10^{10} \text{ cm} \cdot \text{sec}^{-1}$, somit erhalten wir die Gleichung:

$$10^8 = 3 \cdot 10^{10} \cdot (V_1 - V_2).$$

Einem Volt entspricht daher eine elektrostatische Potentialdifferenz von $\frac{1}{300}$, und eine Potentialdifferenz, welche nach elektrostatischem Maße gleich 1 ist, hat im praktischen Maße den Wert von 300 Volt. Dieser Bestimmung entsprechend haben wir das Volt als Einheit des Potentiales schon in § 386 eingeführt.

§ 532. Induktion in körperlichen Leitern. Wir haben uns bisher auf den Fall beschränkt, daß der induzierte Leiter durch einen in sich zurücklaufenden Draht gegeben ist. Elektromotorische Kräfte wirken im Magnetfelde auch auf bewegte Leiter von beliebiger Gestalt, aber die Verfolgung der durch sie erzeugten Ströme ist im allgemeinen eine schwierige Aufgabe. Im Innern eines nach mehreren Dimensionen gleich ausgedehnten Leiters ist Bewegung der Elektrizität nach allen Richtungen möglich, an der Oberfläche nur Bewegung längs derselben. Bei stationären Strömungen, wie sie in rotierenden Konduktoren auftreten, müssen die von den elektromotorischen Kräften unmittelbar erzeugten Bewegungen durch elektrostatische Ladungen abgelenkt werden, so daß sie in Zirkulationen der Elektrizität in geschlossenen Bahnen, sogenannte Wirbelströme übergehen. Außerdem sind oszillierende Bewegungen der Elektrizität denkbar, welche dann mit wechselnden elektrostatischen Ladungen verbunden sind. Für die in körperlichen Leitern induzierten elektrischen Ströme gilt natürlich die LENZsche Regel, und dadurch erklären sich einige auffallende Erscheinungen.

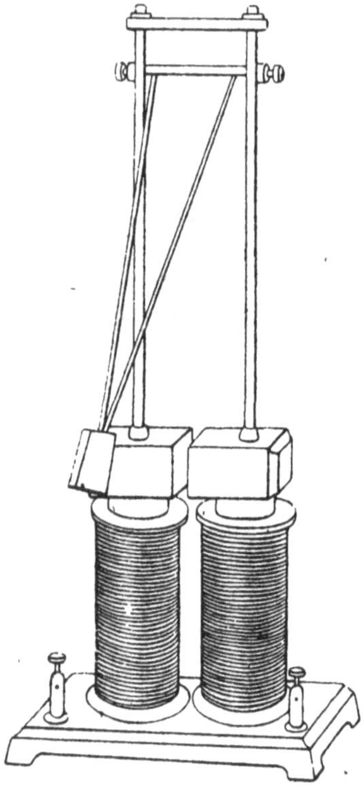
Fig. 601. WALTENHOFENs Pendel.

Wir konstruieren ein Pendel (Fig. 601), das um eine horizontale Achse drehbar und mit ihr durch zwei Streben verbunden ist, so daß es sicher in einer vertikalen Ebene schwingt, ohne seitlich ausweichen zu können. Die Masse des Pendels selbst besteht in einer dicken kupfernen Platte. Lassen wir das Pendel zwischen den einander möglichst genäherten Polen eines starken Elektromagnets durchschwingen, so wird es zwischen ihnen angehalten, sobald der Magnet erregt ist. Bewegt man das Pendel mit der Hand in dem Raume zwischen den Polen, so hat man die Empfindung, als ob dieses durch ein zähes widerstehendes Mittel zu ziehen sei, man spürt die bei der Induktion zu leistende Arbeit; auch kann man leicht die Erwärmung nachweisen, welche das Kupferstück bei seiner Bewegung durch das Magnetfeld erfährt.

Eine Umkehr dieser Erscheinung bildet die in § 520 geschilderte Dämpfung einer Magnetnadel, die Erscheinung des sogenannten Rotationsmagnetismus, von ARAGO schon im Jahre 1824 entdeckt, sieben Jahre vor FARADAYs Entdeckung der Magnetinduktion. Man hängt eine Magnetnadel an einem feinen vertikalen Drahte auf, so daß sie sich in horizontaler Ebene leicht drehen kann; man bringt unter dieselbe eine Kupferscheibe und versetzt diese durch eine Zentrifugalmaschine, deren Achse in der Verlängerung des Suspensionsdrahtes liegt, in Rotation. Sobald dies geschieht, folgt der Magnet der Drehung der Scheibe vermöge der von den induzierten Wirbelströmen auf seine Pole ausgeübten Kräfte.

Die Aufgabe, auf theoretischem Wege die Strömungen zu bestimmen, welche in einem bewegten körperlichen Leiter im magnetischen Felde entstehen, ist, wie schon hervorgehoben wurde, eine schwierige. Der erste Schritt zu ihrer Lösung besteht in der Aufstellung der elektrischen Kraft, welche auf jeden einzelnen Punkt des Leiters ausgeübt wird. Für einen speziellen Fall ist diese Kraft den Untersuchungen der vorhergehenden § unmittelbar zu entnehmen. Der Leiter bewege sich mit der Geschwindigkeit u senkrecht zu der Richtung der Kraftlinien $\mathfrak{H}$. Auf einen Punkt des Leiters wird dann eine elektrische Kraft $\mathfrak{E}$ ausgeübt, welche zu der Bewegungsrichtung und zu der Richtung der Kraftlinien senkrecht steht. Die Richtungen der Kraftlinien, der Bewegung und der elektrischen Kraft liegen zueinander so, wie die Linien $O\mathfrak{H}$, Os und OI der Fig. 600. Die Größe der elektrischen Kraft ist gegeben durch:

$$\mathfrak{E} = u\,\mathfrak{H}/c\,.$$

Wenn die Geschwindigkeit u mit der Richtung der Kraftlinien den Winkel α einschließt, so gilt der allgemeinere Ausdruck:

$$\mathfrak{E} = u\,\mathfrak{H}\sin\alpha/c\,.$$

Es ist von großem Interesse zu sehen, daß ganz derselbe Ausdruck sich aus der § 476 angegebenen Form des Biot-Savartschen Gesetzes ableiten läßt. Für die Kraft, welche ein Stromelement von der Länge l in einem Magnetfelde von der Stärke $\mathfrak{H}$ erleidet, gilt danach die Formel:

$$k = I\,\mathfrak{H}\,l\sin\alpha\,.$$

Mit Benützung der § 472 gebrauchten Bezeichnungen setzen wir:

$$I = (\varepsilon_p\,\mathfrak{g}_p + \varepsilon_n\,\mathfrak{g}_n)/c$$

und

$$k = k_p + k_n = \varepsilon_p\,\mathfrak{g}_p\,\mathfrak{H}\,l\sin\alpha/c + \varepsilon_n\,\mathfrak{g}_n\,\mathfrak{H}\,l\sin\alpha/c\,.$$

Die gesamte auf das Element l ausgeübte Kraft zerfällt in die auf die positive und in die auf die negative Elektrizität wirkende Komponente. Für die erstere allein ergibt sich: $k_p = \varepsilon_p\,\mathfrak{g}_p\,\mathfrak{H}\,l\sin\alpha/c$.

Nun bezeichnet ε_p die in der Längeneinheit enthaltene Menge positiver Elektrizität; $\varepsilon_p l$ ist also die ganze Menge von Elektrizität, auf welche die Kraft k_p ausgeübt wird. Die auf die elektrostatische Einheit der Elektrizitätsmenge wirkende Kraft, die elektrische Kraft schlechtweg, ergibt sich durch Division von k_p mit $\varepsilon_p l$. Ersetzen wir das Zeichen $\mathfrak{g}_p$ für die Geschwindigkeit durch das allgemeinere Zeichen u, so erhalten wir in der Tat:

$$\mathfrak{E} = u\,\mathfrak{H}\sin\alpha/c\,, \qquad \text{und für } \alpha = 90^\circ \ldots\ldots \mathfrak{E} = u\,\mathfrak{H}/c\,,$$

in vollkommener Übereinstimmung mit dem vorher gefundenen Ausdrucke. $\mathfrak{E}$ ist also die elektrische Kraft, welche auf die Einheit der positiven Elektrizität wirkt, wenn sie mit der Geschwindigkeit u in einem Magnetfelde von der Intensität $\mathfrak{H}$ bewegt wird.

Die Richtung von $\mathfrak{E}$ steht in der schon beschriebenen Weise senkrecht zu u und zu $\mathfrak{H}$.

Die Kraft, welche unter denselben Umständen auf die Einheit der negativen Elektrizität ausgeübt wird, hat gleiche Größe, aber entgegengesetzte Richtung. Der Unterschied der ponderomotorischen Wirkung, welche ein Stromelement, und der elektromotorischen, welche ein bewegtes Leiterelement im Magnetfelde erleidet, ist wesentlich dadurch bedingt, daß die positive und die negative Elektrizität sich im ersteren Falle in entgegengesetzter Richtung, im letzteren Falle in derselben Richtung bewegen.

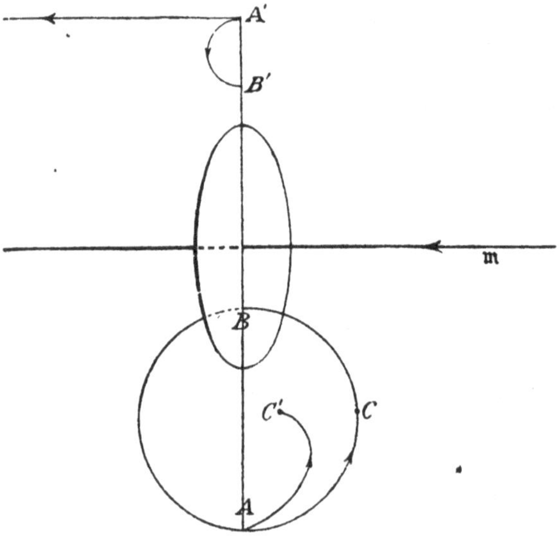

Fig. 602.

§ 533. Stromkreis und Magnetpol. Wir haben uns bisher beinahe ausschließlich mit der Induktion durch Bewegung eines Leiters im Magnetfelde beschäftigt. Die hierfür geltenden Gesetze lassen sich mit Hilfe der in § 520 enthaltenen Bemerkungen auf die Induktion durch Magnetisieren und Entmagnetisieren übertragen. Wir werden diese Aufgabe in § 534 für einen typischen Fall lösen, bedürfen aber dazu einer gewissen Vorbereitung.

Es sei gegeben ein Kreisring und ein Magnetpol von der Stärke $\mathfrak{m}$, der sich in der Achse des Rings bewegt (Fig. 602). Wenn der Pol von dem Kreise weit entfernt ist, so ist die Intensität der magnetischen Kraft in der Fläche des Kreises und damit die Zahl der durch ihn gehenden Kraftlinien verschwindend klein. Führen wir den Pol bis an die Kreisfläche heran, so geht gerade die Hälfte der von ihm ausstrahlenden Linien durch sie hindurch. Nach § 365 ist aber die Gesamtzahl der Kraftlinien gleich $4\pi\mathfrak{m}$, die Hälfte davon gleich $2\pi\mathfrak{m}$; der Integralwert der bei der geschilderten Bewegung induzierten Kraft ist somit $2\pi\mathfrak{m}$. Wenn der Pol die Fläche durchbricht, so gehen die Kraftlinien im umgekehrten Sinne durch sie und sind nach § 524 negativ zu rechnen. Ihre Zahl nimmt bei der Entfernung von dem Kreise ab; geht der Pol auf der Achse bis ins Unendliche, so ist die Abnahme gleich $2\pi\mathfrak{m}$; nach § 524 entspricht dem eine elektromotorische Kraft von derselben Richtung, wie bei der Zunahme der Zahl der positiven Linien. Wenn also der Magnetpol m die ganze Achse des Kreises von der einen Seite zur anderen durchläuft, so ist der Integralwert der induzierten elektromotorischen Kraft gleich 4π m. Zu demselben Resultate kommen wir, wenn der Pol einen Kreis durchläuft, welcher den Stromkreis umschlingt. Es sei A der äußere Schnittpunkt jenes Polkreises mit der Ebene des Stromkreises, B der innere. In A ist die Zahl der durch den Stromkreis gehenden Kraftlinien Null, in B gleich 2π m oder -2π m, je nachdem der Pol auf der einen oder anderen Seite der Stromfläche sich befindet. Der Integralwert der Kraft bei einem einmaligen Durchlaufen des Polkreises ist wieder 4π m.

Magnetisches Potential eines Kreisstromes. Wir knüpfen an das vorhergehende noch eine weitere Bemerkung. Gehen wir von dem Punkte A auf dem Polkreise nach einem beliebigen Punkte C, so ist der Integralwert der elektromotorischen Kraft gleich der Zahl der Kraftlinien, welche von C aus durch die Ebene des Stromkreises gehen. Ziehen wir durch A einen anderen Kreis oder eine beliebige andere Kurve, so können wir auf ihr einen Punkt C' suchen, bis zu dem bewegt der Pol dieselbe Integralkraft erzeugt, wie vorher bei der Bewegung bis C. Führen wir diese Konstruktion bei einer größeren Zahl solcher Kurven aus, so erhalten wir eine die Punkte C, C'... verbindende Fläche, eine Fläche konstanter Integralkraft. Die Fläche ist dadurch charakterisiert, daß der Magnetpol m von jedem ihrer Punkte aus dieselbe Anzahl von Kraftlinien durch den Stromkreis sendet. Da nun die Magnetkraftlinien von dem Pole nach allen Seiten gleichmäßig ausstrahlen, so ist jene Bedingung erfüllt, wenn der Stromkreis von jedem Punkte der Fläche aus unter demselben räumlichen Winkel erscheint; sie ist dadurch geometrisch vollkommen bestimmt. Nach § 530 ist aber die Integralkraft gleich der Arbeit, die wir aufwenden müssen, um den Pol von dem Ausgangspunkte A nach C zu bringen, unter der Wirkung eines fingierten Stromes von der Stärke Eins, der den Stromkreis in der Richtung des induzierten durchläuft. Unsere Flächen konstanter Integralkraft sind somit auch Flächen konstanter Arbeit, Potentialflächen im Sinne von § 379. Die Flächen sind in der Fig. 541 im Durchschnitte gestrichelt gezeichnet. Es ist damit die Möglichkeit gegeben, die Theorie des Potentiales, wie wir sie in § 379 und § 380 für elektrostatische Kräfte entwickelt haben, auf elektromagnetische zu übertragen. Insbesondere ist also die Kraft, welche auf einen Magnetpol von der Stärke Eins im elektromagnetischen Felde ausgeübt wird, gleich der Abnahme, welche das Potential auf der Längeneinheit der durch den Pol gehenden Kraftlinie erleidet. Es seien V_1 und V_2 die Werte des magnetischen Potentiales auf zwei in kleinem Abstande benachbarten Potentialflächen, l die Länge des zwischen ihnen liegenden Stückes einer Kraftlinie; dann ist die Stärke der magnetischen Kraft auf der Strecke l gegeben durch $\mathfrak{H} = (V_1 - V_2)/l$. Der Satz gilt ebenso für das Feld permanenter Magnete, wie für das elektrischer Ströme.

Bei den vorhergehenden Betrachtungen ist zunächst vorausgesetzt, daß in dem Ringe ein Strom von der Stärke Eins vorhanden sei. Ist die Stärke des Stromes allgemein gleich I, so gelten dieselben Sätze; der Unterschied besteht nur darin, daß der Wert des elektromagnetischen Potentiales jetzt I mal so groß ist, wie bei dem Strome Eins.

Zu den Flächen konstanten Potentiales gehört sowohl die Fläche $\mathfrak{J}$ des Kreisringes selbst, als die außerhalb liegende, ins Unendliche sich ausdehnende Ebene $\mathfrak{A}$. Das Potential hat aber in den beiden durch den Kreisring geschiedenen Flächen verschiedene Werte; dies ergibt sich aus der folgenden Betrachtung. Der Integralwert der elektromotorischen Kraft ist Null, wenn wir den Magnetpol von einem in der Ebene des Stromkreises außerhalb seiner Fläche liegenden Punkte A auf einer Parallelen zu der Achse in unendliche Entfernung führen; ebenso wenn wir ihn auf einem den Stromkreis nicht umschlingenden Wege von A' nach dem ebenfalls in der Ebene des Kreises und außerhalb seiner Fläche liegenden Punkte B' bringen. In beiden Fällen ist dann auch die Arbeit Null, welche wir aufwenden müssen, um einen Einheitspol durch jene Wege zu bewegen; die außerhalb des Kreisringes liegende, ins Unendliche sich ausdehnende Ebene $\mathfrak{A}$ ist zusammen mit einer unendlich fernen Kugelfläche eine Fläche konstanten Potentiales. Dasselbe gilt von der Fläche $\mathfrak{J}$ des Kreisringes selbst; aber ihr Potential unterscheidet sich von dem der äußeren Ebene um $2\pi m I$, oder um $2\pi I$, wenn wir in Übereinstimmung mit früheren Festsetzungen das Potential auf einen magnetischen Einheitspol beziehen, und wenn I wie oben die Stromstärke bezeichnet.

Endlich möge noch darauf hingewiesen werden, daß die Potentialwerte, wie sie sich den einzelnen Potentialflächen zuordnen, nicht eindeutig bestimmt sind. Nehmen wir an, das Potential der Fläche $\mathfrak{A}$ sei zum Nullwerte des Potentials genommen. Es möge nun in dem Drahte ein Strom von der Stärke I zirkulieren; wir bewegen einen Nordpol von der Stärke Eins von einem Punkte A nach einem Punkte B (Fig. 602), der elektromotorischen Wirkung des Stromes entgegen. Die aufgewandte Arbeit ist dann gleich $2\pi I$, der Potentialwert in der Fläche $\mathfrak{J}$ somit gleich $2\pi I$. Führen wir den Pol auf der anderen Seite der Stromfläche nach A zurück, so ist dazu abermals die Arbeit $2\pi I$ notwendig. Im ganzen leisten wir bei der einmaligen Umschlingung des Stromringes die Arbeit $4\pi I$; um diese Arbeit ist der Wert des Potentiales in dem Punkte A vermehrt worden; gehen wir mit dem Pole Eins von A aus in derselben Richtung weiter, bis er wieder nach B gelangt, so vermehren wir das Potential abermals um die Arbeit $2\pi I$; wir erhalten jetzt in B den Potentialwert $6\pi I$ usw. Es ergibt sich hieraus, daß die Werte in den Flächen $\mathfrak{A}$ und $\mathfrak{J}$ bei jeder Umschlingung des Stromkreises durch den Pol Eins um $4\pi I$ wachsen. Dasselbe gilt aber auch von den übrigen Flächen konstanten Potentiales. Die ihnen entsprechenden Potentialwerte unterscheiden sich je nach der Zahl der ausgeführten Umschlingungen um entsprechende Vielfache von $4\pi I$.

Die letzten Betrachtungen enthalten im Grunde für uns nichts Neues. Schon in § 482 haben wir die Arbeit betrachtet, welche wir leisten, indem wir einen Einheitspol um eine Stromkurve einmal herumführen. Wir hätten auch umgekehrt aus dem damals gefundenen Ausdrucke für die Arbeit den Wert der elektromotorischen Kraft ableiten können, welche in einem Drahtringe induziert wird, wenn ein Einheitspol einmal um ihn herumläuft. Die Gebiete des Elektromagnetismus und der Magnetinduktion sind eben durch die Betrachtungen der §§ 530 und 532 zu einem Ganzen verbunden, dessen dualistischer Charakter in jedem einzelnen Satze sich ausspricht.

§ 534. Induktion durch Magnetisierung eines Eisenringes. Wir wenden die Resultate der vorhergehenden Betrachtungen an auf einen Fall von Magnetinduktion, auf den wir schon in § 533 hingewiesen haben. Es sei gegeben ein Ring von Eisen; wenn wir ihn mit einer Draht-Spirale umwickeln, so daß ihre Windungen gleichfalls zu einem Ringe sich schließen, so wird der Eisenring magnetisch, sobald wir einen Strom in die Spirale senden. Der induzierte Magnetismus kann aber keine magnetischen oder elektromagnetischen Wirkungen ausüben, da die Magnetkraftlinien oder die Linien der magnetischen Induktion § 489) geschlossene Kreise sind, und also auch die erregten Elementarmagnete geschlossene kreisförmige Ketten bilden.

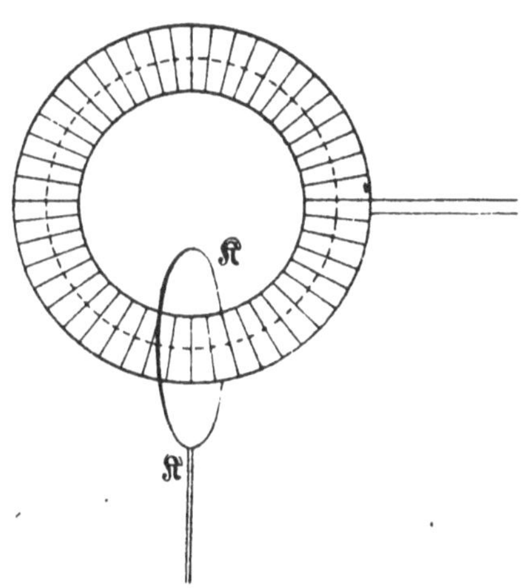

Fig. 603. Transformatorprinzip.

Wenn wir aber den umwickelten Eisenring mit einem Ringe 𝔎 von Kupferdraht umschlingen (Fig. 603), so wird in diesem bei der Magnetisierung ein Strom entstehen; die Beobachtung des Stromes kann dann zu der Bestimmung des induzierten Magnetismus dienen. Die elektromotorische Kraft, welche beim Entstehen des Magnetismus in dem Drahtringe induziert wird, ergibt sich durch folgende Betrachtung. Es sei $\mathfrak{H}$ die auf das Innere des Eisenringes wirkende magnetisierende Kraft, also nach § 485 $\varkappa\mathfrak{H}$ das in der Volumeinheit induzierte magnetische Moment; man kann sich dieses, ähnlich wie das elektrische Moment in § 405, dadurch entstanden denken, daß in einem Würfel von 1 cm² Seitenfläche die Menge $\varkappa\mathfrak{H}$ von nördlichem Magnetismus von der Grundfläche zu der ihr gegenüberstehenden gewandert ist. Setzen wir der Einfachheit halber voraus, unser Eisenring habe einen Querschnitt von 1 cm², so teilen wir ihn in Abschnitte von 1 cm Länge; in jedem verhält sich bei der Magnetisierung die Sache so, als ob er seiner Länge nach von einem Pole von der Stärke $\varkappa\mathfrak{H}$ durchlaufen wäre. Die dabei entstehende Integralkraft ist dieselbe, wie wenn ein einziger Pol von der Stärke $\varkappa\mathfrak{H}$ einmal den ganzen von der Achse des Eisenringes gebildeten, in der Fig. punktiert gezeichneten Kreis durchliefe, die Integralkraft hat somit nach § 533 den Wert $4\pi\varkappa\mathfrak{H}$.

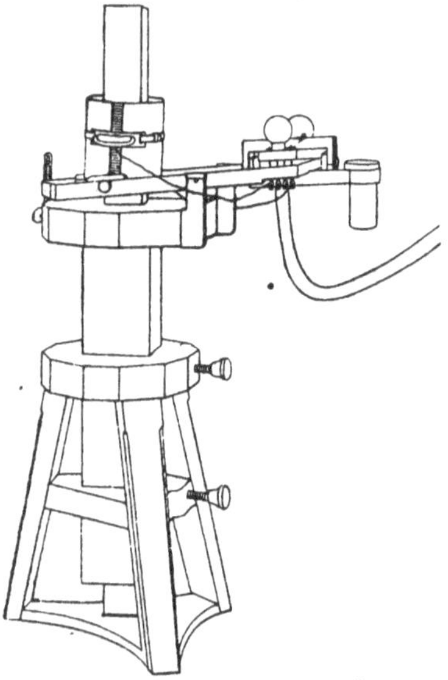

Fig. 604. Zeichengeber.

Die Stärke der magnetisierenden Kraft $\mathfrak{H}$ bestimmt sich aus den Verhältnissen der magnetisierenden Spule nach einer in § 481 gegebenen Formel. Nun kann man die induzierte elektromotorische Kraft andererseits aus dem induzierten Strome und dem in § 525 eingeführten Widerstande berechnen. Man gelangt also in der Tat zu einer Methode, nach der die Magnetisierungsfunktion $\varkappa$ bestimmt werden kann. Eine weitere Ausführung und Ergänzung zu der vorstehenden Betrachtung werden wir §§ 544ff. geben.

§ 535. Telegraph von Gauss und Weber. Die Magnetinduktion wurde von Gauss und Weber im Jahre 1833 zu der Herstellung eines elektrischen Telegraphen zwischen der Sternwarte und dem physikalischen Institute der Universität Göttingen benützt: er war der erste, der sichere Zeichen gab und in jedem Augenblicke unveränderlich zum Gebrauche bereit stand. Er diente ununterbrochen dem Verkehr der

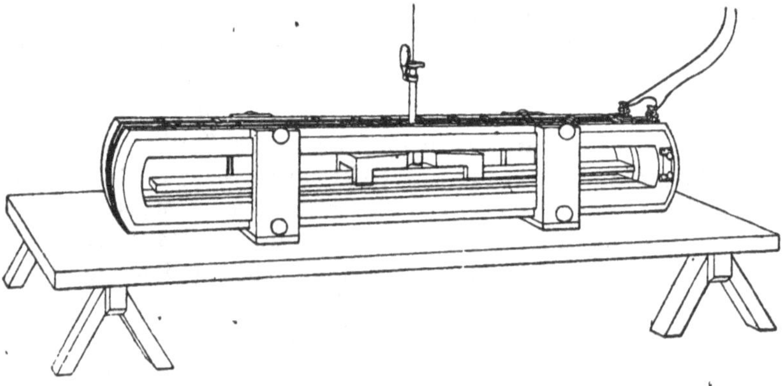

Fig. 605. Zeichenempfänger des Gauss-Weberschen Telegraphen.

beiden Institute, bis am 16. Dezember 1845 ein Blitzstrahl die Leitung zerstörte. Als Zeichengeber wurde bei der definitiven Einrichtung ein Induktor benützt, bei dem eine bewegliche Spule gegen einen feststehenden Magnetstab verschoben werden konnte (Fig. 604); als Zeichenempfänger ein Galvanometer mit einer Magnetnadel von langer Schwingungsdauer (Fig. 605). Die zur Zeichengebung benützte Bewegung bestand in einem ruckweisen Hin- und Wiederzurückschieben der Spule; der bei der ersten Bewegung ausgeübte Impuls wurde dann durch die Rückbewegung wieder aufgehoben, und der Magnet machte infolgedessen nur eine ganz kurze, präzise Zuckung, die mit Spiegel und Skala beobachtet wurde. Durch Vertauschung der Verbindungen war es möglich, Zuckungen nach rechts und links zu erzeugen, und durch ihren Wechsel wurden die Zeichen ebenso zusammengesetzt, wie bei dem späteren Morseschreiber durch Strich und Punkt.

Die Fig. 604 und 605 geben eine Ansicht des Gauss-Weberschen Telegraphen nach den Originalen, die sich im physikalischen Institute zu Göttingen befinden.

§ 536. **Telephon.** Wir beschreiben schließlich noch einen Apparat, der einen der wichtigsten Fortschritte des Telegraphenwesens bezeichnet, das Telephon. Vor dem Pole eines Stabmagnets (Fig. 606) findet sich in kleiner Entfernung eine kreisförmige dünne Eisenplatte, welche an ihrem Rande befestigt ist. Wenn sie gegen den Magnet hin eingebogen wird, so bewirkt sie eine Verstärkung, wenn sie von diesem zurückweicht, eine Schwächung des Magnetismus; jede Schwingung der Scheibe ist daher von einer synchronen Schwingung des Magnetismus begleitet. Wenn wir den Pol des Magnets mit einer Spule umgeben, so übt der Wechsel des Magnetismus auf diese eine elektromotorische Kraft aus, welche, der Geschwindigkeit der Änderung proportional, ihre Richtung umkehrt, so oft dies bei der Schwingungsrichtung der Scheibe geschieht. Von den Enden der Spule führen wir Verbindungsdrähte nach einer anderen Spule, welche den Pol eines zweiten Magnets umgibt, der ebenso wie der erste mit einer Eisenplatte vereint ist. Die in der ersten Spule induzierten Ströme verstärken und schwächen den Magnetismus des von der zweiten umgebenen Stabes; bei jeder Verstärkung wird die vor seinem Pole befindliche Eisenplatte stärker angezogen, bei jeder Schwächung weicht sie etwas zurück. Es reproduziert also die zweite Eisenplatte genau die Schwingungen der ersten. Werden diese durch ein gegen die erste Platte gesprochenes Wort erregt, so wiederholt die zweite

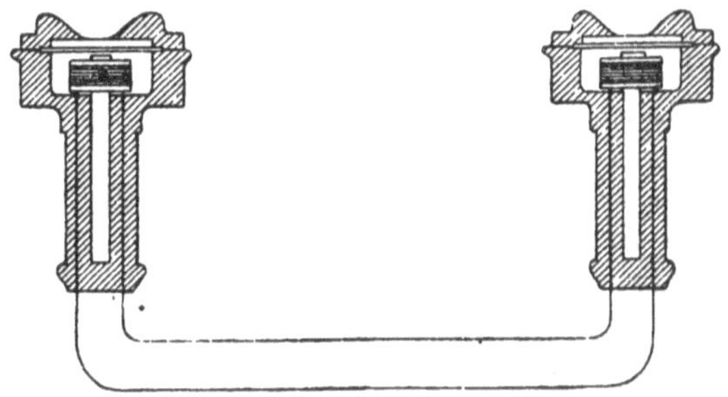

Fig. 606. Telephon.

Platte dieses Wort, indem sie die erzwungenen Bewegungen der ersten wiederholt.

Mikrophon. Bei der in Fig. 606 gegebenen Anordnung wird die Energie der akustischen Wirkung im Empfangstelephon' ausschließlich durch die akustische Energie des Sprechers im Gebertelephon geliefert, wobei natürlich große Verluste durch die JOULEsche Wärme in der Gesamtleitung eintreten. Auf größere Distanz schaltet man daher — als eine Art von Relais — ein Mikrophon ein, wie ein solches z. B. in Fig. 607 dargestellt ist.

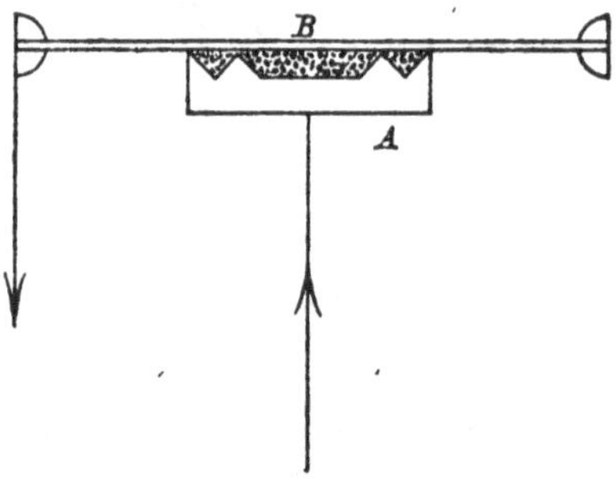

Fig. 607. Mikrophon.

Der Strom einer Batterie geht zuerst zu einer feststehenden Kohlenplatte A. Über dieser Platte befindet sich in ganz kleiner Entfernung (in Fig. 607 fast aufsitzend gezeichnet) eine dünne Membrane B aus Kohle oder Metall, deren Rand durch das Metallgehäuse festgehalten wird. Der Raum zwischen der Platte A, die nach oben hin eine Reihe von Zacken besitzt, und B ist mit losen Kohlenkörnern ausgefüllt. Die Stromleitung führt dann (in Pfeilrichtung) von der Membrane B weiter. Spricht man (durch den nach oben gehenden, nicht gezeichneten Schalltrichter) gegen B, so gerät diese Membran in Schwingungen, drückt die Kohlenkörner mehr oder weniger zusammen, wodurch sich der OHMsche Widerstand AB genau entsprechend den Schallschwingungen ändert; genau ebenso schwingen die Stromschwankungen hin und her. Ist nun in die Leitung ein Telephon eingeschaltet, so kommt dies zum Tönen, wobei jetzt die Energie durch die Batterie geliefert wird. Die Energie der Schallschwingungen des Sprechers hat nur für die Widerstandsänderungen zwischen A und B aufzukommen.

Neunter Teil. Elektrodynamik.

I. Ponderomotorische Wirkungen.

§ 537. Ampères Fundamentalversuch. Eine Reihe von Untersuchungen, die sich zunächst ganz auf dem Gebiete der Elektrizitätslehre bewegen, bezieht sich auf die Erscheinungen der Elektrodynamik; die erste Gruppe derselben wurde von Ampère entdeckt. Über den Zusammenhang seiner Untersuchungen mit der elektromagnetischen Wechselwirkung spricht sich Ampère in einer seiner Abhandlungen folgendermaßen aus: „Als Herr Örsted die Wirkung entdeckt hatte, welche der Leitungsdraht auf einen Magnet ausübt, konnte man in der Tat zu der Vermutung sich bewogen finden, daß auch eine Wechselwirkung zweier Leitungsdrähte untereinander existieren möge; aber es war dies keine notwendige Folge der Entdeckung jenes berühmten Physikers, denn ein weicher Eisenstab wirkt auch auf eine Magnetnadel, ohne daß jedoch irgendeine Wechselwirkung zwischen zwei weichen Eisenstäben stattfände. Konnte man nicht, solange man bloß die Tatsache der Ablenkung der Magnetnadel durch den Leitungsdraht kannte, annehmen, daß der elektrische Strom diesem Leitungsdrahte bloß die Eigenschaft erteilt, von der Magnetnadel auf ähnliche Art influenziert zu werden, wie das weiche Eisen von selbiger Nadel, was dazu hinreichte, daß er auf sie wirkte, ohne daß dadurch irgendeine Wirkung zwischen zwei Leitungsdrähten, wenn sie dem Einflusse magnetischer Kräfte entzogen waren, resultierte? Bloß die Erfahrung konnte die Frage entscheiden: ich machte sie im Monate September 1820, und die Wechselwirkung Voltaischer Leiter war bewiesen."

Es verdient bemerkt zu werden, daß die Vermutung, welche den Ausgangspunkt der Ampèreschen Entdeckungen bildet, als eine notwendige Folge aus der Maxwellschen Vorstellung von der Vermittlung der Wirkungen im elektromagnetischen Felde sich ergibt. Realisieren wir mit Hilfe von Eisenfeilspänen die Kraftlinien zweier vertikal nebeneinander ausgespannter Drähte, welche im gleichen Sinne von elektrischen Strömen durchflossen werden, so sehen wir die Linien in dem Raume zwischen den Drähten sich voneinander entfernen, nach außen hin sich zusammendrängen. Nach der in § 508 angeführten Theorie ist der senkrecht zu den Kraftlinien wirkende Druck um so größer, je kleiner der Abstand der Linien, er muß in dem vorliegenden Falle die Leitungsdrähte gegeneinander drücken, so daß diese sich scheinbar anziehen. Das umgekehrte Verhalten zeigen die Kraftlinien, wenn die Stromrichtung in den beiden Drähten entgegengesetzt ist; zwei parallele, vom Strome in entgegengesetzter Richtung durchflossene Drähte stoßen sich ab,

Folgerungen, welche durch die Versuche Ampères in der Tat bestätigt werden.

Ähnliche Systeme von Kraftlinien, wie bei zwei parallelen Drähten, erhalten wir bei zwei gleichen vertikalen Drahtkreisen, die in einiger Entfernung voneinander aufgestellt sind, so daß ihre Achsen in dieselbe Richtung fallen, und welche das eine Mal im selben, das andere Mal im entgegengesetzten Sinne vom Strome durchlaufen werden.

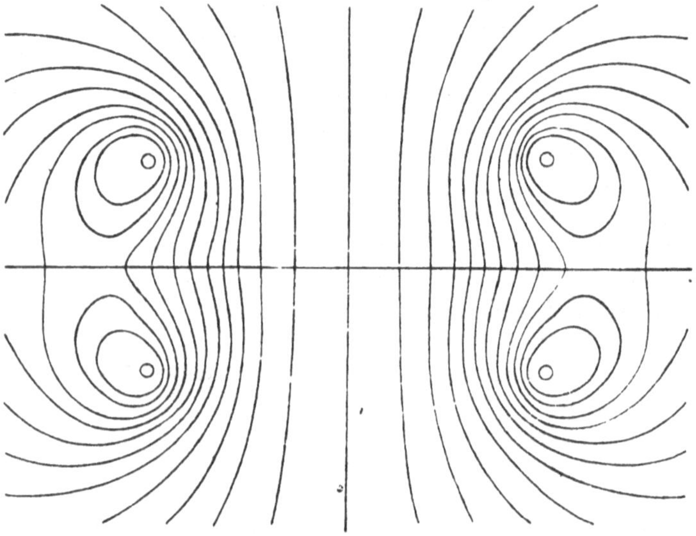

Fig. 608. Kraftlinien zweier Kreisströme. Gleiche Richtung.

In Fig. 608 sind die beiden Ringe, einer oberhalb der horizontalen Mittellinie, der andere unterhalb zu denken. Jeder dieser 2 Ringe wird von je einem Strome in gleicher Richtung, also von parallelen Strömen durchflossen.

In Fig. 609 hat man beide Ringe von entgegengesetzten Strömen durchsetzt. Wir erkennen aus der Verteilung der Linien sofort, daß die Kreise sich bei gleicher Stromrichtung anziehen, bei entgegengesetzter abstoßen müssen.

Diese Betrachtung der Wirkung führt nun notwendig auch auf die Frage, welches der Einfluß des Zwischenmediums auf die Wirkung sei?

Nach § 508 ist der im elektromagnetischen Felde herrschende Druck gleich $\mu \mathfrak{H}^2/(8\pi)$, wenn μ die magnetische Permeabilität und $\mathfrak{H}$ die magnetische Kraft bezeichnet. Daraus folgt also, daß die Wechselwirkung zweier Leiter, die von Ampère als eine elektrodynamische bezeichnet wurde, der Permeabilität des Zwischenmediums proportional ist. Die elektromagnetische Wechselwirkung ist, wie wir in § 508 gesehen haben, von dem Zwischenmedium unabhängig.

Einen zum Nachweise der Anziehungen und Abstoßungen dienenden

Apparat stellt Fig. 610 in schematischer Weise dar. Das Drahtviereck *ABCD* ist vermittelst eines Hütchens auf der Spitze der vertikalen

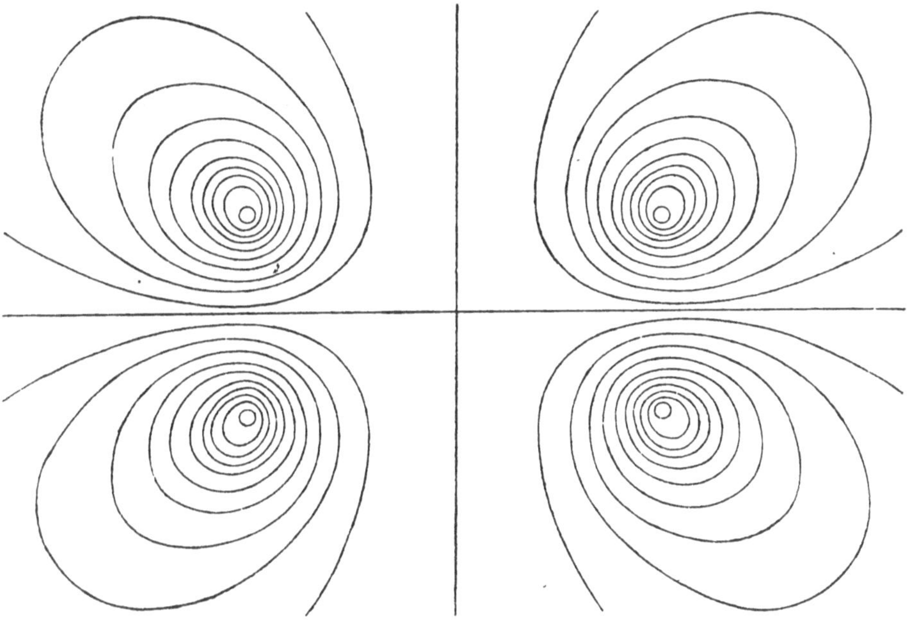

Fig. 609. Kraftlinien zweier Kreisströme. Entgegengesetzte Richtung.

Säule *S* leicht drehbar. Die Enden *E* und *F* des zu dem Vierecke gebogenen Drahtes tauchen in zwei mit Hg gefüllte kreisförmige Rinnen, welche die Zu- und Ableitung des Stromes besorgen. Wird der Viereckseite *AB*, die in der Figur von unten nach oben vom Strome durchflossen wird, die im selben Sinne durchflossene Seite AB eines fest aufgestellten Drahtvierecks bis auf die Entfernung von einigen Millimetern genähert, so findet zwischen den parallelen Drähten *AB* und AB eine kräftige Anziehung statt, und bewirkt eine Drehung des beweglichen Vierecks in dem durch den Pfeil angedeuteten Sinne.

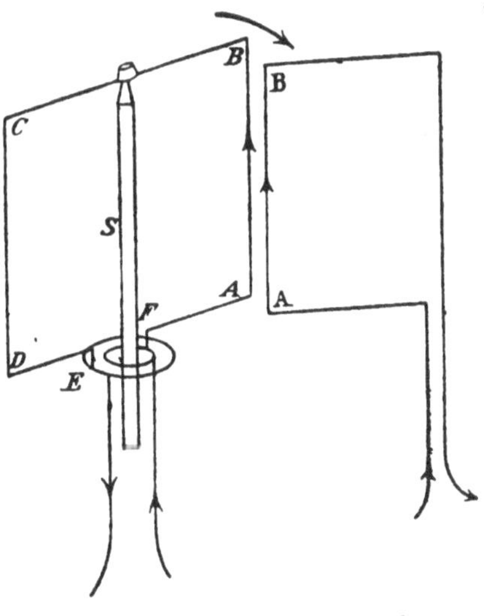

Fig. 610. Ampèresches Gestell.

§ 538. Wechselwirkung von Solenoiden. Zu einem sehr einfachen Resultate gelangte Ampère bei der Untersuchung der Wirkung, welche zwei stromdurchflossene Spulen wechselseitig aufeinander ausüben. Mit

Bezug auf die in § 475 eingeführten Bezeichnungen können wir sagen: Zwei stromdurchflossene Solenoide verhalten sich gegeneinander wie zwei Magnete, deren Nordpole in den positiven, deren Südpole in den negativen Enden der Spulenachsen liegen, deren magnetische Momente den galvanischen der entsprechenden Spulen gleich sind. Die so bestimmten Magnete sind

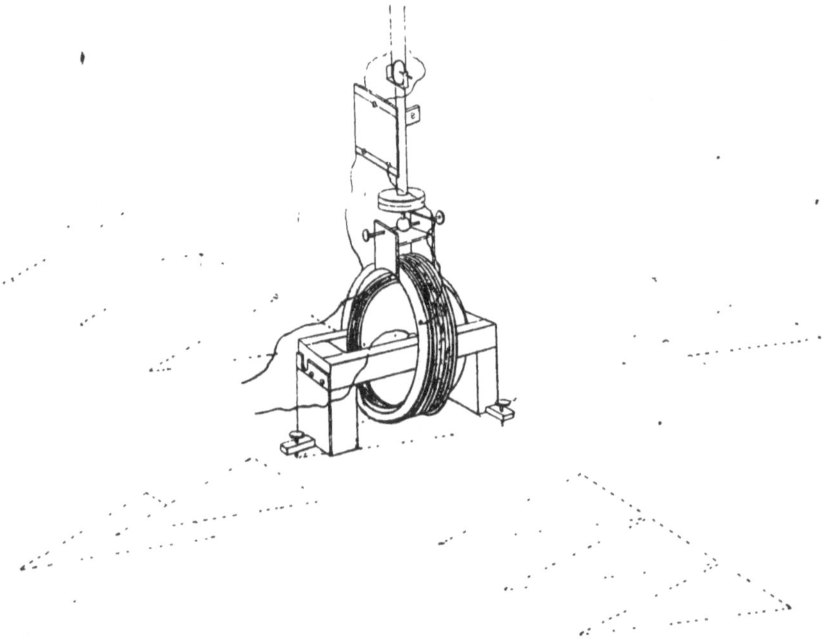

Fig. 611. Elektrodynamische Versuche von W. Weber.

dieselben, welche die Spulen in ihren elektromagnetischen Fernwirkungen zu ersetzen vermögen. Wir haben sie in § 475 als die äquivalenten Magnete bezeichnet. Der Querschnitt der Spulen kann ebensogut die Form eines Ovales oder eines Rechteckes haben, wie die eines Kreises. Die Richtigkeit des Satzes wurde von W. Weber durch genaue Versuche bewiesen, indem er das statische Moment bestimmte, das von einer festen Spule auf eine an den Zuleitungsdrähten bifilar aufgehängte ausgeübt wurde.

Ein Bild von seiner Versuchsanordnung gibt die der Weberschen Abhandlung entnommene Fig. 611. Die bewegliche Rolle ist so aufgehängt, daß ihre Achse in die Richtung des magnetischen Meridians fällt. Die Achse der festen Rolle steht zum Meridiane senkrecht. In der Fig. sind die Rollen so gezeichnet, daß ihre Mittelpunkte zusammenfallen. Bei den für uns in Betracht kommenden Versuchen wurde die feste Rolle aus dieser Stellung herausgenommen und in der Richtung des magnetischen Meridians sowie in der dazu senkrechten verschoben, so daß das von den Spitzen der Fußschrauben gebildete Dreieck mit den in der Figur gezeichneten Dreiecken der Reihe nach sich deckte.

Nach einer Richtung hin bedürfen die in § 475 gemachten, im vorhergehenden benützten Festsetzungen einer Ergänzung. Bezeichnen wir durch f die Fläche der Windungen, durch i die Stärke des Stromes bei der einen, durch f_1 und i_1 die entsprechenden Größen bei der anderen Spule, so wären nach § 475 die Momente der äquivalenten Magnete gleich if und $i_1 f_1$. Nun ist aber nach § 508 die magnetische Wechselwirkung der Permeabilität des Zwischenmediums umgekehrt proportional; gleiches würde also bei jener Festsetzung auch für die elektrodynamische Wechselwirkung eintreten, während diese doch der Permeabilität direkt proportional sein muß. Es ergibt sich daraus, daß wir die magnetischen Momente der mit den Strömen äquivalenten Magnete gleich den Produkten aus Stromstärke und Stromfläche noch multipliziert mit der Permeabilität des Zwischenmediums setzen müssen:

$$M = \mu i f \qquad \text{und} \qquad M_1 = \mu i_1 f_1 ,$$

denn dann wird die mit $M M_1 / \mu$ proportionale Wechselwirkung der Ströme wieder mit μ proportional. Dabei ist die Voraussetzung gemacht, daß der Raum, in dem wir auf elektromagnetischem Wege, also etwa mit der Tangentenbussole, die Stromstärke bestimmen, die Permeabilität Eins besitze. Dies ist nach den in den § 506 und § 510 getroffenen Festsetzungen bei Luft, beziehungsweise bei dem leeren Raume der Fall. Für diese selbst bleibt also die alte Beziehung $M = if$, $M_1 = i_1 f_1$ in Kraft.

Es scheint nicht überflüssig, die vorhergehenden Betrachtungen noch etwas weiter auszuführen, um die Verhältnisse nach allen Seiten hin möglichst aufzuklären. Wir gehen aus von dem willkürlich zu wählenden Normalmedium, in dem wir der Permeabilität μ den Wert Eins erteilen. Für praktische Zwecke wird die Luft ein solches Medium bilden. In ihm gilt für die Ablenkungen der Tangentenbussole die Formel von § 471:

$$i = \frac{r \operatorname{tg} \varphi}{2 n \pi} \cdot \mathfrak{H} .$$

Die Feldintensität $\mathfrak{H}$ kann nach der Gaussschen Methode aus den Gleichungen von § 358 bestimmt werden:

$$M \mathfrak{H} = A \qquad \text{und} \qquad M / \mathfrak{H} = \tfrac{1}{2} R^3 \varphi .$$

Werden nun dieselben Beobachtungen in einem Raume von der Permeabilität μ angestellt, so wird die von irgendwelchen Magnetpolen herrührende magnetische Kraft reduziert auf $\mathfrak{H} / \mu$, das freie, bei den Wirkungen auf die Hilfsnadeln in Betracht kommende Moment auf M / μ, während die elektromagnetische Wirkung dieselbe bleibt. An Stelle der obigen Gleichungen treten daher die folgenden:

$$i = \frac{r \operatorname{tg} \varphi'}{2 n \pi} \frac{\mathfrak{H}}{\mu} , \qquad \frac{\mathfrak{H} M}{\mu} = A' , \qquad \frac{M}{\mathfrak{H}} = \tfrac{1}{2} R^3 \cdot \varphi_1 .$$

Aus den beiden letzten lassen sich die Werte von $M / \sqrt{\mu} = M'$ und $\mathfrak{H} / \sqrt{\mu} = \mathfrak{H}'$ berechnen; die erste gibt dann $i' = i\sqrt{\mu}$. Hat man also die Werte der Feldintensität $\mathfrak{H}'$ und des magnetischen Moments M' aus Beobachtungen berechnet, die in einem Raume von der Permeabilität μ angestellt wurden, so erhält man die wahren Werte, wie sie in dem Normalmedium von der Permeabilität Eins gefunden würden, durch Multiplikation mit $\sqrt{\mu}$. Hat man ebenso aus Beobachtungen in dem Medium mit der Permeabilität μ den Wert der Stromstärke gleich i' gefunden, so erhält man den wahren Wert der Stromstärke durch Division mit $\sqrt{\mu}$. In dem Normalmedium ist die Wechselwirkung zweier Spulen dieselbe, wie die zweier Magnete von den Momenten if und $i_1 f_1$, in dem Medium μ ist sie proportional mit $\mu \cdot if \cdot i_1 f_1$. Nun sind aber $i\sqrt{\mu}$ und $i_1\sqrt{\mu}$ die Stromstärken i' und i_1', wie sie aus Beobachtungen in dem Medium μ selbst sich ergeben würden. Wir können also die Momente der äquivalenten Magnete wieder einfach gleich $i'f$ und $i_1'f_1$ setzen; nur müssen jetzt die Stromstärken in demselben Mittel gemessen sein, wie die Wechselwirkung der Spulen.

§ **539. Dynamometer und Messung von Wechselstrom.** Der in Fig. 611 beschriebene Apparat Webers kann in einer solchen Form ausgeführt werden, daß er als ein Seitenstück zu der Tangentenbussole erscheint. Man hängt in der Mitte des aus einer größeren Zahl von Windungen bestehenden Ringes einer Tangentenbussole ein Solenoid an den Zuleitungsdrähten des Stromes auf, so daß die Achse der Spule horizontal liegt und in der Ruhelage den Windungsflächen des Bussolenringes parallel ist. Wenn derselbe Strom Ring und Bussole durchläuft, so ist die elektrodynamische Wirkung dem Quadrate der Stromstärke proportional und unabhängig von seiner Richtung.

Man kann das von Weber als Elektrodynamometer bezeichnete Instrument zunächst benützen, um die Stärke sehr kurz dauernder Ströme zu bestimmen. Leitet man einen solchen Strom durch das Dynamometer, so erfährt die bewegliche Rolle einen Impuls, durch den sie, wie ein ballistisches Pendel, aus ihrer Ruhelage mit einer entsprechenden Winkelgeschwindigkeit herausgeworfen wird. Die Wirkung des Impulses ist proportional mit dem Produkt aus dem Quadrate der Stromstärke und aus der Dauer des Stromes. Leitet man dagegen den Strom durch eine Tangentenbussole, so ist der auf ihre Nadel ausgeübte Impuls und die durch ihn erzeugte Winkelgeschwindigkeit proportional mit dem Produkte aus der einfachen Stromstärke und aus der Zeitdauer des Stromes. Gleichzeitige Beobachtung an beiden Instrumenten führt hiernach zu der Bestimmung von Stärke und Dauer des Stromes.

Seine wichtigste Verwendung findet das Dynamometer indes bei der Messung sogenannter Wechselströme. Wir werden im elften Teile dieses Bandes ausführlicher von solchen Strömen sprechen; vorläufig genüge die Bemerkung, daß wir z. B. einen Wechselstrom erhalten, wenn wir den in § 523 betrachteten Erdinduktor in kontinuierliche gleichförmige Rotation versetzen. Natürlich muß dafür gesorgt werden, daß die Verbindung zwischen dem Induktor und dem zur Messung des Stromes dienenden Dynamometer durch die Rotation nicht unterbrochen wird. Zu diesem Zwecke trägt die Rotationsachse (Fig. 612, strichliert) zwei isolierte Kupferringe, von denen der eine mit dem einen, der andere mit dem anderen Ende des Induktordrahtes verbunden ist. Gegen die Ringe schleifen Kontaktfedern, welche die Weiterleitung des Stromes vermitteln.

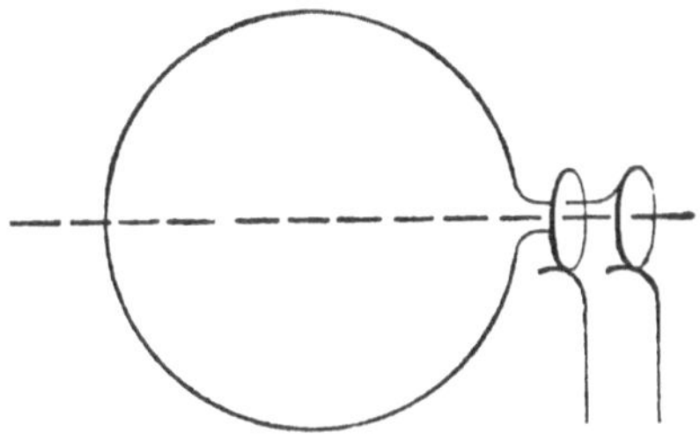

Fig. 612.

Die Zahl der Umdrehungen, welche der Induktor in einer Sekunde macht, seine T o u r e n z a h l, sei gleich n. Aus den Sätzen von §§ 526 und 527 ergibt sich, daß die in einem bestimmten Augenblick in dem Induktor hervorgerufene elektromotorische Kraft durch $2\pi n F \mathfrak{H} \sin 2\pi n t$ gegeben ist. Dabei bedeutet F ebenso wie früher die Induktorfläche, $\mathfrak{H}$ die Intensität des Magnetfeldes. Die elektromotorische Kraft wechselt nach jeder halben Umdrehung des Induktors ihre Richtung, sie schwankt zwischen zwei gleich großen, aber entgegengesetzt gerichteten Maximalwerten in regelmäßiger Weise hin und her. Dasselbe wird nun auch von dem Strome gelten, welcher durch die elektromotorische Kraft in dem Kreise des rotierenden Induktors erzeugt wird. Wir können den Verlauf des Stromes graphisch darstellen, indem wir auf einer horizontalen Achse die Zeiten abtragen und senkrecht dazu die entsprechenden Stromstärken; das Bild des Stromes wird dann eine Wellenlinie sein, genau wie die Sinuslinie (Fig. 42); die zu einer beliebigen Zeit t vorhandene Stromstärke kann durch einen Ausdruck von der Form

$$I = C \sin 2\pi n t$$

dargestellt werden. Man bezeichnet einen solchen Strom als einen W e c h s e l s t r o m, auch Sinusstrom, im Gegensatze zu dem konstant in derselben Richtung fließenden Strome, dem G l e i c h s t r o m e. n ist die Frequenz, $2n$ die Zahl der Stromwechsel pro sec.

Das Drehungsmoment, das von dem Wechselstrome auf die bewegliche Rolle des Dynamometers zu einer bestimmten Zeit ausgeübt wird, berechnet sich proportional mit $I^2 = C^2 \sin^2 2\pi n t$. Dieses Moment sucht die bewegliche Rolle immer in derselben Richtung zu drehen, seine Größe schwankt aber zwischen Null und einem mit C^2 proportionalen Maximalwerte. Die von dem Wechselstrome ausgeübte Wirkung wird nun dieselbe sein wie die eines konstanten Stromes, für den das Quadrat der Stromstärke gleich dem Mittelwerte der Stromstärkenquadrate des Wechselstromes ist. Die Stärke dieses mit dem Wechselstrome äquivalenten konstanten Stromes bezeichnet man als die effektive Stromstärke, $I_{\text{eff.}}$. Die Berechnung der effektiven Stromstärke geschieht so: Wir zerlegen die Zeit t, für welche der Mittelwert des Stromstärkequadrates berechnet werden soll, in eine Reihe kleiner Zeitelemente dt_1, dt_2, dt_3 ..., die entsprechenden Werte der Stärke des Wechselstromes seien I_1, I_2, I_3 ..., dann ist das Quadrat der effektiven Stromstärke gegeben durch:

$$I_{\text{eff.}}^2 = \frac{I_1^2\,dt_1 + I_2^2\,dt_2 + I_3^2\,dt_3 \ldots}{t} = \frac{\sum I^2\,dt}{t},$$

die effektive Stromstärke selbst durch:

$$I_{\text{eff.}} = \sqrt{\sum I^2\,dt / t}.$$

Durch die Ablenkung eines Elektrodynamometers wird diese effektive Stromstärke bestimmt. Will man die effektive Stromstärke nach der angeführten Regel aus dem für den Wechselstrom geltenden Ansatze berechnen, so muß man die Zeit t entweder sehr groß, oder gleich einem Vielfachen der Periode des Wechselstromes nehmen. Dann ergibt eine Rechnung für einen Sinusstrom:

$$I_{\text{eff.}} = C / \sqrt{2}.$$

Von besonderem Interesse ist noch der Fall, daß durch die beiden Rollen des Dynamometers zwei Wechselströme geschickt werden, welche zwar die gleiche Periode, aber verschiedene Phasen besitzen; wenn also der eine der beiden Ströme das Maximum seiner Stärke erreicht hat, so liegt gleichzeitig die Stärke des zweiten Stromes noch unter dem Maximalwerte; wenn der eine Strom durch den Wert Null hindurch in die entgegengesetzte Richtung, d. h. zu negativen Werten der Stromstärke übergeht, so bewegt sich der zweite Strom noch in der positiven Richtung. Daraus ergibt sich schon, daß die Wirkung auf das Dynamometer keineswegs allein von den effektiven Stromstärken abhängt, denn sie ist infolge der Verschiedenheit der Phasen bald in dem einen, bald in dem entgegengesetzten Sinne gerichtet. Die Wirkung muß vielmehr noch von der Phasenverschiebung der beiden Ströme abhängen. Zwei Wechselströme von gleicher Periode, aber verschiedener Phase lassen sich durch die Ausdrücke

$$I_1 = C_1 \sin 2\pi n t \quad \text{und} \quad I_2 = C_2 \sin(2\pi n t - \delta)$$

darstellen. Zur Zeit $t = 0$ ist dann $I_1 = 0$, $I_2 = -C_2 \sin\delta$; I_2 wird Null zur Zeit $t = \delta/(2\pi n)$, die Phasen von I_2 sind um diese Zeit verspätet gegen die gleichen Phasen von I_1. Die Wirkung der Ströme auf das Dynamometer hängt ab von dem Produkte

$$\tfrac{1}{2} C_1 C_2 \cos\delta \quad \text{oder} \quad I_{1,\text{eff.}} \cdot I_{2,\text{eff.}} \cdot \cos\delta.$$

Sind die Werte der effektiven Stromstärken bekannt, so kann aus der Ablenkung eines Dynamometers, dessen eine Spule von dem ersten, dessen andere Spule von dem zweiten Strome durchlaufen wird, die Phasenverschiebung δ berechnet werden.

Eine weitere wichtige Verwendung findet das Dynamometer als Leistungsmesser oder Wattmeter. Es sei eine Leitung R gegeben mit dem Strome i und der Spannungsdifferenz e zwischen ihren Enden. Man schaltet die feste, dickdrähtige Rolle eines Dynamometers in die Leitung selber ein, die Enden der beweglichen Spule verbindet man durch einen großen Widerstand hindurch mit den Endpunkten von R. Der Ausschlag des Dynamometers ist dann proportional mit der Leistung $e \cdot i$. Bei der Anwendung auf Wechselstrom muß die Anordnung so getroffen werden, daß der Einfluß der Stromwechsel auf Phase und Widerstand nicht in Betracht kommt.

Eine andere Meßmethode für Wechselströme liefern die Hitzdrahtinstrumente (§ 548), deren Ausschläge für gleichen Wechsel- oder Gleichstrom gleich sind.

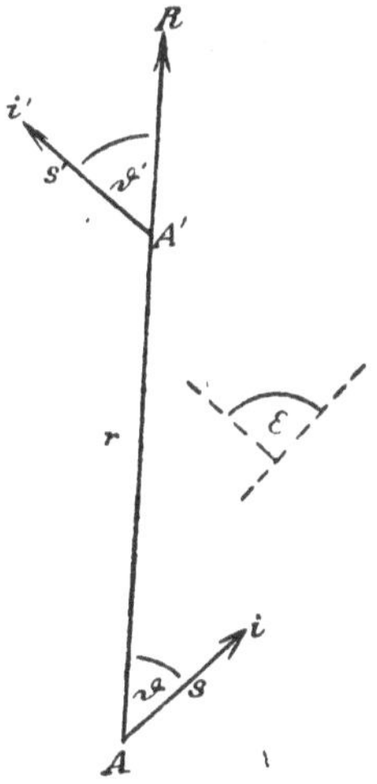

Fig. 613.

§ **540. Elektrodynamische Elementargesetze.** Auf Grund von exakten Messungen kennen wir nur die Wirkung, welche zwei geschlossene Ströme aufeinander ausüben. Man kann an sie die Frage nach dem Elementargesetze der elektrodynamischen Wechselwirkung knüpfen, d. h. nach dem Gesetze, dem gemäß zwei geradlinige Elemente zweier elektrischer Ströme aufeinander wirken. Ampère nahm hier an, daß die Wirkung zwischen zwei Elementen elektrischer Ströme in die Richtung ihrer Entfernung falle, also anziehend oder abstoßend sei. Daraus ergab sich weiter das folgende Resultat. Es seien A und A' (Fig. 613) die Anfangspunkte der Elemente, s und s' ihre Längen, i und i' die Stromstärken; ferner sei die Entfernung $AA' = r$, die zwischen AA' und den Stromrichtungen eingeschlossenen Winkel ϑ und ϑ', der Winkel, den die Stromrichtungen unter sich bilden, ε; dann berechnet sich die von s auf s' ausgeübte Kraft:

$$R = \frac{i\,i'\,s\,s'}{r^2}\,(3 \cos\vartheta \cos\vartheta' - 2 \cos\varepsilon)\,,$$

sie ist abstoßend, wenn R positiv, anziehend, wenn R negativ wird. Ampère wandte das gefundene Gesetz auf die Wechselwirkung elektrischer Spulen an. Die Windungen einer einfachen Spule ersetzte er durch Kreise von gleichem Durchmesser, gegen die Spulachse senkrecht stehend und voneinander um die Höhe eines Schraubenganges entfernt. Die Kreise dachte er sich von Strömen von gleicher Richtung und Stärke durchflossen, wie die Spule. Er nannte eine solche von Stromkreisen gebildete Röhre als erster ein Solenoid, ihre Enden Solenoidpole, und erhielt den von uns oben erwähnten Satz von der Äquivalenz der Solenoid- und Magnetpole. Der Satz gilt in der in § 538 angegebenen Form zunächst nur für die Fernwirkung stromdurchflossener Spulen, d. h. unter der Voraussetzung, daß ihre Querdimensionen klein sind gegen ihre Entfernung. Er gilt dann auch für jede einzelne Windung, einerlei ob ihre Form die eines Kreises, oder etwa die eines Rechtecks ist, er gilt ebenso für die einzelnen Stromkreise eines AMPÈREschen Solenoides. Haben wir zwei ebene geschlossene Ströme von der Form eines Kreises oder einer anderen ebenen Kurve, so können wir sie in ihrer elektrodynamischen Wechselwirkung ersetzen durch die äquivalenten Magnete, sofern die Dimensionen der Stromflächen klein sind gegen ihre Entfernung. Ist diese Bedingung nicht erfüllt, so können wir genau die Betrachtungen wiederholen, die wir in § 480 mit Bezug auf die elektromagnetische Wirkung eines geschlossenen Stromes angestellt haben. Wir finden, daß zwei geschlossene Ströme unter allen Umständen aufeinander wirken, wie die in § 480 eingeführten magnetischen Doppelflächen.

Dieses AMPÈREsche Elementargesetz ist aber durch andere ersetzt worden; z. B. von GRASSMANN[1] und besonders in allgemeiner Form von STEFAN[2].

541. Gesetz von WEBER. Wenn man den Grund für die elektrischen Erscheinungen in der Existenz elektrischer Fluida suchte, so konnte man darüber nicht im Zweifel sein, daß dieselben Teilchen, welche im Zustande der Ruhe dem COULOMBschen Gesetze entsprechend einander anziehen oder abstoßen, im Zustande der elektrischen Strömung zu den von AMPÈRE entdeckten Wirkungen Veranlassung geben. Es entstand also die schon von AMPÈRE selbst gestellte Aufgabe, zu untersuchen, wie die elektrostatische Fernwirkung der Teilchen durch Bewegung so modifiziert werden könne, daß als Resultat der verschiedenen Wirkungen das AMPÈREsche Gesetz sich ergibt. WEBER kam hier zu dem Resultate, daß man die Wechselwirkung der Teilchen von ihrer relativen Bewegung in der sie verbindenden Linie abhängig machen muß. Nennt man die elektrostatische Menge der Teilchen e und e', ihre Entfernung r, die relative Geschwindigkeit in der Richtung der Entfernung ϱ', die relative Beschleunigung ϱ'', so wäre die zwischen ihnen wirkende Abstoßung gleich

$$\frac{e e'}{r^2}\left\{1 - \frac{\varrho'^2}{2 c^2} + \frac{r \varrho''}{c^2}\right\},$$

wo c die Lichtgeschwindigkeit ist.

Mit der Aufstellung seines Gesetzes verband WEBER einen weiteren Zweck, dessen Erreichung von theoretischer und praktischer Seite aus gleich wichtig erschien. Zunächst war so die Möglichkeit zu der Aufstellung von Gesetzen für die im folgenden zu betrachtenden Erscheinungen der Voltainduktion gewonnen; daran knüpfte WEBER die weitere Aufgabe, ein einheitliches Maßsystem für die mannigfaltigen Größen aufzustellen, mit denen man auf dem Gebiete der Elektrizität und ihrer Wechselbeziehungen zum Magnetismus zu rechnen hat, Methoden auszuarbeiten, nach denen man jene Größen bequem und genau messen kann.

---

[1] POGG. Ann. 64 (1845). [2] Wien. Ber. 59 (1869).

Durch die Begründung dieses Maßsystems hat Weber in weitestem Umfange auf die Wissenschaft einen maßgebenden Einfluß ausgeübt. Das Fundament seiner Theorie, das Ampèresche Gesetz, ist allerdings ein unsicheres, denn man kann aus der Wirkung, die alle Elemente zweier galvanischer Ströme zusammengenommen aufeinander ausüben, keinen sicheren Schluß auf die Wirkungen einzelner ziehen. Das Webersche Gesetz selbst führt bei gewissen Anwendungen zu unhaltbaren Konsequenzen, so daß es den Charakter einer Näherungsformel trägt, welche nur innerhalb eines abgegrenzten Gebietes mit der Erfahrung übereinstimmt. Vor allem aber kommt in Betracht, daß das Webersche Gesetz eine Fernwirkung zwischen elektrodynamischen Leitern annimmt, welche zu ihrer Äußerung keine Vermittelung braucht. Nach Faraday und Maxwell dagegen ist die Wirkung eine durch das Zwischenmedium vermittelte und bedarf einer unter Umständen meßbaren Zeit, um von einem Leiter zu einem anderen zu gelangen. Nun haben später zu besprechende Versuche von Hertz gezeigt, daß von einem elektrodynamischen Leiter aus tatsächlich elektrische Wirkungen mit Lichtgeschwindigkeit sich verbreiten, und haben damit die Alternative zugunsten der Maxwellschen Theorie entschieden.

II. Elektromotorische Wirkungen.

§ 542. **Voltainduktion.** Die nahe Beziehung zwischen den elektromagnetischen und elektrodynamischen Wirkungen elektrischer Spulen macht es wahrscheinlich, daß bewegte und veränderliche elektrische Ströme auch Induktion zu erzeugen vermögen, wie bewegte Stahlmagnete oder wie Bewegung des Magnetismus im weichen Eisen. In der Tat hat Faraday vor der Magnetinduktion die induzierenden Wirkungen elektrischer Ströme entdeckt, die Erscheinungen der Voltainduktion. Sie sind doppelter Art wie die der Magnetinduktion. Entweder bewegen wir eine von einem Strome durchflossene primäre oder induzierende Spule und die sekundäre oder induzierte relativ gegeneinander, oder wir lassen die Lage der beiden Spulen ungeändert und schließen oder öffnen den Strom in der primären. Im ersten Falle sind die Verhältnisse des induzierten Stromes ganz dieselben, wie wenn wir an Stelle der primären Spule den mit ihr äquivalenten Magnet bewegt hätten; im zweiten wirkt die Schließung des Stromes in der primären Spule so wie das Entstehen eines mit ihr äquivalenten Elektromagnets, die Unterbrechung des Stromes wie das Verschwinden des äquivalenten Magnets. Insbesondere ergibt sich hieraus, daß auch bei der Voltainduktion die Richtung des durch Bewegung induzierten Stromes stets so ist, daß durch seine elektrodynamische Rückwirkung auf den induzierenden Strom die Bewegung gehemmt wird. Nähern wir die primäre Spule, wie in Fig. 614, mit parallel gestellten Windungen der sekundären, so ist die Richtung des induzierten Stromes der des induzierenden entgegengesetzt; entfernen wir die primäre Spule, so entsteht ein Induktionsstrom von gleicher Richtung mit dem induzierenden. Stellen wir die Spulen mit parallelen Windungen einander gegenüber, so erzeugt Stromschluß in der primären Spule einen entgegengesetzten Strom in der sekundären, Öffnung einen Strom von gleicher Richtung. Die experimentellen Hilfsmittel, mit denen wir die Richtigkeit dieser Sätze beweisen, sind natürlich ganz dieselben, wie bei der Magnetinduktion.

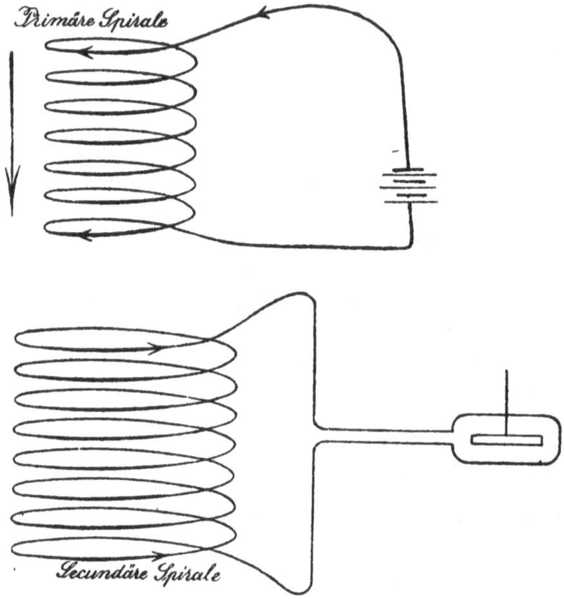

Fig. 614. Voltainduktion durch Bewegung.

Genaue quantitative Untersuchungen, wie sie mit diesen Hilfsmitteln durchgeführt werden können, zeigen, daß nicht bloß eine allgemeine Analogie zwischen den Erscheinungen der Voltainduktion und denen der Magnetinduktion vorhanden ist. Vielmehr lassen sich die Gesetze der Voltainduktion für den Fall geschlossener Ströme vollständig reduzieren auf die der Magnetinduktion Bewegung einer stromdurchflossenen Spule wirkt genau so, wie die Bewegung des mit ihr äquivalenten Magnets; Entstehen oder Verschwinden des Stromes in einer ruhenden Spule wie Entstehen oder Verschwinden des äquivalenten Magnets.

Es verdient hervorgehoben zu werden, daß ein Strom, der bei ruhenden Spulen in der primären in unveränderter Stärke zirkuliert, auf die sekundäre keinerlei Wirkung ausübt. Faraday war von Beginn seiner Untersuchung an von der Überzeugung geleitet worden, daß eine solche Wirkung existieren müsse; alle nach dieser Richtung zielenden Untersuchungen hatten aber ein negatives Resultat, nur Stromschwankungen, zumal Stromschluß und Stromöffnung, übten eine elektromotorische Wirkung auf eine sekundäre Spule aus.

§ 543. **Selbstinduktion.** Ebenso wie das Entstehen und Verschwinden eines Stromes in einer Spule Induktionsströme in einer benachbarten Spule erzeugt, werden auch die einzelnen Windungen einer und derselben Spule beim Schließen und Öffnen des Stromes, oder auch nur bei Stromschwankungen, induzierend aufeinander wirken; aber auch jede einzelne Windung, und schließlich jedes Element einer solchen wird dabei auf sich selbst eine induzierende Wirkung ausüben. Man bezeichnet die Ströme, die hierdurch entstehen, als Extraströme; die näheren Umstände, von denen das Entstehen oder Verschwinden eines Stromes begleitet ist, werden wesentlich durch sie bedingt. Wenn wir den Strom einer elektrischen Batterie durch eine Spule schließen, so ist die von den einzelnen Windungen aufeinander ausgeübte elektromotorische Kraft der der Batterie entgegengesetzt. Die elektromotorische Kraft wird durch die Selbstinduktion der Spule verringert und erreicht erst nach einiger Zeit mit verschwindender Induktion ihre konstante Stärke. Umgekehrt ist bei der Öffnung des Stromes die elektromotorische Kraft der Induktion der der Säule gleichgerichtet, und daher findet im Momente der Öffnung ein plötzliches Ansteigen der elektromotorischen Kraft statt, hinreichend, um an der Trennungsstelle der Leiter einen Funken, den sogenannten Öffnungsfunken, zu erzeugen; dieser füllt den Zwischenraum zwischen den voneinander sich entfernenden Leitern für einen Augenblick mit leitenden Gasen, so daß der Extrastrom der Öffnung noch in geschlossener Bahn zirkulieren kann. Nun wächst aber der Widerstand in der Trennungsstelle mit der Entfernung der Leiter rasch bis zu einem sehr großen Betrage, und dementsprechend sinkt der Strom auf Null herab. Ein elektrischer Strom setzt also ebensowenig mit voller Stärke ein, wie er plötzlich verschwindet, beide Vorgänge vollziehen sich in stetiger Weise und bedürfen einer gewissen Zeit.

Selbstinduktion tritt natürlich auch bei anderen, z. B. bei geradlinigen Leitern ein, wenn auch bei diesen in viel schwächerem Grade.

Es sei ein Kreis von dem Widerstande R und der Selbstinduktion L gegeben. Auf ihn wirke von einem bestimmten Momente an, den wir zum Anfangspunkte der Zeitmessung wählen, eine konstante elektromotorische Kraft E. Das allmähliche Ansteigen des Stromes vollzieht sich nach dem Gesetze:

$$i = \frac{E}{R}\left(1 - e^{-\frac{R}{L}t}\right).$$

Hier bezeichnet i die Stromstärke, t die Zeit, e die Basis der natürlichen Logarithmen; die Größen i, E, R und L sind alle in demselben Maßsysteme zu messen. Mit der Bestimmung der Größe L, des sogenannten Koëffizienten der Selbstinduktion, werden wir uns im folgenden beschäftigen; hier sei nur bemerkt, daß zwischen den Maßzahlen L_{st} und L_{mg} dieses Koëffizienten im elektrostatischen und im elektromagnetischen Maße die Beziehung besteht:

$$L_{st} = L_{mg}/c^2 .$$

Wird die elektromotorische Kraft, welche auf den Kreis wirkte, plötzlich ausgeschaltet, ohne daß dabei der Widerstand R sich ändert, so sinkt der Strom auf Null herab. Rechnen wir die Zeit von dem Momente der Ausschaltung an, so gilt für die Stromstärke die Formel:

$$i = i_0 e^{-\frac{R}{L} \cdot t}.$$

In der Zeit $t = L/R$ nimmt der Strom von dem Anfangswerte i_0 auf $i_0/2{,}718$ ab; man bezeichnet L/R als die Zeitkonstante. Um von der Größe, welche diese Konstante erreichen kann, eine Vorstellung zu gewinnen, betrachten wir noch ein spezielles Beispiel. Wenn man viele Windungen dünnen Drahtes (z. B. 20000) über einen zylindrischen Eisenkern von einigen Zentimetern Durchmesser wickelt, so kann man leicht erreichen, daß $L_{mg} = 10^{12}$, $R_{mg} = 10^{13}$ wird; dann vergeht also $^1/_{10}$ Sekunde, bis der Strom auf $1/2{,}718$ des Anfangswertes herabsinkt. Dabei ist aber Unveränderlichkeit des Widerstandes vorausgesetzt, während bei einer einfachen Unterbrechung des Stromes der Widerstand sehr schnell bis ins Unendliche wächst.

Bei Stromschluß gibt die Zeitkonstante an, wie viele Sekunden vergehen, bis der Strom den Bruchteil 0,63 des schließlichen konstanten Wertes E/R erreicht.

§ 544. Der Transformator. Wir kommen nun zu der Theorie eines Induktionsapparates, der für wissenschaftliche und technische Zwecke eine hervorragende Bedeutung besitzt. Wir gehen aus von der Betrachtung eines Ampèreschen Solenoides mit in sich zurücklaufender kreisförmiger Achse; der Umfang des von der letzteren gebildeten Kreises sei l, der Abstand der einzelnen auf ihr senkrechten Stromkreise d_1, ihre Zahl z_1, der Flächeninhalt jedes einzelnen Kreises, der Querschnitt der Röhre q. Das Solenoid vertrete die Stelle der primären Spule, die sekundäre sei durch einen einzigen Kreisring dargestellt, der das Solenoid umschlingt (Fig. 615).

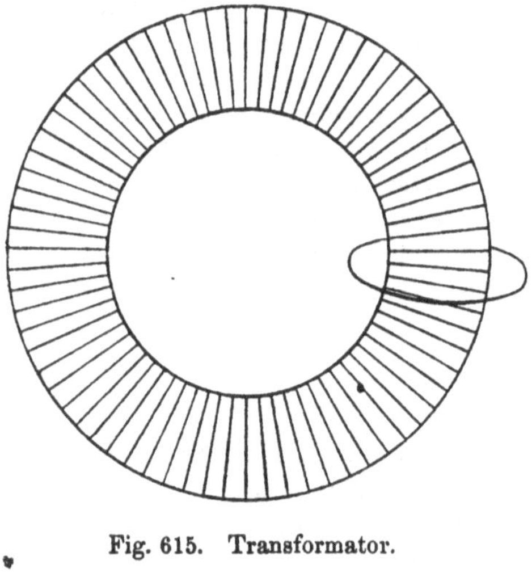

Fig. 615. Transformator.

Wir suchen den Integralwert der elektromotorischen Kraft für den Fall, daß in dem Solenoid ein Strom von der Stärke I_1 entsteht. Die Permeabilität des Mediums, in dem sich Solenoid und induzierter Ring befinden, sei gleich 1. Das Entstehen des Stromes in einer Windung des Solenoides wirkt ebenso wie das Entstehen eines Elektromagnets von dem Momente $q I_1$; das Zustandekommen des letzteren wollen wir uns so denken, als ob ein Nordpol von der Stärke $q I_1/d_1$ von dem Mittelpunkte der betreffenden Windung bis zu dem der nächstfolgenden verschoben würde. Alle Windungen zusammen wirken dann so, als ob jener Nordpol die ganze kreisförmige Achse des Solenoides durchliefe. Die hierdurch erzeugte elektromotorische Kraft ist aber nach § 533 gleich $4\pi q I_1/d_1$, oder, da $d_1 = l/z_1$, gleich $4\pi q z_1 I_1/l_1$. Die von dem Solenoide in der Achse ausgeübte magnetische Kraft ist ebenso wie in § 481 $\mathfrak{H}_1 = 4\pi z_1 i_1/l$; somit können wir den Integralwert der elektromotorischen Kraft auch ausdrücken durch $q\mathfrak{H}_1$; er ist gleich der Zahl der Kraftlinien, die nach dem Stromschlusse durch den Querschnitt des Solenoides und damit auch durch den induzierten Ring gehen. Es sei nun das Innere des Solenoides ausgefüllt mit einem Mittel von der Magnetisierungsfunktion $\varkappa$, etwa einem Eisenringe; beim Schlusse des Stromes wird dieser magnetisch, und die von ihm herrührende Magnetinduktion gesellt sich zu der vorher berechneten Voltainduktion hinzu. Für einen Ring vom Querschnitte von 1 cm^2 ist aber der Integralwert der durch die Magnetisierung erzeugten elektromotorischen Kraft nach § 534 gleich $4\pi\varkappa\mathfrak{H}_1$; somit wird in unserem Falle, wo der Querschnitt des Eisenringes gleich q ist, die ganze von dem Solenoide samt Eisenkern auf den Ring ausgeübte Integralkraft:

$$(1 + 4\pi\varkappa)\mathfrak{H}_1 q = \mu\mathfrak{H}_1 q = \mathfrak{B}_1 q,$$

wo μ die in § 486 eingeführte Permeabilität, $\mathfrak{B}_1$ die magnetische Induktion, die Zahl der durch 1 cm^2 senkrecht hindurchgehenden Induktionsinien bezeichnet. D e r I n t e g r a l w e r t d e r e l e k t r o m o t o r i s c h e n K r a f t , w e l c h e b e i m S t r o m s c h l u s s e v o n e i n e r a u f e i n e n E i s e n r i n g g e w i c k e l t e n S p u l e i n e i n e m s i e e i n f a c h u m s c h l i n g e n d e n D r a h t r i n g e i n d u z i e r t w i r d , i s t s o m i t g l e i c h d e r Z a h l d e r d u r c h d e n l e t z t e r e n g e h e n d e n I n d u k t i o n s l i n i e n .

Wenn wir an Stelle des Ringes, der das induzierende Solenoid einmal umschlingt, eine sekundäre Spule treten lassen, welche mit einer Anzahl von z_2 Windungen die primäre umhüllt, so wird die elektromotorische Integralkraft, $\Sigma E_2\, dt$ nach § 525, z_2 mal größer, also

$$\Sigma E_2\, dt = z_2 \cdot \mu\mathfrak{H}_1 q = 4\pi\mu q z_1 z_2 I_1/l.$$

Der Integralstrom $\Sigma I_2\, dt$ ist gleich $\Sigma E_2\, dt$ dividiert durch den Widerstand der sekundären Spule.

Von der Integralkraft gehen wir nun über zu der in einem bestimmten Momente wirkenden elektromotorischen Kraft. Um diese zu finden, nehmen wir an, der Strom I_1 brauche zu seinem Entstehen die Zeit t und wachse dabei gleichmäßig an. Die Momentankraft E_2 wird dann während der ganzen Dauer der Induktion konstant sein, ihr Integralwert gleich dem Produkte aus der konstanten Kraft und der Zeit t; $\Sigma E_2\, dt = E_2 t$. Somit ergibt sich unter den gemachten Voraussetzungen:

$$E_2 = 4\pi \frac{\mu q}{l} z_1 z_2 \frac{I_1}{t}.$$

Die Voraussetzung eines gleichmäßigen Wachsens der Stromstärke ist nicht zutreffend; man kann auch für den allgemeineren Fall leicht die in einem bestimmten Augenblicke vorhandene elektromotorische Kraft bestimmen. Zu Anfang eines bestimmten Zeitraumes sei die Stromstärke I_1, bis zum Schlusse habe sie eine Vermehrung erfahren, die wir mit dI_1 bezeichnen. Wir können das Anwachsen des Stromes dann so ansehen, als ob zu dem unveränderlichen Strome I_1 ein neuer Strom dI_1 hinzugetreten wäre. Nun wird es unter allen Umständen möglich sein, die Zeit, in welcher der Zuwachs dI_1 eintritt, so klein zu wählen, daß man den letzteren als einen gleichmäßig sich vollziehenden betrachten darf; dann aber gilt für die elektromotorische Kraft die frühere Formel; wenn also dt der dieser Bedingung entsprechende kleine Zeitraum ist, so wird die elektromotorische Kraft:

$$E_2 = 4\pi \frac{\mu q}{l} z_1 z_2 \frac{dI_1}{dt}.$$

Der Bruch dI_1/dt gibt die Änderungsgeschwindigkeit des Stromes in dem betrachteten Zeitpunkte; den Ausdruck $\mu q/l$ bezeichnen wir nach § 487 als das magnetische Leitvermögen des Ringes, das ganze Produkt $4\pi\mu q z_1 z_2/l$ als den Selbstinduktionskoëffizienten L. Die Formeln, die wir zur Berechnung der induzierten elektromotorischen Kraft benützt haben, setzen voraus, daß elektromotorische Kraft und Stromstärke in absolutem, elektromagnetischem Maße gemessen werden. Somit ergibt sich, daß die Dimension des Induktionskoëffizienten in diesem Maße die einer Länge ist. Im cm·g·sec-Systeme und im elektromagnetischen Maße haben wir die Dimensionsgleichung $[L] = \text{cm}$. Wir haben bisher nur von dem Entstehen oder Anwachsen eines Stromes gesprochen; ebenso, nur in entgegengesetztem Sinne, wirkt natürlich auch Verschwinden oder Abnahme, so daß wir das Resultat schließlich in dem Satze zusammenfassen können: Bei zwei auf einen Eisenring gewickelten Spulen ist die bei einer Stromänderung in der primären auf die sekundäre wirkende elektromotorische Kraft gleich dem Induktionskoëffizienten, multipliziert mit der Änderungsgeschwindigkeit des Stromes. Der Induktionskoëffizient ist gleich der Zahl 4π, multipliziert mit den Windungszahlen der beiden Spulen und multipliziert mit dem magnetischen Leitvermögen ihres gemeinsamen Kernes.

Versuchen wir endlich, ein bestimmtes Bild von der Wirkungsweise unseres Induktors zu gewinnen. Die primäre Spule bestehe aus wenigen Windungen eines dicken Drahtes von entsprechend kleinem Widerstande; eine verhältnismäßig kleine elektromotorische Kraft erzeugt dann in ihr einen starken Strom. Die sekundäre Spule besitze eine sehr große Zahl von Windungen eines dünnen Drahtes. Schnelle Stromänderungen in der primären Spirale induzieren in der sekundären eine große elektromotorische Kraft, aber trotzdem einen kleinen Strom wegen ihres großen

Widerstandes. Wir kehren nun das Verhältnis der Spulen um, nehmen die mit vielen Windungen versehene als primäre, die mit wenig Windungen als sekundäre. Der Strom in der primären ist dann selbst bei sehr großer elektromotorischer Kraft schwach wegen des großen Widerstandes; wenn die Stromänderung ebenso schnell erfolgt, wie in dem vorhergehenden Falle, so ist die Änderungsgeschwindigkeit in demselben Verhältnisse kleiner wie die Stromstärke und ebenso die elektromotorische Kraft. Aber die relativ kleine Kraft erregt in der sekundären Spirale doch einen starken Strom wegen ihres kleinen Widerstandes. Wir sehen somit, daß bei einem Induktor mit zwei Spulen, von denen die eine kleine Windungszahl und kleinen Widerstand, die andere große Windungszahl und großen Widerstand besitzt, immer kleine elektromotorische Kraft und starker Strom in der ersten, großer Kraft und schwachem Strome in der zweiten entspricht. Unser Induktor stellt daher einen Apparat dar, mit dem man Ströme von schwacher Spannung aber großer Stärke verwandeln kann in solche von großer Spannung und geringer Stärke, oder umgekehrt, und daher rührt der Name Transformator.

Die Zahl der durch den Querschnitt der Solenoide gehenden Induktionslinien ist bei der direkten wie bei der reziproken Benützung des Transformators durch den Querschnitt q des Eisenkernes bestimmt; der Koëffizient der wechselseitigen Induktion, der häufig durch L_m statt einfach durch L bezeichnet wird, hat in beiden Fällen den Wert:

$$L = 4\pi \mu q z_1 z_2 / l .$$

Wir erläutern das Gesagte noch durch ein Zahlenbeispiel. In der primären Spule erzeuge eine elektromotorische Kraft von 60 V einen Strom von 30 A oder 3 Einheiten des elektromagnetischen Systems. Die Permeabilität μ setzen wir gleich 1000; der Umfang einer Windung der primären Spule betrage 12 cm. Der Durchmesser der im Kreise in sich zurücklaufenden Achse der primären Spule sei viermal größer als der Durchmesser des Eisenkernes, auf den sie gewickelt ist; dann wird $4\pi q / l = 3$. Die Zahlen der Windungen seien $z_1 = 40$ und $z_2 = 20000$; die Änderungsgeschwindigkeit des Stromes I_1, d. h. $d I_1 / d t$, sei gleich 30000; dann wird die auf die sekundäre Spule wirkende elektromotorische Kraft in elektromagnetischem Maße:

$$E_2 = 1000 \cdot 3 \cdot 40 \cdot 20000 \cdot 30000 = 72 \cdot 10^{12}$$

oder gleich 720000 V, in ganz ungefährem Maße entsprechend einer Schlagweite des elektrischen Funkens von etwa 25 cm.

§ 545. Ruhmkorffs Induktor. Der von Ruhmkorff konstruierte Induktionsapparat (Fig. 616) ist ein Transformator mit geradliniger Achse; im übrigen in derselben Weise angeordnet, wie die in § 544 besprochenen Apparate. Zwar ist unter sonst gleichen Verhältnissen die Wirkung bei geradliniger Achse geringer als bei ringförmiger, wegen der Rückwirkung des freien Magnetismus, der an den Enden des zylindrischen Eisenkernes auftritt, oder, wie man auch sagen kann, wegen des größeren magnetischen Widerstandes. Auf der anderen Seite hat die von RUHMKORFF gewählte Form den Vorzug, daß der Magnetismus des Eisenkernes beim Unterbrechen des Stromes viel rascher verschwindet, als bei ringförmiger Anordnung; die mechanische Herstellung ist bequemer, und bei großer Windungszahl der sekundären Spule, großen Dimensionen des ganzen Apparates kann die induzierte elektromotorische Kraft doch leicht auf einen Betrag gebracht werden, der zur Durchbrechung von Luftstrecken hinreicht, die eine Länge bis zu $1\,^1/_2$ m besitzen können.

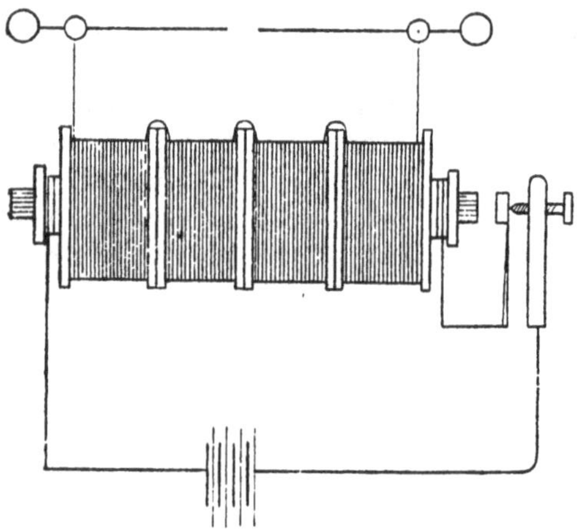

Fig. 616. Induktor mit NEEFschem Hammer.

Die Induktion wird bei dem Apparate durch abwechselndes Schließen und Öffnen des primären Stromes erzeugt. Dies erfolgt entweder selbsttätig durch den sogenannten NEEFschen Hammer, der in der Fig. in schematischer Weise gezeichnet ist. Es ist dies ein Anker von Eisen, der an einer Messingfeder der einen Endfläche des Eisenkernes gegenüber befestigt ist; wird der primäre Strom geschlossen, so zieht der Eisenkern den Anker an, dadurch wird ein Kontakt gelöst und der Strom unterbrochen. Die zurückschnellende Feder stellt den Kontakt wieder her, es erfolgt abermalige Anziehung usf. Die intermittierende Wirkung der magnetischen Kraft bringt die Feder in eine regelmäßige Schwingung, infolge deren der Strom periodisch geschlossen und wieder geöffnet wird.

Bei größeren Apparaten wird die Schwingung der den Kontakt schließenden und unterbrechenden Feder durch einen von dem Induktor unabhängigen elektromagnetischen Apparat besorgt, den Interruptor.

Nach § 544 ist die in einem bestimmten Momente wirkende elektromotorische Kraft der Geschwindigkeit proportional, mit der der primäre Strom ansteigt oder verschwindet. Nun kann man auf den Verlauf des ansteigenden Stromes keinen äußeren Einfluß ausüben, wohl aber auf den des verschwindenden. Der durch den Extrastrom der Öffnung erzeugte Funke bedingt es, daß das Leitvermögen zwischen den an der Unterbrechungsstelle sich gegenüberstehenden Konduktoren nicht plötzlich zu Null wird, sondern erst mit dem Funken verschwindet. Daraus ergibt sich, daß jedes den Öffnungsfunken verkürzende und schwächende Mittel die induzierende Kraft des unterbrochenen Stromes verstärkt. In diesem Sinne wirkt es, wenn man die Unterbrechungsstelle mit absolutem Alkohol oder mit Petroleum bedeckt, wenn man den Elektrizitäten, welche durch die Selbstinduktion von beiden Seiten her gegen die Unterbrechungsstelle getrieben werden, einen seitlichen Ausweg nach den Belegen eines großen plattenförmigen Kondensators bietet, der in dem Fuße des Apparates verborgen wird. Vor allem aber gehört zu jenen Mitteln eine besondere Konstruktion des Eisenkernes, deren Prinzip im folgenden § entwickelt werden soll.

Die gesamte Wirkung eines Induktors hängt nicht bloß von der Stärke der elektromotorischen Kraft ab, welche beim Schließen oder Öffnen des primären Stromes erregt wird, sondern auch von der Schnelligkeit, mit der sich die einzelnen Induktionsstöße wiederholen. Man ist daher in neuerer Zeit darauf ausgegangen, durch Anwendung von rotierenden Unterbrechern eine möglichst große Zahl von Unterbrechungen in der Sekunde zu erzielen. Auf die Einzelheiten der Konstruktionen einzugehen, würde zu weit führen, dagegen müssen wir noch über ein wesentlich anderes Prinzip der Unterbrechung berichten, welches dem Wehneltschen[1] Flüssigkeitsunterbrecher zugrunde liegt. In den Kreis des primären Stromes wird ein Gefäß mit Schwefelsäure eingeschaltet; als Anode, zur Zuleitung des positiven Stromes, dient eine Platinspitze, als Kathode eine große Bleiplatte. Wird der Strom geschlossen, so entwickelt sich an der Platinspitze eine solche Wärmemenge, daß die Flüssigkeit verdampft, dadurch wird der Strom unterbrochen, der Dampf kondensiert sich, und der Strom setzt wieder ein, bis er abermals die zur Bildung der Dampfblasen nötige Wärme entwickelt hat; dann folgt eine neue Unterbrechung usf. Die Zahl der auf eine Sekunde kommenden Unterbrechungen kann bis auf etwa 1000 steigen. Bei einer anderen Konstruktion des Flüssigkeitsunterbrechers werden die beiden aus Bleiröhren hergestellten Elektroden durch ein Porzellangefäß voneinander getrennt, in dem sich eine Öffnung von etwa 1 mm Durchmesser, oder ein paar solche Öffnungen befinden. Die Bildung von Dampfblasen und die Unterbrechung des Stromes erfolgt in diesen Öffnungen.[2]

§ 546. Foucaultsche Ströme. Bei Schluß oder Öffnung, überhaupt bei Schwankungen eines primären Stromes, werden elektromotorische Kräfte nicht bloß auf eine benachbarte Spule ausgeübt, sondern auch auf jeden körperlichen Leiter, der sich in der Nähe befindet. Man bezeichnet solche Ströme, deren Richtung gleichfalls durch die allgemeinen Gesetze der Induktion bestimmt wird, als Foucaultsche. Nehmen wir den Fall eines Transformators, so ruft der Schluß des primären Stromes in den Querschnitten des Eisenringes kreisförmige Ströme von entgegengesetzter Richtung hervor. Diese werden nicht bloß die Magnetisierung verzögern, sondern im Momente ihres Entstehens auf die sekundäre Spule in entgegengesetztem Sinne wirken wie der primäre Strom. Bei der Unterbrechung andererseits verzögern die mit dem verschwindenden

[1] Wied. Ann. 68 (1899). [2] Simon, Wied. Ann. 68 (1899).

Strome gleichgerichteten Wirbelströme des Eisenkernes die Entmagnetisierung, sie verzögern in gewissem Sinne das Verschwinden des primären Stromes selbst, da sie ihn im gleichen Sinne weiter fortsetzen. Es ergibt sich hieraus, daß die FOUCAULTschen Ströme für die Wirksamkeit eines Induktors überaus nachteilig sind. Man beseitigt sie dadurch, daß man den Eisenkern der Induktoren nicht aus einem massiven Stücke herstellt, sondern aus vielen isolierten Windungen oder Bündeln von Eisenband oder -draht.

§ 547. **Koëffizient der Selbstinduktion.** Die Formeln von § 544 lassen sich ohne weiteres anwenden auf den Fall der Selbstinduktion einer ringförmig geschlossenen Spule. Die elektromotorische Kraft, welche beim Entstehen oder Verschwinden eines Stromes sowie bei Stromschwankungen durch die wechselseitige Wirkung der Windungen induziert wird, ist in einem Mittel von der Permeabilität Eins gleich

$$4\pi \frac{q}{l} z^2 \frac{dI}{dt}.$$

Den für eine gegebene Spule konstanten Faktor $4\pi q z^2 / l = L_s$, von dem die Art des Ansteigens und Verschwindens von Strömen in der Spule wesentlich abhängt, haben wir als Koëffizienten der Selbstinduktion bezeichnet. Im absoluten elektromagnetischen Maße ist seine Dimension die einer Länge, ebenso wie die des Koëffizienten der wechselseitigen Induktion und die der elektrostatischen Kapazität.

Als „praktische" Einheit für den Koëffizienten der Selbstinduktion dient das Henry. Ein Henry ist gleich 10^9 Einheiten des absoluten elektromagnetischen Maßsystemes, gleich 10^9 cm. Das Henry dient natürlich ebenso als Maßeinheit für den Koëffizienten der wechselseitigen Induktion.

Um bei einem Transformator die Koëffizienten der Selbstinduktion für die erste und die zweite Spule zu finden, haben wir den oben gegebenen Ausdruck noch mit der Permeabilität μ ihres Kernes zu multiplizieren. Bezeichnen wir die Koëffizienten für die erste und die zweite Spule durch L_{s1} und L_{s2}, den Koëffizienten der wechselseitigen Induktion durch L_m, so kann man aus den Formeln leicht die Beziehung ableiten:

$$L_m = \sqrt{L_{s1} \cdot L_{s2}}.$$

Für Meßzwecke hat man Selbstinduktionsnormalien, Spulen mit bestimmtem L (z. B. 0,1 oder 1 Henry usw.).

Auch gibt es Selbstinduktionsvariometer. Das sind meist zwei hintereinander geschaltete Spulen, die eine etwas größer und feststehend, die andere innerhalb dieser verdrehbar. Dieses System hat ein Maximum von L, wenn beide Spulen in einer Ebene liegen (Achsen identisch) und vom Strome gleichsinnig durchflossen werden. Verdreht man nun die Achse der inneren Spule, so sinkt L und wird zu einem Minimum, wenn beide Achsen wieder, aber umgekehrt, zusammenfallen, so daß jetzt die Spulen im entgegengesetzten Sinne vom Strome durchflossen werden. Man hat so Selbstinduktionen zur Verfügung, die innerhalb bestimmter Grenzen rasch und meßbar (mittels Verdrehungswinkels) variiert werden können.

Skin- (oder Haut-) Effekt. Dieser tritt bei sehr raschen Wechselströmen in Erscheinung. Zerlegen wir uns einen Draht in eine Reihe von axialen Drähten, also in ein Drahtbündel, so induzieren sich diese einzelnen Drähte gegenseitig. Es läßt sich nun rechnerisch zeigen, daß L für den mittleren Draht größer ist als für die Randdrähte, der Strom drängt sich darum auf den Oberflächenpartien mehr zusammen, der Draht wird nicht mehr — wie bei einem Gleichstrom — gleichförmig durchströmt. Dieser Hauteffekt wird bei sehr raschen Strömen so stark, daß der elektrische Strom — ähnlich wie bei einer elektrostatischen Ladung — nur mehr an der Oberfläche fließt.

§ 548. Scheinbarer Widerstand und Phasenverschiebung bei Wechselströmen. Durch die Selbstinduktion werden bei Wechselströmen eigentümliche Erscheinungen bedingt, welche eine große praktische Bedeutung haben, und über die wir daher kurz berichten müssen. Auf eine Spule wirke eine periodische elektromotorische Kraft, die wir uns etwa in der in § 539 besprochenen Weise erzeugt denken können. Die Kraft sei gegeben durch $E = C \sin 2\pi n t$. Die elektrische Strömung, welche durch sie in der Spule erzeugt wird, hat den Charakter einer erzwungenen Schwingung, d. h. es entsteht in der Spule ein Wechselstrom, dessen Periode dieselbe ist, wie die Periode der Kraft, dessen Phase aber gegen die Phase der elektromotorischen Kraft verschoben ist (Analogie zu Figg. 49, 50). Zur Berechnung des induzierten Stromes dient das Ohmsche Gesetz; wir müssen nur der äußeren elektromotorischen Kraft noch die Kraft der Selbstinduktion hinzufügen, welche in jedem Augenblicke den entgegengesetzten Sinn besitzt, wie die Änderung des Stromes. Ist R der Widerstand der Spule, so erhalten wir für den induzierten Strom die Gleichung:

$$R I = C \sin 2\pi n t - L_s \, dI/dt.$$

Ihre Lösung ist eine Aufgabe der Integralrechnung; sie gibt für die Stärke des induzierten Stromes den Wert:

$$I = \frac{C}{\sqrt{R^2 + 4\pi^2 n^2 L_s^2}} \sin(2\pi n t - \delta).$$

Der Faktor $C/\sqrt{R^2 + 4\pi^2 n^2 L_s^2}$ gibt die Amplitude des induzierten Wechselstromes, δ die Verschiebung der Phase. Die äußere elektromotorische Kraft $E = C \sin 2\pi n t$ ist Null zur Zeit 0. Der induzierte Strom I ist Null zur Zeit $\tau = \delta/(2\pi n)$; um diese Zeit, die wir in § 52 als Verzögerungszeit bezeichnet haben, sind die Phasen des Stromes verspätet gegenüber den entsprechenden Phasen der elektromotorischen Kraft. Die Phasenverschiebung δ, aus welcher die Verzögerungszeit zu berechnen ist, wird bestimmt durch die Gleichung:

$$\operatorname{tg} \delta = 2\pi n L_s / R.$$

Leiten wir den induzierten Wechselstrom durch ein Dynamometer so können wir nach § 539 aus der Ablenkung der beweglichen Rolle die effektive Stromstärke

$$I_{\text{eff.}} = \sqrt{(\Sigma I^2 dt)/t}$$

berechnen. Aus den dort gemachten Angaben folgt, daß die effektive Stromstärke in unserem Falle durch den Ausdruck:

$$I_{\text{eff.}} = \frac{C}{\sqrt{2}\sqrt{R^2 + 4\pi^2 n^2 L_s}}$$

gegeben ist. Man kann nun ganz ebenso, wie wir in § 539 den Begriff der effektiven Stromstärke gebildet haben, auch den der effektiven elektromotorischen Kraft einführen. Um den effektiven Wert einer periodischen elektromotorischen Kraft für einen Zeitraum t zu erhalten teilen wir den Zeitraum in eine Reihe aufeinander folgender Abschnitte dt_1, dt_2, dt_3 ...; sind E_1^2, E_2^2, E_3^2 ... die ihnen entsprechenden Werte der Quadrate der elektromotorischen Kraft, so ist ihr effektiver Wert:

$$E_{\text{eff.}} = \sqrt{(\Sigma E^2 dt)/t}.$$

Mit Bezug auf die Wahl des Zeitraumes t gilt dasselbe, was wir in § 539 gesagt haben. Ist die elektromotorische Kraft gegeben durch

$$E = C \sin 2\pi n t,$$

so ergibt sich für ihren effektiven Wert:

$$E_{\text{eff.}} = C/\sqrt{2}.$$

Daraus folgt nun, daß wir die Gleichung für die effektive Stärke des induzierten Wechselstromes auch so schreiben können:

$$I_{\text{eff.}} = \frac{E_{\text{eff.}}}{\sqrt{R^2 + 4\pi^2 n^2 L_s^2}}.$$

Diese Gleichung hat wieder ganz die Form des Ohmschen Gesetzes, nur sind an Stelle von wirklicher Stromstärke und elektromotorischer Kraft die effektiven Werte getreten, an Stelle des Widerstandes R für konstanten Strom der Ausdruck:

$$\sqrt{R^2 + 4\pi^2 n^2 L_s^2}.$$

Der Ohmsche Widerstand erscheint vergrößert durch ein von dem Koëffizienten der Selbstinduktion abhängendes Glied. Man bezeichnet diesen scheinbaren Widerstand $\sqrt{R^2 + 4\pi^2 n^2 L_s^2}$ als Impedanz.

Eine erste wichtige Folgerung, die wir aus dem gefundenen Satze ziehen, ist die, daß jedes Instrument zur effektiven Messung von Wechselströmen auch zur Messung effektiver elektromotorischer Kräfte benutzt werden kann, sobald nur die Impedanz des Stromkreises bekannt ist. Die Impedanz hängt aber von der Schwingungszahl des Stromes ab; daraus folgt, daß bei gleicher effektiver Stärke des Stromes der effektive Wert der elektromotorischen Kraft von der Wechselzahl des Stromes abhängt. Wenn also ein mit Zeiger und Skala versehenes Amperemeter zur Messung effektiver elektromotorischer Kräfte verwandt werden soll, so muß die Teilung für jede Wechselzahl besonders geeicht werden. Von dieser Unbequemlichkeit wäre das Instrument nur bei verschwindend kleiner Selbstinduktion frei. Bei den Rollen eines Dynamometers ist dies nicht zu erreichen, wohl aber bei den sogenannten Hitzdrahtinstrumenten. Nach dem Gesetze von JOULE ist die Wärme, welche in einem Drahte durch einen Wechselstrom in einer Sekunde erzeugt wird, gerade so wie die Ablenkung eines Dynamometers, proportional mit I_{eff}^2. Durch die ihr entsprechende Temperaturerhöhung wird der Draht verlängert, diese Verlängerung gibt ein Maß für die effektive Stromstärke. Bei einem geradlinig ausgespannten Drahte ist aber die Selbstinduktion verschwindend klein, und daher seine Erwärmung unabhängig von der Wechselzahl, die effektive elektromotorische Kraft gleich dem OHMschen Widerstande des Drahtes multipliziert mit der effektiven Stromstärke.

Eine zweite wichtige Bemerkung ist die, daß der scheinbare Widerstand, welchen eine Spule dem Durchgange eines Wechselstromes entgegensetzt, unter allen Umständen größer ist als ihr Widerstand für einen Strom, der konstant in derselben Richtung fließt, für einen Gleichstrom. Durch Steigerung der Selbstinduktion kann man es dahin bringen, daß eine Spule dem Durchgange eines Wechselstromes einen beinahe unübersteiglichen Widerstand bietet, während ihr Widerstand für einen Gleichstrom ganz klein ist. Man bezeichnet eine solche Spule als eine Drosselspule.

Um von diesen Verhältnissen eine etwas deutlichere Vorstellung zu gewinnen, wollen wir für die Primärspule des in § 544 betrachteten Transformators den scheinbaren Widerstand berechnen, unter der Voraussetzung, daß der wahre Widerstand 1 Ohm $= 10^9\,\text{cm}\cdot\text{sec}^{-1}$ betrage.

Der Koëffizient der Selbstinduktion kann aus den früher gegebenen Zahlen nach der Formel $L_s = 4\pi\,\mu\, q\, z^2/l$ berechnet werden; man findet: $L_s = 48\cdot 10^5$. Die Schwingungszahl des Wechselstromes sei $n = 100$; dann ergibt sich für den scheinbaren Widerstand der primären Spule:

$$\sqrt{10^{18} + 4\pi^2\cdot 10^4\cdot 48^2\cdot 10^{10}} = 3{,}18\cdot 10^9,$$

oder 3,18 Ohm, mehr als das Dreifache des wahren Widerstandes.

Für die Phasenverschiebung ergibt sich aus der Gleichung

$$\operatorname{tg}\delta = 2\pi\, n\, L_s/R;$$

in Graden $\delta^0 = 71{,}66^0$; im Bogenmaß $\delta = 2\pi\cdot 71{,}66/360$; daraus folgt für die Verzögerungszeit:

$$\tau = \frac{71{,}66}{360}\cdot\frac{1}{n} = 0{,}199\cdot\frac{1}{n}.$$

Die Verzögerungszeit beträgt $^1/_5$ der Periode; in der graphischen Darstellung ist die Wellenlinie des Stromes gegen die Wellenlinie der elektromotorischen Kraft um $^1/_5$ der Wellenlänge zu verschieben.

Als Ergänzung zu dieser Rechnung teilen wir noch das Ergebnis einer Beobachtung mit. Durch die Wickelung eines als Drosselspule benützten Elektromagnets wurde ein Wechselstrom mit der Schwingungszahl $n = 50$ geschickt. Die effektive Stromstärke betrug 0,75 A, die effektive Spannungsdifferenz zwischen den Enden der Wickelung 162 V. Daraus ergibt sich ein scheinbarer Widerstand von 216 O. Zur Bestimmung des wahren Widerstandes wurde ein Gleichstrom durch die Wickelung geleitet, die Stromstärke betrug 1,35 A, die Spannungsdifferenz 9,7 V, der wahre Widerstand also 7,2 O. Er wird durch die Selbstinduktion nahezu auf das 23 fache gesteigert.

Aus der zwischen dem scheinbaren und dem wahren Widerstande bestehenden Beziehung ergibt sich weiter für die Selbstinduktion der Wickelung: $2\pi n L_s = 216 \cdot 10^9$. Ferner für die Phasenverschiebung: $\operatorname{tg}\delta = 216 / 7{,}2$. In Graden ist somit $\delta^0 = 88{,}09^0$, die Verzögerungszeit $\tau = 0{,}245 \cdot 1/n$, also nahezu gleich dem größten denkbaren Betrage von $^1/_4$ der ganzen Periode des Wechselstromes.

Die Versuche beziehen sich auf einen einzelnen Teil eines geschlossenen Kreises. An Stelle der ganzen elektromotorischen Kraft tritt dabei die Spannungsdifferenz zwischen den Enden des Teiles. An den aus dem Ohmschen Gesetze abgeleiteten Sätzen wird nichts geändert.

Bifilare Wickelung (§ 431). Um bei Widerstandskästen die Widerstandsänderung durch Selbstinduktion möglichst zu vermeiden, wickelt man die eine Hälfte jedes Drahtstückes in einem Sinne und die andere Hälfte in umgekehrter Richtung (und entgegengesetztem Sinne). Diese beiden Drahthälften, vom selben Strom durchflossen, haben keine magnetische Wirkung und keine Selbstinduktion.

Wir kommen schließlich noch zu der Frage nach der in einem Wechselstrome geleisteten elektrischen Arbeit, beziehungsweise der von ihm entwickelten Wärme. Die in einem Gleichstrome pro sec erzeugte Arbeit, seine Leistung, ist nach § 530 gegeben durch das Produkt EI aus elektromotorischer Kraft und aus Stromstärke. Es wäre ganz falsch, wenn man dementsprechend die Leistung eines Wechselstromes gleich dem Produkte aus der effektiven elektromotorischen Kraft und aus der effektiven Stromstärke setzen wollte; denn infolge der Phasenverschiebung ist der Strom mit der äußeren elektromotorischen Kraft bald gleich, bald entgegengesetzt gerichtet, bald leistet die äußere elektromotorische Kraft eine Arbeit im Strome, bald wird vom Strome eine Arbeit gegen die Kraft verrichtet, welche auf Kosten seiner Energie gehen muß. Die Verhältnisse sind also von vornherein ganz andere als bei dem Gleichstrome.

Wollen wir die von einem Wechselstrome während einer längeren Zeit t geleistete Arbeit, das Äquivalent der entwickelten Wärme, bestimmen, so müssen wir in der folgenden Weise verfahren. Wir teilen die Zeit t in eine Reihe aufeinanderfolgender Elemente dt_1, dt_2, dt_3 ... Ein beliebiges von diesen Elementen bezeichnen wir mit dt_k; in diesem habe der Strom die Stärke I_k, er wachse in dem Zeitraume um dI_k; der Wert der äußeren elektromotorischen Kraft sei E_k. Dann ist die ganze auf den Strom wirkende elektromotorische Kraft gegeben durch:

$$E_k - L_s \, dI_k / dt_k = C \sin 2\pi n t_k - L_s \, dI_k / dt_k .$$

Die Arbeit dA_k, welche im Strome während der Zeit dt_k geleistet wird, erhalten wir nach § 530 durch Multiplikation der elektromotorischen Kraft mit der Stromstärke und mit der Zeit. Es ist also:

$$dA_k = \left(E_k - L_s \frac{dI_k}{dt_k}\right) I_k \, dt_k .$$

Nun ist aber nach dem Ohmschen Gesetze: $E_k - L_s \, dI_k / dt_k = R I_k$.

Somit: $$dA_k = E_k I_k \, dt_k - L_s I_k \, dI_k = R I_k^2 \, dt_k .$$

Für die ganze während der Zeit t im Strome geleistete Arbeit, das mechanische Äquivalent der entwickelten Wärme, ergibt sich:

$$A = \Sigma \, dA_k = R \cdot \Sigma I_k^2 \, dt_k .$$

Die pro sec geleistete Arbeit, das Äquivalent der in einer Sekunde entwickelten Wärme, wird somit

$$A / t = R \cdot (\Sigma I^2 \, dt) / t .$$

Der Faktor von R ist aber nichts anderes als das Quadrat der effektiven Stromstärke. Wir erhalten somit für den Effekt oder die Leistung $\mathfrak{L}$ des Stromes (§ 43) den Ausdruck:

$$\mathfrak{L} = R \cdot I_{\text{eff.}}^2 .$$

Nun ist: $$I_{\text{eff.}} = \frac{E_{\text{eff.}}}{\sqrt{R^2 + 4\pi^2 n^2 L_s^2}} ,$$

somit: $$\mathfrak{L} = E_{\text{eff.}} \cdot I_{\text{eff.}} \cdot \frac{R}{\sqrt{R^2 + 4\pi^2 n^2 L_s^2}} .$$

Da ferner $2\pi n L_s / R = \operatorname{tg} \delta$ ist, so ist $\frac{R}{\sqrt{R^2 + 4\pi^2 n^2 L_s^2}} = \cos \delta$. Für den Effekt des Stromes ergibt sich also die merkwürdige Formel:

$$\mathfrak{L} = E_{\text{eff.}} \cdot I_{\text{eff.}} \cdot \cos \delta .$$

In dem Beispiele von S. 312 wird der Effekt in absolutem Maße gegeben durch:

$$162 \cdot 10^8 \cdot 0{,}75 \cdot 10^{-1} \cos 88^0 = 121 \cdot 10^7 \cdot 0{,}035 \text{ Erg/sec.}$$

Es zeigt sich hierin eine sehr eigentümliche Wirkung der durch die Selbstinduktion bewirkten Phasenverschiebung. Zwischen den Enden der Drosselspule besteht eine große effektive Spannungsdifferenz von 162 V, in der Spule ist ein Strom von der immerhin nicht unbedeutenden Stärke von 0,75 A vorhanden, und trotzdem ist die Stromarbeit verhältnismäßig klein, sie beträgt nicht viel mehr als 3 Prozent von der Arbeit, die bei gleicher Spannungsdifferenz und gleicher Stromstärke in einem konstanten Strome geleistet würde. Gleiches gilt natürlich auch von der durch den Strom erzeugten Wärme.

Je kleiner die Selbstinduktion des von einem Wechselstrome durchflossenen Leiters ist, um so kleiner wird auch die Phasenverschiebung δ. Bei verschwindender Selbstinduktion wird $\delta = 0$, und dann wird die Leistung des Stromes gleich dem Produkte aus der effektiven elektromotorischen Kraft und aus der effektiven Stromstärke.

Wenn aber der Wert von $2\pi n L_s$ unendlich groß wird gegenüber dem Widerstande R, so wird die Phasenverschiebung $\delta^0 = 90^0$, und die Stromarbeit gleich Null. Man spricht dann mit Beziehung auf die in § 435 eingeführte Bezeichnung von einem wattlosen Strome. Allgemein nennt man in der Technik die Komponente $I_{\text{eff.}} \cdot \sin\delta$ des effektiven Stromes, die zur Leistung nichts beiträgt, den wattlosen Strom.

§ 549. **Transformation von Wechselströmen.** Die Betrachtungen des vorhergehenden bezogen sich auf eine einzelne ruhende Spule, in der ein Wechselstrom zirkulierte. Wir wenden uns nun zu der Untersuchung der Verhältnisse, die sich bei dem in § 544 beschriebenen, aus zwei ruhenden Spulen bestehenden Transformator ergeben, wenn durch die primäre Spule ein Wechselstrom geschickt wird. Setzen wir fest, daß eine bestimmte Richtung in dieser Spule als positiv betrachtet werden soll, so schwankt die Stärke des Wechselstromes zwischen einem größten positiven und einem ihm gleichen negativen Werte hin und her. Tragen wir die Zeiten auf einer horizontalen Abszissenachse, die ihnen entsprechenden Stromstärken als Ordinaten nach oben oder unten ab, je nachdem sie positiv oder negativ sind, so ergibt sich als Bild des Wechselstromes eine sinusartige Wellenlinie. In der sekundären Spule induziert der Wechselstrom während der Periode des Ansteigens eine entgegengesetzt gerichtete, während der Periode des Absinkens eine gleichgerichtete elektromotorische Kraft. Man erhält somit in der sekundären Spule ebenfalls Wechselstrom; seine Maxima aber fallen, wenn man von dem Einflusse der Selbstinduktion absehen kann, auf die Wechselzeiten des primären; seine Schwingung ist gegen die des letzteren um ein Viertel der Periode verschoben. Für das Verhältnis der beiden Ströme gelten dieselben Bemerkungen, wie in § 544. Hat die primäre Spule wieder wenige Windungen und kleinen Widerstand, die sekundäre eine große Windungszahl mit großem Widerstande, so entspricht starkem Wechselstrome von kleiner Spannung in der primären Spule schwacher Strom mit hoher Spannung in der sekundären, und umgekehrt.

Eine eingehendere Untersuchung führt zu bemerkenswerten Beziehungen, über die wir im folgenden berichten wollen.

Die Werte der Stromstärke, des Widerstandes und der Selbstinduktion seien für den Kreis der primären Spule I_1, R_1, L_{s1}, für den der sekundären I_2, R_2, L_{s2}. Der Koëffizient der wechselseitigen Induktion sei L_m, die äußere auf den primären Kreis wirkende elektromotorische Kraft sei $E = C \sin 2\pi n t$. Zu dieser Kraft kommen bei dem primären Kreise noch die elektromotorischen Kräfte der Selbstinduktion und der wechselseitigen Induktion. Auf den sekundären Kreis wirken allein die, induzierten Kräfte. Aus dem OHMschen Gesetze ergeben sich somit für die beiden Kreise die Gleichungen:

$$R_1 I_1 = C \sin 2\pi n t - L_{s1}\frac{d I_1}{d t} - L_m \frac{d I_2}{d t},$$

$$R_2 I_2 = \qquad - L_m \frac{d I_1}{d t} - L_{s2}\frac{d I_2}{d t}.$$

Hier ist nach einer früheren Bemerkung $L_m^2 = L_{s1} \cdot L_{s2}$.

Die in den beiden Kreisen erzeugte Bewegung hat den Charakter einer erzwungenen Schwingung. Wir erhalten in beiden Kreisen Wechselströme von der Periode der elektromotorischen Kraft E. Wir können somit die beiden Stromstärken durch die folgenden Ausdrücke darstellen:

$$I_1 = A \sin(2\pi n t - \alpha), \qquad I_2 = B \sin(2\pi n t - \beta).$$

Die Winkel α und β geben die Verschiebung der Stromphasen gegen die Phasen der elektromotorischen Kraft. Aus einer ziemlich umständlichen Rechnung, welche hier nicht ausgeführt werden kann, ergeben sich die folgenden Gleichungen zur Berechnung der Amplituden A und B, der Phasen α und β. Wir setzen dabei zur Abkürzung den Ausdruck:

$$4\pi^2 n^2 (L_{s1} R_2 + L_{s2} R_1)^2 + R_1^2 R_2^2 = \Delta.$$

Die Gleichungen selbst lassen sich dann so schreiben:

$$\Delta A \sin \alpha = 2\pi n L_{s1} R_2^2 \cdot C,$$

$$\Delta A \cos \alpha = \{4\pi^2 n^2 L_{s2}(L_{s1} R_2 + L_{s2} R_1) + R_1 R_2^2\} \cdot C,$$

$$\Delta B \sin \beta = 2\pi n L_m R_1 R_2 C,$$

$$\Delta B \cos \beta = - 4\pi^2 n^2 L_m (L_{s1} R_2 + L_{s2} R_1) C.$$

Aus diesen folgt zunächst:

$$\operatorname{tg} \alpha = \frac{2\pi n L_{s1} R_2^2}{4\pi^2 n^2 L_{s2}(L_{s1} R_2 + L_{s2} R_1) + R_1 R_2^2},$$

$$\operatorname{tg} \beta = - \frac{R_1 R_2}{2\pi n (L_{s1} R_2 + L_{s2} R_1)}.$$

Hat man hieraus α und β berechnet, so geben die vorhergehenden Gleichungen A und B.

Läßt man die Sekundärspule offen, so kann in ihr kein Strom entstehen und ihre Rückwirkung auf die Primärspule fällt fort. Für diese ergeben sich dann die im vorhergehenden gefundenen Sätze. In der offenen Sekundärspule wird eine elektromotorische Kraft induziert, deren Gesetz im wesentlichen mit dem auf S. 303 gegebenen übereinstimmt.

Mit Rücksicht auf die praktische Verwendung des Transformators in der Technik ist ein Fall von besonderem Interesse, bei dem zwischen den Widerständen R_1 und R_2 des primären und des sekundären Kreises von vornherein eine gewisse Beziehung besteht. Wir kommen zu dieser Beziehung auf Grund der folgenden Überlegung. Zunächst betrachten wir die Widerstände der beiden Spulen selbst, die wir als die inneren

Widerstände des primären und des sekundären Kreises bezeichnen können. Die mittleren Halbmesser der Windungen der beiden Spulen seien beziehungsweise r_1 und r_2; die Kupferquerschnitte der Drähte q_1 und q_2. Ist σ der spezifische Widerstand des Kupfers, so ist der mittlere Widerstand der Windungen der primären Spule gleich $\sigma 2\pi r_1 / q_1$, der sekundären gleich $\sigma 2\pi r_2 / q_2$. Sind ferner z_1 und z_2 die Windungszahlen der Spulen, so ist der innere Widerstand des primären Kreises gleich $\sigma 2\pi r_1 \cdot z_1/q_1$, der des sekundären Kreises gleich $\sigma 2\pi r_2 \cdot z_2/q_2$. Es sei endlich Q_1 der ganze Kupferquerschnitt der primären, Q_2 der der sekundären Spule, dann ist $q_1 = Q_1/z_1$ und $q_2 = Q_2/z_2$. Für die inneren Widerstände der beiden Kreise ergeben sich jetzt die Ausdrücke: $\sigma 2\pi r_1 \cdot z_1^2/Q_1$ und $\sigma 2\pi r_2 \cdot z_2^2/Q_2$. Sie verhalten sich wie die Quadrate der Windungszahlen, wenn die Faktoren r_1/Q_1 und r_2/Q_2 gleich sind. Wir setzen weiter voraus, die Verhältnisse seien so gewählt, daß auch die ganzen Widerstände R_1 und R_2 der beiden Kreise sich wie die Quadrate der Windungszahlen verhalten, daß also

$$R_1 : R_2 = z_1^2 : z_2^2 .$$

Nun folgt aber aus den früheren Formeln, daß für die Selbstinduktionen die nämliche Proportion gilt:

$$L_{s1} : L_{s2} = z_1^2 : z_2^2 .$$

Somit erhalten wir schließlich noch die Beziehungen:

$$L_{s1} R_2 = L_{s2} R_1 ,$$

und

$$L_{s1} R_2 + L_{s2} R_1 = 2 L_{s1} R_2 = 2 L_{s2} R_1 .$$

Indes bleiben unsere Formeln, auch wenn wir diese Beziehungen benutzen, noch immer ziemlich kompliziert; wir werden also endlich noch die durch das Frühere nahe gelegte Annahme machen, daß die Brüche:

$$R_1/(n L_{s1}) \quad \text{und} \quad R_2/(n L_{s2})$$

nur kleine Werte haben. Dann ergeben sich in erster Annäherung die Formeln:

$$\operatorname{tg} \alpha = \frac{R_1}{4\pi n L_{s1}} , \qquad \operatorname{tg} \beta = - \frac{R_2}{4\pi n L_{s2}} .$$

Die Verschiebung α ist klein; dagegen reicht die Verschiebung β des Sekundärstromes nahe an 180^0, oder im Bogenmaß nahe an π heran. Der entsprechende Wert der Verzögerungszeit ist nahezu gleich $1/(2n)$, nahezu gleich der halben Periode der elektromotorischen Kraft E.

Man findet weiter unter denselben Voraussetzungen:

$$A = \frac{C}{2 R_1} \quad \text{und} \quad B = \frac{C}{2 R_2} \cdot \sqrt{\frac{L_{s2}}{L_{s1}}} .$$

Um eine unmittelbare Beziehung zu den Beobachtungen herzustellen, werden wir an Stelle der Amplituden A, B und C die effektiven

Werte der Stromstärken und der elektromotorischen Kraft einführen; dem Früheren zufolge ist:

$$I_{1\,\mathrm{eff.}} = A/\sqrt{2}\,, \qquad I_{2\,\mathrm{eff.}} = B/\sqrt{2}\,, \qquad E_{\mathrm{eff.}} = C/\sqrt{2}\,.$$

Wir erhalten somit:

$$I_{1\,\mathrm{eff.}} = \frac{E_{\mathrm{eff.}}}{2R_1}\,, \qquad I_{2\,\mathrm{eff.}} = \frac{E_{\mathrm{eff.}}}{2R_2} \cdot \sqrt{\frac{L_{s2}}{L_{s1}}}\,.$$

Aus der ersten Formel ergibt sich, daß der scheinbare Widerstand des Primärkreises bei geschlossenem Transformator kleiner ist als bei offenem, eine für die Wechselstromtechnik fundamentale Tatsache.

Der gesamte Betrag der effektiven elektromotorischen Kraft im primären Kreise mit Einschluß der Induktionswirkungen ist:

$$R_1\, I_{1\,\mathrm{eff.}} = E_{\mathrm{eff.}}/2\,.$$

Die gesamte elektromotorische Kraft in dem sekundären Kreise:

$$R_2\, I_{2\,\mathrm{eff.}} = \frac{E_{\mathrm{eff.}}}{2} \cdot \sqrt{\frac{L_{s2}}{L_{s1}}}\,.$$

Endlich ist die Stromarbeit pro sec, die Leistung im primären Kreise:

$$\mathfrak{L}_1 = R_1\, I_1{}^2{}_{\mathrm{eff.}} = \tfrac{1}{2} E_{\mathrm{eff.}} \cdot I_{1\,\mathrm{eff.}}\,,$$

die Leistung im sekundären Kreise:

$$\mathfrak{L}_2 = R_2\, I_2{}^2{}_{\mathrm{eff.}} = \frac{E_{\mathrm{eff.}} \cdot I_{2\,\mathrm{eff.}}}{2} \cdot \sqrt{\frac{L_{s2}}{L_{s1}}}\,.$$

Für die Verhältnisse der verschiedenen Größen ergeben sich die folgenden einfachen Formeln, welche bei den Transformatoren der Technik wenigstens näherungsweise erfüllt werden:

$$\frac{I_{2\,\mathrm{eff.}}}{I_{1\,\mathrm{eff.}}} = \frac{R_1}{R_2} \cdot \sqrt{\frac{L_{s2}}{L_{s1}}} = \frac{z_1}{z_2}\,,$$

$$\frac{R_2\, I_{2\,\mathrm{eff.}}}{R_1\, I_{1\,\mathrm{eff.}}} = \sqrt{\frac{L_{s2}}{L_{s1}}} = \frac{z_2}{z_1}\,,$$

$$\frac{R_2 I_2{}^2{}_{\mathrm{eff.}}}{R_1 I_1{}^2{}_{\mathrm{eff.}}} = \frac{I_{2\,\mathrm{eff.}}}{I_{1\,\mathrm{eff.}}} \cdot \sqrt{\frac{L_{s2}}{L_{s1}}} = 1\,.$$

Die über den Charakter der Transformation schon früher gemachten Bemerkungen werden dadurch vollkommen bestätigt.

Eine Anschauung von diesen Verhältnissen gewährt Fig. 617. Sie bezieht sich[1] auf eine Transformation von 1000 V abwärts auf 50 V. Die Windungszahl der primären Spule beträgt 675, die der sekundären 35, die Zahl der Stromwechsel in der Sekunde 135. Endlich war bei dem durch die Fig. dargestellten Falle die Stromstärke im sekundären Kreise gleich 10 A. Die Länge der Spulenachse betrug 31 cm, der Querschnitt 64 cm².

---

[1] Silvanus Thompson, Dynamoelectric Machinery. London (1892).

Die eine von den Kurven der Fig. 617 gibt die graphische Darstellung der sekundären elektromotorischen Kraft

$$E_2 = R_2 I_2 = R_2 B \sin(2\pi n t - \beta).$$

Man erhält die Kurve für den Sekundärstrom, wenn man die Ordinaten jener Kurve R_2 mal kleiner macht. Die Phasenverschiebung des Sekundär-

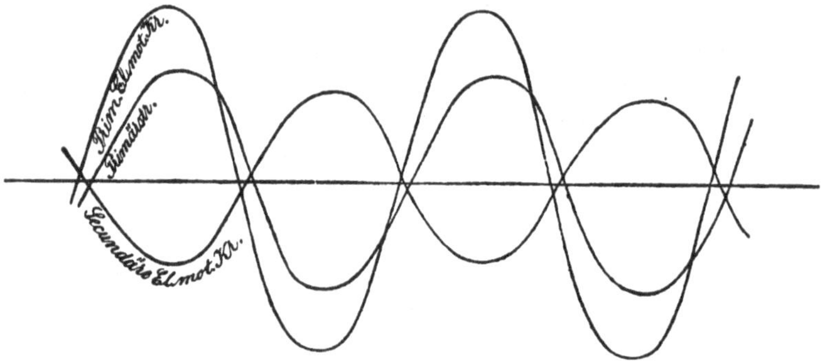

Fig. 617. Phasenverschiebung im Wechselstromtransformator.

stromes gegen den primären ist dieselbe wie die der sekundären elektromotorischen Kraft, sie beträgt im Falle der Figur sehr nahe eine halbe Wellenlänge.

Bei manchen Versuchen mit dem Ruhmkorffschen Induktor ist es vorteilhafter, ihn als Wechselstromtransformator zu benützen. An Stelle des abwechselnd geschlossenen und wieder unterbrochenen Gleichstromes führt man in die Primärspule Wechselstrom ein. Der eine Pol der Sekundärspule sei mit einer Funkenstrecke direkt verbunden; von dem anderen Pole führe ein Draht nach dem inneren Belege einer Leidener Flasche, von ihrem äußeren Belege ein zweiter Draht zur Funkenstrecke. Durch passende Wahl der Kapazität der Leidener Flasche kann man erreichen, daß die elektrische Schwingung (dreizehnter Teil dieses Bandes) in dem von Flasche, Sekundärspule und Funkenstrecke gebildeten Kreise dieselbe Periode besitzt, wie der Wechselstrom. Der Sekundärkreis steht dann in Resonanz mit dem Wechselstrome und die Entladungserscheinungen sind von ganz besonderer Intensität.

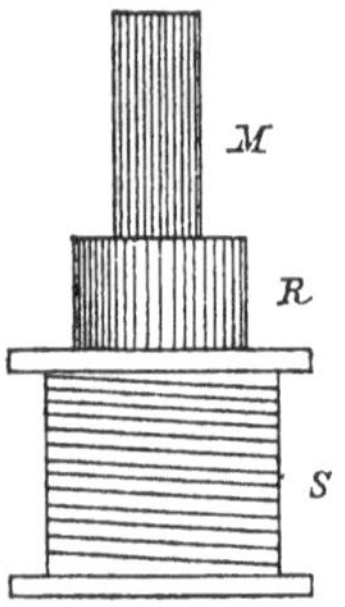

Fig. 618.

§ 550. Versuche von Elihu Thomson. Auf der Phasenverschiebung zwischen dem primären und dem sekundären Strome beruht der Erfolg von überraschenden Experimenten, welche Elihu Thomson angestellt hat. Wir beschränken uns darauf, eines derselben hier anzuführen, zu einer weiteren Bestätigung der im vorhergehenden gefundenen Sätze. Die Primärspule S des Transformators (Fig. 618) umgibt das untere Ende des zylindrischen Eisendrahtbündels M. Die Sekundärspule wird durch einen einfachen Ring R von Kupfer oder von Aluminium ersetzt. Wird durch die Primärspule ein Wechselstrom von etwa 160 V Spannung und 100 Wechseln in der Sekunde geleitet, so wird der Ring R im Momente des Stromschlusses mit großer Energie in die Höhe geschleudert. Zwischen dem Primärstrome und dem in dem Ringe induzierten Sekundärstrome muß somit eine abstoßende Kraft vorhanden sein. Bezeichnen wir die Stromstärken wie früher durch I_1 und I_2, so ist der während einer kleinen Zeit dt von der Spule auf den Ring ausgeübte Impuls proportional mit $I_1 I_2 dt$. Die Gesamtwirkung während der Zeit t ist gleich der Summe der während derselben ausgeübten Impulse, gleich $\sum I_1 I_2 dt$.

Wäre die Selbstinduktion in dem Sekundärkreise nicht vorhanden, so betrüge die Phasenverschiebung zwischen dem primären und dem sekundären Strome dem in § 544 aufgestellten Gesetze zufolge ein Viertel der Wellenlänge. Die Stromrichtungen wären dann abwechselnd gleich und entgegengesetzt; jedem positiven Produkte $I_1 I_2$ würde ein ebenso großes negatives entsprechen, die gesamte Summe der Impulse wäre Null, die Spule könnte keine ponderomotorische Wirkung auf den Ring ausüben. Wenn aber bei einem kleinen Werte von R_2 / L_{s2} der Sekundärstrom gegen den primären etwa um eine halbe Wellenlänge verschoben ist, wie in Fig. 617, so haben die Ströme beinahe in ihrem ganzen Verlaufe entgegengesetzte Richtungen, und demzufolge findet zwischen den beiden Spulen Abstoßung statt.[1]

§ 551. **Oszillograph.** Einen unmittelbaren Überblick über den Verlauf von Wechselströmen oder Wechselstromspannungen gewährt der von Duddell konstruierte Oszillograph. Sein wesentlichster Teil ist in Fig. 619 dargestellt. In dem engen Raume zwischen den Polschuhen N und S eines kräftigen Elektromagneten sind die feinen Metallbänder b und b' ausgespannt. Sie bestehen aus Phosphorbronze und bilden ein zusammenhängendes Band, dessen Enden in den Klemmen k und k' befestigt sind. Die Mitte des Bandes ist über eine Rolle P geführt; diese wird durch eine Spiralfeder nach oben gezogen. Dadurch, daß man die Feder mehr oder weniger anzieht, kann man die Spannung des Bandes regulieren. Die Bänder b und b' sind über die festen Stege M und L geführt, so daß nur die dazwischenliegenden Stücke ka und $k'a'$ in einer zu den Magnetkraftlinien senkrechten Ebene schwingen können. Wenn mit Hilfe der Klemmen k und k' ein Strom durch die Bänder geleitet

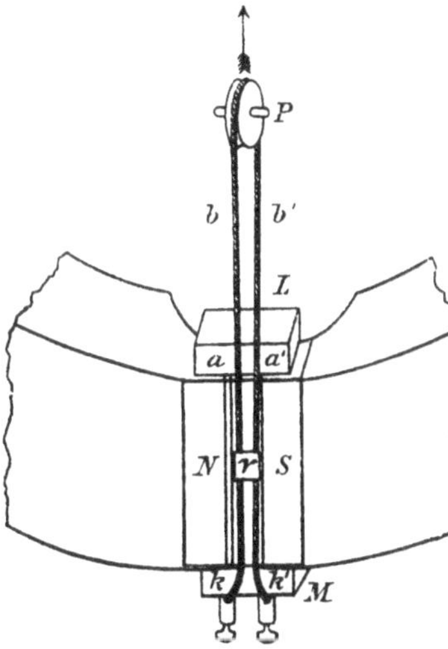

Fig. 619. Oszillograph.

[1] Vgl. auch: V. v. Lang, Wien. Ber. (1893).

wird, so wird immer das eine nach hinten, das andere nach vorn gezogen. Diese Bewegungen übertragen sich auf den Spiegel r, der in der Mitte zwischen k und a an beiden Bändern befestigt ist. Der Durchgang eines Stromes hat, wie man leicht sieht, eine Drehung des Spiegels zur Folge, welche innerhalb gewisser Grenzen der Stärke des Stromes proportional ist. Dies gilt zunächst für die konstante Drehung, wie sie durch einen Gleichstrom erzeugt wird. Nun sind aber Schwingungsdauer und Dämpfung der Bänder so reguliert, daß auch bei Wechselstrom die Drehung des Spiegels der augenblicklichen Stromstärke proportional bleibt, so daß die Bewegung des Spiegels ein vollkommenes Bild von dem Wechsel des Stromes gibt. Die Schwingungsdauer der Bänder kann bis auf 10^{-4} sec reduziert werden; man kann dann mit dem Apparate noch Wechselströme beobachten, die bis zu 200 Wechsel pro sec besitzen. Die Bewegung der Bänder wird dadurch gedämpft, daß sie von Öl umgeben sind. Um die Drehung des Spiegels sichtbar zu machen, läßt man ein von einer elektrischen Lampe kommendes Strahlenbündel an ihm reflektieren. Auf einem in geeigneter Weise aufgestellten Schirme würde ein Wechselstrom einen horizontalen Lichtstreifen erzeugen; man würde nur über die Amplitude der Schwingungen Aufschluß erhalten, der Verlauf im einzelnen würde unbekannt bleiben; die Aufgabe des Apparates sollte aber gerade sein, hiervon ein anschauliches Bild zu entwerfen. Zu diesem Zwecke läßt man den von dem Spiegel r kommenden Strahl noch an einem zweiten Spiegel, R, reflektieren, der vor dem Apparate aufgestellt wird und um eine horizontale Achse mit gleichförmiger Geschwindigkeit rotiert. Die von ihm kommenden Strahlen fallen auf einen vertikal darüber befestigten durchscheinenden Schirm. Auf seiner horizontal gestellten Fläche erscheinen dann die linearen Schwingungen des Spiegels r in eine Wellenlinie auseinandergezogen, die in der Tat dem Verlaufe der Stromschwankungen entspricht. Ersetzt man den Schirm durch eine photographische Platte, so erhält man ein photographisches Bild der Stromschwankungen. Das Bild der Wellen erscheint aber bei jeder Umdrehung des Spiegels einmal auf dem Schirme. Sollen sich die aufeinander folgenden Bilder nicht verwirren, so muß entweder das von der elektrischen Lampe kommende Licht rechtzeitig abgeblendet werden, oder es muß die wechselseitige Lage der Spiegel r und R am Ende jeder Umdrehung wieder genau dieselbe sein, wie am Anfange, d. h. die Umdrehungszeit des Spiegels R muß gleich sein der Schwingungsperiode des Spiegels r, der Periode des Wechselstromes. Man kann das erreichen, wenn man die Rotation des Spiegels durch einen synchron laufenden Elektromotor (§ 565) erzeugt. Bei den wirklich ausgeführten Apparaten wird die aufgestellte Bedingung in etwas anderer Weise erfüllt.

Fig. 620 gibt das von einem Oszillographen entworfene photographische Bild eines Gleichstromes, der durch einen elektrolytischen Unterbrecher hindurchgeht. Die breiten Maxima der Stromkurve entsprechen einer Stromstärke von 4,29 A; für einen Moment sinkt die Stromstärke auf 0,79 A herab. Gleichzeitig schnellt die durch die zweite Kurve gegebene Spannung zu 546 V hinauf. Die konstante Spannung der Akkumulatorenbatterie, durch welche der Gleichstrom erzeugt wurde, betrug dabei 220 V. Die beiden Kurven sind nicht gleichzeitig, sondern zeitlich knapp nacheinander aufgenommen.

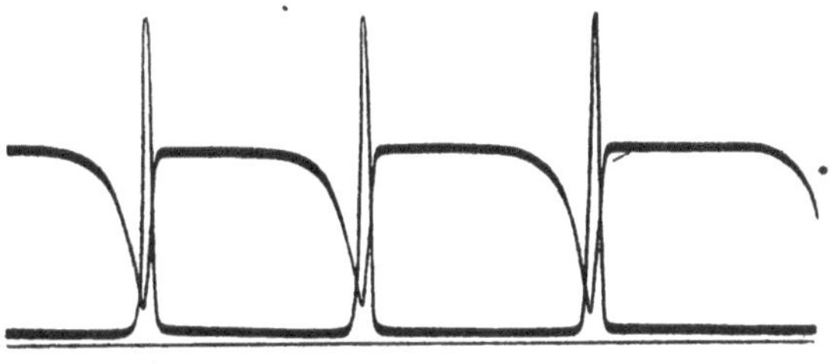

Fig. 620. Oszillogramm.

Fig. 621 gibt das Bild eines Wechselstromes von 100 Perioden pro sec, der durch eine Drosselspule hindurchgesandt wird. Die ziemlich regelmäßige Wellenlinie entspricht der Stromstärke, deren Maximalwert 2,84 A beträgt. Die zweite nicht so einfache Kurve gibt die Spannung zwischen den Enden der Drosselspule; sie steigt bis auf 137 V. Die Phasenverschiebung zwischen Strom und Spannung beträgt wie in dem Beispiele von § 548 nahe $^1/_4$ der Periode.

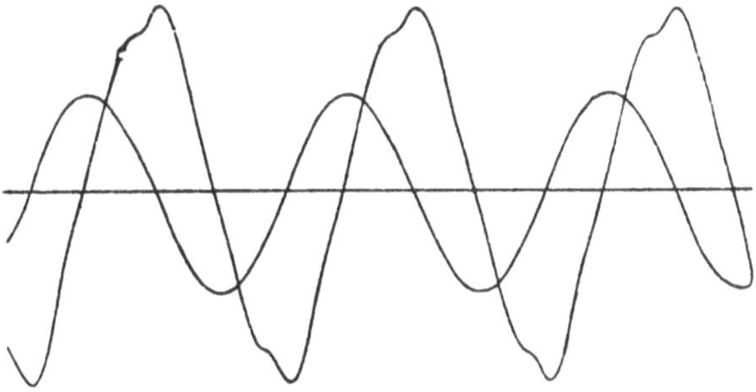

Fig. 621. Stromstärke und Spannung in Drosselspule.

§ 552. Allgemeines Gesetz der Voltainduktion. Die Betrachtung des Transformators, wie wir sie durch die Ausführungen des § 544 eingeleitet haben, ist nicht bloß von praktischer Bedeutung; es verknüpft sich damit auch ein gewisses theoretisches Interesse, sofern wir von eben jener Betrachtung aus zu einer sehr allgemeinen Fassung für das Gesetz der Voltainduktion kommen. Die elektromotorischen Kräfte der Magnetinduktion haben wir in Zusammenhang gebracht mit den Kraftlinien des magnetischen Feldes; bei der allgemeinen Analogie der Erscheinungen werden wir einen ähnlichen Zusammenhang auch erwarten bei der Voltainduktion. Die Betrachtungen des § 544 sind es, aus denen Übereinstimmung und Unterschied sich ergeben.

Wir haben dort zuerst den Fall einer ringförmig geschlossenen Spule betrachtet, die von einem einzelnen induzierten Kreise umschlungen war. Wenn das Innere der primären Spule von einem Medium mit der Permeabilität μ erfüllt war, so hatte die in dem Ringe durch den Schluß des Stromes I induzierte Integralkraft den Wert

$\mu \mathfrak{H} q = \mathfrak{B} q$; sie war gleich der Zahl der durch den Querschnitt q des Ringes gehenden Induktionslinien. An diesem Resultate ändert sich nichts, wenn man den ganzen außerhalb der primären Spule liegenden Raum gleichfalls mit dem Mittel von der Permeabilität μ erfüllt. Denn außerhalb der in sich zurücklaufenden Spule ist die Kraft $\mathfrak{H}$ allenthalben gleich Null, es gibt in diesem Teile des Raumes überhaupt keine Induktionslinien, die Zahl der durch den induzierten Ring hindurchgehenden bleibt dieselbe wie zuvor. Wenn also die primäre Spule und der induzierte Ring ganz in ein Medium von der Permeabilität μ eingetaucht sind, so ist die bei Stromschluß in dem Ringe induzierte

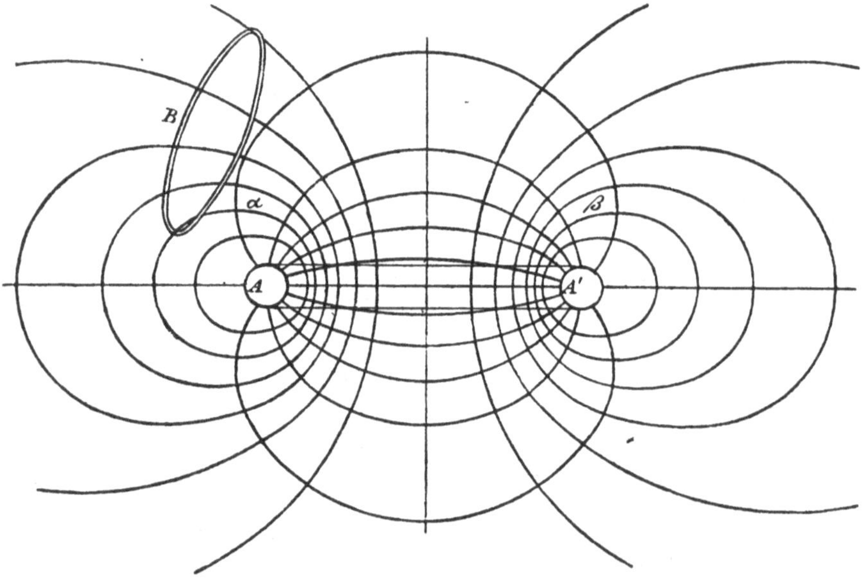

Fig. 622.

Integralkraft gleich der mit μ proportionalen Zahl der Induktionslinien, die durch den Ring hindurchgehen. Nach allem, was wir von den Wirkungen der Spulen gelernt haben, werden wir vermuten, daß derselbe Satz für die Induktion eines einfachen Stromkreises auf einen beliebig gelegenen Ring gilt. Dabei muß sich, dem Falle des Transformators entsprechend, sowohl der Kreis des entstehenden oder verschwindenden Stromes, wie der induzierte Ring in Ruhe befinden. Den Beweis für die Richtigkeit der Vermutung können wir in folgender Weise führen. Der Stromkreis A, von dem die Induktion ausgeht, sei durch eine ringförmig gebogene Metallröhre dargestellt. In Fig. 622 ist angenommen, daß der Ring durch einen Schnitt nach seiner Figurenachse in zwei Hälften zerlegt sei. Es ist nur die eine Hälfte in einer geraden Ansicht gezeichnet, so daß sich in A und A' die Schnittkreise des Metallringes projizieren. Um den Strom zuzuleiten, schneiden wir den Ring an einer Stelle quer durch. In dem einen so entstehenden Rande lassen wir den Strom überall gleichmäßig eintreten, in dem anderen überall austreten; der Strom fließt dann durch die Wand der Röhre in lauter parallelen Kreisen. Wir ersetzen nun durch eine Verallgemeinerung des in § 480 eingeschlagenen Verfahrens den gegebenen Strom durch eine mit ihm äquivalente Verteilung kleiner geschlossener Ströme durch den ganzen Raum. Zu diesem Zwecke konstruieren wir zuerst das System der von dem Strome erzeugten Magnetkraftlinien, welche dicht an der Oberfläche des Ringes seine Querschnitte konzentrisch umziehen, dann sich nach außen erweitern und schließlich in die Rotationsachse übergehen. Von der Oberfläche des Ringes aus gehen Flächen, welche die Kraftlinien senkrecht durchschneiden, die Potentialflächen (§ 533). Von ihnen sind in Fig. 622 nur die in der Ebene der Querschnitte A und A' liegenden Schnittkurven gezeichnet. Irgendeine dieser Flächen teilen wir durch zwei einander senkrecht durchschneidende Linienscharen in lauter kleine Rechtecke ein, und ziehen die durch ihre Eckpunkte gehenden Kraftlinien; die so gebildeten Kraftröhren und die Potentialflächen teilen den ganzen Raum in prismatische Zellen. Wir nehmen an, die Anordnung sei so getroffen, daß ihre Längsrichtungen mit den Kraftlinien, ihre Querschnitte mit den Potentialflächen zusammenfallen. Wir beschränken uns vorläufig auf den Raum, der zwischen zwei aufeinander folgenden Potentialflächen eingeschlossen ist, und der wie ein Gewölbe auf dem Stromringe aufsitzt; die Steine, aus welchem das Gewölbe gebaut ist, sind jene pallisadenförmigen Zellen, in die wir den Raum geteilt haben. An seinem Ende ruht das Gewölbe auf einem von zwei parallelen Kreisen begrenzten Streifen des Stromringes; in diesem fließt ein gewisser Teil i_1 des Gesamtstromes; jede Zelle des Gewölbes denken wir uns nun in der Richtung senkrecht zu den Kraftlinien umflossen von Strömen von der Stärke i_1, in demselben Sinne, in dem der Gesamtstrom den Ring durchfließt. Eine Betrachtung, wie wir sie bei der Konstruktion magnetischer Doppelflächen in § 480 angestellt haben, zeigt, daß die Gesamtwirkung der Zellenströme gleich sein muß der Wirkung des Stromes i_1 auf dem Ringe, da alle im Innern des Gewölbes zirkulierenden Ströme sich wechselseitig aufheben. Dieselbe Überlegung wiederholt sich bei einem zweiten, dem ersten aufgelagerten Gewölbe, und wir kommen so zu dem Schlusse, daß die Wirkung des den Ring umfließenden Stromes ersetzt werden kann durch Ströme, welche in der angegebenen Weise alle Zellen des Raumes umfließen. Dabei können wir die ringförmigen Streifen, in welchen die verschiedenen Gewölbe dem Stromringe aufliegen, so wählen, daß die Ströme i_1 bei allen, also auch bei allen Zellen, die gleiche Stärke haben.

Wir haben nun die magnetische Kraft $\mathfrak{H}$ in dem Innern einer bestimmten Zelle α zu ermitteln, wobei wir uns diese mit dem Normalmedium von der Permeabilität Eins erfüllt denken. Es zeigt sich, daß die Kraft nur von dem die Zelle α selbst umfließenden Strome herrührt, daß alle übrigen Wirkungen verschwinden. Nehmen wir, um dies zu beweisen, zunächst die Kraftröhre, der α selbst angehört, so können wir die von den übrigen Zellen ausgehenden Kräfte vernachlässigen, wenn die Zellen die Form von sehr dünnen und langen Prismen haben. Die Kraftlinien müßten also enger zusammengerückt werden, als das in der Figur der Deutlichkeit halber geschehen ist. Nehmen wir andererseits eine Zelle β, die irgendeiner anderen Kraftröhre angehört. Ihre Länge sei l, ihr Querschnitt q, der sie umziehende Strom i_1. Die Wirkung des Stromes ist zu ersetzen durch einen in dem positiven Ende der Achse liegenden N-Pol von der Stärke $q i_1 / l$, einen S-Pol von gleicher Stärke in dem negativen Ende. Dazu kommt noch die Wirkung der magnetischen Polarisation im Innern der Zelle. Ist die magnetische Kraft des Stromes gleich $\mathfrak{H}$, die Magnetisierungszahl gleich $\varkappa$, so kann die Polarisation der Zelle ersetzt werden durch die Wirkung zweier Pole von der Stärke $\varkappa \mathfrak{H} q$ in den Enden der Achse. Die Kraft $\mathfrak{H}$ aber ist nach § 481 gleich 4π, multipliziert mit der auf die Längeneinheit der Achse kommenden Stromstärke, also $\mathfrak{H} = 4\pi i_1 / l$; die gesamte magnetische Wirkung der betrachteten Zelle ist hiernach die gleiche, wie die zweier in ihren Endflächen liegender Pole von der Stärke:

$$\frac{q i_1}{l} + \varkappa \mathfrak{H} q = \frac{1}{4\pi} \mu \mathfrak{H} q = \frac{1}{4\pi} \mathfrak{B} q .$$

Nun ist aber nach § 486 $\mathfrak{B} q$ für alle Querschnitte einer und derselben Kraftröhre konstant; gleiches gilt von der Stärke jener Pole; die in der gemeinsamen Endfläche zweier benachbarter Zellen liegenden sind also entgegengesetzt gleich, und daher ist die magnetische Wirkung der ganzen geschlossenen in sich zurücklaufenden Kraftröhre gleich Null. Für das Innere der Zelle α bleibt also in der Tat nur die Wirkung des sie selbst umziehenden Stromes übrig, und die von ihm ausgeübte Kraft ist somit dieselbe, wie die des ursprünglich gegebenen Stromringes A.

Nach dieser Vorbetrachtung kommen wir nun zu dem Ziele unserer Untersuchung, der Bestimmung der Induktion, die beim Schlusse des Stromes I in dem Ringe $A A'$ auf einen irgendwie in dem Felde der Kraftlinien liegenden Kreis B ausgeübt wird. Wir ersetzen dabei wieder den gegebenen Strom durch die unsere Raumzellen umziehenden Ströme i_1. Das Entstehen des Stromes in der Wand der Zelle α und das gleichzeitig im Zellinnern erregte magnetische Moment $\varkappa \mathfrak{H} q l$ wirken im ganzen wie das Entstehen eines kleinen Elektromagnets von der Stärke $i_1 q + \varkappa \mathfrak{H} q l$. Mit Rücksicht auf die zwischen i_1 und $\mathfrak{H}$ bestehende Beziehung kann man hierfür den Ausdruck $\frac{1}{4\pi} \mu \mathfrak{H} q l$ setzen; dabei ist $\mathfrak{H}$ nach dem vorhergehenden identisch mit der von dem Ringe A ausgeübten magnetischen Kraft. Jenen kleinen Magnet kann man sich also entstanden denken durch die Verschiebung des Poles $\frac{1}{4\pi} \mu \mathfrak{H} q$ um die Strecke l. Nun ist $\mu \mathfrak{H}$ gleich der magnetischen Induktion $\mathfrak{B}$; die induzierende Wirkung der ganzen

Kraftröhre, zu der die Zelle α gehört, verhält sich demnach so, als ob in jeder ihrer Zellen ein Nordpol von der Stärke $\frac{1}{4\pi}\mathfrak{B}q$ von der einen Endfläche zu der anderen sich verschöbe. Das Produkt $\mathfrak{B}q$ ist aber für alle Querschnitte der Kraftröhre dasselbe; in jeder Zelle bewegt sich demnach ein Pol von derselben Stärke, und das Resultat ist dasselbe, wie wenn ein einziger Pol $\frac{1}{4\pi}\mathfrak{B}q$ die ganze Achse der Kraftröhre bis zum Ausgangspunkt zurück durchlaufen hätte. Wenn die Röhre außerhalb des induzierten Drahtkreises B liegt, so ist der Integralwert der durch die Bewegung induzierten Kraft nach § 533 gleich Null. Wenn aber die Röhre den Ring umschlingt, so ist der Integralwert der Kraft gleich $\mathfrak{B}q$; ebenso ist der einer zweiten umschlingenden Kraftröhre entsprechende Integralwert gleich $\mathfrak{B}'q'$; wir erhalten daher die ganze bei dem Stromschlusse in dem Drahtringe B induzierte elektromotorische Kraft, wenn wir die Summe $\mathfrak{B}q + \mathfrak{B}'q' + \ldots$ für alle den Ring B umschlingenden Kraftröhren bilden. Nun ist aber $\mathfrak{B}q$ die Zahl der im Innern einer Kraftröhre enthaltenen Induktionslinien. Wir erhalten somit den Satz:

Wenn in einem ruhenden Ringe A ein elektrischer Strom entsteht, so ist der Integralwert der auf einen gleichfalls ruhenden Ring B ausgeübten elektromotorischen Kraft gleich der Zahl der durch den letzteren gehenden Induktionslinien, gleich dem Induktionsflusse (§ 486).

Es ergibt sich daraus weiter, daß die in einem bestimmten Momente vorhandene elektromotorische Kraft gleich der Geschwindigkeit ist, mit der die Zahl der durch den induzierten Ring gehenden Induktionslinien sich ändert, d. h. gleich der Änderungsgeschwindigkeit des Induktionsflusses.

In diesen Sätzen erscheint die elektromotorische Kraft als allein abhängig von der magnetischen Induktion $\mathfrak{B}q = \mu\mathfrak{H}q$ in dem die Ringe A und B umgebenden Mittel. Bei dem gegebenen Beweise ist nirgends die Voraussetzung eines konstanten Wertes von μ notwendig. Die Sätze gelten somit, was für ihre praktische Anwendung von Bedeutung ist, auch dann, wenn der Raum mit Körpern von verschieden großer Permeabilität erfüllt ist. Wir fügen hinzu, daß der zweite von diesen Sätzen auch dann gilt, wenn die Induktion durch Bewegung eines geschlossenen Ringes in einem Felde magnetischer Kraft erzeugt wird.

Eine einfache Anschauung liefert hier wieder die Rechte-Hand-Regel (§ 526). Durchfließt den Ring AA' in Fig. 622 ein konstanter Strom, so umgeben ihn eine Anzahl feststehender Induktionslinien. Wird aber dieser Strom stärker, so rücken die alten Linien nach außen und es wachsen von innen neue nach. Beim Schwächen oder Öffnen des Stromes rücken diese Linien umgekehrt, nach innen zusammenschrumpfend, in den Leiter zurück. Bei Stromänderungen bewegen sich also diese Linien relativ gegen den feststehenden Leiter B. Genau wie in § 526 wird durch das

Schneiden der Induktionslinien in jedem Körper eine elektromotorische Kraft induziert, welche der Zahl der pro sec geschnittenen Induktionslinien proportional ist.

Die Magnetisierungskonstante des Äthers. Die vorstehenden Ausführungen geben noch Veranlassung zu einer Bemerkung, die nach ganz anderer Richtung von Bedeutung ist. Die Stärke des Poles, den wir uns in einer unserer Zellen ihrer Länge nach verschoben dachten, war gleich $q i_1/l + \varkappa \mathfrak{H} q$. Andererseits war $\mathfrak{H} = 4\pi i_1/l$, oder $i_1/l = \mathfrak{H}/(4\pi)$. Wir können somit die Stärke des fingierten Poles auch gleich $q\{1/(4\pi) + \varkappa\}\mathfrak{H}$ setzen. Das magnetische Moment, das in der Zelle durch die Verschiebung erzeugt wird, ist: $q l\{1/(4\pi) + \varkappa\}\mathfrak{H}$; das Moment der Volumeinheit: $\{1/(4\pi) + \varkappa\}\mathfrak{H}$. Ist der Raum der Zelle nur von Äther erfüllt, so ist $\varkappa = 0$, und es bleibt das Moment $\mathfrak{H}/(4\pi)$ übrig. Man kann also aus den Erscheinungen der Induktion den Schluß ziehen, daß der Äther sich verhält wie ein magnetisierbares Mittel, dessen Konstante den Wert $1/(4\pi)$ besitzt.

Ist der ganze Raum von einem Körper mit der Magnetisierungskonstante $\varkappa$ erfüllt, so kommt das in diesem erregte spezifische Moment $\varkappa\mathfrak{H}$ zu dem im Äther erregten noch hinzu; es superponiert sich also die Erregung im Äther über die Erregung des Körpers. Befindet sich ein Körper von begrenzter Ausdehnung im unendlichen Äther, so ist nach außen nur die von $\varkappa$ abhängende Erregung des Körpers wirksam. Wir kommen so von einem etwas anderen Standpunkte aus zu den Sätzen von § 506 zurück. Wir haben damals für den Äther $\varkappa = 0$ und $\mu = 1$ gesetzt. Diese Festsetzung war eine willkürliche, sie gewinnt aber nun durch die vorhergehende Betrachtung eine sehr einfache und anschauliche Bedeutung. Wenn wir von der Vorstellung der Superposition der Erregungen in den ponderablen Körpern und im Äther ausgehen, so bezieht sich $\varkappa$ nur auf die Erregung in den ersteren. Im reinen Äther, wenn keine ponderablen Körper zugegen sind, wird $\varkappa$ selbstverständlich gleich Null und $\mu = 1 + 4\pi\varkappa = 1 = 4\pi \cdot 1/(4\pi)$. Also auch bei Abwesenheit aller ponderablen Körper bleibt immer noch die mit $1/(4\pi)$ proportionale Erregung des Äthers übrig. Mit ihr hängen durch die in § 496 besprochenen Druckkräfte die elektrodynamischen Wechselwirkungen, durch die im vorhergehenden besprochenen magnetischen Verschiebungen die Erscheinungen der Voltainduktion zusammen, wie sie im leeren Raume beobachtet werden.

Induktion als Wirkung des Zwischenmediums. Diese Betrachtungen sind von großer prinzipieller Bedeutung. Wenn die elektromotorischen Kräfte der Voltainduktion nur abhängen von der Magnetisierung des Zwischenmediums, so liegt es nahe, in dieser ihren wahren Grund zu sehen. Die Voltainduktion erscheint dann als eine vermittelte Wirkung, welche mit dem Entstehen der magnetischen Polarisation ebenso verbunden ist, wie die elektrodynamischen Wirkungen mit ihrem Beharren. Beide Wirkungen sind der magnetischen Permeabilität des Mediums proportional.

Daß die Voltainduktion der Permeabilität des Zwischenmediums proportional sein muß, ergibt sich übrigens auch aus dem Zusammenhange zwischen der elektromotorischen Kraft und der Arbeit, die bei einer Bewegung des primären Stromes gegen den induzierten Leiter infolge der elektrodynamischen Rückwirkung geleistet wird, ein Zusammenhang, der dem für die Magnetinduktion gefundenen durchaus entspricht. Die Magnetinduktion dagegen muß von der Permeabilität des Zwischenmediums unabhängig sein, da dies nach § 508 bei den elektromagnetischen Wirkungen der Fall ist. Ebenso wie dort wirkt die Permeabilität in doppelter Weise, sie verstärkt die Induktion, sie schwächt aber gleichzeitig die induzierenden Magnetpole, und diese Einflüsse kompensieren sich wechselseitig.

§ 553. Feldgleichungen zwischen den Komponenten der magnetischen und der elektrischen Kraft. Zwischen den Sätzen, die wir in § 483 für die elektromagnetische Kraft, in § 533 für die Magnetinduktion aufgestellt haben, besteht eine unverkennbare Analogie. Diese Analogie tritt aber noch deutlicher hervor, wenn wir die Komponenten der elektrischen Kraft, welche durch Intensitätsänderung eines ruhenden Magnetfeldes erzeugt wird, mit den Komponenten der Feldintensität in Beziehung setzen, ähnlich wie dies in § 483 mit den Komponenten der elektromagnetischen Kraft und den Komponenten der Stromdichte geschehen ist.

Wir knüpfen an die Betrachtungen von § 552 an; statt aber den Strom in dem Ringe A von Null bis I wachsen zu lassen, vergrößern wir ihn nur um den kleinen Betrag dI; die kleine Zeit, welche zu dieser Vergrößerung nötig ist, sei dt. Der Zunahme des Stromes entspricht eine ebenfalls nur kleine Zunahme der Feldintensität, $d\mathfrak{H}$, der magnetischen Induktion, $d\mathfrak{B} = \mu\, d\mathfrak{H}$. Die elektromotorische Integralkraft, welche in der Zeit dt auf den Ring B der Fig. 622 ausgeübt wird, erhalten wir wenn wir für alle den Ring umschlingenden Induktionsröhren die Produkte aus den Querschnitten und den Zuwüchsen der magnetischen Induktion bilden, und dann alle diese Produkte addieren. Die Integralkraft ist somit gleich

$$q\, d\mathfrak{B} + q'\, d\mathfrak{B}' + q''\, d\mathfrak{B}'' + \dots$$

Die momentane elektromotorische Kraft E wird während der kleinen Zeit dt keine merkliche Änderung erleiden, wir erhalten also für die Integralkraft den Wert $E\,dt$; die elektromotorische Kraft E selbst, ausgedrückt in elektromagnetischem Maße, wird:

$$E = q \cdot d\mathfrak{B}/dt + q' \cdot d\mathfrak{B}'/dt + q'' \cdot d\mathfrak{B}''/dt + \dots$$

Wir teilen nun den Ring B der Länge nach in kleine Elemente dl, dl_1, $dl_2 \dots$, die elektrostatischen Kräfte, welche bei der Induktion auf die einzelnen Elemente ihrer Länge nach ausgeübt werden, seien, bezogen auf die Einheit der Polstärke, gegeben durch $\mathfrak{f}_1, \mathfrak{f}_2, \mathfrak{f}_3, \dots$, dann ist nach § 531

$$E = \mathfrak{c}\, \mathfrak{f}_1\, dl_1 + \mathfrak{c}\, \mathfrak{f}_2\, dl_2 + \mathfrak{c}\, \mathfrak{f}_3\, dl_3 + \dots,$$

und somit

$$q\,d\mathfrak{B}/dt + q'd\mathfrak{B}'/dt' + q''d\mathfrak{B}''/dt + \ldots = c(\mathfrak{f}_1\,dl_1 + \mathfrak{f}_2\,dl_2 + \mathfrak{f}_3\,dl_3 + \ldots),$$

wo c, wie immer, die Lichtgeschwindigkeit bezeichnet.

Den auf der rechten Seite dieser Gleichung in der Klammer enthaltenen Ausdruck können wir in Analogie mit den Definitionen der §§ 361 und 482 als die Liniensumme der elektrischen Kraft bezeichnen. Die auf der linken Seite befindliche Summe hat man den Induktionsfluß genannt. Wir erhalten dann den Satz: Der durch einen geschlossenen Ring hindurchgehende Induktionsfluß ist gleich der Lichtgeschwindigkeit multipliziert mit der Liniensumme der elektrischen Kraft; einen Satz, der durchaus analog ist dem von § 482.

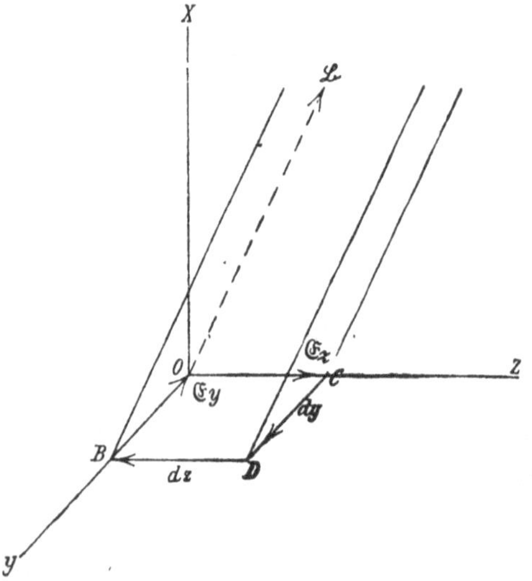

Fig. 623.

Von hier ab wiederholen sich nun die Betrachtungen von § 483. Wir ziehen drei zueinander senkrechte Achsen Ox, Oy, Oz (Fig. 623). In der Ebene yz zeichnen wir ein kleines Rechteck $OBDC$ mit den Seitenlängen dy und dz; dieses setzen wir an Stelle des Ringes B von Fig. 622. Wir konstruieren die durch $OBDC$ gehende Induktionsröhre; bei der Kleinheit ihres Querschnittes können wir $d\mathfrak{B}$ innerhalb derselben als konstant betrachten und erhalten dann die Gleichung:

$$q\,d\mathfrak{B}/dt = c(\mathfrak{f}_1 \cdot OB + \mathfrak{f}_2 \cdot BD + \mathfrak{f}_3 \cdot DC + \mathfrak{f}_4 \cdot CO).$$

Ein eigentümlicher Unterschied besteht indes zwischen der Fig. 623 und der ganz ähnlichen Fig. 554. Wenn wir das Rechtsck $OBDC$ beidemal in derselben Richtung umlaufen, so sind die Kraftkomponenten in Fig. 623 mit dem Umlaufe übereinstimmend, in Fig. 554 ihm entgegengesetzt gerichtet. Die Produkte $\mathfrak{f}\,dl$ werden daher entgegengesetzte Vorzeichen haben, wie die entsprechenden Produkte $\mathfrak{h}\,dl$.

Die ganze in dem Punkte O wirkende elektrische Kraft bezeichnen wir mit $\mathfrak{E}$, ihre Komponenten in den Richtungen der Achsen Ox, Oy, Oz mit $\mathfrak{E}_x$, $\mathfrak{E}_y$, $\mathfrak{E}_z$. Die für die Seiten des Rechtecks $OBDC$ in Betracht kommenden Komponenten $\mathfrak{E}_y$ und $\mathfrak{E}_z$ werden sich ändern, sowohl wenn wir von O aus in der Richtung Oy, als wenn wir in der Richtung Oz fortschreiten. Ist $\partial\mathfrak{E}_y$ die Änderung von $\mathfrak{E}_y$, wenn wir von O bis C um die Strecke ∂z fortschreiten, so bestimmt der Bruch $\partial\mathfrak{E}_y/\partial z$ den Gradienten von $\mathfrak{E}_y$ in der Richtung Oz, ebenso $\partial\mathfrak{E}_z/\partial y$ den Gradienten von $\mathfrak{E}_z$ in der Richtung Oy. Die magnetische Feldstärke in dem Punkte O sei $\mathfrak{H}$; ihre Komponenten nach den Richtungen der Achsen Ox, Oy, Oz bezeichnen wir wie früher mit $\mathfrak{H}_x$, $\mathfrak{H}_y$, $\mathfrak{H}_z$. Die Produkte $\mu\mathfrak{H}_x$, $\mu\mathfrak{H}_y$, $\mu\mathfrak{H}_z$ sind dann die Komponenten der magnetischen Induktion $\mathfrak{B} = \mu\,\mathfrak{H}$; wir setzen $\mu\,\mathfrak{H}_x = \mathfrak{B}_x$, $\mu\,\mathfrak{H}_y = \mathfrak{B}_y$, $\mu\,\mathfrak{H}_z = \mathfrak{B}_z$. Dieselben Überlegungen wie in § 483 führen dann zu der Gleichung:

$$d\mathfrak{B}_x/dt = \boldsymbol{c}(\partial\,\mathfrak{E}_y/\partial z - \partial\,\mathfrak{E}_z/\partial y).$$

Analoge Gleichungen ergeben sich, wenn man kleine Rechtecke in den Ebenen zOx und xOy betrachtet. An Stelle der Komponenten der magnetischen Induktion führen wir wieder die Komponenten der magnetischen Kraft ein, dann erhalten wir die folgenden Gleichungen zwischen den Komponenten der magnetischen Kraft und zwischen den Gradienten, welche die Komponenten der elektrischen Kraft in den Richtungen der zueinander senkrechten Achsen Ox, Oy, Oz besitzen:

$$\mu\,d\mathfrak{H}_x/dt = \boldsymbol{c}(\partial\,\mathfrak{E}_y/\partial z - \partial\,\mathfrak{E}_z/\partial y),$$
$$\mu\,d\mathfrak{H}_y/dt = \boldsymbol{c}(\partial\,\mathfrak{E}_z/\partial x - \partial\,\mathfrak{E}_x/\partial z),$$
$$\mu\,d\mathfrak{H}_z/dt = \boldsymbol{c}(\partial\,\mathfrak{E}_x/\partial y - \partial\,\mathfrak{E}_y/\partial x),$$

Gleichungen, die in der Tat große Ähnlichkeit mit denen von § 483 zeigen.[1]

Die besprochene rege Wechselbeziehung zwischen Magnetismus und Elektrizität spiegelt sich auch in den Sätzen der §§ 482, 483 wider. Sie tritt noch deutlicher hervor, wenn man, vor einer immerhin lästigen Häufung von Namen nicht zurückschreckend, noch einen neuen Begriff einführt, den der magnetischen Verschiebung. Wir setzen diese gleich $\frac{\mu}{4\pi}\mathfrak{H}$; als ihre Komponenten bezeichnen wir die Ausdrücke $\frac{\mu}{4\pi}\mathfrak{H}_x$, $\frac{\mu}{4\pi}\mathfrak{H}_y$, $\frac{\mu}{4\pi}\mathfrak{H}_z$. Obige Gleichungen werden dann:

$$4\pi\left(\frac{\mu}{4\pi}\,\frac{d\mathfrak{H}_x}{dt}\right) = \boldsymbol{c}\left(\frac{\partial\,\mathfrak{E}_y}{\partial z} - \frac{\partial\,\mathfrak{E}_z}{\partial y}\right),\ldots$$

Auf eine ganz analoge Form kann man aber auch die Gleichungen von § 483 bringen, wenn man die Stromdichten nicht in elektromagnetischem Maße, sondern in elektrostatischem mißt. Bezeichnet man die elektrostatisch gemessenen Stromdichten mit $\mathfrak{c}_x$, $\mathfrak{c}_y$, $\mathfrak{c}_z$, so werden die Gleichungen von § 483:

$$4\pi\,\mathfrak{c}_x = \boldsymbol{c}(\partial\,\mathfrak{H}_z/\partial y - \partial\,\mathfrak{H}_y/\partial z),\ldots$$

In diesen Gleichungen findet das Hertzsche Prinzip von der Einheit der elektrischen und der magnetischen Kraft einen exakten mathematischen Ausdruck.

Die letzten Gleichungen sind eine Folge des Biot-Savartschen Gesetzes. Umgekehrt folgt aus den ersten Gleichungen ein Satz über

[1] Hertz, Wied. Ann. 23 (1884). — Riecke, Gött. Nachr. (1874).

die elektrische Wirkung einer magnetischen Verschiebung, der ganz analog ist jenem Gesetze. In einem zylindrischen Raumelemente von der Länge l und dem Querschnitte q vollziehe sich in der Richtung der Achse die magnetische Verschiebung $\frac{\mu}{4\pi}\frac{d\mathfrak{H}}{dt}$. Das Raumelement übt dann auf einen positiven elektrischen Pol von der Stärke 1 eine Kraft aus, welche der Größe nach durch den Ausdruck gegeben ist:

$$\mathfrak{E} = \frac{1}{c} \cdot \frac{\mu}{4\pi}\frac{d\mathfrak{H}}{dt} \cdot \frac{q\,l}{r^2} \sin\alpha .$$

r ist die Entfernung des Poles von dem Elemente, α der Winkel zwischen r und der Richtung der magnetischen Verschiebung. Die Richtung von $\mathfrak{E}$ ist umgekehrt wie bei der Kraft, welche von einem Stromelemente auf einen Magnetpol bei gleichen Lageverhältnissen ausgeübt wird.

§ 554. **Beziehung zwischen elektrischer und magnetischer Kraft.** Eine Magnetkraftlinie, z. B. im Transformator, ist erzeugt durch elektrische

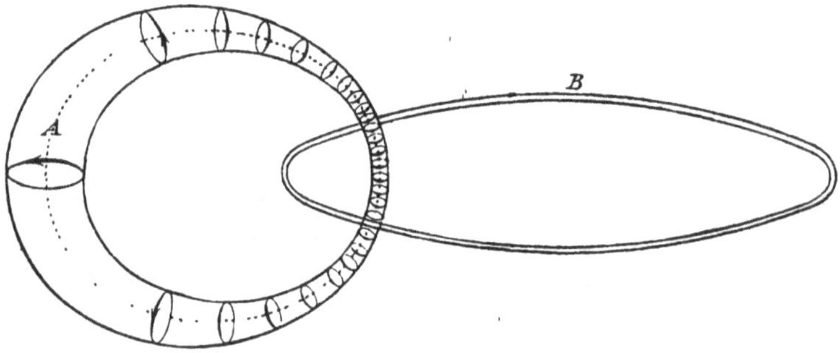

Fig. 624. Elektrische Wirbel.

Ströme, die um diese Kraftlinie kreisen; allgemein genommen können wir uns um jede magnetische Kraftlinie elektrische Wirbel denken. Wird das magnetische Feld durch einen elektrischen Strom erzeugt, so sind die Magnetkraftlinien in sich zurücklaufende, den Strom umschlingende Kurven, und gleiches gilt daher von den Achsen der elektrischen Wirbel, die von den die Magnetkraftlinien umkreisenden Elementarströmen gebildet werden.

Das Entstehen eines elektrischen Wirbels beim Schlusse des elektrischen Stromes wirkt nun nach dem Satze von der Äquivalenz elektrischer Ströme mit Magneten ebenso, wie das Entstehen der magnetischen Polarisation längs der Kraftlinie, welche die Wirbelachse bildet. Von jener Polarisation aber haben wir gesehen, daß sie während ihrer zeitlichen Änderung auf jeden die Kraftlinien umschlingenden Drahtkreis eine elektromotorische Kraft ausübt, eine Kraft, welche in dem ganzen Kreise die positive Elektrizität in dem einen, die negative im entgegengesetzten Sinne herumtreibt. Wir schließen daraus, daß das Entstehen eines elektrischen Wirbels mit der Achse A (Fig. 624) elektrische Kraftlinien erzeugt, aber nicht solche, wie sie von irgendeiner elektrostatisch geladenen Fläche ausstrahlen und in einer entgegengesetzt geladenen endigen, sondern solche, welche als in sich zurückkehrende ringartige Kurven *B* den entstehenden Wirbel und seine Achse *A* umziehen.

Suchen wir das neue, hierdurch gewonnene Bild des elektrischen Feldes noch etwas allgemeiner zu gestalten. Wir nehmen an, es sei im Raume eine gewisse Zahl von Ringen verteilt, die wir teils mit positiver, teils mit negativer Elektrizität geladen haben. Von den positiven Ringen strahlen dann gewöhnliche elektrostatische Kraftlinien hinüber zu den negativen; die infolge hiervon in dem Zwischenmedium herrschenden Spannungen und Drucke erzeugen die elektrostatische Wechselwirkung der Ringe. Wir denken uns nun die Ringe in gleichförmige Drehung um ihre Figurenachsen versetzt; jeder stellt dann einen elektrischen Strom vor, und das elektrische Feld ist durchzogen von den die Ringe umschlingenden Magnetkraftlinien. Die zwischen ihnen wirkenden Querdrucke bedingen die elektrodynamische Wechselwirkung der Ringe. Aber jede Magnetkraftlinie bildet nach dem vorhergehenden in einem magnetisierbaren Medium die Achse eines elektrischen Wirbels. Das Entstehen dieser Wirbel beim Beginne der Drehung erzeugt elektrische Kraftlinien von einer zweiten Art, welche die Wirbel kreisförmig umschlingen und gegen sie wieder ähnlich liegen, wie die rotierenden elektrisch geladenen Kreise. Diese neuen Kraftlinien erzeugen in den sich drehenden Ringen induzierte Ströme, die so lange dauern, bis die Rotationen gleichförmig geworden sind, da dann die elektrischen Kraftlinien zweiter Art verschwinden.

Wir knüpfen an diese Betrachtung noch eine weitere eigentümliche Folgerung. Es seien zwei Eisenringe gegeben, die mit ringförmigen Magnetisierungsspulen umzogen sind. Wir nehmen an, daß der Strom in beiden, von Null an, wenigstens einige Zeit hindurch, ganz gleichmäßig ansteige. Die Spulen stellen dann zwei entstehende elektrische Wirbel vor mit kreisförmigen Achsen. Zugleich aber werden die Eisenringe magnetisiert; die Magnetkraftlinien in ihrem Innern sind in sich zurücklaufende Kreise, und ebenso die Linien der magnetischen Induktion $\mathfrak{B}$. Das Anwachsen des Magnetismus in den Eisenringen wirkt ebenso wie das Entstehen der elektrischen Wirbel; die Eisenringe verstärken also die von den Spulen ausgeübten elektrischen Kräfte. Solange der Strom wächst, haben wir elektrische Kraftlinien der zweiten Art, welche die Ringe ebenso umgeben, wie die Magnetkraftlinien zwei von elektrischen Strömen durchflossene Kreise. Nun herrschen aber in einem elektrischen Felde Spannungen von derselben Art wie im magnetischen. Wir können somit die in § 537 gemachten Schlüsse auf den jetzigen Fall übertragen und kommen zu dem Satze: Zwei ringförmig in sich geschlossene Spulen, in denen der Strom gleichmäßig ansteigt, üben ebensolche Kräfte aufeinander aus, wie zwei von konstanten Strömen durchflossene Kreise; dabei kann das Innere der Spulen leer oder mit Eisen gefüllt sein, nur würde sich im letzteren Falle eine sehr viel stärkere Wirkung ergeben. Die hierdurch gegebene Beziehung zwischen den elektrischen und den magnetischen Wirkungen führt zu dem von HERTZ aufgestellten Prinzipe von der Einheit der elektrischen und der magnetischen Kraft. Wenn wir zu der Vorstellung von den magnetischen Flüssigkeiten zurückkehren, so entspricht das gleichmäßige Anwachsen der Magnetisierung in den Eisenringen einer konstanten magnetischen Strömung des positiven Fluidums in der einen Richtung, des negativen in der entgegengesetzten. Wir können dann sagen: Konstante magnetische Ströme üben auf elektrische Teilchen entgegengesetzte Kräfte aus, wie konstante elektrische Ströme auf magnetische Teilchen. Zwei konstante magnetische Ströme wirken aufeinander wie zwei elektrische. Der Beobachtung haben sich die hierdurch angedeuteten, sicher sehr schwachen Wirkungen entzogen.

Über Anregung von RICHARZ wurde aber eine hierher gehörige Versuchsreihe ausgeführt, welche obige theoretische Annahmen direkt bestätigte.[1] Der Eisenring in Fig. 625 stellt bei stetig wachsendem, elektrischem Strom der Bewickelung einen konstanten kreisförmigen magnetischen Strom dar. Die Anordnung ist ganz analog einer Tangentenbussole; bei dieser erzeugt der elektrische Kreisstrom im Zentrum des Kreises eine axiale magnetische Kraft und hier muß der magnetische Kreisstrom eine axiale elektrische Kraft erzeugen. Nun läßt sich ein solcher magnetischer Strom nur für kurze Zeit (bis zum Erreichen der Sättigung) herstellen. Man nimmt daher Wechselstrom; durchfließt ein solcher die Bewickelung des Ringes (Fig. 625), so pendelt im Zentrum des Kreises eine elektrostatische Kraft hin und her. In diesem Zentrum hängt (wie die Nadel einer Tangentenbussole in horizontaler Ebene drehbar) eine Glasnadel, aber unter 45° gegen die Achse des Kreises. Diese Nadel wird durch die elektrische Kraft influenziert und der Achse parallel gedreht (§ 402). In der Ausführung gestaltete sich diese Idee so, daß man zwei parallele Drahtringe verwendete, um direkte statische Wirkung der Spulenpotentiale zu vermeiden, und daß man das an einem dünnen Quarzfaden hängende Glasstäbchen in ein Vakuum brachte, um die Dämpfung dieses Horizontalpendelchens zu mindern.

Fig. 625. Versuch RICHARZ.

§ 555. **AMPÈREs Theorie des Magnetismus.** Die Gleichwertigkeit der Wirkungen von Magneten und elektrischen Spulen, die wir bei den Erscheinungen des Elektromagnetismus bemerkten, haben wir in der Elektrodynamik durchaus bestätigt gefunden. Es folgt daraus, daß die Fernwirkungen eines kreisförmigen Stromes identisch sind mit denen

[1] HENRICH, Nachweis der elektrostatisch ponderomotorischen Wirkung der Induktion. Dissertation. Marburg. (1910). — RICHARZ, Naturwissenschaften. (1913) (1916).

eines in der Achse des Kreises liegenden Magnets, dessen Moment gleich dem Produkte aus Stromfläche und Stromstärke ist. Diese Erkenntnis ist von Bedeutung, weil sie zeigt, daß die Annahme der magnetischen Fluida entbehrlich ist, daß alle Erscheinungen des Magnetismus als Wirkung elektrischer Ströme betrachtet werden können. In § 351 nahmen wir als magnetische Elemente kleine Molekularmagnete an. Es bleibt aber noch der letzte Schritt, daß wir an Stelle der Elementarmagnete Elementarströme setzen, welche die kleinsten Teilchen der Körper in Ebenen umfließen, die zu den Achsen der bisher angenommenen Magnete senkrecht stehen. Im unmagnetischen Zustande können wir uns die Anordnung der Ströme als eine ganz regellose denken. Im magnetischen Felde tritt eine neue Anordnung der Elementarströme ein. In einem solchen folgt die Richtung der magnetischen Polarisation der Richtung der Magnetkraftlinien; die an Stelle der Elementarmagnete gesetzten Elementarströme drehen sich mit ihrer Achse in die Richtung der Kraftlinien, wie die Spule im Drehspulengalvanometer.

Die AMPÈREsche Theorie des Magnetismus setzt voraus, daß die Elementarströme beharrlich sind. Nach dem OHMschen Gesetze aber ist im Innern eines Konduktors ein beharrlicher Strom nicht möglich ohne eine äußere elektromotorische Kraft. Die hieraus sich ergebende Schwierigkeit ist zum Teil geschwunden, seitdem KAMERLINGH ONNES zeigte, daß für viele Metalle (Hg, Au, Pb u. a.) der elektrische Widerstand bei 4° absolut (−269° C) verschwindet. Induziert man in einer kurz geschlossenen Spule aus Pb-Draht[1], die auf so tiefer Temperatur (in flüssigem Helium) gehalten wird, einen Strom, so fließt dieser noch 2 Stunden nach Aufhören der elektromotorischen Kraft mit nur 4 % Verlust fort! (§ 430).

Ebenso kann vielleicht ein AMPÈREscher Molekularstrom dauernd fließen. Da nach dem CURIE-LANGEVINschen Gesetze das magnetische Moment des Molekels sich mit der Temperatur nicht ändert, bleibt es auch bei 0° abs. bestehen, es wäre also eine Art Nullpunktsenergie. Man denkt hier nach H. LORENTZ an im Molekel kreisende Elementarladungen, Elektronen, wobei nach der MAXWELLschen Theorie (zwölfter Teil dieses Bandes) der Umstand Schwierigkeiten macht, daß diese Energie sich dauernd durch Ausstrahlung vermindern müßte.

Kreiselwirkung. Um so überraschender sind hier 2 Versuchsreihen, die von der AMPÈREschen Vorstellung ausgehend Erfolg hatten.

Jeder molekulare Elementarmagnet ist eine Art von Kreisel. Solche sind in einem langen unmagnetischen Stahlstab mit ihren vielen Kreiselachsen nach allen Richtungen orientiert. Schon MAXWELL meinte, daß durch mechanische Rotation eines solchen Stabes alle molekularen Kreisel (wie der Kreiselkompaß Fig. 82) sich mit ihren Achsen der mechanischen Rotationsachse parallel stellen müßten. S. J. BARNETT[2] konnte nun

[1] Proc. Amsterdam 17 (1914). [2] Phys. Rev. (1914)

experimentell zeigen, daß ein um seine Längsachse gedrehter Stahlstab wirklich magnetisch wird.

Etwas anders verfuhren EINSTEIN u. DE HAAS.[1] Ein dünner Eisendraht hängt vertikal in der Achse einer vertikalen Spule. Wie man durch diese Spule einen Strom sendet, wird der Draht magnetisch, d. h. alle seine molekularen Kreiselchen werden gedreht. Diese Drehung und die ursprüngliche Kreiseldrehung der molekularen Magnete setzt sich (§ 65) zu einer resultierenden Drehung des vertikal hängenden Fe-Drahtes um seine Vertikalachse zusammen. Es handelt sich nur um einen schwachen, momentanen Drehimpuls, der durch glückliche experimentelle Kunstgriffe bis zu meßbarer Größe gesteigert werden konnte. Quantitativ scheinen diese Versuche noch große Schwierigkeiten zu bereiten.[2]

Diamagnetismus nach WEBER. Durch die Vorstellung von widerstandslosen Bahnen, welche die Molekel eines Körpers umgeben, wurde W. WEBER zu einer eigentümlichen Auffassung der diamagnetischen Erscheinungen geführt, die wir ihres bleibenden Interesses wegen nicht übergehen wollen. Diamagnetische Körper zeigen keinen permanenten Magnetismus; wir nehmen daher an, die elektrischen Fluida befinden sich in den die Molekel umgebenden Bahnen für gewöhnlich in Ruhe. Wenn nun in der Nähe eines solchen Körpers ein Elektromagnet erregt wird, so wirken auf die in jenen Bahnen enthaltene Elektrizität die elektromotorischen Kräfte der Induktion. Die elektrischen Fluida werden also in Bewegung geraten, und die einmal erregte Bewegung wird nicht wieder verschwinden, auch wenn die elektromotorische Kraft verschwindet; denn für jene widerstandslosen Bahnen gilt das OHMsche Gesetz nicht. Die Molekel des Körpers werden also durch den entstehenden Elektromagnet in permanente Magnete verwandelt, aber so, daß sie der LENZschen Regel entsprechend dem benachbarten Pole den gleichnamigen entgegenkehren, daß sie von diesem abgestoßen werden, wie Diamagnete. Sobald nun bei Unterbrechung des erregenden Stromes der Magnetismus des Elektromagnets wieder verschwindet, wirkt abermals eine elektromotorische Kraft in den die Molekel umgebenden Bahnen. Sie ist gleich, aber entgegengesetzt der bei dem Schlusse des magnetisierenden Stromes ausgeübten; ihre Wirkung besteht also darin, daß sie die in den Molekularbahnen vorher erzeugten Ströme gerade wieder zerstört; damit verschwindet der Diamagnetismus des Körpers. Qualitativ stimmt das Resultat der theoretischen Überlegung mit den Beobachtungen überein. Bei der genaueren Ausführung ergeben sich aber mancherlei Schwierigkeiten. Wir haben früher die Erscheinungen des Diamagnetismus durch Differenzwirkungen erklärt; die hierauf sich gründende Theorie hat der WEBERschen gegenüber den Vorzug größerer Einheitlichkeit und Einfachheit.

[1] Dtsch. phys. Ges. 17 (1915).

[2] DE HAAS, Dtsch. phys. Ges. 18 (1916).

Zehnter Teil. Galvanomagnetische und thermomagnetische Effekte.

Fast sämtliche elektrische und thermische Erscheinungen in metallischen Leitern werden durch magnetische Einwirkungen beeinflußt. Stehen die magnetisch wirkenden Induktionslinien senkrecht auf die Stromrichtung des Elektrizitäts- oder Wärmestromes, so sprechen wir von Transversaleffekten, liegen sie in der Stromrichtung, von Longitudinaleffekten.

§ 556. **Galvanomagnetische Transversaleffekte.** Hier ist ein eine Platte durchströmender elektrischer Strom gegeben und die transversale Einwirkung eines Magneten erzeugt a) eine transversal gerichtete Potentialdifferenz, entdeckt von Hall[1], b) eine transversal gerichtete Temperaturdifferenz, entdeckt von Ettingshausen u. Nernst.[2] Die Effekte treten senkrecht zur Strom- und Feldrichtung auf; sie ändern ihre Richtung bei Umkehr des Stromes und des Feldes.

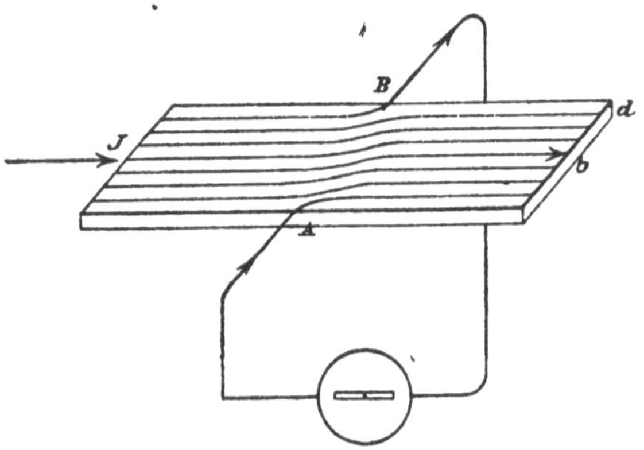

Fig. 626. Stromverteilung beim Halleffekt.

Halleffekt. Eine dünne Metallplatte (Breite b, Dicke d) werde von parallelen Stromlinien durchflossen. Sie treten links in Fig. 626 in der Pfeilrichtung ein und rechts aus durch dicke (nicht gezeichnete) Metalleisten. Die Strömungslinien mögen, solange der Elektromagnet nicht erregt ist, alle mit den Längskanten parallel laufen; die Potentialflächen fallen dann mit den Querschnitten der Platte zusammen. Setzen wir in zwei gegenüberliegenden Punkten A und B eines Querschnittes Elektroden an, die mit einem empfindlichen Galvanometer verbunden sind, so fließt durch dieses kein Strom. Sobald aber der Magnet erregt wird, tritt ein Strom auf, der bei verschiedenen Metallen im selben Magnetfelde und bei gleicher Richtung des primären Stromes verschiedene Richtung und Stärke besitzt. Gleichzeitig zeigen dann die Strömungslinien die durch Fig. 626 schematisch angedeutete Änderung. Im Anschlusse an die Hilfsvorstellungen, deren wir uns bei der Untersuchung

[1] Phil. Mag. 9 (1879). [2] Wied. Ann. 29 (1886).

der elektrischen Strömung mehrfach bedient haben, kann man die Gesetze der Erscheinung in folgender Weise entwickeln.

Der ganze durch die Platte gehende primäre Strom habe (im magnetischen Maßsystem) die Stärke i; auf 1 cm² des Querschnittes kommt dann der Strom $i/(b\,d)$; man bezeichnet diese auf die Flächeneinheit entfallende Strommenge nach § 483 als die Stromdichte. Man kann nun annehmen, daß die Geschwindigkeiten $\mathfrak{g}_p$ und $\mathfrak{g}_n$, mit denen sich die Elektrizitäten im elektrischen Strome bewegen, der Stromdichte proportional sind. Die Geschwindigkeiten bei der Einheit der Stromdichte, welche wir mit γ_p und γ_n bezeichnen, sind für ein gegebenes Metall als Konstanten zu betrachten. Bei einer Stromdichte $i/(b\,d)$ sind dann die Geschwindigkeiten $\mathfrak{g}_p = i\,\gamma_p/(b\,d)$ und $\mathfrak{g}_n = i\,\gamma_n/(b\,d)$. Auf die im Strome bewegte positive und negative Elektrizität finden nun die Betrachtungen Anwendung, die wir in § 532 an die Versuche über Induktion in bewegten körperlichen Leitern angeschlossen haben. Danach wirkt im Magnetfelde auf die Einheit der positiven Elektrizität senkrecht zu der Strömung und senkrecht zu den Kraftlinien eine Kraft von der Größe: $\mathfrak{g}_p\,\mathfrak{H}/c$. Ebenso auf die Einheit der negativen, in entgegengesetzter Richtung bewegten Elektrizität eine Kraft von gleicher Richtung und von der Größe: $\mathfrak{g}_n\,\mathfrak{H}/c$. $\mathfrak{H}$ bezeichnet die Intensität des magnetischen Feldes. Sind $\mathfrak{g}_p$ und $\mathfrak{g}_n$ verschieden groß, so wird zunächst diejenige der beiden Elektrizitäten voraneilen, welche die größere Geschwindigkeit besitzt; dadurch entsteht eine elektrostatische Ladung auf den Rändern der Platte, und diese wird so lange steigen, bis die Verschiedenheit der gleichgerichteten elektromagnetischen Kräfte kompensiert wird durch die elektrostatischen Kräfte, die auf beide Elektrizitäten im entgegengesetzten Sinne wirken. V_1 und V_2 seien die Potentiale der beiden Plattenränder; dann ist die elektrostatische Kraft im Innern der Platte gleich:

$$-(V_1 - V_2)/b.$$

Die Bedingung für die Gleichheit der auf die positive und auf die negative Elektrizität ausgeübten Kräfte ist:

$$\frac{\mathfrak{g}_p\,\mathfrak{H}}{c} - \frac{V_1 - V_2}{b} = \frac{\mathfrak{g}_n\,\mathfrak{H}}{c} + \frac{V_1 - V_2}{b},$$

woraus
$$V_1 - V_2 = \frac{\mathfrak{g}_p - \mathfrak{g}_n}{2\,c}\cdot\mathfrak{H}\,b,$$

oder
$$c\,(V_1 - V_2) = \frac{\gamma_p - \gamma_n}{2}\cdot\frac{\mathfrak{H}\,i}{d}.$$

Das auf der linken Seite stehende Produkt ist nach § 531 nichts anderes, als die transversale elektromotorische Kraft E, welche auf die Platte im Magnetfelde wirkt, ausgedrückt in elektromagnetischem Maße. Bezeichnen wir außerdem die dem betreffenden Metalle eigentümliche Konstante $(\gamma_p - \gamma_n)/2$ mit ϱ, so erhalten wir:

$$E = \varrho\,\mathfrak{H}\,i/d, \qquad \varrho = E\,d/(\mathfrak{H}\,i).$$

Die elektromotorische Kraft E kann aus der Stärke i des durch die seitlichen Elektroden A und B sich abzweigenden Stromes und aus dem Widerstande R des Galvanometerkreises bestimmt werden, da ja nach dem OHMschen Gesetze $E = iR$. Die Erscheinung des HALLschen Stromes setzt eine Potentialdifferenz zwischen den Elektroden A und B voraus, sie ist mit einer Drehung der ursprünglich mit AB parallelen äquipotentialen Linien verbunden, man hat daher den Koëffizienten ϱ als den Rotationskoëffizienten des betreffenden Metalles bezeichnet.

Im Falle einer Goldplatte sind die Verhältnisse der Richtungen durch die Fig. 627 gegeben. Der Strom J tritt in die Platte durch C ein und durch D aus; das Potential nimmt daher von C gegen D ab. Der Nordpol des Elektromagnets befinde sich vor der Platte; der HALLsche Strom geht dann von B durch das Galvanometer nach A, wie durch die Pfeile angedeutet ist. Hieraus folgt, daß nach der Erregung des Magnets das Potential in B einen größeren Wert hat als in A, da in dem Verbindungsdrahte der Strom notwendig von Stellen mit höherem zu solchen mit niedrigerem Potentiale fließen muß. Die Potentiallinien, welche vor Stromschluß die Richtung AB besaßen, müssen also im Magnetfelde in die Richtung $\alpha\beta$ gedreht worden sein, vom Nordpole aus gesehen, entgegengesetzt der Bewegung des Uhrzeigers. Dementsprechend gibt man bei Gold dem Rotationskoëffizienten ϱ einen negativen Wert, ebenso natürlich bei allen anderen Metallen, welche dieselben Richtungsverhältnisse darbieten. Man kann die Richtung, die der HALLsche Strom in der Platte besitzt, auch vergleichen mit der Richtung der ponderomotorischen Kraft, die in dem Magnetfelde auf den primären Strom wirkt; man überzeugt sich leicht, daß diese Richtungen für alle Metalle mit negativem Rotationskoëffizienten einander entgegengesetzt sind. Einige Werte des Rotationskoëffizienten[1] sind z. B.:

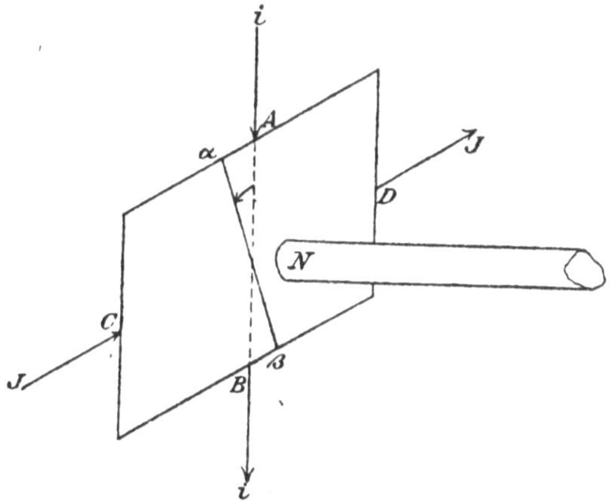

Fig. 627. Halleffekt in Au-Platte.

Te	Sb	Fe	Pt	Ni	C	Bi
+530	+0,192	+0,011	−0,0002	−0,024	−0,176	−10,1.

Der Winkel φ, um den die Potentiallinien einer HALLschen Platte gedreht werden, der Winkel zwischen den Richtungen AB und $\alpha\beta$ der Fig. 627, ist gegeben durch $\varphi = \varrho \cdot \varkappa \cdot \mathfrak{H}$, wo $\varkappa$ das spezifische Leitver-

[1] v. ETTINGSHAUSEN und NERNST, Wien. Ber. (1886).

mögen der Platte bezeichnet. Die Strömungslinien stehen auf den Potentiallinien nicht mehr senkrecht, sondern schließen mit ihnen einen Winkel $\pi/2 - \varphi$ ein.

Das Hallsche Phänomen ist mit besonderer Sorgfalt untersucht worden bei Wismut. Dabei hat sich einmal herausgestellt, daß der Wert des Rotationskoëffizienten abhängig ist von der Feldstärke; außerdem aber zeigte sich, daß die größere oder geringere Reinheit des Wismuts von dem größten Einflusse auf die Erscheinung ist. Dies wird er-

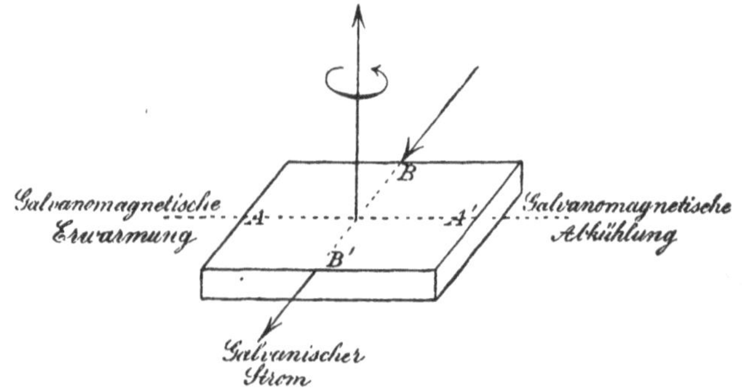

Fig. 628. Ettingshauseneffekt.

läutert durch die folgenden Zahlen, welche die Werte von ϱ für verschiedene Wismutplatten und für verschiedene Feldstärken angeben.[1]

$\mathfrak{H}$	Bi, I	Bi, II	Bi, Sn
1 500	−14,0	−10,5	−2,1
6 000	−12,0	− 7,5	−0,5
12 000		− 4,4	+0,14.

Die letzte Bi-Platte enthielt 0,95 Gewichtsteile Zinn.

Ettingshauseneffekt. Gleichzeitig mit der Potentialdifferenz in AB (Fig. 627) entsteht auch eine Temperaturdifferenz.

Läßt man durch die im Magnetfelde befindliche Wismutplatte wieder einen primären elektrischen Strom in der Richtung BB' (Fig. 628) fließen, so erzeugt er in der dazu senkrechten Richtung eine Temperaturdifferenz. In A findet Erwärmung, in A' Abkühlung statt. Man gelangt also von der Eintrittsstelle des galvanischen Stromes zu der galvanomagnetisch erwärmten Stelle durch eine Drehung im Sinne des oben gezeichneten Kreises, der die Richtung des Stromes im Elektromagneten angibt, wenn die Kraftlinien dieser magnetischen Transversalkraft von unten nach oben gehen.

§ 557. Thermomagnetische Effekte. Das Ursprüngliche in dem folgenden ist nicht ein die Platte durchsetzender elektrischer, sondern ein Wärmestrom und wieder wirke darauf senkrecht eine magnetische Kraft. Wir erhalten dann a) eine transversal gerichtete elektromotorische Kraft,

[1] v. Ettingshausen und Nernst, Wied. Ann. 33 (1888). E. van Everdingen, Physic. Laboratory of Leiden (1900).

entdeckt von NERNST[1], b) eine transversal gerichtete Temperatur-Differenz, entdeckt gleichzeitig von LEDUC[2] und RIGHI.[3]

Nernsteffekt. Eine dünne Wismutplatte etwa von quadratischer Form befinde sich in einem Magnetfelde, so daß die Kraftlinien in der in Fig. 629 gezeichneten Richtung senkrecht durch die Platte hindurchgehen. Nun wird die eine Seite der Platte erwärmt, die gegenüberliegende abgekühlt, so daß ein Wärmestrom in der Richtung AA' durch die Platte geht. Verbindet man jetzt die Punkte B und B' durch einen Draht, so erhält man in diesem einen elektrischen Strom. Im Magnetfelde erzeugt somit ein zu den Kraftlinien senkrechter Wärmestrom eine transversale elektromotorische Kraft, die wir als eine thermomagnetische bezeichnen können. Die Richtung des thermomagnetischen Stromes ist aus der Figur ersichtlich. Denkt man sich die Magnetkraftlinien erzeugt durch elektrische Ströme, so ist deren Richtung der Bewegung des Uhrzeigers entgegengesetzt. Dagegen kommt man von der Eintrittsstelle A des Wärmestromes zu der Eintrittsstelle B des erzeugten elektrischen Stromes durch eine Drehung im Sinne des Uhrzeigers um die durch die Richtung der Kraftlinien gegebene Achse.

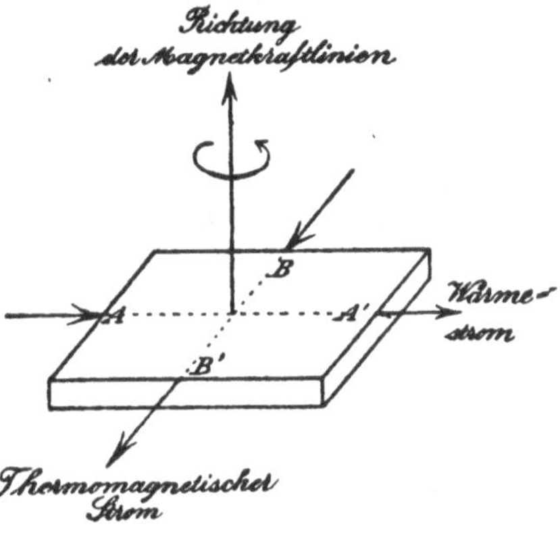

Fig. 629. Nernsteffekt.

Leduceffekt. Bei der letzten Anordnung in Fig. 629 tritt beim Wärmestrom AA' unter Einwirkung eines dazu senkrechten Magnetfeldes in B und B' auch eine Temperaturdifferenz auf.

Alle diese vier geschilderten Transversaleffekte sind an ein und derselben Metallplatte besonders durch ZAHN[4] gemessen worden; ebenso die im nächsten Paragraphen geschilderten Effekte.

§ 558. **Longitudinaleffekte.** Den im vorhergehenden besprochenen vier transversalen Effekten stehen vier longitudinale gegenüber. Wenn ein Wärmestrom durch einen Wismutdraht geht, so entsteht im Magnetfelde eine elektrische Potentialdifferenz zwischen dem wärmeren und dem kälteren Ende des Drahtes, wenn er in der Richtung eines magnetischen Feldes liegt. Geht umgekehrt ein galvanischer Strom hindurch, so entsteht im Magnetfelde eine Temperaturdifferenz zwischen der Eintritts- und der Austrittsstelle des Stromes. Beide Wirkungen sind in erster Annäherung dem Quadrate der Feldstärke proportional,

[1] WIED. Ann. 31 (1887). [2] C. R. 104 (1887). [3] C. R. 105 (1887).

[4] Ann. d. Phys. 14 (1904); 16 (1905). Referat über das ganze Gebiet im Jahrb. d. Radioaktivität 5 (1908).

sie ändern sich also nicht mit der Umkehr der Kraftlinien. Bei dem ersten Versuche wird die Potentialdifferenz zwischen den Rändern der Platte nachgewiesen, indem man sie durch Drähte mit einem Galvanometer verbindet. Mit Rücksicht auf diese Versuchsanordnung kann man die Erscheinung auch als eine Änderung deuten, welche die thermoelektrische Stellung des Wismuts im Magnetfelde erleidet. Die umgekehrte Wirkung würde dementsprechend als eine Änderung des PELTIERschen Effektes erscheinen. Als eine longitudinale Wirkung wird auch die schon früher erwähnte Widerstandsänderung des Wismuts im Magnetfelde aufzufassen sein, der eine entsprechende Änderung der Leitfähigkeit für Wärme gegenübersteht.

Mit den thermomagnetischen Wirkungen hängen, wie zum Schlusse noch erwähnt werden möge, die elektromotorischen Kräfte zusammen, die insbesondere in zirkular magnetisierten Nickeldrähten durch Erwärmung oder Deformation erzeugt werden.

Eine Übersicht aller dieser 8 Effekte gibt folgende Tabelle:

Das Primäre ist ein elektrischer Strom. Galvanomagnetischer Effekt		Das Primäre ist ein Wärmestrom. Thermomagnetischer Effekt	
Transversal	Longitudinal	Transversal	Longitudinal
Seitliche Potentialdifferenz (Drehung der Äquipotentiallinien). Halleffekt.	Potentialdifferenz der Enden (Änderung des elektrischen Widerstandes).	Seitliche Potentialdifferenz (Umkehr des Halleffektes). Nernsteffekt.	Potentialdifferenz der Enden (eine Art Thermoelektrizität).
Seitliche Temperaturdifferenz. Ettingshauseneffekt.	Temperaturdifferenz der Enden (eine Art Peltiereffekt).	Seitliche Temperaturdifferenz (Drehung der Isothermen). Leduceffekt.	Temperaturdifferenz der Enden (Änderung des thermischen Leitvermögens).

Es liegen viele Untersuchungen dieses Gebietes vor, z. B. über Einfluß der magnetischen Intensität, der Temperatur usw., besonders auf den Halleffekt; die Schwierigkeiten aber in der Messung der meist kleinen Größen und die starke Beeinflussung durch kleinste Verunreinigungen der untersuchten Substanzen lassen hier noch viele Fragen offen.

Elfter Teil. Starkstromtechnik.

Wir haben verschiedene **technische Anwendungen** der **Elektrizität** an verschiedenen Stellen dieses Buches — natürlich nur kurz — besprochen, z. B. Telegraph (§ 492), Telephon (§ 536) und anderes, wo man mit verhältnismäßig schwachen Strömen ein Auslangen findet. Man bezeichnet diese Teile der „Elektrotechnik" mit dem Namen „Schwachstromtechnik". Jene Anwendungen, die starker Ströme bedürfen oder starke Ströme erzeugen, gehören zur „Starkstromtechnik". Diese umfaßt hauptsächlich die Erzeugung starker Ströme und deren Verwendung zur Energieübertragung und Beleuchtung. Im vorliegenden Teil unseres Buches wollen wir nun eine Besprechung der Strom erzeugenden und Energie übertragenden Maschinen bringen. Es sind natürlich einzig einige wenige Hauptgesichtspunkte, die wir besprechen können und müssen, um dem Physiker ein Verständnis von Maschinen, mit denen er vielfach zu arbeiten hat, zu vermitteln.

I. Die stromerzeugenden Maschinen.

§ 559. **Allgemeine Prinzipien der Konstruktion.** Die Kräfte der Magnet- und der Voltainduktion liefern uns neue Mittel zur Erzeugung elektrischer Ströme. Bei ihrer praktischen Verwertung kommen zwei verschiedene Aufgaben in Betracht; entweder Transformation von gegebenen oder primäre Erzeugung von neuen Strömen. Dem ersten Zwecke dienen die Transformatoren, deren Theorie wir in § 544 entwickelt haben. Für die Lösung der zweiten Aufgabe kommen nur die Kräfte der Magnetinduktion in Betracht, und zwar die durch Bewegung erzeugten; denn Induktion durch entstehenden und verschwindenden Magnetismus setzt ja schon einen primären Strom voraus, sie führt zurück zum Transformator.

Jede magnetelektrische Maschine, d. h. jede Maschine, welche durch Magnetinduktion primären Strom erzeugt, besteht daher im wesentlichen aus zwei Teilen, aus dem sogenannten Feldmagnet und aus einer Spule. Dem Magnet wird man große Dimensionen geben, um ein starkes magnetisches Feld zu erzeugen; man wird ihn daher fest aufstellen, die Spule aber bewegen. Nun wissen wir, daß jede Verschiebung einer Spule von einer Stellung A nach einer Stellung B einen bestimmten Integralstrom erzeugt, einerlei wie die Bewegung erfolgt. Je öfter wir also die Bewegung pro sec wiederholen, um so größer ist die gesamte Menge der in Strömung versetzten Elektrizität. Die einzige Bewegung, die man mit hinreichender Schnelligkeit ausführen kann, ist die Rotation. Die Konstruktion der Maschine wird also darauf hinauslaufen, daß wir eine

Spule gegen den Pol eines Magnets rotieren lassen. Wie auch diese Rotation beschaffen sein mag, immer werden wir zwei Stellungen der Spule, beziehungsweise eines einfachen, sie vertretenden Kreisringes finden können, in welchen eine Maximalzahl von Kraftlinien durch die Windungen der Spule oder durch jenen Kreis hindurchgeht. Nennen wir die eine dieser Stellungen *A*, die andere *B*. In Fig. 630 sind die Stellungen *A* und *B* für den Fall eines homogenen Magnetfeldes gezeichnet. Dabei ist angenommen, daß die Rotationsachse der Spule in der Ebene ihrer Windungen liege und zu den Kraftlinien senkrecht stehe. Wenn die Spule von *A* aus rotiert, so nimmt die Zahl der Kraftlinien ab bis zu einer Stelle *C*, in der die Kraftlinien den Windungsflächen parallel sind, also überhaupt nicht durch das Innere der Spule hindurchgehen. Drehen wir weiter, so nimmt die Zahl der Kraftlinien zu, aber sie treten nun von der anderen Seite her in die Windungsflächen ein, und daher ist nach § 524 die Richtung der elektromotorischen Kraft und des induzierten Stromes dieselbe wie vorher, bis die Spule die Stelle *B* erreicht. Von da an aber nimmt die Zahl der Kraftlinien ab, während ihre Eintrittsrichtung die gleiche bleibt. Die Richtung der elektromotorischen Kraft und des Stromes kehrt sich um. Die Spule kommt bei der weiteren Drehung nach einer Stelle *D*, in der die Zahl der durch sie gehenden Kraftlinien wieder Null ist; von da bis zu der Ausgangsstelle *A* wächst die Zahl der Kraftlinien wieder, aber gleichzeitig hat ihre Eintrittsrichtung gewechselt, so daß elektromotorische Kraft und Strom während der Drehung von *D* nach *A* dieselbe Richtung haben, wie während der von *B* nach *D*. Sobald aber die Spule die Stelle *A* überschreitet, tritt wieder Abnahme der Kraftlinienzahl, Umkehr der Stromrichtung ein. Es ergibt sich aus dieser Betrachtung der wichtige Satz: A l l e m a g n e t e l e k t r i s c h e n M a s c h i n e n e r z e u g e n i n d e n r o t i e r e n d e n S p u l e n e i n e n s i n u s f ö r m i g e n W e c h s e l s t r o m. Bei jeder Umdrehung wechselt die Stromrichtung zweimal, die Zeit zwischen zwei Wechseln ist, symmetrische Verhältnisse vorausgesetzt, gleich der halben Umlaufszeit. An den Stellen *A* und *B* steht bei jeder symmetrisch gebauten Maschine die durch den Mittelpunkt des Kreises gehende Kraftlinie senkrecht zu den Windungsflächen der Spule. Hier hat, dem Begriffe des Maximums entsprechend, eine kleine Drehung keine Änderung in der Zahl der durch die Spule gehenden Kraftlinien

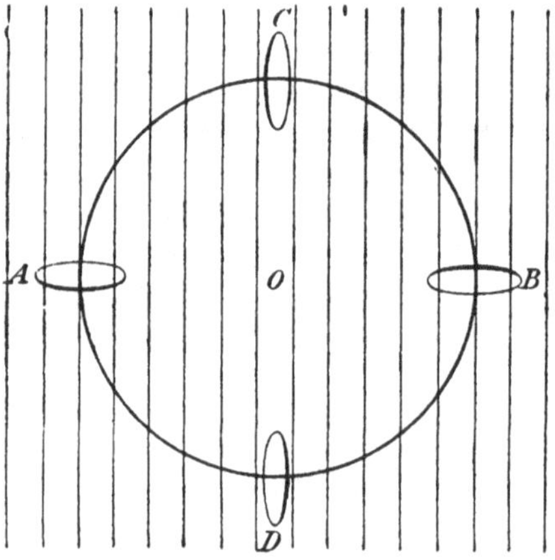

Fig. 630.

zur Folge; die elektromotorische Kraft ist in *A* und *B* gleich Null; man bezeichnet diese Punkte als die neutralen; eine sie verbindende, zu den Kraftlinien senkrecht stehende Fläche als die neutrale Zone. Stromwechsel findet statt, so oft die Spule durch die neutrale Zone geht. Den in einer rotierenden Spule erzeugten Wechselstrom kann man weiterführen, wenn man ihre Enden mit zwei metallenen Ringen verbindet, die isoliert auf der Drehungsachse befestigt sind; gegen diese schleifen zwei Federn, die mit Klemmen zum Anschlusse der weiteren Leitung verbunden sind.

Fig. 631 gibt das Schema einer vielpoligen Maschine, sowie die Anordnung der Ringe und Schleiffedern, des sog. Kollektors. Diese Maschine benutzt ein etwas anderes Prinzip als die in Fig. 630, das Prinzip einer Verschiebung zwischen abwechselnden Nord- und Südpolen.

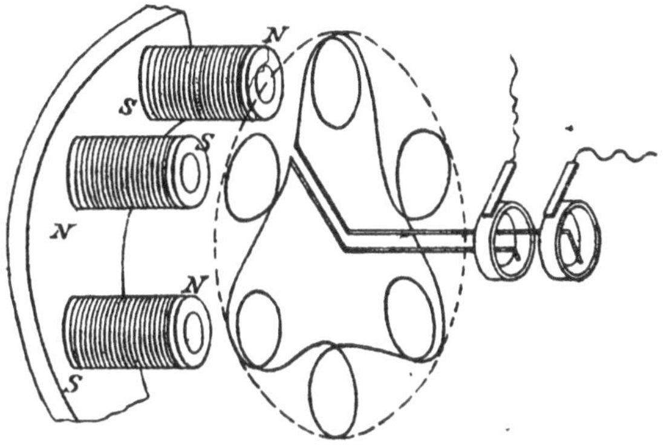

Fig. 631.

Soll eine magnetelektrische Maschine in der äußeren Leitung Gleichstrom erzeugen, so ist dies durch eine andere Art der Stromabnahme zu erreichen, die wir in dem nächsten § beschreiben werden. Bei einer Gleichstrommaschine kann man den Strom zu einer Verstärkung der Feldmagnete benützen, indem man sie mit Spulen umgibt, die in richtiger Weise von dem erzeugten Strome durchflossen werden. Die Erfahrung hat gezeigt, daß man bei einer solchen Konstruktion die permanenten Magnete durch Elektromagnete ersetzen kann, deren Windungen in den Kreis des von der Maschine selbst erzeugten Stromes eingeschaltet werden. Bei jedem Elektromagnete behält das Eisen einen gewissen remanenten Magnetismus; dieser genügt, um in der rotierenden Spule einen Strom zu induzieren, der zunächst zwar schwach ist, der aber doch den erregenden Magnet verstärkt, indem er die Windungen seiner Spule durchläuft; dadurch wird rückwärts der induzierte Strom verstärkt, und so wachsen Strom und Magnetismus zusammen zu einer von der Konstruktion und von den jeweiligen Betriebsbedingungen abhängenden Höhe. Das hiermit gegebene Prinzip der Konstruktion selbsterregender elektrodynamischer Maschinen wurde von Werner Siemens im Jahre 1867 entdeckt und als dynamoelektrisches Prinzip in die Technik eingeführt.

Auf Wechselstrommaschinen findet das dynamoelektrische Prinzip natürlich keine Anwendung; bei ihnen werden die Feldmagnete durch besondere Stromquellen erregt.

§ 560. Dynamoelektrische Maschine von Gramme. Keine Maschine zeigt eine so einfache und übersichtliche Anordnung der Konstruktionsteile wie die von Gramme (Fig. 632) und wir knüpfen daher die weitere Betrachtung an diese Maschine an. Das Magnetfeld wird erzeugt durch ein Hufeisen, zwischen dessen mit zylindrischen Vertiefungen versehenen Polschuhen N und S die induzierte Spule rotiert; die Drehungsachse steht in der Mitte des Feldes senkrecht zu den Schenkeln des Hufeisens und senkrecht zu den Kraftlinien. Die Ebene der Windungen ist der Drehungsachse parallel. Das Feld zwischen den Polen ist zunächst ein nahezu homogenes, die neutrale Zone fällt mit der Symmetrieebene des Hufeisens zusammen, sie geht durch die Drehungsachse senkrecht zu den Kraftlinien hindurch. Die neutralen Punkte seien A und B; die zwischen ihnen liegenden C und D, in denen keine Kraftlinien durch die Spule gehen, sind die den Polen des Feldmagnets nächsten. Die einer halben Umdrehung von A nach B entsprechende elektromotorische Integralkraft ist nach §§ 527 u. 559 gleich der doppelten Zahl der Kraftlinien, die in den neutralen Punkten durch die Spule gehen. Sie wird verstärkt, wenn man die Kraftlinien in den Stellen A und B konzentriert. Dies geschieht durch den Pacinottischen Ring, einen Eisenring, dessen Rotationsachse mit der Drehungsachse der Spule zusammen-

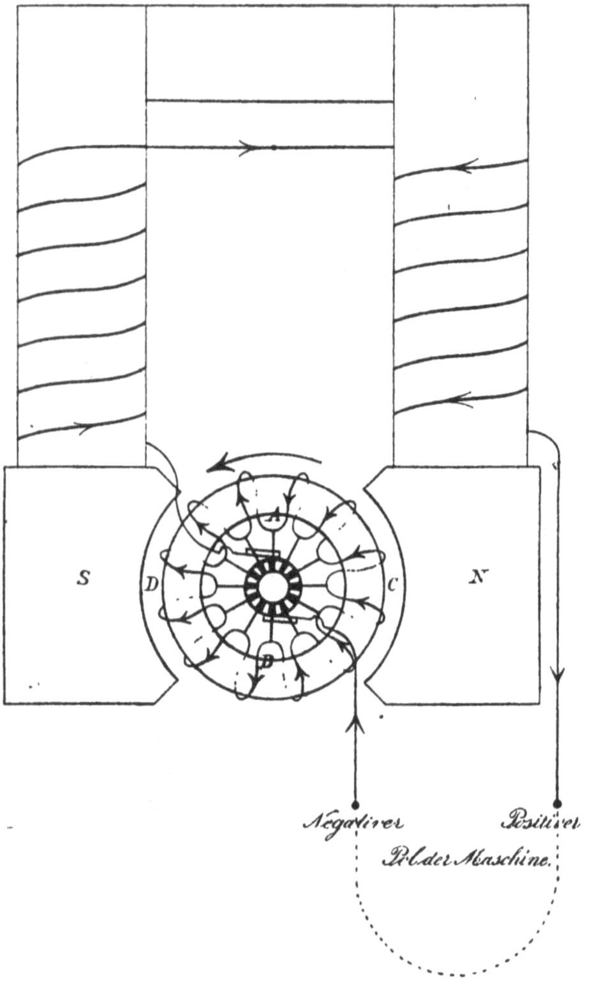

Fig. 632. Grammes Maschine.

fällt, und um den die Spulendrähte gewickelt sind. Infolge der hohen Permeabilität des Eisens wird nun der Raum im Innern des Ringes von Induktionslinien beinahe ganz frei, die meisten gehen, ähnlich wie dies in Fig. 450 bei der Hohlkugel der Fall war, durch die Eisenmasse des Ringes. Drehen wir den Pacinottischen Ring samt der ihn umziehenden Spule, so erhalten wir eine der Permeabilität des Eisens entsprechende Vermehrung der Zahl der durchschnittenen Induktionslinien und der elektromotorischen Wirkung. Ein weiteres Mittel ihrer Verstärkung liegt in der Anwendung einer größeren Zahl von Spulen, welche dann, alle auf denselben Pacinottischen Ring gewickelt, mit diesem in Rotation versetzt werden. Nehmen wir an, es seien, wie in der Fig. 632, auf die Peripherie des Ringes 12 Spulen verteilt; bei der Umdrehung in der Richtung des gezeichneten Pfeiles ist die Stromrichtung in allen Spulen, die sich zurzeit rechts von der neutralen Zone AB befinden, die gleiche, aber entgegengesetzt, wie in den links von AB liegenden. Sowohl in der rechten, wie in der linken Hälfte des Ringes wird in jeder einzelnen Spule die positive Elektrizität in der Richtung von B nach A, die negative umgekehrt getrieben. Wenn wir immer das Ende einer Spule mit dem Anfange der nächstfolgenden verbinden, so daß ein in sich geschlossener Kranz entsteht, so ist die elektromotorische Kraft in seiner rechten wie in seiner linken Hälfte im Sinne von A nach B gerichtet; ein Strom kann in dem Spulenkranze ebensowenig entstehen, wie in einem Leiterkreise, in den zwei gleiche galvanische Elemente mit entgegengesetzt gerichteten Polen eingeschaltet sind (Fig. 633). Wenn wir aber die Verbindungsstellen benachbarter Spulen in dem Momente, in dem sie in A und B die neutrale Zone passieren, mit den Enden eines Leitungsdrahtes berühren, so fließt in diesem die positive Elektrizität von A nach B, ebenso wie zwischen den Polen zweier parallel geschalteter galvanischer Elemente. Eine solche Abnahme des Stromes von dem rotierenden Spulenkranze wird ermöglicht durch einen letzten Teil der Maschine, den Kollektor. Dieser besteht aus einem mit der Drehungsachse der Maschine verbundenen Zylinder aus isolierendem Materiale, in dessen Mantel Kupferstäbe eingelassen sind, deren Zahl gleich der Zahl der Spulen des Pacinottischen Ringes ist. Ende und Anfang je zweier aufeinander folgender Spulen sind mit einem der Stäbe verbunden, so daß durch diese alle Spulen zu einem geschlossenen Kreise verbunden sind. Auf dem Zylinder sind die Stellen A und B zu bestimmen, in denen er von der neutralen Zone durchschnitten wird; hier werden Metallfedern oder Bürsten angelegt, welche auf dem Zylinder schleifen und den Strom aus den an ihnen vorbeigleitenden Kupferstäben entnehmen. Dabei kommt in Betracht, daß die neutrale Zone durch den in dem Pacinottischen Ringe vom Strome erregten Magnetismus und durch seine Rück-

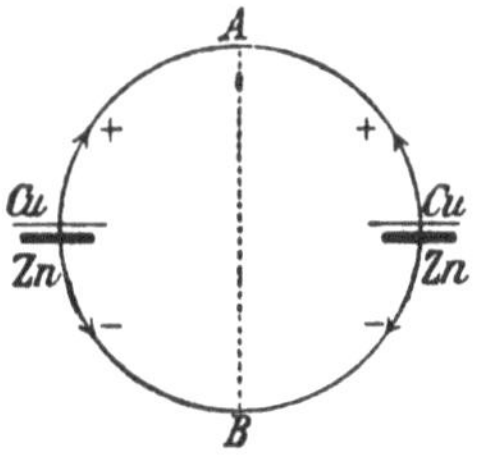

Fig. 633.

wirkung auf die Feldmagnete aus ihrer symmetrischen Lage mehr oder weniger herausgedreht wird; man sieht dies in Fig. 634, welche den Verlauf der Kraftlinien bei einer im Gange befindlichen Maschine zeigt. Dieser Ring dreht sich von vorn gesehen, im Uhrzeigersinne. Die Kollektorbürsten wären rechts oben und links unten anzulegen.

Wir haben damit die für die Konstruktion der Maschine wesentlichen Teile kennen gelernt: 1. den Feldmagnet mit den seine Schenkel umgebenden Drahtwindungen, 2. den rotierenden Anker, den PACINOTTIschen Ring mit den ihn umziehenden Spulen, der sogenannten Armatur, und 3. den Kollektor. Sobald wir den Anker in Umdrehung versetzen, können wir den Kollektorbürsten *A* und *B* Gleichstrom entnehmen, den wir ebenso benützen können, wie den Strom einer galvanischen Batterie.

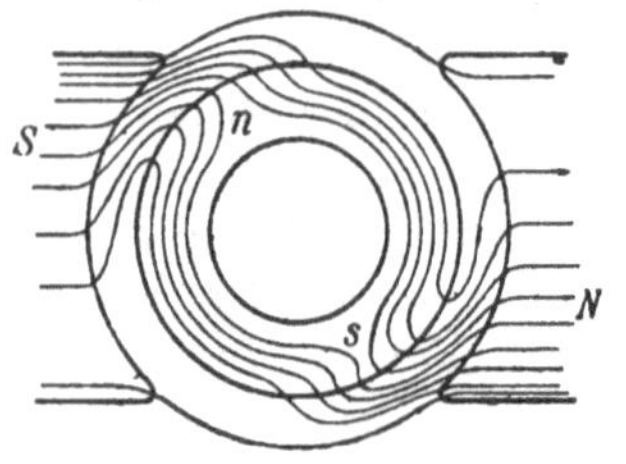

Fig. 634.

Zur Erzeugung größerer elektrischer Energien, wie solche z. B. für den Bedarf ganzer Städte nötig sind, bedarf es auch gewaltiger mechanischer Energien, um den Anker entgegen den elektrischen Kräften in rascher Rotation zu erhalten. Das besorgen Dampfmaschinen, durch Wasserfälle getriebene Turbinen usw.

Hauptschluß-, Nebenschluß- und Compoundmaschine. Eine gewisse Verschiedenheit in dem Verhalten der Maschine wird noch bedingt durch die Art, wie die Wickelungen der Schenkel des Hufeisens in den Kreis des erzeugten Stromes eingeschaltet werden.

1. Die beiden Kontaktbürsten *A* und *B* werden, wie in Fig. 632, miteinander durch eine einzige Leitung verbunden, in die auch die Schenkelwickelungen eingeschaltet sind: Hauptschlußmaschine. Diese Schaltung arbeitet nur mit voller Spannung bei einem ganz bestimmten äußeren Widerstande, z. B. bei gleichzeitig parallel geschalteten 1000 Glühlampen (jede vom Widerstande *r*). Vernachlässigen wir den Widerstand der Zuleitungsdrähte, so fließt durch diesen kleinen Lampenwiderstand von $r/1000$ ein so starker Strom, daß dadurch auch der Magnet voll erregt wird. Werden aber alle Lampen bis auf 10 ausgeschaltet, so steigt der Widerstand auf $r/10$, der Strom wird darum so schwach, daß der Magnet nicht mehr stark genug erregt wird. Während also eine solche Serienmaschine z. B. mit 1000 Lampen ausgezeichnet wirkt, kann sie einige wenige Lampen nicht zum Leuchten bringen.

2. Die Bürsten *A* und *B* sind durch zwei Zweigleitungen verbunden, deren eine durch die Schenkelwickelung gebildet wird, während die andere, die äußere Leitung, zu den Apparaten führt, in denen der Strom verwertet werden soll: Nebenschlußmaschine. Hier ist in die Magnetwickelung ein Rheostat eingebaut, durch dessen Regulierung man — entsprechend dem KIRCHHOFFschen Verteilungsgesetz (§ 432) — die Stromverteilung zwischen Magnet und Anker passend ändern und so auch

innerhalb gewisser Grenzen die elektromotorische Kraft der Maschine für verschiedene äußere Belastung konstant halten kann.

3. Die Schenkel des Feldmagnets tragen zwei Wickelungen; von diesen liegt die eine, aus dickerem Drahte und einer kleineren Zahl von Windungen bestehend, in demselben Zweige mit der äußeren Leitung; die zweite, aus dünnerem Drahte und zahlreicheren Windungen bestehend, liegt zu der ersteren im Nebenschlusse zwischen den Kontaktbürsten A und B: Compound- (oder Verbund-) Maschine; diese zeichnet sich dadurch aus, daß ihre elektromotorische Kraft von dem äußeren Widerstande, d. h. von der Strombelastung, in weiten Grenzen unabhängig ist. Denn bei starker äußerer Belastung wirkt dieser Dynamo als Hauptschlußmaschine, fast der ganze Strom fließt durch die dicke Magnetwickelung; bei schwacher äußerer Belastung fließt hingegen fast der ganze Strom durch die dünne Nebenschlußwickelung des Magneten. Diese erzeugt also immer ein fast gleich bleibendes Feld.

§ 561. Klemmenspannung und elektrisches Güteverhältnis. Die äußere Leitung schließt sich an die Maschine vermittels zweier Klemmen an, die wir als Polklemmen bezeichnen. Die zwischen ihnen vorhandene Potentialdifferenz bezeichnet man als Klemmenspannung e. Ist der Widerstand der äußeren Leitung gleich r, die Stromstärke gleich i, so ist nach dem Ohmschen Gesetze $e = ri$. Es sei andererseits die elektromotorische Kraft der Induktion gleich E, der Widerstand der Armatur R_a, der Widerstand der Schenkelwickelung gleich R_s, dann ist bei einer Hauptschlußmaschine:

$$E = (R_a + R_s + r)i;$$

die Klemmenspannung ist also:

$$e = E - (R_a + R_s)i.$$

Die Klemmenspannung einer Maschine kann in einfacher Weise durch irgendein Voltmeter (§ 479) gemessen werden.

Die Arbeit, welche von der elektromotorischen Kraft der Maschine pro sec geleistet wird, ist Ei; sie ist gleich der mechanischen Arbeit, um den Anker der Rückwirkung der induzierten Ströme entgegenzudrehen. Die in der äußeren Leitung entwickelte elektrische Energie ist pro sec gleich ei; sie stellt den nützlich zu verwertenden Teil der aufgewandten Arbeit dar, sie kann etwa in der Form der Stromwärme zur elektrischen Beleuchtung dienen. Das Verhältnis zwischen der aufgewandten mechanischen Arbeit Ei und der nutzbaren elektrischen Energie ei bezeichnet man als elektrisches Güteverhältnis γ. Es ist:

$$\gamma = \frac{e}{E} = \frac{r}{r + R_a + R_s}.$$

Die elektromotorische Kraft E der Maschine würde bei einem massiven Ankerringe vermindert durch die bei der Rotation erregten Wirbelströme, deren Kraftlinien denen des erregenden Feldes entgegenlaufen und ihre Zahl vermindern. Außerdem absorbieren die Wirbelströme entsprechend den Versuchen von § 532 eine gewisse Arbeit, welche für die äußere Leistung der Maschine verloren geht und ihr Äquivalent in einer Erwärmung des Ankers findet. Ähnlich wirkt nach § 491 die Hysteresis. Den schädlichen Einfluß der Wirbelströme verringert man dadurch, daß der Anker nicht aus einem massiven Eisenstücke hergestellt, sondern aus isolierten Lagen von Eisenband aufgewunden oder aus isolierten Blechscheiben zusammengesetzt wird; die Hysteresis wird durch Wahl passender Fe-Legierungen (§ 504) möglichst vermieden.

In ganz derselben Weise wie bei der Hauptschlußmaschine ist auch bei der Nebenschlußmaschine das Güteverhältnis zu bestimmen. Die elektromotorische Kraft der Maschine sei E, der Strom im Anker i_a. Ist der Außenstrom gleich i, der Strom im Nebenschlusse gleich i_n, so ist $i_a = i + i_n$. Zwischen der Klemmenspannung e und der elektromotorischen Kraft E besteht die Beziehung $E = e + r_a i_a$, wenn man hier als Klemmenspannung die Spannung zwischen den Kollektorbürsten nimmt; r_a bezeichnet den Widerstand der Ankerwickelung. Die ganze von der elektromotorischen Kraft der Maschine erzeugte Leistung ist $E i_a$, die nutzbare Leistung im äußeren Kreise $e i$, somit ist das elektrische Güteverhältnis:

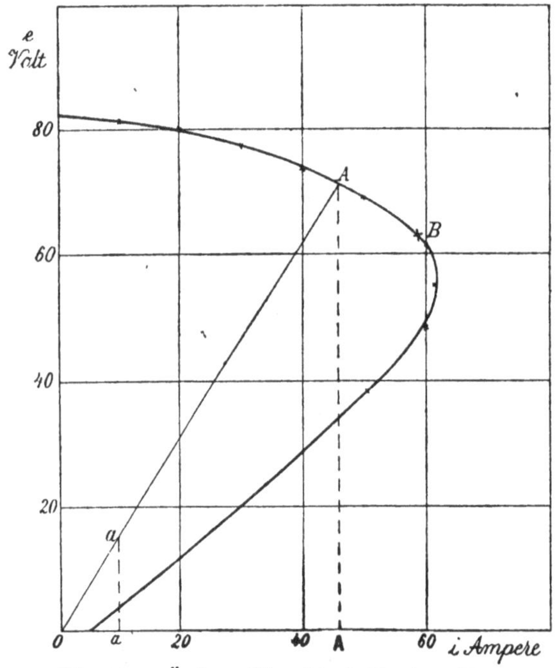

Fig. 635. Äußere Charakteristik eines Dynamo.

$$\gamma = \frac{e i}{E i_a}.$$

Charakteristik. Eine unmittelbare Anschauung von den mit einer gegebenen Dynamomaschine realisierbaren Stromstärken und Klemmenspannungen, und damit auch von den möglichen äußeren Leistungen erhält man durch die Konstruktion der sogenannten Charakteristik. Man läßt die Maschine mit konstanter Tourenzahl laufen; den äußeren Stromkreis kann man zuerst ganz unterbrechen, dann durch einen Widerstand schließen, den man von einem sehr großen Anfangswerte allmählich heruntergehen läßt. Für jeden Betrag des äußeren Widerstandes beobachtet man die zusammengehörigen Werte von Klemmenspannung und Stromstärke. Die Kurve, durch welche diese Werte graphisch dargestellt werden, nennt man die äußere Charakteristik der Maschine. Fig. 635 stellt die äußere Charakteristik einer von einem fünfpferdigen Motor getriebenen Nebenschlußmaschine dar.

Zieht man vom Anfangspunkte des Koordinatensystems nach irgendeinem Punkte A der Charakteristik den Strahl OA, so ist in dem rechtwinkligen Dreieck $O A \mathsf{A}$ die Kathete $A\mathsf{A} = e$, die Kathete $O\mathsf{A} = i$, somit ist:

$$A\mathsf{A} / O\mathsf{A} = e / i = r,$$

wo wir unter r den Widerstand des äußeren Kreises verstehen. Zieht man durch einen beliebigen anderen Punkt α der Abszissenachse eine Parallele $a\alpha$ zu $A\mathsf{A}$, so ist $a\alpha / O\alpha = A\mathsf{A} / O\mathsf{A}$, also auch $a\alpha / O\alpha = r$. Ziehen wir die Parallele beispielsweise durch den Punkt 10 der Abszissenachse, so wird $r = a\alpha / 10$. Man sieht, wie die Zeichnung in einfacher Weise benützt werden kann, um das einem bestimmten äußeren Widerstande r entsprechende Wertpaar e und i zu ermitteln und umgekehrt.

Will man das Güteverhältnis bestimmen, so muß man noch den Ankerstrom i_a und die elektromotorische Kraft E der Maschine kennen. Der Ankerstrom ist $i_a = i + i_n$, wo i_n die Stromstärke im Nebenschlusse bezeichnet. Diese folgt aus der Klemmenspannung e und aus dem Nebenschlußwiderstande r_n; führen wir diese ein, so erhalten wir:

$$i_a = i + e / r_n .$$

Die elektromotorische Kraft der Maschine aber ist:

$$E = e + i_a r_a = e(1 + r_a / r_n) + i r_a .$$

Das Güteverhältnis ergibt sich nach der S. 348 angegebenen Formel mit $\gamma = \frac{e i}{E i_a}$.

Durch die vorstehenden Formeln ist auch der Zusammenhang zwischen der elektromotorischen Kraft E und dem Ankerstrome i_a gegeben. Die Kurve, welche diesen Zusammenhang graphisch wiedergibt, nennt man die innere Charakteristik der Maschine.

Ein gewisser Punkt B der äußeren Charakteristik ist dadurch ausgezeichnet, daß für ihn $e i$, die äußere Leistung, einen Maximalwert besitzt. Für die Maschine, auf welche sich die Zeichnung bezieht, entspricht diesem Punkte B ein Strom von 58,6 A und eine Klemmenspannung von 63 V. Die maximale äußere Leistung der Maschine beträgt somit 63 · 58,6 VA = 3700 Watt oder etwa 5 Pferdestärken.

§ **562. Trommelarmatur.** Gegen den Pacinottischen Ring kann man den Einwand erheben, daß er eine verhältnismäßig große unwirksame Drahtlänge enthält; denn alle auf der Innenseite des Ringes liegenden Drähte bewegen sich, wie die Betrachtung der Fig. 634 zeigt, in einem von Kraftlinien entblößten Raume, erleiden also keine Induktion. Dieser Nachteil wird vermieden bei der sogenannten Trommelarmatur.

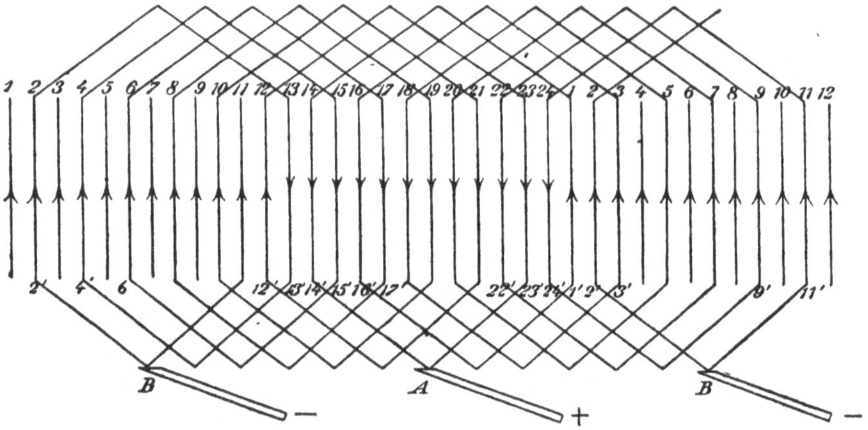

Fig. 636. Trommelarmatur.

Ein schematisches Bild davon kann man auf folgende Weise gewinnen. Wir nehmen einen Eisenzylinder und teilen die Ränder der oberen und der unteren Endfläche in übereinstimmender Weise in 24 Teile, die wir oben mit den Zahlen 1 bis 24, unten mit 1′ bis 24′ bezeichnen. Wir wickeln nun einen Kupferdraht in der durch die Reihe der folgenden Buchstaben und Zahlen gegebenen Weise um den Zylinder herum:

B. 2′.2. 13.13′. 4′.4. 15.15′. 6′.6. 17.17′....
12′.12. 23.23′. *A.* 14′.14. 1.1′. 16′.16. 3.3′....
22′.22. 9.9′. 24′.24. 11.11′. *B.* 2′(2. 13.13′...).

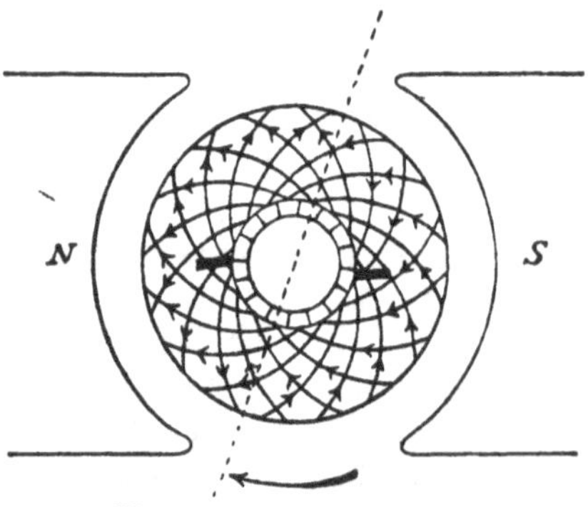

Fig. 637. Trommelanker.

Die so bewickelte Trommel rotiert in einem Magnetfelde, dessen Kraftlinien zu der Achse des Zylinders senkrecht stehen. Fig. 636 stellt die Wickelung dar; der Mantel der Trommel ist dabei in eine Ebene ausgebreitet. Die Pfeile geben die Stromrichtungen in den beiden Hälften der Ankerwickelung; die positive Kollektorbürste ist in *A*, die negative in *B* anzulegen. Fig. 637 stellt den Trommelanker von der Stirnseite aus gesehen dar. Der Pfeil gibt die Rotationsrichtung, die gestrichelte Linie die neutrale Zone.

Weiter in dieses Gebiet einzudringen, würde zu weit führen, die Elektrotechnik ist ein so umfangreiches Gebiet geworden, daß wir hier auf Spezialwerke verweisen müssen.[1]

II. Elektrische Energieübertragung.

§ 563. **Gleichstrom.** Wir haben früher gesehen, daß die durch galvanische Elemente erzeugten Ströme nicht in größerem Maßstabe zur Leistung von mechanischer Arbeit zu verwenden sind, einfach, weil diese Arbeit zu teuer wird. Wir haben umgekehrt gelernt, durch mechanische Arbeit Ströme von früher unbekannter Mächtigkeit zu erzeugen; nun liegt es nahe, die ungemeine Beweglichkeit und Verteilbarkeit der Elektrizität zu der Lösung einer anderen Aufgabe zu benützen, zur Transmission oder Übertragung von mechanischer Arbeit oder Energie.

Sobald wir eine magnetelektrische Maschine bei geschlossener Leitung drehen, empfinden wir einen Widerstand, die elektromotorische Rückwirkung der induzierten Ströme, die den Sinn der Rotation umzukehren sucht. Wenn wir von außen her einen fremden Strom in eine dynamoelektrische Maschine hineinsenden, der, um rückläufige Rotation zu vermeiden, dem von ihr selbst erzeugten entgegengesetzt ist, so dreht sie sich in demselben Sinne, wie bei der Stromerzeugung. Das gilt für eine magnetelektrische Maschine, wo die magnetischen Kraftlinien durch einen permanenten Stahlmagneten in immer gleicher Richtung erzeugt werden. Bei einer dynamoelektrischen Maschine aber erfolgt die Drehung immer in einem Sinne, da eine Stromumkehr des treibenden Stromes den Strom nicht nur in der Trommel, sondern auch im Elektromagneten umkehrt.

Das Prinzip der elektrischen Übertragung der Energie (oder — wie man in der Technik fälschlich sagt — der Kraftübertragung) ist dann folgendes.

Der Anker einer primären Maschine, des Generators, wird durch eine Wasserkraft, Dampfmaschine u. dgl. mechanisch gedreht; der erzeugte Strom wird einer sekundären, entfernt aufgestellten dynamoelektrischen Maschine, dem Motor, zugeführt und setzt ihren Anker in Rotation; ist der Anker mit Hilfe einer auf seiner Achse befestigten Riemenscheibe mit einer Arbeitsmaschine, z. B. einer Drehbank, einer Säge-, Hobelmaschine u. dgl. verbunden, so wird bei der Rotation dem Widerstande des zu bearbeitenden Werkstückes entgegen Arbeit geleistet, und zwar geschieht dies auf Kosten des in dem Wasserlaufe oder dem Dampfe enthaltenen Energievorrates, der durch den elektrischen Strom nach der Stelle der Verwendung übertragen wird.

---

[1] Solche Spezialwerke z. B. ARNOLD, Die Gleichstrommaschine, (PICHELMAYER) Handbuch der Elektrotechnik V. Leipzig (1908) usw. Eine gemeinverständliche Darstellung: GRAETZ, Elektrizität. Stuttgart (1914).

Wenn der Elektromotor gedreht wird, so entwickelt er eine elektromotorische Kraft e, welche der des Generators entgegenwirkt. Ist diese letztere gleich E, die Stärke des Stromes gleich I, so ist, auf die Sekunde berechnet, die Stromarbeit, das mechanische Äquivalent der in der Leitung entwickelten Wärme gleich $(E - e)I$. Die mechanische Arbeit, welche in dem Generator pro sec zur Drehung des Ankers gebraucht wird, sei K, die gleichzeitig von dem Motor geleistete Arbeit k; endlich werden infolge von Wirbelströmen und Hysteresis in den Ankern der beiden Maschinen die Wärmemengen Q_1 und Q_2 erzeugt; dann ist nach dem Prinzipe von der Erhaltung der Energie:

$$K = k + (E - e)I + Q_1 + Q_2.$$

Sehen wir von den letzteren Wirkungen ab, so ist nach § 530 die in dem Generator geleistete Arbeit $K = EI$, die in dem Motor gewonnene $k = eI$. Ist r der Widerstand in dem Kreise der beiden Maschinen, so ist die Stromstärke $I = (E - e)/r$. Somit $K = E(E - e)/r$ und $k = e(E - e)/r$. Die geleistete, wie die gewonnene Arbeit sind dem Widerstande der Leitung umgekehrt proportional. Die Differenz der Leistungen, $K - k$, ist gleich $(E - e)^2/r$ oder gleich rI^2, d. h. äquivalent der in der ganzen Leitung entwickelten Wärme.

Die weitverbreitetste Anwendung elektrischer Energieübertragung durch Gleichstrom geschieht in der elektrischen Traktion unserer elektrischen Straßenbahnen. Hier ist der Elektromotor unter den Sitzen eingebaut, die Stromzufuhr (Spannungen von etwa 500 V) geschieht mittels einer großen Schleiffeder über der Decke des Wagens durch einen in der Fahrtrichtung horizontal gespannten (Trolley-) Draht; Rückleitung erfolgt durch die Schienen.

§ **564. Energieübertragung durch Wechselströme.** Solange die Entfernung zwischen Generator und Motor keine große ist, kann man den Widerstand der Leitung durch Veränderung des Querschnittes der Leitungsdrähte immer auf einen angemessenen Betrag herunterdrücken. Bei großen Entfernungen aber geht dies nicht mehr an; der Querschnitt nimmt unmögliche Dimensionen an, wenn man bei elektromotorischen Kräften von 50 V bis zu ein paar hundert Volt, wie sie bei Gleichstrommaschinen gebräuchlich sind, noch eine nennenswerte Leistung übertragen will. Es bleibt dann nur übrig, die elektromotorische Kraft der Maschinen in einem dem Widerstande r der Leitung entsprechenden Verhältnisse zu erhöhen. Dabei wird man berücksichtigen, daß die in dem Generator aufgewandte Leistung durch das Produkt EI gegeben ist; davon geht der Anteil rI^2 nutzlos verloren als Wärme, die in den Leitungsdrähten erzeugt wird. Man muß also die ganze Anlage so einrichten, daß der verlorene Bruchteil der Leistung $\frac{rI^2}{EI} = \frac{rI}{E}$ möglichst klein wird. Man könnte das, wie schon erwähnt, erreichen durch einen hinreichend kleinen Wert von r; das verbietet sich aber schon durch ökonomische Rücksichten. Man ist also in der Tat allein angewiesen auf eine hinreichende Vergrößerung von *E*. Das historisch erste Beispiel für eine solche technische Energieübertragung in Deutschland bildete die bei Gelegenheit der Frankfurter elektrotechnischen Ausstellung im Jahre 1891 versuchsweise zwischen Lauffen und Frankfurt eingerichtete. An dem ersteren Orte stand die Wasserkraft einer Turbine von 300 Pferdestärken zur Verfügung. Die Übertragung der Arbeit erfolgte durch Ströme von 8 A und von einer Spannung von 27000 V. Es ist nun von großem Interesse, zu sehen, wie die Notwendigkeit so hoher Spannungen zu neuen Prinzipien der Konstruktion geführt, und wie die bis dahin weniger gebrauchten Wechselstrommaschinen der neuen Aufgabe gegenüber eine ganz neue Bedeutung gewonnen haben. Spannungen von 27000 V kann man mit rotierenden Maschinen nicht erzeugen, da bei ihnen eine sichere Isolation nicht auf die Dauer herzustellen ist. Dazu kommt die Gefahr, welche das Arbeiten mit großen Mengen so hoch gespannter Elektrizität mit sich bringt. Man ist also darauf angewiesen, zuerst Ströme von schwacher Spannung zu erzeugen und diese zum Zwecke der Arbeitsübertragung in Ströme von hoher Spannung zu verwandeln, und zwar muß diese Verwandlung in ruhenden Apparaten geschehen. Das ist aber nur zu erreichen durch Anwendung von Wechselströmen und von den in § 549 behandelten Wechselstromtransformatoren. So wurde in Lauffen durch die primäre Maschine zunächst Wechselstrom von einer Spannung von 55 V, einer Stromstärke von 4000 A im Mittel erzeugt. Durch einen Transformator wurde der Strom in einen solchen von 27000 V und 8 A verwandelt, der die 175 km lange Leitung durchlief. In Frankfurt mußte der ankommende Strom natürlich wieder transformiert werden, da seine direkte Verwendung ebensowenig zulässig ist, wie seine direkte Erzeugung; durch einen zweiten Transformator wurde seine Spannung auf den für den Betrieb passenden Betrag von 100 V herabgedrückt.

Bei modernen derartigen Wechselstrom-Energieübertragungen ist man in der Spannung der Fernleitungen auf 30000 bis 100000 V hinaufgegangen, wobei natürlich für kräftigste Isolation zu sorgen ist. Die übertragenen Energien zählen oft nach vielen Tausenden von Pferdestärken. Solche „Überlandzentralen“ versorgen Gebiete von einigen 1000 Quadratkilometern mit elektrischem Licht und elektrischer Energie.

§ 565. **Phasenströme.** Daß Wechselstrom zum Betriebe von Glühlampen dienen kann, ist klar. Bei einer Frequenz von 30 pro sec wird der Metallfaden 60 mal von einem Strome durchflossen; das geschieht so rasch, daß die Lampe in den einzelnen Stromintervallen kaum auskühlt und das Auge den Eindruck eines kontinuierlichen Lichtes erhält. Anders bei Bogenlampen, hier sieht man schon an rasch bewegten Körpern z. B. einem rasch hin und her bewegten Stocke, die Intermittenz der Strahlung; für gewöhnlich aber (Lesen, gewöhnliche Hantierungen, Straßenbeleuchtung) werden diese Lichtschwankungen gar nicht bemerkt.

Bei einer Energieübertragung mittels Wechselstromes stellen sich aber Komplikationen ein. Man könnte den Wechselstrom auch zur Leistung von mechanischer Arbeit benützen, indem man ihn dem Anker einer zweiten Wechselstrommaschine zuführte; ihre Feldmagnete müßten natürlich durch eine besondere Gleichstrommaschine erregt werden. Allein nun stellt sich eine Schwierigkeit ein; wenn der Elektromotor still steht, so geht er nicht von selbst an, wenn der Wechselstrom der primären Maschine, des Generators, ihm zugeführt wird. Nehmen wir, um uns davon zu überzeugen, das Beispiel eines nach dem Typus der GRAMMEschen Maschine konstruierten Wechselstrommotors; solange eine Spule des PACINOTTIschen Ringes auf derselben Seite der neutralen Zone bleibt, wechselt die in dem Magnetfelde auf sie wirkende Kraft mit der Richtung des Stromes. Es folgen sich also Impulse von entgegengesetzter Richtung in demselben Tempo, in dem der Strom in der Spule seine Richtung wechselt, und ihre Wirkungen heben sich gegenseitig auf. Will man den Motor in Gang bringen, so muß man ihn zunächst mit einer solchen Geschwindigkeit laufen lassen, daß seine Tourenzahl größer ist, als die des Generators. Nun kommt in Betracht, daß beim Überschreiten der neutralen Zone die auf eine Spule des Motors ausgeübte magnetische Kraft sich umkehrt, wenn der Strom dieselbe Richtung behält; wenn sie also vorher die Rotation zu beschleunigen suchte, so wirkt sie jetzt verzögernd. Daraus ergibt sich nun die eigentümliche Beziehung, daß der Strom selbst die Geschwindigkeit des Motors so lange reduziert, bis sie gleich der des Generators geworden ist, dann ist auch die Zeit zwischen zwei Stromwechseln im Motor genau gleich der Zeit, die er zu einem halben Umlaufe braucht, und der Stromwechsel tritt immer in derselben Phase der Bewegung ein. Im einzelnen Falle wird die Lage der Punkte, in denen die Umkehr des Stromes sich vollzieht, von der Arbeit abhängen, die der Motor zu leisten hat. Erfordert diese nur eine geringere Kraft, so wird der jene Punkte verbindende Durchmesser um einen größeren Winkel gegen die neutrale Zone gedreht sein. Nimmt die zu leistende Arbeit, die Belastung des Motors, zu, so nähern sich jene Umkehrpunkte der neutralen Zone. Die größte Kraft übt der Motor aus, wenn die Umkehrpunkte des Stromes in die neutrale Zone fallen, da dann die elektromagnetischen Kräfte während der ganzen Umdrehung nur beschleunigend wirken. Wenn aber durch eine übermäßige Belastung die Geschwindigkeit des Motors unter die des Generators herabgedrückt wird, so kommt der Motor zu völligem Stillstande. Denn es tritt dann der Wechsel des Stromes bei jeder Umdrehung in einer früheren Phase der Bewegung ein, und es entsteht dadurch eine verzögernde Kraft, die, von Umdrehung zu Umdrehung sich steigernd, die vorhandene Geschwindigkeit allmählich aufzehrt.

Die in der Notwendigkeit eines synchronen Umlaufes der Maschinen liegende Schwierigkeit wurde umgangen durch die Einführung der sogenannten P h a s e n s t r ö m e, zu deren Betrachtung wir uns wenden. Wir konstruieren zunächst eine Wechselstrommaschine nach dem Muster der Grammeschen, indem wir auf den Pacinottischen Ring eine einzige Spirale A (Fig. 638) wickeln, von der wir annehmen, daß sie nur einen kleinen Teil des Ringes bedecke. Der Strom in der Spule wechselt, so oft sie die neutralen Punkte des Magnetfeldes passiert; dieses wird durch Elektromagnete erzeugt, zu deren Erregung eine besondere Gleichstrommaschine, der **Exzitator**, dient. Der Wechselstrom der rotierenden Spule wird in der in § 559 angedeuteten Weise abgenommen und einer

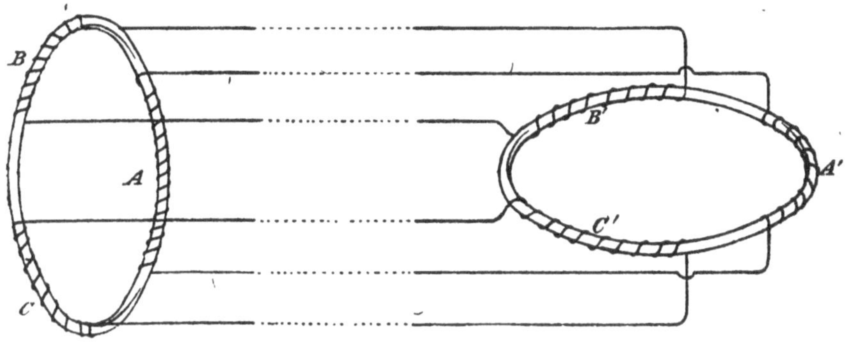

Fig. 638. Phasenströme.

Spule A' zugeführt; diese ist ebenso wie A über einen Eisenring gewickelt, von dessen Peripherie sie einen kleinen Teil bedecken möge. Dieser zweite Ring ist fest aufgestellt, so daß seine Figurenachse vertikal steht. Auf dem rotierenden Ringe des Generators und ebenso auf dem festliegenden Ringe bringen wir nun je zwei weitere Spulen B, C beziehungsweise B', C' an, die von den Spulen A und A' je um $\frac{1}{3}$ des Ringumfanges nach beiden Seiten abstehen. Wir verbinden die Spulen B und B', C und C' in demselben Sinne, wie vorher A und A'. In den Spulen B und C entstehen bei der Rotation Wechselströme von derselben Stärke und Schwingungsdauer wie in A. Aber wenn A schon um $\frac{1}{3}$ der Umlaufszeit über den neutralen Punkt hinaus ist, so kommt B eben in diesen Punkt und C ist noch um $\frac{1}{3}$ jener Zeit von ihm entfernt. Der Stromwechsel wird in B gegen den in A verzögert um $\frac{1}{3}$, in C um $\frac{2}{3}$ der Umlaufszeit. Wechselströme von dieser Art nennt man **Phasenströme**. Ganz dieselben Verhältnisse gelten natürlich für die Spulen A', B', C' des feststehenden Ringes. Durch den regelmäßigen Wechsel des Stromes in ihnen wird nun der Eisenring, auf den sie gewunden sind, so magnetisiert, als ob ein Nordpol und ein Südpol einander diametral gegenüberliegend in dem Ringe in derselben Zeit im Kreise herumliefen, in welcher der Ring des Generators seinen Umlauf vollzieht. Das durch diese rotierenden Pole erzeugte magnetische Feld bezeichnet man als ein **Drehfeld**. Man überzeugt sich von der Existenz dieses rotierenden Feldes, indem in diesem eine Kompaßnadel in eine Umdrehung versetzt wird, die mit der Umdrehung jener Pole synchron ist.

Ein anderes, sehr anschauliches Mittel, das Vorhandensein eines Drehfeldes nachzuweisen, liefert die Braunsche Röhre (siehe § 582).

Für die praktische Anwendung ist es nun besonders wichtig, daß das Drehfeld auch zur Erzeugung asynchroner Drehungen benützt werden kann. Bringt man in das Feld einen größeren leitenden Metallkörper, der um die Achse des festliegenden Ringes drehbar ist, so gerät er infolge der auf die in ihm induzierten Ströme wirkenden elektromagnetischen Kräfte in Rotation; dasselbe ist der Fall bei einer leicht drehbaren Eisenscheibe, wobei die induzierten Wirbelströme und die Hysteresis des Eisens in gleichem Sinne wirken. In der Praxis benützt man drehbare Eisenzylinder, in deren Peripherie dicke Kupferstäbe parallel zur Zylinderachse eingelassen sind. Ihre Enden werden miteinander verbunden, so daß sie lauter geschlossene Vierecke bilden. Die Zylinderachse liegt in der Achse des feststehenden Spulenringes. Die Rotationen erfolgen asynchron, die treibenden Kräfte behalten dieselbe Richtung, solange nur die Geschwindigkeit des rotierenden Körpers kleiner ist, als die Geschwindigkeit der in dem festen Ringe rotierenden Magnetpole. Hiernach stellt die Rotation von Kupfer- oder Eisenmassen in dem magnetischen Drehfelde eine Quelle mechanischer Arbeit dar, welche einer sehr allgemeinen Verwendung fähig ist. Auf Grund des so gewonnenen Prinzipes ist eine in allen Fällen mögliche Lösung des Problemes der elektrischen Kraftübertragung gegeben.

Nur auf einen Punkt wollen wir dabei noch unsere Aufmerksamkeit richten. Nach dem bisherigen scheint es, daß zu der Verbindung des Generators der Phasenströme mit den Spulen des Drehfeldes sechs Drähte notwendig sind, je zwei für jedes Paar von Spulen. Dies ist aber nicht der Fall. Wir können die Spulen eines jeden der beiden Ringe ebenso untereinander verbinden, wie die eines Pacinottischen Ringes. Es sei α der Punkt, in dem das Ende der Spule B mit dem Anfange von C verbunden ist; ebenso verbinde β das Ende von A mit dem Anfange von C, γ das Ende von B mit dem Anfange von A. Dieselbe Bedeutung für die Spulen des feststehenden Ringes haben die Buchstaben α', β', γ'. Wir haben dann nur nötig, die Punkte α und α', β und β', γ und γ' durch drei Leitungsdrähte miteinander zu verbinden, wie dies in Fig. 639 schematisch angedeutet ist. Man gelangt so zu dem Dreileitersysteme. Dabei werden zwischen den Wechselstromgenerator und die Motoren noch die zur zweimaligen Transformation der Phasenströme erforderlichen Apparate eingeschaltet. Die Spulen des ersten Transformators, in denen die Wechselströme der Fernleitung erzeugt

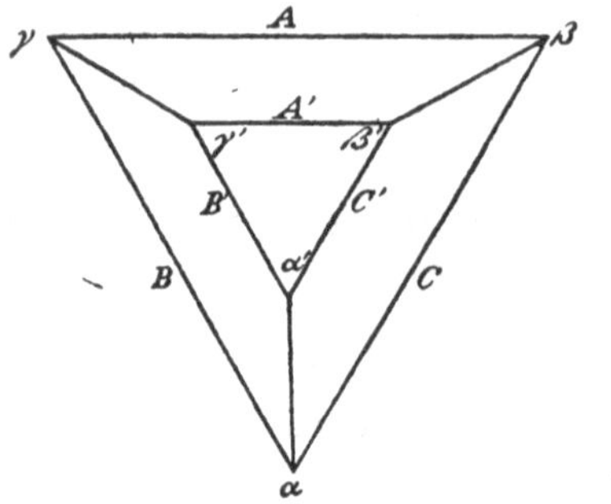

Fig. 639.

werden, können aber mit den Spulen, durch die sie zu abermaliger Transformation geleitet werden müssen, ebenso verbunden werden, wie bei der vorher betrachteten Einrichtung die Spulen *A*, *B*, *C* und *A'*, *B'*, *C'*. Es genügt das Dreileitersystem also auch dann, wenn bei

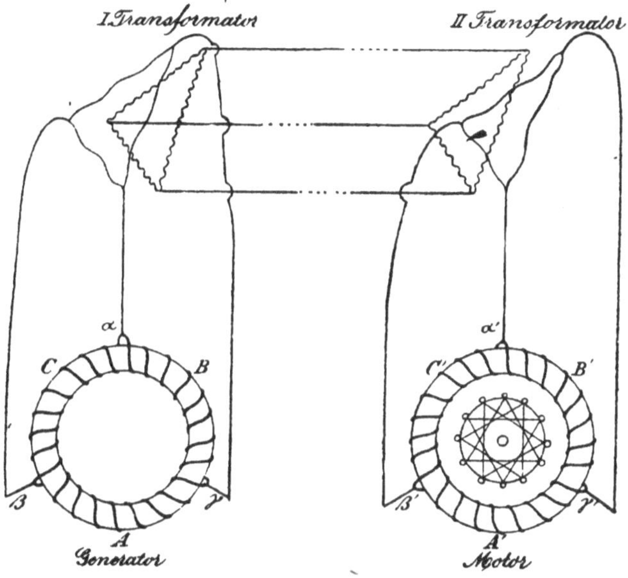

Fig. 640. Kraftübertragung durch Phasenströme.

größeren Entfernungen die Einschaltung von Transformatoren zwischen Generator und Motor notwendig wird. Eine schematische Darstellung der so entstehenden Anordnung gibt Fig. 640.

Neben dieser „Dreiecksschaltung" gibt es noch eine „Sternschaltung". Wir verweisen diesbezüglich, sowie auch bezüglich weiterer interessanter, moderner Entwicklung dieses technischen Gebietes auf Spezialwerke.[1]

---

[1] Z. B. Orlich, Theorie der Wechselströme (1912). Benischke, Wissensch. Grundlagen der Elektrotechnik (1907).

Zwölfter Teil. Elektromagnetische Lichttheorie und Schwingungen.

I. Maxwell-Hertz.

§ 566. Historische Einleitung. Verbindet man die beiden Belegungen eines geladenen Kondensators durch einen gut leitenden Draht, so tritt nicht nur, wie wir bisher immer annahmen, einfach ein Ausgleich der Ladung ein, unter gewissen Umständen pendelt der Strom vielmehr in der Leitung hin und her. Auf die Möglichkeit solcher elektrischer Schwingungen wies schon Helmholtz 1847 hin und dann gaben 1855 Thomson und 1857 Kirchhoff eine diesbezügliche Theorie, ausgehend von Vorstellungen der alten Elektrodynamik.

Es seien 2 Kugeln, die eine, A, positiv, die andere, B, negativ geladen, plötzlich durch einen guten Leiter verbunden. Der Strom setzt

Fig. 641.

Fig. 642.

Photographien oszillierender Funken.

— wegen des entgegengesetzten Extrastromes — langsam ansteigend ein. Ist dann der Ausgleich zwischen A und B erreicht, so würde die Strömung beendet sein, wenn sie jetzt nicht durch den gleichgerichteten (Öffnungs-) Extrastrom noch weiter unterhalten würde, bis die ursprünglich negative Kugel positiv aufgeladen sein wird und umgekehrt. So pendelt die Ladung zwischen A und B hin und her, bis die verschiedenen Reibungen (z. B. Joulesche Wärme im Drahte) die Schwingung verschwinden lassen. Kirchhoff zeigte so theoretisch, daß die Elektrizität in einem Leitungsdraht ganz ähnlich hin und her schwingen kann, wie die Luft in einer tönenden Pfeife; die Rechnung ergibt, wenn L die Selbstinduktion des Verbindungsdrahtes, und C die Kapazität der Kugeln ist, für die Schwingungsdauer den Ausdruck $\frac{\pi}{c}\sqrt{LC}$.

Feddersen (1859) gelang es, solche elektrische Oszillationen experimentell zu zeigen. Ein kleiner rotierender Spiegel erzeugt das reelle Bild eines Funkens einer Leidener Flasche auf einer photographischen Platte. Er fand, daß das verbreiterte Funkenbild sich in eine Reihe von einzelnen, in ziemlich gleichen Abständen aufeinander folgenden, allmählich schwächeren Funken auflöst (Figg. 641 und 642). Man erklärt diese Erscheinung durch die Annahme einer oszillierenden Bewegung der Elektrizitäten in dem Schließungsbogen der Batterie. Bei der ersten Entladung würde die positive Elektrizität des inneren Beleges nach dem äußeren, umgekehrt die negative des äußeren nach dem inneren hinüberschwingen. Der zweite Funke würde durch ein Rückschwingen der Elektrizitäten nach ihren ursprünglichen Sitzen erzeugt; der dritte durch eine abermalige Bewegung in demselben Sinne, wie bei dem ersten Funken usw.

Die Dauer einer einfachen Oszillation, d. h. die Zeit zwischen zwei aufeinander folgenden Funken entspricht der oben aufgestellten theoretischen Formel.

Spektralanalytisch interessant ist die eigentümliche Verschiedenheit der Funkenbilder. Geradlinige Funkenbilder, wie in Fig. 641, werden auftreten, wenn die Geschwindigkeit, mit der die Lichterscheinung über die Funkenstrecke sich ausbreitet, sehr groß ist gegenüber der Geschwindigkeit, mit der sich das Funkenbild über die photographische Platte hin bewegt. Funkenbilder von der Art der Fig. 642 entstehen, wenn der Vorgang des Leuchtens von der Elektrode aus mit allmählich abnehmender Geschwindigkeit gegen die Mitte der Funkenstrecke vorschreitet. Geradlinige Funkenbilder rühren her von der auf der Funkenstrecke leuchtenden Luft, die gekrümmten Bilder von leuchtenden Metalldämpfen, die von den Elektroden aus mit verhältnismäßig kleinen Geschwindigkeiten in die Funkenstrecke hinein sich verbreiten.[1]

Der Funke selbst hat meist einen kleinen elektrischen Widerstand (3 bis 8 Ohm). Die Theorie ergibt, daß nur, wenn der Widerstand des sog. „Schwingungskreises" klein ist gegenüber anderen bestimmten Größen des Systems, eine Schwingung zustande kommen kann. Sonst wird der ganze Verlauf aperiodisch (siehe § 53; die Theorie des eben behandelten Gebietes ist mathematisch ganz analog der von Pendelschwingungen).

§ 567. **Grundlagen der Lichttheorie von Maxwell.** Dieser englische Forscher, die Anschauungen Faradays rechnerisch ausbauend, legte sich folgende Frage vor.

In einem geraden Drahte schwinge Elektrizität hin und her. In einem benachbarten Paralleldrahte müssen dann Ströme induziert werden. Wie verhält sich bei diesem Vorgange das isolierende Zwischenmedium, welches ist die Fortpflanzungsgeschwindigkeit seiner Veränderungen? Es wird zunächst unsere Aufgabe sein, die allgemeinen Umrisse dieser Theorie zu entwerfen.

Wir betrachten zu diesem Zwecke ein unbegrenztes diëlektrisches Medium und in diesem eine Ebene, in der die kleinsten Elemente alle in demselben Sinne elektrisch polarisiert seien. Es sei also jedem Elemente ein elektrisches Moment mitgeteilt, dessen Größe bei allen dieselbe, dessen Achse bei allen einer in jener Ebene liegenden Richtung parallel ist. Wenn das Medium sich selbst überlassen ist, so kann ein solcher Zustand nicht beharren, da jede elektrische Polarisation zu ihrer Erhaltung einer äußeren Kraft bedarf; die elektrischen Momente müssen wieder verschwinden, üben aber währenddem auf die benachbarten Ele-

[1] A. Schuster und G. Hemsalech, Philos. Transact. 193. London (1899).

mente außer elektrostatischen auch elektrodynamische Wirkungen aus; die Folge davon muß, wie MAXWELL (1865 und die folgenden Jahre)[1] durch Rechnung gezeigt hat, eine wellenförmige Ausbreitung der elektrischen Polarisation sein. Für die Geschwindigkeit v, mit der die ebene elektrische Welle parallel mit der Ebene der ursprünglichen Störung in dem Mittel fortschreitet, wurde gefunden $v = \frac{c}{\sqrt{D}}$, wo c die in § 473 besprochene Konstante und D die Diëlektrizitätskonstante des Mediums ist. Wenn wir das Mittel, in dem die Bewegung sich vollzieht, gleichzeitig als ein magnetisierbares betrachten, so ist jede elektrische Verschiebung mit einer magnetischen verbunden, und jeder Wechsel der magnetischen Polarisation erzeugt wieder elektromotorische Kräfte. Sofern wechselnde elektrische Polarisation wie eine elektrische Strömung wirkt, müssen die magnetischen Kräfte und die ihnen entsprechenden magnetischen Verschiebungen zu den elektrischen senkrecht stehen und in derselben Ebene liegen, wie die elektrischen Polarisationen. Wenn also die ursprüngliche Störung auf eine Ebene beschränkt war, so schreiten in der Richtung ihrer Normalen zwei Wellen, eine elektrische und eine magnetische, fort; ihre Geschwindigkeit ist dieselbe und hängt nun nicht bloß von der Diëlektrizitätskonstante, sondern auch von der magnetischen Permeabilität μ des Mediums ab; sie ist, wie MAXWELL zeigte, gegeben durch $v = \frac{c}{\sqrt{D\mu}}$.

Die gegenseitige Lage der drei Richtungen, die bei der Ausbreitung einer solchen elektromagnetischen Welle in Betracht kommen, ist in Fig. 643 gezeichnet.

Wir setzen nun entsprechend § 411 fest, daß alle unsere Maßbestimmungen, auch die Bestimmung von c, bezogen werden auf den leeren Raum oder den Äther, d. h. daß in diesem die Werte von D und μ gleich Eins genommen werden. Wenden wir dann die von MAXWELL gefundene Formel auf den Äther an, so ergibt sich für die Fortpflanzungsgeschwindigkeit der elektromagnetischen Welle der Wert $v = c$. Die Konstante c hat den Wert $3{,}10^{10}\,\mathrm{cm}\cdot\mathrm{sec}^{-1}$. Dabei ist aber die Diëlektrizitätskonstante der Luft gleich Eins genommen. Die Reduktion auf den leeren Raum erfolgt durch Multiplikation mit der Wurzel aus dem Werte, den die Diëlektrizitätskonstante der Luft im Vergleiche mit dem leeren Raume besitzt, also nach § 411 durch Multiplikation mit $\sqrt{1{,}000590}$; bezogen auf den leeren Raum, erhalten wir daher $c = 3{,}001 \cdot 10^{10}$, und dieses ist zugleich die Fortpflanzungsgeschwindigkeit einer elektromagnetischen Welle im leeren Raume. Auf der anderen Seite ist die Geschwindigkeit des Lichtes im leeren Raume gleich $3{,}000 \cdot 10^{10}\,\mathrm{cm}\cdot\mathrm{sec}^{-1}$, also so gut wie identisch mit der vorher berechneten. Dabei kann man an der Vor-

---

[1] I. CLERK MAXWELL, A treatise on electricity and magnetism. Oxford (1873). Letzte Auflage (1892). Deutsche Übersetzung von NEESEN.

stellung festhalten, daß ein und dasselbe Medium, der den leeren Raum und alle Körper durchdringende Äther, Träger der elektromagnetischen und der Lichterscheinung ist, daß daher das Licht auf elektromagnetischen Wellen beruht, die im Äther infolge elektrischer und magnetischer Wechselwirkungen sich fortpflanzen. Man kann aber auf die Vorstellung eines hypothetischen Äthers auch verzichten und im fortschreitenden Lichtstrahle nur eine wellenförmig mit Lichtgeschwindigkeit sich fortpflanzende

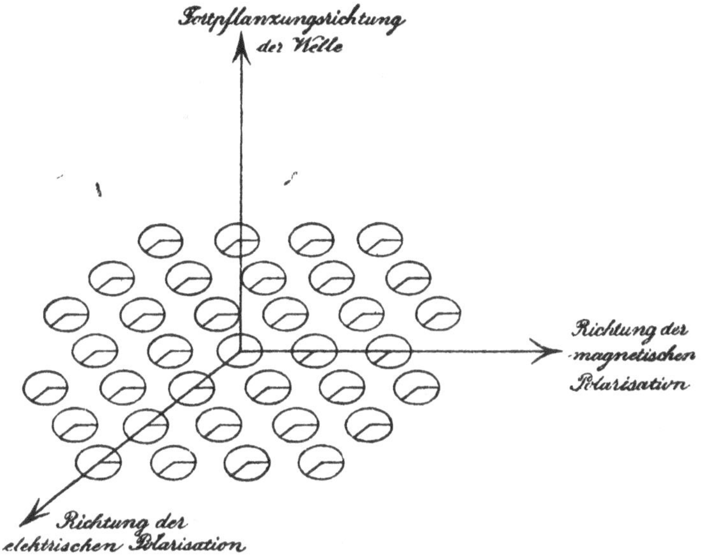

Fig. 643. Zur MAXWELLschen Lichttheorie.

periodische Änderung der elektrischen und magnetischen Kraft — des sog. elektrischen und magnetischen Vektors — erblicken. Mathematisch läßt sich so alles erklären.

Im Atom schwingt oder rotiert eine elektrische Ladung, deren Oszillation die elektromagnetische Welle erzeugt.

§ **568. Brechungsverhältnis und Diëlektrizitätskonstante.** Schon die bis jetzt vorgebrachten MAXWELLschen Ideen gestatteten eine Prüfung, wenn wir die Lichtgeschwindigkeit in einem beliebigen Körper betrachten; ihr Verhältnis zu der Lichtgeschwindigkeit im leeren Raume bestimmt das Brechungsverhältnis des Körpers. Nun gilt aber für die Fortpflanzungsgeschwindigkeit einer elektromagnetischen Welle in dem Körper die Gleichung $v = \frac{c}{\sqrt{D\mu}}$. Die magnetische Permeabilität kann man bei der überwiegenden Mehrzahl der Körper ohne weiteres gleich Eins setzen; höchstens bei stark magnetischen Metallen ist die Berechtigung dieser Annahme zweifelhaft. Mit $\mu = 1$ aber wird $v = c/\sqrt{D}$ und $c/v = \sqrt{D}$. Sind die elektromagnetischen Wellen identisch mit Lichtwellen, so ist

c/v gleich dem Brechungsverhältnis, und wir kommen nun zu dem Satze: **Das absolute Brechungsverhältnis eines Körpers ist gleich der Quadratwurzel aus seiner Diëlektrizitätskonstanten.** Die folgenden Beispiele[1] zeigen, inwieweit dieser Satz durch die Erfahrung bestätigt wird.

	D	$\sqrt{D}$	n
Luft	1,000590	1,000295	1,000294
Wasserstoff	1,000264	1,000132	1,000138
Kohlensäure (CO_2)	1,000946	1,000473	1,000449
Schwefel (S) D_1	4,773	2,185	2,166
Schwefel (S) D_2	3,970	1,992	1,971
Schwefel (S) D_3	3,811	1,952	1,895
Benzol (C_6H_6)	2,338	1,528	1,497
Flintglas	6,6	2,6	1,6
Alkohol (C_2H_6O)	25	5	1,36
Wasser	80	8,9	1,33

Beim Schwefel unterscheidet man drei Hauptbrechungsverhältnisse entsprechend den Fortpflanzungsgeschwindigkeiten, welche das Licht in den Richtungen der drei Hauptachsen der Wellenfläche besitzt (§ 335). In Übereinstimmung hiermit ist beim Schwefel auch die Diëlektrizitätskonstante abhängig von der Richtung der Polarisation gegen die Achsen des Kristalles; die Werte, welche für die Hauptachsen der Wellenfläche als Richtungen der diëlektrischen Verschiebung gelten, sind durch D_1, D_2, D_3 bezeichnet, ihre Wurzeln stimmen überein mit den Hauptbrechungsverhältnissen.

Die letzten drei Zeilen vorstehender Tabelle zeigen eine sehr schlechte Übereinstimmung. Dasselbe gilt für fast alle festen und flüssigen Körper, solange man für n den im sichtbaren Teil des Spektrums gemessenen Wert nimmt.

Die MAXWELLschen Ideen und die im nächsten § daraus abgeleiteten MAXWELLschen Gleichungen berücksichtigen nämlich nicht die atomistische Struktur der Materie, sie gelten für sog. Kontinua, welche weder Farbenzerstreuung noch selektive Absorption besitzen. Selektive Absorption wird durch elektrische Resonanz (§ 570) erklärt: es wird im Molekel oder Atom eine elektrische Schwingung induziert, indem durch die einfallende elektrische (Äther-) Schwingung die elektrischen Ladungen (Elektronen) innerhalb des molekularen Systemes ins (elektrische) Mitschwingen geraten. Stärkere Dämpfung verwandelt die absorbierte Strahlungsenergie in Körperwärme.

Hingegen werden die MAXWELLschen Überlegungen wieder gelten, wenn die einfallenden Wellen viel zu lang sind, als daß solche kleine molekulare Gebilde elektrisch resonieren könnten, dann ist ja die atomistische Struktur ohne Einfluß. Wir werden daher die Richtigkeit der

[1] Zusammenhang von D und n, zuerst untersucht durch BOLTZMANN, Pogg. Ann. 155 (1873).

Gleichung $n^2 = D$ nur in jenen Spektralbezirken erwarten dürfen, welche jenseits der ultraroten Absorptionsgebiete liegen.

RUBENS zeigte zunächst, daß eine Quecksilberlampe (§ 601), deren Strahlen durch einen Filter von schwarzem Karton gegangen waren, eine verhältnismäßig immer noch kräftige Strahlung von äußerstem Ultrarot mit $\lambda = 0{,}3$ mm aussendet.[1]

n bestimmte RUBENS[2] indirekt. Er maß das Reflexionsvermögen dieser Strahlung und berechnete daraus n nach der FRESNELschen Formel (§ 326). D wurde mit Hilfe der LECHERschen Methode (§ 572) bestimmt. So konnte er für 35 feste Körper, darunter 20 Kristalle, zeigen, daß $n^2 = D$ ist.

Ganz anders liegt der Fall aber bei den meisten Flüssigkeiten. Diese zeigen im Bereiche der äußersten ultraroten Schwingungen (und bei den noch längeren HERTZschen Schwingungen (§ 570)) starke anomale Dispersion, welche DEBYE[3] auf die Existenz von festen, unveränderlichen elektrischen Momenten im Molekel zurückführt; diese „Dipole" sind ohne äußere Erregung dauernd im Dielektrikum vorhanden. Bei sehr schnell wechselnden elektrischen Kräften — Lichtstrahlen — haben diese Dipole nicht Zeit, sich jeweils in die Kraftrichtung einzustellen, bei langsameren HERTZschen Schwingungen drehen sich aber die Dipole. Dadurch werden die Erscheinungen kompliziert.

§ 569. Grundgleichungen der MAXWELL-HERTZschen Theorie. Die allgemeinen Betrachtungen des § 567 mögen nun durch die Aufstellung der fundamentalen Gleichungen ergänzt werden, auf welchen die elektromagnetische Theorie des Lichtes beruht. In diesen Gleichungen findet der von uns wiederholt verfolgte Zusammenhang zwischen Elektrizität und Magnetismus seinen vollkommensten Ausdruck, sie liegen nicht bloß den meisten theoretischen Untersuchungen auf dem Gebiete der Optik zugrunde, sie finden auch auf ein Problem von unmittelbarstem praktischen Interesse Anwendung: die drahtlose Telegraphie. Es handelt sich dabei um zwei Gruppen von Gleichungen, die erste verbindet die zeitliche Änderung der magnetischen Kraft mit der räumlichen Änderung der elektrischen; die andere Gruppe umgekehrt die zeitliche Änderung der elektrischen Kraft mit der räumlichen der magnetischen.

Die erste Gruppe von Gleichungen ist für uns keine neue; es sind die Gleichungen von § 553:

$$\mu \frac{d \mathfrak{H}_x}{d t} = c\left(\frac{\partial \mathfrak{E}_y}{\partial z} - \frac{\partial \mathfrak{E}_z}{\partial y}\right), \quad \mu \frac{d \mathfrak{H}_y}{d t} = c\left(\frac{\partial \mathfrak{E}_z}{d x} - \frac{\partial \mathfrak{E}_x}{\partial z}\right)$$

$$\mu \frac{d \mathfrak{H}_z}{d t} = c\left(\frac{\partial \mathfrak{E}_x}{\partial y} - \frac{\partial \mathfrak{E}_y}{\partial x}\right).$$

Die zweite Gruppe ergibt sich durch eine gewisse Umwandlung der in § 483 abgeleiteten Feldgleichungen. Diese Umwandlung beruht zu-

[1] RUBENS u. O. v. BAEYER, Berl. Ber. 14 (1911).

[2] Berl. Ber. 13 (1915), 14 (1916).

[3] Dtsch. phys. Ges. (1913). — Siehe auch R. JAEGER, Ann. d. Phys. 53 (1917).

nächst auf zwei von MAXWELL eingeführten Annahmen; der ersten zufolge ist auch der reine Äther diëlektrisch erregbar, nach der zweiten ist Änderung der diëlektrischen Polarisation mit einer elektrischen Strömung äquivalent.

Wir wollen zunächst die zweite Annahme genauer formulieren. Aus einem Diëlektrikum, dessen Elektrisierungskonstante ε sein soll, schneiden wir einen Würfel von 1 cm Kantenlänge. Auf den Würfel wirke parallel mit einer Kante die elektrische Kraft $\mathfrak{E}$; sein elektrisches Moment wird dann $\mathfrak{J}_e = \varepsilon\mathfrak{E}$; man kann sich dieses Moment dadurch gebildet denken, daß die Elektrizitätsmenge $\varepsilon\mathfrak{E}$ von der Grundfläche des Würfels nach der Endfläche verschoben worden ist (§§ 405 und 406). Wenn nun die elektrische Kraft in einer kleinen Zeit dt um den Betrag $d\mathfrak{E}$ wächst, so wächst zu gleicher Zeit das Moment $\mathfrak{J}_e$ um $\varepsilon d\mathfrak{E}$; in der Zeit dt verschiebt sich also durch den Querschnitt des Würfels, d. h. durch 1 cm², die Elektrizitätsmenge $\varepsilon d\mathfrak{E}$. In der Zeiteinheit würde also bei konstant bleibender Verschiebungsgeschwindigkeit die Elektrizitätsmenge $\varepsilon d\mathfrak{E}/dt$ senkrecht durch 1 cm² hindurchgehen; es würde also $\varepsilon d\mathfrak{E}/dt$ das sein, was wir Stromdichte in elektrostatischem Maße nennen. Die elektromagnetisch gemessene Stromdichte würde sein $(\varepsilon/c)(d\mathfrak{E}/dt)$.

Wollen wir aber diesen Ausdruck als Maß für die Stromdichte nehmen, welche der Änderung der diëlektrischen Polarisation entspricht, so würde die erste der MAXWELLschen Annahmen nicht zur Geltung kommen, die Annahme der diëlektrischen Polarisation im Äther. Diese läßt sich am einfachsten berücksichtigen, wenn wir annehmen, der Äther durchdringe alle diëlektrischen Körper, und seine Elektrisierungskonstante sei innerhalb des Diëlektrikums dieselbe wie außerhalb. Die elektrische Verschiebung im Äther wird sich dann einfach zu der in dem Diëlektrikum stattfindenden addieren. Bezeichnen wir mit ε_0 die Elektrisierungskonstante des Äthers, so ist die Menge der Elektrizität, welche im Äther in der Zeit dt durch den Querschnitt von 1 cm² geht, gleich $\varepsilon_0 d\mathfrak{E}$; die mit der ganzen Verschiebung äquivalente Stromdichte in elektromagnetischem Maße ist:

$$i = \frac{\varepsilon + \varepsilon_0}{c} \frac{d\mathfrak{E}}{dt} .$$

In anderer Weise würde man zu demselben Resultate auf Grund von Betrachtungen kommen, wie wir sie in § 506 für magnetische Erregung angestellt haben.

Es bleibt nun noch übrig, die Elektrisierungskonstante ε_0 des Äthers zu bestimmen; das geschieht auf Grund einer neuen Annahme, die wir als das Prinzip der Inkompressibilität der Elektrizität bezeichnen wollen. Um den Inhalt dieses Prinzips deutlich zu machen, denken wir uns einen Konduktor im leeren Raume. Aus unendlicher Entfernung werde ihm Elektrizität zugeführt, deren Menge, im leeren Raume gemessen, gleich $\mathfrak{e}$ sei. Die auf der Oberfläche des Konduktors sich verteilende Elektrizität erzeugt eine diëlektrische Erregung in dem umgebenden Äther;

durch eine den Konduktor umhüllende Fläche konstanten Potentiales geht dabei eine gewisse Menge von Elektrizität hindurch und das Prinzip der Inkompressibilität sagt aus, daß die ganze Menge von Elektrizität, welche infolge der diëlektrischen Verschiebung durch eine Potentialfläche hindurchgeht, gleich der dem Konduktor zugeführten Elektrizitätsmenge $\mathfrak{e}$ ist.

Hat der Konduktor die Form einer Kugel mit dem Mittelpunkte O, so übt die auf ihm verteilte Elektrizitätsmenge $\mathfrak{e}$ in der Entfernung r von O die Kraft $\mathfrak{E} = \mathfrak{e}/r^2$ aus; das dadurch erregte spezifische elektrische Moment ist $\varepsilon_0\,\mathfrak{e}/r^2$; ebenso groß ist die Elektrizitätsmenge, welche durch 1 cm² der mit dem Halbmesser r um O als Mittelpunkt beschriebenen Kugelfläche sich verschiebt; die durch die ganze Oberfläche hindurchgehende Elektrizitätsmenge ist somit gleich $4\pi r^2 \mathfrak{e}\,\varepsilon_0/r^2$. Nach dem Inkompressibilitätsprinzip soll diese Menge aber gleich $\mathfrak{e}$ sein; für die Elektrisierungskonstante des Äthers ergibt sich hieraus:

$$\varepsilon_0 = 1/(4\pi).$$

Nun haben wir gefunden, daß die elektrische Verschiebung in einem Isolator äquivalent ist mit einer elektromagnetisch gemessenen Stromdichte

$$i = \frac{\varepsilon + \varepsilon_0}{c}\,\frac{d\mathfrak{E}}{dt}.$$

Setzen wir hier für ε_0 den gefundenen Wert, so ergibt sich:

$$i = \frac{4\pi\varepsilon + 1}{4\pi c}\cdot\frac{d\mathfrak{E}}{dt},$$

oder

$$i = \frac{D}{4\pi c}\cdot\frac{d\mathfrak{E}}{dt}.$$

Hier ist D die Diëlektriztitäskonstante des Isolators. Wir wollen den mit einer Änderung der diëlektrischen Polarisation verbundenen Strom einen Verschiebungsstrom nennen; dann ist die Dichte des Verschiebungsstromes in elektromagnetischem Maße gleich der durch $4\pi c$ dividierten Diëlektrizitätskonstante multipliziert mit der Änderungsgeschwindigkeit der elektrischen Kraft.

Die Beziehung zwischen der ganzen Stromdichte und der ganzen elektrischen Kraft überträgt sich nun auch auf die einander entsprechenden Komponenten der beiden Größen. Wir erhalten also die Gleichungen

$$i_x = \frac{D}{4\pi c}\cdot\frac{d\mathfrak{E}_x}{dt}, \qquad i_y = \frac{D}{4\pi c}\cdot\frac{d\mathfrak{E}_y}{dt}, \qquad i_z = \frac{D}{4\pi c}\cdot\frac{d\mathfrak{E}_z}{dt},$$

wo i_x, i_y, i_z die Komponenten von i (§ 483), $\mathfrak{E}_x$, $\mathfrak{E}_y$, $\mathfrak{E}_z$ die Komponenten von $\mathfrak{E}$ nach den zueinander senkrechten Achsen x, y, z bezeichnen. Setzen wir die Werte von i_x, i_y, i_z in die Gleichungen des § 483 ein, so ergibt sich die zweite Gruppe der Maxwell-Hertzschen Gleichungen. Stellen wir sie der ersten Gruppe gegenüber, so erhalten wir das folgende System sich entsprechender Formeln:

I	II
$\mu \frac{d \mathfrak{H}_x}{d t} = c\left(\frac{\partial \mathfrak{E}_y}{\partial z} - \frac{\partial \mathfrak{E}_z}{\partial y}\right),$	$D \frac{d \mathfrak{E}_x}{d t} = c\left(\frac{\partial \mathfrak{H}_z}{\partial y} - \frac{\partial \mathfrak{H}_y}{\partial z}\right),$
$\mu \frac{d \mathfrak{H}_y}{d t} = c\left(\frac{\partial \mathfrak{E}_z}{\partial x} - \frac{\partial \mathfrak{E}_x}{\partial z}\right),$	$D \frac{d \mathfrak{E}_y}{d t} = c\left(\frac{\partial \mathfrak{H}_x}{\partial z} - \frac{\partial \mathfrak{H}_z}{\partial x}\right),$
$\mu \frac{d \mathfrak{H}_z}{d t} = c\left(\frac{\partial \mathfrak{E}_x}{\partial y} - \frac{\partial \mathfrak{E}_y}{\partial x}\right),$	$D \frac{d \mathfrak{E}_z}{d t} = c\left(\frac{\partial \mathfrak{H}_y}{\partial x} - \frac{\partial \mathfrak{H}_x}{\partial y}\right).$

Die erste Gruppe folgt in unmittelbarer Weise aus den Induktionsgesetzen; zu der zweiten sind wir auf einem hypothetischen Wege gelangt; es liegt dies daran, daß auf dem Gebiete rein magnetischer Wechselwirkungen eine der Voltainduktion entsprechende Erscheinung nicht beobachtet ist.

Wir wollen die MAXWELL-HERTZschen Gleichungen noch auf den durch die Fig. 543 dargestellten Fall einer ebenen elektromagnetischen Welle anwenden. Die Achse z falle zusammen mit der Fortpflanzungsrichtung, die Achse x zusammen mit der Richtung der elektrischen Kraft und der ihr entsprechenden elektrischen Polarisation. Es ist dann $\mathfrak{E}_z = \mathfrak{E}_y = 0$, und somit auch $\mathfrak{H}_x$ gleich Null. Außerdem ist die Komponente $\mathfrak{H}_z$ Null, weil die ursprünglichen Verschiebungen in der zur Achse z senkrechten Ebene $z O y$ liegen sollen. Die Komponenten $\mathfrak{E}_x$ und $\mathfrak{H}_y$ stellen somit die ganze elektrische und magnetische Kraft dar, und die MAXWELL-HERTZschen Gleichungen reduzieren sich auf:

$$\mu\, d\mathfrak{H}_y / dt = -c\, \partial \mathfrak{E}_x / \partial z, \qquad D\, d\mathfrak{E}_x / dt = -c\, \partial \mathfrak{H}_y / \partial z.$$

Diese Gleichungen kann man befriedigen durch Ansätze von der Form:

$$\mathfrak{E}_x = a \sin 2\pi (t/T - z/\lambda), \qquad \mathfrak{H}_y = b \sin 2\pi (t/T - z/\lambda),$$

wenn man $\lambda / T = c / \sqrt{D\mu}$ und $a/b = \sqrt{\mu / D}$ setzt.

Die Ansätze entsprechen einem wellenförmigen Fortschreiten der elektrischen und der magnetischen Kraft in der Richtung der z-Achse. Die Länge der Wellen ist λ, die Periode der Schwingung T, somit λ / T die Geschwindigkeit der Fortpflanzung. Für diese ergibt sich in der Tat der in dem vorhergehenden Paragraphen angegebene Wert. a und b sind die Amplituden, d. h. die maximalen Werte der elektrischen und der magnetischen Kraft. Im reinen Äther, wo $D = \mu = 1$ ist, sind die Amplituden gleich; aber auch in Gasen wird zwischen a und b kein merklicher Unterschied vorhanden sein.

Zwei andere Ansätze, durch welche in unserem Falle die MAXWELL-HERTZschen Gleichungen befriedigt werden, sind:

$$\mathfrak{E}_x = a \sin 2\pi \frac{t}{T} \sin 2\pi \frac{z}{\lambda}, \qquad \mathfrak{H}_y = b \cos 2\pi \frac{t}{T} \cos 2\pi \frac{z}{\lambda}.$$

Wieder müssen die Werte der Konstanten so bestimmt werden, daß:

$$\lambda / T = c / \sqrt{D\mu} \quad \text{und} \quad a/b = \sqrt{\mu / D}.$$

Die neuen Formeln entsprechen einer stehenden Schwingung. Die Knotenstellen der elektrischen Kraft liegen bei $z = 0$, $z = \lambda/2$, $z = \lambda, \ldots$, die Knotenstellen der magnetischen bei $z = \lambda/4$, $z = 3\lambda/4, \ldots$ Die elektrische Kraft verschwindet in der ganzen Ausdehnung des Feldes, wenn $t = 0$, $t = T/2$, $t = T, \ldots$; zu denselben Zeiten erreicht die magnetische Kraft ihre abwechselnd entgegengesetzt gerichteten Maxima. Umgekehrt ist die magnetische Kraft in dem ganzen Felde gleich Null, wenn die elektrische ihr Maximum erreicht hat.

§ 570. Hertzsche Versuche.[1] Will man direkt die Übereinstimmung von elektrischen Wellen und von Lichtwellen nachweisen, so handelt es sich zunächst um die Apparate und Einrichtungen zu der Erzeugung elektrischer Wellen; sie müssen so gewählt werden, daß die erzeugten Wellen eine für die Nachahmung der charakteristischen Ausbreitungserscheinungen des Lichtes passende Länge besitzen. Nun haben wir gesehen, daß die Entladung der Leidener Flasche ein oszillatorischer Vorgang ist, daß die Elektrizität dabei zwischen den Belegen der Flaschen hin und her schwingt. Die Oszillationsdauer T betrage z. B. ein Milliontel Sekunde. Wenn diese Schwingungen zu elektromagnetischen Wellen in dem umgebenden Luftraume Veranlassung geben, die sich mit der Geschwindigkeit des Lichtes ausbreiten, so ist ihre Wellenlänge $\lambda = 2\,T c = 600$ m, also viel zu groß, als daß man in beschränktem Raume Erscheinungen beobachten könnte, wie sie der Interferenz, der Brechung des Lichtes usw. entsprechen. Die Dauer einer einfachen Schwingung beträgt für gelbes Licht des Sonnenspektrums 10^{-15} Sekunden; bei einer Wellenlänge von etwa 0,06 mm, wie sie den Reststrahlen des Sylvins entspricht, ist die Dauer der einfachen Schwingung gleich 10^{-13} Sekunden. Man sieht, welch ungeheurer Unterschied zwischen der schnellsten Entladung einer Leidener Flasche und der Schwingung des Lichtes besteht. Nun gibt aber das Gesetz der Flaschenentladung selbst den Fingerzeig, wie man zu sehr viel schnelleren elektrischen Schwingungen kommen kann. Die Dauer der einfachen Schwingung ist bei jener durch den Ausdruck $T = \frac{\pi}{c}\sqrt{CL}$ gegeben. Je kleiner man C und L macht, um so kleiner wird T. Von dieser Überlegung geleitet, ersetzte Hertz die Leidener Flasche durch zwei quadratische Messingplatten von 40 cm Seitenlänge, die durch einen 70 cm langen, $\frac{1}{2}$ cm dicken Kupferdraht verbunden wurden. In der Mitte des letzteren war eine Funkenstrecke eingeschaltet, deren Pole durch gut polierte Messingkugeln gebildet wurden. Kleinere Wellen erzielte er mit Hilfe von zylindrischen Messingkörpern von 3 cm Durchmesser und 26 cm Länge, in der Mitte unterbrochen durch die Funkenstrecke, deren Pole beiderseits durch Kugelflächen von 2 cm Halbmesser gebildet wurden. Die Ladung der Konduktoren, der so-

[1] Die Hertzschen Hauptarbeiten dieses Gebietes erschienen von 1887 bis 1888. Zusammengefaßt in „Untersuchungen über die Ausbreitung der elektrischen Kraft". Leipzig. (1892).

genannten primären Leitér, erfolgte mit Hilfe eines RUHMKORFFschen Induktors; dessen sekundäre Spule wurde mit den Konduktoren durch Drähte verbunden, die nahe der Funkenstrecke zu beiden Seiten derselben mündeten. Fig. 644 zeigt diese Verbindung eines HERTZschen Oszillators mit dem Induktor. Auf diesem Wege gelang es HERTZ, elektrische Schwingungen zu erzeugen, deren Schwingungsdauer bei den ersten Versuchen ein Hundertmilliontel, bei späteren nur noch ein

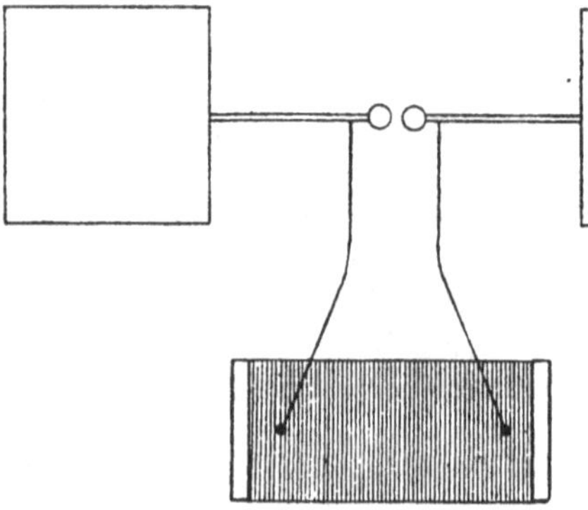

Fig. 644. HERTZscher Oszillator.

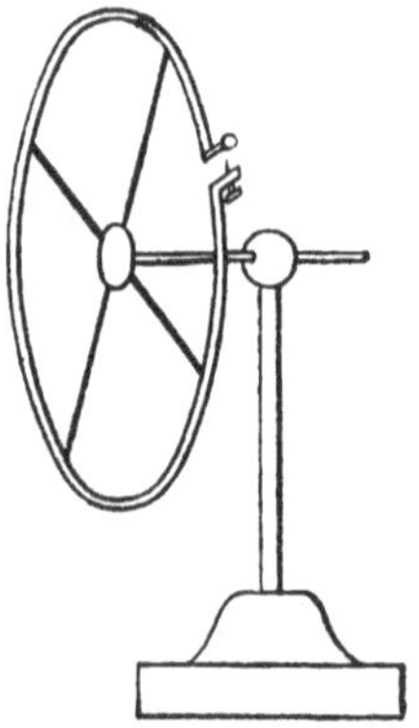

Fig. 645. Resonator.

Tausendmilliontel Sekunde betrug. Die Wellenlängen entsprechender, im Luftraume sich ausbreitender Wellen betragen noch 600, beziehungsweise 60 cm. Seitdem ist es gelungen, die Länge elektrischer Wellen auf 0,4 cm und sogar auf nur 0,2 cm herabzudrücken. (Siehe Fig. 376.)

Der Resonator. Es handelt sich nun um ein Mittel, die Wirkungen der von dem primären Leiter ausgesandten Wellen in größerer Entfernung von ihm wahrzunehmen. HERTZ entdeckte ein solches in einem zweiten Leiter, in welchen an einer Stelle eine sehr kleine Funkenstrecke eingeschaltet war; der Leiter konnte im übrigen die Form eines Kreises haben, wie in Fig. 645, oder aus einem geraden Drahte bestehen, der durch die Funkenstrecke in der Mitte unterbrochen war. Die von dem primären Leiter ausgesandten elektromagnetischen Wellen setzen die Elektrizität in dem Drahte in Schwingung und lassen einen Funken in der Unterbrechungsstelle entstehen. Die oszillatorische Entladung, welche in dem sekundären Leiter hervorgerufen wird, ist zu vergleichen mit der erzwungenen Schwingung, in welche die Luftsäule einer Pfeife durch den Ton einer Stimmgabel versetzt wird. Wir können nun dem sekundären Leiter eine solche Größe geben, daß die ihm eigentümlichen Schwingungen dieselbe Periode besitzen, wie die des primären Leiters. Unter diesen Verhältnissen ergibt sich eine verstärkte Resonanz, wie bei Stimmgabeln und Pfeifen von gleicher Stimmung. Mit diesen Hilfsmitteln untersuchte HERTZ die Ausbreitungserscheinungen der elektrischen Wirkung, die von dem primären Leiter in dem umgebenden Luftraume ausgeübt wurde; es ergaben sich Verhältnisse, aus denen geschlossen werden mußte, daß jene Wirkungen mit endlicher Geschwindigkeit durch eine Wellenbewegung sich verbreiten. Damit ist aber zugleich gezeigt, daß die elektrischen Kräfte nicht unmittelbar von einem Körper auf den anderen in die Ferne wirken, sondern daß sie durch das die Körper trennende Medium von dem einen zum anderen geleitet werden.

Reflexion elektromagnetischer Wellen. Im Innern einer metallischen Hülle ist die elektrische Kraft Null; die Hülle schützt die in ihrem Innern liegenden Punkte gegen äußere elektrische Wirkungen.

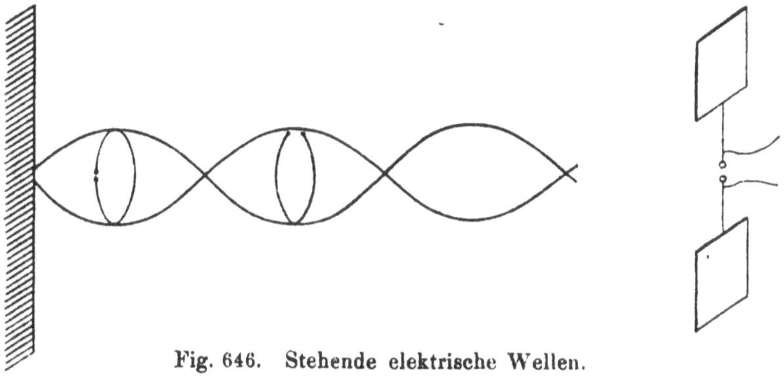

Fig. 646. Stehende elektrische Wellen.

Ahnlich schützt schon ein einfacher Metallschirm von einiger Ausdehnung die hinter ihm, nahe seiner Mitte liegenden Punkte gegen elektrische Wirkungen, welche von Körpern herrühren, die vor dem Schirme sich befinden. Vor einem solchen Schirme von hinreichender Größe möge nun der Oszillator so aufgestellt werden, daß die Schwingungsrichtung der Elektrizität eine vertikale ist, und daß die Einfallsrichtung der Wellen zur Ebene des Schirmes senkrecht steht. Der Schirm wird, um jede Ansammlung von Elektrizität zu verhindern, nach der Erde abgeleitet. An seiner Oberfläche muß die elektrische Kraft Null sein; dies ist nur möglich, wenn die elektrischen Wellen von ihm reflektiert werden, so daß an seiner Oberfläche ein Knotenpunkt ihrer Schwingung entsteht; ebensolche Knotenpunkte müssen sich dann auch vor dem Schirme durch Interferenz der direkten und der reflektierten Wellen bilden; wir erhalten eine stehende Schwingung (Fig. 646), ebenso wie bei der senkrechten Reflexion von Wasserwellen an einer festen, begrenzenden Wand. Die Lage der Bäuche und Knoten der elektrischen Wellen läßt sich mit einem kreisförmigen Resonator feststellen. Man bringt ihn in die Wellenebene mit seiner Funkenstrecke in dem horizontalen Durchmesser, wie bei dem der Wand zunächst gezeichneten Kreise; in den Bäuchen spricht er an, in den Knoten verschwindet der Funken. Die Schwingung im Resonator wird dabei durch die elektrischen Kräfte erregt, welche auf den der Funkenstrecke gegenüberliegenden Halbkreis wirken; ihnen stehen allerdings die Kräfte entgegen, welche auf die Quadranten zu beiden Seiten der Funkenstrecke ausgeübt werden; sie kommen aber nicht in gleicher Weise zur Geltung, da die Bewegung der Elektrizität in dem die Funkenstrecke enthaltenden Halbkreise eben durch diese gehemmt wird. Dreht man den Resonator so, daß die Funkenstrecke in den Endpunkt des vertikalen Durchmessers fällt, wie bei dem zweiten der gezeichneten Kreise, so ist überall keine Wirkung vorhanden. Damit ist erwiesen, daß die elektrischen Schwingungen transversaler Natur sind, parallel der ursprünglichen Schwingung in dem primären Leiter. Bei dem letzten Versuche wirkt nämlich die vertikale elektrische Kraft in jedem Augenblicke in derselben Weise auf die beiden Halbkreise zur Seite des vertikalen Durchmessers; die Pole der Unterbrechungsstelle werden daher immer auf gleichem elektrischen Potentiale erhalten, und die Erscheinung eines Funkens ist nicht möglich.

Die in vertikaler Richtung sich vollziehenden Schwingungen des Oszillators erzeugen nicht bloß elektrische, sondern auch **magnetische Kraftlinien.** Betrachten wir den Teil des Oszillators, in dem die

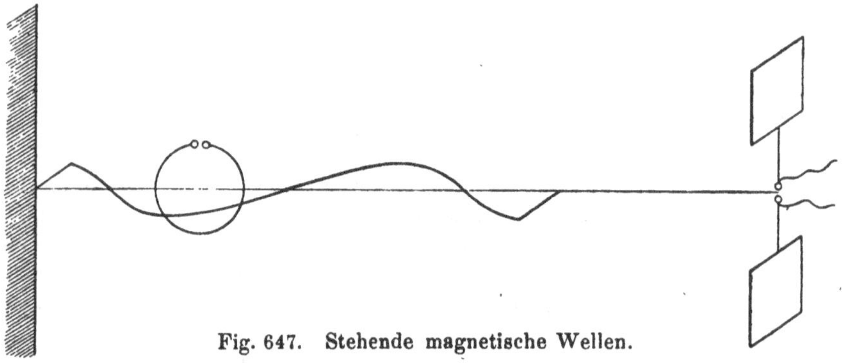

Fig. 647. Stehende magnetische Wellen.

Schwingungen längs einer geraden vertikalen Linie sich vollziehen, so sind in seiner Nähe die magnetischen Kraftlinien durch horizontale Kreise dargestellt, die jene Linie zur gemeinsamen Achse haben. In weiterem Abstande werden nahe der Mittellinie der Funkenstrecke die magnetischen Kraftlinien gerade Linien sein, die horizontal liegen und zu jener Linie, d. h. zu der Ausbreitungsrichtung der elektrischen Welle, senkrecht stehen. Die magnetischen Kraftlinien wechseln ihre Richtung ebenso periodisch, wie die Schwingungen des Oszillators. Ihre Schwingung läßt sich ebenso, wie die der elektrischen Wellen, mit dem Resonator nachweisen, nur muß dieser jetzt mit seiner Ebene in die Richtung des Strahles, der Schwingung im Oszillator parallel gestellt werden, wie dies durch Fig. 647 anschaulich gemacht wird.

Man findet dann, daß die magnetische Kraft infolge der reflektierenden Wirkung des Schirmes ebenso in eine stehende Schwingung versetzt wird, wie die elektrische; ihre Wellenlänge und somit auch die

Geschwindigkeit der Ausbreitung ist dieselbe, wie bei der elektrischen Schwingung; aber die magnetische Welle ist gegen die elektrische um eine viertel Wellenlänge verschoben; sie hat ihre Bäuche da, wo die elektrische ihre Knoten hat, und umgekehrt. Überdies ergibt sich, daß bei unserer elektromagnetischen Welle die magnetischen Schwingungen zu den elektrischen senkrecht stehen; die in § 569 entwickelte Theorie der stehenden Schwingung wird somit durch die experimentelle Forschung in jeder Richtung bestätigt.

Strahlen „elektrischer Kraft". Um die Analogie zwischen der Ausbreitung elektrischer Wellen und den Erscheinungen des Lichtes noch weiter zu verfolgen und ihr unmittelbare Anschaulichkeit zu verleihen,

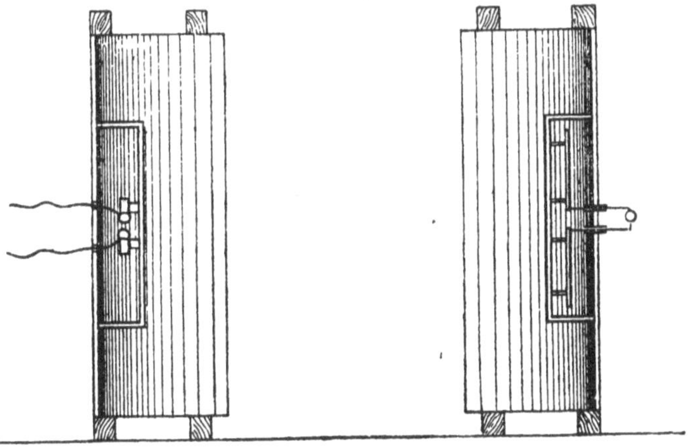

Fig. 648. Hertzsche „elektrische Strahlen".

bedürfen wir begrenzter elektrischer Wellen, die, in der Richtung ihrer Normalen fortschreitend, elektrische Strahlen erzeugen. Hertz hat solche erhalten, indem er den primären Leiter in die Brennlinie eines großen Hohlspiegels von der Gestalt eines parabolischen Zylinders brachte (Fig. 648). Aus diesem dringt dann ein elektrischer Wellenstrahl hervor, der alle Eigenschaften eines polarisierten Lichtstrahles besitzt. Um ihn dem Auge sichtbar zu machen, werfen wir ihn auf einen zweiten, ganz gleichen Hohlspiegel, in dessen Brennlinie der Resonator, ein geradliniger, durch eine Funkenstrecke unterbrochener Draht sich befindet. Um den entstehenden Funken ungehindert beobachten zu können, werden die beiden Hälften des Drahtes, wohl isoliert, durch den Hohlspiegel durchgeführt, die Funkenstrecke hinter den Spiegel verlegt. Mit diesen Hilfsmitteln kann die geradlinige Ausbreitung der elektrischen Strahlen gezeigt werden. Leitende Körper, wie z. B. Metallschirme, in den Weg der Strahlen gebracht, lassen den Strahl nicht durch, sie werfen Schatten. Es ist dies eine Folge der im vorhergehenden Paragraphen besprochenen Reflexion, die wir nun ebenso bei schiefer Inzidenz, wie früher bei senkrechter untersuchen. Wir können durch große Prismen von Pech oder

Asphalt die elektrischen Strahlen brechen. Bringen wir zwischen die beiden Hohlspiegel ein großes, aus parallelen Kupferdrähten von etwa 3 cm Abstand hergestelltes Gitter, so gehen die Strahlen durch, wenn die Drähte zu der Richtung der elektrischen Schwingung senkrecht stehen; wenn aber die Drähte mit den Brennlinien der Spiegel parallel sind, so gehen die Strahlen nicht durch; sie werden vielmehr vollständig reflektiert, wovon man sich leicht durch einen direkten Versuch überzeugen kann. Das Gitter verhält sich demnach ähnlich, wie eine Turmalinplatte gegen einen geradlinig polarisierten Lichtstrahl.

Die Beobachtung der sehr feinen Funken an der Unterbrechungsstelle des Resonators ist mühsam. Bequemer ist hier die Verwendung von Schwingungs-„Detektoren", wie sie in der drahtlosen Telegraphie ausgebildet wurden (§ 576).

§ 571. **Weitere Beziehungen zwischen Hertzschen und kalorischen Strahlen.** Im folgenden sollen einige weitere experimentelle Bestätigungen der Maxwellschen Theorie angegeben werden.

Reflexion elektrischer Wellen an diëlektrischen Körpern. Wenn elektrische Schwingungen nichts anderes sind, als Lichtschwingungen von verhältnismäßig langer Dauer, so muß Reflexion elektrischer Wellen auch an der Oberfläche von Isolatoren stattfinden, und es müssen sich dabei dieselben Erscheinungen zeigen wie bei Lichtwellen, die wir etwa von einer ebenen Glasfläche reflektieren lassen, insbesondere also die Erscheinungen der Polarisation. In der Tat, wenn man einen elektrischen Strahl unter einem Winkel von 60°—65° auf eine Schwefelplatte fallen läßt, so wird er reflektiert, wenn die Oszillationsrichtung zu der Einfallsebene senkrecht steht, wie in Fig. 649; es findet keine Reflexion statt, wenn die elektrischen Schwingungen in der Einfallsebene liegen, wie in Fig. 650. Wenn also umgekehrt das Licht auf elektrischen Schwingungen beruht, so steht bei einem unter dem Polarisationswinkel reflektierten Lichtstrahle die elektrische Schwingung senkrecht zu der Einfallsebene, oder allgemein ausgedrückt: Die elektrischen Schwingungen eines polarisierten Lichtstrahles stehen auf der Polarisationsebene senkrecht. (Siehe auch § 573.)

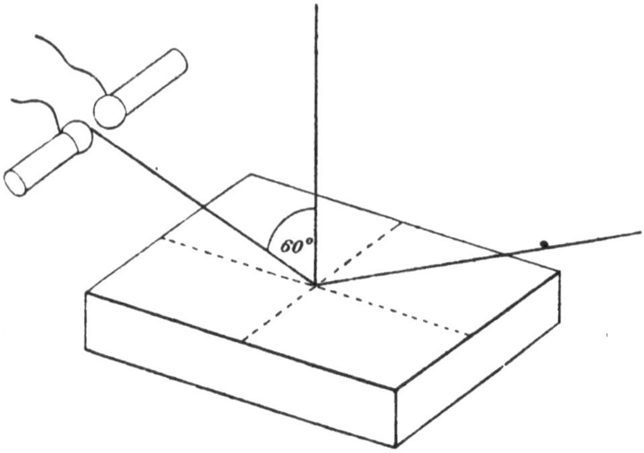

Fig. 649. Reflexion an S-Platte.

Bei der Ausführung des Versuches wählt man die Dicke der Schwefelplatte am besten gleich einem Viertel der Wellenlänge. Platten, deren Dicke im Verhältnis zu der Wellenlänge klein ist, verhalten sich wie die Berührungsstelle von Linse und Planglas bei dem Versuche mit den NEWTONschen Ringen; die an der vorderen und der hinteren Fläche reflektierten Strahlen bekommen eine Phasenverschiebung von einer halben Wellenlänge und heben wechselseitig ihre Schwingungen auf.[1]

Reflexion von elektrischen Wellen und von Lichtwellen durch resonierende Systeme. Wir haben in der Optik (§ 328) gefunden, daß Lichtstrahlen von bestimmter Wellenlänge von einem Körper um so stärker reflektiert werden, je größer andererseits der Absorptionskoëffizient für jene Strahlen ist. Wir denken uns aber alle Absorption durch das Vorhandensein schwingungsfähiger Gebilde bedingt, welche auf die Schwingung der einfallenden Wellen abgestimmt sind. Übertragen wir dies auf elektrische Wellen, so kommen wir zu der Vermutung, daß auch diese besonders stark reflektiert werden müssen, wenn sie auf ein System resonierender Leiter fallen. Man hat diese Vermutung geprüft, indem man in ein Brett eine große Zahl von Kupferdrähten von 20 cm Länge parallel zueinander einließ; sie wurden an den Enden mit Metallscheiben von etwa 4 cm Durchmesser verbunden, so daß ihre eigentümliche elektrische Schwingung dieselbe Periode bekam, wie die eines HERTZschen Oszillators.

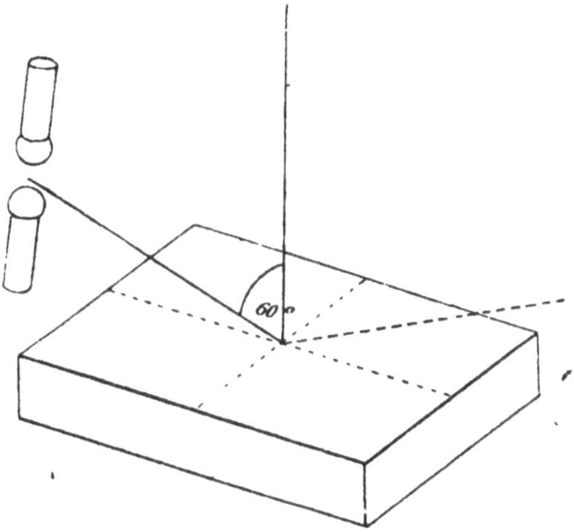

Fig. 650.

Die Funkenstrecke des letzteren wurde so orientiert, daß die von ihr ausgehenden elektrischen Schwingungen den in die Holzplatte eingelassenen Drähten parallel waren. Unter diesen Umständen erfuhren die einfallenden elektrischen Wellen an der Platte in der Tat eine sehr starke regelmäßige Reflexion. Diese verschwand, wenn die Oszillatoren durch andere von abweichender Schwingungsdauer ersetzt wurden.[2]

In ausgezeichneter Weise wird die Annahme von der Identität der elektrischen Wellen und der Lichtwellen dadurch bestätigt, daß man mit Wärmewellen Versuche anstellen kann, welche mit den im vorhergehenden geschilderten Versuchen über Reflexion elektrischer Wellen vollkommen

[1] KLEMENČIČ, WIED. Ann. 45 (1899). [2] GARBASSO, Acc. d. Scienze. Torino 28 (1893).

analog sind. Man benützte dazu die Reststrahlen des Flußspates mit einer Wellenlänge von etwa 24 μ (§ 329). Ein Analogon zu dem reflektierenden Drahtgitter wurde mit Hilfe von Silberspiegeln hergestellt, die auf Glasplatten niedergeschlagen waren. Man verwandelte diese Spiegel zunächst in Gitter, bei denen die stehenbleibenden Silberstreifen eine Breite von 5 μ besaßen, und durch Zwischenräume von derselben Breite voneinander getrennt waren. Die Gitterstreifen wurden dann durch Striche, welche zu den zuerst gezogenen senkrecht standen, in Resonatoren geteilt, welche bei einer und derselben Platte alle dieselbe Länge besaßen. Bei verschiedenen Platten wurde die Länge der Resonatoren verschieden groß gemacht. Es zeigte sich nun in der Tat, daß die regelmäßige Reflexion der benützten Reststrahlen besonders groß war, wenn die Länge der Resonatoren 12 μ und 24 μ betrug, also gleich einer halben oder einer ganzen Wellenlänge der einfallenden Lichtstrahlen war. In einem Falle stimmt die Periode der Grundschwingung, im anderen die Periode der ersten Oberschwingung mit der Periode der einfallenden Strahlen überein, es findet also beide Male Resonanz statt. Die Versuche bilden eine wesentliche Ergänzung der früher beschriebenen; bei diesen haben wir bestimmte Erscheinungen des Lichtes mit elektrischen Wellen nachgeahmt. Durch die Versuche des vorliegenden Paragraphen haben wir umgekehrt gezeigt, daß Lichtstrahlen eine Eigenschaft elektrischer Strahlen besitzen, von der man nachweisen kann, daß sie als eine Folgerung aus den MAXWELLschen Gleichungen sich ergibt. Man kann den Versuch daher als einen direkten Beweis für die elektromagnetische Natur der Lichtschwingungen betrachten.[1]

Man hat übrigens die entsprechende Erscheinung sog. optischer Resonanz auch im Gebiete der sichtbaren Strahlung beobachtet.

Wirkung der Drahtgitter auf elektrische Strahlen und auf Lichtstrahlen. Wir schließen an das vorhergehende noch eine weitere Bemerkung, die sich auf das Verhältnis der Lichtstrahlen und der HERTZschen Strahlen bezieht. Im vorhergehenden haben wir bemerkt, daß ein aus parallelen Drähten hergestelltes Gitter den elektrischen Strahlen gegenüber sich ähnlich verhält wie ein Turmalin den Lichtstrahlen gegenüber. Nach dem Ergebnisse der vorhergehenden Betrachtung würde sich das Verhältnis genauer in folgender Weise darstellen. Ein Turmalin läßt Lichtstrahlen durch, wenn ihre Polarisationsebene zu der Achse des Kristalles senkrecht steht, d. h. wenn die elektrischen Schwingungen der Strahlen jener Achse parallel sind; er hält die Strahlen zurück, wenn ihre Polarisationsebene mit der Achse parallel ist, wenn ihre elektrischen Schwingungen zu der Achse senkrecht stehen. Wollten wir die beiden Wirkungen einander vollkommen entsprechen lassen, so müßten wir die Drähte des Gitters zu der Achse des Turmalins senkrecht stellen. Nun kann man weiter fragen, wie sich polarisierte Licht-

[1] RUBENS und NICHOLS, WIED. Ann. 60 (1897).

strahlen beim Durchgange durch Metalldrahtgitter verhalten, ob sich also der Hertzsche Versuch aus den makroskopischen Dimensionen der elektrischen Wellen übersetzen läßt in die submikroskopischen der Lichtwellen. Von vornherein übersieht man, wie schwer es sein würde, vollkommene Analogie herzustellen. Bei der Größe der elektrischen Wellen ist es leicht, den Abstand der Drähte gleich einem Bruchteile der Wellenlänge zu machen. Beim Lichte konnte man im ultraroten Teile des Spektrums Strahlen von einer Wellenlänge von 6μ benützen, während der kleinste Betrag, auf den der Abstand der Gitterdrähte bisher reduziert werden konnte, immer noch etwa 10μ betrug. Wenn aber unter diesen Verhältnissen die Analogie zwischen Lichtstrahlen und Hertzschen Strahlen bestehen bliebe, so wäre zu erwarten, daß Lichtstrahlen von einem solchen Gitter besser durchgelassen werden, wenn ihre Polarisationsebene den Drähten parallel ist, weniger gut, wenn sie zu ihnen senkrecht steht; denn im ersten Falle sind die elektrischen Schwingungen des Lichtstrahles zu der Richtung der Drähte senkrecht, im zweiten mit ihnen parallel. Bei der experimentellen Prüfung der Frage wurde die bolometrische Methode (§ 433) benützt; die durch das Gitter geworfenen polarisierten Strahlen trafen einen Streifen aus sehr dünnem Eisenband, wurden in diesem absorbiert, und erhöhten seine Temperatur.

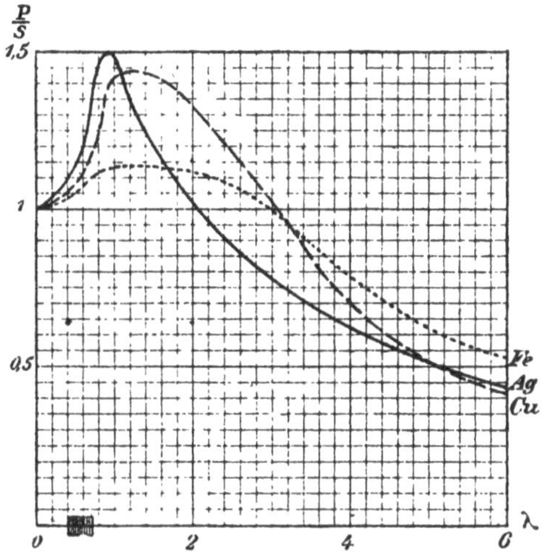

Fig. 651.

Die hierdurch bedingte Vermehrung des galvanischen Widerstandes diente als Maß der von dem Drahtgitter hindurchgelassenen Strahlung. Die Resultate der Untersuchung sind ungemein überraschend; sie sind durch Fig. 651 anschaulich gemacht. Auf der horizontalen Achse sind die Wellenlängen abgetragen. Die Intensität der Strahlung, die von dem Gitter durchgelassen wird, wenn die Polarisationsebene zu der Richtung der Drähte senkrecht steht, die elektrische Schwingung also den Drähten parallel ist, sei gleich P; wenn umgekehrt die Polarisationsebene der Richtung der Drähte parallel ist, die elektrischen Schwingungen daher zu der Richtung der Drähte senkrecht stehen, so sei die Intensität der durchgelassenen Strahlung gleich S. Das Verhältnis $P:S$ ist in der Figur als Ordinate senkrecht zu der Achse der Wellenlängen aufgetragen. Die ausgezogene Kurve bezieht sich auf ein Gitter aus Silberdraht, die gestrichelte auf ein solches aus Kupfer, die punktierte auf eines aus

Eisen. Der gestrichelte Abschnitt der horizontalen Achse entspricht dem Umfange des sichtbaren Spektrums. Das Merkwürdige ist, daß der Quotient P/S nur für größere Wellenlängen kleiner als Eins ist, wie (S. 372) bei den elektrischen Wellen; es existiert dann eine kritische Wellenlänge, für die P und S einander gleich werden. Bei kleineren Wellenlängen wird P größer als S. Die Strahlen des sichtbaren Spektrums im besonderen verhalten sich durchaus entgegengesetzt, wie die Hertzschen. Der Übergang zu dem Verhalten Hertzscher Strahlen vollzieht sich aber schon im ultraroten Teile des Spektrums. Nach den Versuchen von S. 372 werden elektrische Wellen überhaupt nicht durch ein Gitter gelassen, wenn ihre Schwingungsrichtung den Drähten des Gitters parallel ist. Bei Wellen von der Länge der Hertzschen wird also $P = 0$; daraus würde man schließen können, daß die Kurven der Fig. 651 bei zunehmender Wellenlänge der Abszissenachse sich mehr und mehr nähern werden.[1]

Daß diese Vermutung richtig, zeigen weitere Versuche, wo mit ultraroten Strahlen bis zu 314 μ gearbeitet wurde. Geht diese Strahlung durch ein feines Drahtgitter, so tritt in günstigen Fällen vollständige Polarisation ein.[2]

Emissionsvermögen und Leitfähigkeit. Die elektromagnetische Lichttheorie verlangt, daß gute Leiter (wie z. B. Metall) undurchsichtig sein müssen. Absorptions- und Emissionsvermögen stehen im einfachen Zusammenhange. Die elektromagnetische Lichttheorie findet für letzteren Wert

$$e = 36{,}5\sqrt{G\lambda},$$

wo G die elektrische Leitfähigkeit ist und das Emissionsvermögen eines schwarzen Körpers gleich 100 gesetzt wurde. Auch hier ergibt sich experimentelle Übereinstimmung erst bei langen Wellen. Von 12 Metallen und 21 Legierungen zeigte nur Bi eine Ausnahme.[3] Man kann also die elektrische Leitfähigkeit aus optischen Versuchen bestimmen.

§ 572. Elektrische Wellen in Drähten. Schon in einer seiner ersten Arbeiten hatte Hertz die Ausbreitung elektrischer Wellen in einem geradlinig ausgespannten Drahte mit der in der Luft direkt sich fortpflanzenden Schwingung verglichen. Die Resultate der Untersuchung wurden durch störende Nebeneinflüsse getrübt. Die Wiederholung der Versuche unter günstigeren Bedingungen hat zu sehr wichtigen Ergebnissen geführt, über die wir noch kurz berichten wollen.

Der Hertzsche Oszillator besteht aus zwei quadratischen Messingplatten C_1 und C_2, an die zwei Drähte angelötet sind (Fig. 652). Diese endigen in Kugeln und bilden einen geradlinigen, durch eine kleine Funkenstrecke F unterbrochenen Leiter. Die von der sekundären Spule des Induktors J kommenden Drähte sind zu beiden Seiten der Funken-

[1] H. du Bois u. Rubens, Wied. Ann. 49 (1893). [2] H. du Bois u. Rubens, Dtsch. phys. Ges. (1904), (1911). [3] Rubens, Berl. Ber. 4 (1917).

strecke befestigt. Den Platten des Oszillators gegenüber stehen zwei Platten, in denen die oszillierenden Ladungen der ersteren synchrone elektrische Ladungen erzeugen; sie werden dann in zwei parallelen, etwa 7 cm voneinander abstehenden Drähten *c* und *d* weiter geleitet. Die in diese eintretenden Wellen werden an den freien Enden reflektiert und es bilden sich stehende Schwingungen. Ihre Knoten können mit Hilfe eines Resonators aufgefunden werden. Einfacher kommt man zum Ziele mit Hilfe einer Geisslerschen Röhre; man kann diese ohne weiteres quer über die beiden Drähte legen, man kann auch ihre Elektroden durch kurze Drahtösen mit zwei gegenüberliegenden Punkten der Drähte verbinden.

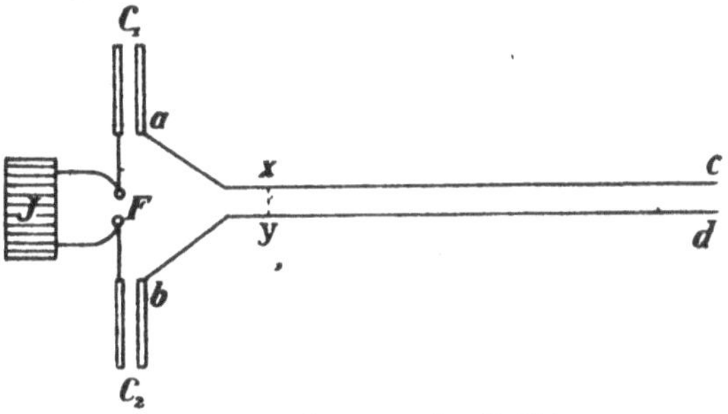

Fig. 652. Lechersche Drähte.

Die Knoten der elektrischen Schwingung sind Punkte maximaler Schwankungen des Potentials; da aber gegenüberliegende Punkte der beiden Drähte stets entgegengesetztes Potential haben, so leuchten die Röhren in den Knotenpunkten der elektrischen Schwingung, während sie in den dazwischenliegenden Bäuchen dunkel bleiben. Der Abstand zweier Knoten entspricht der halben Wellenlänge.

Noch schärfer wird die Messung durch Anwendung eines kleinen Drahtbügels, der beide Paralleldrähte überbrückt. Man bringt die Geißlerröhre an das Ende der Drähte nach *cd* (Fig. 652), indes die Brücke irgendwo in der Mitte aufliegt; die Röhre bleibt dunkel. Durch Verschieben der Brücke kann man diese an eine Stelle, z. B. *xy* bringen, wo an beiden Paralleldrähten gleiches Potential herrscht; dann leuchtet die Röhre plötzlich auf. Diese Einstellung gelingt ungemein scharf. Dann steht der Schwingungskreis links [$F—C_1—a—x\,y—b—C_2—F$] in Resonanz mit [$xy—yd$—Geißlerröhre—$cx—xy$]. Die Länge des letzteren Kreises ist gleich $2\lambda/4$. Bei *c* und *d* entstehen abwechselnd Verdichtungen und Verdünnungen der Elektrizität, welche in *xc* (oder in *yd*) so schwingt, wie die Luft in Fig. 207 oben. Da man für den linken, den Funken enthaltenden Schwingungskreis, aus Kapazität und Selbstinduktion wieder *T* berechnen kann, so liefert die Kenntnis von λ die Fortpflanzungsgeschwindigkeit der elektrischen Longitudinalwelle im Drahte, welche gleich der Lichtgeschwindigkeit in dem den Draht umgebenden Mittel ist.[1]

Messung von Diëlektrizitätskonstanten. Es zeigt sich, daß die Länge *xc* kaum abhängig ist von der Beschaffenheit des Drahtes,

[1] Lecher, Wied. Ann. 41 (1890).

wohl aber von der Natur des ihn umgebenden Mediums. Das Verhältnis der Wellenlänge in Luft zu der in einem anderen Mittel ist gleich der Wurzel aus seiner Diëlektrizitätskonstante, d. h. gleich dem Brechungsquotienten elektrischer Wellen, die aus Luft in das betreffende Mittel eindringen. In Wasser sind die Wellen 8,57 mal kürzer als in Luft; für die diëlektrische Konstante des Wassers ergibt sich daraus der Wert 73,5. Man kann so D für Flüssigkeiten bestimmen.[1] Die Beobachtungen führen zu dem Schlusse, daß nicht die Drähte der Sitz der elektrischen Bewegung sind, sondern der umgebende Isolator; die Oberfläche der Drähte begrenzt den von Wellen erfüllten Raum; diese gleiten an ihr entlang, werden an den Enden reflektiert und erzeugen so die stehende Schwingung.

Die in Fig. 652 geschilderte Anordnung gestattet aber auch, D für feste Körper zu bestimmen.[2] Die Lecherschen Drähte sind in Luft gespannt und man bestimmt λ. Dann bringt man die zu untersuchenden Körper zwischen die Platten der beiden Kondensatoren C_1 und C_2 und verschiebt die Brücke bis zu neuerlichem Aufleuchten der Röhre, diese neue Wellenlänge sei λ'. — Es ist dann $\lambda'/\lambda = \sqrt{D}$.

Einfluß der Drahtkonstanten. Dieser Einfluß macht sich bei so raschen Schwingungen geltend in dem Sinne, daß sich die elektrischen Schwingungen etwas langsamer fortpflanzen als oben angenommen. Diese Abnahme wird erst bei sehr dünnen Drähten merklich, kann dann aber in Ausnahmefällen bis zu 25 % betragen (bei Pt-Draht von 0,004 mm Durchmesser).[3]

Durch die Gesamtheit der im vorhergehenden beschriebenen Tatsachen ist die Beziehung zwischen Optik und Elektrizität, welche, von Maxwell vorhergesagt, durch die Beziehung zwischen Diëlektrizitätskonstante und Brechungsverhältnis wenigstens teilweise bestätigt worden war, zu einem Gegenstande der unmittelbaren Anschauung geworden. Die Optik selbst erscheint so als ein Teil der Elektrizitätslehre; die leuchtenden Linien der Gasspektren werden ebenso durch elektrische Schwingungen erzeugt, wie die dunkeln Wärmestrahlen, die jeder Körper in den unendlichen Raum hinaussendet. Die chemischen Wirkungen des Lichtes beruhen auf elektrischen Prozessen, wie die elektrolytische Zerlegung flüssiger Leiter.

§ 573. Polarisations- und Schwingungsebene des Lichtes. Die erste strenge und zusammenhängende Theorie der optischen Erscheinungen ging von der Annahme aus, daß der Äther den Oszillationen des Lichtes gegenüber die Eigenschaften eines elastischen, aber inkompressiblen, festen Körpers besitze. In einem solchen sind nur transversale ebene Wellen möglich und ihre Ausbreitung in einem isotropen

[1] Drude, Wied. Ann. 21 (1884). [2] Lecher, Wied. Ann. 42 (1891).
[3] Sommerfeld, Wied. Ann. 67 (1899).

Körper gehorcht unter gewissen Voraussetzungen in der Tat denselben Gesetzen, wie die Bewegung des Lichtes. Bei den Wellen in einem anisotropen elastischen Körper hingegen fallen Schwingungsrichtung und Polarisationsebene zusammen; gleiches müßte auch bei den Lichtwellen gelten, wenn ihre Eigenschaft identisch dieselben wären wie die jener Wellen. Die Elastizitätstheorie führt hiernach zu der Annahme, daß die Schwingungen der Lichtwellen in der Polarisationsebene erfolgen, entgegen der Vorstellung FRESNELS, die wir (§§ 322, 343) wählten. Ihre Lösung fand diese eigentümliche Schwierigkeit erst durch MAXWELLS elektromagnetische Theorie des Lichtes. In einer Lichtwelle haben wir elektrische und magnetische Oszillationen, die in zwei zueinander senkrechten Richtungen stattfinden. Die elektrischen Schwingungen stehen zu der Polarisationsebene senkrecht, die magnetischen liegen in dieser Ebene (siehe Figg. 646 u. 647). Hiernach würden alle unsere Ausführungen für die elektrischen Schwingungen ihre volle Richtigkeit haben. Wir werden aber sofort einige Versuche mitteilen, aus denen mit großer Wahrscheinlichkeit folgt, daß für die Wirkungen des Lichtes eben die elektrischen Schwingungen, also die zur Polarisationsebene senkrechten, maßgebend sind.

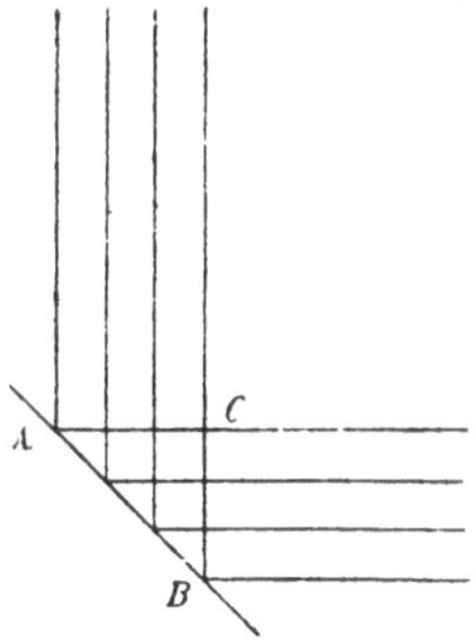

Fig. 653.

Läßt man einen Zug elektromagnetischer Wellen normal reflektieren an einer spiegelnden Platte, so entwickelt sich infolge der Durchkreuzung der ankommenden und der reflektierten Wellen vor der Platte eine stehende Schwingung, ähnlich der, die wir in § 111 beim Wasser, in § 155 beim Schalle besprochen haben. An der Oberfläche des Spiegels selbst und in Abständen von 1, 2, 3 . . . halben Wellenlängen davon befinden sich Knoten der elektrischen Schwingung; es ist nun gelungen, zu zeigen, daß an diesen Stellen zugleich Minima für die photographische Wirkung des Lichtes liegen. Daraus folgt, daß die elektrischen Schwingungen die chemisch wirksamen sind. Nun beruht aber auch die Lichtwirkung im Auge sehr wahrscheinlich auf chemischen Prozessen, also auf den elektrischen Schwingungen, und diese würden demnach als die optisch wirksamen zu betrachten sein.

Noch deutlicher ergibt sich dasselbe Resultat aus dem folgenden Versuche. Auf einen ebenen Silberspiegel läßt man polarisierte Strahlen unter einem Winkel von 45° fallen. Sie durchkreuzen sich mit den reflektierten in dem Raume des rechtwinkligen Dreieckes *ABC* (Fig. 653). Liegt die Polarisationsebene der Strahlen in der Einfallsebene, so bildet sich in jenem Raume eine stehende Schwingung aus, deren Bäuche und Knoten auf photographischem Wege sich nachweisen lassen. Wenn aber die Polarisationsebenen der Strahlen auf der Einfallsebene und also auch aufeinander senkrecht stehen, so tritt keine stehende Schwingung ein. Andererseits ist klar, daß in dem betrachteten Falle eine stehende Wellenbewegung nur zustande kommen kann, wenn die Schwingungen der Strahlen parallel sind, d. h. wenn sie auf der Einfallsebene senkrecht stehen. Der Versuch zeigt somit, daß die chemisch wirkenden Schwingungen auf der Polarisationsebene senkrecht stehen, daß sie mit den elektrischen Schwingungen des Strahles identisch sind.

Ergänzend möge hinzugefügt werden, daß an denselben Stellen, an denen bei den vorhergehenden Versuchen die photographische Wirkung fehlt, auch keine Fluoreszenz erregt wird. Die elektrischen Schwingungen sind danach zugleich die Fluoreszenz erregenden.

Die im vorhergehenden besprochenen Versuche besitzen noch besonderes Interesse, da sie zu einer neuen Art von Farbenphotographie führen. Man erzeuge stehende Wellen einfarbigen Lichtes in einem lichtempfindlichen Gelatinehäutchen. Die Maxima der Schwingung werden dann in Abständen von einer halben Wellenlänge sich bilden: zwischen ihnen in der Mitte liegen die Minima der chemischen Wirkung. Hiernach tritt die größte Schwärzung des Gelatinehäutchens in dünnen Schichten ein, welche parallel zu der reflektierenden Fläche in Abständen von einer halben Wellenlänge gelegen sind. Bei senkrechtem Einfall des von oben kommenden Lichtes besitzen die von den aufeinander folgenden Schichten reflektierten Strahlen Wegdifferenzen von je einer Wellenlänge, werden sich also im reflektierten Lichte verstärken. Die Wirkung der Schichten ist also dieselbe, wie die eines Newtonschen Blättchens von der Dicke einer Viertelwellenlänge; sie geben daher im normal reflektierten Lichte die Farbe der Strahlen wieder, durch welche die chemische Zersetzung ursprünglich ausgelöst wurde; dabei ist für die genaue Wiedergabe der Farbe die große Zahl der übereinander liegenden Schichten von wesentlicher Bedeutung.[1]

II. Elektrische Schwingungen und drahtlose Telegraphie.

Die Versuche von Hertz weckten das Interesse an elektrischen Schwingungen, die auch bald technische Verwendung in der drahtlosen Telegraphie fanden. Wir wollen zunächst einige Anordnungen schildern, welche physikalisch viel beitrugen die hier ins Spiel kommenden Erscheinungen zu studieren.

§ 574. Versuchsanordnung Tesla. Wir haben in § 544 das Gesetz für die elektromotorische Kraft aufgestellt, welche in einem bestimmten Augenblicke von der primären Rolle eines Transformators auf die sekundäre ausgeübt wird; sie ist danach der Änderungsgeschwindigkeit des Stromes in der primären Spule proportional. Je kleiner also bei einem

[1] O. Wiener, Wied. Ann. 40 (1890). — Drude und Nernst, Wied. Ann. 45 (1892). — Lippmann, C. r. 112 (1891).

Wechselstrome die Dauer der Oszillation ist, eine um so größere Wirkung übt er auf die sekundäre Spule aus. Nun stellen die oszillierenden Entladungen von Leidener Flaschen Wechselströme dar, deren Oszillationsdauer nach milliontel Sekunden zählt; man kann erwarten, daß sie in der sekundären Rolle eines Transformators sehr große elektromotorische Kräfte, Ströme von hoher Spannung induzieren. Dabei wird die Oszillationsdauer dieser Ströme, ebenso wie bei den sie erzeugenden Schwingungen, nur milliontel Sekunden betragen. In dieser Bemerkung liegt das Prinzip für eine sinnreiche Anordnung, mit deren Hilfe Tesla eine Reihe überraschender und schöner Erscheinungen dargestellt hat.

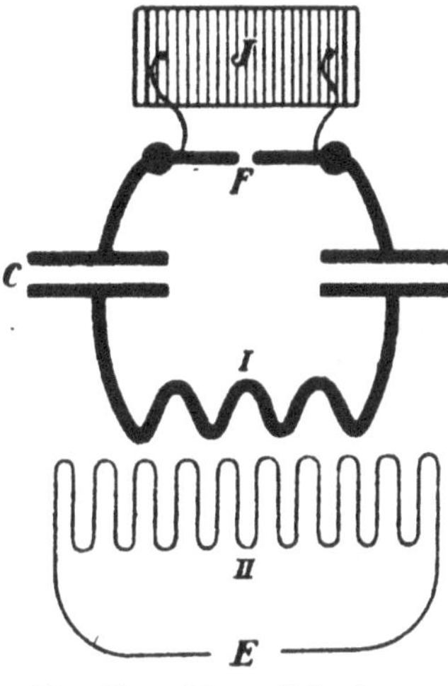

Fig. 654. Tesla-Schwingung.

Die Pole eines Ruhmkorffschen Induktors *J* (Fig. 654) werden mit zwei einen Auslader bildenden Zinkstäben *F* verbunden; zwischen ihnen tritt eine „primäre" Funkenstrecke auf, sobald der Induktor in Gang gebracht wird. Die Stäbe sind außerdem mit den oberen Belegen von zwei größeren isoliert aufgestellten Kondensatoren *C* und *C'* verbunden, deren untenstehende Platten zu der primären Rolle *I* führen, die aus wenigen dicken Windungen besteht. Um diese herum liegen die vielen Windungen der dünnen Spule *II*. (In der Fig. sind der Deutlichkeit wegen *I* und *II* untereinander gezeichnet). Bei jeder Unterbrechung des Ruhmkorffinterruptors werde die Kondensatorplatte links z. B. positiv, die rechts negativ so lange aufgeladen, bis bei *F* der Funke überspringt, dann setzt in dem dick gezeichneten Leiterkreis *FCIC'F* eine elektrische Schwingung ein. In die Ruhmkorffspule geht von dieser Schwingung wegen ihrer großen Selbstinduktion nichts über.

Die Schwingung in *I* erzeugt in den vielen Windungen von *II* einen Wechselstrom, der große, und hochgespannte Elektrizitätsmengen an seinen Enden *E* abwechselnd anhäuft. Für eine gute Wirkung des Apparates ist Resonanz des sekundären Kreises auf die Schwingungen des primären erforderlich.

Anstatt den Strom in der primären Spule des Induktors abwechselnd zu schließen und wieder zu öffnen, ist es zweckmäßiger, schon in diesem Wechselstrom von etwa 100 Volt effektiver Spannung und 100 Wechseln in der Sekunde einzuführen. Der während einer halben Periode in einer bestimmten Richtung ansteigende oder abfallende Wechselstrom induziert in der sekundären Spule eine wechselnde elektromotorische Kraft von gleicher Periode. Wenn diese Kraft von dem Werte Null an in einem bestimmten Sinne ansteigt, so treibt sie wieder die entgegengesetzten Elektrizitäten in die Kondensatoren und ladet diese, bis das Potential hoch genug ist, um zwischen den Zinkstäben einen Funken zu erzeugen. Damit werden dann die schnellen Schwingungen in der Primärspule des Teslatransformators ausgelöst und dieser selbst in Tätigkeit gesetzt.

Von den mannigfachen Beobachtungen, welche sich an diese Versuchsanordnung knüpfen, heben wir die folgenden hervor.

Wenn sich die Enden der sekundären Spule frei in der Luft befinden, so strahlen von ihnen elektrische Büschel aus, sobald die primäre Funkenstrecke in Tätigkeit tritt; wenn die Pole gegen eine Glasplatte gehalten werden, so erscheinen auf dieser leuchtende LICHTENBERGsche Figuren; verbindet man die Pole mit zwei konzentrischen, durch einen Zwischenraum von ein paar Zentimetern getrennten Drahtkreisen, so bilden die Entladungen zwischen diesen ein prächtig leuchtendes, zusammenhängendes Band. Ein in der Nähe der Pole aufgestelltes Elektroskop wird in Luft in kleinerer Entfernung positiv, in größerer negativ geladen. Leitet man den einen Pol zur Erde ab, während man den anderen mit einer kleinen isolierten Kugel verbindet, so erhält man ein elektrisches Feld, in dem Glühlampen, GEISSLERsche Röhren noch in ziemlicher Entfernung von dem Pole lebhaft leuchten. Berührt man die Kugel mit der Hand, was bei der Schnelligkeit der Schwingungen trotz der hohen Spannung ohne Gefahr geschehen kann, so leuchtet eine in der anderen Hand gehaltene, von der Kugel abgewendete GEISSLERsche Röhre, auch wenn sie nicht mit Elektroden versehen ist, lebhaft auf, und man kann so die Wirkung durch eine ganze Kette von Personen übertragen. Besonders intensiv werden die Erscheinungen in dem Felde zwischen zwei Blechschirmen, die, vom Boden isoliert, mit den Polen des Transformators verbunden sind.[1]

Die großen elektromotorischen Kräfte, welche von der primären Spule des Teslatransformators ausgeübt werden, kann man auch unmittelbar zur Erzeugung von elektrodenlosen Entladungen benutzen. Man entfernt zu diesem Zwecke die sekundäre Spule des Transformators und führt an ihrer Stelle eine mit einer Quecksilberluftpumpe verbundene evakuierte Glaskugel in das Innere der Primärspule ein; bei einem Drucke von etwa 0,6 mm erscheint dann im Innern der Kugel ein leuchtender weißer Ring, der sich an die Wandung der Kugel anlegt, und dessen Ebene parallel mit den Windungen der Primärspule des Transformators ist.

§ 575. Die SEIBTschen Spulen. SEIBT benützt die im Kondensatorkreise vorhandene Schwingung zur Erzeugung stehender Wellen in einer damit verbundenen Spule, und macht jene Wellen sichtbar durch von ihnen erzeugte leuchtende Entladungen. In schematischer Weise ist die Versuchsanordnung durch Fig. 655 gegeben. J ist ein RUHMKORFFscher Induktor, in dessen primäre Spule Wechselstrom eingeleitet wird

[1] HIMSTEDT, WIED. Ann. 52 (1894).

Die Pole der sekundären Spule sind mit den beiden Belegen einer Leidener Flasche C verbunden. Von dem äußeren Belege führt ein Draht direkt nach der Funkenstrecke F; von dem inneren Belege führt ein Draht zunächst nach dem Ende einer Spule D; längs der Spule kann eine Kontaktrolle R verschoben werden, die mit dem anderen Pole der Funkenstrecke verbunden ist. Durch Verschieben der Rolle kann man eine beliebige Zahl von Windungen der Spule in den Schließungskreis der Leidener Flasche einschalten. Man kann so seine Selbstinduktion L in weiten Grenzen variieren und ändert damit, der Formel $T = \frac{\pi}{c} \sqrt{CL}$ der S. 358 entsprechend, auch die Dauer T der elektrischen Schwingungen, die bei der Entladung in dem Kreise $aRFCa$ entstehen. Da F zur Erde abgeleitet ist, schwingt das Potential in a abwechselnd von $+$- zu $-$-Werten. Als Resonator dient die Spirale S, etwa 2 m lang, aus feinem übersponnenen Drahte in dichten Windungen von einfacher Lage aufgewunden. Ihre elektrischen Eigenschwingungen vollziehen sich in der Weise, daß an dem unteren mit dem Knopfe der Leidener Flasche verbundenen Ende ein Strombauch, an dem oberen isolierten Ende ein Stromknoten sich bildet. Die Elektrizität in der Spirale S schwingt ganz so, wie eine gedeckte Orgelpfeife. Bei der Grundschwingung entspricht die Länge des aufgewundenen Drahtes einer Viertel-Wellenlänge der elektrischen Schwingung, bei der ersten Oberschwingung drei Vierteln, bei der zweiten fünf Vierteln der Wellenlänge. Reguliert man die Wellenlänge der Kondensatorschwingung

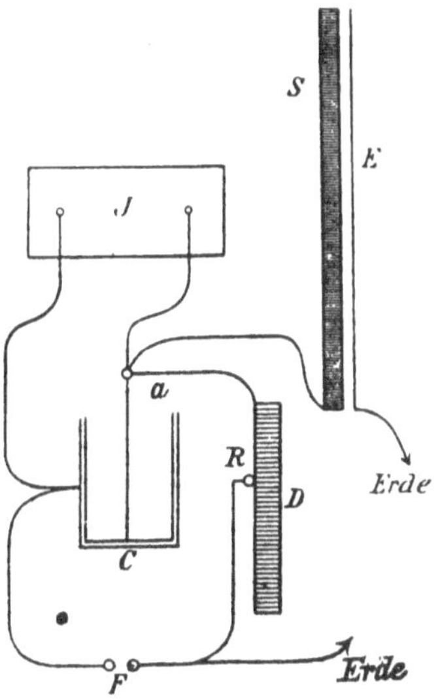

Fig. 655. Seibtsche Spule.

$$\lambda = 2\,c\,T = 2\,\pi \sqrt{L\,C}$$

durch Verschieben der Rolle R, so gelingt es bei richtiger Wahl der Verhältnisse leicht, die Spule S in Resonanz auf die Kondensatorschwingung zu bringen. Die großen Spannungen, welche dabei an dem isolierten Ende und an den Knoten auftreten, werden sichtbar, wenn man der Spule S einen zur Erde abgeleiteten Draht E gegenüberstellt. Zwischen der Spule und dem Draht entsteht dann ein bläulich-weißes Lichtband; seine Intensität ist am größten an den Knotenstellen der elektrischen Schwingung; das Band verschwindet in der Nähe der Schwingungsbäuche; man gewinnt also in der Tat eine ganz unmittelbare Anschauung von der Natur der Schwingung.

Art der Koppelungen. In den geschilderten Systemen sind elektrische Schwingungen miteinander gekoppelt (§ 52). In Fig. 652 ist der

Schwingungsteil $C_1 F C_2$ mit dem rechts gelegenen Teile elektrostatisch gekoppelt, d. h. durch Vermittlung der zwischen den Kondensatorplatten gehenden elektrostatischen Kraftlinien („elektrische Kraftlinien gemeinsam"). In Fig. 654 ist *I* mit *II* durch die magnetische Induktion verbunden, d. h. magnetisch gekoppelt („magnetische Kraftlinien gemeinsam"). In Fig. 655 ist *a* mit *S* direkt leitend verbunden, d. h. galvanisch gekoppelt („Stromlinien gemeinsam").

§ 576. **Drahtlose Telegraphie.** Die Versuche von Hertz über die Ausbreitung der elektrischen Kraft eröffneten die Möglichkeit, von einer Station nach einer anderen telegraphische Zeichen durch die Luft zu übermitteln, statt durch einen die beiden Stationen verbindenden Draht. Die praktische Ausführung mußte zunächst an der zu geringen Empfindlichkeit der Mittel scheitern, die man zum Nachweise der Wellen benützte. Sobald aber diesbezügliche Hilfsmittel von ungemeiner Empfindlichkeit gefunden waren, wurde das neue Prinzip mit überraschendem Erfolge angewandt. Es würde zu weit führen, wenn wir auf die Prinzipien der von Marconi, Slaby-Arco und Braun ausgeführten Konstruktionen genauer eingehen wollten; wir beschränken uns auf eine kurze Andeutung über die wesentlichen Teile der benützten Apparate.

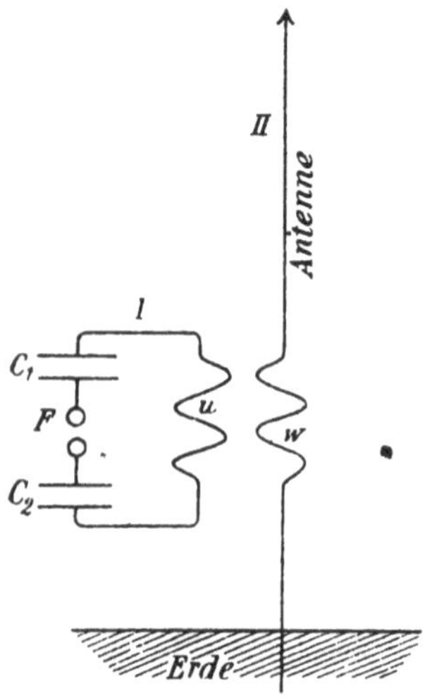

Fig. 656.
Braunsche Koppelung.

Die ersten Versuche Marconis (1895) knüpften direkt an Hertz an. Man denke sich Fig. 644 vertikal gestellt, die rechte Platte in die Erde vergraben und statt der linken Platte einen viele Meter in die Höhe ragenden Draht, die „Geberantenne", so werden in dieser Schwingungen erregt ähnlich wie in einer Seibtspule. Diese Schwingung strahlt horizontal nach allen Seiten elektromagnetische Wellen aus. In einer Entfernung von einigen (wenigen) Kilometern steht eine „Empfangsantenne", ein gleicher vertikaler Leiter. Ist dieser so dimensioniert, daß elektrische Resonanz stattfindet, so absorbiert er die ankommende Strahlung und gerät in Schwingung, die man mit Hilfe besonderer Vorrichtungen („Detektoren") erkennen kann.

Braunsche Koppelung. Dieser alte Marconisender vermag, da man den Funken nicht allzu lang machen darf, nur geringe Ladungen aufzunehmen und strahlt darum auch nur wenig Energie aus. Braun trennte nun (seit 1900) die Funkenstrecke von der Antenne. Springt in *F* (Fig. 656) ein Funke über, so entsteht im Kreise *I* (d. h. $F C_1 u C_2 F$) eine geschlossene Schwingung. *u* ist (schematisch gezeichnet) eine Spule. Über dieser — nicht nebenan wie in der schematischen Zeichnung —

liegt magnetisch gekoppelt die Spule *w* des Schwingungssystemes *II*, d. h. Erde—*w*—Antenne. Dieses System ist ungeschlossen und strahlt darum stark aus. *I* und *II* muß in Resonanz stehen.

Fig. 657 gibt dieselbe Anordnung, nur sind *I* und *II* galvanisch gekoppelt. Diese Braunsche Koppelung zwischen *I* und *II* hat aber auch gewisse Nachteile. Wie bei zwei gekoppelten Pendeln abwechselnd das eine und das andere schwingt (Fig. 49), so auch hier. Denken wir uns zunächst die Erregung nur durch einen einzigen Funken verursacht, so schwingt die Elektrizität zuerst in *I*, dann in *II*, dann wieder in *I* u. s. f. Diese immer wieder einsetzende neuerliche Rückerregung von *I* bedingt natürlich Energieverlust für *II*. Wir haben nach Fig. 50 und Fig. 218 bei diesem abwechselnden An- und Abschwellen eine Schwebung der Amplituden, somit nicht eine Schwingung, sondern deren zwei. Man kann daher die Resonanz der Empfangsantenne nur entweder auf die eine oder die andere dieser zwei Schwingungen einstellen.

Stoßerregung. Diese Übelstände vermindert M. Wien (seit 1906) durch seine „Löschfunken". Der Funke springt zwischen zwei parallelen Platten von gut wärmeleitendem Materiale, Funkenlänge nur 0,1 mm, über. (Meist nimmt man mehrere hintereinander liegende Funkenstrecken.)

Wenn die in *II* erregte Schwingung wieder auf *I*, wie oben geschildert, rückerregend wirken sollte, ist die Gasschichte zwischen den Funkenelektroden so abgekühlt, daß alle die durch den ersten Funken erzeugten Gasionen sich wieder vereint haben (§ 593). Ein neuerliches Aufschaukeln dieses Systems *I* ist dann nicht mehr möglich. Ein einzelner in *F* erregter Löschfunke bringt also *I* zum Schwingen, dieses *I* bringt dann *II* ins Mitschwingen und bleibt dann vollständig ausgeschaltet, daher auch der Name „Stoßerregung". Die Schwingungen in *II* nehmen natürlich durch Ausstrahlung immer mehr ab; es können ihrer aber doch 50 bis 100 auf je einen Funken in *F* zustande kommen.

Wir betrachteten bisher immer die Erregung durch einen einzelnen Funken. Wenn die Schwingungsdauer (bei einer Wellenlänge von z. B. 1500 m) etwa $^1/_{200\,000}$ sec beträgt, so brauchen 100 Schwingungen etwa $^1/_{2000}$ sec; bei einem einzelnen Funken genügte also diese kurze Zeit für den eben geschilderten Umlauf. Man wird aber diesen Vorgang möglichst oft wiederholen, z. B. tausendmal pro sec, indem man nicht einen einzelnen, sondern z. B. 1000 Funken pro sec in *F* überspringen läßt. Zu diesem Zwecke werden eigene Wechselstrom-Maschinen mit sehr hoher Frequenz gebaut. Diese rasche Aufeinanderfolge von Funken erzeugt dann akustisch irgendeinen Ton, z. B. für 435 Funken pro sec den Ton *a*, daher heißt das System auch das der „tönenden Funken". Die Tonhöhe hat mit der Dauer der elektrischen Antennenschwingung natürlich nichts zu tun. Sie gibt nur das Tempo der immer wieder neu einsetzenden Stöße für die Erregung an.

Antenne. Fig. 657 gibt die schon erwähnte Geberantenne. Der Fuß dieser Antenne ist meist mittels eines verzweigten Drahtsystemes nicht gezeichnet) in die Erde vergraben. Am oberen Ende der Antenne Höhe bis 200 m und mehr) sind nach allen Seiten (nicht gezeichnete) Querdrähte gespannt — „Schirmantenne“. Diese Vergrößerung der Kapazität der Antennenenden hat den Vorteil, daß im vertikalen Teile größere Ströme (bis zu 330 A) hin- und herschwingen können und daß die Spitzenwirkung am oberen Ende möglichst verkleinert wird.

Fig. 658 bringt die ganz analog gebaute, viele Hunderte von Kilometern entfernte Empfangsantenne; d bedeutet hier den Detektor, s_1 und s_2

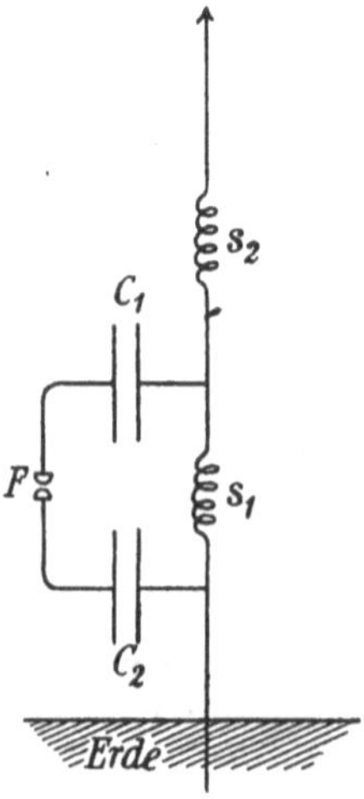

Fig. 657. Geberantenne.

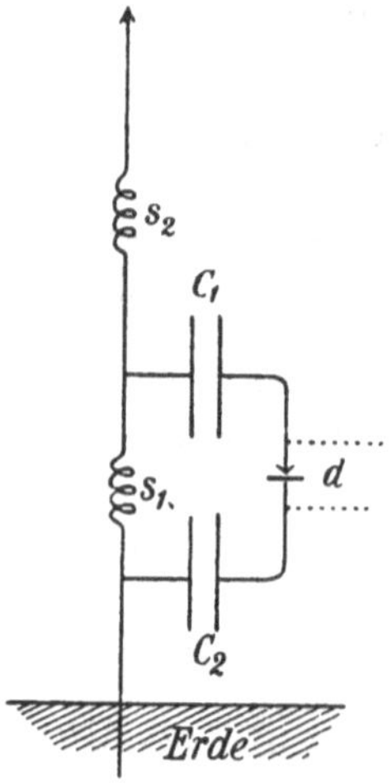

Fig. 658. Empfangsantenne.

sind Selbstinduktionsvariometer (§ 547) um sowohl *I* und *II* als auch beide Stationen gegenseitig in Resonanz bringen zu können.

Detektoren. Bei d in Fig. 658 ist eine Vorrichtung anzubringen, welche die Ankunft der meist sehr schwachen elektrischen Wellen exakt meldet. Es sind viele solcher Detektoren konstruiert worden. Meist verwendet man jetzt Thermodetektoren. Setzt man eine Metallspitze (d in Fig. 658) auf gewisse Mineralien, z. B. Psilomelan, Bleiglanz u. dgl., so entsteht infolge der Schwingung in der Spitze große Wärme und das Element Metall-Mineralfläche liefert Gleichstrom, wahrscheinlich thermoelektrisch. Man denke sich nun zu d parallel (punktierte Linien in Fig. 658) ein Telephon geschaltet. So oft eine elektrische Schwingung d durchsetzt, knackt das Telephon. Schwingen also in der Geberstation die Funken in regelmäßiger Folge, z. B. 1000 mal pro sec, so erfolgt 1000 mal pro sec ein Knacken des Telephons und man hört einen kontinuierlich musikalischen Ton, entsprechend 1000 akustischen Schwingungen pro sec. Dieser Ton bleibt dauernd, solange die Funken in F überspringen. Um daher telegraphische Zeichen zu übermitteln, muß dieser Ton — also die Funkenerregung in der Geberantenne — entsprechend dem Prinzipe der Morse-Zeichen-Gebung genau so unterbrochen werden wie der Strom eines gewöhnlichen Telegraphen.

Die schematische Darstellung der Fig. 658 ist dahin zu ergänzen, daß, um erhöhte Störungsfreiheit zu erzielen, der Detektor meist in einen resonierenden Zwischenkreis gelegt wird.

Bei großen Distanzen, wenn die ankommenden Schwingungen zu schwach sind, um das Telephon zu beeinflussen, verwendet man zur Verstärkung das sog. „Audion“ (§ 584).

Ungedämpfte Sender. Je mehr Funken F am Stoßerreger (Fig. 657) pro sec einsetzen, desto mehr Energie erhält die Antenne. Doch darf man nicht zu weit gehen, da die in $s_1 s_2$ erregte Schwingung abgelaufen sein muß, bevor ein neuer Funke einsetzt. Man hat daher versucht, den Energieverlust der Atenne nicht stoßweise, sondern kontinuierlich zu ersetzen.

Beim Poulsenschen Lichtbogen (§ 601) wirkt störend der ungleiche Kohlenabbrand. Für kleinere Stationen verwendet man meist „Audionsender“ (§ 584), für Großstationen direkt Wechselstrommaschinen mit hoher Frequenz. Diese kann durch einen (ruhenden) Frequenzwandler verdoppelt werden. Bei einem solchen wird das Eisen eines Transformators durch eine Hilfsspule mit Gleichstrom zur Sättigung magnetisiert, so daß dieser Transformator dann nur eine Richtung des Wechselstromes hindurchläßt; ein anderer, aber entgegengesetzt gewickelter Transformator gestattet nur der anderen Schwingungshälfte den Durchgang. Beide induzieren auf einen gemeinsamen Stromkreis, dem dadurch die doppelte Frequenz aufgedrückt wird.

In der Großstation Nauen arbeitet eine Wechselstrommaschine mit einer Frequenz 6000. Diese wird durch zwei hintereinanderliegende Frequenzwandler auf 24000 gebracht. Dieser Wechselstrom geht direkt in die Antenne. Die Wellenlänge ist 12500 m.

Interferenzempfang. Ungedämpfte Schwingungen können nicht direkt mit Kristalldetektor und Telephon empfangen werden, da der durch das Telephon fließende Gleichstrom nur ein Knacken zu Beginn und am Ende jedes Zeichens, aber keinen Ton verursacht. Man hilft sich entweder durch Zerhacken der Schwingung im Geber (Tonsender) oder im Empfänger (Ticker); oder aber man erzeugt auf der Empfangsstation durch irgend einen kleinen Generator Hilfsschwingungen, deren Frequenz etwas, aber nur wenig von der der ankommenden Welle abweicht. Dadurch entstehen im Empfangskreise Schwebungen; der durch den Detektor fließende Gleichstrom pulsiert daher und bringt so das Telephon zum Tönen.

Bei den modernen Großstationen zählt die Reichweite nach Tausenden von Kilometern. Sie ist größer bei Nacht als bei Tag, größer über große Wasserflächen hin als über trockenes Land. Wie diese vertikalen Wellen größere Strecken der gekrümmten Erdoberfläche entlang streichen, ist noch nicht ganz aufgeklärt. Wahrscheinlich haben wir es hier mit einer Art Beugung zu tun.[1]

[1] Sommerfeld, Jahrb. f. drahtlose Telegraphie 12 (1917).

Dreizehnter Teil. Elektrische Strömung in Gasen.

Mit den Entladungserscheinungen in Gasen haben sich zahlreiche Untersuchungen beschäftigt und eine Fülle von Erscheinungen zutage gefördert, welche durch die schönen Lichtwirkungen, von denen sie begleitet sind, von jeher einen besonderen Reiz ausgeübt haben. Allein es fehlte lange Zeit hindurch an jedem leitenden, die Erscheinungen verknüpfenden Band; es fehlten allgemeine Gesetze oder Regeln, es war nicht möglich, Wesentliches von Unwesentlichem mit Sicherheit zu scheiden, und die Tatsachen selbst in übersichtlicher Weise zu ordnen. Die letzten Jahrzehnte haben nach dieser Richtung einen wesentlichen Fortschritt gebracht. Es haben sich gewisse allgemeine Regeln ergeben, welchen die Erscheinungen im einzelnen untergeordnet werden können; es ist gelungen, für die Entladungserscheinungen in sehr verdünnten Räumen einerseits, für die Leitung dichter Gase andererseits Theorien zu entwerfen, welche von allen Einzelheiten der Erscheinungen Rechenschaft geben. Diese Theorien haben aber unsere ganze Auffassung von der Natur der elektrischen Erscheinungen vertieft und eine über das spezielle Gebiet weit hinausgreifende, fundamentale Bedeutung gewonnen.

Wir schicken noch eine orientierende Bemerkung über die Stromquellen voran, die wir benützen, um einen elektrischen Strom durch ein Gas hindurch zu erzeugen. Zunächst kommt die I n f l u e n z m a s c h i n e in Betracht, welche Spannungen von etwa 100000 Volt, Ströme bis zu einer Stärke von 0,2 bis 0,5 Milliampere liefert. Handelt es sich um kleinere Spannungen, vielleicht bis zu 10000 V, so bieten sich als eine Stromquelle von unübertroffener Konstanz galvanische Batterien aus zahlreichen Akkumulatoren, sogenannte H o c h s p a n n u n g s b a t t e r i e n, dar. Auf jedes einzelne Element kommt dabei eine Spannung von etwa 2 V. Die älteren Untersuchungen sind überwiegend mit dem RUHMKORFFschen Induktor ausgeführt worden; der Nachteil des Induktors ist der, daß er keinen Gleichstrom liefert, sondern abwechselnd nach der einen und nach der entgegengesetzten Seite gerichtete Stromstöße. Zwar überwiegen infolge der früher geschilderten Verhältnisse die Wirkungen des Öffnungsstromes, immer aber kommen die Erscheinungen unter verwickelten Verhältnissen zustande. Der Vorteil der Induktorien liegt in den hohen Spannungen, die sich damit erreichen lassen; man hat Induktorien konstruiert, welche in Luft Funken von 1,5 m Länge geben. Endlich hat man auch Gleichstromdynamos gebaut, welche Spannungen bis zu 20000 V liefern.

I. Entladung in mäßig verdünnten Gasen.

§ 577. **Geisslerröhren.** Wir beginnen mit der Betrachtung der Entladungserscheinungen in verdünnten Gasen. Verdünnte Gase erweisen sich hinreichend großen Spannungsdifferenzen gegenüber als Leiter der Elektrizität; die Leitfähigkeit erreicht bei einer gewissen Verdünnung ein Maximum, um bei weitergehender Verdünnung wieder abzunehmen. Durch einen luftleeren Raum hindurch erfolgt selbst bei den größten Spannungen keine Entladung. Wir bedienen uns bei den Untersuchungen der schon in § 280 erwähnten GEISSLERschen **Röhren**; es sind dies

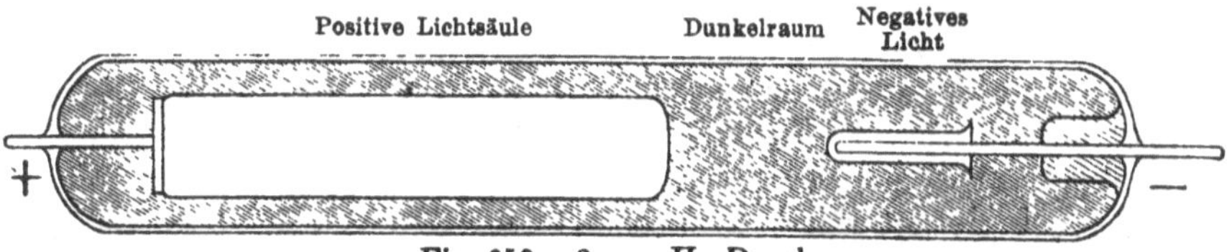

Fig. 659. 3 mm Hg-Druck.

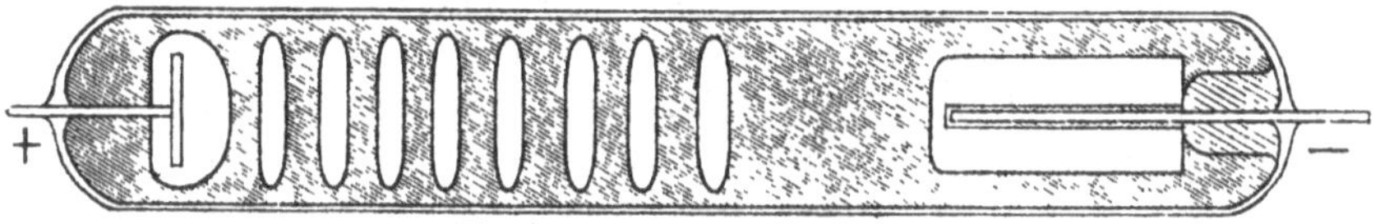

Fig. 660. 0,9 mm **Hg-Druck.**

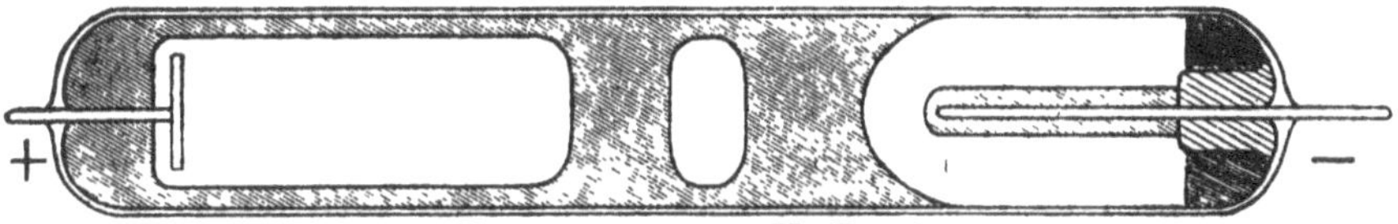

Fig. 661. 0,2 mm **Hg-Druck.**

Glasröhren von mannigfacher Form, welche mit verdünnter Luft oder einem anderen verdünnten Gase gefüllt sind. An den Enden der Röhre sind Platindrähte eingeschmolzen, die ihrerseits Elektroden tragen, welche aus Aluminium hergestellt sind. Die Elektrode, welche mit dem positiven Pole der Stromquelle verbunden ist, bezeichnen wir als die Anode, die mit dem negativen Pole verbundene als die Kathode. Figg. 659—661 geben ein schematisches Bild der Entladungserscheinung in einer Röhre von 20 cm Länge und 3 cm Weite. Als Stromquelle diente eine Akkumulatorenbatterie von 1000 Elementen, also etwa 2000 V. Die Luft in der Röhre wird ausgepumpt und wir beobachten die Erscheinungen bei Drucken von etwa 3 bis 0,2 mm Hg.

Es fanden sich:

Bei Hg-Druck	Stromstärke	Elektrodenspannung
3 mm	$2{,}45 \cdot 10^{-3}$ A	887 V
0,9 „	1,12 „ „	618 „
0,2 „	1,32 „ „	1213 „.

Lichterscheinungen. Bei 3 mm Druck (Fig. 659) liegt vor der scheibenförmigen Anode eine breite, rötliche Lichtmasse (Färbung in verschiedenen Gasen verschieden). Ein blaues Glimmlicht umhüllt wie eine schmale, übergestülpte Glocke den Kathodendraht. Zwischen positiver Lichtsäule und negativem Glimmlicht liegt der Faradaysche Dunkelraum.

Pumpt man weiter aus, bis etwa 0,9 mm Druck (Fig. 660) so zeigt das verbreiterte positive Licht eine Schichtung, das negative Licht hat sich auch mehr verbreitert und in diesem unterscheidet man zwei verschiedene, leuchtende Schichten; die Oberfläche der Kathode selbst ist bedeckt von einem dünnen Häutchen rötlichgelben Lichtes, der leuchtenden Kathodenschichte. In einigem Abstande von der Oberfläche der Kathode ist diese von einem konzentrischen Mantel bläulichen Lichtes umgeben, dem Glimmlichte. Beide Schichten sind voneinander getrennt durch den Kathodendunkelraum.

Fig. 661 gibt die Erscheinung bei einem Drucke von 0,2 mm. Das positive Licht zeigt hier nur noch Reste von Schichtung, sein Rot ist wesentlich matter geworden. Das Glimmlicht dagegen hat sich so weit ausgedehnt, daß es den ganzen die Kathode umgebenden Raum bis zu der Glaswand erfüllt. Ebenso hat sich der dunkle Kathodenraum beträchtlich erweitert, die leuchtende Kathodenschicht eine größere Dicke gewonnen.

Von den Erscheinungen, die bei sehr hohen Graden der Verdünnung auftreten, werden wir später zu sprechen haben. Hervorgehoben muß noch werden, daß der Verlauf der Erscheinung bei wechselnder Verdünnung in gewisser Weise von der Gestalt der Elektroden und der Form der Röhre abhängig ist. Setzen wir an Stelle der drahtförmigen Kathode der Figg. 659—661 eine scheibenförmige, so dehnt sich das Glimmlicht bei fortschreitender Verdünnung senkrecht zu der Scheibenfläche gegen die Anode hin aus, und drängt dadurch die positive Lichtsäule mehr und mehr zurück. Dabei bleibt das Glimmlicht von der positiven Lichtsäule immer durch den dunklen Zwischenraum getrennt. Ist die Röhre irgendwie gebogen, so daß Anode und Kathode sich nicht gerade gegenüberstehen, so folgt das positive Licht allen Krümmungen der Röhre, das negative Licht dagegen verhält sich wie eine Strahlung, welche von der Kathode ausgeht, ganz unbekümmert um den Ort, wo sich die Anode befindet.

Die im vorhergehenden beschriebene Entladungsart bezeichnet man nach dem Glimmlichte, einem ihrer wesentlichen Bestandteile, als Glimmentladung, den Strom, der dabei die Röhre durchläuft, als Glimmstrom.

§ 578. Charakteristik einer Geisslerröhre. Bei einem Leiterkreise, der aus Metallen und aus flüssigen Leitern zusammengesetzt ist, besteht zwischen der elektromotorischen Kraft und der Stromstärke die einfache, durch das Ohmsche Gesetz gegebene Beziehung. Schalten wir aber eine Geissler-Röhre in den Schließungskreis eines Stromes ein, so werden die Verhältnisse sehr viel verwickelter. Denn bei einer solchen besteht zwischen der Spannungsdifferenz der Elektroden, der Elektrodenspannung, und der Stärke des Stromes kein einfacher Zusammenhang.

Man ist vorläufig darauf beschränkt, für jede einzelne Röhre den Zusammenhang zwischen Stromstärke und Elektrodenspannung auf empirischem Wege zu ermitteln und die Ergebnisse der Beobachtung graphisch darzustellen. Man trägt zu diesem Zwecke auf einer horizontalen Achse die Stromstärken auf, senkrecht dazu die entsprechenden Werte der Elektrodenspannung. Eine so erhaltene Kurve werden wir als **Charakteristik der Geissler-Röhre** bezeichnen. Bei der Aufnahme einer Charakteristik wird die Stromstärke durch vorgeschaltete Widerstände verändert; als solche dienen z. B. Lösungen von Jodkadmium in Amylalkohol, welche in verschieden lange Glasröhren gefüllt sind. Die eine Elektrode der Geissler-Röhre wird mit der Erde leitend verbunden; in den zwischen ihr und der Stromquelle liegenden Teil der Leitung werden die zur Strommessung dienenden Apparate eingeschaltet, um sie vor jeder

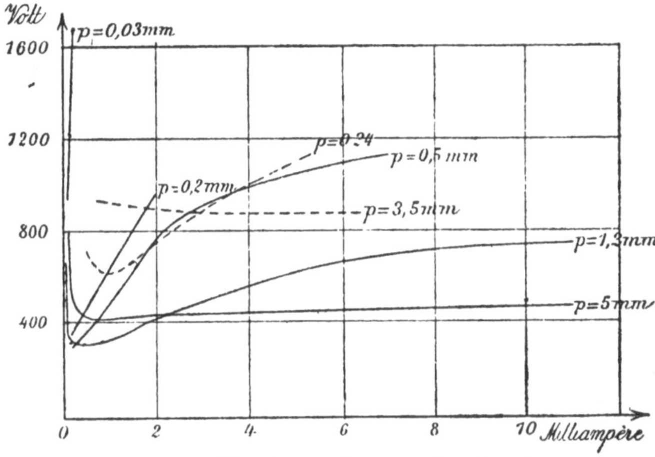

Fig. 662. Charakteristik einer Geisslerröhre.

zu hohen Spannung zu schützen. Unstetige oder intermittierende Ströme geben schwankende Potentialwerte, müssen also vermieden werden. Am einfachsten orientiert man sich über den Charakter des Stromes durch ein Telephon, das in den Schließungskreis eingeschaltet wird; Unstetigkeiten verraten sich dann durch Brausen oder Tönen des Telephons, doch soll nach Valle dieses Erkenntnismittel nicht absolut verläßlich sein.

Fig. 662 gibt in den ausgezogenen Kurven einige Charakteristiken einer kugelförmigen Röhre mit scheibenförmigen Elektroden bei verschiedenen Drucken. Die gestrichelten Kurven beziehen sich auf die zylindrische Röhre, die zu den im vorhergehenden § beschriebenen Versuchen gedient hatte. Die Charakteristiken fallen bei kleinen Stromstärken steil ab, erreichen ein Minimum und steigen dann in einer mit einem Wendepunkte behafteten Kurve wieder an. Bei der kugelförmigen Röhre sind bei kleinen Drucken nur die wiederansteigenden Zweige der Charakteristiken beobachtet. Die Elektroden der Kugelröhre hatten einen

Abstand von nur 6,5 cm. Das positive Licht war daher wenig ausgedehnt. Bei höheren Drucken war es auf eine dünne Schicht der Oberfläche der Anode beschränkt; der ganze Zwischenraum zwischen den Elektroden war dann dunkel.

Bezeichnen wir die elektromotorische Kraft der Stromquelle, z. B. der Akkumulatorenbatterie, durch E, die Elektrodenspannung durch e, den Widerstand des äußeren, die Elektroden verbindenden Leiterkreises mit R, so ist nach dem OHMschen Gesetze: $RI = E - e$, oder $e = E - RI$. Ist die Charakteristik der Röhre bekannt, so ist es leicht, bei gegebener elektromotorischer Kraft E und bei gegebenem Widerstande R die Stärke I des entstehenden Stromes zu bestimmen. Man sucht (Fig. 663) auf der Achse der Spannungen den Punkt E, welcher der äußeren elektromotorischen Kraft entspricht, und legt durch diesen eine Parallele EC zu der Achse der Stromstärken I. Man zieht dann von E aus abwärts eine Linie, welche mit EC einen Winkel α bildet, dessen Tangente gleich R ist, $\operatorname{tg} \alpha = R$. Der Punkt A, in welchem diese Linie die Charakteristik schneidet, gibt die Stromstärke I und die Elektrodenspannung e der Röhre. Verkleinert man den äußeren Widerstand, so nimmt die Neigung der Linie EA ab, ihr Schnittpunkt mit der Charakteristik wandert auf dieser in der Richtung von A nach B. Verkleinert man bei gleichbleibendem äußeren Widerstande die elektromotorische Kraft E, so sinken die Linien EA und EB mit sich selber parallel herab; der Strom verschwindet, sobald sie die Lagen $E'A'$, beziehungsweise $E''B''$ erreicht haben.

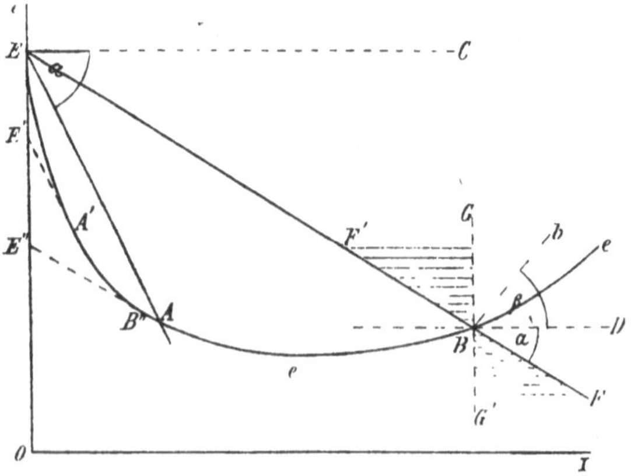

Fig. 663. Stromstärke in Geisslerröhre.

Stabilität der Strömung. An die graphische Darstellung von Fig. 663 knüpft sich noch eine interessante Betrachtung über die Stabilität einer durch eine GEISSLERsche Röhre gehenden Strömung. Der Punkt B der Zeichnung stellt einen bestimmten Zustand der Röhre dar, bei welchem ein konstanter, von der Kraft E und von dem Widerstande R abhängender Strom durch sie hindurchgeht. Für den Punkt B gilt die Gleichung:

$$RI = E - e.$$

Wir nehmen nun in der Nachbarschaft von B einen Punkt b; er entspricht graphisch anderen Werten der Stromstärke und der Elektrodenspannung, die wir durch $I + i$ und $e + \eta$ bezeichnen wollen. Ein konstanter Strom kann unter diesen Verhältnissen nicht durch die Röhre fließen; wohl aber ist ein veränderlicher Strom denkbar, bei dem zu den elektromotorischen Kräften E und $e + \eta$ noch die der Selbstinduktion hinzukommt. Das OHMsche Gesetz liefert für diesen veränderlichen Strom die Gleichung:

$$R(I + i) = E - e - \eta - L\frac{di}{dt}.$$

L bedeutet die Selbstinduktion des äußeren Schließungskreises; di den Zuwachs, welchen der veränderliche Teil i des Stromes in der kleinen Zeit dt erleidet. Subtrahieren wir von dieser Gleichung die für den Punkt B geltende, so ergibt sich:

$$\frac{di}{dt} = -\frac{i}{L}\left(R + \frac{\eta}{i}\right).$$

Nun ist R gleich der Tangente des vorher eingeführten Winkels α; ebenso ist $\frac{\eta}{i}$ gleich der Tangente des Winkels DBb, gleich $\operatorname{tg}\beta$. Somit:

$$\frac{di}{dt} = -\frac{i}{L}(\operatorname{tg}\alpha + \operatorname{tg}\beta).$$

Der Zuwachs von i ist negativ, die Stromschwankung i verschwindet, wenn $\operatorname{tg}\alpha + \operatorname{tg}\beta$ positiv ist. Der Strom I, welcher dem Punkte B entspricht, ist in diesem Falle stabil.

Wenn aber $\operatorname{tg}\alpha + \operatorname{tg}\beta$ negativ ist, so wird die Stromänderung di positiv; der Zustand der Röhre wird sich also weiter und weiter von dem durch den Punkt B dargestellten Gleichgewichte entfernen, und dieses ist ein labiles. Man wird sich nun leicht davon überzeugen, daß der Wert von $\operatorname{tg}\alpha + \operatorname{tg}\beta$ in dem ganzen Winkelraume FBG positiv ist, ebenso in dem Raume des Scheitelwinkels $F'BG'$; dagegen ist $\operatorname{tg}\alpha + \operatorname{tg}\beta$ negativ innerhalb der beiden gestrichelten Winkel. Daraus ergibt sich, daß der Strom I stabil ist für alle Verschiebungen Bb, die innerhalb der Winkelräume FBG und $F'BG'$ liegen, labil für Verschiebungen nach Punkten der gestrichelten Räume. Wir fügen dem die hypothetische Annahme hinzu, daß für die Beurteilung der Stabilität nicht Verschiebungen von beliebiger Richtung maßgebend seien, sondern lediglich Verschiebungen längs der Charakteristik der Röhre. Der Strom I ist dann stabil, wenn die Charakteristik in den Winkelräumen FBG und $F'BG'$ liegt; labil, wenn die Charakteristik durch die gestrichelten Räume geht. Die Richtigkeit des mit Hilfe der letzten Hypothese gewonnenen Kriteriums hat sich in einer Reihe von Fällen experimentell bestätigt.[1] Sind die Verhältnisse so gewählt, daß die Charakteristik von vornherein in dem gestrichelten Raume liegt, so kommt die Entladung überhaupt nicht zustande. Hat man einen stetigen Strom erzeugt, und führt man dann den ihm entsprechenden Punkt B etwa durch Verkleinerung von E

[1] KAUFMANN, Ann. d. Phys. 2 (1900). — RIECKE, Ges. d. Wissensch. Gött. (1907).

an eine Stelle labilen Gleichgewichtes, so wird die Entladung entweder diskontinuierlich oder sie hört ganz auf.

Abhängigkeit der Elektrodenspannung vom Drucke. Die Betrachtung von Fig. 662 zeigt, daß die Charakteristiken in hohem Maße vom Drucke abhängig sind. Die Elektrodenspannung ist also nicht bloß eine Funktion der Stromstärke, sondern auch eine solche des Druckes. Um von dieser letzteren Abhängigkeit ein Bild zu gewinnen, müssen wir die Stromstärke konstant halten und den Druck verändern. So ergeben sich für eine Stromstärke von 1 A · 10^{-3} die Kurven von Fig. 664. Die Kurve *a* bezieht sich auf die zylindrische Röhre von § 577, die Kurve *b* auf die Kugelröhre von § 578. Der allgemeine Typus der Kurven ist derselbe; die in die Augen fallenden Differenzen, die namentlich in der Lage des Minimums der Spannung vorhanden sind, werden irgendwie durch die verschiedene Form und Größe der Röhren und der Elektroden bedingt.

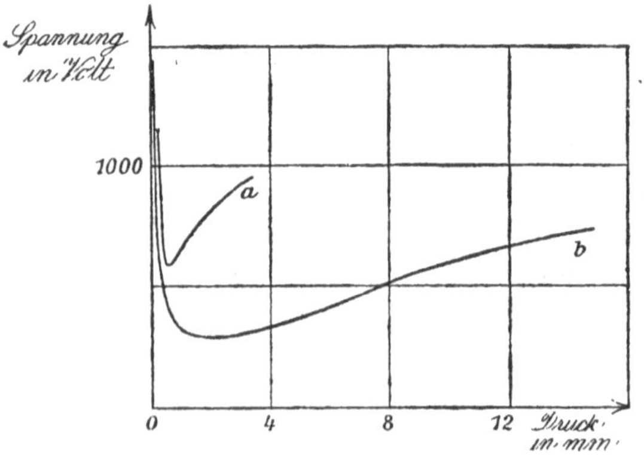

Fig. 664. Elektrodenspannung und Druck.

Alle Versuche, auf welche sich die Betrachtungen der vorhergehenden §§ stützen, sind bei Zimmertemperatur angestellt. Es kann nicht zweifelhaft sein, daß die Charakteristiken mit der Temperatur sich ändern. Allein es fehlt mit Bezug auf diesen Punkt an ausgedehnteren Beobachtungsreihen.

Etwas andere Anschauungen über die Auswertung dieser charakteristischen Kurven der Glimmlichtentladung stellt Valle auf. Er unterscheidet schärfer „dynamische" Charakteristik, wenn der Strom diskontinuierlich ist und „statische" Charakteristik für vollkommenen Gleichstrom. Letzterer ist nicht leicht zu erhalten (selbst von einer Akkumulatorenbatterie), da auch die Kapazität der Röhren und andere Umstände den Strom leichter diskontinuierlich machen, als man bisher dachte. Die von Riecke gegebenen Kurven sollen nach Valle nur teilweise einer kontinuierlichen Entladung entsprechen.[1]

§ 579. Spannungsabfall im Innern der Geisslerröhre. Wir haben bisher die Geisslerröhre als ein Ganzes betrachtet, nunmehr wenden wir uns zu der Untersuchung der Verhältnisse, welche in ihrem Innern in den einzelnen Teilen der Entladung stattfinden. Die experimentelle Lösung der Aufgabe besteht im wesentlichen darin, daß man die Poten-

[1] Wien. Ber. (1914), (1918).

tialdifferenzen zwischen einzelnen Querschnitten der Röhre mit einem Elektrometer mißt. Man bringt zu diesem Zwecke am einfachsten feste Sonden in dem Innern der Röhre an, Drähte, welche in ihre Wandung eingeschmolzen sind, so daß sie an geeigneten Stellen senkrecht zur

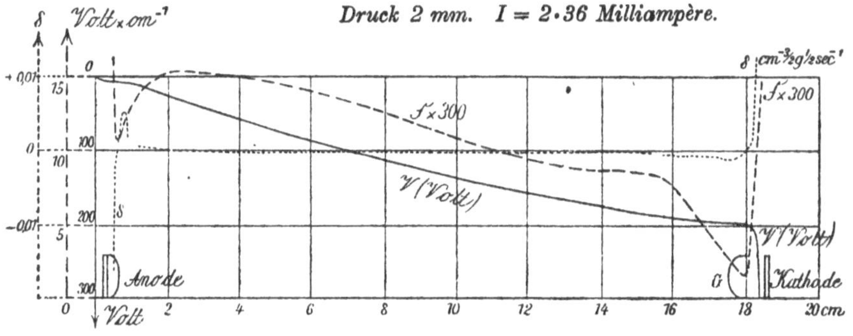

Fig. 665.

Längsrichtung der Röhre stehen. Es ist auch gelungen, bewegliche Sonden in das Innere einer Röhre einzuführen. Benützt man zwei solche Sonden, welche bei unveränderlichem Abstande in der Längsrichtung der Röhre verschiebbar sind, so ergibt sich aus ihrer Potential-

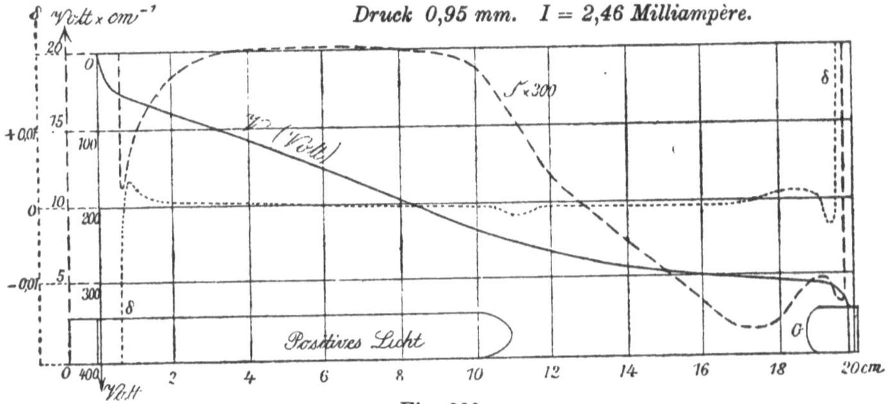

Fig. 666.

differenz an verschiedenen Stellen unmittelbar die in der Längsrichtung wirkende elektrische Kraft.

Die Resultate einer solchen Untersuchung sind in den Figg. 665 bis 668 graphisch dargestellt.[1] Auf den horizontalen Achsen sind die Längen in cm abgetragen. Die Ausbreitung der Lichterscheinungen ist an der oberen oder unteren Seite der Figuren angegeben. *G* bedeutet die Grenze des Glimmlichtes; *L* die leuchtende Kathodenschicht.

[1] Graham, Wied. Ann. 64 (1898).

Die ausgezogenen Kurven geben den Abfall des Potentiales von der Anode aus. Unmittelbar an der Anode ist der Abfall ziemlich steil; er wird dann in einigem Abstande davon schwächer, und behält im positiven Lichte im wesentlichen den gleichen Betrag. Der Spannungs-

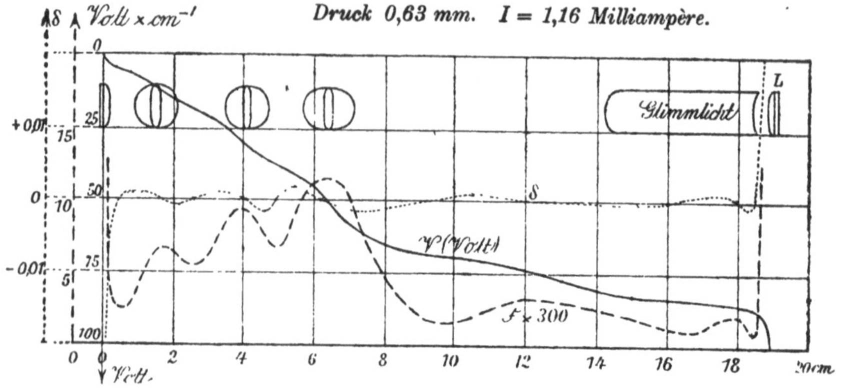

Fig. 667.

abfall ist innerhalb dieser Grenzen der Länge proportional wie bei einem metallischen Leiter. Im dunklen Zwischenraume und im Glimmlichte hat die Potentialkurve einen viel flacheren Verlauf; im Kathodendunkelraume dagegen tritt ein außerordentlich steiler Abfall ein. Treten Schichten

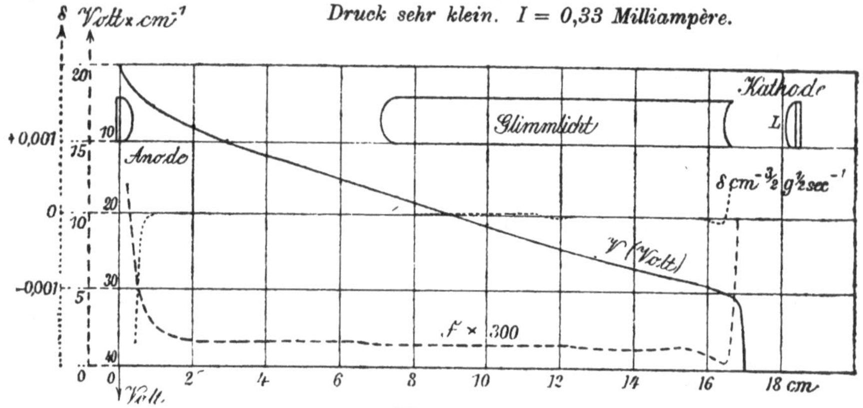

Fig. 668.

auf, wie in Fig. 667, so entspricht immer die Schichtenmitte einer Stelle, an welcher die Potentialkurve steiler gegen die horizontale Achse geneigt ist.

Die gestrichelten Kurven geben den auf einer Länge von 1 cm stattfindenden Potentialfall, den sogenannten Potentialgradienten an den verschiedenen Stellen der Röhren. Man erhält also die elektrostatische Kraft, mit welcher die Einheit der positiven Elektrizität von der Anode zur Kathode getrieben wird, wenn man die Ordinatenwerte der gestrichelten Kurven durch 300 dividiert. Diese Kraft erreicht ihre größten Beträge unmittelbar an der Anode und an der Kathode; sie zeigt zwei ausgeprägte Minima in etwas größerem Abstande von den Elektroden. Die Schichtenmitten entsprechen Maximalwerten der Kraft.

Die Veränderungen der Kraft der Länge der Röhren nach sind bedingt durch räumliche elektrische Ladungen. Von diesen gewähren die punktierten Kurven eine Anschauung. Ihre Ordinaten geben die Mengen der in 1 cm^3 enthaltenen Elektrizität in elektrostatischem Maße; von der Mittellinie aus nach oben gehende Ordinaten entsprechen positiver, nach unten gehende negativer Ladung. Unmittelbar vor der Anode befindet sich eine Schichte mit negativer Ladung von großer, aber rasch abnehmender Dichte; eine ähnliche Schichte positiver Elektrizität findet sich vor der Kathode. Die der Anode zugewandten Hälften der leuchtenden Teile der geschichteten Säule sind positiv, die der Kathode zugewandten negativ elektrisch.

Eine Bestätigung der im vorhergehenden beschriebenen Resultate ergibt sich aus der Beobachtung der Wärme, welche von dem die Röhre durchsetzenden Strome entwickelt wird. Die Potentiale in zwei verschiedenen Querschnitten der Röhre seien V_1 und V_2, die Stromstärke I; dann ist die in dem zwischenliegenden Röhrenabschnitte geleistete Arbeit gleich $(V_1 - V_2) I$. Sie erhöht die kinetische Energie der im Strome bewegten Teilchen; diese aber treten infolge ihrer unter Umständen sehr großen Geschwindigkeit aus dem Raume, in dem die Arbeit geleistet wurde, heraus und übertragen die erhöhte Temperatur auf einen folgenden Abschnitt der Röhre. Daraus ergibt sich im allgemeinen eine räumliche Verschiebung zwischen den Stellen größter Arbeit und den Stellen höchster Temperatur in einer Geisslerröhre.

Bei den Untersuchungen von § 578 ergab sich eine unter Umständen sehr große Abhängigkeit der gesamten Elektrodenspannung von der Stromstärke. Man wird daher fragen, wie sich der Verlauf des Potentiales im Innern der Röhre mit der Stromstärke verändert. Wir beschränken uns vorerst auf eine Bemerkung über den Teil des positiven Lichtes, in welchem das Potential gleichmäßig in einer geraden Linie abfällt, wie in Fig. 665. Die Abnahme des Potentiales auf der Länge von 1 cm, sein Gradient, ist in diesem Abschnitte der Röhre konstant. Aus den experimentellen Untersuchungen ergibt sich, daß der Gradient mit wachsender Stromstärke kleiner wird. Beispielsweise betrug in einer Röhre von 2 cm Weite bei einem Drucke von 2,58 mm der Gradient 57 $V \cdot cm^{-1}$ für eine Stromstärke von 1 $A \cdot 10^{-3}$. Wuchs die Stromstärke, so nahm der Gradient für jedes $A \cdot 10^{-3}$ um 4,5 $V \cdot cm^{-1}$ ab.[1] Mit wachsendem Strome muß daher auch der ganze Potentialunterschied zwischen dem Anfang und dem Ende des positiven Lichtes abnehmen.

[1] Hertz, Wied. Ann. 54 (1895).

Potentialfall an der Kathode. Die Verhältnisse an der Kathode bieten gewisse Eigentümlichkeiten, welche eine gesonderte Betrachtung nötig machen; sie hängen ganz wesentlich davon ab, ob das negative Glimmlicht die ganze Oberfläche der Kathode umhüllt oder nur einen Teil davon. In einem Falle, wie er beispielsweise durch Fig. 659 dargestellt ist, bei höherem Drucke des eingeschlossenen Gases und bei genügender Länge der Kathode, stülpt sich das Glimmlicht wie eine Haube oder eine Glocke über die drahtförmige Kathode. Vergrößerung der Stromstärke hat nur die Folge, daß der Mantel der Glocke sich verlängert, daß das Glimmlicht einen größeren Teil des Drahtes bedeckt. Die Länge des umhüllten Teiles der Kathode ist der Stromstärke sehr nahe proportional. Man bezeichnet unter diesen Umständen die Entladung als eine normale. Die Potentialdifferenz, welche dabei zwischen der äußeren Grenze des Glimmlichtes und zwischen der Kathode stattfindet, nennen wir normalen Potentialfall an der Kathode oder kurz normalen Kathodenfall. Für diesen gelten nach den Untersuchungen von Warburg[1] die folgenden sehr einfachen Sätze. Der normale Kathodenfall ist unabhängig von der Stromstärke, von dem Drucke des Gases, von der Dicke der drahtförmigen Kathode und von den Dimensionen der Geisslerröhre; er ist aber in erheblichem Maße abhängig von der chemischen Reinheit des Gases und von dem Metalle der Kathode. Es ist nach Warburg der

normale Kathodenfall in Volt

	Platinelektroden	Magnesiumelektroden
Sauerstoffreier Stickstoff	232	207
Sauerstoffreier Wasserstoff	300	168.

In O_2-haltigem N_2 stieg der normale Kathodenfall bis auf 410 V.

Bei größerer Verdünnung, wie etwa in dem Falle von Fig. 660, besitzt das Glimmlicht schon bei kleineren Stromstärken eine größere Ausdehnung; man kommt dann durch Vermehrung der Stromstärke leicht dahin, daß es die ganze Länge der Kathode überdeckt; wenn man nun den Strom noch weiter steigert, so ist eine Ausdehnung des Glimmlichtes der Länge der Kathode nach nicht mehr möglich, an ihre Stelle tritt eine Verdickung. Bei genügender Verdünnung und relativ kleiner Kathodenfläche wächst die Dicke des Glimmlichtes mit der Stromstärke auf ein Vielfaches des anfänglichen Betrages, und seine Ausbreitung findet meist erst an den Gefäßwänden ihre Grenze. Ein Beispiel hierfür gibt Fig. 661. Entladungen von dieser Art, bei denen die ganze Kathode von verdicktem Glimmlichte bedeckt ist, wollen wir als anormale bezeichnen, den ihnen entsprechenden Kathodenfall als einen anormalen. Eine Vorstellung von dem Verlaufe des anormalen Kathodenfalles bei verschiedenen Verdünnungen gibt Fig. 669. Auf der horizontalen Achse sind die Stromstärken in mA, auf der vertikalen die Potential-

[1] Warburg, Wied. Ann. 31 (1887); 40 (1890); 45 (1892).

differenzen in V abgetragen. Die an den einzelnen Kurven stehenden Zahlen geben den Gasdruck in mm. Die Linie NN' entspricht dem normalen Kathodenfalle, der für alle Verdünnungen derselbe ist. Die vollständige Kurve des Kathodenfalles für eine beliebige Verdünnung besteht aus einem Stücke der horizontalen Linie NN' und einem an dieses sich ansetzenden parabolischen Bogen. Die Länge des geradlinigen Stückes ist durch die Stromstärke bestimmt, bei welcher die normale Entladung in die anormale übergeht. Die Parabelbögen entsprechen der anormalen Entladung. Die Röhre war bei den Versuchen mit Luft gefüllt, die Kathode bestand aus Aluminium.[1]

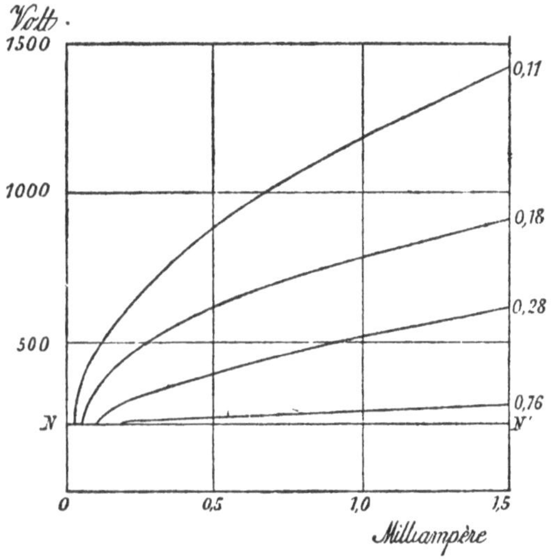

Fig. 669. Kathodenfall.

Warburg hat außer dem ganzen Kathodenfalle noch das Potentialgefälle unmittelbar an der Oberfläche der Kathode bestimmt, und zwar aus der Kraft, mit der die Kathode gegen die Anode hingezogen wird. Zu diesem Zwecke wurde die Kathode, eine Aluminiumscheibe von 2 cm Durchmesser, unter dem Rezipienten einer Luftpumpe in horizontaler Stellung an den einen Arm einer Hebelwage gehängt, die Anode vertikal unter ihr fest aufgestellt. Durch besondere Vorrichtungen wurde bewirkt, daß die Kraftlinien von der unteren Fläche der Kathode senkrecht nach der Anode hinübergingen. Betrug unter diesen Umständen die ganze auf die Kathode ausgeübte Anziehung Ag-Gewichte, die Kathodenfläche s cm², so war der auf die Flächeneinheit entfallende Zug in Dynen gleich gA/s. Bezeichnen wir andererseits die Stärke der elektrischen Kraft an der Oberfläche der Kathode durch $\mathfrak{E}$, so ist der auf das cm² der Oberfläche wirkende elektrostatische Zug nach § 382 gleich $\mathfrak{E}^2/(8\pi)$, also:

$$\mathfrak{E} = \sqrt{8\pi g A/s}.$$

Dabei ist $\mathfrak{E}$ nach elektrostatischem Maße gemessen; es ist $\mathfrak{E}$ die mechanische Kraft, welche auf einen Einheitspol an der Oberfläche der Kathode ausgeübt wird, unter der Annahme, daß durch seine Einführung das elektrische Feld keine Veränderung erleidet. $\mathfrak{E}$ ist zugleich der Abfall des Potentials auf der Länge von 1 cm, wenn das Potential gleich

[1] J. Stark, Phys. Zs. 3 (1901/1902).

falls in absolutem elektrostatischem Maße gemessen wird. Bezeichnen wir also das Potential durch V, den Zuwachs, den es auf einer kleinen Strecke dn normal zu der Kathode erfährt, durch dV, so ist der Potentialgradient:

$$dV/dn = \mathfrak{E} = \sqrt{8\pi g A/s}.$$

Um den Potentialgradienten in V zu erhalten, müssen wir mit 300 multiplizieren. Endlich ergibt sich noch nach § 382 für die elektrische Dichte an der Oberfläche der Kathode der Wert:

$$\sigma = \mathfrak{E}/(4\pi).$$

Warburg hat die Anziehungen A bei verschiedenen Stromstärken gemessen; er hat außerdem den Kathodenfall, die Potentialdifferenz zwischen der Kathode und der äußeren Grenze des Glimmlichtes bestimmt. Es mögen im folgenden die Ergebnisse einiger Beobachtungen mitgeteilt werden; sie beziehen sich auf schwach feuchten Stickstoff bei einem Drucke von 0,6 mm. Die Elektroden bestanden aus Aluminium.

Stromstärke in $A \cdot 10^{-6}$	$A \cdot 10^6$ in g-Gew.	$\frac{dV}{dn}$ in $V \cdot cm^{-1}$	σ $cm^{-\frac{1}{2}}g^{\frac{1}{2}}sec^{-1}$	Kathodenfall in V
200	160	338	0,090	243
560	438	560	0,148	252
690	401	536	0,142	234
1520	879	793	0,210	262 .

Die Entladungen waren bei diesen Versuchen nicht normal; doch dürfte die Abweichung von dem Normalfalle bei den kleineren Stromstärken keine allzu große gewesen sein. Der Wert des normalen Kathodenfalles kann etwa zu 200 V angenommen werden.

An diese Untersuchungen knüpft sich schließlich noch eine Aufgabe. Wir haben uns in § 578 mit der Elektrodenspannung der Geisslerröhre beschäftigt. Wir können diese Spannung zerlegen in zwei Teile, in den Kathodenfall und in die Potentialdifferenz zwischen der Anode und zwischen der äußeren Grenze des Glimmlichtes, die wir hier der Kürze halber als Anodenfall bezeichnen wollen. Die in § 578 betrachteten Charakteristiken müssen sich konstruieren lassen, sobald die Abhängigkeit des Kathodenfalles einerseits, des Anodenfalles andererseits von der Stromstärke bekannt ist. Die Lösung der Aufgabe wird besonders dadurch kompliziert, daß der Anodenfall nicht bloß von der Stromstärke und der Gasdichte, sondern auch von der Form der Röhre abhängig ist. Zu einer vollständigen Lösung reichen die zurzeit vorliegenden Tatsachen der Beobachtung nicht aus. Doch läßt sich übersehen, daß aus der Superposition des Anoden- und des Kathodenfalles Kurven sich ergeben, welche einen ähnlichen Charakter besitzen, wie die von Fig. 662.

§ 580. Wirkung des Magnetismus auf die Entladung. Sehr merkwürdige Erscheinungen ergeben sich, wenn die Entladung in einem magnetischen Felde vor sich geht. Der positive Teil der Entladung verhält sich im allgemeinen so, wie ein biegsamer und dehnbarer, die beiden Elektroden verbindender Leiter. Liegen die Elektroden auf einer und derselben Kraftlinie, so folgt der Bogen des positiven Lichtes dieser Linie, da dann die elektromagnetischen Kräfte verschwinden (§ 477). Liegen die Kraftlinien senkrecht zu der Längsrichtung der Röhre, so wird die Entladung gegen die Glaswand getrieben. Sie folgt dort in einem schmalen, glänzenden Streifen einer sogenannten epibolischen Kurve, welche die Punkte verbindet, in denen die Glaswand von den Magnetkraftlinien berührt wird. Auch wenn die Kraftlinien parallel mit der Achse der Röhre liegen, verändert sich das positive Licht unter der Wirkung der magnetischen Kräfte. Bei höherem Drucke, bis etwa 0,7 mm, rückt das positive Licht um so weiter gegen die Kathode vor, je größer die Feldintensität ist. Wenn das positive Licht geschichtet ist, so entstehen dabei neue Schichten, während der Schichtenabstand unverändert bleibt. Bei schwächerem Drucke kehrt sich die Erscheinung um, das positive Licht weicht mit zunehmender Feldintensität immer weiter gegen die Anode zurück.

Wir wenden uns zu der Wirkung des Magnetfeldes auf das negative Glimmlicht. Seine Unabhängigkeit von der positiven Elektrode macht sich auch hierbei geltend. Wir benützen als Kathode einen blanken Metalldraht und richten die Kraftlinien zuerst so, daß sie senkrecht gegen die Achse des Drahtes stehen. Mit zunehmender Feldintensität zieht sich dann das Glimmlicht mehr und mehr zu einer flachen Scheibe zusammen, welche von zwei sogenannten magnetischen Flächen begrenzt wird. Diese Grenzflächen werden durch Kraftlinien erzeugt, welche den zylindrischen Kathodendunkelraum auf beiden Seiten des Drahtes berühren. Liegen die Kraftlinien parallel zu dem Kathodendrahte, so zieht sich das Glimmlicht mit dem dasselbe begrenzenden Kathodendunkelraume in radialer Richtung stark zusammen, wenn das Feld erregt wird. Bei kleineren Drucken, von vielleicht 0,3 mm an, wird das Glimmlicht außerdem gegen die Anode hin verschoben so daß der hintere Teil des Kathodendrahtes von Glimmlicht entblößt wird. Die Spitze des Glimmlichtes dringt in demselben Maße gegen die Anode vor, in dem das positive Licht zurückweicht.

Die Wirkung des Magnetfeldes auf den positiven Teil der Entladung vergrößert, seine Wirkung auf den negativen Teil verkleinert die Elektrodenspannung. Bei kleineren Stromstärken und bei größeren Drucken überwiegt im allgemeinen die erste Wirkung, bei größeren Stromstärken und kleineren Drucken die zweite.[1]

[1] Riecke, Ann. d. Phys. 4 (1901).

II. Entladungen bei großer Verdünnung.

§ 581. **Kathodenstrahlen.** Wir haben im vorhergehenden gesehen, daß der Potentialgradient im Innern einer Geisslerröhre an der Kathode einen besonders großen Wert hat; dem entspricht die Tatsache, daß an der Kathode im allgemeinen die stärkste Wärmeentwicklung stattfindet. Wenn man den Druck in der Röhre weiter und weiter erniedrigt, so konzentriert sich der Potentialfall immer mehr auf die Umgebung der Kathode, aber die Wärmeentwicklung an derselben nimmt keineswegs in entsprechendem Maße zu. Bei sehr hohen Verdünnungen muß also die Arbeit, welche der Strom in der Nähe der Kathode leistet, noch ein anderes Äquivalent besitzen, als die daselbst entwickelte Wärme.

In der Tat tritt nun bei hohen Verdünnungen, bei Drucken von etwa 0,01—0,001 mm, eine neue Erscheinung auf. Wir benützen zu ihrer Demonstration eine scheibenförmige Kathode und verlegen die Anode in einen seitlichen Ansatz der im übrigen geradlinigen Röhre. Das positive Licht ist beinahe völlig verschwunden; in der Röhre selbst ist nur ein schwaches, diffuses Glimmlicht zu beobachten. Dagegen zeigt sich auf der Glaswand, gerade gegenüber der Kathode, ein heller, gelbgrün fluoreszierender Fleck, etwa der Form der Kathode entsprechend; außerdem beobachtet man da, wo die Fläche der Kathode die Glaswand schneidet, einen scharfen, ebenfalls grün fluoreszierenden Ring (die Fluoreszenzfarbe hängt von der Glassorte ab). Man wird unwillkürlich zu der Vermutung geführt, daß diese Fluoreszenz durch Strahlen erregt wird, die senkrecht teils aus der Fläche der Kathode, teils aus ihrem Rande hervorbrechen. Diese Strahlen, die Kathodenstrahlen, wurden von Hittorf (1869) entdeckt und später, unabhängig von ihm, von Crookes wiedergefunden. Daß man es dabei mit einer Strahlung zu tun hat, wird zunächst dadurch bewiesen, daß Glimmerscheiben, Metallbleche, die man in den Weg der Strahlen stellt, hinter sich einen Schattenkegel bilden (Fig. 670); aus der Form der auf der fluoreszierenden Glaswand entstehenden Schattenbilder ergibt sich, daß die Strahlen wenigstens sehr nahe in geraden Bahnen sich bewegen.

Fig. 670.

Die Kathodenstrahlen schwärzen auch photographische Platten.

Eine weitere Wirkung der Strahlen, auf die man sehr leicht aufmerksam wird, ist ihre Wärmewirkung. Die fluoreszierenden Stellen der Glaswand werden heiß. Die elektrische Energie verwandelt sich also unter Vermittlung der Kathodenstrahlen auch jetzt wieder im wesentlichen in Wärme; aber diese tritt nicht mehr da auf, wo die elektrische Arbeit geleistet wird, sondern da, wo die Kathodenstrahlen die Glaswand treffen. Wenn man als Kathode eine kugelförmig gekrümmte Aluminiumschale benützt, so werden die senkrecht aus ihrer Oberfläche hervorbrechenden Strahlen sich nahezu in ihrem Mittelpunkte sammeln; stellt man in diesen ein Platinblech, so gerät dieses bei der Entladung in lebhaftes Glühen (Fig. 671).

In einer gut ausgepumpten Röhre sind die Kathodenstrahlen selbst unsichtbar.

Eine merkwürdige Eigenschaft der Kathodenstrahlen ist ihre Fähigkeit, dünne Metallschichten zu durchdringen. Während sie Glimmer oder Glasplatten nicht zu durchdringen vermögen, gehen sie durch Blattgold, Blattsilber oder Blattaluminium hindurch. Lenard hat diesen Umstand benützt, um Kathodenstrahlen in die freie Luft austreten zu lassen.[1] Den hierzu benutzten, von Des Coudres etwas vereinfachten Apparat zeigt Fig. 672. Die Röhre besteht aus Hartgummi; an ihrem hinteren Ende (rechts) ist die Aluminiumkathode eingeführt; vorn ist die Röhre durch eine Metallkapsel geschlossen; in dieser befindet sich eine Öffnung von etwa 2 mm Durchmesser, welche durch ein aufgekittetes Aluminiumfenster von etwa 0,003 mm Dicke verschlossen wird. Die Metallkappe wird bei den Versuchen zur Erde abgeleitet und dient zugleich als Anode. Wenn man nun die Entladungen eines Ruhmkorffschen Induktors durch die Röhre gehen läßt, so daß sich intensive Kathodenstrahlen entwickeln und das Fenster treffen, so sieht man in der Luft vor demselben ein bläuliches Licht nach allen Seiten bis auf eine Entfernung von vielleicht 5 cm sich ausbreiten. Die Kathodenstrahlen gehen also durch das Aluminiumblättchen hindurch, aber sie werden dabei zugleich zerstreut. Eine solche diffuse Zerstreuung findet aber auch in der Luft selbst statt. Denn stellt man vor dem Fenster in der Luft einen Metallschirm mit einer feinen Durchbohrung auf, so sieht man hinter dieser, höchstens bis auf Millimeterlänge, einen Strahl; weiterhin breitet sich das Licht nach allen Seiten, einer Rauchwolke ähnlich, aus. Die durch das Aluminiumfenster in Luft austretenden Strahlen haben, ebenso wie in den Entladungsröhren selbst, die Eigenschaft, Fluoreszenz zu erregen; sie sind photographisch wirksam. Beide Eigenschaften können benützt werden, um die Durchlässigkeit der Stoffe für Kathodenstrahlen zu untersuchen.

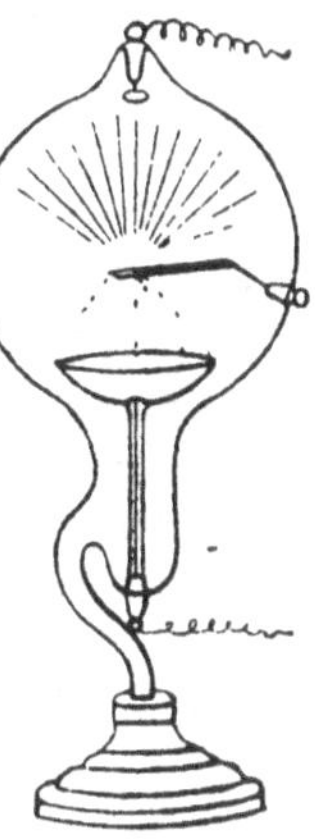

Fig. 671.

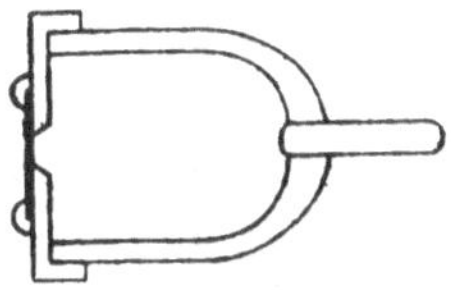

Fig. 672.

[1] Lenard, Wied. Ann. 51 (1894). Die zahlreichen Arbeiten Lenards sind zusammengestellt in „Quantitatives über Kathodenstrahlen aller Geschwindigkeiten". Heidelberg (1918).

Mit Bezug auf ihre Durchlässigkeit für Kathodenstrahlen verhalten sich verschiedene Stoffe verschieden, aber die Unterschiede sind bei weitem nicht so groß, wie den Lichtstrahlen gegenüber. Überraschend ist vor allem, daß Aluminium- und Eisenblech sowie Stanniol für Kathodenstrahlen noch bei Dicken von etwa $^1/_{50}$ mm durchlässig sind, während Gold- oder Silberblätter, die im Lichte durchscheinen, eine Dicke von etwa nur $^1/_{10000}$ mm besitzen. Gase sind um so durchlässiger, je verdünnter sie sind; zugleich nimmt die diffuse Zerstreuung der Strahlen mit fortschreitender Verdünnung ab. Für Untersuchungen über die Natur der Kathodenstrahlen ist die Tatsache von Bedeutung, daß sie auch in ein Vakuum mit einem Drucke von 0,00001 mm Hg auszutreten vermögen, welches der elektrischen Entladung absolut keinen Durchgang mehr gestattet, in dem also Kathodenstrahlen nicht mehr entstehen können. Immer verhalten sich dabei die Punkte des Aluminiumfensters als Quellen von Strahlen, die geradlinig nach allen Seiten hin sich verbreiten. Wenn man aber aus diesem Büschel mit Hilfe eines Diaphragmas einen einzelnen Strahl ausscheidet, so behält dieser eine ganz besondere Schärfe, die Zerstreuung der Strahlen verschwindet im leeren Raume.

Auf eine eigentümliche Wirkung der in atmosphärische Luft austretenden Kathodenstrahlen werden wir später zurückkommen. Wenn man vor dem Aluminiumfenster einen geladenen Konduktor aufstellt, so verliert er seine Elektrizität unter der Wirkung der Strahlen; die Luft wird durch die Strahlen leitend (oder „ionisiert“ § 591).

§ 582. Elektrische und magnetische Ablenkung der Kathodenstrahlen. Elektronen. Wie bei dem Lichte, so wird auch bei den Kathodenstrahlen die Frage entstehen, ob wir es dabei mit einer Wellenbewegung oder mit einer Emission materieller Teilchen zu tun haben. Wir wollen zunächst ein paar Beobachtungen mitteilen, welche die Vermutung nahe legen, daß die Frage bei den Kathodenstrahlen in umgekehrtem Sinne zu entscheiden ist, wie bei dem Lichte.

Wenn wir eine hoch evakuierte Röhre, in der sich kräftige Kathodenstrahlen bilden, mit dem zu der Erzeugung der Lichtenbergschen Figuren dienenden Gemische von Menninge- und Schwefelpulver bestäuben, so bedeckt sich die Oberfläche der Röhre im großen und ganzen mit dem negativ elektrischen Schwefelpulver. Nur die der Kathode gegenüberliegende Stelle des hellen Fluoreszenzfleckes färbt sich intensiv rot, ebenso der in der Ebene der Kathode liegende fluoreszierende Ring.[1] Man wird dies am einfachsten durch die Annahme erklären, daß von der Kathode negativ elektrische Teilchen, sogenannte Elektronen, ausgeschleudert werden, welche sich an die Glaswand anlegen und ihr eine negative Ladung erteilen. Als eine weitere Bestätigung der Annahme

---

[1] Villari, Rendiconti d. Real. Acad. di Napoli (1896). Riecke, Wied. Ann. 69 (1899). Ann. d. Phys. 3 (1900).

kann man wohl die folgende Beobachtung betrachten. Wenn man eine Röhre von solcher Verdünnung benutzt, daß sie der Elektrizität eben noch den Durchgang gestattet, so haben die fluoreszierenden Stellen gegenüber der Kathode das Aussehen von sehr zierlich verzweigten LICHTENBERGschen Figuren. Diese Figuren sind aber in einem fortwährenden Wechsel begriffen, wodurch unter Umständen der Anschein erweckt wird, als ob eine flüssige Materie in unregelmäßiger Fluktuation über die Oberfläche des Glases sich verbreite. Die Beobachtung wird auf Grund unserer Emissionshypothese leicht zu deuten sein. Die lebhaft fluoreszierenden Stellen, die sich mit den von der Kathode ausgeschleuderten Elektronen beladen haben, üben auf die neu ankommenden Teilchen abstoßende Kräfte aus; die Kathodenstrahlen werden dadurch in neue Bahnen gelenkt und damit wechselt auch die Anordnung der von ihnen erzeugten LICHTENBERGschen Figuren.

Diese Auffassung wird bestätigt durch eine von GOLDSTEIN entdeckte Erscheinung, die sogenannte Deflexion der Kathodenstrahlen. In den Weg der von einer scheibenförmigen Kathode ausgehenden Strahlen stellen wir einen Draht. Auf der der Kathode gegenüberliegenden Glaswand erscheint dann der scharfe Schatten des Drahtes in dem Fluoreszenzflecke. Wenn man nun den Draht mit dem negativen Pole einer Influenzmaschine verbindet, so verbreitert sich der Schatten, sobald die Maschine in Tätigkeit gesetzt wird. Die Ursache der Verbreiterung wird in der abstoßenden Wirkung des negativ elektrischen Drahtes auf die gleichnamig elektrischen Elektronen zu suchen sein. Man wird danach erwarten, daß der Versuch sich umkehren lassen muß; einer positiven Ladung des Drahtes sollte eine Zusammenziehung des Schattens entsprechen. Davon ist aber nichts wahrzunehmen. Das liegt daran, daß Potentialfall und elektrische Kraft an einer positiven Elektrode sehr viel kleiner sind als an einer negativen, wie sich aus der Betrachtung der Figg. 665—668 deutlich ergibt.

PERRIN ließ die Kathodenstrahlen in einen mit einem Elektroskop verbundenen Metallzylinder fallen und zeigte so direkt ihre negative Ladung.[1]

Die im vorhergehenden wahrscheinlich gemachte Vorstellung von der Natur der Kathodenstrahlen werden wir nun weiter verfolgen; dabei machen wir die Voraussetzung, daß die Elektronen Masse besitzen, wie die ponderablen Körper. Wir können dann auf Grund der mechanischen Prinzipien bestimmte Gesetze für die Bewegung der Elektronen entwickeln, um durch ihre Vergleichung mit der Beobachtung einen Prüfstein für die Richtigkeit der Elektronenhypothese zu gewinnen. Wir betrachten zunächst die elektrostatischen Wirkungen.

Wirkung longitudinaler elektrischer Kräfte. Bei den zur Prüfung der Theorie dienenden Versuchen richten wir die Sache so ein,

[1] C. R. 121 (1895).

daß die Elektronen der Wirkung des Anodenfalles entzogen sind. Zu diesem Zwecke kann man die Anode in eine seitliche Ansatzröhre verlegen; man kann ihr auch die Form eines Ringes geben, der die scheibenförmige Kathode umschließt. In beiden Fällen handelt es sich nur um die Wirkung, welche der Kathodenfall auf die Elektronen ausübt. Das Potential an der Oberfläche der Kathode selbst sei gleich Null, an der Grenze des Glimmlichtes gleich V, also V der Kathodenfall. Ferner sei die Ladung eines Elektrons in elektrostatischem Maße ε, seine ponderable Masse μ. Die Arbeit, welche die elektrischen Kräfte leisten, während das Elektron von der Kathode bis zu der Grenze des Glimmlichtes sich bewegt, ist gleich εV. Diese Arbeit muß nach unserer Hypothese ihr Äquivalent in der kinetischen Energie finden, mit welcher das Elektron die Grenze des Glimmlichtes verläßt; wir erhalten also die Beziehung:

$$\varepsilon V = \tfrac{1}{2} \mu \mathfrak{g}^2,$$

wenn wir mit $\mathfrak{g}$ die Endgeschwindigkeit des Elektrons bezeichnen. Wir schreiben die Gleichung so:

$$\frac{\mu}{\varepsilon} \mathfrak{g}^2 = 2 V.$$

An der Grenze des Glimmlichtes tritt das Elektron aus dem elektrischen Felde der Röhre heraus und bewegt sich nun infolge seiner Trägheit mit der Geschwindigkeit $\mathfrak{g}$ weiter, bis es die Wand der Röhre trifft. Dort wird seine Geschwindigkeit aufgehoben und an Stelle der verschwindenden kinetischen Energie tritt die im Fluoreszenzflecke erzeugte Wärme.

In der Elektronentheorie ist die Geschwindigkeit der Elektronen identisch mit der der Kathodenstrahlen. Aus der vorhergehenden Formel ergibt sich somit der Satz: Die Geschwindigkeit der Kathodenstrahlen ist der Quadratwurzel aus dem Kathodenfalle proportional.

Wirkung transversaler elektrischer Kräfte. In dem vorhergehenden Falle lag die Kraft in der Bewegungsrichtung der Elektronen. Es liegt nahe, nach der Wirkung elektrischer Kräfte zu fragen, welche senkrecht zu der anfänglichen Richtung der Bewegung stehen. Zum Zwecke des Versuches kann man in der Röhre zwei Aluminiumplatten einander gegenüberstellen, wie die Platten eines Kondensators, so daß die Kathodenstrahlen mitten zwischen ihnen hindurchgehen müssen (Fig. 673). Man verbindet die eine der Platten mit dem positiven, die andere mit dem negativen Pole einer Influenzmaschine. Sobald die Platten geladen sind, werden die Kathodenstrahlen nach der Seite der positiv geladenen Platte abgelenkt. Zum Gelingen des Versuches ist allerdings ein sehr hohes Vakuum nötig, denn sobald zwischen P und N ein Strom übergeht, werden die transversalen elektrischen Kräfte in der Mitte zwischen den beiden Platten so schwach, daß sie keine merkliche Ablenkung der Kathodenstrahlen mehr erzeugen. Zur Beobachtung der Ablenkung befindet sich am Ende der Röhre ein Glimmerschirm S, der mit einem fluoreszierenden Pulver, einer sog. Leuchtfarbe, überzogen ist. Die Theorie des Versuches läßt sich in einfacher Weise nur dann entwickeln, wenn das elektrostatische Feld zwischen den Platten P und N als ein homogenes betrachtet werden kann; in diesem Falle verhalten sich die Kathodenstrahlen in dem Raume zwischen den Platten ähnlich wie Wasserstrahlen, die aus einer horizontalen Röhre ausfließen.

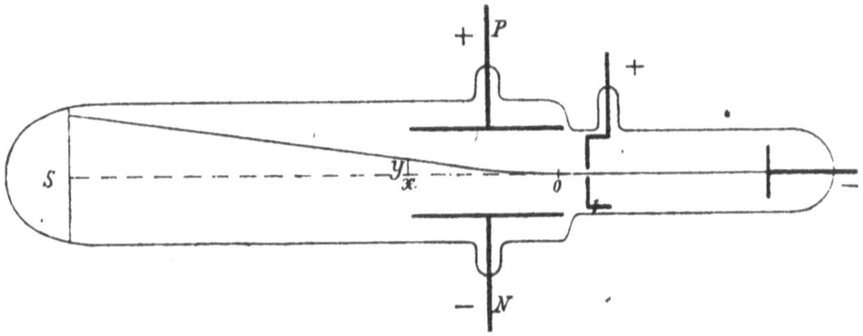

Fig. 673. Elektrostatische Ablenkung der Kathodenstrahlen.

Ebenso wie diese werden auch die Kathodenstrahlen parabolisch gekrümmt. Es ergibt sich dies aus der folgenden Betrachtung. Als Anfangspunkt der Zeit werde der Moment genommen, in dem die aus einem schmalen, zugleich als Anode benützten Diaphragma kommenden Kathodenstrahlen in das elektrostatische Feld der beiden Platten eintreten. Die Geschwindigkeit der Strahlen in der Achsenrichtung der Röhre sei $\mathfrak{g}$. In der Zeit t legt dann ein Elektron, welches zur Zeit Null in dem Anfangspunkte O des Feldes sich befand, den Weg $Ox = x = \mathfrak{g}t$ in der Richtung der Achse zurück. Bezeichnen wir die Intensität des elektrischen Feldes durch $\mathfrak{E}$, so ist die elektrische Kraft, welche auf das Elektron senkrecht zu der Achse Ox wirkt, gleich $\varepsilon\mathfrak{E}$. Diese Kraft erzeugt eine senkrechte Abweichung des Elektrons von der Richtung Ox; der Betrag, den sie in der Zeit t erreicht, ist nach dem zweiten Fallgesetze gegeben durch:

$$y = \frac{1}{2}\,\frac{\varepsilon\mathfrak{E}}{\mu}\,t^2 .$$

Drücken wir hier mit Hilfe der vorhergehenden Formel die Zeit t durch den Weg x aus, so ergeben sich die weiteren Gleichungen:

$$y = \frac{\varepsilon}{\mu}\cdot\frac{\mathfrak{E}}{2}\cdot\frac{x^2}{\mathfrak{g}^2} \quad \text{und} \quad \frac{\mu}{\varepsilon}\,\mathfrak{g}^2 = \frac{\mathfrak{E}}{2}\cdot\frac{x^2}{y} .$$

Die erste zeigt, daß die Bahn der Kathodenstrahlen wirklich eine Parabel ist. Die zweite kann benützt werden, um aus der Feldstärke $\mathfrak{E}$ und aus den gemessenen Längen x und y den Wert des auf der linken Seite stehenden Produktes $\frac{\mu}{\varepsilon}\,\mathfrak{g}^2$ zu berechnen. Auf dasselbe Produkt sind wir aber schon bei der Betrachtung der longitudinalen elektrischen Kräfte geführt worden. Setzen wir den damals gefundenen Wert des Produktes gleich dem jetzigen, so ergibt sich:

$$x^2/y = 4\,V/\mathfrak{E},$$

eine Gleichung, deren Gültigkeit durch den Versuch in einfacher Weise bestätigt werden kann.

Magnetische Ablenkung. Schon früher war aufgefallen, daß die Kathodenstrahlen durch magnetische Kräfte sehr leicht aus ihrer geradlinigen Bahn abgelenkt werden können. Sie verhalten sich dabei wie biegsame Leiter, die an ihrem einen, der Kathode entsprechenden Ende festgehalten werden, während sie im übrigen frei beweglich sind. Die Theorie der magnetischen Ablenkung läßt sich auf Grund der Elektronentheorie in folgender Weise entwickeln. Wir beschränken uns zunächst auf den Fall, daß die anfängliche Bewegung der Elektronen senkrecht zu den magnetischen Kraftlinien steht (Fig. 674). Unter diesen Umständen wirkt auf ein Elektron mit der Ladung $-\varepsilon$ eine Kraft K, welche senkrecht zu der Richtung seiner augenblicklichen Bewegung und senkrecht zu der Richtung der Kraftlinien steht. Bewegt sich das Elektron beim Eintritt in das magnetische Feld in der Richtung Ox, von rechts nach links, und gehen die Magnetkraftlinien in der Richtung $O\mathfrak{H}$ horizontal von vorne nach hinten, so ist die Kraft K vertikal nach oben gerichtet, sie wird also das Elektron in der vertikalen Ebene, welche durch Ox senkrecht zu $O\mathfrak{H}$ hindurchgeht, nach oben hin ablenken.

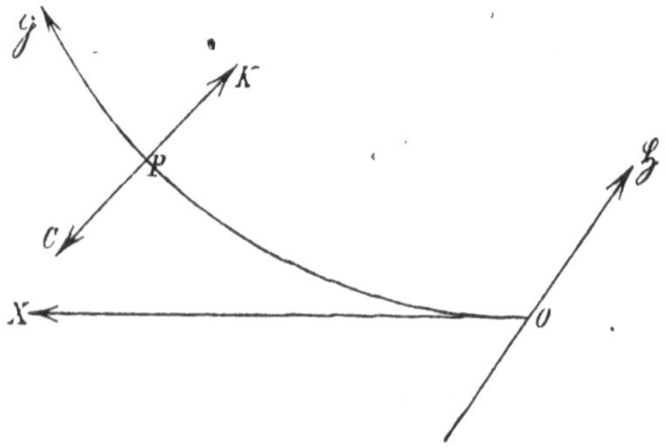

Fig. 674.
Magnetische Ablenkung der Kathodenstrahlen.

Nun bleibt die Kraft K stets senkrecht zu der augenblicklichen Bewegungsrichtung des Elektrons und zu den Kraftlinien. Daraus folgt erstens, daß die Bahn des Elektrons in der durch Ox gehenden Vertikalebene liegen muß; zweitens kann die Geschwindigkeit $\mathfrak{g}$ des Elektrons keine Änderung erleiden, da die Kraft K bei seiner Bewegung keine Arbeit leistet. Endlich kann man daraus noch den Schluß ziehen, daß in jedem Punkte P der Bahn zwischen der magnetischen Kraft K und der Zentrifugalkraft C Gleichgewicht vorhanden sein muß. Nun ist nach § 582 die von dem Magnetfelde ausgeübte Kraft:

$$K = \frac{\mathfrak{g}}{c}\,\varepsilon\,\mathfrak{H};$$

sie ist dieselbe in allen Punkten der Bahn, gleiches muß daher auch von der Zentrifugalkraft gelten, d. h. die Bahn des Elektrons ist ein Kreis.

Bezeichnen wir den Halbmesser dieses Kreises durch r, so ist die Bedingung für das Gleichgewicht der Kräfte C und K gegeben durch:

$$\frac{\mathfrak{g}^2 \mu}{r} = \frac{\mathfrak{g}}{c} \cdot \varepsilon \mathfrak{H},$$

wo c die Lichtgeschwindigkeit bezeichnet.

Für den Halbmesser des von dem Elektron beschriebenen Kreises ergibt sich daraus:

$$r = \frac{c \mu}{\varepsilon} \cdot \frac{\mathfrak{g}}{\mathfrak{H}}.$$

Im allgemeinen Falle, wenn die Bewegungsrichtung des Elektrons zu Anfang einen beliebigen Winkel α mit der Richtung der Kraftlinien einschließt, zerlegen wir die Geschwindigkeit $\mathfrak{g}$ in eine Komponente $\mathfrak{g} \sin \alpha$ senkrecht zu der Richtung der Kraftlinien und eine Komponente $\mathfrak{g} \cos \alpha$ parallel den Kraftlinien. Vermöge der ersten Komponente würde das Elektron einen Kreis vom Halbmesser $\frac{c \mu}{\varepsilon} \cdot \frac{\mathfrak{g} \sin \alpha}{\mathfrak{H}}$ in einer zu der Richtung der Kraftlinien senkrechten Ebene beschreiben. Vermöge der zweiten würde es gleichförmig in der Richtung der Kraftlinien fortschreiten. Beide Bewegungen zusammen geben als Bahn des Elektrons eine Schraubenlinie, deren Achse parallel mit den Kraftlinien ist.[1]

Braunsche Röhre. Die magnetische Ablenkung eines Kathodenstrahles läßt sich dadurch sehr schön demonstrieren, daß man aus dem von der Kathode ausgehenden Strahlenbündel durch ein Glasdiaphragma einen feinen Strahl isoliert. Dieser fällt in einiger Entfernung von dem Diaphragma auf einen mit Leuchtfarbe überzogenen Glimmerschirm und läßt dort einen kleinen Fluoreszenzfleck hervortreten.

Das Nähern eines Magneten verschiebt diesen Lichtpunkt. Das geschieht so rasch, daß man auch rasch wechselnde magnetische Felder mit diesem Hilfsmittel erkennen kann. Wird der Strahl z. B. der Wirkung eines Drehfeldes (§ 565) unterworfen, so beschreibt der Fluoreszenzfleck auf dem Schirme einen Kreis; die Zeit seines Umlaufes ist dieselbe wie die der Drehfeldpole.

Stromstärke und Wärmewirkung. Bezeichnen wir die Zahl der Elektronen, die in 1 sec von der Kathode ausgeschleudert werden, durch N, so ist die Menge von Elektrizität, welche in einer Sekunde durch einen Querschnitt des Kathodenstrahlenbündels geht, die Stromstärke in elektrostatischem Maße, $\mathfrak{C} = \varepsilon N$. Bezeichnen wir die konstante Geschwindigkeit, mit welcher die Elektronen die Grenze des Glimmlichtes verlassen, wie früher mit $\mathfrak{g}$, so ist die kinetische Energie eines Elektrons $\frac{1}{2} \mu \mathfrak{g}^2$. Die Zahl der Elektronen, die pro sec gegen die Endfläche der Glasröhre prallen, ist N; die verlorene Wucht $\frac{1}{2} N \mu \mathfrak{g}^2$; die damit äquivalente in 1 sec erzeugte Wärmemenge $W = \frac{N \mu \mathfrak{g}^2}{2 J}$ (J mechanisches Wärmeäquivalent). Daraus:

$$\frac{\mu}{\varepsilon} \mathfrak{g}^2 = 2 J \frac{W}{\mathfrak{C}}.$$

[1] Riecke, Wied. Ann. 13 (1881).

Leuchten. Das im Kathodenstrahl fliegende Elektron ist unsichtbar. Trifft es aber auf ein Gasmolekel, so leuchtet dieses wie in Fig. 672 vor dem LENARDschen Fenster. Das gilt auch für die in eine GEISSLERsche Röhre eingeschlossene, verdünnte Luft. Dann aber ergibt sich eine sehr einfache Erklärung für die Bildung des negativen Glimmlichtes. Dasselbe wird, ebenso wie die LENARDschen Büschel in der freien Luft, durch diffuse Zerstreuung der von der Kathode ausgehenden Strahlen an den Molekeln des Gases erzeugt werden. Die Gasmolekel selbst kommen dabei ins Leuchten; in der Tat zeigt das Glimmlicht in einer GEISSLERschen Röhre ein Spektrum, in dem dieselben Linien auftreten, wie in dem Spektrum des positiven Lichtes.

Elektronenstoß — Ionisierung. Wie ein mit einer großen Geschwindigkeit fliegender Elektronenstrom ein Gas ionisiert, ist noch nicht ganz aufgeklärt. Die vielen experimentellen Ergebnisse sind noch zu gering und „so verwickelt, daß ihre theoretische Darstellung zurzeit noch verfrüht ist“.[1] (Siehe des Weiteren § 599 u. § 604.)

§ 583. Geschwindigkeit und spezifische elektrostatische Ladung der Elektronen. An die im vorhergehenden aufgestellten Sätze knüpfen sich weitere experimentelle Ergebnisse; sie enthalten einerseits eine Bestätigung unserer Theorie, andererseits führen sie zu einer scharfen und einfachen Formulierung, welche der weiteren Forschung bedeutungsvolle Ausblicke eröffnet. Wir sehen, daß in den Formeln von § 582 zwei verschiedene Kombinationen der dem Elektron eigentümlichen Größen ε, μ und $\mathfrak{g}$ vorkommen. Aus der magnetischen Ablenkung ergibt sich das Produkt

$$\mathfrak{g}\frac{\mu}{\varepsilon} = \frac{\mathfrak{H} r}{c}.$$

Aus den elektrostatischen Wirkungen kann das Produkt

$$\mathfrak{g}^2\frac{\mu}{\varepsilon}$$

berechnet werden. Sobald wir also die magnetische Ablenkung mit der einen oder der anderen elektrostatischen Wirkung kombinieren, können wir die Größen $\mathfrak{g}$ und μ/ε einzeln bestimmen. Den reziproken Wert der letzteren, ε/μ, das Verhältnis zwischen Ladung und Masse des Elektrons, wollen wir als seine spezifische Ladung bezeichnen, wobei wir das Wort spezifisch in einem von dem gewöhnlichem Gebrauche etwas abweichenden Sinne benützen. Zur wirklichen Ausführung der Bestimmung wählt man am einfachsten die Verbindung der magnetischen Ablenkung mit der longitudinalen elektrostatischen Wirkung. Man hat dann die beiden Formeln:

$$\mathfrak{g}\cdot\frac{\mu}{\varepsilon} = \frac{\mathfrak{H} r}{c} \quad \text{und} \quad \frac{\mu}{\varepsilon}\mathfrak{g}^2 = 2V,$$

oder

$$\mathfrak{g} = c\cdot\frac{2V}{\mathfrak{H} r} \quad \text{und} \quad \frac{\varepsilon}{\mu} = \frac{2c^2 V}{r^2\mathfrak{H}^2}.$$

[1] J. STARK, Bericht in Jahrb. d. Radioakt. 13 (1916).

W. KAUFMANN findet so für die Elektrodenspannung V die Elektronengeschwindigkeit $\mathfrak{g}$

V	3000	4000	6000	8000	10000	12000	14000
$\mathfrak{g}$	0,31	0,36	0,45	0,52	0,58	0,63	0,68 . . . . . 10^{10} cm/sec.

Die Geschwindigkeit der in den Kathodenstrahlen bewegten Elektronen übersteigt hiernach weit die Geschwindigkeiten anderer bewegter Körper; bei dem höchsten der angegebenen Potentiale ist sie nur $4\,^1/_2$ mal kleiner als die Lichtgeschwindigkeit.

Von noch größerem Interesse aber sind die Resultate, die sich aus den Beobachtungen für das Verhältnis ε/μ ergeben haben. Dieses erweist sich im weitesten Umfange als unabhängig von den Bedingungen des Versuches, als unabhängig von der Stärke des Entladungsstromes, von dem Entladungspotentiale und dem Drucke des Gases, von der Form der Röhre, dem Metalle der Elektroden und von der Natur des Gases, mit dem die Röhre gefüllt ist. Man kommt also zu dem Schlusse, daß die Elektronen wohl individualisierte, unveränderliche Teilchen sind, welche überall in den Kathodenstrahlen sich bewegen und ihre Eigenschaften bedingen, gleichgültig, wo und wie die Strahlen erzeugt wurden. Als charakteristisch für diese Teilchen werden wir das Verhältnis zwischen ihrer elektrostatischen Ladung und zwischen ihrer Masse betrachten. Diese spezifische Ladung der Elektronen eines Kathodenstrahles[1] ergibt sich, in elektrostatischem Maße gemessen, mit

$$\varepsilon/\mu = 555 \cdot 10^{15}\ \mathrm{cm}^{\frac{3}{2}} \cdot \mathrm{g}^{-\frac{1}{2}} \cdot \mathrm{sec}^{-1}.$$

An sich vermag uns eine solche Zahl, die ja ganz von der Art abhängt, in der wir elektrische Ladungen und Massen messen, nichts zu sagen. Sie gewinnt aber sofort Bedeutung, wenn wir sie mit einer anderen ähnlichen Zahl vergleichen. Wir berechneten (§ 445) die elektrolytische Ladung eines H-Atoms mit $4{,}8 \cdot 10^{-10}$ e. st. Einheiten. Nehmen wir nun — zunächst ganz willkürlich — an, daß die Ladung eines Kathodenstrahl-Elektrons dieselbe Größe habe. Dann würde das ε auf S. 147 gleich obigem ε. Da für Wasserstoff $\varepsilon/m_{\mathrm{H}} = 0{,}289 \cdot 10^{15}$, wäre dann m_{H} etwa 2000mal größer als μ. Neuere Untersuchungen liefern den Wert 1830. Somit ist die Masse μ eines Elektrons etwa 1830mal kleiner als ein H-Atom. Daraus aber folgt, daß die Elektronen von den chemischen Elementen durch eine weite Kluft getrennt sind, daß sie eine viel feinere Substanz sind als diese und gleichsam einem anderen Reiche angehören.[2]

Wir kommen auf die Frage der Ladung der Elektronen oder des „elektrischen Elementarquantums" (im 16. Teile dieses Bandes) zurück.

Des ferneren sei hier noch folgendes eingefügt. Machen wir die — derzeit wohl allgemein verbreitete — Annahme, daß das obige ε im Kathodenstrahl das negative Elementarquantum sei, so steht die Entdeckung

[1] Siehe Referat von R. SEELIGER, Jahrb. d. Radioaktivität 9 (1912).

[2] WIECHERT, Phys.-ökon. Gesellsch. Königsberg (1917).

(oder, vielleicht besser gesagt, die Isolierung) eines positiven Elementarquantums noch aus.

Direkte Messung der Geschwindigkeit. Die Bestimmungen der Geschwindigkeiten von Kathodenstrahlen, über die wir früher berichtet haben, beruhen auf den Sätzen der Emissionstheorie. Es ist von hohem Werte, die Messung auf einem hiervon unabhängigen Wege auszuführen und jene Theorie so einer erneuten Prüfung zu unterwerfen. Ein Mittel hierzu bieten die Schwingungen der Elektrizität in LECHERschen Drähten (§ 572). Das Prinzip der Methode möge an der Hand von Fig. 675 erläutert werden. P und Q sind die Platten eines HERTZschen Oszillators; ihnen gegenüber stehen in einem kleinen Abstande

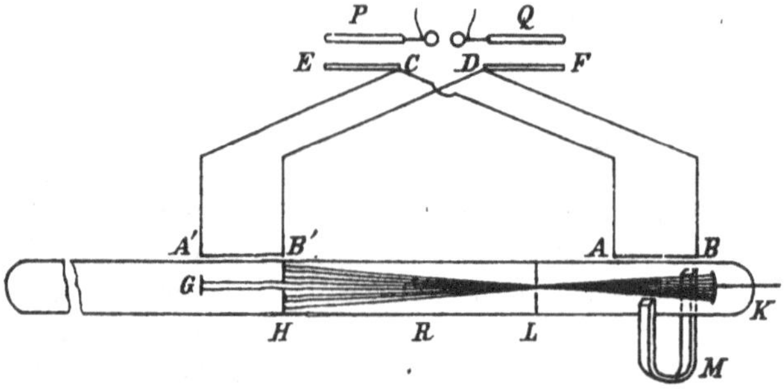

Fig. 675. Direkte Messung der Geschwindigkeit von Kathodenstrahlen.

die Platten E und F. Sie sind verbunden durch die beiden Drahtkreise $CABD$ und $CA'B'D$. R ist eine lange evakuierte Glasröhre, in welcher die von der Kathode K ausgehenden Kathodenstrahlen erzeugt werden. Das geradlinige Stück AB des ersten Drahtkreises liege parallel mit der Achse der Röhre R in der unmittelbaren Nähe der Kathode; das entsprechende Stück $A'B'$ des zweiten Drahtkreises lasse sich beliebig längs der Röhre verschieben, an diese anlegen oder wieder von ihr entfernen. Während eines sehr kleinen Zeitintervalles sende die Kathode Strahlen aus; gleichzeitig finde längs der Drahtkreise $CABD$ und $CA'B'D$ die Schwingung der Elektrizität statt, welche durch die oszillierende Entladung zwischen P und Q erregt wird. Welches immer die Natur jener Schwingung ist, jedenfalls übt sie ganz dieselben elektromagnetischen Kräfte aus, wie ein in den beiden Drahtkreisen vorhandener Wechselstrom. Der längs AB verlaufende Teil des Stromes wird also die Kathodenstrahlen sofort nach ihrem Austritte aus K nach der einen oder anderen Seite ablenken, je nach seiner augenblicklichen Richtung. Das Bündel von Kathodenstrahlen, das aus der hohlspiegelförmigen Kathode austritt, wird daher in eine schwingende Bewegung versetzt, synchron mit der Schwingung des Stromes in dem Leiter AB. Dabei beschreibt die Spitze des von den Kathodenstrahlen gebildeten Kegels eine auf AB senkrecht stehende Brennlinie. Nun soll zum Nachweise der Kathodenstrahlen ihre fluoreszenzerregende Wirkung benützt werden. Die stärksten

Wirkungen werden aber ohne Zweifel von den am meisten abgelenkten Strahlenkegeln ausgehen, deren Konvergenzpunkte in den Enden der Brennlinie liegen; denn diese Bündel sind wenigstens für einen Augenblick in Ruhe. Man kompensiert daher die maximale durch den Strom erzeugte Ablenkung durch einen Hilfsmagnet M, so daß entweder der oberste oder der unterste Punkt der erwähnten Brennlinie in die Achse der Röhre fällt; die übrigen Strahlenkegel werden durch ein Diaphragma abgeblendet, welches nur einem gegen den Krümmungsmittelpunkt der Hohlspiegelkathode konvergierenden Kegel den Durchgang gestattet. Die Strahlen dieses Kegels fallen in ihrem weiteren Verlaufe auf ein Diaphragma H, welches aus ihnen ein feines zentrales Bündel ausschneidet; dieses fällt auf einen Glasstreifen G, der sich einige cm hinter H befindet und mit H zusammen in der Röhre verschoben werden kann. Auf G erzeugen die Strahlen einen grünen Fluoreszenzfleck.

Die geschilderte Anordnung hat die weitere wichtige Folge, daß die Strömung in den Drahtkreisen $CABD$ und $CA'B'D$ sich in einem Maximum befindet in dem Momente, in dem die Kathodenstrahlen durch das Diaphragma L hindurchgehen. Bezeichnen wir die Geschwindigkeit der Kathodenstrahlen mit $\mathfrak{g}$, so ist die Zeit t, welche sie zum Durchlaufen der Strecke KH brauchen, gleich $KH/\mathfrak{g}$. Setzen wir $KH = l$, so wird $t = l/\mathfrak{g}$. Während dieser Zeit hat nun die Schwingung der Elektrizitäten in den Drahtkreisen ihren Fortgang; die Dauer einer einfachen Schwingung sei T. Ist nun $t = \frac{1}{2}T$, so wird die Strömung in $A'B'$ in demselben Momente verschwunden sein, in dem die Kathodenstrahlen bei H ankommen, sie erleiden also keine Ablenkung von ihrer geradlinigen Bahn. Entfernt man das Diaphragma H, die Glasplatte G und den Draht $A'B'$ weiter von der Kathode, so wird eine Stelle H' kommen, für welche die Zeit $t = T$ ist. Nun wird die Strömung in den Drahtkreisen gerade in der entgegengesetzten Phase sein, wie zur Zeit des Austrittes der Kathodenstrahlen aus K. Wenn also die austretenden Kathodenstrahlen durch den Strom in AB nach oben abgelenkt wurden, so müssen sie an der Stelle H' durch den Draht $A'B'$ umgekehrt nach unten getrieben werden; der grüne Fluoreszenzfleck muß sich in demselben Sinne verschieben. Gehen wir noch weiter weg von der Kathode, zu einer Stelle H'', so daß $t = \frac{3}{2}T$ wird, so wird die elektromagnetische Ablenkung des Fluoreszenzfleckes auf G wieder verschwinden usf. Bezeichnen wir die durch den Versuch zu ermittelnden Entfernungen KH, KH', KH'' mit l, l', l'', so ist:

$$\frac{1}{2}T = l/\mathfrak{g}, \qquad T = l'/\mathfrak{g}, \qquad \frac{3}{2}T = l''/\mathfrak{g}.$$

Die Fortpflanzungszeiten der Kathodenstrahlen werden so gemessen durch die Schwingungsdauer der Elektrizität in den Drähten AB und $A'B'$, durch eine Zeit, welche von derselben Größenordnung ist. Für die Fortpflanzungsgeschwindigkeit der Kathodenstrahlen ergeben sich die Formeln:

$$\mathfrak{g} = 2l/T = l'/T = 2l''/(3T).$$

Man kann hieraus die Geschwindigkeit der Kathodenstrahlen berechnen, sobald die Dauer T der einfachen elektrischen Schwingung in den Drahtkreisen $CABD$ und $CA'B'D$ bekannt ist. T ergibt sich am einfachsten aus der Länge der von jener Schwingung erzeugten Wellen; diese kann nach der in § 572 angeführten Methode gefunden werden. Es sei $\lambda/2$ die halbe Wellenlänge der Schwingungen in den Drahtkreisen, d. h. der Abstand zweier aufeinander folgender Knoten oder Bäuche; die Geschwindigkeit, mit der sich die Drahtwellen fortpflanzen, ist nach den Ergebnissen von § 572 gleich der Lichtgeschwindigkeit c. Somit: $2T = \lambda/c$.

Die Vorhersagen, welche sich aus den vorhergehenden Überlegungen ergeben haben, wurden durch die Versuche vollkommen bestätigt. Es war möglich, die Längen l, l', l'' zu messen; für die Geschwindigkeiten der Kathodenstrahlen ergeben sich daraus Werte, die zwischen 0,13 und 0,17 der Lichtgeschwindigkeit liegen. Die gleichzeitige Messung der magnetischen Ablenkung gewährt dann auch die Möglichkeit zur Berechnung der spezifischen Elektronenladung; für diese ergaben sich Werte zwischen $350 \cdot 10^{15}$ und $420 \cdot 10^{15}$. Die Abweichung von dem früher angeführten Werte ist nicht unbeträchtlich, dürfte aber durch die großen Schwierigkeiten der Messung zu erklären sein.

Es bleibt schließlich noch übrig anzugeben, wie es erreicht wurde, daß gleichzeitig mit dem Austritte der Kathodenstrahlen aus K die elektrischen Schwingungen in den Drahtkreisen einsetzten. Zu diesem Zwecke wurde zur Erzeugung der Kathodenstrahlen ein Teslatransformator benützt; die Pole der sekundären Spule wurden mit den Elektroden der Entladungsröhre verbunden; von den Kollektorbelegen C in Fig. 654 führten Drähte nach der Funkenstrecke der Platten P und Q in Fig. 675, so daß derselbe Funke die Kathodenstrahlen und die elektrischen Schwingungen in den Drähten AB und $A'B'$ auslöste.[1]

Dasselbe Prinzip wurde neuerdings auch benützt, um die Geschwindigkeit der Kanalstrahlen (§ 585) zu bestimmen.

§ 584. Glühkathoden. Wir werden später sehen, daß ein erhitzter Körper Elektronen aussendet. Ein Erhitzen der Kathode erleichtert darum den Elektronenaustritt.

Wehnelt-Kathode. Wenn man als Kathode ein mit dem Oxyd von Ba, Sr oder Ca überzogenes Platinblech benützt, so wird der Kathodenfall auf einen Betrag von etwa 1 V herabgesetzt, sobald man das Platinblech mit Hilfe eines durchgeleiteten Heizstromes auf etwa 800 bis 1000° erhitzt. Doch gilt dies nur, solange die Stromstärke unter einem gewissen Betrage, der Grenzstromstärke, bleibt; wird diese überschritten, so steigt der Kathodenfall rasch an. Die Grenzstromdichte, d. h. der aus 1 cm² der Kathode bei der Grenzstromstärke austretende Strom, steigt sehr rasch mit der Temperatur der Kathode; das wird anschaulich ge-

[1] Wiechert, Wied. Ann. 69 (1899).

macht durch die folgende Tabelle, in welcher die Grenzstromdichte in A 10^{-3} pro cm^2 angegeben ist.

Temperatur . . .	945	1075	1192	1313	1485°
Grenzstromdichte	0,24	3,57	25	75	1500.

An die Tabelle knüpft sich noch die praktisch wichtige Folgerung, daß man bei Anwendung glühender Oxydkathoden imstande ist, Ströme von über 1 A Stärke durch eine GEISSLERsche Röhre zu schicken. Mit zunehmendem Drucke nehmen die Grenzstromstärken ab.[1] Wir kommen auf diese Erscheinungen noch (§ 643) zurück.

Audion, auch „Elektronen-Relais" genannt (DE FOREST 1906), dient zur Verstärkung rascher Wechselströme oder elektrischer Schwingungen.[2] *G* (Fig. 676) ist eine Kathodenröhre; die Kathode *K* ist ein Wolframdraht, der durch eine kleine Batterie von 5 V (5 V in Fig. 676) dauernd geglüht wird. *A* ist die Anode. Der Kathodenstrom wird durch eine zweite Batterie von nur 90 V (90 V in Fig. 676) durch die Leitung *T'AKc* dauernd aufrecht erhalten.

T ist die von dem zu verstärkenden Wechselstrom durchflossene Spule. *gg* ist eine knapp unter *K* stehende durchlochte Scheibe, oder eine flache Spirale oder dgl., das „Gitter" (in verschiedenen Patenten verschieden); der Wechselstrom von *T*, z. B. ein Telephonstrom, fließt also über *cKg*. Dabei wird durch die abwechselnd positive und negative Ladung von *gg* der 90voltige Kathoden-Gleichstrom in derselben Frequenz gestört, der Kathodenfall wird periodisch geändert. Eine mit *T'* gekoppelte (nicht gezeichnete Spule) mit eingeschaltetem Telephon läßt dieses sehr laut ertönen. Man schaltet oft mehrere Audions hintereinander; das *T'* ist mit einem zweiten, dieses mit einem dritten gekoppelt. Für Telephone ist diese Verstärkungsmethode von größter Bedeutung.

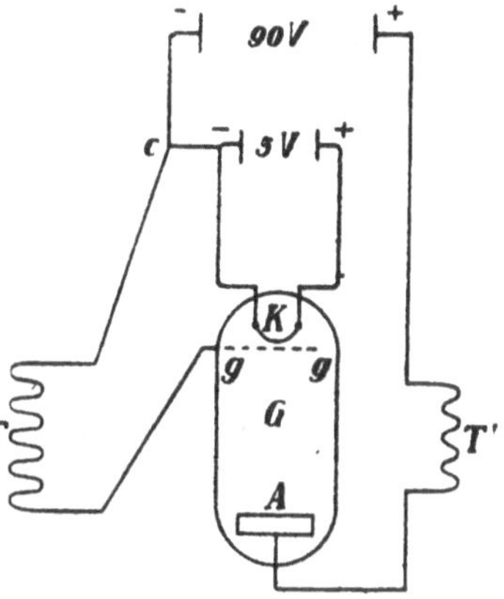

Fig. 676. Audion.

In etwas anderer Schaltung dient das Elektronenrelais als Detektor zum Empfange drahtloser Signale, wobei die einseitige Leitfähigkeit der heißen Kathode gegenüber der kalten Anode benützt wird (analog wie § 576).

Sehr gute Dienste leistet das Audion auch als Generator für hochfrequente Schwingungen. Dabei wird an die Stelle von *T'* der (aus Kapazität und Selbstinduktion bestehende) Schwingungskreis, an die Stelle von *T* die „Rückkoppelung" eingeschaltet, d. i. eine Spule, die mit der

[1] WEHNELT, Ann. d. Phys. 14 (1914).
[2] Siehe z. B. LINDEMANN u. HUPKA, Jahrb. der drahtlosen Telegraphie 12 (1917).

Schwingungsselbstinduktion entweder direkt oder induktiv gekoppelt ist. Besteht in dem Schwingungskreise aus irgend einem Grunde eine Schwingung, so wird sie durch die Rückkoppelung auf das Gitter übertragen und gelangt verstärkt in den Kreis zurück; diese verstärkte Schwingung induziert wieder auf das Gitter, die Amplitude wächst somit weiter an, bis ein Gleichgewichtszustand erreicht ist. Zur ersten Erregung genügt der Stromstoß beim Einschalten. Die Energie für den ganzen Vorgang liefert die Hochspannungsbatterie.

Derartige Audionsender sind als lokale Hochfrequenzerreger für den Schwebungsempfang (§ 576), als Laboratoriumsgeräte von sehr konstanter Amplitude und auch für kleinere Sendestationen in immer steigender Verwendung.

§ **585. Kanalstrahlen.** (Positive Strahlen.) Wir haben bei der Beschreibung der Lichterscheinung in Geisslerröhren der gelblichen, leuchtenden Schichte gedacht, welche die Kathodenoberfläche überzieht. GOLDSTEIN[1] hat gezeigt, daß diese Schichte mit einer gegen die Kathode gerichteten Strahlung zusammenhängt. Er durchbohrte die Kathode und verlängerte die zylindrische, zu ihrer Fläche senkrechte Durchbohrung durch ein angelötetes Röhrchen, so daß ein Kanal von vielleicht 2 mm Weite und 2 cm Länge entstand. Aus diesem Kanale tritt dann ein Strahl von an sich bläulichem Lichte aus, welcher sich in dem jenseits der Kathode liegenden Raume bei genügender Verdünnung bis zu der Wand des Glases, mehrere Dezimeter weit in gerader Linie ausbreitet. Dieser Strahl erzeugt neue diffuse Strahlen von gelber Farbe, und auf ihrem Vorhandensein beruht der Eindruck, daß die Kanalstrahlen selbst gelbes Licht aussenden. Mit Rücksicht auf die Art der Erzeugung nannte GOLDSTEIN die neuen Strahlen Kanalstrahlen. Auch die Kanalstrahlen vermögen die Fluoreszenz des Glases der Röhrenwand zu erregen, die Farbe der erzeugten Fluoreszenzflecke ist aber nicht wie bei den Kathodenstrahlen abhängig vom Material der getroffenen Fläche, sondern abhängig vom Gase, das die Röhre erfüllt.

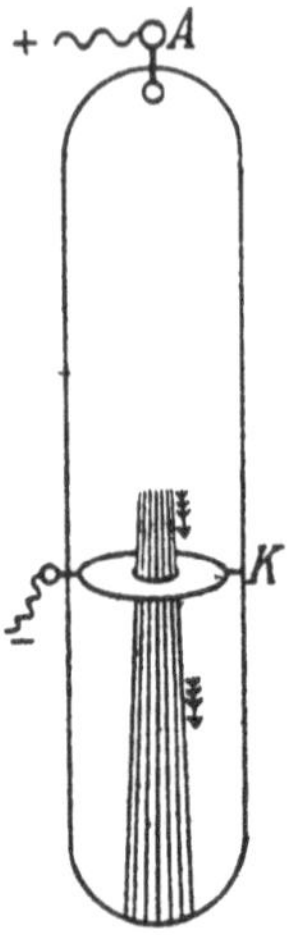

Fig. 677. Kanalstrahlen.

In Fig. 677 ist *A* die Anode, *K* eine durchlochte Kathode, das Strahlenbündel stellt die Kanalstrahlen vor. Man sieht daraus, daß diese in nicht unbeträchtlicher Entfernung vor der Kathode entstehen, wahrscheinlich in der zweiten leuchtenden Schichte, von der ausgehend sie dann im Dunkelraume beschleunigt werden.

Die spezifische Ladung der Kanalstrahlen und ihre Geschwindigkeit kann, ebenso wie bei den Kathodenstrahlen, aus der magnetischen und der elektrischen Ablenkung bestimmt werden. Die elektrische Ablenkung

[1] Berl. Ber. 39 (1886) und viele weitere grundlegende Arbeiten.

ist von gleicher Größenordnung wie die der Kathodenstrahlen, die magnetische aber ist sehr klein; beide Ablenkungen sind der Richtung nach entgegengesetzt wie bei den Kathodenstrahlen, doch gelten dieselben Gleichungen: Parabel für die elektrische, Kreis für die magnetische Ablenkung. Man kann so die spezifische Ladung η/m mit z. B. $0{,}23 \cdot 10^{15}$ und die Geschwindigkeit q mit z. B. $0{,}015 \cdot 10^{10}$ cm/sec für eine Elektrodenspannung von 30000 V bestimmen. η/m und q sind kleiner als die analogen ε/μ und g der Kathodenstrahlen. Nehmen wir eine Ladung mit einem positiven Elementarquantum $\eta = -\varepsilon$ an, so müssen, da ja die wirkenden Kräfte ungefähr gleich sind, die kleineren Ablenkungen und Geschwindigkeiten durch die bedeutendere Größe der bewegten Masse bewirkt sein. Diese Träger der Kanalstrahlenkonvektion sind, wie sich gezeigt hat, zum größten Teile positive Ionen von den Gasen, welche in der Röhre vorhanden sind. Die Teilchen der Kanalstrahlen sind also von den Elektronen durch dieselbe Kluft geschieden wie die Ionen der elektrolytischen Leiter.

Man konnte, besonders durch Schattenversuche, zeigen, daß dort, wo Kanalstrahlen auf die Kathode aufprallen, Kathodenstrahlen entstehen. Daraus wurde der weitere Schluß gezogen, daß die Emission von Kathodenstrahlen durch den Aufprall von Kanalstrahlen auf die Kathode bedingt ist.[1]

§ 586. Ladung der Kanalstrahlen. Für die schwierige Erkennung des Wesens der Kanalstrahlen lieferte W. Wien[2] die grundlegenden Arbeiten.

Die Untersuchungen sind schwieriger als bei den Kathodenstrahlen. Zwar wirken die auffallenden Kanalstrahlen ebenso wie die Kathodenstrahlen je nach den Versuchsbedingungen fluoreszenzerregend, photographisch, Wärme erzeugend, elektrische Ladungen abgebend und schließlich dadurch, daß sie — ebenso wie Kathodenstrahlen — die durchstrahlte Luft leitend machen (oder „ionisieren"). — Alle diese Wirkungen wurden bei den folgenden Untersuchungen benützt und bieten nichts Neues oder Schwieriges. Die Komplikation — gegenüber der Einheitlichkeit der Kathodenstrahlung — besteht darin, daß bei einem einzigen Strahlenbündel

1. die Geschwindigkeit q der einzelnen Teilchen nie einheitlich ist,
2. die Massen m verschieden sind, und
3. die Ladung η einer bestimmten Masse m längs des Fluges fortwährend wechselt.

ad 1. Je nachdem der Ursprung der Kanalstrahlen über der Kathode in Fig. 677 von dieser weiter oder weniger weit entfernt ist, werden die Kanalstrahlen im Felde des Dunkelraums eine größere oder kleinere Geschwindigkeit erlangen; der aus der Kathode austretende Kanalstrahl

[1] Siehe Lit. in E. Meyer u. Schüller, Ann. d. Phys. 56 (1918).
[2] Diese zahlreichen Arbeiten sind von ihm selbst zusammengestellt im 4. Bande des Handbuches f. Radiologie. Leipzig (1917).

wird also im allgemeinen aus Strahlen von verschiedener Geschwindigkeit und dementsprechend auch von verschiedener Ablenkbarkeit bestehen.

ad 2. Die Teilchen bestehen zu einem wesentlichen Teile aus positiven Ionen der Gase, welche den Inhalt der Kanalstrahlröhre bilden.

ad 3. Die vorige Frage wird gleichzeitig mit der Frage nach der Ladung η entschieden. Wenn wirklich längs der Flugbahn ein fortwährender Ladungswechsel eintritt, so müssen einzelne — es waren immer zwei — Teile dieser Bahn besonders untersucht werden.

Die grundlegende Beobachtung ist die folgende: Die aus dem 5 mm weiten Kanale einer Eisenkathode K_1 austretenden Kanalstrahlen gehen in einer Entfernung von 6 cm durch eine entsprechende Durchbohrung einer zweiten Kathode K_2. Zwischen K_1 und K_2 können die Strahlen der Wirkung eines magnetischen Feldes I ausgesetzt werden. Hinter K_2 befindet sich ein zweites, von dem ersten unabhängiges Feld II von gleicher Richtung wie I. In einer Entfernung von 35 cm hinter K_2 ist ein messingener Hohlzylinder angebracht, welcher die von den Kanalstrahlen mitgeführte Elektrizitätsmenge auffängt und durch ein Galvanometer zur Erde ableitet. Man kann nun den Galvanometerausschlag messen unter den folgenden verschiedenen Bedingungen. 1. Keines der beiden Magnetfelder erregt. 2. Magnetfeld II erregt. 3. Magnetfeld I erregt. 4. Die beiden Magnetfelder erregt. Die unter diesen Umständen beobachteten Galvanometerausschläge mögen bezeichnet werden durch $I_{0,0}$, $I_{0,\text{II}}$, $I_{\text{I},0}$, $I_{\text{I},\text{II}}$. Die Resultate einiger Beobachtungen sind in der folgenden Tabelle enthalten.

Kanalstrahlen in Wasserstoff.

Spannung	$I_{0,0}$	$I_{0,\text{II}}$	$I_{\text{I},0}$	$I_{\text{I},\text{II}}$	$\frac{I_{0,\text{II}}}{I_{0,0}}$	$\frac{I_{\text{I},\text{II}}}{I_{\text{I},0}}$
12900	150	90	60	37	0,60	0,61
6000	280	230	180	150	0,82	0,83.

Zur Erklärung der Versuchsergebnisse machen wir mit W. Wien die folgenden Annahmen: Aus der Mündung der Kathode K_1 trete ein Bündel von Teilchen, von denen wir der Einfachheit halber voraussetzen, daß sie alle dieselbe Geschwindigkeit $\mathfrak{q}$ besitzen. Die Gesamtzahl der Teilchen in der Längeneinheit des Strahles sei N; darunter befinden sich N_2 neutrale, N_1 positive Teilchen. Wir nehmen an, daß zwischen den neutralen und den positiven Teilchen eine Art von Gleichgewicht bestehe, so daß die Zahl der neutralen zu der Zahl der positiven stets in demselben Verhältnis stehe; dementsprechend setzen wir:

$$N_2 = \alpha \cdot N \quad \text{und} \quad N_1 = \beta \cdot N, \quad \text{wo dann} \quad \alpha + \beta = 1.$$

Die Gesamtzahl der in der Zeiteinheit aus der Kathode K_1 austretenden Teilchen ist gleich $\mathfrak{q} \cdot N$; darunter befinden sich $\alpha \cdot \mathfrak{q} \cdot N$ neutrale und $\beta \cdot \mathfrak{q} \cdot N$ positive. Somit ist:

$$I_{0,0} = \beta \cdot \mathfrak{q} N.$$

Werden durch Erregung des Magnetfeldes I die positiven Teilchen aus dem Strahl entfernt, so bleiben zunächst in der Längeneinheit $\alpha \cdot N$ neutrale Teilchen zurück; aber durch einen Dissoziationsprozeß stellt sich das alte Verhältnis wieder her, so daß in der Längeneinheit $\alpha\beta \cdot N$ positive und $\alpha^2 \cdot N$ neutrale Teilchen sich befinden. Daraus folgt:

$$I_{\mathrm{I},0} = \alpha\beta \cdot \mathfrak{q} N.$$

Es werde nun das Magnetfeld II erregt, während I nicht erregt ist. Aus der Kathode K_2 treten dann in der Sekunde im ganzen $\mathfrak{q} \cdot N$ Teilchen aus, darunter $\alpha \cdot \mathfrak{q} N$ neutrale, $\beta \cdot \mathfrak{q} N$ positive; die letzteren werden durch das Magnetfeld II aus dem Strahle entfernt, die ersteren bilden durch Dissoziation von neuem $\alpha\beta \cdot \mathfrak{q} N$ positive Teilchen. Daraus folgt:

$$I_{0,\mathrm{II}} = \alpha\beta \cdot \mathfrak{q} N.$$

Endlich werden beide Magnetfelder erregt; dann treten aus der Kathode K_2 in der Sekunde $\alpha \mathfrak{q} N$ neutrale Teilchen aus. Diese geben durch Dissoziation $\alpha^2 \mathfrak{q} N$ neutrale, $\alpha\beta \mathfrak{q} N$ positive. Die letzteren werden durch das Magnetfeld II aus dem Strahle entfernt; die ersteren geben durch abermalige Dissoziation $\alpha^2 \beta \mathfrak{q} N$ positive. Daraus folgt:

$$I_{\mathrm{I},\mathrm{II}} = \alpha^2 \beta \cdot \mathfrak{q} N.$$

Es ergibt sich somit:

$$\frac{I_{0,\mathrm{II}}}{I_{0,0}} = \alpha \quad \text{und ebenso} \quad \frac{I_{\mathrm{I},\mathrm{II}}}{I_{\mathrm{I},0}} = \alpha$$

in vollkommener Übereinstimmung mit den Beobachtungen.

Bestätigt und in gewissem Sinne erweitert werden diese Ergebnisse durch Beobachtungen mit einer etwas anderen Versuchsanordnung.[1] Man unterwirft das aus der Kathode austretende, möglichst scharfe Bündel von Kanalstrahlen der Wirkung zweier aufeinander folgender und gekreuzter Magnetfelder. Das erste möge die positiven Strahlen von unten nach oben, das zweite für einen der Richtung der Kanalstrahlen entgegensehenden Beobachter von rechts nach links ablenken. Auf einem am Ende des Beobachtungsraumes angebrachten Fluoreszenzschirme erscheinen dann vier Fluoreszenzflecke. Der erste, *n*, entspricht dem unabgelenkten Strahle. Er wird also erzeugt durch Teilchen, welche während ihrer ganzen Bewegung neutral bleiben. Vertikal über demselben befindet sich ein zweiter Fleck *o*, welcher erzeugt wird von Teilchen, die im ersten Magnetfeld eine positive Ladung besaßen, sich aber auf dem Wege bis zum zweiten Felde neutralisierten. Links von *n* befindet sich ein dritter Fleck *l*, erzeugt durch Teilchen, die im ersten Feld neutral, im zweiten positiv waren. Ein vierter Fleck *p* befindet sich links von *o* und vertikal über *l* und wird erzeugt durch Teilchen, welche im ersten und im zweiten Feld positive Ladungen behielten. (*p o n l* sind etwa wie die Ecken eines Quadrates.) Man sieht also, daß

[1] Koenigsberger und Kutschewski, Heidelberger Akad. Wiss. (1910).

der durch das erste Feld abgelenkte, aus positiven Teilchen bestehende Strahl in seinem weiteren Verlaufe sich zum Teil neutralisiert, daß sich also auch bei ihm wieder ein gewisses Gleichgewicht zwischen positiven Ionen und neutralen Teilchen herstellt.

Es handelt sich indessen bei den beschriebenen Erscheinungen nicht um eine einfache Dissoziation der neutralen Teilchen innerhalb des Kanalstrahlenbündels; das folgt aus dem Umstande, daß der Druck in dem Beobachtungsraume von ganz wesentlichem Einfluß auf die Erscheinungen ist.

Zur Untersuchung dieses Einflusses wurde nicht die galvanometrische Wirkung der Strahlen benützt, sondern ihre Wärmewirkung, welche pro sec dem Produkte $\frac{1}{2}\mu q^2 N$ entspricht, wo unter N die Gesamtzahl der bewegten Teilchen zu verstehen ist. Die Wärmewirkung wurde gemessen mit Hilfe einer Thermosäule, welche in das Beobachtungsrohr an Stelle des früher erwähnten Messingzylinders eingesetzt wurde. Die Beobachtungen wurden wieder mit den vier verschiedenen Schaltungen der Magnetfelder ausgeführt. Bezeichnen wir die entsprechenden Wärmewirkungen, ähnlich wie früher die Stromstärken, mit $W_{0,0}$, $W_{0,II}$, $W_{I,0}$, $W_{I,II}$, so ist wiederum

$$\alpha = \frac{W_{0,II}}{W_{0,0}} = \frac{W_{I,II}}{W_{I,0}}\,.$$

Einige Beobachtungsresultate mögen in der folgenden Tabelle mitgeteilt werden.

Druck mm	$\frac{W_{0,II}}{W_{0,0}}$	$\frac{W_{I,II}}{W_{I,0}}$	Spannung in Volt
0,127	0,13	—	22300
0,096	0,15	0,20	30000
0,0060	0,45	0,48	21200
0,0045	0,47	0,50	22300.

Es ergibt sich aus dieser Tabelle, daß die Anzahl der neutralen Teilchen im Vergleich mit der Anzahl der positiven um so kleiner ist, je höher der Druck. Dadurch wird die Vermutung nahegelegt, daß die Ursache für die Dissoziation der neutralen Teilchen nicht im Innern des Kanalstrahles zu suchen ist, sondern in ihren Zusammenstößen mit den Molekeln des umgebenden ruhenden Gases.

Man kann das eine magnetische Feld auch durch ein elektrostatisches ersetzen und so die Versuchsbedingungen in verschiedener Weise variieren.

Eine ganz andere Untersuchungsmethode besteht in gleichzeitiger magnetischer und elektrischer Ablenkung in aufeinander senkrechten Richtungen[1], auch Parabel-Methode genannt, die J. J. Thomson[2] vielfach verwendete. Die Kanalstrahlen mögen sich horizontal von links nach rechts bewegen. Die magnetischen Kraftlinien liegen horizontal,

[1] Zuerst von Kaufmann bei Untersuchung radioaktiver β-Strahlen verwendet. Gött. Nachr. (1901). [2] Phil. Mag. (1911), (1912); Phys. Zs. 13 (1912).

so daß sie die Richtung der unabgelenkten Kanalstrahlen von vorn nach hinten senkrecht durchschneiden. Die elektrischen Kraftlinien seien umgekehrt von hinten nach vorn gerichtet. Den Punkt, in dem die Kanalstrahlen in die — gleich langen — Felder eintreten, machen wir zum Anfangspunkt eines rechtwinkligen Koordinatensystems (Fig. 678). Die z-Achse falle zusammen mit der Richtung der unabgelenkten Kanalstrahlen, die x-Achse gehe vertikal nach oben, die y-Achse horizontal nach vorn. Der positive Zweig der y-Achse fällt also zusammen mit der Richtung der elektrischen Kraft, der negative mit der Richtung der magnetischen. Durch das magnetische Feld werden die Kanalstrahlen, nach oben hin zu einem Kreise gebogen, der die z-Achse in dem Punkte O berührt; sein Halbmesser ist

$$r = \frac{m c}{\eta} \frac{\mathfrak{q}}{\mathfrak{H}} .$$

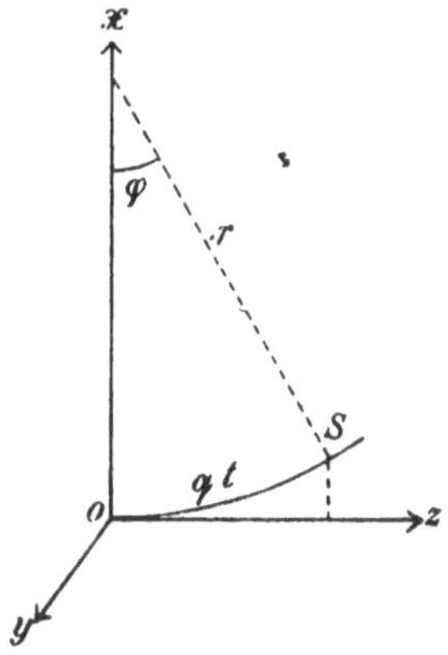

Fig. 678. Parabel-Methode.

Hier bezeichnet $\mathfrak{H}$ die Intensität des magnetischen Feldes, $\mathfrak{q}$ die Geschwindigkeit der Kanalstrahlen. Die Kanalstrahlteilchen durchlaufen diesen Kreis mit der konstanten Geschwindigkeit $\mathfrak{q}$. In der Zeit t legt also ein Teilchen auf dem Kreise einen Bogen OS von der Länge $\mathfrak{q}\,t$ zurück; der zugehörige Zentriwinkel ist $\varphi = \mathfrak{q}\,t/r$.

Die Koordinaten des Punktes S sind somit:

$$z = r \sin(\mathfrak{q}\,t/r), \qquad x = r\{1 - \cos(\mathfrak{q}\,t/r)\}.$$

Wir gehen nun über zu der Wirkung des elektrischen Feldes; bezeichnen wir seine Intensität mit $\mathfrak{E}$, so ist die auf das Kanalstrahlteilchen wirkende Kraft gegeben durch $\eta \cdot \mathfrak{E}$. In der Zeit t legt also das Teilchen in der Richtung der y-Achse eine Strecke zurück, welche gegeben ist durch:

$$\frac{1}{2} \frac{\eta}{m} \mathfrak{E}\, t^2 .$$

Von der Bewegung des Teilchens unter der gleichzeitigen Wirkung des elektrischen und des magnetischen Feldes kann man sich eine einfache Vorstellung in folgender Weise bilden. Man läßt das Teilchen in dem der xz-Ebene parallelen Kreise mit der gleichförmigen Geschwindigkeit $\mathfrak{q}$ umlaufen und verschiebt gleichzeitig diesen Kreis in der zu seiner Ebene senkrechten Richtung y mit der gleichförmig wachsenden Geschwindigkeit $(\eta/m)\,\mathfrak{E}\,t$. Die Bahn des Teilchens ist also eine Art von Schraube, aber eine, deren Ganghöhe von einem Umlauf zum anderen gleichförmig zunimmt.

Um zu Verhältnissen zu gelangen, welche eine einfache experimentelle Prüfung zulassen, beschränken wir uns nun auf den Fall, daß die Abweichung des Kanalstrahls von der ursprünglichen geraden Bahn nur eine sehr kleine sei. Es ist dann der Winkel φ und ebenso der Bruch $\mathfrak{q}\,t/r$ sehr klein. Wir erhalten dann die einfachen Formeln:

$$z = \mathfrak{q}\,t\,, \quad y = \frac{1}{2}\,\frac{\eta}{m\mathfrak{q}^2}\,\mathfrak{E}\,z^2\,, \quad x = \frac{1}{2}\,\frac{\mathfrak{q}^2 t^2}{r} = \frac{1}{2}\,\frac{\eta\,\mathfrak{H}}{m\,c\,\mathfrak{q}}\,z^2\,.$$

Wir wollen nun durch den Punkt S eine Ebene legen parallel zur xy-Ebene, und wollen den Punkt bestimmen, in dem der Kanalstrahl diese Ebene trifft. Die Koordinaten x und y des Punktes sind gegeben durch die zuvor aufgestellten Ausdrücke. Man überzeugt sich leicht davon, daß die Ausmessung von x und y die Berechnung von η/m und von $\mathfrak{q}$ ermöglichen würde. Um η/m zu bestimmen, bilden wir das Verhältnis $x^2 : y$. Dafür ergibt sich der Wert:

$$\frac{x^2}{y} = \frac{1}{2}\,\frac{\eta}{c^2 m}\,\frac{\mathfrak{H}^2}{\mathfrak{E}}\,z^2\,.$$

Zur Berechnung von η/m ist also nötig die Kenntnis der beiden Feldstärken $\mathfrak{H}$ und $\mathfrak{E}$, sowie die Messung der Längen x, y und z. Die wirkliche Ausführung der Beobachtung gestaltet sich nun etwas anders infolge eines eigentümlichen Umstandes. Die Kanalstrahlen haben verschieden große Geschwindigkeiten. Die aus der Kathode tretenden Kanalstrahlen werden sich also zusammensetzen aus Teilchen, welche zwar dasselbe η/m, aber verschiedene $\mathfrak{q}$ besitzen. Die Ablenkungen x und y sind um so kleiner, je größer $\mathfrak{q}$; welches aber auch der Wert von $\mathfrak{q}$ sein mag, immer besteht zwischen x und y die Beziehung:

$$x^2 = \left(\frac{1}{2}\,\frac{\eta}{c^2 m}\,\frac{\mathfrak{H}^2}{\mathfrak{E}}\,z^2\right) y\,,$$

d. h. die Treffpunkte, welche Kanalstrahlen von verschiedener Geschwindigkeit, aber konstantem η/m entsprechen, beschreiben auf der durch S senkrecht zu z gelegten Ebene eine Parabel. Ihr Parameter ist gegeben durch:

$$p = \frac{1}{4}\,\frac{\eta}{c^2 m}\,\frac{\mathfrak{H}^2}{\mathfrak{E}}\,z^2\,.$$

Die Ausmessung der Parabel liefert also ohne weiteres die für die Kanalstrahlen charakteristische Größe η/m.

Je größer η/m, d. h. je kleiner m, um so mehr wird die Parabel der x-Achse sich nähern; Kanalstrahlen von verschiedenem η/m charakterisieren sich also durch Parabeln, welche um so näher an der x-Achse liegen, je kleiner die Masse m.

Bei der Ausführung der Versuche setzt man an Stelle der durch S gelegten Ebene eine zu der anfänglichen Richtung der Kanalstrahlen senkrecht stehende photographische Platte. Die durch die auftreffenden Kanalstrahlen erzeugten Parabeln stellen sich dann als parabolische Schwärzungsstreifen auf der Platte dar. Von einer gewissen Bedingung, die berücksichtigt werden muß, wenn die Parabelmethode sichere Resultate geben soll, wird noch später (§ 639) die Rede sein. Es möge aber schon jetzt erwähnt werden, daß die Parabelmethode mit Sicherheit die Existenz der folgenden Kanalstrahlionen ergeben hat:

$$\overset{+}{H},\ \overset{+}{H_2},\ \overset{+}{O},\ \overset{+}{O_2},\ \overset{+}{N},\ \overset{++}{N},\ \overset{+}{C},\ \overset{++}{C},\ \overset{+}{Hg},\ \overset{++}{Hg},\ \overset{+++}{Hg}.$$

§ **587. Freie Weglänge der Kanalstrahlteilchen.** Die Ergebnisse des vorangehenden zeigten, wie die Ladungen von *m* auf seiner Bahn sich fortwährend ändern, es finden Abgabe und Aufnahme von Elektrizität, Dissoziationen und Assoziationen statt. Das geschieht durch den Anprall an gewöhnliche Gasmolekel.

Um daher diese Umladungen möglichst gering zu machen, müßte man das Gas möglichst entfernen; dann bilden sich aber die Kanalstrahlen schlecht aus. Der Entladungsraum wird darum durch eine mehrere cm dicke Metallplatte vom Beobachtungsraum getrennt; eine Kapillare in der Metallplatte, welche im Entladungsraum als Kathode dient, läßt in den Beobachtungsraum die Kanalstrahlen übertreten. Letzteren pumpt man fortwährend ganz aus, indes der Entladungsraum durch langsame Gaszufuhr auf dem für die Entladung günstigsten Druck gehalten wird; die Gasreibung in der Kapillare ist so groß, daß die nötige Druckdifferenz zwischen beiden Räumen dauernd erhalten werden kann. Diesen Kunstgriff der „Durchströmungsmethode" hat W. Wien auch noch in etwas verbesserter Ausführung, deren Schilderung zu weit führen würde, verwendet.

Treten Kanalstrahlen so in einen hoch verdünnten Beobachtungsraum, so tritt weder Dissoziation noch Assoziation auf.

Die Vorgänge hingegen, welche sich im Beobachtungsraume abspielen, wenn dieser ein ruhendes Gas enthält, sind sehr kompliziert. Tritt ein neutrales Kanalstrahlenteilchen in den Beobachtungsraum, so kann sein Zusammenstoß mit einem Gasteilchen verschiedene Folgen haben. Es ist möglich, daß vom neutralen Teilchen des Kanalstrahles kinetische Energie auf das Gasmolekel übertragen wird, ohne daß dabei die Konstitution der Teilchen verändert wird. Es kann aber auch der Fall eintreten, daß das stoßende neutrale Teilchen in ein positives und ein negatives Ion gespalten wird. Es erklärt sich so das Auftreten negativ geladener Teilchen in den Kanalstrahlen. So sind z. B. bei O sowohl die Ionen $\overset{+}{O}$ als die Ionen $\overset{-}{O}$ beobachtet worden. Endlich kann bei dem Zusammenstoß ein Elektron, sei es von dem stoßenden, sei es von dem gestoßenen Teilchen abgetrennt werden. Es entstehen dadurch einerseits positive Ionen der Kanalstrahlen, andererseits freie Elektronen. In der Tat hat man gefunden, daß die Kanalstrahlen begleitet sind von Kathodenstrahlen, die sich durch die entgegengesetzte Richtung ihrer Ablenkung verraten. Die positiven Teilchen der Kanalstrahlen können beim Zusammenstoß mit neutralen Gasmolekeln ganz analoge Wirkungen ausüben, wie die neutralen. Neutralisation der Teilchen erfolgt durch Anlagerung freier Elektronen. Positive Teilchen können sich aber auch mit neutralen Gasmolekeln verbinden. Dadurch wird ihre Masse vergrößert, die magnetische und elektrische Ablenkung verkleinert.

Für die weitere Verfolgung dieser Probleme wird die Kenntnis jener freien Weglänge von Interesse sein, welche ein Kanalstrahlenteilchen zwischen zwei seiner Zusammenstöße mit Gasmolekeln zurücklegt. Es wird sich zunächst nur um eine orientierende Betrachtung handeln und diese möge unter gewissen vereinfachenden Voraussetzungen durchgeführt werden. Der Kanalstrahl besitze in seiner ganzen Breite den Querschnitt 1 cm^2, der Strahl bestehe nur aus neutralen und aus einwertigen Teilchen und alle haben dieselbe Geschwindigkeit $\mathfrak{q}$. Wir wollen dann den Ausgangspunkt der Strahlen zum Anfangspunkt einer mit der Richtung der Kanalstrahlen zusammenfallenden Achse machen. Der Abstand eines beliebigen Querschnittes vom Anfangspunkt sei x. Die Gesamtzahl der Kanalstrahlteilchen in der Volumeinheit sei N; davon seien N_1 Teilchen positiv, N_2 neutral, also $N = N_1 + N_2$. Wir schneiden nun an der Stelle x aus dem Kanalstrahl ein Stück S von der Länge dx ab. Im stationären Zustand müssen dann in S sowohl die Gesamtdichte für N, als die Einzeldichten für N_1 und N_2 unverändert bleiben. Es sollen zunächst die Gleichungen angegeben werden, die diesen Forderungen entsprechen. Die Zahl der positiven Ionen, die durch den Anfangsquerschnitt von S pro sec eintreten, ist $\mathfrak{q} \cdot N_1$. Der Wert von N_1 im Endquerschnitt von S ist:

$$N_1 + \frac{d N_1}{d x} d x .$$

Somit ist die Zahl der positiven Teilchen, die pro sec aus dem Endquerschnitt von S austreten, gleich

$$\mathfrak{q} \left(N_1 + \frac{d N_1}{d x} d x \right) .$$

Infolge der Strömung tritt also pro sec in S eine Verarmung an positiven Teilchen ein, die gegeben ist durch:

$$- \mathfrak{q} \frac{d N_1}{d x} d x .$$

Eine zweite Ursache für einen Verlust von positiven Ionen liegt in ihren Zusammenstößen mit neutralen Gasatomen, bei denen sie durch Anlagerung eines Elektrons selber in neutrale Atome verwandelt werden. Dagegen ergibt sich ein Gewinn von positiven Ionen durch Zusammenstöße neutraler Kanalstrahlteilchen mit ruhenden Molekeln des Gases. Soll der Zustand ein stationärer sein, so muß dieser Gewinn gerade so groß sein, wie der durch die beiden ersten Ursachen bedingte Verlust.

Die positiven Teilchen der Kanalstrahlen bilden sich durch den Zusammenstoß der neutralen Teilchen mit ruhenden Gasmolekeln. Sie durchlaufen dann eine bestimmte Weglänge l_1 bis zum Zusammenstoß mit einem Gasatom, der eine abermalige Neutralisation zur Folge hat.

Das so gebildete neutrale Atom durchläuft nun seinerseits eine freie Weglänge l_2, und verwandelt sich dann durch Zusammenstoß mit einem ruhenden Gasmolekel wieder in ein positives Ion. Der durch diese Vorgänge bedingte Verlust und Gewinn an positiven Teilchen läßt sich nun in folgender Weise berechnen. Die Zeit, die ein positives Teilchen braucht, um die freie Weglänge l_1 zu durchlaufen, ist $l_1 / \mathfrak{q}$. Daraus folgt für die Gesamtzahl der Stöße, welche das Teilchen pro sec erleidet, der Wert $\mathfrak{q}/l_1$. Man könnte vermuten, daß dieser Wert zu groß ist, weil dasselbe Teilchen abwechselnd die Strecke l_1 als positives Ion, die Strecke l_2 als neutrales Teilchen zurücklegt. Man muß aber bedenken, daß im stationären Zustand die Gesamtzahl N_1 der positiven Ionen ungeändert bleiben muß. Für jedes positive Ion, das durch Verwandlung in ein neutrales Teilchen verschwindet, entsteht also ein anderes positives Ion aus einem neutralen Teilchen. Die Sache verhält sich im ganzen in der Tat so, wie wenn ein positives Ion die Strecken l_1 in ununterbrochener Folge durchliefe. Nun ist die Gesamtzahl der positiven Ionen in dem Volumen S gleich $N_1\,dx$. Somit ergibt sich für die Gesamtzahl der Stöße, welche die positiven Ionen in S pro sec erleiden:

$$\frac{\mathfrak{q} N_1}{l_1}\,dx.$$

Diese Zahl gibt zugleich den Verlust an positiven Ionen, der durch Zusammenstöße in S entsteht. Der Gewinn an positiven Ionen, der sich in einer Sekunde aus den Zusammenstößen der neutralen Teilchen mit ruhenden Gasmolekeln ergibt, ist ebenso bestimmt durch

$$\frac{\mathfrak{q} N_2}{l_2}\,dx.$$

Die Bedingung dafür, daß die Zahl der positiven Ionen in S ungeändert bleibt, ist somit:

$$\mathfrak{q}\frac{dN_1}{dx}\,dx + \frac{\mathfrak{q} N_1}{l_1}\,dx = \frac{\mathfrak{q} N_2}{l_2}\,dx,$$

oder, wenn wir $1/l_1 = \alpha_1$ und $1/l_2 = \alpha_2$ setzen:

$$\frac{dN_1}{dx} = \alpha_2 N_2 - \alpha_1 N_1 .$$

Genau in derselben Weise wird die Bedingung, daß die Zahl der neutralen Teilchen in S unverändert bleibt, ausgedrückt durch die Gleichung:

$$\frac{dN_2}{dx} = \alpha_1 N_1 - \alpha_2 N_2 .$$

Als ein erstes Resultat dieser Gleichungen ergibt sich, daß $N_1 + N_2$ unabhängig von x sein muß. Die gesamte Dichte der Kanalstrahlteilchen ist also in der ganzen Ausdehnung des Kanalstrahls dieselbe, ein Ergebnis, das natürlich durch den Mechanismus der Kanalstrahlbewegung mit Notwendigkeit gefordert wird. Bezeichnen wir diese unveränderliche Dichte mit C, so ist also:

$$N_1 + N_2 = C.$$

Die Lösung der vorhergehenden Gleichungen kann man dann in folgender Form schreiben:

$$N_1 = \frac{\alpha_2}{\alpha_1 + \alpha_2} C - A e^{-(\alpha_1+\alpha_2)x},$$

$$N_2 = \frac{\alpha_1}{\alpha_1 + \alpha_2} C + A e^{-(\alpha_1+\alpha_2)x}.$$

Für einen unendlich großen Wert von x, in großer Entfernung von dem Eintrittsquerschnitt, wird:

$$N_{1\infty} = \frac{\alpha_2}{\alpha_1 + \alpha_2} C \quad \text{und} \quad N_{2\infty} = \frac{\alpha_1}{\alpha_1 + \alpha_2} \cdot C$$

und

$$C = N_{1\infty} + N_{2\infty}.$$

In großen Entfernungen vom Anfangsquerschnitt stellt sich also zwischen positiven Ionen und neutralen Teilchen ein Gleichgewichtszustand her. Das Verhältnis zwischen dem positiven und dem neutralen Teil der Kanalstrahlen ist gegeben durch:

$$N_{1\infty} / N_{2\infty} = \alpha_2 / \alpha_1.$$

Wir wenden die allgemeinen Gleichungen an auf den folgenden speziellen Fall: Im Anfangsquerschnitt seien nur neutrale Teilchen vorhanden. Es sei also für $x = 0$ auch $N_1 = 0$. Dann ergibt sich:

$$A = \frac{\alpha_2}{\alpha_1 + \alpha_2} C \quad \text{oder} \quad A = N_{1\infty}.$$

An Stelle der allgemeinen Gleichungen für N_1 und N_2 treten dann die folgenden:

$$N_1 = N_{1\infty}(1 - e^{-(\alpha_1+\alpha_2)x}), \qquad N_2 = N_{2\infty} + N_{1\infty} e^{-(\alpha_1+\alpha_2)x}.$$

Wir gehen nun über zu der Frage, wie die Größen α_1 und α_2 und die damit reziproken Weglängen experimentell bestimmt werden können. Es möge im Anfangsquerschnitt zunächst nicht ein neutraler Strahl, sondern ein im Gleichgewichte befindlicher Strahl eintreten. Die Zahl der neutralen Teilchen in diesem Strahle sei aber gegeben durch

$$N_{1\infty} + N_{2\infty} = C.$$

Ist der Strahl im Gleichgewicht, so ist das Verhältnis der positiven Teilchen zu den neutralen gegeben durch α_2/α_1. Somit kommen bei dem im Gleichgewicht befindlichen Strahl zu einer Anzahl von C neutralen Teilchen noch $\frac{\alpha_2}{\alpha_1} C$ positive hinzu. Die Gesamtzahl der Teilchen ist also

$$\left(1 + \frac{\alpha_2}{\alpha_1}\right) C.$$

Man kann nun mit Hilfe einer im Beobachtungsraume aufgestellten Thermosäule die Wärmewirkung dieser Teilchen bestimmen. Da Geschwindigkeit und Masse nach unserer Voraussetzung für alle Teilchen dieselbe ist, so ist die Wärmewirkung äquivalent dem Produkte aus der Zahl der Teilchen und aus der kinetischen Energie eines einzelnen

Teilchens. Wir bezeichnen die mit der Thermosäule gemessene Wärmewirkung mit A_1, die kinetische Energie eines Teilchens mit T; dann ist:

$$A_1 = T\left(1 + \frac{\alpha_2}{\alpha_1}\right)C.$$

Nun nehmen wir durch ein vor der Eintrittsstelle der Kanalstrahlen angelegtes elektrisches Feld alle positiven Teilchen weg, so daß nur die C neutralen Teilchen übrig bleiben. Die in diesem Falle mit der Thermosäule gemessene Wirkung sei B_1; dann ist:

$$B_1 = TC.$$

Somit:

$$\frac{A_1 - B_1}{A_1} = \frac{\alpha_2}{\alpha_1 + \alpha_2}.$$

Wir machen nun eine dritte Beobachtung. Wir legen ein elektrisches Feld an der Stelle x an und entfernen alle dort vorhandenen positiven Teilchen aus dem Strahle, der an der Eintrittsstelle aus $N_{1\infty} + N_{2\infty}$ neutralen Teilchen bestand. Die Thermosäule wird dann nur getroffen von Teilchen, deren Anzahl gerade so groß ist, wie die Zahl der an der Stelle x vorhandenen neutralen Teilchen. Diese ist aber gegeben durch:

$$N_2 = N_{2\infty} + N_{1\infty}\, e^{-(\alpha_1+\alpha_2)x}.$$

Die mit Hilfe der Thermosäule gemessene Wärmewirkung sei unter diesen Umständen B_2; dann ist:

$$B_2 = T\{N_{2\infty} + N_{1\infty}\, e^{-(\alpha_1+\alpha_2)x}\}.$$

Nimmt man bei x das elektrische Feld fort, so daß die Teilchen ungehindert passieren, so erhält man dieselbe Wärmewirkung, wie in dem an zweiter Stelle betrachteten Falle:

$$A_2 = B_1 = T(N_{1\infty} + N_{2\infty}).$$

Somit wird:

$$\frac{A_2 - B_2}{A_2} = \frac{N_{1\infty}(1 - e^{-(\alpha_1+\alpha_2)x})}{N_{1\infty} + N_{2\infty}} = \frac{\alpha_2}{\alpha_1 + \alpha_2}(1 - e^{-(\alpha_1+\alpha_2)x}).$$

Wir setzen zur Abkürzung:

$$\frac{A_1 - B_1}{A_1} = a_1 \quad \text{und} \quad \frac{A_2 - B_2}{A_2} = a_2.$$

Dann haben wir zunächst die Gleichung:

$$a_1 = \frac{\alpha_2}{\alpha_1 + \alpha_2} \quad \text{und} \quad a_2 = \frac{\alpha_2}{\alpha_1 + \alpha_2}(1 - e^{-(\alpha_1+\alpha_2)x}).$$

Daraus folgt:

$$\frac{\alpha_2}{\alpha_1} = \frac{a_1}{1 - a_1} = \frac{l_1}{l_2}$$

und

$$\frac{\alpha_1 + \alpha_2}{\alpha_1} = l_1(\alpha_1 + \alpha_2) = \frac{1}{1 - a_1}.$$

Ferner wird:

$$\alpha_1 + \alpha_2 = \frac{1}{x}\lg\left(\frac{a_1}{a_1 - a_2}\right).$$

Man sieht also, daß man durch die Bestimmung von A_1, B_1 oder A_2 und B_2 die Mittel bekommt, um $\alpha_1 + \alpha_2$ und dann auch α_2 und α_1

getrennt für sich zu bestimmen. Damit sind dann auch die Weglängen als die reziproken Wert von α_1 und α_2 gegeben.

Aus den Beobachtungen von WIEN an Wasserstoff ergibt sich für einen Druck von 0,006 mm z. B. l_1 zu etwa 8 cm. Reduziert man auf den normalen Druck von 760 mm, so findet man für die entsprechende Weglänge für l_{1n} etwa $6 \cdot 10^{-5}$ cm. Die Weglänge l_{2n} der neutralen Teilchen unter denselben Verhältnissen kann nach der Formel

$$l_{2n} = l_{1n} \cdot \frac{1 - a_1}{a_1}$$

berechnet werden; unter den Versuchsbedingungen war a_1 ungefähr 0,15. Somit ergibt sich für l_{2n} der etwa 6 mal größere Wert von etwa $36 \cdot 10^{-5}$ cm.

Nach der kinetischen Gastheorie (§ 204) ist die mittlere Weglänge eines Wasserstoffmolekels $1{,}78 \cdot 10^{-5}$ cm. Dieser Wert ist von derselben Größenordnung wie die Zahl, die sich aus den Versuchen von WIEN für die positiven Ionen ergibt. Dagegen ist er auffallenderweise erheblich kleiner als der für die neutralen Kanalstrahlteilchen gefundene. Es ist fraglich, ob man den Grund für diesen Unterschied darin suchen darf, daß die Geschwindigkeit der Kanalstrahlteilchen eine sehr viel größere ist, als die molekulare Geschwindigkeit eines ruhenden Gases. Daß die Weglänge der positiven Ionen kleiner ist als die der neutralen Teilchen kann vielleicht in der Wirkung elektrischer Anziehungskräfte seinen Grund haben. Daß noch andere nicht aufgeklärte Ursachen eine Rolle spielen, ergibt sich daraus, daß aus den Versuchen von WIEN für größere Drucke auch größere Werte der reduzierten Weglänge l_{1n} sich ergeben, ein Resultat, das mit den Vorstellungen der kinetischen Gastheorie in Widerspruch steht. Zum Schluß möge noch daran erinnert werden, daß das Verhältnis $\frac{a_2}{a_1} = \frac{a_1}{1 - a_1}$ die Zusammensetzung eines im Gleichgewicht befindlichen Kanalstrahls bestimmt. Es ist nämlich:

$$\alpha_2 / \alpha_1 = N_{1\infty} / N_{2\infty} .$$

Bei den angeführten Versuchen von WIEN[1] war $a_1 = 0{,}145$, also

$$N_{1\infty} / N_{2\infty} = 1/6 .$$

§ 588. Doppler-Stark-Effekt und Leuchten der Kanalstrahlen. Eine andere Bestimmung der Geschwindigkeit der Kanalstrahlen folgt aus dem von J. STARK[1] entdeckten Dopplereffekt (§ 289) der Kanalstrahlen. Irgendeine Spektrallinie im Kanalstrahlenspektrum erscheint zum Teil in normaler Lage sehr scharf, wohl von ruhenden Gasteilchen emittiert, und daneben, wegen der verschiedenen Werte von q, ein verwaschener Teil. Der aus dieser Verschiebung berechnete Wert von q ergibt merkwürdigerweise eine kleinere Geschwindigkeit als die Ablenkungsversuche.

[1] Phys. Zs. 6 (1905). Bericht in Jahrb. d. Radioaktivität 4 (1907).

Lichtemission der Kanalstrahlen. Die Frage der Lichtemission schien durch Beobachtungen von STARK in einfacher Weise erledigt zu sein. Er schloß aus dem Dopplereffekt, daß z. B. bei Wasserstoff das Linienspektrum durch die Ionen $\overset{+}{H}$ und $\overset{++}{H}$ erzeugt werde. Der Schluß beruht auf der Voraussetzung, daß der Kanalstrahl nur aus bewegten positiven Ionen bestehe. Er verliert also seine Berechtigung, sobald in den Kanalstrahlen neben den bewegten positiven Ionen bewegte neutrale Teilchen auftreten, wie dies nach den Beobachtungen von W. WIEN der Fall ist. Aus den Beobachtungen mit gekreuzten Magnetfeldern ergibt sich die weitere Tatsache, daß die Kanalstrahlen an sich kein Licht aussenden, daß sie nur leuchten, wenn sie mit neutralen Gasatomen zusammenstoßen. Die Frage nach der Natur der lichtemittierenden Teilchen wird dadurch zu einer sehr komplizierten, und man kann nicht sagen, daß sie zurzeit vollständig gelöst ist. Der Weg zu ihrer Lösung möge noch kurz geschildert werden. Wir wollen uns zunächst von den Eigenschaften der im Beobachtungsraume verlaufenden Kanalstrahlen eine möglichst deutliche Vorstellung zu verschaffen suchen. Es handle sich um Kanalstrahlen eines Elementes, welches, wie z. B. Aluminium, einwertige und zweiwertige Ionen zu bilden imstande ist, $\overset{+}{Al}$, $\overset{++}{Al}$. Schon vor der Kathode werden die Strahlen einwertige und zweiwertige Ionen und auch neutrale Atome enthalten. Bei Durchlaufen des Kathodenfalls werden die zweiwertigen Ionen eine größere Geschwindigkeit q_2 erhalten als die einwertigen, deren Geschwindigkeit q_1 sein möge. Die Geschwindigkeit q_0 der neutralen Teilchen wird die kleinste sein, denn sie entstehen durch Neutralisation von Ionen, die nur einen Teil des Kathodenfalls durchlaufen haben. Wir wollen nun annehmen, daß die zweiwertigen Ionen ein anderes Spektrum besitzen als die einwertigen, wobei wir die Frage, wie dieses Spektrum zustande kommt, ganz außer acht lassen. Wir wollen das Schicksal der drei Bestandteile, aus welchen die in den Beobachtungsraum tretenden Kanalstrahlen bestehen, im einzelnen verfolgen. Ein einwertiges Ion trete in den Beobachtungsraum; nach Durchlaufen einer gewissen freien Weglänge wird es durch Anlagerung eines Elektrons in ein neutrales Atom verwandelt. Durch Zusammenstoß mit einem neutralen Gasmolekel kann es wieder ein Elektron verlieren und wird dadurch in ein einwertiges Ion zurückverwandelt. Es kann sodann durch Zusammenstoß mit einem zweiten neutralen Atom ein zweites Elektron verlieren und wird dadurch zu einem zweiwertigen Ion. Dieses wird durch Anlagerung eines Elektrons wieder zu einem einwertigen, durch Anlagerung zweier Elektronen wieder zu einem neutralen Atom. Diese Verwandlungen werden nach dem Spiele des Zufalls in ganz unregelmäßiger Weise aufeinander folgen. Bei allen aber wird die Masse des betrachteten Teilchens dieselbe bleiben, da die Masse eines Elektrons der ponderablen Masse gegenüber verschwindend klein ist. Auch die Geschwindigkeit wird, wie man aus gewissen Beobachtungen[1] schließen kann, nicht merklich geändert. Infolge der Umwandlungen enthält der Kanalstrahl im Beobachtungsraum einwertige, zweiwertige und neutrale Teilchen, die sich alle mit derselben Geschwindigkeit q_1 bewegen. Wir betrachten nun ein zweiwertiges Ion, das mit der größeren Geschwindigkeit q_2 in den Beobachtungsraum tritt. Es unterliegt ganz denselben Umwandlungen, wie das zuvor betrachtete einwertige Ion, und daraus folgt, daß auch derjenige Teil der Kanalstrahlen, der aus ursprünglich zweiwertigen Ionen entsteht, einwertige, zweiwertige und neutrale Teilchen enthält. Sie bewegen sich alle mit derselben Geschwindigkeit q_2 und unterscheiden sich dadurch von den Strahlen, die aus ursprünglich einwertigen Ionen entstanden. Endlich kommen noch die in den Beobachtungsraum mit der kleineren Geschwindigkeit q_0 eintretenden neutralen Molekel in Betracht. Sie geben Veranlassung zu der Entstehung von Strahlen, die wieder aus einwertigen, zweiwertigen und neutralen Teilchen bestehen. Sie unterscheiden sich durch ihre kleine Geschwindigkeit q_0 von den vorher betrachteten. Für die spektroskopische Betrachtung ergibt sich nun der folgende Schluß. Im Beobachtungsraum sind einwertige Strahlen vorhanden mit den Geschwindigkeiten q_1, q_2 und q_0. Es folgt daraus ein kompliziertes Verhalten des Dopplereffektes, indem eine dem einwertigen Spektrum angehörende Linie drei verschiedene Verschiebungen erleidet, entsprechend den Geschwindigkeiten q_1, q_2 und q_0. Dasselbe gilt auch von dem zweiwertigen Spektrum, denn auch die Teilchen, welche dieses erzeugen, besitzen die drei Geschwindigkeiten q_1, q_2 und q_0. Es gewinnen also dadurch die verschobenen Spektrallinien sowohl im einwertigen, als im zweiwertigen Spektrum ein ähnliches Aussehen, und dadurch scheint es zunächst unmöglich, das eine oder andere Spektrum bestimmten Ionen zuzuordnen. Eine Möglichkeit hierzu ergibt sich aber doch auf Grund der folgenden Überlegung. Große Geschwindigkeit der Kanalstrahlen begünstigt die Bildung und die Existenz zweiwertiger Ionen, denn wenn ein neutrales Teilchen von großer kinetischer Energie auf ein ruhendes Gasmolekel stößt, so wird die Wahrscheinlichkeit, daß zwei Elektronen von dem Kanalstrahlteilchen losgerissen werden, eine größere sein; umgekehrt wird kleine Geschwindigkeit der Kanalstrahlen günstig sein für die Bildung einwertiger Ionen. Nun sind im wesentlichen zwei Ursachen, von denen die Geschwindigkeit der Kanalstrahlen beeinflußt wird. Einmal die Größe des Kathodenfalls, die durch Veränderung des Gasdruckes reguliert werden kann. Die zweite Ursache ist die Zerstreuung, die die Kanalstrahlen dadurch erfahren, daß sie mit ruhenden Teilchen des eigenen oder eines fremden beigemischten Gases zusammenstoßen. Die Zerstreuung der Strahlen wird immer mit einer Verkleinerung ihrer Geschwindigkeit in der Strahlenrichtung verbunden sein. Die Zerstreuung ist um so stärker, je kleiner die Kanal-

[1] J. Koenigsberger u. Kutschewsky, Ann. d. Phys. 37 (1912).

strahlgeschwindigkeit und je größer die Masse der aufeinanderstoßenden Teilchen ist. Dadurch erklärt sich z. B. die auffallend kleine Geschwindigkeit der Kanalstrahlen von Schwefel, wenn diese in einer Schwefelatmosphäre verlaufen. Man kann in einem solchen Falle die Zerstreuung außerordentlich verringern, wenn man Strahlen des schweren Gases in einem ruhenden Gase verlaufen läßt, das zum größten Teil aus einem leichten Gase, etwa Helium besteht. Einführung elektronegativer Gase, z. B. Sauerstoff oder Jod, in den Beobachtungsraum drückt die Zahl der freien Elektronen herab und begünstigt die Existenz positiver Ionen.

Die Änderungen, welche durch solche Hilfsmittel im Charakter der verschobenen Linien hervorgerufen werden, berechtigen dann dazu, bestimmte Spektrallinien oder Serien von Linien bestimmten einwertigen, zweiwertigen oder auch dreiwertigen Ionen zuzuordnen. Beispielsweise hat sich gezeigt, daß das sogenannte Heliumspektrum dem einwertigen Ion des Heliums, $\overset{+}{\mathrm{He}}$, das Parheliumspektrum dem zweiwertigen $\overset{++}{\mathrm{He}}$ zukommt.

Derartige Schlüsse erfahren eine gewisse Bestätigung durch die Betrachtung der längst bekannten Unterschiede der Bogen- und Funkenspektren. Im Lichtbogen ist die von den elektrischen Kräften verrichtete Arbeit verhältnismäßig klein; man wird also von vornherein ein Überwiegen einwertiger Ionen für wahrscheinlich halten. Dagegen ist im Funken die Arbeit der elektrischen Kräfte sehr groß und dem wird ein Überwiegen zweiwertiger Ionen entsprechen.[1]

§ 589. **Magnetische Strahlen.** Righi[2] hat an Kanalstrahlen Beobachtungen gemacht, die darauf hinzudeuten scheinen, daß in diesen außer Ionen und Elektronen noch Gebilde von besonderer Art auftreten, die er als Doppelsterne bezeichnet. Die erste dieser Beobachtungen ist folgende. Die Kathode einer Entladungsröhre wird dicht vor die Polfläche eines zylindrischen Elektromagnets gebracht. Die Durchbohrung der Kathode, aus der die Kanalstrahlen heraustreten, liegt in der Achse des Magnets; die Kanalstrahlen verlaufen also in dem zylindrischen Beobachtungsraum gleichfalls in dieser Richtung. Die von den Kanalstrahlen mitgeführte Ladung wird in einem am Ende des Beobachtungsraumes befindlichen zylindrischen Messinggehäuse aufgefangen und durch ein Galvanometer zur Erde abgeleitet. Es ergibt sich nun, daß die Menge der von den Kanalstrahlen mitgeführten Elektrizität stets abnimmt, sobald das Magnetfeld erregt wird. Für diese Tatsache gibt Righi die folgende Erklärung. In den neutralen Teilchen der Strahlen sind die Elektronen fest an gewisse Gleichgewichtslagen gebunden, um welche sie schwingende Bewegungen ausführen. Es lassen sich aber aus einwertigen positiv elektrischen Atomen und aus Elektronen neutrale

[1] J. Stark, Die Atomionen chemischer Elemente und ihre Kanalstrahlenspektra. Berlin (1913). Bericht in Jahrb. d. Radioaktivität (1916).

[2] Phys. Zs. 11 (1910); 12 (1911).

Systeme von ganz anderem Charakter bilden, solche nämlich, bei denen das Elektron in einem das positive Atom umgebenden Kreise sich gerade so bewegt, wie ein Planet um die Sonne. Die Kraft, der das Elektron dabei unterliegt, ist die der zweiten Potenz der Entfernung umgekehrt proportionale elektrische Anziehung. Ein solches System ist es, das als elektrischer Doppelstern bezeichnet wird. Es ist einleuchtend, daß diese elektrischen Doppelsterne im allgemeinen nur geringe Stabilität besitzen. Durch äußere Einwirkungen kann das Elektron leicht aus dem planetarischen Zusammenhange mit dem positiven Atom gerissen werden. Die so gelösten Elektronen werden sich dann im Raume nach allen möglichen Richtungen zerstreuen. Die Stabilität der elektrischen Doppelsterne kann aber durch ein Magnetfeld unter gewissen Bedingungen erhöht werden. Der von dem Elektron durchlaufene Kreis verhält sich im wesentlichen so, wie ein kreisförmiger elektrischer Strom, dessen positive Richtung der Umlaufsrichtung des Elektrons entgegengesetzt ist. Nun stehe die Ebene des Kreises senkrecht auf der Richtung der magnetischen Kraftlinien. Die Umlaufsrichtung des Elektrons sei entgegengesetzt der Stromrichtung des Elektromagneten. Dann wird die Wirkung des Magnetfeldes auf das kreisende Elektron den Halbmesser des Bahnkreises verkleinern. Dadurch wird bei geeigneter Feldstärke die Gefahr einer Absplitterung des Elektrons von dem positiven Atom verringert, die Stabilität des elektrischen Doppelsterns also vergrößert werden. Übersteigt aber die Stärke des magnetischen Feldes eine gewisse Grenze, so kann es kommen, daß das Elektron dem Atom so weit genähert wird, daß es sich mit diesem zu einem neutralen Atom vereinigt. Dann würde also die Stabilität des Systems nach der entgegengesetzten Seite hin aufgehoben werden. Es ergibt sich hieraus für eine bestimmte Stärke des Magnetfeldes ein Maximum der Stabilität. Daß in einem Kanalstrahl neutrale Atome, positive und negative Ionen, sowie Elektronen vorhanden sind, haben wir in den vorhergehenden Abschnitten gesehen. Damit ist also auch die Gelegenheit zur Bildung elektrischer Doppelsterne gegeben. Diese besitzen im allgemeinen eine sehr geringe Stabilität, in einem Magnetfeld aber erfährt diese Stabilität eine Vergrößerung, vorausgesetzt, daß seine Stärke einen bestimmten Grenzwert nicht übersteigt. Daraus würde dann folgen, daß in einem Kanalstrahl die Zahl der Doppelsterne größer ist, wenn der Strahl in einem Magnetfelde sich bewegt, dessen Kraftlinien mit den Strahlen gleichgerichtet sind. Die Abnahme der mitgeführten Ladung bei Erregung des Magnetfeldes kann dadurch erklärt werden. Ebenso wie in den Kanalstrahlen wird die Bildung elektrischer Doppelsterne auch in den Kathodenstrahlen erfolgen können. Es gelang Righi auch bei diesen und in dem von ihnen durchlaufenen Raume Erscheinungen aufzufinden, die durch die Annahme der elektrischen Doppelsterne eine einfache Erklärung finden. Strahlen, die durch elektrische Doppelsterne gebildet werden, nennt Righi Magnetstrahlen.

Dieses Gebiet bedarf aber weiterer Aufklärung. Siehe ähnliche Ideen in § 648 und § 663.

§ 590. **Anodenstrahlen.**[1] Man benützt als Anode eine Stange, welche aus den geschmolzenen Karbonaten oder Jodiden von Li, Na, K oder Th hergestellt und von einer Glasröhre umschlossen ist, so daß die Elektrizität nur aus der Vorderfläche der Stange austreten kann. Stellt man in einer mit einer Wehneltkathode versehenen Röhre ein sehr hohes Vakuum her, so geht von der Vorderfläche einer solchen Anode ein helles Strahlenbündel aus, dessen Spektrum übereinstimmt mit dem Spektrum des in dem Salze enthaltenen Metalls. Diese sogenannten Anodenstrahlen bilden ein gewisses Gegenstück zu den Kathodenstrahlen. Wie diese treten sie normal aus der Oberfläche der Elektrode aus; wie diese erzeugen sie an der Wand des Glases oder an der Oberfläche eines geeigneten Leuchtschirmes Fluoreszenz; die Farbe des am Glase erzeugten Fluoreszenzlichtes ist aber gelblich wie bei den Kanalstrahlen. Die Anodenstrahlen breiten sich in geraden Linien aus. Sie tragen eine positive Ladung. Die Anodenstrahlen werden abgelenkt in einem Sinne, welcher ihrer positiven Ladung und ihrer von der Anode weggehenden Bewegung entspricht. Sofern der Kathodenfall an der Wehneltkathode nicht in Betracht kommt, kann man annehmen, daß die ganze Elektrodenspannung dazu verwandt wird, die Geschwindigkeit der Anodenstrahlteilchen zu erzeugen.

Unter dieser Voraussetzung kann man durch die Kombination der magnetischen Ablenkung mit der Messung der Elektrodenspannung in der früher besprochenen Weise Geschwindigkeit und spezifische Ladung der Anodenstrahlteilchen bestimmen. So ergab sich beispielsweise für Natrium in einem Magnetfelde von 910 Gauss und bei einer Elektrodenspannung von 3800 V für die Geschwindigkeit der Teilchen

$$v = 18 \cdot 10^6 \text{ cm} \cdot \text{sec}^{-1}.$$

Für die spezifische Ladung

$$\eta / m = 0{,}013 \cdot 10^{15} \text{ elektrostatische Einheiten.}$$

Daraus ergibt sich für das Verhältnis der Masse eines Anodenstrahlteilchens zu der Masse eines Wasserstoffatoms der Wert 22. Die Anodenstrahlen bestehen also in diesem Falle aus einwertigen Natriumionen.

III. Leitung in dichten Gasen.

§ 591. **Gasionen.** In den vorhergehenden Partien erkannten wir, daß die elektrische Leitung in verdünnten Gasen ähnlich wie in Flüssigkeiten durch den Transport geladener Teilchen bewirkt wird. Im folgenden werden wir zeigen, daß dasselbe auch für die Leitung in dichten Gasen gilt. Ein Gas ohne Ionen kann nicht leiten.

---

[1] GEHRCKE u. REICHENHEIM, Dtsch. Phys. Ges. (1906).

Die durch verschiedene Einflüsse in einem Gase erzeugten Ionen können sein:

1. Negative Elektronen, wie solche z. B. bei Kathodenstrahlung auftreten; die spezifische Ladung ε/μ beträgt $555 \cdot 10^{16}$ elektrostatische Einheiten. Nimmt man für ε das elektrische Elementarquantum (§ 583), so ist μ sehr klein, etwa gleich 1/1800 eines H-Atoms.

2. Positive und negative Atomionen, analog wie bei der Leitung in Flüssigkeiten und bei den Kanalstrahlen. Die Masse des materiellen Trägers der Elektrizität ist von der Größenordnung der Molekel.

3. Positive und negative Molionen. Hier ist die Masse viel größer, es sind mehrere Gasmolekel (bis zu 30) mit einem elektrischen Elementarquantum verbunden. Meistens ist die Masse der positiven Ionen größer als die der negativen. (Ausnahmsweise findet man sog. Langevin-Ionen, welche noch etwa 100 mal so groß sind.)

Den Nachweis der unter 3. genannten Molionenarten werden wir in folgenden Abschnitten erbringen.

Wenn der elektrische Strom sich im Gase seine Ionen selbst erzeugt, haben wir eine selbständige Strömung. Besorgt dies aber ein äußerer Ionisator, so sprechen wir von einer unselbständigen Strömung; ein solches Ionisieren kann geschehen durch Kathodenstrahlen, die aus einem Lenardschen Fenster (Fig. 672) austreten; oder aber, wie wir gleichfalls schon gesehen haben, durch Flammengase (oder chemische Prozesse); oder, wie wir in späteren Abschnitten zeigen werden, durch ultraviolette Strahlung, und ganz besonders durch Röntgenstrahlen und radioaktive Strahlung.

Wir beginnen mit der Schilderung der unselbständigen Strömungen.

§ 592. Leitung der Flammen. Schon in § 367 war davon die Rede, daß erhitzte Gase, insbesondere Flammen und Flammengase zu den Leitern der Elektrizität gehören. Die Natur dieser unselbständigen Leitfähigkeit soll im folgenden etwas genauer untersucht werden.[1] Zur Erzeugung der Flamme benützen wir einen Bunsenbrenner *B*, dessen Gasmischungsrohr von dem Brenner getrennt und isoliert ist (Fig. 679). Den Brenner umgeben wir mit einem oben und unten offenen Metallzylinder *C*; darüber spannen wir zwischen zwei Glasstäben einen Kupferdraht *D* aus.

Wenn wir den Kupferdraht positiv oder negativ elektrisch machen, so wird er in Übereinstimmung mit den früheren Erfahrungen entladen, sobald wir die Flamme *F* entzünden. Der Versuch läßt nun eine merkwürdige Umkehr zu. Wir wollen die isolierte Röhre des Bunsenbrenners positiv laden, während der Zylinder *C* zur Erde abgeleitet ist (Fig. 679). Der Draht *D* erhält dann eine positive Ladung. Beide Wirkungen treten auch dann ein, wenn die obere Öffnung des Zylinders *C* mit einem zur Erde abgeleiteten Drahtgitter überdeckt wird.

[1] Giese, Wied. Ann. 17 (1882), 38 (1889).

Ein weiterer Versuch, durch welchen die Konduktoreigenschaft des von der Flamme aufsteigenden Gasstromes nachgewiesen wird, ist folgen-

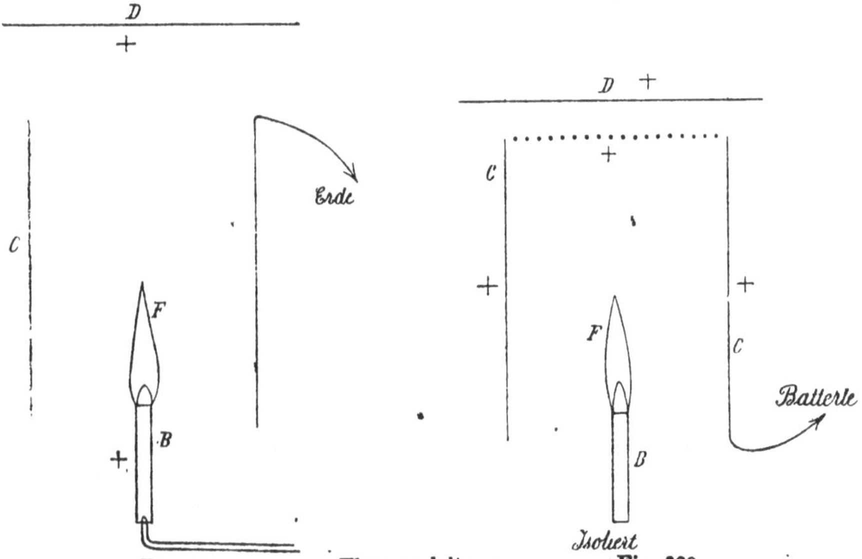

Fig. 679. Flammenleitung. Fig. 680.

der. Wir isolieren den mit einem Drahtgitter überdeckten Zylinder C und laden ihn mit Hilfe einer Akkumulatorenbatterie positiv. Die Röhre des Bunsenbrenners bleibt isoliert (Fig. 680). Der Draht D wird dann wieder positiv geladen; der Gasstrom verhält sich scheinbar wie ein Leiter, durch welchen die positive Elektrizität des Gitters auf den Draht übertragen wird. Daß der Erfolg nicht in dieser Weise zu erklären ist, ergibt sich aus den folgenden Versuchen.

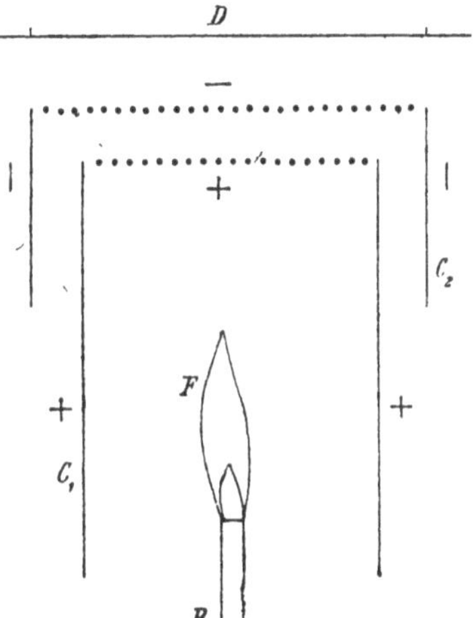

Fig. 681.

Wir setzen über die Flamme zwei Zylinder, deren obere Öffnungen beide mit Drahtnetzen überdeckt sind (Fig. 681). Den einen, etwa C_1, verbinden wir mit dem positiven, den anderen, C_2, mit dem negativen Pole einer Akkumulatorenbatterie. Die von dem Brenner aufsteigenden heißen Gase müssen dann den Zwischenraum zwischen den beiden entgegengesetzt geladenen Netzen passieren. Es ergibt sich, daß sie dadurch ihr Leitungsvermögen verlieren. Weder vermögen sie den unelektrischen Draht D zu laden, noch den positiv oder negativ elektrischen Draht zu entladen.

Danach können die im vorhergehenden betrachteten Erscheinungen nicht auf einer Leitfähigkeit des heißen Gases selbst nach der Art eines metallischen Konduktors beruhen. Am schlagendsten folgt dies daraus, daß die Flamme entladende und ladende Wirkungen auch auf seitlich von ihr stehende Konduktoren ausübt, welche mit den heißen Gasen selbst gar nicht in Berührung kommen.

Die Anschauung, welche man sich auf Grund dieser Tatsachen von der Ursache der Flammenleitung gebildet hat, ist folgende. Die Flammengase an sich sind Isolatoren, aber in der Flamme entstehen durch irgendeinen Dissoziationsprozeß positive und negative elektrische Teilchen in gleicher Zahl und mit, absolut genommen, gleicher Ladung. Wir nennen diese Teilchen Ionen, ebenso wie die elektrisch geladenen Molekel und Atome, durch welche die elektrolytische Leitung bedingt wird; mit dieser Gleichheit des Namens verbinden wir aber nicht die Vorstellung, daß die Ionen der Flammengase identisch seien mit den Ionen elektrolytischer Leiter. Die Erklärung der Versuche, auf welche sich die Fig. 679 bezieht, nach der Ionenhypothese liegt auf der Hand. Bei dem Versuche von Fig. 680 werden negative Ionen durch den positiv geladenen Zylinder C abgefangen, es bleibt ein Überschuß von positiven, welche positive Ladung an den Draht D abgeben. Bei dem Versuche von Fig. 681 werden die Flammengase durch die beiden entgegengesetzt geladenen Gitter ihrer Ionen beraubt, sie verlieren damit ihre Leitfähigkeit. Stellen wir seitlich von einer Flamme einen etwa positiv geladenen Körper auf, so zieht er die negativen Ionen aus der Flamme an; seine Ladung wird neutralisiert durch die mit ihm zur Berührung kommenden Ionen. Nehmen wir eine Flamme mit positiv geladener Röhre, so wird sie die positiven Ionen jedenfalls in überwiegender Anzahl enthalten; die wechselseitige Abstoßung der gleichnamigen Ionen treibt also positive Ionen in den die Flamme umgebenden Luftraum hinein; ein in der Nähe aufgestellter Konduktor wird von den ihn treffenden Ionen positiv geladen.

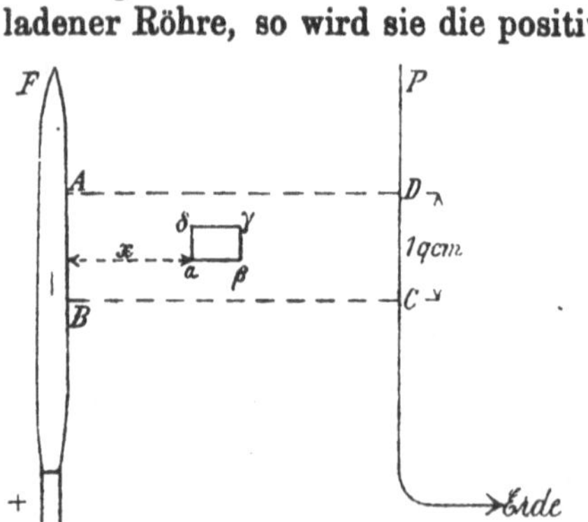

Fig. 682.

Beweglichkeit der Ionen. Die in dem vorhergehenden entwickelte Vorstellung von dem Wesen der Flammenleitung gibt nicht nur im allgemeinen Rechenschaft von ihren Eigentümlichkeiten; darüber hinaus gewährt sie die Möglichkeit zur Entwicklung einer Theorie, deren Ergebnisse durch exakte Messungen geprüft werden können. Am einfachsten fügen sich der theoretischen Behandlung die Seitenwirkungen einer Flamme; wir werden uns daher im folgenden ganz auf diese beschränken. In Fig. 682 stellt F eine Flamme vor, welche aus einem langen, schmalen Spalte brennt; die Ebene der Zeichnung liegt senkrecht zu der Längsrichtung des Spaltes. Der Flamme gegenüber und parallel zu ihrer Fläche steht eine nach der Erde abgeleitete Metallplatte P. Die Flamme sei positiv elektrisch durch Verbindung mit dem positiven Pole einer Akkumulatorenbatterie von etwa 100 Elementen. Die positiven Ionen werden dann von der Flamme zu der Platte getrieben; den durch ihre Bewegung im Luftraume erzeugten Strom nennt man einen unipolaren, da nur eine Art von elektrischen Teilchen in der Strombahn sich bewegt. Die Stärke dieses Stromes kann mit Hilfe eines in die Erdleitung der Platte eingeschalteten Galvanometers gemessen werden, oder aber, man schaltet in die Erdleitung einen großen Widerstand, vielleicht 10^{10} Ohm: der Strom ist dann gleich der Potentialdifferenz zwischen den Enden des Widerstandes dividiert durch diesen; die mit dem Elektrometer zu bestimmende Potentialdifferenz ist ein Maß des Stromes. Wir nehmen an, daß die elektrischen Kräfte und die Bewegung der Ionen zur Fläche der Flamme senkrecht stehen, daß der Strom ein konstanter ist, und untersuchen unter diesen Voraussetzungen die Verhältnisse der Luftschichte zwischen Flamme und Platte.

Infolge der abstoßenden Kraft der positiv geladenen Flamme füllt sich der Raum zwischen Flamme und Platte mit positiven Ionen. Diese selbst bilden eine Raumladung, sie sind Ausgangspunkte neuer abstoßender Kräfte, welche die von der Flamme herrührende Abstoßung nach rückwärts schwächen, nach vorwärts verstärken. Grenzen wir in dem Raume zwischen Flamme und Platte im Abstande x von der ersteren ein kleines Parallelepipedon $\alpha\beta\gamma\delta$ ab, dessen Längskanten $\alpha\beta$ und $\delta\gamma$ parallel den elektrischen Kraftlinien sind, während die Endflächen $\alpha\delta$ und $\beta\gamma$ dazu senkrecht stehen, so ist die elektrische Kraft größer in der Endfläche $\beta\gamma$, als in der Grundfläche $\alpha\delta$. Sie habe in den Punkten von $\alpha\delta$ den Wert $\mathfrak{E}$, in den Punkten von $\beta\gamma$ den Wert $\mathfrak{E} + d\mathfrak{E}$. Ist q der Querschnitt des Parallelepipedons, so ist die Zahl der Kraftlinien, welche durch $\alpha\delta$ eintreten, gleich $q \cdot \mathfrak{E}$, die Zahl der durch $\beta\gamma$ austretenden gleich $q(\mathfrak{E} + d\mathfrak{E})$. Im ganzen tritt aus dem Raumelemente $\alpha\beta\gamma\delta$ eine Zahl $q \cdot d\mathfrak{E}$ von Kraftlinien aus. Vorausgesetzt ist dabei, daß die Dichte der elektrischen Kraftlinien durch die elektrische Feldstärke gemessen wird, ebenso wie in § 365 die Dichte der magnetischen Kraftlinien durch die magnetische Feldstärke. Übertragen wir auch die weiteren Betrachtungen von § 365 auf die elektrischen Kräfte, so ergibt sich, daß die Zahl der aus $\alpha\beta\gamma\delta$ austretenden Kraftlinien gleich 4π multipliziert mit der in $\alpha\beta\gamma\delta$ enthaltenen Menge positiver Elektrizität sein muß. Nun sei N die Zahl der Ionen, welche in der Volumeinheit des zwischen F und P liegenden Raumes enthalten sind, ε die elektrische Ladung eines Ions; die Länge des Parallelepipedons sei $\alpha\beta = dx$. Dann ist die in $\alpha\beta\gamma\delta$ enthaltene Menge positiver Elektrizität gleich $N\varepsilon q\,dx$; somit:

$$4\pi N \varepsilon q\, dx = q\, d\mathfrak{E}$$

und
$$4\pi N \varepsilon = \frac{d\mathfrak{E}}{dx},$$

eine Gleichung, durch welche die Dichte $N\varepsilon$ der elektrischen Ladung in Verbindung gebracht wird mit dem Gradienten der elektrischen Kraft.

Die auf ein einzelnes Ion wirkende elektrostatische Kraft ist $\varepsilon\mathfrak{E}$. Wir nehmen an, daß diese Kraft dem Ion eine mit ihr proportionale Geschwindigkeit $\overset{+}{\mathfrak{g}} = \overset{+}{U}\varepsilon\mathfrak{E}$ erteile; der konstante Faktor $\overset{+}{U}$ ist nichts anderes, als die Geschwindigkeit, welche eine Kraft von 1 Dyne dem Ion erteilen würde. An Stelle der elektrostatischen Kraft $\mathfrak{E}$ wollen wir die nach elektromagnetischem Maße zu messende elektromotorische Kraft e setzen, welche auf die Längeneinheit des von F nach P sich erstreckenden Raumes ausgeübt wird. Wir erhalten dann nach § 531:

$$\overset{+}{\mathfrak{g}} = \overset{+}{U}\frac{\varepsilon}{c}e.$$

Den konstanten Faktor $\overset{+}{U}\varepsilon/c$ bezeichnen wir als die **absolute Beweglichkeit der Ionen.** Benützen wir für diese den Buchstaben U, so wird die wirkliche Geschwindigkeit

$$\overset{+}{\mathfrak{g}} = Ue.$$

U ist somit die Geschwindigkeit der Ionen für $e = 1$, d. h. in einem Felde, in dem auf die Länge von 1 cm die Einheit der elektromotorischen Kraft nach elektromagnetischem Maße wirkt. In einem Felde, in dem auf die Länge von 1 cm die elektromotorische Kraft von 1 V wirkt, wird (nach § 528) die Geschwindigkeit der Ionen gleich $U \cdot 10^8$. Die Dimension von U ergibt sich aus der Gleichung:

$$[U] = \frac{\text{Geschwindigkeit}}{\text{Elektrom. Kraft/Länge}} = \mathrm{cm}^{\frac{1}{2}} \cdot \mathrm{g}^{-\frac{1}{2}} \cdot \mathrm{sec}.$$

Das vereinfachende Moment in diesen und den folgenden Betrachtungen liegt darin, daß man der Reibung wegen die beschleunigenden Wirkungen der Kräfte vernachlässigen und die Geschwindigkeit der Ionen der wirkenden Kraft proportional setzen kann.

Wir gehen nun endlich über zu der Berechnung der **Stromstärke.** Wir betrachten dabei einen Kanal $ABCD$ von 1 cm² Querschnitt, der in der Richtung der Kraftlinien von der Flamme zu der Platte hinübergeht. Durch einen Querschnitt dieses Kanals geht pro sec ein von Ionen erfülltes Prisma, dessen Länge gleich der Geschwindigkeit $\overset{+}{\mathfrak{g}}$ der Ionen, dessen Querschnitt gleich 1 ist. Nun ist N die Zahl der Ionen in der Volumeinheit, ε die Ladung eines Ions; folglich ist die Menge von Elektrizität, welche von den Ionen in einer Sekunde durch den

Querschnitt des Kanals $ABCD$, d. h. durch 1 cm^2 hindurchgeführt wird, die Stromdichte, in elektrostatischem Maße:

$$\mathfrak{c} = \overset{+}{\mathfrak{g}} N\varepsilon = UN\varepsilon e.$$

Andererseits ist: $$N\varepsilon = \frac{1}{4\pi} \cdot \frac{d\mathfrak{E}}{dx} = \frac{1}{4\pi c} \cdot \frac{de}{dx}.$$

Somit: $$\mathfrak{c} = \frac{U}{4\pi c} \cdot e \cdot \frac{de}{dx}.$$

Ersetzen wir das elektrostatische Maß $\mathfrak{c}$ der Stromdichte durch das elektromagnetische i, so wird $\mathfrak{c} = c \cdot i$ und:

$$i = \frac{U}{4\pi c^2} \cdot e \frac{de}{dx}.$$

Die weitere Behandlung dieser Gleichung ist eine Aufgabe der Integralrechnung; wir begnügen uns, das Resultat der Rechnung anzuführen. Zunächst ergibt sich:

$$e = \sqrt{\frac{8\pi c^2}{U}} \cdot \sqrt{i} \cdot \sqrt{x}.$$

Aus diesem Werte der auf die Längeneinheit wirkenden elektromotorischen Kraft kann man dann die ganze elektromotorische Kraft E berechnen, welche zwischen der Flamme und der Platte tätig ist. Bezeichnen wir mit l die Entfernung der Platte P von der Flamme, so wird:

$$E = \tfrac{2}{3}\sqrt{\frac{8\pi c^2}{U}} \cdot \sqrt{i} \cdot \sqrt{l^3},$$

andererseits: $$i = \frac{9}{32\pi c^2} U \frac{E^2}{l^3}.$$

Die Stromdichte ist proportional dem Quadrate der elektromotorischen Kraft und umgekehrt proportional der dritten Potenz des Abstandes zwischen Platte und Flamme.

Sind E, l und i durch Beobachtung gegeben, so kann man die Gleichung benützen zur Berechnung der absoluten Beweglichkeit U. Eine Prüfung für die Richtigkeit der Gleichung ergibt sich dadurch, daß für U unter verschiedenen Versuchsbedingungen dieselben Werte sich ergeben müssen. Inwieweit dieses der Fall ist, ergibt sich aus der folgenden Tabelle:[1]

Abstand l zwischen Flamme und Platte (cm)	2	4	6
$U \cdot 10^8$	2,27	2,21	2,00 .

Außerhalb der Flamme beträgt hiernach bei einem Potentialgefälle von 1 V auf 1 cm die Geschwindigkeit der positiven Flammenionen im Mittel 2,16 $cm \cdot sec^{-1}$.

[1] CHILD, Phys. Rev. (1901).

Für die absolute Beweglichkeit V negativer Ionen außerhalb der Flamme ergab sich in derselben Weise ein größerer Wert $2{,}6 \cdot 10^{-8}\ \mathrm{cm}^{\frac{1}{2}} \cdot \mathrm{g}^{-\frac{1}{2}} \cdot \mathrm{sec}$.

Im Innern der Flammen hat man besonders die Beweglichkeiten von Ionen untersucht, die durch Zerstäubung von Metallsalzen in die Flammen eingeführt wurden. Für die positiven Ionen ergaben sich mit der Temperatur steigende Beweglichkeiten, größere als außerhalb der Flamme. Bei den negativen Ionen erreicht die Beweglichkeit in der Flamme sehr hohe Werte, welche es wahrscheinlich machen, daß statt negativer Ionen in diesem Falle wenigstens zum Teil Elektronen vorhanden sind. Diese freien Elektronen gehen zeitweise durch Verbindung mit einem neutralen Gasmolekel in negative Molionen über, zeitweise aber werden sie durch Zusammenstoß mit Gasmolekeln wieder in freie Ionen zurückverwandelt.[1]

§ 593. Ionisierung der Gase. Schon oft war davon die Rede, daß Luft und auch andere Gase leitend werden, wenn Kathodenstrahlen, radioaktive oder Röntgen-Strahlen durch sie hindurchgesandt werden. Es liegt nahe, die Anschauungen, zu denen wir durch die Flammenleitung geführt worden sind, auf diese Erscheinungen zu übertragen.

Wir werden also annehmen, daß der Gleichgewichtszustand der Molekel eines Gases durch die Einwirkung jener Strahlen in der Art gestört wird, daß in jedem Zeitelement eine gewisse Zahl von Molekeln zerlegt wird in je ein positives und ein negatives Ion. Wir setzen voraus, daß die Ladung all dieser Ionen ihrem absoluten Betrage nach gleich, also durch dieselbe Zahl von ε elektrostatischen Einheiten gegeben sei. Der Zerlegung der Molekel wirke entgegen eine fortwährende Wiedervereinigung der Ionen infolge ihrer wechselseitigen elektrischen Anziehung. Die Zahl der in einem Zeitelement in dieser Weise wieder verschwindenden Ionen können wir mit dem Produkt aus der Anzahl der freien positiven und der freien negativen Ionen proportional setzen. Wenn keine äußeren Kräfte auf die Ionen wirken, so ist der Gleichgewichtszustand des Gases unter der Wirkung der Strahlung dadurch bestimmt, daß in jedem Zeitelement ebensoviel Ionen entstehen als verschwinden.

Auf Grund dieser Annahmen werden wir nun versuchen, einen Überblick über die Verhältnisse zu gewinnen, welche bei der durch Ionenbildung bedingten Leitfähigkeit der Gase zu erwarten sind. Die durchstrahlte Gasschicht sei zwischen zwei parallelen Metallplatten P_1 und P_2 eingeschlossen (Fig. 683), welchen durch Verbindung mit den Polen einer Akkumulatorenbatterie eine bestimmte Potentialdifferenz erteilt werden kann; P_1 werde dabei Anode, P_2 Kathode, ihre Distanz sei l.

[1] Lenard, Ann. d. Phys. 40 (1913). Über den Energieaustausch von langsamen Elektronen und Gasmolekeln siehe G. Hertz, Dtsch. Phys. Ges. (1917).

Wir betrachten die Verhältnisse in einem die beiden Platten senkrecht verbindenden Kanale $ABCD$ von 1 cm² Querschnitt; die Kraftlinien laufen parallel den Wänden des Kanales; in der Entfernung x von seiner Endfläche AB sei die Stärke der elektrostatischen Kraft gleich $\mathfrak{E}$. Infolge der Bestrahlung mögen in der Volumeinheit pro sec q positive und q negative Ionen entstehen; die Zahl der in derselben Zeit wieder verschwindenden sei $\alpha \overset{+}{N} \overset{-}{N}$; $\overset{+}{N}$ bezeichne dabei die Zahl der freien positiven, $\overset{-}{N}$ die Zahl der freien negativen Ionen in der Volumeinheit. Die Geschwindigkeiten $\overset{+}{\mathfrak{g}}$ und $\overset{-}{\mathfrak{g}}$, welche den positiven und negativen Ionen durch die Kraft $\mathfrak{E}$ erteilt werden, setzen wir nach dem Beispiele von § 592:

$$\overset{+}{\mathfrak{g}} = \overset{+}{U} \varepsilon \mathfrak{E}, \qquad \overset{-}{\mathfrak{g}} = \overset{-}{U} \varepsilon \mathfrak{E}.$$

Wir legen nun durch den Kanal in der Entfernung x von der Anfangsfläche einen Querschnitt EG. Wir setzen voraus, daß sich in der Gasschichte unter der gleichzeitigen Wirkung der Bestrahlung und der Spannungsdifferenz zwischen den Platten ein stationärer Zustand hergestellt habe. Es muß dann in jedem einzelnen der Räume $ABGE$ und $CDEG$ stets dieselbe Zahl positiver und negativer Ionen vorhanden sein, d. h. in jedem dieser Räume muß die Zahl der durch Dissoziation entstehenden positiven und negativen Ionen gleich der Zahl der vom Strome weggeführten, vermehrt um die Zahl der durch Wiedervereinigung verschwindenden sein. Die Berechnung der Menge der letzteren ist dadurch

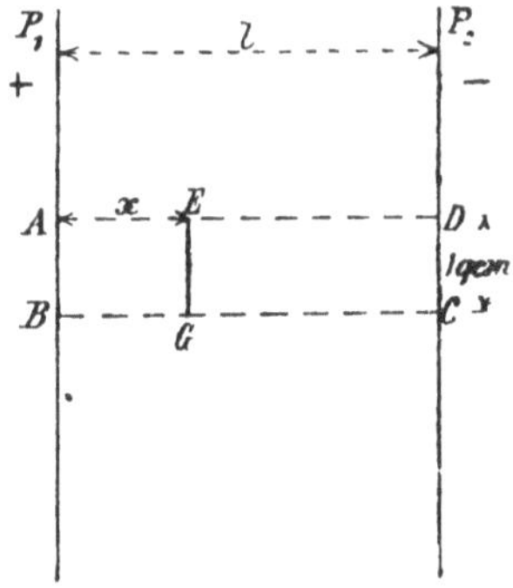

Fig. 688.

erschwert, daß die Zahlen $\overset{+}{N}$ und $\overset{-}{N}$ in verschiedenen Querschnitten verschieden sind. Wollen wir also beispielsweise die Zahl der in dem Raume $ABGE$ verschwindenden Ionen berechnen, so müssen wir diesen Raum durch eine Reihe aufeinanderfolgender Querschnitte in Schichten zerlegen, so daß in jeder Schichte die Zahlen $\overset{+}{N}$ und $\overset{-}{N}$ als konstant zu betrachten sind. Bezeichnen wir die sehr klein zu nehmende Dicke einer solchen Schichte mit dx, so verschwinden in ihr in einer Sekunde

$$\alpha \overset{+}{N} \overset{-}{N} dx$$

positive und ebensoviel negative Ionen. Die Gesamtzahl der in dem Raume $ABGE$ verschwindenden positiven und negativen Ionen ergibt sich durch Summation des gefundenen Ausdruckes über sämtliche in $ABGE$ enthaltene Schichten; sie ist demnach gleich der von 0 bis x zu nehmenden Summe:

$$\sum_0^x \alpha \overset{+}{N} \overset{-}{N} dx.$$

Die Zahl der durch den Querschnitt *EG* in einer Sekunde aus dem Raume *ABGE* auswandernden positiven Ionen ist: $\overset{+}{N}\overset{+}{\mathfrak{g}}$, die Zahl der gleichzeitig einwandernden negativen: $\overset{-}{N}\overset{-}{\mathfrak{g}}$. Durch die Grundfläche *AB* des Raumes wandern keine positiven Ionen ein; wohl aber werden negative Ionen daselbst ausgeschieden. Bezeichnen wir mit $\overset{-}{\mathfrak{g}}_0$ die Geschwindigkeit, mit $\overset{-}{N}_0$ die Dichte der negativen Ionen unmittelbar an der Anode, so ist die Zahl der in einer Sekunde ausgeschiedenen gleich $\overset{-}{N}_0\overset{-}{\mathfrak{g}}_0$. Endlich ist die Zahl der positiven oder negativen Ionen, welche in dem Raume *ABGE* in einer Sekunde entstehen, gleich qx. Die Bedingungen dafür, daß die Zahlen der positiven und der negativen Ionen in dem Raume *ABGE* konstant bleiben, sind hiernach:

$$q x = \overset{+}{N}\overset{+}{\mathfrak{g}} + \sum_0^x \alpha \overset{+}{N}\overset{-}{N} dx,$$

$$q x = \overset{-}{N}_0\overset{-}{\mathfrak{g}}_0 - \overset{-}{N}\overset{-}{\mathfrak{g}} + \sum_0^x \alpha \overset{+}{N}\overset{-}{N} dx.$$

Daraus folgt zunächst: $\overset{+}{N}\overset{+}{\mathfrak{g}} = \overset{-}{N}_0\overset{-}{\mathfrak{g}}_0 - \overset{-}{N}\overset{-}{\mathfrak{g}}$.

Aus dem Raume *ABGE* wandern gleichzeitig ebensoviel positive als negative Ionen aus; das ist im Grunde selbstverständlich, da ja auch ebensoviel positive Ionen entstehen und verschwinden als negative. Wir können die letzte Gleichung aber auch so schreiben:

$$\overset{+}{N}\overset{+}{\mathfrak{g}} + \overset{-}{N}\overset{-}{\mathfrak{g}} = \overset{-}{N}_0\overset{-}{\mathfrak{g}}_0 .$$

Dann sagt sie aus, daß die Gesamtzahl der pro sec durch einen Querschnitt des Kanals gehenden Ionen für alle Querschnitte die gleiche ist. Multiplizieren wir jene Zahl mit der elektrischen Ladung ε eines Ions, so erhalten wir die Menge von Elektrizität, welche in einer Sekunde durch den Querschnitt von 1 cm^2 geführt wird, d. h. die Stromdichte in elektrostatischem Maße:

$$\mathfrak{c} = \varepsilon(\overset{+}{N}\overset{+}{\mathfrak{g}} + \overset{-}{N}\overset{-}{\mathfrak{g}}).$$

Dieselben Betrachtungen wiederholen sich nun bei dem Raumteile *EGCD*; sie führen hier zu den Gleichungen:

$$q(l - x) = \overset{+}{N}_0\overset{+}{\mathfrak{g}}_0 - \overset{+}{N}\overset{+}{\mathfrak{g}} + \sum_{l-x}^{l} \alpha \overset{+}{N}\overset{-}{N} dx,$$

$$q(l - x) = \overset{-}{N}\overset{-}{\mathfrak{g}} + \sum_{l-x}^{l} \alpha \overset{+}{N}\overset{-}{N} dx.$$

Hier bedeuten $\overset{+}{N}_0$ und $\overset{+}{\mathfrak{g}}_0$ Dichte und Geschwindigkeit der positiven Ionen unmittelbar vor der Kathode. Wir bemerken, daß

$$\overset{+}{N}_0\overset{+}{\mathfrak{g}}_0 = \overset{+}{N}\overset{+}{\mathfrak{g}} + \overset{-}{N}\overset{-}{\mathfrak{g}} = \overset{-}{N}_0\overset{-}{\mathfrak{g}}_0$$

ist.

Addieren wir die erste der für $ABGE$ aufgestellten Gleichungen und die zweite der für $EGCD$ geltenden, so erhalten wir:

$$ql = (\overset{+}{N}\overset{+}{\mathfrak{g}} + \overset{-}{N}\overset{-}{\mathfrak{g}}) + \sum_{0}^{l} \alpha \overset{+}{N}\overset{-}{N} dx.$$

ql ist die Zahl der positiven oder negativen Ionen, welche in einer Sekunde in dem Kanale $ABCD$ durch Bestrahlung erzeugt werden; sie hängt nur ab von der letzteren und ist ganz unabhängig von der elektrischen Strömung. ql stellt sich in unserer Formel dar als eine Summe zweier Größen. Die eine davon gibt an, wieviel positive oder negative Ionen in der Sekunde durch den elektrischen Strom ausgeschieden werden, die andere, wie viele durch Wiedervereinigung verschwinden. Die Summe beider Größen ist konstant; je mehr Ionen in dem Strome sich bewegen, um so weniger werden sich wieder vereinigen. Nun können wir aber die Geschwindigkeiten $\overset{+}{\mathfrak{g}}$ und $\overset{-}{\mathfrak{g}}$ beliebig steigern, indem wir die Potentialdifferenz zwischen den Elektrodenplatten vergrößern. Wir können also den Term $(\overset{+}{N}\overset{+}{\mathfrak{g}} + \overset{-}{N}\overset{-}{\mathfrak{g}})$ zunächst beliebig vergrößern auf Kosten des zweiten: $\sum_{0}^{l} \alpha \overset{+}{N}\overset{-}{N} dx$. Sobald wir aber auf diese Weise den zweiten Term zum Verschwinden gebracht haben, wird

$$\overset{+}{N}\overset{+}{\mathfrak{g}} + \overset{-}{N}\overset{-}{\mathfrak{g}} = ql,$$

die Gesamtzahl der in einer Sekunde durch den Strom ausgeschiedenen positiven oder negativen Ionen, gleich der Zahl der durch die Bestrahlung erzeugten; man sieht, daß von jetzt ab die Zahl der ausgeschiedenen Ionen auch durch größere elektromotorische Kräfte nicht mehr gesteigert werden kann.

Multiplizieren wir die für den stationären Zustand in dem Raume $ABCD$ geltende Gleichung mit ε, so ergibt sich:

$$q\varepsilon l = \varepsilon(\overset{+}{N}\overset{+}{\mathfrak{g}} + \overset{-}{N}\overset{-}{\mathfrak{g}}) + \sum_{0}^{l} \varepsilon\alpha \overset{+}{N}\overset{-}{N} dx,$$

oder

$$q\varepsilon l = \mathfrak{c} + \sum_{0}^{l} \varepsilon\alpha \overset{+}{N}\overset{-}{N} dx.$$

$\mathfrak{c}$ ist wieder die Stärke des in dem Kanale fließenden Stromes in elektrostatischem Maße. Steigert man die elektromotorische Kraft, so wächst der Strom $\mathfrak{c}$, während das Summenglied um denselben Betrag kleiner wird. Man kann schließlich das Summenglied zum Verschwinden bringen, dann wird:

$$\mathfrak{c} = q\varepsilon l.$$

Eine weitere Verstärkung des Stromes ist jetzt nicht mehr möglich. Bei der durch Ionisierung erzeugten Leitfähigkeit der Gase ist also der Strom nicht proportional der elektromotorischen Kraft, seine Dichte erreicht vielmehr ein Maximum, $\mathfrak{c}_s$, das bei weiterer Steigerung der elektromotorischen Kraft nicht überschritten wird. Man bezeichnet jenen Strom als den Sättigungsstrom, und in seiner Existenz liegt eine der wesentlichsten Eigenschaften der durch äußere Ionisierung bedingten unselbständigen Leitung. Für die Dichte des Sättigungsstromes gilt die Formel:

$$\mathfrak{c}_s = q \varepsilon l.$$

Der Sättigungsstrom wird um so stärker, je länger der von ihm durchlaufene Kanal, ein scheinbares Paradoxon, das sich dadurch auflöst, daß mit der Länge des Kanals die Zahl der erzeugten und der gleichzeitig durch den Strom ausgeschiedenen Ionen wächst. Aus den durch Beobachtung zu bestimmenden Werten von N_s und l ergibt sich q, die Ionisierungsstärke.

Kraft- und Potentialverlauf bei dem Sättigungsstrome. — Die räumliche Dichte der Elektrizität an irgendeiner Stelle unseres Kanals ist, wie man leicht sieht, gleich $\varepsilon(\overset{+}{N} - \overset{-}{N})$. Nun gelten für den Sättigungsstrom die Gleichungen:

$$q \varepsilon x = \overset{+}{N} \varepsilon \overset{+}{\mathfrak{g}} \quad \text{und} \quad q \varepsilon (l - x) = \overset{-}{N} \varepsilon \overset{-}{\mathfrak{g}}.$$

Somit ergibt sich für die räumliche Dichte der Ausdruck:

$$\varepsilon(\overset{+}{N} - \overset{-}{N}) = q \varepsilon \{x/\overset{+}{\mathfrak{g}} - (l - x)/\overset{-}{\mathfrak{g}}\}.$$

Nach der im vorhergehenden § angestellten Betrachtung ist aber:

$$4\pi \varepsilon(\overset{+}{N} - \overset{-}{N}) = d\mathfrak{E}/dx.$$

Somit:

$$d\mathfrak{E}/dx = 4\pi q \varepsilon \{x/\overset{+}{\mathfrak{g}} - (l - x)/\overset{-}{\mathfrak{g}}\},$$

wo

$$\overset{+}{\mathfrak{g}} = \overset{+}{U} \varepsilon \mathfrak{E}, \qquad \overset{-}{\mathfrak{g}} = \overset{-}{U} \varepsilon \mathfrak{E}$$

ist.

An Stelle des Faktors $\overset{+}{U}$ haben wir in dem vorhergehenden Paragraphen die sogenannte absolute Beweglichkeit U der positiven Ionen eingeführt, welche mit $\overset{+}{U}$ durch die Formel $U = \overset{+}{U} \varepsilon / c$ verbunden ist. In derselben Weise werden wir an Stelle des Faktors $\overset{-}{U}$ die absolute Beweglichkeit V der negativen Ionen einführen; wir haben dann $V = \overset{-}{U} \varepsilon / c$, und

$$\overset{+}{\mathfrak{g}} = c U \mathfrak{E}, \qquad \overset{-}{\mathfrak{g}} = c V \mathfrak{E}.$$

Führen wir diese Werte in die Gleichung für $d\mathfrak{E}/dx$ ein, so ergibt sich:

$$\mathfrak{E} \frac{d\mathfrak{E}}{dx} = 4\pi q \frac{\varepsilon}{c} \{x/U - (l - x)/V\}.$$

Berücksichtigen wir noch, daß $q\varepsilon = \mathfrak{c}_s/l$, daß $\mathfrak{c}_s/c$ gleich der Stärke i_s des Sättigungsstromes in elektromagnetischem Maße ist, so erhalten wir schließlich:

$$\mathfrak{E}\frac{d\mathfrak{E}}{dx} = \frac{4\pi i_s}{l}\{x/U - (l-x)/V\}.$$

Die aus dieser Gleichung fließenden Folgerungen werden durch die Zeichnung von Fig. 684 erläutert. Der Punkt A entspricht der Anode, K der Kathode; die parabolisch gekrümmte Kurve gibt den Verlauf der elektrischen Kraft $\mathfrak{E}$ zwischen den Elektroden, die in K endigende den Verlauf des Potentiales. Dabei ist angenommen, daß $V > U$ ist. Die Kraft $\mathfrak{E}$ hat ein Minimum an der Stelle M; hier verschwindet der dem Zuwachse dx des Abstandes AM entsprechende Zuwachs $d\mathfrak{E}$ der Kraft. Daraus ergibt sich für die Lage des Minimums die Beziehung:

$$AM/KM = U/V.$$

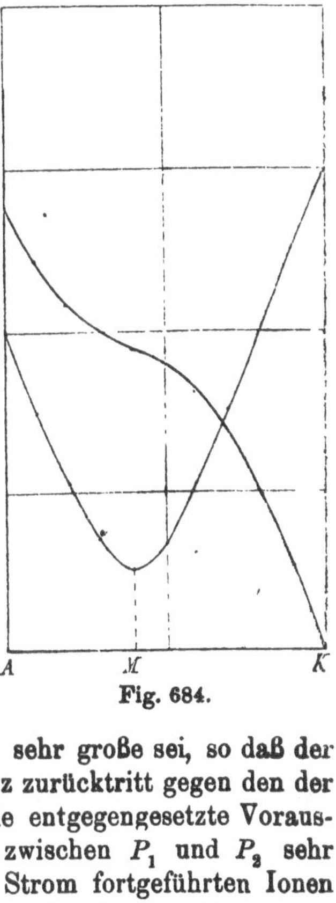

Fig. 684.

Die elektrische Kraft ist größer an der Kathode als an der Anode, der Abfall des Potentiales an der Anode weniger steil als an der Kathode, am schwächsten an der Stelle M. Eine gewisse Ähnlichkeit dieser Verhältnisse mit den bei GEISSLERschen Röhren gefundenen ist nicht zu verkennen.

Fall einer sehr kleinen elektromotorischen Kraft. — Wir haben bisher angenommen, daß die Potentialdifferenz zwischen den Platten P_1 und P_2 der Fig. 683 eine sehr große sei, so daß der Vorgang der Wiedervereinigung der Ionen ganz zurücktritt gegen den der elektrischen Fortführung. Wir wollen nun die entgegengesetzte Voraussetzung machen, daß die Potentialdifferenz zwischen P_1 und P_2 sehr klein sei, und daß die Zahl der durch den Strom fortgeführten Ionen verschwinde gegenüber der Gesamtzahl der vorhandenen. Man kann dann annehmen, daß im ganzen Innern des durchstrahlten Gases die Dichte der positiven Ionen gleich sei der Dichte der negativen. Die Bedingung für die Konstanz dieser Dichte reduziert sich dadurch auf:

$$q = \alpha N^2;$$

d. h. in jeder Sekunde müssen in der Volumeinheit gleichviel Ionen entstehen und verschwinden. Für die Stromdichte in elektrostatischem Maße ergibt sich:

$$\mathfrak{c} = \varepsilon N(\overset{+}{\mathfrak{g}} + \overset{-}{\mathfrak{g}}),$$

oder wenn wir die Geschwindigkeit $\mathfrak{g}$ durch die absoluten Beweglichkeiten U und V ausdrücken:

$$\mathfrak{c} = \varepsilon N (U + V) c \mathfrak{E}.$$

$c \cdot \mathfrak{E}$ ist nichts anderes als die auf die Länge von 1 cm wirkende elektromotorische Kraft in elektromagnetischem Maße. Bezeichnen wir diese wieder mit e, so ergibt sich für die elektromagnetisch gemessene Stromdichte der Ausdruck:

$$i = \frac{\varepsilon N}{c} (U + V) e.$$

Ist die Fläche der Platten P_1 und P_2 gleich f, so wird der ganze von der einen zu der anderen übergehende Strom:

$$I = \frac{\varepsilon N}{c} f (U + V) e.$$

Bei kleinen elektromotorischen Kräften ist die Stromstärke der Kraft proportional; das Verhältnis i/e gibt dann die Leitfähigkeit des ionisierten Gases. Die Stromstärke I und die elektromotorische Kraft e sind in bekannter Weise zu messen; gelingt es also noch das Produkt $\varepsilon N f$ zu bestimmen, so gibt die Gleichung ein Mittel zur Berechnung von $U + V$, der Summe der absoluten Beweglichkeiten. Nun ist N die Zahl der in der Volumeinheit enthaltenen positiven oder negativen Ionen, Nfl die Zahl der Ionen in dem ganzen zwischen den Platten P_1 und P_2 liegenden Raume; $\varepsilon N f l$ ist die ganze Masse positiver oder negativer Elektrizität, welche in jenem Raume infolge der Ionenladung enthalten ist. Diese aber läßt sich durch den folgenden Versuch bestimmen. Man durchstrahlt den Gasraum, während die Platten P_1 und P_2 unelektrisch sind. Man unterbricht dann plötzlich die Bestrahlung und verbindet gleichzeitig die Platte P_2 mit einem Kondensator, die Platte P_1 mit dem Pole einer Hochspannungsbatterie. Die von P_1 ausgeübte große elektrische Kraft treibt dann alle in dem Momente der Unterbrechung vorhandenen, mit dem Pole der Batterie gleichnamigen Ionen in den Kondensator. Mißt man die Ladung $\mathfrak{e}$ des letzteren, so ist:

$$\mathfrak{e} = \varepsilon N f l,$$

somit:

$$I = \frac{\mathfrak{e}}{c\, l} (U + V) e$$

und

$$U + V = c \frac{I l}{\mathfrak{e}\, e}.$$

Setzt man endlich noch an Stelle der auf die Längeneinheit wirkenden elektromotorischen Kraft e die elektromotorische Kraft E zwischen den Platten P_1 und P_2, so wird:

$$U + V = c \frac{I l^2}{\mathfrak{e} E},$$

eine Formel, mit deren Hilfe die Summe der absoluten Beweglichkeiten aus bekannten oder unmittelbar zu messenden Größen zu bestimmen ist.

Als das wesentliche Resultat der bisherigen Untersuchung ergibt sich, daß man zu der Bestimmung der Beweglichkeiten U und V die folgenden drei Beobachtungen benützen kann:

1. Bestimmung des Punktes, in welchem beim Sättigungsstrome das Minimum der elektrischen Kraft eintritt; daraus folgt der Wert von U/V.

2. Messung der ganzen Ionenladung, welche in dem Raume zwischen den Platten durch Bestrahlung erzeugt wird.

3. Messung des durch eine schwache elektromotorische Kraft in dem durchstrahlten Gase erzeugten Stromes. Die beiden letzten Messungen geben die Summe $U + V$ und überdies den Wert von εN.

Zusammenfassung. Fig. 685 gibt als Abszissen die Spannungen, welche man an die Elektrodenplatten in Fig. 683 anlegen muß, als Ordinaten die Stromstärken. Man sieht, entsprechend unseren Ableitungen für kleine Spannungen, die Gültigkeit des OHMschen Gesetzes; diese „Initialleitfähigkeit" ist sehr gering. Hier sind durch die äußere Ionisierungsquelle viel mehr Ionen vorhanden, als der Stromtransport beansprucht. Steigert man die Stromstärke durch Erhöhung der Spannung, so reichen die vorhandenen Ionen zum Transport nicht mehr aus; die Erhöhung der Spannung kann dann, wenn bereits alle Ionen in den Transportdienst gestellt sind, keine Erhöhung der Stromstärke zur Folge haben, der Sättigungsstrom ist erreicht. Dieser horizontale Teil unserer Kurve liegt um so höher, je stärker die Ionisierungsquelle.

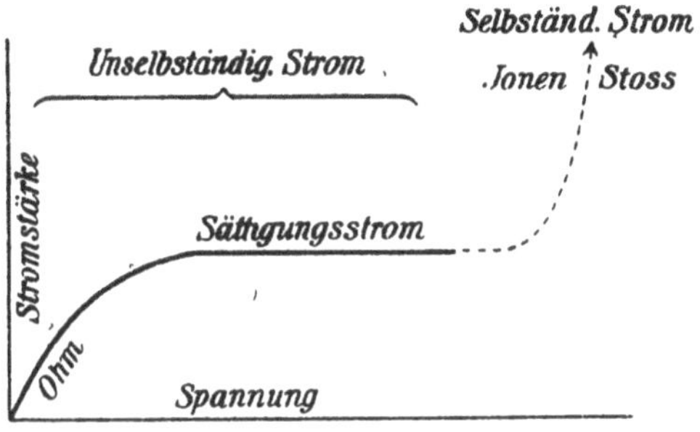

Fig. 685.

Ionisierende Strahlungen lassen sich relativ durch die Stärke der erzeugten Sättigungsströme messen, welche (bei vollständiger Absorption der Strahlung) für alle Gase gleich sind. Es muß also auch die Ionisierungsarbeit für alle Gase die gleiche sein.[1]

Die durch stärkste Ionisierung erzeugte Ionenzahl ist sehr klein, in einem Teil Gas ist auch dann nur der $0{,}2 \cdot 10^{-11}$ Teil ionisiert.

§ 594. Wiedervereinigung der Ionen. Wenn ein Gas eine Zeitlang durchstrahlt wird, ohne daß äußere Kräfte auf die erzeugten Ionen wirken, so stellt sich ein Gleichgewichtszustand her, bei dem jederzeit ebensoviel Ionen entstehen, als verschwinden. Für diesen Zustand ist nach den vorhergehenden Betrachtungen $q = \alpha N^2$, $N = \sqrt{q/\alpha}$. Wenn die Strahlung unterbrochen wird, so werden die Ionen infolge ihrer Wieder-

[1] Dagegen die abweichenden Messungen von BARKLA u. PHILPOT, Phil. Mag. 25 (1913).

vereinigung allmählich verschwinden. Zu irgendeiner Zeit t nach dem Aufhören der Bestrahlung seien in der Volumeinheit noch n positive und n negative Ionen vorhanden. Die Menge von positiven oder von negativen Ionen, welche in einer weiteren kleinen Zeit dt in der Volumeinheit verschwindet, bezeichnen wir mit $-dn$; wir setzen $-dn = \alpha n^2 dt$. Für die Ionendichte zur Zeit t folgt daraus die Gleichung:

$$1/n = 1/N + \alpha t = \sqrt{\alpha/q} + \alpha t.$$

Für die Zeit T, in welcher die Ionendichte auf die Hälfte des anfänglichen Wertes, d. h. auf $\frac{1}{2}\sqrt{q/\alpha}$ sinkt, ergibt sich:

$$T = 1/\sqrt{\alpha q}.$$

Da mit der Ionenzahl im gleichem Maße auch die elektrische Leitung des Gases abnimmt, so kann T durch elektrische Messungen bestimmt werden. Dies ist von besonderer Bedeutung, weil dadurch ein zweiter Weg zur Bestimmung der Summe der absoluten Beweglichkeiten eröffnet wird.

Für die Dichte eines durch eine schwache elektromotorische Kraft erzeugten Stromes hatten wir den Ausdruck gefunden:

$$i = \frac{\varepsilon N}{c}(U + V)e.$$

Hier war

$$N = \sqrt{q/\alpha},$$

somit

$$i = \frac{\varepsilon}{c}\sqrt{\frac{q}{\alpha}}(U + V)e.$$

Dividieren wir durch die Dichte des Sättigungsstromes $i_s = q\varepsilon l/c$, so erhalten wir:

$$\frac{i}{i_s} = \frac{1}{\sqrt{q\alpha}}(U + V)\frac{e}{l},$$

und mit $E = el$:

$$U + V = \frac{i l^2 \sqrt{q\alpha}}{i_s \cdot E} = \frac{i l^2}{i_s E T}.$$

Die Distanz l der Elektroden und die zwischen ihnen wirkende elektromotorische Kraft E in elektromagnetischem Maße sind als gegeben zu betrachten; außerdem tritt nur das Verhältnis der Stromdichten i und i_s auf und die Zeit T, welche aus dem Verhältnisse zweier elektrischer Ladungen bestimmt werden kann. Darin, daß Ströme und Elektrizitätsmengen nur relativ zu messen sind, liegt ein Vorzug der neuen Methode zur Bestimmung von $U + V$.

Die für die Zeit T gefundene Gleichung kann man auch schreiben: $T \cdot \sqrt{\frac{\alpha}{\varepsilon} \cdot \varepsilon q} = 1$; der Wert von εq ergibt sich aus dem Sättigungsstrome; die Beobachtung von T liefert also den Wert α/ε. Ein anderer Weg zur Bestimmung dieser Größe beruht auf der Gleichung $\varepsilon q = \frac{\alpha}{\varepsilon}(\varepsilon N)^2$. Die Beobachtungen haben für Luft im Mittel ergeben:

$$\alpha/\varepsilon = 4000.$$

T wurde für H_2 und O_2 mit 0,4, für N_2 mit 0,31, für CO_2 mit 0,34, für Luft mit 0,29 sec bestimmt.

§ 595. Direkte Bestimmung der Ionenbeweglichkeit. Eine der einfachsten diesbezüglichen Methoden ist von RUTHERFORD[1] erdacht und von FRANK und POHL[2] verbessert worden.

Der Raum zwischen der Metallplatte A und dem Metallnetze B (Fig. 686) werde irgendwie ionisiert; eine kleine, dauernd an AB liegende Potentialdifferenz von z. B. 1 V läßt einige positive Ionen etwas unter B gelangen. Nun werden B und C mit der Wechselstromspannung eines Transformators geladen, wodurch die positiven Ionen bei B abwechselnd angezogen und wieder an ihren alten Platz hinauf gestoßen werden. Dieser Hinab- und Hinaufweg wird ceteris paribus um so länger, je stärker die Wechselstromspannung. Bei allmählicher Steigerung der letzteren kann dieser Weg endlich bis C reichen, was ein mit C verbundenes Elektrometer anzeigt. Aus dieser Wechselstromspannung und Frequenz und den Dimensionen des Apparates ergibt sich unschwer die Beweglichkeit.

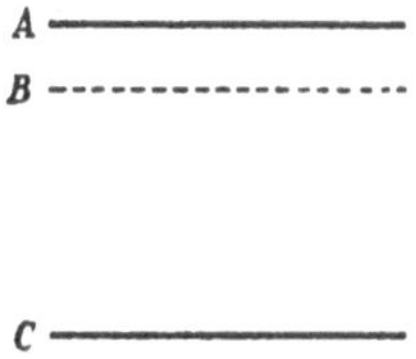

Fig. 686. Bestimmung der Ionenbeweglichkeit.

Numerische Werte. Da die nach dieser Methode beobachteten Werte mit solchen nach anderen Methoden von anderen Forschern gefundenen gut stimmen, und da die Beweglichkeit unabhängig ist von der Art der Ionisierungsquelle, wollen wir als Beispiel einige Versuchsresultate anführen. Für trockene reine Gase ist

für	Luft	O_2	N_2	CO_2	H_2	Ar
U . . .	1,35	1,29	1,27	0,76	6,02	1,37
V . . .	1,82	1,79	120,4	0,85	7,68	206,3 .

Diese Zahlen sind Geschwindigkeiten in cm pro 1 V Potentialgradienten, also $cm^2/(V\ sec)$. Im elektromagnetischen Maße (§ 528) wären alle Zahlen 10^8mal kleiner.

Auffallend sind die hohen Beweglichkeiten für Stickstoff und Argon (die aber bei den geringsten Verunreinigungen verschwinden). In reinem N_2 und Ar sind also bei Ionisierung auch Elektronen vorhanden.

Immer ist die Beweglichkeit des Anions größer als die des Kations.

Die Zahlen gelten für Atmosphärendruck. Bis zu einem Drucke von 30 mm sind die Beweglichkeiten dem Drucke umgekehrt proportional.

§ 596. Diffusion der Ionen. Für unsere Vorstellungen von der Natur der Ionen lieferten auch zahlreiche Untersuchungen ihrer Diffusionserscheinungen wichtige Beiträge. Wir gehen aus von der Betrachtung des folgenden Versuches. Wir nehmen zwei Metallplatten, welche, mit der Erde leitend verbunden, in kleinem Abstande einander gegenüberstehen. Die Linien AB und CD der Fig. 687 stellen zwei schmale Ab-

[1] Proc. Cambr. Soc. 9 (1898). [2] Dtsch. Phys. Ges. 9 (1907).

schnitte dieser Platten dar. Zwischen den Platten hindurch blasen wir einen Strom ionisierten Gases. Die Ionisierung finde vor dem Eintritte des Gases in den Zwischenraum der beiden Platten statt; innerhalb dieses Raumes sei die Bildung neuer Ionen vollkommen ausgeschlossen. Man bemerkt dann, daß die Leitfähigkeit des Gases mit dem Wege, den dasselbe zwischen den beiden Platten zurücklegt, immer mehr abnimmt; dies kann nur auf einer entsprechenden Abnahme der Ionendichte beruhen. Für diese aber sind drei Ursachen denkbar.

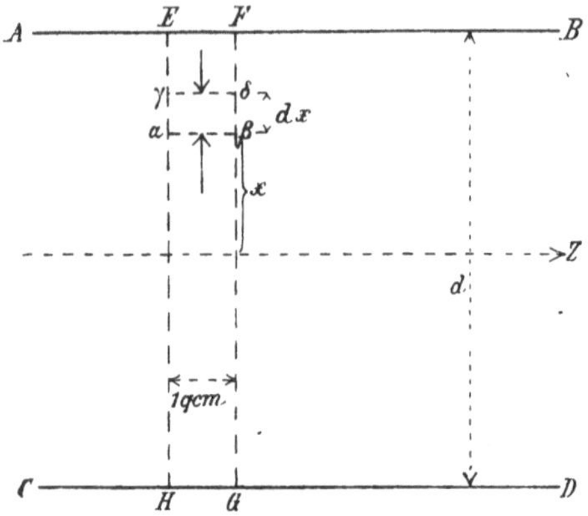

Fig. 687.

Zu der für uns wichtigsten gelangen wir mit Hilfe der Hypothese, daß die Ionen sich in dem neutralen Gase ganz so verhalten wie ein Gas, das in einem anderen Gase in geringer Menge enthalten, oder, wie wir sagen können, gelöst ist. Wir nehmen also an, daß den Ionen ein gewisser Partialdruck p zukommt, welcher, dem Gasgesetze entsprechend, der Ionendichte proportional ist. Wir nehmen ferner an, daß die Ionen sich zwischen den Molekeln des neutralen Gases bewegen, wie etwa die Molekel der Kohlensäure zwischen den Molekeln der Luft. Wirkt auf die Ionen irgendeine äußere Kraft, so fügt sie den molekularen, nach den verschiedensten Seiten gerichteten Geschwindigkeiten der Ionen eine allen gemeinsame Verschiebungsgeschwindigkeit hinzu, $\overset{+}{g}$ beziehungsweise $\overset{-}{g}$, wie wir sie in den vorhergehenden §§ betrachtet haben. Wenn nun der Strom des ionisierten Gases zwischen den Platten AB und CD durchstreicht, so werden zunächst Ionen, die in unmittelbarer Nähe der Platten sich befinden, mit diesen zur Berührung kommen. Sie geben dabei ihre Ladung ab und verschwinden als Ionen. Dadurch werden Konzentrationsunterschiede der Ionen in dem Raume zwischen den Platten erzeugt; ihre Dichte wird am größten in der Mittelebene der Platten sein, sie wird von da nach beiden Seiten hin abnehmen. Infolge des Konzentrationsgefälles treten Diffusionsströme auf, welche immer neue Ionen den Platten zuführen und so die Ionenzahl fortschreitend vermindern.

Eine weitere Ursache für die Abnahme der Ionenzahl ist gegeben durch die Wiedervereinigung entgegengesetzter Ionen zu neutralen Gasmolekeln. Diese Ursache fällt weg, sobald nur Ionen einer Art in dem Gase vorhanden sind, ihr Einfluß verschwindet gegen den Einfluß der Diffusion, wenn der Abstand der Platten hinreichend klein ist. Die dritte Ursache besteht in der Bewegung der Ionen durch elektrische, gegen die

Platten gerichtete Kräfte. Diese Kräfte verschwinden, wenn das Gas beide Arten von Ionen in gleicher Zahl enthält. Aber auch, wenn nur positive oder nur negative Ionen vorhanden sind, kann die Wirkung der wechselseitigen Abstoßung gegen die Wirkung der Diffusion vernachlässigt werden, sobald das Konzentrationsgefälle hinreichend groß ist.

Es entsteht nun die Aufgabe, eine Gleichung für den Diffusionsstrom aufzustellen, welcher von der Mittelebene des Plattenraumes nach der Oberfläche der einen oder der anderen Platte hingeht. Wir legen zu diesem Zwecke irgendwo einen Kanal $EFGH$ von 1 cm^2 Querschnitt senkrecht zu der Oberfläche der Platten. Durch die von der Mitte aus nach AB gehende Hälfte des Kanals legen wir zwei Querschnitte $\alpha\beta$ und $\gamma\delta$ in den Abständen x und $x+dx$ von der Mitte. Wir wollen uns zunächt auf die Betrachtung der positiven Ionen beschränken; in dem ersten Querschnitte sei ihr Partialdruck p, ihre Dichte N, in dem zweiten seien die entsprechenden Werte $p-dp$ und $N-dN$. Der Partialdruck ist nach unserer Voraussetzung der Dichte proportional, wir setzen also:

$$p = \varkappa N \qquad \text{und} \qquad p - dp = \varkappa(N - dN),$$

wo $\varkappa$ eine Konstante bezeichnet. Auf das zwischen den Querschnitten $\alpha\beta$ und $\gamma\delta$ eingeschlossene Element des Kanals wirkt infolge der Verschiedenheit der auf seine Endflächen ausgeübten Partialdrucke eine Kraft dp in der Richtung von x. Das Volumen des Elementes ist gleich dx, die Zahl der in ihm befindlichen Ionen gleich $N dx$. Wir machen nun die Voraussetzung, daß die Kraft dp sich gleichmäßig auf die einzelnen, in dem Volumelement $\alpha\beta\gamma\delta$ enthaltenen Ionen verteile; dann ist die durch das Konzentrationsgefälle bedingte Kraft, mit der ein einzelnes Ion nach der Platte AB getrieben wird, gleich $dp/(N dx)$. Ist außerdem eine elektrostatische Kraft vorhanden, deren zu AB senkrechte Komponente mit $\mathfrak{E}$ bezeichnet werden möge, so wirkt auf ein einzelnes Ion noch die Kraft $\varepsilon\mathfrak{E}$, wo ε die Ionenladung ist. Für die Geschwindigkeit des Ions in der Richtung x, normal zur Platte, ergibt sich dann nach dem früheren Ansatze:

$$\overset{+}{\mathfrak{g}} = \overset{+}{U}\{dp/(N dx) + \varepsilon\mathfrak{E}\}.$$

Als Stärke des Diffusionsstromes an der Stelle x bezeichnen wir die Menge von Ionen, welche pro sec durch den Querschnitt $\alpha\beta$ nach AB hinwandern. Diese Menge aber ist:

$$N\overset{+}{\mathfrak{g}} = \overset{+}{U}\{dp/dx + N\varepsilon\mathfrak{E}\}.$$

Setzen wir $N = p/\varkappa$, so ergibt sich:

$$p\overset{+}{\mathfrak{g}} = \varkappa\overset{+}{U}\{dp/dx + N\varepsilon\mathfrak{E}\}.$$

Das Produkt $\varkappa \cdot \overset{+}{U} = \overset{+}{k}$ bezeichnen wir als Diffusionskoëffizienten der positiven Ionen. Die Einführung dieses Diffusionskoëffizienten $\overset{+}{k}$ bringt unsere Gleichung auf die Form:

$$p\overset{+}{\mathfrak{g}} = \overset{+}{k}\{dp/dx + N\varepsilon\mathfrak{E}\}.$$

Kann man die Wirkung der elektrischen Kraft vernachlässigen, so ist einfach:

$$p\overset{+}{\mathfrak{g}} = \overset{+}{k}\,dp/dx \qquad \text{und} \qquad N\overset{+}{\mathfrak{g}} = \overset{+}{k}\,dN/dx.$$

Zu dieser ersten Beziehung kommt nun noch eine zweite; ihre ausführliche Betrachtung würde uns zu weit führen; wir müssen uns darauf beschränken, den zu ihrer Aufstellung führenden Weg anzudeuten. Wir haben bisher von der Strömung des neutralen Gases zwischen den Platten nicht gesprochen. Ihre Wirkung besteht im wesentlichen darin, daß der ganze Kanal $EFGH$ mit jenem Strome zwischen den Platten verschoben wird. Es sei W die Geschwindigkeit des Gasstromes, Z die Richtung der Strömung. Zur Zeit Null befinde sich der Kanal am vorderen Rande der Platten; die Zeit t, in welcher er sich um die Strecke z von diesem Rande entfernt, ist $t = z/W$. Es fragt sich, wie groß die Zahl der Ionen ist, die an der Stelle z, beziehungsweise zur Zeit t, noch in dem Kanale enthalten sind. Man kann dabei wieder von der Betrachtung des Volumelementes $\alpha\beta\gamma\delta$ ausgehen.

Infolge der Diffusion tritt durch den Querschnitt $\alpha\beta$ in der Zeiteinheit eine gewisse Zahl von Ionen ein, durch den Querschnitt $\gamma\delta$ eine davon verschiedene Zahl aus. Berechnet man die beiden Zahlen mit Hilfe des Ausdruckes $\overset{+}{k}\,dN/dx$, so ergibt sich die Abnahme, welche die Zahl der in $\alpha\beta\gamma\delta$ befindlichen Ionen in der Zeiteinheit erleidet. Der gefundene Ausdruck kann dann weiter benützt werden, um die in einer beliebigen Zeit erfolgende Abnahme, und die Zahl der Ionen zu berechnen, welche in dem von der Gasströmung mitgerissenen Kanale $EFGH$ nach einer beliebigen Zeit noch vorhanden sind. Zunächst findet man, daß die Ionendichte an der Stelle x zur Zeit t dargestellt werden kann durch einen Ausdruck von der Form:

$$N = A_0 e^{-\frac{\pi^2}{d^2}\overset{+}{k}t} \cdot \cos\pi\frac{x}{d}.$$

Hier bezeichnet d den Abstand der beiden Platten; A_0 ist die Dichte der Ionen in der Mittelebene beim Eintritte des Gasstromes in den Plattenraum, d. h. für $x = 0$ und für $t = 0$.

Für die Gesamtzahl der Ionen, die zur Zeit t noch in dem Kanale $EFGH$ enthalten sind, ergibt sich der Ausdruck:

$$\frac{d}{\pi}A_0 e^{-\frac{\pi^2}{d^2}\overset{+}{k}t}.$$

Es sei l die Länge der Platten; dann ist die Zeit, welche der Gasstrom zum Durchstreichen ihres Zwischenraumes braucht, $t = l/W$. Somit ist die Zahl der Ionen, mit welchen der Kanal den Plattenraum verläßt:

$$\mathbf{N} = \frac{d}{\pi} A_0 e^{-\frac{\pi^2}{d^2}\overset{+}{k}\frac{l}{W}}.$$

Am Vorderende des Plattenraumes ist die Zahl der Ionen $N_0 = \frac{d}{\pi} A_0$. Das Verhältnis beider Zahlen ist:

$$\mathbf{N}/N_0 = e^{-\frac{\pi^2}{d^2}\overset{+}{k}\frac{l}{W}}.$$

Das Verhältnis $\mathbf{N}/N_0$ kann bestimmt werden durch die Beobachtung der Leitfähigkeiten, welche der Gasstrom bei dem Eintritte in den Plattenraum und nach dem Verlassen desselben besitzt, oder durch Messung der entsprechenden Sättigungsströme. Sowohl die Leitfähigkeiten, wie die Sättigungsströme verhalten sich wie die Zahlen $\mathbf{N}$ und N_0. Die gewonnene Gleichung bietet also die Möglichkeit zu einer Berechnung des Diffusionskoëffizienten $\overset{+}{k}$ der positiven Ionen. Ganz ebenso gestaltet sich die Sache für den Fall negativer Ionen. Wenn das Gas positive und negative Ionen enthält, so entsteht eine gewisse Schwierigkeit wegen der verschieden großen Diffusionsgeschwindigkeit der beiden Ionen. Man umgeht diese, indem man für beide Arten von Ionen einen und denselben Diffusionskoëffizienten in Rechnung setzt, der gleich dem arithmetischen Mittel aus den Koëffizienten der positiven und der negativen Ionen ist; diese Vereinfachung ist erlaubt, sobald beide Ionenarten wenigstens nahezu gleiche Dichte besitzen.

Beobachtungen über die Diffusion der Ionen verdanken wir Townsend.[1] Er benützte dabei allerdings keine Metallplatten, sondern enge Metallröhren, durch welche er den Gasstrom hindurchgehen ließ. Die Abnahme, welche die Zahl der Ionen durch Diffusion erleidet, ist dabei eine größere als in unserem Beispiele. Die Resultate der Messungen sind in der folgenden Tabelle (elektromagn. Maß) zusammengestellt:

	Werte von			
Gas	$\overset{+}{k} + \overset{-}{k}$	$\frac{\overset{-}{k}}{\overset{+}{k}}$	$(U + V)\,10^8$	$\frac{(U + V)\,10^8}{\overset{+}{k} + \overset{-}{k}}$
H_2	0,312	1,54	13,3	42,6
O_2	0,0646	1,58	2,84	44,0
CO_2	0,0490	1,13	1,84	37,6
Luft	0,0694	1,54	3,05	44,0.

Die Ionisierung erfolgte durch Röntgenstrahlen. Der Druck des neutralen Gases war gleich dem Luftdrucke, wie bei allen Versuchen, über welche in den vorhergehenden §§ berichtet worden ist.

[1] Proc. Roy. Soc. 65 (1899).

§ 597. Größe der Ionen und ihrer Ladung. An die Gleichung

$$p\overset{+}{\mathfrak{g}} = \overset{+}{k}\{dp/dx + N\varepsilon\mathfrak{E}\},$$

die wir in dem vorhergehenden § aufgestellt haben, knüpft sich noch eine interessante und wichtige Folgerung. Die Gleichung gilt natürlich auch dann, wenn der Partialdruck der positiven Ionen überall derselbe ist, also $dp = 0$. Dann aber ergibt sich:

$$\overset{+}{\mathfrak{g}} = \overset{+}{k}\varepsilon\frac{N}{p}\mathfrak{E}.$$

Setzen wir an Stelle von $\mathfrak{E}$ die auf 1 cm wirkende elektromotorische Kraft e in elektromagnetischem Maße, so wird:

$$\overset{+}{\mathfrak{g}} = \frac{\overset{+}{k}}{c}\varepsilon\frac{N}{p}e.$$

Diese Gleichung muß aber mit der für die Verschiebung durch elektrische Kräfte am Anfange unserer Untersuchungen aufgestellten $\overset{+}{\mathfrak{g}} = Ue$ identisch sein. Es ergibt sich hieraus der folgende Zusammenhang zwischen der absoluten Beweglichkeit U der positiven Ionen und ihrem Diffusionskoëffizienten $\overset{+}{k}$:

$$U = \frac{\overset{+}{k}}{c}\varepsilon\frac{N}{p}.$$

Die Dichte der Ionen N ist proportional ihrem Partialdrucke p; wenn wir diesen Druck auf den Druck p_1 einer Atmosphäre steigern, so nimmt die Dichte der Ionen zu auf N_1; und es ist dann:

$$N/p = N_1/p_1.$$

Es gilt somit auch die Gleichung:

$$U = \frac{\overset{+}{k}}{c}\varepsilon\frac{N_1}{p_1} \quad \text{oder} \quad N_1\varepsilon = cp_1\frac{U}{\overset{+}{k}}.$$

Eine analoge Gleichung würde für die negativen Ionen gelten. Da nach S. 451 $p_1 = \varkappa N_1$, wird

$$\frac{U}{\overset{+}{k}} = \frac{\varepsilon}{c\varkappa}.$$

Ebenso:

$$\frac{V}{\overset{-}{k}} = \frac{\varepsilon}{c\varkappa}$$

und daher

$$\frac{U}{\overset{+}{k}} = \frac{V}{\overset{-}{k}} = \frac{U+V}{\overset{+}{k}+\overset{-}{k}}.$$

Wir können somit die Gleichung für $N_1\varepsilon$ auch so schreiben:

$$N_1\varepsilon = cp_1\frac{U+V}{\overset{+}{k}+\overset{-}{k}}.$$

$N_1\,\varepsilon$ ist die ganze elektrische Ladung eines cm³, welche von Ionen einer Art in solcher Menge erfüllt ist, daß ihr Partialdruck gleich dem einer Atmosphäre ist. Aus der Tabelle des vorhergehenden § folgt im Mittel:

$$\frac{U+V}{\overset{+}{k}+\overset{-}{k}} = 42{,}05\cdot 10^{-8} \text{ (elektromagn. Maß).}$$

Mit Benützung dieses Wertes ergibt sich:

$$N_1\,\varepsilon = 3{,}10^{10}\cdot 1{,}014\cdot 10^{6}\cdot 42{,}05\cdot 10^{-8}$$
$$= 1{,}28\cdot 10^{10} \text{ elektrostatische Einheiten.}$$

Schließlich ergibt sich aber auch noch die Möglichkeit, die elektrische Ladung eines einzelnen Ions zu berechnen. Bei normalem Drucke und bei normaler Temperatur ist die Zahl der in 1 cm³ enthaltenen Gasmolekel für alle Gase dieselbe. Dies gilt auch von unseren Ionen, von denen wir ja angenommen haben, daß sie sich in gasförmigem Zustande befinden. Nach den Angaben von § 207 können wir somit setzen:

$$N_1 = 2{,}7\cdot 10^{19}$$

und daher $$\varepsilon = \frac{1{,}28\cdot 10^{10}}{2{,}7\cdot 10^{19}} = 4{,}7\cdot 10^{-10},$$

wo die Ionenladung ε in elektrostatischen Einheiten ausgedrückt ist.

Das ergibt eine merkwürdige Übereinstimmung mit der in § 445 gefundenen Ladung eines elektrolytischen Ions, die wir mit $4{,}8\cdot 10^{-10}$ bestimmten.

Die Ladung eines elektrolytischen Ions ist dasselbe elektrische Elementarquantum wie die Ladung eines Gasions.

Die Anwendung der Methode der kinetischen Gastheorie liefert, wobei dann die Verhältnisse infolge der elektrischen Kräfte viel komplizierter sind, für die Größe der Gasionen Werte, die zeigen, daß die Ladungsträger immer einer Vereinigung mehrerer Molekel entsprechen. Die Ionen umgeben sich bald nach ihrer Entstehung durch elektrische Anziehung mit neutralen Gasmolekeln, wodurch die freie Weglänge vermindert und die Zahl der Zusammenstöße vermehrt wird; ebenso sinkt natürlich die Beweglichkeit. Die Angaben verschiedener Forscher über die Zahl der angelagerten Molekel in einem solchen Gasionenkomplexe schwanken sehr, sie können bis zu 30 steigen. Das negative Gasion mit seiner größeren Beweglichkeit hätte nach dieser Auffassung weniger Molekel angelagert als das positive Gasion.

Wir haben schließlich noch hinzuzufügen, daß, wie auch immer die Entstehungsart der Ionen sein möge, die Beweglichkeiten und Diffusionskoëffizienten der aus einem bestimmten Gase abgeschiedenen Ionen im wesentlichen immer dieselben zu sein scheinen; soweit dies zutrifft, sind die Ionen eines Gases Teile der Materie von ebenso bestimmter Konstitution, wie die Gasmolekel selbst.

§ 598. Ionen als Kondensationskerne. Wenn man einen Dampfstrahl von siedendem Wasser aus einer Röhre mit Spitze austreten läßt

(Fig. 270 in Bd. I), so tritt erst etwa 2 cm über der Öffnung sichtbare Dampfkondensation als Nebel auf. Dieser kleine unsichtbare Teil wird sofort sichtbar, wenn man feinen Staub gegen diese Stelle bläst oder sie irgendwie ionisiert.[1]

In einem Glasgefäße sei Wasser und darüber gesättigter Wasserdampf. Vergrößert man das Dampfvolumen rasch um einen bestimmten Betrag, so tritt (§ 231) Abkühlung ein und man würde Verflüssigung, d. h. Nebelbildung im ganzen Raume erwarten. Das tritt aber nicht ein, wenn die Luft ganz frei ist von Staub oder Ionen.

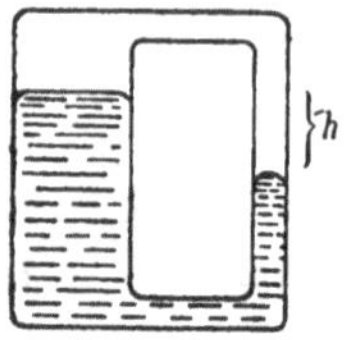

Fig. 688.

Die Theorie dieser Erscheinung ist aus Fig. 688 leicht zu entwickeln. Eine nicht benetzende Flüssigkeit — mit konvexer Oberfläche — steht im engen Röhrchen rechts tiefer (§ 126). Wenn alles auf gleicher Temperatur, so muß Gleichgewicht sein. Sei der Dampfdruck der Flüssigkeitsoberfläche links p_e, der rechts p_r, so muß p_e um den Gewichtsdruck der Dampfsäule h kleiner sein als p_r. Eine einfache Berechnung dieser Verhältnisse ergibt dann, daß der Sättigungsdruck so einer konvexen Oberfläche dem Krümmungsradius umgekehrt proportional ist.[2]

Dieser thermodynamischen Betrachtungsweise können wir eine kinetische zur Seite stellen: Je konvexer die Oberfläche, desto weniger wirken die gegen die Flüssigkeit gerichteten hemmenden molekularen Gegenkräfte gegen das Verdampfen (§ 127).

Ein Wassertröpfchen mit seiner konvexen Oberfläche verdampft um so leichter, je kleiner sein Radius. Würde sich selbst durch Kondensation in der Mitte eines sich abkühlenden Wasserdampfes ein kleines Wasserkügelchen bilden, so müßte es gleich wieder verdampfen. Tropfenbildung (und Nebel) könnte also nur bei sehr großer Übersättigung eintreten. Anders aber an den Wänden des Gefäßes oder an im Gase schwebenden Staubteilchen oder an Ionen, den sog. Kondensationskernen. Hier tritt bei einer gewissen Übersättigung Kondensation ein (siehe weiteres 16. u. 20. Teil dieses Bandes).

In feuchter Luft sind die Ionen mit Wasser beschwert, ihre Beweglichkeit ist geringer und darum leitet feuchte Luft schlechter als trockene; hingegen isolieren feste Isolatoren in feuchter Luft schlechter (siehe hierzu S. 82 dieses Bandes).

§ 599. Stoßionisation. Betrachten wir noch einmal die Ionisierung durch Kathodenstrahlen. Als ihre Ursache haben wir schon den Zusammenstoß der Elektronen mit neutralen Gasmolekeln betrachtet. Die Verhältnisse eines solchen Zusammenstoßes sind bei dem außerordentlich kleinen Durchmesser der Elektronen sehr verschieden

---

[1] R. v. Helmholtz, Wied. Ann. 32 (1887).

[2] W. Thomson, Phil. Mag. 42 (1871). Warburg, Wied. Ann. 28 (1886).

von denen beim Zusammentreffen zweier Gasmolekel. Die letzteren prallen voneinander ab, sie bewegen sich nach dem Zusammenstoße in veränderten Richtungen und mit veränderten Geschwindigkeiten weiter. Bei den Elektronen mit großer Geschwindigkeit dagegen müssen wir annehmen, daß sie durch ein Gasmolekel, mit dem sie zusammenstoßen, hindurchfahren können, ohne daß Richtung und Geschwindigkeit ihrer Bewegung merklich geändert werden. Das ergibt sich aus der folgenden Überlegung. Wir nehmen, um die Rechnung zu vereinfachen, an, der Druck in einer Geisslerröhre betrage 0,076 mm. Dann ist die Zahl der in 1 cm^3 enthaltenen Gasmolekel $2{,}76 \cdot 10^{15}$, der mittlere Abstand zweier Molekel gleich $7{,}12 \cdot 10^{-6}$ cm. Für die Elektronen ergibt sich aus den Sätzen der kinetischen Gastheorie zwischen den Molekeln des Gases bei Stickstoffüllung eine freie Weglänge von 0,5 cm. Kathodenstrahlen können sich aber bei der angenommenen Verdünnung um Distanzen von mehreren Dezimetern geradlinig fortpflanzen, wenn ihre Geschwindigkeit genügend groß ist. Sie treffen dabei vielleicht mit 50 Gasmolekeln zusammen, und es bleibt offenbar nur die Annahme übrig, daß sie durch diese glatt hindurchgehen, ohne eine Einwirkung zu erleiden. Erst bei kleinerer Geschwindigkeit findet eine Ablenkung von der geraden Bahn, eine Zerstreuung statt. Schließlich tritt aber doch eine Absorption der Kathodenstrahlen durch das Gas ein, um so eher, je dichter dieses und je kleiner die Geschwindigkeit der Strahlen ist. Mit der Absorption muß die Ionisierung notwendig zusammenhängen. Die Bildung negativer Ionen würde durch Vereinigung der Elektronen mit neutralen Gasmolekeln in einfacher Weise zu erklären sein. Aber die Kathodenstrahlen erzeugen ebenso positive wie negative Ionen. Wenn man Kathodenstrahlen durch ein LENARDsches Fenster in die freie Luft austreten läßt, so werden in dem Raume davor elektrische Körper entladen, einerlei, ob ihre Ladung positiv oder negativ ist. Man wird daher zu einer anderen Auffassung des Vorganges hingedrängt. Nach der in § 586 entwickelten Vorstellung bestehen neutrale Gasmolekel aus einer Verbindung der negativen Elektronen mit positiven Atomen oder Molekeln. Die einfachste Vorstellung, die man sich von der Wirkung des Zusammenstoßes machen kann, ist die, daß die Verbindung der positiven Molekel mit dem Elektron dadurch gesprengt werde. Es würde dann ein positives Ion zurückbleiben; das abgeschleuderte Elektron kann, namentlich in verdünnten Gasen, isoliert bleiben, oder durch Anlagerung an ein neutrales Gasmolekel ein negatives Ion bilden. Gestützt wird diese Auffassung durch die Existenz der sogenannten Sekundärstrahlung. Kathodenstrahlen, welche durch ein Gas hindurchgehen, erzeugen andere Kathodenstrahlen von kleinerer Geschwindigkeit, die sich diffus nach allen Seiten verbreiten.

Der Stoß von Kanalstrahlen wirkt ähnlich wie der von Kathodenstrahlen, das wurde ja ausführlich beschrieben (§ 587). Die Masse der in den Kanalstrahlen sich bewegenden positiven Teilchen ist nach früherem vergleichbar der Masse der elektrolytischen Ionen.

Es kann daher kaum überraschen, wenn schließlich auch noch der Stoß von Gasionen gegen neutrale Gasmolekel als eine Quelle der Ionisation auftritt. Daß das in der Tat der Fall ist, ergibt sich aus der folgenden Beobachtung. In einem ionisierten Gase sei zwischen den Platten eines Kondensators Sättigungsstrom hergestellt. Wenn man die Spannungsdifferenz der Elektroden vergrößert, so bleibt der Strom zunächst unverändert, wenn sie aber einen bestimmten Betrag überschreitet, so beginnt der Strom von neuem zu wachsen. Dies ist nur durch eine Vermehrung der Ionisierungsstärke, der in einer Sekunde in 1 cm^3 erzeugten Ionenzahl, zu erklären. Da aber der äußere Ionisator der gleiche geblieben ist, so können die neuen Ionen nur durch den Stoß der schon vorhandenen Ionen oder Elektronen gegen die neutralen Gasmolekel erzeugt werden.

Den Übergang des Sättigungsstromes in den durch Ionenstoß erzeugten selbständigen Strom zeigt der punktierte Teil der Kurve in Fig. 685.

Die Einteilung in selbständige und unselbständige Strömung rührt von Stark her.[1]

Wenn, wie z. B. im Falle der Kathodenstrahlen, in einem mäßigen Vakuum eine selbständige Strömung ohne äußere Ionisierungsquelle eintritt, hat die Elektrodenspannung sich die Strombahn durch Ionisierung selbst geschaffen.

Alle selbständigen Entladungen sind leuchtend. Die in Abschnitt I dieses Teiles betrachteten leuchtenden Entladungen waren also alle selbständige Strömungen. Auch die Entladungen in Geisslerröhren lassen sich durch Ionenstöße erklären (siehe § 604).

Wir wollen nun noch einige andere Entladungsformen in Gasen bei Normaldruck besprechen.

§ 600. **Spitzenentladung.** Diese soll im folgenden noch etwas ausführlicher betrachtet werden. Der möglichst feinen Spitze gegenüber befinde sich in einem Abstande von einigen cm eine ebene kreisförmige Metallscheibe von vielleicht 15 cm Durchmesser. Wir verbinden Spitze und Platte mit den Konduktoren einer Influenzmaschine oder den Polen einer vielzelligen Akkumulatorenbatterie und können nun ebenso wie bei einer Geisslerröhre die Charakteristik der Entladung bestimmen. Ein in den Kreis eingeschaltetes Telephon läßt erkennen, daß es sich bei der von der Spitze ausgehenden Glimmentladung um eine stetige Strömung handelt. Für die Charakteristik selbst geben die Beobachtungen die Gleichung: $I = k\,E(E - M)$, wo E die Spannungsdifferenz zwischen Spitze und Platte bezeichnet. Wird E gleich der Konstante M, so wird der Strom I gleich Null; Spannungsdifferenzen, die kleiner sind

[1] J. Stark, Die Elektrizität in Gasen. Leipzig (1902).

als M, vermögen einen Spitzenstrom nicht zu unterhalten. Läßt man E von Null an allmählich wachsen, so setzt der Spitzenstrom nicht ein, wenn die Minimalspannung M erreicht wird; man muß vielmehr, um den Strom zu erzeugen, die Minimalspannung beträchtlich überschreiten. Es muß erst durch Elektronen- und Ionenstoß die Leitungsbahn hergestellt werden. Hat man aber den Strom einmal erzeugt, so kann man die Spannungsdifferenz E bis auf den Wert M erniedrigen, ehe der Strom erlischt. Die Minimalspannung M ist für positive Ladung der Spitze größer als für negative, umgekehrt ist der Koëffizient k für positive Ladung kleiner als für negative. In verschiedenen Gasen ist die Minimalspannung bei gleichem Drucke der mittleren freien Weglänge der Gasmolekel umgekehrt proportional. Aus der für die Stromstärke I mitgeteilten Formel ergibt sich, daß die Charakteristik innerhalb der

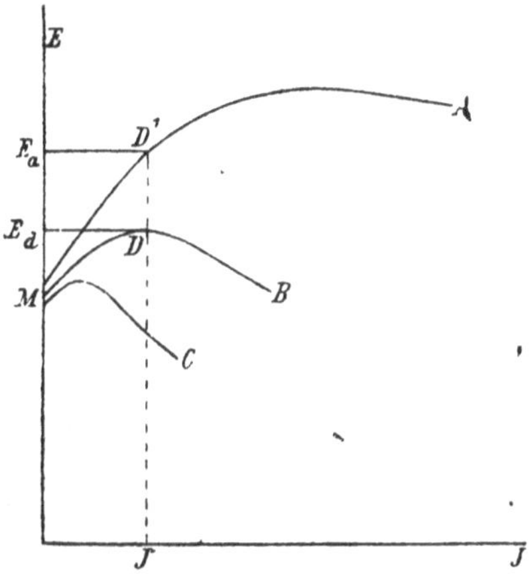

Fig. 689.

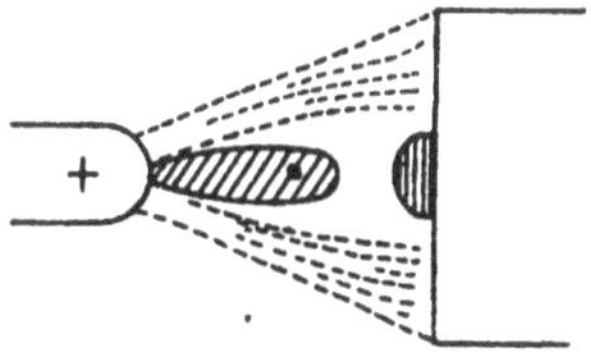

Fig. 690. Spitzenentladung.

Beobachtungsgrenzen durch einen Parabelbogen dargestellt wird. Die Anfänge der in Fig. 689 gezeichneten Kurven A, B, C stellen in schematischer Weise solche Bögen für eine große, eine mittlere und eine kleine Entfernung der Spitze von der Platte dar. Schiebt man bei konstant gehaltener Stromstärke die Spitze gegen die Platte vor, so kann man bei sinkendem Werte von E zu einer Entfernung kommen, bei der an Stelle des stetigen Spitzenstromes plötzlich eine Funkenentladung tritt. In dem Punkte D, welcher den gerade vorher gemessenen Werten von I und E_d entspricht, wäre also der Spitzenstrom labil. Aus der in § 578 erwähnten Theorie könnte man dann schließen, daß die parabolisch ansteigenden Äste der Charakteristiken bei größerer Stromstärke in wieder absteigende übergehen, entsprechend der Zeichnung von Fig. 689.

Glimmstrom. Macht man die Spitze immer weniger scharf, so gelangt man zu Erscheinungen, die ganz analog den in Fig. 659 geschilderten sind. Fig. 690 gibt eine schematische Erläuterung. Das an der Anode links aufsitzende (schief schraffiert gezeichnete) Lichtgebilde ist wieder das positive Glimmlicht oder die positive Lichtsäule, in Luft rötlich gefärbt. An der Kathode erscheint (vertikal schraffiert gezeichnet) ein blauer Lichtfleck, das negative Glimmlicht: die bedeckte Fläche wächst mit der Stromstärke. Zwischen positivem und negativem Glimmlicht ist der FARADAYsche Zwischenraum. Umgeben ist das Ganze von der (punktiert gezeichneten) blaß grünlichgelben Aureole, welche als Nebenprodukt der elektrischen Entladung aus verbrennendem N_2 besteht.

Manchmal, namentlich in H_2, bilden sich im positiven Lichtbogen Schichten aus, ähnlich wie in Fig. 660 bei tieferen Drucken.

Es sind also bei großer Verschiedenheit des Gasdruckes allen elektrischen Entladungen gewisse Grundzüge gemeinsam, und der Übergang von einer Entladungsform zur anderen ist bei Druckänderung ein allmählicher.

§ 601. Der galvanische Lichtbogen. Als eine weitere Entladungsform, welche in dichtem Gase zustande kommen kann, wollen wir den Lichtbogen betrachten, entdeckt von DAVY 1821. Wenn man die Pole einer Batterie, die eine Spannungsdifferenz von etwa 60 V aufweist, mit zwei Kohlenstiften verbindet, so wird zunächst bei ihrer Berührung ein Strom entstehen. Wenn man sie nun auseinanderzieht, bis auf die Distanz von mehreren mm, so wird der Strom nicht unterbrochen, es bildet sich vielmehr zwischen den Kohlenspitzen ein leuchtender Bogen, der den Strom weiter leitet. Gleichzeitig geraten die Kohlenspitzen infolge der entwickelten Wärme in intensive Weißglut, und darauf eben beruht ihre Verwendung zu Beleuchtungszwecken. Der Lichtbogen selbst wird von gasförmiger Kohle und von den Dämpfen der in der Kohle enthaltenen Metalle gebildet, wie die Untersuchung des von dem Bogen erzeugten Spektrums lehrt. Die positive Kohle wird kraterförmig ausgehöhlt (Fig. 691); sie wird stärker erhitzt als die negative und etwa doppelt so schnell konsumiert als diese. Sinkt die Spannungsdifferenz zwischen den Kohlenstiften unter einen Betrag von etwa 40 V, so erlischt der Lichtbogen.

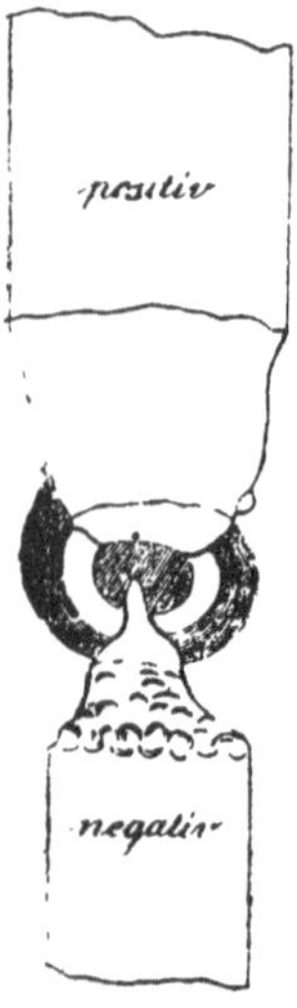

Fig. 691. C-Lichtbogen.

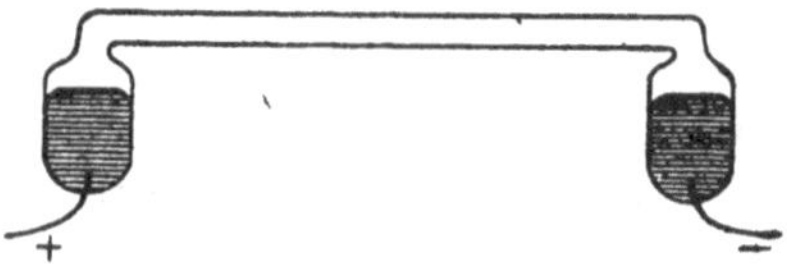

Fig. 692. Hg-Lampe.

Ein kontinuierlicher Lichtbogen läßt sich ebenso, wie zwischen Stiften, auch zwischen Metalldrähten, z. B. solchen aus Cu oder Ag, herstellen. Ausgezeichnet durch ein intensives Licht ist der Bogen, welcher im Vakuum zwischen Hg-Elektroden sich bildet. In seinem Spektrum treten die Linien des Hg mit größter Schärfe und Intensität hervor.[1] Fig. 692 gibt das Schema einer solchen Hg-Lampe. Die Glas-

[1] ARONS, WIED. Ann. 58 (1896).

oder Quarzröhre ist mäßig ausgepumpt. Kathode und Anode bestehen aus Hg. Auch hier tritt nach Anlegung einer konstanten Spannung von 100—200 V kein Leuchten ein; man muß durch Neigen der Röhre das Hg etwas überfließen lassen, zahlreiche kleine Lichtbogen an den Zerreißungsstellen füllen die Röhre mit heißem Hg-Dampf und der elektrische Strom (etwa 3—5 A) fließt dauernd durch die wieder horizontal gestellte Lampe. Die Strahlung ist — besonders bei Quarzröhren — ungemein reich an ultravioletten Wellen (§ 298).

Der Kohle-(oder Hg-)Lichtbogen steht in einer gewissen Beziehung zur im vorhergehenden besprochenen Glimmentladung. Daher ist es von Bedeutung, daß man den Glimmstrom nicht bloß in Geisslerröhren, sondern auch in freier Luft erzeugen, und daß man umgekehrt den gewöhnlich in freier Luft beobachteten Lichtbogen auch in einem luftverdünnten Raum erhalten kann. Gemeinsam ist beiden Arten der Entladung die positive Lichtsäule und der dunkle Zwischenraum. Sie unterscheiden sich durch die Vorgänge an der Kathode. An Stelle des die Kathode je nach der Stromstärke ganz oder teilweise bedeckenden Glimmlichtes tritt beim Lichtbogen ein Strahl verdampfenden Metalles; diesen erfüllt ein Lichtbündel, das mit schmaler Basis auf der Kathode aufsitzt und sich in der Richtung des negativen Stromes verbreitert. Wenn die Kathode aus Quecksilber besteht, so entsteht an der Basis des Lichtbüschels ein Trichter in der Oberfläche des Hg, eine Folge der Reaktion des Dampfstrahles. Während beim Glimmstrome die Potentialdifferenz zwischen der Kathode und dem Glimmlichte, der Kathodenfall, mehrere hundert Volt beträgt, beträgt beim Lichtbogen der Spannungsunterschied zwischen der Kathode und einem Punkte des kathodischen Lichtbündels 5—15 V, unabhängig von Stromstärke und Dampfdruck, aber verschieden je nach dem Metalle der Kathode. Die Temperatur an der Kathode ist beim Lichtbogen ungleich höher als beim Glimmlichte, und diese hohe Temperatur muß geradezu als die Bedingung für das Zustandekommen des Bogens betrachtet werden. Sie ermöglicht die Entwicklung von Elektronen aus dem Metalle, welche in dem kathodischen Lichtbüschel die Träger des Stromes bilden.[1] Der Annahme, daß die heiße Kathode Thermoionen aussendet, steht eine andere Auffassung gegenüber, wonach positive Ionen gegen die Kathode gezogen werden und hier die heißen Elektrodendämpfe durch Stoß ionisieren. Der Einfluß aber des Elektrodenmaterials oder der Temperatur des Bogens sind noch nicht aufgeklärt.

Ferner sei auf eine eigentümliche Eigenschaft der charakteristischen Kurve eines Lichtbogens hingewiesen. Bei rasch wechselnder Richtung des Stromes ist die Kurve für wachsende Stromstärken nicht identisch mit der für wieder abnehmende; vielmehr entspricht derselben Stromstärke in der Reihe der abnehmenden Stromstärken eine kleinere Span-

[1] J. Stark, Ann. d. Phys. 12 (1903).

nung als in der Reihe der zunehmenden. Diese Eigentümlichkeit ist von Wichtigkeit für die Erklärung des Phänomens von DUDDELL (folgender Absatz); sie spielt eine Rolle bei Lichtbogen, die mit Wechselströmen betrieben werden. Fig. 693 gibt die Charakteristik eines Wechselstromlichtbogens, wie sie sich aus den oszillographischen Aufnahmen von Strom und Spannung konstruieren läßt.

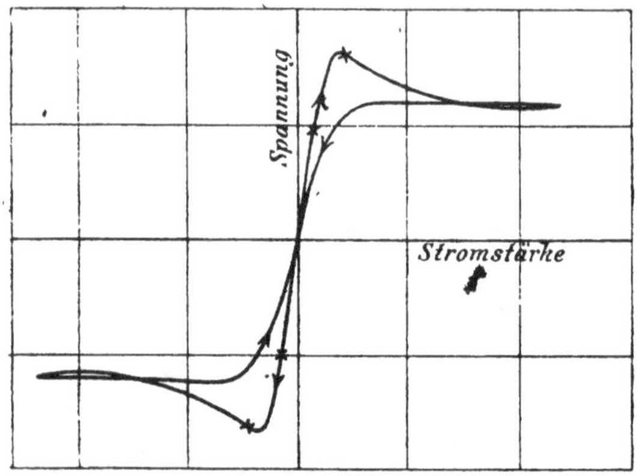

Fig. 693. Wechselstrom-Lichtbogen-Charakteristik.

Lichtbogenschwingungen. Parallel mit den Kohlenstäben eines von einer Gleichstrommaschine A erzeugten Lichtbogens F schaltet man einen Zweig, der aus einem Kondensator C und einer aus dickem Drahte gewundenen Spule L besteht (Fig. 694). Unter gewissen Bedingungen entsteht dann in L ein oszillierender Strom. Dies zeigte zuerst LECHER[1], der aber dem damaligen Stand der Kenntnisse entsprechend nicht die richtige Erklärung fand. Daß im Lichtbogen dadurch ein Ton entsteht, zeigte DUDDELL; die Tonhöhe entspricht der Schwingung im Kreise CLF, ist also $\frac{\pi}{c}\sqrt{CL}$ (entsprechend § 566). Dies DUDDELLsche Phänomen wurde im Anschlusse an die Theorie des Lichtbogens vielfach untersucht, z. B. von KAUFMANN, SIMON u. a.[2]

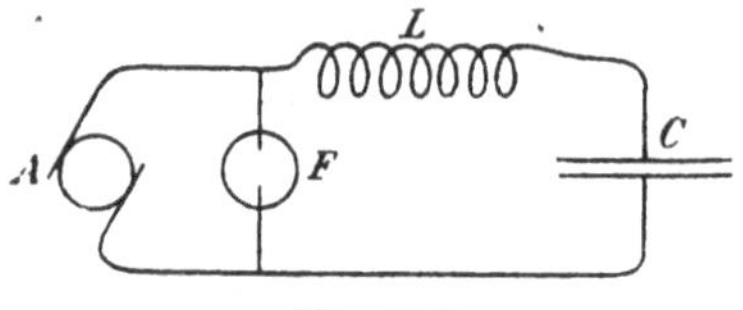

Fig. 694.

POULSEN vervollkommnete die Apparatur so, daß sein POULSENscher, durch Wasserstoff gekühlter Lichtbogen als Schwingungserreger in der drahtlosen Telegraphie verwendet werden konnte.

Solche Oszillationen treten übrigens in ähnlicher Weise auf, wenn an Stelle des Lichtbogens eine andere Entladungsstrecke, z. B. der Glimmstrom einer Geisslerröhre gesetzt wird. Das DUDDELLsche Phänomen ist auch theoretisch von großem Interesse. Man hat hier einen Fall von Koppelung einer stationären Strömung mit einer ungedämpften Schwingung, in dem die Verhältnisse der Energieübertragung und die Stabilitätsbedingungen der Schwingung im einzelnen sich verfolgen lassen. Besonders einfach gestalten sich die Verhältnisse bei kleinen Schwin-

---

1 Wien. Ber. 95 (1887).

2 Siehe H. BARKHAUSEN, „Das Problem der Schwingungserregung". Leipzig (1907).

gungsamplituden. Man kann in diesem Falle die Annahme machen, daß die Spannung zwischen den Polen der Entladungsstrecke in linearer Weise von der Stromstärke und von ihrer Änderungsgeschwindigkeit abhänge. Verstehen wir dann unter e jene Spannung, unter i die Stromstärke, unter ω und λ zwei konstante Koëffizienten, so kann man setzen:

$$e = e_0 + \omega i + \lambda di/dt.$$

Ist der Strom konstant, also $di/dt = 0$, so erhält man einen Punkt der Charakteristik der Entladungsstrecke, wie sie für den Fall einer Geisslerröhre in § 578 definiert worden ist. Es ist nun ein erstes Resultat, das übereinstimmend durch die Theorie und die Erfahrung geliefert wird, daß eine stabile Schwingung nur möglich ist, wenn die mittleren Werte von Spannung und Stromstärke einem Punkte auf dem fallenden Zweige der Charakteristik entsprechen, wenn ω negativ ist. Die elektrische Schwingung selbst wird dann durch eine Ellipse dargestellt, deren Mittelpunkt der charakteristischen Kurve angehört. Der Erfahrung zufolge muß der Punkt, der die jeweils zusammengehörenden Werte von Spannung und Stromstärke repräsentiert, die Ellipse mit fortschreitender Zeit im Sinne des Uhrzeigers durchlaufen; daraus folgt, daß die Konstante λ einen positiven Wert besitzt. Weiter ergibt sich, daß auch die in § 578 aufgestellte Stabilitätsbedingung erfüllt sein muß. Eine letzte Bedingung besteht darin, daß der reziproke Wert von ω wenigstens nahezu gleich sein muß der Summe der Leitfähigkeiten des Kondensatorzweiges LC und des die Gleichstromquelle enthaltenden Zweiges A. Unter diesen Voraussetzungen ergibt sich dann, daß die in der Entladungsstrecke entwickelte Energie abnimmt, sobald eine Schwingung dem Gleichstrome sich überlagert; die dort verschwindende Energie findet sich wieder in der Wechselstromenergie, welche in den Zweigen LC und A auftritt.[1]

Wie in jedem Leiter, so wird auch in dem Lichtbogen durch den elektrischen Strom Wärme erzeugt; die Temperatur und die Dichte der glühenden Gase sind daher abhängig von der Stärke des Stromes. Einer periodischen Änderung des Stromes entsprechen periodische Dichteänderungen des Lichtbogens. Diese müssen sich wellenförmig in dem umgebenden Luftraume verbreiten und bei genügender Häufigkeit der Wechsel einen Ton erzeugen. Auch das Zischen und Brausen, das sich bei jedem unruhig brennenden Bogen bemerklich macht, ist mit unregelmäßigen Schwankungen der Stromstärke verbunden. Infolge der geschilderten Eigenschaft kann der Lichtbogen ohne weiteres als Telephon verwandt werden. Das Schema der Einrichtung wird durch Fig. 695 gegeben. E ist die galvanische Batterie, L der Lichtbogen, M ein Mikrophon. Dieses kann ebenfalls in den Kreis der Batterie E eingeschaltet werden; nur muß durch einen geeigneten Nebenschlußwider-

[1] Simon u. Reich, Phys. Zs. (1902/3).

stand S zwischen den Punkten a und b die Stärke des durch das Mikrophon gehenden Stromteiles auf einen angemessenen Betrag reduziert werden. Spricht man gegen das Mikrophon, so werden die Schwingungen der Mikrophonplatte zu entsprechenden Schwingungen des Lichtbogens Veranlassung geben; der Bogen wiederholt also das gesprochene Wort.

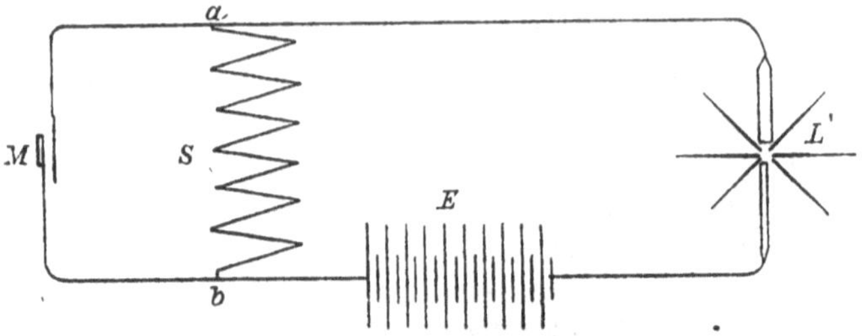

Fig. 695. Sprechender Lichtbogen.

Damit die Stromschwankungen möglichst ohne Schwächung nach dem Lichtbogen gelangen, wird als Nebenschluß S eine Drosselspule benutzt, welche dem konstanten Strome nur einen kleinen, den Stromschwankungen dagegen einen großen Widerstand bietet (§ 548).

Zum Schlusse möge noch darauf hingewiesen werden, daß der Lichtbogen auch als Mikrophon verwandt werden kann. Es mögen von außen her Luftwellen den Bogen treffen; die in ihm enthaltenen Gase werden dann abwechselnd verdichtet und verdünnt werden. Damit wird aber auch der galvanische Widerstand des Bogens sich in entsprechender Weise ändern.

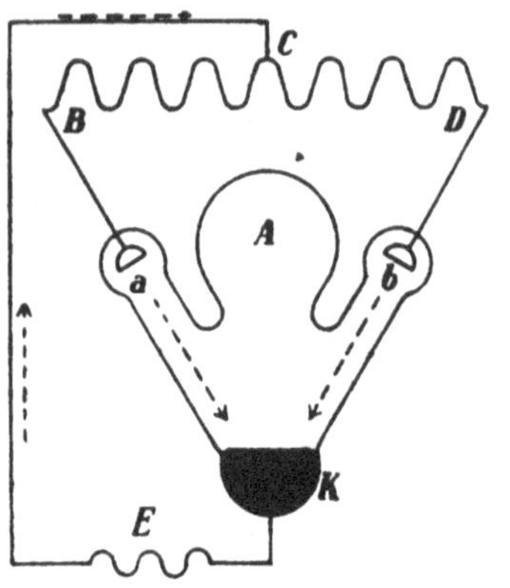

Fig. 696. Hg-Gleichrichter.

§ 602. Quecksilberlichtbogen-Gleichrichter. Dieser dient zur Verwandlung eines Wechselstromes in Gleichstrom. Fig. 696 gibt ein Schema dieser Anordnung. BCD ist eine vom Wechselstrom durchflossene Sekundärspule eines Transformators. A ist ein mäßig ausgepumptes Glasgefäß, a und b sind Eisenelektroden, das Hg unten bei K bildet die Kathode. Letztere muß, wenn ein Lichtbogen bestehen soll, sehr heiß sein. Ist der Lichtbogen — durch eine nicht gezeichnete Hilfsvorrichtung — einmal eingeleitet, so kann er nur in der Richtung gehen, in welcher K Kathode ist. Geht der Wechselstrom in der Richtung BCD, so fließt er über bKE nach C zur rechten Spulenhälfte; geht dann bei Umkehr der Wechselstrom in der Richtung DCB, so fließt er über aKE nach C zur linken Spulenhälfte. Die Leitung KEC ist also von einem „zerhackten" Gleichstrom durchflossen. E ist eine Drosselspule, welche durch ihren Extrastrom während der Umkehrpause des Wechselstromes ein vollständiges Aufhören des Stromes verhindert, wodurch die Kathodenoberfläche bei *K* zu stark auskühlen würde. *a* und *b* sind nicht zu klein zu nehmen, auf daß sie sich beim Stromdurchgange nicht erwärmen, denn nur so können sie, wie beabsichtigt, als Anoden wirken.

Es werden etwa 20% des Wechselstromes in Gleichstrom verwandelt.

§ 603. Elektrische Funken. Wir sahen, daß bei unselbständigen Entladungen die zwischen den Elektroden herrschende Spannungsdifferenz sich die Leitungsbahn durch Stoßionisierung selbst schaffen muß. Setzt dann die Entladung ein, so sind zwei Fälle möglich. Es kann die dauernd an die Elektroden von der Elektrizitätsquelle her nachfließende Strommenge so groß sein, daß eine dauernde Ionisierung in der einmal geschaffenen Leitungsbahn aufrecht erhalten bleibt; dann erfolgt eine andauernde Strömung unter andauernder Lichterscheinung, wie wir dies besonders im elektrischen Lichtbogen gesehen. Ist hingegen die Elektrizitätsmenge, die von der Elektrizitätsquelle her dauernd an die Elektrode nachfließt, zu gering, um eine dauernde Ionisierung in der Gasbahn aufrecht zu erhalten, so verschwindet die Strömung; es dauert einige Zeit, bis die Leitungsbahn neuerlich ionisiert ist und erst dann kann eine neuerliche Entladung eintreten.

Diese Intermittenz zeigt sich besonders deutlich bei der Funkenentladung.

Schon bei der Besprechung der Influenzmaschine wiesen wir auf den Zusammenhang zwischen Funkenlänge und Potentialdifferenz der Elektroden hin. Es ist die Beziehung zwischen der Funkenlänge und der zur Erzeugung des Funkens nötigen Spannungsdifferenz, dem Funkenpotentiale, auf experimentellem Wege ermittelt worden. Dabei ergibt sich ein gewisser Einfluß der Form der Konduktoren, zwischen welchen die Entladung übergeht. Es wird dies erläutert durch die folgenden Tabellen. Das Feld zwischen den Kugeln ist insbesondere bei größerer Distanz der Kugeln ungleichmäßig, und es sind daher in der dritten und vierten Spalte die Potentialgefälle, g_1 und g_2, welche an der isolierten und an der zur Erde abgeleiteten Kugel auftraten, gesondert angegeben.[1]

I. Entladung zwischen einer ebenen und einer schwach gekrümmten Scheibe.

Funkenlänge (cm)	Potential (Volt)	Gefälle (Volt·cm^{-1})
0,0015	426	284000
0,1	4419	44190
0,8	25458	32700
1,0	31650	32700.

[1] Heydweiller, Wied. Ann. 40 (1890).

II. Entladung zwischen zwei Kugeln von 1 cm Durchmesser.

Funkenlänge (cm)	Potential (Volt)	Potentialgefälle (Volt·cm^{-1}) g_1	g_2
0,01	1020	105810	105810
0,10	4920	51330	51240
0,50	17760	53880	42630
0,80	24780	61710	37410.

Wenn man die Funkenlänge zur Bestimmung der Potentialdifferenz zweier Konduktoren benützt, so muß man auf eine eigentümliche Erscheinung Rücksicht nehmen, die sogenannte Verzögerung der Entladung. Die Potentialdifferenz zwischen zwei einander gegenüberstehenden Kugeln möge von einem kleinen Werte ausgehend allmählich gesteigert werden. Der Funke tritt dann keineswegs auf, wenn das der Tabelle entsprechende Potential erreicht ist. Man kann diesen Wert um das 2- bis 3fache überschreiten, ohne daß eine Entladung erfolgt. Wenn man aber dann eine kleine Zeit wartet, so tritt mit einem Male der Funken auf. Man kann also sagen, daß die Funkenentladung bei einem Potentiale eintreten kann, welches fast 2mal größer ist als das in der Tabelle angegebene; der Eintritt der Entladung erleidet immer eine Verzögerung und diese ist um so kleiner, je größer die Potentialdifferenz der Kugeln ist. Wenn man das Entladungspotential um wenige V überschreitet, so kann die Zeit der Verzögerung bis zu 5 Minuten betragen.

Diese von Töpler[1] entdeckte und von Warburg[2] genauer untersuchte Erscheinung beruht darauf, daß die Ionisierung der Funkenstrecke eine gewisse Zeit braucht. Alles was die Ionisierung befördert, vermindert diese zeitliche Verzögerung, z. B. Bestrahlung mit ultraviolettem Lichte[3] etc. Bei Spitzenentladung ist die Verzögerung zu klein, um beobachtet werden zu können.

Spektralanalyse des Funkens. Untersucht man den Funken spektroskopisch, so zeigt sich, daß sein Spektrum die Linien der Metalle enthält, zwischen welchen der Funke überspringt, und die Linien der Gase, in denen die Entladung erfolgt. Die Lichtwirkung geht somit auch aus von ponderablen Teilchen, welche von den Elektroden verdampfend sich in der Funkenbahn befinden. Dabei ist das Aussehen des spektroskopisch zerlegten Funkenbildes in verschiedenen Entfernungen von den Konduktoren ein verschiedenes. Die den Metallen angehörenden Linien sind an ihrer Basis, d. h. da, wo sie von den Elektroden ausgehen, breit, sie werden dann allmählich schmäler und verlieren sich, die einen früher, die anderen später, gegen die Mitte des Funkenbildes hin, ein Verhalten, das zu der Unterscheidung langer und kurzer Linien in dem Funkenspektrum eines Metalles Veranlassung gegeben hat. Die Linien des Gases, in dem die Entladung stattfindet, ziehen sich durch das ganze Spektrum, von einer Elektrode zur anderen. Es

[1] Pogg. Ann. 131 (1867). [2] Berl. Ber. (1896), (1897). [3] Hertz, Berl. Ber. (1887).

hängt dieses Verhalten jedenfalls mit den Temperaturverhältnissen in der Funkenstrecke zusammen (Fig. 642).

Die Folge der hohen Temperatur und kurzen Dauer des Funkens ist eine plötzliche Ausdehnung der in der Funkenbahn befindlichen Luft und eine ihr entsprechende Kompression der umgebenden. Von der Funkenbahn aus schreitet daher eine Verdichtungswelle in der Luft fort, welche den Knall des Funkens erzeugt. Mit Hilfe des Schlierenapparates (§ 276) kann diese Welle sichtbar gemacht und in ihrem Verlaufe verfolgt werden.

Je mehr Elektrizität im einzelnen Funken überströmt, desto heißer wird die Funkenbahn, desto heller die Lichterscheinung und desto lauter der Knall. Daraus erklärt sich die Verschiedenheit der Entladungen gleicher Potentialdifferenzen bei kleinen oder großen Leidnerflaschen.

Folgen die Funken sehr rasch aufeinander, so kühlt die Funkenbahn nicht ganz ab, die Knalle werden schwächer und es tritt eine flammenartige Erscheinung, das Verbrennen des Luftstickstoffes, immer mehr in den Vordergrund. Diese Tatsache wird technisch zur Erzeugung von Salpetersäure aus Luft verwendet.

§ 604. Ionisierungsspannung. Der erste Übergang des unselbständigen Stromes in den selbständigen (§ 599) geschieht durch Elektronenstoß. Nur von diesem wollen wir im folgenden sprechen, da diese Erscheinungen übersichtlicher sind als beim Stoß von Ionen.

Unter Ionisierungsspannung[1] versteht man die Spannungsdifferenz (meist in Volt), die ein Elektron frei durchlaufen muß, um bei einem Zusammenstoß ein Molekel oder Atom zu ionisieren, d. h. um jene Energie zu erlangen, welche die Abtrennung eines neuen Elektrons veranlaßt. Solche Ionisierungsspannungen sind in vielfachen Arbeiten gemessen worden, besonders durch J. Franck und G. Hertz.[2] Ihre Methode war eine Weiterbildung einer Anordnung von Lenard; für eine schematische Erklärung genügt Fig. 686. *A* sei ein glühender Platindraht. Wir werden später (§ 643) sehen, daß ein solcher Elektronen aussendet. Um *A* als Achse liegt ein Pt-Drahtnetzzylinder *B* und sei positiv geladen; in größerer Entfernung ist ein massiver Pt-Zylinder *C*. Es wird nun *B* verschieden stark (einige Volt) positiv geladen. Die von *A* weggehenden Elektronen nehmen unter dem Potentialgefälle von *A* nach *B* steigende Geschwindigkeit an und treten mit dieser in den Raum *BA*. Hier wirkt die Ladung *B* verzögernd, so daß kein Elektron den Metallzylinder *C* erreicht. Wohl aber kann, wenn die Geschwindigkeit der aus dem Netze *B* tretenden Elektronen groß genug sind, Ionisierung des Gasraumes *BC* und dadurch positive Aufladung von *C* erfolgen.

---

[1] Lenard, Ann. d. Phys. 8 (1903).

[2] Übersicht dieses ganzen Gebietes und Literaturangaben in „Kinetik von Elektronen und Ionen in Gasen". Phys. Zs. (1916).

Der ganze Apparat befindet sich im verdünnten Gase und es sind viele Vorsichtsmaßregeln notwendig, um richtige Resultate zu erhalten.

Steigert man die Potentialdifferenz zwischen A und B von Null an, so tritt im Raume BC erst bei einer bestimmten Spannung Ionisierung ein. Diese Inoisierungsspannung ist z. B. für

Helium	Neon	Argon	Wasserstoff	Sauerstoff	Stickstoff
20,5	16	12	11	9	7,5 Volt.

Diese Zahlen sind unabhängig von der Temperatur des Drahtes und vom Gasdrucke. Es sind also die Ionisierungsspannungen charakteristische Konstanten des Gases.

Kennt man die mittlere Weglänge des Elektrons, seine Ladung (Elementarquantum) und Ionisierungsspannung, so ergibt das Produkt dieser drei Größen die Ionisierungsenergie. Für diese vermutete schon Stark[1] einen Zusammenhang mit der Planckschen Konstante h, von der wir später (18. Teil des Bandes) noch sprechen werden.

Franck und Hertz konnten nun folgende interessante Tatsache zeigen. Wenn ein Elektron im Hg-Dampf genau die Ionisierungsspannung 4,9 V durchlaufen hat, sendet dieser Dampf eine Spektrallinie mit $\lambda = 253{,}6\ \mu\mu$ aus. Sinkt die Ionisierungsspannung nur ein wenig, so schwindet diese Linie. Ist $1/\lambda = \nu$ die Schwingungszahl dieser Linie, so ist die berechnete Ionisierungsenergie gleich $h\nu$, wo h die Plancksche Konstante bedeutet.

Auf einige Entladungsvorgänge in Gasen kommen wir noch einmal im 20. Teile dieses Bandes (Atmosphärische Elektrizität) zurück.

IV. Photoelektrizität.

Bei Gelegenheit seiner Untersuchungen über elektrische Schwingungen machte Hertz[2] die schon erwähnte merkwürdige Beobachtung, daß die zu einer Entladung erforderliche Potentialdifferenz durch Belichtung der Funkenstrecke, namentlich mit violetten Strahlen, vermindert wird. Solche Beeinflussungen sind vielfach untersucht worden. Wir bringen nur die wichtigsten der diesbezüglichen Versuche.

§ 605. Photokathodenstrahlen. Manche Körper (Leiter oder Isolatoren) verlieren durch Bestrahlung, besonders durch ultraviolettes Licht, wenn sie vorher geladen waren, ihre Ladung, aber nur wenn diese negativ ist (Hallwachseffekt).[3] Diese lichtelektrische Entladung negativer Ladungen kann so stark werden, daß man einen konstanten photoelektrischen Strom zwischen der belichteten Kathode und einer Anode, sobald eine Potentialdifferenz vorhanden, zu messen vermag. Auch hier können

[1] Jahrb. d. Radioakt. 6 (1909). [2] Wied. Ann. 31 (1887).
[3] Wied. Ann. 33 (1888).

wir von einer unipolaren Leitfähigkeit sprechen. Wir werden sehen, daß die Annahme einer durch das Licht bewirkten Elektronenaussendung alle diese Erscheinungen zu erklären vermag.

In quantitativer Beziehung sei folgendes bemerkt. Die Stärke des elektrischen Feldes und Distanz der Elektroden gibt Veranlassung zu ähnlichen Erscheinungen wie bei den Sättigungsströmen (§ 593). Die Natur des Gases hat Einfluß, doch widersprechen sich die Resultate. Mit abnehmendem Druck des Gases steigt zunächst der lichtelektrische Strom bis zu einem gewissen kritischen Druck und nimmt dann wieder ab. Auch die Oberflächenbeschaffenheit und ihre Veränderungen durch den photoelektrischen Prozeß sind von Belang; man findet Erscheinungen von „Ermüdung" und „Kräftigung". Der Strom steigt mit der Intensität des Lichtes, er ist proportional der absorbierten Energie. Im allgemeinen wirken kurze Wellen stärker als lange, für letztere ist die Zahl der photoelektrisch empfindlichen Stoffe geringer. Für Gase kann der Photostrom einen bestimmten Wert nicht überschreiten.[1]

Als außerordentlich lichtempfindlich haben sich die Alkalimetalle erwiesen. Man hat Glaskugeln mit Wasserstoff von etwa 0,33 mm Druck gefüllt und in sie reines Kalium eingeschmolzen, das mit seiner Oberfläche von einigen cm im Durchmesser als Elektrode dient. Die zweite Elektrode wird durch einen Aluminiumdraht dargestellt, der nach der Erde abgeleitet ist. Die Kaliumelektrode wird mit dem Elektroskope und dem negativen Pole einer Zambonischen Säule verbunden, während der andere Pol zur Erde abgeleitet wird. Im Dunkeln tritt keine merkliche Zerstreuung ein; aber schon der Zutritt des Tageslichtes genügt, um die Blätter des Elektroskops plötzlich zusammenfallen zu lassen.[2] Der dabei durch die Zelle gehende photoelektrische Entladungsstrom ist mit dem Galvanometer meßbar. Die Zerstreuung der negativen Elektrizität wird wesentlich vermindert in einem Magnetfelde, dessen Kraftlinien zu der Richtung des Entladungsstromes senkrecht stehen. Bei positiver Ladung der Kaliumelektrode findet keine merkbare Einwirkung der Belichtung statt.

Der photoelektrischen Empfindlichkeit nach ordnen sich die Metalle in die Reihe: Rb K Na Li Mg Tl Zn.

Da um die bestrahlte Kathode herum eine negative Raumladung sich ausbildet, wird man besser das Gefäß *S*, Fig. 697, innen versilbern und diese Silberschichte mit der Anode *A* verbinden. In der Mitte ist die konzentrische Kugel *a*, versilbert und durch Destillation mit Alkalimetall bedeckt. *a* in Verbindung mit *k* ist die Kathode; die Leitung *k* nach *a* ist durch eine Glasröhre geschützt. Die Bestrahlung von *a* erfolgt durch das Quarzfenster *Q*; der Pfeil bedeutet die Richtung des Lichtes. Alle von *k* weggehenden Elektronen gelangen so an die Silberwand von *S*,

[1] v. Schweidler, Wien. Ber. 108 (1899), 113 (1904).
[2] Elster u. Geitel, Wied. Ann. 38 (1889). Seither viele weitere Arbeiten.

eine Raumladung kann sich schwer ausbilden und hier ist unabhängig vom Drucke der Photostrom proportional der Bestrahlung. Man verwandte solche Instrumente zur Bestimmung der Sternstrahlung.[1]

Von großem Interesse ist die Tatsache, daß die photoelektrische Wirkung abhängig ist von der Polarisation des einfallenden Lichtes. Beobachtet man mit Strahlen, die in schiefer Richtung auf eine Metalloberfläche fallen, so ist die photoelektrische Wirkung am geringsten, wenn die Polarisationsebene mit der Einfallsebene zusammenfällt, am größten, wenn sie dazu senkrecht steht. Die elektrischen Schwingungen und Kräfte der Strahlen sind im ersteren Falle der Grenzfläche parallel, im zweiten stehen sie bei streifender Inzidenz zu ihr senkrecht.[2]

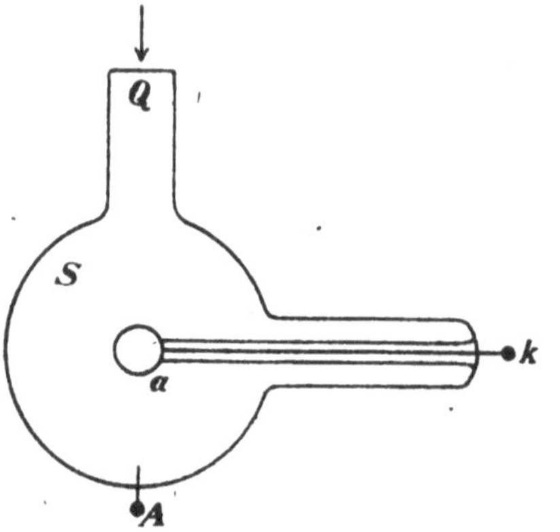

Fig. 697. Photoelektrizität.

Die Beobachtungen beziehen sich auf eine flüssige Legierung NaK und flüssige Amalgame von Rb und Cs. Im Gegensatze zu den mit diesen Metallen erhaltenen Resultaten ist bei berußtem Aluminium kein erheblicher Unterschied zwischen der photoelektrischen Wirkung verschieden polarisierter Strahlen vorhanden. Das deutet darauf hin, daß der Zusammenhang zwischen der Stärke des photoelektrischen Stromes und der Schwingungsrichtung der Strahlen kein unmittelbarer ist; der Unterschied der Stromstärken bei den Metallen wird vielmehr dadurch bedingt, daß die auf ihre ebenen Grenzflächen einfallenden Strahlen bei verschiedener Schwingungsrichtung verschieden stark absorbiert werden. Der photoelektrische Strom ist proportional mit der Stärke der Absorption. Bei einer berußten Oberfläche werden die Strahlen bei jeder Schwingungsrichtung gleich stark absorbiert, der Einfluß der Polarisation fällt daher fort.

Dabei zeigte sich[3], daß verschiedene Wellenlängen verschieden wirken, je nachdem die Schwingungen eines polarisierten erregenden Lichtes senkrecht zur Einfallsebene stehen oder parallel. In ersterem Falle steigt der Effekt mit abnehmender Wellenlänge, in letzterem Falle lagert sich über diesen normalen Effekt noch ein selektiver, welcher also nur durch eine zur Oberfläche senkrechte Komponente der Lichtschwingung erregt wird. Der selektive Effekt ist eine Resonanzerscheinung.

[1] Ives, Astrophys. Journ. 43 (1916). Ausgedehnte Untersuchungen von Guthnick u. Prager. Veröffentlichungen d. Sternwarte Berlin-Babelsberg (1914, 1915).

[2] Elster u. Geitel, Wied. Ann. (1894); 52 (1894); 61 (1897).

[3] Pohl u. Pringsheim, Dtsch. Phys. Ges. 12 (1900); 13 (1911).

Es existiert ein dem Hallwachseffekt analoger Lenardeffekt[1], indem sich auch eine analoge lichtelektrische Volumwirkung auf Gase feststellen ließ. Ultraviolett durchstrahlte Gase erhalten Elektrizitätsträger beiderlei Vorzeichens, also eine nicht unipolare Leitfähigkeit.

§ 606. **Beziehung zu der Elektronentheorie.** Aus all dem ergibt sich die Vorstellung, daß das absorbierte Licht aus dem Metalle Elektronen freimacht, welche von seiner Oberfläche aus mit einer gewissen Geschwindigkeit in den umgebenden Raum hinein sich bewegen. Bei gegebener Lichtquelle ist für den normalen Effekt die Menge der pro sec entwickelten Elektronen der Beleuchtungsstärke proportional; verschiedene Lichtquellen entwickeln verschiedene Mengen, entsprechend der schon erwähnten Tatsache, daß die violetten und ultravioletten Strahlen photoelektrisch besonders wirksam sind.

Magnetische und elektrostatische Ablenkungen ergeben auch hier eine spezifische Ladung ε/μ von $1,1 \cdot 10^7$ elektromagnetischen Einheiten, während für die Kathodenstrahlen (und die radioaktiven β-Strahlen) der Wert etwa $1,75 \cdot 10^7$ ist.

Von großem Interesse ist die Abhängigkeit der photoelektrischen Wirkung von dem Potentiale, zu welchem die belichtete Elektrode geladen wird, während die zweite Elektrode, welche die entwickelten Elektronen auffängt, zur Erde abgeleitet ist.

Das Vakuum in der die Elektrode umschließenden Röhre sei ein so hohes, daß ein Potential von vielleicht 10000 V keine Entladung erzeugt; wenn man nun die eine Elektrode belichtet, so bleibt bei negativer Ladung die Menge der ausgesandten Elektronen unverändert, wenn das Potential von — 10000 V bis etwa — 10 V sinkt. Bei weiterer Verringerung der Spannung wird die Ausstrahlung schwächer, sie behält aber eine beträchtliche Größe, auch wenn das Potential Null wird, und verschwindet erst, wenn das Potential bei positiver Ladung der Elektrode einen Wert von etwa + 3 V erreicht hat. Daraus wird man schließen, daß die Elektronen die Oberfläche der Elektrode mit einer bestimmten Anfangsgeschwindigkeit verlassen, welche unabhängig ist von der Beleuchtungsstärke und unabhängig von der Ladung der Elektrode. Bei negativer Ladung werden die austretenden Elektronen durch elektrostatische Abstoßung beschleunigt, bei positiver durch Anziehung verzögert. Wenn die Ausstrahlung durch eine Potentialdifferenz von 3 V zwischen den beiden Elektroden aufgehoben wird, so folgt, daß die jener Potentialdifferenz entsprechende verzögernde Kraft die Geschwindigkeit der ausgestrahlten Elektronen vernichtet, ehe sie die zweite Elektrode erreichen. Daraus berechnet sich der Anfangswert der Geschwindigkeit zu etwa 10^7 cm·sec^{-1}; ein Wert, der 3000 mal kleiner ist als die Lichtgeschwindigkeit.

[1] Ann. d. Phys. 1 (1900). Weiteres siehe Bericht Stebbing in Jahrbuch f. Radioaktiv. 9 (1912). Ausführlichste Darstellung aller photoelektrischen Gebiete durch Hallwachs im Handb. der Radiologie III (1916).

Die Resultate der vorhergehenden Untersuchung enthalten noch die Erklärung der früher erwähnten Bildung negativer Ionen bei der Bestrahlung einer negativ geladenen Metallplatte mit ultraviolettem Lichte. Wir haben zu diesem Zwecke nur anzunehmen, daß eine belichtete Metallplatte bei jedem Drucke Kathodenstrahlen aussende. Bei atmosphärischem Drucke sind die freien Weglängen der Elektronen bis zu ihrem Zusammenstoße mit den Molekeln des die Platte umgebenden Gases sehr klein, die Strahlen werden daher sehr rasch zerstreut. Sie erzeugen aber, wenn der auf der Weglänge liegende Potentialfall groß genug ist, eben durch den Zusammenstoß der Elektronen mit den Gasmolekeln positive und negative Ionen. Die ersteren werden von der negativ elektrischen Platte angezogen und verschwinden; die letzteren werden von der Platte abgestoßen und bedingen unipolare Leitfähigkeit des Gases. Die Richtigkeit dieser Auffassung wurde bestätigt durch Versuche in verdünnter Luft, in welcher die freie Weglänge der Elektronen mehrere cm betrug. Hier wurden Drähte, welche sich in dem Wege der von der belichteten Elektrode ausgehenden Strahlen befanden, entladen, sowohl wenn sie positiv, als wenn sie negativ elektrisch waren. Daraus folgt, daß in der Luft in der Tat beide Arten von Ionen erzeugt werden. Es ergab sich aber noch eine weitere bemerkenswerte Tatsache. Bei schwacher negativer Ladung der belichteten Elektrode findet keine merkliche Ionisierung der Luft statt; diese beginnt erst bei einem negativen Ladungspotentiale von etwa 11 V und nimmt dann mit steigendem Werte des negativen Potentiales rasch zu. Man muß daraus schließen, daß der Stoß der Elektronen neutrale Gasmolekel erst dann in Ionen zu spalten vermag, wenn die Geschwindigkeit der Elektronen einen bestimmten unteren Grenzwert überschreitet; für diesen Grenzwert ergibt sich eine Geschwindigkeit von $1{,}5 \cdot 10^8\ \mathrm{cm} \cdot \mathrm{sec}^{-1}$. Auch bei höheren Drucken ist Ionisierung durch Elektronenstoß nur möglich, wenn der Spannungsabfall auf der freien Weglänge genügt, um jene Geschwindigkeit zu erzeugen.[1] (Analog § 604.)

Die Energie der wegfliegenden Elektronen sollte, wie man zuerst glaubte, aus der (potentiellen oder kinetischen) Energie des vom Lichte getroffenen Atomes herkommen; das Licht sollte nur auslösend wirken. Jetzt aber gilt wohl allgemein die Anschauung, daß die Energie für die Geschwindigkeit der austretenden Elektronen durch die absorbierte Energie des auftreffenden Strahles geliefert wird. Da aber immer nur einige wenige Atome der bestrahlten Substanz Elektronen aussenden, müssen entweder diese irgend eine noch unbekannte Prädisposition haben, oder es muß die Strahlungsenergie eines Lichtstrahles, nicht wie wir bisher angenommen haben, gleichmäßig durch die ganze Wellenfront, sondern nur durch eine diskrete Zahl kleinerer Flächenelemente hindurchgehen.

[1] Lenard, Ann. d. Phys. 8 (1902). — Stark, Phys. Zs. 3 (1902).

Vierzehnter Teil. Röntgenstrahlen.

I. Röntgen bis Laue.

§ 607. **Entstehung und Nachweis der Röntgenstrahlung.** Mit den Kathodenstrahlen hängt, wie wir schon erwähnt haben, aufs innigste eine andere Art von Strahlen zusammen, die von Röntgen 1895 entdeckt wurden; diese Strahlen gingen von jenem Teil der Glaswand weg, welche von den Kathodenstrahlen getroffen werden.[1]

Da kräftige Kathodenstrahlen die Glaswand bis zum Schmelzen erwärmen, nimmt man jetzt als Anprallstelle, wo die Kathodenstrahlen

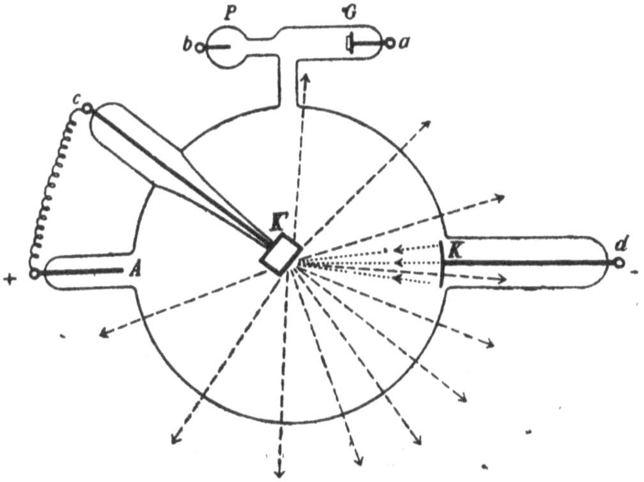

Fig. 698. Röntgenröhre.

gebremst werden, als sog. Antikathode, K' in Fig. 698, ein schwer schmelzbares Metall, z. B. Platin, Tantal oder besonders Wolfram, das überdies durch verschiedene Mittel, z. B. durch hinten anlagernde große Kupfermassen kräftig gekühlt wird. Die Kathode K ist oft wie ein Hohlspiegel gekrümmt, damit die senkrecht von dieser Fläche wegfliegenden Elektronen (punktiert gezeichnet) im Krümmungsmittelpunkt der Fläche möglichst an einem Punkte von K' auffallen. Von dieser Antikathode gehen dann (gestrichelt gezeichnet) nach allen Seiten die Röntgenstrahlen weg, und treten durch das Glas der Röhre hinaus.

Sie sind selbst unsichtbar, erzeugen aber Fluoreszenz, photographische (oder chemische) Wirkungen und ionisieren die Luft.

---

[1] Die Arbeiten von Röntgen erschienen 1895—1897, gemeinschaftlich abgedruckt. Wied. Ann. 64 (1898).

Bei den einschlägigen Untersuchungen werden diese drei Effekte nach Wahl abwechselnd benützt.

Magnetische oder elektrische Ablenkung zeigt sich nicht, ebenso ließ sich Brechung nicht nachweisen.

Röntgenoskopie und Röntgenographie. Das, was unmittelbar in den ersten Arbeiten RÖNTGENs am meisten überraschte, war das große Durchdringungsvermögen dieser Strahlen. Sie gehen z. B. durch Holz, Leder und tierische Muskelpartien meist ohne merkliche Schwächung hindurch, werden aber durch Metall, Knochen aufgehalten. Überstreicht man die eine Seite eines Kartons mit Bariumplatincyanür und läßt man auf die Rückseite Röntgenstrahlen auffallen, so durchdringen diese den Karton und die Vorderseite fluoresziert mit gelbgrünlichem Lichte. Preßt man dann die Hand von hinten her gegen den Karton, so sieht man ein dunkles Schattenbild der Knochen dieser Hand, da nur die Knochen die Strahlung aufhalten, indes sie die Muskelpartien fast restlos durchsetzt; ebenso erscheinen Schattenbilder von Münzen im Lederetui usw. Legt man die flache Hand auf eine photographische Holzkassette, die in ihrem Innern eine lichtempfindliche Platte enthält, so bekommt man nach kurzer Bestrahlung und normaler Entwicklung der Platte ein entsprechendes Photogramm. Die Technik dieser Röntgenoskopie und Röntgenographie ist durch die medizinische Praxis zu einer großen Vollkommenheit gebracht worden.

Gleichrichter. Am besten würde eine Röntgenröhre durch hochgespannten Gleichstrom (20,000 bis 150,000 V) betrieben. In fast allen Fällen aber steht nur ein hochgespannter Wechselstrom oder der Strom eines Ruhmkorffs zur Verfügung; dabei ist besonders darauf zu achten, daß der Strom nur in einer Richtung — immer mit K als Kathode — die Röhre durchfließt. Um dies zu erreichen, kann man einige Funkenstrecken, und zwar immer Spitze gegen Platte in die Leitung einschalten: von einem hochgespannten Wechselstrom wird dann die Stromrichtung Platte—Spitze fast ganz unterdrückt. Noch besser aber ist ein großer, rasch rotierender mechanischer Kommutator, der die entgegengesetzten Stromrichtungen des hochgespannten Wechselstromes immer gleichrichtet.

Härte der Röntgenstrahlen. Je luftleerer die Röhre, desto höhere Spannungen sind zum Betriebe nötig. In demselben Maße steigt auch die Penetrations- oder Durchdringungskraft der Strahlen. Das kann z. B. so weit gehen, daß die Strahlung auch durch Knochen hindurchgeht, wodurch Röntgenbilder unscharf werden. Man nennt solche Röhren hart. Umgekehrt ist eine Röhre mit zu viel Gasinhalt weich. Die von einer solchen Röhre weggehenden Strahlen, weiche Strahlen, werden z. B. auch in Muskelpartien absorbiert. Hier würde das Röntgenbild ebenfalls flau.

Nun zeigte sich, daß die Röhren bei längerem Gebrauche von selbst härter werden, wahrscheinlich, weil geladene Metallteilchen sich an die Wandungen anlagern und Gas adsorbieren. Solche Röhren kann man durch Regenerierung wieder weich machen. G in Fig. 698 ist eine kleine, mit Glimmer bedeckte Aluminiumplatte, P ein Platinstift. Verbindet man a durch eine Funkenstrecke mit d, und b mit c, so geht die Entladung nicht mehr durch die eigentliche Röhre, sondern durch GP und macht Gas aus dem Glimmer frei, die Röhre wird weicher. Macht man umgekehrt P zur Kathode und G zur Anode, so zerstäubt Platin, wodurch Gas adsorbiert und die Röhre härter wird. So kann man Druck und Härte innerhalb einiger Grenzen etwas regulieren. Viel wirksamer sind aber folgende Maßnahmen.

Glühkathoden-Röntgenröhre. Um sehr harte Strahlen zu erzeugen, bedarf es hoher Spannungen und dementsprechend sehr stark evakuierter Röhren. Steigert man aber hier die Spannungsdifferenz der Elektroden allzusehr, so ergeben sich Schwierigkeiten; es schlagen außerhalb der Röhre Funken über usw. COOLIDGE verwendet darum WEHNELTsche Glühkathoden (§ 584), bei denen man schon mit geringen Spannungen starke Kathodenstrahlen erhält. Für verschiedene Härte und Stromintensität muß die Temperatur der Glühkathode und die Elektrodenspannung der Röntgenröhre geändert werden. Das bringt manchen Übelstand mit sich. LILIENFELD hält darum die Glühkathode G — in schematischer Fig. 699 — mittels Glühbatterie B_1 (einige V) auf immer gleicher Glühtemperatur. k_1 ist nur für die Entladung der Batterie B_2 (etwa 600 bis 2000 V) Antikathode. Die von G weggeschleuderten Elektronen durchsetzen das Loch in k_1 und gelangen in das Spannungsfeld von B_3 (50000 bis 200000 V), das größer ist als B_2. Die Antikathode k_2 besteht aus Wolfram. Mit der Spannung B_2 reguliert man die Spannung des sog. Zündstromes und damit die Stärke des Elektronen- (und Röntgen-) Stromes, d. h. die Intensität der Strahlung; die Spannung B_3 hingegen reguliert die Beschleunigung der Elektronen gegen k_2, also die Härte der Strahlung.

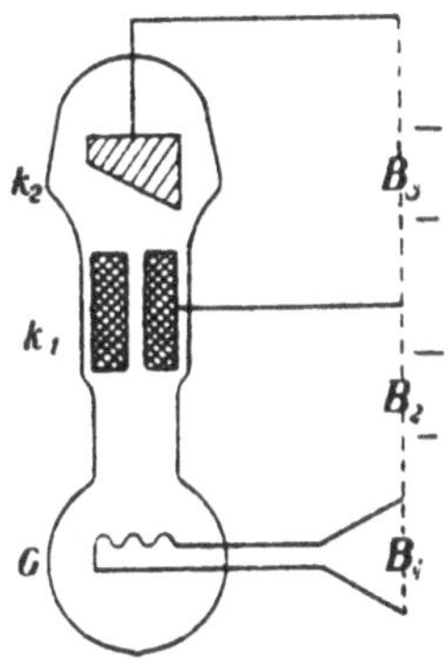

Fig. 699. Glühkathoden-Röntgenröhre.

Die Ausführung der Röhre ist viel komplizierter, als wir es angegeben, besonders weil man fast ausnahmslos statt der Batterien B_1, B_2, B_3 gleichgerichtete und in Phase übereinstimmende Wechselströme verwendet.[1]

Energetische Verhältnisse der Röntgenstrahlen. Die Energie der Röntgenstrahlen in einer mit Induktor betriebenen Röhre wächst, wie zu erwarten ist, mit der Energie des den Induktor treibenden Stromes, aber in viel stärkerem Maße als die letztere. Die größte Energie der Gesamtstrahlung bei einer einzelnen Entladung des Induk-

[1] Fortschr. a. d. Gebiete d. Röntgenstr. 18 (1913).

tors wurde z. B. mit einer Primärspannung von 110 V und einer primären Stromstärke von 4,15 A erreicht; sie betrug $1,5 \cdot 10^{-4}$ cal. Die Dauer einer einzelnen Entladung wurde zu $5,3 \cdot 10^{-4}$ sec bestimmt. Auf die Sekunde berechnet ergibt sich daraus eine Energiemenge von 0,28 cal. Der Primärstrom des Induktors wurde in einer Sekunde 107 mal unterbrochen; in Wirklichkeit wird also in einer Sekunde mit den Röntgenstrahlen eine Energiemenge von nur 0,016 cal emittiert.

Vergleicht man die von den Röntgenstrahlen entwickelte Energie mit derjenigen, welche der elektrische Strom verbraucht, so ergibt sich, daß nur 0,02 % der Stromenergie in Energie der Röntgenstrahlen verwandelt werden.[1]

Die plötzliche Bremsung des Kathodenstrahls erzeugt an der Antikathode in erster Reihe Wärme. Nur ein kleiner Teil setzt sich in die Energie der Röntgenstrahlen um. Mit Bezug auf diese Überlegung ist es auch von Interesse, zu untersuchen, wie sich die Energie der Röntgenstrahlen zu der Energie der sie erzeugenden Kathodenstrahlen verhält. Aus Beobachtungen mit einer Thermosäule ergab sich[2] das Verhältnis bei einer Spannung von 59000 V:

$$\frac{\text{Energie der Röntgenstrahlen}}{\text{Energie der Kathodenstrahlen}} = 1,35 \cdot 10^{-3}.$$

Bei Coolidgeröhren ist dies Verhältnis[3] bei Spannungen von

48000	64000	96000 V
$^1/_{800}$	$^1/_{600}$	$^1/_{500}$

Die Sekundärstrahlen. Die Absorption der Röntgenstrahlen in einem Körper ist verbunden mit einer Erscheinung, die man als Sekundärstrahlung bezeichnet. Von allen Teilen des Körpers, die von Röntgenstrahlen getroffen werden, geht eine neue Strahlung aus, die zum Teil aus Röntgen-, zum Teil aus Kathodenstrahlen besteht. Auch wenn die primären Strahlen nur in einer bestimmten Richtung auf den Körper fallen, so breiten sich die sekundären diffus nach allen Seiten aus.

Das Studium der Sekundärstrahlung wird uns noch vielfach beschäftigen.

§ 608. Natur der Röntgenstrahlung. Erste Versuche. Röntgen selbst — auch Boltzmann — waren geneigt, diese neuen Strahlen als longitudinale Ätherschwingungen anzusehen, indes W. H. Barkla in ihnen einen Strom von neutralen materiellen Partikelchen — Korpuskeln — erblicken wollte. Auch andere Hypothesen wurden aufgestellt.

Barkla entdeckte trotz seiner unrichtigen — später von ihm selbst aufgegebenen — Korpuskularhypothese einige sehr wichtige Tatsachen.

Zerstreute und charakteristische Strahlung. Barkla fand, daß die Sekundärstrahlung aus zwei Teilen besteht. Der eine Teil, die „zerstreute" Strahlung, soll ganz der einfallenden Röntgenstrahlung

[1] Angerer, Ann. d. Phys. 21 (1906). [2] Wien, Ann. d. Phys. 18 (1905).
[3] Rutherford u. Barnes, Phil. Mag. 30 (1915).

gleichen, der andere Teil, die „charakteristische" Strahlung, ist bei den verschiedenen bestrahlten Stoffen verschieden. Ordnete BARKLA letztere Strahlung nach ihrer Absorbierbarkeit in Aluminium, so fand er, daß die charakteristische Strahlung aus einem harten, durchdringenden und einem weichen, absorbierbaren Teil besteht, die er *K*- bez. *L*-Strahlung nannte.[1] Beim Fortschreiten zu Elementen mit größeren Atomgewichten wird diese charakteristische Strahlung immer härter. Sie heißt charakteristisch, weil sie abhängt vom getroffenen Element. Sie repräsentiert also eine Art „Eigenstrahlung", welchen Namen wir auch immer gebrauchen werden.

Nur die zerstreute Strahlung zeigt Polarisation (nächste Seite), nicht die Eigenstrahlung. Diese, wenn auch meist schwache Polarisation, spricht schon gegen eine Korpuskulartheorie der Röntgenstrahlen.

Impulstheorie. Diese enthält den Keim zur richtigen Entwicklung dieses Gebietes.[2]

Ein fliegendes Elektron ist nach § 469 einem elektrischen Strome äquivalent; ein Elektron, dessen Geschwindigkeit sich plötzlich ändert, also auch ein Kathodenstrahlteilchen, das an einer Antikathode plötzlich gebremst wird, ist wie ein elektrischer Strom, der plötzlich verschwindet. Es muß eine kurze elektromagnetische Welle in den Außenraum gesendet werden. Die Röntgenstrahlen wären also kurze Lichtimpulse. Wir werden bald sehen, daß diese Impuls- oder Bremsstrahlung nur der zerstreuten Strahlung entspricht, die Eigenstrahlung entsteht auf andere Weise.

Die Impulstheorie[3] verlangt für Strahlen, die in der Richtung der erzeugenden Kathodenstrahlen emittiert werden, eine kleinere Intensität und kürzere Impulse — härtere Strahlung —, was durch Versuche[4] bestätigt wurde. Es resultiert dadurch ein wesentlicher Unterschied zwischen der Ausbreitung der Impulsstrahlung (d. i. zerstreute Strahlung) und jener der Lichtstrahlen. Im ersteren Fall ist die Strahlung gleichsam anisotrop. Im letzteren erfolgt die Ausbreitung isotrop, nach allen Seiten gleichmäßig; die Intensität der Strahlung ist dieselbe auf allen Punkten einer den leuchtenden Punkt umschließenden Kugelfläche. Bei den Impulsstrahlen ist dies nicht der Fall; denn es spiegelt sich die Art ihrer Erzeugung auch in den Intensitätsverhältnissen der Ausstrahlung.

Jener Teil der Röntgenstrahlen aber, welchen wir Eigenstrahlen nannten (die charakteristischen St.) geht wie Licht nach allen Seiten gleichmäßig.

Die ersten Versuche über Röntgenstrahlen haben die (von uns immer wieder betonte) Zweiteilung der Röntgenstrahlung meist außer

---

[1] BARKLA u. SADLER, Phil. Mag. 16 (1908). [2] WIECHERT, Phys. ökon. Ges. Königsberg (1896). STOKES, Proc. Cambr. Soc. 9 (1896). [3] SOMMERFELD, Phys. Zs. 8 (1907). [4] FRIEDRICH, Ann. d. Phys. 39 (1912).

acht gelassen. Auch die unmittelbar folgenden Erscheinungen beziehen sich nur auf die „zerstreute“ Strahlung.

Polarisation. Sekundärstrahlen, welche die Oberfläche eines Körpers treffen, erzeugen dort tertiäre Strahlen, deren Eigenschaften im wesentlichen dieselben sind, wie die der sekundären. Mit Hilfe dieser Tertiärstrahlen wurde nachgewiesen, daß Röntgenstrahlen durch Reflexion polarisiert werden. Das Prinzip der zu diesem Nachweise benützten Versuchsanordnung ist durch den entsprechenden Versuch der Optik gegeben. Die primären Röntgenstrahlen fallen auf eine Kohlenplatte A, die gegen die Richtung der Strahlen unter 45° geneigt ist; diejenigen Sekundärstrahlen, welche die Platte unter einem Winkel von 45° in der Richtung der regelmäßigen Reflexion verlassen, fallen auf eine zweite Kohlenplatte B und erzeugen dort eine tertiäre Strahlung. Die Platte B ist gegen die Richtung der ankommenden Strahlen ebenfalls unter einem Winkel von 45° geneigt. Nun zeigt sich, daß die Intensität der tertiären Strahlung zwei Maxima hat in den Stellungen der Platte B, wo ihre Einfallsebene mit der von A zusammenfällt, zwei Minima da, wo die Einfallsebene von B einen Winkel von 90° mit der von A bildet. Der Versuch verläuft ganz analog dem entsprechenden Versuche der Optik und kann ebenso wie dieser durch die Annahme transversaler Ätherschwingungen erklärt werden.[1]

Die Impulstheorie macht auch die Erscheinungen der Polarisation unmittelbar verständlich. Die Röntgenröhre sei so aufgestellt, daß die von der Kathode K kommenden Strahlen vertikal von unten nach oben gehend auf eine Platinplatte S fallen. Die Röntgenstrahlen entstehen dadurch, daß die vertikale Geschwindigkeit der Elektronen plötzlich gehemmt wird. Betrachten wir nur den Teil der Röntgenstrahlen, der in der Einfallsebene der Kathodenstrahlen in horizontaler Richtung sich bewegt, so spricht eine gewisse Wahrscheinlichkeit dafür, daß die elektrischen Verschiebungen (des Äthers) vorzugsweise in vertikaler Richtung, parallel der Richtung KS stattfinden. Um diese Vermutung zu prüfen, ließ man jenes horizontale Strahlenbündel auf eine Paraffinkugel P fallen. Aus der Analogie mit den Lichtstrahlen würde dann folgen, daß die Sekundärstrahlen ihre größte Intensität in einer Richtung PH besitzen, welche horizontal und senkrecht zu SP liegt. Dagegen würde die geringste Intensität in der vertikalen Richtung PV zu erwarten sein. Als Maßstab für die Intensität der Sekundärstrahlen wurde die durch sie erzeugte Ionisierung benutzt. Es ergab sich in der Tat, daß die Luft durch die Sekundärstrahlung stärker ionisiert wurde in der horizontalen Richtung PH als in der vertikalen PV.

Erste Interferenzversuche. Der sicherste Beweis für die Wellennatur der Röntgenstrahlen würde natürlich durch den Nachweis von Interferenzerscheinungen zu liefern sein. Man hat sie zu diesem Zwecke

[1] Haga, Ann. d. Phys. 23 (1907).

auf einen sehr schmalen konischen Spalt geworfen; dieser stellt eine ganze Reihe von Spalten dar, deren Breite bis auf einen gewissen äußerst kleinen Wert stetig abnimmt. Die Untersuchung der Schwärzungserscheinungen, die von den durch den Spalt gehenden Röntgenstrahlen auf einer hinter diesem befindlichen photographischen Platte erzeugt werden, hat nun in der Tat die Existenz von Beugungserscheinungen wahrscheinlich gemacht. Die Breite der in Betracht kommenden Impulse oder Wellen konnte auf $4 \cdot 10^{-9}$ cm geschätzt werden. Dieser enorm kleine Betrag erklärt zur Genüge die Schwierigkeit der Messung, da die Breite eines mechanisch herstellbaren Spaltes die zu messende Wellenlänge immer noch um mehr als das 100fache übertrifft.[1]

Mit dieser Kleinheit der λ der Röntgenstrahlung stimmt auch der absolute Mangel jeder Brechbarkeit. Diese Strahlen gehen zwischen den Molekeln des durchstrahlten Körpers, ohne die Molekel zu beeinflussen, hindurch (daher die große Penetrationskraft). Für Röntgenstrahlen ist das intramolekulare und intraatomare Zwischenmedium (nach unserer früheren Auffassung der Äther) ein Kontinuum (§ 568), also $\sqrt{n} = D$, wo $D = 1$; also auch $n = 1$. (Siehe auch die Dispersionsformel § 287).

§ **609. Fortpflanzungsgeschwindigkeit.** Marx findet dafür einen Wert, der von der Lichtgeschwindigkeit um nicht mehr als 3% abweicht, der also in Anbetracht der Schwierigkeit der Messungen mit jenem der Lichtgeschwindigkeit als identisch betrachtet werden muß.[2]

Auf die Einzelheiten der schwierigen und mühevollen Messung und der dabei benützten verwickelten Erscheinungen einzugehen, ist nicht möglich. Wir müssen uns auf die Erläuterung des Prinzipes beschränken.

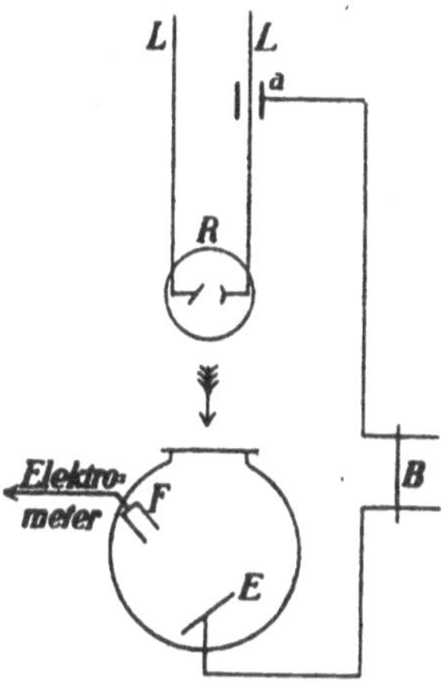

Fig. 700. Geschwindigkeit der Röntgenstrahlen.

An den Enden zweier Lecherdrähte (§ 572) liegt die Röntgenröhre R, deren Strahlen in vertikaler Pfeilrichtung (Fig. 700) auf eine Photoelektrode E fallen, von der sie Photoelektronen (§ 610) auslösen, aber nur dann, wenn E negativ geladen ist. Diese Elektronen fliegen in den Metallzylinder F, der mit einem Elektrometer verbunden ist. Die Drahtleitung aBE ist bei a elektrostatisch mit LL gekoppelt. Setzt eine elektrische Schwingung in LL ein, so wird die Kathode in R abwechselnd positiv und negativ geladen und ebenso E. Wenn nun eine, am Elektrometer erkennbare Entladung von E eintritt, so trifft ein Röntgenstrahl die Platte E gerade

[1] Haga u. Wind, Wied. Ann. 68 (1899). Walter u. Pohl, Ann. d. Phys. 25 (1908). Sommerfeld, Ann. d. Phys. 38 (1912).

[2] Kgl. Sächs. Ges. d. Wiss. (1910). Zusammenfassung in Jahrb. d. Radioakt. 9 (1914).

in jenem Momente, wo E negativ ist. Vergrößert man die Distanz ER um r, wird dieser Phasensynchronismus gestört; man muß, um neuerlich eine Entladung von E zu bekommen, die Drahtleitung aBE um denselben Betrag r vergrößern. Marx vergleicht so direkt die Fortpflanzung der Röntgenstrahlen in Luft mit jener der Elektrizität in Drähten und findet sie gleich.

Eine Trennung zwischen Eigenstrahlung und zerstreuter Strahlung wird auch hier nicht gemacht. Die Resultate beziehen sich daher auf die gesamte Röntgenstrahlung.

§ 610. Die verschiedenen Bestandteile der Röntgenstrahlung. Da die Bezeichnungen hier sehr wechselnd gebraucht werden, wollen wir der besseren Übersichtlichkeit wegen einiges von dem schon Vorgebrachten wiederholen und späteres vorwegnehmen.

Die von der Antikathode weggehende Röntgenstrahlung besteht z. T. aus Elektronen und z. T. aus transversal-elektromagnetischen (Äther-) Schwingungen. Der letztere Teil wird als die eigentliche Primärstrahlung angesehen. Die Wellenlängen sind von der Größenordnung 10^{-8} cm, also etwa 1000 mal kleiner als die Lichtwellen. Diese Primärstrahlung besteht aus zwei scharf voneinander zu unterscheidenden Teilen:

1. Zerstreute Strahlung, auch „Brems"- oder „Impulsstrahlung" genannt. Sie enthält eine kontinuierliche Aufeinanderfolge von Wellenlängen, liefert also ein kontinuierliches Spektrum, daher auch der manchmal gebrauchte Name „weißes Licht". Erzeugt wird sie durch die plötzliche Bremsung der Elektronen und entsteht besonders bei Antikathoden aus leichten Metallen.

2. Eigenstrahlung, auch „charakteristische Strahlung" genannt. Diese liefert ein Linienspektrum. Entsteht durch Erzeugung von Eigenschwingungen im getroffenen Atom; sie hat ganz bestimmte Wellenlängen, für verschiedene Antikathoden verschieden.

Genau dieselben drei Strahlungsarten, nämlich Elektronen, zerstreute und Eigenstrahlung gehen im allgemeinen auch von einem Körper aus, der außerhalb der Röhre von Röntgenstrahlen getroffen wird. Es sind dies die schon erwähnten Sekundärstrahlen.

Bei diesen ist Ausstrahlung der Elektronen ganz analog dem photoelektrischen Effekte (§ 605), aber noch wenig untersucht.

Die zerstreute Strahlung einer Sekundärstrahlung ist ihrer Natur nach vollkommen identisch mit der zerstreuten Strahlung der erregenden Primär-Röntgenstrahlung. Die zerstreuten Strahlen der Sekundärstrahlung unterscheiden sich ebenso wie die analogen Primärstrahlen durch ihr verschiedenes Durchdringungsvermögen oder ihre verschiedene Härte; die Strahlen sind um so durchdringender, d. h. um so härter, je härter die sie erzeugenden Primärstrahlen sind. Harte Röntgenstrahlen erzeugen harte, weiche Primärstrahlen erzeugen weiche zerstreute Strahlen. Diese zerstreute Strahlung ist polarisiert.

Die Eigenstrahlen einer Sekundärstrahlung sind aber in ihren Eigenschaften im Gegensatz zu den zerstreuten Strahlen vollkommen unabhängig von den Eigenschaften der erzeugenden primären Röntgenstrahlen. In wahrnehmbarer Stärke treten sie nur auf bei Körpern, deren Atomgewicht größer als das des Schwefels ist, insbesondere also bei nicht leichten Metallen. Sie können nur erzeugt werden durch eine Primärstrahlung, die härter ist, als die zu erzeugende Sekundäreigenstrahlung (analog der STOKESschen Regel, § 296, für Fluoreszenz). Die Eigenstrahlen eines Körpers (als Antikathode oder Sekundärstrahler) sind um so härter, je größer dessen Atomgewicht ist.

Bei Metallen von hohem Atomgewichte als Antikathode oder bei Sekundärstrahlen, welche an einem solchen Metall erregt werden, besteht die Strahlung zum weitaus größten Teile aus Eigenstrahlung, während bei Stoffen mit kleinem Atomgewicht die Eigenstrahlen fehlen.

II. Hochfrequenzspektroskopie.

Im folgenden bringen wir die Methoden, die Wellenlängen all dieser Strahlungen zu messen.

Dabei kann Primär- oder Sekundärstrahlung verwendet werden. Erstere Methode liefert größere Intensitäten, das Auswechseln der Antikathode ergibt aber experimentelle Umständlichkeit. Letztere Methode hingegen hat auch noch den Vorteil der Anwendbarkeit auf Substanzen, die durch die Erhitzung des Elektronenanpralls im Vakuum leiden.

§ 611. Interferenzversuche LAUE (1913). Die Beugungsversuche mit mechanisch hergestellten Spalten führten zu keinem befriedigenden Resultate. Der Grund liegt ohne Zweifel an der außerordentlichen Kleinheit der Wellenlänge im Vergleich zur mechanisch erreichbaren Spaltbreite. Nun stellt ein Kristall ein aus einzelnen regelmäßig angeordneten Atomen bestehendes Raumgitter dar. Die Gitterdistanz werden wir in § 615 mit der Größenordnung 10^{-8} cm berechnen. Zwischen diese Größe und der Wellenlänge der Röntgenstrahlen besteht also ein ähnliches Verhältnis, wie zwischen der Distanz benachbarter Spalten eines Beugungsgitters und der Wellenlänge des Lichtes. Man kann daher erwarten, daß Röntgenstrahlen durch das Raumgitter eines Kristalls in ähnlicher Weise gebeugt werden, wie gewöhnliche Lichtstrahlen durch ein Beugungsgitter.

Beugungserscheinungen bei durchgehenden Strahlen. Ehe wir von den Resultaten der experimentellen Forschung berichten, wollen wir versuchen, uns von den Erscheinungen ein Bild zu machen, welche dabei zu erwarten sind. Der benutzte Kristall sei ein möglichst einfacher des regulären Systems. Er besitze Würfelform. Dann können wir durch den Kristall drei Scharen von Ebenen legen, die je einer Würfelseite parallel laufen. Der Abstand dieser Ebenen sei gleich der Distanz benachbarter Atome des Kristalls. Der ganze Kristall zerfällt so in eine große Zahl von kleinen Würfeln wie in Fig. 707. Die Eckpunkte dieser Würfel, die Gitterpunkte, sind Schnittpunkte von je drei zueinander senkrechten Ebenen, und in den Gitterpunkten liegen dann die einzelnen Atome des Kristalls. Den Abstand zweier Gitterebenen oder zweier benachbarter Gitterpunkte werden wir im folgenden als die „Gitterkonstante“ d bezeichnen. Der Unterschied zwischen einem einfachen Beugungsgitter und dem Raumgitter des Kristalls ist nun folgender. Beim Beugungsgitter haben wir nur eine einfache Reihe von Elementen, die parallelen Gitterspalten, die dem Huygensschen Prinzip zufolge als Quellen von Lichtstrahlen zu betrachten sind. Hier aber wirken die Beugungen an den Gitterpunkten so, als ob diese Atome als Strahlungsquellen wirkten. Dann stellt weiter das Raumgitter des Kristalls eine dreifache Mannigfaltigkeit solcher Strahlungselemente dar, entsprechend den drei Reihen von Atomen, die parallel den Würfelkanten das Innere des Kristalls erfüllen.

Es soll nun im folgenden versucht werden, in möglichst einfacher Weise die Eigenschaften eines solchen räumlichen Gitters zu entwickeln. Dabei halten wir uns nicht an die wirklichen Bedingungen der Versuche, sondern beschränken uns auf die Betrachtung eines idealen Falles. Die Ergebnisse, zu welchen diese Betrachtung führt, stimmen aber jedenfalls qualitativ mit den Ergebnissen der ausgeführten Versuche überein. Die vereinfachenden Annahmen, die wir machen, sind folgende:

1. Statt des ganzen räumlich ausgebreiteten Gitters betrachten wir nur drei von einem Atome auslaufende, zueinander senkrechte Atomreihen.

2. Die Ebene, in welcher die Beugungserscheinungen beobachtet werden, rücken wir in eine unendliche Entfernung, d. h. wir betrachten nur die Interferenzen paralleler Strahlen. Die letztere Vereinfachung war beim Beugungsgitter ohne weiteres gestattet, da man ja dort in Linsen oder Hohlspiegeln Mittel besitzt, parallele Strahlen zur Konvergenz zu bringen. Bei Röntgenstrahlen ist dieses wohl nicht möglich, und insofern enthält die zweite Annahme eine wesentliche Abweichung von den wirklichen Verhältnissen.

Wir wollen nun von einem Punkt O aus die drei zueinander senkrechten Achsen eines Koordinatensystems ziehen; die Achse Ox gehe vertikal nach oben, die Achse Oy horizontal nach vorn, die Achse Oz horizontal nach rechts. Im Punkte O befinde sich ein Kristallatom, weitere Atomreihen auf den Achsen Ox, Oy, Oz; die Distanz aller benachbarter Atome sei dasselbe d. Die ebenen Röntgenwellen mögen in der Richtung der Achse Oz fortschreiten; ihre Wellenebene ist dann parallel der Ebene xy. Nähert sich eine Röntgenwelle von links her den Atomreihen, so werden die auf den Achsen Ox und Oy liegenden Atome im selben Momente erreicht; sie werden also im selben Momente zu Ausgangspunkten Huygensscher Elementarstrahlen. Die Atome der Achse Oz dagegen werden sukzessive von der Röntgenwelle erreicht. Zuerst das in O liegende Atom. Die weiteren auf Oz liegenden Atome in dem Maße später, als sie weiter von O entfernt sind. Um die Zeichnung, Fig. 701, nicht zu verwirren, sind nur 4 Eckpunkte, $ABCO$, eines einzigen Würfels dargestellt. Wir ziehen nun durch O eine Richtung OS, welche durch ihre Winkel φ, χ und ψ mit den Achsen Ox, Oy, Oz bestimmt ist. Wir fragen dann nach der Bedingung dafür, daß in der Richtung OS Helligkeit herrscht, oder besser gesagt, daß in dieser Richtung (die z. B. nach rechts vorwärts und aufwärts geht) die Wirkungen aller von den Atomreihen ausgesandten Strahlen sich summieren. Wir betrachten zunächst die Atomreihe auf der Achse Ox. Das zunächst an O liegende Atom sei A; wir ziehen durch A eine Parallele zu OS. Die von O und A ausgehenden Strahlen werden sich unterstützen, wenn ihre Wegdifferenz bis zu dem unendlich fernen Vereinigungspunkte ein Vielfaches einer ganzen Weglänge beträgt. Die Wegdifferenz aber ist bestimmt durch die Projektion Oa der Strecke OA auf die Richtung OS. Somit ergibt sich als Bedingung dafür, daß die von der Reihe Ox ausgehenden Strahlen sich in der Richtung OS unterstützen, die Gleichung: $d \cdot \cos\varphi = m\lambda$, wo m eine ganze Zahl und λ die Wellenlänge der Röntgenstrahlen bezeichnet.

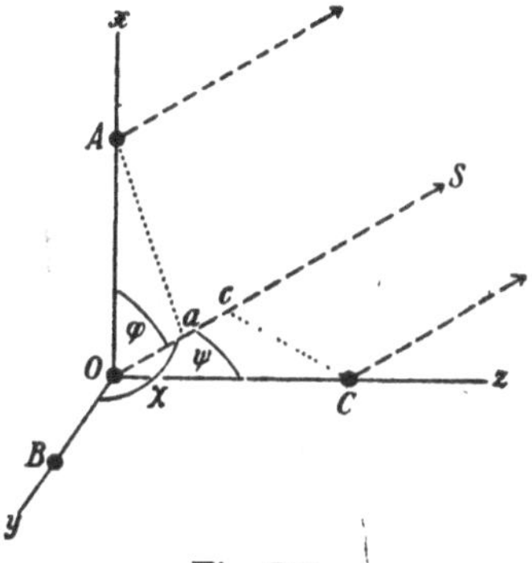

Fig. 701.

Genau in derselben Weise ergibt sich die Bedingung dafür, daß die Atome der Reihe Oy in der Richtung OS sich in ihren Wirkungen unterstützen. Wir erhalten die Gleichung: $d \cdot \cos\chi = n\lambda$, wo n wieder eine ganze Zahl.

Wir gehen über zu der Reihe Oz. C sei das zunächst an O liegende Atom; wir ziehen von C einen zu OS parallelen Strahl CS; wir können dann die Sache so auffassen, als ob von O im selben Momente zwei Strahlen ausgingen, der eine auf dem direkten Wege OS, der andere auf dem gebrochenen Wege OCS. Fällen wir von C das Lot Cc auf OS, so ist die Wegdifferenz der Strahlen bestimmt durch: $OC - Oc = d(1-\cos\psi)$. Die Strahlen werden sich unterstützen, wenn diese Differenz gleich einem ganzen Vielfachen p der Wellenlänge ist. Wir haben also die Gleichung: $d(1-\cos\psi) = p\lambda$.

Wir erhalten somit dafür, daß in der Richtung OS sämtliche von den Atomen der drei Punktreihen ausgehenden Strahlen sich unterstützen, die drei Bedingungen:

$$\cos\varphi = m\frac{\lambda}{d}, \qquad \cos\chi = n\frac{\lambda}{d}, \qquad \cos\psi = 1 - p\frac{\lambda}{d}.$$

Dazu kommt aber noch die zwischen den Winkeln φ, χ, ψ bestehende Beziehung:

$$\cos^2\varphi + \cos^2\chi + \cos^2\psi = 1.$$

Daraus ergibt sich

$$\frac{\lambda}{d} = \frac{2p}{m^2 + n^2 + p^2}.$$

Dann wird die zugehörige Strahlrichtung OS bestimmt durch:

$$\cos\varphi = \frac{2mp}{m^2 + n^2 + p^2}, \qquad \cos\chi = \frac{2np}{m^2 + n^2 + p^2}, \qquad \cos\psi = \frac{m^2 + n^2 - p^2}{m^2 + n^2 + p^2}.$$

Eine ausgezeichnete Lösung der Gleichung ergibt sich, wenn wir

$$\varphi = \chi = \frac{\pi}{2}, \qquad \psi = 0$$

setzen. Die entsprechende Strahlrichtung fällt dann in die Richtung Oz; es wird in diesem Falle auch $m = n = p = 0$. Die Wellenlänge λ bleibt unbestimmt, d. h. in der direkten Richtung der auffallenden Röntgenstrahlen pflanzen sich Strahlen von ganz beliebiger Wellenlänge ungestört durch die Atomreihen fort.

Machen wir für die ganzen Zahlen m, n, p die einfache Annahme

$$m = n = p = 1,$$

so wird:

$$\frac{\lambda}{d} = \frac{2}{3}.$$

Die entsprechende Wellenlänge λ ist die größte, für welche überhaupt Beugung möglich ist. Für die Richtung des gebeugten Strahles ergeben sich in diesem Falle die Gleichungen:

$$\cos\varphi = \cos\chi = \tfrac{2}{3}, \qquad \cos\psi = \tfrac{1}{3}.$$

Geometrisch läßt sich so die Richtung des zu gegebenen Werten m, n und p gehörenden gebeugten Strahles einfach bestimmen. Man berechnet zunächst mit Hilfe der angegebenen Gleichungen die Winkel φ und χ, konstruiert dann um die Achsen Ox und Oy als Rotationsachsen Kreiskegel, deren Kanten mit den Achsen beziehungsweise die Winkel φ und χ bilden. Die vier Kanten, in denen sich die beiden Kegel schneiden, geben vier Strahlrichtungen OS, welche zu den gegebenen Werten m, n und p gehören.

Um nun einen Übergang zu den Tatsachen der Beobachtung zu finden, wollen wir annehmen, daß wir in unendlicher Entfernung von den Atomreihen einen Leuchtschirm senkrecht zur Achse Oz aufstellen könnten. Die Strahlen OS, längs welcher die Wirkungen der einzelnen Elementarstrahlen sich summieren, treffen den Schirm in entsprechenden Punkten S. In diesen wird die Substanz des Leuchtschirmes zu maximaler Fluoreszenz erregt werden, sie werden sich daher als helle Flecke von dem dunkleren Grunde abheben; sie werden uns also eine unmittelbare Anschauung von der Verteilung der gebeugten Röntgenstrahlen gewähren.

Wir haben ferner zu berücksichtigen, daß wir in Wirklichkeit nicht mit drei auf den Achsen Ox, Oy, Oz befindlichen Atomreihen zu tun haben, sondern mit den sämtlichen Punkten unseres kubischen Atomgitters. Man kann indes zeigen, daß dadurch die räumliche Verteilung der Richtungen OS nicht geändert wird.

In dem von uns betrachteten Falle ist die Verteilung offenbar symmetrisch zu den Ebenen xz und yz; dasselbe wird auch bei dem räumlichen Atomgitter der Fall sein. Die Symmetrie der Verteilung ist aber ein Spiegelbild von der Symmetrie des Gitters, und gewährt daher einen Rückschluß auf die Symmetrieeigenschaften des letzteren. Die Untersuchung der Beugungsbilder gibt hiernach ein Mittel zur Bestimmung der Symmetrieverhältnisse des Atomgitters selber, beziehungsweise des dadurch dargestellten Kristalls.

Die im vorhergehenden für einen idealen Fall abgeleiteten Erscheinungen sind von Laue[1] auf Grund einer ausführlichen theoretischen Untersuchung, welche von unseren speziellen Annahmen vollkommen frei ist, vorhergesagt und nach seinen Angaben von Friedrich und Knipping wirklich aufgefunden worden. Die Verwertung der Aufnahmen wird natürlich dadurch eine viel schwierigere, daß man die photographische Platte, welche zu dauerndem Festhalten der Beugungserscheinungen dient, verhältnismäßig nahe hinter dem beugenden Kristall aufstellen muß, um hinreichend starke Eindrücke zu erhalten. Zu einer qualitativen Orientierung reichen aber die von uns ausgeführten Betrachtungen jedenfalls hin. Fig. 702 gibt das Bild einer bei Zinkblende gemachten Aufnahme. Der Fleck in der Mitte wird durch die ungebeugten Röntgenstrahlen erzeugt. Die übrigen Flecke mit ihrer vierzähligen Symmetrie entsprechen Röntgenstrahlen von bestimmter Wellenlänge (Eigenstrahlung der Röntgenröhre), welche durch das Kristallgitter aus dem Spektrum der einfallenden Strahlen ausgesondert werden; sie würden also, wenn es bei so kleinen λ noch Farben gäbe, gleichsam gefärbt erscheinen. Es müssen daher in der Eigenstrahlung gewisse λ besonders hervortreten. Eine Antikathode aus leichtem Metall mit viel „zerstreuter" Strahlung (kontinuierliches Spektrum) ergäbe einen zusammenhängenden (hier etwa viereckigen) Fleck. Die Werte von $\frac{\lambda}{d}$, wie sie von Laue auf Grund seiner Theorie berechnet wurden, finden sich in der ersten Spalte der folgenden Tabelle; die drei nächsten Spalten enthalten die entsprechenden Werte von m, n und p; die letzte Spalte gibt die Werte von $\frac{\lambda}{d}$ nach der von uns aufgestellten Näherungsformel.

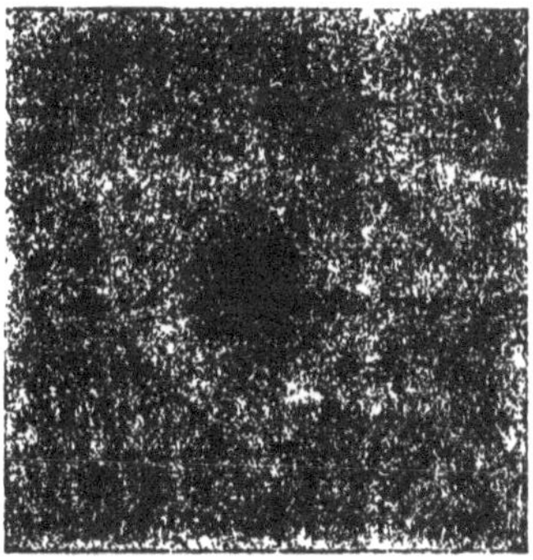

Fig. 702. Beugung der Röntgenstrahlen in Zinkblende.

[1] Münch. Akad. (1912).

$\frac{\lambda}{d}$ nach LAUE	m	n	p	$\frac{\lambda}{d}$
0,143	3	2	1	0,143
0,105	3	3	1	0,105
0,0663	5	2	1	0,0666
0,0563	5	3	1	0,0571
0,0377	6	4	1	0,0377 .

Man sieht aus der Tabelle, daß die Näherungsformel Werte gibt, die mit den aus der strengeren Theorie folgenden hinreichend übereinstimmen. Für Zinkblende berechnet sich (nach S. 493) der Wert der Gitterkonstanten d zu $3{,}38 \cdot 10^{-8}$ cm; die Wellenlängen der Röntgenstrahlen wären also nach diesen Messungen zwischen $1{,}3 \cdot 10^{-9}$ und $5{,}2 \cdot 10^{-9}$ cm.

Diese LAUEsche Methode ermöglicht eine erste bestimmte Aussage über die Größe der Wellenlängen. Die Absorption längerer λ im Kristall beschränkt aber die Untersuchung nur auf kürzere Wellen. Ferner können scharfe Spektrallinien nicht hergestellt werden. Hingegen ist diese Methode wegen ihrer Aussagen, welche viele Netzebenen gleichzeitig berücksichtigen, von größtem Interesse für die Strukturerforschung der Kristalle. Wir haben sie ausführlicher mitgeteilt, weil sie historisch einen Wendepunkt in der Entwicklung der modernen Physik darstellt.

Physikalisch verwendbarer aber sind die folgenden Methoden von W. H. und W. L. BRAGG.[1]

§ 612. Beugungserscheinungen in reflektiertem Lichte. Die theoretischen Überlegungen sind hier sehr einfach. K in Fig. 703 sei der senkrechte Durchschnitt durch eine natürliche Kristallplatte des regulären Systems. Die Punkte in Fig. sollen Atome vorstellen, die regelmäßig an den Ecken gleicher Würfel angeordnet sind. Kohärente Röntgenstrahlen fallen auf die Oberfläche des Kristalls in der Pfeilrichtung; wir untersuchen die Interferenzen in der geometrischen Richtung der regelmäßigen Reflexion. Wir wollen (wieder der Einfachheit wegen) nur zwei Netzebenen betrachten. Während bei den ähnlichen Überlegungen in § 308 nach dem HUYGENSschen Prinzip die Gitterstrahlen von den Zwischenräumen in dem Gitter weggehen, wirken hier die Beugungen von den Atomen so, als ob jedes getroffene Atom Strahlen in der Reflexionsrichtung reflektieren würde. Von der Fig. 387 unterscheidet sich unser Fall wieder dadurch, daß keine Brechung stattfindet. Die Wegdifferenz der Strahlen 1 und 2 ist dbc oder $2d \sin\varphi$, wo der

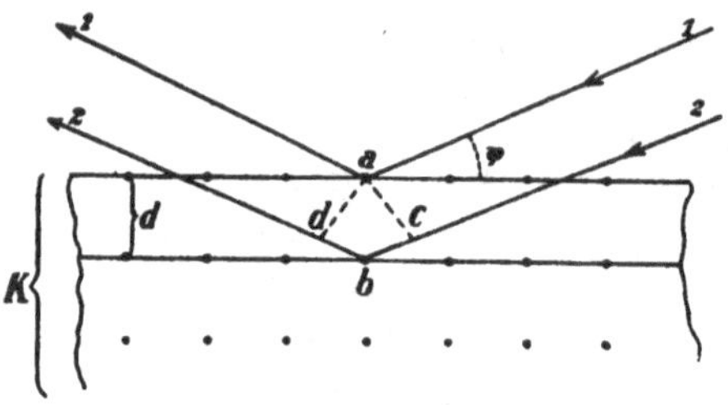

Fig. 703. Beugung der Röntgenstrahlen durch Reflexion.

[1] Proc. Roy. Soc. 88 (1913).

Zwischenwinkel φ (auch „Glanzwinkel“ genannt) gleich ist dem Komplement des Einfallswinkels.

Orte der maximalen Wirkung für eine bestimmte Wellenlänge sind also überall, wo

$$2d \sin \varphi = n \lambda,$$

n ist eine ganze Zahl und d die Distanz der beiden Netzebenen.

Diese Erscheinungen sind also ganz verschieden von der gewöhnlichen Lichtreflexion; jene ist eine Oberflächenreflexion und wirft alle λ gleichmäßig zurück, hier aber wird unter einem bestimmten Winkel nur ein bestimmtes λ reflektiert. Eine Aufrauhung der Oberfläche stört diese Beugungserscheinungen des reflektierten Röntgenstrahles nicht, wohl aber Verbiegungen der Kristallplatte oder innere Verwerfungen.

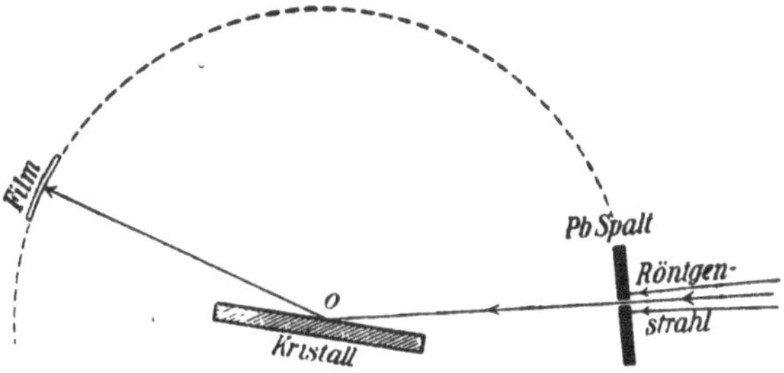

Fig. 704. Röntgenstrahlen-Spektrometer.

§ 613. **Röntgenstrahlen - Spektrometer.** Dessen Hauptbestandteile sind in Fig. 704 von oben gesehen schematisch dargestellt. Die von einer Röntgenröhre (von rechts her kommenden Strahlen passieren einen engen vertikalen Spalt in Blei, welcher so aufgestellt ist, daß das (nach links) austretende (horizontale) Strahlenbündel die Drehungsachse des (punktiert gezeichneten) Spektrometertisches trifft. Auf diesem wird die Kristallplatte so befestigt, daß die reflektierende Kristallfläche durch die Drehungsachse des Tisches geht. Zur Untersuchung der reflektierten Strahlen dient am bequemsten ein photographischer Film. Die Normale dieses Films muß stets in die Richtung des regelmäßigen Reflexionswinkels gestellt werden.

Es macht sich dann ein sehr wesentlicher Unterschied geltend in der Wirkung der „zerstreuten“ und der „Eigenstrahlung“, den man besonders gut überblickt, wenn man statt des Films eine fluoreszierende Platte nimmt; steigt hier φ allmählich von Null an, so wandert eine allgemeine Helligkeit, die zerstreute Strahlung, im Drehungssinne, bis plötzlich in diesem kontinuierlichen Spektrum eine scharfe Linie der Eigenstrahlung auftritt.

Identische Spektra verschiedener Ordnung. Nehmen wir der Übersicht wegen an, die Eigenstrahlung hätte nur eine einzige Wellenlänge, so wird, wenn der Zwischenwinkel φ beim Drehen allmählich alle Werte von 0^0 bis 90^0 annimmt, eine Reihe von Werten des φ existieren, für welche die schwärzende Wirkung auf dem Film ein Maximum ist. Wir wollen diese Winkel bezeichnen mit φ_1, φ_2, φ_3 usf. Die zugehörigen Maxima heißen — analog wie bei den optischen Erscheinungen —

erster, zweiter, dritter Ordnung usf. Dann erhält man für die aufeinander folgenden Maxima die Gleichungen:

$$2d \sin \varphi_1 = \lambda, \qquad 2d \sin \varphi_2 = 2\lambda, \qquad 2d \sin \varphi_3 = 3\lambda \ldots$$

Die Sinus der aufeinanderfolgenden Zwischenwinkel φ verhalten sich also wie die ganzen Zahlen 1, 2, 3, ...

Beispielsweise ergab sich bei Reflexionsbeobachtungen an Steinsalz für eine bestimmte λ der Platinstrahlung (d. h. Pt als Antikathode)

$$\varphi_1 = 11{,}6^0; \qquad \varphi_2 = 23{,}4^0; \qquad \varphi_3 = 36{,}0^0.$$

Daraus folgt:

$$\frac{\sin \varphi_1}{1} = 0{,}200, \qquad \frac{\sin \varphi_2}{2} = 0{,}198, \qquad \frac{\sin \varphi_3}{3} = 0{,}196$$

in genügender Übereinstimmung mit der gefundenen Regel. Im Mittel können wir setzen:

$$\frac{\lambda}{d} = \frac{2 \sin \varphi_n}{n} = 0{,}396.$$

Die Wellenlänge ist dadurch bestimmt als ein Vielfaches des Netzabstandes *d*.

Nun besteht aber die Strahlung aus verschiedenen λ. Um diese verschiedenen λ zu erhalten, wird der Kristall und der Film (letzterer doppelt so viel) langsam gedreht. Diese „Drehkristallmethode“ ist zu großer Vollkommenheit ausgebildet worden. Zur Untersuchung kurzer λ nimmt man Steinsalz, für längere Gips oder Glimmer als Reflexionskristalle.

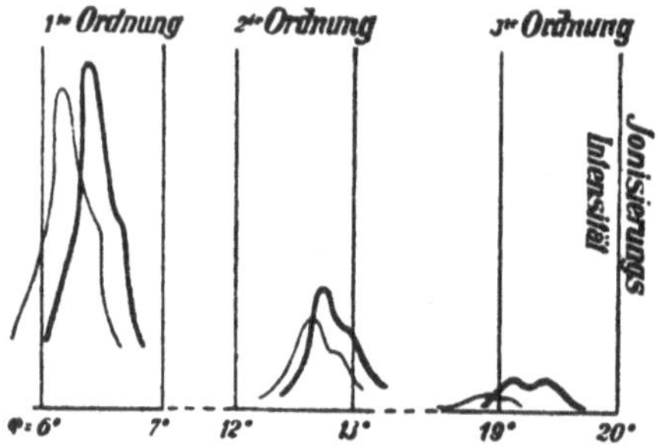

Fig. 705. Rh-Strahlung.

Statt des Films verwendete man ursprünglich Ionisationskammern, in denen die Ionisierungsstärke des reflektierten Strahles gemessen wird; statt der Schwärzungsmaxima der photographischen Platte hat man da Elektrometermaxima. Die 3 dunkelgezogenen Kurven in Fig. 705 zeigen als Ordinate die Anstiege der Ionisierung in ihrer Abhängigkeit vom Zwischenwinkel φ als Abszisse. Es sind die dreimal sich wiederholenden Hauptlinien des Rhodiums, also Spektra der ersten, zweiten und dritten Ordnung. Für Intensitätsmessungen leistet die Ionisierungsmethode gute Dienste. Scharfe Linien lieferten aber bisher nur die photographischen Methoden.

Einfluß der Temperatur des drehenden Kristalles. Bei höherer Temperatur muß die Gitterdistanz *d* größer werden, dann verschieben sich nach unseren Formeln die Maxima nach kleineren φ, wie dies die schwach gezogenen Linien in Fig. 705 zeigen. Bei diesen hatte der reflektierende NaCl-Kristall eine Temperatur von 370° C, für die dicken Linien 15°. Auch die Intensitätsabnahme der Spitzen (Debyeeffekt) ist theoretisch zu begründen.[1]

Hat man ganz unregelmäßige kleine Kriställchen (etwa von 10^{-4} cm Kantenlänge) unregelmäßig knapp nebeneinander liegen, so trifft ein auffallender Röntgenstrahl kleine Kristallflächen, die nach allen Raumrichtungen unregelmäßig orientiert sind. Überall wo für einen ankommenden Röntgenstrahl das φ der Formel $n\lambda = 2d\sin\varphi$ entspricht, tritt in der Reflexrichtung Strahlung auf. Preßt man solche Kriställchen in die Form eines Zylinderstäbchens und bestrahlt dieses normal zur Achse mit Röntgenstrahlung (Fig. 706), so kann man die in den Raum reflektierte Strahlung auf einen zylinderförmig um das Stäbchen koaxial herumgebogenen Film auffangen. Die Auswertung der erzeugten Kurven gestattet, aus der Röntgenstrahlung die kristallinische Struktur anzugeben. Nach solchen Methoden untersucht, zeigten Graphit, Kohle, Diamant, Wolfram und Aluminium Resultate, die mineralogisch und chemisch gleich interessant sind.[2]

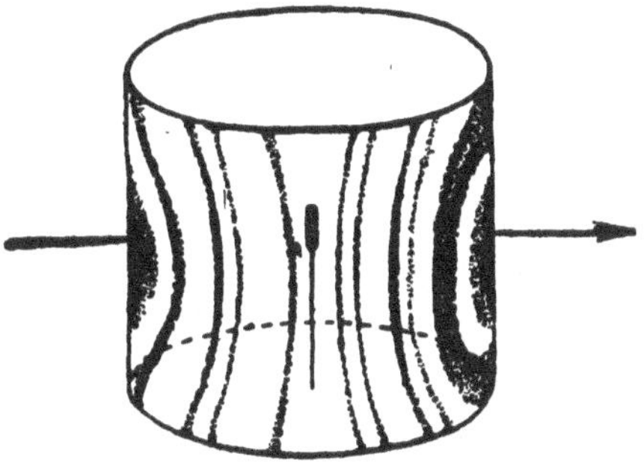

Fig. 706. Debyes Methode.

§ **614. Beugung an künstlichen Kristallflächen.** Es ist dann weiter von hervorragendem Interesse, die Reflexionswinkel zu vergleichen, welche bei einer und derselben Wellenlänge auftreten, wenn verschiedene Kristallflächen zur Reflexion benützt werden. Nehmen wir wieder den Fall des Steinsalzes. Die auf S. 488 angegebenen Winkel beziehen sich auf Reflexion an einer Würfelfläche; die reflektierten Strahlen waren die eines bestimmten λ der Eigenstrahlung einer Pt-Antikathode. Man kann nun an den Kristall andere Flächen anschleifen, die parallel zu anderen Netzebenen des Gitters liegen. Eine solche Fläche ist beispielsweise eine Oktaederfläche, welche die Ecken des Würfels gerade abstumpft. Die mit dieser Fläche parallelen Netzebenen unterscheiden sich aber von den Netzebenen, die der Würfelfläche parallel sind, vor allem dadurch, daß sie unter sich einen anderen Abstand besitzen. Wir wollen uns beschränken auf die Betrachtung des ersten Maximums der Reflexion. Wir bezeichnen ferner den Abstand zweier Netzebenen, welche parallel einer Würfelfläche sind mit d_W, den Zwischenwinkel des ersten Maximums mit φ_{1W}. Dieselben Größen für die Oktaederfläche seien d_O und φ_{1O}. Die reflektierten Strahlen seien in beiden Fällen die Eigen-

[1] Debye, Dtsch. Phys. Ges. 15 (1913).
[2] Debye u. Scherer, Phys. Zs. (1916), (1917), (1918).

strahlen des Pt, die Wellenlänge also in beiden Fällen dieselbe. Danach haben wir die Gleichungen:

$$2 d_W \sin \varphi_{1W} = \lambda \qquad \text{und} \qquad 2 d_O \sin \varphi_{1O} = \lambda .$$

Somit: $$d_W : d_O = \sin \varphi_{1O} : \sin \varphi_{1W} .$$

Nun geben die Beobachtungen für φ_{1O} den Wert von 9,9°, während nach dem vorhergehenden φ_{1W} gleich 11,6° ist. Daraus folgt dann:

$$d_W / d_O = 0{,}86 = \sqrt{3}/2 .$$

Man kann ebenso an den Kristall eine Fläche anschleifen, welche die Würfelkanten gerade abstumpft, eine Fläche des Rhombendodekaeders. Der ihr entsprechende Netzabstand habe den Wert d_R, der dem Maximum erster Ordnung entsprechende Winkel sei φ_{1R}. Dann erhalten wir die Gleichung:

$$2 d_W \sin \varphi_{1W} = 2 d_R \sin \varphi_{1R} .$$

Die Bestimmung des Winkels φ_{1R} liefert also auch das Verhältnis $d_W : d_R$. Faßt man die Beobachtungen an den drei genannten Flächen zusammen, so ergibt sich das Verhältnis der drei verschiedenen Netzabstände

$$d_W : d_R : d_O = 1 : 1/\sqrt{2} : 2/\sqrt{3} .$$

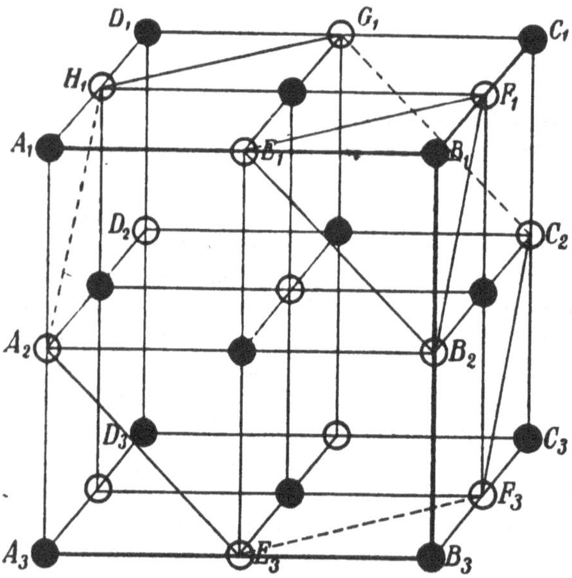

Fig. 707. NaCl-Kristall.

Um die vorhergehenden geschilderten Tatsachen zu erklären, hat sich Bragg[1] von der Struktur des Steinsalzes die folgende merkwürdige und von den früheren Anschauungen abweichende Vorstellung gebildet. Fig. 707 gibt ein Bild von der Verteilung der Atome in dem Kristallgitter des Chlornatriums. Das Eigenartige dabei ist, daß nicht etwa das Molekel NaCl als Baustein des Kristalls betrachtet wird, sondern die isolierten Atome Na und Cl. Die Eckpunkte des Würfels sind besetzt mit Na-Atomen (dunkel gezeichnet), weitere Na-Atome liegen in den Mitten der Seitenflächen, die hellen Kreise bedeuten Cl-Atome.

[1] W. Bragg, Jahrb. d. Radioakt. u. Elektronik 11 (1914).

Die Netzebenen, die einer Würfelfläche parallel sind, enthalten alle gleiche Zahlen von Na- und von Cl-Atomen und zwar im ganzen Kristall in vollkommen derselben Anordnung. Man darf daraus schließen, daß zwei aufeinander folgende, einer Würfelfläche parallele Netzebenen, die einfallenden Röntgenstrahlen in ganz gleicher Weise reflektieren. Sie werden sich genau so verhalten, als ob sie durchweg mit gleichartigen Atomen besetzt wären. Auf die Reflexion einer Würfelfläche ist danach die im vorhergehenden aufgestellte Formel ohne weiteres anwendbar.

Gleiches gilt aber auch von den Dodekaederflächen. Wir erhalten eine Dodekaederfläche, wenn wir durch zwei gegenüberliegende Kanten $A_1 D_1$ und $B_3 C_3$ des Würfels eine Ebene legen; ebenso ist aber auch die Fläche, die durch die Mittellinien $E_1 G_1$ und $B_2 C_2$ hindurchgeht, eine Dodekaederfläche. Eine dritte Dodekaederfläche erhalten wir, wenn wir durch $B_1 C_1$ eine Ebene legen, die mit den angrenzenden Würfelflächen gleiche Winkel einschließt. Für den Abstand benachbarter Netzebenen, die der Dodekaederfläche parallel sind, ergibt sich der Wert

$$d_R = d_W / \sqrt{2}\,.$$

Dabei bezeichnet d_W den Abstand zweier, einer Würfelfläche paralleler Netzebenen, ist also gleich der halben Kantenlänge unseres Würfels. Für das Verhältnis von $d_W : d_R$ ergibt sich $d_W : d_R = 1 : 1/\sqrt{2}$. Das ist genau derselbe Wert, den wir vorher aus den Beobachtungen abgeleitet hatten. Unser Modell stimmt also in diesem Punkte mit der Erfahrung überein.

Etwas schwieriger liegen die Verhältnisse bei der Oktaederfläche. Wir erhalten eine solche, wenn wir durch die drei mit Cl-Atomen besetzten Punkte $E_1 F_1 B_2$ eine Ebene legen. Eine Erweiterung des Kristallgitters über die Grenzfläche unseres Würfels hinaus zeigt, daß in dieser Ebene nur Cl-Atome enthalten sind. Wir legen durch den Mittelpunkt des Würfels eine Parallelebene zu $E_1 B_2 F_1$, sie geht noch durch die Punkte $G_1 H_1 A_2 E_3 F_3 C_2$, welche die Ecken des regelmäßigen Sechseckes bilden, in dem der Würfel durch jene Parallelebene geschnitten wird. Man überzeugt sich leicht, daß auch die Parallelebene $G_1 H_1 A_2 E_3 F_3 C_2$ nur Cl-Atome enthält. Sie stellt eine zweite, zu $E_1 B_2 F_1$ parallele und ihr benachbarte Netzebene dar, in welcher die Cl-Atome, von einer gewissen parallelen Verschiebung abgesehen, genau so verteilt sind, wie in der Ebene $E_1 B_2 F_1$. Der Abstand des Würfelmittelpunktes von der Oktaederfläche $E_1 B_2 F_1$ berechnet sich zu $d_W \cdot 2/\sqrt{3}$. Den Abstand zweier benachbarter, nur mit Cl-Atomen besetzten Netzebenen bezeichnen wir mit d_O. Wären nur die Cl-Atome vorhanden, so würde für das erste Maximum die Gleichung gelten

$$2 d_O \sin \varphi_{1O} = \lambda\,,$$

zwischen d_W und d_O besteht aber die Beziehung

$$d_W : d_O = 1 : 2/\sqrt{3}\,.$$

Dies Verhältnis entspricht wiederum genau dem aus den Beobachtungen folgenden. Aber diese Übereinstimmung scheint im Falle der Oktaederfläche gar kein Gewicht zu besitzen; denn zwischen die mit Cl-Atomen besetzten Netzebenen schieben sich andere parallele Netzebenen ein, welche in gleicher Weise mit Na-Atomen besetzt sind. Ihre Wirkung darf natürlich nicht vernachlässigt werden, und scheint zunächst das gewonnene Resultat aufzuheben.

Es ist nötig, den Einfluß der mit Na-Atomen besetzten Netzebenen genauer zu untersuchen. Sie liegen in der Mitte zwischen den beiden benachbarten, mit Cl-Atomen besetzten Ebenen, also im Abstande $\frac{1}{2} d_0$ von diesen. Wir wollen zunächst annehmen, die reflektierende Wirkung der Na-Atome sei genau dieselbe, wie die der Cl-Atome; dann käme das Einschieben der Na-Atome darauf hinaus, daß der Netzabstand der unter sich vollkommen gleichwertigen Netzebenen auf die Hälfte verkleinert wird. Wenn nur die Wirkungen der Cl-Atome berücksichtigt werden, so sind die Stellen aufeinander folgender Maxima bestimmt durch die Gleichungen:

$$2 d_0 \sin \varphi_1 = \lambda, \qquad 2 d_0 \sin \varphi_2 = 2\lambda,$$
$$2 d_0 \sin \varphi_3 = 3\lambda, \qquad 2 d_0 \sin \varphi_4 = 4\lambda \ldots.$$

Schieben wir die mit Na-Atomen besetzte Netzebene ein, und setzen wir Gleichwertigkeit der Cl- und der Na-Atome voraus, so ergeben sich für die durch das Zusammenwirken der Cl- und der Na-Atome erzeugten Maxima die Gleichungen:

$$2 \frac{d_0}{2} \sin \varphi_1' = \lambda, \qquad 2 \frac{d_0}{2} \sin \varphi_2' = 2\lambda,$$
$$2 \frac{d_0}{2} \sin \varphi_3' = 3\lambda, \qquad 2 \frac{d_0}{2} \sin \varphi_4' = 4\lambda \ldots.$$

Es ergibt sich also, daß:

$$\varphi_1' = \varphi_2, \qquad \varphi_2' = \varphi_4, \qquad \varphi_3' = \varphi_6$$

wird usf. Man kann das auch so ausdrücken. Wenn man zwischen die mit Cl-Atomen besetzten Netzebenen die mit Na-Atomen besetzten einschiebt, so verschwinden die bisher vorhandenen Maxima erster, dritter, fünfter Ordnung, und es bleiben nur die Maxima zweiter, vierter, sechster Ordnung übrig. Dem entspricht nun in gewisser Weise das Verhalten der Maxima bei Reflexion an einer Oktaederfläche des Steinsalzes. Das erste Maximum ist relativ schwach, das zweite tritt sehr stark hervor, das dritte ist wieder schwach, das vierte stark usf. Man kann also sagen: Dadurch, daß zwischen die mit Cl-Atomen besetzten Netzebenen die mit Na-Atomen besetzten eingeschoben werden, werden die Intensitäten der ungeraden Maxima zwar nicht ausgelöscht, aber doch stark herabgedrückt. Das Reflexionsvermögen der Na-Atome muß also ein schwächeres sein, als das der Cl-Atome, so daß die von den Na-Atomen ausgesandten Strahlen die ungeraden Maxima zwar nicht aufheben, aber doch stark schwächen. Der Charakter der Erscheinung, wie sie das Steinsalz bei Reflexion an einer Oktaederfläche darbietet, ist also qualitativ ein solcher, als ob dabei nur die Cl-Atome reflektierend wirkten. Die quantitativen Verhältnisse aber werden durch die Gegenwart der Na-Atome sehr wesentlich beeinflußt, und zwar so, daß die Intensität der Maxima ungerader Ordnung eine starke Verminderung erleidet.

Man kann das verschiedene Reflexionsvermögen der Na-Atome und der Cl-Atome mit ihren verschiedenen Atomgewichten, (Na = 23, Cl = 35,5) in Zusammenhang bringen. Dann würde man zu der Annahme kommen, daß das Reflexionsvermögen eines Elementes um so größer ist, je höher sein Atomgewicht. Diese Annahme wird bestätigt durch das Verhalten des Chlorkaliums. Das Atomgewicht des K (39,1) ist nur wenig größer als das des Cl. Man kann daher erwarten, daß, wenn zwischen mit Cl-Atomen besetzte Netzebenen Netzebenen eingeschaltet werden, die mit K-Atomen besetzt sind, die von den Cl-Atomen herrührenden Maxima erster, dritter, fünfter Ordnung beinahe ganz verschwinden, und das ist in der Tat bei KCl der Fall.

§ 615. **Absolute Größe der Wellenlänge der Eigenstrahlen.** Wir haben im vorhergehenden für eine bestimmte Welle der Eigenstrahlung des Pt durch Reflexion an einer Steinsalzfläche die Beziehung gefunden:

$$\frac{\lambda}{d_W} = 0{,}396\,.$$

Sobald wir den Wert von d_W, den Abstand zweier benachbarter und zu einer Würfelfläche paralleler Netzebenen kennen, führt diese Beziehung zu der Berechnung von λ. d_W aber ergibt sich aus folgender Rechnung. In dem kubischen Raumgitter des NaCl (Fig. 707) ist d_W gleich der Entfernung zweier benachbarter Cl- und Na-Atome. Jedes Cl- oder Na-Atom bildet den Mittelpunkt eines Würfels, dessen Kanten wieder gleich d_W, dessen Volumen also gleich d_W^3 ist. Dieses Volumen können wir aber andererseits in folgender Weise berechnen. Statt die Gitterpunkte mit Atomen von verschiedenem Atomgewicht, 23 und 35,5, zu besetzen, wollen wir uns ein fingiertes Atom denken, dessen Atomgewicht gleich dem arithmetischen Mittel $\frac{23 + 35{,}5}{2}$ ist. Mit diesen fingierten Atomen werden nun die Gitterpunkte besetzt. Das g-Atom des so entstehenden fingierten Körpers hat ein Gewicht von $\frac{23 + 35{,}5}{2}$ g. Sein Volumen erhalten wir durch Division mit dem spez. Gewicht des Steinsalzes, 2,17; denn das spez. Gewicht muß bei dem fingierten Körper den für Steinsalz geltenden Wert behalten. Das Volumen eines g-Atoms von unserem fingierten Körper ist also:

$$\frac{23 + 35{,}5}{2 \cdot 2{,}17}\,.$$

Die Anzahl der wirklichen Atome in einem g-Atom ist aber (§ 207)

$$\mathfrak{N} = 6{,}07 \cdot 10^{23}\,.$$

Somit ergibt sich für das Volumen eines einzelnen Atomes der Wert:

$$d_W^3 = \frac{23 + 35,5}{2 \cdot 2,17} \cdot \frac{1}{\mathfrak{N}} \qquad \text{oder} \qquad d_W = 2,8 \cdot 10^{-8}\ \text{cm},$$

ferner

$$\lambda = 0,396 \cdot 2,8 \cdot 10^{-8} = 1,09 \cdot 10^{-8}\ \text{cm}.$$

Die λ ändern sich natürlich nicht, wenn man mit anderen Kristallen mißt, nur ist dann die neue Gitterkonstante einzuführen. Diese ist in 10^{-8} cm für

Kalkspat	Gips	Ferrocyankalium	Glimmer	Rohzucker
3,028	7,621	8,454	etwa 9,9	etwa 10,5.

Die besprochenen Untersuchungen besitzen nach zwei Seiten hin eine hervorragende Bedeutung. Einmal geben sie das Mittel an die Hand zu einer genauen Bestimmung der λ der Eigenstrahlen. Ferner bieten sie ein ganz neues Mittel, um in den atomistischen Aufbau der Kristalle einzudringen. Die Anschauung, zu welcher man so geführt wird, steht mit der bisher üblichen in einem auffallenden Gegensatz. Bisher dachte man sich als die letzten Bausteine des Kristalls Molekel, deren Zusammensetzung aus Atomen durch die chemische Formel der kristallisierten Substanz bestimmt wird. Diese Molekel dachte man sich in den Kreuzungspunkten eines Raumgitters parallel zueinander orientiert, und man konnte dann durch die speziellen Symmetrieverhältnisse der Molekel die besonderen Symmetrieverhältnisse einzelner Kristallgruppen wiedergeben. Die neue Anschauung, die wir im vorhergehenden nur durch ein einfaches Beispiel erläutert haben, betrachtet als die letzten Bausteine der Kristalle die Atome der konstituierenden Elemente. Sie verlangt eine gleichförmige Anordnung dieser Atome in den Kreuzungspunkten eines Raumgitters, eine Anordnung, die den Symmetrieverhältnissen des Kristalls entsprechen muß. Es lassen sich so gewisse physikalische Erscheinungen, z. B. Piezo- und Pyroelektrizität u. a. mit diesen Vorstellungen in Zusammenhang bringen. Ob sich diese neue Anschauung in dem ganzen Gebiete der Kristallographie wird durchführen lassen, kann bei der oft außerordentlich komplizierten chemischen Zusammensetzung der Kristallsubstanzen heute wohl noch nicht entschieden werden.

Wir wollen nun die physikalischen Ergebnisse weiter besprechen.

§ 616. Röntgenspektra. Fig. 708 gibt die durch Ionisierung gemessene spektrale Intensitätsverteilung bei einer Wolframkathode, Coolidgeröhre mit 140000 V; Abszisse und Ordinate wie in Fig. 705. Als Reflexionsgitter diente Kalkspat.

Das kontinuierliche Spektrum der zerstreuten Strahlung hat links gegen die kleinen λ bei $\lambda = 0,3 \cdot 10^{-8}$ cm eine scharfe Grenze. Nach rechts nimmt die Kurve ab, hauptsächlich infolge der Absorption in der Glaswand der Röhre. Aus diesem kontinuierlichen Spektrum der zerstreuten Strahlung ragen die hohen Intensitäten jener Strahlung empor, wo Spektrallinien der Eigenstrahlung sind, welche den Spektren verschiedener Ordnung entsprechend, dreimal auftreten. Die hier gezeichneten Linien entsprechen der sog. *L*-Serie von W. Wir erhalten für diese drei Wellenlängen in 10^{-8} cm

$$\alpha = 1{,}47\,, \quad \beta_1 = 1{,}28\,, \quad \beta_2 = 1{,}24\,.$$

Fig. 709 gibt ein mit Rh-Antikathode (Coolidgeröhre) nach der Ionisationsmethode aufgenommenes Spektrum, aber nur den Bezirk erster Ordnung für die sog. *K*-Serie. Bei einer Elektrodenspannung von 23200 V erhält man bloß ein kontinuierliches Spektrum, welches wieder, wie im früheren Beispiele, bei höherer Spannung nach links (und höher) rückt. Es muß nämlich zur Erzeugung des linken Endes dieses kontinuierlichen Spektrums die Elektronengeschwindigkeit in der Röntgenröhre einen bestimmten

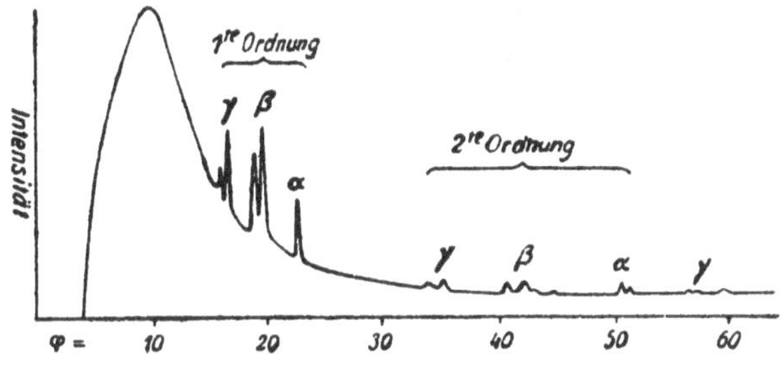

Fig. 708. W-Strahlung.

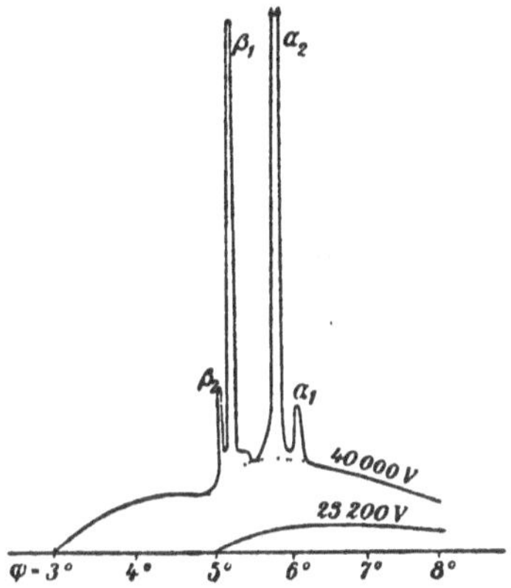

Fig. 709. Rh *K*-Serie 1. Ordnung.

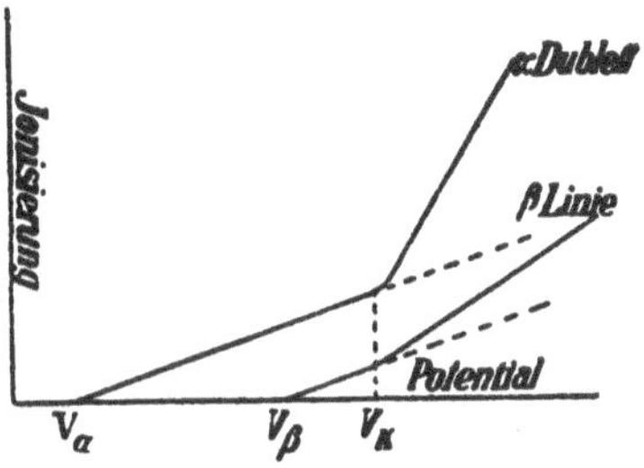

Fig. 710. Röntgen-Isochromaten.

Wert haben. Je größer diese, desto kleiner wird die äußerste Wellengrenze. Man hat gefunden, daß $\varepsilon V = h\nu$, wo ε das elektrische Elementarquantum, V die Elektrodenspannung, ν die größte Schwingungszahl und h das PLANCKsche Wirkungsquantum bedeutet (s. achtzehnten Teil dieses Bandes). Das gilt aber nur[1] bis zu einem bestimmten (sehr hohen) Wert von ν.

Das Linienspektrum verhält sich ganz anders. Nimmt man in unserem Beispiele Fig. 709 für V einen Wert, der sich aus obiger Formel

[1] RUTHERFORD, BARNES u. ROBINSON, Phil. Mag. 30 (1915).

berechnet, wenn man für ν die zur β_2-Frequenz (der größten der K-Serie) gehörige Zahl einführt, so liefert dieses V den Schwellwert der Elektrodenspannung für das Auftreten der Eigenstrahlung. Erhöht man die Elektrodenspannung etwas über diesen berechneten Wert hinauf, so treten plötzlich alle Linien der K-Serie auf einmal hervor und werden bei weiterer Steigerung des V immer intensiver. Bei 40000 V z. B. haben sie den in Fig. 709 dargestellten hohen Wert erreicht.

Wir wollen nochmals das äußerste linke Ende des kontinuierlichen Spektrums der zerstreuten Strahlung betrachten. In Fig. 710 ist wieder Rh als Antikathode verwendet und nur die K-Strahlung mittels Ionisierung beobachtet. Als Abszissen sind die V genommen. Die ausgezogenen Linien sind jetzt „Isochromaten", sie geben den Intensitätsanstieg bei steigendem Potential für ein bestimmtes λ. Man stellt zunächst auf das α-Duplett ein, und da sieht man, wie das kontinuierliche Spektrum der zerstreuten Strahlung erst bei einer bestimmten Minimalspannung V_α merklich wird. Steigert man die Spannung, so tritt bei V_K plötzlich ein steiler Anstieg auf, weil hier beim Schwellwert plötzlich die α-Linien der Eigenstrahlung zur Wirkung gelangen.

Stellt man dann den Kristall für die β-Richtung ein, so erhält man die Isochromate für λ_β. Hier beginnt das kontinuierliche Spektrum der zerstreuten Strahlung bei V_β. Der Knick aber, von wo aus die Eigenstrahlung β zur Wirkung kommt, liegt genau wieder bei V_K. Alle Linien der K-Serien haben also das gleiche Erregungspotential V_K der erzeugenden Kathodenstrahlung.

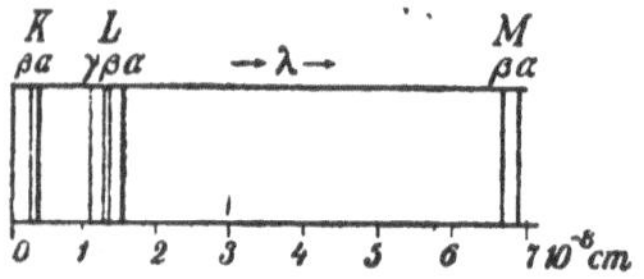

Fig. 711.
Schema der Röntgenspektra.

Alle die bisherigen Überlegungen haben wir auf Versuche mit der Ionisationskammer gegründet, welche uns schärfere Intensitätsmessungen gestatten. Scharfe spektrale Linien aber erreicht man durch die photographische Methode.[1]

Fig. 711 gibt nach SIEGBAHN[2] das allgemeine fingierte Schema eines Röntgenspektrums, das aber nicht einem wirklichen auf einmal bestimmten Spektrum entspricht, sondern zeigt, wie die verschiedenen Serien sich den gemessenen Wellenlängen zuordnen. Die Horizontale bedeutet hier natürlich λ.

Die M-Serie ist von SIEGBAHN und seinen Mitarbeitern in Lund entdeckt worden; diese langen Wellen werden aber sehr stark absorbiert und darum konstruierte SIEGBAHN ein Vakuumröntgenspektrometer, wo der ganze Strahlengang im Hochvakuum vor sich geht.

Bei ganz langen Wellen hat man, abgesehen von der größeren Absorbierbarkeit auch den Nachteil, daß der Zwischenwinkel groß werden

[1] Zuerst angewendet von BROGLIE, C. R. (1913) usw. — MOSELEY, Phil. Mag. 26 (1913), 27 (1914). [2] Aus Referat in Radioaktivität und Elektronik 13 (1916).

muß, wodurch die Intensität leidet; man müßte da Kristalle mit sehr großen Gitterkonstanten d finden.

Um von der Schärfe der Röntgenstrahlung eine Vorstellung zu geben, bringen wir in Fig. 712 eine derartige Photographie.[1]

Die kürzeste Röntgen-λ ist bisher gemessen bei W K_β mit $0{,}177 \cdot 10^{-8}$ cm, die längste bei Zn L_α mit $12{,}3 \cdot 10^{-8}$ cm.

Wir erwähnten zu wiederholten Malen, daß die Eigenstrahlung abhängt von der Natur der Antikathode (oder des von der Primärstrahlung

Fig. 712. Photogramm eines Röntgenspektrums.

getroffenen Sekundärstrahlers). Das bezieht sich nur auf die Größe von λ, nicht aber auf die Liniengruppierung in den Serien und die Aufeinanderfolge der Serien selbst.

Über die hier äußerst merkwürdigen Gesetzmäßigkeiten s. § 662.

§ **617. Absorption der Röntgenstrahlung.** Man fand sehr früh, daß diese nur von der Art und Zahl der durchstrahlten Atome abhängt, nicht aber von ihrer gegenseitigen chemischen Bindung oder ihrer Aggregatform; auch fand man, daß die Absorption mit steigendem Atomgewicht steigt. Davon später § 662.

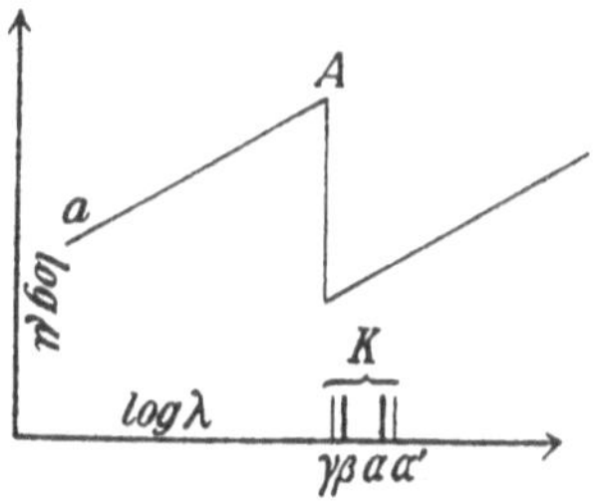

Fig. 713. Absorption der Röntgenstrahlung.

Hier wollen wir zunächst nur zeigen, wie diese Absorption abhängt von λ. Fig. 713 gibt schematisch die hier obwaltenden Verhältnisse für eine Pd-Kathode und Pd als Absorbens im K-Spektrum; Abszisse ist Logarithmus λ, Ordinate Logarithmus des Absorptionskoëffizienten μ (§ 290). Die bei λ_a auftretende kontinuierliche zerstreute Strahlung mit ihren kurzen Wellen hat große Penetrationskraft, ihre Absorption ist sehr gering. Mit gegen A steigender Wellenlänge wächst die Absorption immer mehr (längs aA), um dann bei A, etwas unterhalb des Eintretens der K-Eigenstrahlung,

[1] Wagner, Phys. Zs. (1917).

plötzlich zu sinken. Dann neuerliches Steigen, um etwas vor Einsetzen der L-Eigenstrahlung wieder plötzlich zu fallen (letzteres weniger untersucht und nicht eingezeichnet). Die in Fig. 713 unter K eingezeichneten Linien zeigen die Lage einiger K-Linien.

Wir haben also bei A eine scharfe Absorptionskante; nähern wir uns von links her dem A längs aA, so wird die absorbierte Energie knapp hinter A (entsprechend dem Stokesschen Gesetze) die Eigenstrahlung K auslösen, die dann die durchgehende Strahlung vermehrt und den Absorptionsabfall verursacht. Eine solche merkliche Koinzidenz der Absorptionskante mit dem Beginn der K-Eigenstrahlung hat Wagner[1] bei einigen Elementen konstatiert. Mit steigendem Atomgewicht des absorbierenden Körpers rückt diese Absorptionskante (Absorptionsgrenzwellenlänge) gegen kleine Wellen.

Die Bestimmung der Wellenlänge für die einsetzende K-Strahlung gelingt also auch durch Beobachtung der Absorptionskante, welche Methode weniger genau, aber bequemer ist als die direkte.

Wir kommen auf die Absorption der Röntgenstrahlen noch einmal zurück (§ 662).

Bei all diesen Absorptionsmessungen ist zu berücksichtigen, daß von der Absorption γ ein Teil τ wirklich absorbiert wird, als Wärme, Erregungsenergie für Eigen- und korpuskulare Strahlung usw., ein Teil (σ) aber als diffus zerstreute Strahlung auftritt. Ist ϱ die Dichte des Absorbens, so ist der Massenabsorptionskoeffizient

$$\gamma/\varrho = \tau/\varrho + \sigma/\varrho .$$

Da die diffuse Zerstreuung der Dichte ϱ proportional ist, wird σ/ϱ eine Konstante b. Versuche von Hull und Rice zeigten nun, daß

$$\frac{\gamma}{\varrho} = A\lambda^3 + b ;$$

mißt man λ in 10^{-8} cm (Angströmeinheiten), so wird A für Al ... 15, für Cu ... 150, für Pb ... 430, indes $b = 0{,}12$ ist. Das b, die diffuse Strahlung, stört also nur bei leichten Atomen.

Da jede photographische Platte Silber und Brom enthält, zeigen alle Röntgenspektrenphotographien die Ag- und Br-Absorptionsbanden, letztere viel schwächer, weil die betreffenden langen λ meist in dem Glas der Röntgenröhre stark absorbiert werden.

[1] Münch. Akad. (1916); Phys. Zs. (1917).

Fünfzehnter Teil. Radioaktivität.

§ 618. Erste Entdeckungen. Unmittelbar hängt die erste Entdeckung dieses Gebietes mit jener der Röntgenstrahlen zusammen. Viele Forscher kamen auf die (falsche) Vermutung, daß die Emission der Röntgenstrahlen eine Folge der durch die Kathodenstrahlen erregten Fluoreszenz sei. War die Vermutung richtig, so mußten Röntgenstrahlen entstehen, auch wenn die Fluoreszenz auf irgendeine andere Weise erregt wurde. In der Tat fand nun BECQUEREL[1], daß die durch ihre Fluoreszenz bekannten Salze des Urans ganz ähnliche photographische Wirkungen ausüben wie Röntgenstrahlen; es zeigte sich aber zugleich, daß diese Eigenschaft der Uransalze mit ihrer Fluoreszenz gar nichts zu tun hat. Die photographische Wirkung trat ebenso ein, wenn die Salze in vollkommener Dunkelheit gehalten wurden, so daß jede Spur von Fluoreszenz ausgeschlossen war. Es handelte sich also um eine neue Art von Strahlen, die unabhängig von jeder äußeren Einwirkung von dem Uran auszugehen schienen, und die man nach ihrem Entdecker als Becquerelstrahlen, später aber allgemein als radioaktive Strahlen bezeichnet hat.

Diese Strahlen haben aber nicht nur photographische Wirkung, sie erzeugen auch Fluoreszenz und ionisieren Gase, Letztere Wirkung ist besonders geeignet zu quantitativen Bestimmungen.

Luft, in welche radioaktive Strahlen eindringen, wird leitend, die Ladung eines Elektroskops wird durch die Strahlen zerstreut, der Ladungsverlust, den das Elektroskop in einer bestimmten Zeit, etwa in einer Minute erleidet, ist gleich der Ladung der Ionen entgegengesetzten Vorzeichens, welche in derselben Zeit auf dem Konduktor niedergeschlagen werden, der mit dem Elektroskop verbunden ist. Die Zerstreuung der Ladung liefert also ein Maß für die Zahl der in einer gegebenen Zeit erzeugten Ionen, und damit für die Intensität der Strahlung selbst. Körper, die spontan und ohne jede äußere Einwirkung Strahlen aussenden, welche photographisch wirken, und welche Luft oder andere Gase ionisieren, nennt man radioaktiv. Die Beobachtung des Ladungsverlustes, den ein Elektroskop durch die Strahlung verschiedener Körper unter sonst gleichen Umständen erleidet, liefert eine exakte Vergleichung der Stärke ihrer Radioaktivität.

Herr und Frau CURIE[2] wandten diese Methoden an, um systematisch die Radioaktivität verschiedener Mineralien zu untersuchen. Dabei ergab sich die auffallende Tatsache, daß die Radioaktivität des Uranpecherzes eine wesentlich größere ist, als die des metallischen Urans (U). Es knüpfte sich daran die Vermutung, daß in dem Uranpech-

[1] C. R. (1896). [2] C. R. (1898).

erze ein anderes Element enthalten sei von größerer Aktivität als das Uran. In der Tat gelang es Herrn und Frau Curie in überaus mühevoller Arbeit, aus dem Uranpecherze ein sehr aktives Element abzuscheiden, das Radium (Ra). Während das Uranpecherz, auf gleiches Gewicht berechnet, etwa 4 mal stärker aktiv ist, als das metallische U, ist das Ra einige Millionen mal stärker als das letztere. Chemisch steht das Ra dem Ba sehr nahe; es unterscheidet sich von ihm durch die etwas geringere Löslichkeit seiner Salze in Wasser und in verdünnten Säuren; darauf beruht auch seine Abscheidung aus dem Uranpecherze; dargestellt wird in der Regel das Chlorid oder Bromid. Schon minimale Spuren eines Ra-Salzes senden eine ungemein starke Strahlung aus; die Blätter eines geladenen Elektroskops sinken augenblicklich zusammen, wenn das Ra in das Zimmer gebracht wird; die photographische Wirkung ist schon nach wenigen Minuten merklich; die Strahlen erregen einen Schirm von Bariumplatincyanür zu lebhafter Fluoreszenz.

Es gelang Frau Curie, aus dem Uranpecherze noch ein zweites radioaktives Element zu gewinnen, das Polonium (Po), das in seinen chemischen Eigenschaften dem Bi nahe steht. Po unterscheidet sich aber in einem Punkte sehr wesentlich vom Ra; die Aktivität des Ra scheint eine (für Jahre) unveränderliche zu sein; die Aktivität eines Po-Präparates dagegen nimmt nach erfolgter Abscheidung fortwährend ab, so daß sie in 136 Tagen auf die Hälfte sinkt.

Die jetzt ziemlich abgeschlossenen Untersuchungen haben zu der Kenntnis einer großen Zahl radioaktiver Stoffe geführt. Unter ihnen heben wir zunächst hervor das als Element längst bekannte Thorium[1] (Th) und das Actinium[2] (Ac). Das letztere fällt aus den Rückständen des Uranpecherzes mit den Elementen der Eisengruppe aus und steht in seinem Verhalten dem Lanthan nahe. Die Gesamtheit der zurzeit bekannten radioaktiven Stoffe ordnet sich in drei Reihen, an deren Spitzen das U, das Th und das Ac stehen. Die zu einer Reihe gehörenden Stoffe entstehen durch eine stufenweise Umwandlung des an der Spitze befindlichen Mutterelementes. Ra und Po gehören zu der Reihe des U.

Bemerkenswert ist, daß alle diese Körper ein sehr hohes Atomgewicht besitzen, so z. B. U (238,2), Th (232,1), und Ra (226) die höchsten aller Atomgewichte.

(Ob die später entdeckte schwache Aktivität bei Kalium und Rubidium von gleicher Art ist, bleibt noch fraglich.)

In den folgenden Untersuchungen ist die ionisierende Wirkung für quantitative Messungen meistens die beste. Die photographische Wirkung der Strahlen hingegen ist dadurch ausgezeichnet, daß sie nicht bloß von ihrer Intensität abhängt, sondern auch von der Dauer der Exposition.

---

[1] G. C. Schmidt, Wied. Ann. 64 (1898); Curie, C. R. (1898).

[2] Debierne, C. R. (1899). — Giesel, Ber. D. chem. Ges. (1902).

Daher kommt es, daß auf photographischem Wege selbst die schwachen Strahlungen des U und der Pechblende nachzuweisen sind. Die Fluoreszenz dagegen entspricht der momentanen Intensität der Strahlung, sie ist kaum merklich bei U oder Uranpecherz, wohl aber bei der sehr starken Strahlung des Ra und des Po. Die Fluoreszenz des Bariumplatincyanürs wird durch α-, β- und γ-Strahlen (§ 619) erregt; die Sidotblende, kristallisiertes Zinksulfid, reagiert besonders auf die α-Strahlen. Die mikroskopische Beobachtung zeigt, daß die Fluoreszenz der Sidotblende keine gleichmäßige ist, sondern auf einem Aufblitzen diskreter heller Punkte beruht, einer Erscheinung, die man als Szintillieren bezeichnet.

Schließlich sei auch noch einleitend erwähnt, daß stark radioaktive Körper dauernd Wärme erzeugen.[1]

§ 619. Vorläufige Beschreibung der Strahlung. Rutherford, der erfolgreichste Bearbeiter dieses Gebietes, kennzeichnete die radioaktive Strahlung in folgender Weise. Es gibt:

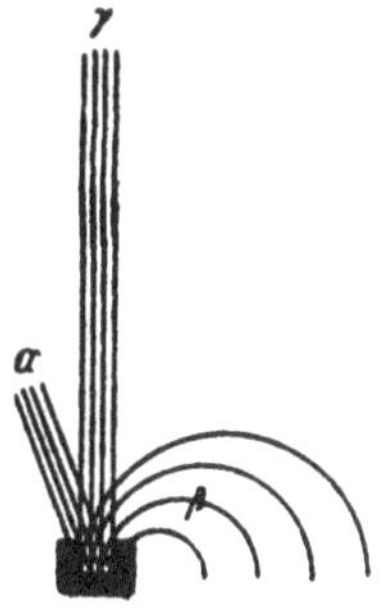

Fig. 714. Magnetische Ablenkung.

α-Strahlen, gebildet aus rasch fliegenden, positiv geladenen Korpuskeln (Heliumatomen), analog den Kanalstrahlen;

β-Strahlen, gebildet aus viel rascher fliegenden elektrisch negativen Korpuskeln, Elektronen (identisch mit den Kathodenstrahlen);

γ-Strahlen, identisch mit Röntgenstrahlen sehr kleiner Wellenlänge.

Es gibt α-, dann β-, und $\alpha\beta$-Strahler; intensive γ-Strahlen zeigten sich nur bei gleichzeitigem Auftreten von β-Strahlen.

Diese Strahlen zu trennen, gelingt nach zwei Methoden.

Magnetische Ablenkung. Dickes Blei schirmt alle radioaktiven Strahlen ab. Es liege in Fig. 714 ein radioaktives Präparat, das α-, β- und γ-Strahlen aussendet in einem kleinen Pb-Mörser, so daß zunächst alle Strahlen vertikal nach aufwärts gehen. Erzeugt man nun ein Magnetfeld, so daß der N-Pol vorn und hinten ein S-Pol ist, also die Kraftlinien senkrecht zur Zeichnungsebene von vorn nach hinten gehen, so werden die α-Strahlen bei einer einheitlichen Substanz nur in einer Kurve nach links abgelenkt (aber viel weniger als in der schematischen Fig. 714). Die β-Strahlung wird sehr stark und fächerförmig nach rechts gebogen, indes die γ-Strahlung unabgelenkt bleibt. Eine sehr langsame (sehr „weiche") Strahlung mit stärkster Ablenkung (nicht gezeichnet) nennt man δ-Strahlung.

Die Ablenkung selbst wird z. B. mittels Photographie konstatiert.

[1] Werke über das ganze Gebiet: M. Curie, Traité de Radioactivité (1910), Deutsche Ausgabe (1912). — Rutherford, Radioactive Substances and their Radiations (1913), Deutsche Ausgabe (1914). — Als Nachschlagewerk für Literatur und wissenschaftliche Arbeiten das inhaltreiche Werk St. Meyer u. v. Schweidler, Radioaktivität (1916).

Filtrierung. Ein anderes Mittel, die Strahlung zu trennen, beruht auf ihrer Penetrationskraft; die Strahlen unterscheiden sich durch ihre verschiedene Fähigkeit, verschiedene Stoffe zu durchdringen. Die α-Strahlen werden schon durch ein Aluminiumblatt von 0,05 mm Dicke vollständig absorbiert; harte β-Strahlen werden (bis auf 1 ‰) erst durch ein Blech von mindestens 5 mm Dicke, harte γ-Strahlen (bis auf 1 ‰) erst durch einen Aluminiumblock von 60 cm Dicke absorbiert.

Eine Übersicht der verschiedenen Eigenschaften radioaktiver α-, β- und γ-Strahlen gibt folgende Tabelle, deren volles Verständnis erst durch die weiteren Ausführungen gegeben sein wird.

	α-Strahlen	β-Strahlen	γ-Strahlen
Durchdringungsfähigkeit	klein	groß	sehr groß
Magnetische Ablenkung	positiv	negativ	nicht vorhanden
Elektrische Ablenkung	positiv	negativ	nicht vorhanden
Ladungstransport . . .	positiv	negativ	nicht vorhanden
Analogon	Kanalstrahlen	Kathodenstrahlen	Röntgenstrahlen
Träger	α-Teilchen = Heliumatome	β-Teilchen = Elektronen	Elektromagnetische Wellen
Masse	$6{,}6 \cdot 10^{-24}$; nahe 4, bezogen auf H = 1	$9 \cdot 10^{-28}$; 1/1840, bezogen auf H = 1	—
Ladung	+ 2 Elementarquanten	— 1 Elementarquantum	—
Geschwindigkeit . . .	$^1/_{22}$ — $^1/_{15}$ der Lichtgeschwindigkeit	bis nahe zur Lichtgeschwindigkeit	Lichtgeschwindigkeit

§ 620. Vorläufige Beschreibung einer Ionisierungsmessung. Solange α-Teilchen eine gewisse Geschwindigkeit haben, ionisieren sie die durchstrahlte Luft sehr stark, so daß man wenigstens in der Nähe der radioaktiven Strahler meist von der ionisierenden Wirkung der β- und γ-Strahlen absehen kann. Fig. 715 gibt schematisch ein für solche Messungen geeignetes Elektroskop. An der durch Bernstein (schraffiert gezeichnet) isolierten Metalleiste s ist das Aluminiumblättchen a befestigt und alles durch ein Metallgehäuse abgeschlossen, dessen Boden aus dünnster Aluminiumfolie AA besteht. Die einmalige Ladung des Elektroskops a erfolgt (durch Umlegen eines nicht gezeichneten Hebels) mit einer Zambonisäule. Das radioaktive Präparat liegt knapp unter A. Die Wirkung der β- und γ-Strahlen verschwindet neben der viel größeren der α-Strahlen. [Sehr schwache Strahler kann man auch ins Innere des Elektroskops bringen; dann besteht aber die Gefahr einer „Infektion“, indem der aktive Niederschlag (§ 622) spätere Messungen stört.]

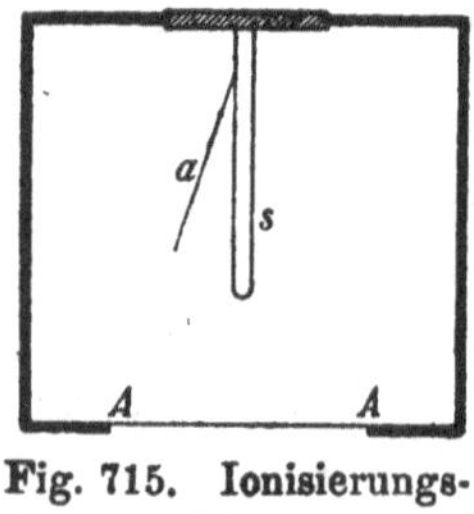

Fig. 715. Ionisierungsmessung.

Nimmt man AA etwa 0,05 mm dick, so werden von einem unter A liegenden Strahler alle α-Strahlen absorbiert, man erhält dann die Wirkung der β-Strahlen; der der γ-Strahlen verschwindet daneben.

Um die Wirkung der γ-Strahlen zu erhalten, bedarf es stark aktiver Strahler und man umgibt dann das ganze Elektroskop mit einem 2 mm dicken Bleimantel, der natürlich alle α- und β-Strahlen abschirmt.

Wir kommen auch auf die Verwendung solcher Methoden noch einige Male zurück; hier bedurften wir nur dieses Grundexperimentes Fig. 715 zum Verständnis des folgenden.

Lebensdauer. Wir erwähnten bereits, daß die Aktivität eines Po-Präparates allmählich sinkt. Diese Abnahme der Strahlungswirkung, eine allgemeine Erscheinung, ist verschieden für verschiedene Körper. Wir wollen diese Verhältnisse an einem einfachen Beispiel erläutern.

U und UX. Irgendein altes Uransalz, z. B. Uranylnitrat, ist ein α-, β- und γ-Strahler; es ändert seine Aktivität so langsam, daß man sie experimentell als konstant ansehen kann. Lösen wir dieses Präparat nun z. B. in Azeton und lassen auskristallisieren, so ist zunächst die ganze β-Aktivität, photographisch (durch Papier hindurch) gemessen, in die Mutterlauge übergegangen. Wir haben in den Kristallen U hingegen die gesamte α- (gar keine β- und γ-) Strahlung. Die Mutterlauge aber enthält einen chemisch getrennten, auf gleichen Gewichtsbetrag bezogen, einige 1000 mal stärker radioaktiven Körper, das Uran X (oder UX), der aber nur β- und γ- (gar keine α-) Strahlung besitzt.

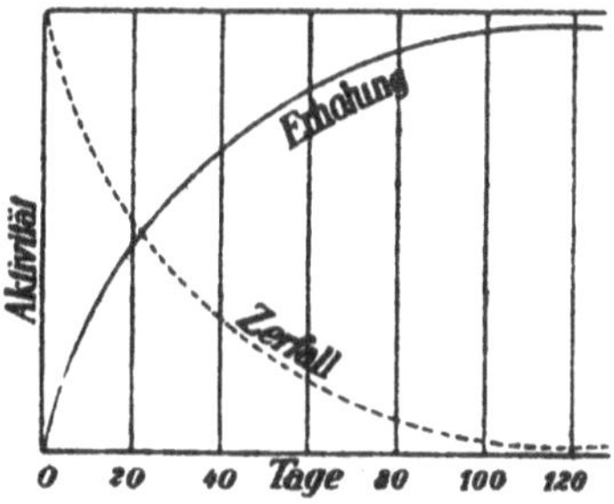

Fig. 716.
Zeitliche Ionisierungsänderung.

Untersucht man UX elektrometrisch (z. B. nach Fig. 715 mittels β-Strahlung), so zeigt sich, daß die Aktivität nicht konstant ist; sie wird mit fortschreitender Zeit immer geringer (gestrichelte Linie in Fig. 716). Einen Maßstab für diesen Abfall gibt die sog. Halbwertzeit T, d. h. die Zeit, in der die Aktivität auf die Hälfte ihres ursprünglichen Wertes sinkt; sie beträgt für UX etwa 23,5 Tage.

Ein ganz anderes Verhalten zeigt die Aktivität des in den Kristallen zurückgebliebenen U. Unmittelbar nach der Darstellung, also im frischen Uran, ist nur α-Strahlung vorhanden, dann tritt aber immer mehr β- und γ-Strahlung hinzu; die Aktivität steigt wie die ausgezogene Linie in Fig. 716.

Der zeitliche Verlauf des Ansteigens in Fig. 716 ist „komplementär“ zum Verlauf des Zerfalles.

§ 621. Zerfalls- (Desaggregations-) Theorie. Dabei muß man allerdings von der Anschauung abgehen, daß das Atom eine unveränderliche Größe ist. Rutherford und Soddy[1] entwickelten diese Vorstellung,

[1] Phil. Mag. 4 (1902), 5 (1903).

welche die vorhergehenden geschilderten Ergebnisse der empirischen Forschung begreiflich machten und auf denen eine vollständige Theorie der radioaktiven Erscheinungen aufgebaut werden kann.

Für unser spezielles Beispiel gilt folgende Anschauung. Jedes U-Atom ist zusammengesetzt aus einem UX-Atom und einem positiv geladenen Heliumatom (dem α-Teilchen). Von Zeit zu Zeit zerfällt eines dieser U-Atome in diese zwei Bestandteile. Dieser Zerfall, welcher einen α-Strahl aussendet, bedingt das Wesen eines radioaktiven Prozesses. Das nun entstandene UX ist aber wieder aktiv; von Zeit zu Zeit zerfällt — diesmal unter β-Ausstrahlung — ein UX-Atom, es entstehen neue radioaktive Körper usf. Wir beschränken uns zunächst auf die Betrachtung der zwischen U und UX bestehenden Beziehung. Haben wir ein altes U-Präparat, so muß in ihm stets eine gewisse Menge UX enthalten sein; in jeder Sekunde zerfällt eine gewisse Zahl von U-Atomen und verwandelt sich in UX-Atome; in jeder Sekunde verschwindet eine gewisse Zahl von UX-Atomen infolge ihres weiteren Zerfalls. Die Menge des in einem UX-Präparate enthaltenen UX bleibt unverändert, sobald sich die beiden entgegengesetzten Prozesse der Bildung und des Zerfalls ins Gleichgewicht gesetzt haben. Trennt man, wie in dem früher geschilderten Versuche, das UX von dem U, so läßt sich der Prozeß des Zerfalls unabhängig von dem der Wiederbildung studieren; die Theorie dieses Vorganges möge zuerst aufgestellt werden.

Zerfallskonstante. Zu irgend einer Zeit t seien N Atome UX vorhanden; wir nehmen dann an, daß die Zahl der in einer Sekunde zerfallenden Atome der Zahl der vorhandenen proportional sei; bezeichnen wir mit dt einen kleinen Zeitabschnitt, so können wir die Zahl der in diesem zerfallenden Atome darstellen durch den Ausdruck:

$$dN = -\lambda N dt.$$

Das negative Zeichen ist gewählt, weil es sich um eine Abnahme der Zahl N handelt; λ ist eine Konstante, welche, für die Schnelligkeit des Zerfalls maßgebend, gleich der Zahl der in einer Sekunde zerfallenden Atome dividiert durch die Zahl der vorhandenen ist; man nennt λ die Zerfallskonstante. Verstehen wir unter N^0 die Zahl der Atome UX, welche im Anfange, zur Zeit $t = 0$, vorhanden waren, so ergibt sich für die Zahl der Atome zu irgendeiner Zeit t die Gleichung:

$$N = N^0 e^{-\lambda t}.$$

Es läßt sich zeigen, daß die Zerfallskonstante λ gleich ist der Wahrscheinlichkeit, daß ein Atom innerhalb einer kleinen Zeit zerfällt.[1]

Wir wollen diese Werte N graphisch darstellen. Auf der horizontalen Achse werden die Zeiten, senkrecht dazu die entsprechenden Werte von N aufgetragen; wir erhalten dann die in Fig. 717 gezeichnete Kurve. Wir benützen die Zeichnung, um an Stelle der Zerfallskonstanten

[1] v. SCHWEIDLER I, Congrès de radiologie, Liège (1905).

eine andere Konstante von anschaulicherer Bedeutung einzuführen. Zu diesem Zwecke nehmen wir auf der Kurve zwei nahe benachbarte Punkte A und B, und projizieren sie auf die beiden Achsen nach a, b und α, β; es repräsentiert dann $\alpha\beta = dN$ die kleine Zahl von Atomen, die in der Zeit $dt = ab$ zerfällt. Zur Zeit $t = Oa$ waren die dN-Atome noch vorhanden, zur Zeit $Ob = t + dt$ sind sie zerfallen; man kann daher die Zeit $t = Oa$ als die Lebensdauer jener dN-Atome bezeichnen.

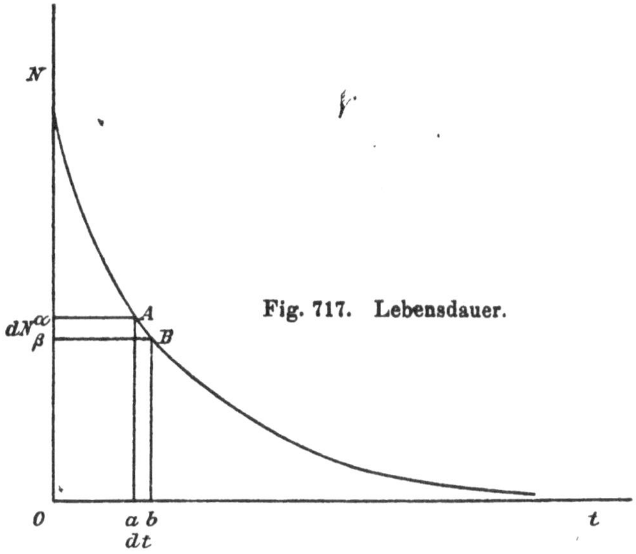

Fig. 717. Lebensdauer.

Man kann nun die ganze Zahl der zu Anfang vorhandenen Atome in lauter kleine Gruppen teilen und für jede in derselben Weise die Lebensdauer bestimmen; man kann weiter die mittlere Lebensdauer aller zu Anfang vorhandenen Atome berechnen. Zu diesem Zwecke multipliziert man die Zahl der in jeder Gruppe befindlichen Atome mit ihrer Lebensdauer, addiert alle diese Produkte und dividiert durch die Gesamtzahl der Atome. Die mittlere Lebensdauer ist also gegeben durch:

$$\tau = \frac{1}{N^0} \sum t\, dN.$$

Die Ausführung der Rechnung liefert:

$$\tau = \frac{1}{\lambda}.$$

Die mittlere Lebensdauer der Atome ist gleich dem reziproken Werte der Zerfallskonstanten. Auch die früher betrachtete Halbwertzeit T steht zur Zerfallskonstanten in einer einfachen Beziehung; es ist:

$$T = (\text{lognat}\, 2)/\lambda = 0{,}693 \cdot \tau,$$

und

$$\tau = 1{,}443 \cdot T.$$

Die Halbwertzeit T des UX beträgt nach neueren Bestimmungen 23,5 Tage; somit ergibt sich für die mittlere Lebensdauer τ seiner Atome eine Zeit von 33,9 Tagen, und für die Zerfallskonstante der Wert:

$$\lambda = 3{,}4 \cdot 10^{-7} (\mathrm{sec}^{-1}).$$

Theorie eines aus zwei radioaktiven Stoffen gebildeten Systems. Wir betrachten im folgenden zwei radioaktive Stoffe, von denen der eine ein Zerfallsprodukt des anderen ist; den letzteren bezeichnen wir als die Muttersubstanz; so ist z. B. das U die Muttersubstanz des UX. Im Anfange, zur Zeit $t = 0$, seien von der Muttersubstanz N^0 Atome, von dem Zerfallsprodukte N_1^0 Atome vorhanden; zu einer späteren Zeit t seien die Zahlen N beziehungsweise N_1. Die radioaktiven Konstanten der beiden Stoffe seien λ und λ_1. Die Änderung, welche die Zahl der Mutteratome in der kleinen Zeit dt durch den Zerfall erleidet, ist gegeben durch:

$$dN = -\lambda N dt.$$

Die Atomzahl des Zerfallsproduktes wird vermehrt durch den Zerfall der Mutteratome, vermindert durch den Zerfall seiner eigenen Atome; daher ergibt sich für die Änderung, welche die Atomzahl des Zerfallsproduktes in der Zeit dt erleidet, die Gleichung:

$$dN_1 = (\lambda N - \lambda_1 N_1) dt.$$

Die Lösung der Gleichungen führt zu den folgenden Formeln:

$$N = N^0 e^{-\lambda t}$$

$$N_1 = N_1^0 e^{-\lambda_1 t} + \frac{\lambda}{\lambda_1 - \lambda} N^0 \{e^{-\lambda t} - e^{-\lambda_1 t}\}.$$

Wir wenden diese Formeln an auf einen speziellen Fall, der zunächst willkürlich konstruiert zu sein scheint, der aber bei einer Reihe von radioaktiven Verwandlungen und speziell an unserem Beispiele zutrifft. Wir nehmen an, daß die Lebensdauer der Muttersubstanz ungemein groß sei im Vergleiche mit der des Zerfallsproduktes; umgekehrt ist dann die radioaktive Konstante λ ungemein klein, verglichen mit λ_1. Wir nehmen nun an, ein radioaktives Präparat habe ursprünglich neben den Atomen der Muttersubstanz eine beliebige Menge von Atomen des Zerfallsproduktes enthalten; wir fragen, was aus dem Präparate geworden ist nach einer Zeit, die sehr groß ist im Vergleiche mit der mittleren Lebensdauer des Zerfallsproduktes, sehr klein gegenüber der Lebensdauer der Muttersubstanz. Der Voraussetzung entsprechend ist das Produkt λt sehr klein, somit $e^{-\lambda t}$ nicht merklich verschieden von 1; dann ist aber auch N nicht merklich verschieden von N^0; die Menge der Muttersubstanz kann während der Beobachtungszeit als unveränderlich betrachtet werden. Andererseits ist $\lambda_1 t$ so groß, daß man $e^{-\lambda_1 t}$ gleich Null setzen kann; da außerdem λ gegen λ_1 zu vernachlässigen ist, so geht die Formel für N_1 über in:

$$N_1 = \frac{\lambda}{\lambda_1} N^0,$$

d. h. nach Ablauf einer den gestellten Bedingungen entsprechenden Zeit ist auch die Menge des Zerfallsproduktes in dem Präparate konstant; seine Atomzahl ist gleich der Atomzahl der Muttersubstanz multipliziert mit dem Verhältnisse zwischen der Zerfallskonstanten der Muttersubstanz und der des Zerfallsproduktes. In der Tat ist, wenn $\lambda N = \lambda_1 N_1 = z$, die Zahl der Atome der Muttersubstanz, die in einer sec. dissoziieren, gerade so groß, wie die Zahl der gleichzeitig dissoziierten Atome des Zerfallsproduktes; die Menge des letzteren bleibt konstant, weil Neubildung und Zerfall sich wechselseitig kompensieren; das Präparat ist, wie man sagt, im radioaktiven Gleichgewichte.

Anwendung der Theorie auf das Beispiel U ⟶ UX. Die mittlere Lebensdauer des UX beträgt, wie wir gesehen haben, 33,9 Tage. Waren in einem nur UX enthaltenden Präparate ursprünglich N_1^0 Atome UX vorhanden, so hat sich diese Zahl nach 3390 Tagen reduziert auf $N_1^0 e^{-100}$, einen völlig verschwindenden Betrag. Auf der anderen Seite ist die mittlere Lebensdauer des U auf etwa $5 \cdot 10^9$ Jahre zu schätzen; daraus folgt, daß für alle in Betracht kommenden Versuchszeiten $e^{-\lambda t} = 1$, die Zahl der U-Atome gleich der Konstanten N^0 gesetzt werden kann.

Daraus ersieht man die Seltenheit einer Umwandlung eines U-Atomes; es folgt, daß die Menge des in dem Präparate von Anfang an enthaltenen U während des Versuches keine irgend merkbare Veränderung erleidet. Die Zahl der U-Atome, wir bezeichnen sie in Übereinstimmung mit dem vorhergehenden durch N^0, bleibt vollkommen konstant. War das Präparat von Hause aus in radioaktivem Gleichgewichte, so befanden sich in ihm $\frac{\lambda}{\lambda_1} N^0$ Atome UX. Durch die vorhin geschilderte chemische Operation werden

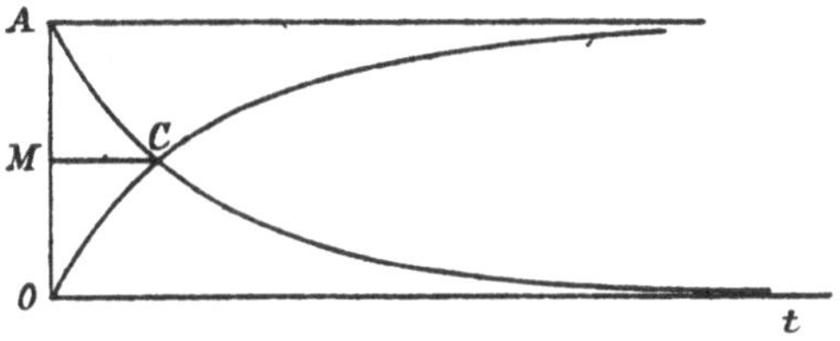

Fig. 718. Zeitlicher Zerfall.

die N^0 Atome des U getrennt von den $\frac{\lambda}{\lambda_1} N^0$ Atomen des UX; die letzteren zerfallen, und nach der Zeit t ist nur noch die Zahl

$$N_1 = \frac{\lambda}{\lambda_1} N^0 e^{-\lambda_1 t}$$

von ihnen vorhanden. Stellen wir den Vorgang graphisch dar, indem wir auf einer horizontalen Achse die Zeit, senkrecht dazu die Atomzahl N_1 abtragen, so erhalten wir das Bild der Fig. 718; die Strecke OA repräsentiert die ursprünglich vorhandene Atomzahl $\frac{\lambda}{\lambda_1} N^0$ des UX. Die Atomzahl des U bleibt konstant, aber es entstehen aus dem U fortwährend neue Atome des UX; wollen wir die Zahl der Atome von UX bestimmen, welche infolge der Neubildung zur Zeit t vorhanden sind, so müssen wir zurückgehen auf die im vorhergehenden aufgestellte allgemeine Gleichung. Wir haben in dieser $N_1^0 = 0$, ferner mit Rücksicht auf den überaus kleinen Wert von λ die Exponentialgröße $e^{-\lambda t} = 1$ zu setzen; außerdem ist im Nenner λ gegen λ_1 zu vernachlässigen. Wir erhalten daher für die Atomzahl des neugebildeten UX zur Zeit t die Gleichung:

$$N_1' = \frac{\lambda}{\lambda_1} N^0 (1 - e^{-\lambda_1 t}).$$

Die Zeit t wächst von Null an bis zu Werten, die sehr groß sind im Vergleich mit $1/\lambda_1$, aber immer noch sehr klein im Vergleich mit $1/\lambda$. N_1' ist natürlich zur Zeit 0 gleich Null; dann wächst es erst rasch, dann immer langsamer und erreicht schließlich den konstanten Grenzwert $\frac{\lambda}{\lambda_1} N^0$. Dieses Verhalten ist dadurch bedingt, daß auch bei dem neugebildeten UX Bildung und Zerfall immer nebeneinander hergehen; die Grenze ist erreicht, wenn pro sec ebenso viele Atome aus dem U neu entstehen, wie durch Zerfall des UX verschwinden, d. h. wenn $\lambda N^0 = \lambda_1 N_1'$ ist. Der Grenzwert, dem die Atomzahl des neugebildeten UX zustrebt, ist gerade so groß wie die Zahl der Atome, die ursprünglich in dem Präparate vorhanden waren. Während diese durch den chemischen Eingriff von dem U getrennte Atomzahl verschwindet, bildet sich in dem auskristallisierten U dieselbe Zahl von UX-Atomen allmählich von neuem.

Wir wollen nun endlich noch zeigen, daß die Kurven, durch die man Zerfall und Neubildung des UX darstellen kann, zueinander in derselben Beziehung stehen, wie die Abfalls- und die Erholungskurven der Aktivitäten von Fig. 716. Ziehen wir durch den Punkt A der Fig. 718, welcher der Atomzahl $\frac{\lambda}{\lambda_1} N^0$ entspricht, eine Parallele zu der Achse Ot, so nähert sich die Kurve der Neubildung asymptotisch dieser Linie; ferner ergibt sich für den Unterschied zwischen dem Grenzwerte der Atomzahl und dem zu irgendeiner Zeit t vorhandenen Werte die Gleichung:

$$\frac{\lambda}{\lambda_1} N^0 - N_1' = \frac{\lambda}{\lambda_1} N^0 e^{-\lambda_1 t} = N_1.$$

Der Unterschied wird durch dieselbe Gleichung bestimmt, wie die zur Zeit t auf der Zerfallskurve des weggelösten UX noch vorhandene Atomzahl. Ferner ist die Summe der zu irgendeiner Zeit vorhandenen Atomzahlen N_1 und N_1' gleich $\frac{\lambda}{\lambda_1} N^0$, d. h. gleich OA. Wenn die Zahl der Atome in dem weggelösten UX auf die Hälfte gesunken ist, so muß die Zahl der in dem auskristallisierten U neugebildeten UX-Atome auf die Hälfte des Endwertes, $\frac{1}{2} OA$, gestiegen sein. Wenn man also durch den Mittelpunkt M von OA die Linie MC parallel mit Ot zieht, so schneiden sich die Kurven für N_1 und N_1' auf dieser Linie. Die beiden Kurven müssen außerdem in ihrem ganzen Verlaufe symmetrisch zu MC sein, da nur dann die Beziehung $N_1 + N_1' = \frac{\lambda}{\lambda_1} N^0 = OA$ erfüllt sein kann.

Die Zerfallskurve des UX und die Kurve seiner Neubildung aus U stimmen also in ihrem Verhalten vollkommen überein mit dem der Abfallskurve und der Erholungskurve von Fig. 716. Zwischen den analogen Figg. 716 und 718 ist nur der Unterschied, daß sich erstere auf die Stärke der Aktivität, d. h. auf die durch den radioaktiven Zerfall erzeugte Ionisierung bezieht, letztere aber die Zahl der Atome angibt, die von dem ursprünglich abgetrennten und von dem wiedergebildeten UX zur Zeit t vorhanden sind. Da aber die Ionisierung jedenfalls proportional ist der Zahl der ausgestrahlten Korpuskeln, so ist die Übereinstimmung der empirisch gefundenen Kurven Fig. 716 und der theoretisch gefundenen Kurven Fig. 718 eine überzeugende Stütze der Zerfallstheorie.

Aber auch das UX verwandelt sich weiter; es werden daher, wie wir später sehen werden, die Erscheinungen etwas komplizierter als wir sie bisher geschildert haben. Das schließliche Endprodukt dieser Zerfallsreihe ist Blei; ungefähr in der Mitte dieser Zerfallsreihe liegt Ra.

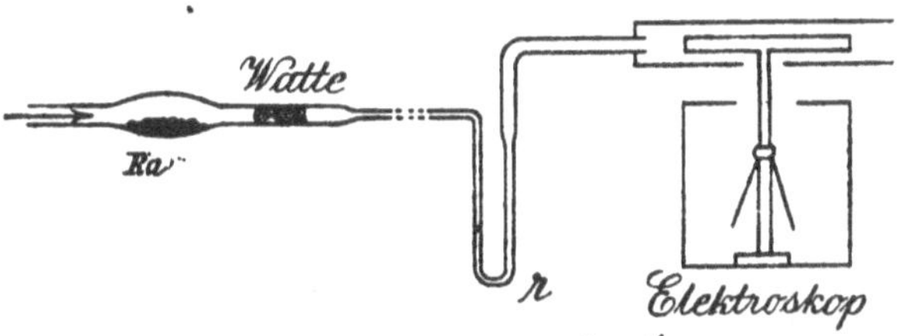

Fig. 719. Emanationsverflüssigung.

§ 622. Emanation und aktiver Niederschlag. Merkwürdige Erscheinungen, die lange Zeit Erklärungsschwierigkeiten verursachten, zeigen sich, wenn in der fortlaufenden Zerfallsreihe ein radioaktives Element in Gasform auftritt. Das geschieht z. B. beim Zerfall des Ra.

Man verbindet eine etwa 1 m lange Glasröhre, die an einer erweiterten Stelle mit etwas Ra beschickt ist, mit einem wohl isolierten und geladenen Elektroskope (Fig. 719). Wenn man über das Ra hinweg einen Luftstrom zu dem Zerstreuungskörper des Elektroskops leitet, fallen die Blätter rasch zusammen; die Wirkung beginnt von dem Moment an, wo Luft in das Elektroskop gelangt, die mit dem Ra in Berührung gewesen war. Leitet man den Luftstrom durch eine U-förmig gebogene Röhre, die in flüssige Luft getaucht ist, so hört die Wirkung auf, da die Emanation sich kondensiert. Die Kondensation beginnt etwa bei einer Temperatur von -150° C. Die Emanation diffundiert in Luft, wie ein anderes Gas; aus der Langsamkeit aber, mit der dies geschieht, muß man schließen, daß die Emanation ein Gas von sehr hohem Molekulargewichte ist. Die Ra-Emanation (oder RaEm) ist selber ein radioaktiver Stoff, der unter Aussendung von α-Strahlen zerfällt.

In der Mitte jeder der drei radioaktiven Zerfallsreihen, der U-Reihe nicht nur, sondern auch der Ac- und der Th-Reihe, findet sich eine solche gasförmige Zerfallsstufe, AcEm bzw. ThEm genannt. Das sind aber ganz verschiedene Körper, mit untereinander verschiedenen radioaktiven Konstanten.

Wir wollen uns im folgenden nur mit Ra-Em beschäftigen.

Der aktive Niederschlag (induzierte Aktivität) des Ra. Die Atome der Emanation senden bei ihrem Zerfalle α-Teilchen aus. Über die Natur des Restes gibt der folgende merkwürdige Versuch Aufschluß. Man spanne in der Achse einer Röhre einen Draht isoliert aus, und gebe ihm eine negative Ladung. Einen Luftstrom, der mit Em beladen ist, leite man durch die Röhre: nimmt man den Draht nach kürzerer oder längerer Exposition heraus, so findet man, daß er radioaktiv geworden ist. Diese Aktivität muß von einem festen Körper herrühren, der sich auf dem Drahte niedergeschlagen hat. Wischt man den Draht mit einem Lederlappen ab, so überträgt sich die Aktivität auf das Leder; erhitzt man den Draht bis zur Rotglut, so verschwindet die Aktivität, offenbar, weil der Niederschlag verdampft. Man kann den aktiven Niederschlag in Säuren lösen und durch Eindampfen oder auf elektrolytischem Wege wieder abscheiden. Dabei handelt es sich immer um unsichtbare und unwägbare Mengen des aktiven Körpers, dessen Gegenwart sich eben nur dadurch verrät, daß er die Luft zu ionisieren vermag. Die Ionisierung der Luft erweist sich hier als ein Reagensmittel, das von keinem anderen an Empfindlichkeit auch nur von ferne erreicht wird. Dieses Hilfsmittel erlaubt uns, mit der größten Sicherheit von Stoffen und ihren Eigenschaften zu sprechen, die wir wohl zum größeren Teile nie zu Gesicht bekommen werden.

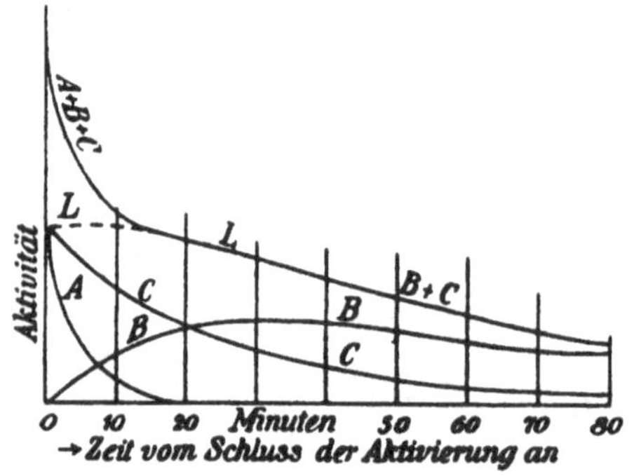

Fig. 720. α-Strahl-Aktivität eines längere Zeit in Ra Em aktivierten Körpers.

In Fig. 720 gibt die oberste Linie $(A + B + C \ldots L \ldots B + C)$ das Abklingen dieser induzierten Aktivität für die α-Strahlung, wenn der Draht so lange Zeit mit überschüssiger Em in Berührung war, daß zwischen der Em und ihrem nächsten Zerfallsprodukte radioaktives Gleichgewicht eingetreten ist.

Die Reihenfolge der Umwandlungen ist hier

$$\overset{\alpha}{\nearrow}\ \text{Ra Em} \rightarrow \overset{\alpha}{\nearrow}\ \text{Ra A} \rightarrow \overset{\beta\ \gamma}{\uparrow\nearrow}\ \text{Ra B} \rightarrow \overset{\alpha\ \beta\ \gamma}{\uparrow\uparrow\nearrow}\ \text{Ra C} \rightarrow \text{Ra D}$$

T 3,85 Tage 3,05 Minuten 26,8 Minuten 19,6 Minuten

Kurve A gilt für die abfallende Aktivität von Ra A, Kurve LL ebenso für die von Ra C. Diese läßt sich in zwei Teile zerlegen: Kurve CC, welche von jenem Ra C herrührt, das am Beginn des Versuches (im Gleichgewicht mit der Emanation) schon vorhanden war, und Kurve BB, welche der Wirkung des aus Ra B sich während des Versuches neubildenden Ra C entspricht. Die Strahlung des Ra B selbst braucht nicht in Betracht gezogen zu werden, da Ra B kein α-Strahler ist. Die Superposition dieser Wirkungen liefert im Anfang (links) $A + B + C$, später ist A verschwunden und es bleibt nur $B + C$.

Zur vollständigen Erklärung wäre noch zu erwähnen, daß Ra D nahezu strahlenlos ist.

Ra A, B und C sind nach einem Tage so gut wie verschwunden. Die noch vorhandene Aktivität beträgt weniger als ein Millionstel der ursprünglichen; der Niederschlag hat sich so gut wie ganz in das praktisch strahlenlose Ra D verwandelt.

Die entsprechende Berechnung erfolgt nach gleichen Prinzipien wie S. 508; wir verzichten auf die Angabe dieser Formeln. Aus diesen Formeln ginge hervor, daß man die Zerfallsreihe nach diesem Versuche auch schreiben kann RaEm → Ra A → Ra C → Ra B. Die Frage also, ob Ra B oder Ra C sich schneller umwandelt, kann so nicht entschieden werden, das gelingt nur durch chemische Isolation von Ra C.[1]

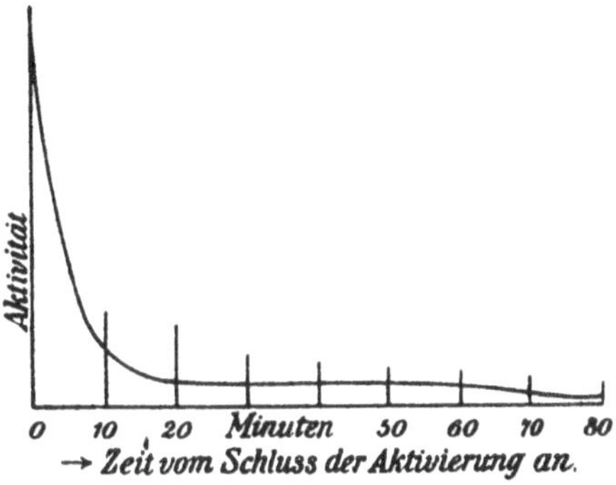

Fig. 721. α-Strahl-Aktivität eines kurze Zeit in Ra-Em aktivierten Körpers.

Ganz anders sieht die Kurve aus, wenn der Draht nur kurze Zeit mit Ra-Emanation in Berührung war (Fig. 721). Es ist dann zu Beginn des Versuches nur Ra A vorhanden (nicht auch schon die späteren Zerfallsprodukte Ra B und Ra C). Auch hier stimmt die experimentelle Kurve mit der Theorie.

Ladung des induzierten Drahtes. Merkwürdig ist die Tatsache, daß der Draht, wenn er negativ geladen ist, rascher die Niederschlagsprodukte sammelt. Diese müßten also im Momente des Niederschlages + geladen sein, während sie nach Abgabe der α-Teilchen negativ sein sollten. Diese positive Ladung erklärt sich daraus, daß gleichzeitig sehr weiche β-(sog. δ-)Strahlen (§ 629) auftreten, durch welche trotz des Weggehens der + geladenen α-Teilchen, eine positive Restladung des Niederschlages resultiert.

Die negative Ladung des Auffangedrahtes ändert natürlich nur die räumliche Verteilung, nicht aber die Mengen des entstehenden Niederschlages.

§ 623. Zerfallsstufen der radioaktiven Elemente. Nachdem wir einige Umwandlungen der U-Reihe ausführlicher besprochen haben, geben wir auf folgender Seite eine tabellarische Übersicht[2] fast aller bisher entdeckten radioaktiven Körper.

[1] v. Lerch, Ann. d. Phys. 21 (1906).
[2] Nach St. Meyer u. v. Schweidler, Radioaktivität (1916.)

Uran-Radiumfamilie	T	Strahlen	Actiniumfamilie	T	Strahlen	Thoriumfamilie	T	Strahlen
Uran I	$5 \cdot 10^9\ a$	α						
↓ Uran X_1	23,5 d	β				Thorium	ca. $1{,}8 \cdot 10^{10}\ a$	α
↓ Uran X_2 (Brevium) . .	66 s	$\beta\ \gamma$	? Uran Y	ca. 25 h	β	↓ Mesothor 1 . . .	5,5 a	β
↓ Uran II	ca. $2 \cdot 10^6\ a$	α	? Actinium	ca. 30 a ?	?	↓ Mesothor 2 . . .	6,2 h	$\beta\ \gamma$
↓ Jonium	ca. $10^5\ a$	α	↓ Radioactinium . .	18,9 d	$\alpha\ \beta\ \gamma$	↓ Radiothor . . .	2,0 a	$\alpha\ \beta$
↓ Radium	1750 a	$\alpha\ \beta$	↓ Actinium X . . .	11,4 d	α	↓ Thorium X . . .	3,64 d	α
↓ Radiumemanation . .	3,85 d	α	↓ Actiniumemanation	3,9 s	α	↓ Thoriumemanation	54,5 s	α
↓ Radium A	3,05 m	α	↓ Actinium A . . .	0,002 s	α	↓ Thorium A . . .	0,14 s	α
↓ Radium B	26,8 m	$\beta\ \gamma$	↓ Actinium B . . .	36,1 m	$\beta\ \gamma$	↓ Thorium B . . .	10,6 h	$\beta\ \gamma$
↓ Radium C	19,6 m	$\alpha\ \beta\ \gamma$	↓ Actinium C . . .	2,15 m	$\alpha\ \beta$	↓ Thorium C . . .	30,4 m	$\alpha\ \beta$
↓ Radium C'	ca. $10^{-7}\ s$	α	↓ Actinium D . . .	4,71 m	$\beta\ \gamma$	↓ Thorium D . . .	3,1 m	$\beta\ \gamma$
↓ Radium D	ca. 16 a	$\beta\ \gamma$	↓ ?			↓ ?		
↓ Radium E	4,85 d	$\beta\ \gamma$	Ac-Endprodukte .	—	—	Thor-Endprodukte	—	—
↓ Radium F (Polonium) .	136 d	α						
↓ Radium G (Blei-ähnlich)	—	—						

T = Halbierungszeit; a = Jahre; d = Tage; h = Stunden; m = Minuten; s = Sekunden.

Alle diese radioaktiven Körper sind chemische Elemente mit allen chemischen Eigenschaften, die zur Definition eines solchen gehören. Sie zeigen auch, soweit sie untersucht wurden, ganz wohldefinierte, scharf von anderen Elementen unterschiedene optische Spektra.

Ra besitzt ein Serienspektrum, das denen der Alkalimetalle ähnlich ist, das Spektrum von RaEm ist analog den Spektren der Argongruppe. Daß U und Th chemische Elemente seien, hat noch niemand bezweifelt, aber auch das Ra und alle anderen Zerfallsprodukte in vorstehender Tabelle teilen mit ihnen die charakteristische Eigenschaft, daß sie durch keinerlei chemischen Eingriff zerlegt werden können.

Ganz besonders sei nochmals betont, daß jeder radioaktive Zerfall ein spontaner, ein freiwilliger ist. Durch keinerlei Maßnahmen (z. B. Druck, Temperatur oder Elektrisierung) können wir ihn beschleunigen oder verzögern.

Seitenreihen. Die genaueren Untersuchungen des Zerfalles von RaC zeigten, daß hier neben RaD auch Spuren eines RaC″ abgespalten werden. Dieses kann aber kein Zwischenglied zwischen Ra C′ und Ra D sein. Man muß vielmehr annehmen, daß Ra C sich in zwei Produkte Ra C′ und Ra C″ spaltet. Die direkte Zerfallsreihe des Ra setzt sich fast ausschließlich über Ra C′ fort, indes das (in der Tabelle nicht eingezeichnete) Ra C″ das Anfangsglied einer von der Ra-Reihe sich abspaltenden Seitenreihe bildet, deren weiterer Verlauf bisher noch nicht erforscht ist.

Ähnliche Verhältnisse finden sich bei Ac C und Th C.

Ferner macht der Umstand, daß in alten U-Lösungen stets Ac gefunden wird, wahrscheinlich, daß auch das Ac ein von der U-Reihe sich abspaltendes Seitenprodukt ist. Das UY, der Ausgangspunkt der Ac-Reihe, stammt wahrscheinlich von U I oder U II.

§ 624. Indirekte Bestimmung der Lebensdauer aus dem Wachstum des anschließenden Zerfallproduktes. Ist ein radioaktives Element mit seinen Zerfallsprodukten im Gleichgewichte, so muß die Zahl der Atome, die von der Muttersubstanz pro sec zerfallen, gerade so groß sein, wie die Zahl der gleichzeitig zerfallenden Atome irgendeines Tochterelementes. Bezeichnen wir mit N die Zahl der Atome in der gegebenen Menge der Muttersubstanz, mit λ die Zerfallskonstante ihrer Atome, mit N' die in dem Präparate vorhandene Atomzahl des Tochterelementes, mit λ' die Zerfallskonstante seiner Atome, so besteht nach S. 507 die Gleichung

$$\lambda N = \lambda' N'.$$

Wir können diese Beziehung benützen, um die mittlere Lebensdauer der U-Atome aus der der Ra-Atome zu berechnen, unter der Voraussetzung, daß das Ra ein Zerfallsprodukt des U sei. Im Gewichtsmaß ist $238 N = M$ und $226 N' = M'$, da das Atomgewicht von U bzw. Ra ist 238, bzw. 226; also

$$\lambda = \lambda' \frac{238}{226} \frac{M'}{M}.$$

Das Verhältnis M'/M ist $3{,}3 \cdot 10^{-7}$, weil in altem U-Erze pro g U immer $3{,}3 \cdot 10^{-7}$ g Ra vorkommt. Die Zerfallskonstante des Ra soll bekannt sein, $\lambda' = 1{,}26 \cdot 10^{-11}$ sec^{-1}, so wird

$$\lambda = 1{,}26 \cdot 10^{-11} \frac{238}{226} 3{,}3 \cdot 10^{-7} = 4{,}36 \cdot 10^{-18} \mathrm{sec}^{-1}.$$

Die Halbwertzeit des U ergibt sich daraus mit etwa $5 \cdot 10^9$ Jahren.

§ 625. Zählung der von Ra ausgesandten α-Teilchen. Rutherford und Geiger[1] ist es gelungen, die von Radium ausgesandten α-Teilchen auf elektrischem Wege zu zählen. Das Wesentliche der Versuchsanordnung gibt Fig. 722. Ein an beiden Enden mit (schraffiert gezeichneten) Ebonitstopfen verschlossener Messingzylinder A von 25 cm Länge umschloß den Raum, in dem die ionisierende Wirkung der α-Teilchen beobachtet werden sollte, die von links her aus E in A eintreten. In der Achse des Zylinders war ein Draht aa ausgespannt, der mit dem einen Quadrantenpaar eines Elektrometers (in Fig. als Elektroskop angedeutet) verbunden wurde; die Zylinderwand A wurde mit dem negativen Pol einer Hochspannungsbatterie verbunden, deren zweiter Pol zur Erde abgeleitet war. Das Ebonit links war durchbohrt und durch eine kleine Metallröhre C luftdicht mit E verbunden. Diese Metallröhre hatte gegen E zu ein ganz kleines Loch (über C gezeichnet), das durch ein sehr dünnes Glimmerblättchen (nicht gezeichnet) verschlossen war. Vor dem Rohre war ein Hahn F mit weiter Durchbohrung eingesetzt, so daß der Zutritt der vom RaC kommenden α-Teilchen zu dem Glimmerfenster beliebig unterbrochen oder freigegeben werden konnte.

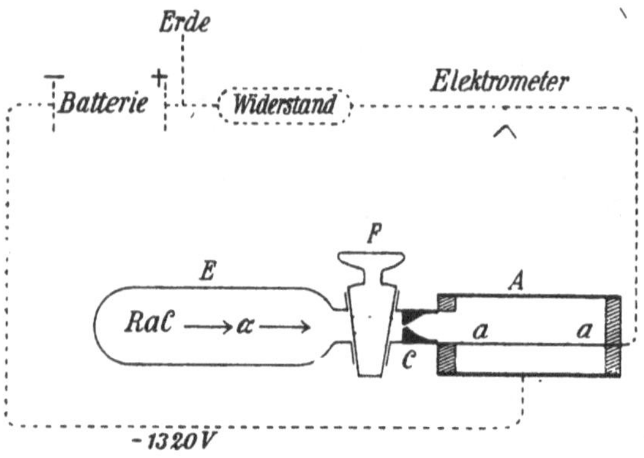

Fig. 722. Zählung der α-Teilchen.

Die Ionisierungskammer A enthielt CO_2 von 4,2 cm Hg-Druck. Die Spannungsdifferenz zwischen Zylinderwand A und Draht aa des Kondensators war so reguliert, daß bei geschlossenem Hahn F ein schwacher Strom durch den Kondensator floß. Eingeleitet wurde dieser Strom durch die γ-Strahlung eines dem Messingzylinder genäherten (nicht gezeichneten) radioaktiven Präparates. Um eine konstante Ablenkung des Elektrometers zu erzielen, wurde das mit dem Drahte verbundene Qua-

[1] Rutherford u. Geiger, Phys. Zs. 10 (1909).

drantenpaar über einen sehr großen Widerstand hinweg zur Erde abgeleitet. Es war dies ein sogenannter BRONSON-Widerstand, d. h. ein mit Elektroden versehenes geschlossenes Glasrohr, in welchem außer verdünnter Luft eine Spur Radium sich befindet, so daß die Luft eine schwache Leitfähigkeit erhält. (In der schematischen Fig. 722 ist E zu kurz gezeichnet und die ganze (punktierte) Meßschaltung im Vergleiche mit E und A zu klein und zu nahe.)

Die Zählung der α-Teilchen beruht nun auf der folgenden Beobachtung. Das radioaktive Präparat, bestehend aus RaC, befand sich meist am Ende der vollständig evakuierten Röhre E (450 cm lang) in einer solchen Entfernung von dem Glimmerfenster, daß durch dieses in einer Minute höchstens 3 bis 5 α-Teilchen in den Ionisationsraum eintraten. Nun erzeugt jedes α-Teilchen des RaC bei seiner Bewegung durch die Luft je 240000 Ionen beiderlei Vorzeichens. Es würde das noch nicht zum Nachweise durch das Elektrometer genügen. Infolge der in dem Ionisationsraum herrschenden elektrischen Kraft erlangen die von den α-Teilchen erzeugten Luftionen jedoch eine solche Geschwindigkeit daß ein jedes durch Stoß etwa 1000 neue Ionen zu erzeugen vermag. Es muß somit jeder Eintritt eines α-Teilchens in den Ionisationsraum ein plötzliches Anwachsen der Stromstärke zur Folge haben. Die Elektrometernadel erfährt eine plötzliche Ablenkung, kehrt aber rasch wieder zu der normalen Stellung zurück, sobald die Ladung der durch das α-Teilchen direkt oder indirekt erzeugten Ionen durch den BRONSON-Widerstand zur Erde abgeflossen ist.

Zur Berechnung der von 1 g Ra, das sich mit den schnellen Zerfallsprodukten im Gleichgewichte befindet, pro sec ausgesandten Zahl von α-Teilchen ergibt sich nun der folgende Weg.

1. Es muß die Menge von Ra bestimmt werden, welche im Zustande des Gleichgewichtes genau so viel RaC enthält, als bei den Zählungen zur Verwendung kam. Es wurde dies dadurch ermöglicht, daß die γ-Strahlenintensität des im Gleichgewichte befindlichen Ra nur von RaC herrührt; daraus folgt, daß die Mengen von RaC in einem Normalpräparate von Ra und in dem bei der α-Strahlenzählung benützten Präparate sich verhalten, wie die Intensitäten ihrer γ-Strahlung; die letzteren können durch ihre ionisierende Wirkung verglichen werden.

2. Es sei die Zahl der pro sec durch das Glimmerfenster in den Ionisationsraum gelangenden α-Teilchen gleich n. Die Entfernung des Präparates vom Glimmerfenster sei R, der Halbmesser der Fensteröffnung r; dann ist die Zahl der α-Teilchen, welche von dem Präparate pro sec nach allen Seiten hin ausgestrahlt werden, gegeben durch:

$$N = n\,4\,R^2/r^2 .$$

3. Es sei endlich die Menge von Ra, welche sich mit der bei dem Versuche benützten Menge RaC im Gleichgewicht befinden würde, gleich ϱ;

dann wird die Zahl der α-Teilchen, welche von dem in einem Gramm enthaltenen RaC pro sec ausgesandt wird, gegeben sein durch:

$$N_0 = \frac{N}{\varrho} = \frac{n}{\varrho} \cdot \frac{4R^2}{r^2}.$$

Die Versuchsergebnisse selber mögen durch zwei Tabellen erläutert werden. Die erste bezieht sich auf die Zählung der α-Teilchen in den einzelnen aufeinander folgenden Beobachtungsminuten.

	Zahl der Elektrometerausschläge	Größe der einzelnen Ausschläge in Skalenteilen				
1. Minute	4	11	12	10	11	—
2. Minute	3	10	11	8	—	—
3. Minute	5	10	9	13	8	12
4. Minute	4	18	8	12	—	—
5. Minute	3	10	6	10	—	— .

Der während der vierten Minute beobachtete große Ausschlag von 18 Skalenteilen ist wahrscheinlich durch den nahezu gleichzeitigen Eintritt zweier α-Teilchen in den Raum A bedingt.

Die zweite Tabelle gibt die Resultate einzelner Versuche wieder. Die Entfernung zwischen RaC und dem Glimmerfenster betrug 350 cm, der Durchmesser des Glimmerfensters war 1,23 mm, der Druck im Ionisationsraume 3,75 cm Hg, die Spannungsdifferenz zwischen Zylinder und Draht 1200 V.

ϱ, Anzahl der mg Ra im Gleichgewicht mit dem verwandten RaC	600 n, Zahl der Elektrometerausschläge während 10 Minuten	N_0
0,309	45	$3{,}06 \cdot 10^{10}$
0,154	25	$3{,}33 \cdot 10^{10}$
0,10	16	$2{,}96 \cdot 10^{10}$

Schließlich sei das Resultat aus einer größeren Zahl von Versuchsreihen mitgeteilt. Von dem RaC, welches sich im Gleichgewichtszustand in 1 g Ra befindet, wird danach die Zahl

$$N_0 = 3{,}4 \cdot 10^{10}$$

von α-Teilchen pro sec ausgesandt. Dieselbe Zahl kommt im Zustande des Gleichgewichtes auf das Ra selber, die RaEm und das RaA. Im Zustande des Gleichgewichtes mit den schnellen Zerfallsprodukten sendet also 1 g Ra in 1 Sekunde

$$4 \cdot N_0 = 13{,}6 \cdot 10^{10}$$

α-Teilchen aus.

Die Resultate der vorhergehenden Untersuchung werden auf eine sehr merkwürdige Weise bestätigt durch die Beobachtung der Szintillationen, die von den α-Teilchen auf einem Zinksulfidschirm erregt werden. Wenn man annimmt, daß jedes den Schirm treffende α-Teilchen einen Lichtblitz erzeugt, so muß die Zahl der in einer gegebenen Zeit beobachteten Blitze identisch sein mit der Zahl der Teilchen, welche in dieser Zeit den Schirm treffen. Es ergibt sich damit ein neuer Weg zur Zählung der α-Teilchen, welche pro sec von 1 g Ra ausgesandt werden. Die so gewonnene Zahl stimmt mit der zuvor angegebenen überein und daraus folgt zugleich, daß wirklich jedes einzelne α-Teilchen eine Szintillation erregt. Diese Tatsache ist von besonderem Interesse. Wir beobachten im allgemeinen nur Gesamtwirkungen zwischen großen Zahlen von Atomen. Hier wird die Wirkung eines einzelnen unmittelbar zu einem Gegenstand der Wahrnehmung. Dasselbe gilt natürlich auch von den Stromstößen bei der elektrischen Zählung der α-Teilchen. Man wird diese Tatsachen als eine der stärksten Stützen der atomistischen Theorie betrachten müssen.

Zum Schluß möge noch eine einfache Versuchsanordnung beschrieben werden, welche zum Nachweis der durch einzelne α-Teilchen hervorgerufenen Ionisation geeignet ist. Ein Messingzylinder von 2 cm Weite wird an dem einen Ende mit einer Messingplatte verschlossen, die in der Mitte eine kleine Öffnung besitzt. Das andere Ende ist durch einen Ebonitstopfen verschlossen, durch dessen Mitte ein vorn mit einer Spitze versehener Draht in den Hohlraum des Zylinders eingeführt ist. Der Messingzylinder wird auf ein Potential von 1200 V geladen, die Messingspitze mit einem Elektrometer verbunden. Vor die Durchbohrung der Messingplatte bringt man nun ein α-Strahlen lieferndes Präparat. Jedes in den Hohlraum des Zylinders eindringende, an der Spitze vorbeigehende α-Teilchen löst eine Entladung aus, die sich durch einen kleinen Ausschlag des Elektrometers verrät.[1]

§ 626. Die chemische Natur der α-Teilchen. An die Zählung der α-Teilchen schließt sich eine weitere Bestimmung von fundamentaler Wichtigkeit. Man beobachtet die von den Teilchen mitgeführte positive Ladung und gewinnt dadurch die Möglichkeit, die elektrische Ladung eines einzelnen α-Teilchens zu berechnen.[2] Aus einer größeren Zahl von Versuchen ergab sich für die Ladung eines α-Teilchens im Mittel ein Betrag von $9{,}3 \cdot 10^{-10}$ elektrostatischen Einheiten. Das ist so nahe gleich dem Doppelten des Elementarquantums, daß wir den α-Teilchen das doppelte Elementarquantum, 2ε, als Ladung zuschreiben. Nun ergibt sich aus der elektrischen und magnetischen Ablenkung der α-Strahlen für ihre spezifische Ladung im Mittel der Wert

$$2\varepsilon / m_a = 0{,}1447 \cdot 10^{15}.$$

Andererseits ist die spezifische Ladung des Wasserstoffions nach S. 147

$$\varepsilon / m_H = 0{,}289 \cdot 10^{15}.$$

[1] Geiger, Phys. Zs. 14 (1913). [2] Rutherford u. Geiger, Phys. Zs. (1909).

Daraus ergibt sich

$$m_\alpha / m_H = 4{,}00.$$

Diese Zahl bedeutet nichts anderes als das Atomgewicht der α-Teilchen, und ist gleich dem Atomgewichte des He, 4; die α-Teilchen sind nichts anderes als He-Atome, die eine positive Ladung gleich dem Doppelten des Elementarquantums tragen. Es würden also die α-Teilchen als positive Atomionen des Heliums zu betrachten sein, welche entsprechend den Vorstellungen von § 594 aus neutralen Atomen durch Abspaltung zweier Elektronen entstanden sind.

Eine direkte Bestätigung fand diese Vermutung durch Rutherford und Royds.[1] Sie trieben die mit 140 mg Ra im Gleichgewicht befindliche Emanationsmenge in eine Glasröhre *A* von 1,5 cm Länge und nur 0,01 mm Glasdicke. Die von der Emanation und den aktiven Niederschlägen ausgesandten α-Teilchen konnten die Glaswand durchdringen und sammelten sich allmählich an in einer zweiten Glasröhre *T*, welche die Röhre *A* konzentrisch umgab. Der zwischen *A* und *T* befindliche Raum war beim Beginn des Versuches vollkommen luftleer gemacht worden. Die Anwesenheit von He im Innern der Röhre *T* wurde auf spektroskopischem Wege nachgewiesen. Nach zwei Tagen war die gelbe He-Linie sichtbar, nach sechs Tagen war das ganze He-Spektrum entwickelt.

Wir dürfen hiernach das α-Teilchen zweifellos als identisch betrachten mit dem He-Atom. Dann aber folgt aus den früheren Angaben, daß 1 g Ra im Gleichgewicht mit seinen schnellen Zerfallsprodukten in 1 sec $13{,}6 \cdot 10^{10}$ He-Atome entwickelt. Nun sind in 1 cm^3 bei normalem Druck und normaler Temperatur etwa $2{,}71 \cdot 10^{19}$ Gasmolekeln enthalten. Somit nehmen jene $13{,}6 \cdot 10^{10}$ He-Atome bei normalen Verhältnissen einen Raum von $5 \cdot 10^{-9}$ cm^3 ein. In einem Tag entwickelt also 1 g Ra 0,43 mm^3 He von normalem Druck.

Dieses Resultat wurde zunächst experimentell bestätigt durch J. Dewar.[2] Das He wurde in einem von Luft und anderen Gasen vollkommen befreiten Raume durch Erhitzen aus 70 mg $RaCl_2$ ausgetrieben. Die Emanation wurde durch Kühlung mit flüssiger Luft kondensiert. Für das Volumen der in einem Tage von 1 g Ra im Gleichgewicht mit den schnellen Zerfallsprodukten entwickelten He-Menge ergab sich der mit der Rechnung in befriedigender Weise übereinstimmende Wert von 0,37 mm^3 unter normalen Verhältnissen.

Uran und Helium. Man kann dieses Resultat benützen, um auch die von U entwickelte He-Menge zu berechnen. Das U sei mit Ra im Gleichgewicht. Dann kennt man die Zahl der α-Teilchen, welche in einer bestimmten Zeit von U einerseits, von Ra andererseits ausgesandt werden; man kennt außerdem das Verhältnis der Gewichtsmengen von

[1] Rutherford u. Royds, Jahrb. d. Radioakt. u. Elektr. 6 (1909).
[2] Proc. Roy. Soc. 81 (1908).

U und von Ra für den Zustand des radioaktiven Gleichgewichts, und endlich die Menge von He, welche von 1 g Ra in einer bestimmten Zeit, etwa einem Jahr entwickelt wird. Diese Daten genügen, um die Menge von He zu berechnen, welche 1 g U in einem Jahr entwickelt; man findet dafür $2{,}75 \cdot 10^{-8}$ cm³ He von normalem Druck.

Geologische Schlüsse. Dieses Ergebnis findet eine sehr interessante Anwendung auf geologische Verhältnisse. Bei einem U-haltigen Mineral werde der He-Gehalt bestimmt; außerdem sei die Geschwindigkeit gegeben, mit der sich das He aus diesem Mineral entwickelt. Dann ist es möglich, die Zeit zu berechnen, welche zur Aufspeicherung des He nötig war, d. h. eine untere Grenze für das Alter des Minerals und der geologischen Epoche zu finden, in der es entstand. So ergab sich für Hämatit aus dem Eozän eine Zeit von 31 Millionen Jahren, für Hämatit aus kohleführendem Kalkstein eine Zeit von 150 Millionen Jahren.

Volumverhältnisse der RaEm. Wir nehmen an, daß jedes Ra-Atom bei seinem Zerfalle ein α-Teilchen ausschleudert. Das zurückbleibende Restatom ist dann nichts anderes, als ein Atom der gasförmigen Emanation. Daraus folgt, daß die Zahl der Em-Atome, die von 1 g Ra pro sec erzeugt werden, gleich ist der Zahl der ausgeschleuderten α-Teilchen, d. h. gleich $3{,}4 \cdot 10^{10}$. Das von diesen Em-Atomen eingenommene Volumen beträgt unter normalen Verhältnissen $1{,}26 \cdot 10^{-9}$ cm³ (pro sec und pro g Ra).

Es ist von Interesse, noch das Volumen derjenigen Em-Menge zu berechnen, welche sich mit 1 g Ra im Gleichgewichte befindet, und welche für gewöhnlich bis auf einen kleinen Rest in dem Ra okkludiert ist. Es sei N die Zahl der in 1 g Ra enthaltenen Ra-Atome, λ die Zerfallskonstante des Ra; dann ist $\lambda \cdot N = Z$ die Zahl der in einer Sekunde zerfallenden. Also

$$\lambda N = 3{,}4 \cdot 10^{10}.$$

Bezeichnen wir mit N_1 die Zahl der Em-Atome, welche mit 1 g Ra im Gleichgewichte sind, und mit λ_1 die Zerfallskonstante der Em, so ist:

$$\lambda_1 N_1 = \lambda N \quad \text{und} \quad N_1 = \lambda N / \lambda_1 .$$

Das von dieser Anzahl von Em-Atomen bei Normalverhältnissen eingenommene Volumen ist gegeben durch:

$$\frac{N_1}{2{,}71 \cdot 10^{19}} = \frac{1}{\lambda_1} \cdot \frac{3{,}4 \cdot 10^{10}}{2{,}71 \cdot 10^{19}} .$$

Setzen wir für λ_1 den aus der mittleren Lebensdauer der Em-Atome folgenden Wert

$$\lambda_1 = 1/480000,$$

so ergibt sich: $$\frac{N_1}{2{,}71 \cdot 10^{19}} = 0{,}60 \cdot 10^{-3} \text{ cm}^3 .$$

Die Menge Em, welche mit einem g Ra im Gleichgewicht sich befindet, besitzt somit unter normalen Verhältnissen ein Volumen von

0,60 mm³, übereinstimmend mit dem durch Beobachtungen gefundenen Werte.

Emanationseinheit. Fast sämtliche Quellen, besonders die aus eruptivem Tiefengestein entspringenden, auch Meerwasser, sind radioaktiv, und zwar fast immer infolge ihres Gehaltes an Ra-Em. Da dieser Em-Gehalt wahrscheinlich medizinisch von großer Bedeutung ist, wurde die Einführung einer Em-Einheit Bedürfnis. Man nennt nun jene Menge, welche mit 1 g Ra im radioaktiven Gleichgewicht ist, ein „Curie". In Deutschland wird auch viel gebraucht die „Mache"einheit, d. i. jene Em-Menge, pro Liter der absorbierenden Flüssigkeit gerechnet, die allein (ohne Zerfallsprodukte) bei vollständiger Ausnützung ihrer Strahlung einen Sättigungsstrom von $^1/_{1000}$ in elektrostatischem Maße zu unterhalten vermag. Die Em im Liter einer Quelle, die einer M.E. entspricht, beträgt $3{,}64 \cdot 10^{-10}$ Curie.[1]

Mittlere Lebensdauer des Ra. Das Atomgewicht des Ra ist 226, somit beträgt die von einem Grammatom Ra in einer Sekunde ausgesandte Menge von α-Teilchen

$$226 \cdot 3{,}4 \cdot 10^{10}.$$

Ebensogroß ist die Zahl der in einer Sekunde zerfallenden Ra-Atome, wenn jedes Ra-Atom bei seinem Zerfall ein α-Teilchen ausschleudert. Andererseits ist die Zahl der wirklichen Atome, welche in einem Grammatom enthalten sind, nach § 207 etwa $6{,}07 \cdot 10^{23}$. Somit ergibt sich für die Zerfallskonstante des Ra der Wert

$$\lambda = \frac{226 \cdot 3{,}4 \cdot 10^{10}}{6{,}07 \cdot 10^{23}} = 1{,}26 \cdot 10^{-11}\ \mathrm{sec}^{-1}.$$

Die mittlere Lebensdauer der Ra-Atome wird hiernach

$$\tau = 2500 \text{ Jahre},$$

die Halbwertzeit $T = 1733$ Jahre.

§ 627. Physikalische Eigenschaften der α-Strahlen. Die spezifische Ladung und die Geschwindigkeit der α-Strahlen können ebenso wie bei den Kathodenstrahlen durch Messung der elektrostatischen und der magnetischen Ablenkung bestimmt werden. Der Sinn der Ablenkung ist bei den α-Strahlen der entgegengesetzte wie bei den Elektronen; im übrigen aber ist die Theorie der Versuche dieselbe, wie die in § 582 für die Ablenkung der Kathodenstrahlen entwickelte. Die Beobachtungen müssen in einem vollkommenen Vakuum vorgenommen werden; denn die Geschwindigkeit der α-Strahlen wird durch die Gegenwart ponderabler Materie wesentlich geändert. Eine Komplikation, die sich bei den Elektronen in störender Weise geltend macht, fällt bei den α-Teilchen fort. Die β-Strahlen sind sehr inhomogen, d. h. sie enthalten Elektronen von sehr verschiedenen, stufenweise sich ändernden Geschwindigkeiten. Die

[1] Mache u. St. Meyer, Phys. Zs. 13 (1912).

α-Strahlen dagegen sind, sofern sie von einer einheitlichen radioaktiven Substanz ausgehen, vollkommen homogen, die in den Strahlen bewegten α-Teilchen haben alle dieselbe Geschwindigkeit. Die Strahlen mögen durch einen schmalen Spalt einander parallel austreten, so daß sie im Vakuum auf einer in ihren Weg gestellten photographischen Platte eine feine Linie erzeugen. Auch im magnetischen und im elektrischen Felde erhält man dann eine scharfe Linie mehr oder weniger abgelenkt je nach der Geschwindigkeit der Teilchen. Dadurch ist, trotz der sehr kleinen magnetischen Ablenkung der α-Strahlen, die spez. Ladung η/m_α ziemlich genau zu bestimmen. Sie ist gleich $1{,}447 \cdot 10^{14}$, genau die Hälfte des für das einatomige Wasserstoffion geltenden Wertes.

Die Geschwindigkeit, mit der eine radioaktive Substanz ihre α-Teilchen aussendet, bildet eine für sie charakteristische Eigenschaft; wir werden ihre Werte für verschiedene radioaktive Substanzen später mitteilen. Wenn die α-Strahlen sich nicht im leeren Raume, sondern in Luft oder einem anderen ponderablen Körper bewegen, so nimmt ihre Geschwindigkeit mit dem zurückgelegten Wege ab.

Reichweite in festen Körpern. Gehen α-Strahlen von z. B. RaC durch Aluminium, so ergibt der Versuch, wobei q_0 die Anfangsgeschwindigkeiten und die dritte Kolumne die Differenzen dieser aufeinanderfolgenden Geschwindigkeitswerte dividiert durch die entsprechende Schichtdicke darstellt:

Dicke der Al-Schichte in mm	Geschwindigkeit der durchgehenden Strahlen	Differenz
0	1,00 q_0	
0,006	0,94 „	10
0,012	0,87 „	12
0,018	0,80 „	12
0,024	0,72 „	13
0,030	0,63 „	15
0,036	0,53 „	17
0,042	0,43 „	17
0,045	nicht meßbar.	

Diese Versuche sind in einem vollkommenen Vakuum angestellt, so daß keine andere verzögernde Wirkung in Betracht kommt, als die des Aluminiums. Wie aus den Zahlen der letzten Kolumne hervorgeht, nimmt die durch 1 mm Aluminium verursachte Geschwindigkeitsabnahme mit wachsender Dicke der durchlaufenen Schichte zu.

Wir haben also bei der Absorption der vollkommen homogenen α-Strahlen kein Exponentialgesetz (§ 290). Es werden die α-Teilchen ja zunächst nicht absorbiert, sondern nur ihre Geschwindigkeit verringert.

Die Geschwindigkeitsabnahme fand man der Wurzel aus der Geschwindigkeit proportional. Diese Abnahme ist auch annähernd proportional der Wurzel aus dem Atomgewicht der durchstrahlten Substanz.[1] Neben dieser absorptionsartigen Erscheinung tritt aber auch Ablenkung ein.

Das erklärt auch das plötzliche Steckenbleiben der Strahlung im Al. Die Geschwindigkeit der Strahlen habe jenen unteren Grenzwert erreicht; wird jetzt die Dicke der Aluminiumfolie nur um das Geringste vermehrt, so werden die Strahlen allseitig zerstreut und ihre Geschwindigkeit sinkt rapide auf Null, so daß sie die Folie nicht mehr durchdringen. Auf dieselbe Erscheinung stoßen wir bei der ionisierenden Wirkung der α-Strahlen in Luft. Auch die photographische Wirkung der α-Strahlen hört bei $q = 6{,}3 \cdot 10^8$ cm/sec auf.

Diffuse Zerstreuung. Die Bahn der α-Teilchen ist nicht absolut geradlinig, sondern erfährt oft plötzlich eine Ablenkung, die im allgemeinen besonders bei großen Geschwindigkeiten klein ist. Diese Ablenkung in einem durchquerten Atome ist ungefähr dem Atomgewichte proportional.[2] In der Nähe der Reichweite, wo die α-Geschwindigkeit schon kleiner geworden, kann die Ablenkung große Werte erreichen. H. Geiger hat diese Verhältnisse nach der Szintillationsmethode festgestellt.

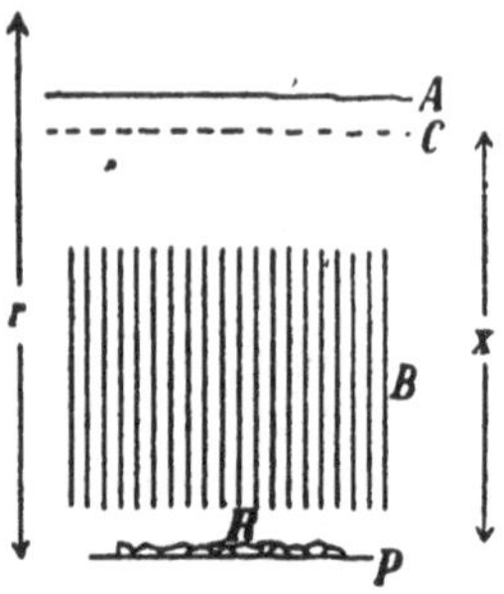

Fig. 723. Messung der Reichweite in Gasen.

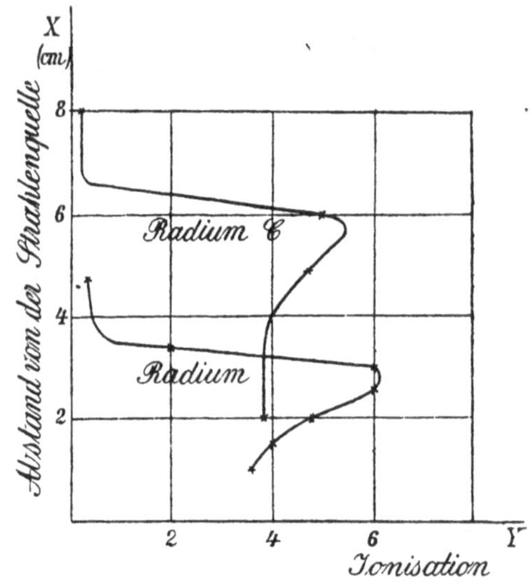

Fig. 724.

Reichweite in Gasen. Zur Messung der Ionisierungsstärke, d. h. der Zahl von Ionen, die pro sec in der Volumeinheit des Ionisationsraumes erzeugt werden, dient der in Fig. 723 skizzierte Apparat[3]. Die radioaktive Substanz R liegt auf der horizontalen Platte p, die nach oben gehenden α-Strahlen passieren ein Bündel von parallelen, vertikalen Kapillarröhren, die „Braggsche Blende“ B, welche nur annähernd parallele Strahlen hinauf läßt. Die Substanz wird in einer so dünnen Schichte

[1] W. H. Bragg u. Kleeman, Phil. Mag. 10 (1905), 11 (1906).

[2] Geiger, Proc. Roy. Soc. 81 (1908), 83 (1910), 86 (1912). [3] Bragg u. Kleeman, Phil. Mag. (1904), (1905). — Bragg, Jahrb. d. Radioaktivität (1905).

verwandt, daß eine Änderung der Geschwindigkeit durch Absorption in der Substanz selber nicht in Frage kommt. Der Ionisationsraum wird nach oben durch die Metallplatte A, nach unten durch das Drahtnetz C begrenzt. Die Ionisierungsstärke wird durch den Sättigungsstrom zwischen A und C gemessen. Den Gegenstand der Beobachtung bildet der Zusammenhang zwischen der Ionisierungsstärke und dem Abstande x der radioaktiven Schichte R von dem Netze C.

Die Resultate der Beobachtung mögen graphisch dargestellt werden. Fig. 724 bezieht sich auf die durch Ra und durch Ra C bewirkte Ionisation. Auf der vertikalen Achse X sind die Abstände $RC = x$, senkrecht dazu, parallel mit der Achse Y, die entsprechenden Ionisierungsstärken abgetragen. Die Ionisationskurve für Ra C läuft bis auf eine Entfernung von etwa 3 cm der Achse X parallel, steigt dann mit wachsender Entfernung an, um bei etwa 6 cm ein Maximum zu erreichen; von da fällt sie sehr schnell zu der X-Achse ab. Bei einer Entfernung von 7,06 cm ist die durch α-Strahlen bedingte Ionisation verschwunden; der noch vorhandene Rest wird auf anderen Ursachen beruhen. Die Ionisationskurve des Ra selber verhält sich ganz ähnlich; sie liegt nur der Y-Achse um vieles näher; die Ionisation, welche durch die von Ra ausgesandten α-Strahlen erzeugt wird, verschwindet schon in einer Entfernung von 3,5 cm. Mit Rücksicht auf die bei Absorption der Strahlen in Al gemachten Erfahrungen können wir das Ergebnis des Versuches in folgender Weise deuten. Ebenso wie in Al bewegen sich die α-Strahlen auch in Luft in gerader Linie, ohne von der ursprünglichen Bewegungsrichtung wesentlich abgelenkt zu werden; ihre Geschwindigkeit nimmt ab mit dem Wege, den sie in der Luft zurückgelegt haben; die ionisierende Wirkung der Strahlen verschwindet, wenn ihre Geschwindigkeit auf einen bestimmten Grenzwert gesunken ist. Dann tritt auch Ablenkung aus der geraden Bahn ein. Diese Bemerkung gewinnt noch an Bedeutung, wenn man berücksichtigt, daß in derselben Entfernung wie die Ionisation, d. h. bei demselben Grenzwerte r der Geschwindigkeit, auch die photographische Wirkung der α-Strahlen und ihre Wirkung auf die Sidotblende aufhört.

Die Kurven der Fig. 724 beziehen sich auf den Fall, daß die strahlenden Substanzen, Ra und Ra C, je für sich allein vorhanden sind. Man wird fragen, wie sich die Dinge gestalten, wenn man gleichzeitig mit der Strahlung verschiedener Substanzen zu tun hat. Fig. 725 zeigt die Ionisationskurve von Ra, das sich mit seinen schnellen Zerfallsprodukten, Ra Em, Ra A und Ra C, im Gleichgewichte befindet. Die Kurve läßt sich konstruieren, indem man die Ionisationen, die den vier Stoffen einzeln genommen entsprechen, nach dem Prinzipe der Superposition zu einer Resultierenden vereinigt; die Ionisation setzt sich also additiv aus den Einzelionisationen zusammen. Die Entfernung, bei der die ionisierende Wirkung der α-Strahlen verschwindet, beträgt bei Ra Em 4,23 cm, bei Ra A 4,83 cm.

Im vorhergehenden haben wir zwei Größen kennen gelernt, welche für eine bestimmte radioaktive Substanz charakteristisch sind, die Anfangsgeschwindigkeit, mit der die α-Ionen von ihr ausgeschleudert werden, und die Entfernung, in der die ionisierende Wirkung der Strahlen verschwindet, die sogenannte Reichweite der Strahlen.

Die Reichweite r ist wie die mittlere Weglänge dem Druck der Luft umgekehrt proportional.

Die merkwürdige Form der Kurve in Fig. 724 erklärt sich, der Hauptsache nach, folgendermaßen. Insofern es sich nur um die ioni-

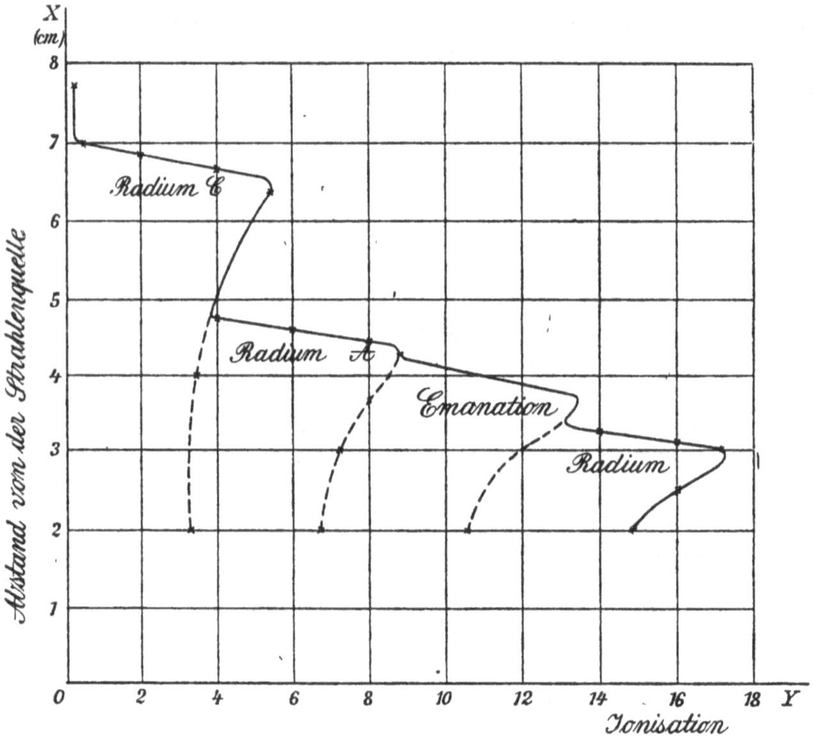

Fig. 725.

sierende Wirkung der Strahlen handelt, hat das von dem radioaktiven Stoffe ausgehende Bündel von Parallelstrahlen eine ganz bestimmte Länge, gleich der Reichweite r der betreffenden Strahlen. Innerhalb des so begrenzten Raumes ist die Ionisierungsstärke überall dieselbe; die Gesamtionisation in einem bestimmten Raumabschnitte ist daher proportional seiner Länge. Betrachten wir jetzt die Verhältnisse in dem Ionisationsraume AC der Fig. 723. Die Entfernung RC sei zuerst gerade gleich der Reichweite, dann findet zwischen A und C noch keine Ionisation statt. Nun werde der Ionisationsraum der Strahlenquelle genähert; das Ende des ionisierenden Strahlenbündels dringt in den Ionisationsraum ein, geht durch C, aber zunächst ohne die Platte A zu erreichen. Ist unter dieser Voraussetzung der Abstand RC gleich x, so hat das in dem Ionisationsraume liegende Stück des Strahlenbündels die Länge $r - x$; die Ionisation ist dementsprechend gleich $i(r - x)$, wobei i ein Proportionalitätsfaktor ist. Wird der Ionisierungsraum so weit vorgeschoben, daß das Ende des Strahlenbündels die Platte A gerade erreicht, so wird $r - x = d$, die Ionisation gleich id, wenn wir unter d die Tiefe des Ionisierungsraumes AC verstehen. Von jetzt an bleibt aber die Ionisierung konstant, denn das Stück, das der Ionisierungsraum aus dem Strahlenbündel ausschneidet, behält immer dieselbe Länge. Stellt man die Verhältnisse graphisch dar, so beginnt die Ionisierungskurve bei dem Punkte N mit der Ordinate $x = r$ und der Abszisse 0 (Fig. 726). Ziehen wir durch den Punkt m mit der Ordinate $x = r - d$ eine Parallele zu der Abszissenachse, so steigt die Ionisierungskurve bis zu einem Punkte M der Parallele geradlinig an; von M an läuft die Ionisierungskurve parallel mit der X-Achse. Unsere Annahme führt also genau zu dem schematischen Bilde von Fig. 726. Vorausgesetzt ist dabei noch, daß die α-Strahlen, welche die Platte A treffen, einfach absorbiert werden, ohne eine neue ionisierende Wirkung zu üben.

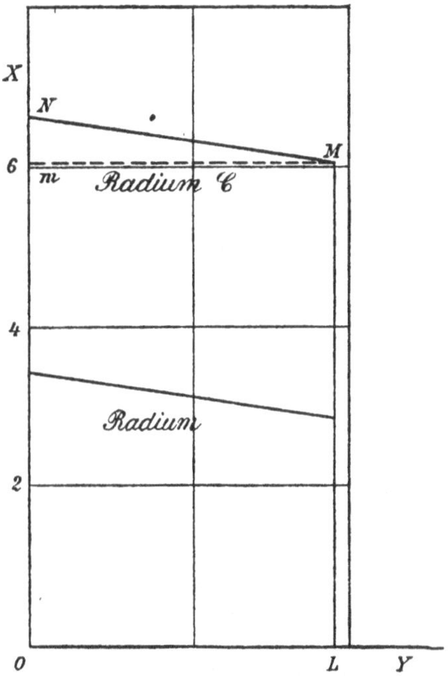

Fig. 726.

Reichweite und Anfangsgeschwindigkeit der α-Strahlen. In folgender Tabelle bedeutet r die Reichweite in Luft bei 15° und 76 cm Hg in cm, q_0 die Anfangsgeschwindigkeit mal 10^{-9}.

	r	q_0		r	q_0		r	q_0
U_I	2,50	1,37	Th	2,72	1,40	(Ac)	(3,56)	(1,54)
U_{II}	2,90	1,44	Ra Th	3,87	1,58	Ra Ac {	4,61	1,68
Io	3,07	1,46	Th X	4,30	1,64		4,2	1,63
Ra	3,30	1,50	Th Em	5,00	1,72	Ac X	4,26	1,64
Ra Em	4.16	1,62	Th A	5,70	1,80	Ac Em	5,57	1,79
Ra A	4,75	1,69	Th C	4,95	1,71	Ac A	5,27	1,86
Ra C	6,94	1,922	Th C'	8,60	2,06	Ac C	5,15	1,74
Ra F (Po)	3,83	1,58						

Es ist die Reichweite der Strahlen um so größer, je größer ihre Anfangsgeschwindigkeit; den Zusammenhang liefert eine Formel

$$v_0^3 = A r,$$

wo A eine Konstante ($= 1{,}077 \cdot 10^{27}$).

Man hat auch versucht, die Beziehung zwischen Reichweite r und Zerfallskonstante λ durch eine empirische Formel von der Form $\lambda = a \cdot r^b$ darzustellen, wo a und b Konstante sind. Oft, wenn andere Methoden fehlen, kann man aus dieser Näherungsformel eine ungefähre Bestimmung von λ erreichen.

Ein ähnlicher Zusammenhang besteht auch zwischen λ und der Anfangsgeschwindigkeit der α-Strahlen.

Durch Geschwindigkeitsabnahme und diffuse Zerstreuung sind an der Grenze der mittleren Reichweite die α-Teilchen durch die Summierung aller Bremsungen auf molekulare Gasgeschwindigkeitswerte gebracht[1] und damit ist ihre radioaktive Wirkung verschwunden.

§ 628. Photographie der α-Strahlen. Wenn ein α-Teilchen in einen Ionisationsraum tritt, der mit H_2O-Dampf übersättigt ist, so wird jedes von dem α-Teilchen erzeugte Gasion zum Kondensationskern eines H_2O-Tröpfchens. Die Spur des α-Teilchens markiert sich also durch die dichte Reihenfolge der von ihm erzeugten Tröpfchen. Man kann den so erzeugten Nebelstrahl photographisch aufnehmen, wenn man dafür sorgt, daß er beleuchtet wird unmittelbar nach seinem Entstehen, ehe also die H_2O-Tröpfchen Zeit gefunden haben, in den umgebenden Raum zu diffundieren und dadurch das Bild des Strahles zu verwischen. Die Übersättigung wird in der Weise erzeugt, daß man einen Luftraum über Wasser plötzlich expandiert und dadurch abkühlt (s. § 637). Die Beleuchtung der Bahnstrecken des α-Strahles erfolgt durch einen elektrischen Funken; die Auslösung der Expansionsvorrichtung wird mit der Auslösung des Funkens so gekoppelt, daß der Funken unmittelbar nach der Expansion überspringt. In den photographischen Aufnahmen (Fig. 727, natürl. Größe) zeigt sich der Nebelstreif als eine gerade Linie; erst am Ende des Strahles erfährt er zuweilen eine plötzliche Knickung, so daß sich an die bisher durchlaufene Gerade ein wenige Millimeter langes gerades Stück ansetzt unter einem Winkel, der bis zu etwa 45° gehen kann.

Fig. 727. Photographie der α-Bahnen.

[1] Theoretische Betrachtungen: Flamm, Wien. Ber. 124 (1915). — Bohr, Phil. Mag. 30 (1915).

Diese Ablenkung von der geraden Bahn ist veranlaßt durch einen Zusammenstoß des α-Teilchens mit einem Gasatom. Dabei macht man noch eine eigentümliche Beobachtung; am Knickpunkte setzt sich noch ein anderes ganz kurzes Linienstück an, das auf der entgegengesetzten Seite der geraden Bahnstrecke liegt, wie das geknickte Endstück. Dieses spornartige Stückchen kann nicht zur Bahn des α-Teilchens gehören. Es bleibt dafür nur folgende Erklärung übrig. Die Ionen, um welche sich die H_2O-Tröpfchen des Sporns kondensieren, werden durch das Gasatom erzeugt, welches beim Anstoß des α-Teilchens den Knick hervorruft. Das angestoßene Gasatom selber wird dabei in einer Richtung zurückgeworfen, welche auf der anderen Seite der geradlinigen Bahnstrecke liegt, als die Reflexionsrichtung des α-Teilchens; es erreicht durch den Stoß eine solche Geschwindigkeit, daß es auf eine kurze Strecke hin zu ionisieren vermag. Es mag noch bemerkt werden, daß derartige R ü c k s t o ß e r s c h e i n u n g e n auch bei radioaktivem Zerfalle auftreten. W e n n z. B. ein Atom einer Emanation zerfällt, so entspricht der Bewegungsgröße des ausgeschleuderten α-Teilchens eine in entgegengesetztem Sinne gerichtete Bewegungsgröße des Restatoms, d. h. des A-Elementes der entsprechenden Zerfallsreihe. Bei der Bildung aktiver Niederschläge auf Blechen oder Drähten, welche mit der Emanation in Berührung sind, spielen diese Rückstoßerscheinungen eine wesentliche Rolle.

Dieselbe Methode, die man benützt, um die Spuren der α-Strahlen sichtbar zu machen, kann man auch anwenden auf die β- und die γ-Strahlen. Während aber auf der Spur eines α-Strahles die H_2O-Tröpfchen so dicht gedrängt sind, daß sie als kontinuierliche Striche erscheinen, sind bei den Spuren der β-Strahlen die einzelnen kondensierten H_2O-Tröpfchen getrennt zu beobachten. Die Ablenkungen aus den geradlinigen Bahnen sind bei den β-Strahlen zahlreich. Sie erscheinen, besonders gegen das Ende hin, gekrümmt.

Die Betrachtung der Spuren von γ-Strahlen führt zu einem bemerkenswerten Schluß. Diese Spuren erscheinen als ein wirres Durcheinander der Spuren von β-Strahlen, welche nach allen Seiten von dem γ-Strahl sich verbreiten. Die Ionisation durch γ-Strahlen beruht also darauf, daß die γ-Strahlen aus den Gasmolekeln Elektronen absprengen, welche mit solcher Geschwindigkeit in den umgebenden Raum hineinfahren, daß sie ionisierend wirken.

§ 629. Natur der β-Strahlung. Der einzige Unterschied zwischen den β-Strahlen radioaktiver Körper und den Kathodenstrahlen liegt darin, daß die β-Strahlen elektrisch und magnetisch weniger stark abgelenkt werden, und daß sie leichter durch feste Körper hindurchzudringen vermögen. Beides deutet darauf hin, daß wir es in den β-Strahlen mit Kathodenstrahlen von besonders großer Geschwindigkeit zu tun haben. Die Frage, ob sie wirklich identisch sind mit Kathodenstrahlen, wird sich am besten dadurch entscheiden lassen, daß man auch bei den β-Strahlen die Geschwindigkeit und die spezifische Ladung bestimmt. Eine Schwierigkeit scheint darin zu liegen, daß man es nicht mit einer homogenen Strahlung, sondern mit Strahlen von verschiedener Ablenkbarkeit zu tun hat. Man kann einen durch einen Bleispalt hindurchgegangenen β-Strahl durch magnetische Ablenkung in eine Art „magnetisches Linienspektrum" auflösen.[1] Siehe auch die rohe Zeichnung Fig. 714.

Wenn man einen Strahl dadurch herstellt, daß man die von einem Körnchen aktiver Substanz ausgehende Strahlung durch ein feines Loch als Diaphragma hindurchgehen läßt, so wird dieser Strahl im magnetischen Felde in einen Fächer auseinandergebreitet; auf einer photographischen Platte wird also ein feiner, schwarzer Strich erzeugt. Wenn man nachher denselben Strahl in einem elektrostatischen Felde ablenkt, so ergibt sich dort ein ähnlicher Streifen; man weiß dann, von den Endpunkten der Streifen abgesehen, nicht, welche ihrer Punkte einem und demselben Strahle entsprechen. W. Kaufmann[2] hat diese Schwierigkeit dadurch beseitigt, daß er die Strahlen gleichzeitig der Wirkung eines magnetischen und eines elektrischen Feldes mit übereinstimmender Richtung der Kraftlinien unterwarf. Es ist dies die in § 586 bereits beschriebene Parabelmethode.

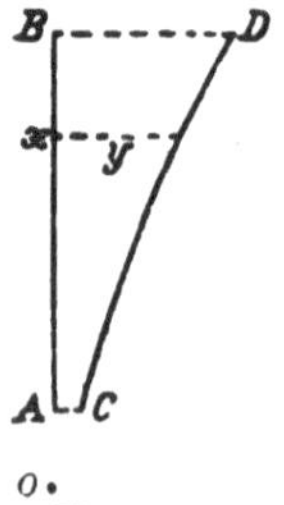

Fig. 728.

Zu der kreisförmigen Biegung der Strahlen in einer zu den Magnetkraftlinien senkrechten Ebene kommt dann noch eine (elektrische) Verschiebung in der Richtung der Kraftlinien. Auf einer senkrecht zu der ursprünglichen Strahlrichtung gestellten photographischen Platte tritt an Stelle des in jener Ebene liegenden geraden Striches AB eine seitlich liegende Kurve CD (Fig. 728). Die Richtung der Strahlen vor der Erregung des magnetischen und des elektrischen Feldes wird durch einen schwarzen Fleck O angegeben, der von den nicht ablenkbaren γ-Strahlen erzeugt wird. Aus der Messung einer Abszisse Ox und der dazu gehörenden Ordinate y der Kurve CD kann die Geschwindigkeit $\mathfrak{g}$ und die spezifische Ladung ε/μ der β-Strahlen berechnet werden. Es ergeben sich so die in der folgenden Tabelle zusammengestellten Werte. Mit Bezug auf die Versuche selbst mag noch bemerkt werden, daß sie in einem möglichst hohen Vakuum ausgeführt werden müssen, um Leitungsströme in dem elektrischen Felde zu vermeiden. Bei der verhältnismäßig kleinen Menge der von dem Radium ausgesandten Elektronen mußte die photographische Platte etwa 26 Stunden lang exponiert werden, um eine deutliche Schwärzung zu erhalten.

---

[1] v. Bayer, Hahn u. Meitner, Phys. Zs. 11 (1910), 12 (1911), 13 (1912), 14 (1913).

[2] Gött. Nachr. (1901).

$g \cdot 10^{-10}$ (cm · sec^{-1})	$\frac{\varepsilon}{\mu} \cdot 10^{-15}$ elektrost. Maß	k	$k \cdot \frac{\varepsilon}{\mu} 10^{-15}$
2,121	403	0,87	350
2,361	367	0,96	352
2,595	316	1,10	344
2,736	279	1,24	346
2,853	234	1,50	350

Für Kathodenstrahlen war der größte früher angegebene Wert der Geschwindigkeit $0{,}68 \cdot 10^{10}$, der Wert von ε/μ konstant gleich $555 \cdot 10^{15}$. Über diese Abnahme von ε/μ sprechen wir noch § 639, dort wird auch das k verwendet werden.

Absorption der β-Strahlen. Der Absorptionskoëffizient a (analog dem μ in § 290) ergibt sich aus der Gleichung $dn/n = a\,dx$, wo n die Zahl der in der Richtung x sich bewegenden β-Teilchen ist. Ist d die Dichte des Absorbens, so ist nach Strutt[1] a/d etwa 5,3. Lenard[2] findet für Al den Wert 5,0, welcher aber nur für schnellste β-Teilchen gilt. Lenard bestimmte a für verschiedene Elektronengeschwindigkeiten und Materialien.

Während die Absorption der α-Teilchen in erster Reihe in einer Verlangsamung ihrer Geschwindigkeit besteht, wird hingegen bei Absorption der β-Teilchen hauptsächlich ihre Zahl immer geringer; doch sind hier die Verhältnisse für eine eingehendere Behandlung ziemlich verwickelt.

δ-Strahlen. Die α-Strahlen erzeugen beim Auftreffen auf Metalle oder beim Zusammenstoß mit den neutralen Molekeln der Luft Kathodenstrahlen von verhältnismäßig kleiner Geschwindigkeit. Man hat diese Strahlen als δ-Strahlen bezeichnet. Bei allen Messungen der von den α-Strahlen mitgeführten positiven Ladungen muß auf diese δ-Strahlen Rücksicht genommen werden. Infolge der kleinen Geschwindigkeit, $3{,}25 \cdot 10^{8}$ cm-sec^{-1}, mit der sich die Elektronen in den δ-Strahlen bewegen, können sie leicht durch ein Magnetfeld auf ihren Ursprungsort zurückgelenkt werden. Da sie ferner auch sehr leicht absorbiert werden, so genügt eine dünne Al-Folie oder ein dünner Überzug mit Lack, um ihr Entweichen aus dem Metall, an dessen Oberfläche sie erzeugt wurden, zu verhindern.

§ 630. **Natur der γ-Strahlung.** Während α- und β-Strahlen eine korpuskulare Strahlung darstellen, sind die γ-Strahlen identisch mit kurzwelligen Röntgenstrahlen. Sie werden in einem magnetischen Felde nicht abgelenkt und besitzen ein noch viel größeres Durchdringungsvermögen als die β-Strahlen.

Rutherford und Andrade[3] entwarfen von verschiedenen radioaktiven Körpern mit einem Drehkristall (Steinsalz) γ-Spektra ganz wie

[1] Phil. Mag. 6 (1903). [2] Heidelberg. Ber. seit 1895.
[3] Phil. Mag. 27, 28 (1914).

Röntgenspektra (§ 613). (Ein starkes magnetisches Feld zog die β-Strahlung von der Platte weg, α-Strahlung war durch Absorption vernichtet.)

Für sehr kurze Wellenlängen wurde eine etwas andere Methode verwendet.

Interessant ist, daß viele der längeren Wellen mit den L-Linien des Pb oder mit den L-Linien des Bi zusammenfallen (Isotopie, § 661).

Die kürzeste der gemessenen γ-Spektrallinien ist $0{,}72 \cdot 10^{-9}$ cm.

Die γ-Strahlung ist ebenso wie die α- und β-Strahlung bei verschiedenen radioaktiven Strahlern verschieden.

γ-Strahlen entstehen, wenn die Geschwindigkeit eines β-Korpuskels beim Durchgange durch ein Atom plötzlich geändert wird: zerstreute oder Impulsstrahlung. Es kann aber auch eine Eigenschwingung im durchquerten Atom angeregt werden: Eigenstrahlung.

Sekundärstrahlung. β- und γ-Strahlen erzeugen beim Auftreffen auf Materie eine Sekundärstrahlung, welche ganz analog der sekundären Röntgenstrahlung einen „zerstreuten" Teil, identisch mit der einfallenden Strahlung, dann eine „Eigenstrahlung" und schließlich β-Strahlen zeigt, welche verschiedene Geschwindigkeit haben, bis herunter zu δ-Strahlen.

§ 631. Ionisierung fester und flüssiger Isolatoren. Starke radioaktive Strahlung macht auch viele feste und besonders flüssige Isolatoren zu Leitern, es tritt also auch in diesen Ionisierung ein. Da die Reibung eine ungemein große, wird die Ionenbeweglichkeit und daher auch die Leitfähigkeit sehr klein.

§ 632. Radiumeinheiten. Von allen radioaktiven Substanzen ist das Ra am besten definiert. Es wurde von Fr. Curie in Paris und von Hönigschmid in Wien reinstes $RaCl_2$ hergestellt, in dünne Glasröhrchen eingeschlossen. Zur Vermeidung von Ladungserscheinungen wurden gleichzeitig Pt-Drähte in das Glas eingeschmolzen. Das Präparat von Fr. Curie mit 21,99 mg $RaCl_2$ wurde international zum Ra-Standard, das Wiener Präparat mit 31,17 mg $RaCl_2$ zum internationalen Ersatzstandard erklärt. Man rechnet dann die Strahlung um auf 1 g Ra. Die Reinheit dieser Etalons wurde durch wechselseitigen Vergleich durch die Standardkommission erreicht. Alle großen Staaten bezogen vom Wiener Radiuminstitut solche Ra-Einheiten, welche am Wiener- und Pariser-Normale gemessen wurden.[1]

Diese Messung geschieht mittels der — vom RaC ausgehenden — durchdringenden γ-Strahlung, wobei die in § 620 angedeutete Abschirmungsmethode durch ein etwa 10 mm dickes Blei verwendet wurde. Die Meßgenauigkeit läßt sich bei stärkeren Präparaten bis auf etwa 0,3 % steigern.

---

[1] Internationale Ra-Standardkommission. Brüssel (1910). Hönigschmid, Wien. Ber. 121 (1912). Hahn, St. Meyer, v. Schweidler, Phys. Zs. 13 (1912). St. Meyer, Wien. Anz. (1913).

Vergleicht man γ-strahlende Produkte anderer radioaktiver Reihen, so ist Rücksicht auf die verschiedenen Absorptionsverhältnisse zu nehmen.

§ 633. Energetische Eigenschaften des radioaktiven Körpers. Schon in § 618 erwähnten wir, daß radioaktive Körper dauernd Wärme erzeugen.

Berechnungen. Wir führen die Berechnung für den Zerfall Ra bis RaC inkl. durch.

Bei diesen atomaren Explosionen werden die schweren α-Teilchen mit großer Emissionsgeschwindigkeit ausgeschleudert und das Restatom erfährt einen Rückstoß von beträchtlicher Größe. Werden diese Strahlen im radioaktiven Körper selbst oder in der Wand des Gefäßes gebremst, so ergibt das folgende den zu berechnenden Energiebetrag.

Wir berechnen zunächst den Betrag für die α-Strahlung.

Die kinetische Energie eines mit der Geschwindigkeit q fliegenden α-Teilchens von der Masse m_α ist $\frac{1}{2} m_\alpha q^2$. Hier ist m_α, wenn das Atomgewicht des He = 4 und die LOSCHMIDTsche Zahl $= 6 \cdot 10^{23}$ ist, gegeben durch $4/(6 \cdot 10^{23}) = 6{,}6 \cdot 10^{-24}$; so viel beträgt die Masse eines einzelnen Heliumatoms. Die Zahl der pro sec zerfallenden Ra-Atome sei Z; so wird die gesuchte Energie für 1 g Ra gegeben sein durch $\frac{1}{2} z \cdot 6{,}6 \cdot 10^{-24} q$, wo $z = \lambda N$ ist (§ 621) und experimentell bestimmt wurde mit $3{,}4 \cdot 10^{10}$ (§ 626).

Denselben Ausdruck bilden wir nun für RaEm, RaB und RaC.

Da diese Zerfallsprodukte im radioaktiven Gleichgewicht stehen, ist z für alle obigen Zerfallsstufen das gleiche; wir erhalten also für die Gesamtenergie

$$E_\alpha = \frac{1}{2}(3{,}4 \cdot 10^{10})(6{,}6 \cdot 10^{-24})(q^2_{Ra} + q^2_{Em} + q^2_{RaA} + q^2_{RaC}).$$

Nach neueren Messungen[1] gelten folgende Werte:

	q cm/sec	q^2	Σq^2
Ra	$1{,}50 \cdot 10^9$	$2{,}25 \cdot 10^{18}$	$11{,}42 \cdot 10^{18}$.
RaEm	1,62	2,62	
RaA	1,69	2,86	
RaC	1,92	3,69	

RaB ist außer Rechnung gelassen, weil es kein α-Strahler ist.

Somit ist $E_\alpha = 1{,}28 \cdot 10^6$ Erg/sec = 110 cal/Stunde.

E_β, die Energie der β-Strahlung, wurde experimentell mit 3,8 %, die der γ-Strahlung, E_γ, mit 5,2 % der der α-Strahlung bestimmt. Somit

$$E_\beta = 4{,}18 \text{ cal/Stunde}, \qquad E_\gamma = 5{,}72 \text{ cal/Stunde}.$$

Noch fehlt die Energie des Rückstoßes. Um die Geschwindigkeit eines zurückgestoßenen Restatomes zu bestimmen, nehmen wir aus § 63 die Gleichung $mv = MV$, woraus $V = mv/M$. Setzen wir nun für M die Masse des Restatoms, für m die oben bezeichnete Masse m_α und für

[1] RUTHERFORD u. ROBINSON, Wien. Ber. (1913); Phil. Mag. 28 (1914).

v das oben gegebene q, so liefert eine analoge Summation wie vorher für die Rückstoßenergie

$$E_r = 2{,}04 \text{ cal/Stunde.}$$

Somit $$E = E_\alpha + E_\beta + E_\gamma + E_r = 122 \text{ cal/Stunde.}$$

Die Gesamtenergie des Zerfalls von 1 g Ra bis inkl. RaC liefert somit die Wärme 122 cal/Stunde.

Experimentelle Bestimmungen ergaben zunächst eine ziemlich befriedigende Übereinstimmung.

Die von Ra bis inkl. RaC entwickelte Energie wurde auf kalorimetrischem Wege gemessen. Man kann zu diesem Zwecke ein Differentialkalorimeter benützen nach Curie und Laborde.[1] Die in einem Gläschen eingeschlossene radioaktive Substanz, Radium-Barium-Chlorid, wird in das Innere eines Metallblockes gebracht. Ein möglichst gleicher Block wird in derselben Weise mit einer gleichen Menge $BaCl_2$ beschickt. Das Ganze wird mit einer wärmeisolierenden Hülle umgeben. Zwischen den beiden Metallblöcken stellt sich infolge der Wärmeentwicklung des Radiums eine Temperaturdifferenz von etwa 1,5° her. An Stelle des Radium-Barium-Chlorids wird dann eine kleine Spirale aus Platindraht gesetzt; ein durch sie gehender galvanischer Strom wird so lange reguliert, bis die Temperaturdifferenz der beiden Metallblöcke wieder genau auf den früheren Betrag sich einstellt. Die von dem Strome in der Sekunde entwickelte Wärme kann nach dem Jouleschen Gesetze berechnet werden. Sie muß aber ebenso groß sein, wie die in einer Sekunde von dem Ra-Präparat entwickelte, und damit ist diese letztere gemessen. Von vielen Forschern wurden ähnliche Werte zwischen 100 und 118 cal/Stunde gefunden.

Nachdem es gelungen war, völlig reine Ra-Präparate herzustellen, wurden diese Versuche besonders sorgfältig von St. Meyer und Hess[2] wiederholt und sie ergaben einen viel höheren Wert von 132,3 cal/Stunde. Dabei sind noch nicht alle γ-Strahlen absorbiert; man müßte dazu ganz dickwandige Kalorimeter nehmen. Bei Berücksichtigung dieser Korrektur steigt der Wert auf 137 cal/Stunde.

Hess[3] fand die Wirkung von Ra allein mit 25,2 cal und die Wirkung von RaEm bis inkl. RaC wieder ohne Berücksichtigung der gesamten γ-Strahlung mit 107,1 cal, also in Summe wieder 132,3 cal. Dieser Unterschied zwischen Experiment und Theorie kann davon herrühren, daß die experimentell in Erscheinung tretende Wärme nicht nur aus Strahlungsenergie besteht, sondern aus irgendwelchen inneren, unbekannten exothermischen Transformationen der Elemente herstammt. Es wäre aber auch möglich, daß die zur Berechnung verwendeten Daten nicht ganz richtig sind; die meisten der verwendeten Geschwindigkeitszahlen sind nicht direkt bestimmt, sondern mit der Geigerschen Beziehung zwischen Reichweite und Anfangsgeschwindigkeit errechnet.

[1] C. R. 136 (1903). [2] Wien. Ber. 121 (1912). [3] Wien. Ber. 121 (1912).

Gesamte Wärmeproduktion während der ganzen Lebensdauer. Diesbezügliche Berechnungen ergeben gewaltige Energiemengen. 1 g Ra mit den bisher berücksichtigten Zerfallsprodukten ergibt für die ganze Lebensdauer $3{,}0 \cdot 10^9$ cal. Nehmen wir die ganze Zerfallsreihe bis RaF hinzu, so erhalten wir $3{,}7 \cdot 10^9$ cal.

Zum Vergleiche erwähnen wir, daß bei der Verbrennung von 1 Grammatom Wasserstoff eine Wärmemenge von 33700 g-cal entbunden wird. Man sieht, daß es sich bei radioaktiven Prozessen um Energiemengen von ganz anderer Größenordnung handelt, als bei chemischen Reaktionen; dieser Umstand, sowie die Unabhängigkeit der radioaktiven Umwandlungen von der Temperatur bedeuten einen fundamentalen Unterschied zwischen der Dissoziation chemischer Verbindungen und dem radioaktiven Zerfalle von Atomen. Der Verwertung der ungeheuren inneren Energie der Atome steht der Umstand hindernd im Wege, daß diese Energie sich nur im Verlaufe sehr langer Zeiten entbindet, und daß wir in den Vorgang der Energieentwicklung in keiner Weise regulierend eingreifen können.

Die Wärmeproduktion radioaktiver Stoffe spielt eine sehr wesentliche Rolle in dem Wärmehaushalt der Erde. Es ergibt sich, daß der Ra-Gehalt des Gesteinsmantels vollkommen genügt, um den Wärmeverlust zu decken, welchen die Erde durch Ausstrahlung erleidet. Man muß also annehmen, daß der Metallkern der Erde von radioaktiven Stoffen vollkommen frei ist.

§ 634. **Die Schweidlerschen Schwankungen.** Die folgenden Betrachtungen knüpfen zunächst an die Beobachtungen von Rutherford bei der Zählung der α-Teilchen an. In der Mitte einer großen Kugel von 7 m Durchmesser befinde sich 1/10 mg Ra, das mit den schnellen Zerfallsprodukten im Gleichgewicht ist. Die Zahl der α-Teilchen, welche von diesem Präparate in einer Minute ausgesandt werden, ist nach dem Früheren gegeben durch:

$$Q = 13{,}6 \cdot 60 \cdot 10^6 .$$

Wir nehmen an, die Kugel sei vollkommen luftleer, so daß die α-Teilchen ohne Einbuße an Geschwindigkeit bis zur Oberfläche der Kugel gelangen. Wir können uns denken, diese sei mit Zinksulfid überzogen, so daß jedes Auftreffen eines α-Teilchens durch einen Lichtblitz sich markiert. Die Zahl der α-Teilchen, welche in einem Zeitraum von einer Minute auf 1 mm² der Oberfläche treffen, ist gegeben durch:

$$q = \frac{13{,}6 \cdot 60 \cdot 10^6}{\pi \cdot (700)^2 \cdot 100} = 5{,}3 .$$

Nun ergibt sich aus den Beobachtungen von Rutherford, daß in den einzelnen aufeinander folgenden Minuten keineswegs immer dieselbe Zahl von α-Teilchen das betrachtete Quadratmillimeter trifft. Vielmehr ist diese Zahl sehr erheblichen zeitlichen Schwankungen unterworfen. Die Zahl 5,3 stellt nur einen Mittelwert dar, den man aus einer sehr großen Zahl von Einzelbeobachtungen erhält, und der dann allerdings aus verschiedenen derartigen Beobachtungsreihen in übereinstimmender Weise sich ergibt. Zu den von RUTHERFORD beobachteten zeitlichen Schwankungen kommen nun aber räumliche Schwankungen hinzu. Richten wir unser Augenmerk auf verschiedene an der Oberfläche der Kugel ausgewählte Quadratmillimeter, so finden wir, daß die in derselben Minute auf ihnen beobachteten Lichtblitze an Zahl keineswegs gleich sind. Die Zahl kann in 1 mm² eine abnorm kleine, gleichzeitig in einem benachbarten eine abnorm hohe sein. Auch die räumliche Ausbreitung der α-Strahlen ist also keine gleichmäßige, sondern wechselt von Augenblick zu Augenblick in unregelmäßiger Weise. Nur wenn wir größere Bezirke der Kugeloberfläche, vielleicht von 1 dm² miteinander vergleichen könnten, würden wir finden, daß die in derselben Minute auf ihnen erscheinenden Lichtblitze an Zahl wesentlich gleich sind. Die Aussendung der α-Teilchen von den Atomen des Ra ist eben im einzelnen eine Sache des Zufalls, und bestimmte Gesetzmäßigkeiten stellen sich erst ein, wenn wir große Mengen des zerfallenden Elementes und große Zahlen von ausgesandten α-Teilchen betrachten.

v. SCHWEIDLER hat auf Grund der Wahrscheinlichkeitsrechnung die im vorhergehenden erwähnten Schwankungen der radioaktiven Strahlung vorausgesagt, und man bezeichnet sie daher als SCHWEIDLERsche Schwankungen.[1] Von den Resultaten seiner theoretischen Untersuchungen heben wir das Folgende hervor.

Wir setzen zunächst die strenge Gültigkeit der in § 621 aufgestellten Gesetze voraus. Von einem radioaktiven Element seien zur Zeit t N Atome vorhanden. Dann ist

$$N = N_0 \cdot e^{-\lambda t}.$$

Wir betrachten einen um die kleine Zeit δ späteren Moment. Die Zahl der in diesem noch vorhandenen Atome sei

$$N - n = N_0 \cdot e^{-\lambda(t+\delta)}.$$

Für die Anzahl der Atome, welche in der Zeit δ zerfallen, ergibt sich somit der Wert:

$$n = N_0 e^{-\lambda t}(1 - e^{-\lambda\delta}) \qquad \text{oder} \qquad n = N \cdot (1 - e^{-\lambda\delta}).$$

Setzen wir den Faktor $\quad 1 - e^{-\lambda\delta} = \alpha,$

so wird die Zahl der in der Zeit δ zerfallenden Atome $n = \alpha \cdot N$. Nun gelten aber die Gesetze von § 621 streng nur dann, wenn es sich um sehr große Zahlen von Atomen handelt. In Wirklichkeit werden die beobachteten Zahlen gewissen Schwankungen unterworfen sein, so daß sie bald größer, bald kleiner erscheinen, als der berechnete Wert. Wir wollen die im Mittel vorhandenen Abweichungen der beobachteten Zahlen

[1] Vgl. d. Bericht v. E. MEYER, Jahrb. d. Radioaktiv. 5 (1918).

von dem berechneten Werte n mit ψ bezeichnen. Dann ergibt sich auf Grund der Wahrscheinlichkeit:

$$\psi = \sqrt{N \cdot \alpha \cdot (1 - \alpha)}.$$

Als mittlere relative Schwankung $\overline{\varphi}$ bezeichnen wir das Verhältnis zwischen der mittleren absoluten Schwankung ψ während der Zeit δ und zwischen der in dieser Zeit zerfallenden Anzahl von Atomen:

$$\overline{\varphi} = \frac{\psi}{\alpha \cdot N} = \sqrt{\frac{1 - \alpha}{\alpha \cdot N}}.$$

Ist die Zeit δ sehr klein im Vergleich mit der mittleren Lebensdauer des radioaktiven Elementes, so ist auch α sehr klein und wir erhalten dann die einfachere Formel:

$$\overline{\varphi} = \sqrt{\frac{1}{\alpha N}}.$$

Es ergibt sich somit der Satz: Die mittlere relative Schwankung ist nur abhängig von der Zahl der Atome, die innerhalb der Zeit δ bei strenger Gültigkeit des Exponentialgesetzes zerfallen würden, und zwar gleich der reziproken Wurzel aus dieser Zahl.

Die Formel bietet die Möglichkeit zu einer experimentellen Prüfung der Theorie. Die Zahl der zerfallenden Atome kann man mit Hilfe des Sättigungsstromes bestimmen.

Zur Beobachtung der Schwankungen wird man zweckmäßig eine Kompensationsmethode benützen, da die Schwankungen unter gewöhnlichen Umständen nur einen kleinen Bruchteil, vielleicht kaum 0,1 $^0/_0$ des mittleren Ionisationsstromes ausmachen. Die Anordnung ist im Prinzip dieselbe, wie bei der Zählung der α-Teilchen von Rutherford. Durch eine Spannung von hinreichender Größe werden die in dem Ionisationsraume erzeugten Ionen eines Vorzeichens nach einer Metallplatte getrieben, welche mit dem einen Quadrantenpaar eines Elektrometers verbunden ist. Das Quadrantenpaar selber ist unter Einschaltung eines Bronson-Widerstandes zur Erde abgeleitet, wie in Fig. 722. Man erreicht auf diese Weise, daß ein nahezu konstanter Strom von der Platte über das Quadrantenpaar zur Erde fließt. Die Ablenkung, welche die Nadel des Elektrometers dabei erfahren würde, wird kompensiert, indem das andere Quadrantenpaar mit dem einen Pole einer Akkumulatorenbatterie von passender Spannung verbunden wird. Für die Beobachtung bleiben dann nur die bald nach der einen, bald nach der anderen Seite gerichteten Abweichungen von der Nullage übrig, welche eine Folge der Ionisationsschwankungen sind. Die Ergebnisse der experimentellen Forschung stehen in vollkommener Übereinstimmung mit den Forderungen der Theorie.

Daß bei der Emission der β-Strahlen ganz analoge Verhältnisse vorliegen, wie bei den α-Strahlen, kann kaum zweifelhaft sein. Dagegen könnte man vermuten, daß die Verhältnisse anders liegen bei den γ-Strahlen. Die γ-Strahlen entstehen durch Elektronenbremsung, ebenso wie die Röntgenstrahlen. Sie pflanzen sich mit Lichtgeschwindigkeit fort.

Wir denken uns nun das radioaktive Präparat im Zentrum zweier Kugelschalen A und B, welche zwischen sich einen Ionisationsraum einschließen. Die innere Schale B gestatte nur den γ-Strahlen den Durchtritt, so daß die Ionisation zwischen A und B nur von γ-Strahlen herrührt. Die von den zerfallenden Atomen ausgesandten γ-Wellen treffen alle Punkte des Ionisationsraumes, welche in gleicher Entfernung vom Zentrum sich befinden, zu gleicher Zeit. Man wird also zu der Vermutung geneigt sein, daß die Ionisation in allen solchen Punkten dieselbe ist, unabhängig von der Richtung der ionisierenden Strahlen. Räumliche Schwankungen der Ionisation würden damit ausgeschlossen sein, zeitliche Schwankungen in der Emission der γ-Wellen würden überall in derselben Weise stattfinden. Wir wollen auf der Oberfläche der Hohlkugel A ein Flächenstück f abgrenzen, und die Ionisation in dem Raume betrachten, welcher zwischen A und B durch die Kanten des vom Zentrum nach dem Rande von f gehenden Kegels ausgeschnitten wird. Die mittlere Schwankung, ausgedrückt in Bruchteilen der ganzen Ionisation, wird dann unabhängig sein von der Lage von f auf der Kugel und unabhängig von der Größe von f.

Diese Folgerungen werden durch die Tatsachen der Beobachtung in keiner Weise bestätigt. Vielmehr zeigt sich, daß die γ-Strahlung ebensolchen räumlichen Schwankungen unterworfen ist, wie die α-Strahlung.[1] Nun beruhen aber die vorhergehenden Schlüsse auf der Voraussetzung, daß die γ-Strahlung isotrop sei, d. h. daß die von einem radioaktiven Atom ausgesandte γ-Welle nach allen Richtungen die gleiche Intensität besitze. Die Beobachtungen zeigen also, daß diese Voraussetzung falsch ist. Die γ-Strahlung muß anisotrop sein, d. h. es müssen gewisse ausgezeichnete Richtungen existieren, nach welchen die Strahlungsintensität ein Maximum oder Minimum besitzt.

Nun haben wir bei den „zerstreuten" (Brems-) Röntgenstrahlen bemerkt (S. 477), daß die Strahlung nicht nach allen Richtungen gleich ist. Die beobachteten Differenzen sind bei den Röntgenstrahlen nicht groß, wir können aber leicht Gründe angeben, welche wahrscheinlich machen, daß die Anisotropie der γ-Strahlung eine ungleich größere ist, als die der Röntgenstrahlen. Wir nehmen an, daß bei den Röntgenstrahlen die erzeugenden Elektronen ihre anfängliche Geschwindigkeit vollständig einbüßen, daß bei den γ-Strahlen die Elektronen von einer Ruhelage aus beschleunigt werden, bis sie die den β-Strahlen eigentümliche Geschwindigkeit erreichen. Dann würde bei den Röntgenstrahlen die Geschwindigkeitsänderung der Elektronen etwa $0{,}7 \cdot 10^{10}$ cm $\cdot$ sec^{-1}, bei den γ-Strahlen $2{,}8 \cdot 10^{10}$ cm $\cdot$ sec^{-1} betragen. Diese Änderungen vollziehen

[1] E. Meyer, Berl. Ber. (1910).

sich aber auf Wegen von ganz verschiedener Länge. Bei den Röntgenstrahlen kommt in Betracht der Radius der Wirkungssphäre der Molekularkräfte, eine Distanz von der Größenordnung 10^{-5} cm. Bei den γ-Strahlen kommt in Betracht der Molekularhalbmesser, eine Distanz von der Größenordnung 10^{-8} cm. Danach kann die Beschleunigung der Elektronen bei den γ-Strahlen leicht 10000 mal größer sein, als bei den Röntgenstrahlen.

In der Tat hat eine theoretische Untersuchung[1] gezeigt, daß bei den γ-Wellen die Strahlungsintensität beinahe vollständig konzentriert wird auf einen Teil der ganzen Kugelwelle, der innerhalb eines sehr schmalen Kegels liegt, welcher von dem Emissionszentrum ausgeht, und dessen Achse zusammenfällt mit der Beschleunigungsrichtung des Elektrons. Nun kommt hinzu, daß es sich bei den γ-Wellen nicht um periodisch sich wiederholende Vorgänge handelt. Die Zeit, während deren das Elektron beschleunigt wird, ist eine überaus kurze, und dem entspricht der Umstand, daß der gestörte Bereich des Äthers, in der Ausbreitungsrichtung gemessen, nur eine sehr geringe Dicke besitzt. Man gewinnt also schließlich das folgende Bild von der γ-Strahlung. Von der radioaktiven Substanz gehen in vollkommen regelloser Folge explosionsartig einzelne Störungsimpulse aus. Diese schreiten im Innern sehr schmaler Kegel fort, deren Spitze in der emittierenden Substanz liegt. Die Geschwindigkeit, mit der sich die Störungen ausbreiten, ist gleich der Geschwindigkeit des Lichtes. Die gestörten Bezirke des Äthers sind immer äußerst klein im Vergleich mit ihrem Abstande vom Emissionszentrum. Da bei einem radioaktiven Elemente die Anfangsenergie, mit welcher die Elektronen das Atom verlassen, eine Konstante ist, so gilt gleiches von der Energie aller einzelnen Störungsimpulse. Wir können hiernach das Wesen der γ-Strahlung auch in folgender Weise darstellen. Von dem radioaktiven Elemente werden nach allen Richtungen hin in regelloser Weise bestimmte Energiequanten ausgeschleudert, welche sich mit Lichtgeschwindigkeit in geraden Linien bewegen; sie sind in räumlichen Bezirken eingeschlossen, deren Dimensionen überaus klein sind im Vergleich mit der Entfernung von dem emittierenden Zentrum. Man sieht, daß damit eine vollständige Analogie hergestellt ist zwischen der γ-Strahlung und der α-Strahlung. Die Gesetze der Wahrscheinlichkeit gelten also für die γ-Strahlen ebenso wie für die α-Strahlen, und die erwähnten räumlichen Schwankungen der Ionisation finden dadurch ihre Erklärung, ebenso wie bei den α-Strahlen.

Ergänzend mag hierzu noch bemerkt werden, daß man versucht hat, die Vorstellung von diskreten mit Lichtgeschwindigkeit fortschreitenden Energiequanten auch auf die Theorie des Lichtes zu übertragen. (Siehe § 606, wo wir bei Besprechung des lichtelektrischen Effektes ähnliche Gedanken fanden.) Schwierigkeiten machen solche Vorstellungen diskreter Lichtblitze für die Erklärung der Interferenzerscheinungen.

[1] Sommerfeld, Phys. Zs. 10 (1909).

§ 635. Richtung des Weltgeschehens. Wir fanden zuerst (§ 73) in der Mechanik bei Verwandlung von kinetischer und potentieller Energie ineinander eine Begünstigung der Richtung potentiell $\rightarrow$ kinetisch. Im zweiten Hauptsatze der mechanischen Wärmetheorie (§ 191) erkannten wir eine „Vorliebe der Natur“ für die Wärmeform der Energie. Diesem Ablauf der Naturgeschehnisse nach einer bestimmten Richtung reiht sich nun an ein Zerfall großer Atome in kleinere.

Erscheinungen in umgekehrter Richtung wurden nie beobachtet, sind aber — wenn auch unendlich unwahrscheinlich — doch theoretisch nicht unmöglich.

Sechzehnter Teil. Elektronik.

I. Elektron.

§ 636. Elementarquantum. Es soll zunächst die Frage erörtert werden, ob ein solches existiert und wie groß es ist. Wir wollen zuerst jene Überlegungen nochmals kurz anführen, welche uns bisher zu dem Begriff „Elektron“ führten.

Elektrolyse. Unter der Annahme, daß alle gleichartigen elektrolytischen Ionen untereinander gleiche Ladung und Masse besitzen, erhielten wir § 445 ein Elementarquantum

$$\varepsilon = 4{,}7 \cdot 10^{-10} \text{ elektrost. Einheiten.}$$

Die in die Rechnung eingehende Valenzladung ist mit größter Genauigkeit gemessen, minder genau ist der Wert für die Loschmidtsche Zahl, deren Bestimmung wir in der kinetischen Gastheorie besprachen; eine andere Methode (aus der Planckschen Strahlungsformel) werden wir später kennen lernen.

Gasleitung. Nach ganz analogen Gesichtspunkten fanden wir aus der Ionenladung eines Molions den gleichen Wert (§ 597).

Radioaktivität. In § 626 sahen wir, wie man aus der Abzählung der einzelnen α-Teilchen und Bestimmung ihrer Ladungssumme wieder einen fast gleichen Wert finden kann.

Während wir durch magnetisch-elektrische Ablenkung eines Kathodenstrahles in ε/μ die spez. Ladung, erhielten, kann man bei analogen Versuchen mit α-Teilchen aus η/m, da hier m als Heliumatom bekannt ist, das Elementarquantum η ermitteln.

Auch die Leuchterregung des Hg-Dampfes durch Elektronenstoß mit der scharfen Spannungsgrenze (§ 604) beweist Gleichheit der Elektronenladung.

Auch die Bohrsche Atomhypothese (§ 663) verlangt genaueste Konstanz von ε; ebenso die Theorie des Zeemaneffektes (§ 648).

Alle diese Werte liegen bei derselben Größenordnung.

§ 637. **Bestimmung der Ionenladung durch Nebelbildung.** Die oben zusammengestellten Methoden sind indirekte. Eine mehr direkte wurde zuerst von Townsend[1] angegeben und von J. J. Thomson[2] verbessert. Diese Messungen beruhen auf einer merkwürdigen und nach verschiedenen Richtungen bedeutungsvollen Eigenschaft der Ionen. In staubfreier Luft, welche mit Wasserdampf in gewissem Grade übersättigt ist, bilden die Ionen Kerne, an welchen sich Nebeltröpfchen niederschlagen. Zum Nachweise der Erscheinung kann der in Fig. 729 gezeichnete Apparat dienen. *A* ist eine Glaskugel, welche in ihrem unteren Teile mit Wasser gefüllt ist; oben ist sie durch ein Aluminiumblatt *B* geschlossen, welches den von der Röhre *R* kommenden Röntgenstrahlen den Durchgang gestattet. Die Röhre *R* selbst ist, um störende Nebenwirkungen zu vermeiden, in einen Bleikasten eingeschlossen.

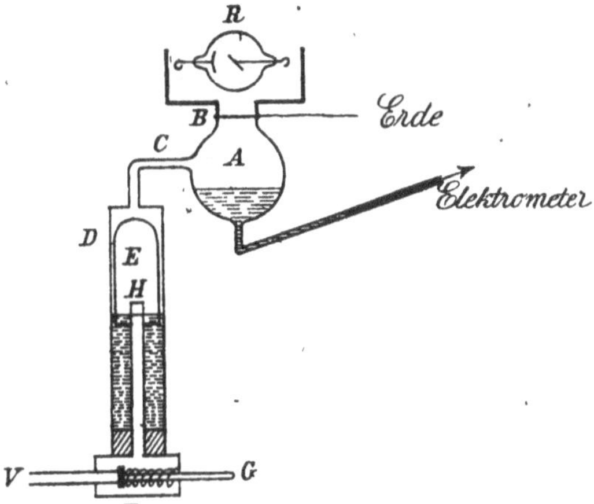

Fig. 729. Nebelbildung und Ionenladung.

Das Wasser in dem Gefäße *A* ist mit einem Elektrometer verbunden, das Al-Blatt zur Erde abgeleitet. Durch die Röhre *C* steht die Kugel in Verbindung mit dem vertikalen Zylinder *D*, der in seinem unteren Teile mit Wasser gefüllt ist; in dem Zylinder kann sich die mit Luft gefüllte Glocke *E* auf und ab bewegen. Der Raum unter der Glocke kommuniziert durch die Röhre *H* mit dem Raume *F*, der sich im Fuße des Zylinders befindet; in den Raum *F* mündet das zu einem evakuierten Rezipienten führende Rohr *V*; dieses ist für gewöhnlich geschlossen durch ein Ventil, das durch eine starke Feder gegen die Öffnung von *V* gepreßt wird. Zieht man das Ventil mit Hilfe des Griffes *G* für einen Moment zurück, so wird die Luft in *E* durch Verbindung mit dem evakuierten Rezipienten verdünnt; der Überdruck der in *A* befindlichen Luft treibt die Glocke *E* nach unten, die Luft in *A* dehnt sich plötzlich aus, und zugleich wird dadurch ihre Temperatur erniedrigt. Wir wollen nun annehmen, die Verhältnisse seien so reguliert, daß die Druckerniedrigung an sich noch nicht genüge, um in der Kugel *A* Nebel zu erzeugen. Bei derselben Verminderung des Druckes erscheint aber doch der Nebel, wenn

[1] Phil. Mag. 45 (1898). [2] Phil. Mag. 46 (1898), 5 (1903).

die Röntgenröhre in Tätigkeit gesetzt wird. Die Vorstellung, welche man sich auf Grund mannigfacher Versuche von dieser Tatsache gebildet hat, ist die, daß jedes durch die Röntgenstrahlen erzeugte Ion der Kern eines Nebeltröpfchens wird (§ 598). Dabei stellte sich der merkwürdige Unterschied heraus, daß die Kondensation leichter an den negativen Ionen erfolgt, als an den positiven. Die Bildung negativ elektrischer Nebeltröpfchen, die Kondensation an den negativen Ionen erfolgt bei 1,25-facher Expansion, die Kondensation an den positiven Ionen bei 1,35-facher. Wenn man also auf das 1,36-fache Volumen expandiert, so kann man annehmen, daß alle Ionen zu Kondensationskernen von Nebeltröpfchen geworden sind. Gelingt es nun, die Zahl dieser Nebeltröpfchen zu berechnen, so hat man damit auch die Zahl der vorhandenen Ionen; bestimmt man auf der andern Seite die gesamte elektrische Ladung der Ionen, so kann man auch die Ladung ε der einzelnen berechnen.

Die Zahl der gebildeten Nebeltröpfchen ergibt sich in folgender Weise. Bei der Bildung von Nebeltröpfchen wird Wärme frei, und diese ist gleich dem Produkte aus dem Gewichte des kondensierten Dampfes und aus der Verdampfungswärme des Wassers. Auf einem indirekten Wege, dessen Erörterung hier nicht möglich ist, gelingt es, die Menge der bei der Kondensation frei werdenden Wärme zu bestimmen. Dividiert man diese durch die Verdampfungswärme, so erhält man zunächst das Gewicht des niedergeschlagenen Dampfes.

Auf höchst eigentümliche Weise gelingt es ferner, den Halbmesser der gebildeten Nebeltröpfchen und damit natürlich auch ihr Volumen und ihr Gewicht zu bestimmen. Die Nebeltröpfchen sinken infolge ihres Gewichtes langsam nach unten. Ist der Halbmesser der Tröpfchen gleich r, so ist das nach unten ziehende Gewicht gleich $\frac{4}{3}\pi r^3 \cdot g$. Es entsteht aber keine beschleunigte Bewegung, weil dem Gewichte die Luftreibung entgegenwirkt, welche bei so kleinen Teilchen verhältnismäßig sehr groß und mit der Geschwindigkeit der fallenden Teilchen proportional ist. Die Geschwindigkeit erreicht bald einen solchen Betrag, daß die Luftreibung genau so groß wird, wie das Gewicht; dann verschwindet die Beschleunigung und die Teilchen fallen mit konstanter Geschwindigkeit.

Für diese gilt nach dem Gesetze von STOKES (§ 129) die Gleichung:

$$v = \frac{2}{9} \cdot \frac{1}{\varrho} r^2 g,$$

wo ϱ den Reibungskoëffizienten der Luft bezeichnet.

Die Geschwindigkeit v ist identisch mit der Geschwindigkeit, mit der sich die obere Grenze des Nebels nach unten senkt. Nun wurde für die Geschwindigkeit v im Mittel ein Wert von 0,14 cm $\cdot$ sec^{-1} gefunden; ϱ / g hat den Wert $18{,}8 \cdot 10^{-8}$ (s. § 204). Somit ergibt sich

$$r = 3{,}44 \cdot 10^{-4} \text{ cm}.$$

Ist das Gewicht des in 1 cm^3 Luft niedergeschlagenen Dampfes gleich Q, so erhält man zur Berechnung der Zahl der Nebeltröpfchen im cm^3, d. h. der Gesamtzahl n der positiven und negativen Ionen im cm^3, die Formel:

$$n = \frac{Q}{\frac{4}{3}\pi r^3}.$$

Beispielsweise ergab sich bei einem bestimmten Versuche $Q = 47,7 \cdot 10^{-7}$ g. Mit dem zuvor gefundenen Werte von r findet man:

$$n = 2,8 \cdot 10^4.$$

Diese Zahl gilt für die in A enthaltene Luft nach der Verdünnung. Die anfängliche Dichte war 1,36 mal größer, somit die Zahl der in 1 cm^3 enthaltenen Ionen vor der Expansion gleich $3,8 \cdot 10^4$.

Der zweite Teil der Aufgabe besteht in der Bestimmung der in 1 cm^3 enthaltenen Ionenladung. Man findet diese in folgender Weise. Das in dem Gefäße A enthaltene Wasser sei mit dem Elektrometer zusammen auf ein Potential V geladen. Ist die elektrostatische Kapazität von Wasser und Elektrometer zusammengenommen gleich C, so ist die elektrostatische Ladung gleich CV. Sobald nun die Röntgenröhre in Tätigkeit tritt, wird die Luft zwischen dem Al-Blatt und zwischen der Wasseroberfläche leitend, das Potential des Elektrometers sinkt. Wenn nach einer Zeit von t sec noch das Potential V' vorhanden ist, so ist der ganze Ladungsverlust in dieser Zeit gleich $C(V - V')$. In 1 sec geht somit von der Oberfläche des Wassers zu dem Al-Blatte die Elektrizitätsmenge $\mathfrak{C} = C(V - V')/t$ in elektrostatischem Maße. Bei dem Versuche, auf welchen sich auch die früheren numerischen Angaben beziehen, war:

$$C(V - V')/t = \mathfrak{C} = 0,127 \cdot E,$$

wo E die elektromotorische Kraft eines LECLANCHÉ-Elementes in elektrostatischem Maße bezeichnete; es entspricht das ungefähr einem Strome von $0,17 \cdot 10^{-12}$ Ampere. Auf der anderen Seite aber kann man dieselbe Stromstärke auch berechnen mit Hilfe der auf S. 446 gegebenen Formel:

$$cI = \mathfrak{C} = \varepsilon N f(U + V) e.$$

Hier ist N die Zahl der positiven oder der negativen Ionen im cm^3, somit, da wir unter n die Gesamtzahl der Ionen im cm^3 verstanden haben, $N = n/2$. Für f können wir das Mittel aus der Fläche des Wassers und der Fläche des Aluminiumblattes nehmen. Bei dem Versuche war $f = 10,2$ cm^2. $U + V$, die Summe der absoluten Ionenbeweglichkeiten, ist nach S. 453 gleich $3,05 \cdot 10^{-8}$; e ist die elektromotorische Kraft für die Länge von 1 cm in elektromagnetischem Maße; bei dem Versuche war der Spannungsabfall für 1 cm gleich der elektromotorischen Kraft eines LECLANCHÉ-Elementes, somit

$$e = 3 \cdot 10^{10} E.$$

Zur Berechnung von $n\varepsilon$ ergibt sich somit die Gleichung:

$$0{,}127\,E = \varepsilon n \frac{10{,}2}{2} \cdot 3{,}05 \cdot 10^{-8} \cdot 3 \cdot 10^{10}\,E.$$

Daraus folgt $n\varepsilon = 27{,}2 \cdot 10^{-6}$, und aus $n = 3{,}8 \cdot 10^4$,

$$\varepsilon = 7{,}2 \cdot 10^{-10} \text{ elektrost. Einheiten.}$$

Die Zahl ist, wie der Vergleich mit § 636 zeigt, zu groß, vielleicht weil bei der Expansion nicht alle Ionen niedergeschlagen wurden.

Methode von Wilson.[1] Eine wesentliche Vereinfachung der Bestimmung ergibt sich, wenn man auf die geladenen Nebeltröpfchen nicht bloß die Gravitation, sondern zugleich eine elektrische Kraft, und zwar ebenfalls in vertikaler Richtung wirken läßt. Man erzeugt zu diesem Zwecke den Nebel in dem Raume zwischen zwei horizontal gestellten Kondensatorplatten. Expandiert wird bis auf das 1,25-fache Volumen, so daß Kondensation nur an den negativen Ionen eintritt, daß die Nebeltröpfchen also negativ elektrisch sind. Die obere Kondensatorplatte wird positiv, die untere negativ geladen. Auf ein Nebeltröpfchen vom Halbmesser r wirkt dann einmal das Gewicht $\frac{4}{3}\pi r^3 g$, andererseits und zwar nach oben hin die auf die Ionenladung ausgeübte elektrische Kraft $\varepsilon \cdot \mathfrak{E}$, wo $\mathfrak{E}$ die Feldstärke bezeichnet. Die vertikal nach unten gerichtete Beschleunigung des Teilchens ist also

$$g - \frac{3\varepsilon\mathfrak{E}}{4\pi r^3},$$

sie tritt an Stelle von g in der früher für die Fallgeschwindigkeit angegebenen Formel. Somit ergibt sich für die Fallgeschwindigkeit im elektrischen Felde der Ausdruck:

$$v = \frac{2}{9} \cdot \frac{1}{\varrho} r^2 \left(g - \frac{3\varepsilon\mathfrak{E}}{4\pi r^3}\right).$$

Die Bestimmung von v bei verschiedenen Werten von $\mathfrak{E}$ führt zur Bestimmung von ε und r. Es ergab sich ε etwa zu $2 \cdot 10^{-10}$ bis $4 \cdot 10^{-10}$ elektrost. Einh.

§ 638. Ehrenhaft und Millikan. Alle die bisher geschilderten Methoden sind mehrweniger solche zur Bestimmung von Mittelwerten. Es ist daher die Beobachtung der Ladung an Einzelteilchen, wie solche zuerst von Ehrenhaft und fast gleichzeitig von Millikan durchgeführt wurde, als Fortschritt zu bezeichnen. Leider stimmen aber die Versuchsergebnisse beider Forscher absolut nicht überein.

Ehrenhaft[2] ging von der Erwägung aus, daß kleinste elektrische Ladungen aller Voraussicht nach auf Körperchen kleinster Kapazität zu erwarten seien. Immerhin müssen diese Probekörper noch so groß sein, daß man sie optisch gerade noch einzeln wahrnehmen und der Messung unterziehen kann. Und schließlich sollen diese auch chemisch

[1] Phil. Mag. 5 (1903). [2] Wien. Anzeiger (1909); Wien. Ber. (1910) und viele weitere Arbeiten. Letzte Abhandlung Ann. d. Phys. 56 (1918).

gut definiert und inert sein. Diese letzteren Eigenschaften kommen vor allem den Edelmetallen (Au, Pt, Ag und Hg) zu.

Kügelchen aus solchen Stoffen sind noch bis zu Halbmessern von $3 \cdot 10^{-6}$ cm gut sichtbar zu machen (§ 330). Sie werden erzeugt in inerten trockenen Gasen durch Verdampfung der Lichtbogen-Elektroden des bezüglichen Edelmetalles, bei Hg und vielen anderen Substanzen durch Erhitzung und Darüberleiten eines Gasstromes, in welchem Tröpfchen der betreffenden Substanz kondensieren.

Ein Strom derartigen Gases, in welchem solche Probekörper suspendiert waren, wurde in einem kleinen dicht abschließbaren Kondensator mit kreisförmigen, horizontalen Platten (Durchmesser 8—10 mm, Distanz 1—1,5 mm) geleitet. Die Feldstärke in diesem Kondensator kann in ihrer Richtung kommutiert und in weiten Grenzen stetig geändert werden. Das innerste homogene Kraftfeld wurde mit elektrischem Bogenlicht durchleuchtet und senkrecht zur Richtung der beleuchtenden Strahlen ein Mikroskop mit genügender Apertur horizontal justiert, so daß die Vertikalebene scharfer Einstellung mit der vertikalen Achse des Kondensators zusammenfiel. In der Einstellebene des Mikroskops sind die Probekörper als einzelne farbig leuchtende Punkte auf schwarzem Hintergrunde in ihrer Bewegung und Geschwindigkeit leicht messend zu verfolgen; sie fallen alle in lotrechten parallelen Bahnen mit gleichförmiger Geschwindigkeit herab. (Siehe Bd. I, S. 608 ff.).

Beim Einschalten des elektrischen Feldes, dessen Richtung mit der des Schwerefeldes übereinstimmt, ändert sich die Bewegung der Probekörper. Einzelne steigen gegen die Erdschwere, andere fallen langsamer bzw. rascher und wieder andere schweben nahezu. Bei Ausschalten des elektrischen Feldes und gleichzeitigem Kurzschließen des Kondensators hört die elektrische Beeinflussung sofort auf und alle Probekörper gehen wieder in die gleichförmige Fallbewegung über. An jedem einzelnen Teilchen kann der Versuch beliebig oft wiederholt werden, so daß eine Serie von Steig- und Fallgeschwindigkeiten meßbar wird. Dadurch gelingt es auch, bloß ein einziges Teilchen im Gesichtsfelde zu behalten.

Alle diese Tatsachen stehen mit der Annahme im Einklang, daß diese Probekörper entweder positiv, negativ oder ungeladen sind.

Ionisation des Gases erzeugt Änderungen der Steiggeschwindigkeiten, entsprechend den Änderungen der Ladung der einzelnen Teilchen. Die jeweils auf den Teilchen befindlichen Ladungen bleiben von einer Umladung zur anderen vollkommen stabil, was aus dem Gleichbleiben der Steiggeschwindigkeit hervorgeht.

Jede Bewegung solcher Probekörper erfolgt im Gasraum als widerstehendem Mittel unter dem Einflusse einer konstanten Kraft p mit gleichförmiger Geschwindigkeit v, welche der auf den Körper angreifenden Kraft proportional ist, wie sich auch experimentell erweisen ließ.[1]

[1] E. WEISS, Wien. Ber. (1911).

Es gilt also $v = pB$, wo B die Beweglichkeit, die Geschwindigkeit bei treibender Kraft Eins, bedeutet. Fällt daher ein solches Partikel unter alleinigem Einfluß der Gewichtskraft mit der gleichförmigen Fallgeschwindigkeit v_f, so gilt $mg = v_f/B$, aus welcher bei Kenntnis der Beweglichkeit durch Messung von v_f das Gewicht bestimmt werden kann. Wird aber das mit der Ladung ε behaftete Teilchen unter Einfluß der Feldstärke $\mathfrak{E}$ (entgegen der Schwerkraft) mit der gleichförmigen Steiggeschwindigkeit v_ε gehoben, gilt $\varepsilon\mathfrak{E} - mg = v_\varepsilon/B$. Aus diesen beiden Gleichungen kann die Masse des Partikelchens und seine Ladung gefunden werden.

Ehrenhaft bewies nun die Kugelgestalt seiner Probekörper und Tröpfchen auf verschiedene Weise, unter anderem durch Mikrophotographie einzelner auf Objektträgern niedergeschlagener Probekörper mit Immersionssystemen höchster Apertur (§ 316) und definierte die Beweglichkeit solcher Probekörper nach dem von Cunningham für Gase modifizierten Stokes-Gesetze, das wir schon § 330 gegeben haben. Ebenso sprachen wir an jener Stelle von der Bestimmung des Kugelradius der Teilchen aus der Farbe des abgebeugten Lichtes.

Auf diese Weise erhielt Ehrenhaft an solchen Probekörpern von Au, Ag, S und Hg alle Ladungswerte bis herunter in die Größenordnung 10^{-13} elektrost. E., also noch sehr kleine Bruchteile der bisher von uns als unteilbar vorausgesetzten Elementarladung. Dabei wurden in dieser Größenordnung noch keine der Natur der Elektrizität entspringende bevorzugte Ladungen aufgefunden, auch die höheren Ladungen ließen sich nicht als Multipla der elementaren Einheitsladung von $4{,}7 \cdot 10^{-10}$ elektrost. E. darstellen. Nach den Schlüssen Ehrenhafts folgt also, daß die Ladung auch noch so kleiner Probekörper mit ihrer Kapazität im allgemeinen abnimmt.

Schließlich kann man[1] die Beweglichkeit des Probekörpers aus dem gemessenen mittleren sekundlichen Verschiebungsquadrat $\overline{\varDelta}^2$ der Brownschen Bewegung auf Grund der Einsteinschen Formel

$$B = \frac{N}{2RT}\overline{\varDelta}$$

definieren, in welcher R die Gaskonstante, T die absolute Temperatur und N die Loschmidtsche Zahl ist. Durch Einführung dieser Beweglichkeit erhält man die Produkte Nmg und $N\varepsilon$, jedoch diesmal ohne Voraussetzung über Form und Dichte der der Beobachtung zugrunde liegenden Probekörper. Diese Berechnungsweise liefert also nicht die Ladung des Teilchens selbst, sondern ihr Produkt mit der Loschmidtschen Zahl. Der Vergleich der so erhaltenen Werte mit der Valenzladung in Flüssigkeiten stimmt absolut nicht.

Fast gleichzeitig mit Ehrenhaft hat Millikan[2] Ladungsbestimmungen an einzelnen, mit einem Flüssigkeitszerstäuber auf mechanischem

[1] E. Weiss, l. c. [2] Phys. Zs. (1910), letzte Abh. Phil. Mag. (1917).

Wege zerteilten Öltröpfchen der Größenordnungen $2{,}5 \cdot 10^{-5}$ bis $6 \cdot 10^{-4}$ cm, welche also zum Teil in das eben besprochene Größenintervall fallen, ausgeführt. Er bediente sich zu diesem Zwecke gleichfalls eines horizontal gestellten Kondensators mit kreisförmigen Platten (20 cm Durchmesser und 1,6 cm Abstand). Die obere dieser Platten hatte in der Mitte ein feines Loch und kleine Ölkügelchen fielen durch dieses in den Innenraum des Kondensators; wieder wird seitlich durch eine Bogenlampe beleuchtet und mit einem Fernrohr senkrecht zur Beleuchtungsrichtung beobachtet.

Schon bei ihrem mechanischen Zerreißen nehmen die Öltröpfchen konstant bleibende elektrische Ladungen an, welche durch äußere Ionisierung, Anlagerung von Luftionen, sprunghaft sich ändern. MILLIKAN hat nun diese Ladungen, sowie auch diese sprungweisen Ladungsänderungen, also die Differenzen der aufeinander folgenden Ladungen unter Voraussetzung der Kugelgestalt der Tröpfchen und der Dichte des Öles ganz so wie EHRENHAFT bestimmt. Bei Berechnung der Beweglichkeit wurde der Faktor A in der STOKES-CUNNINGHAMschen Formel so gewählt, daß alle Ladungen einen größten gemeinsamen Faktor zeigten. Dieser ist dann das ε. Nach MILLIKAN ist

$$\varepsilon = 4{,}774 \cdot 10^{-10} \text{ elektr. Einheiten.}$$

Die Berechtigung zu diesem Verfahren leitete er daraus ab, daß sich ein gemeinsamer Teiler in der Größe des von der Theorie geforderten Elementarquantums ergibt und daß dieses Verfahren für alle Tröpfchen mittels der durch die Versuche selbst festgelegten Konstanten A durchführbar ist. Auch die aus der BROWNschen Bewegung folgenden Werte von $N \cdot \varepsilon$ stimmen nach MILLIKAN mit der Valenzladung überein.[1]

Daraus folgert MILLIKAN, daß die Luftionen durchaus diese positive oder negative Elementarladung tragen und ferner, daß die Ladung des Elektrons keine Funktion des Halbmessers der geladenen Tröpfchen sei, sondern daß alle Körperchen auch kleinster Kapazitäten zumindest diese Ladung haben. Damit wäre ein ganz allgemeiner Beweis geliefert, daß alle elektrischen Ladungen Sammlungen solcher einwertiger elementarer Elektrizitäts-Atome sind.

Dieses Resultat steht mit den EHRENHAFTschen Ergebnissen in direktem Widerspruch. KONSTANTINOWSKY[2] und EHRENHAFT[3] erörtern die MILLIKANschen Zahlenauswertung in folgender Weise.

Wie man ein Gewicht an einer Wage zwischen zwei Wägungsgrenzen einengt, so erfolgt auch bei den besprochenen Versuchen die Einengung elektrischer Ladungen zwischen zwei Grenzen. Bei zu großer Potentialdifferenz $\mathfrak{E}^s$ der Kondensatorplatten steigt das Kügelchen, bei zu kleiner $\mathfrak{E}^f$ fällt es.

[1] Ann. d. Phys. 50 (1916), vgl. dagegen F. ZERNER, Phys. Zs. (1916).
[2] Ann. d. Phys. 48 (1915). [3] Phys. Zs. (1917).

Durch die Bestimmung derartiger Felder ist die Ladung zwischen zwei Grenzen eingeengt:

$$mg/\mathfrak{E}_1^s < e_1 < mg/\mathfrak{E}_1^f.$$

Dies Verfahren kann bei demselben Kügelchen nach jeder erfolgten Umladung wiederholt werden. Es möge dabei hintereinander die Ladungen $e_1, e_2, \ldots, e_i, e_k \ldots$ annehmen. Man erhält so zur Bestimmung dieser Ladungen ein System von solchen Ungleichungen. Wenn nun die Elektrizität atomistisch aufgebaut ist, dann müssen diese Ladungen aus lauter gleichen Elementarladungen aufgebaut sein. Es muß also $e_1 = n_1 \varepsilon$, $e_2 = n_2 \varepsilon \ldots e_k = n_k \varepsilon \ldots$ sein, wo $n_1, n_2, \ldots n_k \ldots$ ganze Zahlen bedeuten. Nun ist das größte gemeinschaftliche Maß der Ladungen zu suchen. Bildet man hierzu die Quotienten der Ladungen $e_i/e_k = n_i/n_k$, dann folgt für die Verhältnisse der Vielfachheiten eine Serie von Ungleichungen von der Form:

$$\mathfrak{E}_k^f/\mathfrak{E}_i^s < n_i/n_k < \mathfrak{E}_k^s/\mathfrak{E}_i^f.$$

Es handelt sich also um die Bestimmung der fortlaufenden Proportion der n, welche obigen Ungleichungen genügen. Für diese gibt es wohl unendlich viele Verhältnisse ganzer Zahlen, doch unter ihnen nur eine Gruppe von kleinsten ganzen Zahlen; d. h. man kann sich die gemessenen Ladungen auf verschiedene Weise aus elementaren Quanten zusammengesetzt denken, doch ist nur eine größte Ladung, dem kleinsten n entsprechend, das größte gemeinschaftliche Maß der Ladungen als Elementarquantum denkbar. Jede größere Ladung als dieses würde, als Elementarquantum angenommen, den Versuchen widersprechen, wobei naturgemäß die Existenzmöglichkeit von kleineren Ladungen noch offen bleibt. Derartige Versuche können also niemals zur Erforschung der prinzipiellen Frage dienen, ob die Elektrizität überhaupt atomistisch ist oder nicht, es kann aber auf diesem Wege erschlossen werden, ob in den ganzzahligen Verhältniszahlen der durch die Einzelteilchenmethode experimentell aufgefundenen elektrostatischen Ladungen 10^{-9} bis 10^{-12} elektrost. E. eine Atomistik der Elektrizität zu folgern ist oder ob diese Zahlen bloß aus dem Rechnungsverfahren hervorgehen. Diesbezügliche Versuche ergaben nun beispielsweise, daß Ladungen desselben Ölkügelchens $e_1 = 5{,}6 \cdot 10^{-10}$, $e_2 = 28{,}68 \cdot 10^{-10}$, $e_3 = 10{,}82 \cdot 10^{-10}$, welchen man ohne eine derartige kritische Auswägung eine 1-, bzw. 6-, bzw. 2-fache Elementarladung zugeschrieben hätte, nach Ehrenhaft zumindest eine 12-, bzw. 63-, bzw. 23-fache Mindestvielfachheit zukommt, wobei das größte gemeinschaftliche Maß $0{,}45 \cdot 10^{-10}$ elektrost. E. noch immer nicht als Elementarquantum angesprochen werden kann.[1] Somit ergibt nach Ehrenhaft das Auswägungsverfahren auch an Ölkügelchen dasselbe, an anderen Materieteilchen bereits erörterte Resultat.

Die in diesem § geschilderten Meßergebnisse von Ehrenhaft und Millikan und ihre Deutung stehen in schroffstem Gegensatze. Während

[1] J. Parankiewicz, Ann. d. Phys. 59 (1917).

MILLIKAN den auch auf anderen Gebieten indirekt erhaltenen Wert von etwa $4{,}7 \cdot 10^{-10}$ elektrost. E. gefunden zu haben behauptet, gelangt EHRENHAFT zu viel kleineren, bisher durch keinerlei Größe atomistischer Art begrenzten Werten. Eine endgültige Aufklärung dieses Widerspruches ist bisher nicht erfolgt.

§ **639. Mechanische und elektromagnetische Masse des Elektrons.** Wir fanden (§ 583), daß bei Kathodenstrahlen die spez. Ladung ε/μ unabhängig ist von Spannung und anderen Umständen. Ganz anders aber ist es bei den β-Strahlen radioaktiver Substanzen. Die Versuche von KAUFMANN (§ 629) ergaben, daß eine solche Konstanz nicht existiert, daß vielmehr die spez. Ladung der Elektronen um so kleiner wird, je mehr ihre Geschwindigkeit sich der des Lichtes nähert. Die Frage, wie man diese Schwierigkeit heben kann, ist eine überaus verwickelte. Man hat zur Erklärung dieser Tatsache Vorstellungen aufgestellt, über die wir nun berichten wollen.

Elektromagnetische Energie des bewegten Elektrons. Es kommt zunächst darauf an, zu zeigen, daß ein mit der konstanten Geschwindigkeit $\mathfrak{g}$ bewegtes Elektron außer seiner kinetischen Energie noch eine andere Energieform besitzt, welche gleichfalls dem Quadrate seiner Geschwindigkeit proportional ist, eine elektromagnetische Energie. Um dies nachzuweisen, müssen wir auf das BIOT-SAVARTsche Gesetz von § 476 zurückgehen. In diesem führten wir an Stelle der elektromagnetischen Stromstärke die elektrostatische ein mit Hilfe der in § 472 gegebenen Formeln

$$\mathfrak{C} = \varepsilon_p \mathfrak{g}_p + \varepsilon_n \mathfrak{g}_n = c I .$$

Dann ergibt sich für die Kraft, welche auf einen Magnetpol von der Stärke 1 von einem Stromelemente von der Länge l ausgeübt wird, der Ausdruck:

$$\frac{1}{c} \cdot \frac{\varepsilon_p \mathfrak{g}_p + \varepsilon_n \mathfrak{g}_n}{r^2} l \sin \alpha .$$

$\varepsilon_p l$ und $\varepsilon_n l$ sind die gesamten Mengen positiver und negativer Elektrizität, welche in dem Stromelemente in Bewegung begriffen sind. Bezeichnen wir diese mit $\mathfrak{e}_p$ und $\mathfrak{e}_n$, so erhalten wir den Ausdruck

$$\frac{1}{c} \frac{\mathfrak{e}_p \mathfrak{g}_p + \mathfrak{e}_n \mathfrak{g}_n}{r^2} \sin \alpha .$$

Die Kraft zerfällt also in zwei Komponenten, deren eine allein von der bewegten positiven, deren andere allein von der bewegten negativen Elektrizität abhängt. Scheiden wir die beiden Komponenten, so ergibt sich die magnetische Kraft, die von einer bewegten Menge positiver oder negativer Elektrizität auf einen magnetischen Einheitspol ausgeübt wird, die Intensität in dem von den bewegten Teilchen erzeugten elektromagnetischen Felde. Übertragen wir dies auf ein Elektron, das sich mit der Geschwindigkeit $\mathfrak{g}$ bewegt, so ergibt sich für die Intensität im Felde des Elektrons

$$\mathfrak{H} = \frac{1}{c} \cdot \frac{\varepsilon \mathfrak{g}}{r^2} \sin \alpha .$$

c bedeutet, wie immer, die Lichtgeschwindigkeit, r die Entfernung des betrachteten Feldpunktes von dem Elektron, α den Winkel zwischen r und der Geschwindigkeitsrichtung $\mathfrak{g}$. Die Richtung der Kraftlinien ergibt sich nach der AMPÈREschen Regel, wenn man an Stelle des Elektrons ein Stromelement setzt, dessen Stromrichtung der Richtung von $\mathfrak{g}$ entgegengesetzt ist.

Die weitere Aufgabe besteht in der Bestimmung der Energie, welche in dem Felde des Elektrons durch die von ihm ausgeübten elektromagnetischen Kräfte erzeugt wird. Wir greifen dabei zurück auf die Betrachtungen der §§ 490 und 552. Das Elektron sei umgeben von einem Mittel mit der konstanten Magnetisierungszahl $\varkappa$. Durch die Kräfte $\mathfrak{H}$ wird dieses Mittel magnetisch polarisiert, und die Arbeit, welche bei der Magnetisierung in der Volumeinheit geleistet wird, ist nach § 490 gleich $\frac{1}{2}\mathfrak{H}\mathfrak{J} = \frac{1}{2}\varkappa \cdot \mathfrak{H}^2$. Nach § 552 kommt aber hierzu noch die Arbeit, welche der magnetischen Verschiebung im Äther entspricht; diese ist gleich $\mathfrak{H}^2/(8\pi)$, da der Äther sich wie ein Mittel von der Magnetisierungskonstante $1/4\pi$ verhält. Im ganzen ist also die in der Volumeinheit geleistete Arbeit gleich $\{\varkappa/2 + 1/(8\pi)\}\mathfrak{H}^2 = (\mu\mathfrak{H}^2)/(8\pi)$. Das Resultat gilt allgemein, gleichgültig woher die magnetische Kraft $\mathfrak{H}$ stammt. Das magnetische Feld besitzt Volumenergie; die in der Volumeinheit enthaltene Energie wollen wir als spezifische Energie bezeichnen, und wir erhalten dann den Satz: die spezifische magnetische Energie an irgendeiner Stelle eines Magnetfeldes ist gleich der durch 8π dividierten magnetischen Permeabilität multipliziert mit dem Quadrate der Feldintensität.

Handelt es sich um das von einem bewegten Elektron erzeugte Feld, so können wir die Permeabilität des umgebenden Mediums gleich 1 setzen. Die spezifische magnetische Energie ist dann einfach gleich $\mathfrak{H}^2/(8\pi)$. Die Energie des ganzen Feldes erhalten wir, wenn wir den ganzen Raum von dem Elektron ausgehend in kleine Volumelemente teilen; wir müssen die ihnen entsprechenden Energieanteile berechnen und erhalten die Gesamtenergie durch eine Summation über sämtliche Elemente. Nun enthalten die von dem Elektron ausgeübten Kräfte $\mathfrak{H}$ alle den Faktor $\mathfrak{g}/c$; daraus folgt, daß die ganze magnetische Energie des Feldes mit $\mathfrak{g}^2/c^2$ proportional sein muß. Nimmt man an, das Elektron sei durch eine Kugel vom Halbmesser a begrenzt, so führt die Berechnung in Übereinstimmung hiermit zu dem Werte $\frac{1}{3} \cdot \frac{\varepsilon^2 \mathfrak{g}^2}{c^2} \cdot \frac{1}{a}$ für die magnetische Energie. Damit würde also in der Tat gezeigt sein, daß das bewegte Elektron außer seiner Energie noch eine elektromagnetische Energie besitzt, welche ebenfalls dem Quadrate der Geschwindigkeit proportional ist. Bezeichnen wir die Masse des Elektrons im gewöhnlichen mechanischen Sinne, die mechanische Masse, mit m_0, so ist die kinetische Energie $L = \frac{1}{2} m_0 \mathfrak{g}^2$. Wir können nun die elektromagnetische Energie auf dieselbe Form bringen, indem wir setzen:

$$U_e = \frac{1}{3} \frac{\varepsilon^2 \mathfrak{g}^2}{c^2} \frac{1}{a} = \frac{1}{2} m_e \mathfrak{g}^2.$$

Den Faktor
$$m_e = \frac{2}{3} \frac{\varepsilon^2}{c^2} \frac{1}{a}$$

bezeichnen wir dann als die elektromagnetische Masse des Elektrons. Die ganze Energie des Elektrons ist

$$L + U_e = \frac{1}{2}(m_0 + m_e) \mathfrak{g}^2.$$

Wirkt auf das Elektron eine longitudinale elektrische Kraft, so ist die von ihr geleistete Arbeit gleich der von dem Elektron gewonnenen Energie, also gleich $\frac{1}{2}(m_0 + m_e)\mathfrak{g}^2$. In § 582 haben wir diese Energie gleich $\frac{1}{2} \mu \mathfrak{g}^2$ gesetzt. Es ist also $\mu = m_0 + m_e$ gleich der Summe der mechanischen und der elektromagnetischen Masse. Für die Aufklärung der Kaufmannschen Beobachtungen ist damit nichts gewonnen. Denn μ würde nach wie vor eine konstante Größe sein müssen.

Man könnte nun einwenden, daß die vorhergehende Betrachtung auf die Versuche Kaufmanns vielleicht nicht anwendbar sei, denn es handle sich bei diesen nicht um longitudinale Wirkungen, sondern um transversale Kräfte, die den Elektronen eine zu der anfänglichen Bewegung senkrechte Beschleunigung erteilen. Der Einwand wird durch die folgende Betrachtung beseitigt. Wenn die Geschwindigkeit eines Elektrons beschleunigt wird, so werden die in dem Felde des Elektrons vorhandenen magnetischen Polarisationen wachsen. Es finden also in den Elementen des umgebenden Raumes magnetische Verschiebungen statt, und diese erregen nach § 554 ihrerseits wieder elektrische Kräfte. Man kann diese mit Hilfe der früher angegebenen Formeln berechnen und findet, daß das mit der Beschleunigung γ sich bewegende Elektron eine Rückwirkung von seinem eigenen Felde erleidet, die gleich

$$-\frac{2}{3} \frac{\varepsilon^2}{c^2} \frac{1}{a} \cdot \gamma$$

ist. Bezeichnen wir die mechanische Masse des Elektrons wieder mit m_0, die äußere auf dasselbe wirkende Kraft mit K, so ist die Bewegungsgleichung:

$$m_0 \gamma = K - \frac{2}{3} \frac{\varepsilon^2}{c^2} \frac{1}{a} \cdot \gamma$$

oder

$$\left(m_0 + \frac{2}{3} \frac{\varepsilon^2}{c^2} \frac{1}{a}\right) \gamma = K.$$

Das Elektron bewegt sich wieder so, als ob seine mechanische Masse um den konstanten Betrag

$$m_e = \frac{2}{3} \frac{\varepsilon^2}{c^2} \frac{1}{a}$$

vergrößert wäre. Zu der mechanischen Masse kommt wieder eine elektromagnetische hinzu, und diese Masse hat denselben Betrag, wie in dem zuerst betrachteten Falle. An diesem Ergebnisse wird auch nichts geändert, wenn man annimmt, daß von einem mit beschleunigter Geschwindigkeit sich bewegenden Elektron elektrische Kräfte von derselben Art ausgehen, wie von einem Stromelemente bei wachsender Stromstärke. Es würde dann eine diëlektrische Polarisation des umgebenden Raumes entstehen, und dadurch könnte eine zweite elektrostatische Rückwirkung des Feldes bedingt werden. Die genauere Untersuchung zeigt, daß die Resultante aus den elektrostatischen Wirkungen aller Raumelemente verschwindet.

Starres Elektron. Von der Veränderlichkeit der Masse eines Elektrons geben die bisherigen Betrachtungen keine Rechenschaft, es muß also noch irgendeine andere Ursache vorhanden sein, welche eine Abhängigkeit der elektromagnetischen Masse von der Geschwindigkeit des Elektrons bedingt. Eine solche ist nun in der Tat durch den schon früher berührten Umstand gegeben, daß die elektromagnetischen Wirkungen sich mit Lichtgeschwindigkeit durch den Raum verbreiten. In dem Biot-Savartschen Gesetze spielt diese Tatsache keine Rolle, da das Gesetz sich auf die konstante Wirkung eines geschlossenen Stromes bezieht. Unsere bisherigen Formeln sind nur näherungsweise richtig, wenn die Geschwindigkeit des Elektrons klein ist gegen die Geschwindigkeit des Lichtes; das ist schon bei Kathodenstrahlen nicht der Fall und noch weniger bei γ-Strahlen, und in dieser Vernachlässigung wird der Fehler unserer seitherigen Betrachtungen zu suchen sein. Es ist nun zuerst von Abraham[1] ein allgemeinerer Ausdruck für die bei transversaler Beschleunigung eines Elektrons auftretende „transversale" elektromagnetische Masse m_e mit Berücksichtigung jener Fortpflanzungsgeschwindigkeit der Wirkungen aufgestellt worden:

$$m_e = \frac{\varepsilon^2}{c^2 a}\left(\frac{2}{3} + \frac{4}{3\cdot 5}\cdot\frac{\mathfrak{g}^2}{c^2} + \frac{6}{5\cdot 7}\,\frac{\mathfrak{g}^4}{c^4} + \cdots\right),$$

ein Ausdruck, welcher die elektromagnetische Masse in der Tat von der Geschwindigkeit $\mathfrak{g}$ abhängig macht. Um zu untersuchen, ob diese Abhängigkeit mit den Beobachtungen Kaufmanns vereinbar ist, berechnen wir den Quotienten:

$$\frac{m_e}{\mu} = \frac{\varepsilon}{c\,\mu}\left(\frac{2}{3} + \frac{4}{3\cdot 5}\,\frac{\mathfrak{g}^2}{c^2} + \frac{6}{5\cdot 7}\cdot\frac{\mathfrak{g}^4}{c^4} + \cdots\right)\frac{\varepsilon}{c\,a}.$$

Setzen wir zur Abkürzung die in der Klammer enthaltene Reihe $\frac{2}{3} + \frac{4}{3\cdot 5}\,\frac{\mathfrak{g}^2}{c^2} + \ldots = k$, so ergibt sich:

$$\frac{m_e}{\mu}\left(\frac{c\,a}{\varepsilon}\right) = \frac{\varepsilon}{c\,\mu}\,k\,.$$

[1] Gött. Nachr. (1902). „Elektromagn. Theorie der Strahlung" II (1908).

In der Tabelle von § 629 sind die Werte von k und von $(\varepsilon/\mu)k \cdot 10^{-15}$ mit aufgenommen. Für Kathodenstrahlen ergibt sich:

$$\frac{m_e}{\mu}\left(\frac{c\,a}{\varepsilon}\right) \cdot 10^{-15} = 377/c,$$

ein Wert, der beinahe identisch ist mit dem für die β-Strahlen geltenden. Man kann annehmen, daß $\varepsilon k/(c\mu)$ für Kathodenstrahlen und für β-Strahlen denselben Wert besitze; gleiches gilt dann auch für das Verhältnis m_e/μ, wenn man ε und a als unveränderlich betrachtet. Wir können dies ausdrücken durch die Gleichung:

$$\left(\frac{m_e}{m_o + m_e}\right) \text{ für Kathodenstrahlen} = \left(\frac{m_o}{m_o + m_e}\right) \text{ für } \beta\text{-Strahlen.}$$

Diese Gleichung kann aber nur unter zwei Bedingungen erfüllt sein entweder, wenn m_o sehr klein gegen m_e, oder wenn die konstanten Teile von m_e sehr groß sind gegenüber den variablen. Das letztere ist aber bei den β-Strahlen sicher nicht der Fall. Es bleibt also nur die Annahme übrig, daß bei den Elektronen die mechanische Masse gegenüber der elektromagnetischen sehr klein ist.

Unstarres Elektron. Die von Abraham ausgeführte Rechnung beruht auf der Annahme, daß das Elektron Kugelform besitze, und daß diese Kugel absolut starr sei. Demgegenüber hat Lorentz angenommen, daß das Elektron bei seiner Bewegung der in § 319 eingeführten Deformation unterworfen sei. Daraus folgt dann, daß ein ursprünglich kugelförmiges Elektron infolge der Bewegung zu einem abgeplatteten Rotationsellipsoide wird; die Rotationsachse fällt zusammen mit der Richtung der Bewegung; das Verhältnis der Achsen ist gegeben durch $\sqrt{1-\mathfrak{g}^2/c^2} : 1$; $\mathfrak{g}$ bedeutet die Geschwindigkeit, mit der sich das Elektron bewegt.

Die auf dieser Annahme beruhende Theorie führt nun zu dem folgenden Resultate. Die der Geschwindigkeit $\mathfrak{g}$ entsprechende transversale Masse des Elektrons bezeichnen wir mit μ, den von der Geschwindigkeit unabhängigen Teil der Masse mit μ_o; dann ist:

$$\mu = \frac{\mu_o}{\sqrt{1 - \mathfrak{g}^2/c^2}};$$

oder wenn wir für μ_o den früheren Wert setzen:

$$\mu = \frac{2}{3}\,\frac{\varepsilon^2}{c^2 a} \cdot \frac{1}{\sqrt{1 - \mathfrak{g}^2/c^2}}$$

eine Beziehung von viel einfacherer Gestalt als die aus der Annahme des starren Elektrons folgende.

Zugunsten des unstarren Elektrons spricht auch die Relativitätstheorie Einsteins (§ 320), aus der ja die Abhängigkeit jeder Masse von der Geschwindigkeit folgt.

Bucherer[1] änderte die Kaufmannsche Versuchsanordnung; seine und besonders neuere Versuche nach einer fast gleichen Methode[2] scheinen zugunsten der Lorentzschen Theorie zu sprechen.

Eine Entscheidung wurde schließlich versucht vom Standpunkte des Bohrschen Atommodells. Wir werden später sehen, wie in diesem Elektronen mit großer Geschwindigkeit um einen Atomkern rotieren. Die Feinstruktur der H-ähnlichen Spektra läßt sich hier nur unter der Annahme einer relativistischen Elektronenmasse berechnen.[3]

Damit wäre diese Frage zugunsten des unstarren Elektrons entschieden.

Negierung einer mechanischen Masse. An die vorhergehenden Ergebnisse knüpft sich nun noch ein weiterer Ausblick. Es scheint wohl möglich, daß die mechanische Masse m_0 der Elektronen einfach gleich Null zu setzen ist. Elektronen sind dann Körper ohne mechanische Masse, d. h. sie bewegen sich so, daß die auf sie wirkenden Kräfte sich in jedem Augenblicke das Gleichgewicht halten. Die Elektronen rufen aber durch ihre eigene Bewegung Reaktionen des elektromagnetischen Feldes hervor, welche von der Beschleunigung der Bewegung abhängen, Kräfte, die wir gleich dem Produkte aus der elektromagnetischen Masse und aus der Beschleunigung setzen. Sobald wir nun ausdrücken, daß diese Kräfte mit den von außen wirkenden im Gleichgewichte stehen, erhalten wir ganz dieselben Gleichungen, wie in der gewöhnlichen Mechanik, nur steht an Stelle der mechanischen Masse die elektromagnetische. Man kann hiernach sagen, daß die Trägheit der Elektronen wahrscheinlich eine rein elektromagnetische Eigenschaft derselben ist.

Ob von hier aus der weitere Schritt möglich sein wird, die mechanische Masse ganz aus der Physik zu entfernen und durch eine veränderliche, elektromagnetische Masse zu ersetzen, muß die Zukunft lehren.

II. Metall-Elektronik.

§ 640. **Gaskinetische Elektronentheorie.** Die Elektrizitätsleitung in Flüssigkeiten und Gasen erstrebten wir durch mechanische Bilder zu verstehen. Dasselbe soll nun ebenso für metallische Leiter versucht werden, wobei wir auch über andere elektrische Erscheinungen und über Wärmeleitung sprechen wollen. Von den vielen Vorstellungen, die hier ausgesprochen wurden, standen die der gaskinetischen Elektronentheorie lange Zeit im Vordergrunde des Interesses. Wir werden daher zunächst diese in ihren Hauptzügen schildern.

Daß das Strömen der Elektrizität in festen Leitern durch den Transport kleiner elektrischer Teilchen, der positiven und negativen

[1] Ann. d. Phys. 28 (1908). [2] Schaefer u. Neumann, Ann. d. Phys. 45 (1914).
[3] Sommerfeld, Ann. d. Phys. 51 (1916). — Glitscher, Münch. Dissert. (1917).

„elektrischen Moleküle" bewirkt werde, hat schon W. Weber[1] vermutet und Giese[2] weiter ausgeführt. Moderne Ausarbeitungen dieses Gebietes rühren in erster Reihe her von Riecke[3], Drude[4] und H. A. Lorentz.[5]

Die Grundvorstellungen sind hier, daß zwischen den festliegenden Metallatomen frei bewegliche Elektronen, für die die Gesetze der kinetischen Gastheorie gelten, herumfliegen. Wir wollen der Einfachheit wegen — und weil man nur so den tatsächlichen Verhältnissen einigermaßen gerecht werden kann — eine einzige Elektronenart, die schon oft besprochenen negativen Elektronen, als frei beweglich annehmen.

Nach den Gasgesetzen (§ 201) haben wir

$$\tfrac{1}{3} N m u^2 = \mathsf{P} T \quad \text{oder} \quad \tfrac{1}{2} m u^2 = \frac{3}{2} \frac{\mathsf{P}}{N} T,$$

wo sich alles auf ein Mol beziehe. Nach § 170 ist $\mathsf{P} = 8{,}3 \cdot 10^7$ und nach § 207 ist $N = 6 \cdot 10^{23}$. Daraus

$$\tfrac{1}{2} m u^2 = 2 \cdot 10^{-16} T.$$

Hier ist $2 \cdot 10^{-16} = \alpha$ eine universelle Gaskonstante.

Die gaskinetische Elektronentheorie nimmt nun — ganz willkürlich — an, daß diese Beziehungen auch für die Bewegungen der Elektronen zwischen den festliegenden Metallatomen gelten sollen; m und u sind dann Masse und mittlere Geschwindigkeit eines Elektrons. Sind F die Valenzladung (§ 445) und N die Loschmidtsche Zahl, so ist die Ladung eines Elektrons $\varepsilon = F/N$. Somit

$$u^2 = \frac{3 \mathsf{P} T}{N m} = \frac{3 \mathsf{P} T}{F} \cdot \frac{\varepsilon}{m}.$$

Setzen wir für ε/μ die spez. Ladung (§ 583), so wird $u = 111$ km/sec. Die Eigenbewegung der Elektronen in den Metallen müßte also (entsprechend ihrer geringen Größe) eine sehr große sein.

§ 641. Leitung. Eine Beschleunigung dieser Elektronen durch eine elektrische Kraft soll den elektrischen Strom ergeben, ein durch Temperaturerhöhung erhöhter Elektronendruck die Wärmeleitung.

Elektrizitätsleitung. Wenn wir in einem Metalldraht die elektrische Kraft $\mathfrak{E}$ haben, so bewegen sich die negativen Elektronen gegen diese Kraft, also gegen den positiven Pol in beschleunigter reibungsloser Bewegung, bis sie an ein feststehendes Metallatom anprallen; da erzeugen sie genau so wie die Kathodenstrahlen (Fig. 671) eine Erwärmung und der Gesamteffekt all dieser Erwärmungen soll die Joulesche Stromwärme liefern.[6]

Wir können da von einer mittleren Strömungsgeschwindigkeit c aller Elektronen sprechen, welche zu ihrer ungeordneten Eigengeschwindigkeit u

[1] Pogg. Ann. 156 (1875).
[2] Wied. Ann. 37 (1889).
[3] Wied. Ann. 66 (1898).
[4] Ann. d. Phys. 1 (1900), 7 (1902).
[5] Arch. Néerl. 10 (1905).
[6] Über Schwierigkeiten dieser Auffassung z. B. Decombe, Journ. d. Phys. 4 (1914).

hinzutritt. Für diese ungeordnete Bewegung sei die mittlere Zeit zwischen zwei Zusammenstößen an Metallatomen τ, also $u\tau = L$, wo L die mittlere Weglänge der freien Elektronenbewegung bedeute. c ist, selbst bei sehr großen Werten von $\mathfrak{E}$, verschwindend klein gegen u, so daß die Änderung von τ oder L bei Anlegung einer elektrischen Kraft zu vernachlässigen ist. Nun ist, wenn ε die Ladung und μ die Masse eines Elektrons seien,

$$\text{Kraft} = \text{Beschleunigung} \times \text{Masse},$$
$$\varepsilon\mathfrak{E} = b \times \mu.$$

Diese Beschleunigung $b = \varepsilon\mathfrak{E}/\mu$ wirkt während der Zeit $\tau = L/u$ und ergibt einen Geschwindigkeitszuwachs in der Feldrichtung von

$$\frac{\varepsilon\mathfrak{E}}{\mu}\tau = \frac{\varepsilon\mathfrak{E}}{\mu}\frac{L}{u}.$$

Im Mittel wird also die Strömungsgeschwindigkeit

$$c = \frac{1}{2}\frac{\varepsilon\mathfrak{E}}{\mu}\frac{L}{u}.$$

Sind $\mathfrak{N}$ Elektronen pro cm^3 und hat der Leiter den Querschnitt $1\,cm^2$, so passiert diesen eine Ladung $\mathfrak{N}\varepsilon$ mit der Geschwindigkeit c. Diese Stromdichte ist

$$\mathfrak{c} = \mathfrak{N}\varepsilon\left(\frac{1}{2}\frac{\varepsilon\mathfrak{E}}{\mu}\frac{L}{u}\right),$$

oder, da $\mu u^2/2 = \alpha T$

$$\mathfrak{c} = \left(\frac{\varepsilon^2\mathfrak{N}Lu}{4\alpha T}\right)\mathfrak{E},$$

Für $\mathfrak{E} = 1$ wird der Ausdruck in der Klammer zur elektrischen Leitfähigkeit $\varkappa$ (S. 124)

$$\varkappa = \frac{1}{4}\frac{\varepsilon^2\mathfrak{N}Lu}{\alpha T}.$$

Lorentz legte genaueren Berechnungen die Maxwellsche Verteilungsformel (§ 203) zugrunde, und erhielt statt des Faktors $\frac{1}{4}$ einen mit $\sqrt{\frac{2}{3\pi}}$.

Experimentell ist diese Formel nicht zu prüfen. Aus den Richardsonschen Betrachtungen (§ 643) läßt sich ein Wert für L berechnen. Diese mittlere Elektronenweglänge ist bei 0° für Pt etwa $1{,}6 \cdot 10^{-6}$ cm. Der analoge Wert für Gas- (Luft-) Molekel wäre etwa 4 mal größer (§ 204).

Nach vorhergehenden Formeln für $\varkappa$ soll diese Leitfähigkeit der absoluten Temperatur umgekehrt proportional sein. Wir sprachen über die nur ungefähre Richtigkeit dieses Gesetzes schon § 430.[1] Hier versagt also die einfache gaskinetische Theorie.

[1] Weiteres auch für die folgenden §§ in Baedecker, Elektrische Erscheinungen in metallischen Leitern (1911). — Joh. Königsberger, Referat in Radioaktivität 11 (1914).

Wärmeleitung. Die gegenseitige Wärmezustrahlung der Metallmolekel ist sehr gering, sie soll z. B. bei Ag nur $1{,}5 \cdot 10^{-6}$ des gesamten Wärmeleitungsstromes betragen. Wir brauchen daher, wenigstens für reine Metalle, nur die Wärmekonvektion durch Elektronen in Rechnung zu ziehen.[1] Ferner machen wir zunächst die Annahme, daß $\mathfrak{N}$ bei reinen Metallen unabhängig sei von T. An Stellen höherer Temperatur wird dann der Elektronendruck erhöht, sie diffundieren nach kälteren Stellen.

Die pro sec durch die Flächeneinheit gehende Elektronenzahl ist (nach § 206) gegeben durch

$$\tfrac{1}{3} u L \mathfrak{N} \, d G / dx .$$

Für G ist, da jedes Elektron αT Wärme mitführt, αT zu setzen. Die durchgehende Wärme ist also

$$\tfrac{1}{3} \alpha u L \mathfrak{N} \, dT / dx .$$

Die „innere Wärmeleitfähigkeit" (§ 241) ist dann

$$k = \tfrac{1}{3} \alpha u L \mathfrak{N} .$$

H. A. Lorentz erhält statt $\frac{1}{3}$ den Zahlenfaktor 0,41.

Gesetz Wiedemann-Franz (§ 430). Aus vorhergehendem folgt

$$\frac{k}{\varkappa} = \frac{4}{3} \left(\frac{\alpha^2}{\varepsilon} \right) T ,$$

d. h. das Verhältnis der Wärme- und Elektrizitätsleitfähigkeit ist eine der absoluten Temperatur proportionale Konstante.

Nun liegen sehr exakte Messungen von k und $\varkappa$ für 18—100° C bei Metallen vor.[2] Für Ag war z. B. $k/\varkappa = 0{,}760 \cdot 10^{-10}$ und ebenderselbe Wert gilt auch recht gut für viele Metalle, aber nicht für alle. Diese Übereinstimmung bildet die vielleicht wichtigste Stütze der gaskinetischen Elektronentheorie.

Nach unserer Formel sollte $T\varkappa/k$ eine Konstante sein, etwa $2{,}5 \cdot 10^8$. Das gilt absolut nicht bei tiefen Temperaturen, doch scheint der Wert ein Grenzwert für sehr hohe T zu sein.

§ 642. Quereffekte. Hier wollen wir weitere Versuche der gaskinetischen Elektronentheorie zur Erklärung einiger elektrischer Erscheinungen zusammenfassen. Wieder kümmern wir uns um die ungeordnete Eigenbewegung der Elektronen nicht, diese heben sich hier in ihrer Wirkung so auf, als ob sie relativ gegen die Metallatome ruhten.

Elektromagnetische Induktion. Die Erklärung der rechten Handregel (§ 526) ergibt sich so:

Es sei ein Metallstück in einem magnetischen Felde, die Intensität $\mathfrak{H}$ habe die Richtung der x-Achse (z. B. senkrecht zur Zeichnungsebene nach vorn). Wir bewegen dies Metall von links nach rechts in der

---

[1] Reinganum, Phys. Zs. (1910).

[2] W. Jaeger u. Diesselhorst, Berl. Ber. (1899).

x-Richtung mit der Geschwindigkeit v. In einem Parallelepiped $dx\,dy\,dz$ (wo y-Richtung nach oben) sind $\mathfrak{N}\,dx\,dy\,dz$ Elektronen. Jedes nach rechts (mechanisch mit dem Metall) bewegte Elektron erfährt, wie ein Kathodenstrahl in Fig. 674 eine Kraft $\varepsilon v \mathfrak{H}/c$ nach aufwärts, wenn ε wieder die Ladung des Elektrons ist. Diese elektromotorische Kraft ist für unser ganzes Parallelepiped

$$K = \mathfrak{N}\,dx\,dy\,dz\,\varepsilon\,\mathfrak{H}\,v/c\,.$$

Daraus

$$\frac{K}{\varepsilon\,\mathfrak{N}\,dx\,dy\,dz} = \frac{v\,\mathfrak{H}}{c}\,.$$

Der Ausdruck links ist die elektrische Kraft auf die Elektronen in der Volumseinheit oder die in der Richtung y pro Längeneinheit erzeugte Potentialdifferenz, z. B. $d\mathfrak{E}/dy$. Also

$$d\mathfrak{E}/dy = v\,\mathfrak{H}/c\,.$$

Die im Leiter induzierte elektromotorische Kraft ist unabhängig vom Material des Leiters und proportional der magnetischen Feldintensität und der Geschwindigkeit des Leiters, oder mit anderen Worten proportional der Zahl der pro sec geschnittenen Induktionslinien.

Ponderomotorische Wirkung vom Magnetfeld auf Stromträger. Wieder sei ein Magnetfeld, Intensität $\mathfrak{H}$, Richtung z senkrecht zur Zeichnungsebene nach vorne, angenommen. In der x-Richtung fließt ein Strom durch einen Draht, Querschnitt 1 cm², Länge 1 cm mit der Stromstärke i. Dann ist

$$i = \varepsilon\,c\,\mathfrak{N}\,,$$

wo c dieselbe Bedeutung hat wie im vorhergehenden §. Jedes Elektron wird mit der Kraft $c\,\mathfrak{H}\,\varepsilon/c$ nach oben in die y-Richtung gedrückt, also der ganze Stromträger mit der Kraft

$$P = \varepsilon\,c\,\mathfrak{H}\,\mathfrak{N}/c = i\,\mathfrak{H}/c\,.$$

Also wird entsprechend der linken Handregel (§ 497) ein Stromdurchflossener Leiter senkrecht zu den Induktionslinien mit einer Kraft gedrückt, welche proportional ist der Strom- und Feldstärke, alles natürlich in einheitlichem Maße gemessen.

Die Überlegungen dieses § bringen aber nichts wesentlich Neues, sie verschieben nur makroskopische Beobachtungen ins Molekulargebiet.

Galvanomagnetische und thermomagnetische Effekte. Auf den ersten Blick könnte es scheinen, als ob sich hier (10. Teil dieses Bandes) für die Elektronik besonders einfache Aufgaben fänden. Schon § 556 führten wir eine Rechnung durch, welche ganz im Sinne der Elektronentheorie angelegt war. Doch ergibt sich hier folgende Schwierigkeit: Wir brauchten, um die manchmal positive, manchmal negative Drehung beim Halleffekt zu erklären, mit verschiedenen Geschwindigkeiten sich bewegende positive und negative Elektronen. Das aber führt, wie H. A. Lorentz hervorhebt, zu unvereinbaren Widersprüchen.[1] Selbst bei alleiniger Erklärung der Erscheinungen in Bi ergeben sich Schwierigkeiten.[2]

§ 643. Thermoionen. Heiße Metalle machen die umgebende Luft leitend. Bei höheren Temperaturen hat man es nur mit einer Aussendung negativer Elektronen zu tun, während bei niedrigeren Temperaturen die Luft um das heiße Metall herum auch positive Ionen zeigt. Erst nach vielen eingehenden Untersuchungen konnte man nachweisen, daß bei höheren Temperaturen — z. B. 1000° — die Erscheinung eine rein thermische Leitereigenschaft ist, daß chemische Vorgänge wie Oberflächenverunreinigungen u. dgl. nur als Nebenumstände die Reinheit des Effektes stören können.

Die Untersuchung geschieht am besten in allerhöchstem Vakuum.[3] Eine plattenförmige Kathode, mit CaO überzogen (§ 584), wird durch einen elektrischen Heizstrom dauernd auf z. B. 1000° erhitzt. Gegenüber steht im Vakuum eine zweite Metallplatte als Anode. Legt man nun eine Spannung an, so fließt ein dauernder Strom und es entsteht die Frage: wie hängt die Stromstärke mit der Temperatur der Glühkathode und der angelegten Spannung zusammen.

Um diese Emission von Elektronen aus glühenden Körpern zu verstehen, macht Richardson[4] die Annahme, daß hier ein ähnlicher Vorgang wie bei der Verdampfung stattfinde. Es tritt zwischen den ausgetretenen und den im Körper verbliebenen Elektronen ein analoges statistisches Gleichgewicht ein, wie z. B. zwischen Wasser und dem darüber befindlichen Wasserdampf. Die Betrachtung letzteren Zustandes führte uns (§ 231) zur Bestimmung der Verdampfungswärme Q

$$Q = \frac{T\omega}{J}\frac{dp}{dT}.$$

Diese Formel gilt aber für jedes Reaktionsgleichgewicht. Setzen wir $QJ = L$, so ist L in unserem Falle die die Emission begleitende Energieänderung. Für ω setzen wir W, das Volumen von ein Mol Elektronen in freiem Zustande ohne Rücksicht auf elektrische Kräfte. Dann ist

$$L = WT(dp/dT).$$

Die innere Arbeit, welche erfordert wird, um ein Mol Elektronen in Freiheit zu setzen, sei q, also

$$L = q + pW = q + \mathsf{P}T.$$

Durch Substitution berechnet sich dann

$$\frac{q + \mathsf{P}T}{T^2}\,dT = \frac{\mathsf{P}\,dp}{p}$$

und

$$p = BT \cdot e^{-q/\mathsf{P}T}, \quad \text{wo } B \text{ eine Konstante.}$$

---

[1] Akad. Amsterdam 3. II (1905). [2] Gans, Ann. d. Phys. 20 (1906).
[3] Germershausen, Ann. d. Phys. 51 (1916). [4] Jahrb. d. Radioaktivität 1 (1904).

p läßt sich hier nicht messen, sondern nur der wegziehende Elektronenstrom i, den die Rechnung ergibt mit

$$i = A\sqrt{T}\, e^{-q/p\,T}, \qquad \text{wo } A \text{ eine Konstante.}$$

Ist die angelegte Potentialdifferenz so groß, daß alle von der Kathode weggehenden Elektronen zur Anode gerissen werden, so haben wir es mit einem Sättigungsstrom zu tun.

Bei kleineren Spannungen aber bilden die von der Kathode weggegangenen Elektronen eine hindernde Raumladung, und für diesen Spannungsbereich ergibt die Theorie

$$i = \frac{\sqrt{2}}{9\pi}\sqrt{\frac{\varepsilon}{\mu}}\,\frac{V^{3/2}}{d},$$

wo ε/μ spez. Elektronenladung, V die angelegte Potentialdifferenz und d die Plattendistanz ist.

Diese und viele andere theoretische Resultate konnte die Arbeit von Germershausen bestätigen. Hüttemann[1] untersuchte außer dieser Elektronenaussendung bei hohen Glühtemperaturen auch noch die Emission positiver Ionen bei tieferen Temperaturen (schwacher Rotglut); von allen untersuchten Körpern sendet nur CaO keine +-Ionen aus.

Laue[2] gelangt unter Berücksichtigung der abstoßenden Kräfte der Elektronenladungen zu dem Ergebnis, daß die Glühelektronen im Gleichgewichtszustande eine den Glühelektroden anliegende Schicht bilden; man kann Energie, Ladung und Oberflächenspannung dieser Schichte berechnen und gelangt zu Formeln, welche mit der Richardsonschen Gleichung übereinzustimmen scheinen.

§ 644. **Thermoelektrizität.** Für dieses Gebiet empfiehlt sich die Annahme, daß die Anzahl der freien Elektronen nicht nur in verschiedenen Leitern verschieden ist, sondern daß auch in einem bestimmten Körper diese Anzahl eine Funktion der Temperatur sei. (Letztere Auffassung bedingt eine andere Theorie der Wärmeleitung, als wir sie in § 641 schilderten.)

Wenn $\mathfrak{N}$ bei verschiedenen Metallen verschieden ist, so muß an einer Kontaktstelle zweier Leiter ein Überströmen stattfinden, es ergibt sich eine Potentialdifferenz, die bei verschiedener Temperatur verschieden ausfällt. Wir erhalten so jene Auffassung, welche wir § 467 als „Kontaktkraft-Theorie“ bezeichneten.

Aber auch an den verschieden temperierten Enden eines einzelnen isolierten Leiters findet eine „Art von Verdampfung“ gegen das eine Ende hin statt.[3] Es kommt da zu einer Elektronenanhäufung und elektrischen Aufladung; es ergibt sich also jene Auffassung, die wir § 467 als „Temperaturgefälls-Hypothese“ bezeichneten.

[1] Ann. d. Phys. 52 (1916). [2] Jahrb. d. Radioaktivität (1918).
[3] Krüger, Phys. Zs. 11 (1911). — Baedecker, Phys. Zs. 12 (1912).

Man versuchte auch unmittelbar mit der im vorigen § gegebenen RICHARDSONschen Formel Anschluß an die experimentell gefundenen Tatsachen zu finden. Da aber auch so die rechnerischen Ergebnisse mit den wirklichen Tatsachen nur mäßig stimmen, vielleicht infolge mangelnder Versuchsergebnisse [1], wollen wir dieses Gebiet nicht weiter verfolgen.

§ 645. **Optische Eigenschaften metallischer Leiter.** Vom elektronentheoretischen Standpunkte aus wurden behandelt die elektromagnetischen Wellen in Leitern, speziell die langwellige Metall-Strahlung, -Emission, -Absorption und -Dispersion.[2] Die Rechnungen sind viel zu weitläufig, als daß wir hier darauf eingehen könnten.

Wir kommen im 17., 18. und 19. Teile dieses Bandes noch auf wichtige Punkte dieses Gebietes zu sprechen, auf manches haben wir schon seinerzeit hingewiesen, z. B. Bd. I, S. 503 Anm.

§ 646. **Andere Elektronenhypothesen.** Zusammenfassend können wir die letzten §§ über gaskinetische Metall-Elektronik dahin charakterisieren, daß diese zwar sehr interessanten, doch aber noch ganz provisorischen Vorstellungen in vielen Punkten, die wir ja fallweise angaben, versagen.[3]

Es wurden verschiedene Modifikationen dieser Theorie vorgeschlagen, z. B. von W. WIEN[4] unter Heranziehung der Quantentheorie (18. Teil dieses Bandes). Der neueste dieser Versuche rührt von WEREIDE[5] her. In der DRUDEschen Formel (§ 641) für $\varkappa$ ersetzt er N, L und u durch andere Atomkonstanten und erhält dadurch besseren Anschluß an die experimentellen Ergebnisse über elektrische Leitfähigkeit. BORELIUS[6] hinwieder schreibt die große Leitfähigkeit der Metalle einem metallischen Atomgitter zu, dieser Prozeß wird durch die Elektronenbewegung nur etwas alteriert. Man erhält so das Gesetz von WIEDEMANN und FRANZ.

Wir wollen aber noch eine von der gaskinetischen Theorie ganz abweichende Hypothese von BENEDICKS[7] kurz schildern.

Aus zahlreichen fremden und eignen elektrischen Widerstandsmessungen berechnet BENEDICKS die „atomare Leitfähigkeit" (oder Leitfähigkeit pro Atom) $\varkappa_A$. Ist s, bzw. A das spez. Gewicht, bzw. das Atomgewicht eines Körpers, so gibt s/A die relative Atomzahl pro cm^3. Es ist also

$$\varkappa_A = \varkappa A/s,$$

wo $\varkappa$ die gewöhnliche spez. elektr. Leitfähigkeit ist.

Phoretische[8] Elektronentheorie. Das Bild der Elektrizitätsleitung in Metallen sähe da so aus:

---

[1] CZERMAK, Jahrb. d. Radioaktivität 8 (1911). [2] Siehe z. B. DRUDE, Lehrbuch der Optik (1912). [3] Siehe z. B. J. STARK, Jahrb. d. Radioakt. 9 (1912). [4] Berl. Ber. (1913). Auch I. H. HALL, Proc. Am. Acad. Arts. a. Sci. 50 (1914) u. J. J. THOMSON, Phil. Mag. 30 (1915). [5] Ann. d. Phys. 55 (1918). [6] Ann. d. Phys. 57 (1918). [7] Jahrb. d. Radioakt. 13 (1916). [8] Von φορέω, „fortwährend tragen". Also etwa „Fuhr"-Wirkungshypothese.

Der Raum zwischen den Metallatomen ist vollständig frei von Elektronen und isoliert; im Atom selbst aber sollen sich die Elektronen ohne Reibung bewegen. Jedes Atom schwinge ferner zwischen seinen Nachbaratomen hin und her (Schwingungszahl $= \nu$) und gibt dabei an diese je nach seiner Wertigkeit ein oder mehrere Elektronen ab. Sei diese Elektrizitätsmenge C, so ist

$$\varkappa_A = C\nu.$$

Diese Größe C stellt etwa ein Maß der Leichtigkeit dar, mit der ein Atom Elektrizität aufzunehmen und abzugeben fähig ist; sie muß also in nächster Beziehung stehen zur „Elektroaffinität des Metalls", welche Größe wieder mit der Zersetzungsspannung (S. 151) in Beziehung stehen dürfte. Da aber ν in modernen Überlegungen über spez. Wärme (§ 659) eine große Rolle spielt und darum besser bestimmbar ist, berechnet Benedicks das C aus $\varkappa_A/\nu$. Trägt man diesen Wert C als Ordinate über den Atomgewichten als Abszissen auf, so erhält man ein Diagramm (ähnlich wie Fig. 739) von einfacher Regelmäßigkeit und manchen interessanten chemischen Beziehungen.

Von jeder Theorie der elektrischen Leitung fordert das experimentelle Versuchsergebnis, daß für kleinere Atomabstände die Leitung besser wird. Hier versagt die gaskinetische Theorie vollständig, denn nach ihr müßte die durch die elektrische Beschleunigung (S. 554) erreichte Geschwindigkeit c und damit die Leitfähigkeit bei kleineren Atomabständen (z. B. bei tieferer Temperatur) kleiner werden. Bei sehr tiefen Temperaturen, wo sämtliche Atome sich berühren („Agglomeration"), tritt die „Supraleitung" von Kamerlingh Onnes ein (§ 431, § 555). Solange dann bei allmählichem Wiedererwärmen noch ein zusammenhängender leitender Faden da ist, bleibt diese Supraleitung bestehen, um beim Zerreißen des Fadens plötzlich zur normalen Leitfähigkeit zurückzufallen.

Schließlich zeigt das Experiment auch, daß die Leitfähigkeit beim Zusammenpressen eines Metalls besser wird.

Für eine Theorie der Wärmeleitfähigkeit sucht Benedicks die auf § 466 geschilderte Entdeckung seines neuen thermoelektrischen Effektes heranzuziehen.

Infolge eines Wärmegefälles sollen elektrische „Mikrowirbelströme" entstehen, welche den Leiter erwärmen und (wie Strömungen in Flüssigkeiten) eine erhöhte Leitfähigkeit vortäuschen. Es sollen nur ganz dünne Drähte die Bestimmung des „rein thermischen" Leitvermögens ermöglichen.

Ein Bündel aus isolierten feinsten Cu-Drähten z. B. hat nach Benedicks eine um 5 bis 10 % geringere Wärmeleitfähigkeit als ein massiver Zylinder aus demselben Materiale, von genau gleicher Länge und Querschnittsfläche und genau gleicher elektrischer Leitfähigkeit. Es wären also alle bisherigen Bestimmungen, die ausnahmslos an massiven Stücken gemacht wurden, zu revidieren!

Diese Versuche und Spekulationen Benedicks sind neuesten Datums; es muß abgewartet werden, wie sich die Kritik theoretisch und experimentell dazu stellen wird.

Siebzehnter Teil. Magnetische und elektrische Spektralanalyse.

Ein Kapitel, welches den ganzen Zusammenhang zwischen optischen und elektromagnetischen Erscheinungen umfaßte, würde zu umfangreich und dabei unübersichtlich sein. Wir haben darum viele Gebiete, die hierher gehörten, schon vorweggenommen, so z. B. § 416 elektrische Doppelbrechung, §§ 516—518 magnetische Drehung der Polarisationsebene, §§ 566—571 elektromagnetische Lichttheorie, §§ 605—606 lichtelektrische Effekte usw. Andere Gebiete, speziell die Strahlungstheorie, aber werden erst in nächstfolgenden Teilen unseres Bandes behandelt werden.

I. Emission und Absorption des Lichtes im Magnetfelde.

§ 647. Der Zeemaneffekt im Emissionsspektrum. Schon Faraday hatte untersucht, ob in dem Spektrum leuchtender Metalldämpfe sich nicht irgendeine Veränderung einstelle, wenn die durch sie gefärbte Flamme zwischen die Pole eines kräftigen Magnets gebracht wird. Der Erfolg seiner Versuche war ein negativer. Erst Zeeman gelang es mit Anwendung eines Rowlandschen Gitters im Jahre 1896, eine Verbreiterung der Natriumlinien nachzuweisen, wenn die Na-Flamme sich zwischen den Polen eines Elektromagneten befand. Zu einer weiteren Untersuchung des hiermit entdeckten bedeutungsvollen Phänomens erwiesen sich die Na-Linien weniger geeignet. Ein besseres Objekt für die Beobachtung fand sich in der blaugrünen Linie des Cd, und bei ihr wurden die folgenden Beobachtungen gemacht.

L o n g i t u d i n a l e r E f f e k t. Es ist von vornherein wahrscheinlich, daß die von einem Magnetfelde erzeugte Veränderung des Emissionsspektrums verschieden ist, je nach dem Winkel, welchen die emittierten Strahlen mit den Kraftlinien des Feldes einschließen. Die beiden hauptsächlichsten Fälle ergeben sich, wenn die Emissionsrichtung entweder der Richtung der Kraftlinien parallel ist oder wenn sie zu ihr senkrecht steht. Im ersten Falle erhalten wir den sogenannten longitudinalen Effekt. Um ihn zu beobachten, muß wenigstens der eine von den Polschuhen des Elektromagnets durchbohrt sein; man untersucht dann das Licht, welches parallel mit der Achse der Durchbohrung von dem Cd-Dampfe ausgesandt wird. Man findet, daß die Cd-Linie in zwei Linien zerlegt erscheint, welche von der ursprünglichen Linie aus gerechnet nach beiden Seiten um gleich viel verschoben sind. Dazu kommt aber sofort noch eine zweite ebenso merkwürdige Tatsache; das Licht beider Linien ist zirkularpolarisiert, und zwar bei der nach dem roten Ende des Spektrums hin liegenden rechts, bei der nach dem violetten Ende liegenden links zirkularpolarisiert. Die beiden bei dem Longitudinaleffekte auftretenden Linien werden wir als ein ZEEMANsches Dublet bezeichnen.

Tranversaler Effekt. Der transversale Effekt wird erhalten, wenn die Emissionsrichtung der Lichtstrahlen zu der Richtung der Kraftlinien senkrecht steht. Die Cd-Linie spaltet sich dabei in drei; die Schwingungszahl der mittleren Linie dieses Triplets ist dieselbe wie im gewöhnlichen Spektrum; die Schwingungszahlen der äußeren Linien sind um denselben Betrag größer und kleiner als die Schwingungszahl der mittleren. Das Licht aller drei Linien

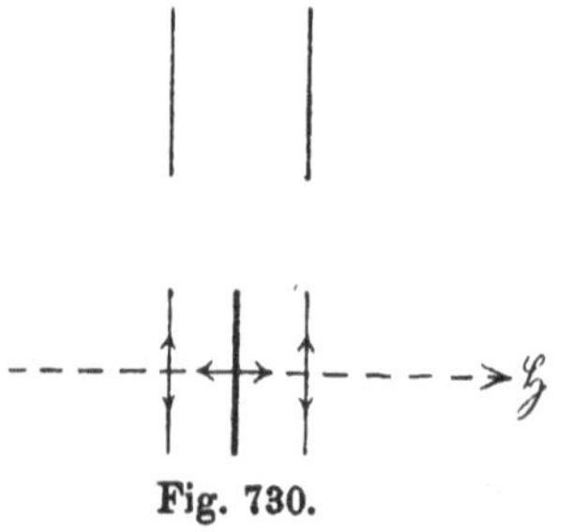

Fig. 730.

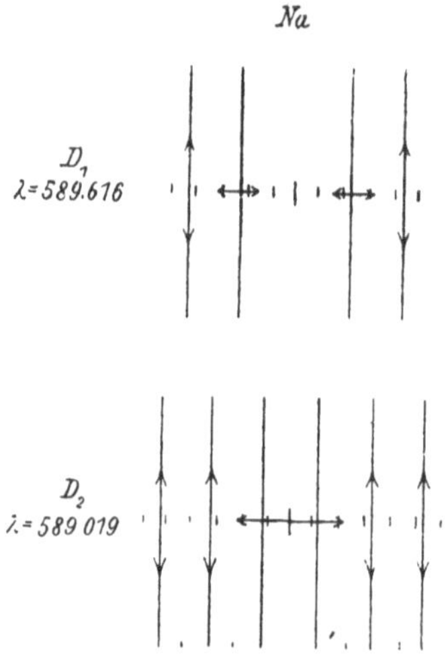

Fig. 731.

ist vollständig polarisiert, und zwar sind die elektrischen Schwingungen der mittleren Linie parallel den Magnetkraftlinien, die der äußeren dazu senkrecht. Die Intensität der mittleren Linie ist in dem als normal zu betrachtenden Falle doppelt so groß, als die der einzeln genommenen äußeren. Doch kommen bei anderen Linien auch Abweichungen von diesem normalen Verhalten vor. Die Schwingungszahlen der äußeren Linien bei dem transversalen Effekte sind gleich den Schwingungszahlen der beiden zirkularpolarisierten Linien des longitudinalen.

Eine schematische Darstellung dieser normalen Verhältnisse beider Effekte gibt Fig. 730.

Bei späteren Untersuchungen über die Zerlegung der Spektrallinien im Magnetfelde hat man sich vorzugsweise an den transversalen Effekt gehalten, der bequemer zu beobachten ist. Die dabei beobachteten oft minder einfachen Erscheinungen mögen an einigen Beispielen erläutert werden. Fig. 731 gibt den Transversaleffekt bei den beiden *D*-Linien. D_1 wird in vier, D_2 in sechs Linien zerlegt. In Fig. 731 sind die Linien nach ihren Schwingungszahlen geordnet, und zwar so, daß ein Teil der auf den horizontalen Achsen der Figuren angedeuteten Maßstäbe gleich 10^{10} Schwingungen ist. Die halbe Schwingungsdifferenz der beiden Mittellinien von D_2 beträgt $1{,}08 \cdot 10^{10}$; der Abstand der Linien von der Mitte des Maßstabes beträgt also je 1,08 Skalenteile. Bezeichnen wir diesen Abstand durch $v = 1{,}08$, so ergibt sich für die Zerlegung der Linien das folgende Schema:

D_1 $\quad -4v, \; -2v, \qquad +2v, \; +4v,$
D_2 $\quad -5v, \; -3v, \; -v, \; +v, \; +3v, \; +5v.$

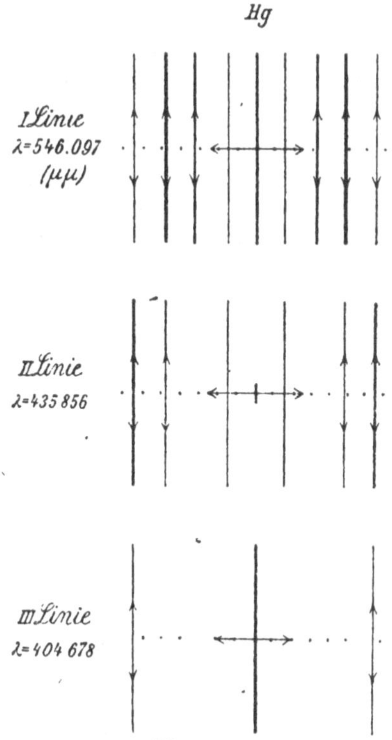

Fig. 732.

Figg. 732 stellen in derselben Weise den Transversaleffekt bei Hg dar; sie beziehen sich auf die zweite, aus dreifachen Linien zusammengesetzte Nebenserie des Hg. Die beschriebenen Wellenlängen gehören zu den Linien des ersten Tripels der Serie; die erste Linie des Tripels wird im Magnetfelde in 9, die zweite in 6, die dritte in drei Linien gespalten. Bei der neunfachen Linie sind die Differenzen der Schwingungszahlen je zweier aufeinander folgender Linien konstant, und zwar je gleich $1{,}62 \cdot 10^{10}$. Der Abstand zweier benachbarter Linien beträgt daher 1,62 Teile des horizontalen Maßstabes. Bezeichnen wir diesen Abstand mit u, so folgt die Zerlegung bei den drei Linien des Tripels dem folgenden Schema:

I.	$-4u$,	$-3u$,	$-2u$,	$-u$,	0,	$+u$,	$+2u$,	$+3u$,	$+4u$,
II.	$-4u$,	$-3u$,		$-u$,		$+u$,		$+3u$,	$+4u$,
III.	$-4u$,				0,				$+4u$.

Nach diesem Schema werden aber nicht bloß die Linien des ersten Tripels der Serie zerlegt, die Zerlegung wiederholt sich vielmehr in ganz derselben Weise bei jedem folgenden Tripel. Alle ersten Linien der Tripel folgen dem Schema I, alle zweiten dem Schema II, alle dritten dem Schema III. Unsere Figuren gelten also nicht bloß für das erste Tripel der Serie, sondern ebenso für alle übrigen.

Zwischen der für die Anordnung der Na-Linien maßgebenden Fundamentaldistanz v und der für Hg charakteristischen u besteht bei gleicher Feldstärke die Beziehung: $3v = 2u$. Die so auf ein gemeinsames Maß reduzierten Fundamentalabstände v und u kehren aber auch bei den Doppel- und dreifachen Linien anderer Elemente wieder, so daß sie wahrscheinlich unabhängig von der chemischen Natur der betrachteten Stoffe sind.[1] Dagegen sind die Werte von v und u abhängig von der Stärke des Magnetfeldes, und zwar mit dieser proportional. Bei den im vorhergehenden besprochenen Beobachtungen betrug die Feldstärke 24600 $cm^{-1} \cdot g^{\frac{1}{2}} \cdot sec^{-1}$.

Die Polarisationsverhältnisse der Linien sind durch die eingezeichneten Pfeile angedeutet; die elektrischen Schwingungen der inneren Linien sind parallel den Kraftlinien, die der äußeren stehen dazu senkrecht.

§ 648. Theorien des Zeemaneffektes. Auf Grund der elektromagnetischen Theorie des Lichtes wird man annehmen, daß alle Lichtemission auf der Schwingung elektrischer Teilchen im Innern der Molekel oder Atome beruht. Die nächstliegende Frage wird dann sein, welcher Art die schwingenden elektrischen Teilchen sind. All die in den vorhergehenden Abschnitten angegebenen Verhältnisse machen es wahrscheinlich, daß die Licht erregenden elektrischen Teilchen identisch mit den Elektronen sind.

Wir beschränken uns zunächst nur auf die Betrachtung des einfachen Zeemaneffektes, wie er bei der Cd-Linie auftritt. Der Elektromagnet, zwischen dessen Polen die leuchtenden Cd-Dämpfe sich befinden, sei zunächst nicht erregt. Wir betrachten eines von den leuchtenden Molekeln des Dampfes; ein zu demselben gehörendes Elektron besitze infolge der von den übrigen Bestandteilen des Molekels ausgeübten Kräfte eine bestimmte Ruhelage, und werde bei einer Störung seines Gleichgewichtes nach der Ruhelage mit einer Kraft zurückgezogen, welche dem jeweiligen Abstande von jener proportional ist. Wir nehmen an, das Elektron führe unter der Wirkung der Kraft im unmagnetischen Felde eine geradlinige Schwingung von beliebiger Richtung aus. Wir zerlegen diese Schwingung zuerst in zwei lineare Komponenten p und s, von denen die eine p parallel den bei der Erregung des Magnets entstehenden Kraftlinien ist, während die andere s dazu senkrecht steht. Wir legen ferner durch die Komponente s eine Ebene A, die senkrecht zu p, also parallel zu der Äquatorialebene des Elektromagnets steht. Nach § 323 können wir dann an Stelle der geradlinigen Schwingung s zwei entgegengesetzt zirkulare Schwingungen in der Ebene A setzen. Schließlich haben wir also die ursprünglich gegebene Schwingung in drei Komponenten zerlegt; eine geradlinige p parallel der Richtung der Kraftlinie, eine rechtszirkulare c_r und eine linkszirkulare c_l in der Äquatorialebene A. Die letzte Annahme, die wir machen, ist die, daß die Wirkung des Magnetfeldes auf das in beliebiger Richtung linear schwingende Elektron sich ersetzen läßt durch seine Wirkung auf die drei Komponenten p, c_r und c_l, gerade

[1] Runge und Paschen, Berl. Ber. 32 (1902). — Runge, Phys. Zs. (1907).

so, wie wenn diese Schwingungen unabhängig voneinander je von einem besonderen Elektron ausgeführt würden. Dabei ist von vornherein klar, daß die Schwingung p ungeändert bleibt, da auf ein Teilchen, das in der Richtung der Magnetkraftlinien sich bewegt, keine magnetische Kraft wirkt.

Wir wenden uns zu der Betrachtung der zirkularen Komponenten: die gestrichelten Kreise der Figg. 733 sollen der normalen Schwingung des Elektrons im nichterregten Felde entsprechen. Die Bedingung für die Erhaltung der Kreisbahn wird durch das Gleichgewicht zwischen der Zentrifugalkraft und der nach dem Zentrum des Kreises gerichteten Anziehung gegeben sein. Die Geschwindigkeit in der Kreisperipherie sei $\mathfrak{g}$, der Halbmesser des Kreises r, die Masse des Elektrons μ, dann ist die Zentrifugalkraft gleich $\mu \mathfrak{g}^2/r$. Die Zahl der Umläufe, welche das Elektron in einer Sekunde in der Kreisbahn vollführt, die Schwingungszahl des von dem Dampfe ausgesandten Lichtes, sei ν, dann ist $\mathfrak{g} = 2\pi r \nu$ und

$$\mu \mathfrak{g}^2/r = 4\pi^2 r \nu^2 \mu .$$

Auf der anderen Seite sei die Kraft, welche das Elektron nach dem Mittelpunkte des Kreises zieht, gleich $f \cdot r$, wenn f eine Konstante bezeichnet. Die Bedingung für die Kreisbewegung ist dann:

$$4\pi^2 \nu^2 \mu = f \qquad \text{oder} \qquad \nu = \frac{1}{2\pi}\sqrt{\frac{f}{\mu}} .$$

Wir gehen nun über zu der Untersuchung der Feldwirkung; die Intensität des Feldes sei $\mathfrak{H}$, die Richtung der Kraftlinien sei durch

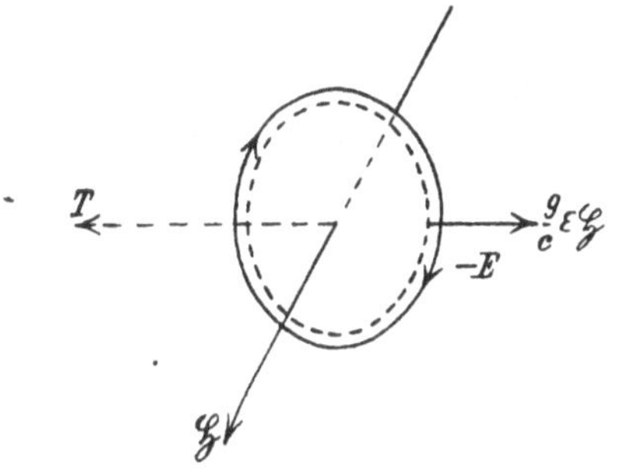

Fig. 733a.

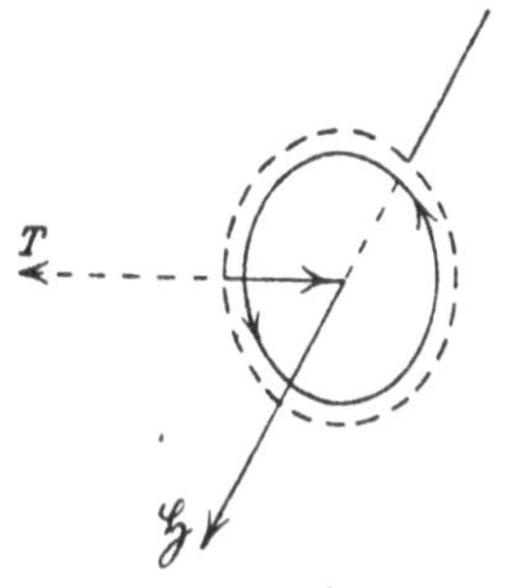

Fig. 733b.

die Richtung der Pfeile in den Figuren gegeben. Wir nehmen zuerst den Fall, daß die Rotationsrichtung des Elektrons dieselbe ist, wie die des Uhrzeigers, Fig. 733a. Nach dem in § 532 angegebenen Gesetze wirkt auf das Elektron in der Richtung des Radius nach außen hin eine Kraft $\mathfrak{g}\,\varepsilon\,\mathfrak{H}/c$; der Kreis, in dem sich das Elektron bewegt, wird dadurch erweitert; die Bahngeschwindigkeit $\mathfrak{g}$ bleibt aber dieselbe wie früher, da eine zu der Bahn senkrecht stehende Kraft keine Änderung jener Geschwindigkeit erzeugen kann. Bezeichnen wir den Halbmesser des erweiterten Kreises mit r_1, die ihm entsprechende neue Schwingungszahl mit ν_1, so führt die Bedingung der unveränderten Bahngeschwindigkeit zu der Beziehung:

$$\nu_1 r_1 = \nu r.$$

Dazu kommt die Gleichung der Kreisbewegung, welche unter den veränderten Bedingungen lautet:

$$4\pi^2 r_1 \nu_1^2 \mu = f r - \mathfrak{g}\, \varepsilon\, \mathfrak{H}/c.$$

Hier können die Größen f und $\mathfrak{g}$ mit Hilfe der Gleichungen:

$$f = 4\pi^2 \nu^2 \mu \quad \text{und} \quad \mathfrak{g} = 2\pi \nu r$$

durch ν und r ausgedrückt werden. Eliminiert man r_1, so erhält man für ν_1 die Gleichung:

$$2\pi \nu_1^2 \mu = 2\pi \nu^2 \mu - \nu_1 \varepsilon \mathfrak{H}/c,$$

oder

$$\nu^2 - \nu_1^2 = \frac{1}{2\pi} \frac{\varepsilon}{c\mu} \mathfrak{H} \nu_1.$$

Eine ganz analoge Betrachtung gilt nun auch für den Fall, daß das Elektron in seiner Kreisbahn entgegen dem Sinne des Uhrzeigers sich bewegt, wie in Fig. 733b. Der Unterschied ist nur der, daß die elektromagnetische Kraft des Feldes jetzt nach dem Mittelpunkte des Kreises hin gerichtet ist; der Halbmesser des Bahnkreises wird also verkleinert, die Schwingungszahl vergrößert. Bezeichnen wir die neue Schwingungszahl mit ν_2, so ergibt sich die Gleichung:

$$\nu_2^2 - \nu^2 = \frac{1}{2\pi} \frac{\varepsilon}{c\mu} \mathfrak{H} \nu_2.$$

Aus unseren Betrachtungen ergibt sich also das Resultat: Im Magnetfelde sind die Schwingungszahlen für das rechts- und für das linksrotierende Elektron verschieden groß, wenn sie im nichtmagnetischen Felde miteinander identisch waren. Die Schwingungszahl eines longitudinal, d. h. parallel den Kraftlinien schwingenden Elektrons wird durch das magnetische Feld nicht verändert.

Die Schwingungen des Elektrons erzeugen fortschreitende Schwingungen im Äther, d. h. Lichtwellen. Wir betrachten zuerst die Wellen, welche, in der Richtung $\mathfrak{H}$ der Kraftlinien fortschreitend, den longitudinalen Zeemaneffekt erzeugen müssen. Die longitudinale Schwingung p des Elektrons würde in der Richtung $\mathfrak{H}$ wieder nur longitudinale Bewegungen erzeugen können; da solche bei Lichtwellen ausgeschlossen sind, so wird man annehmen müssen, daß die Schwingungskomponente p in der Richtung $\mathfrak{H}$ überhaupt nicht zur Wirkung kommt. Die von $\mathfrak{H}$ aus gesehen im Sinne des Uhrzeigers vor sich gehende, rechtszirkulare Schwingung c_r der Fig. 733a wird in der Richtung $\mathfrak{H}$ rechtszirkular polarisierte Wellen erzeugen, die linkszirkulare Schwingung c_l der Fig. 733b dagegen linkszirkulare polarisierte Wellen. Die Schwingungszahl der ersteren ist kleiner als die der letzteren. Im Spektrum werden also, wenn die Fortpflanzungsrichtung der Lichtstrahlen mit der Richtung der Magnetkraftlinien übereinstimmt, zwei Linien auftreten, deren Licht entgegengesetzt zirkular polarisiert ist; von diesen muß die rechtszirkular schwingende die weniger abgelenkte, die linkszirkular schwingende die stärker abgelenkte sein. Das entspricht vollkommen den Beobachtungen bei dem longitudinalen Effekte.

Wir untersuchen zweitens die Wellen, welche, in der Richtung T senkrecht zu den Kraftlinien ausgesandt, den transversalen Zeemaneffekt geben müssen. Nach der Richtung T wird sich die Schwingung p als eine transversale Welle fortpflanzen, deren Schwingungen parallel den Kraftlinien sind. Die Schwingungszahl der Wellen ist gleich der Schwingungszahl ν ohne Magnetfeld. Die zirkularen Schwingungen c_r und c_l erscheinen von T aus gesehen als lineare, deren Schwingungsrichtungen zu den Kraftlinien senkrecht stehen; ihre Schwingungszahlen sind beziehungsweise gleich ν_1 und ν_2, dieselben wie bei den in der Richtung $\mathfrak{H}$ ausgesandten zirkularen Wellen. Im Spektrum muß man, in Übereinstimmung mit der Beobachtung, in der Richtung T drei Linien erhalten, deren eine dieselbe Lage hat wie im gewöhnlichen Spektrum, während die beiden anderen gleichweit nach beiden Seiten verschoben sind.[1]

Um die Bahn zu finden, welche das Elektron im Magnetfelde wirklich durchläuft, kann man zuerst die beiden zirkularen Schwingungen nach dem Prinzipe der Kombination zusammensetzen, man findet eine ähnliche Bahn wie bei dem sphärischen Pendel. Während das Elektron diese Bahn durchläuft, muß man sie selber in der Richtung der Kraftlinien mit der natürlichen Periode des ausgesandten Lichtes hin und her schwingen lassen.

Es bleibt schließlich übrig, auf einen sehr merkwürdigen Zusammenhang hinzuweisen, in dem die vorgetragene Theorie des einfachen Zeemaneffektes mit anderen Folgerungen der Elektronentheorie steht. Aus den Gleichungen

$$\nu^2 - \nu_1^2 = \frac{1}{2\pi}\,\frac{\varepsilon}{c\mu}\,\mathfrak{H}\,\nu_1$$

und

$$\nu_2^2 - \nu^2 = \frac{1}{2\pi}\,\frac{\varepsilon}{c\mu}\,\mathfrak{H}\,\nu_2$$

ergibt sich:

$$\nu_2 - \nu_1 = \frac{1}{2\pi}\,\frac{\varepsilon}{c\mu}\,\mathfrak{H}\,.$$

Man kann also aus der Differenz der Schwingungszahlen des Zeemanschen Triplets und aus der Feldstärke $\mathfrak{H}$ das Verhältnis ε/μ berechnen, dieselbe Zahl, zu deren Berechnung wir früher die Erscheinungen der Kathodenstrahlen benützt hatten.

Zu einer solchen Rechnung können wir beispielsweise das Zeemansche Triplet des Cd benützen[2]; die Wellenlänge der mittleren Linie beträgt

[1] Lorentz, Congrès international de Physique. Paris (1900). Bd. III.
[2] Zeeman, Phil. Mag. 45 (1898).

480 $\mu\mu$; die beiden äußeren Linien wurden gegen die mittlere um je 0,0485 $\mu\mu$ verschoben. Daraus ergibt sich:

$$\nu_1 = 62500 \cdot 10^{10} - 6{,}31 \cdot 10^{10}, \qquad \nu_2 = 62500 \cdot 10^{10} + 6{,}31 \cdot 10^{10},$$

$$\nu_2 - \nu_1 = 12{,}62 \cdot 10^{10}.$$

Die Stärke des angewandten Magnetfeldes war: $\mathfrak{H} = 32000\ \mathrm{cm}^{-\frac{1}{2}} \cdot \mathrm{g}^{\frac{1}{2}} \cdot \mathrm{sec}^{-1}$. Setzt man diese Werte, sowie den Wert der Lichtgeschwindigkeit c in die für $\nu_2 - \nu_1$ gefundene Formel ein, so ergibt sich:

$$\varepsilon / \mu = 743 \cdot 10^{15}.$$

Hier ist die Elektronenladung ε in elektrostatischem Maße ausgedrückt; die Zahl liegt der aus der Erscheinung der Kathodenstrahlen (§ 583) abgeleiteten, nicht allzu fern.

Der durch die Gleichung

$$\nu_2 - \nu_1 = \frac{1}{2\pi} \frac{\varepsilon}{c\mu} \mathfrak{H}$$

gegebene Zusammenhang zwischen den Schwingungsdifferenzen des Zeemaneffektes und zwischen der spezifischen Elektronenladung kann aber noch allgemeiner ausgedrückt werden. Wir haben die Liniensysteme des Hg und des Na im Magnetfelde durch die Fundamentalabstände u und v in übersichtlicher Weise dargestellt. Es ist klar, daß man das Triplet des Cd in analoger Weise darstellen kann, wenn man die halbe Differenz der Schwingungszahlen der äußeren Linien als Fundamentalabstand benützt; bezeichnen wir diesen Abstand mit w, so ist das Schema des Triplets:

$$-w, \qquad 0, \qquad +w.$$

Der Abstand w ist aber, ebenso wie die Abstände u und v, proportional der Feldstärke. Um zu wirklichen Konstanten zu gelangen, scheint es zweckmäßig, die Abstände durch die Feldstärke zu dividieren; die für die Einheit der Feldstärke geltenden Werte werden wir als reduzierte Abstände, u_1, v_1 und w_1, bezeichnen. Wir verstehen also unter u_1, v_1, w_1 die beobachteten Differenzen der Schwingungszahlen dividiert durch die Stärke des Magnetfeldes.

Aus den früher angegebenen Zahlen folgt:

$$w_1 = \frac{6{,}31 \cdot 10^{10}}{32000} = 19{,}69 \cdot 10^5,$$

$$v_1 = \frac{1{,}08 \cdot 10^{10}}{24600} = 4{,}39 \cdot 10^5,$$

$$u_1 = \frac{1{,}62 \cdot 10^{10}}{24600} = 6{,}58 \cdot 10^5.$$

Daraus ergibt sich weiter: $\quad 2w_1 = 9v_1 = 6u_1.$

Auf das Triplet des Cd haben wir aber die Gleichung angewandt:

$$\frac{\nu_2 - \nu_1}{\mathfrak{H}} = 2w_1 = \frac{1}{2\pi} \cdot \frac{\varepsilon}{c\mu}.$$

Somit ist auch: $2w_1 = 9v_1 = 6u_1 = \frac{1}{2\pi} \frac{\varepsilon}{c\mu}$.

Die reduzierten Fundamentalabstände lassen sich alle durch das Verhältnis ε/μ ausdrücken, und dieses Verhältnis kann umgekehrt aus allen Fundamentalabständen berechnet werden. Nun kommt dem Werte von u nach den Messungen von RUNGE und PASCHEN eine Genauigkeit von etwa 0,3 % zu; dieselbe Genauigkeit besitzt dann auch der Wert

$$\varepsilon/\mu = 743 \cdot 10^{15},$$

welcher bei dem Triplet des Cd gefunden worden ist. Die Abweichung des hier aus dem Zeemaneffekt berechneten Wertes von ε/μ von dem aus der Theorie der Kathodenstrahlen abgeleiteten dürfte wohl auf Fehler in der Messung der Feldstärke zurückzuführen sein. Diesbezüglich genauere Beobachtungen[1] ergaben eine vollständige Übereinstimmung. „Der so gefundene Wert weicht von den genannten Werten von ε/μ, die aus den Kathodenstrahlen ermittelt wurden, weniger ab als die der Kathodenstrahlen unter sich."

Man kann umgekehrt aus der Zerlegungsbreite des Zeemaneffektes die Stärke magnetischer Felder bestimmen.

Weitergehende Theorien. Die eben geschilderte, historisch erste, LORENTZsche elementare Theorie ergibt nur Dublets und Triplets. Wir sahen aber schon (Fig. 731), daß auch weitere magnetische Aufspaltungen (von meist größter Regelmäßigkeit und oft wunderbarer Schönheit) eintreten. Von 662 untersuchten Fe-Linien z. B. geben 393 Triplets, 118 Sexduplets, 49 Quadruplets, 9 sind ohne Spaltung, indes der Rest in komplizierterer Weise zerlegt wird. Bei W-Linien erhielt man sogar 19 Komponenten.

H. A. LORENTZ[2] erweiterte darum seine einfache Theorie durch die Annahme regellos orientierter Molekel, deren n-Schwingungsbestandteile (verschiedene elektrische Anordnung) ohne magnetische Einwirkung zusammenfallen; die magnetische Aufspaltung läßt sie auseinandertreten.

VOIGT[3] knüpft an LORENTZ an, läßt aber die Annahme magnetisch isotroper, regellos orientierter Molekel fallen und gelangt vom Zeemaneffekt aus auch zu einem einfachen Verständnis der FARADAYschen Drehung der Polarisationsebene. Da es sich dabei um Absorptionsspektra handelt, bringen wir derlei Betrachtungen im folgenden.

§ 649. Zeemaneffekt im Absorptionsspektrum. Wir haben in der Optik gesehen, daß den Emissionsspektren leuchtender Dämpfe Absorptionsspektren entsprechen, in welchen an Stelle der hellen Linien dunkle treten. Es ist von vornherein zu erwarten, daß diese reziproke Beziehung zwischen Emission und Absorption sich auch bei dem Zeeman-

[1] STETTENHEIMER, Ann. d. Phys. 24 (1917). — WEISS u. COTTON, Journ. Phys. (1907).

[2] Verschiedene Abhandlungen, zusammengefaßt „Enzyklopädie der mathematischen Wissenschaften" V. 3 (1909).

[3] Viele Arbeiten, Zusammenstellung „Magneto- und Elektrooptik" (1908).

phänomen wiederfinden wird. Diese Vermutung wurde durch den Versuch bald nach der Entdeckung der ZEEMANschen Emissionserscheinung bestätigt. Man bringt die Cd-Flamme in das Feld eines Elektromagnets, dessen Polschuhe beide durchbohrt sind. Läßt man das Licht einer elektrischen Lampe in der Richtung der Magnetkraftlinien durch die leuchtenden Dämpfe gehen, so erscheinen im Spektrum der Lampe zwei schwarze Absorptionslinien; man hat die Umkehr des longitudinalen Effektes. Läßt man das Licht der Lampe senkrecht zu den Kraftlinien durch die Flamme gehen, so erhält man im Spektrum drei schwarze Linien, die Umkehr des Transversaleffektes.

Es ist auch gelungen, den umgekehrten Zeemaneffekt bei den Absorptionsstreifen von Kristallen, z. B. bei dem in § 286 erwähnten Xenotim zu beobachten. Von besonderem Interesse ist noch eine andere Tatsache, die bei Gelegenheit dieser Untersuchungen entdeckt worden ist; die Breite der Absorptionsstreifen, gemessen zwischen den Maximis der Störung der Dispersionskurve, ändert sich, wenigstens bis zu Temperaturen von -200^{0}, proportional mit der Wurzel aus der absoluten Temperatur.[1]

FARADAYS Drehung der Polarisationsebene. Bei dem Emissionsphänomen richtete sich die weitere Untersuchung auf die Polarisationsverhältnisse der hellen Linien. Bei dem Absorptionsphänomen wird sich die Aufmerksamkeit auf die Polarisationsverhältnisse des durchgelassenen Lichtes in der Nähe der schwarzen Linien richten müssen. In der Tat ergibt sich dabei nicht bloß eine Erweiterung des Gebietes durch mannigfaltige neue Erscheinungen, es stellt sich außerdem eine erfreuliche Beziehung zu längst Bekanntem ein. Wir knüpfen an die Umkehr des longitudinalen Effektes an. Die von der elektrischen Lampe kommenden Strahlen gehen im Magnetfelde in der Richtung der Kraftlinien durch die Flamme hindurch. Wir stellen zwischen die Lampe und den Elektromagnet ein NICOLsches Prisma, so daß die in das Magnetfeld eintretenden Strahlen vollständig polarisiert sind. Was wir zunächst erwarten, ist nichts anderes, als die FARADAYsche Drehung der Polarisationsebene. Diese wird im allgemeinen sehr schwach sein; wir haben ja gesehen, daß die magnetooptische Konstante für Gase nur sehr kleine Werte besitzt. Aber nun haben wir es mit einem Mittel zu tun, welches zwei Absorptionslinien besitzt, und es fragt sich, ob von diesen nicht ein besonderer Einfluß auf die Erscheinung zu erwarten ist. Wir erinnern uns der Tatsache, daß das Brechungsverhältnis absorbierender Stoffe in der Nähe eines Absorptionsstreifens abnorm große Werte annimmt; dasselbe gilt von der Drehung natürlich drehender und zugleich absorbierender Substanzen; dasselbe Verhalten scheint auch bei magnetisch drehenden und absorbierenden Körpern von vornherein wahrscheinlich. Wir werden danach erwarten, daß die magne-

[1] BECQUEREL, Phys. Zs. (1907).

tische Drehung der Polarisationsebene durch den Dampf des Cd, wenn sie auch im allgemeinen verschwindend klein ist, doch in der unmittelbaren Nähe der beiden Cd-Linien größere Werte annimmt. Dieser theoretische Schluß wird durch den Versuch in vollem Umfange bestätigt. Fig. 734 gibt in schematischer Weise die Ergebnisse der Beobachtung wieder. Die Linien ν_1 und ν_2 repräsentieren die beiden Absorptionslinien des umgekehrten Cd-Dublets; die Kurve stellt die Größe der

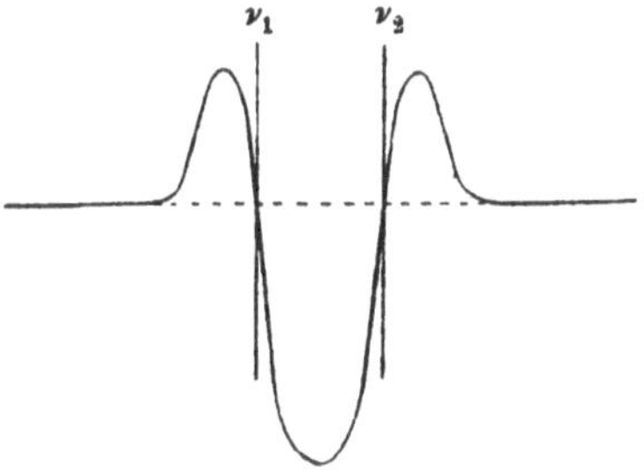

Fig. 734.

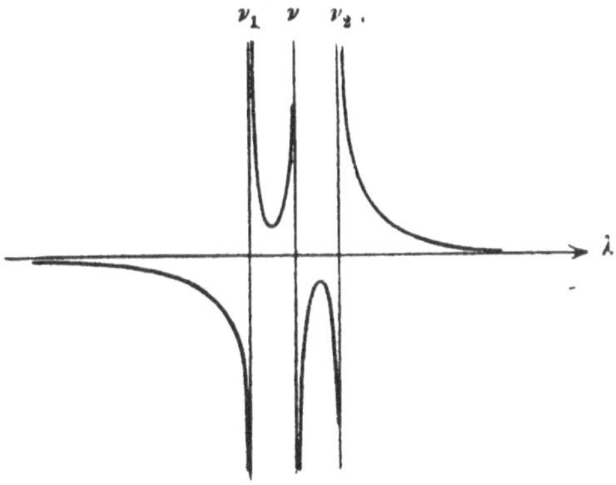

Fig. 735.

Drehung dar. Die Ordinaten gehen nach oben, wenn es sich um Rechtsdrehung, nach unten, wenn es sich um Linksdrehung der Polarisationsebene handelt. Ganz analog liegen die Verhältnisse bei dem Dublet, in welches die Na-Linie D_1 bei dem longitudinalen Effekte zerfällt. Hier sind in einer gewöhnlichen, mit Na gefärbten Flamme von einigen mm Dicke Drehungen der Polarisationsebene von 360° bis 720° beobachtet worden.

M a g n e t i s c h e D o p p e l b r e c h u n g. Wir wenden uns nun zu dem t r a n s v e r s a l e n E f f e k t e. Hier war eine der Faraday schen Drehung der Polarisationsebene entsprechende Erscheinung nicht bekannt. Die Tatsache, daß in dem Emissionsspektrum die Schwingungsrichtungen der mittleren hellen Linie des Triplets auf den Schwingungsrichtungen der äußeren Linien senkrecht stehen, konnte zu der Vermutung führen, daß die noch fehlende Wirkung in einer magnetischen Doppelbrechung der Körper in der Richtung senkrecht zu den Magnetkraftlinien bestehe, eine Vermutung, welche durch den Versuch bestätigt wurde. Die Verhältnisse der Doppelbrechung, wie sie bei dem Triplet des Cd nach theoretischen Überlegungen zu erwarten sein würden, sind in Fig. 735 schematisch dargestellt. Die Linien ν_1, ν und ν_2 entsprechen den Absorptionslinien. Als Maß der Doppelbrechung ist die Phasendifferenz Δ benützt, welche die beiden senkrecht zueinander polarisierten Strahlen beim Durchgange durch die absorbierenden Dämpfe bekommen; v_p und v_s seien die Geschwindigkeiten der parallel und senkrecht zu den Kraftlinien schwingenden Strahlen; v_0 die normale Geschwindigkeit des angewandten Lichtes, λ_0 seine Wellenlänge im luftleeren Raume, dann ist:

$$\varDelta = v_0 \frac{l}{\lambda_0}\left(\frac{1}{v_s} - \frac{1}{v_p}\right).$$

$\varDelta$ ist gleich der Differenz der Zahl von Wellen, welche von dem einen und von dem anderen Strahle auf die Dicke l der absorbierenden Schichte kommen. Die Differenzen $\varDelta$ sind durch die Ordinaten der in der Fig. gezeichneten Kurve dargestellt; sie sind positiv oder negativ, je nachdem der eine oder der andere Strahl der schnellere ist. In derselben Weise gibt Fig. 736 ein schematisches Bild von dem komplizierteren Verlaufe der Doppelbrechung bei dem Quadruplet der Na-Linie D_1. Die Absorptionslinien sind unendlich schmal, die ihnen entsprechenden Werte der Lichtgeschwindigkeiten unendlich groß angenommen.

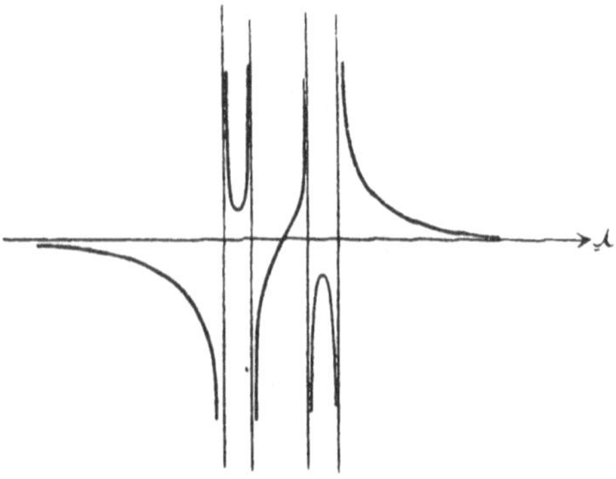

Fig. 736.

Es bleibt schließlich übrig, einiges über eine Versuchsanordnung zu sagen, welche zum Nachweise der Doppelbrechung besonders geeignet ist. Wir benützen dabei eine optische Eigenschaft eines Quarzkeiles, welche nach dem, was wir in den §§ 337 und 338 über die Interferenzfarben dünner Kristallplatten und über den Babinetschen Kompensator gesagt haben, leicht verständlich ist. Der Keil sei aus einem Quarze etwa so geschnitten, daß seine Kante der optischen Hauptachse parallel ist. Wir bringen den Keil zwischen gekreuzte Polarisatoren, so daß seine eine Fläche senkrecht von den vom Polarisator kommenden Strahlen getroffen wird, während seine Schneide Winkel von 45° mit den Polarisationsebenen bildet; der Keil wirkt wie eine Reihe dünner Platten von allmählich zunehmender Dicke. In homogenem Lichte erscheint seine Fläche hell, aber durchzogen von einer Reihe schwarzer Streifen, welche parallel zu der Schneide des Keiles liegen. Die schwarzen Streifen erscheinen immer dort, wo die beiden senkrecht zueinander schwingenden Strahlen im Quarze um eine ganze Anzahl von Wellenlängen gegeneinander verschoben werden. Daraus folgt, daß die Streifen verschoben werden, sobald man zwischen den Quarzkeil und den Analysator eine planparallele Platte einer anderen doppelbrechenden Substanz bringt, um so mehr, je größer der durch diese Platte erzeugte Phasenunterschied ist, je stärker ihre Doppelbrechung.

Dies benutzen wir zum Nachweise der magnetischen Doppelbrechung in folgender Weise. Den vertikal stehenden Spalt eines Spektralapparates bedecken wir mit einem Quarzkeile von der oben betrachteten Art, so daß die Schneide senkrecht zum Spalte steht. Polarisator und Analysator werden gekreuzt, ihre Polarisationsebenen bilden Winkel von 45° mit dem Spalte. Die von einer elektrischen Lampe kommenden Lichtstrahlen gehen zuerst durch den Analysator, dann durch die zwischen den Polen des Elektromagnets befindliche Na-Flamme, senkrecht zu den Kraftlinien des Feldes. Von hier aus fallen sie auf den Spalt, werden durch ein Rowlandsches Gitter zerstreut, durchlaufen endlich das Fernrohr und den vor dem Okulare angebrachten Analysator. Der Quarzkeil wird so vor dem Spalte befestigt, daß einer der zur Schneide parallelen dunkeln Streifen den Spalt in der Mitte durchschneidet. Das Fernrohr wird auf die beiden *D*-Linien eingestellt. Solange der Magnet nicht erregt ist, hat man im Gesichtsfelde das in Fig. 337a gezeichnete Bild. Auf dem gelb leuchtenden Grunde des Gesichtsfeldes heben sich die beiden schwarzen Na-Linien und der horizontale dunkle Interferenzstreifen ab. Wird der Magnet erregt, so erhält man das durch Fig. 737b anschaulich gemachte Bild, vorausgesetzt, daß die magnetische Zerlegung der Natriumlinien selbst bei den angewandten Hilfsmitteln nicht sichtbar wird. Die Erscheinung entspricht den Teilen der in den Figg. 735 und 736 gezeichneten Kurven, welche außerhalb des von den Absorptionslinien ν_1 und ν_2, beziehungsweise -4 und $+4$ begrenzten Gebietes liegen.[1]

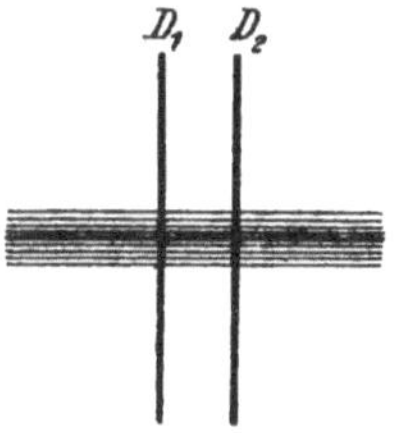

Fig. 737a.

Fig. 737b.

§ **650. Magnetische Felder der Sonne.** Schon 1866 fand Lokyer, daß die Fraunhoferschen Linien in einem Sonnenfleckenspektrum verbreitert sind. 1908 konnte dann G. E. Hall zeigen, daß Fe-Linien im roten Teile des Fleckenspektrums, wenn der Fleck in der Sonnenmitte stand, den Zeemanschen Longitudinaleffekt zeigen, am Sonnenrande den Transversaleffekt. Die Flecken sind riesige Wirbel, von kreisenden Elektronen oder Ionen, und stellen ein Riesensolenoid dar; die maximale Feldstärke berechnete sich zu etwa 4000 Gauss. Longitudinalen Zeemaneffekt hat man bei Beobachtung in der Wirbelachse (Sonnenmitte), transversalen bei Beobachtung normal zur Wirbelachse (Sonnenrand). Eine direkte magnetische Einwirkung auf die Erde ist ausgeschlossen; die optische Analyse ergibt aber Stärke und Richtung ihrer Feldintensität.[2]

---

[1] Voigt, Wied. Ann. 67 (1899).

[2] Zusammenfassend: P. Zeeman, „Researches in Magneto-optics" (1913), deutsche Übersetzung (1914).

II. Emission im elektrischen Felde.

§ 651. Starkeffekt. Die vielfachen Analogien im Verhalten elektrischer und magnetischer Kräfte mußten von vornherein den Gedanken nahelegen, daß der magnetischen Zerlegung der Spektrallinien auch eine elektrische Zerlegung entsprechen möchte. Zunächst blieben aber alle Versuche, eine solche Zerlegung nachzuweisen, erfolglos. Mit leuchtenden Teilchen, welche sich in einem elektrischen Feld befinden, haben wir bei allen Formen elektrischer Entladungen zu tun, im Funken, im Lichtbogen, in dem Glimmstrom GEISSLERscher Röhren. In der Regel aber sind die hier wirkenden elektrischen Felder schwach. Darin liegt der Grund für das Fehlschlagen der früheren Versuche. Erst STARK[1] ist es (1913) gelungen, eine geistreiche Versuchsanordnung zu finden, mit Hilfe welcher er das gesuchte Ziel erreichte. Er stützt sich dabei auf die folgende Erfahrung. Bei hoher Verdünnung mögen zwei Elektrodenplatten im Innern einer Glasröhre einander in sehr kleinem Abstande gegenüberstehen; die Platten mögen sich dicht an die umgebende Glaswand anschmiegen, so daß ein Übergang von Elektrizität von der Rückwand der einen Platte zur Rückwand der anderen Platte verhindert wird. Unter diesen Umständen kann man die beiden Platten auf eine sehr hohe Potentialdifferenz bringen, ohne daß eine selbständige elektrische Entladung zwischen ihnen eintritt. Wenn nämlich die freie Weglänge der Ionen größer ist als der Abstand der Platten, so werden sie an der Oberfläche der Platten absorbiert, ehe sie Gelegenheit haben, durch Stoß weitere Ionen zu erzeugen und so eine weitere Strömung zwischen den beiden Platten einzuleiten. STARK setzt nun dicht hinter die durchsiebte und zur Erde abgeleitete Aluminiumkathode einer Entladungsröhre in kleinem Abstande ihr parallel eine massive Aluminiumscheibe. Den zwischen Kathode und Scheibe befindlichen Raum wollen wir als Spannungsfeld bezeichnen. Die Aluminiumscheibe kann mit dem Pole einer Hochspannungsquelle verbunden und nach Belieben positiv oder negativ geladen werden. Wird die Entladungsröhre in Gang gesetzt, so treten die der Kathode zueilenden und durch den Kathodenfall beschleunigten Kanalstrahlen in das Spannungsfeld ein. Die Ionen der Kanalstrahlen erzeugen dann zwischen den Elektroden des Spannungsfeldes allerdings einen schwachen Glimmstrom, aber es ist STARK doch gelungen, in dem Spannungsfelde Potentialgradienten von bis zu 104000 $V \cdot cm^{-1}$ zu erzeugen.

Zur spektroskopischen Beobachtung der im Spannungsfeld verlaufenden Kanalstrahlen wird man das Spaltrohr des Spektroskops senkrecht zur Achse der Entladungsröhre, also auch senkrecht zur Richtung der elektrischen Kraftlinien des Spannungsfeldes stellen. Die beobachtete Wirkung entspricht dann dem transversalen Zeemaneffekt; die Sehrichtung ist

[1] Berl. Ber. (1913); Ann. d. Phys. 43 (1914).

wie bei diesem senkrecht zur Richtung der Kraftlinien, und wir werden dementsprechend die so beobachtete elektrische Wirkung als transversalen Starkeffekt bezeichnen. Dem transversalen Effekt entspricht dann ein longitudinaler. Seine Beobachtung erfordert, daß das Spaltrohr des Spektroskops in die Richtung der Kraftlinien gestellt wird, so daß die Sehrichtung mit der Richtung der Kraftlinien übereinstimmt. Um die Beobachtung mit der bisherigen Anordnung auszuführen, müßte man in die Aluminiumscheibe ein Loch bohren, um auf dieses das Spaltrohr des Spektroskops zu richten. Dann würde offenbar der Dopplereffekt den elektrischen Effekt verwischen. Um also den longitudinalen Effekt zu beobachten, muß die bisherige Anordnung etwas abgeändert werden. In die Kathode der Entladungsröhre wird ein schmaler vertikaler Schlitz gemacht, so daß durch diesen ein schmales vertikales Bündel von Kanalstrahlen in den Beobachtungsraum tritt. Das Spannungsfeld wird erzeugt durch zwei plattenförmige Elektroden, welche zu beiden Seiten des Kanalstrahlenbündels einander gegenübergestellt werden, so daß dieses eben zwischen ihnen hindurchgehen kann. Die eine dieser Elektroden ist auf die Kathode der Entladungsröhre aufgenietet, und hat also wie diese das Potential 0; die gegenüberliegende, isolierte Platte dient als Kathode des Spannungsfeldes. Die Anodenplatte ist mit einer Durchbohrung versehen, durch welche das Kanalstrahlenbündel spektroskopisch analysiert werden kann.

Für die Beobachtung der Komponenten, in welche eine bestimmte, von den Kanalstrahlen emittierte Spektrallinie durch das elektrische Feld zerlegt wird, ist noch folgende Bemerkung von Wichtigkeit. Eine bestimmte Komponente kann durch Schwingungen erzeugt werden, welche den Kraftlinien des Feldes parallel sind, oder durch solche, welche zu den Kraftlinien senkrecht stehen. Beim transversalen Effekte wird also ein Teil der Komponenten Licht aussenden, dessen Schwingungen den Kraftlinien parallel sind; wir werden diese Komponenten als p-Komponenten bezeichnen. Ein anderer Teil wird Lichtwellen erzeugen, deren Schwingungen zu den Kraftlinien senkrecht stehen; sie mögen als s-Komponenten bezeichnet werden. Um die beiden Komponentenarten voneinander zu trennen, kann man das folgende Verfahren benützen. Man entwirft zunächst mit einer Linse ein Bild des leuchtenden Spannungsfeldes auf dem Spalt des Spektralapparates. In diesem Bild sind die p-Komponenten und die s-Komponenten noch miteinander vermischt. Nun bringt man aber vor dem Spalt ein Kalkspatrhomboeder so an, daß sein Hauptschnitt dem Spalte parallel ist. Dann pflanzen sich im Kalkspat die p-Komponenten als ordentliche, die s-Komponenten als außerordentliche Strahlen fort, und es entstehen auf dem Spalte zwei übereinanderliegende Bilder des Spannungsfeldes, deren eines von den p-Komponenten, deren anderes von den s-Komponenten erzeugt wird. Im Spektrographen erscheinen übereinander zwei Streifen, deren einer die bei der Zerlegung entstehenden p-Komponenten, deren anderer die s-Komponenten enthält. Beim Längseffekt kommen nur die zur Feldrichtung senkrechten Schwingungen in Betracht, und es ist daher wahrscheinlich, daß die beim Längseffekt auftretenden Linien unpolarisiert sind.

Wenn es nur darauf ankommt, die lichtstärksten Komponenten einer Zerlegung zu beobachten, so genügen Felder von 30000 V. Eine solche Zerlegung wird als eine Grobzerlegung bezeichnet. Steigert man die Feldstärke bis auf etwa 70000 V·cm^{-1}, so erscheint noch eine größere Zahl von lichtschwächeren Komponenten; eine solche Zerlegung wurde Feinzerlegung genannt.

Grobzerlegung der Wasserstofflinie H_γ. Im Quereffekt wird die Linie H_γ in 4 p-Komponenten zerlegt, welche symmetrisch zur unzerlegten Linie liegen. Die äußeren Komponenten sind viel intensiver als die inneren, welche unter Umständen überhaupt nicht in Erscheinung treten. Die Zahl der s-Komponenten beläuft sich auf drei. Die mittlere liegt an der Stelle der unzerlegten Linie, die äußeren haben gleiche Abstände von dieser. Die Intensitäten der drei Linien sind wesentlich gleich. Im Längseffekt ergeben sich drei unpolarisierte Komponenten an denselben Stellen, wie die drei s-Komponenten.

Es ist von Interesse, die Größe des elektrischen Effektes zu vergleichen mit der Größe des Zeemaneffektes. Für die Linie H_γ beträgt im Quereffekt der Unterschied der Wellenlängen der äußeren Komponenten 1,3 $\mu\mu$ bei einer Feldstärke von 30000 V·cm^{-1}. Dagegen beträgt für eine Wellenlänge von 400 $\mu\mu$ im normalen Zeemanschen Triplet bei einer Feldstärke von 30000 Gauß der Abstand der äußeren Komponenten nur 0,05 $\mu\mu$.

Die Grobzerlegung genügt, um ein erstes Gesetz abzuleiten, welches für die elektrische Spektralanalyse von fundamentaler Bedeutung ist. Der Abstand der Komponenten von der unzerlegten Linie ist der elektrischen Feldstärke proportional. Das gilt nicht bloß für die Linie H_γ, sondern ebenso für die anderen Serienlinien des Wasserstoffs, sowie für die Serienlinien anderer Elemente.

Eine zweite interessante Beobachtung ist folgende: Die Intensitäten der äußeren p-Komponenten, und ebenso die Intensitäten der äußeren s-Komponenten sind verschieden, und der Unterschied hängt ab von dem Umstande, ob die Feldrichtung mit der Bewegungsrichtung der Kanalstrahlen übereinstimmt oder ihr entgegenläuft. Im ersten Falle ist die äußere langwellige Komponente stärker als die äußere kurzwellige. Im zweiten Falle ist die äußere kurzwellige Komponente im allgemeinen die stärkere. Der Unterschied der Intensitäten der beiden äußeren Komponenten ist aber in diesem Falle klein und kann unter Umständen ganz verschwinden. Die Erklärung für dieses Verhalten liegt in der folgenden Bemerkung. Im zweiten Falle werden die Ionen der Kanalstrahlen durch das entgegengeschaltete Feld zu einem Teil zurückgeworfen. Zu den in das Spannungsfeld eintretenden Strahlen kommen Strahlen, deren Bewegungsrichtung die entgegengesetzte ist. Es werden sich also in diesem Falle zwei verschiedene Effekte überdecken, und der Intensitätsunterschied der äußeren Komponenten kann dadurch verwischt werden. Für die Beobachtung bietet also der erste Fall, in welchem die Feldrichtung mit der Richtung der Kanalstrahlen übereinstimmt, die einfacheren Verhältnisse. Es ist dann, wie schon erwähnt, die langwellige Komponente die stärkere, und der Intensitätsunterschied wächst mit zunehmender Feldstärke, d. h. mit zunehmender Geschwindigkeit der Kanalstrahlen. Man wird daraus folgern, daß der Intensitätsunterschied nur auftritt bei dem Lichte, das von bewegten Kanalstrahlteilchen ausgesandt wird, nicht bei dem von ruhenden Teilchen herrührenden.

Feinzerlegung der Serienlinien des Wasserstoffs. Diese ergibt eine viel größere Anzahl von Linien; im Quereffekte ist z. B. für H_α die Zahl der p-Komponenten gleich 6, die der s-Komponenten gleich 3, für H_β ist die Zahl der p- und der s-Komponenten je gleich 13, bei H_δ je gleich 16 usw.

Die elektrische Zerlegung unterscheidet sich von der magnetischen nicht nur durch die ungleich größere Zahl der Komponenten, sondern auch durch den Umstand, daß diese Zahl wächst, wenn man von einer Serienlinie mit größerer Wellenlänge zu einer solchen mit kleinerer übergeht. Beim Zeemaneffekt ist im Gegenteil der Charakter der Zerlegung bei allen Serienlinien so sehr derselbe, daß beim normalen Triplet die Differenz der Schwingungszahlen der beiden s-Komponenten für alle Serienlinien die gleiche ist. Und das gilt nicht bloß für die Triplets des Wasserstoffs, sondern für alle Elemente, deren Linien in ein normales Triplet gespalten werden.

Aus den Messungen des Starkeffektes ergibt sich noch der Satz: Die Zerlegung der Serienlinien von H_2 ist zu der unzerlegten Linie symmetrisch, so daß die unzerlegte Linie den Abstand entsprechender Komponenten halbiert. Dieser Satz hat aber keine allgemeine Bedeutung, denn bei der He-Linie 447,2 $\mu\mu$ ist der Abstand der langwelligen p- und s-Komponente von der unzerlegten Linie größer als der der entsprechenden kurzwelligen. Zugleich ist die langwellige Komponente intensiver als die kurzwellige. Genau das umgekehrte ist der Fall bei der He-Linie 361,4 $\mu\mu$; bei der He-Linie 396,5 $\mu\mu$ liegen die einzigen beobachteten p- und s-Komponenten auf der kurzwelligen Seite der unzerlegten Linie. Die Dissymmetrien der Intensität sind bei den He-Linien nicht eine Folge der Bewegung der Kanalstrahlen, müssen vielmehr ihren Grund in der Konstitution der Heliumatome selber haben.

Bei den Bandenlinien des Wasserstoffs und Stickstoffs konnten elektrische Zerlegungen nicht beobachtet werden.

§ 652. **Andere Beeinflussungen des Kanalstrahlenspektrums.** Wir wollen noch einige weitere hierhergehörige Erscheinungen erwähnen.

Elektromagnetische Zerlegung des Kanalstrahlenlichtes durch W. Wien. Wenn man auf die Kanalstrahlen ein magnetisches Feld wirken läßt, dessen Kraftlinien zur Geschwindigkeit der Kanalstrahlen senkrecht stehen, so werden auf die Kanalstrahlteilchen transversale elektromagnetische Kräfte ausgeübt. Da nun zwischen der Wirkung solcher Kräfte und der Wirkung elektrischer Kräfte kein prinzipieller Unterschied besteht, so muß die elektromagnetische Kraft auf die Lichtemission der Kanalstrahlen eine Wirkung ausüben, welche der Wirkung des elektrischen Feldes durchaus analog ist. Es müssen also in dem elektromagnetischen Felde Zerlegungen der Linien von derselben Art auftreten, wie im elektrischen. Ein Unterschied wird nur dadurch bedingt, daß das elektromagnetische Feld kein homogenes ist. Denn die elektromagnetische Kraft ist proportional mit der Geschwindigkeit der Kanalstrahlteilchen, und diese besitzt in einem Bündel von Kanalstrahlen innerhalb gewisser Grenzen alle möglichen Werte. Man darf also im elektromagnetischen Felde keine scharfen Zerlegungen der Linien erwarten, sondern nur Verbreiterungen, wie sie von WIEN[1] in der Tat beobachtet worden sind.

Verbreiterung von Linien bei großer Dampf- und Stromdichte. Die neutralen Molekel eines Gases setzen sich aus einem positiv elektrischen Atomkern und aus einer kleineren oder größeren Zahl von Elektronen zusammen, deren Gesamtladung gleich der Ladung des Kernes ist. (Siehe 19. Teil dieses Bandes.) Daraus folgt unmittelbar, daß im Inneren und in der Umgebung eines Gasatoms molekulare elektrische Felder vorhanden sind. Wenn nun ein Kanalstrahlteilchen in die unmittelbare Nachbarschaft eines Gasatoms kommt, so unterliegt es der Wirkung des molekularen Feldes. Es müssen also die im vorhergehenden beschriebenen Zerlegungen auftreten. Da aber verschiedene Kanalstrahlteilchen gleichzeitig in Feldern von sehr verschiedener Stärke sich befinden werden, so haben die Zerlegungen sehr verschiedene Größenwerte; im ganzen wird man also nicht eine Zerlegung, sondern nur eine Verbreiterung der Linien zu erwarten haben. Diese Verbreiterung zeigt aber in der Tat dieselben charakteristischen Eigenschaften, wie die elektrische Zerlegung. Die Verbreiterung nimmt zu mit abnehmender Wellenlänge der Serienlinien. Eine Serienlinie mit unsymmetrischer Zerlegung zeigt auch unsymmetrische Verbreiterung.

Druckverschiebung der Serienlinien. Bei zunehmendem Drucke wird das Intensitätsmaximum der Serienlinien in der Regel nach der Seite größerer Wellenlängen verschoben, zugleich wird die Linie verbreitert. Es liegt nahe, auch diese Erscheinung durch die Wirkung molekularer elektrischer Felder zu erklären. Die Verschiebung des Intensitätsmaximums wird dadurch hervorgerufen, daß wenigstens in schwächeren Feldern die langwelligen Komponenten die intensiveren sind. Die Druckverschiebung der Serienlinien ist dem Drucke proportional; die elektrische Zerlegung proportional der Feldstärke. Wenn also die Druckverschiebung durch die elektrische Zerlegung gewissermaßen vor-

[1] Berl. Ber. (1914).

getäuscht wird, so muß die mittlere Stärke des molekularen elektrischen Feldes dem Drucke proportional sein. Daß die mittlere Stärke der molekularen Felder mit abnehmender Molekulardistanz zunehmen muß, ist ohne weiteres verständlich.

§ **653. Theoretische Deutung des Starkeffektes.** Wir nehmen an, daß die von einem Atome ausgesandten Lichtwellen durch Elektronen erzeugt werden, welche in dem Atome in schwingender Bewegung sich befinden. Betrachten wir z. B. ein H-Atom, das Strahlen von der Schwingungszahl der Linie H_β aussendet. Bei der elektrischen Zerlegung von H_β beläuft sich im Quereffekt die Zahl der auftretenden *p*- und *s*-Komponenten im ganzen auf 26. Dazu müssen aber offenbar noch einmal 13 Komponenten gefügt werden; sie entsprechen den Schwingungen, welche der Sehrichtung parallel sind, und welche daher optisch nicht nachweisbar sind. Die Gesamtzahl der in Betracht zu ziehenden Komponenten ist also gleich 39. Wir werden daraus den Schluß ziehen, daß die im Atome enthaltenen Elektronen 39 Freiheitsgrade besitzen. Jedem solchen Freiheitsgrad entspricht eine bestimmte Schwingung. Nun sendet aber das unbeeinflußte Atom nur Strahlen einer einzigen Wellenlänge $\lambda_\beta = 486{,}1\ \mu\mu$ aus. Es muß also im Aufbau des Atoms ein solches Maß von Symmetrie herrschen, daß die Schwingungszahlen für alle jene Freiheitsgrade übereinstimmen. Wirkt auf das Atom ein elektrisches Feld, so wird die Symmetrie der Anordnung gestört. Die Schwingungszahlen aller einzelnen Freiheitsgrade werden verändert, so daß nun beim Quereffekt im ganzen 26 beobachtbare Schwingungszahlen auftreten. Von dieser allgemeinen Bemerkung bis zur Aufstellung einer vollständigen Theorie der Atomstruktur, der dadurch bedingten elektrischen Zerlegung, sowie der Polarisations- und Intensitätsverhältnisse der Komponenten ist natürlich noch ein sehr weiter Weg. Das Problem ist um vieles schwieriger, als das der magnetischen Zerlegung; und wir haben auf jenem Wege bisher nur die ersten tastenden Schritte gemacht.[1]

Eine weit einfachere Erklärung auf Grund der später (§ 663) zu behandelnden Bohrschen Theorie wurde von Epstein gegeben.[2]

[1] J. Stark, Elektrische Spektralanalyse chemischer Atome. Leipzig (1914). — Eine eingehende und sehr übersichtliche Kritik aller einschlägigen Versuche und Theorien durch W. Wien im „Handbuch d. Radiologie von Marx" 4 (1917).

[2] Ann. d. Phys. 50 (1916).

Achtzehnter Teil.
Strahlungstheorien. Wirkungsquantum.

Wir haben in den §§ 290—294 experimentelle Bestimmungen über die Strahlung des schwarzen Körpers angegeben. Weitergehende theoretische Folgerungen und theoretische Begründungen konnten wir damals nicht bringen, weil uns manche Kenntnisse, z. B. die Begriffe der elektromagnetischen Lichttheorie, des Elektrons usw. noch fehlten. Dies sei nun nachgeholt.

§ 654. Strahlungsdruck. (Lichtdruck). Nach der MAXWELLschen Lichttheorie (§ 566 ff.) schreiten längs jedes Strahles elektrische und magnetische Wellen fort, so daß die elektrischen und magnetischen Polarisationen zu dem Strahle und zueinander senkrecht stehen. Diese Polarisationen werden erzeugt durch wechselnde magnetische und elektrische Kräfte, die mit den entsprechenden Verschiebungen gleich gerichtet sind. Wir sind nun bei der folgenden Rechnung gezwungen, die in Wirklichkeit auf einem Strahle bestehenden Verhältnisse durch einfachere zu ersetzen. In Wirklichkeit wechseln auf dem Strahle die Polarisationen und ebenso die sie erzeugenden Kräfte, so daß sie innerhalb einer einzelnen Welle zwischen zwei Werten von gleicher Größe aber entgegengesetzter Richtung schwanken. Der Unterschied der Richtung kommt im folgenden nicht in Betracht, da es sich um die Arbeit handelt, die bei der Erregung der elektrischen und magnetischen Momente aufgewandt wird; für diese aber ist es gleichgültig, welche Richtung das erzeugte Moment besitzt. Die Unbequemlichkeit aber, die mit der Betrachtung von Momenten und Kräften von wechselnder Größe verbunden ist, umgehen wir, indem wir an Stelle der wechselnden Größen konstant bleibende Mittelwerte setzen. Diese mittleren elektrischen und magnetischen Momente seien berechnet für die Volumeinheit gleich $\overline{\mathfrak{J}}$ und gleich $\overline{\mathfrak{M}}$, die entsprechenden mittleren Kräfte $\overline{\mathfrak{F}}$ und $\overline{\mathfrak{H}}$, dann sind nach § 405 die zu der Herstellung der Momente erforderlichen Arbeiten

$$\tfrac{1}{2}\overline{\mathfrak{J}}\,\overline{\mathfrak{F}} \quad \text{und} \quad \tfrac{1}{2}\overline{\mathfrak{M}}\,\overline{\mathfrak{H}}.$$

Nun ist
$$\overline{\mathfrak{J}} = \varepsilon\overline{\mathfrak{F}} \quad \text{und} \quad \overline{\mathfrak{M}} = \varkappa\overline{\mathfrak{H}},$$
somit kann man jene Arbeiten in die Form bringen:

$$\tfrac{1}{2}\varepsilon\overline{\mathfrak{F}^2} \quad \text{und} \quad \tfrac{1}{2}\varkappa\overline{\mathfrak{H}^2},$$

wo unter $\overline{\mathfrak{F}^2}$ und $\overline{\mathfrak{H}^2}$ die Mittelwerte der Quadrate der Feldstärken zu verstehen sind. Die Summe der Arbeiten stellt die durch die elektrische und magnetische Polarisation in 1 cm^3 aufgehäufte Energie dar. Wenn also in einem Zylinder von 1 cm^2 Querschnitt Lichtwellen in der Richtung seiner Achse fortschreiten, so ist die in einem bestimmten Zeitpunkte in 1 cm³ des Strahlenzylinders enthaltene Energie der diëlektrischen und der magnetischen Verschiebungen gegeben durch:

$$\Phi_1 = \tfrac{1}{2}\varepsilon\overline{\mathfrak{F}}^2 + \tfrac{1}{2}\varkappa\overline{\mathfrak{H}}^2.$$

Aber diese Energie stellt nicht die ganze Energie der Welle dar; die letztere würde ja sonst im Weltraume, wo ε und $\varkappa$ Null sind, gar keine Energie besitzen. In der Tat haben wir uns bei der Betrachtung der diëlektrischen und der magnetischen Erregungen von Anfang an die Vorstellung gebildet, daß auch der Äther ein elektrisch und magnetisch erregbares Mittel sei; wir haben in den §§ 552 und 569 für die Konstanten der Elektrisierung und der Magnetisierung des Äthers den gemeinsamen Wert $\frac{1}{4\pi}$ gefunden, und haben gesehen, daß die Erregungen des Äthers sich den in ponderablen Körpern stattfindenden Erregungen superponieren. Dem Äther kommt hiernach eine besondere Energie $\Phi_2 = \frac{\overline{\mathfrak{F}}^2}{8\pi} + \frac{\overline{\mathfrak{H}}^2}{8\pi}$ zu, die zu Φ_1 noch hinzuzufügen ist. Die gesamte Energie, die in 1 cm³ des Strahlenzylinders enthalten ist, hat somit den Wert:

$$\Phi = \frac{4\pi\varepsilon + 1}{8\pi}\overline{\mathfrak{F}}^2 + \frac{4\pi\varkappa + 1}{8\pi}\overline{\mathfrak{H}}^2$$

oder

$$\Phi = \frac{D}{8\pi}\overline{\mathfrak{F}}^2 + \frac{\mu}{8\pi}\overline{\mathfrak{H}}^2,$$

wo D die diëlektrische Konstante und μ die magnetische Permeabilität des Mediums bezeichnet, in dem die Wellen sich fortpflanzen.

Nun findet nach § 410 in einem diëlektrisch polarisierten Mittel ein Druck senkrecht zu der Richtung der Kraftlinien statt von der Größe $\frac{D}{8\pi}\overline{\mathfrak{F}}^2 = p$; ebenso bei magnetischer Polarisation ein Druck von der Größe $\frac{\mu}{8\pi}\overline{\mathfrak{H}}^2$. Aus den auf S. 366 entwickelten Gleichungen ergibt sich: $D\overline{\mathfrak{F}}^2 = \mu\overline{\mathfrak{H}}^2$. Die von den elektrischen und magnetischen Schwingungen herrührenden Drucke sind somit einander gleich:

$$\frac{D}{8\pi}\overline{\mathfrak{F}}^2 = \frac{\mu}{8\pi}\overline{\mathfrak{H}}^2 = p.$$

In einem Bündel von parallelen Lichtstrahlen ist also parallel zu der Richtung der Fortpflanzung ein Gesamtdruck $2p = \frac{D}{8\pi}\overline{\mathfrak{F}}^2 + \frac{\mu}{8\pi}\overline{\mathfrak{H}}^2$ vorhanden, gleich der in 1 cm³ des Bündels enthaltenen Lichtenergie Φ. Um eine bestimmte Größenvorstellung zu erhalten, wollen wir den Druck der Sonnenstrahlung berechnen. Nach § 292 ist die Energie, welche die Sonnenstrahlung an der Grenze der Atmosphäre einer Fläche von 1 cm² in einer Minute zuführt, äquivalent mit 2 g-cal. Dies entspricht einem Energiezuwachse von $\frac{2 \cdot 42000000}{60} = 1{,}4 \cdot 10^6$ Erg pro sec. In einer Sekunde wird aber von dem betrachteten cm² die ganze Bewegung absorbiert, die in einem Zylinder von 1 cm² Querschnitt und einer Länge von $3 \cdot 10^{10}$ cm enthalten ist. Somit ist die in 1 cm³ des Strahlenzylinders enthaltene Lichtenergie gleich

$$\frac{1{,}4 \cdot 10^6}{3 \cdot 10^{10}} = 4{,}7 \cdot 10^{-5} \text{ Erg}.$$

Ebenso groß ist nach der vorhergehenden Rechnung der in Dynen angegebene Druck, den die Strahlen der Sonne auf 1 cm² einer schwarzen Fläche ausüben, die an der Grenze der Atmosphäre senkrecht zu der Richtung der Strahlen gestellt wird.

Wir können das gefundene Resultat noch benützen, um die mittlere Intensität der elektrischen und der magnetischen Kraft in einem Sonnenstrahle für die Grenze der Atmosphäre zu bestimmen. Die Maßeinheiten dieser Kräfte sind dadurch definiert, daß im leeren Raume die Konstanten D und μ gleich Eins genommen sind. Um die Kräfte in den Einheiten des absoluten cm · g · sec-Systems zu erhalten, haben wir also in den vorhergehenden Ausdrücken $D = 1$ und $\mu = 1$ zu setzen; damit ergibt sich:

$$\overline{\mathfrak{F}^2} = \overline{\mathfrak{H}^2} = 4\pi\Phi = 4\pi \cdot 4{,}7 \cdot 10^{-5}$$

und

$$\overline{\mathfrak{F}} = \overline{\mathfrak{H}} = 0{,}02 \text{ Dynen}$$

für die absolute Einheit der elektrischen bzw. der magnetischen Menge. Die elektrische Kraft entspricht einer Potentialdifferenz von $8\,\mathrm{V} \cdot \mathrm{cm}^{-1}$, die magnetische ist gleich dem siebenten Teile der horizontalen Intensität, die der Erdmagnetismus in Göttingen besitzt.

Eine einfache Ableitung der Lichtdruckformel nach der elektromagnetischen Theorie lieferte G. Jäger[1].

Eine entsprechende der Strahlungsrichtung entgegenwirkende Druckkraft muß wirksam werden, wenn Strahlung von Materie aus in den Raum hinausgesandt wird. Wird daher ein die Strahlung vollkommen reflektierender Körper, ein idealer Spiegel von Strahlung getroffen, dann erleidet die Flächeneinheit des Spiegels von einer senkrecht auffallenden Welle einen Druck, der gleich der zweifachen Energiedichte der auffallenden Strahlung ist. Denn einmal wird die Strahlung beim Auffallen wirksam, ein zweites Mal bei der Reflexion, nach welcher die Strahlung wieder ungeschwächt in die Einfallsrichtung zurückläuft. Im Falle eines Körpers vom Reflexionsvermögen J (vgl. § 328) ist demnach der Strahlungsdruck gleich $\Phi(1 + J)$.

Ist der bestrahlte Körper durchsichtig, so muß der durchgegangene Betrag natürlich entsprechend in Rechnung gesetzt werden. Durchsetzt z. B. ein Lichtstrahl ein Prisma, so wird die Resultierende der Druckkräfte des einfallenden, des reflektierten und durchgelassenen Lichtes berechnet. Es wird von einer Lichtwelle auf einen Körper im allgemeinen eine translatorische Kraft und ein Drehmoment ausgeübt.

---

[1] Wien. Ber. (1915).

Strahlungsdruck und Thermodynamik. Man kann das Vorhandensein eines Strahlungsdruckes aber auch direkt aus dem zweiten Hauptsatze der Thermodynamik ableiten. Wir denken uns einen nach innen ideal spiegelnden Hohlraum, der absolut luftleer sei. In ihm befinde sich eine Strahlung, d. h. er werde nach allen Richtungen von kalorischer Strahlung durchsetzt. Da die Wände alles reflektieren, bleibt die Strahlungsenergie pro cm^3 dauernd konstant. Verkleinert man das Volumen, so wird die Strahlung verdichtet, 1 cm^3 enthält dann mehr Energie; bringt man nun diese Strahlung in Berührung mit einem absorbierenden schwarzen Körper, wird dieser wärmer. Wie man durch passende Anordnung Luft durch eine Kompressionspumpe völlig (z. B. in einem Rezipienten) verdichten kann, könnte man auch — natürlich nur in einem idealen Gedankenprozeß — Strahlung an einer Stelle dauernd komprimieren und unter Wärmeabsorption irgendwo die Temperatur eines Körpers immer mehr ansteigen lassen. Das ist ohne Arbeitsaufwand unmöglich, es wäre ein Perpetuum mobile zweiter Art, es muß also bei Verkleinerung eines strahlungserfüllten Raumes Arbeit geleistet werden, d. h. die Strahlung als solche übt einen Strahlungsdruck aus, der mit Vermehrung der Strahlung, d. h. Erhöhung der Temperatur steigt.

Eine einfache Anwendung des Differentialkalküls auf ein solches Gedankenexperiment ergibt dann das STEFANsche Gesetz (§ 291), wonach die Strahlung eines schwarzen Körpers der vierten Potenz der absoluten Temperatur proportional ist. Die experimentelle Richtigkeit des STEFANschen Gesetzes ist somit auch eine Bestätigung für die Wirklichkeit des Lichtdruckes.[1]

§ 655. **Nachweis des Lichtdruckes.** Experimentelle Bestimmungen dieses Druckes sind wegen der Kleinheit der zu messenden Größe recht schwierig. Die wichtigste Fehlerquelle bilden die sog. radiometrischen Erscheinungen, die besonders eingehend von CROOKES[2] untersucht wurden. Am bekanntesten ist hier das Radiometer (auch „Lichtmühle" genannt). In einer evakuierten Glaskugel dreht sich auf einer Spitze ein Kreuz von Aluminium; an den Enden der vier horizontalen Arme trägt es vertikal stehende Aluminiumscheiben, die auf der einen Seite geschwärzt, auf der anderen blank sind. Alle geschwärzten Seiten wenden sich im Sinne der Drehung nach der einen, alle blanken nach der entgegengesetzten Richtung. Wenn auf dieses Radiometer Sonnen- oder Tageslicht fällt, so gerät es in Rotation, so als ob die geschwärzten Seiten der Flügel von den Lichtstrahlen zurückgestoßen würden. In Wirklichkeit ist der Vorgang ohne Zweifel ein ziemlich verwickelter. Die beiden Seiten der Flügel besitzen verschiedene Temperatur; die kinetische Theorie der Gase läßt übersehen, daß die Temperaturverschiedenheiten, die danach auch in dem verdünnten Gase der Radiometerkugel vorhanden sein müssen, Spannungen erzeugen. Es

[1] BOLTZMANN, Wied. Ann. 22 (1884). [2] Phil. Trans. 164 (1874).

scheint aber nicht möglich, daß diese für sich allein die Bewegung der Flügel hervorbringen, vielmehr muß außerdem der Umstand eine Rolle spielen, daß die Gasteilchen bei der hohen Verdünnung im Innern des Radiometers an der Oberfläche der Flügel gleiten. Das Problem, die Abhängigkeit der Drehung von der Intensität der Strahlung zu ermitteln, wird dadurch zu einem so komplizierten, daß seine Lösung bis jetzt nicht vollständig gelungen ist.

Lebedew[1] war der Erste, der den wirklichen Lichtdruck bestimmte. Er bestrahlte mit dem konzentrierten Lichte der Bogenlampe kleine kreisförmige Metallplättchen (Radius 0,5, Dicke 10^{-1} bis 10^{-2} cm), welche vertikal an einer feinen Torsionswage im Vakuum aufgehängt waren. Aufsteigende Luftströme an der erwärmten Fläche würden diese, wenn sie nicht exakt vertikal steht, eventuell zur Seite drücken; diese Fehler vermied Lebedew durch abwechselnde Bestrahlung der einen und der anderen Seite der Plättchen. Radiometerartige Kräfte eliminierte er durch Verwendung sehr dünner Metallplättchen, wo auch die Hinterfläche möglichst mit erwärmt wurde, und durch möglichst hochgetriebenes Vakuum.

Der so gefundene Lichtdruck ($3 \cdot 10^{-5}$ Dyn) zeigte sich nun wirklich als gleich mit der Energiedichte der einfallenden Strahlung, die kalorimetrisch durch Erwärmung eines die Strahlung absorbierenden Cu-Würfels bestimmt wurde.

Nichols und Hull[2] verwendeten etwa 3 mal so große versilberte Glasspiegel, wo durch die geringe Wärmeabsorption ein Ansteigen der Temperatur vermieden wurde. Sie arbeiteten bei einem Gasdrucke von 16 mm Hg, wo die störenden Kräfte ein Minimum darstellten; sie nahmen an, daß alle diese Kräfte mit der Dauer der Bestrahlung steigen, indes der Lichtdruck schon im ersten Moment der Bestrahlung in voller Stärke einsetzt. Auch sie fanden die Forderung der Maxwellschen Theorie bestätigt.

Lichtdruck und Lichtzug. Ehrenhaft beobachtete mit der in § 638 geschilderten Versuchsanordnung, in der kleine, eventuell geladene Teilchen sich zwischen den horizontalen Platten eines Kondensators befinden, wo sie bei spannungslosem Kondensator langsam fallen, im passend geladenen aber schwebend erhalten werden können. Durch Linsen wird die Strahlung einer Bogenlampe so konzentriert, daß ihre Energiedichte ungefähr 300 mal größer ist als die der Sonnenstrahlung an der Grenze unserer Atmosphäre. Durch diese Strahlung werden nicht nur Kräfte auf die Probekörperchen ausgeübt, sie dient auch zur Beleuchtung im mikroskopischen Dunkelfelde. Diesem Strahle wird ein genau gleicher exakt entgegengestellt, so daß der Punkt der engsten Einschnürung beider Strahlen zur Koinzidenz und genau in den Mittelpunkt des Kondensators gelangt. Jeder der beiden Strahlen kann durch einen Momentverschluß abgeblendet werden.

[1] Ann. d. Phys. 6 (1901). [2] Ann. d. Phys. 12 (1903).

Wenn zunächst bei bloßer Wirksamkeit eines Strahles etwa ein Au-, Ag-, Hg-, K-, Cd-Kügelchen oder ein Terpentinrußteilchen im Gase herunterfällt, dann wird es im intensiven Teil des horizontalen Lichtkegels aus seiner lotrechten Fallrichtung augenblicklich in die Strahlungsrichtung abgelenkt. Ein geladenes Probekörperchen dieser Materialien kann beliebig oft auf horizontaler Bahn mit gleichförmiger Geschwindigkeit hin- und hergeführt werden, wenn man das elektrische Feld passend eingestellt hat und dann die beiden Bogenlampen abwechselnd abblendet.

Nun zeigten sich aber in den Versuchen Ehrenhafts auch höchst überraschende, der d. z. Theorie widersprechende Resultate. Neben dem Lichtdruck gibt es nach Ehrenhaft auch einen Lichtzug; er spricht dann von „positiver Photophorese“ und „negativer Photophorese“.

S-, J-, Bi-Kugeln, Rauchteile einer Zigarre, Verbrennungsprodukte des Holzes werden der Strahlungsrichtung entgegengeführt, also vom Lichte gleichsam angezogen. Es sind — im Gegensatze zu den früher erwähnten lichtpositiven Partikeln — lichtnegative.

Schließlich gibt es Materieteilchen (z. B. Wassernebel), welche vom Lichte nicht beeinflußt werden. In einem Gemische lichtpositiver und lichtnegativer Materieteilchen werden die verschiedenen Arten in demselben Strahle gleichzeitig einander entgegengeführt. Insbesondere entstehen bei Verdampfung von As, Te, Se und Sb in reinsten inerten Gasen (Ar) Probekörper verschiedener Modifikationen, die in demselben Strahle einander entgegengeführt werden. Materie kann also nach Ehrenhaft durch das Licht geschieden werden.

Aus der Reibung (Beweglichkeit) und der erreichten gleichförmigen Geschwindigkeit konnte Ehrenhaft (analog wie § 638) den Lichtdruck oder Lichtzug bestimmen; er fand die photophoretische Kraft unabhängig vom Gasdrucke, der bis zu 20 mm erniedrigt wurde, und auch unabhängig von der Natur des Gases[1] (H_2, Ar, N_2).

Vergleicht man bei derselben Substanz die Größe der photophoretischen Kraft mit der auf den Probekörper auffallenden Energie, so ergibt sich bei einem bestimmten Radius eine maximale Wirkung, wie es die Beugungstheorie des Lichtdruckes[2] für lichtpositive Körper verlangt. Aber auch bei lichtnegativen Körpern ist ein solches Maximum vorhanden.

Es sei nochmals erwähnt, daß nur die lichtpositiven Wirkungen theoretisch erklärt sind.

Kometenschweife. Der Lichtdruck auf große Himmelskörper ist gegenüber der Gravitationskraft verschwindend klein, er spielt aber eine Rolle bei der Bewegung kosmischer Staubmassen. Kepler bereits (1619) schloß aus der Gestalt der Kometenschweife auf eine vis repulsiva der Sonne, ebenso Newton und moderne Astronomen. Arrhenius[3]

---

[1] Parankiewicz, Ann. d. Phys. 57 (1918). [2] Schwarzschild, Münch. Ber. 31 (1901). — Debye, Ann. d. Phys. 30 (1909). [3] Phys. Zs. 2 (1900).

hat dann diese Kraftwirkung auf den aus der MAXWELLschen Theorie folgenden Strahlungsdruck zurückgeführt.

Es gibt auch Kometen mit gegen die Sonne gerichteten Schweifen, wo also die Gravitationskraft überwiegt. Die Bahn aber des sogen. SCHMIDTschen Nebels, der sich vom Kometen 1882 II abgespaltet hatte und seine Gestaltsänderungen — er teilte sich in zwei Teile — können nach HEPPERGER bloß so dargestellt werden, daß die eine Nebelmasse unter dem Einflusse einer abstoßenden Wirkung, die andere unter dem einer erhöhten anziehenden Wirkung der Sonne stehe. Vielleicht handelt es sich hier um lichtpositive und lichtnegative Wirkungen.[1]

§ 656. Dynamik der bewegten Hohlraumstrahlung. Bereits HASENÖHRL[2] gelangte zu dem Resultate, daß die Hohlraumstrahlung, ebenso wie eine massenlose elektrische Punktladung (Elektron), eine elektromagnetische Masse (§ 639) besitzt. Das Prinzip von der Erhaltung der Bewegungsgröße läßt sich nämlich z. B. im Hinblick auf den Strahlungsdruck nur dadurch aufrecht erhalten, daß man auch dem elektromagnetischen Wellenstrahle selbst eine Bewegungsgröße zuteilt, deren Richtung mit der des Strahles zusammenfällt und deren absoluter Betrag der Energiedichte des Strahles proportional ist. Man sieht leicht, daß eine stationäre Strahlung (S. 583) in einem ruhenden Hohlraum wegen der gleichen Verteilung der Energie auf die verschiedenen Richtungen im Durchschnitt die Bewegungsgröße 0 hat. In einem mit gleichförmiger Geschwindigkeit v bewegten Hohlraum wird aber die Verteilung geändert, da die Bewegungsrichtung ausgezeichnet ist. Die Rechnung ergibt nun für gegen die Lichtgeschwindigkeit c langsame Bewegung in erster Näherung die Bewegungsgröße $\mathfrak{G}$ proportional dem Volumen V, der Ruhe-Energiedichte Φ und der Geschwindigkeit v

$$\mathfrak{G} = \frac{4}{3}\frac{1}{c^2}\,\Phi\,V v\,.$$

Um einen Hohlraum von der Geschwindigkeit v_1 auf die Geschwindigkeit v_2 zu bringen, muß man nicht nur die Bewegungsgröße seiner Wände, sondern auch die Bewegungsgröße der das Vakuum erfüllenden Strahlung ändern, d. h. man bedarf einer größeren Kraft, als es die Beschleunigung der Wände allein erfordern würde. Dynamisch ausgedrückt besagt dies, daß auch die Hohlraumstrahlung selbst träge Masse besitzt.

§ 657. Die Energieverteilung im Spektrum des schwarzen Körpers. Wir berichten nun über die Bestrebungen, die experimentell gefundene spektrale Energieverteilung der schwarzen Strahlung in ihrer Abhängigkeit von Temperatur und Wellenlänge theoretisch zusammenzufassen, wobei wir uns im großen ganzen nach der historischen Entwicklung dieses Gebietes richten wollen.

[1] Wien. Ber. 87 (1883). — ZERNER, Phys. Zs. (1919). [2] Wien. Ber. (1904); Ann. d. Phys. 15 (1904); 16 (1905). — Dann MOSENGEIL, Ann. d. Phys. 22 (1907). — PLANCK, Berl. Ber. (1907); Dtsch. phys. Ges. 6 (1908); Phys. Zs. 9 (1908).

Wıᴇɴsches Verschiebungsgesetz. Zunächst läßt sich rein thermodynamisch ein idealer Prozeß so ausdenken: Wir nehmen wieder einen luftleeren Hohlraum mit ideal spiegelnden Wänden, in den wir die Strahlung eines schwarzen Körpers hineingelassen haben. Die bei Volumsverkleinerung dieses Hohlraums auftretende Steigerung der Strahlungsdichte muß auch von einer Steigerung der Frequenz ν, (Verkleinerung der Wellenlänge λ) begleitet sein, da ein von einem Spiegel reflektierter Strahl bei Bewegung dieses Spiegels in der Strahlrichtung einen Dopplereffekt erleiden muß. Für diese Veränderung der Strahlungsdichte und Wellenlänge berechnet W. Wɪᴇɴ[1] die spezifische Strahlungsintensität eines monochromatischen, geradlinig polarisierten Strahles von der Frequenz ν. Die Definition dieses $\mathfrak{K}_\nu$ ergibt sich aus $\pi\,\mathfrak{K}_\nu\,d\nu$, d. i. jene Energie, welche die Oberfläche eines schwarzen Körpers von 1 cm² pro sec im Schwingungsintervall ν bis $\nu + d\nu$ nach einer Seite hin ausstrahlt. Nach Wɪᴇɴ ergibt sich

$$\mathfrak{K}_\nu = \frac{\nu^3}{c^2} F\left(\frac{T}{\nu}\right),$$

wo die Funktion F noch unbestimmt bleibt; c ist die Lichtgeschwindigkeit.

Sei E_λ die analoge spezif. Strahlung für den Wellenlängenbezirk λ bis $\lambda + d\lambda$, so ist nicht die anloge, auf λ bezogene Emission $E_\lambda = \mathfrak{K}_\nu$ sondern $E_\lambda\,d\lambda = \mathfrak{K}_\nu\,d\nu$, wo sich $d\lambda$ und $d\nu$ auf denselben Spektralbezirk beziehen. Da $\nu = c/\lambda$, so (wenn $d\nu$ und $d\lambda$ beide positiv genommen werden) $d\nu = c\,d\lambda/\lambda^2$ oder

$$E_\lambda = \frac{c\,\mathfrak{K}_\nu}{\lambda^2}.$$

Die Maxima von E_λ und von $\mathfrak{K}_\nu$ liegen also an verschiedenen Stellen des Spektrums. Das Wɪᴇɴsche Verschiebungsgesetz bezogen auf λ lautet dann

$$E_\lambda = \frac{c^2}{\lambda^5} F\left(\frac{\lambda T}{c}\right).$$

Dieses E_λ besitzt ein Maximum für die Wellenlänge λ_m, wenn $\lambda_m T = b$, wo b von Lᴜᴍᴍᴇʀ und Pʀɪɴɢsʜᴇɪᴍ[2] experimentell mit 0,294 cm · grad bestimmt wurde. Pᴀsᴄʜᴇɴ[3] hat einen etwas kleineren Wert gefunden. Das Strahlungsmaximum verschiebt sich also bei steigendem T gegen die kürzeren λ (§ 294).

Ferner liefert die Wɪᴇɴsche Gleichung $E_{\max} = \text{konst} \cdot T$. Auch das stimmt experimentell ganz ausgezeichnet.

Die Verteilung aber der Energie auf die einzelnen Wellen können thermodynamische Betrachtungen nicht liefern, dazu versuchte man zuerst statistische Methoden. Es handelt sich also um die Ermittlung der obigen noch unbekannten Funktion F, d. i. der gleichzeitigen Abhängigkeit der Strahlung von ν (oder λ) und T.

[1] Berl. Ber. (1893). Wɪᴇᴅ. Ann. 52 (1894). [2] Ann. d. Phys. 6 (1901).
[3] Ann. d. Phys. 6 (1901).

WIENsches Strahlungsgesetz.[1] Die Verteilung der Strahlungsenergie im Spektrum (Fig. 354) zeigt eine große Ähnlichkeit mit dem MAXWELLschen Verteilungsgesetz der Geschwindigkeit der Gasmolekel (Fig. 251). Durch die Annahme, daß jedes Molekel nur eine seiner Geschwindigkeit entsprechende Wellenlänge aussende, gelangte WIEN unter Heranziehung der thermodynamischen Ergebnisse der Strahlungstheorie zu

$$\mathfrak{K}_\nu = \frac{\alpha \nu^3}{c^2} e^{-\frac{\beta \nu}{T}},$$

wo α und β Konstante sind.

Diese Formel stimmt für hohe Schwingungszahlen recht gut, aber absolut nicht für kleine ν (lange λ). Auch PLANCK gelangte zu einer gleichen Formel auf strengerem Wege als WIEN, doch erneuerte experimentelle Versuche[2] ließen keinen Zweifel, daß diese WIENsche Formel in einem Teil des Spektrums unrichtig ist.

RAYLEIGHsches Strahlungsgesetz.[3] Dieses fußt auf einem anderen Ausgangspunkte. Man kann die Hohlraumstrahlung zwischen zwei parallelen spiegelnden Wänden so als stehende Wellen auffassen, daß die Distanz der Wände immer ein ganzes Vielfaches von $\lambda/2$ ist. Die Anwendung der Gesetze der statistischen Mechanik ergibt dann

$$\mathfrak{K}_\nu = \frac{\nu^2}{c^2} k T,$$

wo k eine noch später zu besprechende Konstante ist. Diese Formel stimmt gut für tiefe, nicht aber für hohe T (große ν), wo die Strahlung unendlich werden müßte („Ultraviolettkatastrophe").

Beide Formeln, die von WIEN und die von RAYLEIGH, basieren darauf, daß das Gesetz der gleichmäßigen Energieverteilung, das in der Gastheorie eine so große Rolle spielt (§ 201), auch auf die Strahlung angewendet werden könne; zwei gegeneinander strahlende Systeme wären im Gleichgewichte, wenn ihre kinetischen Energien der Anzahl ihrer Freiheitsgrade proportional sind. Dieses Äquipartitionsprinzip in der Verbindung mit der elektromagnetischen Lichttheorie versagte aber trotz vieler — hier nicht erwähnter — theoretischer Anstrengungen gegenüber den experimentellen Befunden.

§ 658. **Quantentheorie von PLANCK.**[4] Es seien eine große Anzahl von geradlinigen, verschieden gestimmten molekularen HERTZschen Oszilatoren in einem von schwarzer Strahlung durchsetzten Hohlraum im Wärmegleichgewicht, d. h. jeder kleine Resonator absorbiert einen Teil der hin- und herstreichenden kalorischen Strahlung und sendet dafür seinerseits Strahlung aus. So ein Resonator enthält dann im Mittel

[1] Ann. d. Phys. 58 (1896). [2] LUMMER-PRINGSHEIM, Dtsch. phys. Ges. (1899), (1900). RUBENS u. KURLBAUM, Ann. d. Phys. 4 (1901). [3] Phil. Mag. 49 (1900).

[4] Erste Publikation (1901). Siehe M. PLANCK, Vorlesung über die Theorie der Wärmestrahlung, Leipzig, 2. Aufl. (1913). Seither noch viele neuere Publikationen.

eine gewisse Energie U. Die Intensität der Strahlung dieser Frequenz läßt sich elektrodynamisch ableiten mit

$$\mathfrak{K}_\nu = \frac{\nu^2}{c^2} U_\nu,$$

d. i. die Strahlung von bestimmter Frequenz ist proportional der mittleren Energie jener Oszillatoren, welche für dieses ν resonieren. Wenn wir also weiter die Abhängigkeit des U von ν und T kennten, hätten wir das Gesetz der schwarzen Strahlungsverteilung im Spektrum.

Die Frage geht also dahin, wie verteilt sich die Gesamtenergie bei Strahlungsgleichgewicht in unserem Hohlraume für jede Temperatur T auf die einzelnen Resonatoren. Jedem unabhängigen Freiheitsgrade (§ 201) des Systemes den gleichen Energiebruchteil zuzuweisen, führt zur Formel von Rayleigh. Hier macht nun Planck einen neuen und kühnen Schritt. Die Energie der Oszillatoren soll nicht stetig alle möglichen Werte zwischen 0 und ∞ haben können, wie es eigentlich selbstverständlich scheint und wie dies z. B. für die Geschwindigkeitsgrößen der Gasmolekel in der kinetischen Gastheorie gilt. Es sollen sich vielmehr diese Energien nur sprungweise ändern. Sie können nur Werte annehmen, welche ein ganzzahliges Vielfaches eines ganz bestimmten Energiequantums $h\nu$ sind; also

$$0, \quad h\nu, \quad 2h\nu, \quad 3h\nu \ldots$$

Hier ist h, das Wirkungsquantum, eine universelle Konstante von allgemeiner Bedeutung.

Wir werden sehen, daß in vielen physikalischen Erscheinungen — nicht nur bei der Strahlung — die Wirkung um ein ganzes Vielfaches von h zunimmt, wenn ein elementarer physikalischer Prozeß durchlaufen wird. Die Neuheit der von Planck auf dem Gebiete der Strahlung zuerst eingeführten Unstetigkeitsidee liegt darin, daß wir nun beginnen uns frei zu machen von der Vorstellung, als müsse alles in der Natur stetig sein. Mit dieser Annahme wird

$$U_\nu = \frac{h\nu}{e^{\frac{h\nu}{kT}} - 1}.$$

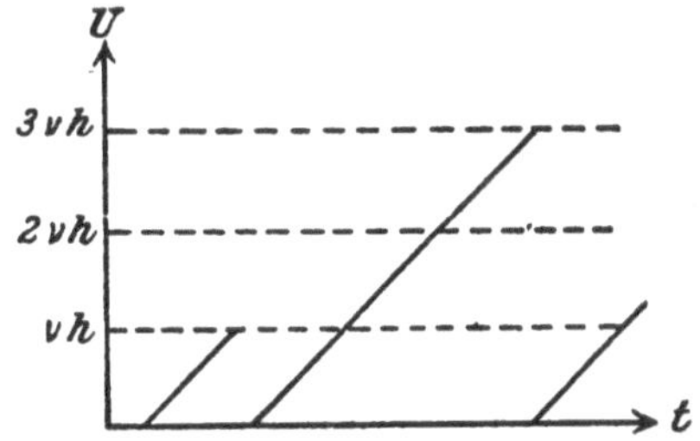

Fig. 738.

Die Gesamtenergie ist also nicht mehr gleichmäßig über die Resonatoren verteilt, U_ν hängt von ν ab. Resonatoren von verschiedener Frequenz absorbieren ein ganzzahliges Vielfaches des Energiequantums und emittieren es auch.

Später milderte Planck diese ursprüngliche Auffassung dahin ab, daß die Absorption zwar nach den klassischen Gesetzen der Elektrodynamik verläuft, hingegen die Emission sprunghaft nach Quanten geschieht. Symbolisch zeigt Fig. 738 diese Vorstellung für einen einzelnen Oszillator; die Ordinaten geben die Energie U des Oszillators und die Abszissen die Zeit an. Die schrägen Linien zeigen bei Absorption das allmähliche Anwachsen von U. So oft eine der punktierten horizontalen Linien

$$U_\nu = h\nu\,, \qquad = 2h\nu\,, \qquad = 3h\nu \ldots$$

erreicht wird, findet möglicherweise Emission statt, aber nicht notwendigerweise (nach Wahrscheinlichkeitsgesetzen). Dabei sinke plötzlich alle Energie bis auf 0, worauf der Anstieg durch die Einstrahlung gleich wieder von neuem beginnt.

Die obenstehende Gleichung für U lautet für diese mildere Fassung von stetiger Absorption und quantenhafter Emission

$$U_\nu = \frac{h\nu}{e^{\frac{h\nu}{kT}} - 1} + \frac{h\nu}{2}.$$

Bestände auch quantenhafte Absorption, so fällt das $h\nu/2$ weg.

Aus dieser Voraussetzung folgt die berühmte PLANCKsche Strahlungsformel:

$$\mathfrak{K}_\nu = \frac{h\nu^3}{c^2}\,\frac{1}{e^{\frac{h\nu}{kT}} - 1}$$

oder

$$E_\lambda = \frac{c^2 h}{\lambda^5}\,\frac{1}{e^{\frac{c\,h}{k\lambda T}} - 1}.$$

Letzteres Gesetz ergibt die Intensität eines monochromatischen, geradlinig polarisierten Strahles von der Wellenlänge λ, die von einem schwarzen Körper senkrecht zur Oberfläche pro cm^2 in ein Vakuum emittiert wird. Die dazu gehörige räumliche Strahlungsdichte der unpolarisierten Strahlung ergibt sich durch Multiplikation von E_λ mit $8\pi/c$.

Diese Gleichung stimmt nun mit den experimentellen Ergebnissen ganz vorzüglich, wobei man experimentell findet

$$h = 6{,}415\cdot 10^{-27}\,\frac{\mathrm{g\,cm^2}}{\mathrm{sec}} \qquad \text{und} \qquad k = 1{,}34\cdot 10^{-16}\,\frac{\mathrm{g\,cm^2}}{\mathrm{sec^2\,grad}}.$$

Für **kleine** Werte von λT ergibt sich die WIENsche Formel, für **große** Werte die von RAYLEIGH.[1]

Da bei einer Hohlraumstrahlung die Energieverteilung über die einzelnen Resonatoren (analog wie die Geschwindigkeiten der Gasmolekel in § 203) eine sehr verschiedene sein kann, ergibt sich auch der Begriff einer **Entropie** dieser Hohlraumstrahlung. Diese spielt bei der Herleitung der Quantentheorie durch PLANCK eine große Rolle. Während

[1] WARBURG u. RUBENS, Referate am Conseil Solvay (1913). Abhandl. d. Bunsen-Ges. 3 (1914).

aber bei BOLTZMANN (§ 210), wie überhaupt in der klassischen Thermodynamik, die Entropie S hinsichtlich einer additiven Konstante unbestimmt bleibt, hat die PLANCKsche Strahlungsentropie einen bestimmten Wert (im Einklang mit dem NERNSTschen Wärmetheorem).

LOSCHMIDTsche Zahl und Wirkungsquantum. Ein schönes Ergebnis der PLANCKschen Theorie besteht darin, daß sie auch einen neuen Weg zur Kenntnis der Molekelzahl N pro Mol führt. Es beruht dies auf einer Eigenschaft der Konstanten k. Es ergibt sich nämlich, daß $k = \mathsf{P}/N$, wo P die in § 170 eingeführte Konstante $83 \cdot 10^6$ ist. (Über das k siehe auch § 512).

Setzen wir für k den Wert $1{,}34 \cdot 10^{-16}$, so wird

$$N = 6{,}2 \cdot 10^{23},$$

wobei das O_2-Mol = 32 g gesetzt wurde.

Lichtquantenhypothese. Die PLANCKsche Annahme steht in direktem Widerspruch mit der klassischen Elektrodynamik. Die experimentelle Verifizierung seiner Strahlungsformel aber und noch weitere theoretische Folgerungen, über die wir teilweise später berichten werden, lassen diese neue Anschauung, wenn wir sie derzeit auch nicht vollständig verstehen, als in ihrem innersten Wesen berechtigt erscheinen. EINSTEIN geht hier noch weiter; er denkt sich, daß die Strahlung auch bei ihrer Ausbreitung in irgend einem Medium quantenhafte Struktur besitze. Es wären das ähnliche Strahlungsschwankungen, wie wir solche (natürlich anderer Art) in der Radioaktivität (S. 537) fanden.

Andere Anwendung der Quantenvorstellung. Hier wären zu nennen die Bestrebungen, die eben geschilderten Vorstellungen zu verwenden auf dem Gebiete der Luminiszenz, Röntgenstrahlung (§ 616), bei Ionisierung durch Elektronenstoß (§ 604), bei photoelektrischen und photochemischen Erscheinungen, bei Erklärung der Kanten an Bandenspektren, bei dem Dopplereffekt der Kanalstrahlen, Zeemaneffekt usw. Diese weitgehenden Bestrebungen arbeiten fast alle mit quantenhafter Emission und quantenhafter Absorption.

Die Fülle dieser Arbeiten zeigt die Fruchtbarkeit der PLANCKschen Ideen; auf Einzelnes einzugehen ist uns nicht möglich, zumal wir an späteren Stellen noch das Übergreifen der Quantentheorie auf die Molekulartheorie der festen Körper und der Atomvorstellungen besprechen wollen.

Erklärung der Nullpunktenergie nach NERNST.[1] Die merkwürdigen Erfolge der Quantentheorie auf den verschiedensten Gebieten scheinen ihrer willkürlichen Grundannahme einen großen Grad von Berechtigung zu geben. Anderseits verlangt diese Theorie aber große Opfer, indem sie vielen Prinzipien der klassischen Physik widerspricht.

[1] Dtsch. phys. Ges. (1916).

„Ohne eine ganz neue fundamentale Hypothese ist ein wirklicher Fortschritt nicht denkbar und es liegt in der Natur der Sache, daß eine solche Hypothese nicht nur die Quantentheorie ersetzen, sondern auch vielfach über sie hinaus führen müßte.“ NERNST liefert nun eine solche neue Idee — bisher aber nur in ganz allgemeinen Zügen.

Es soll auch ohne Gegenwart strahlender Materie der Lichtäther dauernd mit Strahlung von der räumlichen Energiedichte

$$\frac{8\pi h}{c^3}\nu^3$$

erfüllt sein. Nimmt man als oberste Grenze aller möglichen ν (etwa den Röntgenstrahlen entsprechend) 10^{20} an, so ergibt sich durch Summierung aller Frequenzen für die Nullpunktenergie des Äthers pro cm^3 mehr als $0{,}36 \cdot 10^6$ cal, also ein riesiger Betrag.

Denkt man sich nun ein ruhendes, schwingungsfähiges Gebilde beim absoluten Nullpunkte in diesen Äther gebracht, so wird es bald vom Lichtäther pro Freiheitsgrad die Energie $h\nu/2$ aufnehmen.

Mit dieser Vorstellung gelangte nun NERNST zur PLANCKschen Strahlungsformel; doch scheint gerade hier noch weitere Durcharbeitung möglich. Die Konstante h ist bei NERNST eine dem Lichtäther eigentümliche Größe, nämlich der für die Nullpunktstrahlung charakteristische Parameter.

Von den vielen neuen Gesichtspunkten, welche diese neue Äthervorstellung nach NERNST ermöglichen, sei noch erwähnt, daß die Schwierigkeit wegfällt, wonach ein BOHRsches Atommodell (§ 663) mit seinem konstant kreisenden Elektron trotz der MAXWELLschen Theorie ohne Ausstrahlung bleibt; dieser Energieverlust würde dauernd gedeckt durch die Energiezufuhr aus dem Äther.

§ 659. Atomwärme und Quantentheorie. Das DULONG-PETITsche Gesetz (§ 175) sagt, daß die Atomwärme eines festen Körpers etwa 6 cal sein soll. Dieses Gesetz ist aber nur annähernd richtig und es fehlte nicht an Bestrebungen, die näheren Bedingungen für den Gültigkeitsbereich zu erforschen.[1] Wir wollen nun eine ganz moderne Anschauung dieses Gebietes besprechen. Wir hatten S. 355 B I die Gleichung $\mu u^2/2 = \alpha T$ für die kinetische Energie eines Gasmolekels. Versteht man unter k einen Wert, der gleich ist $\frac{2}{3}\alpha$, so wird die mittlere kinetische Energie eines solchen Atoms $\frac{3}{2}kT$; ebenso groß die potentielle; (§ 201, wo wir statt mit Einzelatomen mit Mol rechneten). Das, was wir statistisch nach dem Äquipartitionsprinzip gleichmäßig verteilten, war also $3kT$ und das ergab den richtigen Wert 6 für die Atomwärme. Nun sahen wir aber, daß das DULONG-PETITsche Gesetz für tiefe Temperaturen vollständig versagt (§ 175); bei tiefen T verschwinden die Atomwärmen und diese Tatsache war für die alte statistische Mechanik unerklärbar.

[1] Vgl. RICHARZ, WIED. Ann. 48 (1893).

EINSTEIN[1] führte nun hier die PLANCKsche Quantentheorie ein. Statt des Wertes $3\,k\,T$ nimmt er den Wert U_ν von S. 589

$$\frac{3\,h\,\nu}{e^{\frac{h\,\nu}{k\,T}}-1}.$$

Der Faktor 3 kommt daher, daß wir hier (im Gegensatz zu den PLANCKschen linearen Oszillatoren) beim schwingenden Atom 3 Freiheitsgrade haben.

Durch Multiplikation mit der LOSCHMIDTschen Zahl ergibt sich der Energieinhalt pro Mol und durch Differenziation nach T die spez. Wärme. Die so abgeleitete Formel für die spez. Wärme des Mol, C, lautet

$$C = N k \left(\frac{h\,\nu}{k\,T}\right)^2 \frac{e^{\frac{h\,\nu}{k\,T}}}{\left(e^{\frac{h\,\nu}{k\,T}}-1\right)^2}.$$

Daraus folgt die Richtigkeit des DULONG-PETITschen Gesetzes für kleine Werte von ν/T (langsame Schwingungen oder hohe Temperaturen), während für $T = 0$ auch $C = 0$ wird.

Diese Formel für die spez. Wärme enthält ν; um nun zu numerischen Werten zu kommen, müssen numerische Annahmen über diese Schwingungsfrequenz ν des Atoms im festen Zustande gemacht werden.

Diese Atomfrequenz im festen Körper rechnete EINSTEIN aus bekannten Konstanten der mechanischen Elastizitätslehre, wobei sich zunächst kein vollständiger Anschluß an die experimentellen Resultate zeigt. Es sind eben die Atome nicht voneinander unabhängige Resonatoren; ein Kristall bildet ein einziges System von sehr vielen gekoppelten Freiheitsgraden. Die kleinsten ν entsprechen den elastischen Schwingungen, die größten Frequenzbereiche der ultraroten Strahlung.

Ein Kristall ist (§ 614) als Raumgitter aufzufassen. BORN und KARMAN[2] berechnen die Schwingungsfrequenzen solcher Raumpunkte aus dem akustischen Spektrum, bestimmen somit ν aus den bekannten Werten der Schallfortpflanzung. DEBYE[3] ersetzt das Gitter durch ein Raumkontinuum. NERNST[4] nimmt für ν die Frequenz der ultraroten Strahlung an (Reststrahlen § 329).

Alle diese Bestrebungen führen zu Formeln, welche die quantitative Abnahme der Atomwärmen bei tiefem T in recht guter Übereinstimmung mit den experimentellen Ergebnissen berechnen lassen.

Auch Schwierigkeiten in der Elektronentheorie der Elektrizitäts- und Wärmeleitung (§ 646) hat man, wenigstens teilweise mit Hilfe quantenhafter Vorstellungen zu lösen vermocht.

Aus den wenigen Beispielen, die wir in unserem Werke für die Verwendung der Quantentheorie anführen konnten, ersieht man, welch brauchbares Hilfsmittel diese Theorie ist. Wir werden später (§ 663) noch ein Anwendungsbeispiel kennen lernen. Gleichwohl aber haben wir

[1] Ann. d. Phys. 22 (1907). [2] Phys. Zs. 14 (1913). [3] Ann. d. Phys. 39 (1912).
[4] NERNST u. LINDEMANN, Zeitschr. Elektrochem. 13 (1911).

in der Quantentheorie „keine Theorie im gewöhnlichen Sinne des Wortes, jedenfalls keine Theorie, die gegenwärtig in zusammenhängender Form entwickelt werden könnte.“[1]

Die in den letzten §§ skizzierten Ideen stehen jetzt im Mittelpunkte des physikalischen Interesses und man kann wohl mit großer Berechtigung erhoffen, daß die Weiterentwicklung dieser Vorstellungen noch viel zur Förderung der physikalischen Wissenschaft beitragen wird.

Es sei schließlich noch erwähnt, daß man auch von anderen Ausgangspunkten aus zu den im vorhergehenden angeführten Formeln kommen kann.[2]

Neunzehnter Teil.
Atomgesetze und Atomspekulationen.

§ 660. Periodisches System der Elemente. Da wir im folgenden mit Atomgewichten (§ 8) zu tun haben, bringen wir zuerst eine Tabelle dieser Werte, bezogen auf Sauerstoff, dessen Atomgewicht — nach einem willkürlichen internationalen Übereinkommen — mit 16 angenommen ist.

Internationale Atomgewichte der Elemente.

Zeichen	Element	Gewicht	Zeichen	Element	Gewicht	Zeichen	Element	Gewicht
Ag	Silber	107,88	H	Wasserstoff	1,008	Ra	Radium	226,4
Al	Aluminium	27,1	He	Helium	4,0	Rb	Rubidium	85,45
Ar	Argon	39,9	Hg	Quecksilber	200,0	Rh	Rhodium	102,9
As	Arsen	75,0	In	Indium	114,8	Ru	Ruthenium	101,7
Au	Gold	197,2	Ir	Iridium	193,1	S	Schwefel	32,07
B	Bor	11,0	J	Jod	126,92	Sb	Antimon	120,2
Ba	Barium	137,37	K	Kalium	39,10	Sc	Scandium	44,1
Be	Beryllium	9,1	Kr	Krypton	81,8	Se	Selen	79,2
Bi	Wismut	208,0	La	Lanthan	139,0	Si	Silicium	28,3
Br	Brom	79,92	Li	Lithium	7,00	Sm	Samarium	150,4
C	Kohlenstoff	12,00	Lu	Lutetium	174	Sn	Zinn	119,0
Ca	Calcium	40,09	Mg	Magnesium	24,32	Sr	Strontium	87,62
Cd	Cadmium	112,40	Mn	Mangan	54,93	Ta	Tantal	181,0
Ce	Cerium	140,25	Mo	Molybdän	96,0	Tb	Terbium	159,2
Cl	Chlor	35,46	N	Stickstoff	14,01	Te	Tellur	127,5
Co	Kobalt	58,97	Na	Natrium	23,00	Th	Thor	232,42
Cr	Chrom	52,1	Nb	Niobium	93,5	Ti	Titan	48,1
Cs	Cäsium	132,81	Nd	Neodymium	144,3	Tl	Thallium	204,0
Cu	Kupfer	63,57	Ne	Neon	20	Tu	Thullium	168,5
Dy	Dysprosium	162,5	Ni	Nickel	58,68	U	Uran	238,5
Er	Erbium	167,4	O	Sauerstoff	16,00	V	Vanadium	51,2
Eu	Europium	152,0	Os	Osmium	190,9	W	Wolfram	184,0
F	Fluor	19,0	P	Phosphor	31,0	X	Xenon	128
Fe	Eisen	55,85	Pb	Blei	207,10	Y	Yttrium	89,0
Ga	Gallium	69,9	Pd	Palladium	106,7	Yb	Ytterbium	172
Gd	Gadolinium	157,3	Pr	Praseodymium	140,6	Zn	Zink	65,37
Ge	Germanium	72,5	Pt	Platin	195,0	Zr	Zirkonium	90,6

[1] Einstein, Abh. d. Bunsenges. Solvay Zusammenkunft (1911). [2] Z. B. Einstein, Dtsch. Phys. Ges. 18 (1916); Phys. Zs. (1917) usw. — Flamm, Phys. Zs. 19 (1918).

	O	I	II	III	IV	V	VI	VII			
1 H 1,008	2 He 4,00	3 Li 6,94	4 Be 9,1	5 B 11,0	6 C 12,00	7 N 14,01	8 O 16,00	9 F 19,0			
	10 Ne 20,2	11 Na 23,00	12 Mg 24,32	13 Al 27,1	14 Si 28,3	15 P 31,04	16 S 32,06	17 Cl 35,46			
	18 Ar ← 39,88	→ 19 K 39,10	20 Ca 40,07	21 Sc 44,1	22 Ti 48,1	23 V 51,0	24 Cr 52,0	25 Mn 54,93	26 Fe 55,84	27 Co ←→ 58,97	28 Ni 58,68
		29 Cu 63,57	30 Zn 65,37	31 Ga 69,9	32 Ge 72,5	33 As 74,96	34 Se 79,2	35 Br 54,92			
	36 Kr 82,92	37 Rb 85,45	38 Sr 87,63	39 Y 88,7	40 Zr 90,6	41 Nb 93,5	42 Mo 96,0	43*	44 Ru 101,7	45 Rh 102,9	46 Pd 106,7
		47 Ag 107,88	48 Cd 112,40	49 In 114,8	50 Sn 118,7	51 Sb 120,2	52 Te ← 127,5	→ 53 J 126,92			
	54 X 130,2	55 Cs 132,81	56 Ba 137,37	57 La 139,0	58 Ce 140,25 59 Pr 140,6	60 Nd 144,3	61* 62 Sm 150,4	63 Eu 152,0			
	64 Gd 157,3 65 Tb 159,2	66 Ds 162,5	67 Ho 163,5 68 Er 167,7	69 Tu 168,5 70 Yb 173,5	71 Lu 175,0 72 Kt (178)	73 Ta 181,5	74 W 184,0	75*	76 Os 190,9	77 Ir 193,1	78 Pt 195,2
		79 Au 197,2	80 Hg 200,6	81 Tl 204,0	82 Pb 207,20	83 Bi 208,0	84 Po (210,0)	85*			
	86 Em (222,0)	87*	88 Ra 226,0	89 Ac (227)	90 Th 232,15	91 Bv (234)	92 U 238,2				

Die Zahlen vor den Symbolen der Elemente bedeuten die Atomnummern, die Zahlen darunter die Atomgewichte.

MENDELEJEFF ordnete diese Atomgewichte so, wie dies vorstehende, durch neuere Entdeckungen erweiterte Tabelle[1] angibt.

Die Elemente sind in nebeneinander stehenden Vertikalreihen der Tabelle S. 595 mit jeweils nach unten steigenden Atomgewichten eingeordnet. Diese Reihen sind so gewählt, daß Elemente mit ähnlichen Eigenschaften untereinander stehen, z. B. die Alkalien Li, Na, K, Rb, Cs unter I, die Halogene F, Cl, Br, J unter VII, die „Edelgase" He, Ne, Ar, Kr, X unter 0 usw.

Hier zeigt sich sehr deutlich eine Beziehung zwischen Atomgewicht und chemischer Valenz. Der Typus der Verbindungen ist

Für	I	II	III	IV	V	VI	VII
Mit Wasserstoff bzw. Halogenen (X)	MX	MX_2	MX_3	MX_4	MX_3	MX_2	MX
Mit Sauerstoff	M_2O	MO	M_2O_3	MO_2	M_2O_5	MO_3	M_2O_7

Absolut verläßlich ist aber diese Regel nicht.

Nimmt man in einem Diagramme die Atomgewichte als Abszissen, die Atomvolumina (d. h. Atomgewichte durch Dichte in festem Aggregatzustand) als Ordinaten, so erhält man nach L. MEYER[2] die Fig. 739 S. 597. Der äußerste Teil (rechts) der Figur ist weggelassen, um diese nicht zu groß zu machen. In diesem „periodischen System der Elemente" kommen, wie man sieht, eine Reihe von physikalischen Beziehungen zum Ausdruck. Der Chemiker konnte nicht nur seine Elemente in natürlicher Weise gruppieren, was z. B. die einfache Einreihung der erst später entdeckten Edelgase ermöglichte, er konnte auch Atomgewichte korrigieren (z. B. Os, Ir, Pt), Atomgewichte aus Äquivalenten bestimmen z. B. In) und sogar aus leeren Stellen nicht nur die Existenz noch nicht entdeckter Elemente, sondern auch ihre Eigenschaften vorhersagen (z. B. Ge).

§ 661. Radioaktive Elemente, Isotope. Von den etwa 40 radioaktiven Elementen waren vor Entdeckung der Radioaktivität nur U und Th bekannt. Die Einreihung all dieser neuentdeckten Elemente ins alte periodische System erschien zunächst unmöglich. Wir wollen nun zeigen, wie diese Schwierigkeit nicht nur sich löste, sondern auch zu einer neuen Auffassung des Zusammenhanges zwischen Element und Atomgewicht führte.

Ein radioaktives Element sende bei seinem Zerfall α-Strahlen aus. Wir nehmen an, daß das Atom des Elementes dabei ein α-Teilchen verliere. Da das Atomgewicht des He gleich 4 ist, so wird das Atomgewicht des Zerfallsproduktes um 4 kleiner sein als das des Mutterelementes. Bei strahlenlosen Elementen oder bei solchen, welche nur β-Strahlen aussenden, wird das Atomgewicht beim Zerfall nicht geändert.

[1] Nach SOMMERFELD, Zs. d. Vereins dtsch. Ing. (1917).
[2] Siehe die vollständige Zeichnung in HOLLEMANN, Lehrbuch d. Chemie.

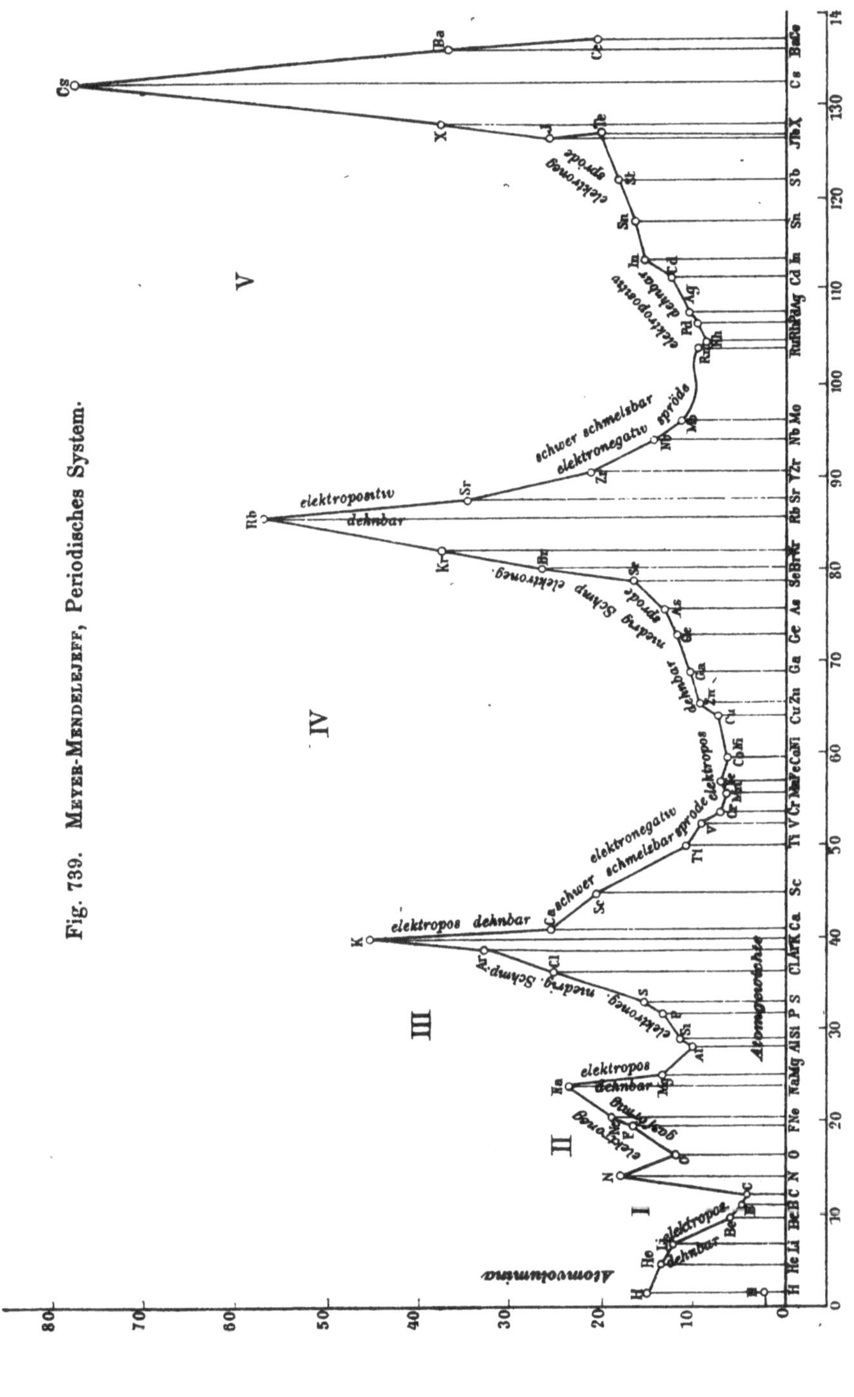

Fig. 739. Meyer-Mendelejeff, Periodisches System.

Wir geben im folgenden die U-Reihe und zwar nur die α-Strahler in der oberen, die Atomgewichte in der unteren Horizontalreihe.

U_I	U_{II}	Jo	Ra	Em	Ra A	Ra C	Ra F	Ra G Blei
238,2	234	230	**226,0**	222	218	214	210	**206,0** .

Hier sind die fettgedruckten Atomgewichte als experimentell gesichert anzusehen.[1] Man sieht, wie diese Zahlen immer mit der Abgabe eines α-Korpuskels (He-Atom mit Atomgewicht 4) um genau 4 fallen. Das Endprodukt Ra G ist ein bleiartiger Körper.

Nun enthält jedes alte U-Erz immer einen für gleiches geologisches Alter gleichen Prozentsatz an Pb. Obige Zahl für Ra G ist aus kristallisiertem Uranerz von besonderer Reinheit bestimmt worden. Ra G oder Uranblei hat also ein Atomgewicht 206,0, während das Atomgewicht des gewöhnlichen Pb 207,1 ist.

Dieses Uranblei hat nicht nur ein anderes Atomgewicht, sondern dementsprechend auch eine andere Dichte, ist aber sonst mit Pb chemisch vollständig identisch; alle sonstigen physikalischen Daten sind ebenfalls identisch, so vor allem auch das optische Spektrum und sogar das Röntgenspektrum.[2]

In irgendeinem System chemischer Elemente gehört also Uranblei (Ra G) und gewöhnliches Blei Pb an dieselbe Stelle; die beiden Körper heißen darum isotop.[3] Sie sind Arten desselben chemischen Elementes.[4]

An derselben Stelle wie die Radiumreihe endet auch die Actiniumreihe, so daß wir das Uranblei als ein Ra G + Ac D auffassen können. Bis jetzt kennt man keine Methode, um isotope Körper aus einer innigen Mischung chemisch zu isolieren. Von physikalischen Methoden wäre vielleicht die Diffusion (oder Schlämmen) als nicht ganz aussichtslos zu nennen.[5] Über die Definition des Elementbegriffes findet dz. noch eine Diskussion statt.

Eine Gruppe solcher isotoper Körper, welche an einer und derselben Stelle des periodischen Systems stehen, nennt FAJANS Plejaden. Solche Plejaden sind z. B. auch

Th, RdTh, Io, UX, UY, RdAc
Bi, RaE, RaC, ThC, AcC
RaEm, ThEm, AcEm usw.

Eine andere merkwürdige Beziehung, die beim Zerfall radioaktiver Elemente auftritt, hat SODDY, FAJANS u. a. gezeigt. Jeder α-Strahler rückt beim Ausschleudern eines α-Teilchens im periodischen System um 2 Stellen in der Valenzgruppe nach links, hingegen rückt ein β-Strahler beim Aussenden des β-Teilchens um eine Stelle nach rechts. Fig. 740

---

[1] HÖNIGSCHMID, Chem. Monatshefte (1912, 1913, 1914). [2] SIEGBAHN u. STENSTRÖM, Phys. Zs. (1917). [3] SODDY, Chem. d. Radiolemente II (1914).
[4] F. PANETH, Zs. phys. Chem. 91 (1916). [5] Siehe Zusammenstellung des ganzen in diesem § behandelten Gebietes FAJANS, Phys. Zs. 16 (1915).

gibt uns eine Übersicht dieses Verhaltens.[1] U_I z. B. wird durch α-Strahlung zu UX_1, das sind 2 Valenzen links und Atomgewicht um 4 kleiner; UX strahlt β-Strahlen aus und rückt bei gleichem Atomgewicht

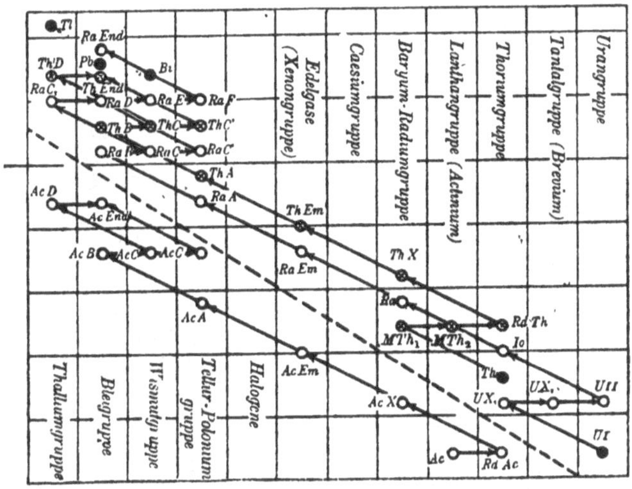

Fig. 740. Zerfalls-Tabelle.

um 1 Valenz nach rechts. Die diese Verrückung bewirkenden Strahlungen (α und β) müssen aus der positiven Kernladung des Atoms stammen, über die wir gleich berichten werden.

§ **662. Atomnummern.** Die Periodizität des im vorigen § geschilderten Systems läßt viel zu wünschen übrig. Die aufeinander folgenden Perioden, in Tabelle S. 595 durch die mit dicken Strichen umschlossenen Horizontalreihen zusammengefaßt, enthalten z. B. der Reihe nach ganz unregelmäßig 8, 8, 18, 18, 32 und 7 Elemente. H steht als isoliertes Element vorn.

Eine ganz neue Anordnung der Elemente verdanken wir Moseley[2], der eine merkwürdige Gesetzmäßigkeit in den Linien der Röntgenspektra (§ 616) entdeckte. Moseley ordnet die Elemente auch nach steigenden Atomgewichten, versieht sie aber mit fortlaufenden Zahlen der natürlichen Zahlenreihe, den Atomnummern (auch Ordnungszahlen genannt). In Tabelle S. 595 sind diese Atomnummern vor den Atomsymbolen eingezeichnet.

Fig. 741 gibt die Hochfrequenzspektra für einige Atomnummern zwischen 33 und 45, in der Figur von oben nach unten steigend, für die K-Reihe. Man sieht, wie die Linien mit steigenden Atomnummern nach links gegen die kürzeren Wellen hinrücken, wobei die Änderungen des Typus ganz minimale sind; ebenso verhält sich die L-Serie.

---

[1] Nach St. Meyer-Schweidler, Radioaktivität.

[2] Phil. Mag. 26 (1913); 27 (1914).

Gesetz von Moseley. Wir bringen in Fig. 742 eine übersichtliche Zusammenstellung der wirklich beobachteten Röntgenspektra für verschiedene Elemente; die horizontalen Spektra sind für verschiedene Atomnummern Z übereinander eingezeichnet. Es sind nur die stärksten Linien gegeben und zwar um die Zeichnung nicht zu groß werden zu

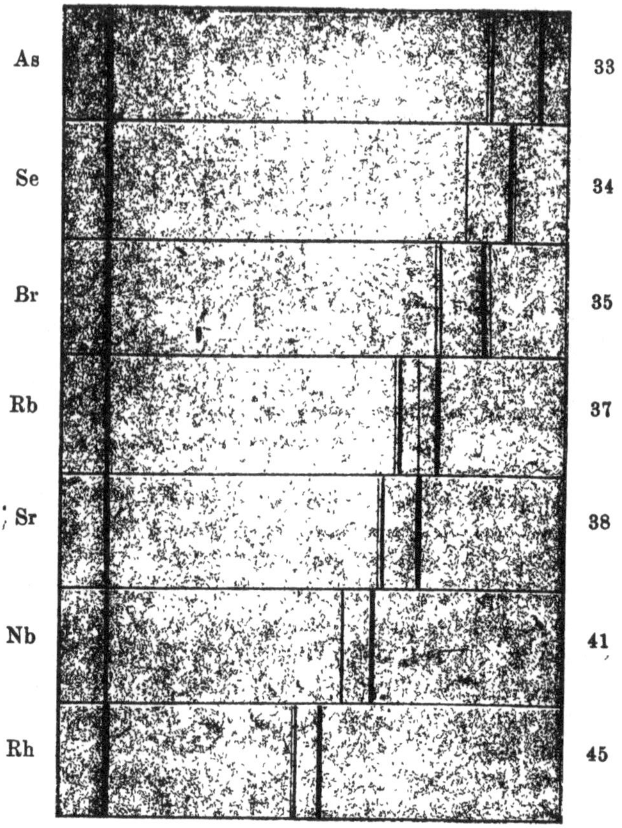

Fig. 741. K-Reihe.

lassen, nur immer für je die 3. Atomnummer zwischen Na und Bi. Man sieht, mit welch überraschender Regelmäßigkeit die Linien der verschiedenen Serien mit steigenden Atomnummern gegen die Seite kleinerer Wellen rücken.[1]

Schon Moseley schloß aus seinen Messungen: Die Quadratwurzeln aller entsprechend analogen Frequenzen ν stehen in linearer Abhängigkeit zur Atomnummer Z:

$$\sqrt{\nu} = a(Z - b),$$

[1] Figg. 741 u. 742 aus einer Arbeit von Siegbahn, Naturw. (1917).

wo a und b Konstanten. Fig. 743[1] gibt das Gesetz als Diagramm. Das Gesetz gilt in großer Annäherung, die Linien sind fast Gerade.

Indem Moseley nach solchen Messungen die Atomnummern ordnete, wurden bei Ar und K, Co und Ni, Te und J die Stellen — auch den chemischen Bedürfnissen besser entsprechend — vertauscht (in unserer Tabelle S. 595 bereits so eingezeichnet). Isotope Elemente haben dieselbe Atomnummer.

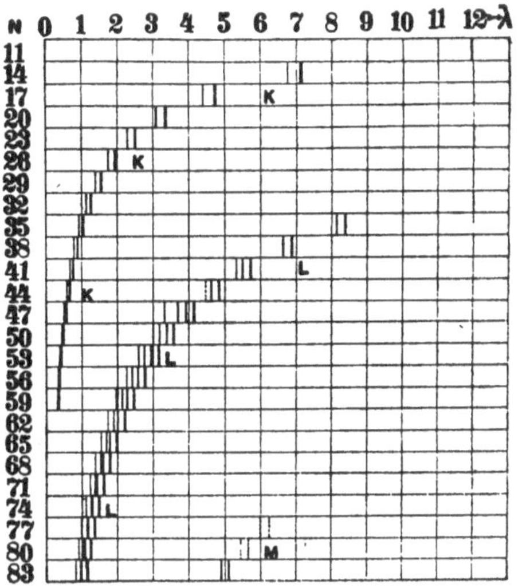

Fig. 742. Hochfrequenz-Spektra.

In vorstehender Atomnummern-Tabelle haben wir von H bis U im ganzen 92 Stellen, von denen 5 unbesetzt sind; d. h.: es gibt 92 Elemente, von welchen 5 noch nicht gefunden sind.

Absorption und Atomnummern. Es sei a (analog § 629) der Absorptionskoeffizient für Röntgenstrahlen; das Produkt: a mal Atomvolumen heißt der Atomabsorptionskoëffizient $\varkappa$. Bragg und Peirce konnten nun experimentell zeigen, daß dieses $\varkappa$ proportional ist der 4. Potenz der Atomnummern. Dieses $\varkappa$ ist aber auch einer bestimmten Potenz der Wellenlänge proportional, so daß

$$\varkappa = C Z^4 \lambda^c .$$

Hier ist c etwa 3 und C ist vor dem Absorptionssprung in Fig. 713 $1{,}79 \cdot 10^{-6}$ und nach

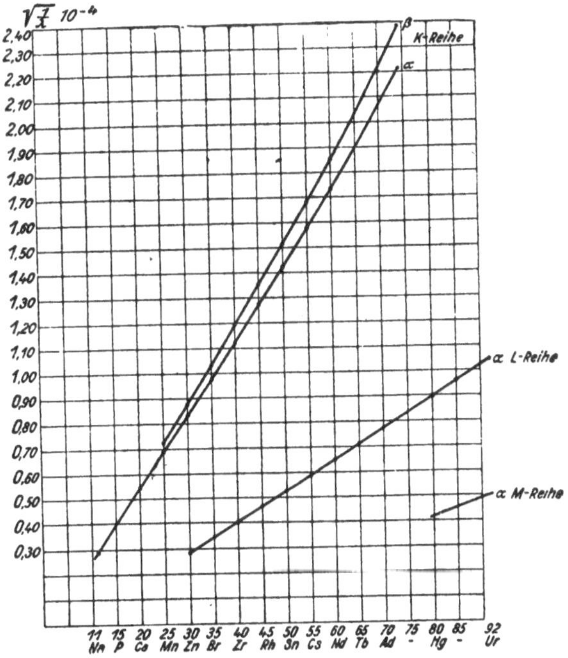

Fig. 743. Gesetz Moseley.

[1] Aus Wagner, Phys. Zs. (1917).

dem Absorptionssprung $0{,}235 \cdot 10^{-6}$, wenn λ in 10^{-8} cm (Angström-Einheiten) gegeben ist.

Die Absorption der Röntgenstrahlen ist also — ebenso wie ihre Emission — eine reine Funktion des Atoms, so daß man die Absorption einer chemischen Verbindung durch Addition der einzelnen Atomabsorptionen erhält.

Beispiel: Die Knochensubstanz der tierischen Organismen besteht der Hauptsache nach aus $CaCO_3$, die Muskelpartien aus H_2O, die Absorptionen sind proportional der Summe der 4. Potenzen der Atomnummern, also

$$(20^4 + 7^4 + 3 \cdot 8^4) \quad \text{gegen} \quad (2 \cdot 1^4 + 8^4).$$

Man sieht, daß der zweite Wert gegen den ersten verschwindet und so erklärt sich die merkwürdige Skelettphotographie der medizinischen Röntgenoskopie.

§ 663. Atommodelle. Ein solches muß wohl nach allem, was wir bisher durchgenommen haben, zusammengesetzt sein aus materiellen Teilen und Elektronen; es soll möglichst alle physikalischen und chemischen Eigenschaften des wirklichen Atoms erklären, besonders aber die Wellenlänge der von jeder einzelnen Atomart ausgestrahlten Spektrallinien. Jedes Atom bestehe aus einem oder mehreren positiv geladenen Zentralkernen, um den die Elektronen in kreisförmigen (oder elliptischen) Bahnen sich wie die Planeten um die Sonne bewegen; statt der NEWTONschen Gravitationskraft wirkt hier die elektrische Anziehung der Zentrifugalkraft entgegen.

RUTHERFORD[1] bildete die Vorstellung eines solchen Atommodelles mit Rücksicht auf die Bahnen und Penetrationsstrecke der α-Teilchen radioaktiver Körper. Wir sahen, daß so ein α-Teilchen viele Atome durchdringt (Fig. 727), bevor es aus seinem geradlinigen Laufe abgelenkt wird. Das was wir bisher als Atomdurchmesser bezeichneten, wäre der Durchmesser des äußersten Elektronenringes; diesen ganzen, nur schütter, d. h. mit nur einigen Elektronen besetzten Raum, passiert das α-Teilchen ungehindert; nur wenn es dem Zentralkerne zu nahe kommt, erfolgt elektrische Abstoßung und Richtungsänderung, d. i. Zerstreuung. So entstehen Knicke an den Enden der Bahnen in Fig. 727. Nach solchen Ideen ergibt sich der Durchmesser des Kernes mit etwa 10^{-12} bis 10^{-13} cm, der Durchmesser des äußersten Elektronenringes mit etwa 10^{-8} cm. Das ein Gasmolekel durchfliegende schwere α-Teilchen wird aber eventuell die Bahn der kleinen negativen Elektronenmasse des Molekels stören, diese Elektronen hinausschleudern, d. h. das Gas ionisieren.

Die positive Kernladung soll genau gleich sein der Atomnummer, ebenso die Anzahl der kreisenden negativen Elektronen, so daß das Atom normalerweise als Ganzes gegen außen unelektrisch ist. Im

[1] Phil. Mag. 21 (1911).

H-Atom z. B. mit der Atomnummer 1 haben wir eine positive Kernladung und darum kreisend ein einzelnes Elektron.

Niels Bohr[1] berechnet nach den gewöhnlichen Sätzen der Mechanik die Rotationsfrequenz (ω) für eine bestimmte Entfernung des Elektrons vom Kern. Dabei macht er folgende neue, unseren alten Anschauungen aber zum Teile widersprechenden Annahmen.

1. Es sind von den unendlich vielen Bahnen nur jene wenigen möglich, bei welchen die kinetische Energie T gegeben ist durch

$$T = n \tfrac{1}{2} h \omega ,$$

wo n eine ganze Zahl und h die Plancksche Konstante ist.

2. In den so bestimmten stationären Bahnen soll das Atom keine Strahlung aussenden. Das widerspricht der Maxwellschen Lichttheorie und unseren bisherigen Vorstellungen.

3. Ausstrahlung findet nur dann statt, wenn ein Elektron von einer seiner äußeren Bahnen gegen eine, dem Kerne benachbartere Bahn springt. Bei diesem Zurückfallen des Elektrons aus je einer weiteren in eine engere Bahn wird nur je eine einzige Spektrallinie ausgestrahlt; das Spektrum mit vielen Linien entsteht durch gleichzeitige Strahlung vieler Millionen Atome, die abwechselnd bald die eine, bald die andere Wellenlänge liefern.

Es sei die Energie zuerst W_m für den äußeren Kreis, W_n für den inneren; dann ist nach Bohrs Annahme die durch diesen Bahnsprung ausgestrahlte Energie homogen, von der Frequenz ν, wo $h\nu = W_m - W_n$. Ist diese Energiedifferenz groß, so haben wir Licht von kurzer Wellenlänge und umgekehrt.

Eine Ausrechnung lieferte Bohr folgende Formel für die Frequenz ν:

$$\nu = Z^2 \frac{2\pi^2 \varepsilon^2 M \mu}{h^3 (M+\mu)} \left[\frac{1}{n^2} - \frac{1}{m^2}\right].$$

Hier ist M, bezw. μ Masse des Kerns bezw. Elektrons, ε das Elementarquantum, Z die Atomnummer, n und m ganze Zahlen. Durch einfache rechnerische Vereinfachungen erhält man daraus für die Spektralreihe des Wasserstoffes ($Z = 1$):

Ultraviolette Serie $\nu = N[1/1^2 - 1/m^2] \ldots m = 2, 3, 4 \ldots,$

Balmersche Serie $\nu = N[1/2^2 - 1/m^2] \ldots m = 3, 4, 5 \ldots,$

Ultrarote Serie $\nu = N[1/3^2 - 1/m^2] \ldots m = 4, 5, 6 \ldots.$

Hier ist N die Rydbergsche Konstante (§ 284). Für H findet Bohr diese Konstante 10967,769, für He aber 10972,214, für noch schwerere Atomkerne jedoch 10973,718. Diese Abweichungen erklären sich daraus, daß Atomkern und Elektron um ihren gemeinsamen

[1] Phil. Mag. 26 (1913).

Massenmittelpunkt kreisen; wird die Masse des Kernes größer, so fällt immer mehr der Massenmittelpunkt des Systems mit dem des Kernes zusammen.

Da die spektroskopischen Resultate überaus genau sind, kann man aus der Differenz dieser RYDBERGschen Zahlen die spezifische Ladung von H oder He berechnen. Für das Verhältnis der Masse eines H-Atomes zur Masse μ ergibt sich 1844, nach BOHR wohl der sicherste Wert, den wir kennen. Also schon bei diesen leichtesten H-Atomen ist die Masse des Kerns 1844 mal größer als die des umkreisenden Elektrons; die gesamte Atommasse ist also im wesentlichen die Masse des Kernes.

Nach älteren Angaben gibt das H-Spektrum einiger Sterne Linien, welche BOHR mit seinem Modelle nur errechnen konnte, wenn er als Kernladung $+2\varepsilon$ und als rotierendes Elektron $-\varepsilon$ zugrunde legt. Daraus schloß er, daß diese Linien nicht von Wasserstoff, sondern von ionisiertem Helium herrühren müßten, was durch spätere Laboratoriumsversuche bestätigt wurde.

Diese Untersuchungen BOHRS waren zunächst beschränkt auf die H-ähnlichen Serien (ionisiertes He).

Nun sind die Wasserstofflinien keine einfachen Linien, sie lösen sich bei genauer Beobachtung in 2, 3 usw., in sogenannte Dublets, Triplets usw. auf. Über diese Feinstruktur des H- und des He-Spektrums geben Arbeiten von SOMMERFELD[1] überraschend genaue Auskunft. Er berechnet die Wellenlänge aus der Annahme, daß die Elektronenbahnen „gequantelte" Ellipsen seien. Da wir auf die sehr weitläufigen Berechnungen nicht eingehen können, geben wir eine Analogie mit den KEPLERschen Gesetzen, um am raschesten einen ungefähren Einblick in das wesentlichste dieser Vorstellungen zu bringen.

„1. Der Planet (das Elektron) bewegt sich auf einer Ellipse, in deren Brennpunkt die Sonne (der Kern) steht.

2. Der Fahrstrahl von der Sonne nach den Planeten beschreibt in gleichen Zeiten gleiche Flächen; die (geeignet gemessene) Flächengeschwindigkeit ist dabei ein ganzes Vielfaches des PLANCKschen sogenannten Wirkungsquantums; auch die Exzentrizität der Ellipsenbewegung drückt sich als ganzes Vielfaches dieses Wirkungsquantums aus.

3. Hiernach sind nur gewisse ganzzahlig definierte „gequantelte" Ellipsenbahnen, im besonderen gewisse Kreisbahnen, im Atominnern möglich. Die Mannigfaltigkeit der im Atominnern möglichen Bahnen bildet (im Gegensatz zu den astronomischen Bahnen) kein Kontinuum, sondern ein Netzwerk; das Atominnere ist von arithmetisch diskontinuierlichen Gesetzen beherrscht. Die Summe der beiden ganzen Zahlen von Wirkungsquanten, welche (mittels Flächengeschwindigkeit und Exzentrizität) die betreffende Bahn aus der Mannigfaltigkeit der übrigen Bahnen

[1] Ber. d. Münch. Akad. (1915). Ann. d. Phys. 51 (1916).

herausheben, wollen wir kurz als die zu dieser Bahn gehörige Quantenzahl bezeichnen. Im Anklang an das dritte KEPLERsche Gesetz der Astronomie können wir dann sagen: die Energien der gequantelten Bahnen verhalten sich umgekehrt wie die Quadrate der dazugehörigen ganzen Quantenzahlen.“[1]

Das innerste Elektron beschreibt nie eine Ellipse, sondern einen Kreis. Der zweiten Elektronenbahn entspricht ein Kreis und eine Ellipse, der dritten zwei usw. Die Quantelung dieser Ellipsen erfolgt nicht nur nach Größe und Gestalt, sondern auch nach ihrer Lage im Raum, falls diese physikalisch bestimmbar ist. Es lassen sich von diesem Gesichtspunkte aus ferner eine Reihe interessanter Beziehungen für die Hochfrequenzspektra, also für den innersten Teil der Atome von Schwermetallen gewinnen.

Figg. 744—746 geben einige Beispiele solcher Atommodelle. Das H-Atom ist ein positiver Kern mit einem in wechselnder Entfernung

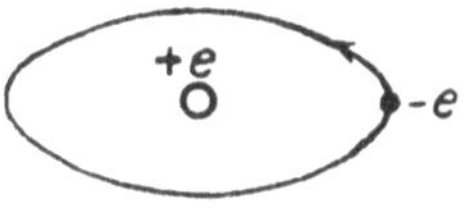

Fig. 744. H-Atom.

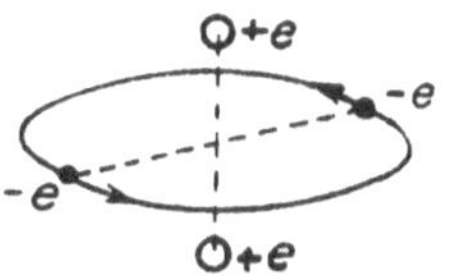

Fig. 745. H_2-Molekel.

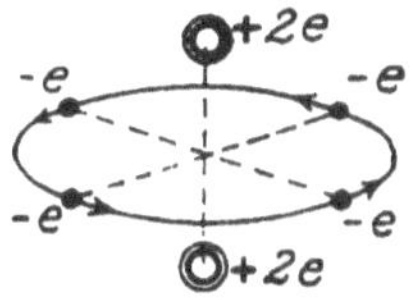

Fig. 746. O_2-Molekel.

kreisenden Elektron, Fig. 744; das H-Ion wäre also nur ein positiver Kern ohne Elektron. Fig. 745 gibt ein H_2-Molekel. Die zwei Kerne liegen symmetrisch über und unter der Elektronenebene in einem Abstand, der $\sqrt{3}$ der Elektronenbahn ist. DEBYE[2] konnte von solchen Vorstellungen ausgehend auch die Dispersion des Wasserstoffgases berechnen. Fig. 746 zeigt ein O_2-Molekel. Jeder der beiden Kerne hat (entsprechend seiner Valenz zwei) 2 Elektronen abgegeben, so daß also 4 Elektronen in gleichen Abständen die Verbindungslinie der beiden Kerne umkreisen. Die Atomnummer ist hier 8, jeder Kern enthält also 8 positive Elementarquanten, um welche aber je 6 negative ganz nahe herumliegen (in Fig. 746 durch konzentrische Kreise angedeutet); das $+ 2\varepsilon$ bedeutet also $+ 8\varepsilon - 6\varepsilon$.

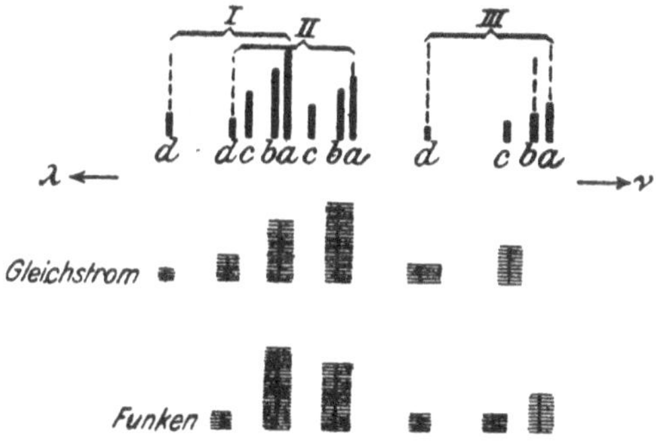

Fig. 747. SOMMERFELD-PASCHEN.

Als Beispiel der wunderbaren Übereinstimmung, welche die von SOMMERFELD errechneten und von PASCHEN mit besonderer Sorgfalt ge-

[1] Wörtlich aus: „Der innere Aufbau des chemischen Atoms“ von SOMMERFELD, Zs. d. Ver. dtsch. Ingen. (1917). [2] Ber. Münch. Akad. (1915).

messenen Linien nicht nur in bezug auf Wellenlänge, sondern auch auf Intensität zeigen, diene Fig. 747, welche die Feinstruktur einer He-Linie darstellt.[1] In der obersten Horizontalreihe ist die theoretische Struktur dieses Spektrums gegeben, 3 Liniengruppen von je 4 Linien, deren Abstände gerechnet sind aus Masse und Ladung des Elektrons und aus dem PLANCKschen Wirkungsquantum. Die Vertikallänge der Linien entspricht der Intensität. Das erste Bild entspricht dem Übergang des Elektrons aus der 4. Bahn in die 3. Die 3. Bahn ist dreifach, sie besteht aus einem Kreise oder aus einer Ellipse geringerer oder einer Ellipse größerer Exzentrizität. Die 4. Bahn ist vierfach, sie besteht entweder aus einem Kreise oder aus je einer von 3 verschiedenen Ellipsen. Je nachdem nun das Elektron aus einer dieser 4 Bahnen in eine jener 3 Bahnen übergeht, entsteht jedesmal eine Linie von etwas abweichender Schwingungszahl. Unten stehen die Beobachtungsergebnisse PASCHENS; hier fließen — wegen begrenzter Auflösekraft der optischen Apparate — auf der Photographie einige Linien zusammen.

Dann sei ferner erwähnt, daß von diesen Atom- und Quantenvorstellungen aus eine Erklärung des Zeeman- und Starkeffektes begonnen wird.[2]

Nach all dem vorhergegangenen ergibt sich, daß diese BOHR-SOMMERFELDschen Ideen und ihre Verbindung mit dem PLANCKschen Wirkungsquantum vielseitig Anklang finden. Doch ist das Modell insofern noch ergänzungsbedürftig, als seine Grundannahme der MAXWELLschen Lichttheorie widerspricht. Auch lieferte dies Modell bisher in erster Reihe Schwingungszahlen und Intensitäten, nicht aber ein Verständnis anderer wichtiger Schwingungsverhältnisse, wie besonders der Polarisation und Interferenz; wie dieser, teilweise schon in Angriff genommene Umbau der alten gesicherten Optik auf diese neuen Anschauungen hin sich entwickeln wird, bleibt abzuwarten.

Es hat natürlich auch nicht an anderen Atomtheorien gefehlt. Von solchen sei genannt die von GEHRKE[3], welche die komplizierteren Serienspektra der Alkalien zu erklären sucht. RITZ[4] wieder denkt sich das Atom als unsymmetrischen magnetischen Kreisel, das Elektron führt seine Schwingungen im stark magnetischen Felde des Atominnern aus; RITZ sucht so Spektrallinien und den Zeemaneffekt zu erklären. Leider wurden gegen diese schöne Theorie schwerwiegende Einwände erhoben.

In den vorhergehenden Betrachtungen haben wir noch nicht erwähnt, daß ein Atommodell auch eine Darstellung der chemischen Affinitäten zu liefern hätte. Für „freie Valenzen" (das sind chemische Verbindungsmöglichkeiten) muß der äußerste Ring des BOHRschen Atom-

[1] Ann. d. Phys. 51 (1916). [2] DEBYE, Ges. d. Wiss. Göttingen (1916). Phys. Zs. (1916). — SCHWARZSCHILD, Berl. Ber. (1916). — SOMMERFELD, Phys. Zs. (1916).
[3] Phys. Zs. (1914). [4] Gesammelte Werke. Paris (1911).

modells herangezogen werden; bestimmtere Vorstellungen sind bisher kaum gewonnen worden.[1]

Über die Frage der Elektronenringe als Koppelungsglieder im Kristallbau stellten DEBYE und SCHERER[2] Betrachtungen an.

Neue Gesichtspunkte ergeben sich aus genauerer Betrachtung des Kristall-Raumgitters. MADELUNG[3], BORN und LANDÉ[4] nehmen statt der Na- und Cl-Atome in Fig. 707 Na- und Cl-Ionen; der gegenseitigen elektrischen Anziehung dieser Ionen muß eine molekulare Abstoßung das Gleichgewicht halten. Aus einer mechanischen Kompression des Kristalles kann diese abstoßende Molekularkraft als umgekehrt proportional mit d^9 bestimmt werden, wo d die Gitterdistanz (§ 615). Solche Überlegungen können vielleicht den weiteren Ausbau unserer Atomvorstellungen stark beeinflussen.

Zwanzigster Teil. Atmosphärische Elektrizität.

§ 664. **Elektrostatisches Feld in der Atmosphäre.** Bereits in § 383 ließen wir die Möglichkeit offen, daß die Erde eine elektrische Ladung besitze. Dann aber müssen wir in der Atmosphäre ein elektrisches Feld haben. Die Potentialflächen müssen (§ 379) als Kugelflächen um die Erdkugel herumgehen. Dagegen werden Erhebungen, Berge, Gebäude usw. das Feld verzerren. Das Potential der Erdoberfläche geht dann längs der Kontur eines Hauses oder Berges (H, Fig. 748) und die übrigen Potentialkurven schmiegen sich diesem Verlaufe an. Erst in einiger Höhe über der Störung sind die Potentialflächen wieder horizontal.

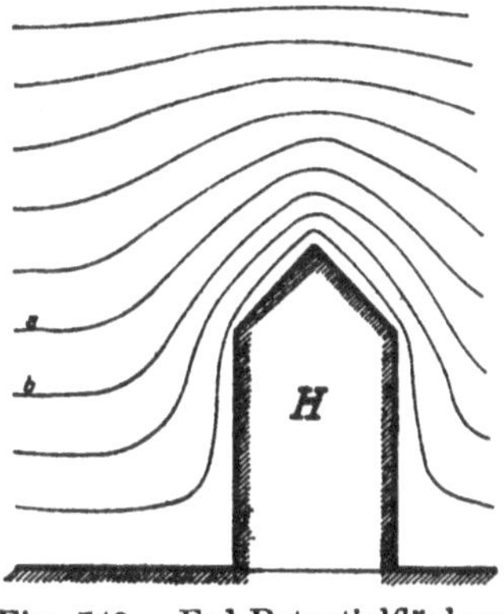

Fig. 748. Erd-Potentialflächen.

Wir können solche atmosphärische Potentiale nur als Differenzen messen, z. B. V_a gegen Erde oder die Potentialdifferenz zweier Punkte $V_a - V_b$ (in Fig. 748) usw. Über der Ebene wird der Potentialabfall in vertikalen Richtungen liegen, neben einem Hause H in horizontaler oder schiefer.

§ 665. **Meßmethoden.** Bringen wir einen isolierten Körper mit einer Spitze in ein ursprünglich homogenes Feld, so wird nach § 392

[1] Siehe auch J. STARK, „Elementare Strahlung" (1911) und die kurze Broschüre „Die Atomionen chemischer Elemente" (1913). Bes. KOSSEL, Ann. d. Phys. 49 (1916).

[2] Phys. Zs. (1918). [3] Gött. Ber. (1909, 1910); Phys. Zs. (1918).

[4] Dtsch. phys. Ges. (1918) usw.

aus der Spitze solange Elektrizität ausströmen, bis sie und der mit ihr verbundene isolierte Körper das Potential des Raumpunktes der Spitze angenommen hat (siehe den Verlauf der Potentiallinien in Fig. 749).

Bei luftelektrischen Messungen wird man aber die Wirkung der Spitze immer durch passende Maßnahmen verstärken und die Störung des Feldes möglichst vermeiden.

Flammenelektroden. In eine kleine Flamme, z. B. einer Stearinkerze, ragt ein Pt-Draht, von dem eine längere Leitung zu einem Elektrometer führt. Die Luft unmittelbar über der Flamme wird leitend (§ 592) und die Pt-Spitze nimmt das Potential eines Raumpunktes an, der etwas über der Spitze liegt. Das Elektrometer, z. B. ein Exnersches oder Wulfsches Voltmeter (§ 388), dessen Hülle geerdet ist, gibt die Differenz dieses Potentials gegen Erde. Da die Flamme auf einem längeren Isolator sitzt, der Zuleitungsdraht nur geringes Volumen hat und das Elektrometer mit dem Beobachter weit weg von der Flammenelektrode ist, wird auch das Feld nur minimal gestört.

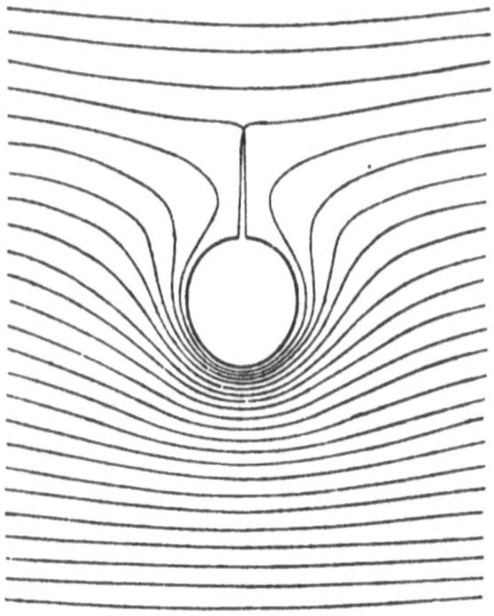

Fig. 749. Potentialflächen um Spitze.

Nimmt man zwei solche Elektroden an verschiedenen Raumpunkten a und b z. B. in verschiedener Höhe und verbindet durch einen langen Draht die Elektrometerplättchen mit der einen Flamme, die Hülle durch einen zweiten Draht mit der andern, so entspricht jetzt der Ausschlag der Potential-Differenz dieser Punkte a und b.

Poloniumelektroden. Bringt man (ohne Flamme) auf das Drahtende etwas Polonium, so wird auch dadurch die Luft in der Umgebung der Drahtspitze leitend; die α-Strahlen gehen etwa 3 cm weit und auch hier ist der Raumpunkt, für welchen die Elektrode wirkt, nicht allzu genau zu bestimmen.

Tropfelektroden. Diese sind in dieser Beziehung besser. Ein ausfließender feiner Wasserstrahl (wie in Fig. 488) zerreißt an einer bestimmten Stelle in Tropfen, wobei ein solcher influenzierter Strahl soviel Elektrizität wegführt, bis das ganze — natürlich isolierte — System, Wasser, Gefäß, Draht und Elektrometer, das Potential jenes genau bestimmbaren Punktes angenommen hat, an dem sich der Strahl in Tropfen teilt. Bei Ballonmessungen werden zwei solche Polonium- oder Tropfelektroden verwendet, die beide in einer bestimmten vertikalen Höhendifferenz gegeneinander tief unter dem Ballon herunterhängen, damit sie nicht durch die elektrische Eigenladung der Ballonhülle beeinflußt werden können.

Benndorfs Registrierelektrometer ist ein besonders konstruiertes Quadrantenelektrometer mit Zeiger, dessen Ende alle Stunden magnetisch gegen eine abrotierende Papierrolle gedrückt wird und dann eine dem Potential entsprechende Marke hinterläßt. Mit solchen Instrumenten werden derzeit bereits an vielen Orten der Erde kontinuierliche Beobachtungen gemacht.

§ 666. Schönwetterelektrizität. F. Exner, dem wir auch das erste bequeme Instrumentarium dieses Gebietes verdanken, betonte zuerst, daß jedes abnormale Wetter den Verlauf der Potentialkurven stört, und daß man für den Potentialverlauf zunächst einmal zusammenhängende Beobachtungen bei schönem Wetter anstellen müsse.[1] Aus zahlreichen Beobachtungen an verschiedenen Orten der Erde ergibt sich für heitern Himmel im Mittel ein vertikales Potentialgefälle in der Nähe der Erdoberfläche von der Größenordnung 100 V pro m. Am zahlreichsten sind natürlich die Beobachtungen in Europa, wo der Durchschnitt gegen 150 V/m beträgt, er ist in den Alpenländern niedriger als im Flachland. Dieses Ergebnis läßt auf negative Ladung der Erde schließen. Über allen Weltmeeren ist das Potentialgefälle von gleicher Größenordnung wie über dem Festlande.

Hingegen nimmt das Potentialgefälle mit der Höhe ab; für 1000 m Höhe hat man etwa 25 V/m, für 5000 m 7 V/m, in 9000 m[2] nur mehr 3,5 V/m. Das zeigt, daß das beobachtete Feld nicht allein nur von einer negativen Erdladung herrühren kann, sondern daß auch eine positive Raumladung der Luft vorhanden ist, welche das Potentialgefälle in der untersten Atmosphärenschichte mit beeinflußt.

Jährliche und tägliche Schwankungen. Dieses normale elektrische Feld am Erdboden ist aber auch bei schönem Wetter nicht konstant. Arbeitet man hier wie auf allen übrigen Gebieten der kosmischen Physik mit Mittelwerten, Stunden- und Monatsmitteln aus zahlreichen Beobachtungen, so zeigen sich jährliche und tägliche Schwankungen. Läßt man zunächst die Messungen bei Niederschlägen, Nebel, bei tiefen Wolken, Staub u. dgl. weg, so ergeben sich gewisse experimentell gesicherte Regelmäßigkeiten, deren Erklärung aber noch aussteht. Das Potentialgefälle ist in der gemäßigten Zone der nördlichen Halbkugel am höchsten im Winter, am niedrigsten im Frühsommer. Ob ein analoges Verhalten auf der südlichen Halbkugel stattfindet, ist noch nicht endgültig festgestellt.

Charakteristisch aber ist für einen bestimmten Ort der Monatsverlauf. In Europa hat man in den kältesten Monaten Dezember, Januar ein tiefes Minimum frühmorgens und ein flaches über die Nachmittagsstunden sich erstreckendes Maximum: den Wintertypus mit ersichtlich einfacher

[1] Wien. Ber. 93 (1881), 95 (1887). [2] Everling, Dtsch. Phys. Ges. 16 (1914).

Periode; im Sommer kommt dazu noch ein zweites Vormittagsmaximum und ein Mittagsminimum: Sommertypus mit doppelter Periode. Am sichersten auch für außereuropäische Stationen und verschiedene Höhe ist das Minimum um 4 Uhr a. m. Ortszeit festgestellt. Sonst aber stimmen die an verschiedenen Orten gewonnenen Kurven nicht überein. An manchen Stationen, z. B. Kiew hat man die doppelte Periode das ganze Jahr, an andern, z. B. Kremsmünster tritt nur die einfache Periode stärker hervor.

Das Morgenminimum steht wohl in unmittelbarem Zusammenhange mit dem Sonnenstande.

Vielfach untersucht wurde der Einfluß der meteorologischen Faktoren: Temperatur, Feuchtigkeit, Sonnenstrahlung (letztere photoelektrisch gemessen). In allen diesen Fällen ergibt sich für das Potentialgefälle eine Formel von der Form

$$\frac{dV}{dn} = \frac{a}{1 + bx},$$

wo für x entweder Temperatur oder Dampfdruck oder Sonnenstrahlung einzusetzen sind, und wo a und b in jedem dieser 3 Fälle andere Konstanten bedeuten. Solche Konstante gelten aber immer nur für Beobachtungen an einem bestimmten Orte, haben also keine allgemeine Bedeutung.

Auch Wind kann die Beobachtung ändern, ganz besonders wenn er Staub aufwirbelt. Von allergrößtem Einfluß ist die Luftreinheit; je klarer die Luft, desto kleiner ist das Potential; dieser Einfluß ist nach dem nächsten § unmittelbar verständlich.

§ 667. **Elektrizitätsleitung der Atmosphäre.** Wir beschränken uns auf Verhältnisse, welche bei größerem Drucke in den unteren Gegenden unserer Atmosphäre herrschen (76 bis 40 cm Hg). Auch sollen alle die folgenden Messungen sich nur auf Luftionenleitung beziehen, da diese und nicht Staub- und Wasserteilchen die eigentliche Leitfähigkeit bedingen. Dabei werden wir zunächst nur die Leitfähigkeit bestimmen und dann, weiterforschend, auch den Mechanismus dieses Vorgangs ins Auge fassen, was zur Bestimmung der Ionenzahl und Ionenbeweglichkeit führt.

Zerstreuungsgesetz. Stellt man eine mit der Elektrizitätsmenge Q geladene Kugel gut isoliert im Freien — unbelichtet — auf, so verliert diese infolge der Luftleitung allmählich ihre Ladung. Zuerst glaubte man, diesen ganzen Vorgang durch das von Coulomb ausgesprochene Zerstreuungsgesetz erfassen zu können:

$$Q_t = Q \cdot e^{-\alpha t} \quad \text{somit} \quad dQ/dt = -\alpha Q \cdot e^{-\alpha t} = -\alpha Q_t .$$

Q_t ist die nach der Zeit t von Q übriggebliebene Ladung. α ist der Zerstreuungskoeffizient. Wenn also Luft leitete wie ein Elektrolyt, so wäre nach dem OHMschen Gesetz $\alpha = -4\pi\varkappa$, wo $\varkappa$ das spez. Leitvermögen bedeutet; also

$$dQ/dt = -4\pi\varkappa Q_t, \quad \text{somit} \quad d\mathfrak{E}/dt = -4\pi\varkappa\mathfrak{E},$$

wo jetzt $\mathfrak{E}$ das jeweils vorhandene elektrostatische Potential ist. Dies ist richtig nur für kleine Spannungen; daß sie für größere nicht gilt, zeigte EBERT[1]; er fand nämlich, die Entladungsgeschwindigkeit bei Ladungsintervallen von 50—200 V von der Spannung unabhängig. Man hat es also ersichtlich bei so großen Spannungen schon mit einem Sättigungsstrom (§ 593) zu tun.

Absoluter Leitungsbetrag. Zu dessen Bestimmung sind verschiedene Instrumente konstruiert worden. Wir wollen von solchen den ELSTER-GEITELschen Zerstreuungsapparat erwähnen[2]. Auf ein EXNERsches Elektroskop ist oben ein (zur Vermeidung lichtelektrischer Effekte) geschwärzter Messingzylinder (10 cm hoch und 5 cm Durchmesser, Achse vertikal) aufgesetzt. Wird dieser Zerstreuungskörper und mit ihm das Elektroskop geladen, so tritt in Luft ein langsamer Abfall ein, der aber aus zwei Teilen sich zusammensetzt: einem Sättigungsstrom gegen die geerdete Elektrometerhülle und die übrige geerdete Umgebung und einem der Spannung proportionalen Strom gegen die Atmosphäre. Jeder dieser Teile gestattet entsprechend den Bemerkungen des § 593 das $\varkappa$ zu bestimmen, und zwar ein $\overset{+}{\varkappa}$ und ein $\overset{-}{\varkappa}$, je nachdem wir mit — oder + Ladung des Zerstreuungskörpers arbeiten.

Der Sättigungsstrom wird hier verstärkt, wenn man um den ganzen Apparat einen großen geerdeten Schutzzylinder bringt. Man unterscheidet dann bei Messungen solche mit und ohne Schutzzylinder.

Von größerer Bedeutung sind luftelektrische Messungen, bei welchen die Luft künstlich bewegt wird. Wir haben solche Probleme schon in § 596 behandelt.

Im GERDIENschen Apparat zur Messung der absoluten Leitfähigkeit der Luft haben wir einen horizontalen Zylinderkondensator; in der Achse einer horizontalen geladenen Metallröhre (50 cm Länge, 16 cm Durchmesser) ist ein mit einem Elektroskop verbundener dünner Metallstab (von etwa 24 cm Länge) isoliert befestigt. Er liegt im vorderen Teil der Röhre, im hinteren Teil ist ein Aspirator eingebaut, der Luft durch die Röhre saugt.

Es sei der stabförmige innere Zylinder, (Länge l, Radius r) z. B. + geladen, so zieht er die —-Ionen an sich. Bewegt sich die Luft nun längs der Achse, so kann man einen ungefähr kegelförmigen Raum berechnen, aus dem die —-Ionen abgefangen werden. Der Luftstrom (Geschwindigkeit W) muß nun so rasch sein, daß dieser kegelförmige

[1] Journ. terr. mag. 6 (1901). [2] Phys. Zs. 1 (1899) und 2 (1900).

Raum nie bis an den äußeren geladenen Zylinder (Radius R) heranreichen kann. Man kann berechnen, daß dann sein muß

$$W > \frac{2\mathfrak{E}\bar{\mathfrak{g}}\,l}{(R^2 - r^2)\log \mathrm{nat}\, R/r},$$

wo $\bar{\mathfrak{g}}$ die spezifische Ionengeschwindigkeit (§ 592) bedeutet. Ist diese Bedingung erfüllt, also die Durchströmungsgeschwindigkeit genügend groß, so kommt es zu keinem Sättigungsstrom. Es gilt die frühere Gleichung $\frac{d\mathfrak{E}}{dt} = -4\pi\varkappa\mathfrak{E}$, daraus kann man, wenn die Kapazitäten bekannt sind, sowohl $\overset{+}{\varkappa}$ als $\bar{\varkappa}$, die einzelnen Leitfähigkeiten berechnen. Es fand sich, um einen Größenwert zu geben z. B.

$$\overset{+}{\varkappa} = 2{,}37\cdot 10^{-4} \text{ el. st. E.} \quad \text{und} \quad \bar{\varkappa} = 2{,}32\cdot 10^{-4} \text{ el. st. E.},$$

welche Zahlen natürlich je nach Tages- und Jahreszeit und Ort sehr schwanken.

Ionenzahl. Es ist $\overset{+}{\varkappa} = \varepsilon \overset{+}{N}\overset{+}{\mathfrak{g}}$ und $\bar{\varkappa} = \varepsilon \bar{N}\bar{\mathfrak{g}}$ (wo $\overset{+}{N}$ und $\bar{N}$ die Ionenzahl pro cm³, spezifische Ionenzahl oder „Ionenkonzentration", bedeuten) und $\mathfrak{g}$ die spezifische Geschwindigkeit, das ist jene, welche ein Ion bei einem elektrostatischen Spannungsgefälle 1 erreicht. Die gesamte Leitfähigkeit ist dann

$$\varkappa = \varepsilon(\overset{+}{N}\overset{+}{\mathfrak{g}} - \bar{N}\bar{\mathfrak{g}}).$$

Daraus folgt z. B. für die Zerstreuung eines positiv geladenen Elster-Geitelschen Zerstreuungskörpers, bei schwacher Ladung, wo noch das Ohmsche Gesetz gilt

$$d\mathfrak{E}/dt = -\alpha\mathfrak{E} = -4\pi\bar{N}\bar{\mathfrak{g}}\,\varepsilon\mathfrak{E}.$$

Der Spannungsverlust des Elektroskops läßt also, das Elementarquantum ε als bekannt vorausgesetzt, $\bar{N}\bar{\mathfrak{g}}$ bestimmen.

Um diese Werte einzeln zu erhalten, sind verschiedene Methoden angegeben. Wir wollen den Ebertschen[1] Ionenzähler betrachten. Dieser ist dem Gerdienschen Apparat ähnlich. Doch erfolgt die Drehung des Aspirators A in Fig. 750 mittels Elektromotors so, daß man die pro Min. durch die Röhre gesaugte Luftmenge M kennt. Elektroskop E und Zerstreuungskörper $z\,z$ werden z. B. positiv geladen und es sollen alle links eintretenden Ionen jetzt wirklich abgefangen werden. Damit dies geschehe, müssen wieder gewisse Bedingungen erfüllt sein, die sich in folgender Weise berechnen lassen:

$$2\mathfrak{E}\mathfrak{g}\,l > W(R^2 - r^2)\log \mathrm{nat}\, R/r.$$

[1] Phys. Zs. 2 (1900).

Hier bedeutet l, R, r die Länge und die Radien des Zylinderkondensators, W die Geschwindigkeit des erzeugten Luftstroms und $\mathfrak{E}$ das angelegte Potential in elektrostatischem Maße. Man muß also mit um

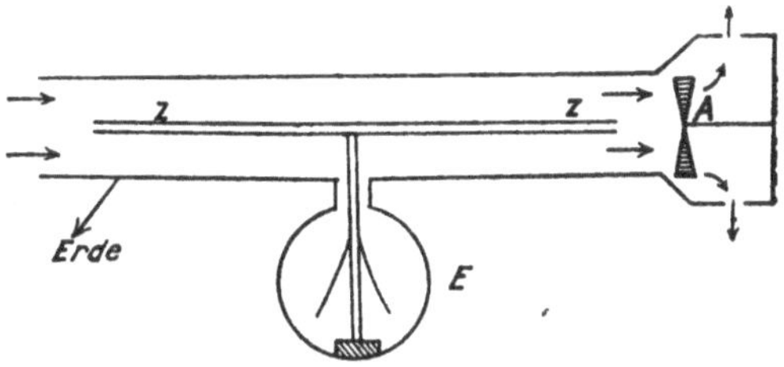

Fig. 750. Ionenzähler.

so höheren Spannungen arbeiten, je geringer die Beweglichkeit der Ionen, was ja ganz begreiflich ist.

Die in der Zeit t dem Elektroskop zugeführte Ladung ist gleich C (Kapazität des Elektroskops und der Querstange $z\,z$) multipliziert mit der Potentialabnahme. Sei M die pro Min. durchgesaugte Luftmenge, so ist

$$M t \varepsilon \overset{+}{N} = C(\mathfrak{E}_0 - \mathfrak{E}_t)\,.$$

Nimmt man für ε das Elementarquantum, so kann man durch zwei Versuche, einmal mit +-, einmal mit --Ladung $\overset{+}{N}$ und $\overset{-}{N}$ finden.

Im Mittel ergeben sich etwa 1000 Ionen für jedes Vorzeichen pro cm^3, also eine im Vergleich zur Zahl der Gasmolekel minimale Größe. Mit zunehmender Feuchtigkeit nimmt diese Ionenzahl ab; auch für sie ergibt sich eine jährliche und tägliche Periode. Trotz größerer örtlicher Verschiedenheit zeigt der jährliche Gang der Ionisation und Leitfähigkeit übereinstimmend ein Minimum in der kalten Jahreszeit.

Ionenbeweglichkeit. Eine Methode zu ihrer Bestimmung haben wir schon S. 453 besprochen. Analoge Apparate wurden speziell für luftelektrische Messungen ausgearbeitet. Mache[1] schaltet vor den Ebertschen Apparat einen koaxialen Zylinder von gleichem Radius, in dessen Achse ein isoliert befestigter Stift auf etwa 20 V dauernd aufgeladen ist. Beim Durchsaugen fängt dann diese Vorkammer eine bestimmte Ionenzahl ab, die dann im Ebertschen Apparat fehlen, und zwar werden bei gleicher Spannung im Macheschen Apparat um so mehr Ionen fehlen, je größer $\mathfrak{g}$ ist. Die gefundenen Werte sind dann dieselben wie wir sie S. 453 angegeben haben, da ja die Ionenbeweglichkeit unabhängig ist von der Art ihrer Entstehung. Wieder ist $\overset{-}{\mathfrak{g}} > \overset{+}{\mathfrak{g}}$ und wieder

[1] Phys. Zs. 4 (1903).

ist g mit zunehmender Feuchtigkeit kleiner. In größerer Höhe wird g infolge des verminderten Luftdruckes größer.

§ 668. Ionisierungsquellen für die Atmosphäre. Da eine einmal vorhandene Ionisierung der Luft durch Neutralisierung der Ionen wieder verschwinden muß (§ 593), so entsteht die Frage, woher die immer wieder einsetzende Luftionisierung stammt. Die Ursachen sind in allererster und fast einziger Linie radioaktiver Natur.

Radioaktive Emanationen der Erde. Wir haben mehrere Methoden diese zu untersuchen; solche haben wir schon im 15. Teil d. Bd. dargestellt. Eine hier viel benutzte Methode bestand darin, einen mit etwa 2000 V geladenen Draht im Freien zu spannen. Nach einigen Stunden kann man an ihm eine Aktivität (§ 622) nachweisen. Dabei ist die unter gleichen Versuchsbedingungen erlangte Aktivität über dem Festlande sehr schwankend, groß in Tälern, klein auf Bergen; besonders klein über dem Meere und ebenso über einer frischgefallenen Schneedecke. Schon das deutet darauf hin, daß die radioaktiven Emanationen, durch welche diese Aktivität erzeugt wird, aus dem Boden stammt. Es handelt sich in erster Reihe um *Ra Em*, ($T = 3{,}8\ d$) und nur um Spuren von *Th Em*, ($T = 53$ sek); *Ac Em* ist so kurzlebig ($T = 3{,}9$ sek), daß nur in Luft ganz knapp über der Erde sich Spuren nachweisen lassen.

Wir erwähnten bereits die Radioaktivität vieler Mineralien, Erdarten, vieler Quellen usf. Die hier erzeugte Emanation wird in erster Reihe durch Diffusion in den Luftraum eindringen, wobei Wind zur Vertragung nach allen Seiten hin beiträgt. Es enthält also Luft bis zu großen Höhen *Ra Em* und wird durch deren Zerfall ionisiert.

„Zweifellos ist jetzt denkbar die beobachteten Änderungen der Ionenzahl, weiterhin die Leitfähigkeit, ja vielleicht sogar die des Potentialgefälles, kurz den ganzen elektrischen Zustand der Atmosphäre mit Schwankungen im Gehalt an radioaktiven Substanzen in Zusammenhang zu bringen.“[1]

Auf Grund des gegenwärtigen Standes unserer Kenntnisse über den Austausch bei der ungeordneten Bewegung in freier Luft wurden Gesetze für die Höhenverteilung eines radioaktiven Gases in der Atmosphäre und für dessen Abgabe von seiten des Erdbodens durch Hess und W. Schmidt gegeben.[2] Die berechneten Werte stimmen mit den Beobachtungen, soweit solche vorliegen, befriedigend überein. Dieselben Betrachtungen wurden auch auf die festen Zerfallsprodukte der Emanationen ausgedehnt. Die Halbwertshöhe, d. i. die Höhe, in der der Gehalt — auf ein Gramm Luft bezogen — auf die Hälfte des Betrages am Erdboden gesunken ist, wird danach für

---

[1] Mache und v. Schweidler, Die atmosphärische Elektrizität, Braunschweig (1909).
[2] Phys. Zs. 19 (1918).

Ra Em und deren kurzlebige Zerfallprodukte	rund 1200 m
Ra D und Folgeprodukte praktisch gleichförmig . .	bis 10 km Höhe
Th Em und *Th A*	2—3 m
Th B und Folgeprodukte	100—150 m
Ac Em und *Ac A*	0,5—1 m
Ac B und Folgeprodukte	10—20 m

Durchdringende Strahlung. Außer der Emanation, die als Gas in die Atmosphäre diffundiert, sendet die radioaktive Schichte der obersten Erdfläche auch γ-Strahlen aus. Schon ELSTER-GEITEL setzen ihren Zerstreuungsapparat in eine große allseitig geschlossene Glasglocke, aus der zunächst aller Staub und alle Ionen entfernt wurden; trotzdem steigt der Ladungsverlust immer mehr und erreicht nach einigen Tagen einen bestimmten Grenzwert. Nimmt man hingegen zur Umhüllung einen dicken Pb-Mantel, so fällt die Zerstreuung erheblich ab. Somit ist die ganze Atmosphäre von γ-Strahlung durchsetzt.

Höchst überraschend ist hier eine Ballonentdeckung von GOCKEL und HESS[1], daß in großen Höhen die durchdringende Strahlung zunimmt. KOLHÖRSTER[2] zeigte dies bis zu Höhen von 9500 m. Diese γ-Strahlung ist in solchen Höhen etwa 6 mal so stark als die Gesamtstrahlung am Erdboden. Beobachtungen auf Bergen zeigten keinen Unterschied zwischen Tag und Nacht, somit kann diese durchdringende Strahlung wohl kaum von der Sonne herstammen. Am wahrscheinlichsten ist die Annahme, daß der ganze Weltenraum gleichmäßig mit radioaktivem kosmischem Staub erfüllt ist.

Andere Ionisierungsquellen. Hier käme noch in Betracht ein photoelektrischer Effekt der Sonnenstrahlung. Hallwachseffekte (§ 605) sind von geringer Bedeutung, da ultraviolette Strahlung die Erdoberfläche nur in geringem Maße erreicht und auch nur sehr wenige Bestandteile der Erdrinde photoelektrisch aktiv sind. Hingegen werden solche Effekte, in den in großer Höhe der Cirruswolken schwebenden Eisnadeln wohl nicht zu vernachlässigen sein. Noch größer kann vielleicht die Ionisierung der obersten Gasmassen der Atmosphäre sein.

Die aus Vulkanen stammenden Flammengase ionisieren natürlich auch, doch ist diese auf ganz kleine Erdgebiete beschränkte Erscheinung auf die große Gesamtmenge atmosphärischer Elektrizität ohne jeden Einfluß.

§ 669. Normaler Vertikalstrom. Nehmen wir das mittlere Potentialgefälle (§ 666) mit 100 V/m oder 1/300 st. E. pro cm an und für die Leitfähigkeit $\varkappa$ etwa $2{,}10^{-4}$, so muß dauernd gegen die negative Erde hin pro cm^2 ein Strom von $6{,}7 \cdot 10^{-7}$ st. E. fließen. Auf die Fläche von ganz Deutschland umgerechnet, ergibt das ungefähr 1 A. Dieser Vertikalstrom ist meist von ziemlich gleicher Größenordnung; es ergibt sich nämlich, daß bei hohem Potentialgefälle dE/dn das $\varkappa$ klein ist und um-

[1] Phys. Zs. 4 (1903). [2] Phys. Zs. 14 (1913).

gekehrt, so daß dadurch ein gewisser Ausgleich eintritt. Selbstverständlich treten aber trotzdem sowohl an ein und demselben Orte als auch an verschiedenen Orten Variationen auf. Eine Folge dieses normalen vertikalen Leitungsstromes, der + -Ionen herunter und — -Ionen hinaufschafft, ist eine Anreicherung der — -Ionen mit der Höhe, während knapp über der Erdoberfläche eine mit der Höhe rasch abnehmende positive Raumladung vorhanden sein muß.

Eine weitere Folge dieses Stromes wäre aber eine elektrische Neutralisierung zwischen Atmosphäre und Erdrinde; schon nach etwa 10 Min. müßte die Erdladung auf etwa $^1/_{10}$ gesunken sein. Damit also die negative Ladung der Erde dauernd bestehen bleibe, müssen irgendwie gleichzeitig fortwährend positive Ladungen nach aufwärts geschafft werden. Eine allseitig befriedigende Lösung dieses Problems ist noch nicht gefunden.

Bei einer Erklärung haben wir ins Auge zu fassen:

1. den (bisher betrachteten) normalen, vertikalen Leitungsstrom (Produkt aus Feldstärke und Leitfähigkeit).

2. „Gestörte" (d. s. Konvektions-) Ströme, wo der Elektrizitätstransport durch Niederschläge erfolgt.

Bevor wir aber über solche Niederschläge sprechen, wollen wir vorher noch eine Vorstellung behandeln, die auch für Schönwetter paßt.

Ionenadsorptionstheorie. Hier scheint für dauerndes Schönwetter bisher nur die zuerst von ELSTER-GEITEL[1] ausgesprochene und dann von EBERT[2] schärfer gefaßte Tatsache der Ionenadsorption in Betracht zu kommen.

Strömt Luft durch die Hohlräume der radioaktiven, also viele Ionen erzeugenden Erdkapillaren, so werden die rascher wandernden Ionen zum Teil adsorbiert und die nach aufwärts austretende Luft erhält einen Überschuß von + -Ionen. EBERT hat an dieser Theorie trotz vieler Einwände festgehalten. Ob aber diese nach aufwärts gerichtete + -Ionenkonvektion groß genug ist, um den normalen nach abwärts gerichteten Leitungsstrom quantitativ zu erklären, muß erst durch ein ausgedehnteres, über die ganze Erde verzweigtes Beobachtungsnetz untersucht werden.

§ 670. Niederschlagselektrizität. Ganz anders werden die Erscheinungen der „Nicht-Schönwetter-Elektrizität". Zunächst wird das normale Feld durch schwebenden Nebel und schwebende Wolken gestört, selbst wenn diese ungeladen sind. Nächtlicher Bodennebel ist oft ungeladen; er hemmt aber die aufwärts ziehenden — -Ionen und die von oben her nach abwärts gehenden + -Ionen, so daß sich unten im Nebel negative und oben positive Ladung ausbildet, wie in einem Kondensator. Die Feldstärke im Nebel wurde dementsprechend erhöht gefunden; ähn-

[1] GEITEL, Anwendung der Lehre der Gasionen in der atmosphärischen Elektrizität, Braunschweig (1901). [2] Phys Zs. 5 (1904). Jahrb. d. Rad. 3 (1905).

liche Störungen — noch nicht beobachtet — müßten auch innerhalb ruhig schwebender Wolken statthaben.

Noch größern Einfluß zeigt fallender Regen, Schnee und Hagel. Man kann die fallenden Niederschläge unter entsprechenden Vorsichtsmaßregeln direkt mit einem Elektroskop beobachten. Solche Registrierungen sind zwar schon an vielen Orten durchgeführt; ihre Zahl ist aber noch zu gering, um sichere Schlüsse zu ziehen. Im allgemeinen sei festgestellt, daß das positive Vorzeichen besonders bei Gewittern überwiegt.

Kondensationstheorie. Wiewohl die experimentellen Ergebnisse mit folgender Theorie recht schlecht stimmen, wollen wir sie ihrer Schönheit wegen doch mitteilen. Diese hauptsächlich von GERDIEN[1] ausgearbeitete Vorstellung sucht die trotz des normalen vertikalen Leitungsstromes fortbestehende negative Elektrizität der Erde durch Niederschläge verständlich zu machen.

Wird wasserdampfhaltige Luft durch einen vertikalen Luftstrom nach aufwärts geführt, so dehnt sie sich adiabatisch aus, kühlt ab und es tritt zuerst (§ 637) Tropfenbildung um die negativen Ionen herum als Kondensationskerne ein, die so beschwert, herabfallen, indes die positiven Luftionen durch den vertikalen Luftstrom zu größern Höhen getragen werden. Der herabfallende Regen macht die Erde negativ, indes oben sich positive Raumladung ausbildet. Durch horizontale Winde können diese Raumladungen über weite Strecken vertragen werden und so zu manchen der beobachteten Störungen Veranlassung geben.

Jedenfalls würde nach dieser Theorie dauernd negative Elektrizität zur Erde geführt, was aber mit dem meist + -Vorzeichen der atmosphärischen Niederschläge nicht stimmt. Ein weiterer Einwand liegt darin daß beim langsamen Falle der negativen Ionen sich die positive Elektrizität wieder ansetzen würde.

Influenztheorie. Eine ganz merkwürdige Vorstellung brachten, ELSTER-GEITEL[2]. Ein leitender Tropfen ist im Kraftfeld der negativen Erde oben negativ und unten positiv influenziert. Stößt so ein größerer und darum rascher fallender Tropfen gegen einen kleineren und darum langsamer fallenden, so nimmt letzterer anprallend die + -Elektrizität des großen Tropfens an sich, so könnte die — -Elektrizität mit dem großen Tropfen auf die Erde und die + -Elektrizität mit dem viel kleineren Tropfen in den Luftraum gelangen. Auch diese Theorie ergibt viele Schwierigkeiten. Allerdings könnte sie der Größenordnung nach für die negative Aufladung der Erde aufkommen.

Zerstäubungstheorie. Zerstäubendes Wasser zeigt eine elektrische Ladung, die besonders von LENARD und seinen Schülern eingehend untersucht wurde.[3] Reibungselektrizität an durch Gase fallendem

---

[1] Phys. Zs. 6 (1905). [2] WIED. Ann. 25 (1885). Phys. Zs. 14 (1913) und Zusammenfassung GEITEL, Phys. Zs. 17 (1916).

[3] WIED. Ann. 46 (1892). Meteor. Zs. 21 (1904). Ann. d. Phys. 47 (1915).

Wasser läßt sich nicht nachweisen; ebenso ist ein Zusammenfließen oder Zerteilen des Wassers kaum elektrisch wirksam. Nur ein wirkliches Zerstäuben, ein starkes Zerblasen von Tropfen zeigt, daß die feinsten losgerissenen Wassertröpfchen negativ, die großen Tropfen positiv elektrisch geladen sind, wie man dies seit langem an der sogenannten „Wasserfallselektrizität" beobachtet hat. LENARD nimmt an der Oberfläche von Wasser und allen diëlektrischen Flüssigkeiten eine elektrische Doppelschichte an, deren äußere stets negative Belegung durch die äußerste Molekelschichte der Flüssigkeit selbst gegeben ist. Die Doppelschichte entsteht dadurch, daß die komplexen Molekel (§ 444), die positiv geladen sind, infolge ihrer größeren Masse, gegen das Flüssigkeitsinnere sich richten. So wird die alleräußerste Schichte negativ. Nur ein Wegreißen dieser äußersten Schichte vermag eine Trennung der Elektrizitäten zu bewirken.

LENARD erzeugte durch einen Ventilator einen nach aufwärts gerichteten Luftstrom, in welchem Wassertropfen schwebend beobachtet werden konnten. Je nach der Größe des Tropfens mußte die Luftgeschwindigkeit geändert werden, um diesen gegen die Schwerkraft an seiner Stelle zu erhalten. Bei einer Luftstromgeschwindigkeit von etwa 8 m/sec werden noch Tropfen von einem Radius 3,18 mm getragen, wobei aber eine Abplattung der Kugelform eintritt. Wird der Tropfen größer, so erzeugt die Luftreibung so häufige Wirbelbewegungen im Innern des Wassers, daß der Tropfen teilweise in ganz kleine negativ geladene Tröpfchen zerstäubt. Diese werden in die Höhe gerissen, fließen zusammen, werden neuerlich zerstäubt usw.

Da nun besonders bei Gewittern sicher solche die Wolken tragenden aufsteigenden Luftströme vorhanden sind, können sich in der Atmosphäre ähnliche Vorgänge ereignen. Die bei einem Platzregen niedergehenden großen Tropfen sind darum +, indes die aus höheren Teilen der Gewitterwolken stammenden kleineren Tropfen — sind.

Diese Theorie ist besonders von SIMPSON[1] durchgearbeitet worden. Sie würde aber nur für Gewitterelektrizität Anwendung finden, denn sie liefert keinerlei Erklärung für die dauernde negative Ladung der Erde. Auch kann sie die Ladung von Schnee und Hagel nicht erklären.

§ 671. Leuchtende Entladungen. Diese bildeten in früherer Zeit den ganzen Inhalt der Lehre von der atmosphärischen Elektrizität.

Das Elmsfeuer bildet sich an emporragenden Spitzen (Masten, Blitzableitern, auf Bergspitzen, auch an emporgehobenen Fingerspitzen usw.) immer, wenn das Potentialgefälle ein besonders großes ist. Es tritt nicht nur bei Gewittern auf, sondern auch bei Schneeböen. Es handelt sich hier um ein +- oder —-Büschellicht, durch Influenz der über der Spitze schwebenden Wolkenmassen ausgelöst.

[1] Phil. Mag. 30 (1915). Siehe auch R. SEELIGER, Wien. Ber. 125 (1916).

Der Flächenblitz besteht aus zahlreichen gleichzeitigen Büschelentladungen zwischen verschiedenen Wolkenpartien. Die Ladung ist zu gering, als daß es zu einer Funkenbildung kommen könnte.

Der Blitz ist eine solche Funkenentladung von oft zickzackförmiger Bahn, zwischen verschiedenen Wolken, zwischen Wolke und Erde, ja sogar auch von Wolke aufwärts gegen den scheinbar heiteren Himmel. Die Richtung der Entladung scheint oft durch rötliche Färbung der Anode und bläuliche der Kathode gekennzeichnet zu sein, worauf sich auch vielleicht die verschiedenen Angaben der Färbung des Blitzes zurückführen lassen. Spektralanalytisch zeigt der Funkenblitz ein Linienspektrum mit N_2-Linien, solchen von H_2 und O_2 (aus zersetztem Wasserdampf) und solchen von Edelgasen; der Flächenblitz hingegen zeigt ein Bandenspektrum.

Pockels[1] brachte seitwärts an einem Blitzableiter Basaltstückchen an und konnte aus deren Magnetisierung nach einem Blitzschlage eine Stromdichte bis $20 \cdot 10^3$ A bestimmen. Solche große Stromstärken bringen natürlich auch dicke Drähte zum Glühen und Schmelzen. Die Blitzlänge ist meist 2—3 km, kann aber — von Wolke zu Wolke — bis 50 km wachsen. Die Dicke der Blitzbahn wird auf höchstens 40—50 cm geschätzt. Es müssen da ganz gewaltige elektrische Spannungen (5000 bis 30000 V/cm) wirken. Durch bewegte Kameras[2] konnte man zeigen, daß dem eigentlichen Hauptschlage eine Reihe von kürzeren und sich immer mehr verlängernden Vorentladungen von beiden Seiten her vorangehen, die den Weg für die eigentliche Blitzbahn ruckweise schaffen. Bei rascher Elektrizitätsnachfuhr entsteht der gewöhnliche Funkenblitz. Bei schwachen Initialentladungen und dauernder Stromzufuhr kann eine Lichtschichtung entstehen, gleich einer Schnur von leuchtenden Lichtmassen, „Perlenschnurblitz"[3], dessen weitere Untersuchung vielleicht zu einem Verständnis der selten vorkommenden Kugelblitze führen könnte.

Die Spitze eines Blitzableiters hat zunächst den Zweck, die Luft über der Spitze zu ionisieren. Es bildet sich über dieser eine oft mit Elmsfeuer verbundene Leitungsbahn. Die Blitzentladung geht dann in die Spitze und weiter über die metallische Ableitung zur Erde (Endplatten der Leitung wenn möglich in Grundwasser). Bei der kurzen Dauer der Entladung (höchstens $^1/_{20}$ Sek.) tritt in der Leitung Hauteffekt (§ 547) ein; es ist also für Blitzableiterleitungen nicht die Ohmsche Leitfähigkeit, sondern möglichste Vermeidung von Selbstinduktion die Hauptsache.

Polarlichter sind atmosphärisch-elektrische Entladungen in der Nähe der magnetischen Erdpole. Man unterscheidet Polarlichter strahliger und nichtstrahliger Natur. Der Bogen der letztern liegt parallel der magnetischen Inklination, die Strahlen der ersten stehen senkrecht auf

---

[1] Phys. Zs. 2 (1901). [2] Walter, Jahrb. d. Hamburg. wissenschaftl. Anstalten 20 (1903). [3] Töpler, Meteor. Ztschr. (1900) und (1917).

dem magnetischen Meridian. Die Bogen der letzteren sind besonders beständig, haben große horizontale Ausdehnung und sind nicht von magnetischen Störungen begleitet; sie reichen oft bis zu Höhen von 500 km. Die strahligen Polarlichter liegen tiefer, sind rasch veränderlich und meist mit starken magnetischen Störungen verbunden, welche einem von der Erde weggehenden Strom entsprechen. Darum wurde die Ansicht aufgestellt, daß von der Sonne ausgehende β-Strahlung unsere Atmosphäre ionisiert und dadurch die Polarlichter erzeugt. Es wird aber auch α-Strahlung dafür verantwortlich gemacht.[1] Letztere Anschauung erhielt dadurch eine große Stütze, daß J. Stark durch α-Strahlung jene gelbgrünen Linien, welche das Nordlichtspektrum charakterisieren, im Stickstoff erzeugte.[2]

[1] Vegard, Jahrb. d. Radioakt. 14 (1917).
[2] Ann. d. Phys. 54 (1918). Naturw. (1918).

Autorenregister.

(Die schräggedruckten Zahlen beziehen sich auf Bd. II.)

Sachregister.

(Die schräggedruckten Zahlen beziehen sich auf Bd. II.)

FSC
www.fsc.org
MIX
Papier | Fördert
gute Waldnutzung
FSC® C083411

Kolibri 360 GmbH
Ferdinand-Jühlke-Straße 7
99095 Erfurt, Deutschland
produktsicherheit@kolibri360.de